放送開始100年記念
NHK: 100 years of broadcasting

NHK
放送100年史

ラジオ編 1
1925-2024

www.nhk.or.jp/archives/history

NHK編

1925年（大正14年）3月22日は、NHKの前身である社団法人東京放送局が、現在の東京都港区芝浦にあった学校の図書館の一角からラジオ放送を開始した、日本の放送史における記念すべき日です。関東大震災で根拠のない流言飛語が広がった反省も踏まえ、確かな情報を届ける手段が必要との思いが人々の間に広がった結果、震災の1年半後、放送という新たなメディアのスタートにつながったものと承知しています。

　その日の午前10時から放送した開局式で、初代総裁の後藤新平は、放送について「之を精妙に活用することは今後の国家、今後の社会に対して新たなる重大価値を加へ民衆生活の枢機を握るものである」と述べ、その重要性を訴えたと記録されています。

　それから100年という年月が過ぎ、その間テレビ放送が始まり、カラー化・衛星放送の開始・デジタル化・高画質化など、さまざまな技術革新が進みましたが、100年前に後藤が指摘した通り、視聴者・国民が基本的な情報を共有し、その相互理解を促すという放送の社会的・公共的な機能や役割は今もまったく変わっていません。

　むしろ、インターネット空間がアテンション・エコノミーに支配され、非常に偏った情報空間となってしまっている中で、確かな拠りどころとなる情報に対する人々のニーズは、これまで以上に高まっていると言っても過言ではないでしょう。

　NHKが次の100年も、公平公正で確かな情報や豊かで良い番組・コンテンツを間断なくお届けすることで視聴者・国民のお役に立ち、ひいては日本や世界の民主主義の発達に貢献し続けていくことを、私は強く願っています。これまでの歩みを記録したこの「NHK放送100年史」が、NHKの果たすべき役割を再確認する一助となることを心から念じています。

2025年（令和7年）3月22日

NHK会長　稲葉　延雄

この冊子の特長

　放送100年を記念してNHK（日本放送協会）とその前身が放送してきた番組の歴史をまとめています。

　ほぼ全ての定時番組とおもな特集番組を初めて網羅的に系統立てて掲載しています。
※地域放送・国際放送・スポーツ中継などは原則掲載していません。

　「ラジオ編」「テレビ編」の2部構成で、放送史、定時番組の概要一覧、年表など、多角的に紹介しています。

　二次元バーコードで連動するウェブサイトに番組動画や詳細情報を掲載しています。
番組検索や更新情報の確認にもご利用ください（https://www.nhk.or.jp/archives/history）。
※アドレスや掲載内容は本書発行後、変更になる場合があります。

NHK 放送100年史

巻頭インタビュー

008 黒柳徹子
010 伊東四朗
012 中村メイコ
014 美輪明宏
016 糸井重里
018 伊集院光

162 第7章
　　インターネット時代のラジオ

ジャンル別定時番組

01 ドラマ

172 連続ドラマ
179 少年ドラマ
184 年表

NHKラジオ放送史

020 第1章
　　ラジオ放送始まる

086 第4章
　　ラジオ全盛期

038 第2章
　　戦時下のラジオ

116 第5章
　　テレビ時代のラジオ

02 クイズ・バラエティー

186 クイズ・ゲーム
188 バラエティー・お笑い
202 年表

062 第3章
　　占領下のラジオ

148 第6章
　　24時間放送とラジオの
　　多様化

03 音楽

206 NHK紅白　　234 クラシック等
　　歌合戦　　　251 民謡等
206 歌謡曲等　　254 年表

4　NHK放送100年史（ラジオ編）

ラジオ編

NHK: 100 years of broadcasting
1925-2024

1

04 伝統芸能

262 伝統芸能
270 年表

05 ニュース

272 国内ニュース
275 国際ニュース
277 スポーツニュース
278 年表

06 報道・ドキュメンタリー

280 時事・報道
293 ドキュメンタリー
294 スポーツ番組
298 年表

07 紀行

300 紀行（国内）
303 紀行（海外）
304 年表

08 教養・情報

306 歴史　　311 産業
309 美術　　319 教養
309 福祉　　344 年表

09 自然・科学

352 自然
354 科学情報
357 生活科学
360 年表

10 こども・教育

362 幼児・こども
365 若者
369 学校放送・高校講座
389 育児・教育
392 年表

11 趣味・実用

400 趣味
404 生活情報
414 語学
424 年表

12 大型特集番組等

430 ノンジャンル
436 広報
438 年表

NHKフォトストーリー

182-- ①　296-- ③　437-- ⑤
253-- ②　343-- ④

440 国際放送

452 マンガで読むNHKヒストリー

472 ラジオ編　番組名索引

484 本書を利用される方に

NHK放送100年史（ラジオ編）　5

別巻 Part2 テレビ編 掲載内容

NHKテレビ放送史

008　NHKテレビ放送史

ジャンル別定時番組

01 ドラマ

030　大河ドラマ
046　連続テレビ小説
068　連続ドラマ
160　少年ドラマ
176　海外ドラマ
214　年表

02 クイズ・バラエティー

224　クイズ・ゲーム
238　バラエティー・お笑い
264　年表

03 音楽

268　NHK紅白歌合戦
292　歌謡曲等
326　クラシック等
342　民謡等
348　年表

04 伝統芸能

352　伝統芸能
366　年表

05 ニュース

368　国内ニュース
382　国際ニュース
390　スポーツニュース
398　年表

06 報道・ドキュメンタリー

404　時事・報道
418　ドキュメンタリー
436　スポーツ番組
448　年表

07 紀行

454　紀行（国内）
472　紀行（海外）
484　年表

08 教養・情報

490　歴史　　　522　産業
500　美術　　　540　教養
510　福祉　　　574　年表

テレビ編

NHK: 100 years of broadcasting
1953-2024

2

09 自然・科学

584 自然
598 科学情報
614 生活科学
624 年表

10 こども・教育

628 幼児・こども
650 若者
666 学校放送・高校講座
722 育児・教育
730 年表

11 人形劇・アニメーション

756 人形劇
778 アニメーション
810 年表

12 趣味・実用

820 趣味
842 生活情報
860 語学
876 年表

13 大型特集番組等

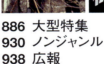

886 大型特集
930 ノンジャンル
938 広報
946 年表

おもな特集番組

953 1950年代　987 1990年代
957 1960年代　997 2000年代
967 1970年代　1007 2010年代
977 1980年代　1017 2020年代

NHKフォトストーリー

045-- ⑥	447-- ⑯	777-- ㉖
067-- ⑦	471-- ⑰	809-- ㉗
172-- ⑧	482-- ⑱	840-- ㉘
212-- ⑨	499-- ⑲	859-- ㉙
236-- ⑩	520-- ⑳	875-- ㉚
290-- ⑪	538-- ㉑	911-- ㉛
325-- ⑫	573-- ㉒	936-- ㉜
365-- ⑬	649-- ㉓	
381-- ⑭	664-- ㉔	
433-- ⑮	729-- ㉕	

1022 NHKニュース

1034 テレビ編　番組名索引

1060 本書を利用される方に

放送100年史 SPECIAL INTERVIEW
巻頭インタビュー
黒柳徹子と放送100年

01 黒柳徹子
Tetsuko Kuroyanagi

撮影 下村一喜

デビュー作品はラジオ番組

まもなくNHKは放送開始100年を迎えるそうです。私はすでに90歳を越えていますが、まだまだ現役でラジオやテレビに出ていられたらうれしいですね！ 私が最初に触れたメディアはラジオ放送。父がNHK交響楽団(当時は新交響楽団)のバイオリニストだったので、放送がある日は父の演奏を母と一緒に聞いていました。あとは落語。でも私が「おっかあ」とか「かたじけねえ」なんて言うものだから、父と母から「やめてくれ」と言われてしまって。留守番をしているときにこっそり落語の放送を探して聞いたものです。

ラジオ出演で思い出深いのはNHKの俳優養成所に入った翌年、1954年から3匹の子猿を描いた『やん坊にん坊とん坊』が始まり、オーディションでとん坊役に。そこでいっぺんに有名になりましたね。

本日よりテレビはじまります

テレビが始まるって聞いた時、20歳の私はNHKの養成所にいました。でも、テレビがどんなものか全然分からなくて。最初はお相撲が見られるって、お相撲さんがどうやってあんな箱の中に入るんだろう、なんて思うぐらいの幼稚さでした。ただテレビっていうだけで、映画みたいなものの小さくなってるものが箱の中に入って家の中で見られるって、そういう説明がなかったんですよ。だからどういうものか見当もつかなかったですね。

NHKが初めてテレビを放送した日は、えんび服を着た有名な男のアナウンサーが「NHK、JOAK」に続けて「本日よりテレビの放送を始めます」とおっしゃったそうです。それは私は見てないんです。だって、みんなの家にまだテレビがなかったから。

テレビに出た時の母の感想

はじめてテレビで司会をやった時のことですが、その仕事が終わった後にNHKの向かいの喫茶店で、両親と一緒にご飯を食べることになったんです。私が「どうだった？」て聞いたら、母が「良かったんだけど、どうしてお面かぶってたの？」て言うんです。私は「かぶってないわ」て言ったんですが、母は「うそ、キツネのお面をかぶってたわよ」って。

よく考えてみたら、走査線っていうのが横にあるじゃないですか。それで顔が白くて髪の毛が黒くて、コントラストが強すぎて、口がこういうふうに裂けて見えるんです。だから母は、声は私なんだけど、キツネのお面をかぶって出たって最後まで信じてたみたい。初めの頃の映像は、そういうものだったんですね。

左．東京放送劇団に入団した頃(1953年)
右．東京放送劇団公演(1954年)　本多文子(左)

『子供の時間』(1957年)
里見京子(中央)横山道代(右)

手錠事件と終わりフリップ

　私が生放送の中で最もビックリした事件なんですけど。番組がはじまった時に、刑事が犯人を捕まえて、自分の手と犯人の手をガチャンと手錠でつないだんです。それから話としては、犯人は留置所でゴロゴロして、刑事は家でご飯を食べる、という展開だったんです。でも、手錠の鍵がなくなっちゃって二人が離れられなくなっちゃったの。探してもどこにも鍵がなくて…。結局仕方なく、刑事が家に帰ると犯人役もついてくることになって。ご飯食べる時もちゃぶ台の下に犯人役が潜ったりして、刑事の子どもはビックリして見たりしてて（笑）。

　そういう場合、15分くらいやってもうこれ以上続かないってなるとね、「終わり」ていうフリップをカメラの前に出すんです。そうするとそれでもう終わりになっちゃうんです。今だったら考えられませんけどね。スタジオには「終わり」フリップがいっぱい落っこってて。私はずいぶん「終わり」フリップを出しましたよ。

『午後のおしゃべり』（1959年）　渥美清（右）

『若い季節』セリフの一人語り

　若い役者さんがいっぱい出ていた『若い季節』も生放送でした。会社の同僚役だった小沢昭一さんのセリフを全部言ってあげたことあるんですよ。小沢さんが、セリフを忘れちゃったのか初めから覚えてなかったのか、何も言わないから「あなたこういう風に言おうと思ってやしない？」てね。「うん」て言うから、「私もそう思ってたんで、私はあなたに対してこういうふうに言おうと思うんだけど、そうするとあなたはこうこうこういうふうに思うでしょ？」て言うと、「うん」て。どっかで思い出してくれると思っていたんだけどぜんぜん思い出さないから。結局全部言ってあげて、1シーン全部ね。「あの時は助かったよ」って小沢さんに言われましたけどね。相手のセリフも覚えなきゃいけないのは大変でしたけど、当時からできました。

『若い季節』（1961年）　ハナ肇（中央）

テレビは永久の平和をもたらすもの

　私がNHKの養成所にいてテレビに出る前なんですけど、アメリカのテレビ局NBCからプロデューサーが来て私たちに向けてお話をなさったんです。「テレビは今世紀最大のメディアになるだろう、世界中のあらゆるものをテレビで見ることができるようになるだろう、そして、テレビをどう使うか良く使えば、良くもなり、みんなが幸せに暮らすこともできるんだ、テレビは永久の平和をもたらすものだと信じている」とおっしゃったのが強く印象に残りました。それを聞いて、私はテレビに出て自分も平和を守ることができるんだったらうれしいから、一生懸命テレビに出るようにしたんです。だからあの言葉は今でも心に残っていて"テレビは世の中に平和をもたらす"それはとても大事なことだと思います。

『NHKニュース10』（2002年）　ユニセフ親善大使としてアフガニスタンを再訪

ラジオからテレビ、そして…

　昔は誰もがラジオを日常的に聞いていて、テレビは放送を開始してからもちょっと軽んじられているようなところがありました。私はテレビのためにNHKの俳優養成所に入ったのでそんなふうには思っていませんでしたけどね。それがテレビが台頭して、今はウェブが存在感を増していますよね。そんなふうに時代は変化しても、ラジオはラジオの、テレビはテレビの良さと役割があると思いますね。

テレビは正直であるべき

　やっぱりテレビは本当のことをやらなきゃダメだと思うんですよね。隠し事したりしても人は絶対にわかるでしょ。だから私は、テレビは正直であるべきだっていつも思っています。私が以前やっていた『ザ・ベストテン』（TBS系）という番組では、歌手の方が出たくないとか言うと、「この方はお出になりません」と正直に言いました。山口百恵ちゃんの代わりにランキング外の歌手を紹介する方法もあったのですが、私はそれは嫌だったんです。で、やっぱり視聴者はあの番組が好きで、毎週40％近く視聴率がありましたから。正直にやるのが大事だって思います。

『100年インタビュー』（2011年）

出演番組の思い出

『夢であいましょう』

　『夢であいましょう』は、渥美清さん、坂本九さん、三木のり平さん、E.H.エリックさん、岡田眞澄さん…、ほかにも多彩な顔ぶれがそろった豪華で明るい、華やかな番組でした。コント、歌、踊りなど色んなエンターテインメント要素がつまっていて、私はコントに出たり、ときどき司会もしながら、「リリックチャック」というコーナーで詩を読んでいました。なかでも印象的なのは歌のコーナー。永六輔さんの作詞、中村八大さんの作曲で、毎月一曲、オリジナルソングをお送りしていて、「上を向いて歩こう」や「こんにちは赤ちゃん」などのヒット曲が次々と誕生したんです。番組に携わる誰もが情熱にあふれていましたので、それを補ってあまりある魅力的な番組だったのではないかと思っています。

『夢であいましょう』（1964年）

『NHK紅白歌合戦』

　『紅白歌合戦』の司会を初めて担当したのは仕事を始めて5年目くらいのとき。私は25歳くらいで、最年少の司会者といわれました。当時はまだNHKホールはなく、新宿コマ劇場（1958年・第9回）を借りて放送していました。歌手の皆さんは『紅白』とダブって別の仕事の予定を入れていたので、番組開始時間になっても皆さんいらっしゃらないということもあって本当に大変でした。

　それから22年後の1980年から4年連続で紅組の司会をしましたが、最初に司会をした頃とは全く様子が変わっていました。付いてくださるスタッフさんが何人もいらして、「次はこれです」と教えてくださるんです。それでも生放送で何かあるといけないので舞台が見えるところに特別に小さい小屋を作っていただいて、そこで衣装替えをしたりしていました。何かあったときに飛び出していけるのは司会者だけですものね。

『第9回 NHK紅白歌合戦』（1958年）

『第31回 NHK紅白歌合戦』（1980年）山川静夫アナウンサー（右）

放送100年史 SPECIAL INTERVIEW / 巻頭インタビュー
伊東四朗と放送100年

02

伊東四朗
Shiro Ito

01.黒柳徹子 02.伊東四朗 03.中村メイコ 04.美輪明宏 05.米井重里 06.伊集院光

放送の原体験はラジオ

最初の放送の記憶は戦争が始まったころ。4〜5歳だったんじゃないかな。『前線に送る夕』とか『東部軍管区情報』なんかははっきり覚えてますし、落語とか軽音楽もかかっていたと思います。今は当たり前でしょうが、子ども心にラジオから音が出てくるのが不思議でしょうがなくて、後ろに回ってみたりね(笑)。「ラジオ」って昔は「ラヂオ」って書いてたけど、いつの間にか「ジ」になったのかなぁ。

大失敗したテレビ初出演

何はなくてもラジオという時代を経て、各家庭にテレビが広がるには、ずいぶんかかったんじゃないですか。私がテレビを買ったのはいつだったかな。たしか1964年の東京オリンピックを見たくて買ったんだ。高かったですね、その頃はまだカラーは手が届かなかったですからね。テレビがない時代は、ラジオ・芝居・映画、これが娯楽だったんですよ。テレビがこんなに流行るとは思わなかったですけど、じわじわ盛り上がってきたところでテレビに出てくれと言われた時はやっぱりうれしかったですね。

1964年2月撮影

初めてテレビに出たのは、昭和34(1959)年の浅草からの劇場中継です。もう60年以上前ですけど、舞台上でとちってしまって大失敗したのが私のテレビ初体験でしたね。

喜劇役者たちの出世コース

テレビが始まった頃、私は石井均さんの劇団にいて、浅草の劇場に出てましたね。渥美清さんとか谷幹一さん達みんな浅草出身なんですよ。

ある日、渥美さんが暖簾(のれん)をあげて「均さんやってる?」なんて言って入ってきたんです。ぐるっと全員を見回して私と目があって「おお新人かい、おかしな顔してるね」なんて言われて、その時ムッとして「あなたには言われたくない」て思ったことはありましたね(笑)。浅草や新宿の劇場から丸の内の日劇に引っこ抜かれて、

1966年2月撮影 「てんぷくトリオ」
三波伸介(中央) 戸塚睦夫(右)

その後NHKの『夢であいましょう』なんかに出るっていうのが理想的なコメディアンの出世コースで、早く番組に出たいもんだなぁと思ったものです。

お客さんを笑わせるために大切なこと

喜劇の役もシリアスな役も心構えは同じで、全く変えていません。喜劇をふざけてやったら喜劇にならないんです。きちんとやって普通のセリフで笑う、そういう台本がないと出来ないものが喜劇だと思ってます。シリアスはシリアスでそういうシチュエーションの中でやるもので一緒です。ただちょっと難しいのは喜劇のタイミングです。このタイミングがずれるとお客さんは一人も笑わない。非常にデリケートなものですから。大河ドラマで三谷幸喜さんに出会えたことは、とっても幸運だったと思います。普通のセリフを言って大爆笑が来る、三谷さんはそういう台本を書く人です。

『大河ドラマ 新選組!』
(2004年・三谷幸喜 脚本)
松金よね子(右)

10 NHK放送100年史(ラジオ編)

テレビで喜劇がやりにくい時代

　昔は扉の付いたテレビで家族全員が正座して、始まったら終わるまで全員で見てましたけどね。今はそれぞれの部屋に一つずつあったりするので、そういう意味ではテレビ生活というのはずいぶん変わったと思いますし、テレビでとても喜劇がやりにくくなってるのを感じますね。喜劇は最初の方にいろんなことを振るんです。いわくつきの電話を映してみたり、会話でも聞き逃すと後で困るようなセリフを言ったりするんですね。でも、家でテレビを見てると電話がかかってくるし、トイレも行ったりするわけで、その間に最初の振りを見逃したりすると、喜劇が後で面白くなくなっちゃうことがあります。やっぱり昔みたいに、家族が正座して見て欲しいなって、そんなことあり得ないですけどね（笑）。そういう意味では、喜劇は舞台しかできないのかなという気がしています。

『コメディーお江戸でござる』（1995年）
えなりかずき（右）

喜劇役者を長く続ける秘訣

　芸歴はもう60年以上ですが、喜劇役者として長く続けていく秘訣は運ですね。運というのは結構向こうから飛んでくるんですけど、それをうまくつかめるかつかめないかってことだと思います。運は知らん顔してたらどんどん逃げちゃいます。それと人との出会い。こんなすばらしいものはないです。2〜3秒遅れてたらその人に会ってないことってずいぶんあるんですよね。そういう不思議さ。長いことやってるとそういう不思議さってのは何かどっかの領分で仕込まれてんじゃないかっていう思いが私にはあります。そういう意味では幸運でしたね。

『植木等とのぼせもん』（2017年）　小松政夫（左）

放送のこれから

　これからテレビはどうなっていきますかね。テレビはワイドになってぺったんこの画面になって終わりじゃないですかね、ひょっとしたら立体テレビなんていうのはできるんですかね。それ以上は想像もつきませんね、スマホの扱いもできない人間ですから。

　ラジオにも長年出させていただき、伝えたいことを散々伝えちゃったので今さらとも思いますが、ラジオではまったく作り話ができないとつくづく思います。目で見えない分、ごまかしが効かないのかな。私もいい年になり、あと何年この世界にいるか分かりませんが、その時まで元気いっぱいやらせてもらいますので、皆さん見捨てないでください！

出演番組の思い出

『電線音頭』

　「電線音頭」は桂三枝さん（六代目 桂文枝）が演芸大会で「電線に…」って即興で踊ったのを見て、もっと膨らませたいとプロデューサーから声をかけられたんです。「伊東さん、今度"電線軍団"ていうのを作って、キャンディーズと小松政夫を入れて、こたつの上で踊ってくれ。撮影は再来週！」て丸投げされちゃって。なにそれって感じだったんですけど、すぐに振付師と相談しました。じゃあ電線にって言ったからにはこうやって電線を描いてみる、スズメって言うんだからくちばしをとんがらがした指でやってそれで飛び跳ねてみますか、あぁいいんじゃないですかって、結局いいんじゃないですかしか言わないで帰っちゃったんですよ。それで最初は「なんだこりゃ」ってみんな思ってましたね。そのうちになんだか知らないけどお花見って言うとこれっていうようなね。なんでこんなものが流行るのかっていう気持ちはありました。ただあの時の私の目はイッてたみたいでね。

　その後、NHKで歌番組の司会をやったんですけど、美空ひばりさんに舞台の袖に連れてかれて「四朗ちゃん、あの踊りやめてくんない。うちの息子がこたつ板を破って困るのよね」って言われてどうしようかと思いましたね。だから自分とは思わせないように顔もほとんど分かんないように紙にリボンつけて太い眉にして、ベンジャミンって名前にして、そうすれば分からないかなと思ったら余計分かっちゃった…大変な時代でした。

『第43回　NHK紅白歌合戦』（1992年）　電線音頭　石倉三郎（中央右）

『連続テレビ小説　おしん』

　おしんの父親・作造役を演じました。一番大変だったのは、15分のドラマで私のセリフが台本11ページにわたっていたこと。相手役の方はほとんど「………」。それだけでなく、後にも先にもその時、ドラマで初めて音楽の現場付けというのを経験しました。ふつうドラマの音楽は撮り終わった映像を編集して後からつけていきます。ところがこの時はなぜかスタジオに音楽を流しながらの撮影。それも前のシーンからかぶっているので、何分か前から待機してやっと始まる。11ページ分のセリフをしゃべり終わると、「伊東さん、このメロディーのあたりで戸から外に出てください」なんて指示まであり、そのときばかりは頭が大混乱しました。1年間放送したドラマで、スタッフの気合いもすごかったですね。作造の最期を撮ったとき、私がおしんの前で初めて少し涙を見せたんです。そしたら「お父さんは絶対に泣かないでください」とスタッフから言われました。私としてはおしんが小さいころからのことを思い出し、ちょっとこみあげるものがあってもいいのかなと思ったのですが「ダメ！」。最期まで厳しく死んでいってほしい、それが作造だということだったんですね。

『連続テレビ小説　おしん』（1983年）　泉ピン子（左）

放送100年史 SPECIAL INTERVIEW 巻頭インタビュー
中村メイコと放送100年

03

中村 メイコ
Meiko Nakamura

01.黒柳徹子 02.伊東四朗 03.中村メイコ 04.美輪明宏 05.糸井重里 06.伊集院光

NHKとともに歩んだ生涯

　私は2歳半で映画デビューしてからラジオやテレビに出続けてきましたから、人生のほとんどをNHKで過ごしたような感じですね。初めてラジオに出演したのは浪曲や落語を流していた『10分間演芸』という番組。『ほがらか日記』というドラマをやることになり、ルミコちゃんという女の子を演じたのを覚えています。のちにNHKの会長をされた坂本朝一さんがまだお若く、メイコちゃん係をしてくださっていて、幼くて漢字が読めなかった私の台本にふりがなをふってくださったんですよ。おかげで早く字を覚えましたね。

子ども時代に親しんだラジオ番組

　子どものころ楽しみにしていたのは、村岡花子さんがラジオのおばさんとして親しまれた『コドモの新聞』。「よい子のみなさん、ラジオの前にいらっしゃい」という呼びかけから始まる番組で、小学生向けのお話を朗読してくださいました。こども番組の時間帯は子どもたちがラジオの前に集まり、ニュースになるとお父さんが耳をそばだてる、そんな時代でした。
　終戦後には平川唯一先生の『ラジオ英語会話』(通称「カムカム英語」)で流れる"Come Come Everybody♪"が好きでね。英語の歌を歌ったのはこの時が初めてじゃないかと思います。

テレビの実験放送から出演

　まだテレビ放送が始まる前、NHKが1940年に始めたテレビの実験番組『謡と代用品』というドラマに子役で出演しました。小学校入学前でしたからそんなにはっきりとは覚えていないですけど、カメラマンとか照明さんとか技術の方はみんな白衣を着ているので、レントゲンか何か撮られるのかと思っていました(笑)。6歳の子どもにとっては大病院で検査されるみたいで、怖かったのをよく覚えています。
　まだちっちゃかったですけど、ちゃんとお仕事をやっているという「仕事感」はありましたね。子どもらしくワーワーと遊んでいても、「メイコちゃんそろそろ本番行くよー」て言われると、「はい!」と言って「さあ本番だ!」と切り替えていました。

『謡と代用品』(1940年) テレビ実験放送　　1940年8月
カメラマンは白衣姿　　　　　　　　　　　子役時代(6歳のころ)

お買い物競争みたいな生放送

　NHKがテレビ放送を開始した翌年、『今晩わメイコです』という番組をさせていただいてて。その頃はもちろん生放送でしょ、だから一定の時間内で本当の早替わりをしなくちゃいけないのね。それで「メイコちゃん今顔だけ録ってるから、下脱がして脱がして!」とかって、私19歳で年頃の娘だったんですけど、もうどんどん衣装さんが私を脱がしていって。大人になったら服装を変えて、今度は「足元撮って!足元撮って!」て言って、お買い物競争みたいでしたね。

12 NHK放送100年史(ラジオ編)

『今晩わメイコです』(1955年)

ずっとラジオが好き

　私、今でもラジオ大好きなんです。だってこんな私でもいまだにお姫様の役ができるし、人間以外のものにもなれるでしょう。一番面白かったのは飯沢匡先生の作品で救急車の役をしたこと。一番悩んだのはクラゲの役でした(笑)。そんなふうにラジオでもたくさん面白いことがありましたね。

　よく孫たちに本を読み聞かせるのですが、私が子ども向け番組をやっていたことを知っているらしく、最初に絵を見せてきてこういうキャラクターで読んでくれと注文してくるんです(笑)。そういった感じで子どもに物語を読み聞かせ、その間におばあさんが好きな長唄や浪曲なんかを挟んだ「おばあさんといっしょ」っていうラジオをやってみたいですね。私もおばあちゃんっ子で、ずいぶんと祖母から色んな歌を教えてもらいましたから。

テレビの面白さは役者の演技

　何でも物事っていうのは進歩が必要ですから、テレビもずいぶん面白いことやビックリすることができるようになった。でも、それは技術の面で、演技っていうのはまた全然別の話だと思うんですよ。だから、びっくりした顔って言ったってカメラがワーッと大アップによってくださることはあっても、演技することはまた別だと思うのね。

　昔、私の周りには本当に素晴らしいバイプレイヤーの方が大勢いらしたんですよ、子どもの頃から少女期も全部ね。そういう先輩方のなさる映画の演技、お芝居の演技そういうのを子ども心において素晴らしいと思って育ってきまして、結局なかなか追いつけませんでしたけど。でも本当に昔は、きら星のごとく素晴らしい女優さん男優さんがいらっしゃいましたね。

『今晩わメイコです』(1955年)

メイコの脳ミソがパンクする(笑)

　テレビジョンができた当時、ビックリしたお年寄りはたくさんいたんですから。どんどん科学が進歩すればいろんなジャンルでいろんなことができるようになるとは思うんですが、今だにね、絵柄というのは、ここまでワイドにしなくてもいいだろうとか、ここまで色つけなくてもいいわよとか、ここまで画面をいじくらなくても生の状態を見たいわ、と思うことがありますね。

　私2歳半からこのお仕事を始めて人生とほぼ同じだけメディアに出てきましたけど、もうそろそろ寿命だからちょうどいい時に去っていけると非常に明るくとらえてます。これ以上いろんなことが進歩したらきっとメイコさんの脳ミソはついていけないと思いますね(笑)。

　こうやって振り返ってみると今まであっという間でした。だけどこの先100歳を超えると、人間のいろんなところがもう古くなってきて使い物にはなってないんじゃないかなぁ。だから私は100歳までは生きない、なん

とか現役で幕を閉じたいって自分で決めてるんです。放送100年・ラジオ100年はきっと空の上で「頑張ったねー、ラジオさん。お疲れ様」って手を振りたいと思います。

『第11回 NHK紅白歌合戦』(1960年)
鰐淵晴子(左)

出演番組の思い出

『連想ゲーム』

　『連想ゲーム』は1968年に放送された『みんなの招待席』のクイズコーナーから始まった番組です。私は女性チーム「紅組」の初代キャプテンを務めました。男性チーム「白組」のキャプテンは加藤芳郎さんでした。アシスタントから渡された紙に書いてある答を、司会者から指名された解答者の人たちに答えさせるために、キャプテンがヒントを出すのが基本です。ヒントを次から次から出していかなきゃいけなくて頭を高速回転させる必要があるので、みんなが「キャプテン大変だったでしょ」って言ってくださるんですけど、性格的に全然そんなことなかったんですよ。

　ヒントの例はNHKのスタッフがカードにばあーっと書き出したものを、番組が始まる5分ぐらい前にキャプテンに手渡してくれるんです。参考にはしますけど、つまんないのもあって、やはり自分で考えないといけないんですよ。そういう意味では非常に知的なゲームでしたよね。私は(そういう知的な感覚を楽しめる)生放送だからやっていたところがあったんです。

『連想ゲーム』(1968年)　白組キャプテン加藤芳郎(左)

『お笑いオンステージ』

　『お笑いオンステージ』をやった1972年からの約10年間で、女優として怖いものがなくなりましたね。女学生からおばあさんまでありとあらゆる役をやりましたから。今考えたらよく引き受けたと思うんですけど。女子プロレスが流行っていたころに、グラマラスなあき竹城さんとやせっぽちの私とでレスラーの役をしたこともあります(笑)。分かりやすい喜劇だし、手っ取り早く笑える。それでいて品が悪くないという、そういう勉強をあの10年間でしましたね。

　私はある時から自分は喜劇女優だということで通そうと思ったんですね。これはユーモア作家だった父の願いというか、家庭内命令みたいなものがありまして。子どもに「お母ちゃん、行かないで」なんて言って涙をこぼす役だけはやらせたくないと言うんです。だから小さいときはエノケンさんとかロッパさんとか柳家金語楼さんとかそういう喜劇をやっていました。きっと父はハリウッドの喜劇路線に魅力を感じていたんでしょうね。

『お笑いオンステージ』 榊原郁恵(左)

放送100年史 SPECIAL INTERVIEW 巻頭インタビュー
美輪明宏と放送100年

04 美輪明宏
Akihiro Miwa

撮影 御堂義乗

01.黒柳徹子 02.伊東四朗 03.中村メイコ 04.美輪明宏 05.糸井重里 06.伊集院光

ラジオが唯一の娯楽の時代

　私は1935年生まれで、ちょうどラジオが始まった10年後に生まれたわけですけどね。その頃の日本はものすごく世界から遅れてましたし貧乏でした。ラジオはとても高価でしたから、普通のご家庭では手が出なかったんです。娯楽といえば年に一度、映画かお芝居を見に行くというような時代よくこんなに娯楽がなくて生きていられたもんだと思うほどです。つまり、その頃の一般の人にとってラジオで音楽を聞けるということは、もう最大の楽しみだったんですね。ラジオから流れて来るのは昔の流行歌で、もうとにかく日本語がきれいでした。霧島昇さんや藤山一郎さんもそう。淡谷のり子さんの若い頃なんて本当にほれぼれするような美しい声でしたしね。渡辺はま子さんも、みんなお上手でしたね。変に小細工をしないで譜面通りにお歌いになるのに、みなさん個性があって違うんですね。

　思い出してみると、当時のラジオは流行していたアールデコの影響を受けてデザインがとってもしゃれてた。今でも装飾品として部屋に飾っておきたいくらいです。懐かしいですね。

ラジオに初めて出演した時のこと

　長崎の駅前にちょっと小高い丘があって、そこにNHKの建物が立ってましてね。放送局といったってNHKだけしかない時代ですからね。私は将来、絵描きになろうと思ってましたが、小学5年生の時に「僕の

長崎の中学時代（1950年）

父さん」という映画で、ボーイソプラノ歌手の加賀美一郎さんの歌を聞いてから、方向転換して自分もボーイソプラノ歌手になろうと思ったんです。それでピアノと声楽を習って、中学に入った時に音楽の先生がNHK長崎放送局の放送合唱団のコーラスの指揮をしてらっしゃって、ソプラノの女性達のグループに入らないかと誘ってくださったんです。それでNHK放送合唱団のコーラスで、童謡の「お猿のかごや」などいくつか歌ったんですね、それが最初でした。

長崎の中学時代（1949年）

上京してテレビの実験放送に出演

　上京してから銀座7丁目に「銀巴里」というライブハウスができまして、そこで専属歌手として歌ってました。銀巴里のお客様には著名な方が多かったんです。江戸川乱歩さん、岡本太郎さんとか、新人だと三島由紀夫さん、遠藤周作さん、吉行淳之介さんとか。その中にNHKの方もいらしてて、ファンになってくださった。それで、今度テレビの実験

14　NHK放送100年史（ラジオ編）

銀巴里の店内で（1953年頃）

放送で歌ってくれないかって誘われて行ったんです。まだ内幸町にNHKの建物があった頃ですけど、テレビがどんなものか分からなくて。家にいながら映画も見られるような、ラジオが立体化して映像化したのが見られる機械ができたって、嘘でしょってみんな信じなかったんですよ。それが東京で初めてテレビに出演した時だったと思います。

ラジオの良さは「想像する力」

やっぱりラジオの良さっていうのは、想像力ですね。言葉、音だけですからね、映像は自分で作らなきゃいけない。台所はこういう台所、ああいう台所、色々あります。そして住んでる人とか、どういう生活をしてきたのか、色々あるじゃありませんか。それを想像するのがラジオの良さですよね。想像の中で遊ぶには、やっぱりボキャブラリーが必要です。叙情的、情緒的なもの、例えば日本画でいうと、川合玉堂、横山大観、竹内栖鳳とか、すばらしい日本画家の絵画みたいな、そういうほどよく格調の高いものがラジオの番組作りに投影されていくともう一度ラジオが華やかになるんじゃないかと思います。

銀巴里にて（1954年頃）

放送の未来はバランスが肝心

現代は何もかもがデジタルになってますでしょう。何ごとにもよしあしがあって、デジタルの良さは即座に地球の裏側に伝わる便利さがある。明治の初めまで、長崎から東京まで通信するって言ったら、飛脚で人間が運んでいたんですから。でも一方では弊害もあるわけでそのバランスをいかに取るかが肝心。そういう意味でアナログも大事にしてほしいですね。明治・大正の人たちが作った日本独特の歌、美しい言葉とメロディーもひとつの財産として埋もれさせないでいただけたらと思います。

出演番組の思い出

『夢であいましょう』

末盛憲彦さんという優秀なディレクター兼プロデューサーがいらしてね、その方から出演のお話をいただきました。黒柳徹子さん、坂本九さん、渥美清さん、坂本スミ子さんら、大スターがそろって、コントや歌唱、踊りなどを披露するバラエティー番組で、何をやらされるか分からないんですが、面白い発想の番組でとても人気があったんですよ。

番組では毎月1曲、永六輔さん作詞、中村八大さん作曲の「今月のうた」が作られていて、1963年12月は私が歌った「あいつのためのスキャットによる音頭」という曲だったんです。本番でいきなり譜面を渡されて初見

『夢であいましょう』（1963年）

で渋々録音をしたのを覚えています（笑）。曲調は日本のお祭りで歌うような感じでありながら、5/4拍子。3/4とか4/4拍子ならふつうに歌えるんですけど、5/4拍子って不自然でね。私も最初はブーブー文句を言っていましたが（笑）、日本の音頭とモダンな音楽がみごとにミックスされていたので、大乗り気で歌わせていただきました。それにしても当時の映像を今見返すと、なんて痩せててトゲトゲしいんだろうと、自分の姿を見て思います。ずいぶんと苦労して生きてたんだな〜という感じがします。

『NHK人間講座 人生・愛と美の法則』

番組では8回にわたって私の人生経験や思想についてお話しさせていただきました。とにかく私は世の中に逆らって反逆の狼煙をあげながらずっと来ましたでしょう。終戦後はパーマをかけているだけで「進駐軍の真似しやがって」と目をつけられましたし、髪を染める染料もなくてビールで髪を何度も洗って染めるしかありませんでした。そんな時代に髪を紫に染め、紫ずくめのお洋服を着て、銀座でフランス語の歌を歌いながら「銀巴里」の宣伝をしていたんですよ。そりゃあみんなバケモノ扱いでした。有名にはなれましたが、とにかく覚悟を決めて何でもやっていましたね。

世の中で、小さいお子さんから老人まで悩みや苦しみ、心配事のない人はひとりもいないんですよね。ですから、そういう私の経験を参考になさって救われる方が何人いるかは分かりませんが、ひとりでもいらっしゃればそれでよし。私の話をすることで、少しでもお役に立てればと思います。

『NHK人間講座 人生・愛と美の法則』（2005年）

『大河ドラマ 義経』

義経が若い頃に出会う武術の師・鬼一法眼。吉野山の山奥で天狗様やカラスなどの精霊をうまく使いながら術を施す仙人の役です。宗教観や宇宙観のようなものを持ってる人でないと、この役は務まらないなと思いながらもお引き受けしたんですよ。お芝居でお経を唱えるシーンもあったのですが、幸い私は毎朝お家の仏壇でお経あげていますので、役に立ちました。本当に何が役に立つかわかりませんね。

鬼一法眼は何百歳かわからないような不思議な存在のキャラクターなんですよ。この時代には人魚の肉を食べて長生きしたといわれる八百比丘尼の伝説があったりして、昔の人には夢があったんですね。鬼一法眼は実在していたようですが、大河ドラマで描いたのは、さまざまな伝説がミックスされて無限の中をさまよっているような人物像。義経を助けて手本となり、導く役でしたので、やりがいがありました。

『大河ドラマ 義経』（2005年）鬼一法眼 役

NHK放送100年史（ラジオ編） 15

放送100年史 SPECIAL INTERVIEW　巻頭インタビュー
糸井重里と放送100年

05

糸井重里
Shigesato Itoi

テレビと一緒に大きくなった

　テレビの記憶で強く印象に残っているのは、近所の電気屋さんまでわざわざ見に行っていたプロレス中継。家族が食事をする場所にテレビがあって、知り合いの人たちが集まって見ていたのを覚えています。小学校2〜3年生くらい、1956年ごろかなぁ。当時プロレスと言えば力道山で、僕たち子どもは股引をはいてマネをしたものです。股引はらくだ色なので、これが黒ならどんなにうれしかったかと思いますね（笑）。

　市街地には街頭テレビもありましたが、夜、子どもだけでは見に行けませんし、チャンネルも変えられませんでした。世の中では昭和34年4月10日の皇太子殿下御結婚祝賀パレードに合わせて皆がテレビを買ったのですが、わが家はそれには間に合わず、少し後になってテレビを入れたと思います。

プロレスリング　力道山・遠藤幸吉 対 シャープ兄弟（1956年）

テレビを視聴する家族と近所の人々（1953年）

忘れられないクイズ番組

　テレビが家で見られるようになってから楽しみにしていたのが、NHKの『私の秘密』や『二十の扉』、『ジェスチャー』、『私だけが知っている』などのクイズ番組。特に『私だけが知っている』はすばらしく面白く、僕にとって重要な番組です。生放送で一方では事件を見せるドラマを進行させ、もう一方に回答者がいるスタイル。あまりに面白かったので、後年、自分でもやってみたいと思い、上岡龍太郎さんを司会に立てて民放で焼き直しをしたことがあるんですよ。

『私だけが知っている』（1963年）
左から加藤道子 千石規子 江戸家猫八 日下桂子 宝生あやこ

"テレビじじい"と呼ばれた中学時代

　中学生になってもテレビ好きは高じるばかりでした。年末になると『紅白歌合戦』を夢中になって見ていて、「初詣に行こう」と誘う友達を「テレビを見ているからダメだよ」と断ったことがありました。だって、大みそかは、紅白の後に『ゆく年くる年』だってある。そうしたら「テレビじじい」って言われて（笑）。それほどテレビっ子だったんです。

　この頃、毎週楽しみにしていたのが『若い季節』、『夢であいましょう』というバラエティーの元祖みたいな番組。なかでも『夢であいましょう』はしゃれた番組で、歌や踊りに加え、くすぐるような笑いがありました。「さあ面白いでしょう」という笑いではなく、出演者たちがちょっとした笑いを楽しんでいるような雰囲気でしたね。中島弘子さんは司会者という立場上、番組を成立させようと一生懸命なのですが、そこにあの渥美清さんがチャチャを入れにきたりして、つい笑ってしまったりと、ミュージシャ

16　NHK放送100年史（ラジオ編）

ン的な遊びのセンスを感じました。
　中学生が見るには遅い時間に放送していましたが、親が寝たあとにひとりで見られる少し大人びた番組でもあり、とても影響を受けました。のちに村上春樹さんと出した本のタイトルを「夢で会いましょう」にしたほどです。

第4回NHK紅白歌合戦（1953年）

『夢であいましょう』（1961年）
渥美清（左）中島弘子（右）

テレビ初出演は『若い広場』

　テレビに初めて出たのは、たしかNHKの『若い広場』だったと思います。その後継番組を考える際に、プロデューサーのひとりが僕のことを覚えていてくださり、司会の候補に挙がったのだとか。面接がありましたが「司会なんて大変そうだけど、どうなんだろう」と他人事のように思いながら、「興味はあります」とお話ししたら『YOU』での司会が決まりました。
　『YOU』では好き勝手なことを言って、それをそのまま撮ってもらいました。失言も失礼もありましたが、萩野靖乃チーフプロデューサーやディレクター陣が何とか守ろうとしてくださったおかげで、僕にとってはいい思い出しか残っていません。

『若い広場　～青春クリエーター会議　若手メディアの旗手たち～』（1979年）

「予定調和」はつまらない

　いまのテレビはどれも迷路の出口が決まっていて、出演者たちはその出口に向かって視聴者を誘導していくんですよね。途中に目印がつけられているようなお決まりのコースでゴールを目指すなんて誰も見たくないでしょう。そうではなくて、できることならば想像していた結論じゃないところに連れて行ってくれるような人の話が聞きたいわけです。それは『YOU』のころから今まで僕にとっては当たり前のことで、みんなそうすればいいのにって思っているんですよね。でも特にテレビでは、そうなっていないように感じます。

『YOU』MC最終回（1985年）

テレビの未来は"家族"が鍵

　テレビ視聴は複数の人が同じ画面を見るという点で家族を前提にしたものだと思います。ある時代の家族の模型を作るときの中心になったとも言える。それが核家族化が進んで、テレビも個人視聴になったことを考えると、やはり家族の変化に左右されているんですよ。
　現代では家族の価値が薄れ、そのために少子化が加速しています。家族像がないから子どもを産む必要がないのかもしれません。そんななかで、もはやテレビができることはあるんだろうかと思いつつも、どこかで「わからないな」とも思うんです。
　フランスでは家族は血のつながりばかりではなく、人種を超えて親子になったり一緒に暮らす仕組みがありますが、日本も遠くない未来にそれが当たり前の社会がやってくる

のではないかと思うんです。そのとき家族という単位はすごく都合がいいなと皆が思い、戻ってくるとしたら、テレビがランドマーク的な存在になるんじゃないかな。「みんなで見ると面白い」と思えるかで、テレビの運命が決まるとしたら、そのときテレビに何ができるのか。いまから考えてみると面白いかもしれません。

出演番組の思い出

『YOU』

　今見てもゲスト出演者の顔ぶれがすごいですね。アカデミズムとの混ざり具合がNHKならではで、面白い人を呼んでくるんですよ。ビートたけしさん、タモリさん、坂本龍一さん…、とんねるずなんかもほとんど知られてない時期でしたしね（笑）。無名な人を出すのも平気で、確かまだ早稲田大学の学生だったデーモン小暮さんが、素顔で出たこともあると思います。番組制作に学生アルバイトを多く使っていたので、学校にいる面白い人たちの情報もあったのでしょう。
　『YOU』ではいつも何かひとつのテーマについて皆で意見を交わしていくのですが、最後に結論づけないことを常に意識していました。結論があったらそこに向かっていくしかないので、それまでの時間は全て結論のための時間になってしまうでしょう。もちろん結論に向かうために議論するのだけど、ゴールが分からないというのが一緒に考えるということだと思いますから。

『YOU』（1983年）左から青島美幸　糸井重里　アントニオ猪木　ビートたけし　村松友視　坂本龍一

『YOU』初回（1982年）
青島美幸（左）小椋佳（右）

『月刊やさい通信』

　野菜がものすごく美味しくなる農法をやっている人がいて、僕も一時はその方と一緒に農家を回っていたんですよ。その農法がみんなに伝わったら、世界中の野菜が美味しくなるんじゃないかと思ったのが番組スタートのきっかけ。かつてどこの家にもあった「家庭の医学」という本のように、農作物の育て方を総まとめにしたものがあれば便利じゃないか。それを伝えるのは映像が分かりやすいと、野菜の生育を追える月1回放送の番組を作ることになったんです。
　そもそも農業を第一次産業に、情報産業を第三次産業と分けること自体が本当は間違っていて、農業も一度情報に分解して組み立て直せば第三次産業でしょう。そうしたこともあって、僕にとっては土着的に生活に根ざしたものも、荒唐無稽なものも、せちがらいものもみんな人間の営みという意味で同じ。想像を膨らましていけばSFにもなるし、「これ、うまいね」と畑にも行く。それらはすべて自分がどうやって生きていくかの話なんです。こうした考え方は『YOU』に出演していたときと全く変わっていません。

『月刊やさい通信』（2005年）

放送100年史 SPECIAL INTERVIEW　巻頭インタビュー
伊集院光と放送100年

06

伊集院 光
Hikaru Ijuin

01.黒柳徹子　02.伊東四朗　03.中村メイコ　04.美輪明宏　05.糸井重里　06.伊集院光

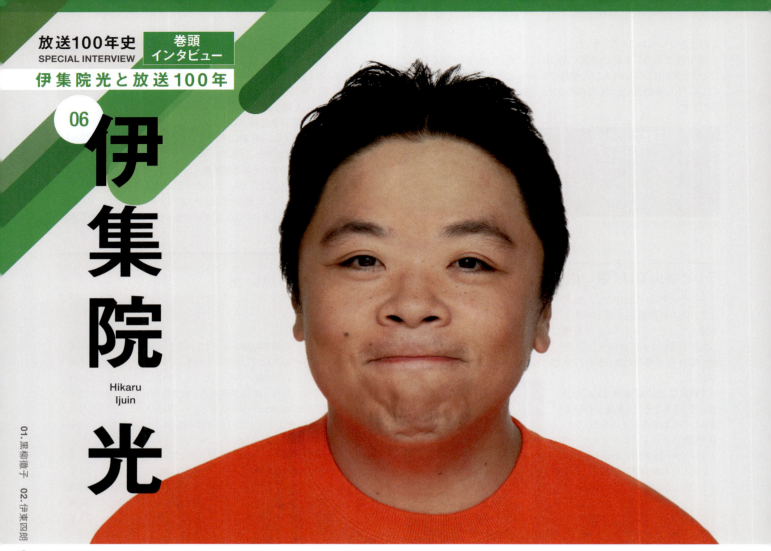

テレビが大好きだった少年時代

　子ども時代、テレビは一家に一台が当たり前でした。昭和42（1967）年生まれで兄弟の多い世代の僕には兄、姉、弟がいて、それぞれに見たい番組も違い、いつもチャンネル権を争っていましたね。僕は『仮面ライダー』や『秘密戦隊ゴレンジャー』ドンピシャ世代であらゆるヒーロー物を見ていましたが、お姉ちゃんは『キャンディ・キャンディ』が好きで、姉と一緒に仕方なくそっちも見ていた記憶があります。でも、今思えば、当時の男の子向けのアニメにはないような心の動きが描かれていたりしたので、今の仕事をするにあたってそれが役に立っているとも思います。
　現代では自分の見たい番組を個々に自室で見るのでしょうが、そういう選択肢はありませんでしたから、チャンネル権をめぐって兄弟で戦ったり、あるいは皆で時間割みたいなものを作ってドラフトのようなこともしました。ただ、仕事から帰った父に見たいものがあるとそれが優先だったので、「なんで大人はドリフやアニメを見ないのだろう？」と不思議に思いながら、ニュースや野球中継を横で見ていた覚えがあります。そんなふうでしたから、自分の好きなテレビをずっと見ていられる暮らしを夢見ていましたね。

NHK教育テレビが授業の代わり

　子ども時代の僕はわりと頻繁に不登校になる子だったので、家にいてNHK教育テレビをやたらと見ていました。そこで得た知識を武器にタレントになってからクイズ番組に出ていると言っても過言ではないほどです。当時、昼間に子どもが見るような番組は、教育テレビの番組くらいしかなかったんです。そうすると、例えば2年生のときに4年生向けの番組を見ることもあるので、久しぶりに学校へ行って授業を受けても「これもう知っている」と思ったりして、完全に教育が分断されませんでした。学校に行かないと学びが全部止まってしまうという恐怖がなかったのは、教育テレビのおかげで、めちゃくちゃためになったと思っています。

左．小学校時代（7〜8歳のころ）
右．子どもの頃から『連想ゲーム』（1969〜1990年）など多くのクイズ番組を楽しみにしていた

『理科教室2年生（1960〜1988年度）』は今でも主題歌を歌えるほど親しんだ

夢中で聞いた深夜ラジオ

物心ついたときには既にカラーテレビがあって、テレビにべったりで育ちましたが、思春期になると家族との団らんが嫌になり始めました。だけどテレビはやはり一家に一台でしたから、自分の部屋でラジオを聴くようになったんです。最初は兄貴がラジオを聴き始め、その影響で『欽ちゃんのドンとやってみよう！』のラジオ版、さらに『オールナイトニッポン』のリスナーに。ラジオを聴いている普通の人からのハガキが、当時ぶっちぎりのスターだったビートたけしさんを笑わせたりしていることに驚き、わくわくしました。

ラジオ出演から人気に火がついて、現在もラジオパーソナリティとして活躍中

落語家からラジオのパーソナリティに

17歳のとき六代目・三遊亭円楽に弟子入りし、落語の世界に身を置くようになったものの、やがて落語に限界を感じるようになりました。そんなとき、廃業してラジオの仕事をしていた兄弟子から声がかかり、ラジオに出演することに。テレビは師匠の許しがないと出られませんが、ラジオは顔が出ませんから名前を変えてしまえば大丈夫だろうと引き受けました。出演を重ねるうちに聴いてくれる人が増えていき、面白いと褒められるようになったのは本当にうれしかった。当初、ラジオ出演はテレビに出るための足がかりくらいに思っていたのですが、自尊心をくすぐられて「オレはラジオが得意なのかもしれない」とラジオが大好きになっていきました。

テレビに初めて出たのは落語家時代。『第3回NHK新人演芸コンクール 落語の部』でした。その後、落語家は廃業してしまい、タレントになって今に至ります。

NHK新人演芸コンクール・落語部門（1988年）

ラジオからテレビへ。そして未来は…

テレビ放送が始まる前の街頭インタビュー音声を聞いたことがあります。「未来のラジオはどうなっていると思いますか？」という質問に、多くの人が「ラジオには映像がつくだろう」と答えていました。しかし、その後、それはテレビという形で普及し、ラジオはなくなるかと思いきや、しぶとく生き残っています。むしろ画がないってことを最大限に生かした作りになっていて、だからこそ想像力がかき立てられるのがラジオの良さと言えます。逆にテレビはわかりやすく親切だけれども、想像をふくらませるには隙間がなさすぎる。そこはテレビの不得意な部分じゃないかと思いますね。ラジオは、そうしたテレビが取りこぼしたものを拾い上げて残しつつ、今も大きくは姿を変えずに続いている。同じことがインターネットの普及によって主役の座を譲ろうとしているテレビにも言えるんじゃないかと思っています。

着目すべきはメディアの特性

ネットの即時性を考えると、テレビはスピード競争からは降りるべきなのではと漠然と感じます。その一方で、同じ空間を共にして見る面白さや、間口の広さのようなものは着目すべきテレビの特性で、ネットが苦手とする部分でもある。

今後ネットメディアでは、生まれたときからSNSやネットが存在した世代がさらに活躍の場を広げていくでしょう。彼らが提供するネットメディアでのコンテンツには、テレビやラジオにはできない、びっくりするようなハプニングが起きる面白さがあるとは感じますけど、僕らベテランは良くも悪くも危機管理が出来すぎちゃってるから、そういう魅力は少ない。

逆にテレビやラジオで培ってきた部分に関しては太刀打ちできる部分もあるので、うまく利用すればネットメディアでも生き残れるかもしれません。ま、願望ですけど（笑）。

出演番組の思い出

『100分 de 名著』

視聴率の高い番組やクイズ番組ではないところに、番組の持つ力のすごさを実感させられます。Eテレの放送を、能動的に目的意識を持って見てくれているんだなと、その熱量の高さにも驚かされます。

名著と言われる本が教えてくれることの多さは感じていても、ある意味、わかりにくかったりする。それを読み下していくことで腑に落ちるような文章がたくさんあるし、もともと取り上げた本がすごいからですが、「伊集院が言ってくれたおかげで飲み込めた」という反応はうれしいですね。

本来、分厚い本を100分で解説してもらいましたというのは正しくない。でも、すでに本を読んだ人がこの番組を見るとか、あるいは何気なく見たことでテキストが欲しくなり、その上で実際に本を読む、というプラスにできるところもある。「番組で取り上げた目線で読んでみたら、自分の中に入ってきました」と言われたりするとうれしいし、読後、もう一度その時の放送を見たくなる。そんな立ち位置でいられたらいいなと思っています。

『100分 de 名著』では2012年から10年以上にわたって司会をつとめる

『伊集院光の百年ラヂオ』

NHKアーカイブスに保存されている貴重なラジオ音源を紹介しながら、僕なりの楽しみ方、気になったこと、発見したことなどを話していきたいと思っています。ただ、どの番組も聞きどころがたくさんあり過ぎて、まさに、埋蔵金のようで果てしないですね。

たとえば、昭和30年代の生活情報番組を聞いて、面白いなと思ったのは、家計簿をテーマに主婦の方が答えているインタビュー。当時の庶民の生活や空気が生き生きと伝わってきて、めちゃめちゃ面白かったですね。

今後、聞いてみたいのは、自分の父親たちの青春時代はどんなだったのか。あるいは30年前とか50年前に、2020年代の政治や社会について、識者はどう予測し語っていたのか。僕が子どもの頃は、人口爆発と言われていましたからね。マッチ箱とか石けん箱、カセットケース大といった「物の大きさを比較して表す言葉」の移り変わりも気になっています。

2023年4月スタートの『伊集院光の百年ラヂオ』でともに番組を進行するのは礒野佑子アナウンサー

NHK放送100年史（ラジオ編） 19

NHKラジオ放送史

1925（大正14）年3月22日、日曜日の"大安"。東京・芝浦の仮放送所から日本の放送は記念すべき初めの一歩を踏み出す。
15世紀のグーテンベルクによる活版印刷技術の発明以来のメディア革命ともいわれる「放送」の誕生である。放送開始100年を機に、その原点ともいえる「ラジオ」の誕生から現在までを番組とともにたどる。

01 ラジオ放送始まる

■ ラジオ開局前夜

19世紀に欧米で研究が始まった電信・電話技術は、20世紀に入り第一次世界大戦での軍事的需要を背景にアメリカで飛躍的な発展をとげた。

1920（大正9）年10月、アメリカに世界最初の放送局「KDKA」が誕生する。その2年後には全米の放送局は500局を超えるほどに急増し、聴取者数は約200万と推定された。このラジオ熱はたちまち世界中に広がっていく。

日本では1922年ごろから無線電話の実用化に向けて、官民の動きが一段と活発になる。そんな折、1923年9月1日、関東大震災が発生。壊滅状態となった東京・横浜では、社屋が倒壊するなどで新聞社は機能停止に陥る。余震におののく被災者の不安は流言飛語を生み、自警団の暴走により大勢の朝鮮人、中国人らが殺された。被災地での情報収集と伝達機能が失われた中で、いち早く情報を伝えたのが磐城（福島県）、銚子（千葉県）、潮岬（和歌山県）の各無線局だった。この事実は放送の必要性を広く知らしめることとなり、ラジオ局設立の気運は一気に高まった。

電波行政の主管庁である逓信省は1地域1放送局という方針を打ち出し、放送事業体の性格を「営利を目的としない社団法人」と定めた。こうして社団法人東京放送局が1924年11月、社団法人名古屋放送局が1925年1月、社団法人大阪放送局が同年2月にそれぞれ発足。3大都市での放送体制が整った。

ラジオ放送が始まった東京放送局仮放送所スタジオとマイク

第1章　第2章　第3章　第4章　第5章　第6章　第7章

初代総裁・後藤新平による放送初日挨拶（1925年）

三越呉服店屋上の大阪放送局仮放送所

ラジオ放送が始まった東京高等工芸学校（1925年）

東京放送局仮放送所看板と玄関（1925年）

■聴取契約者数3500からの出発

「ああ、あー、聴こえますか。ああ、あー、聴こえますか。JOAK、JOAK、こちらは東京放送局であります。……」

アナウンサーの京田武男が東京放送局のコールサインを、遠くへ呼びかけるような抑揚をつけて伝えた。1925（大正14）年3月22日、東京・芝浦より発せられたこの第一声が、日本のラジオ放送誕生を告げる産声となった。

「ああ、あー、聴こえますか」は、当時、大多数の聴取者が使用していた鉱石式受信機の検波器の針を、よく聞こえる位置に調整させるための呼びかけでもあった。

この放送は芝浦の東京高等工芸学校の図書館の一部を借りた仮施設から発せられたため「仮放送」と呼ばれたが、すでに逓信省の正式免許を得ていたので、これが日本の正式な放送開始日とみなされた。1943（昭和18）年、日本放送協会はこの日を「放送記念日」と定める。

当時、東京放送局の聴取契約者数は3500人、聴取料は1か月1円。国内のラジオ受信機は、アマチュアの愛好者による未届けも含めて8000台程度だったと推定された。ほとんどが両耳にレシーバーを当てて聞く鉱石ラジオである。放送機の出力は220ワット。放送が聞こえる範囲は、鉱石ラジオで約30キロメートル、真空管を使った高価な3球受信機でも約40キロメートル。ただし電波が遠くまで届く夜間には、はるか福岡から「聞こえた」という報告もあった。

東京放送局の仮放送初日は午前9時30分に海軍軍楽隊演奏のクラリネット独奏から始まった。続いて、のちに日本放送協会初代会長となる理事長・岩原謙三の報告、総裁・後藤新平の挨拶、逓信大臣・犬養毅の祝辞代読と続く。その後、新聞社提供のニュースを3回はさんでクラシック音楽や宮城道雄作曲の「新日本音楽」（邦楽の新作歌謡）の演奏などを放送し、その大半を音楽が占めていた。

まだスピーカーがなくヘッドフォンで聴いた初期の鉱石ラジオ

鉱石ラジオで放送を聴く人々（1926年）

> ラジオ編
> 放送史

NHKラジオ放送史

■「日本放送協会」設立

東京放送局は1925(大正14)年6月に愛宕山(東京・港区)に鉄筋コンクリート造りで、クリーム色の近代的な新局舎を完成。7月12日に3放送局の先陣を切って、出力1キロワットで本放送を開始した。

続いて名古屋放送局も7月15日に本放送を開始したが、大阪放送局は放送施設の用地買収と建設の遅れに加え、役員の人事問題に揺れ、1926年12月1日となった。こうして3大都市で各局が競う形で本格的にラジオ放送のスタートを切ったのである。

1925年度末の府県別「聴取契約者数」は全国25万8507件のうち、東京府が14万4483件、大阪府が4万6690件、愛知県が2万2021件。3府県の合計は全国の8割を超えていた。契約者が3大都市に偏在しているのには理由がある。安価な鉱石ラジオでは放送を聞ける範囲が、放送局所在地周辺の狭い地域に限定されていたからだ。都市部を離れると高性能の真空管式ラジオでなければ受信できない。当時、高価な真空管式ラジオを備えていたのは聴取者の約20％にすぎなかった。

電波の恩恵を日本全国へ届け、文化を享受する機会均等を目指すとともに、放送による全国統制を視野に入れていた政府は、鉱石ラジオで聞くことのできる範囲を全国に広げる「全国鉱石化構想」を推進する。そのためには3局合同を母体とした事業の全国統合組織が必要だった。

こうして1926年8月20日、政府が主導する形で「社団法人日本放送協会」が東京・大阪・名古屋の3局を解散統合する形で発足する。東京・大阪・名古屋は全国組織の中核をなす「中央放送局」とした。

1928年に入って、札幌・熊本・仙台・広島の各地に相次いで放送局を新設。従来の3中央放送局と合わせて7つの基幹局が完成した。各局間を結ぶ中継線が敷設され、全国統一組織の確立と表裏一体の、全国放送網の整備が急ピッチで進められる。その背景には昭和天皇の「即位の大礼」の全国中継実現という政府の強い意志が働いていた。

■全国放送スタート

1928(昭和3)年11月5日午後0時5分、いよいよ全国中継放送が逓信省電務局長の講演「中継放送とラヂオの効用」から始まった。その翌日6日午前6時40分、御大典の「奉祝特別放送」は次のようなアナウンスで実況の口火を切る。

「JOAK、こちらは東京中央放送局であります。ただいまよりの放送は仙台、名古屋、大阪、広島、熊本の各放送局におきましても中継によって同時に放送いたします」

「即位の大礼」関連の放送は同月29日まで、約3週間にわたって行われた。天皇の京都行幸の模様を東京、大阪、名古屋が発信局となり、それぞれの担当地域を分担し、バトンを渡すようにつないで全国放送した。聴取可能範囲の拡大を目指し、出力を10キロワットへ増力した結

都心で一番高い愛宕山に建てられた東京放送局(1925年)

東京放送局局舎(1925年)

東京放送局本放送開始初日の番組表(1925年)

ラジオの速報性が初めて認識された大正天皇崩御のニュース(1926年)

22　NHK放送100年史(ラジオ編)

第1章　第2章　第3章　第4章　第5章　第6章　第7章

東京放送局・全国中継用の操縦盤

東京放送局副調整室

皇太子御誕生を報じる矢部謙次郎放送部長（1933年）

選挙ニュース・開票速報で慌ただしい報道部（1936年）

東京市役所から東京市会議員総選挙を伝える（1937年）

果、朝鮮の京城放送局と満州（中国東北部）の大連放送局でも受信するなど、全国中継は期待以上の成果を見る。この成功は国家的統合意識の形成や国民統合の装置として、政府がラジオを強く意識する契機ともなった。

全国中継の成功によって、同一内容が同時に広域に放送できるようになったことで、ラジオは"マスメディア"として確立される。

■始まったニュース改革

全国中継網の完成を契機に、報道放送に対する社会的関心が高まった。報道放送は全中（全国中継）種目とローカル種目に分けられた。まず全中になったのが『時報』と『気象通報』である。「各地天気予報」は従来どおりローカル放送に委ね、「全国天気概況」と「漁業気象」を東京から全国放送した。

1930（昭和5）年3月、東京では『産業ニュース』を新設し、全中種目とした。この番組は産業振興に資するねらいで、日本商工会議所、帝国農会、帝国水産会、大日本山林会等が発表する各種産業ニュースを放送した。

同年11月に、それまでローカル放送だった『ニュース』（ただし東京発以外は従来どおり）と『官庁公示事項』が全中となった。1928年11月に全国中継網が完成してから、2年もの時を経ての全国放送である。

『ニュース』の全国放送が遅れた背景には、放送局内の全中に対する消極的な姿勢があった。当時の放送局幹部の大部分を逓信省出身者が占めており、ニュース放送に大きな関心を示していなかった。さらに新聞社出身の理事たちの中には、放送の全国中継が新聞社の優位を脅かすものだという懸念を抱くものもおり、全国中継を目指す積極論が出なかったのである。

1928年、時事新報社（1882年創業の日刊新聞社）の社会部長だった矢部謙次郎が、東京中央放送局放送部長に就任し、「ニュース放送」の大改革に乗り出す。矢部は協会が報道機能を強化し発展するためには、ローカル偏重から全国放送を実現し、さらにニュースの新聞社依存から脱却することが必要だと考えていた。

当時の放送用ニュース原稿は、日本放送協会設立後もしばらくは各局とも地元の新聞社・通信社から輪番で無償提供（名古屋局は新聞社のみ無償）されていた。ニュースはすべてそれぞれの管内に向けてのローカル扱いで、提供元の社名を冒頭で告知してから放送された。原稿には放送順の指定があり、放送局には原稿に手を加えたり、記事の取捨選択をする権限はない。所管逓信局の検閲を受けた後、アナウンサーは原稿をそのまま読み上げるだけだった。

報道部ニュース課（1939年）

ラジオ編 放送史
NHKラジオ放送史

東京中央放送局ではそれまで仮放送時に1日3回だったニュースが、本放送からは平日2回、休日は夜1回だけに減っていた。新聞社からの提供が滞ることが多かったからである。新聞が出る前にニュースがラジオから流れることを嫌った各新聞社から、号外を出すような重要ニュースや、特ダネが提供されることはほとんどなかった。「今日は○○新聞社のニュースの提供はございませんので、この時間の放送はとりやめます」とアナウンスされることもたびたびだった。

矢部の号令で、放送協会は各新聞社の了解を得たうえで、日本電報通信社（電通）と新聞聯合社の2通信社とニュースの購入契約を結んだ。通信社から送られてくる原稿は、東京中央放送局の報道課が取捨選択のうえ、政治・経済・海外など放送順を決めた上で、「書き言葉」から「話し言葉」へ聴きやすく書き直された。

こうして1930年11月1日から「放送局編集ニュース」が、「放送局編集ニュースを申し上げます」と前置きをしてから全国放送されるようになった。放送局がラジオニュースの編集権を持つことで、まがりなりにもニュース放送の自主性を確保し、全国中継網が整備されたことで報道機関としての第一歩を踏み出したのである。

1日の『ニュース』の放送は4回（休日は2回）に増え、1回の放送時間も拡大した。

■放送への検閲と統制

当時、新聞、雑誌、書籍は、内務省による厳しい統制下にあった。仮放送が始まった1925（大正14）年3月に普通選挙法が議会を通過し、政治への民意反映の道が開かれた。しかし一方で治安維持法が成立。国民の思想、言論、政治活動の取締りが強化された。

放送事業はその出発の時点から無線電信法によって「政府之ヲ管掌ス」とされ、担当官庁である逓信省の指導、検閲下にあった。1925年12月18日付の所轄逓信局からの通達で、「政治問題に関する講演・論議を禁止」し、放送種目の選定については「社会教育上適当と認められるもの」に重点を置くこととされた。

東京・大阪・名古屋の各逓信局は、放送監督官を置いて放送原稿を事前検閲し、さらに放送中の番組を聴取して原稿からの逸脱がないかを監視した。アナウンサーや出演者が問題のある発言をした際は、監督官は直ちに中止を命じ、放送は遮断されなければならなかった。監督官と放送局の間には直通電話が設置されていた。外部の通信社・新聞社提供のローカルニュースでも、監督官はことごとくその内容をチェックし、特に官庁関係の内容に関しては、各官庁に直接電話で問い合わせるほど神経をとがらせた。

検閲はニュースにとどまらずラジオドラマにおいても、「極端ニ走リ良俗ヲ乱リ風教上ニモ悪影響ヲ及」ぼさないように、脚本検閲や試演臨検（リハーサルの立ち会い）などの事前の監督により、厳重な取締りが求められた。放送監督官の裁量と番組担当者の判断で便宜処理しなければならない事項も多く、放送現場を悩ませたという。

■「市況」から始まった報道番組

放送開始当初の番組種目（ジャンル）は、「報道」「教養」「慰安（娯楽）」に大別されている。東京放送局における1925年10月の各部門別の比率は、報道（ニュース・時報・天気予報・経済市況・日用品物価）が約20％、教養（講演講座・子供の時間・料理献立）および娯楽（演劇・演芸・邦楽洋楽）がそれぞれ約40％となっている。大阪・名古屋両局も傾向的には東京とおおむね変わりはなかった。

1931（昭和6）年に創刊された「ラヂオ年鑑」には、ラジオの特性を「報道に最も重要なる迅速、普遍の二大条件」

浜口雄幸首相講演『経済難局の打開について』（1929年）

「ラヂオ年鑑」昭和6年版（1931年）

株式・為替・商品相場などを伝えた『経済市況』
→P272

時計にあわせてチューブラー・ベルをたたく「時報」

全国一斉に時刻を伝えるための時報装置(1932年)

誤差をなくすため3年がかりで開発した自動式時報装置

として、報道機関としての放送局の役割が記されている。

報道系番組の中でも3分の2が『経済市況』で、『ニュース』はわずか4分の1、残りが『天気予報』『日用品物価』そして『時報』。『ニュース』の占める比重はきわめて低かったのである。

放送初期の報道番組の特色は『市況』(のちに『経済市況』)が重点放送されていたことである。特に綿花、銀塊、期米、砂糖、生糸などの相場の実利放送が頻繁だった。東京放送局の1925年9月の番組表によると、『ニュース』が1日に2回(計30分)なのに対し、『市況』は10回(計1時間25分)。商人の町大阪では、北浜、堂島、三品の各取引所と放送局の間に直通電話を設け、当時「写真放送」という言葉があったほど、全相場の立ち会い状況を詳細に伝えた。放送開始に先立って逓信省が打ち出した方針にも、放送事項は「気象、時刻、相場、新聞、講演、音曲、音楽に限る。広告は許さず」とあり、「相場」が特記されている。1927年には、東京・大阪・名古屋の3中央放送局に『海外市況』が設けられ、ニューヨーク定期相場概況の放送も始まった。

『日用品物価(値段)』も『市況』とならんで草創期から放送している番組である。食料品、服飾品、家具調度類から季節の贈答品に至るまで、家庭に必要な日用品の小売値を家庭の主婦を対象に放送した。「暴利を貪らしめざる等不正商人をして乗ずるの余地なからしめて」と「ラヂオ年鑑」に放送の趣旨が記されている。

1927年3月の金融恐慌以来、日本の産業はどん底の状態が続いていた。1929年7月、浜口雄幸内閣が"緊縮政策"を掲げて登場するが、慢性的不況は全国を覆い、新聞には失業や一家心中、農村婦女子の身売りの記事が絶えなかった。浜口首相は愛宕山のマイクの前に立ち「経済難局の打開について」と題した放送で、国民は「一大決心」をもって節約に徹し、不況の打開、景気の回復に協力してもらいたいと呼びかけた。時の総理大臣が政府の政策を、直接国民に訴えた初の"政策放送"である。

東京中央放送局はこの年の10月21日、『職業紹介の時間』の放送を開始した。不況による就職難で、社会問題化した失業者対策の一環として設けられた番組である。東京府、東京市、横浜市経営の各職業紹介所より情報を受け、求人先、職務名、需要人員、年齢、勤務方法、給料等、職を求める人の参考になるべき事項を放送した。この放送の3日後、10月24日が"暗黒の木曜日"である。ニューヨーク株式が大暴落し、世界大恐慌が始まった。

■「時報」の開始

放送開始当初、「時報」は「ニュース」「天気予報」「経済市況」「日用品物価」と並ぶ報道番組の一要素としてとらえられていた。「ニュース」や「天気予報」が新聞等の印刷媒体で情報を取得できたのに対し、唯一「時報」だけがラジオでのみ成立するコンテンツだった。それは放送(ラジオ)が「時間のメディア」だったからである。

番組は決められた時間に始まり、決められた放送時間で終了する。放送局と聴取者は日本全国どこでも同じ時間を共有することで初めてラジオ聴取は成立する。ラジオの登場は人々に「分」「秒」という時間の概念を求め、ラジオがそれを保証する時報装置としての役割を担うことになる。

「時報」は仮放送開始と同時に始まった。1930年代初頭までは、毎日午前11時と午後9時の2回、東京天文台から送信される中央標準時を銚子無線電信局が受信。これを無線電信信号で放送局に送信する。放送局はこれを受信し、局の標準時計の誤差を正す。正した標準時計に指揮室のストップウォッチを合わせ、アナウンサーはそれを見ながらマイクの前で1分前から秒読みを始める。「ただいまから○時○分(必ずしも正時ではなく、時報を知ら

ラジオ編 放送史

NHKラジオ放送史

大正天皇大喪儀(1927年)

「大正天皇大喪儀」を中継するための機材

「建国祭」の実況中継をする初期の中継車(1935年)

初期の中継車内部(1930年)

せる時刻は一定しなかった)をお知らせします。50秒前、40秒前……あと5秒……」とアナウンスし、0秒時にチューブラー・ベルを木製のハンマーでたたいて「時報」とした。標準時計の修正のしかたやハンマーのたたき方などの個人差に加えて、時計の狂いが重なると1秒、2秒の誤差は珍しくなかった。

　大阪、名古屋両放送局の時報は、約1分前からベルが鳴り始め、ちょうどの時刻になった瞬間、鳴りやむ方式だった。

　放送開始以来、各放送局ごとに放送してきた「時報」だが、1928(昭和3)年11月の全国放送網の完成に伴い、東京中央放送局発で1日2回(正午・午後9時40分の放送終了時)の全国中継となった。

　1932年の5月から7月に、初めての大がかりな聴取者調査となった第1回「全国ラヂオ調査」が実施された。その「報道放送の聴取状況」の第1位「ニュース」(100人中の比率91.2%)に続く第2位が「時報」(77.5%)となっている。

　東京局が従来の手動式の時報装置から「自動式時報装置」となったのは1933年1月1日から。時報音はチューブラー・ベルからピアノ音に変わり、全国中継により全国の時報が統一された。

■屋外に飛び出したマイク

　マイクロホンを屋外に持ち出し、放送局から遠く離れた場所で放送する「実況中継放送」は、1925(大正14)年10月31日に行われた名古屋放送局による天長節祝賀式の中継が最初である。

　祝賀式の会場となった名古屋市の練兵場にマイクを設置し、放送局のスタジオまでの1.5キロを電話線で結んだ。中継内容は師団長、知事らの祝辞と万歳三唱を伝えるという簡単なものではあったが、マイクは飛行機の爆音、ラッパの音、拍手などの背景音を同時に拾い、参加した軍隊、学生生徒、一般観覧者の面前で行われた祝賀式の模様を臨場感たっぷりに伝えた。

　名古屋放送局がいち早く実況放送に取り組んだのには理由があった。東京、大阪の両局が娯楽番組において豊富な放送素材を持ち合わせていたのに対し、素材に乏しい名古屋放送局が、その弱点を補強するために開拓した新機軸だったのである。名古屋放送局はその後、劇場やホールなどから音楽、演芸の中継を企画。東京・大阪に先駆けて1926年8月2日に、日本初の劇場有線中継放送を御園座(名古屋市)から実施し、成功を収めた。

　東京中央放送局では1927年2月7日、「大正天皇御大葬」の行列通過の模様を中継したのが最初である。

　行列のルートとなる青山御所(港区元赤坂)西門わきの街路の菊燈の中に集音用マイクを仕込み、その上をボール紙で覆って屋根とした。マイクは放送局のある愛宕山と有線でつながれた。行列の見える場所からの実況が許されず、アナウンサーの松田義郎は、愛宕山のスタジオから行列を見ずに放送することになる。現場には担当者がスタンバイし、マイクの直前を通過する車や人の行列を、あらかじめ決めておいた番号順にブザーを鳴らして愛宕山に伝えた。松田がこれを合図に宮内庁と打ち合わせの

うえ事前作成しておいた原稿を読み上げた。「霜凍る寒夜、暗闇の道を声もなく粛々と進む人々の歩み、霊輀（れいじ＝霊柩車）の車輪のきしみ、悲しく響く中に……」といった荘重なアナウンスに、青山御所西門前の葬列の音が重なり、ラジオから流れた。実際の葬列の通過とそのアナウンスの差が3秒ほどであったため、聴取者は誰もが現場からの中継だと思った。東京中央放送局のローカル放送であったが、後日、放送に感動した聴取者から多くの感謝の手紙が届き、その中には遠くカムチャツカから送られたものまであったという。

■ "夏の甲子園"初の実況放送

実況がもっとも力を発揮した分野がスポーツ中継である。
1927（昭和2）年8月13日、大阪中央放送局は日本初のスポーツ実況を、甲子園球場における全国中等学校優勝野球大会で行った。現在の"夏の甲子園大会"である。
放送に先立って、初めての試みとなる「（甲子園）野球大会」の中継放送をめぐっては、その実施について賛否両論が噴出する。主催者の大阪朝日新聞社と球場を所有する阪神電鉄には、ラジオ放送によって球場入場者の減少を招くことを懸念する声があった。一方、朝日新聞社には「朝日はスポーツの大衆化をモットーとすべき」という野球放送積極論もあり、結論は容易には出なかった。最終的には朝日新聞社の取締役で、大阪局の常務理事を兼ねていた岡野養之助の取り計らいで試合の中継が実現する。

初の野球実況に向けて技術部も放送部も異常な緊張を強いられた。マイクの性能が屋外に適応できるのか。現場からの音声を放送局に無事に送信することができるのか。また目の前で展開する試合をアナウンサーがリアルタイムで描写する実況が可能なのか。不安要素を数え上げればきりがない。さらに実況コメントの事前検閲ができないことも問題となっていた。

当時のアナウンサーの仕事は、事前に作成されたニュース原稿をそのまま読み上げるのが主だった。現在進行形の状況を、原稿なしで伝えるアナウンスは誰もやったことがない。野球の動きやルールに精通する必要もあった。そこで大阪局では実況担当に、入局1年目の新人アナウンサー魚谷忠を充てることにした。魚谷は1916（大正5）年の第2回大会に大阪・市岡中学の選手として出場し、準優勝したという経歴の持ち主である。その野球経験を買われての抜擢であった。担当を告げられたのは大会のわずか半月前。野球の経験はあっても、アナウンサーとしての経験はほとんどない。そもそも誰ひとり経験したことのない実況中継を指導できる先輩もいなかった。魚谷は兵庫県予選が行われていた甲子園球場に1人で通い、実況の練習を繰り返していた。

初期のスポーツ放送・国際水上競技大会（1927年）

神宮球場で早慶戦を実況中継する松内則三アナウンサー（左から2人目・1936年）

> ラジオ編
> 放送史

NHKラジオ放送史

　事前検閲問題は大阪逓信局との交渉の結果、「アナウンサーの実況描写放送は事実を伝えるものとして大目に見る」という、大阪逓信局の譲歩によって中継の道が開かれた。

　魚谷は試合を即時描写するとともに、戦績などのデータに関する資料と、事前検閲のために逓信局に提出した予定原稿をあらかじめ朗読原稿として用意し、実況アナウンスとの2本立てで初めての実況を乗り切った。8月14日の大阪朝日新聞は魚谷のアナウンスの様子を「『いまピッチャーがボールを投げます。ソラ投げました。バッターが打ちました。アッ、大飛球です。中堅が走ります。受けました。受けました』と夢中でしゃべり続ける。…場内雑感を交えてなかなかうまい」と紹介している。

　10日間にわたる放送は大評判となった。甲子園球場へ足を運ぶ観客も急増し、多い日は10万人を超えたといわれている。

　1928年には、東京中央放送局も甲子園人気を無視できず、全国中等学校優勝野球大会の中継に乗り出す。実況を担当したのは松内則三アナウンサー。大阪局の魚谷アナウンサーとは10メートルの距離にそれぞれマイクを置き、競うように実況を行った。

　大阪ローカルで始まった甲子園大会の実況放送は1929年より全国中継となる。全国各地の代表チームが出場する甲子園大会の地元の関心は高く、ラジオを通して国民的イベントに育っていった。

　東京中央放送局は大阪局が初実況を成功させた直後の1927年8月24日、第一高等学校対第三高等学校の試合を東京・神宮球場から実況中継した。この試合は毎年、東京と京都で交互に行われ、その熱狂的な応援ぶりは早慶戦に劣らなかった。実況は松内アナウンサーが担当。放送席には作家で野球通の久米正雄が介添えに付き、プレーの詳細をメモに書いて松内に渡す手はずだった。しかし試合の進行にペンが追いつかずに失敗、この試みはこの試合限りとなった。当時の放送席はダグアウトの上部にあり、ときどき飛んでくるファウルボールに備え、放送部の職員がそばでミットを構えてマイクを守った。

　同年10月15日からは東京六大学野球リーグ戦を、松内アナウンサーが神宮球場から実況した。「神宮球場、どんよりした空、黒雲低くたれた空、からすが一羽、二羽、三羽、四羽、風雲いよいよ急を告げております。早慶の決戦あとわずかに一分……」など、松内の講談のような名調子によって野球熱は全国に広がり、特に人気の高い早慶戦の中継ではラジオ受信機の前に大勢の野球ファンが集まった。松内の早慶戦の実況はレコードとしても発売され、10万枚売れれば大ヒットと言われた時代に15万枚のセールスを記録。その実況は試合の状況や結果を伝える報道的価値よりも、むしろ娯楽の少ない時代のエンターテインメントとして受け入れられた。

■ラジオで大相撲人気が復活

　東京中央放送局は野球と人気を二分する大相撲の実況中継も計画していた。

　昭和初期の日本相撲協会は人気力士が出ず、不況の影響も重なって経営難に陥っていた。放送局の中継の申し出に対し、「放送を許せば、わざわざ寒い思いをしてまで両国に足を運ぶものはいなくなる」と"甲子園"中継の際に主催者が見せた反応と同様、もしくはよりいっそうの難色を相撲協会が示した。しかし「このままでは相撲は消えてしまうかもしれない」と強い危機感を持っていた六代目出羽海親方（元小結両国梶之助）ほか数名が、「ラジオで好勝負を耳にした人は、必ず国技館に実際の取組を見に来る」と主張。放送局を訪れ「ラジオを使ってもしダメだというときは、相撲が日本から無くなることを意味する。失敗したら私は腹を切る。だからどうしても放送をやってくれ」と懇願。1928年の春場所、1月12日から22日まで11日間の中継放送が実現する。

　実況は六大学野球で人気の松内則三アナウンサー。放送席の傍らには、決まり手に詳しい国民新聞（東京新聞の前身）記者の石谷勝がついて松内を助けた。現在は幕内の仕切り時間は4分と決められているが、当時は無制限。ラジオ放送が始まってからは10分までという制限が決められてはいたが、それでも取組までには時間がある。そこで松内は「静かなること林の如き朝潮。疾きこと風のごとしといった武蔵山…」と風林火山の一節をはさむなど、実況を工夫した。また俳人でもある久保田万太郎と久米正雄が、桟敷席で相撲に関する川柳を詠み、松内がそれを読み上げるなどして間を持たせた。仕切り時間が長いことで知られた若葉山が土俵に上がったときの久米正雄の句として「若葉山もみじのころに立ちあがり」が残っている。

　松内の実況が評判を呼んで、場所後半に向けて入場者が増加。千秋楽当日の読売新聞夕刊は「総入場者は20万人に上る見込みであるが、これはラヂオの放送の影響であると言はれてゐる」と報じた。出羽海親方の見通しは見事に当たり、その後、大相撲は人気を盛り返していく。

大相撲の実況を国技館から初めて放送（1928年）

初代ラジオ体操指導者・江木理一（1931年）→P404

1927年に「水泳」、1928年に「陸上競技」、1929年に「庭球（テニス）」と「ラグビー」、1930年に「ボート」「柔道」「拳闘（ボクシング）」と、スポーツ実況は次々に種目を増やしていった。1929年度における運動競技と運動に関する放送は合計381回、放送時間において約299時間を数え、放送の花形となった。

ラジオの実況放送は野球と大相撲を中心にスポーツ人気を全国レベルに押し上げ、人気スポーツがラジオの普及を後押しする好循環を生み出していく。

■「ラジオ体操」事始め

日本各地で見られる早朝の風景。老若男女がそろって一斉に行われるラジオ体操は、全国放送網が整備され出した1930年代に始まり、戦後も変わらず続いた。何百万もの人間が全国で同時に、同一の体操を行うなど、ラジオ放送が始まるまでは考えられないことだった。『ラジオ体操』はタイトルに「ラジオ」を冠し、まさにラジオを象徴する番組として日本人に浸透していった。

1927（昭和2）年の夏、逓信省簡易保険局は、翌年の昭和天皇の即位の大礼を機に、国民的事業として「保健体操の放送」を実施することを計画し、日本放送協会に働きかけた。そもそもこの企画はアメリカに出張した簡易保険局の局員が、アメリカの生命保険会社が「被保険者の健康保持と社会の幸福増進」のために実施している「ラジオ体操」を参考に、「国民保健体操」として提案したものである。逓信省の申し出に対し放送協会は、体操の放送を簡易保険の宣伝に使わないとの約束を保険局から取り付けるとともに、国民体育を主管する文部省にも協力を求めた。ラジオ用の体操は、文部省が任命した体操界の代表6名によって、1928年秋までに考案された。「老若男女を問わず、だれでもどこででもできる」「リズムに合わせて愉快にできる」「器械を用いないで簡単にできる」、以上3要素を基本とする体操で、伴奏曲も用意された。

「ラジオによる体操」は、すでに1928年8月1日から1か月にわたって、日曜を除く毎日、大阪中央放送局で放送されている。大阪局が大阪府学務部体育科と協力して、すでにあった徒手体操の中から十数種類を選んで放送したものだ。伴奏はなく、大阪府下の中学校・高等女学校の体育教員たちの号令だけがラジオから流れた。

一方、東京中央放送局でも同じ8月1日から29日まで、週2回「少年少女夏期訓練」を放送しており、その中に「体操」が含まれていた。この体操は東京市教育局の藤本光清が考案したもので、藤本は11月から始まる「ラジ

ラジオ体操の野外集会（1931年）→P404

NHK放送100年史（ラジオ編） 29

ラジオ編 放送史
NHKラジオ放送史

オ体操」の考案委員に選ばれている。

こうした経緯を経て『ラジオ体操』は、1928年11月1日、東京中央放送局から東京ローカルで放送を開始した。日曜と休日を除く毎日、朝7時から7時30分までの放送であった。

『ラジオ体操』の指導は、最初の数回は体操考案に関わった藤本光清が担当。その後、陸軍戸山学校軍楽隊から東京中央放送局に入った江木理一に交代した。1929年2月11日の紀元節を機に全国放送となり、江木の掛け声は日本中に広がっていった。

1931年夏には、東京中央放送局が「ラジオ体操の会」を組織し、集団で行うことが勧奨された。1932年夏には内務省、文部省、帝国在郷軍人会などの後援を受け、全国に拡大。その広がりはサハリン(樺太)、満州(中国東北部)、朝鮮にまで及び、夏の会期中に延べ2593万人の参加を見るという盛況ぶりだった。この年、青壮年向きの動きの激しい「ラジオ体操第2」も新しく始まっている。

『ラジオ体操』の放送開始5周年に当たる1933年の明治節(11月3日)には、全日本体操連盟主催、文部省社会局・逓信局・簡易保険局・保険会社協会の後援で「全日本ラジオ体操祭」を開催。その模様は全国に実況中継された。翌々日の11月5日からは、それまで日曜・休日には休止していた『ラジオ体操』の放送が年中無休となった。

江木理一は放送開始当初から、1939年5月に体操指導者の佐々野利彦に交代するまで、10年半にわたる生放送に無遅刻、無欠勤で出演し、号令をかけ続けた。また当初からピアノ伴奏を担当した丹生健夫は、戦後の中断時期を除き1965年3月まで伴奏を続け、当時の放送出演最長記録となった。

「ラジオ体操」は「国民の健康増進」を目的に家庭への普及を目指して始まった。それが「ラジオ体操の会」によって集団体操の形に発展、変容すると、ラジオからの号令一つで全国民が一斉に動く国民統一運動の側面が強調されるようになる。

1937年の日中戦争勃発以後、「ラジオ体操の会」は政府が同年9月から行った「国民精神総動員運動」の中核に取り込まれていく。実施地域はサハリン、朝鮮、台湾、満州方面へと拡大され、延べ参加人数は1億5000万人を超えた。1939年2月には、日本放送協会、保険院、厚生省ほか各省に加えて、大日本国防婦人会、帝国在郷軍人会、大政翼賛会など各団体が参加して「全国ラジオ体操の会」が結成され、「ラジオ体操」は「挙国一致」を推進する装置となった。

■講演・講座番組の始まり

開局当初から政府ならびに放送関係者の間には、ラジオによって一般の教養の向上を図ろうとする意図と熱意があった。放送番組の分類上「教養」が、「報道」「慰安(娯楽)」とならんで放送部門の一つとしてはっきりと示されるのは、1927(昭和2)年12月以後のことである。それまでは「教育」という名称で分類され、さらに「教育」は「講演」と「子供の時間」に区分されていた。この項では教養番組を教育、実用から、こども番組まで広くとらえて取り上げる。

ラジオ草創期の教養番組は社会教養分野からスタートし、「講演」もしくは「講座」番組を母体として発展していく。始まったばかりのラジオに演出のバリエーションはなく、「講演」と「講座」の区別も明確ではなかった。ともに出演者の「話」で構成され、講演は単発ものが多く、講座には長期にわたって計画的に編成されるものが多かった。

東京放送局の仮放送2日目、1925年3月23日に放送された、当時の早稲田大学総長高田早苗の「新旧の弁」が、「講演番組」の最初として記録されている。その後、下村宏(大阪朝日新聞)の「新聞の功罪」、北里柴三郎(医学博士)の「結核予防の急務」、湯原元一(教育者)の「普選と教育」などが次々に放送された。

放送事業の発足にあたって政府は、放送番組の内容に対して事前検閲制度を実施し、放送内容の制限、放送禁止事項の通達などを矢継ぎ早に発した。特に1925年12月18日付で所轄逓信局長から各放送局に宛てた通達の中で、「政治に関する講演論議の放送を禁止すること」に言及している。こうして講演放送は、政治的なテーマを避けて、「常識を養い、教養の向上に資する」という意図のもとに始められた。

「講座番組」の始まりは東京放送局の『宗教講座』である。仮放送時代の1925年5月24日に放送した浄土真宗本願寺派の僧侶・大谷尊由の「親鸞教の文化的意義」が最初だ。

『宗教講座』は同年7月以降に『修養講座』と改題し、倫理、道徳、宗教に関する話が取り上げられた。大阪放送局でも同年6月から『修養講座』が始まり、のちに『宗教講座』に改題。神道、仏教、キリスト教の説教、教義を中心に取り上げた。「宗教」は講座番組のメインテーマとして人気を呼び、1933年の『日曜礼拝』、『日曜勤行』、1934年の『聖典講義』、『朝の修養』と続き、聴取者に定

講演「北極探検の回想」ロアール・アムンゼン(1927年)

着する。戦後の長寿番組『宗教の時間』(1951年度〜)の源流をなすものである。

■女性のための教養番組

家庭の主婦を主な対象とした講座には大きく分けて『家庭講座』と『婦人講座』があった。東京放送局の『家庭講座』は1925年5月に第1回「栄養料理献立の特長」の放送で始まる。家事・育児などの実用知識を提供する主婦向けの講座番組である。同年6月に大阪でも『家庭講座』が始まり、洋裁、和裁、手芸、華道などの講習を行った。家庭実用向け番組で講習形式をとったものには、東京放送局の『料理献立』がある。約10分の番組で、本放送開始以来、ほとんど毎日放送した。大阪放送局にも1925年9月1日に始まった『料理の講習』がある。

『婦人講座』は1925年6月に、キリスト教の教育者・林歌子の出演で大阪放送局から放送した「婦人の責務」が第1回。1926年2月に東京でも片山哲の「母の心得べき子供の法律」を放送した。1926年11月放送の『婦人講座〜子女の教養に対する母の心得』では、「教養」という字句が初めて番組タイトルに登場した。

『家庭講座』が主婦向けの実用番組だったのに対し、『婦人講座』は一般女性の教養の向上を目ざした教養番組としての色合いが濃かった。イギリス文学やフランス文学を扱った「婦人文学講座」「歌と俳句の作り方味ひ方」「茶の湯作法」など、多彩なテーマで放送し、長期講座にはテキストも発行された。1935年9月に『婦人の時間』に改題する。

1934年秋になって、1927年以来続いてきた3つの女性向け講座、『家庭講座』『婦人講座』『家庭大学講座』を整理し、家事・家計などに関するものは『家庭講座』、育児・家庭教育については『母の時間』、婦人の教養向上に関するものは『婦人の時間』に改称した。

『文芸講座』や『趣味講座』などの文科系番組は、放送内容の制限や検閲に支障が少ないうえ、聴取者の評判も上々だったために積極的に企画された。『英語講座』『英文学講座』『国文学講座』などの語学・文学系、『日本音楽史講座』『西洋音楽講座』『芸術講座』などの芸術系、そのほか『歴史講座』『法律講座』『経済講座』『運動講座』など、多岐にわたる講座が東京・大阪・名古屋の各放送局から放送されている。

1927年2月、大阪中央放送局でわが国最初の医学実験放送を試みている。京都帝国大学医学部の真下俊一教授が「聴診器とラジオの連携」という題の講演放送を行った。その際、スタジオに幾人かの患者を集め、その心臓の鼓動音などをコンデンサー・マイクロホンを通して聞かせた。その後、1930年9月に仙台局が「電気聴診器と肺結核早期診断」を、1933年4月には名古屋局で「マイクは診察する腹の音」を放送し、医学・科学系番組の先駆けとなった。

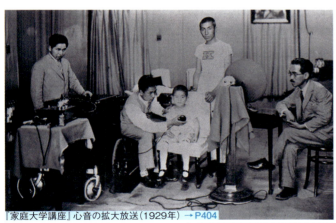
『家庭大学講座』心音の拡大放送(1929年) →P404

『家庭講座』舞踊体操と童謡(1933年) →P404

『婦人講座』能の話(1934年) →P404

『婦人講座』家庭聴取風景(1937年) →P404

| ラジオ編 放送史 | # NHKラジオ放送史

■語学講座の起源

現在でも放送されているもっとも歴史ある講座番組が、1925（大正14）年7月20日に東京放送局で始まった『英語講座』である。この番組は夏休みの学生を対象とした6週間連続の"夏期特集"形式の短期講座だった。月曜から土曜まで毎日放送の午前8時からの30分番組で、岡倉由三郎、福原麟太郎、青木常雄など、当時の著名な英語教育者が講師を務めた。同年9月から12月に午後6時から、また翌年1月から2月にかけて午後6時30分からそれぞれ40分番組で『英語講座』が放送されている。

大阪放送局では同年9月15日から、名古屋放送局では12月10日からそれぞれ『英語講座』を新設した。

1926年4月、東京放送局の『英語講座』が「初等科」と「中等科」に分かれ、定時番組でスタートする。現在のような定曜定時に周期的に放送する「定時番組」という編成システムが整備される以前のことである。

岡倉由三郎が講師を務めた『英語講座初等科』は、月曜から土曜までの放送で午後6時30分からの30分番組。現在放送の『基礎英語』シリーズの前身である。岡倉由三郎（1868～1936）は、明治の美術運動家・思想家の岡倉天心の実弟で、ヨーロッパ留学ののち東京高等師範学校の英語科主任教授となる。1925年3月に師範学校を退官し、立教大学で教べんをとる一方、7月から『英語講座』の講師となった。ユーモアのある語り口が親しまれ、番組は好評を呼んだ。

この講座では番組内容と連動した「ラジオ英語講座資料」を印刷物で用意し、希望者に頒布した。1933年から始まる『基礎英語』の表紙には「Radio Text　基礎英語」と印刷されており、この頃より放送講座用の印刷物が「テキスト」と呼ばれるようになる。テキストには初めて英語に接する日本人を対象に、ペンの持ち方から始まりアルファベットの名称、書き方、発音などがていねいに記載されている。テキストは当時の番組担当者が放送の効果を高めるために考案したもので、放送とテキストによるメディアミックスの起源となった。

『英語講座』のテキストを執筆したのは岡倉をはじめ福原麟太郎、青木常雄など、岡倉が主宰する「洋々塾」の同人たちで、東京高等師範学校の英語科教授陣である。彼らはその後も1926年3月に放送された『英文学講座』やその後に登場した英語講座番組の講師として放送を支えていく。

『英語講座初等科』は1933年に『基礎英語初等科』に改題。岡倉は1936年2月に病に倒れるまで10年以上にわたって講師を務め、現在に続くNHK英語講座の基礎を築いた。

「英語」で始まった語学講座は、1926年7月に『仏語講座初等科』と『独語講座初等科』が『英語講座中等科』とともに始まる。国際共通語として関心を集めていた『エスペラント講座』も開設された。

語学講座は音声波の特性を生かした番組として定着し、1931年に第2放送が始まると戦前戦後を通じて講座番組の主流となる。

現存する一番古い番組・岡倉由三郎『英語講座』
（1925年7月放送）→P414

ラジオ放送初期のテキスト（『家庭講座』『婦人講座』『英語講座』他）

■初期のこども番組

東京・大阪・名古屋の各放送局では、仮放送時代から子ども向けのおとぎ話や童謡を随時放送していた。東京放送局では本放送を開始した1925（大正14）年7月12日より『子供の時間』という番組枠を設ける。当時は番組タイトルというよりも「児童の教養を目的として設けられた時間」程度の意味合いで、「童話」「音楽（童謡・唱歌・洋楽・和楽等）」「児童劇（童話劇・童謡劇・子どものためのラジオドラマ等）」「講話（お話）」等を交互に放送していた。

放送初日の第1回は、"日本のアンデルセン"とも呼ばれた児童文学者の久留島武彦（1874～1960）が出演。口演童話の開拓者として全国各地を回って子どもたちと接していた久留島が、ラジオを通して童話「もらった寿命」の読み聞かせを行ったのである。

その後、放送時刻がしばらく一定しなかった『子供の時間』は、日本放送協会設立後の1926年9月の番組改定で、毎日午後6時からの30分番組で定着する。

『子供の時間』番組開始当時の童謡合唱（1925年）→P362

テキストを手に『子供の時間』を聴く（1928年）→P362

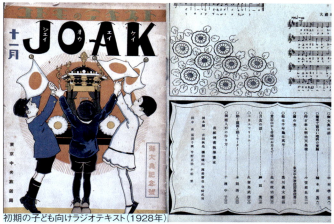
初期の子ども向けラジオテキスト（1928年）

「コドモのテキスト」制作風景（1938年）

　大阪、名古屋でも子ども向け番組を不定期で放送しており、1927年5月には大阪中央放送局で『幼児の時間』が始まる。聴取対象は「幼稚園および尋常小学校一級」として、「童謡・唱歌」「お話」「童話」等を放送した。1933年3月より定時放送となり、1935年4月、全国放送を開始した。

　1928年11月、昭和天皇の即位の大礼を機に『子供の時間』が全国放送となる。大阪局では『コドモ日曜新聞』が同年5月に新設される。この番組は大阪局が10キロワット放送を開始した記念特集番組の一つとして企画されたものだが、好評だったために毎週日曜の『子供の時間』の前に20分間、ローカルで放送する定時番組となった。内容は時事、科学、スポーツ、社会など、子どもに伝えたいニュースや話題を、わかりやすく、正しいことばで"お話風"に伝える番組で、「コドモに対する耳の新聞」とした。

　1927年8月、大阪局は夏期特別講座用として「コドモのテキスト」を発行する。翌1928年11月には東京局からも東京ローカル版「コドモのテキスト　JOAK」（創刊号・御大典記念号とも呼ばれる）が、さらに1929年には全国放送版として発行された。「テキスト」では聴取者から「童謡（児童詩）」が募集された。入選した作品「当選童謡」（1931年2月号より「特選童謡」と表記）は誌面で紹介され、その後、山田耕筰、中山晋平、弘田龍太郎をはじめ、著名な作曲家たちによってメロディーがつけられ、テキストに掲載されたうえで放送されるようになる。「特選童謡」はおよそ8年間の放送期間中に約130曲が生まれた。

■ラジオドラマの誕生

　1923（大正12）年9月に発生した関東大震災で劇場を失い、大打撃をこうむった演劇界は、わずか1年あまりで急速な復興をみせた。1924年6月に、のちに新劇の聖地と呼ばれた築地小劇場が開場。1925年1月に歌舞伎座が、4月に新橋演舞場の新築落成があり、当時の演劇界が活況を呈する中でラジオ放送は始まった。

　演劇が最初に電波にのったのは1925年5月10日。舞台劇「鞘当（さやあて）」が大正天皇の銀婚式奉祝記念番組として放送された。出演は六代目尾上菊五郎、初代中村吉右衛門、十三代目守田勘彌という豪華な顔ぶれで、大きな話題となった。

　5月31日には初めて「ラヂオ劇」と題した澤田正二郎一座による「国定忠治・赤城天神山の場」を放送。それらはいずれも舞台台本をマイクの前で読み上げるだけのものではあったが、当代の名優たちの声を初めて耳にした聴取者の喜びは大きかった。

　1925年7月12日、ラジオ劇「桐一葉」が五代目中村歌右衛門一座の出演で放送された。東京放送局の本放

NHKラジオ放送史

ラジオ編 放送史

送開始を記念した番組である。舞台で当たりをとった坪内逍遥の原作を、劇作家の松居松翁がラジオ向きに改めたもので、ラジオ独自の表現を目指した作品である。当時は、「ラジオでは自分の芸を伝えることはできない」「マイクに息を吸い取られて寿命が短くなる」などといって、ラジオの出演を敬遠する芸能人が多かった。しかし歌舞伎界の大御所・中村歌右衛門の出演は、歌舞伎界はもとより芸能界全体に出演のハードルを下げた。放送は大きな反響を呼び、翌日の聴取申し込みがこれまでの3倍もあったという。

その1週間後の7月19日、ラジオ劇『大尉の娘』が放送される。ヴィクトル・グルットゲンの映画「憲兵モエビウス」から翻案された新派の古典の一つである。舞台にも出演していた井上正夫と、東京放送局の嘱託だった作家の長田幹彦が共同で、舞台用脚本をラジオ用に脚色した。出演者には舞台でも当たりをとった井上正夫と、当時20歳だった水谷八重子が顔をそろえたこともあり、放送は評判を呼んだ。

ラジオドラマの確立の過程で必要な条件とされたのは、映像を想起させる「音」の存在である。このドラマでは半鐘の音を釜のふちをたたいて作り、雨戸をたたく音は実際の雨戸を毛布で包んで上からたたいた。情景説明の解説役に伊志井寛を起用したのも、それまでの舞台劇にはなかった新たな試みで、これが「ナレーター」第1号ともいわれている。このように『大尉の娘』では音響効果をはじめ、ラジオの機能や特性を意識した演出を行ったという点において、日本における最初の「ラジオドラマ」と評されることが多い。

■評判を呼んだ『炭坑の中』

「ラジオドラマ」としての魅力がいかんなく発揮され、その先駆的な作品として記憶されているのが、1925年8月13日に放送された『炭坑の中』である。

イギリスBBCで1924年1月に放送されたリチャード・ヒューズ作のラジオドラマ「デンジャー(Danger)」を、築地小劇場の創設者・小山内薫が翻案して『炭坑の中』とタイトルした。小山内の演出、築地小劇場の俳優、小野宮吉、東屋三郎、山本安英らの出演により東京放送局で放送された。翻案ものではあったが、これが日本で初めて「ラジオのために書き下ろされた脚本によるラジオドラマ」である。

「お聴きの皆さま、どうぞ電灯を消してお聴きください」

午後9時20分、生放送のラジオドラマはこのアナウンスから始まった。文芸部員の小林徳二郎は、愛宕山から東京の街を一望しながら、人家の灯がポツリポツリと消えていく様子に感動したという。

ドラマが設定する場面は、落盤事故のあった暗黒の炭坑内。閉じ込められた若い男女と1人の老人を主人公に、坑内が増水する極限状態に置かれた人間の心理を「聴覚だけの世界」で描き出した。「効果係」の和田精は、炭坑内の爆発音を、縦2メートル、横1メートルの鉄板をたたき、その振動を利用して作ることに成功。地底にあふれ出る水の音は、台所用の火吹き竹を水につけ、何人かが交代で息を吹きこむことで作り出した。こうした効果音の工夫が絶体絶命の息詰まる状況を表現し、聴取者をラジオに釘づけにした。番組は大評判になり、映画でも

効果音をその場でつくるラジオドラマ(1932年)

効果音をその場でつくるラジオドラマ（1933年）

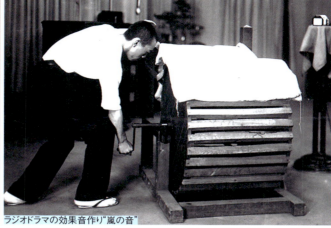
ラジオドラマの効果音作り"嵐の音"

ラジオ本放送初日のドラマ『桐一葉』（1925年）

初の本格的ラジオドラマ『大尉の娘』（1925年）→ P172

ラジオドラマ『炭坑の中』（1925年）→ P172

舞台の芝居でもなく、ラジオでのみ表現できる「ラジオドラマ」としての記念碑的な作品となった。

東京放送局で評判を呼ぶと、小山内と築地小劇場の役者たちは大阪放送局と名古屋放送局に招かれてこのドラマを放送した。

『炭坑の中』の放送のわずか1週間後に、東京放送局の初代放送部長・服部愿夫は長田幹彦とともに「ラジオドラマ研究会」を立ち上げて、第1回打ち合わせを行っている。主要メンバーはほかに小山内薫、久保田万太郎、久米正雄、里見弴、吉井勇、長田秀雄、井上正夫ら当時の一流演出家、作家たち。ラジオのために書かれた脚本、ラジオ劇のための演技・演出等について議論がなされた。さらにラジオのための脚本、演技、演出に携わる放送人を育てるための手段、方法についての具体的提案をまとめ、記者会見も行っている。

ラジオドラマは芝居、寄席、浪花節にならぶ新たな娯楽として注目を浴びた。1925年8月から9月にかけて東京放送局が初めて実施した「慰安放送種目」の嗜好調査で、「ラジオドラマ」は「落語」とならんで1位となった。

1927年、東京中央放送局ではラジオドラマの執筆を一流作家12人に委嘱した。稿料は1編500円。作品は雑誌に発表することも自由で、著作権も作家の所有に属するという作家にとっては好条件だった。当時は、白米1升42銭の時代、500円あれば小さな住宅が一軒建ったといわれる時代である。「五百円ドラマ」は1927年5月23日放送の里見弴作『或る夫婦』を第1作として、久保田万太郎作『浮世床小景』、岸田国士作『ガンバハル氏の実験』、吉井勇作『渡り鳥』、山本有三作『霧の中』、小山内薫作『珍客』など、全11編を放送。個々の作品についての「ラジオドラマ」としての評価は分かれたが、文壇や文学ファンの意識をラジオに向けさせる効果はあった。

翌1928年からは「五百円ドラマ」に代わって、広く一般からもドラマ脚本を懸賞募集し、5編を入選作に選んだ。9月15日に放送した岡崎重太郎作『みんな見えなくなる峠』では、馬車の移動を当時"擬音"と呼ばれた効果音によって表現した。馬のひづめの音は、ヤシの実の殻で出した。馬を走らせるむちの音は、革バンドを二重にして、それをいったん緩めておいて急に引っ張ることで作り出した。馬の蹄の音、車輪の音、それにこの革のぴしっという音を混合させて、馬車の移動音を表現することに成功。擬音は一つの音で作られる場合と、二つ三つの音を混合して作る場合があることが、初めて明らかにされた。『みんな見えなくなる峠』は評判を呼び、繰り返し放送された。

■講談・落語から始まった芸能番組

ラジオ放送発足間もないころの音楽・芸能放送は、既存芸術ないし既成の大衆演芸をそのままラジオに委嘱することから始まった。音楽・演芸・演劇などの既成演目は、劇場・寄席・映画館まで足を運ばなくては楽しむことができなかった。しかし放送はまがりなりにも一流芸能人の芸を居ながらにして耳から楽しむことができる。これまでに

NHKラジオ放送史

ラジオ編 放送史

なかった"ラジオ体験"が、聴取者に好奇心と期待をもって迎えられた。

放送開始当初、演芸放送の中でも人気があったのが講談、ついで落語、浪花節と続いていた。講談では一龍斎貞山が「曽我物語」の連続講談を放送し、「また明日」という結びことばで圧倒的な人気を呼んだ。そのほか神田伯山、田邊南龍などの真打ち級に対し、神田伯龍、一龍斎貞鏡らの若手の登場もあり好評を博した。

落語は東京放送局が試験放送を開始した2日目の1925(大正14)年3月2日に、柳亭左樂の落語「女のりんき」の放送で始まった。

落語は"一人語り"という形式が、当時の鉱石ラジオの不十分な性能でも聞き取りやすく、聴取者の大きな支持を得た。しかし落語、講談、浪花節などの寄席演芸は、寄席への入場者の減少を心配する席亭側の抵抗で、全面的に出演拒否に遭うことも少なくなかった。

もともと庶民が集まる寄席の高座で発達した落語は、卑猥な言葉や内容のものも多かった。「明朗健全な娯楽を提供する」公共事業になじまない内容には、逓信省から容赦なくチェックが入った。放送前は演者が番組担当者とともに、演目の修正に苦心したという。東京の古典落語が、その洗練された表現を十分生かし、ラジオ演芸の花形としてもてはやされるようになったのは戦後のことである。

大阪の落語は、昭和初期からの漫才の台頭によって下降線をたどっていた。1931年には秋田實、長沖一らの漫才作者の出現で漫才が勢いづくと、さらに退勢を見せるようになった。

一方で1931年の満州事変勃発以後、時代の波に乗って講談、落語をしのぐ人気となったのが浪花節である。

■最初期のヒット曲「私の青空」

日本の大衆歌謡は1910年代(大正初期)に「カチューシャの唄」「ゴンドラの唄」「さすらいの唄」など中山晋平作曲の劇中歌が、普及しはじめたレコードと蓄音機によって大流行する。

1925年にラジオ放送が始まると、「アラビアの唄」や「私の青空」など、ジャズ風の大衆歌謡が誕生する。「アラビアの唄」は1928年2月23日、浅草オペラ時代のスターだった二村定一がJOAKジャズバンドの伴奏で歌ったのが最初である。これは当時、東京中央放送局で洋楽放送を受け持っていた堀内敬三が、流行歌に新風を吹き込もうとアメリカのヒット曲に訳詞をつけ、ラジオで発表したもの。その2か月前の1927年12月19日には、同じく堀内が訳詞をしたアメリカのジャズソング「私の青空」が放送されている。この2つのアメリカのヒット曲は二村定一と天野喜久代がラジオでしばしば歌うとともに、レコードにも吹き込まれて大ヒットした。ラジオが生んだ最初期のヒット曲である。

「歌謡曲」の名称は1927年にラジオ番組から生まれた。当時の「歌謡曲」は、現在、一般的に使われている言葉とは意味合いが違っていた。「新日本音楽」(大正から昭和初期に、洋楽の影響を受けて邦楽近代化を目指した宮城道雄らの音楽活動、あるいはその作品)の中の琴唄や三弦歌謡を、ラジオ放送する際に「歌謡曲」と称した。名付け親は東京放送局で邦楽番組を担当していた町田嘉章である。

一般に流行歌を「歌謡曲」と呼ぶようになるのは、1933〜1934年以降のことである。

長唄のラジオ中継(1938年)

講談　六代目一龍斎貞山(1931年)

寄席中継　落語家・桂文楽(1931年)

新交響楽団と指揮する近衛秀麿

『民謡の夕』佐渡おけさ中継(1927年)

「カルメンの夕べ」を指揮する山田耕作(1925年)

■ラジオで普及したクラシック音楽

　放送事業が公益法人の独占事業として出発したことは、放送が国家的な文化機関としての役割を果たすようにという含みがあった。それをもっとも端的に具体化したのが、洋楽(クラシック音楽)放送である。

　当時、一般聴取者の中に洋楽愛好者はごく少数だったが、ラジオは開局当初からクラシック音楽を中心とする洋楽を盛んに放送していた。その背景には「交響楽運動を守り続けなければ、音楽放送の将来は必ず行き詰まるに相違ない」と考えていた服部愿夫の信念があった。

　1925年3月、山田耕作(のちの耕筰)は、近衛秀麿とともに日本交響楽協会(日響)を組織した。くしくも時を同じくして日本のラジオ放送が始まる。

　東京放送局の仮放送初日3月22日は、海軍軍楽隊による演奏とオペラ歌手らによる歌唱が多くを占めた。本放送開始の7月12日は、山田耕作指揮の日本交響楽協会と近衛秀麿の近衛シンフォニー・オーケストラが管弦楽曲を演奏。陸軍戸山学校軍楽隊の吹奏楽とともに放送されている。

　当時はまだ一般庶民がクラシック音楽と触れ合う機会はなく、多くの聴取者は洋楽に対する違和感や嫌悪感を抱いていた。1932年の「第1回全国ラヂオ調査」でも「嗜好率が和楽に比して遥かに低率」という結果が出ていたにもかかわらず、洋楽は盛んに放送された。邦楽や浪花節が「娯楽・慰安放送」として位置づけられていたのに対し、クラシック音楽は教養放送としての啓蒙的な色彩が強かったのである。

　日本交響楽協会の第1回演奏会は1926年1月、近衛秀麿の指揮でベートーベンの「交響曲第3番」ほかを演奏。第2回はその1週間後に山田耕作指揮でドヴォルザークの「新世界から」ほかを演奏している。会場はいずれも東京・青山の日本青年館である。

　6月までに12回の定期演奏会を開いた日響だが、1926年8月、内紛から5名の楽団員を残して30名余が脱退。近衛秀麿をもり立てた楽団員たちは、同年9月に初のプロの管弦楽団となる新交響楽団(1942年に日本交響楽団に、1947年にNHK交響楽団に改称)を設立した。洋楽放送の中心は、新たに結成された新交響楽団に移ることになり、東京放送局(関東支部)の洋楽関係の顧問をしていた山田耕作は辞任した。

　山田の後任には、音楽家の堀内敬三を洋楽主任として招いた。堀内は1910年代にアメリカに留学し、機械工学とともに作曲と音楽史を学んだ国際派。堀内は曲目の解説の執筆、管弦楽の曲目選定、放送の企画編成に当たった。それまで演奏曲目は出演者によって決定され、放送局は関与していなかったが、堀内の参加により洋楽の放送内容が放送局側の企画によって決められるようになった。堀内は「私の青空」や「アラビアの唄」の訳詞や、慶應義塾大学応援歌「若き血」の作詞・作曲など、創作面でも活躍した。戦後はNHK屈指の長寿音楽番組となる『音楽の泉』の初代解説者を10年間務めている。

　昭和初期の洋楽放送は、管弦楽に力を注ぐことで、管弦楽愛好者の開拓に努めた。ドイツのヨゼフ・ケーニヒやニコライ・シフェルブラットなど、著名な指揮者を招へいし、新交響楽団の指揮とともに指導を仰いだ。

　当時はまだ一般には愛好者の少なかったクラシック音楽は、声楽・器楽を問わずほとんどの分野にわたってラジオによって幅広く取り上げられたことで、その後の普及の大きな力となった。

ラジオ編
放送史

NHKラジオ放送史

02 / 戦時下のラジオ

満州事変から日中戦争へ

■「二重放送」の開始

1931（昭和6）年4月6日、東京中央放送局（以下、東京局）はそれまでの「第1放送」に加えて、新たに「第2放送」を開始する。1つの放送局が周波数の異なる2つの電波を出すところから"二重放送"と呼ばれた。

日本放送協会（以下、放送協会）は二重放送の実施にあたって、放送協会の公共的な性格と放送機能の特性から考え、教育的な番組を重視し、放送を通じての教育の機会均等を図ることを目指した。

東京局は第2放送で主に学校向けの番組を充てる方針を立て、学識経験者や文部省関係者による放送諮問委員会を設けて番組編成の準備を進めた。しかし放送番組の監督権を持つ逓信省と、教育行政を管轄する文部省との間で監督権限についての対立が生じ、「学校放送」の実施は見送られたまま第2

「二重放送」開始時の電気店店頭

「二重放送」開始を告げるポスター（1933年）

放送が開始される。

「第2放送」初日は、午後2時20分、甲子園球場からの「全国中等学校選抜野球大会」の実況中継で幕を開けた。夜間は午後6時から『語学講座　独逸語』『普通学講座』『実業講座』を、講義の間に休み時間を設けて放送し、午後10時に終了した。

当時の聴取者の人気は娯楽番組に集まっていたことから、それまでの夜間の放送は演芸番組中心の編成になっており、教育・教養番組を求める聴取者からの批判も多かった。一方、大阪中央放送局（以下、大阪局）には、「野球中継放送中の相場（の放送）はやめてもらいたい」という投書が届く一方、「野球放送の開始となると、経済

ラッパ付き受信機でラジオ放送を聴く家族（1932年）

第1章　**第2章**　第3章　第4章　第5章　第6章　第7章

（相場）放送はほとんどじゃまもの扱いされて困る」という投書もあり、多様な聴取者の声の対応に悩まされていた。こういった問題も放送を2系統にすることで、選択聴取が可能となって解消されることが期待された。

東京局の初年度の第2放送の番組表を見ると、午後2時の『季節講座』から始まり、『少青年講座』『語学講座（独逸語・仏蘭西語）』『普通学講座』『実業講座』が夜間までラインナップされている。『季節講座』は、桜、貝、摘み草、ピクニックなど、季節の話題を通して、自然界の知識を教える小・中学生向け番組。『少青年講座』も小・中学生を対象に、学校の補助教材として放課後に団体聴取してもらう番組として企画された。しかし文部省の了解が得られず、話や音楽を中心とする番組となった。『普通学講座』は、家庭の事情などで中学に進学できなかった小学校卒業生（全国で毎年100万人以上といわれた）に、中学の教科に準じた教育を行う番組。『実業講座』はすでに各種の職業に就いている人を対象として、4～7月を「工業講座・水産業講座」、9～12月を「商業講座」、1～3月を「農業講座」として放送。8月には「夏期講座」が編成された。『語学講座』『普通学講座』『実業講座』には、それぞれテキストが発行されている。

野球を中心にスポーツ実況放送が人気を呼んだことから、それを第2放送の昼間に放送する方針が採られ、教養放送とスポーツ実況放送が第2放送の2本柱となった。教養番組とスポーツ中継の比率は、6対4ないし7対3程度であった。

1931年の東京に続いて1933年6月に大阪・名古屋でも第2放送を開始した。しかし放送網の拡充は進まず、戦前の二重放送はこの3局にとどまった。

第2放送が開始されたことで、語学講座をはじめ一般向け教養講座が重点編成されるようになる。

語学講座では英語講座が「初級」と「中級」に分けられるようになり、さらにドイツ語講座、フランス語講座、支那（中国）語講座にも、初級のほかにさらに程度の高い講座を用意することができた。また夏期には『実用英語会話』も放送した。ちなみに1939年度のテキスト発行部数は、『春期基礎英語』（5万部）、『春期支那語』（4万5000部）を最高に、『冬季基礎独逸語』（1万2000部）に至るまで、各講座とも2～3万部を発行し、約80％を売り切っている。

放送の社会教育的利用を主目的に運用されてきた第2放送も、1938年2月以降は国民の戦意高揚をねらった"教化演芸"の名の下に、演芸番組も放送されるようになる。第1放送における国策放送の増加で、押し出された演芸番組が第2放送に回されたのである。

■「ラジオ小説」の誕生

1926（大正15）年11月、女優岡田嘉子による『椿姫物語』が大阪局から放送された。これは従来の講談や映画説明と異なるラジオ独自の形態を目指したもので、「物語」というタイトルで放送された最初の作品である。

1931年9月、大阪局が放送したコナン・ドイル作『クルムバウ館の秘密』は、3日連続での放送となった。このあと東京でもヴィクトル・ユゴーの『ジャンバルジャン』と白井喬二作『富士に立つ影』がいずれも5日間連続で放送され、のちの「連続ドラマ」の先駆けとなった。

1932年11月、東京局から吉屋信子作『釣鐘草』を夏川静江の出演で放送。音楽などに工夫を凝らしたラジオ独自の芸術形態として「物語」という放送ジャンルが確立された。その「物語」を立体的に表現しようとして始まったのが「ラジオ小説」である。1934年、東京局による北村喜八作『母のこころ』と八住利雄作『マダムX』の放送が、「ラジオ小説」の冠を付けた最初である。1936年9月、3夜連続で放送された夏目漱石作『三四郎』は、「ラジオ小説」として初めて本格的な企画・脚色を行った作品と言われている。演出は映画監督の山本嘉次郎、音楽は伊藤昇が登場人物の性格に合わせて作曲。北沢彪、千葉早智子ほかの出演で、地の文の読み手は和田信賢アナウンサーが担当した。この作品は、当時の"ラジオ文芸"の最高峰と評価された。

日中戦争以降の文芸放送は国策に即した時局的なものか、ラジオ独自の芸術性を求めるものか、どちらかの方向が示された。1939年5月放送の亀屋原徳原作・関口次郎演出の『海村記』、翌年3月同じ作者による『母親』、同じく黒崎秀明の懸賞小説入選作『海の見える家』などは、この時期の「純粋ラジオ芸術作品」として記録されている。

『椿姫物語』岡田嘉子 →P172

『釣鐘草』夏川静江 →P172

和田信賢アナウンサー

> ラジオ編
> 放送史

NHKラジオ放送史

満州事変（1931年）

関東軍は満州の主要都市を占領（1932年）

■「臨時ニュース」による報道強化

1931（昭和6）年9月18日夜、満州（現中国東北部）の奉天（現瀋陽）郊外の柳条湖で、南満州鉄道が爆破された。戦後、関東軍による謀略が明らかになるが、関東軍はこれを中国軍の日本軍に対する挑発だとして軍事行動を開始する。満州事変の発端である。

「事変」勃発は、翌19日午前6時54分、放送中の『ラジオ体操』が中断され、6分間にわたって「臨時ニュース」で伝えられた。日本電報通信社（電通）の奉天発"至急報"の第一報だった。その後も電通、新聞聯合社（聯合）の両通信社から刻々入ってくる速報は、「臨時ニュース」として番組を中断して放送された。放送協会はこれまで1日4回だった定時ニュースの時間を6回に増やし、その間、「臨時ニュース」によって戦況を伝えるなど報道を強化した。東京局が放送した同年9月中の「臨時ニュース」は17回、放送時間は1時間5分に及んだ。満州事変を契機に、国民のラジオニュースに対する関心が一気に高まった。

これに危機感を持ったのが、新聞各社だった。ラジオの「臨時ニュース」は、新聞の号外を待たずにただちに放送される。一般ニュースであっても、ラジオは新聞報道より数時間も早く放送され、聯合・電通の配給ニュースに頼る新聞社は常にラジオの後追いを強いられた。1930年11月に「ニュース」が全国中継（全中）となり、「放送局編集ニュース」が始まって以来、ラジオニュースの存在感が高まり、各新聞社はラジオの脅威を意識するようになっていた。そのタイミングでの「臨時ニュース」を中心とするおびただしい「事変報道」は新聞社を大いに刺激した。

在京の新聞・通信社の幹部で組織する「二十一日会」は、1931年10月末、放送協会に対して「臨時ニュース」の中止を申し入れた。これに対し協会側は、重大ニュースが放送されれば、人々は必ず新聞によって詳細を知ろうとする。放送は新聞に対抗するものではなく、共存共栄の立場で補完し合ってゆくべきものだと主張。東京局の放送部長・矢部謙次郎は「ラジオは玄関で新聞は奥座敷」のたとえで反論した。

事変の勃発とともに、政府は軍事機密保護のため軍発表以外の報道を禁止した。

■満州事変後の"時局番組"

満州事変勃発直後の夜間帯には『尺八と歌謡曲』、『連続講談　大久保三政談』、ラヂオレビュー『ローズ・パリ（宝塚花組）』などの慰安（娯楽）番組が並んでおり、戦争の影は感じられないが、その後、ニュース、講演・講座番組から、徐々に戦争の影が濃くなっていく。

満州事変勃発の翌月1931年10月、大阪ローカルで『時事解説』が始まる。この番組は従来の講演放送の形式をとらず、その週のトピックスを2、3項目取り上げて、それを識者が解説するというもの。このスタイルは戦後の『解説』、『ニュース解説』の原型となった。『時事解説』と前後して東京局では『時事講座』をスタートする。この二つの番組を統合し、『時事解説』のタイトルで全国放送するようになったのは1933年10月からである。その後この番組は、国威発揚と国論統一を推し進める"時局番組"の中心的な役割を果たしていく。

『時事解説』で経済について語る（1939年）→P280

このほか『満蒙事情特別講座』『中部支那事情特別講座』『満洲事変一周年記念講座』など時局関係の講座番組を次々に編成。第2放送では『英語講座』（1932年1月に第1放送より移設）のほかに、『満洲語講座』『支那語講座』などが登場した。

一般の講演・講座でも1932年2月に鳩山一郎文部大臣の「建国の精神」、同年3月に宗教家で探検家でもあった大谷光瑞の「支那の将来」、同年8月に後の外務大臣・松岡洋右の「新興満洲国」など、時局を見た国策的講演が続いた。

軍事もの、時局ものは、報道番組に限らず、全ジャンルに及んでいく。慰安番組では『時事講談　満蒙事変の根元』『放送舞台劇　満洲事変』『在満同胞慰安の夕』ほか。婦人家庭番組では『満洲事変の犠牲者』『満洲事変を顧て』『家庭と満洲事変』『支那の家庭の話』ほか。子ども番組では『武勇童話　夏服将校』『お話　満洲から帰って』『お話　陸軍の組織に就て』『課外講話　此度の事変と小国民』ほか。時局関係番組は1931年9月から翌年10月までの間に、実に280本に達した。

■つくられたヒーロー"肉弾三勇士"

1932（昭和7）年1月28日深夜、上海で日中両軍が衝突し、激しい市街戦が始まった。第1次上海事変である。2月23日、陸軍は、3人の兵士が自らの体に爆薬を結び付け、鉄条網に飛び込んで自爆し、突撃路を開いたというニュースを発表した。「三勇士」の報道は全国に大きな反響を呼び、陸軍省には弔慰金が続々と届けられた。大阪朝日、大阪毎日、東京日日が募集した「三勇士の歌」には20万通を超える応募があった。三勇士の「覚悟の自爆」は、実は爆弾の導火線が短すぎたために起きた事故だと言われている。しかし、軍の発表はメディアによって美談に仕立てられ、三勇士は満州事変最大のヒーローとなった。

ラジオでは3月4日に3人の上官が『三勇士の俤を偲びて』を福岡から全国放送した。3月16日には『三勇士の夕』を編成し、東京から明治座「上海殊勲の三勇士」の舞台中継、福岡から「琵琶～噫肉弾三勇士」と軍歌など、大阪から「浪花節～噫肉弾三勇士」を次々に放送した。3月29日の『子供の時間』では、新聞各紙が公募などで競作した「三勇士の歌」4作を大阪と東京から紹介した。

「肉弾三勇士」は放送の各ジャンルを横断するように席巻し、国民感情に訴えた。

聴取契約者数は1926年8月の社団法人日本放送協会発足時は約34万だったが、その後の全国放送網の整備、ラジオ受信機の改良、満州事変後の景気の好転など各種の要因に支えられ、1932年2月に100万を突破した。

■編成の中央集権化と番組統制

放送協会は1934（昭和9）年5月16日の定時総会で、業務組織を一新する大幅な機構改革を行った。総会に逓信省電務局長代理として出席した田村謙治郎は、新組織として歩みだす放送協会に対し「民衆を追従させるべき番組を編成する」ことなどを要望した後、「放送事業の経営に対する政府の監督も、他の公益法人とおのずから

JOAK日本放送協会本部（1938年完成）

JOBK大阪中央放送局（1936年）

JOCK名古屋中央放送局

JOFK広島中央放送局

JOGK熊本中央放送局

ラジオ編 放送史

NHKラジオ放送史

JOHK仙台中央放送局

JOIK札幌中央放送局

JOZK松山放送局

趣を異にするものがなければならぬことを、ここにはっきり了解を願いたい」と、放送に対する強い統制の意図を明らかにした。

協会は7つあった支部を解体し、東京を中枢機構とする本部とし、その下に6つの中央放送局（大阪、名古屋、広島、熊本、仙台、札幌）を置いた。放送番組の編成面では、各放送局の約80％を占める全国中継番組を決定する編成機関として「放送編成会」を新設。その部外委員には、逓信・内務・文部各省の事務次官が送り込まれた。さらに逓信省の要請にもとづいて番組企画の最高諮問機関「放送審議会」を設置し、その委員に新たに陸軍・海軍・外務省の3次官が加わった。放送番組の基本計画は本部に一本化され、番組編成の中央集権化と統制の強化が図られた。

1936年7月、内閣に「情報委員会」が誕生し、情報宣伝の統制と一元化が図られた。翌1937年には国家精神総動員の体制が敷かれ、翌年に「国家総動員法」が実施された。「情報委員会」は「内閣情報部」として強化され、放送によって世論の指導、国論の統一、一方的情報の宣伝を強行する政府の体制が整った。

■ "実況中継"と"実感放送"

1932（昭和7）年の夏、第10回オリンピック・ロサンゼルス大会が開催された。前年9月に満州事変が勃発、この年の1月には第1次上海事変が起こっている。世界恐慌の影響もあり、ロサンゼルス大会に参加したのは前回大会より9か国少ない37か国にとどまった。その中で日本は「風雲急を告げる東亜の時局に際して、新興日本の意気を宣揚すべき絶好の機会」として、アメリカに次ぐ131人の大選手団を送り込んだ。

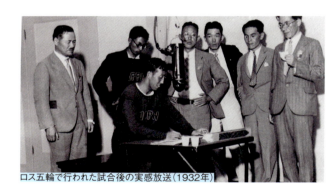
ロス五輪で行われた試合後の実感放送（1932年）

ロサンゼルス五輪のニュースを放送するラジオに集まる人々

42　NHK放送100年史（ラジオ編）

ベルリン五輪で実況中継をする河西三省アナウンサー（中列右から2人目・1936年）

　放送協会は日本初のオリンピック中継に取り組むために、松内則三、河西三省、島浦精二の3人のアナウンサーを派遣した。ところがアメリカの放送事業者NBCと実施主体のオリンピック委員会との間で放送権料問題が折り合わず、放送協会は競技中継の許可が得られなかった。競技会場からの「実況中継」ができなくなった協会は、NBCがロサンゼルスの放送局に用意したスタジオからの「実感放送」に切り替えて対応することとした。

　「実感放送」とはアナウンサーが実況するスポーツをあらかじめ取材し、スタジオから取材メモを見ながら実況さながらに描写する放送である。1927年2月の大正天皇御大葬の行列風景を、愛宕山のスタジオからあたかも実況中継風に原稿を読み上げたのを最初として、同年8月の甲子園「全国中等学校優勝野球大会」の決勝戦の模様を、東京局が東京朝日新聞より試合の経過速報の提供を受け、その原稿に肉付けしてあたかも実況のように放送している。中継施設や送信技術の十分でなかった当時、スポーツ実況を通して磨かれたアナウンス技術の一つとなっていた。

　「一九三二年七月三十日、時は緑の夏、空は銀色に輝き、青葉は風にサラサラと渡るこの南カリフォルニアのロサンゼルス市のグラウンドこそ、今や世界の各国の感激と、緊張と、昂奮とで見つめられてゐるのであります」

　当時の週刊誌（週刊朝日）は開会式の模様を伝える松内則三の実感放送をこのように記している。"暁の超特急"と呼ばれた吉岡隆徳選手が出場した陸上100メートル決勝は、スタートダッシュで飛び出した吉岡選手が、後半抜かれて6位に沈んだ。その模様を競技場で取材したのちスタジオのマイクに向かった松内アナウンサーは、「吉岡トップ、吉岡トップ」と前半の快走を強調しているうちに、実際は10秒ほどのレースの放送に1分以上をかけたという「実感放送」ならではのエピソードを残している。

　現地時間で夕方の"実感放送"が、日本時間では正午から午後1時までの昼休みに当たったことや、日本水泳チームが6種目のうち5種目に優勝したこともあってオリンピック人気が国内で沸騰し、ラジオの前には二重三重の人垣ができた。

■「前畑ガンバレ！」に日本中が熱狂

　4年後の1936（昭和11）年、第11回ベルリン大会において、初めてオリンピックの中継放送が実現する。ロサンゼルス大会では日本が唯一の海外放送局として現地入りしたが、ベルリン大会では32か国に増えていた。

　この大会の日本の派遣団は役員、選手合わせて249人という大所帯。大会に先立つ7月31日、ベルリンで行われた国際オリンピック委員会は、次の第12回大会を東京で開催することを決定。日本では急速にオリンピック熱が盛り上がっていた。

　8月2日から16日まで、現地から17回にわたって日本向けに国際中継放送を送出。日本での放送は原則朝6時半からの30分と午後11時からの1時間、実況あるいは実況録音で放送し、日本中を寝不足にしたと伝えられている。

　開会式の模様を伝える河西三省アナウンサーの放送は、ドイツで円盤式録音機によって録音され、日本時間8月2日朝6時30分から7時まで全国放送された。ベルリン大会のハイライトは8月11日深夜におとずれた。時計の針が間もなく0時を指そうとするころ、ラジオから河西三省アナウ

NHKラジオ放送史

ラジオ編 放送史

ンサーの興奮した声が流れた。

「日本の皆さん、間もなく予定の時間ですが(ラジオを)切らないで待ってください……。そのまま切らずに待ってください」

水泳女子200メートル平泳ぎ決勝が、まさに始まろうとしていた。日本の前畑秀子とドイツのゲネンゲルの一騎打ちが焦点であった。競技が始まると、前畑とゲネンゲルの接戦が繰り広げられた。

「前畑ガンバレ！　ガンバレ、前畑ガンバレ！　あと25、あと25……」

河西はマイクに向かって叫び続けた。河西はラスト50メートルで「ガンバレ」を23回、「勝った！」を12回連呼し、深夜の日本を沸かせた。8月12日付読売新聞は「この一瞬の放送こそ正にあらゆる日本人の息を止めるかと思われるほどの殺人的放送だった。マイクにかじりついた"日本人河西"は、遠く九千粁の空をへだてて日本中の心臓をかき回してしまった。」と伝えた。日本中を熱狂させたスポーツ実況として語り継がれたアナウンスである。

ベルリンオリンピックを契機に輸入された円盤式録音機により、日本のラジオ番組は急速な進歩を示すことになる。

東京駅からベルリン五輪取材班が出発(1936年)

銀座街頭でベルリン五輪中継を聴く人々(1936年)

ベルリン五輪・メインスタジアムのNHK放送陣(1936年)

■転機となった「兵に告ぐ」

満州事変に続いて1932(昭和7)年1月から3月にかけて上海で中国軍との軍事衝突が起きた。一方、国内では"血盟団事件""五・一五事件"など政治家へのテロ事件が相次いだ。

1933年3月に日本は国際連盟を脱退。国際的な孤立が決定的となる。そのような社会状況の中で、内外の重要ニュースを伝える報道放送に対する国民の関心はさらに高まっていった。

1936年2月26日未明、陸軍の第一師団、近衛師団管下の将校、下士官、兵1400人余りが数隊に分かれ、首相官邸や重臣の私邸、さらに朝日新聞社を襲撃。政治、軍事の中枢だった永田町、三宅坂一帯を占拠した。二・二六事件である。

その朝、愛宕山の東京中央放送局に、逓信省より襲撃事件発生を知らせる電話が入る。追って午前7時20分、「五・一五事件のごとき重大事件突発、事件関係の報道をいっさい差し止める」という通達が逓信省から届いた。

放送協会では報道部の職員が非常招集され、情報を集めるために陸軍省、警視庁周辺などへ派遣された。ニュース素材についてはほとんどを通信社に頼っていた当時の放送局としては、初めてともいえる広範な独自取材だった。このうち陸軍省と警視庁へ向かった職員は、途中で兵士に銃剣を突きつけられて追い返された。警視庁はすでに兵士らに占拠されていたのである。

この日、放送は午前9時過ぎからの『経済市況』が休止となり、昼からの演芸、音楽や『家庭講座』の中止が決まった。午後0時40分、最初の定時ニュースで東京・大阪両株式取引所の臨時休止を伝えたが、事件を伝えることはなかった。午後4時の定時ニュースで、翌日も東京・大阪両株式取引所の臨時休止を伝えると、このころから多くの聴取者は不穏な空気を感じ始める。しかし放送はもちろん、新聞の号外も出ない。街には流言が飛び始めていた。

二・二六事件で反乱軍の戒厳警備下におかれた愛宕山・東京放送局(1936年)

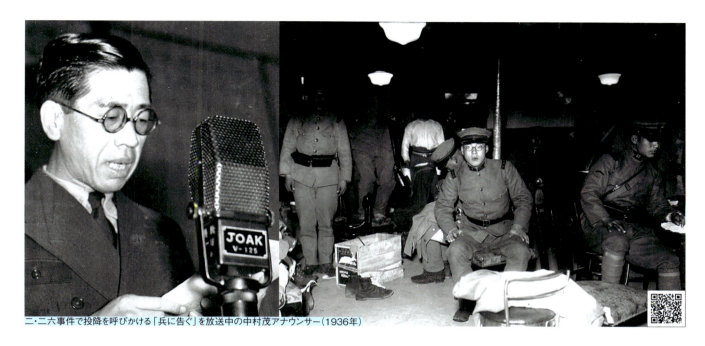
二・二六事件で投降を呼びかける「兵に告ぐ」を放送中の中村茂アナウンサー(1936年)

　午後7時の定時ニュースで、「東京警備司令部公示事項」として「東京に戦時警備令がしかれた」ことを初めて伝えたが、事件の内容にはまったくふれていなかった。夜の演芸番組は中止され、穴埋めに第2放送の「講演」が第1で放送されている。
　陸軍省が事件の概要を発表したのは、事件発生から15時間が経過した午後8時15分。ラジオは20分後の午後8時35分に、放送中の講演番組を中断し、『臨時ニュース』により陸軍省発表の全文を全国に伝え、事件の概要がようやく明らかになった。その後のラジオは、午前0時過ぎまで放送時間を延長して、陸軍省や内務省の発表を臨時ニュースとして伝えた。
　翌27日午前2時50分、東京市に戒厳令がしかれ、戒厳部隊が市内の要所に配備された。放送局には前夜から泊まり込んでいた職員2名が、午前4時に愛宕山を出て反乱部隊占拠地域と内務省の避難先である上野警察署などを、朝一番の臨時ニュースに向けて取材。午前6時30分、放送がはじまると同時に『臨時ニュース』が戒厳令を伝えたあと、市内の模様を「平常と変わらない」と繰り返し伝え、治安が保たれていることを強調した。
　2月28日午前5時8分、襲撃を企てた兵士たちに原隊復帰を促す「奉勅命令」が下り、その時点で襲撃部隊は「反乱軍」となった。同日午前11時45分、放送局は戒厳司令部の要請によって、九段下の軍人会館(現・九段会館)に設けられた戒厳司令部に臨時放送室を置き、司令部の発表を直ちに放送する態勢が整えられた。
　29日午前2時、反乱軍に対する討伐命令が下されると、放送局は全番組を休止。午前6時30分の放送で、人々はついに武力による鎮圧が始まることを知った。交戦のおそれがあり、赤坂、麹町両地域の住民の間には不安が広がった。人々は一触即発の事態にラジオに耳を澄ませた。各新聞社もラジオから情報をとり、ラジオへの依存度がますます高まっていった。
　29日午前8時48分、戒厳司令部の放送室から、下士官、兵に帰順を呼びかける放送を開始した。中村茂アナウンサーが読み上げた「兵に告ぐ」である。
　「兵に告ぐ。勅命が発せられたのである。すでに天皇陛下のご命令が発せられたのである。……今からでも決して遅くないから、ただちに抵抗をやめて軍旗のもとに復帰するようにせよ……」
　この放送原稿は戒厳司令部にいた元陸軍省新聞班員の大久保弘一少佐が、営門に詰めかけた兵士たちの父兄の痛切な訴えを聞いて書き上げたものであった。上官の根本博大佐から「反乱軍はラジオを聞いているらしい、すぐにラジオ放送しよう」と言われ、中村アナウンサーがスタンバイするマイクの傍らで陸軍省の便箋2枚に走り書きしたという。中村はかんでふくめるように、原稿を3回繰り返し読み上げた。
　最初は東京ローカルで放送されたが、午前11時に2度目の放送を全国向けに行った。この放送を契機に、反乱軍は次々と原隊に復帰。事件は収拾に向かった。
　午後3時20分の臨時ニュースで「避難された方々はただいまより憲兵、警察官の指示を受け自宅にお帰りください」と放送。これを聞いた市民は安どした。
　この日、午前6時30分から午後5時41分までに臨時ニュース23回、定時ニュース4回、合計27回にわたって"事件"情報を伝え、午後7時の陸軍大臣と戒厳司令官の発表を最後に「二・二六事件」の放送を終えた。4日間にわたる事件関係の放送は、流言に迷う国民を平静に保ち、非常事態における放送の機能が国民にはっきりと認識されることになった。だが一方で、政府当局および軍部が、国論統一の媒体として政策遂行に利用できることを再認識する転機ともなった。

NHKラジオ放送史

ラジオ編 放送史

■「学校放送」の開始

放送を通じて教育の機会均等を図ることを目指した放送協会は、二重放送の実現を機に、社会教育とともに学校教育での放送利用を目指した。しかし後年、第2放送の主要な柱となる「学校放送」計画は、教育行政の一元化を主張する文部省と、放送番組の監督権を持つ逓信省との間で意見がまとまらず、二重放送開始時には実現をみなかった。

1931(昭和6)年4月に東京局で第2放送が開始された。

開始当初は社会教育、成人教育のための放送が中心となった。小・中学生を対象とした学校の課外講座を建前とした学校向けの番組もあったが、文部、逓信両省の折衝が妥結して正式に学校放送の発足をみる1935年4月までは、「学校放送」の名称使用は避けられた。

1932年の夏、静岡放送局は夏休み中の約2週間を利用して県内の小学校5、6年生を対象に、放送による「小学生夏期補習講座」を、その冬には4年生も加えた「冬期小学生補習講座」を開いた。さらに札幌、名古屋、広島の各放送局でも補習講座を放送している。

1933年6月末、東京に続いて大阪、名古屋の両局でも第2放送が始まった。

東京局が学校放送の実現に向けて足踏みをしている間に、ローカルながら大阪局では同年9月1日、第2学期の開始とともに、まずは朝の『ラジオ体操』から放送を開始した。対象は管内の2府8県の小学校3806校である。9月11日からは『幼児の時間』(唱歌・童話)、『昼間の音楽』(昼食中の音楽)、『小学生の時間』(課外講座)を、さらに11月からは管内5万人の小学校教師に向けた『教師の時間』『学校教育法講座』の放送を始めている。わが国初めての本格的な学校放送だったが、大阪局では文部省を刺激しないように、「学校放送」と銘打つことはせず、各番組の放送開始時期もずらして放送された。

これらの放送には懸念されていた文部省からの干渉はなく、1934年1月からは、学校へ事前周知のため、毎週、番組解説の機関紙「教育放送通信」(第6号から「教養

学校でラジオ放送を利用するようす(1929年)

『幼児の時間』を聴く園児たち(1936年) →P369

『朝礼訓話』文部大臣・平生釟三郎(1936年) →P280

『教師の時間』を聴く小学校教員(1940年) →P389

『教師の時間』女子武道の放送風景(1939年) →P389

ラジオ放送を利用する教室の子どもたち(1939年)

講座通信」に改称)を発行し、無料で配布した。

1934年度には、大阪局管内の小学校3378校中、受信設備を備えた学校が2028校に達した。この大阪局の実績が、全国的な「学校放送」誕生の先駆的な役割を果たした。

放送協会は放送開始10周年を迎え、その記念事業の一つとして、1935年4月15日、全国向けの学校放送を第1放送で開始した。

開始当時の全国向け学校放送は朝の『ラジオ体操』に始まり、著名人が講演する『朝礼訓話』、学年別の『尋常小学校の時間』『高等小学校の時間』と『教師の時間』で編成され、1週間の放送時間は最高で5時間40分だった。

当初、「学校放送」の利用率は必ずしも高くなかった。1937年3月の調査によると、全国の小学校でラジオ受信機を設置しているのは1万3961校で、全体の54%に当たるが、学校放送の利用校はラジオ施設校の20〜30%ではないかと推定された。教育現場では「教育は教師と生徒との接触によってのみ可能であって、ラジオという機械を使って行われるべきものではない」と主張する教師も多く、学校放送を教材として取り入れることには消極的だった。また電灯料金定額制(日没20分前から日の出10分後まで送電)で、昼間の送電がないためにラジオを聞くことができない学校も多かったという。学校放送が新しい教育手段として文部省の公認を得たのは1938年8月だった。

この後、1941年4月に学制が変わり、小学校は「国民学校」となる。そして、文部大臣の指定する放送を学校の授業の中に組み入れて利用できることが初めて規定され、「学校放送」は"学校教育の補助"という位置づけから、一歩進んで新しい教材を提供する役割を担うことになった。

■ 好評を呼んだ宗教番組

放送開始当初、教養系の番組の中で特に人気があった『宗教講座』は、その後『修養講座』あるいは『宗教講話』と改められ、多少の変遷を経て中断されることなく朝の教養番組として継続放送され、1934(昭和9)年3月に東京ローカルで始まる『聖典講義』に続いていった。

『聖典講義』の第1回放送は3月1日、若い仏教学者の友松円諦が講師をつとめる「法句経」から始まった。午前8時からの30分番組で17日まで15回の連続講座である。「法句経」は釈迦の金言を短い詩節(句)の形で伝えた経典。これをわかりやすく、かつおもしろく伝えた放送が反響を呼んだ。哲学者・仏教学者の中村元はその著書に「仏教を顧みる人など、知識人の間ではいなかった。その情勢の中で、友松先生は、時運を変えられたのである」と放送についてふれており、広く若者層に影響を与えたことがわかる。

1934年4月から全国放送で休日を除く毎朝放送となる。高神覚昇「般若心経講義」、高嶋米峰「遺教経」などの放送も評判を呼び、講演者たちが全国にファンを作った。1935年1月末まで11か月にわたって放送され、約半数が仏教の経典講義もしくは仏教一般に関する内容で、その他をキリスト教関連、儒教関連、その他の講座で構成した。講演者の話術、時代の風潮、社会状況など、さまざまな成功条件を満たした当時のヒット番組となり、宗教復興の気運を高めたともいわれている。

一方、大阪局では第2放送の開始にともなって1933年7月末、ローカルで日曜朝の1時間番組『日曜礼拝』を放送し、キリスト教の礼拝実況と説教を取り上げた。さらに同年12月、仏教方面にもこれを広げ『日曜勤行』を併設し、各宗派代表の法話と勤行実況をスタジオから放送した。

宗教関連の番組は満州事変以後の不穏な世相を反映して大衆の心をとらえ、『聖典講義』と『日曜勤行』はともに高い聴取率を維持した。

『聖典講義』は1935年2月に『朝の修養』に改題すると、仏教の経典を主にした内容から範囲を広げ、広く国民の精神修養に資する内容に変わっていった。改題後、1年間に放送した24講座を分類すると、仏教関係11、日本精神と日本史に関するもの8、儒教関係3、その他となっている。『朝の修養』は「臣道実践と常会」(有本正ほか)、「時代に直言す」(宮本武之輔ほか)のような時局ものを最後として、1941年3月に終了する。その後は青壮年に団結と敢闘を呼びかける国策番組『朝のことば』に生まれ変わる。

1936年10月に新設された『ラヂオ随筆』は、毎回2名の出演者が15分ずつ、随想風に話をする肩のこらない番組で、毎週、東京、大阪、名古屋3局中継で放送した。第1回は『基礎英語講座』の講師岡倉由三郎の「ユーモアの正体」と、物理学者で歌人でもあった石原純の「科学上の伝説と事実」を放送。最終回は翌年の5月、地震学者今村明恒の「鶏の欠伸」とドイツ文学者登張竹風の「読書道楽」。講師には学者、芸術家、趣味人など多彩な顔ぶれがそろい、日中戦争前夜の静けさを感じさせた。

『修養講座』『まことのつとめ』宗教家・中山正善(1930年) →P320

NHKラジオ放送史

ラジオ編 放送史

■『早朝ニュース』の新設

1937(昭和12)年7月8日午後0時40分からの定時ニュースで、北京郊外盧溝橋で7日夜半、演習中の日本軍駐屯部隊が中国軍から不法射撃を受けて交戦、これを撃退したと伝えた。日中戦争の発端となった盧溝橋事件の最初のラジオニュースである。

第一報が同盟通信社から放送協会に入ったのはその日の午前10時過ぎ。すぐに臨時ニュースで速報しようとしたところ東京逓信局の差し止めを受けた。逓信局が放送に対する検閲に過剰なまでに慎重になったため、午後の定時ニュースまで据え置かれたのである。午後のニュースでも20項目中11番目が盧溝橋事件関連ニュースで、その優先順位は低かった。

盧溝橋事件を契機に内務省や陸・海軍、外務省は徹底した報道管制に乗り出した。部隊の行動その他軍機軍略に関する事項や、国交に影響を及ぼす事項の報道を禁止した。

放送協会は新種目(番組)の設定や編成に特別態勢で臨んだ。

報道番組強化の一環で、7月14日から『ラジオ体操』を短縮し、6時25分から5分間の『早朝ニュース』を新設した。ラジオの早朝ニュースが定時化したのは、この時からである。

7月19日からは午後9時30分のニュースに続いて『ニュース解説』を新設。「国民に時局を正確に認識してもらうため」に戦争の意義や戦況を解説した。ニュースに現れた中国の地名、人名、あるいは中国の政治、経済、軍事などの事情を、報道部編集課ニュース係員が書いた原稿をアナウンサーが読む形式で伝えた。さらに7月29日に午後4時のニュースと午後9時30分のニュースの放送時間を延長。戦場が拡大しつつあった8月21日からは、午後11時からの15分間『今日のニュース』を放送した。この番組は昼間の送電がないためにラジオを聞けない多くの農山漁村の人たちのために、その日の重要ニュースを深夜にまとめて放送するために新設されたものであった。

7月中の全国中継ニュースは計1844件。そのおよそ70%が盧溝橋事件関連で占められていた。

■「前線放送」と「録音ニュース」

9月2日、盧溝橋事件に端を発したこの紛争を政府は「支那事変」と呼称した。戦線は拡大を続け、11月20日には宮中に「大本営」が設置される。

日中戦争の開始は、ニュース面における録音の利用を促進させた。1937(昭和12)年12月の南京陥落の大本営発表をそのまま録音し、ニュースに取り込む手法がとられるようになり、「戦況ニュース」のスタイルが確立された。

放送協会が初めて自前の録音を放送に使ったのは、1936年10月29日、神戸港沖の観艦式の時だった。現場からの実況を、ドイツのテレフンケン社製円盤録音機を使って大阪局内で録音し、同日夜に放送した。東京では翌年5月17日から19日に、大相撲実況中継放送の時間からはみ出した取組を録音して、夜7時のニュースの時間に流したのが最初である。

日中戦争　大場鎮野砲攻撃(1937年)

日中戦争　徐州入城(1938年)

1938年5月、徐州戦線の日本軍の活躍を伝えるために、アナウンサー河西三省ら3人が戦地へ派遣された。協会職員による初めての「前線放送」である。放送は日本軍が徐州に突入した5月19日から1週間行われた。「徐州陥落」や両軍の空中戦の模様、前線で繰り広げられる両国の電波戦、謀略放送の実情なども取材し、済南(中国山東省)放送局から放送した。この前線放送は、ドイツの円盤録音機によって録音されて、東京から海外放送の電波にも乗った。

前線放送は10月、漢口が陥落したときにも中村茂、浅沼博両アナウンサーと技術職員が現地に入って行われた。初めての試みとして、ドイツの円盤型録音機をモデルにしてつくった国産の移動型録音機を使用した。移動型といっても一式で100キロもの重さがあった。前線録音の「武漢攻略戦」は1938年10月25日から31日にかけて7回にわたって放送されている。

1939年には、時事的なトピックに登場する各界の人物の話や、時事的な催し物を音で聞く「録音レポート」、「街の話題」を放送。こうした時事的録音が発展して1941年1月から始まったのが『録音ニュース』である。

録音盤を使った『録音ニュース』の放送

録音に使われた円盤録音機（1941年）

■時局下の娯楽番組

満州事変後、世の中に不穏な空気が漂い始めてはいたが、だからこそ多くの聴取者は娯楽番組を求めていた。

演芸番組の中でも放送回数を増やしたのが浪花節である。放送では「乃木大将」「赤穂義士外伝」「佐倉義民伝」「安中草三郎」などの口演ものが人気で、人情美談、忠孝節義を中心に、任侠武勇に富んだものが選ばれた。この傾向は満州事変以降、より顕著になっていく。

1931（昭和6）年10月から翌年9月までに浪花節が放送された各局別回数が、東京99回、大阪102回、名古屋236回、広島200回、熊本147回、仙台100回、札幌101回を数えており、その他の大衆芸能の中で最も多い。演目は「乃木大将」に代表される軍事美談を中心に、「噫古賀聯隊長」「噫肉弾三勇士」「満州月下の陣」など、時局をとらえた多くの新作が放送された。新作で新しい分野を開拓しようという演者と、ドラマチックな武勇伝などを娯楽として求める聴取者の渇望、そして浪花節に対する時局の要請が合致した結果である。1933年頃からは講談をもしのぐ放送回数を示し、"大衆演芸の王座"を占めるに至った。

浪花節、講談に比べて、落語は時局の影響をそれほど受けていない。むしろ落語の演目自体が、時局色や時代の重苦しさに左右されなかったのである。落語家たちは傷病兵慰問などに駆り出され、数少なくなった潤いとしての娯楽を提供することで"御国"を支えた。ちなみに1933年4月から同年12月までの、東京における浪花節の放送回数は75回、講談65回に対し、落語は54回であった。

講談、落語に加えて漫才やショー形式のものも人気があった。その内容には「国民精神総動員運動」に沿って、時局的な色調の濃いものも見られた。これらは戦時歌謡曲とともに『皇軍将士慰問の夕』『傷病兵士慰問の午後』『国境警備慰問の夕』など、各種「慰問番組」の主要な構成要素となった。

1931年に演芸番組の新種目として『二人（掛合）漫談』が始まり、その後『モダン小咄』『ニュース演芸』『掛合講談』『文芸浪曲』『日曜巷談』『立体漫談』『お笑ひ道中』『歌謡劇』『歌唱漫談』『ラジオ社会面』『俚謡ラプソディー』などが次々に始まっている。既成の演芸種目を新しいアイデアで立体的に演出しようと試みた新番組群である。例えば『ニュース演芸』は、1週間の主な時事ニュースを、ラジオドラマ、洋楽、歌謡、講談、浪花節、琵琶、擬音などの形式で伝える"ニュース・エンターテインメント"である。『掛合講談』は2人の講談家の掛け合い口演に、ラジオドラマで注目された「擬音」を加えて新味を出した。大阪局の『モダン小咄』は、3～4分にまとめた小咄を、風刺と諧謔を含んだ寸劇形式に表現したもので、どの番組もラジオ演芸に新風を吹き込んだ。

日中戦争がはじまると、ほとんどの番組が目に見えて戦時色に染まっていった。同時に慰安番組は、文字通り兵士たちの慰安のために放送されるようになる。

1937年7月放送の『士気振興の夕』は、陸軍戸山学校の「軍歌と吹奏楽」、伊藤痴遊の新講談「北清事変の思ひ出」、「ニュース演芸」などで構成された。同月30日には挙国一致の精神を女性の側から描いたラジオドラマ『銃後の人々』（作：田島淳　出演：喜多村緑郎、河合武雄ほか）を放送。9月に入ると『皇軍将士慰問の夕』が始まる。これは娯楽番組で前線将兵の労苦を慰問するとともに、銃後の人々の精神作興をねらった番組である。1938年に入ると『英霊に捧ぐる夕』『国境警備慰問の夕』『乗組船員慰問の夕』『上海戦線慰問の夕』『支那事変国債売出の夕』『心身鍛錬の夕』『八紘一宇の夕』『銃後婦人の夕』『物いはぬ戦士の夕』などの特集が次々に企画された。これらいわゆる"夕"ものは、歌や演芸など慰安種目の総合番組として、この時期の番組を特徴づけている。

第2回「国民精神総動員強調週間」を機に、1938年2月12日から、第2放送で午後8時からの30分間、浪花節、講談、物語、琵琶、義太夫などの「教化演芸」を編成した。浪花節で寿々木米若の「南京最後の日」、講談で宝

NHKラジオ放送史

井馬琴の「建設部隊」など、日中戦争に取材した新作が多数登場する。また「江川太郎左衛門」「山岡鉄舟」など、いわゆる勤皇精神をうたい上げる人物ドラマシリーズや、折口信夫、辻善之助らの学者に諮問して題材を決めた国史劇シリーズなども、大衆教化を目指す放送だった。

この時期、ごく少数ではあるが時局を離れ、ラジオ独自の芸術性を追求した作品もあった。1939年3月4日に第2で放送された詩劇『西浦の神～アイヌ叙事詩ユーカラより』は、その代表的な作品である。ユーカラの訳は金田一京助が担当し、森本薫の脚色、夏川静江、薄田研二ほかが出演した90分の大作だ。従来、不可能とされていた長時間ものに道を開いたことでも重要な作品となった。

1939年7月に、新たに夜間番組編成基準が設けられた。この基準により第1放送の夜間の演芸番組は、国策的教養番組である『時局談話』『ラジオ時局読本』『青年の時間』などによって削られてしまった。これによって報道・教養・慰安という番組区分は取り払われ、時局向きに放送内容を統一編成した。

夜間に娯楽番組が消えたことに対する聴取者の不満の声は大きかった。そのため、翌1940年8月に改定された新編成基準では、慰安番組の長時間編成に考慮が払われ、特に土・日曜の全国番組は原則として慰安1本で通すことが決められた。

『ニュース演芸』コメディー「渡し場」(1939年) →P188

■『国民歌謡』の変容

満州事変勃発2日後の9月20日、『映画劇の夕』が放送され、フランス映画「パリの屋根の下」(1931年日本公開)や日活の「侍ニッポン」(1931年製作)などの映画主題歌がのんびり歌われている。また社交ダンスの流行やダンスホールが繁盛するなかに「ジャズ」の放送も多かった。

同じ9月にはまだ音楽学校に在学中だった藤山一郎が歌った「酒は涙かため息か」(作詞:高橋掬太郎・作曲:古賀政男)がレコードで発売され、空前の大ヒットとなる。藤山はその後、「丘を越えて」「影を慕いて」などの"古賀メロディー"で流行歌手としての地歩を固める。

1932年1月に上海事変が起きると、その翌月に東京会館から国際ロータリー記念祝賀会の『ラヂオ・ナイト』が中継され、「歌謡曲」の種目で勝太郎が「三階節」を、市丸が「私のせいじゃないわ」などを歌った。昭和初期に「新日本音楽」の琴唄の名称だった「歌謡曲」は、このころから次第にその範囲をひろげ、勝太郎や市丸などの三味線伴奏による流行小唄も含めるようになった。その後、一般に流行歌曲を「歌謡曲」と呼ぶようになる。

1936(昭和11)年6月1日、大阪局が新しい音楽番組『国民歌謡』の放送を始めた。1934年から内務省によるレコード検閲が始まり、思想・風俗統制の観点から、歌詞や女性歌手の歌い方など大衆歌謡の退廃性、猥雑性が問題視されていた。そのような政府の視線を受けて始まった『国民歌謡』は、「従来流行の退廃的な歌謡曲」に代わって、親子で愛唱できる明るく健全な歌を作ろうという趣旨で企画された。

最初の作品は今中楓渓作詞、服部良一作曲、奥田良三独唱による「日本よい国」である。『国民歌謡』は毎日午後0時台(のちに午後7時台に変更)に5分間、原則として同一楽曲を1週間連続で放送し、国民への普及につとめた。同一楽曲を反復、継続して放送するこれまでにない試みで、この放送形態は戦後のテレビ番組『みんなのうた』(1961～)に引き継がれる。

大阪局で始まった『国民歌謡』は、すぐに東京と大阪で交互に新作を発表するようになる。初期の楽曲は「椰子の実」(作詞:島崎藤村・作曲:大中寅二)や「春の唄」(作詞:喜志邦三・作曲:内田元)など、いずれも歌詞とメロディーの美しさ、親しみやすさから、既存の大衆歌謡ともクラシック系統の歌曲とも違う、覚えやすさが際立つ「愛唱歌」となった。

放送開始からの数年は「健全、明朗な情操涵養を目的」とした大衆の音楽だったが、日中戦争の開始により、放送番組全般においてそうであったように、『国民歌謡』もまた国民教化動員や戦意高揚、国策宣伝といった役割を担うことになる。1939年ごろには、軍や各官庁が時局ものの楽曲の放送を依頼してくるようになった。こうして1941年1月放送の「めんこい仔馬」まで、全205曲が放送された。

『国民歌謡』は1941年2月に『われらのうた』と改題、「大政翼賛の歌」「アジアの力」といった大政翼賛会選定の楽曲を発表。その後、太平洋戦争開戦でいったん放送が中断し、1942年2月から新しく『国民合唱』として再スタートを切る。

『国民合唱』の第1回は1942年2月8日の「此の一戦」である。「この一戦何が何でもやりぬくぞ」の大政翼賛会制定の標語を、「海ゆかば」の信時潔(のぶとききよし)が作曲した。『国民歌謡』と『われらのうた』は放送局独自の企画・制作

だったが、『国民合唱』に改題してからは陸・海軍省をはじめ各官庁や大政翼賛会などの制定する"時局歌謡"の売り込みが激しく、ついには放送の取捨選択の窓口が情報局に一本化されてしまう。1945年7月の「戦闘機の歌」まで90曲以上が放送されたが、その中に放送局の自主企画による楽曲はほとんどなかった。『国民歌謡』が『われらのうた』に、さらに『国民合唱』へと移り変わる中で、「声を合わせてうたう」行為を通して団結を高め、国民統合や動員の手段として利用されるようになる。「親子で歌える明るく健全な歌」を目指したスタート当初の目的を大きく逸脱して、国民教化や国策宣伝にまい進していったのである。

『国民歌謡』出演の東海林太郎（1937年）→P206

大詔奉戴日の国民合唱の演奏風景（1942年）

「歌謡曲」が「軍国歌謡」と改称された時代に、大衆は反作用のように心にうるおいをもたらすような曲を求めた。「愛染かつら・旅の夜風」（作詞：西條八十・作曲：万城目正）、「マロニエの木蔭」（作詞：坂口淳・作曲：細川潤一）、「人生劇場」（作詞：佐藤惣之助・作曲：古賀政男）、「新雪」（作詞：佐伯孝夫・作曲：佐々木俊一）、「湯島の白梅」（作詞：佐伯孝夫・作曲：清水保雄）など、時局とは直接結びつかないヒット曲も生まれ、現在でも"懐メロ"として歌い継がれている。そんな中で"古賀メロディー"の傑作と言われている「酒は涙かため息か」（作詞：高橋掬太郎）と「影を慕いて」（作詞：古賀政男）は、"軟弱で不適当"とされ、当時は放送できなかった。

■「紀元二千六百年」のラジオ

放送協会は1940（昭和15）年1月から12月まで「紀元二千六百年」の記念特集番組を編成する。1940年元日、奈良県橿原神宮で打ち鳴らされる「紀元二千六百年の黎明を告げる大太鼓」の響きを全国中継することから記念番組に始まった。

政府は1872（明治5）年に、神話に基づいて日本建国の年を西暦紀元前660年と定め、これを「皇紀元年」とした。1940年は建国から2600年の節目の年ということで、この1年、国を挙げて祝賀行事を行い、歴代天皇の威徳を国の内外に示した。この奉祝事業には国民精神総動員運動を徹底させ、国民の忠誠心を高める意図があった。

奉祝記念番組は特に教養放送に多く見られた。1年を通して放送された番組には週3日放送の『国史講座』『国文講座』、毎週放送の『史蹟めぐり』『神社めぐり』、月2～3回放送の『日本文化講座』、月1回放送の『国史劇』『日本女性文化講座』などがあった。『国史劇』は"国民演劇"を具体的に示そうとしたもので、1月に吉田絃二郎「肇国」（出演：松本幸四郎ほか）に始まり、12月に関口次郎作「満州拓土の父」（出演：市川猿之助ほか）まで、毎月新作を放送した。

紀元二千六百年　記念式典中継（1940年）

「紀元二千六百年奉祝音楽」を指揮する山田耕筰（1940年）

NHKラジオ放送史

ラジオ編 放送史

『子供の時間』でも「国史劇」を、第1回「天孫降臨」に始まり第12回「此の一戦」まで、月1回放送している。また「お話」や「童話劇」「奉祝コドモ大会」などを通して、全国500万の子どもたちに「東亜の礎石となる"肇国精神"」を示した。

洋楽では世界現存の著名作曲家に、管弦楽曲の新作を委嘱。ドイツ、イタリア、フランス、ハンガリー、イギリスから、それぞれ祝典曲が贈られ、イギリスを除く4楽曲が演奏された。演奏には大編成のオーケストラが必要だったことから、日本放送交響楽団を中心に、宮内省楽部、東京音楽学校管弦楽部、中央交響楽団、星桜吹奏楽団、東京管弦楽団が協力して、「紀元二千六百年奉祝交響楽団」を組織し、演奏に当たった。奉祝の年の最後を飾る12月は、「紀元二千六百年奉祝楽曲発表演奏会」を東京と大阪で計6回開催している。しかしこの演奏を頂点として、洋楽放送は太平洋戦争開戦直前の外国排斥の空気を反映し、急速に停滞していく。

■青年教育と農業振興対策とした農事番組

1934(昭和9)年4月、大阪局で『農村への講座』が第2放送で始まった。農村向け放送は、東京局で1927年に2回に分けて計20回の『農業講座』を放送している。その後、札幌局の『養鶏講座』(1930)、熊本局の『農事改良講座』(1931)、広島局の『農業講座』(1931)、名古屋局の『各地副業講座』(1931)など、各地の実情に応じて農事放送を行ってきた。『農村への講座』は大阪管内各府県の社会教育当事者に協力を求め、日本で最初の組織的な団体聴取を目的として開講したものである。対象は主に農村の青年層で、無料のテキストも発行・配布している。

この講座は1935年4月に青年学校令(職業に従事する勤労青少年男女に対して、教育を行う青年学校の設置に関する法律)の公布とともに『青年学校の時間』に吸収され、『都市青年への時間』と交互に放送された。『青年学校の時間』は翌年4月に『ラジオ青年学校』となる。

一方、東京局でも1936年4月から、一般勤労青年を対象とする『勤労青年の時間』を設け、10月にこれを『青年講座』と改題し、団体聴取の形での利用を積極的に呼びかけた。

1937年4月、東京・大阪両局で放送している青年向け講座は『ラヂオ青年講座』にタイトルが統一され、名古屋局も加えて3局同一の放送を実施することになる。文部省・青年団とも連携して利用普及に努め、1年5回にわたって発行したテキストは、毎回十数万部を発行するまでになった。

第1放送でも1934年10月以降、毎月1回程度『青年の夕』を催し、青年向けの講演や演芸を放送した。1935年5月からは、随時『青年の時間』を設け、青年向け講演を放送している。

1938年9月、これまで第1、第2で放送していた青年向け番組を新たに『青年の時間』に整理統合し、毎週火曜は第1放送による全国中継の講演番組、他の日は第2放送による体系的"青年講座"を放送した。第1放送の講演番組では、陸軍軍人で戦記文学の先駆けともなった「肉弾」の著者でもある桜井忠温の「戦争と若さ」、『聖典講義』の講演で仏教の大衆化を図ったと言われる高神覚昇の「真実に生きる道」、陸軍軍人の中村明人の「重大時局に余は斯の如き青年を熱望する」、大政翼賛会政策局長に就任する太田正孝の「国家の必要とする人間」などを放送し、青年たちに"赤心奉国"を呼びかけた。

1941年4月の番組改定では、すべての放送は青年および勤労者に向けられるべきであるとの方針がとられ、『青年の時間』はなくなり、改めて『青年学校放送』が始まる。

農村青年を対象とする番組は、時局下の青年教育と農業振興対策の両面から放送を増やし、戦後に続く農事放送の発展のきっかけともなった。

『青年の時間』労働者演芸「2600年の子」(1940年) →P365

■女性たちの共感を得た『生活改善講座』

婦人・家庭向け番組も日中戦争前後になると、国策に沿って婦人の生活指導に資する放送が多くなった。その中でも異色の番組が1936(昭和11)年4月から始まった『生活改善講座』である。この番組は古くから日常生活に根深く入り込んでいる非科学的な迷信や因習を打破する目的で設けられた。取り上げたテーマは「結婚」「時間の尊重」「贈答」「葬儀」「公衆道徳」「旅館と旅客」「宴会」「家相」「栄養」などで、番組制作のために「生活改善放送研究会」を設け、各方面の専門家に協力を得る力の入れようだった。1937年1月放送の「暦に関する迷信について」には、思わぬところからの反響があった。講師の理学博士石原純が、学理上から迷信の非を説いたところ、易者の一部から生活の脅威を訴えられ、強硬な抗議にあったのである。この講座は当時の主流であった"説

教調"ではなく、生活に即した実用講座であった点が女性たちの共感をよんだ。

1938年4月からは、それまで単独で放送されていた『家庭メモ』『衛生メモ』『栄養料理献立』『日用品値段』などの実用情報番組が、『家庭講座』の時間に統合された。

翌年9月から『時局社会見学』が婦人向けに月1回で始まっている。機器の軽量化で手軽にできるようになった録音による番組で「軍需工場に働く銃後女性の姿」「廃品更生の状況」「学生生徒の夏期鍛錬」「共同炊事」などが紹介された。同時期に『この頃のニュースから』として、月2回、婦人向けの時事解説番組も始まっている。同じ年に婦人の職業進出など時局の要請によって『婦人のための職業案内』『中年婦人の職業』『職業婦人の衛生』などが、単独または連続講座の形で放送されている。

■『子供の時間』から『少国民の時間』へ

1928年5月に大阪局で始まった『コドモ日曜新聞』の好評を受けて、1932年6月、東京発の全中番組として『コドモの新聞』が新設された。いわゆる"こどもニュース"で、拡大の一途をたどる満州事変について、子どもたちにもその情勢と意義を伝えることの必要性が問われての企画だった。日曜・祝祭日を除く毎日午後6時からの『子供の時間』に続いて5分間放送された。アナウンサーには「赤毛のアン」の翻訳で知られる村岡花子と、東京局児童係でその後童話作家となる関屋五十二の2人が選ばれ、1週間交代でマイクを通して語りかけた。"村岡のおばさん""関屋のおじさん"は、小さな聴取者たちが2人に贈った愛称である。『コドモの新聞』は子どもたちだけでなく家庭の主婦にも人気で、村岡花子が番組の結びのことばとした「では皆さん、ごきげんよう……」は、全国の子どもたちや母親たちに親しまれ、太平洋戦争開戦の前週まで続いた。

『子供の時間』は東京局と大阪局が放送開始当初から競い合うように多彩な番組を提供し、テキストも発行してきた。大阪の「チョビ助物語」「続チョビ助物語」や、東京の「名作物語」は当時の人気番組であった。「名作物語」は1934年1月から、毎月3～4日間連続放送され、約2年間続いた。

日中戦争以降の戦況の拡大にともなって、1941年1月から『子供の時間』は『ラジオ少国民の時間』に改題された。「子ども」が「少国民」になったことで、"天皇に仕える子ども"とした指導理念が前面に押し出される。番組編成の基本として「建国精神の高揚」「利己主義の排撃」「科学精神の涵養」という3つの要項が示された。番組内容は「明るい日本」「翼賛一家」「興亜運動会」「こども回覧板」のような時局調のものと、「国史劇」「科学子どもの旅」「科学偉人伝」などの歴史、科学を扱ったもので占

められた。

「子供のテキスト」も「ラジオ少国民」と題を変えたが、太平洋戦争が始まって間もなく廃刊した。

『家庭講座』子どもと母の歌のおけいこ(1936年)→P404

『コドモの新聞』を担当した村岡花子(1932年)→P362

■自然番組の原点"生態放送"

実況中継は集音機や録音機などの技術の進歩に伴って新分野の開拓が進み、放送内容も豊富になっていった。当時、マイクを屋外に持ち出す実況中継は「マイクロケーション」と呼ばれ、スポーツだけではなく祭典、法要、行事などでも盛んに行われていた。1932(昭和7)年の大みそかに、「除夜の鐘全国連絡中継放送」が実施された。東京局が上野寛永寺、熊本局が熊本本妙寺、名古屋局が大須観音真福寺、仙台局が松島瑞厳寺、広島局が小町国泰寺、京城局が京城府南山本願寺、大阪局が大津三井寺と奈良東大寺をそれぞれ担当し、除夜の鐘をリレー式に中継し、戦後の『ゆく年くる年』のルーツとなった。

当時の人気番組の一つに野鳥などの野生動物の声を聞かせる、いわゆる"生態放送"があった。これを開拓したのは長野放送局である。

長野放送局開局2年目となる1933年6月5日、長野県戸隠山の戸隠神社近くの森から中継が行われた。用意したマイクは3つ。1つはアナウンスと兼用で、2つのマイクが野鳥の声をとらえるために木につるされた。懸念されたのは、生放送中にうまく鳥が鳴いてくれるかどうかである。当日、午前5時40分から20分間の生放送が始まると、さまざまな野鳥の鳴き声が入ってきた。「憂きわれを寂しがらせよ閑古鳥」の芭蕉の句のアナウンスに続いて、山鳩(キ

ラジオ編 放送史

NHKラジオ放送史

ジバト)、ウグイス、閑古鳥(カッコウ)、ホトトギスなど、野鳥の鳴き声を20分間にわたって放送した。この中継を聞いた聴取者から長野局には多くの反響が寄せられた。

1935年6月に、その後語り継がれる生態放送がある。愛知県奥三河の鳳来寺山からブッポウソウの鳴き声を全国中継したのである。

"ブッ・ポウ・ソー"という鳴き声から「仏法僧」になぞらえて霊鳥と言われていたこの鳥は、全国各地の深山に生息しているが、当時その姿を見た人はないとされ、学界でも謎の鳥と言われていた。昔からブッポウソウの生息地として知られていた鳳来寺山で、この中継に挑んだのが名古屋放送局である。放送開局の年に初の実況中継を成功させて以来、常に新しい中継放送を開拓してきた名古屋局は、野球中継のために独自に開発した、日本で初めてのパラボラ式(反射鏡型)集音機を用意した。竹を直径1メートルのザル状に編み上げ、そこに銅板をはりつけたもので、マイクは上下左右に回転できるように工夫された。普通のマイクだけではとらえにくい500メートル先の音や声もキャッチした。この集音機を2か所に設置し、午後9時55分からの30分の放送に備えた。ブッポウソウの生中継には、前年の6月の2日間、前橋放送局が群馬県北部にある迦葉山からの全国中継を実施したが、2日ともまったく鳴かずに失敗。野生動物相手の生態放送のむずかしさを思い知らされた。

上野動物園からの小鳥中継(1930年)

ブッポウソウの鳴き声を集音機で中継(1935年)

放送当日は早朝からの豪雨で中継が危ぶまれたが、幸いにも午後には上がった。夜に放送が始まると担当アナウンサーは「電灯を消してお聴きください」と呼びかけた。本番にはブッポウソウの甲高い鳴き声がマイクによく入り、中継は大成功となった。この中継をきっかけにいくつかの新たな事実をすり合わせ、日本鳥類学会は"ブッポウソー"と鳴くこの鳥をフクロウの仲間のコノハズクと断定した。

ブッポウソウの中継に成功したことで、多くの局で生態放送が行われるようになり、当時の人気種目の一つとなった。

1934年の改組で組織の中央集権化が進み、中央から地方へという放送の流れが定着する中で、生態放送は地方局が全国に発信できる貴重なコンテンツであった。「生態放送」という言葉は、1960年代以降はほとんど聞かれることがなくなったが、そのノウハウはその後の自然番組に受け継がれている。

■国民精神総動員運動とラジオ

盧溝橋事件発生の2か月前の1937(昭和12)年5月に、ラジオの聴取加入者は300万に達していた。盧溝橋事件が7月に起こると、加入申し込みが急増し、8月、9月は2か月連続で過去最高の申し込みを記録した。特に顕著な傾向が、農村部へのラジオの浸透である。日中戦争で農山漁村からは、もっとも多くの兵士が召集されて戦地へ向かった。農家の人々が、毎日の「戦況ニュース」を聞くために、こぞってラジオ受信機を手に入れたのである。

1937年8月、近衛文麿内閣は「挙国一致」「尽忠報国」「堅忍持久」のスローガンとともに"国民精神総動員運動"を展開。閣議決定された「国民精神総動員実施要綱」の実施方法には「ラヂオノ利用ヲ図ルコト」の1項がある。

10月13日から1週間、全国で「国民精神総動員強調週間」が実施され、ラジオは特別番組を編成した。第1日「時局生活の日」、第2日「出動将士へ感謝の日」のように、日ごとにテーマが設定され、夜にはテーマにふさわしい「特別講演」と音楽、演芸が放送された。また毎朝8時からの30分間を『国民朝礼の時間』として、「君が代」の演奏、「宮城遥拝」を呼びかけたあと、「時局と国民精神」(清浦奎吾)、「婦人と銃後の護り」(本野久子)、「時局と心身鍛錬の真義」(嘉納治五郎)などの名士の訓話(時局講演)を放送。続いて「ラジオ体操」と「海ゆかば」を放送した。

1938年元日に、放送協会会長小森七郎は、全国の聴取者に向けた新年の挨拶を放送し、そこで「ラジオは絶えず政府と協力し、ニュース、講演、演芸、音楽などを通じて、国民精神総動員運動の趣旨の徹底に努め、かつ実行運動に参加している」と述べた。同年11月には「ラジオ体操の会」が全国的な組織として結ばれ、「国民精神総動員運動」の中に取り込まれ、その集団行動が"挙国一致"を具体的な形で示すものとなった。

1938(昭和13)年1月からは、政府の政策発表の場として設けられた『特別講演の時間』が午後7時30分からのいわゆる"ゴールデンタイム"に定時化され、1941年2月からは『政府の時間』と改題された。

同年7月には内閣情報部監修の『ラジオ時局読本』が

始まる。国民に国策を周知し、時局認識を深めさせる番組である。物資の節約、倹約貯蓄など、国民が戦時に実践すべき事項を具体的に解説した。『ニュース解説』『時局講演』『時局談話』などと並んで、この時代を代表する番組となる。

東京局は1925年7月12日に本放送を開始してから14年間、愛宕山の局舎から放送を出していたが、二重放送が開始され、国際交換放送や海外放送が行われるようになると、わずか3つのスタジオでは番組の制作・放送が困難になった。そこで東京市麹町区内幸町に新放送会館を建設し、移転した。新会館は16のスタジオを備え、3階から5階まで吹き抜けの第1スタジオは床面積が110坪で、別にアナウンス用の小部屋が付属していた。4階からは三重のガラス越しにスタジオを見渡せる観覧室があって、96席が設けられた。

1939年5月13日の会館落成式の当日に、テレビジョンの実験放送が行われて、放送会館で公開。13日の落成記念の特集番組では、午後0時5分からの『謡曲』で、梅若万三郎ほか10人による「翁」を放送。午後8時からは山田耕筰指揮・作曲の交響曲「昭和讃頌」が120人の合唱団と80人の楽団で放送された。

その後も新会館にふさわしい意欲的な放送が続いた。5月17日にラジオドラマ『海村記』(作：亀屋原徳、出演：夏川静江、村瀬幸子、御橋公ほか)が、大スタジオで3本のマイクロホンを駆使して、海で生きる漁村の人々の姿を音響で盛り上げた。6月20日にはローゼンシュトック指揮、日本放送交響楽団の演奏で、ベートーベンの「交響曲第9番」全曲を放送している。

1939年7月に入って、内閣情報部の主導する「時局放送企画協議会」の決定に基づき、第1放送は全国放送番組、第2放送は「都市放送番組」と改称され、両放送網の性格が規定される。第1放送では全国放送を主軸に一般大衆を対象に放送、都市放送では3都市(東京・大阪・名古屋)中心に主に知識層を対象に放送し、ニュースをはじめとする重要放送は、従来通り両系統に同時送出する基本方針が示された。

1939年9月、ドイツはポーランド侵攻を開始し、第二次世界大戦が始まる。

1940年4月、時局の要請に基づいて青年層、勤労者層にいかにアピールするかを主眼に番組改正が行われた。講演放送は時局の動きをとらえた政治・経済・国際問題を取り上げた。1940年6月に放送された有田八郎外務大臣の「国際情勢と帝国の立場」は、"東亜共栄圏"樹立に関する初の公式声明であり、世界各国にも報道されて

放送会館第1スタジオ(1939年)

放送会館　開館記念展示(1939年)

NHKラジオ放送史

ラジオ編 放送史

大きな反響を呼んだ。国際問題では同年9月に締結された日・独・伊三国条約を記念した松岡洋右外務大臣の「日独伊三国条約に関する詔書を拝して」や、近衛文麿総理大臣の「日独伊三国同盟の締結に当りて」などが放送された。

1940年、国家の情報宣伝政策を担う内閣情報部は「局」に昇格し、放送番組の指導・統制も情報局の掌握するところとなった。1941年12月5日、情報局は「国内放送非常態勢要綱」を放送協会に通達した。要綱では、放送の一元的統制を強化するために、それまで可能だった地方各局からの全国入り中継を中止し、東京以外の放送局による放送は、それぞれの放送エリア向けに限定するとし、都市放送（第2放送）も休止した。

放送事業が国家目的に奉仕するために支配、動員され、放送局自体もそれに協力していく中で、1941年12月8日に太平洋戦争開戦を迎える。

放送会館第2スタジオ（1939年）

放送会館第2スタジオのラジオ放送観覧席（1939年）

太平洋戦争開戦から終戦へ

■開戦の日のラジオ

「臨時ニュースを申し上げます、臨時ニュースを申し上げます。大本営陸海軍部発表、12月8日午前6時。帝国陸海軍は本日8日未明、西太平洋においてアメリカ、イギリス両軍と戦闘状態に入れり」

午前7時の時報と同時に『臨時ニュース』のチャイムがなり、館野守男アナウンサーがニュースを読み上げた。開戦のニュースはラジオを通して、一瞬のうちに全国を駆け巡った。館野はこのニュースを2度繰り返したあと、「今日は重大ニュースがあるかもしれませんから、ラジオのスイッチは切らないでください」と呼びかけた。

大本営は次々と戦果を発表し、ラジオはそのつど『臨時ニュース』を知らせるチャイムを鳴らした。午前11時30分、「軍艦行進曲」の前奏に続いて「ハワイ奇襲作戦」の成功を伝えた。臨時ニュースの冒頭に行進曲を放送する形はこのときに始まった。午後0時16分には「マレー半島上陸、香港攻撃」を伝えた。この間、正午には「君が代」の奏楽で始まる特別番組を放送。業務局告知課長の中村茂が「宣戦の詔書」を朗読、続いて総理大臣東条英機が首相官邸の放送室から「大詔を拝し奉りて」の原稿を読み上げた。その後も戦果を伝える大本営発表や勇壮な行進曲の演奏が続いた。午後6時には情報局の放送担当課長・宮本吉夫が「ラジオの前にお集まりください」と呼びかけ、「政府は放送によりまして、国民の方々に対し、国家の赴くところ、国民の進むべきところをはっきりお伝えします」と放送した。

この日、開戦を伝えたニュース放送の数時間後に、野村俊夫作詞、古関裕而作曲の歌「宣戦布告」を放送した。これは『ニュース演芸』（1934〜1940）の歌謡曲版で『ニュース歌謡』として放送された。その日のニュースに題材をとった歌謡曲を短時間に作詞、作曲し、人気歌手に歌わせることで戦果をアピールするものであった。開戦翌々日の12月10日には、午後4時20分の臨時ニュースが、マレー半島沖で日本海軍航空部隊がイギリス東洋艦隊の主力戦艦「レパルス」と「プリンス・オブ・ウェールズ」を撃沈したとの「大本営発表」を伝えた。『ニュース歌謡』担当の丸山鐵雄はただちにコロムビアレコードにいる古関裕而に電話で作曲を依頼。「適当な詩人と歌手は、そこにいないか」と古関にたずねると、高橋掬太郎と藤山一郎がいるという。すぐに3人を放送局に呼び寄せると、古関が一気呵成に曲を書き上げ、そのメロディーに高橋掬太郎が歌詞を当て、藤山一郎がただちに歌の稽古に入った。古関はオーケストラ伴奏のアレンジを開始し、東京放送管弦楽団の各楽器のパート譜が出来上がったのは午後7時。スタジオでオーケストラの音合わせを1回、歌を入れて通しテストを済ませて午後8時からの本番に間に合わせた。藤山一郎が歌った「イギリス東洋艦隊潰滅」は、ニュースでこの大戦果がくわしく報道された直後だったこともあり、聴取者を感動させた。臨時ニュースが報じた3時間半後に放送されたこの曲は、のちにコロムビアからレコード化され、『ニュース歌謡』から生まれたヒット曲となった。その後「香港攻略」「陥ちたぞマニラ」「シンガポール陥落」など、日本軍の進撃を伝える歌が次々に作詞、作曲され、『ニュース歌謡』として放送された。

12月8日に放送された開戦のニュースは、定時ニュースのほか11回の臨時ニュースを加えて、延べ4時間40分に及んだ。そしてこの夜から全国一斉に灯火管制に入った。

■放送から消えた「天気予報」

　1941年度末のラジオ放送受信契約数は662万余りで、普及率は45.9%。日本の家庭のおよそ半数近くがラジオ受信機を備えていた。さらに街のラジオ店や公園のラジオ塔（ラジオの普及目的に公共の場に設置した、ラジオを内部に収めた塔）には黒山の人だかりができ、日本中がラジオに吸い寄せられ、緒戦の戦果に沸きかえった。

街頭ラジオで開戦直後の戦果を聴く放送会館前の人々(1941年)

　開戦とともに放送は、これまでとはレベルの違う戦時体制に入った。戦況報道は新聞社、通信社の記事を含めてすべて「大本営発表」に統一される。
　従来の番組編成に関する各種の会議はすべて中止され、代わって情報局、逓信省、放送協会の3者が協議して、すべての番組企画、編成、内容の検討、運営の具体的措置を打ち合わせることとなった。3者協議とは言え、実質的には現役軍人で構成される情報局が主導し、番組編成や個々の番組内容は軍の意向に従うものとなった。
　放送開始は午前6時となり、終了も午後10時を11時30分まで繰り下げ、聴取者には一日中ラジオのスイッチを切らないように呼びかけた。放送時間の延長に加えて、ニュース時間の増強も図られた。1日6回だった「定時ニュース」は11回に増え、午前6時から毎正時にニュースが放送されるようになった。12月11日からは大きな戦果を伝えるニュースの前後に、勇壮な音楽を流した。陸軍は「分列行進曲」、海軍は「軍艦行進曲」、陸海共同の場合は「敵は幾万」のレコードをかけることで戦勝気分をあおった。
　気象管制の実施にともなって、気象に関する情報は一切放送禁止となった。気象情報が敵の空襲に利用されることを危惧しての措置である。こうして12月8日よりラジオ、新聞から「天気予報」が消えた。この影響が1942(昭和17)年10月11日、東京六大学野球の「法政対明治」の試合実況に思わぬ形で現れた。高々と上がった打球が太陽の光と重なって、捕球しようとした一塁手が落球した。中継担当のアナウンサー河原武雄は「折からの」と言いかけたところで、傍らの先輩アナウンサーに袖を引っ張られる。「太陽の光で」などと言えば、東京地方の天気が晴れであることがわかってしまうという注意だった。河原はあわてて「折からの自然的悪条件のために……」と言い換えて放送を続けたという。

■『軍事報道』から『軍事発表』に

　政府や軍当局の告知放送も増強された。午後7時20分から毎日放送していた20分番組『政府の時間』は、開戦後に『国民に告ぐ』と改題され、30分番組に拡大。「大東亜共栄圏の食糧問題」（井野碩哉農林大臣）、「戦時下の国内治安と国民の覚悟」（岩村通世司法大臣）などが放送された。週2回程度放送の『軍事報道』は『軍事発表』と改題し、午後8時から毎日の放送となった。これらの"上意下達"の番組に対して、国民の立場から大戦下の決意を表明する番組も新設された。毎日午前7時30分から放送の『国民の誓』と、午後6時30分からの『我等の決意』である。前者は平泉澄、藤山愛一郎、菊池寛ら著名人が出演し、後者は津久井龍雄（政治評論家）、大河内正敏（貴族院議員）らのほか、農・工・商業従事者や学生など、あらゆる階層の有名無名の人たちがマイクの前に立ち、国民の"決意"を語った。
　『ラヂオ時局読本』は『戦時国民読本』と改題し、引き続き週2～3回、情報局作成の原稿を朗読する形で、戦争の意義や作戦地の状況説明を行った。開戦とともに「都市放送」がなくなったため、教養番組は"戦時に必要な番組"を中心に再編成し、『戦時家庭の時間』や『戦時青年常会』など、タイトルに「戦時」が冠された。
　毎週日曜には、午前9時から1時間番組で『勝利の記録』が新設され、前週の戦果の発表などを録音で伝えた。また午後7時30分からの『週間戦況』は『週間戦局』に、午後10時の『今日のニュース』は『今日の戦況とニュース』にそれぞれ改題された。1943年4月1日から、「ニュース」は「報道」に言い換えが決められ、『今日の戦況とニュース』は『今日の報道』と改題された。
　開戦直後、放送協会は高村光太郎、佐藤春夫、西条八十、尾崎喜八ら25人の詩人に「愛国詩」の作詩を委嘱。1944年10月の神風特攻隊に関する海軍省発表の全軍布告の報道を受けて、「神風特別攻撃隊」を主題と

『少国民の時間』国民学校児童による「海ゆかば」演奏(1942年)
→P362

> ラジオ編
> 放送史

NHKラジオ放送史

学童疎開（1944年）

して、12月から毎朝、丸山定夫、中村伸郎、東山千栄子らの朗読で放送した。

学校向け教育番組も大きく変わった。1941年4月に「学校放送」は「国民学校放送」と改称。開戦の翌日から予定された番組を変更し、"戦時即応"の番組に切り替えた。『朝礼訓話』では文部大臣橋田邦彦、海軍中将小笠原長生、陸軍大将林銑十郎らが、戦争の意義を全国の学童に説いた。低学年向けには、前線の兵士が銃後の子どもたちに手紙形式で近況を伝える『前線の兵隊さんから』を新設。高学年向けには『戦線地理』や『大東亜地理』を新設し、「ハワイとマレー半島」や「グアム」等をテーマに取り上げた。中学生向けの時間には、陸海軍報道部の資料に基づく解説や、報道班員の戦況報告を取り上げた『前線だより』が登場。『教師の時間』には「戦時下の国民教育」というシリーズ番組を放送した。

■戦時下に求められた娯楽番組

戦時下の厳しい国民生活によって疲弊した国民は、ラジオに慰安と娯楽を求めた。

1942（昭和17）年8月、午後9時のニュースの後に『前線銃後を結ぶ』を新設。内地から送ったニュースや演芸、音楽にこたえて、前線の兵士たちからはハーモニカ演奏や軍歌の合唱が内地に送られた。また出征兵士の声の録音を兵士の郷里に届け、それに対する留守家族の声を録音して前線に届けるなど"声の交換放送"を行った。また日中戦争中にしばしば特集放送された『皇軍将士慰問の夕』を発展させて、1943年1月から『前線へ送る夕』を新設。ハイケンスのセレナーデをテーマソングに午後8時から始まる月2回放送の1時間番組である。寄席中継や歌謡曲、管弦楽、バラエティー「声の慰問袋」などを、戦場の兵士に向けて放送した。

聴取者に喜ばれた番組の一つに、1943年9月5日から不定期に始まった吉川英治作『宮本武蔵』がある。徳川夢声が全27回を1人で朗読し、大きな反響を呼んだ。しかし「武蔵とお通の恋物語」と「本位田又八のナマケモノ物語」は、戦意高揚の方針に反するということでカットされ、もっぱら剣の極意を目指す武蔵の姿を中心に語りが進んだ。空襲警報が発出された瞬間に演芸番組の放送は中止となるので、夢声は毎回ひやひやもので放送局に通ったが、この放送時間中は一度も警報が出なかった。

1944年2月、大佛次郎の原作を川島順平が脚色した「鞍馬天狗」シリーズの放送劇『角兵衛獅子』を、翌3月には同じく『山嶽党奇談』を、いずれも3夜連続で放送して好評を得た。「天狗」を山村聰が、「杉作」を水谷史朗が演じている。少年向けの内容ではあったが、娯楽に飢えていた大衆の心をつかんだ。これらの放送が成功し、連続放送劇シリーズとして4〜5月に菊田一夫作『大東亜

『前線銃後を結ぶ』で戦地に呼びかける留守家族 →P282

家族の様子を戦地に届ける『銃後だより』録音風景（1942年）

『前線へ送る夕』声の慰問袋 双葉山、安芸ノ海（1943年）→P282

『前線へ送る夕』声の慰問袋 水谷八重子、古川ロッパ、田中絹代、榎本健一（1943年）→P282

58 NHK放送100年史（ラジオ編）

武侠団』、6月には村上元三作『新編弓張月』など、一連の幻想的な物語を放送した。

音楽・演芸番組も『ニュース歌謡』など、国民の士気を高めるのに役立つものを次々に放送した。開戦の約2週間後には高田保作『起てり東亜』を放送。アジアの植民地の解放を主題に、詩や軍歌、音楽、朗詠、シュプレヒコールで構成したバラエティーである。徳川夢声、夏川静江、築地小劇場の丸山定夫のほか、この年の6月から養成が始まった東京放送劇団の団員たちが出演した。この番組は"大東亜戦争"の目的や意義を国民に理解させようという意図のもとに、1942年1月より1年間、毎月「大詔奉戴日(12月8日の「宣戦の詔勅」の公布にちなんで毎月8日に設定)」に放送された。

音楽・芸能番組から敵性国の作品が退けられた。米英の作曲家の作品が消え、ジャズも"享楽的"との理由で放送が規制された。1942年4月から「ニュース」は「報道」に、「アナウンサー」は「放送員」と言い換えるなど、カタカナ外来語は敵性語として退けられた。音階を表すドレミファソラシドもハニホヘトイロハに変えられる。1943年1月、情報局は時局にふさわしくない音楽1000曲を指定。「ロンドンデリーエア」「オールドケンタッキーホーム」「コロラドの月」などのホームソングも指定リストに挙がり、放送だけでなく演奏会の曲目リストからも消えた。堀英四郎が講師をつとめていた『基礎英語講座』も、1941年12月8日午前6時30分からの放送を最後に番組がなくなる。

1944年5月、政府は緊迫する戦況を背景に、国民の緊張と不安を和らげるために「戦時生活の明朗化」の方針を決定し、放送に対して健全明朗で生活にうるおいを与える番組を編成するように放送協会に指示した。同じ5月、国技館が風船爆弾工場となり、大相撲夏場所は後楽園で開催。大相撲中継は1942年1月の春場所から、日曜日に当たる初日と千秋楽のみの放送となっていた。

放送協会は連日の警報放送の合間を縫って慰安番組の編成に努め、できるだけ明るい音楽や浪曲、講談、落語、物語、ドラマ、舞台中継などを放送した。1945年2月6日には「魔弾の射手」(ウェーバー作曲)、「フィガロの結婚」(モーツァルト作曲)、「タンホイザー」(ワグナー作曲)が、前田璣指揮、東京放送管弦楽団の演奏で放送。11日には浅草・松竹座から村上元三作「小太刀を使ふ女」(出演:水谷八重子)が舞台中継された。また徳川夢声の朗読による富田常雄作「姿三四郎」も3月から8月まで不定期に放送されている。

■戦況悪化と学徒出陣

日本軍による緒戦の勝利は、1942(昭和17)年2月のシンガポール陥落を頂点に、陰りを見せ始める。同年6月、大日本帝国海軍連合艦隊は、太平洋上のアメリカ軍の戦略拠点ミッドウェーを攻撃して惨敗。日本は太平洋の制空権を奪われ、戦局は逆転する。

1943年2月9日、大本営はニューギニア島ブナとソロモン群島ガダルカナルにおける部隊の"撤退"を"転進"と言い換えて発表。戦死・餓死者2万5000人を出し、多数の艦艇や航空機を失っていた。同年5月30日午後7時、ラジオは大本営発表としてアッツ島守備隊の全滅を"玉砕"と発表。太平洋戦争における最初の"玉砕"報道だった。

戦況は日本の敗色が濃厚となる中で、兵員不足が深刻化していた。全国の大学や高等学校、専門学校の文科系学生・生徒は徴兵猶予が取り消され、戦地に送られることになった。学徒出陣である。

東京の出陣学徒壮行会は、10月21日、冷たい秋雨が降りしきる明治神宮外苑競技場(のちの国立競技場)で、首都圏の77校が参加して行われた。式典に臨んだ出陣学徒の人数は機密上公表されなかったが、2万5000人前後と言われている。

ラジオはこの模様を放送員志村正順が正面スタンドの放送席から2時間余りの実況中継で伝えた。

「征く。東京帝国大学以下77校○○名、これを送る学徒96校、実に5万名、今、大東亜決戦に当たり、近く入隊すべき学徒の尽忠の至誠を傾け、その決意を高揚するとともに……」(人数「○○名」は軍事機密として伏せられていたために、「マルマルメイ」とアナウンスされた)

志村の実況中継は悲壮感に満ち、多くの聴取者にとって戦時中で最も印象に残った放送の一つとして語り継がれている。

神宮外苑競技場・学徒出陣壮行会(1943年)

77校の出陣学徒および後輩など6万5000人が参加

NHKラジオ放送史

ラジオ編
放送史

■ラジオが発した空襲警報

　日増しに激しくなる「空襲警報」などの情報は、樺太(現在のサハリン)から九州までの5ブロックに分けられた「軍管区」単位の「群別放送(夜間のみ各群ごとの異なる周波数で放送)」で行われた。

　空襲があると、陸軍の各軍管区司令部、海軍の各鎮守府、警備府から警戒警報や空襲警報が発令される。軍管区司令部には放送室が置かれ、放送協会から放送員が派遣されていた。東京の場合は、皇居近くの「竹橋」際にある東部軍管区防空司令部から警報が発令されると、放送は内幸町の放送会館から同司令部に切り替えられる。放送室は司令部の地下室に設けられ、司令部の作戦室と結ばれていた。作戦室には日本全図の大型パネル(情報地図板)が設置され、敵機の侵入経路を示す赤い豆ランプがつくようになっていた。ランプが点灯すると、作戦室の担当将校が警報の案文をまとめ、情報参謀の決裁を受け、これを伝令が放送室に待機している放送員に届ける。放送員は直ちにブザーを押して、「警戒警報」や「空襲警報」の発令を告げ、続いて各種の防空情報を放送する。ラジオからはブザーとサイレンが鳴り響いて、敵機来襲を告げた。

　空襲が激化すると、身を守るためには敵、味方の飛行機を識別する必要があった。そこで1944(昭和19)年12月21日から『爆音による敵機の聴き分け方』という番組も始まった。「頭上通過と高度」「機種と編隊の区別」などの順で4回にわたって放送。B29の爆音と日本機との違いを、理化学研究所員が、効果音や実際のB29の爆音の録音を使って説明した。この放送は翌年2月にも繰り返されている。

　空襲下のラジオは、警報を伝えるための大切な情報源となり、防空壕とともに国民の生命を守る必需品となっていた。受信機を防空壕に備え付ける家庭も増え、空襲下に箱型ラジオを抱えて避難する人もいた。1945年3月の聴取契約件数は740万を突破し、受信機の余裕さえあればまだまだ伸びる状態ではあったが、民需資材に対する政府の統制が強化されて以来、受信機が市場に出回らなくなった。

　東部軍管区司令部に詰めていた放送員の1人だった和田信賢は、後に以下のように書いている。「戦争中ラジオがどこの家庭でも絶対なくてはならないものにされたのは、一つに警報放送を聴くためであった。これほど真剣に聞かれた放送は日本の放送史始まって以来なかったことである」

　1945年3月10日午前0時8分、突如として2000メートルの低空に侵入してきた1機のB29が深川区に焼夷弾を投下した。東京大空襲の始まりである。ラジオが空襲警報発令を告げ、サイレンが鳴り響いたのは午前0時15分だった。

　1945年4月1日、アメリカ軍が沖縄本島嘉手納海岸に上陸。放送協会はこの日、番組編成を改定した。放送開始時間を午前5時に40分繰り上げ、午前と午後に3回ずつの放送休止時間を設けた。番組種目を減らし、報道中心の編成とし、『報道(ニュース)』は1日9回となった。『療養所の時間』は活用されていたので残ったが、『家庭婦人の時間』などは中止となった。学校放送も3月末で中止され、夕方6時の『少国民の時間』に、「字号通信訓練」「朗読指導」など、いくつかの「学校放送」番組が引き継がれた。演芸娯楽番組は午後0時台に20分ほど、夜間は1時間ほどに短縮された。

■玉音放送をめぐる攻防

　1945年8月6日午前8時15分、広島に原子爆弾が投下された。広島放送局は爆心地から1.3キロメートルの至近距離にあった。猛烈な爆風で放送局は全壊、その機能を完全に失った。8月8日、ソ連は日本に対して宣戦布告を行い、9日未明、国境を越えて満州(中国東北部)、樺太(サハリン)、千島で進撃を開始した。同日、長崎に原爆が投下され、日本の敗戦は決定づけられた。

　ポツダム宣言の受諾と戦争の終結をどのように国民に伝えるか。情報局総裁の下村宏と内大臣木戸幸一との間では、放送を通して天皇が直接国民に伝える方策が練られていた。「木戸幸一日記」によると、8月11日の時点で天皇は自らマイクの前に立って国民に呼びかける"玉音放送"の実施に同意していたという。

　14日午前10時50分、宮中で開かれた緊急の御前会議で、天皇はポツダム宣言の受諾と無条件降伏の断を下した。

「玉音盤」の受け渡し(1945年)

玉音放送の録音盤(1945年)

録音盤に吹き込まれた天皇の声を放送(1945年)

玉音放送を聴く人々(1945年)

　この日の午後3時ごろ、放送協会から録音班5人を含む8人が宮内省の車で坂下門から宮城(皇居)に入った。録音班は「何か重大な録音をとるらしい」としか知らされていなかったが、現人神と言われる天皇の肉声を収録することを察し、失敗は許されないと覚悟を決めていた。録音は円盤式テレフンケン型14録音機を使い、78回転の録音盤(3分間収録可能の10インチ盤)をターンテーブルにのせてカッターで刻む方式だった。念のため、録音機2台と再生に必要な二連再生機も用意した。録音場所には、宮内省内廷庁舎2階の御政務室(表御座所)が選ばれた。部屋のほぼ中央にスタンドマイクロホンが立てられ、午後3時半までにすべての準備を完了した。

　しかし詔書の原案にあった文言をめぐって閣議が紛糾。「午後6時録音、午後7時放送」という当初の予定は深夜にもつれ込んだ。その後、放送は翌15日正午と決まり、14日午後9時のラジオニュースで「明日15日正午から重大放送が行われる」という予告放送が行われた。

　14日午後11時25分、天皇は御文庫から自動車で内廷庁舎に着き、御政務室に入った。録音は2回行われ、天皇は3回目のとり直しを希望したが、下村情報局総裁が「これで結構でございます」と言って録音を終了する。こうして玉音放送の音源となる「玉音盤」が用意された。

　正副2組の録音盤は、高さ4センチのフィルム缶に入れて、布袋にしまわれた。このとき時計の針はすでに午前0時を過ぎ、15日を迎えていた。徹底抗戦を叫ぶ陸軍の一部青年将校の動きを警戒して、録音盤は宮内省庶務課筧素彦から侍従徳川義寛に一晩預けられた。

　玉音放送を阻止しようと動く反乱軍兵士たちが、宮城内で録音盤を捜し回っていた15日午前3時前、内幸町の放送会館は着剣した60人ほどの兵士に占拠されていた。彼らは決起の趣旨を放送で訴えようとしたが果たせず、15日の朝を迎える。

■ラジオが伝えた終戦

　15日の放送は通常より2時間21分遅れて7時21分から始まった。最初の放送は、放送員館野守男による正午からの玉音放送の告知であった。「……かしこくも天皇陛下におかせられましては、本日正午おん自らご放送あそばされます。……国民は1人残らず謹んで玉音を拝しますように……」

　正午のアナウンスを担当することになった和田信賢は、緊張しながら長い原稿の下読みを済ませ、正午の時報の後にマイクに向かった。

　「ただいまより重大なる放送があります。全国聴取者の皆さまご起立を願います。重大発表であります」

　「君が代」吹奏の後、下村情報局総裁の言葉を合図に"玉音盤"が再生された。放送時間は4分30秒。玉音放送に続いて、再び和田放送員が改めて詔書を朗読した。

　その夜、午後7時40分、鈴木貫太郎首相が『大詔を拝し奉りて』を放送し、その後も『詔書の奉読』やポツダム宣言受諾までの経過が放送で伝えられた。

　玉音放送を最後に日本放送協会の"戦時放送"は終わった。警報放送が解除されたのは8月18日午後0時7分であった。

　戦争拡大とともにラジオが戦争をあおり、日本を戦争に駆り立てたが、戦争を終結させたのもまたラジオからの玉音放送であった。

ラジオ編 放送史
NHKラジオ放送史

03／占領下のラジオ

解放されたマイク

■「天気予報」とともに戻った平和

　1945（昭和20）年8月15日の終戦を境に、日本放送協会をめぐる環境は一変した。

　放送協会は「時報」『報道（ニュース）』、『官公署の時間』（中央官庁から地方官公署への伝達を放送）など、限られた番組を除いて、予定していた民謡やバイオリン演奏などの一般番組の放送をすべて取りやめた。

　8月17日に、鈴木貫太郎内閣に代わって東久邇宮稔彦内閣が誕生。午後7時、新首相の『大命を拝して』が放送され、この録音が午後8時の『報道』の後にも再放送された。

　東京の上空からは、敗戦を認めることを拒む陸軍、海軍の飛行機が、連日「終戦反対」「抗戦継続」のビラをまき続けた。8月19日午後7時の『報道』に続いて、陸・海軍省は本土部隊、在外部隊に対して、「承詔必謹（天皇が下された命に必ず謹んで従う）」を呼びかけ、軽挙妄動を戒める注意事項をラジオを通じて通達した。

　戦時中は放送が止められていた『天気予報』が8月17日から再開される。新聞は23日より天気予報の掲載を再開し、多くの国民は平和が戻ってきたことを実感した。

　23日に朝の『ラジオ体操』が再開。この夜に箏の古曲

米軍ジープが止まる放送会館正面玄関（1949年）

が放送されるなど、ラジオから音楽も少しずつ流れるようになってきた。

　8月24日、午前6時からの放送が、突然停止する事態が起こった。陸軍予科士官学校の生徒60人余りが埼玉県の川口放送所を占拠。放送を用いて全国の部隊に決起を呼びかける行動に出たのである。こうした抗戦継続の動きに対して、陸軍大臣下村定が『陸軍軍人軍属に告ぐ』を放送するなど、ラジオは混乱の鎮静化に積極的な役割を果たした。

■CIEがもたらした「クォーターシステム」

　連合国軍の東京進駐とともに、日本は連合国の占領管理下に置かれた。アメリカ陸軍を主体とする連合国軍最

GHQ本部から出てきたマッカーサー元帥（1946年）

62　NHK放送100年史（ラジオ編）

高司令官総司令部(GHQ)により、軍国主義の排除と民主主義の育成を2大目的とする占領管理が9月から実施され、放送もその指揮下に入った。GHQは占領政策の浸透を図るために、新聞・ラジオなどのマスメディアを重視し、とりわけ大衆に強い影響力を持つ放送の活用を積極的におこなった。

放送を通じて日本人を再教育する役割を担ったのはCIE(民間情報教育局)である。またアメリカにとって有害情報の流布を、検閲によって阻止する役目を担ったのが主にCCD(民間検閲支隊)であった。CIEとCCDはともに東京・内幸町の放送会館の一部を接収し、オフィスを置いた。

9月10日、GHQは「言論および新聞の自由に関する覚書」を発し、その中に放送に関しては「当分の間、ラジオ番組はニュース、娯楽、音楽番組を主体とし、ニュース、解説、情報番組の送出は東京放送局に限定する」とした。続いて22日に「日本に与ふる放送遵則」通称「ラジオコード」を指令した。連合国および連合国軍にとって有害なものは許さないという姿勢が強調され、GHQの占領政策に反する放送に目を光らせた。

番組検閲についてCCDに提出された放送原稿(英訳文添付)に対しては、パス(合格)、一部削除、全文禁止、保留の4種の検閲結果がつけられた。1946年度末の時点では、「GHQ批判」「戦犯」「憲法へのGHQの関与」「天皇の神格性」「食糧危機」など30項目について、放送検閲基準が規定されていた。CCDによる放送検閲は1949(昭和24)年10月に廃止されたが、CIEによる放送指導は1952年4月の占領終結時まで続いた。

CIEは日本国民の文化的側面(精神風土・教育・宗教など)の非軍事化、民主化を任務として、"日本人再教育番組"の制作や番組制作システムの改革に積極的に関与した。

CIEの指導で取り入れられたものの1つに、「全日放送」がある。朝から晩まで途中の休止なく放送する体制で、1945年11月1日から始まった。当初は午前6時から午後10時10分までの放送であった。しかし協会の番組制作体制が整わず、放送時間の大部分はレコードによるジャズなどの軽音楽で埋められた。

同年12月1日からは、海外では定番となっていた「クォーターシステム(15分単位制)」が導入され、番組は基本的に15分、30分、45分、1時間など、15分単位となった。このシステムが導入されたことで、番組編成は大きく変わった。従来は1か月ごとに編成されていた番組は、1週間単位で放送時刻表が作成されるようになった。毎週何曜日の何時から何が放送されるという定時枠が設けられたことで、聴取者に聴取習慣が生まれた。

一方、制作面では、演出の中心的存在として"プロデューサー"が置かれ、専属の台本作家も生まれた。番組内容では、"民主化"に呼応した聴取者参加番組が積極的に企画され、一種のアマチュアリズムの流れを作った。

■市井の人にマイクを向けた『街頭録音』

1945(昭和20)年9月19日、午後7時の『報道』に続いて新番組『建設の声』が始まった。終戦と同時に沸き起こった、日本再建に関する大衆の"声"を取り上げる企画で、聴取者からの投書をそのまま放送する、いわば新聞の"投書欄"のような番組であった。庶民が自分の考えを公にするなど、戦前・戦中の日本では考えられなかったことだけに、その反響は大きかった。殺到した投書の数は1日300通にも上った。その内容は「食糧問題」が圧倒的に多かったが、戦争の反省、インフレ対策、戦災復興の問題なども頻繁に登場した。各官庁でもこの番組を重視し、責任者が直接回答に当たることもあった。番組では一般の投書のほかに、「戦災都市の復興問題」「婦人参政権問題」「日本民主主義の在り方」など、事前に課題を提示する特集形式も設けた。

11月からは番組タイトルを公募によって『私たちのことば』に改めた。この番組は1992年4月4日まで続く長寿番組となった。

戦時中、マイクは放送局の独占物で、その前で話すことができるのは政治家か軍人など一部特権階級か、芸能人や知識人などの著名人に限られていた。一般聴取者には縁のなかったマイクを市井の人に向けた番組が、1945年9月に始まった『街頭にて』である。当時の新番組の大半がCIEラジオ課の指導や示唆で生まれていた中で、この番組は放送協会内部のアイデアが実った番組である。「アメリカにも"Man on the street"という同様の番組がある」とCIEの賛同を得て番組はスタートした。

東京の浅草、新宿、渋谷などの盛り場に録音自動車を用意し、スタッフが話してくれそうな通行人に声をかけ、録音自動車に乗り込んでもらってアナウンサーがマイクを向けるという趣向だった。しかしいざ録音自動車をあちこちに繰り出してはみたものの、マイクの前で話してくれる人は容易には見つからなかった。当時、人前で改まって自

銀座『街頭録音』看板前に集まった人々(1947年) →P293

ラジオ編 放送史
NHKラジオ放送史

銀座に掲げられた『街頭録音』告知看板（1947年）
→P293

銀座『街頭録音』看板前に集まった人々（1947年）
→P293

『街頭録音』婦人の声・台所から見た耐乏生活（1947年）
→P293

分の意見を述べる経験など、ほとんどの人にはなかったのである。

1946年5月30日（6月3日放送）、テーマは「貴方（あなた）はどうして食べていますか」であった。前年は天候不順でコメが記録的な不作となり、配給も徐々に減るなど、遅配や欠配が日常化していた。1946年を迎えると栄養失調による死者も出て、食糧難はピークに達していた。5月24日には天皇が「食糧難の打開について」と題して国民に呼びかけ、その録音が繰り返しニュースで放送された。この時代状況の中で「貴方はどうして食べていますか」は必然的に出てきたテーマであった。1946年はほかに「戦災孤児の救護について」「男性から女性に望む」「女性から男性に望む」「越冬対策について」などのテーマを取り上げた。この年は新しい憲法の制定に国民の関心が集まっていた。11月3日に主権在民と象徴天皇制、戦争の放棄、基本的人権の尊重などをうたった新憲法が公布されると、番組ではさっそく新憲法をテーマに取り上げた。

1946年12月10日に『街頭にて』は『街頭録音』（～1957年度）に改題。人々へのインタビュー手法の見直しが行われ、銀座・資生堂前の歩道に台を置いてステージ代わりとする固定収録のスタイルに変更された。専任のインタビュアーは藤倉修一アナウンサーが務めた。『街頭録音』が人気番組として定着すると、自分の声が電波に乗ることに喜びを覚えた人たちが、先を争ってマイクに殺到するようになる。東京会場の銀座・資生堂前には大勢の人が集まり、その録音風景は銀座の風物となった。

しかし回を重ねるうちに番組はマンネリに陥っていく。それぞれが意見を勝手に述べるだけで収拾がつかない。マイクをつかんだまま声高にしゃべり続ける"演説"も登場してくる。インタビューは対話型から、徐々に周囲の人々も巻き込んでの討論の色彩を強めていった。

1947年4月、マンネリの打開をねらって企画されたのが「青少年の不良化をどうして防ぐか」のシリーズ3部作で、売春する女性たちの声を収めた「ガード下の娘たち」、多摩少年院に取材した「多摩の少年たち」、銀座・資生堂前で政治家と大衆との討論を試みた「司法大臣街に立つ」の3本が放送された。

その中でも4月22日に放送された「ガード下の娘たち」が大反響を呼んだ。東京・有楽町の省線（当時、鉄道省が管理していた路線）電車のガード下には、戦後の混乱と貧困から売春で生活を支えなければならなかった若い女性たちが集まってきていた。

「厚化粧にけばけばしいさまの娘たちは、宵闇の迫るころ、どこからともなく2人、3人と現れて、通りがかりの酔客を伴っては、闇の中に消えていきます」

藤倉の語りで番組は始まる。録音自動車を日劇裏の空き地にとめ、そこからガード下まで暗闇の中をマイクコードを伸ばし、藤倉は小型マイクをレインコートの袖の中に忍ばせて、女性たちにマイクを向けた。

「私たちが悪いんじゃない。世間が冷たいからだ」とリーダー格の女性の声。その声は時として、電車の騒音や自動車の警笛にかき消されそうになるが、逆にその自然音がリアルな緊迫感をもたらした。社会悪とみなされていた売春する女性たちの肉声は、生活に苦しむリアルな女性の姿を伝え、聴取者に大きなインパクトを与えた。

■ドキュメンタリー番組のルーツ「録音構成」

「ガード下の娘たち」が巻き起こした反響の余韻も冷めやらない1947（昭和22）年5月3日、『街頭録音』の姉妹番組『世相録音』が始まる。元毎日新聞記者の塙長一郎が聞き手となって、事前了承（アポ）なしで市井の人々にマイクを向ける番組である。タテマエの言葉が目立ちだした『街頭録音』に対し、タテマエを準備するいとまを与えずに本音に迫る試みである。『世相録音』の第3回「あぶない、あぶない」では、上野のマーケットで捕まった老スリの熟練の手口を織り込みながら、その77年にわたる人生に迫った。番組はインタビュー録音をはさみながら、スタジオで塙とアナウンサーが対談する15分の構成であった。

『世相録音』は第9回を終えたところで、インタビュアーを『街頭録音』の藤倉修一に交代し、タイトルを『社会探訪』（1947～1953年度）に変更した。これまでのスタジオでの対談部分はカットし、全編を現場インタビューのみとしてドキュメンタリーとしての純度を高めた。

1948年4月15日放送の『社会探訪』のタイトルは「タケノコの極致」。着物を脱いで売るような"タケノコ生活"になぞらえて、売血におとずれた人々の声を、東京都血漿研究所で取材した番組であった。同年5月放送の「上野

駅の父子」は、上野駅の待合室で寝起きする父子を追った内容で、父子に対する同情と共感で大反響を呼んだ。たまたま放送を聴いていた安井誠一郎東京都知事の指示で、放送翌日父子は池之端の更生会館に収容された。それを追うように多くの聴取者から番組宛てに金品の差し入れとともに激励が寄せられ、麻布のクリーニング店からは「うちで働いてほしい」という申し出まであった。番組では"上野の父子"のその後を追った「救われた父子」を放送1か月後の6月に放送。クリーニング店で働く父子の"今"を伝えた。

『街頭録音』から『世相録音』を経て『社会探訪』へと番組が刷新される中で、マイクが拾った現実音にナレーションを施す手法「録音構成」が確立される。その背景には技術の進化もあった。「円盤録音」方式に代わる「テープ式」磁気録音機の導入である。テープ式磁気録音機は円盤録音機に比較して長時間録音が可能で、音をつなぐ細かい編集もできた。さらに「電池式」携帯用録音機の登場で、マイクコードからも解放されたのである。

『社会探訪』はいったん番組を終了するが、1952年11月に復活。従来のような社会問題をテーマとするのは月1本とし、政治問題を多く扱った。

1954年度には同名の短編フィルム映画がテレビ版として7本放送。その後に誕生するテレビ番組『日本の素顔』(1957〜1963年度)をはじめとするドキュメンタリー番組のルーツとなった。

■「放送記者」と放送ジャーナリズム

日本放送協会が懸案としてきた「ニュース」(1942年4月「報道」と改称、戦後再び「ニュース」となる)の自主取材の方針が1945(昭和20)年9月に決定する。

戦前のラジオ報道には、基本的に放送協会の自主取材はなかった。開局直後からニュース原稿は新聞社・通信社から提供を受けていたからである。ただまったく自主取材がなかったわけではない。1935年6月に京阪神地方を襲った集中豪雨の際、大阪中央放送局のアナウンサーが被災地を取材して電波に乗せている。二・二六事件の際のニュース係の取材や、日中戦争に派遣されたアナウンサーによる前線放送などもあった。しかしこれらは例外的なケースで、組織として報道取材を担う部署はなく、放送ジャーナリズムという考え方自体が、戦前の放送協会にはなかった。

戦後、報道部ニュース係で同盟通信社からの原稿をリライトしていた部員が「記者」に転向した。同盟通信社の解散にともなって発足した共同通信社と時事通信社から、数人の記者が放送協会報道部に籍を移した。報道部員による組織的な取材活動の開始は、1945年11月に開会された第89回臨時帝国議会からである。

1946年4月、初めての「放送記者」を募集。400人を超す応募の中から、女性4人を含む26人が採用され、放送記者第1期生となった。放送協会の「記者」が自ら取材し、ニュース原稿を書くという放送ジャーナリズムがスタートする。

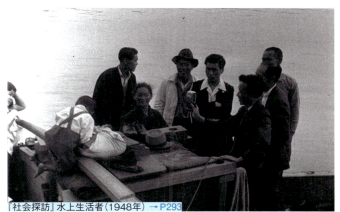
『社会探訪』水上生活者(1948年) →P293

「テープ式」磁気録音機(1949年)

『社会探訪』町の詩人にたずねる藤倉修一アナウンサー(1950年) →P293

『社会探訪』日比谷公園の昼と夜(1951年) →P293

NHK放送100年史(ラジオ編) 65

| ラジオ編 放送史 |

NHKラジオ放送史

「解説番組」も放送内容に関する政府の監督検閲が排除されたことにより、自主的な「解説」の道が開かれた。しかし検閲主体が日本政府からGHQに変わっただけで、GHQは占領下政策への批判に目を光らせた。

戦後、初めての「解説番組」は1945年9月22日から始まった。当時の解説原稿は、主として放送協会の各部課から選ばれた適任者が執筆を担当し、アナウンサーがこれを読み上げた。第1回放送のテーマは「復活した自由」であった。その後、「アメリカ兵から学んだもの」「民主主義精神確立の急務」「国家主義の危険性」「婦人参政の問題」「財閥解体決定案」「小作制度の改革」「放送の民主化」「失業問題とその対策」などがとり上げられ、敗戦直後の世相、GHQの占領下政策を色濃く反映していた。この「解説番組」はいったん11月下旬に終了し、翌年4月より『解説』として第1放送で週3日、午後9時15分からの15分番組で定時化された。重要テーマ1項目に絞って解説する時事解説番組である。同年6月に新機構の発足に伴い、解説委員は報道部の所属を離れて「解説室」として独立した。

警察署での放送記者のニュース取材（1950年）

NHK放送会館での放送記者研修（1955年）

■「NHK」のコールサイン登場

1946年3月4日から「日本放送協会」をローマ字表記した頭文字「NHK」のコールサインがアナウンスされ始めた。「N・H・K　日本放送協会の番組であります」と放送し、番組の区切りの合図とすると同時に、日本放送協会の番組であることを周知した。その後、「NHK」は日本放送協会の略称として次第に定着し、広く一般に通用するようになった。日本放送協会は1959年4月22日に定款を全面的に改正した際、協会略称をNHKとすることを正式に定めた。（本稿では、以下、1946年3月以降に関連する記述については、原則として「日本放送協会」あるいは「放送協会」「協会」に代えて「NHK」を用いる）

1946年3月11日、戦後最初の総選挙（第22回衆議院議員選挙）が公示され、投票日は4月10日に決まった。この総選挙から初めて本格的な選挙放送が行われた。各政党の代表が政策を述べる「政党放送」は全国中継で、候補者が政見を披瀝する「立候補者政見放送」はローカルで放送された。これは放送史上初めての試みであり、特に候補者の政見放送は、世界でも例を見ないものであった。

録音の設備が不十分な時代であり、政見放送はすべて生放送で行われた。候補者の放送原稿はCCDの事前検閲を必要としたため、地方局では職員が検閲官のいる中央放送局まで原稿を届けて確認をとった。

総選挙の結果は鳩山一郎の日本自由党が第1党となり、共産党が5人を当選させて初めての議席を得た。女性の当選者が39人を数えて話題となる。選挙後の4月下旬に行われた「選挙放送の効果」に関する調査で、「候補者を選ぶのに役立った」というものは71％に上り、候補者の80％が選挙運動の一手段として放送の効果を認めている。初の総選挙は、戦後の民主主義を進めるにあたって放送が大きな役割を果たすことを実証した。

1949年1月23日に行われた第24回衆議院議員総選挙では、それまでGHQの指示で行われてきたラジオの選挙放送が、初めて選挙運動臨時特例法によってNHKに義務付けられた。政見放送に加えて候補者の紹介放送（のちの経歴放送）も始まった。

戦後初の総選挙（第22回衆院選）（1946年）

NHK開票速報実施本部（1949年）

1946年6月23日に『今週の議会から』の放送が始まった。国会の動きや議員たちの動向を、各政党の代表の討論によって具体的に伝える番組である。翌年9月28日以降『国会討論会』と改題された。テレビ放送が始まるとラジオ・テレビ同時中継され、議員の討論を通して国民の政治に対する関心を高める上で大きな役割を果たした。

■もう一つのマイク開放『放送討論会』

　一般市民にマイクを開放した『街頭録音』に加えて、有識者が毎回テーマを変えて聴衆を前に討論を展開する『放送討論会』(1946〜1962年度)もまた、国民にマイクを開放する試みの一つであった。

　討論番組の最初は1945(昭和20)年11月21日放送の『討論会-天皇制について』である。評論家室伏高信が司会、衆議院議員の清瀬一郎と牧野良三、前月に釈放されたばかりの共産党の徳田球一が出演して議論を交わした。CIEの初代局長ケネス・ダイクは、日本人の間で天皇や天皇制に関する論議がほとんど行われず、天皇の神格化が戦後も変わっていないことに危機感を抱いていた。番組はこうした国民の天皇観を払拭しようというCIEの意向に沿って企画されたものだった。新聞紙面においてさえタブーであった天皇制の是非についての議論が、生々しい音声で届けられたこの番組は大きな波紋を投じた。「現御神(あきつみかみ)」と位置づけられていた天皇について、あからさまに大衆の前で語るのは多くの聴取者には抵抗があったのである。人々からのごうごうたる非難は天皇制反対論者に向かうと同時に、番組を放送したNHKにも向けられた。しかしこの放送がきっかけとなって、「自由な言論を受け入れる足場は、国民の間に急速にできあがったように見える」と「ラジオ年鑑」(1947年版)で番組の果たした役割を記述している。

　この番組は2回目から『座談会』とタイトルされ、1946年4月より『放送討論会』に改題される。

　『放送討論会』の第1回は、4月10日の総選挙の結果を受けて、東京・日比谷公会堂で実施された討論会の中継録音だった。司会は日本産業経済新聞社(日本経済新聞の前身)社長の小汀利得(おばまとしえ)、講師は当時、議員辞職後中央公論社副社長に就任していた蠟山政道、戦後初の婦人団体「新日本婦人同盟」会長の市川房枝、読売新聞編集局長の鈴木東民の3人。この番組は保守、中立、急進の意見を持つ3人の講師が、与えられた論題について、それぞれ8分間と3分間、2回ずつ意見を述べ、次に聴衆が講師に質問し、講師が答えるという1時間番組であった。

　『放送討論会』の第2回からは河西三省アナウンサーが司会を担当し、政治、経済、社会、文化など、多岐にわたるテーマをとり上げた。特に政局や物価、食糧問題など、暮らしに密着したテーマでは、聴衆との質疑応答、拍手、ヤジなどで討論が白熱した。戦後、学校や地域で盛んに

『放送討論会』食糧問題をどう解決すればよいか(1946年) →P283

番組制作に参加する米軍担当者(1946年)

会場の声をひろう集音マイク(1946年)

会場から意見を述べて討論番組に参加(1946年)

ラジオ編 放送史

NHKラジオ放送史

討論会が開かれるようになった背景には、この番組の影響があった。

戦時中はもっぱら政府や軍から一方的に情報が送られる上意下達のメディアだったラジオが、『私たちのことば』『街頭録音』『放送討論会』などの登場によって、一般の人々でも意見表明することができる"民主的なメディア"として定着していった。

しかし一方で、『街頭録音』でのマイクが、一部目立ちたがりの常連や作為を持った集団に独占されたり、『放送討論会』の議論が激しいヤジで妨害されたりするなどの弊害も見られるようになってくる。

■聴取者に拒否された『真相はかうだ』

GHQは対日占領政策の基本である日本の非軍事化と民主化を推進するために、ラジオを最大限に利用した。その一環で、CIEの指導のもとに多くのキャンペーン番組が企画された。

1945(昭和20)年10月22日から6回にわたって放送された『出獄者にきく』は、聴取者を驚かせた。同年10月10日に政治犯およそ3000名が釈放されたのを機に、戦時中に投獄されていた徳田球一、志賀義雄など共産党の幹部をはじめ、終戦で解放された思想犯、反戦主義者らが次々にラジオに出演した。特高警察の拷問、刑務所内での虐待などの体験談をマイクの前で赤裸々に語り、思想・言論弾圧の実態を明らかにした。

同年12月9日、『出獄者にきく』を引き継ぐように『真相はかうだ』が始まった。戦時中の政治体制や日本軍の犯した残虐行為を弾劾し、その責任を追及する異色のキャンペーン番組である。

番組の下敷きになったのはアメリカのCBSラジオで放送されたニュース・ドキュメンタリー番組「マーチ・オブ・タイム(The March of Time)」。CIEラジオ課はその日本版の制作を目指し、企画・脚本・演出のすべてを担った。放送開始当初、聴取者にはCIEが制作に全面的に関わっていることは伏せられていた。

CIEは聴取率を上げるために、放送時間を日曜の午後8時から8時30分までのゴールデンタイム(聴取好適時間帯)に設定し、番組の前後を放送劇、音楽、演芸などの聴取率の高い娯楽番組で固めさせた。ラジオ第1とラジオ第2で同時放送し、さらに昼食時間を利用して聴けるように月曜の午後0時30分からと、学校での聴取が可能な木曜の午前11時にも放送時間を設けた。

番組は民主主義者の文筆家に、戦争について疑問を持つ少年・太郎が質問するという形で進行する。音楽、効果音、ナレーションを巧みに使いながらドキュメンタリータッチのドラマで描いた。開戦の経緯をテーマとした第1回から、「南京大虐殺」や「バターン半島死の行進」など、戦時中は国民が知らされることのなかった日本軍の非人道的行為が、毎回生々しく伝えられた。

番組開始直後から反響は大きく、そのほとんどは番組を非難、攻撃するものであった。出演の東京放送劇団員に対する脅迫もあり、配役の発表も中止された。国民の間には、軍部の暴走と多大な犠牲を強いた戦争の実相を知りたいという強い願望はあったものの、番組の演出が過度にセンセーショナルで押しつけがましかったため、聴取者は拒否反応を示したのである。これまでさんざん戦争をあおっておいて、手のひらを返したような放送局の姿勢にも不信感を募らせた。放送内容にも事実を歪曲した部分が少なくなかったことものちに判明する。

『真相はかうだ』は10回で放送を終了。1946年2月からは『真相箱』と改題し、戦争に関する聴取者の疑問に答える問答形式に刷新された。しかし刺激的、露悪的な番組の基本路線は変わらず、同年11月まで放送が続いた後に終了した。代わって登場した『質問箱』は、『真相箱』が取り上げた質問の範囲が先の戦争に限られていたのに対し、政治、経済、産業、芸術、宗教、衛生その他、日常の問題に至るまで範囲を広げて受け付け、"戦争"から徐々に距離を置いていった。

CIEによる"真相番組"はいずれも短命に終わったが、これらの番組はラジオにおけるドキュメンタリードラマのモデルとして、効果音や音楽の使い方、脚本作成や演出方法など、のちの制作担当者たちに大きな示唆を与えた。

レコード会社に保存されていた『真相はかうだ』の音源 →P282

■離散家族をつないだ『尋ね人』

終戦を迎えた多くの国民にとっての最大の関心事は、戦地に赴いた肉親の消息である。終戦時、海外には660万人を超す日本人の軍人・軍属、民間人がいた。1946(昭和21)年末までに509万人が日本に引き揚げてきたが、シベリアなどで抑留された軍人を含めて、まだ100万人以上が残留していた。引き揚げる途中で家族が離散したり、親戚や知人たちとの連絡が途絶えたりする人も続出した。

ラジオで『復員だより』が始まったのが1946年1月15日。終戦時に外地にいた軍人、軍属、一般市民などの復員、引き揚げの進行状況、引き揚げ船の出入状況、乗船者

の告知、各地に残留している同胞の状況など、復員や引き揚げに関する情報を、午後7時のニュースの前に5分番組で毎日伝えた。この番組は南方地域の引き揚げ完了とともに1947年2月に終了した。

同年7月4日には『復員だより』の後を受けて『引揚者の時間』(1947〜1956年度)が始まる。大幅に遅れていた樺太(サハリン)、満州(中国東北部)からの引き揚げ促進と引き揚げ者の生活援護をねらいとした番組である。

1946年7月1日に始まった『尋ね人』は、聴取者が特定の個人についての消息を投書によって尋ねる番組である。ラジオが、離れ離れになった肉親や、外地から引き揚げてきた身寄りや知人の情報提供の場となった。

「前の住所が東京都台東区谷中初音町○丁目の木村とみさん、マレーにおられるお子さんのことに関し、東京都新宿区下落合○番地の栗原四十治さんから消息をお聞きください」といった聴取者の肉親や知人、友人への個人的なメッセージを読み上げた。放送をきっかけに無事対面できたケースもあれば、戦死した最期の様子を知らせてくれる戦友と連絡がついたという人もいた。

『尋ね人』の放送を始めて1〜2年は、放送をきっかけに消息が判明した件数は呼びかけの40〜50%にも達し、放送局に感謝の手紙が多数届いた。その後、1949年6月までの3年間に放送した件数は1万9515件、判明した消息は6797件でおよそ35%であった。午前、午後の2回ないし3回放送されたこともあったが、1954年11月からは1日1回に減り、判明件数も減っていった。放送は1962年3月31日まで、15年9か月にわたって続いた。

『引揚者の時間』未帰還者留守家族の座談会(1952年) →P273

『尋ね人』戦争で記憶を失った人と、彼を知る人との再会(1955年) →P273

"戦後"をおう歌する娯楽番組

■箏曲から始まった音楽番組

終戦とともに『ニュース』のほかいくつかの番組以外は放送を停止していたが、1週間後の8月23日、戦後初の音楽番組が放送されることになった。最初に何を放送するかについて、放送協会音楽部の会議が開かれた。検討に参加したのは、応召中の部員を除く約20名の音楽部員たちで、そのうち半数は女性だった。軍歌や時局歌謡は論外として、いきなりジャズでは国民感情として抵抗感があるだろう。かといってベートーベンやモーツァルトなどのクラシック音楽では大衆性に乏しい。なかなかまとまらない中で、最終的には久本玄智で箏曲「六段」「千鳥の曲」と、放送合唱団と音羽ゆりかご会による小学唱歌「歴史唱歌集」を放送することになった。「歴史唱歌集」の中から「一の谷の軍(いくさ)破れ　討たれし平家の公達あわれ」で始まる「青葉の笛」を放送したところ、「戦争に負けたからといって、すぐ平家敗戦の歌を放送するとは少し皮肉ではないか」と聴取者からのクレーム電話があったという。

同日、演芸種目として『朗誦〜承詔必謹』が放送された。この番組は玉音放送に対して斎藤茂吉や釈迢空が詠んだ短歌を、詩吟の糟谷耕象らが朗詠したものである。

8月26日には東京放送管弦楽団が戦後初めての管弦楽として「靴が鳴る変奏曲」を、平岡養一が木琴独奏で「数え唄変奏曲」をそれぞれ演奏した。放送劇では東京放送劇団による岡本綺堂作『清正の娘』を放送。28、29日は2夜連続で菊池寛作『恩讐の彼方に』を徳川夢声の語りで放送するなど、次第に日常的な番組編成に戻りつつあり、内容にも少しずつ娯楽色が加えられていった。

9月3日、放送劇『五重塔』(原作：幸田露伴)が島田正吾、辰巳柳太郎ほかの出演で放送された。これは前年11月29日に同じ顔ぶれで放送されたものの再演だったが、平和の中での初の放送劇で出演者は大いに張り切った。9月8日には再開された第2放送で前進座による舞台劇『助六由縁江戸桜』を1時間30分にわたって放送している。

9月9日には軽音楽と歌謡曲が、戦後初めて復活し、東海林太郎の「野崎小唄」と「赤城の子守唄」を放送。10月に入ると「寄席中継」や「舞台中継」も復活した。

戦時中には"敵性音楽"として排除されていたジャズやダンス音楽などの軽音楽が、戦後初めて放送されたのが9月23日。米軍第233隊吹奏隊による『日米放送音楽会』であった。この放送以後、12月28日より『ジャズのお家』が、翌29日より『世界を踊り廻る』が定時番組で新設されるなど、軽音楽番組が増えていった。それに呼応するように各地にダンスホールが広まり、米軍基地やダンスホールで演奏する楽団や歌手たちも出てきた。その中から戦後日

ラジオ編
放送史

NHKラジオ放送史

『希望音楽会』東劇で歌うディック・ミネ（1946年）→P235

『希望音楽会』に出演した並木路子（1946年）→P235

リクエスト曲を募った『お好み投票音楽会』（1949年）→P207

出演希望歌手を募った『歌の明星』（1949年）→P208

本のジャズ界、ポップス界をけん引するミュージシャンや歌手たちが次々に育っていった。

■戦後初の大ヒット「リンゴの唄」

10月3日に戦後初の定時音楽番組『希望音楽会』が始まる。聴取者からの投書により、曲目や出演者を決める"民主的"な音楽番組である。「次は山形県○○村の○○さんほか10名のご希望による歌です」と聴取者からの投書を読み上げることでラジオと聴取者をつないだ。戦後の音楽番組の1つの流れを生み出した「リクエスト番組」の草分けである。タイトルは、番組担当の丸山鐵雄が以前に見たドイツ映画「希望音楽会」の題名をそのまま借用した。第1回を第1スタジオから放送すると好評をよび、第2回からは内幸町の放送会館前の飛行館からの公開中継とした。中継当日は入場希望者が開場予定時刻の数時間前から並びだし、8階の会場入り口から並んだ行列は1階入り口をはみ出し、街頭にまであふれた。

1945（昭和20）年12月10日に飛行館で公開された『希望音楽会』は、日本歌謡史に残るものとなった。戦後初の大ヒット曲「リンゴの唄」（作詞：サトウ・ハチロー・作曲：万城目正）を並木路子が歌って、全国に流れたのである。ステージ上の並木が、歌いながら手にしたカゴの中からリンゴを一つずつ取り出して、客席に投げ入れると人々は争ってこれを奪い合った。その明るいメロディーと歌詞が敗戦に打ちひしがれていた国民を勇気づけ、励ましたのである。そもそも「リンゴの唄」は、戦後まもなく封切られた松竹映画「そよかぜ」の主題歌であった。ラジオを通じて好評を呼び、レコード化されたことで大ヒットにつながった。

当初、軽音楽とクラシック音楽を週ごとに交互に放送していた『希望音楽会』は、1948年4月からは「軽音楽」の番組となり、翌1949年1月から始まる『お好み投票音楽会』に引き継がれた。

『お好み投票音楽会』は聴取者から希望が多かった曲目を9曲選んで放送する日曜夜のリクエスト番組。募集する曲のジャンルは設けなかったが、「湯の町エレジー」「異国の丘」「山小屋の灯」「夢淡き東京」など、ほとんどが歌謡曲に集中した。

戦時中に家族そろって歌える国民歌を目ざして始まった『国民歌謡』（1936〜1940年度）は、日中戦争勃発を契機に、戦意高揚、思想統制のあおりを受けて軍歌調、翼賛調の歌に変質していった。戦後、NHKでは自主的な立場から再度、新しい曲作りに取り組み、1946年5月1日に『ラジオ歌謡』（〜1961年度）をスタートさせた。第1作「風はそよ風」に始まり、「山小舎の灯」（作詞・作曲：米山正夫）、「さくら貝の歌」（作詞：土屋花情・作曲：八洲秀章）、「雪の降る街を」（作詞：内村直也・作曲：中田喜直）など聴取者に親しまれる多くの歌を次々に発表し、健全な家庭愛唱歌の普及につとめた。

1949年1月からは『歌の明星』が始まる。『お好み投票音楽会』が聴取者から希望歌唱曲を募ったのに対し、出演希望歌手を募った歌謡番組であった。

『お好み投票音楽会』は1949年7月から『今週の歌謡集』に刷新される。内容は第1部が聴取者からの希望曲上位3曲を紹介する「今週のベスト・スリー」、第2部は前月に発表された「ラジオ歌謡」の中からもっとも人気のある曲を選んで1か月放送する「軽音楽とラジオ歌謡」、第3部が「今週のベスト・スリー」に出演した歌手が、それぞれの愛唱歌を歌う「私の好きな歌」の3部構成とした。

1950年1月、『お好み投票音楽会』『今週の歌謡集』『歌の明星』が合体する形で、『今週の明星』（〜1963年度）が誕生する。3人の人気歌手が「代表曲」「愛唱曲」「リクエスト曲」をそれぞれ3曲ずつ歌う日曜夜の公開歌謡番組である。1953年2月1日のテレビ本放送開局日から1955年12月までテレビ・ラジオの共通番組として放送し、戦後の公開歌謡番組のルーツとなった。

『今週の歌謡集』左・山口淑子　右・高峰秀子（1949年）→P208

江の島海岸で催された『今週の明星』公開収録（1950年）→P208

名古屋市金山体育館での『今週の明星』公開収録（1951年）→P208

『ラジオ歌謡』に出演する高峰三枝子（1946年）→P207

　クラシックの分野では1945年8月28日、尾高尚忠指揮の日本交響楽団（日響）により、『北日本の民謡による組曲』（作曲：伊福部昭）ほかを放送し、洋楽放送復活の一歩が記された。9月19日には日響がベルリオーズ作曲「ファウストの劫罰」ほかを演奏し、放送会館第1スタジオに詰めかけた占領軍将兵が万雷の拍手を送った。

　同年12月に日本交響楽団の演奏を楽しむ『日響の時間』（1947年10月から『日響演奏会』に改題）が、金曜夜の30分番組で定時化。月4回の放送のうち原則1回を交響曲、そのほかをピアノ、バイオリン、フルートなどの協奏曲と歌唱を盛り込んだ「ポピュラーコンサート」で構成した。1946年2月からは第2放送で、洋楽で唯一の1時間番組『放送音楽会』（〜1951年度）が、1947年10月からは第1放送で青少年向け公開番組『土曜コンサート』（〜1955・1959〜1972年度）が始まり、日響を中心に交響楽団の演奏が放送される機会が増えていった。

■「NHK交響楽団」スタート

　日響は1949年7月20日の放送より「NHK交響楽団」の名称を用いることになり、『日響演奏会』は『NHKシンフォニーホール』（1949〜1983年度）と改題される。

　『日響の時間』と同時期に始まったのが『東唱の時間』（1945〜1953年度）である。番組とともにデビューした東京放送合唱団（東唱）は、その前身の日本放送合唱団の一部の団員に、東京音楽学校（現・東京芸術大学音楽学部）出身の新進歌手を加えた40名のNHK専属合唱団である。東唱の研究発表の場でもあったこの番組は、初めてで唯一の定時合唱番組であった。

　戦時中の『国民合唱』（1941〜1945年度）は、国民を挙げて唱和することで「挙国一致」体制の維持に利用されたが、『東唱の時間』は合唱音楽特有の美しさ、楽しさを聴取者に伝え、戦後盛んになった職場での合唱運動の指標にもなった。

　1949年9月11日、現在（2024年度時点）でも放送中のNHK屈指の長寿番組『音楽の泉』が始まる。

　同年1月に始まったクラシック音楽番組『サンデーシンフォニーコンサート』の解説を担当していた音楽評論家の堀内敬三が、クラシック初心者にわかりやすく鑑賞の手ほどきをする番組として誕生した。堅苦しい、難しいと思われがちなクラシック音楽に親しみを持ってもらうために、堀内自らが出演している人気クイズ番組『話の泉』にあやかっ

『放送音楽会』で演奏するNHK交響楽団（1949年）→P235

ラジオ編 放送史

NHKラジオ放送史

て『音楽の泉』とタイトルされた。堀内は開局翌年の1926年に、洋楽担当として放送協会に籍を置いた。音楽番組を担当するとともに、アメリカのポピュラーソング「私の青空」の訳詞や、ドヴォルザーク作曲の交響曲第9番「新世界から」の第2楽章のメロディーに詞をつけた「遠き山に日は落ちて(家路)」の作詞、慶應義塾大学の応援歌「若き血」の作詞・作曲など、作詞と作曲にも才能を発揮する音楽家でもあった。クラシックの古今の名曲を、工夫を凝らした選曲と親しみやすい解説とともにレコードで紹介したこの番組は、その後の音楽解説番組のモデルともなった。堀内は『音楽の泉』の解説を10年つとめ、21世紀まで続くことになる長寿番組の基礎を作った。

初代NHKホールでの『音楽の泉』300回記念公開放送(1955年) →P237

■人気の「落語」公開放送

戦時中、演目やその内容に規制を受けていた講談・落語・漫才・浪花節などの既成演芸種目は、終戦によって息を吹き返した。従来は放送禁止事項とされていた政治批判は自由になり、男女の恋愛についても比較的寛大に扱われた。しかしCIEは、講談や浪花節のあだ討ちものや軍国主義的なものには過敏に反応した。戦時中に情報局が主導する"愛国浪曲"に全面的に協力していた浪花節界は、その出し物のほとんどすべてが追放され、立て直しを迫られた。

一方、落語や漫才は内容面よりもむしろ、"クォーターシステム"という新たな編成上の枠への対応に苦しんだ。番組は15分、30分、45分、1時間という放送時間が決められ、特に落語、漫談は15分の放送時間を与えられることが多かった。長い演目を放送時間内にまとめる工夫が必要となり、話のテンポを早めたり、内容をはしょるなど演者は四苦八苦した。三遊亭金馬の弟子で、戦時中は前座として目立たない存在だった三遊亭歌笑は、七・五調で演じる"歌笑純情詩集"という新しいスタイルを見いだし、一躍スターの座に上がった。『ラジオ寄席』(1949～1977年度 途中休止あり)や『放送演芸会』(1948～1978年度)などでは、スタジオに聴取者を入れた公開放送形式がとられ、歌笑の特徴のある表情やリズム感のある話術、世相を巧みにつかんだ新鮮な内容は、聴取者の笑い声となっ

て茶の間に流れ、戦後の落語ブームのきっかけとなった。歌笑は人気絶頂の1950年に、米軍ジープによる交通事故で突然この世を去った。

1948(昭和23)年1月に『三題噺』が始まり、12月まで放送された。聴取者から募集した三題(人物・物品・地名または事件)を、出演の落語家が一席の噺にまとめて演じるもの。現代の世相から拾った三題をいかに取り合わせるかという妙味が人気となる。この番組は戦後の落語に新作を促す効果をもたらし、作者や演者の創作意欲を駆り立てた。

漫才は落語に比べて時間的制約に順応しやすく、また柔軟に世相を取り入れることができ、新しさも演出しやすかった。1949年9月に第2放送で大阪発の『上方演芸会』が始まる。「家族みんなで楽しめる漫才」をモットーに、秋田実らの演芸作家が漫才台本を書き、漫才師に提供。5000本以上の新作漫才を放送した。上方特有のこってりとした味わいが人気を呼び、後年の上方演芸ブームの先駆けとなる。

■戦後の2大開発番組 その1「紅白歌合戦」

放送協会では終戦から3か月がたった11月、新時代にふさわしい新しい音楽番組の開発がすでに始まっていた。企画を命じられたのは2人の新進ディレクターで、アマチュア部門を担当したのが三枝健剛、プロ部門が近藤積だった。三枝が企画した『のど自慢素人演芸会』はやがて『NHKのど自慢』となり、近藤が企画した『紅白音楽試合』は『NHK紅白歌合戦』として、のちに花開くことになる。

近藤は新番組『紅白歌合戦』の企画にあたり3つの「S」、すなわち「スポーツ」「セックス(男女別)」「スピード」の要素を盛り込むことを考えた。スポーツの対抗戦形式をとり、男女の性別を強調し、スピードを重視した演出である。学生時代に剣道の選手だった近藤は、団体戦の対抗試合からヒントを得て「紅白」に分かれて競い合う演出を思いつく。こうして練り上げられた番組企画は『紅白歌合戦』とタイトルを付けられ、CIEに提出された。当時、番組企画はCIEの指導、監督下にあり、番組コンセプトから台本まで、すべて事前にCIEの許可を得なければならなかった。CIEが下した判断は「不許可」。「戦争を放棄した敗戦国が"合戦"の番組を作るとは何事か」というのである。放送協会の翻訳担当が、企画書の「合戦」を「Battle(戦闘)」と訳したことで生じた誤解だった。慌てた近藤は「バトルではなくマッチ(試合)です。あなたがたの大好きなベースボールやフットボールと同じものです」とCIE担当官に食い下がった。こうして『紅白歌合戦』は『紅白音楽試合』とタイトルを変えることで許可され、1945(昭和20)年12月31日に1回限りの放送をおこなった。

スタジオからの非公開放送で、紅組、白組の勝負の判

NHK放送会館で行われた『第2回NHK紅白歌合戦』(1952年) →P206

定をおこなう審査員も応援団もいない歌謡番組だった。司会は紅組が水の江瀧子、白組が古川ロッパ。出演した新人歌手は「リンゴの唄」の並木路子ただ一人。ほかに川田正子、市丸、霧島昇、藤原義江など童謡、歌謡曲、歌曲など、幅広いジャンルの歌手が顔をそろえた。また平岡養一の木琴、福田蘭童の尺八、桜井潔楽団のタンゴなど楽器演奏も取り入れたまさに"音楽試合"の様相を呈した。番組がスタートするやいなや、出演歌手に対する声援やヤジの応酬となり、スタジオ内は大いに盛り上がった。この確かな手ごたえが近藤をはじめ番組担当者の胸の奥に熱い種子となって残った。『紅白音楽試合』が『NHK紅白歌合戦』として大輪の花を咲かせるのは、それから5年後の1951年1月3日のことである。

■戦後の2大開発番組　その2「のど自慢」

一方、三枝の企画した『のど自慢素人音楽会』は、1946年1月19日、午後6時からの30分番組で始まった。GHQが推進した国民への"マイクの開放"を、「聴取者参加」という形で具現化した"民主化"を象徴する番組の誕生であった。

放送局が愛宕山にあった時代から、毎年のように歌謡歌手の新人募集が行われていた。当時音楽部にいた三枝は、「多少でも歌える人ならどんどん合格させて放送に出したらどうか。ズブの素人でも下手は下手なりに面白いのではないか」と考えていた。その思いから、新人歌手募集の話が出た1945年11月に『飛び入り素人のど自慢音楽会』を提案した。しかし、素人の音程の外れた歌を喜ぶ聴取者はいないという理由から提案は却下される。諦めきれなかった三枝は、テストに合格した人だけを出演させる内容に改めて再提案し、『のど自慢素人音楽会』のタイトルで採用された。

第1回放送にあたり、出演希望者をニュースで募集したところ900人以上の応募があった。テストは放送当日の午後1時。応募者は午前6時から並んで待った。全員のテストをしていては夜の放送に間に合わない。そこで先着300名のみの審査を行い、残りの600余名は次回、次々回に分けてテストをすることになった。審査は音楽部長の吉田信と副部長の丸山鐵雄。副調整室からスタジオ内に合否を伝え、合格者には「合格」、不合格者には「結構

『のど自慢素人音楽会』テスト風景(1946年) →P206

鐘での合格判定を始めた『のど自慢素人演芸会』(1947年) →P207

「第1回NHKのど自慢全国コンクール」(1948年) →P207

ラジオ編 放送史
NHKラジオ放送史

です」とアシスタントディレクターが伝えた。

合格すれば自分の声が全国に流れるとあって、回を追うごとに応募者は増え、番組の人気も上がっていった。

番組はその後、音楽のほかに演芸も加え、1947年7月から『のど自慢素人演芸会』に改題した。そして応募者のうちから150人を選び、そのうちの30人のテスト風景をそのまま放送したところ評判を呼び、『のど自慢テスト風景』として放送するようになる。またテーマ音楽が作られ、鐘を鳴らして合否判定をする演出も取り入れられた。

初期の『のど自慢』では、「リンゴの唄」「旅の夜風」「誰か故郷を想わざる」「赤城の子守唄」「異国の丘」などがよく歌われた。司会には高橋圭三、藤倉修一ほかのアナウンサーが当たった。番組の顔としてもっとも長く担当した宮田輝アナウンサーは6代目である。

1948年3月に『NHKのど自慢全国コンクール』が「歌謡曲」「歌曲」「民謡・俗曲」の3部門に分けて実施され、放送記念日特集として放送された。「全国コンクール」は毎年の恒例行事となり、第2回の「歌謡曲部門」の第1位となった荒井恵子は、1949年に新設されたバラエティー番組『陽気な喫茶店』に、"覆面歌手ミスNHK"としてレギュラー出演した。その後、『NHK紅白歌合戦』に6回、出場している。

「全国コンクール」が放送されるようになると『のど自慢』はさらに注目されるようになり、人気番組として定着した。

■自由を体現した"社会風刺"『日曜娯楽版』

1946(昭和21)年1月19日に『のど自慢素人音楽会』が始まると、その10日後の29日に「歌の新聞」が音楽番組のコーナーとしてスタートした。

陽気な歌とコントで構成された10分間のコーナーで、敗戦後の混乱した世相を庶民感情に立って風刺する新感覚の番組だった。このコーナーは翌日の新聞評で絶賛されるなど好評で、翌週より毎週日曜午後1時15分からの15分番組で定時番組として独立した。

脚本、作曲、指揮、歌手の4役をひとりで受け持ったのが、当時は無名の三木鶏郎である。本名は繁田裕司、弁護士の肩書を持つ東大出身の法学士だった。三木はミッキーマウスから名前を借りたミッキー・バンドというジャズバンドで占領軍のキャンプで演奏していた。NHKの番組オーディションを受ける仲間3人が「ミッキー・トリオ」に名前を変え、それを漢字に変えて「三木鶏郎グループ」とした。この名前がいつしか繁田裕司の個人名となっていく。

『歌の新聞』は戦時中の言論統制、検閲制度下ではとうてい望めなかった時局批判や社会風刺が満載で、聴取者は戦後の自由な空気を感じとった。しかしこの番組は、始まって半年ほどたって人気も高まったころに、以下のコントがきっかけでCIEラジオ課により放送中止を言い渡される。

A「標語を書くのに紙がないんでね、古いポスターの裏を使ったのは分かるがね、ちょっと驚いたよ」
B「ホホウ」
A「"民主主義"と書いてあるウラにだね」
B「何て書いてあったの？」
A「八紘一宇って書いてあったのよ」

ほんの1年ほど前まで"八紘一宇"を標榜していた軍国主義的人物が、敗戦で手のひらを返したように"民主主義"を唱えるご都合主義を風刺したコントである。しか

『日曜娯楽版』左から丹下キヨ子、千葉信男、河井坊茶、三木鶏郎、三木のり平、小野田勇(1949年) →P189

74　NHK放送100年史(ラジオ編)

しCIEの担当官は、"八紘一宇"に象徴される旧思想を再び持ち出して流布させる意図があるのではないかと疑ったのである。こうしてCIE担当官の"誤読"によって『歌の新聞』は短命に終わった。しかし番組を担当していた音楽部副部長の丸山鐵雄は、のちに始まる『日曜娯楽版』の「冗談音楽」で風刺番組を復活させる。

1947年10月5日、『日曜娯楽版』が始まった。CIEの担当官として新たに配属となった日系二世フランク馬場の企画で、当時のアメリカの人気番組「サンデーセレナード」をもとにした音楽と語りを中心にした番組である。『日曜娯楽版』は丸山鐵雄の命名である。放送第1回は日曜の夜にふさわしい演芸と音楽によるバラエティー番組として、松井翠声らの司会でスタートした。2回目からは前半の20分が歌謡曲の新作発表と新人歌手の紹介、漫才などの演芸もので、後半の10分が三木鶏郎とそのグループによる世相風刺の歌とコントの「冗談音楽」で構成された。

出演者は三木鶏郎、河井坊茶、千葉信男、小野田勇、丹下キヨ子、三木のり平らのトリロー・グループのほか、池真理子、太宰久雄、須永宏、川久保潔、楠トシエ、旭輝子らがレギュラーメンバーだった。

「冗談音楽」を生んだ三木鶏郎（1949年）

約1年ぶりの風刺番組の復活は、大衆のうっぷんや不満のはけ口にもなり、以前にも増して反響が大きかった。スピード感あふれる進行、アップテンポな語り口、即興性のあるコント、コミカルな歌など、新時代を感じさせる要素が詰め込まれていた。

CIEの検閲方針もしゃくし定規なものではなく、政治批判などはむしろ奨励されるべきだとの立場をとっていた。「占領政策を揶揄するようなもの、国際関係を皮肉ったもの、あまりに個人の名誉を棄損するもの」以外は自由に制作していいというのがフランク馬場の考え方だった。

次第に社会風刺の色彩を強めていく『日曜娯楽版』に対し、「ジャーナリズム本来の批判性を備えている」と賞賛する多くの声がある一方、「政府を揶揄すれば政治批判になっていると考え違いをしている」と批判する声もあった。

フランク馬場が『日曜娯楽版』について「こんな番組は

『愉快な仲間』左・藤山一郎　右・森繁久彌（1950年）→P208

『陽気な喫茶店』左から松井翠声、鈴木美智子、中北千枝子、内海突破（1949年）→P190

アメリカにはありません。日本独特のもので、アメリカに欲しいくらいです」と語ったと、三木鶏郎は回想録に書いている。アメリカの番組「サンデーセレナード」の翻案だったはずが、日本独自の風刺性とオリジナリティーを獲得した「冗談音楽」を高く評価したのだった。

1952年1月、フランク馬場が異動で本国アメリカに帰国する。4月28日には講和条約が発効し、日本は独立を回復。GHQは廃止され、『日曜娯楽版』は強力な後ろ盾を失う。放送行政に関するいっさいの権限を郵政大臣に移行する措置がとられ、放送は政府の監督下に置かれた。放送を取り巻く状況の変化のなかで『日曜娯楽版』は1952年6月8日をもって終了となる。

■続々登場する人気バラエティー番組

1949年度には『陽気な喫茶店』（～1954年度）と『愉快な仲間』（～1952年度）が次々にスタートし、バラエティー番組が人気ジャンルの一角を占めるようになる。

戦前にも『前線に送る夕』のような総合番組はあったが、アメリカの人気番組をモデルとする音楽、トーク、ドラマを組み合わせた本格的バラエティー番組は、4月に始まった『陽気な喫茶店』が初めてである。

『陽気な喫茶店』は東京の第1スタジオで収録された公開番組で、弁士で漫談家の松井翠声の司会漫談で始まった。そのあと、ミスNHK（「のど自慢」全国大会1位となった荒井恵子）が覆面歌手として登場し、内海突破らによるコントで終わる構成。内海が何気なく発した「ギョッ」が思わぬ反響をよび、当時の流行語となった。レギュラー作家は大島十九郎、眞野烈兒、御荘金吾、南順介。南は松井翠声のペンネームである。1954年11月まで6年半

NHKラジオ放送史

ラジオ編 放送史

にわたり287回を放送する人気番組となった。

これに対して1950年1月に始まった『愉快な仲間』は、藤山一郎と森繁久彌による非公開のミュージカルショー番組である。当初はアメリカの人気番組「ビング・クロスビー・ショー」や「ボブ・ホープ・ショー」を参考に、藤山一郎のショー番組として企画された。歌とギャグを組み合わせた音楽バラエティーで、選曲は流行歌よりもセミクラシックからホームソングを中心に構成された。ゲストには芸能人のほかに文化人や芸術家を招いた。藤山一郎とコンビを組んだのはムーラン・ルージュ新宿座のスターだった森繁久彌である。ギャグは上品で知的なものを目指し、都会的センスのショーとして『陽気な喫茶店』と並んで、放送の新分野を開拓した。

■『話の泉』から始まったクイズブーム

戦後、人々をラジオに夢中にさせ、ラジオ黄金時代の到来を告げた2つの放送ジャンルがある。夜間のゴールデンタイムに登場したクイズ番組と連続放送劇（ラジオドラマ）である。

1946（昭和21）年12月3日に新設された『話の泉』は、日本初のクイズ番組。CIEの指導のもとに企画されたこの番組は、欧米で放送されていた人気クイズ番組「Information Please」を翻案したもの。内容は聴取者から募集した難問、珍問を司会者が出題し、解答者が10秒以内に答えるクイズ形式の番組である。聴取者から募集する「聴取者参加」スタイルは、CIEが求めた"放送の民主化"を象徴する手法の一つでもあった。第1放送の午後8時30分からの30分番組で、毎週水曜に放送した。スタジオに500人ほどの聴取者を招いての公開収録方式で、大阪、名古屋等の各地域放送局でも公開収録が行われ、ここでも「聴取者参加」が図られた。

聴取者から寄せられる問題を書いたはがきは1日1000通を超え、採用されるのは1300通に1通という狭き門。番組開始当初は採用された問題には30円、解答者が解答できなかった問題には50円の賞金が出された。

問題例は「"がんもどき"の作り方をご存知ですか？（答え：豆腐をくずし、これに切昆布と人参を混ぜて揚げます）」、「東京駅の裏口にある八重洲橋の名前の由来を知っていますか？（答え：慶長年間に来航したオランダ人ヤン・ヨーステンの名によったもので、彼がそのあたりに邸を賜り住んでいたことによる）」など、雑学から本格的な知識を問うものまで幅広いジャンルから問題が集まった。

司会は第1回と第2回が徳川夢声、第3回以降は和田信賢アナウンサーが担当。レギュラー解答者にはNHKの洋楽担当から音楽評論家となった堀内敬三、「リンゴの唄」の作詞者で詩人のサトウ・ハチロー、朝日新聞記者の渡辺紳一郎、映画監督の山本嘉次郎、徳川夢声（第3回以降）ほかのメンバーが当たった。毎回、聴取者から寄せられる難問奇問に対し、レギュラー陣が即座に解答する博識ぶりは、解答が漏れているのではないかと疑われるほどだった。解答者が正解すると司会の和田は「ご名答！」と歯切れよく応じた。クイズ番組ではあったが、解答を競うというよりも、司会者と個性豊かな解答者との丁々発止のやりとりが人気のトークバラエティーの要素が大きかった。

和田は40歳の若さで亡くなるが、高橋圭三アナウンサーが後を引き継ぎ、番組は1964年3月まで計873回、18年余りにわたって続いた。司会者が巧みなトークで番組の進行を担い、出演者の個性を引き出していくクイズバラエティーの司会のスタイルは、和田信賢から高橋圭三に継承されて完成する。

『話の泉』日比谷公会堂での公開収録（1952年）→P186

問題を書いたはがきは1日1000通を超えた（1947年）

『話の泉』に続く2本目のクイズ番組『二十の扉』も、アメリカのクイズ番組「Twenty Questions」を翻案したもの。1947年9月上旬に企画が出ると、番組担当者はすぐにアメリカから録音盤を取り寄せ、番組のルールと演出の研究を急ぎ、11月1日の放送に間に合わせた。土曜の午後7時30分からの30分番組で、家族が集う週末夜のゴールデンタイムに設けられた。放送内容や演出は基本的にアメリカ版を踏襲したが、オープニングがテーマ音楽で始まるアメリカ版に対し、『二十の扉』は「扉」を「コンコン」とノックして「ギー」と開ける音で番組をスタートさせた。クイズのルールは、司会者が「動物」「植物」「鉱物」の3つの分野から出題し、解答者は司会者にさまざまな質問を行い、20問以内に「正解」を導き出すというもの。問題の解答を聴取者から募集したところ、投稿が殺到し、1日2

万通を超えることもあった。

番組は第1スタジオに聴取者を招いて行われる公開生放送。聴取者にはあらかじめ"陰の声"で正解が知らされている。司会者は解答者の質問に対し「はい、いいえ」で即答するが、さりげなくヒントをにおわせることもある。解答者は司会者の言葉とともに、質問に対する観客のため息や笑いなどの反応をヒントに、正解を絞り込んでいく。

司会者には『街頭録音』を担当していた藤倉修一アナウンサーをCIEが推薦。しかし社会派番組に意欲を持っていた藤倉は担当を拒み、なんとか逃れようと福島の温泉に姿をくらませた。藤倉は後年、「米軍指定の病院へ入れると脅かされて、仕方なく引き受けました」と笑顔で語った。藤倉が社会派番組時代に培った体験や取材対象へのインタビューが、出演者との当意即妙のやりとりに生かされ、番組人気を支えた。

レギュラー解答者には探偵小説家の大下宇陀児、医者で画家の宮田重雄、童話作家で『コドモの新聞』(1932～1940年度)の司会も務めた関屋五十二(のちに作詞家の藤浦洸と交代)、新聞記者の堵長一郎、女優の竹久千恵子(のちに柴田早苗と交代)らが当たった。当時のNHKはクイズの解答者に"職業的芸能人"を避け、放送出演の経験のない知識人や芸術家を多く起用した。このキャスティングが聴取者に新鮮で好評の一因ともなる。『話の泉』が大人向きだったのに対し、こちらは単純な構成で子どもから大人まで楽しめるファミリー向け番組だった。

『二十の扉』は1952年のテレビ実験放送開始からテレビと同時放送を開始し、ラジオでの人気をテレビに持ち込んだ。

■初の純国産クイズ番組『とんち教室』

『話の泉』と『二十の扉』の人気に火がつき、さらに1949年1月、相次いで2つのクイズ番組が新たにスタートする。1月2日に始まった『私は誰でしょう』と、3日に始まった『とんち教室』である。

『私は誰でしょう』はアメリカのクイズ番組「What's My Name？」に工夫を加えた翻案もの。司会者が聴取者から選ばれた解答者に、さまざまなジャンルからある人物のプロフィールや実績など5つのヒントを読み上げ、それが誰かを当てるというもの。例えば答えが「女優・原節子」の設問では、第1ヒント「私は派手な商売をしている反面、本当はとても恥ずかしがり屋の内気な娘で、オシャレをするのが嫌いです」、第2ヒント「しかし去年ある雑誌で各界の有名人から日本一の美人スターとして推薦されました」、第3ヒント「義兄(熊谷久虎)が以前私と同じ会社におり監督をしていましたが、最近ではメガフォンをとりません」など第5ヒントまでに名前を当てる。第1ヒントで正解すれば1000円、第2ヒントでは500円と、以下第5ヒントまで賞金が出された。賞金を渡すとき、舞台上で「ガチャーン」というレジスターの効果音を入れるラジオならではの演出もあった。聴取者が解答者として全国放送のマイクの前に立つという当時としては画期的な"聴取者参加番組"だった。初代司会は高橋圭三アナウンサー、のちに市川達雄アナウンサーが引き継ぎ、番組は1969年3月まで20年にわたって続いた。

一方、1月3日から始まった『とんち教室』は、これまでのクイズ番組がアメリカのラジオ番組の焼き直しだったのに対し、初の純国産クイズ番組であった。番組は「なぞかけ」「しりとり川柳」「折り込みどどいつ」「お好み電話問答」などの「言葉遊び」で構成された。司会者に指名されたのは、1947年夏に実施された富士山頂と銀座を結んだ大がかりな納涼放送を担当した青木一雄アナウンサー。機材の故障による中継トラブルを、持ち前の機転とユーモアあふれる話術で切り抜けたトーク力を見込まれての抜擢であった。レギュラー出演者は「どんな問題が出されても、とんちんかんでも、こじつけでも即座にしゃべれる人」という条件で人選。柔道家で随筆家の石黒敬七、漫画家の長崎抜天、落語家の橘ノ圓(のちの三代目桂三木助)、東京新聞の須田栄、流行歌の伴奏などで大活躍していた三味線豊吉が三味線を抱えて参加するなど、芸達者が顔をそろえた。司会の青木が「ぶらじるとは、どんな"しる"？」と問えば、石黒が「なんベぇ(南米)でも飲める汁」とアドリブで答える。「修学旅行とかけて」のなぞかけでは、「貸した訪問着ととく」。その心は「かえって(帰って・返って)

『二十の扉』司会者に質問をして20問以内で正解を当てる(1949年)
→P186

会場の観覧者には事前に答えが知らされる

ラジオ編 放送史
NHKラジオ放送史

くるまで心配」と解答者。冠付（初めの5文字を題として、中七、下五を続けて一句にまとめる）の「初夏や」のお題では、「上着脱ぎたしシャツはなし」と答える。戦後の"たけのこ生活"で衣服にも事欠いた世相を反映しての解答に、聴取者は爆笑とともに喝采を送った。クイズ番組というよりはむしろ大喜利のようなお笑いバラエティーの要素が大きかった。

この番組の特徴は『とんち教室』のタイトルが示すように、学校の授業を模している点にある。司会の「青木先生」が、解答者である「生徒たち」の出欠をとるところから番組は始まる。「先生」の出す問題に対し、「生徒」たちは意表をつく答えやユーモアたっぷりの話術で答える。"学校ごっこ"はすみずみまで徹底され、各地での公開収録は「修学旅行」、公開収録に参加する観客は「PTA」、夜の収録は「夜間授業」、番組の制作担当者は「教務課」と呼ばれた。1年が終わると出演者は「落第式」を行い、翌年も同じ顔ぶれで放送は続いた。番組は958回続く大ヒットとなり、1968年3月28日に先生も生徒も19年かかっ

てようやく「卒業式」を迎えた。

『話の泉』から始まり、『二十の扉』『私は誰でしょう』『とんち教室』などが大人気となってクイズブームが巻き起こり、戦後のラジオ全盛期を形成していく。クイズ番組の登場で、ラジオは聴くだけのものから、一緒に考え、一緒に笑い、参加して楽しむものとなり、家族がくつろぐ茶の間の一角を占めるようになる。このクイズブームは、テレビ時代となって『ジェスチャー』『私の秘密』『私だけが知っている』などのクイズ・ゲーム番組に継承され、テレビ草創期の花形番組へとつながっていく。

■アメリカの最新ドラマ技術を導入

クイズ番組とともに戦後のラジオブームを牽引したのが、連続もののラジオドラマ「連続放送劇」である。

1945（昭和20）年9月付でGHQからの通告により、放送劇もまた"軍事的、好戦的、復讐的精神の盛られたもの"についての制限を受けるようになり、特に舞台劇などはテーマの選択で制約を受けるケースが多かった。武士道精神の高揚がうたわれるおそれのある作品はもちろん、幕末以前の時代を舞台にしたというだけで禁止されることもあった。

CIEラジオ課にはアメリカから派遣されたラジオ関係の技術者たちがおり、本国の新しい演出技術と脚本を紹介しながら、番組の指導に直接携わるようになる。彼らの指導ぶりは、番組検閲当局のCCDと対立することもあったほど熱心なものだったという。NHKのラジオドラマ制作は、彼らの力を借りて内容、形式ともに急速に力を取り戻し、

クイズ番組『とんち教室』公開録音（1948年）→P189

『私は誰でしょう』司会者・高橋圭三アナウンサー（1948年）→P186

『向う三軒両隣り』収録風景（1948年）→P173

そして新しい方向に歩み出した。

CIEラジオ課でラジオドラマを担当していたベルナール・クーパーが発案した『ラジオ実験室』が、1947年2月12日から始まった。この放送の目的は、新しいラジオドラマ作家の発掘と、ラジオの独自性にもとづくラジオドラマの進歩をはかることであった。音響と音楽の効果をねらった実験的なラジオドラマが放送され、聴取者の賛否両論の中で1947年12月をもって終了する。『ラジオ実験室』の制作に取り組んだ演出、技術、脚本、音楽、効果などの各スタッフは、この番組を土台として多くの理論と実践を体得し、のちの放送番組の発展に大きく寄与することになる。この番組は1948年1月から『ラジオ小劇場』と改題し、短編小説を思わせる佳作を生みだした。1954年4月5日に終了するまで320作品を放送。映像世界を聴覚の世界に置き換えるラジオ的演出を磨く一方、作品の懸賞募集を行うなど、新人作家の開拓、育成にも努めた。

■連続放送劇に"ホームドラマ"が登場

連続放送劇が戦後のラジオに初めて登場したのは1945年10月28日の『山から来た男』で、毎週1回、全7回で放送された。作・演出の菊田一夫と音楽の古関裕而のコンビが戦後初めて復活した作品で、出演は東京放送劇団。田舎に疎開していた男が会社を再建するストーリーは、敗戦によって虚脱状態に置かれていた聴取者の共感を呼び、菊田・古関コンビの第2弾『鐘の鳴る丘』の足がかりとなった。1946年1月に行われた東京放送劇団

『向う三軒両隣り』300回放送記念（1949年）→P173

の第2期生募集の面接で、「最も感銘を受けた最近聴いた放送は」との問いに、ほとんどの応募者がこの作品名を上げたという。この番組の好評を受けて、以後、定期的に連続ドラマ形式がとり上げられ、菊田のほか、金貝省三、村上元三、長谷川幸延などが執筆に当たった。

1946年5月、芝木好子作『井田家の一とき』が7回連続で始まる。当時の平均的日本人一家の日常をスケッチ風に描いた初めての「ホームドラマ」と言われている。この作品に続いて1946年6月から放送された『我が家の平和』（作：北条誠）は、「井田家の近隣の住人吉村家」が主人公で、『井田家の一とき』の続編として連続12回で放送された。ここにホームドラマの形式が確立され、翌1947年7月1日から始まる連続ドラマ『向う三軒両隣り』をはじめとする「長期連続放送劇」に続いていく。

> ラジオ編
> 放送史

NHKラジオ放送史

菊田一夫と古関裕而が組んだ『鐘の鳴る丘』(1948年) →P173

放送2周年には公開放送も行われた(1949年)

『えり子とともに』小沢栄(後の小沢栄太郎)、阿里道子(1949年) →P173

■連続放送劇が大ヒット

『向う三軒両隣り』は1953年4月まで5年10か月にわたって1377回放送の記録を打ち立てるほど、圧倒的な支持を得た。喫茶店の山村家、公務員の山田家、医者の神田家など、隣近所で起こる日常的な出来事を明るく描いたホームドラマである。その着想はCIEの助言によるもので、アメリカで人気の"ソープオペラ(石鹸会社がスポンサーにつくことが多かった連続メロドラマ)"に範をとったものである。脚本は八住利雄、伊馬春部、北条誠、山本嘉次郎(のちに北村寿夫)の4人が交代で執筆した。当初は毎週火曜の30分番組でスタートしたが、1948年1月に月曜から金曜まで放送する午後6時45分からの15分番組となった。連日放送する帯番組になったことで、聴取者にとってラジオは生活の一部となった。巌金四郎演じる「車屋の坂東亀造」や伊藤智子演じる「山田のおばあちゃん」らを実在の人物と思い込む聴取者も出てきて、ついには出演者名が発表されなくなった。

『向う三軒両隣り』から4日遅れの7月5日に始まった『鐘の鳴る丘』は、まったく違ったタイプの連続放送劇である。『向う三軒両隣り』が日常生活のスケッチだったのに対し、『鐘の鳴る丘』はCIEの指示によって制作されたキャンペーンドラマ。"浮浪児"救済と青少年の不良化防止が隠れテーマだった。

物語は、信州の高原に建つ施設「鐘の鳴る丘」を舞台に、浮浪児救済に取り組む主人公と戦災孤児たちとのふれあいと力強く生きていく姿を描いた。終戦直後、空襲で家を焼かれ肉親を失った戦災孤児を中心に浮浪児の数が増え続け、1947年夏には全国で3万5000人と推定されるまでになり、その救済は大きな社会問題となっていた。この問題を正面から取り上げたヒューマンストーリーは、多くの人の共感を呼び、大ヒットとなった。

脚本は菊田一夫、音楽は古関裕而が担当。古関裕而作曲で音羽ゆりかご会合唱の主題歌「とんがり帽子」は、大ヒットして全国の子どもたちに歌われた。放送は土曜と日曜の週2回、午後6時45分からの15分番組でスタートした。生放送で出演者の多くが小学生であったことから、土日の夕方が放送時間として選ばれた。しかし2年目となる1948年4月からは、月曜から金曜までの帯番組となり、午後5時15分からの放送となった。当時まだ日本にはなかった16インチの大型録音盤をCIEが本国から取り寄せ、録音盤1枚で15分間の事前録音が可能になっての措置だった。

週5日、毎日同時刻に1回15分、毎回ヤマ場を盛り込んで翌日に聴取者の興味と期待をつないでいく連続ドラマの手法は、これまでの放送の常識にはなかった。この形式は1951年11月から始まる『連続ラジオ小説』で定番となり、テレビ時代になって『連続テレビ小説』に継承されていく。

1949年10月に始まった『えり子とともに』は、大学教授の父とその娘の生活を通して"幸福とは何か"を考える30分の連続ホームドラマである。作者の内村直也は、新しい時代を生きる女性の姿を「アプレゲール(戦後)のレジスタンス(反抗)」として書いたと述懐している。1951年3月で第1部を終了。同年4月から1年間にわたって第2部を放送し、2年7か月の長期連続放送となった。主役のえり子を演じたのは東京放送劇団の阿里道子。そのほか小沢栄、山本安英、杉村春子、芥川比呂志、北沢彪、久米明らが出演した。

音楽の教科書にも載った戦後の名曲「雪の降る街を」は、このドラマの挿入歌として誕生した。ある放送日前日

のリハーサルで、台本が短すぎてどうしても時間が余ってしまうことが判明する。担当者が脚本の内村にセリフを増やすように依頼するが断られる。急きょ、挿入歌で時間をかせぐことになり、内村が雪の情景を1番だけ作詞し、ドラマの音楽担当だった中田喜直が作曲し、1日で完成させた曲が「雪の降る街を」である。曲は出演の阿里道子と南美江が新しい劇中歌として歌い、1952年1月に放送される。急ごしらえの劇中歌は好評で、聴取者からの問い合わせが相次いだ。歌は1番しかなかったため、3番まで詞を加え、シャンソン歌手の高英男が歌ってレコード化される。『ラジオ歌謡』（1946〜1961年度）で放送されたことをきっかけに、昭和のスタンダード曲となった。

『向う三軒両隣り』から続いた3つの連続放送劇のヒットで、聴取者の間に連続ラジオドラマの人気と聴取習慣が定着する。『えり子とともに』が1952年4月3日に放送を終了すると、その翌週からラジオ全盛期を象徴する菊田一夫作の大ヒットドラマ『君の名は』が始まる。ヒロイン氏家真知子役に抜てきされたのは『えり子とともに』の主演をつとめた阿里道子だった。

CIE主導の民主化政策

■『婦人の時間』で始まった"女性解放"

GHQは1945（昭和20）年10月11日、日本政府に対し、①女性の解放　②労働者の団結権の保障　③教育の民主化　④秘密警察制度の廃止　⑤経済の民主化の5大改革を指示した。その意義を日本国民に周知徹底するために、ラジオを通じて多くの番組が放送された。

5大改革のうち、GHQが占領後、もっとも早い時期に番組として取り上げたのが女性解放の分野である。CIEラジオ課は放送協会に女性向け放送の充実を求めた。それを受け協会は教養部に「婦人課」を新設。初代婦人課長には江上フジが就任した。

1945年10月1日に『婦人の時間』が始まった。CIEはこの番組を日本社会の民主化や女性の解放を進めていくうえで最重要番組と位置づけていた。

『婦人の時間』と同タイトルの番組が戦前にも放送されていた。その内容は文学講座や三味線、お花のお稽古など、趣味・教養番組の性格が強かった。これに対して戦後、新たにスタートした『婦人の時間』は、ニュース、座談会、音楽などで構成された総合番組である。内容は大きく①「政治・経済・社会・文化の諸問題を扱う民主化教育番組」　②「日常生活に直接役立つ実用技術番組」　③「一般教養番組および婦人の慰めと励ましとなる慰安番組」に分けられ、中でも①にもっとも重点が置かれていた。初代の番組責任者江上フジは、番組の企画意図を「日本女性の解放のお手伝いをすること」と語っていた。江上はCIEラジオ課の折衝窓口となり、「1時間の中に2分のニュースを入れなさい、音楽3分は長すぎるからレコードは1分ぐらい」などという細かい指示をするCIEの番組介入に対抗しつつも、ある時はCIEの後ろ盾に守られて、旧態依然とした男社会であった放送協会内で番組制作に奮闘した。

番組は第1放送（1962年度は第2）で日曜を除く毎日、放送時間は放送年度によって異なるが、午後1時台の30〜60分番組が基本形だった。毎月1回スタジオでの公開放送のあとに討論会を開いて、婦人の発表能力を磨いた。全国婦人の隠れた声を引き出すために投書の呼びかけも積極的に行い、寄せられた感想や意見は、週1回「聴取者からの手紙」として放送で紹介した。

戦後最初の総選挙となる1946年4月10日の衆議院議員選挙は、男女普通選挙制度を採用しての初の選挙で、全国で約1380万人の女性が初めての投票を行った。選挙当日に向けて、『婦人の時間』ではさまざまな形で投票キャンペーンを繰り広げた。出演者は有識者だけでなく、街中の女性、商家の主婦、農漁民や勤労婦人などの意見を幅広く取り上げた。そのテーマも「思想の自由」「封建制度と民主主義」「婦人と自由」「男女共学事始め」「公娼廃止」のほか、棄権防止や買収行為を注意する番組などがあった。

総選挙後の4月15日、『婦人の時間』では「新婦人代議士のことば」を企画し、加藤シヅエ、山口シヅエが出演している。『婦人の時間』の新しさは、日本女性を家庭婦人としてだけではなく、社会的責任のある市民として捉えた点にあった。

『婦人の時間』（1949年）→P404

『婦人の時間』座談会・宮城音弥（1950年）→P404

ラジオ編 放送史
NHKラジオ放送史

実用番組『主婦日記』料理実習会（1951年）→P405

『主婦日記』料理自慢コンクール（1955年）→P405

若い女性を対象にした『勤労婦人の時間』（1952年）→P405

「勤労婦人の時間」亀井勝一郎（1952年）→P405

一方、婦人たちを取り巻く日常生活では、主食の遅配、住宅難、衣料不足など、主婦のやりくりの苦しい時代でもあった。深刻な食糧難を背景に、『婦人の時間』でも「いなごの食べ方」「冠水芋の利用」「青空市場をめぐって」「鰯一ぴきの栄養」「家計簿に現れた闇生活」などのテーマで実用情報を提供した。また同時にその背景に目を向けることで、番組は次第に社会性を帯びるようになる。出演者の顔ぶれも作家でのちに参議院議員となる森田たま、日本の婦人運動を推進した市川房枝、羽仁説子、宮本百合子、松岡洋子、加藤シヅエらの「婦人民主クラブ」のメンバーのほか、戦時中に言論活動を封じられた人、あるいは長い間婦人運動に参加していた人々が、時代の脚光を浴びるように登場した。

強いメッセージ性を打ち出す反面、総合番組として劇場中継やオペラ、日響演奏会などの音楽番組や、家庭の民主化を主題にしたホームドラマ『たのしい我が家』（1949～1952年度）を放送し、家事に追われる主婦の息抜きにも配慮した。「育児日記」のコーナーでは、新生児の成長記録をテーマに、ミルクの入手も困難な若い母親たちを励まし、母子愛育会の協力を得て、0歳児の名前を公募した。また「良き隣人」コーナーでは、"良き隣人"を投書によって紹介し、善行者に花束を贈るなど、荒廃した世相の中の善意を積極的に取り上げた。

1947年7月に、『婦人の時間』から家事に関するコーナーを独立させた実用番組『主婦日記』が始まる。第1放送で日曜を除く毎日、午前9時台に放送する15～20分番組で、「節米をかねた変わりご飯のいろいろ」「手拭い一本でできるロンパース」など、生活向上のための技術を具体的に解説した。終戦から1949年前半までの厳しい経済統制を背景に、家事のやりくりに悩む主婦たちを応援した。1964年4月に番組は終了し、『みんなの茶の間』に引き継がれる。

1949年1月に第2放送でスタートした『勤労婦人の時間』は、組織された労働組合の婦人だけでなく、あらゆる職場の、特に若い女性を対象にした番組である。「職場における婦人問題」などで労働問題を扱うとともに、「美しい言葉づかい」「秋の服装はこんな風に」など、女性のための実用情報も紹介した。毎月、各地の職場を訪れる「職場のつどい」では、「討論会」や「働く婦人クイズ」などを公開で収録。1954年10月に『若い女性』に統合される。

■戦後を歩み出した「学校放送」

1945（昭和20）年10月22日、4月から休止していた学校放送が、第1放送で『教師の時間』から再開された。子どもたちに民主化教育を行うためには、新しい時代に即応する教師の再教育が急務だった。まず文部省青少年教育課長の「学校放送の活用を希ふ」、次いで政治学者矢部貞治の「デモクラシーとは」が放送された。11月には教育学者石山脩平の「デューイの教育思想」、12月には社会学者の清水幾太郎の「民主主義と教育」がそれぞれ2～3回のシリーズで放送された。

終戦直後、CIEは「軍国主義的教育」の排除と教育の民主化を推進するために、積極的に新しい施策を打ち出した。その最初が学校放送の再開であった。占領下の学校放送は、CIE教育課ならびにラジオ課の指導・援助のもとに行われた。教育内容については教育課が、放送の形式や演出についてはラジオ課が担当。CIEの2つの課に文部省と放送協会が加わった4者による会議で、番組企画から台本制作に至るまでが決められた。

1945年12月3日には児童向け放送が第1で再開された。再開後1週間の間に、3年生向けの「どんぐり拾い」、4年生向けの「これからの日本」（羽仁説子）、5年生向けの「なぜ勉強するのか」（緒方富雄）、6年生向けの「これからの日本」（文部省青少年教育課長）、高等科向けの「平和日本とデモクラシー」、全学年向けの唱歌「積木、妙義山ほか」が放送された。

番組内容についてはことごとくCIEの意向を汲んで、了解の上で進める必要があった。CIEの検閲は台本の

ディテールにまで及んだ。「ここで(主人公)太郎に、"ありがとう"と言わせるように」「ここの独り語りは長すぎるので、3つに切るように」というような詳細な指摘があった。さらに「男のくせに泣くな」というセリフが、"男女同権"にふさわしくないという理由で削除を求められることもあった。

1947年4月1日、教育基本法と学校教育法が施行された。この教育改革を受けて、1947年度の学校放送は「放送は独自の立場から教材を求め、最高度の放送技術を使って、他の教育手段では果たし得ない効果を上げるという狙いで番組を編成する」ことを基本に実施された。

4月からの放送は、月曜から土曜まで、午前中に15分の小学校低学年向けと30分の高学年向け、午後に週3回30分の教師向けの番組を編成した。9月からは中学生向けの番組も週3回放送。また9月に地理、歴史、公民を統合した新しい学科「社会科」が登場し、12月までの小中学生向けの番組をすべて社会科とした。

番組の演出についてはCIEの助言を入れ、番組講師が一方的に話をするストレート・トーク形式を避け、話し合いやドラマ、クイズ、現場からの中継が多用された。

1950年度から1953年度にかけて、学校放送は一段と拡充された。1950年度には中学・高校向け番組が新設され、翌1951年度に高校向け番組が独立。これで小学校から高校までの番組が整った。1日の放送時間も1948年度には1時間だったが、1951年度には2時間15分に増えた。また1950年度からは従来の第1放送に加えて第2放送での放送も始まった。

学校放送は1953年度にすべて第2放送に移行し、学年別・教科別に体系化される。

戦後に再開した『教師の時間』(1947年) →P389

戦後にタイトルを戻した『子供の時間』(1949年) →P362

■『少国民の時間』から『仲よしクラブ』へ

戦前より放送していた夕方の子ども対象の時間帯『子供の時間』は、1941年4月に『少国民の時間』に改題され、"軍国少年"のための番組となった。終戦で中断となったのち、1945年8月23日に再開。戦後は民主日本の子どもたちにふさわしい内容の物語や放送劇のほか、戦時中は放送できなかった世界各国の名作物語を盛んに取り上げた。同年11月、『少国民の時間』というタイトルは、堅苦しいばかりでなく戦時臭がするということで、見直しが図られた。児童たちに呼びかけて新しいタイトルを公募し、12月1日より『仲よしクラブ』と改めた。当時、児童に好評だったコーナーに「私達のチエ袋」がある。これは理科教室に代わるもので、子どもたちから募集した質問に対して、分かりやすく説明して答える5分のコーナーである。毎日平均100通の質問が全国から寄せられた。

『仲よしクラブ』は1948年1月から『子供の時間』にタイトルを戻し、「私達のチエ袋」のほかに新しい子どもの歌の普及をねらった「こどものうた」を毎日放送した。

戦争で中断されていた『幼児の時間』(1932～1943年度)が1945年10月1日に再開された。聴取対象を3歳前後から小学校入学までの子どもに置き、日曜を除く毎日午前10時台に放送された。「歌のおばさん」も幼児向け放送の1つとして、1949年8月1日に新設。"歌のおばさん"役には、松田トシと安西愛子が1週間交代で当たり、明るく幼児に呼びかけながら歌った。

『幼児の時間』ウサギとカメ(1947年) →P369

■CIE指導によるインフォメーション番組

1948年1月5日からCIEの指導による番組枠「インフォメーション・アワー」が、第1放送で午後8時台の聴取好適時間に30分枠で登場する。この枠は曜日別に月曜から日曜までの毎日、それぞれ異なった形式とテーマでラインナップされた。月曜の『新しい農村』では、農業政策から農業技術に至るまで農民に必要な知識や情報について、主に対談形式で伝えた。火曜の『労働の時間』は労働組合運動に関連したテーマを、ドキュメンタリー、小劇形

ラジオ編 放送史
NHKラジオ放送史

式、座談会など多彩な演出で伝えた。水曜の『問題の鍵』(1948年4月に『社会の窓』と改題)は、社会問題を取材した録音に音楽と解説をつけた録音構成もの。木曜の『産業の夕』は、産業復興を目的に基幹産業各部門の問題点や対策を説明した。金曜の『ローカル・ショー』(各地域放送局が制作)は、各地の実情に応じて地域的な社会問題を取り上げるローカル番組。土曜の『家庭の話題』は、市民生活にかかわる諸問題をホームドラマを交えて解説した。日曜の『時の動き』は、社会事象、政治問題を、録音構成、多元中継、対談など多様な形式を用いてタイムリーに取り上げた時事番組。

聴取率の高いゴールデンタイムからいっさいの娯楽番組が外された上、いわゆる"お硬い"社会番組で埋められる異例の番組編成である。各番組は「政治教育」「選挙」「人権擁護」「食糧増産」「石炭産業」「農地改革」「住宅復興」「公衆衛生」「証券の民主化」など、CIEから指示されたキャンペーン項目をテーマに、ドラマ・演芸・音楽・対談・講演・録音など、多様な演出で制作された。それぞれの番組はいずれもアメリカで放送されている番組をもとにしたものばかりで、CIEのラジオ担当官が指導・監督を受け持っていた。

占領政策にのっとって聴取者、国民に教示するメッセージ性の強い番組群は、「インフォメーション・アワー」の放送以後、「インフォメーション番組」と呼ばれるようになる。終戦直後の占領政策の柱は、軍国日本の「非軍事化と民主化」だったが、次第に「産業復興の促進」と「共産主義の防波堤」に軸足を移していく。「インフォメーション・アワー」の火曜枠『労働の時間』では、当時の労働運動が共産党の強い影響下にあったため、反共路線を番組に強く押し出すようにGHQからしばしば要請された。

CIEが力を入れたドキュメンタリー・ドラマ形式の番組『今日の歩み』(1949～1950年度)は、アメリカ的な内容や演出が聴取者になじめず1年もたずに終了した。1950年6月に始まった連続ホームドラマ『明るい生活』も、脚本家たちがCIEのメッセージ性をドラマに消化しきれずに1952年11月に放送を終了している。

1950年6月1日、放送の自主自立と健全な民主主義への貢献をうたう放送法の施行によって、NHKは戦前の社団法人から特殊法人へと生まれ変わった。これを境にインフォメーション番組のキャンペーンテーマの選定主体がCIEからNHKへ移っていく。

■食糧増産を目指す農事番組

終戦直後の大多数の日本人にとっての最大の関心事は食糧の確保だった。農村の民主化とともに、食糧増産の必要性を説くことがラジオ放送に求められていた。

1945年8月23日に『農家の時間』(1935～1947年度)が復活したことから、戦後の農事番組は再開された。続いて10月25日に『農家へ送る夕』(～1947年度)が、毎週月曜の夜間に1時間番組でスタートする。スタジオ収録にとどまらず、地方の農村へも進出し、公開録音形式で放送された。番組は新しい増産技術、農地改革、農業協同組合の設立などについて、農林当局や専門家の話を伝えるほか、歌謡曲や漫才などの娯楽を織り交ぜた総合番組で、農家を慰問、激励した。12月1日には『農事ニュース』が始まる。食糧の増産や供出の促進を訴えるとともに、農地改革、農業会解体など、新しい制度について解説し、農村民主化の一翼を担った。

『農家へ送る夕』は、「インフォメーション・アワー」の月曜枠『新しい農村』(1947～1952年度)に引き継がれた。歌謡曲や演芸などの娯楽要素はなくなり、「食糧増産」「農地改革」「協同組合」「嫁としゅうと・次男・三男問題」など、戦後の農村問題に焦点をしぼり、主に対談形式で伝えた。

1948年12月のNHKの組織改正で、農業向け番組を専門に担当する農事課が発足。翌1949年4月には、全国の放送局にRFD(Radio Farm Director＝農事放送担当者)が設置され、全国を横断する担当者の組織が整備された。農事番組は各専門家と各局RFDの協力で企画されるようになる。

1948年4月から第1放送で『早起き鳥』が定時番組で始まる。農業従事者向けの早朝番組で、全国の農家やRFD通信員からの便りや情報を紹介するとともに、農業技術や経営問題など農業問題全般にわたって取り上げた。1949年になると、番組の出演者選定に各放送局RFDの協力を得て、各地の農業技術指導者や農業従事者が出演するようになる。その結果、自然風土や生活時間の異なる北海道と九州の農家が、放送を通じて互いの実情を知り、交流を図ることが可能となった。ちなみに「早起き鳥」とは英語の「Early Bird」の和訳で、朝早く

『産業の夕』浦賀ドックの収録風景(1949年) →P313

『時の動き』児童養護施設の収録風景(1952年) →P283

起きて働く人を指して言う言葉である。

『農家のいこい』（1949〜1952年度）は、「農事ニュース」「農村歳時記」「農事メモ（農作物の手入れ、家畜の育て方、生活改善の方法等）」などを音楽（歌謡曲・歌曲・民謡等から3曲）にのせて放送する農村向け番組である。放送文化研究所の世論調査で、農家がもっともラジオを聞いているとされた昼食時（午後0時台）に編成された。「農村歳時記」は全国RFD通信員（のちに農林水産通信員に改称）の協力によって制作されるコーナーで、各地方局から送られた録音資料をもとに、全国の農村行事や生活を紹介した。こうして各局のRFDが緊密に結びつき、ローカル番組の充実と地域社会へのサービス強化が促進された。

農事番組ではRFDが現場から報告（1958年）

■英語ブームを生んだ"カムカム英語"

戦争中に休止されていた外国語講座が、1945（昭和20）年9月19日の『実用英語会話』から再開した。海外放送の英語アナウンサー杉山ハリスほかが講師を務める英語講座である。11月1日には戦時中に放送を止められた『基礎英語講座』も再開した。

敗戦直後の9月に発売されたわずか32ページの小冊子「日米会話手帳」がまたたく間に店頭から消え、360万部を売り上げる大ベストセラーとなった。1946年2月に『実用英語会話』の後継番組として『英語会話』が始まる。講師の平川唯一は、ワシントン州立大学を卒業し、NHKの海外放送の英語アナウンサーを務めていた。民主主義の思想がさりげなく盛り込まれたユーモアに富んだ題材と巧みな話術で、たちまち評判を呼んだ。童謡「証城寺の狸囃子」のメロディーに英語歌詞をつけたテーマソング「カム・カム・エヴリバディ……」とともに、戦後日本に英会話ブームを巻き起こした。1946年8月のNHK調査によれば、全国聴取者のうち英語講座を聴いている人は回答者（1515人）の32％で、そのうちの72％が平川の『英語会話』を聴いていた。放送開始時のテキストの月間発売部数は月に20〜30万部に達した。またファンの自主組織である「カムカムクラブ」は1000支部の広がりを見せた。この番組を「民主主義を英会話を通して体得する"文化・教育運動"」と評価する声もあった。

■占領体制の終えんで新時代へ

終戦直後、GHQの管理下に置かれた日本放送協会で新しく始まった番組の多くは、アメリカの人気番組のコピーで、アメリカン・デモクラシーを範とする占領政策の推進に利用された。同時に、放送局員たちは現場での番組制作の過程で、アメリカの最先端の番組制作ノウハウを習得していった。

GHQが求めた放送の"民主化"は、マイクの一般への開放と番組への「視聴者参加」という形で具体化された。そうして生まれた『街頭録音』『のど自慢素人演芸会』『希望音楽会』などの戦後を象徴する人気番組は、その後のNHKに確固たるポジションを得る代表的番組のルーツとなっていった。

GHQのメディアに対する検閲が、事前検閲から事後検閲に移行した1947年から1948年にかけての時期は、米政府の対日占領政策が「非軍事化・民主化」の"日本改革"から、"反共と日本経済再建"へと転換した時期でもあった。

放送が事後検閲へ移行してからほぼ2年後の1949年10月18日、GHQはNHKに放送に関するすべての検閲廃止を伝達した。検閲廃止によってNHKは初めて自主的に番組を編成できる体制が整えられた。しかし1950年6月に勃発した朝鮮戦争を契機にGHQは検閲を再開し、特に共産党系出版物に対して厳しく目を光らせた。同じ6月1日に「電波3法」が施行された。これまでの社団法人日本放送協会の単独経営から、それを引き継いで発足する特殊法人日本放送協会と、新たに発足する民放との二元体制が放送法によって規定された。こうしてNHKは戦後の新たなスタートを切った。

1951年9月8日、サンフランシスコ平和条約が調印され、その発効にともなって1952年4月28日に占領が終結した。

『英語会話』講師・平川唯一（1946年）→P415

『英語会話』収録風景（1950年）→P415

NHK放送100年史（ラジオ編）　85

> ラジオ編
> 放送史

NHKラジオ放送史

04 ラジオ全盛期

ラジオが茶の間の主役に

■ラジオ1000万を突破

　1944年に戦前の最高記録747万件を数えたラジオの受信契約件数は、戦後の混乱の中で1946年7月に538万にまで落ち込んだ。しかし戦後の復興とともに再び増加に転じ、1949年に800万に達した。さらにNHKはメーカーや販売業者などの協力を得て、普及運動を推進。クイズ番組、歌謡番組、演芸番組、スポーツ中継などの人気に押されるように1952年8月には1000万（全国世帯普及率60.3％）を突破した。一家団らんの中心にラジオが輝くように存在する、ラジオ全盛期が到来する。

　1950（昭和25）年6月1日に電波3法（電波法・放送法・電波監理委員会設置法）が施行され、これにともなって社団法人日本放送協会は解散、放送法に基づく特殊法人日本放送協会が新たにスタートを切る。

　翌1951年9月1日午前6時30分、民放ラジオ局第1号となる中部日本放送（名古屋）が、同日正午には新日本放送（大阪）が本放送を開始する。日本の放送界はNHKによる公共放送と、一般放送事業者による民間（商業）放送との並列時代に入る。

　民放の誕生とともにNHKは従来の全国放送中心の考え方を改め、各放送局が必要に応じてローカル番組を編成できる時間やローカルニュースの回数を増やした。1953年度は社会番組や農事番組を随時ローカルで放送できるようになり、1954年度もニュース、社会番組、学校放送など、地域社会の生活向上や社会福祉の向上を目指す番組を中心にローカル番組を大幅に拡充した。全国放送とローカル放送は全体と部分の関係を保ちながら、相互の特色を生かす番組を放送していく。

歳末たすけあい運動を呼びかける番組収録（1954年）

第1回「NHK歳末たすけあい旬間」募金風景（1951年）

NHKスタジオでの『三つの歌』収録（1951年）→P186

『三つの歌』司会・宮田輝アナウンサー（1952年）

著名人を出演者に迎えた『三つの歌』正月特番（1952年）

全国各地での『三つの歌』公開収録（1952年）

　1952年4月28日にサンフランシスコ平和条約が発効し、日本の占領政策を推し進めてきたGHQが廃止された。GHQの管理から脱した日本の放送は新たなステージに入り、NHKはラジオ番組に新編成を持ち込んだ。

　1月の番組改定では、第2放送の土曜に自由編成枠を設け、月2回の特集番組を放送した。戦後、CIEの指導により取り入れられた"クォーターシステム"は、番組編成に画期的な変革をもたらした半面、弾力性に欠ける面があり、その弱点を補った。

　自由編成の特集番組の中には季節にちなんだ特集、災害関連特集とともに、社会番組、娯楽番組を総合した「たすけあい運動」を推進する番組があった。この「たすけあい運動」はNHKが主唱して共同募金会と共催で始めたもので、その第1回が1951年12月の「NHK歳末たすけあい運動－みんなで明るい正月を」（12月5～25日）である。寄せられた募金は312万8800円で予想以上の成果をあげた。その後、NHKの年中行事として国民の中に根を下ろし、相互協力の精神を広めていった。

■クイズブームの最後を飾った『三つの歌』

　1946（昭和21）年12月に日本初のクイズ番組『話の泉』（～1963年度）が始まり、翌年11月に『二十の扉』（～1959年度）がスタートするとそれぞれ大評判となり、クイズブームに火がついた。1949年1月にアメリカの人気番組を下敷きにしたクイズ番組といわれる『私は誰でしょう』（～1968年度）と、初の国産クイズ番組といわれる『とんち教室』（～1967年度）がほぼ同時に始まってトップクラスの聴取率を獲得。クイズ番組の登場によって、ラジオは家族そろって楽しむメディアとして定着する。

　1951年11月に新しいクイズ番組『三つの歌』が特集番組として登場する。この番組は一般聴取者が出場者となり、その場で演奏されるピアノ伴奏から曲目に当たりをつけ、実際に歌詞を間違えずに歌えるかを競う番組である。公開放送の会場で出場者をつのり、3曲の課題に挑戦してもらった。歌詞を間違えずに1曲歌えれば300円、2曲で500円、3曲とも歌えれば2000円と、歌えた曲数に応じて賞金が出た。賞金獲得を目指すクイズ番組のスリルに、アマチュアがマイクに向かう"のど自慢"的趣向が加わって爆発的人気を呼んだ。1952年1月の新編成では、さっそく夜間のゴールデンタイムに定時化された。

　「みんなに親しまれた古い歌、だれでも知っている新しい歌。毎週月曜日の夜7時半は……」

　宮田輝アナウンサーの明るいアナウンスで番組はスタートする。出場者が登場するとステージに控えたピアニスト天池真佐雄がピアノ伴奏を始める。どんな曲が飛び出すかはわからない。ピアノの奏でるメロディーをヒントに、出場者が歌い出す。歌詞さえ間違えなければ歌の巧拙は問われない。曲目は童謡や歌謡曲などなじみの曲が中心だが、歌詞を最後まで間違えずに歌いきるのは容易ではない。出場者が歌詞につまると、天池は次の歌詞を促すように同じメロディーを繰り返す。聴衆はハラハラしながら出場者を応援し、見事に歌いきると会場は万雷の拍手に包まれる。1曲で不合格となった出場者が、もう1曲歌わせ

NHKラジオ放送史

ラジオ編 放送史

てほしいと宮田アナウンサーに懇願するなど、時にはハプニングも起こった。そんな出場者と宮田アナウンサーのユーモアあふれるやりとりがさらに番組の人気を高めていく。

宮田は各地での番組公開録音が決まると、いち早く現地に乗り込んでその土地のことばや風習を調べ上げ、出場者へのインタビューに生かした。穏やかな語り口は出場者の緊張を和らげ、当意即妙のやりとりは出場者の素顔を引き出した。1949年から担当していた『のど自慢素人演芸会』(1947～1969年度)での司会の経験が生きていた。30分番組の『三つの歌』は、番組スタート当初は8人の出場者が課題曲に挑戦したが、番組の魅力が宮田と出場者とのふれあいにこそあると評価されてからは、出場者は3人にまで減り、宮田のインタビューに多くの時間が割かれた。

折からのクイズブームにも乗り、番組開始早々の1952年夏季の全国聴取率調査で62%を記録する大ヒットとなった。1953年からは3年連続1位を記録し、その後も常に上位を占める人気番組となる。出場の申し込みはがきは毎週1万通以上が届いた。なんとか当選したいと血判の申し込みはがきを送りつける応募者がいたり、ベニヤ板に黒々と申し込み事項を書き込んでくる者まで現れる熱狂ぶりだった。聴取率競争を繰り広げる民放には『私と貴方の三つの歌』という類似番組が現れ、地方では料金をとって興行する偽物も横行した。1953年から1957年まではテレビで同時放送され、テレビの普及にも貢献。番組は1970年3月20日まで18年3か月にわたって放送され、915回をもって終了した。

1940年代にクイズブームの口火を切った『話の泉』、初の和製クイズ番組『とんち教室』、そして聴取者参加型クイズ番組『私は誰でしょう』は、1960年代後半まで約20年にわたって人々に親しまれた。

こうしたファミリー向けクイズ番組が、夕食時や夕食後のくつろぎの時間に家族が集う茶の間をにぎわした。ラジオを囲んで肩を寄せ合う家族の風景は、昭和30年代の懐かしい1シーンとして人々に記憶されている。こうしてラジオ全盛期を彩ったクイズ番組は、『三つの歌』の放送終了を最後にテレビにその居場所を移し、ラジオ欄からは消えていった。

■テレビに引き継がれた『お笑い三人組』

占領下の1947(昭和22)年10月に始まった『日曜娯楽版』は、その鋭い社会風刺によって人気を獲得すると同時に、番組批判の矢面にも立たされ、1952年6月8日に放送を終了した。その翌週から後継番組として『ユーモア劇場』がスタートする。

『ユーモア劇場』は聴取者から募集したコント「ユーモア・ポスト」、作家グループによるショートコメディー、そして『日曜娯楽版』の名物コーナー「冗談音楽」で構成されており、実質的には『日曜娯楽版』のリニューアル版である。コメディー部分には新劇界から小沢栄、名古屋章、宇野重吉らが参加し、歌手では楠トシエが三木鶏郎作詞・作曲の「毒消しゃいらんかね」を歌ってヒットした。

『ユーモア劇場』へのタイトル変更には「辛辣な風刺よ

バラエティー『のんきタクシー』の番組収録(1954年) →P192

助手役・内海突破(左)と運転手役・並木一路(1954年)

『お笑い三人組』左から江戸家猫八、三遊亭小金馬、一龍斎貞鳳(1955年) →P192

『お笑い三人組』1956年からテレビ・ラジオ同時放送になる →P192

第1章　第2章　第3章　**第4章**　第5章　第6章　第7章

ラジオミュージカル『僕と私のカレンダー』森繁久彌、越路吹雪（1952年）
→P209

り"春風の如きユーモアを"」という思惑が込められていた。しかし番組名を変更してからも、聴取者からの過激な風刺コントの投稿は続き、「冗談音楽」を手がける三木鶏郎の風刺精神も収まることはなかった。

　政府筋からの批判の声が高まる中で、番組からは次第に政治風刺のコントが消えていき、新聞は「ユーモアをなくしたユーモア劇場」と論評した。こうした経過をたどって『ユーモア劇場』は、1954年6月13日に放送を終了する。最終回には三木鶏郎ほか河井坊茶、三木鮎郎、中村メイコ、三木のり平、小野田勇、旭輝子、丹下キヨ子、千葉信男、楠トシエら、『日曜娯楽版』以来のレギュラーメンバーが多数参加し、「葬送行進曲」を流すブラックユーモアで番組の幕を下ろした。

　『ユーモア劇場』終了の翌週に、後継番組として『歌うロマンス』がスタートする。1か月単位でストーリーが完結するミュージカルドラマで、脚本は西沢実と寺島信夫が交互に執筆。「東京」から始まり、「北海道編」「淡路編」「信濃編」など各地を舞台に、地方色豊かな中に男女のロマンスを明るく描いた。『日曜娯楽版』から『ユーモア劇場』へと聴取者に親しまれた日曜午後8時30分からの30分枠であったが、『歌うロマンス』は4か月の短命に終わった。

　松井翠声の漫談や内海突破の流行語「ギョッ」が人気を呼んだ『陽気な喫茶店』（1949～1954年度）の放送終了後、唯一の公開バラエティーとして『のんきタクシー』が1954年11月に始まる。タクシー運転手から見た世相をユーモラスに描いたコメディーで、タクシー運転手に並木一路、助手に内海突破の往年の漫才コンビを配し、準レギュラーに柳家金語楼、桜むつ子が出演した。

　1955年11月に第1放送で公開バラエティー番組『お笑い三人組』が、土曜の午後0時30分からの30分番組でスタートする。作者は『のんきタクシー』の名和青朗。金ちゃん（三遊亭小金馬）、良夫さん（一龍斎貞鳳）、六さん（江戸家猫八）の3人組が暮らす「あまから横丁」で起こる騒動をユーモアたっぷりに描いて大ヒットした。1956年11月から夜間に放送時間を移行し、ラジオ・テレビ同時放送となった。1959年度からテレビ単独放送となり、テレビ草創期を代表する人気番組となる。

■ディスクジョッキー番組の登場

　『陽気な喫茶店』、『愉快な仲間』（1949～1952年度）、そして『ユーモア劇場』など当時の人気娯楽番組の多くは、「音楽（歌）」「コント（トーク）」「笑い」を中心に雑多な要素で構成されていた。こうした番組は「バラエティー」と称されて、クイズ番組とともに戦後の娯楽番組の主流となった。

　『愉快な仲間』は森繁久彌のタレントとしての才能を印象づけた番組である。そのあとを受けて登場した『僕と私のカレンダー』（1952～1953年度）は、森繁久彌と越路吹雪がコンビを組み、漫談風に2人が言葉を交わしながらシャンソンやアメリカのポピュラーソングを披露し、コメディーや名作のパロディーを繰り広げた。作者は『愉快な仲間』の永来重明と西沢実、音楽は仁木他喜雄が担当。当時のラジオミュージカルの最高水準を示したと評された。

　『僕と私のカレンダー』の後継番組は『東京ロマンス』で、1954年3月から翌月の番組改定まで放送された。森繁久彌演じる東北の"のど自慢青年シゲさん"が主人公のミュージカルドラマで、作者は西沢実と寺島信夫、音楽は『愉快な仲間』からの仁木他喜雄。

　戦後、CIEの指導によって新しい形式の番組が数多く生まれたが、その一つにディスクジョッキー番組がある。戦前にアメリカで生まれた「ディスクジョッキー」は、出演者がレコードをかけ替える間のわずかな時間に、世間話や小ばなしなどを思いつくままにしゃべったのが受けて、人気の番組形式になったと言われている。

　この種の番組としては1950年11月に『ラジオ喫煙室』が、日本におけるディスクジョッキー番組の草分けとして誕生する。司会進行的な役割をこなす番組の顔、いわゆるディスクジョッキーは『愉快な仲間』の森繁久彌。森繁の話術によって、時の話題や小ばなし、豆ニュースなどを、音楽とともに届けた。その後16年間にわたって702回を放送する人気番組となり、その最終回は市川三郎、永来重明、向田邦子らの番組の構成作家（スクリプター）をまじえ、番組の裏話、苦心談に花を咲かせた。

　当時、『愉快な仲間』『僕と私のカレンダー』『東京ロマンス』、そして『ラジオ喫煙室』『日曜名作座』とレギュラー番組をいくつも抱えていた森繁久彌は、ラジオ全盛期を

ディスクジョッキー番組の草分け『ラジオ喫煙室』のDJ森繁久彌（1960年）→P430

NHK放送100年史（ラジオ編）　89

NHKラジオ放送史

ラジオ編 放送史

象徴するトップランナーの1人であった。

『ラジオ喫煙室』に続いて同種のバラエティーが次々にスタートした。1954年11月から年度末まで放送した『こんな話あんな話』は、番組スクリプターでもあった松井翠声が自作自演でディスクジョッキー風に番組を進行。アメリカのヒットソングを紹介し、内外の著名人をゲストに迎えて話を聞いた。1956年11月から年度末まで放送した『お好みディスク・ジョッキー』は、月曜から土曜まで、お昼前のひとときを主婦向けに送る15分番組。（月）千葉信男とムード音楽、（火）中村メイコとシャンソン、（水）内海突破と歌謡曲、（木）丹下キヨ子とラテン音楽、（金）フランキー堺とジャズ、（土）は大阪発でミヤコ蝶々と民謡・軽音楽・童謡と、曜日ごとに出演者と選曲ジャンルを変えて放送した。その後継番組『おしゃべり選手』（1957年度）も、曜日別にレギュラー出演者がおしゃべりするトークバラエティー。11月の番組改定後の出演者は（月）河井坊茶、（火）中村メイコ、（水）トニー谷、（木）丹下キヨ子、（金）フランキー堺、（土）浪花千栄子（大阪発）といった第一線で活躍する人気タレントが顔をそろえた。台本はベテラン作家と新人作家がタッグを組む形で、神吉拓郎、前田武彦、永来重明、能見正比古、市川三郎、永六輔、秋田実らが書いた。

■ミュージカルコメディーが人気に

1953年4月に始まった『おしづどん行状記』は、笠置シヅ子（歌手引退後に「シヅ子」に改める。以下、本稿では「シヅ子」で統一）と音楽の服部良一のコンビによる大阪発のミュージカルドラマ。「5月の歌」「恋はほんまに愉しいわ」等のヒットソングを生んで、29回で放送を終了。『声をそろえて』（1954年度）は、歌手や映画スターをゲストに迎えて繰り広げる都会的なミュージカルコメディー。出演は中村メイコをレギュラーに、映画・演劇界から宇野重吉、森雅之、小沢栄、芥川比呂志、佐田啓二ほかが出演。歌手では吉岡妙子、原田美恵子、ペギー葉山、宝とも子らが顔をそろえた。番組は1955年4月に『春子の手帳』に改題。「春子」と「康介」という若い2人を中心に繰り広げるミュー

『幸福を拾った話』市村俊幸、野添ひとみ（1956年）→P192

ミュージカル『青空の仲間』榎本健一、巖金四郎（1955年）→P192

『こんな話あんな話』右端・松井翠声（1954年）→P192

『おしづどん行状記』主演・笠置シヅ子（1953年）→P191

大阪発ミュージカル『おしづどん行状記』（1953年）→P191

『春子の手帳』中村メイコ、フランキー堺、北原文枝→P192

『お好み演芸会』覆面演芸（1947年）→P262

『放送演芸会』のんき法廷（1949年）→P262

『放送演芸会』三代目桂三木助（1953年）→P262

『ラジオ寄席』昔々亭桃太郎（左）と柳家金語楼 →P189

ジカルコメディーで、春子役を中村メイコ、康介役を当時有望コメディアンとして注目されていたフランキー堺が演じた。作は寺島信夫、大倉左兎、市川三郎。音楽は『愉快な仲間』からの仁木他喜雄が担当した。

『幸福を拾った話』（1954～1957年度）は、ストーリーを聴取者から募集し、高垣葵と丘十四夫（灯至夫）が脚色した音楽バラエティー。出演は新進コメディアン市村俊幸と宮城まり子（1956年11月からは野添ひとみに交代）。宮城は前年に、『ユーモア劇場』で楠トシエが歌った「毒消しゃいらんかね」（作詞・作曲：三木鶏郎）をレコードでヒットさせ、一躍人気歌手となっていた。年末の第5回『NHK紅白歌合戦』に、この曲で初出場を果たしている。

『青空の仲間』（1955年度）は、南洲と北洲と呼ばれる2人の電信技士が、電信柱の上から見る光景をテーマとしたミュージカルドラマ。南洲を榎本健一、北洲を巌金四郎が演じた。獅子文六が戦前に発表した同名の小説をもとに、毎月、作者が交代してリレー形式で執筆。作曲は服部正が担当した。後継番組『相棒道中』（1956年度）は、引き続いて榎本健一と巌金四郎がレギュラー出演。人のいい2人のペテン師が、海に山に町に神出鬼没の企みを起こすが失敗ばかりという心温まるミュージカルドラマである。

『ヴァラエティ』（1955～1956年度）は昼のミュージカル番組。当時、聞きなれなかった"バラエティー"という番組ジャンルをそのままタイトルとした。レギュラー出演はフランキー堺、草笛光子、三木のり平、中田康子の4人。気が弱くて夢見がちな「堺君」と「光子さん」が、毎日の通勤バスの中で出会い、お互い声もかけられない中でさまざまな空想を巡らしながらロマンスに発展していくというほのぼのストーリー。キノトール（キノ・トール　本稿ではキノトールで統一）、寺島信夫、高垣葵の3人が交互で執筆した。

■聴取率を圧倒した落語番組

1949年、NHKは夜のゴールデンタイムに同時に3本の演芸番組をそろえた。1月に東京から『放送演芸会』（～1978年度）、4月に『ラジオ寄席』（～1977年度　＊途中休止あり）、9月に大阪放送局から『上方演芸会』（～1953年度）である。これらはいずれも高聴取率を記録する人気番組となった。

『放送演芸会』は終戦の2か月後にスタートした『お好み演芸会』（1945～1948年度）を改題したもの。スタート当初は第2放送だったこともあり、やや渋めの古典落語をそろえ、名人たちの"話芸"をじっくり楽しむ通好みの演芸番組であった。『ラジオ寄席』は第1放送で日曜夜8時からの30分番組。落語、漫才、声帯模写、漫談など、週末夜にふさわしい大衆的なお笑い演芸を並べた。ともにスタジオに観客を入れての公開放送で、場内の笑い声や拍手が寄席の臨場感を生みだし、それまで生の寄席に接したことのなかった多くの聴取者はラジオを通して初

ラジオ編 放送史
NHKラジオ放送史

めて落語の魅力にふれた。

一方、『上方演芸会』は上方漫才の長老林田十郎と芦乃家雁玉のコンビが司会を務めた。第2放送の夜8時からの30分番組で始まったが、回を重ねるごとに評判をとり、1950年4月には第1放送に移行。「家族みんなで楽しめる漫才」をモットーに、秋田実らの演芸作家が漫才台本を量産し、次々に漫才師たちに提供した。この番組から生まれた新作漫才は5000本以上にのぼった。上方漫才は放送演芸としてそれまで主流だった落語に迫る勢いを得て、上方演芸ブームの先駆けとなった。1954年4月に『浪花演芸会』に改題。番組担当者は定期的に漫才作者との会合を持ち、独創的な新作漫才の開拓を行うとともに、古い伝統を持つ上方落語の中から、すぐれたものを選んで放送した。

1952年1月に始まった『演芸独演会』（〜1964年度＊途中休止あり）は、浪花節、落語、講談を一流の演者の独演で楽しむ40分番組（のちに45分）で、十分な放送時間を生かした長講ものを楽しんだ。第1回は玉川勝太郎が「笹川の花会」を披露。以後、浪花節を5割、残りを落語と講談で分け合う比率で放送された。

1951年5月から『演芸クラブ』が第2放送の午後0時30分から始まる。落語、漫才、講談を気軽に楽しむ30分番組である。この番組は1952年1月に『お笑いアパート』と改題され、午後8時台に移行した。当初は『演芸クラブ』の路線を踏襲したが、1952年6月に内容を刷新。大島得郎、市川三郎、松浦泉三郎らをレギュラー作家として迎え、落語や漫才などを組み合わせ、全体として筋を楽しむ「演芸バラエティー」となった。

『ラジオ昼席』（1954〜1964年度）は落語と漫才を2本立てで構成する昼の演芸番組。主に次代を担う新人や中堅の新鮮で意欲的な芸を紹介した。主な出演者は、落語で金原亭馬生、春風亭小柳枝、桂米丸、古今亭寿輔、春風亭梅橋、漫才でオサム・ミツル、〆子・和子、物真似の江戸家猫八らの活躍が注目を集めた。

演芸番組の人気を全国聴取率調査からみると、1950年度は『ラジオ寄席』が第2位の61％（第1位は『日曜娯楽版』の63％）、1951・1952年度は『ラジオ寄席』がともに第1位で57％と63％、1952年度は『上方演芸会』が第3位で60％、1953・1954年度も『上方演芸会』『ラジオ寄席』『放送演芸会』の3番組は軒並み50％を超えている。聴取率からみればラジオ全盛期を支えたのは紛れもなく演芸番組であった。

■エンタツ・アチャコから始まった関西喜劇ブーム

1950年代も後半に入ると、常に聴取率のトップを争っていた落語と『三つの歌』をしのぐ番組が登場する。関西発の人情バラエティー『お父さんはお人好し』（1954〜1964年度）である。

戦後の大阪放送局発娯楽番組の中心にいたのは横山エンタツと花菱アチャコの2人であった。1930（昭和5）

上方漫才をブームにした『上方演芸会』（1953年）→P262

『浪花演芸会』夢路いとし・喜味こいし（1959年）→P263

『演芸独演会』講談・宝井馬琴（1952年）→P263

新人や中堅が芸を競った『ラジオ昼席』（1954年）→P263

『エンタツちょびひげ漫遊記』(1952年) →P190

『アチャコ青春手帳』収録風景(1952年) →P190

『アチャコほろにが物語』花菱アチャコ、浪花千栄子(1954年) →P191

『お父さんはお人好し』スタジオ収録(1955年) →P192

年にコンビを結成した2人は背広姿で登場し、古い漫才のスタイルを一新、会話だけの"しゃべくり漫才"を確立した。1933年に当時人気の六大学野球「早慶戦」をネタにした漫才が話題となり、放送を通じて全国的な人気を獲得した。しかし2人は翌年に漫才コンビを解消。その後、ともに劇団を作ってそれぞれに活躍し、時には共演も果たした。

1950年9月に始まった『気まぐれショウボート』(〜1951年度)は、第1放送で月曜午後9時15分からの30分番組。横山エンタツを中心に、香島ラッキー、矢代セブン(のちに夢路いとし・喜味こいしと交代)ら漫才出身の喜劇タレントを起用した大阪発コメディーの第1弾である。

『気まぐれショウボート』のあとを受けて『エンタツちょびひげ漫遊記』が1952年1月に始まる。横山エンタツ主演による時代物コメディーで、秋田実が脚本を書いた。同じく1952年1月に花菱アチャコ主演の『アチャコ青春手帳』(〜1953年度)が始まり、エンタツ・アチャコの元漫才コンビが、大阪発の全国放送でそれぞれ自身の名前を冠した番組をスタートさせた。2人の生みだす上方人情コメディーは、後年の関西喜劇ブームにつながっていく。

『アチャコ青春手帳』は花菱アチャコと浪花千栄子による上方人情ドラマである。週1回"読み切り"スタイルで、アチャコの職業が毎月変わる内容。第2放送で月曜夜8時30分からの30分番組で始まったが、1952年度に第1放送に移行。アチャコと浪花千栄子のユーモアあふれる掛け合いが評判となり、「ムチャクチャでござりまするがな」というアチャコのセリフが流行語となった。同年に映画化もされている。

横山エンタツはその後『エンタツの名探偵』(1953年度)を経て『エンタツ人生模様』(1954年度)に出演。町医者で底抜けにお人好しな兄を横山エンタツが、しっかり者の妹を森光子が演じた。町医者に持ち込まれるさまざまな騒動を香住春吾が1か月完結のシリーズで描いた人情ドラマである。

『アチャコ青春手帳』が103回で終了すると、引き続いて『アチャコほろにが物語』(1954年度)が始まる。主演は名コンビとして定着した花菱アチャコと浪花千栄子。アルフォンス・ドーデの「川船物語」をもとに、長沖一が大阪の水上生活者を描いた。

『アチャコ青春手帳』から始まったアチャコと千栄子のコンビは、『アチャコほろにが物語』を経て、最大のヒット番組『お父さんはお人好し』でその人気はピークを迎える。5男7女の1ダース(12人)の子を抱えた藤本アチャ太郎と妻おちえ夫婦の日常生活の悲喜こもごもを、長沖一がユーモアとペーソスにあふれた物語に仕立てた。第1放送で月曜夜8時からの30分番組である。1956年度から6年連続で全国ラジオ聴取率第1位を獲得。この番組もまたラジオ全盛期を代表する番組の1つとなった。『お父さんはお人好し』は11年にわたって全500回を放送。1955年から1958年まで映画化され、シリーズで7本を公開。花菱アチャコはラジオ番組への貢献から1960年度の放送文化賞を受賞している。

NHK放送100年史(ラジオ編) 93

ラジオ編 放送史

NHKラジオ放送史

『君の名は』放送70回記念放送局めぐり(1953年) →P174

『さくらんぼ大将』収録風景(1951年) →P174

『君の名は』菊田一夫、夏川静江、古川ロッパ、阿里道子(1952年) →P174

ラジオドラマの"黄金期"到来

■連続放送劇『君の名は』が大ブームに

　クイズ番組や演芸番組とともにラジオ全盛期を牽引したのが「連続放送劇」、いわゆる連続ラジオドラマである。

　1947(昭和22)年7月に相次いでスタートした『向う三軒両隣り』と『鐘の鳴る丘』は、まったく異なるタイプのドラマではあったが、どちらも聴取者に親しまれる人気ドラマとなった。

　1950年12月29日に『鐘の鳴る丘』が終了すると、その翌週の1月4日から後継番組『さくらんぼ大将』(〜1951年度)が同じ菊田一夫の作、古関裕而の音楽で始まる。作者一流のペーソスをたたえた連続人情コメディーで、中井啓輔、古川ロッパ、夏川静江、高橋和枝、七尾伶子らが出演した。

　『鐘の鳴る丘』『さくらんぼ大将』に続いて菊田一夫と古関裕而のコンビが手がけたドラマが、1952年4月10日から始まった連続放送劇『君の名は』である。毎週木曜、夜8時半から放送された30分番組で、この時間は銭湯の女湯が空になったという"伝説"が生まれた。まさにラジオドラマ黄金期を代表する大ヒット番組である。

　ドラマは太平洋戦争末期の1945年5月から始まる。大空襲下の東京・数寄屋橋で、降りそそぐ焼夷弾に追われた氏家真知子(声:阿里道子)は、見知らぬ青年後宮春樹(声:北沢彪)に救われ、強く印象づけられる。真知子は名乗らぬまま、半年後にこの橋での再会を約束して春樹と別れるが、空襲で父母を亡くし、新潟県佐渡の伯父に引き取られて、春樹との再会を果たせなかった。2人はわずかな手がかりを頼りに互いを尋ね合うが、戦後の混乱の中で不運なすれ違いが続いていく。その後、真知子は不本意な結婚をして、姑の執拗ないじめに遭う。見て見ぬふりをする夫に絶望し、身投げを図ろうとしたところを春樹に救われる。春樹の存在を知った夫は離婚を認めず、真知子は家を出るが数々の悲運の末に死の床に伏す。

　作者の菊田は、真知子と春樹のすれ違いの運命を縦糸にしながら、主な登場人物に戦災孤児、戦争未亡人、失業した職業軍人らを配して、戦争に翻弄された人々の姿を描く社会派ドラマを意図した。しかしドラマの進行に

菊田一夫、古関裕而コンビによる『由起子』(1954年) →P174

つれて、聴取者の関心は真知子と春樹のメロドラマに集まっていった。

番組は1952年4月から1年間の予定で放送が開始されたが、あまりの反響の大きさに1954年4月までの2年間に延長された。

「忘却とは忘れさることなり。忘れ得ずして忘却を誓う心の悲しさよ」

毎回、放送の冒頭で語られたこの序詞は流行語となり、古関裕而のハモンドオルガンによるテーマ音楽とともに聴取者の心をとらえた。聴取率は45％を超え、ドラマが放送中の1953年9月に、早くも松竹で映画化され公開となる。真知子役の岸惠子が劇中で巻いたストールが"真知子巻き"として若い女性の間で流行し、ブームに拍車がかかった。映画は3部作で製作され大ヒットする。佐渡や志摩をはじめ、ストーリーの舞台となった土地には多くの人が訪れ、"君の名は羊かん""真知子香水""春樹ネクタイ"などの便乗商品も続出。小説化された出版物はベストセラーとなり、昨今のメディアミックスのはしりとなった。

『君の名は』が1954年4月8日に全98回の放送を終了すると、翌週からは同じ菊田一夫と古関裕而のコンビで『由起子』(～1955年度)が始まった。オホーツク海に面した能取岬から物語が始まり、舞台が東京、青森県十和田湖、瀬戸内海の因島と移るご当地ドラマの手法を踏襲。物語も薄幸の女性矢田部由起子の歩む数奇な運命と悲恋を描いた。津島恵子、木村功ほかの出演で全95回を放送。『君の名は』には及ばなかったが好評を得て、3部作で映画化もされている。

■ 求められた小説のラジオドラマ化

終戦直後は紙不足等の出版事情から雑誌や書籍の出版が需要に追いつかず、一般の人々が小説類を入手することがむずかしかった。そこで人々はラジオに"小説"を求め、それに応えるように物語形式の番組が数多く放送された。

戦後まもなく第1放送で始まった『物語』はいわゆる大衆小説をドラマ化した番組枠で、1946(昭和21)年には徳川夢声の語りによる「湖畔の武士」(作：菊田一夫)、松井翠声による「朝雲」(作：川端康成)、巖金四郎による「魔術」(作：芥川龍之介)などの文芸作品を放送した。第2放送では夏川静江出演の「嵐が丘」(作：エミリー・ブロンテ)、滝沢修出演の「罪と罰」(作：ドストエフスキー)など、外国文学を単発ないしは何回かの連続で取り上げている。『物語』はしばらく放送を休止したのち1955年11月に定時番組となって、第1放送の水曜午後10時台に始

新しい形式のドラマ『ラジオ小説』「天明太郎」(1949年) →P173

徳川夢声が語る『連続物語』「富士に立つ影」(1954年) →P174

連続ドラマ『東京千一夜』中村メイコ、森繁久彌(1955年) →P175

『日曜名作座』森繁久彌、加藤道子(1957年) →P176

NHK放送100年史(ラジオ編) 95

NHKラジオ放送史

ラジオ編 放送史

まる。夏川静江、山本安英、細川ちか子、徳川夢声、小沢栄、伊志井寛らの出演で、室生犀星、芥川龍之介、岡本綺堂、太宰治、永井荷風、三島由紀夫、石川達三らの作品をラジオドラマ化した。

1947年10月からは第2放送で『世界の名作』(1947～1953年度)が、1時間番組で土曜の夜8時から始まる。世界的に著名な外国の文学作品の中から、戦後の出版事情から入手困難な名著を紹介するのが目的の番組である。シェークスピアの「ハムレット」、スティーブンソンの「宝島」、ディッケンズの「二都物語」など、各国の小説、戯曲の名作を連続放送劇に脚色した。1953年11月には『名作劇場』(～1959年度)に改題。日本の名作を積極的に取り上げ、「更級日記」より「武蔵の衛士」、「宇治拾遺物語」より「鬼」などが好評を得た。1954年9月に小宮豊隆(ドイツ文学者)ほかを委員とする「名作劇場企画委員会」を立ち上げ、原作の選定にあたった。

1949年4月に始まった『ラジオ小説』(～1954年度)は、既成の小説を地の文の朗読と会話体に分けて"立体化"した新しい形式のラジオドラマである。戦前にも同種目はあったが、さらに音楽や音響に工夫を凝らし、毎週日曜の午後10時からの30分番組で定時化された。『ラジオ小説』には既成小説の脚色ものと、ほぼ同じ割合で書き下ろし作品もあった。脚色作品には『銭形平次捕物控』や『鞍馬天狗』のような時代物があったが、書き下ろしはすべて現代もの。1950年8月から2か月連続で放送された「天明太郎」第2部は、石坂洋次郎、林房雄など7人の人気作家がリレーで書き下ろしたもので、東野英治郎、徳川夢声、加藤道子の名演技で好評を得た。

『ラジオ小説』が週1回の30分番組だったのに対し、1950年5月に始まった『語るオルゴール』(～1953年度)は、日曜を除く毎日の放送。午後4時から15分間の帯番組で、新聞の連載小説のラジオ版を意識して企画された。1951年11月、それまでの単独出演者による連続物語形式を、語りと登場人物の会話による"立体形式"に改めた『連続ラジオ小説』が新たにスタートする。出演者は男女各1名、いずれか一方、たとえば男性が語りと男性のセリフ全部、女性が女性の登場人物のセリフをすべて受け持つという演出形式を採用した。一度休止のあと、1958年度に平日午後2時台の15分の帯ドラマで再開した。5月放送の「眼の壁」(原作:松本清張・脚色:加藤睦一・出演:巖金四郎ほか)が、折からのスリラーブームに乗って好評を得た。

1950年5月から『連続物語』が始まる。この番組は週1回30分という従来の形式を破って、長編作品を毎日物語形式で連続放送し新生面を開いた。山村聰の語りで「帰郷」(作:大佛次郎)、日高ゆりえで「うず潮」(作:林芙美子)、永井百合子で「エデンの海」(作:若杉慧)ほかの作品を放送。1954年11月には白井喬二作の長編時代小説「富士に立つ影」を、徳川夢声が一切の音響効果を入れずに演じた。

1957年4月7日、NHKのラジオドラマを代表する最長寿

ホームドラマ『青いノート』収録風景(1957年) →P175

『朝の口笛』「のんき村日記」信欣三、左幸子ほか(1958年) →P175

『朝の口笛』「すずかけの散歩道」宇野重吉ほか(1958年) →P175

『朝の口笛』「夫婦天気図」小池朝雄、小林千登勢ほか(1969年) →P175

第1章　第2章　第3章　第4章　第5章　第6章　第7章

『連続ホームドラマ　娘と私』巌金四郎、滝沢修ほか（1958年）→P176

『朝の小説』「遠い窓」乙羽信子、宇野重吉（1959年）→P176

『朝の小説』「どこかでなにかが」語り・岸田今日子（1959年）→P176

『連続ラジオ小説』「青空乙女」綱島初子、八千草薫ほか（1961年）→P174

番組『日曜名作座』（〜2007年度）が始まる。森繁久彌と中村メイコがレギュラー出演した連続ドラマ『東京千一夜』（1955〜1956年度）の後継番組だった。引き続きの出演となった森繁久彌と、東京放送劇団の加藤道子の2人の語りによる文芸ドラマである。第1回は尾崎士郎原作、椎名龍治脚色の「人生劇場−青春篇」。初年度は第1放送で日曜の午後10時15分からの30分番組であった。複数の登場人物を男女で演じ分ける2人の語りを、古関裕而がハモンドオルガンで盛り上げ聴取者の心をつかんだ。番組で取り上げた原作は、明治から昭和にかけての大衆文学、純文学が中心で、のちに外国文学まで幅広く取り上げた。

■ "朝"に進出した連続ドラマ

1953（昭和28）年4月の番組改定で、『連続ラジオ小説』が月曜から土曜までの午前9時30分に移行。連続ラジオドラマが朝の時間帯に進出する。

翌1954年11月には乾信一郎作のホームドラマ『青いノート』（〜1956年度）が、1956年4月には『朝の口笛』（〜1960年度）が、それぞれ午前9時台に15分の帯番組で始まる。『朝の口笛』は「朝の連続ドラマ」の枠タイトルで、林房雄原作「青春家族」（全358回）、尾崎一雄原作「のんき村日記」（全169回）、石坂洋次郎原作「すずかけの散歩道」（全219回）など一連の小説を脚色してドラマ化した。

1958年4月から始まった『連続ホームドラマ　娘と私』は、月曜から土曜まで午前10時15分から15分の帯で1年間にわたって放送された。獅子文六の自伝小説を山下与志一が脚色し、滝沢修、轟夕起子らが出演した。主人公「私」が妻を失ったあと、戦前から戦後に至る激動の時代に残された一人娘・麻里を立派に育て上げる姿を描いた。二・二六事件や日米開戦を告げる録音を挿入し、ドラマに臨場感を持たせた作品である。

朝の時間帯に放送されたこれらの番組の実績を踏まえて、1959年4月、月曜から金曜までの帯で、午前7時35分からの5分番組『朝の小説』（1959〜1961年度）が始まる。新聞の朝刊に連載されている小説のラジオ版という発想で生まれた朗読ドラマである。第1作は芹沢光治良作「坂の上の家で」、朗読は小沢栄太郎。その後、高見順作「遠い窓」を宇野重吉と乙羽信子が、壺井栄作「どこかでなにかが」を岸田今日子が朗読し好評を得た。

1961年10月の改定では、月曜から金曜までの午前8時台に総合ワイド枠『朝のおくりもの』が40分番組で新設される。その枠内に『連続ラジオ小説』が、『朝の小説』を吸収する形で始まった。同年4月から総合テレビでは新しいドラマ分野として『連続テレビ小説』が発足し、その第1作「娘と私」が午前8時40分から9時までの帯番組で始まっている。『連続テレビ小説』の第1作に「娘と私」が選ばれたのは、1958年度にラジオ第1で放送された『連続ホームドラマ　娘と私』の脚本を下敷きに番組作りができたからであった。

NHK放送100年史（ラジオ編）　97

ラジオ編 放送史

NHKラジオ放送史

■ 多彩なラジオドラマ ①スリラー番組

　文芸作品の原作ものや日常生活を明るく描いたホームドラマが主流のラジオドラマだが、ラジオドラマ黄金期にはバラエティーに富んだユニークな作品が続々と登場してくる。

　『灰色の部屋』(1949～1953年度)はNHKで初めて企画されたスリラー番組である。当時の「スリラー番組」とは、探偵小説を脚色したサスペンスタッチのドラマのこと。初年度は第2放送で金曜の午後8時15分からの15分番組でスタートした。怪奇探偵小説の水谷準作「司馬家崩壊」、推理作家の甲賀三郎作「誰が裁いたか」、夢野久作の「難船小僧」ほかを放送。1950(昭和25)年1月から30分番組となり、江戸川乱歩の「蜘蛛男」、横溝正史の「蝶々殺人事件」などが放送された。

　『スリラー劇場』(1955年度)は人間性の悪の面を取り上げて描く点に特徴のあるラジオドラマ枠で、月曜午後9時40分からの20分番組である。サスペンスドラマ「もう一つの影」(作：西川清之)、怪談「白い影」(作：岡田教和)、ミュージカルスリラー「浅草よ今日は」(作：淀橋太郎)、スリラーコメディー「望遠レンズ」(作：六所輝彦)など、手を変え品を変えて「スリラー番組」が登場した。

　1956年度には『スリラー劇場』を『幻の部屋』に改題し、スリラーや怪談を3～4回連続で放送。6月放送の「おらんだ泥棒」(作：西沢実)は、「蝶々夫人」の「ある晴れた日に」の歌にまつわる怪異譚。7月放送の「しらぎくの草紙」(作：宇野信夫)は、平安時代を舞台とした異色作。ほかに知切光歳作「ついてきた女」、高橋昇之助作「女の手」などに反響があった。

　『犯人は誰だ』(1951～1953年度)とその後継番組『素人ラジオ探偵局』(1953～1960年度)は、いずれも推理によって犯人が誰かを当てるクイズ番組ではあるが、スリラー風のドラマ仕立てに特徴があった。

■ 多彩なラジオドラマ ②ラジオマンガ

　1950(昭和25)年4月2日にスタートした『ラジオ漫画』は、"耳で聞く漫画"を目指した斬新で奇抜な企画。15分の番組の中に短いコントを3～4編並べて放送した。最初に選ばれた素材は、新聞の4コマ漫画「サザエさん」(原作：長谷川町子)。脚色と出演が徳川夢声、音楽を古関裕而が担当した。サザエさんを演じたのは東京放送劇団第1期生の七尾伶子。誇張的な漫画の世界を音だけでいかに表現するのか、放送開始から暗中模索の状態がしばらく続き、番組は苦戦した。7月に「サザエさん」から「フクちゃん」さらに「西遊記」にテーマが変わると、荒唐無稽で波乱万丈の物語で自由な演出が可能となり番組にテンポが生まれた。

　1951年5月からは新番組『夢声百夜』(～1953年度)の一部として継続放送される。夢声と七尾が2人だけで何役も演じ分けて丁々発止の掛け合いを行う。ハモンドオルガンの古関裕而が即興伴奏で応じ、さらに効果係の音響アイデアも加わって、番組は評判を呼んだ。夢声と七尾の2人だけで複数の登場人物を演じ分けるスタイルは、1957年度に始まる『日曜名作座』で森繁久彌と加藤道子に引き継がれる。

　『ラジオ漫画』は1955年11月、『ラジオマンガ』(～1958年度)とタイトル表記を変えてリニューアルする。テープ録音の早回しや遅回しによるセリフの転調、ボコーダー(音声分解組立装置)による音質の変化など、最新の録音技術を駆使して漫画的な誇張表現を工夫した。

　『ラジオマンガ』は1956年4月1日より連続ものを放送する20分番組『連続ラジオマンガ』(～1958年度)となる。徳川夢声、宮城まり子の出演に音楽の古関裕而という新たなチームで、キノトール脚色の『宮本武蔵』『アラビアン・モーニング』『水戸黄門漫遊記』などが放送された。

NHK初のスリラー番組『灰色の部屋』(1949年) →P173

『犯人は誰だ』公開録音(1953年) →P186

『犯人は誰だ』放送会館第1スタジオ公開収録(1954年) →P186

『素人ラジオ探偵局』公開録音(1953年) →P186

第1章　第2章　第3章　**第4章**　第5章　第6章　第7章

『ラジオ漫画』「西遊記」徳川夢声、七尾伶子（1950年）→P190

ドキュメンタリー・ドラマ『ある日ある時』（1956年）→P175

■多彩なラジオドラマ ③ドキュメンタリー・ドラマ

　1956（昭和31）年4月、社会問題に目を向けたドキュメンタリー・ドラマ枠『ある日ある時』が始まる。第1放送水曜午後10時台の25分番組である。売春問題を扱った阿木翁助作「一教師の記録」、東京における学生生活を描いた筒井敬介作「私は麦畑に立っている」、神風タクシー運転手の生活とタクシー会社の哀話をつづった西沢実作「東京バックミラー」等を放送し、社会の底にひそむ矛盾や真実をヒューマンドラマで描き出した。

　番組は1年で終了となったが、ドキュメンタリースタイルのドラマはその後もたびたび放送され、1958年度の『ドキュメンタリー・ドラマ』（～1959年度）に引き継がれる。置き去りにされようとしている蒸気機関車の機関士の生活を描いた阿木翁助作「機関士物語」、夜間中学に通う子どもたちの姿を描いた田中澄江作「夜学ぶ子供達」ほか、「開拓地サロベツ」「がんに挑む」「歪められた争議」など、そのときどきの社会問題が徹底した調査をもとにドラマ化された。時代を映し出すドキュメンタリー・ドラマの試みは、1950年代後半のラジオドラマの特徴の1つでもあった。

■多彩なラジオドラマ ④時代劇

　ラジオドラマの時代劇には根強い人気があり、大衆文学の第一人者村上元三原作ものがラジオ黄金期を彩った。

　1952（昭和27）年6月に始まった『白面公子"筑波太郎"』（～1953年度）は西川清之ほかが脚色した連続放送劇。三代将軍徳川家光亡き後の四代将軍擁立の動きの中での松平長七郎（徳川家光の弟・徳川忠長の子とされる人物）の活躍を描く。音楽は飯田景応、語りは一龍斎貞花。岩井半四郎、市川八百蔵、本郷秀雄ほかが出演した。『源義経』（1954～1955年度）も村上元三が朝日新聞に連載していた同名小説を、村上本人が脚色した作品。源義経の華麗なる最盛期から悲劇的な末路までを描いた大衆時代劇である。義経を岩井半四郎、静を島崎雪子、

『源義経』左から主演・岩井半四郎、脚本・村上元三（1954年）→P174

『風流剣士』山内雅人、村上冬樹ほか（1955年）→P175

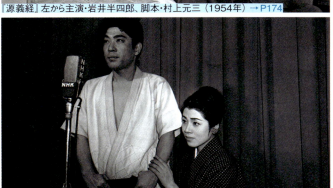
『浪曲ドラマ』「姿三四郎」村田英雄、花村菊江（1960年）→P176

『浪曲ドラマ』「父子鷹」奈良岡朋子ほか（1960年）→P176

NHK放送100年史（ラジオ編）　99

NHKラジオ放送史

武蔵坊弁慶を河村弘二が演じた。『風流剣士』(1955～1956年度)は関ヶ原の戦いを背景に、気弱な青年陣馬之助が、数々の辛酸をなめながらたくましく成長していく姿をダイナミックに描いた作品。語りは小沢寅三。山内雅人、清水一郎、笈川武夫、村上冬樹、幸田弘子ほかが出演した。

変わり種には第1放送の30分番組『浪曲ドラマ』(1959～1962年度)がある。浪曲の持つ独特のリズムと節回しを、ドラマに生かした新しい試みだった。初回は2か月連続で「無法松の一生」を五月一朗の浪曲、久松保夫主演で放送。1961年度は檀一雄原作の現代もの「夕日と拳銃」を鹿島秀月の浪曲、宇津井健主演で放送し話題となる。1962年度はオリジナル作品も放送した。

■多彩なラジオドラマ ⑤架空実況放送

『架空実況放送』は歴史上の大事件を実況放送形式で再現を試みる、ユニークなドキュメンタリースタイルのエンターテインメントである。1932年のロサンゼルス・オリンピックでの"実感放送"にヒントを得た企画であった。

1957年3月21日の放送記念日特集として第1回「決戦関ヶ原」が放送された。「関ヶ原の戦い」の模様をスポーツ実況の名調子に仕立てたのは脚本の西沢実。全体の概況をリポートするのは中神定衛アナウンサー。徳川家康率いる東軍担当を北出清五郎、石田三成を中心とした西軍担当を福島幸雄の両スポーツアナウンサーが分担した。「こちらは東軍、徳川方最前線。右翼の黒田部隊一万一千……」北出アナウンサーの実況のバックには、馬のいななきや蹄の音が流され臨場感を高めた。さらに徳川家康を作家の山岡荘八が、石田三成を尾崎士郎が、両軍の動きを村上元三がそれぞれ専門の立場から解説を行い、スポーツ実況と競技解説者による「スポーツ観戦」スタイルを完成させた。

1960年1月2日放送の「江戸の初春」では、文化2(1805)年に起きた江戸の火消し「め組」と江戸相撲の力士との乱闘事件「め組の喧嘩」を取り上げた。「瓦が飛んできて危ないので避難します」のセリフに「アナウンサーにけがはないか」と心配する、聴取者からの電話がNHKにかかってきた。名人芸と言われた名物アナウンサーの実況力と、ラジオドラマによって磨かれた音響効果の技術が臨場感あふれるリアリティーを生みだした。

『架空実況放送』は評判を呼び、年間数回の特集番組として「早慶戦ことはじめ」「タイタニック号の悲劇」「決戦川中島」「シーメンス事件」「大仏開眼」「白雪を汚すもの～二・二六事件」などを放送。1983年夏、オリンピック特集架空実況「古代オリンピック」(第30回)を最後に番組は幕を下ろした。

■多彩なラジオドラマ ⑥「新諸国物語」シリーズ

1952(昭和27)年4月1日、菊田一夫の『さくらんぼ大将』のあとを受けて、『白鳥の騎士　新諸国物語から』(1952年度)が、月曜から金曜の帯で午後6時からの15分番組で始まった。作者は『向う三軒両隣り』の執筆陣の一人だった北村寿夫が、『向う三軒…』を途中で抜けて取り組んだ少年向けオリジナル作品である。

曲亭馬琴の「南総里見八犬伝」にヒントを得た作品。
題材を室町時代にとり、当時、NHKと民放を通じて初めての連続時代劇だった。"善"の白鳥党と"悪"のされこうべ党の時代を超えた戦いを、伝奇色豊かに描いた勧善懲悪の冒険活劇。人間愛と正義を軸に、信義を重んじ友情に厚い主人公たちが活躍する姿に、少年少女たちはひきつけられた。

ドラマは好評を呼び、『白鳥の騎士』の後編として『新諸国物語第2部　「笛吹童子」』が1953年1月に始まり12月まで放送された。以後、1月から12月までの放送期間でシリーズ化される。

『笛吹童子』は「ヒャラーリ　ヒャラリーコ」と歌われた主題歌とともに全国の少年たちを夢中にさせた。1954年には映画化されて大ヒット。主役の萩丸・菊丸の兄弟を演じた東千代之介と中村錦之助が一躍人気スターの仲間入りをした。第3部『紅孔雀』(1953～1954年度)がさらに好評を呼び、『新諸国物語』シリーズの人気は不動のものとなった。シリーズは第4部『オテナの塔』(1954～1955年度)、第5部『七つの誓い』(1955～1956年度)まで続いたあと、1959年度に『天の鶯』(1958～1959年度)、1960年度に連続時代ドラマ『黄金孔雀城』を放送し、シリーズは完結した。

第2部『笛吹童子』と第3部『紅孔雀』は特に人気が高く、映画化もされたほか、1970年代に総合テレビで「連続人形劇」の原作として再登場し、多くの新しいファンをつかんだ。しかし番組が始まった当初は、その人気とは裏腹に当時勢いを増していたラジオの低俗化批判の波にもさらされて、1954年11月の放送教育研究会全国大会で「荒唐無稽で非科学的な番組」と名指しで批判されたこともあった。

『架空実況放送』「松の廊下」(1963年)　→P306

『黄金孔雀城』左から里見京子、津川雅彦、山内雅人、若山弦蔵、北村寿夫（1960年）→P180

作者の北村寿夫と音楽を担当した福田蘭童の尺八は、菊田一夫と音楽を担当した古関裕而のハモンドオルガンと並び称されるラジオドラマの"黄金コンビ"。ラジオドラマにとって、「音楽」はドラマの成否を決める重要な要素でもあった。

『新諸国物語「笛吹童子」』収録風景（1953年）→P179

■ 多彩なラジオドラマ ⑦子ども向けドラマ

当時、子ども向けの連続放送劇が夕方の時間帯に編成され、大人たちにも聞かれていた。1950年4月30日から午後5時台の『子供の時間』枠内で、毎週日曜に30分の連続放送劇『三太物語』（～1951年度）が放送され、子どもから大人まで幅広く愛聴された。ドラマは水車で粉ひきをする一家の少年・三太を主人公に、友だちや東京から来た美人でやさしい花荻先生、村長さん、駐在さんら村の人々との心温まる交流を子どもたちの生活の中に描いた。

ドラマの企画は朝日新聞の文化面に数回にわたって連載された囲み記事から始まった。その記事は児童文学者青木茂が、神奈川県津久井町を流れる道志川周辺の山あいを舞台に、人々の生活を実際に取材した一話完結の物語だった。その物語を脚本の西沢実が、子どもの生き生きした視線で脚色した。番組の冒頭を飾る「おらァ、三太だ！」という元気な声は、多くの聴取者に明日への活力を与えた。このオープニング・コールは、当時、西沢が脚本を担当していた学校放送の小学校高学年社会科シリーズ『マイクの旅』で、子どもたちに好評だったオープニング「みなさんこんにちは！　ぼくはマイクさんでーす」から思いついたと語っている。途中から脚本は筒井敬介に交替し、1951年10月まで放送された。このあと、都会を舞台にした『ジロリンタン物語』（作：サトウ・ハチロー・脚色：筒井敬介）に替わったが、"三太"再登場の要望が強く、1952年11月から筒井敬介脚色で『三太三重まる物語』（～1953年度）で復活をとげた。

『三太物語』には思わぬ反響もあった。当時、女子学生に教師を志望する人が急増した。『三太物語』に登場する花荻先生が、子どもたちがイメージする理想的教師像として描かれ、やさしい花荻先生にあこがれた女子大生が多かったのである。番組に寄せられる投書は子どもからのものよりもむしろ親たちの方が多く、子ども番組の枠を超えた人気番組となっていた。

『お姉さんと一緒』（1952～1955年度）は、午前9時台の幼児向け番組『幼児の時間』枠で放送された15分の連続放送劇。タッちゃんとそのお兄さん、母親代わりのお姉さんの3人を主人公に据え、幼児の生活を中心に身近

ラジオ編 放送史
NHKラジオ放送史

な家庭の出来事を素材に筒井敬介が描いた作品。中村メイコが一人で何役もの声を使い分けて話題となるなど、3年半にわたって135回続く人気番組となった。

それまで子ども向け番組は、空想的なファンタジーが主流だったが、『お姉さんと一緒』と『三太物語』によって、初めて現実の子どもの生活がリアルに描かれ、従来の子ども番組に新機軸をもたらした。

『子供の時間』枠で放送された幼児向け連続放送劇に『やん坊にん坊とん坊』（1954〜1956年度）がある。実在の土地を舞台にした『三太物語』とは対照的に、白猿の仲よし兄弟が主人公の空想物語である。やん坊、にん坊、とん坊の子ザル3兄弟が、インドにいる自分たちの両親を探して旅をする冒険物語で、黒柳徹子の初主演番組となった。作・演出の飯沢匡は、動物の子どもの役に思い切って大人の俳優を起用した。今では外国映画やアニメーションの吹き替えで、大人が子どもの役を演じるのは当たり前だが、当時としては初めての試みであった。子ザルの3兄弟に選ばれたのは東京放送劇団の最若手の5期生黒柳徹子、里見京子、横山道代である。3人は男の子らしい高い声を工夫しながら演じたという。子どもの役を大人が演じていることがわかると「子どもにうそをつくことになる」ことから、しばらくの間は、「ただいまの出演はやん坊、にん坊、とん坊でした」と出演者名を伏せていた。この番組は3年間で153回を放送する人気番組となった。飯沢はその後、1960年にテレビのこども番組『おかあさんといっしょ』で3匹のコブタを主役にした「ブー・フー・ウー」を生み出す。

■ "黄金期"の最後を飾る『一丁目一番地』

足かけ7年間1377回という連続放送記録を打ち立てた人気の連続放送劇『向う三軒両隣り』が1953（昭和28）年4月10日に終了した。平日の帯で放送されるホームドラマの成功は、のちのドラマ編成に大きな示唆を与えた。

後継番組の『幸福物語』が1953年4月13日から始まる。湘南の海に面したある小都市を舞台に、新婚家庭の日常生活を明るく描いたホームドラマで、田井洋子、筒井敬介ほかが共作で書き下ろした作品である。この番組が1954年4月に終了すると、1948年1月以来『向う三軒両隣り』でなじんだ午後5時台の帯番組枠はいったん消滅する。

1957年4月1日、午後5時台の『コロの物語』と午後6時台の『一丁目一番地』が、月曜から金曜まで15分の帯番組で同時に始まる。

『コロの物語』は『青いノート』の乾信一郎が書き下ろした連続ホームドラマである。小犬"コロ"を主人公に、コロを養う"オッサン"との愛情を、人間と小犬が自然に会話を交わすファンタジックなストーリーで描いた。語り手は幸田弘子。コロを小柳徹、オッサンを山田清が演じ、1958年12月まで放送した。

『一丁目一番地』は東京郊外の住宅地が舞台のホームドラマ。"一丁目一番地"にある7軒の家族の日常の出来事や近所づきあいを明るく描いた。ドラマの中心は山上家と志村家の2つの家族。小学校低学年だった山上家のター坊（千野光男）の成長ぶりや、同居している冴子

『やん坊にん坊とん坊』子ザル3兄弟　黒柳徹子、里見京子、横山道代　→P179

第1章　第2章　第3章　**第4章**　第5章　第6章　第7章

『一丁目一番地』左から千野光男、岸旗江、黒柳徹子、名古屋章（1957年）→P176

子供の時間「三太物語」打ち合わせ（1951年）→P179

幼児の時間「お姉さんと一緒」（1954年）→P179

さん（黒柳徹子）の婚約と結婚、志村家の京子さん（姫田慶子）の女子大生生活など、日々の生活や人生の節目をきめ細かく描いた。東京オリンピックを迎えた1964年には、オリンピック候補の高校生が登場するなど、世の中の話題をタイムリーに組み込むことも忘れなかった。最終回はレギュラー全員による「蛍の光」の合唱で幕を下ろした。脚本は高垣葵と高橋昇之助が1か月交代で執筆。音楽は宇野誠一郎が担当した。語り手は鎌田弥恵、出演は名古屋章、岸旗江、黒柳徹子ほか。1965年4月2日まで8年間、2025回を放送した。帯で放送する連続ドラマは『一丁目一番地』の終了をもってラジオから姿を消し、以後はテレビの放送形式となる。

"テレビ前夜"の音楽番組

■クラシック番組と海外音楽家の来日

　戦後の自由で開かれた空気の中にあって、洋楽（クラシック）番組もまた放送を大幅に増やした。

　1949（昭和24）年7月から「NHK交響楽団（N響）」の名称で放送に出演していた日本交響楽団は、創立25周年を迎えた1951年8月11日に楽団の名称を正式にNHK交響楽団に改めた。この年、指揮者としてジョセフ・ローゼンストックとクルト・ウェスを招き、翌1952年にはコンサート・マスターとしてバイオリンのパウル・クリングほかの新進音楽家をウィーンから客員として招き、楽団の体質強化を図った。

　当時のN響出演の定時番組は『土曜コンサート』（1947～1955年度）と『NHKシンフォニーホール』（1949～1983年度）である。

　『土曜コンサート』は土曜の午後3時からの1時間番組。よく知られたポピュラーな交響曲をスタジオ公開で放送するとあって、観覧を希望する学生たちに人気があった。N響のほかに東京フィルハーモニー交響楽団、東京交響楽団などが出演した。『NHKシンフォニーホール』も1950年4月より1時間番組に拡大され（1952年11月から45分番組となる）、長大な交響曲の放送が可能となった。

　戦前からの番組『放送音楽会』は1946年2月から定時化され、第2放送唯一の1時間のクラシック番組として、他のクラシック番組では時間的に収まらない交響曲や歌劇を放送し、クラシックファンを喜ばせた。1951年5月に『NHKオペラハウス』（1951～1952年度）と改題され、オペラ・オペレッタの普及に努めた。1952年6月に『音楽のおくりもの』に吸収される。

　『音楽のおくりもの』は『希望音楽会』（1945～1948年

NHK放送100年史（ラジオ編）　103

| ラジオ編 放送史 | # NHKラジオ放送史 |

『NHKシンフォニーホール』収録風景（1950年）→P237

度）を刷新し、1949年1月にスタートしたクラシック番組である。東京フィルハーモニー交響楽団を主体とし、歌と器楽のソリストを加えた編成で、よく知られたセミクラシックの小品を中心に放送した。1965年度にFM放送に移行し、随時ステレオで放送した。オペラ、歌曲、合唱曲を中心に、幅広い音楽を紹介する番組として1978年11月まで放送は続いた。

『希望音楽会』は1949年1月にいったん『音楽のおくりもの』に吸収されるが、1955年11月に『NHK希望音楽会』（～1961年度）として復活。聴取者からリクエスト曲を募り、親しみのあるクラシック音楽を内外一流の音楽家の国内での演奏会やスタジオ録音から幅広く紹介した。1958年度からは日本で唯一のラジオ・テレビ同時生放送の音楽番組として親しまれた。1962年度よりタイトルを『希望音楽会』に戻す。1984年度にFMに移行し、日曜午後2時からの55分番組となる。

ラジオ全盛期のクラシック番組で特筆すべき点は、海外から多くの指揮者や音楽家を招き、海外の一流の演奏を聴取者に届けたことである。

1956年9月、NHKは放送開始30周年を記念してイタリア歌劇団を招へいした。指揮者のヴィットリオ・グイ、ソプラノのアントニエッタ・ステルラ（ステッラの表記もあり）ほか、ミラノのスカラ座、ローマ国立歌劇場、ナポリのサンカルロ劇場で活躍していた17人が含まれており、これだけの顔ぶれがそろうことは本場イタリアでも難しいと言われるほどのメンバーが来日した。東京と大阪の20回の公演の中から、「フィガロの結婚」「トスカ」「ファルスタッフ」など、それぞれ2時間以上に及ぶオペラ全曲が、日本で初めてラジオとテレビで放送された。その後、イタリア歌劇団は1976年まで計8回招へいされ、放送されている。

1957年10月にはベルリン・フィルハーモニー管弦楽団が世界一流のメンバー110人をそろえ、指揮のヘルベルト・フォン・カラヤンとともに来日。1958年3月にはニューヨーク・シティー・バレエ団が、1959年10月にはウィーン・フィルハーモニー管弦楽団が来日公演を行い、随時特集番組でその演奏を伝えた。

『NHKオペラハウス』日比谷公会堂で収録（1951年）→P237

『音楽のおくりもの』収録風景（1952年）→P236

■ステレオ放送への挑戦『立体音楽堂』

立体（ステレオ）放送については、NHKでは1931年の第2放送開設当初から実験を試みてきたが、1950年6月にNHK放送技術研究所でようやく初の公開実験にこぎつけた。

立体放送はそもそも放送音質と調整技術の改善を図るために研究が進められてきたものであった。ところが市販のレコードがSP盤からLP盤に移行しつつある時期にあって、音楽愛好家やオーディオマニアがより実際の音楽演奏に近い音のひろがりを求めて関心が高まっていた。1952年12月5日から3日間、東京第1放送と第2放送の両電波によって日本で初めての立体試験放送が行われた。

従来の放送は、複数のマイクロフォンで収録してもそれぞれの音は混合されて1つのスピーカーから出力されるため、実際の生の音の再現は難しく、音の遠近感はあっても方向感を表現することができない。一方、立体放送はある間隔に置いた2つのマイクの出力を2つの電波で別々に放送し、2台の受信機（ラジオ）で受信することで実際の生音とよく似た音場を再現できる。これまでの放送に比較して、生の音に近く、演奏楽器等の位置や音の動きが感じられ、長く聴いていても疲れないなどの特長があるとされた。

聴取者はラジオを2台用意し、一般的な家庭では1〜2メートルの間隔で前方に据える。2台のラジオの間隔を一辺とした正三角形の頂点のやや後方の位置が立体放送を聴く上でのベストポジションとされた。向かって左側の受信機を第1放送に、向かって右を第2放送に合わせ、両ラジオの音量を同じにして、放送が2台のラジオのセンターから聞こえれば、番組を聴く準備完了である。試験番組は「管弦楽」「軽音楽」「短編劇」「街頭風景」などで、深夜の0時5分から30分間放送された。

この試験放送の反響は大きく、同月20日の『土曜コンサート』による本放送が実現する。NHK交響楽団と東京放送合唱団で、山田和男（山田一雄）指揮による歌劇「タンホイザー序曲」ほか5曲を、1時間にわたってNHK第1スタジオから東京ローカルで生放送した。放送に先立ち、立体放送の解説と聴き方の説明とともに、聴取者が設置した2台のラジオのセンターから音が聞こえるように調整を促すアナウンスもあった。

翌1953年2月28日の『土曜コンサート』で2回目の立体放送が、第1放送と第2放送で初めて全国中継された。臨場感あふれるステレオ効果とともに音質、音量の面でも評価され、「すばらしいの一語に尽きる」「毎日、聴けないものか」といった投書がNHKに多数届いた。以後、管弦楽、軽音楽、オペラ、劇場中継など、各種の番組で立体放送が不定期に放送され、聴取者の関心を集めた。1954年11月3日には芸術祭参加の立体音楽物語「あなたはきこえませんか」を放送、「あらゆる技術的可能性を追究した作品」として評価された。その10日後の1954年11月13日、世界で初めての立体放送による定時番組『立体音楽堂』（〜1965年度）が新設された。第1回放送はベートーベン作曲「交響曲第9番ニ短調」の第4楽章であった。初年度は第1放送と第2放送で土曜の午後0時30分からの30分番組でスタート。1964年度からはFM独自の1時間番組となる。

1961年4月に立体放送番組『夜のステレオ』（〜1964年度）が、第1・第2放送で金曜の夜8時台の29分番組で始まる。それまで『立体音楽堂』で毎月1回しか聴くことのできなかった軽音楽をステレオで楽しむ番組である。1964年度は第1週「ジャズまたはラテン音楽」、第2週「クラシックの名曲」、第3週「ヴォーカル・パレード」、第4週「構成音楽」、第5週「邦楽名曲選」で構成し、軽音楽ファンに喜ばれた。『ディスクコンサート』（1963年度）では、新譜のステレオレコードによるクラシックとポピュラーの名曲・

世界初の立体放送定時番組『立体音楽堂』（1955年）→P239

巨大なステレオスピーカーによるFM実験放送試聴会（1958年）

『きらめくリズム』収録風景（1950年）→P209

| ラジオ編 放送史 | # NHKラジオ放送史

日比谷公会堂での『リズムパレード』公開収録（1951年）→P209

『虹のしらべ』ライトミュージックコンサート（1954年）→P209

『リズムアワー』NHKレコード室での収録風景（1952年）→P209

名演を隔週交互に放送した。

中波（ラジオ第1・第2）を使った「立体放送」は、1964年度より実験放送中のFM放送に移行し「ステレオ放送」に切り替わった。

■ジャズと50年代アメリカン・ポップス

1949（昭和24）年1月、第1放送の夜間唯一の軽音楽番組『きらめくリズム』（〜1961年度 ＊途中、休止あり）が誕生する。主としてオーケストラやフルバンドによるシンフォニックジャズやシンフォニックタンゴを放送した。出演はスターダスターズ、オルケスタティピカ東京、谷口安彦とスウィングバンド、この番組のために編成された東京シンフォニックタンゴオーケストラほかのフルバンドと、ベティ稲田、淡谷のり子、石井好子ほかの歌手たち。GHQ管理下による戦後の社会風潮と一気に流れ込んできたアメリカ音楽の影響のもとで、日本に軽音楽ブームがやってきた。

『きらめくリズム』は『空飛ぶカーペット』（1950年度）を経て、1951年2月に『リズムパレード』（〜1954年度）に改題。マニアックなモダンジャズは避け、昔懐かしいシンフォニックジャズの名曲を新たな編曲で聞かせた。またミュージカルナンバーや最新のアメリカンポップスなどを江利チエミ、ナンシー梅木、ペギー葉山、笈田敏夫、雪村いづみらが披露した。

『リズムパレード』がアメリカのジャズやポップスを中心に放送したのに対し、『虹のしらべ』（1952〜1955年度）は、アルゼンチンタンゴを中心とするラテン音楽と、コンチネンタルタンゴ、シャンソンなどヨーロッパ系軽音楽を隔週で放送した。1954年11月の番組改定で大編成オーケストラによるコステラネッツ・スタイルの音楽番組『スウィートタイム』

と合流し、軽音楽を幅広く網羅したが、翌1955年4月にアルゼンチンタンゴを中心とする番組スタート時のコンセプトに戻る。

一方、1950年11月の番組改定で始まった『リズムアワー』（～1963年度）は、聴取対象をジャズ愛好者にとどまらずスウィング、ハワイアン、タンゴ、ミュージカルショーまで軽音楽全般に広げ、第2放送で月曜から金曜まで午後1時からの1時間番組で放送した。同じ11月の改定でスタートした『夕べの音楽』（～1953年度）は、NHK初の本格的なディスクジョッキー番組である。石田豊アナウンサーがディスクジョッキーを務め、フリートークで聴取者のリクエストを紹介しながら軽音楽のレコードをかけた。第2放送で日曜午後6時からの1時間番組でスタートしたが、1953年度は午後7時台に毎日放送するデイリー番組となった。

■ラジオが届けた"戦後歌謡"

音楽番組の中でも聴取者の人気がもっとも高かったのは日本の大衆音楽"歌謡曲"である。ラジオ全盛期における歌謡番組の中心は『今週の明星』（1949～1963年度）であった。聴取者から希望曲をつのる『お好み投票音楽会』（1948～1949年度）、希望出演歌手をつのる『歌の明星』（1948～1949年度）、『今週の歌謡集』（1949年度）の3番組が合体して誕生した公開歌謡番組である。家族が茶の間に集う日曜夜7時30分からの30分番組。当代一流の人気歌手がこぞって出演し、3名の歌手が「代表曲」「愛唱曲」「リクエスト曲」をそれぞれ3曲ずつ歌う構成であった。主な出演者は藤山一郎、霧島昇、伊藤久男、灰田勝彦、ディック・ミネ、淡谷のり子、二葉あき子、

『今週の明星』日比谷公会堂での収録（1950年）→ P208

『歌の花ごよみ』収録風景（1952年）→ P209

『黄金のいす』に出演する淡谷のり子（1954年）→ P209

『花の星座』で歌う浜口庫之助（1956年）→ P211

『昔は昔今は今』収録風景（1960年）→ P212

『思い出のアルバム』淡谷のり子、ディック・ミネほか（1963年）→ P207

NHK放送100年史（ラジオ編）　107

NHKラジオ放送史
ラジオ編 放送史

渡辺はま子、松島詩子、笠置シヅ子、勝太郎、市丸のベテラン組に、近江俊郎、小畑実、津村謙、岡本敦郎、暁テル子、奈良光枝、池真理子、美空ひばり、江利チエミなどの中堅と新人。「青い山脈」「ボタンとリボン」「長崎の鐘」「銀座カンカン娘」「東京シューシャインボーイ」「白い花の咲く頃」「熊祭（イヨマンテ）の夜」「桑港（サンフランシスコ）のチャイナタウン」「高原の駅よさようなら」「モンテンルパの夜は更けて」「上海帰りのリル」などがよく歌われた。1950年度から52年度までの全国聴取率調査では50％を超えている。テレビ本放送開局の日から1955年12月までテレビ・ラジオの共通番組として放送され、ラジオでは1964年4月まで続く人気番組となった。

『歌の花ごよみ』（1951〜1954年度）は『今週の明星』と並ぶ人気歌謡番組。『今週の明星』が一流歌手の出演にポイントを置いて構成されたのに対し、『歌の花ごよみ』は曲目中心の構成だった。番組スタート当初は勝太郎、市丸、小梅らがうたう日本調歌謡曲を中心に選曲されたが、回を重ねるとともにジャズ、シャンソン、ラジオ歌謡など幅広い選曲による歌謡番組へと変わっていった。

『黄金のいす』（1952〜1954年度）は歌謡曲、軽音楽界の第一線で活躍する歌手、作詞家、作曲家、演奏家を主役として「黄金のいす」に迎え、その半生をヒット曲とともに振り返るワンマンショー形式の歌謡番組である。1952年11月から定時化され、1955年4月1日の最終回まで、迎えたゲストは藤原義江、高峰三枝子、美空ひばり、山田耕筰、古賀政男、サトウ・ハチロー、菊田一夫など通算100人を超えた。

『花の星座』（1956〜1963年度）はNHKホールからの公開歌謡番組。初年度は金曜夜7時30分からの45分番組で、歌謡曲からジャズ、シャンソン、ラテンなど幅広い分野から第一線で活躍する人気歌手たちがステージを彩った。番組は「歌のスタイル・ブック」、「花のスポットライト」、「今週のベスト5」（のちに「今週のパレード」と改称）の3部構成。1956年11月からラジオ・テレビ同時放送となり、1962年4月よりラジオ単独放送にもどる。

土曜の夜のゴールデンタイムにラジオ全盛期を代表するもう一つの人気歌謡番組が放送された。"なつメロ"の愛称で親しまれた『なつかしのメロディー』（1949〜1959年度）である。その当時の比較的高い年齢層（大正時代から昭和初期に青春時代を過ごした人々）を対象に、明治期から昭和20年頃までの歌をさまざまな形で構成した。第1回は藤原義江をゲストに迎え、「からたちの花」ほかを放送。番組の全国聴取率は1951年度が56％、1952年度が57％で、戦後を代表する歌謡番組『今週の明星』を上回る聴取率を記録している。1956年11月からは新ワイド番組『土曜の夜のおくりもの』枠内で放送。最終回は詩人・作詞家の西条八十をゲストに、昭和を彩る数々のヒット曲や童謡を思い出のアルバムとして紹介した。

1959年度をもって『なつかしのメロディー』が終了すると、『昔は昔今は今』（1960年度）、『思い出のアルバム』（1961〜1963年度）に番組コンセプトは引き継がれた。

教育・教養系番組の取り組み
■期待される学校放送ならではの学習効果

戦後は教育の民主化を重視していたCIEの意向に基づいて、文部省は学校放送の利用促進に力を入れた。1949年12月に制定されたNHKの放送準則には「放送でなくては与えられない学習効果をあげるようにつとめる」とうたわれており、その試みの一例が1949年9月に始まった小学校高学年向けの社会科番組『マイクの旅』（〜1970年度）であった。マイクロフォンを擬人化した「マイクさん」が日本全国を旅し、各地の地理や歴史、風土、産業を、現場中継風に織り込みながらその見聞録をドラマ仕立てで描いた。従来の堅苦しい「学校放送」とはひと味違った演出で子どもたちに人気となる。脚本は「三太物語」ほか数々のラジオドラマや、のちに『架空実況放送』の脚本を手がける西沢実。主人公「マイクさん」の声を演じたのは、後に山田洋次監督の映画「男はつらいよ」シリーズで「タコ社長」を演じた太宰久雄。各地の自然環境や資源を紹介することによって、それに立脚する産業や文化等への理解を深めた。「他の教育手段では果たし得ない効果を上げる」という趣旨にのっとった、ラジオならではの試みとなった。

（小学校高学年向け）社会科『マイクの旅』マイクさん・太宰久雄（左）（1952年）→P373

『ラジオ音楽教室』収録風景（1955年）→P375

1952年のNHKの組織改正で学校放送を管轄する教育課が教育部に昇格し、制作体制も充実した。1953年度になると学校放送はすべて第2放送に移行。放送時間枠にも余裕が生まれ、学年別・教科別に整然と体系化され、その後の学校放送番組の基礎が確立された。番組は「低学年向け」や「高学年向け」など、複数の学年を対象とするものから各学年をきめ細かく対象とするものに変わり、ドラマや物語形式の番組に替わって実演授業的なものが多くなった。特に小学生向けの「国語」、小・中学生向けの「音楽」、中学生向けの「英語」では、各学年別の『ラジオ国語教室』『ラジオ音楽教室』『ラジオ英語教室』が新設された。国語、音楽、英語の3科目がとり上げられたのは、ラジオの音声機能が発揮しやすく、「放送でなくては与えられない学習効果」を求めた結果であった。

■『心の記録』から『人生読本』へ

戦後の教養番組は、「知識の向上」「情操の涵養」「民主主義の推進」「公共心の協調」などを基調として企画され、その内容と形式を整えた。

第2放送(月〜土)午前7時からの15分番組『心の記録』(1950年度)は、よく知られた随筆、日記、書簡、詩歌の中から、朝にふさわしい内省的な作品を選んで紹介する朗読番組である。モンテーニュの随想録、樋口一葉の日記、トルストイの日記、夏目漱石の談話、森鷗外の随筆など、古今東西の定評ある作品を紹介した。特に反響の大きかった作品に岡本かの子の「母の手紙」、ルソーの「孤独な散歩者の回想」、有島武郎の「小さき者へ」、小泉八雲の「心」などがある。その後、1953年4月から始まる長寿番組『人生読本』(〜1996年度)につながっていく。

『私の本棚』(1948〜2007年度)も古今東西の良書の紹介をねらいとした家庭の主婦向け朗読番組である。それまで『婦人の時間』(1945〜1962年度)の枠内で放送していた名作の朗読コーナーが独立。紙不足から出版物の入手が困難だった戦後、その代読ともいうべき形式でこの番組が始まった。明治・大正期発行の名作、海外の文学作品の翻訳もの、近刊などをアナウンサーや俳優が朗読した。1966年度に午前中の主婦向け教養番組『みんなの茶の間』(1964〜1978年度)枠内に移行。その後も午前中のワイド番組内で継続し、2008年3月に『きょうも元気で!わくわくラジオ』枠内で59年にわたる放送を終了した。

第1放送の『朝の訪問』(1949〜1963年度)は、その後に続く朝のインタビュー番組の草分けである。各界の著名人がそれぞれの近況、人生観、経験談、社会時評、研

『朝の訪問』インタビューを受ける田中絹代(1950年) →P323

『番茶クラブ』左から奥野信太郎、水野成夫、宮沢俊義、緒方富雄(1952年) →P323

『科学談話室』収録風景(1954年) →P354

『教養特集』「あるろう児とその母の記録」(1959年) →P324

NHK放送100年史(ラジオ編)　109

ラジオ編 放送史
NHKラジオ放送史

究余話などを肩のこらない雰囲気の中で語った。この番組は第1放送の平日午前7時台の対談番組『今日の話題』(1947~1948年度)が、1948年7月にインタビュー形式に改められ『ラジオインタビュー』(1948年度)と改題され、その後継番組として誕生したもの。当初はアナウンサーがイ

『人生読本』作家・平林たい子(1959年) →P324

『私の本棚』朗読・樫村治子(中央)を囲んで打ち合わせ(1949年) →P323

ンタビュアーをつとめたが、1956年11月より外部の著名人もインタビュアーに加わった。朝倉摂、笠置シヅ子、杉村春子、加藤芳郎、尾崎士郎、淡島千景、沢村貞子など多彩な顔ぶれが聞き手として登場し、ゲスト出演者との"化学反応"が番組の魅力となった。1959年2月4日を中心に編成された「朝の訪問3000回記念特集」では、ゲストの三笠宮崇仁殿下に聞き手をフランキー堺、宇宙工学の糸川英夫に聞き手を森繁久彌がつとめ、好評を得た。

『番茶クラブ』(1951~1952年度)は宮沢俊義(法学者)、緒方富雄(医学者)、奥野信太郎(中国文学者)、水野成夫(実業家)をレギュラーに、毎回、持ち回りで4人のうちの1人が司会をつとめて座談会形式で話し合う社会時評番組である。「常識について」「友だちというもの」「人情について」など、社会問題や人生についての機知とユーモアに富んだおしゃべりが好評を呼んだ。『番茶クラブ』の人気を受けて、1954年4月に『科学談話室』(~1971年度)が始まる。身のまわりの事象や科学界の話題について一流の科学者たちが知的なおしゃべりを繰り広げる科学放談番組である。「第三の火と私」(1957)、「宇宙開発1961」(1960)、「数学ぎらい」(1964)、「木からおりたサル」(1967)、「地球の中心」(1970)ほかのテーマを

とり上げた。第2放送の午後8時30分からの30分番組でスタートしたが、1968年度にFMに移行した。

『NHK教養特集』(1954~1958年度)は、政治経済から文化、科学教育まで、その時々のトピックをとらえて、座談会、録音構成、ドキュメンタリー・ドラマなどさまざまな手法でテーマを掘り下げる教養番組枠。1959年度より『教養特集』に改題。1962年度より教育テレビで同名番組がスタートする。

戦前から人気のあった宗教関連の番組は、戦後、宗教の自由が保障され、信教の自由の精神の高まりの中で、新たなスタートを切る。1952年1月に『宗教の時間』が始まり、それまで画一的に神道、仏教、キリスト教に区別して放送していた形式を改め、日本の宗教の実情に即して、自由にテーマを選んで編成した。宗教によって示された生き方、宗教的な体験、経典や聖典の解説など、さまざまな角度から宗教に関する話題を取り上げ、宗教的情操を養った。1952年度は宗教放送専門委員を岸本英夫(宗教学者)、折口信夫(民俗学者・国文学者)、真野正順(宗教学者・大正大学学長)、増谷文雄(仏教学者)、大泉孝(イエズス会司祭・教育者)ら6人に委嘱し、番組内容の公正と充実を期した。1962年には教育テレビでも同名の番組が始まり、NHKの宗教関連番組の中核に位置づけられた

■ラジオで始まった囲碁・将棋講座

『室内遊戯の時間』(1948~1953年度)は囲碁、将棋を中心にチェス、連珠(五目並べ)など、室内で行われるゲームについて解説する趣味系番組。第2放送で月曜午後8時からの1時間番組で始まった。1950年度から「将棋(「将棋名人戦」等)」、「囲碁(「本因坊戦」等)」「囲碁将棋講座」の3要素で構成するスタイルが定着。1951年8月から「第1回NHK杯争奪将棋トーナメント」が、1953年8月からは「第1回NHK杯争奪囲碁トーナメント」の放送がそれぞれスタートした。1954年度に『囲碁将棋の時間』に改題。1960年度には総合テレビで『囲碁将棋の勘どころ』がスタート。1961年度をもって囲碁・将棋講座ならびに「NHK杯争奪囲碁・将棋トーナメント」に関するラジオ放送は終了し、1962年度以降は教育テレビでの放送となる。

『趣味の時間』(1948~1949年度)は1950年3月より『趣味の手帳』に改題。その後1977年度まで続く息の長い番組となった。番組は文学・歴史・法律・経済・自然科学など、各分野に造詣の深い人たちが興味深い体験や、専門分野についての研究余話などをエッセー風に語った。

■"戦後女性"のための教養・実用番組

『若い女性』は第2放送で1950年3月に放送を開始し

『若い女性』谷川徹三ほか(1950年)→P406

『女性教室』池ノ坊会館での収録(1957年)→P401

『女性教室』洋裁学校で収録(1950年)→P401

た。終戦後の若い世代の行動に批判が集まる中で、若い女性の健全な成長を願って企画された番組である。社会、教養、娯楽を組み合わせた総合的な内容で、司会者のアシスタントに聴取者から選んだ女性を据えたのが新しい試み。月に1回公開放送形式で観覧希望者を募り、聴取者が直接会いたい著名人を招き、ひざを交えて語り合う「会ってみたい人を囲んで」を開催した。「ティーンエイジャー」という言葉がこの番組の中で使われたことで、一般に使われるようになった。『若い女性』はいったん終了するが、『勤労婦人の時間』(1948～1954年度)の後継番組として1954年11月に内容を刷新して復活。録音ルポ、インタビュー、座談会、ドラマなどで構成する総合番組とした。評論家の松岡洋子と鶴見俊輔の2人をレギュラー出演者として、社会問題を扱う「この頃の話題から」と、若い女性の心理を科学的に解剖する「心のひとこま」の2つのシリーズを放送した。

『主婦日記』(1947～1963年度)は生活技術の向上と家事の合理化をはかるための実用番組で、明るい家庭生活の手引とした。「私の工夫」「質問に答えて」などのコーナーを通して、衣食住や育児・教育等、家庭の主婦が気になる身近な問題を具体的に取り上げた。PTAや母親グループの話し合いの素材としても利用された。

『女性教室』(1950～1964年度)も若い女性、主婦を対象とした実用番組。「洋裁」「和裁」「手芸」「料理」「洗濯」「家庭園芸」「育児」「エチケット」等のテーマを、1か月に1つ扱う長期講座形式で放送され、テキストが発行された。初年度は第2放送で月曜から土曜の30分番組であったが、1953年度に第1放送に移行。1961年度に放送した「いけばなと俳句」は中高年の聴取者に好評を得た。

『明るい茶の間』(1951～1959年度)は"民主的な家庭づくり"を基本方針に企画された早朝の主婦向け番組。合理的な働き方を考える「主婦の疲れを少なくするため

ラジオ編 放送史

NHKラジオ放送史

農村の青少年向け番組『若い農民』(1950年) →P314

『明日の農民』全国農村青少年クラブ実績発表大会 (1956年) →P315

『農村の歩み』「嫁御の立場」インタビュー収録 (1960年) →P315

に」、家族生活をする上での常識を考える「生活の道しるべ」、長年一つのことに打ち込んできた無名の人を紹介する「この道○○年」など、家庭科学、農繁期の衛生、地域社会の改善、生活のヒントなどについて幅広く取り上げた。投書や応募作文を通して、聴取者から番組への積極的な参加もあった。

■農業新時代を目指す農事番組

敗戦後のインフレも収束に向かい、1949年以降一度は安定のきざしが見えたが、一転して不況の時代に入る。農村では農産物の価格が下落し、農業恐慌の不安が起きてきた。日本農業の改善が急務で、海外との競争に打ち勝つ農業技術の向上が求められた。1950年代に入ると、農事番組はその種類と放送時間を増やし、こうした問題を重点的に取り上げた。

1950年1月から3月まで『農業技術講座』を第2で毎日放送。4月からは『農業講座』と改題し、"経営改善"と"技術向上"のための講座を、農業従事者の聴きやすい午後9時15分から15分間、(土・日)を除く毎日放送した。同年5月に農村の青少年向けの番組『若い農民』(〜1953年度)が始まり、これまで農村に欠けていたレクリエーションの紹介に努めた。この番組は1954年11月に『明日の農民』(〜1956年度)に引き継がれる。

GHQの要請に応じて制作されてきた『新しい農村』(1947〜1951年度)はその使命を終え、1952年11月の番組改定で『明るい農村』(〜1954年度)に改題。農村社会に起こっている出来事を聴取者一般の問題として紹介する内容に刷新し、「嫁御の立場」「農村の迷信・行事」「農村次男、三男対策」ほかのテーマをとり上げた。1954年11月、『明るい農村』を吸収して『農村の歩み』(〜1960年度)が始まる。戦後から高度経済成長に向かい、急激に移り変わる農村の実態を現地取材でとらえ、農村社会で起こっている問題の数々を伝えた。『明るい農村』は1963年度にテレビ番組として新たにスタートする。

『農家のいこい』は1952年11月の番組改定で『ひるのいこい』に改題。「農業気象」を割愛し、農業に限定することなく家庭生活に密着した話題を多く選ぶなど、一般

ドキュメンタリー『今日の歩み』収録風景 (1950年) →P284

『時の動き』インタビュー収録 (1962年) →P28

聴取者にも親しまれる内容とした。古関裕而作曲のテーマ曲で始まり、全国各地の農林水産通信員(のちに「ふるさと通信員」)からの四季折々の話題を伝えた。

1952年1月に第2放送で『経済読本』(1951～1952年度)が新設された。それまでの『産業の夕』(1947～1949年度)と『労働の時間』(1947～1951年度)を統合し、さらに『奥さんの経済学』(1951年度)、『新しい経営』(1949～1952年度)など一連の経済番組が1本に統合され、NHK唯一の経済番組となった。1952年度は「朝鮮事変は日本経済に何をもたらしたか」「労働法の改正を巡って」「財界から向井(忠晴)蔵相に望む」「米の値段と国民生活」などを放送した。

独立後のニュース・報道系番組

■朝鮮戦争後の時事・報道番組

戦後4年を経てNHKの報道部門は自主取材体制の基盤が整備され、放送記者が全国的に配置されるなど、放送法が成立した1950(昭和25)年からテレビ放送が開始された1953年にかけて、NHKの報道放送は大きく成長した。1950年6月の朝鮮戦争勃発と1952年4月のサンフランシスコ平和条約の発効は、戦後最大のニュースで報道放送を飛躍させる原動力ともなった。

社会番組では共産陣営に対して批判的な論調が強まり、国連軍の使命を説くとともに、国連軍の基地としての日本の立場が問われた。1950年8月に『世界の危機』(～1951年度)が、第1放送の午後8時台のゴールデンタイムに新設される。朝鮮問題を中心に、世界の重要な政治、外交、軍事問題を伝える時事番組である。この番組では国連の議事録をもとに作られた台本に沿って声優たちが各国代表を演じ、国連総会や安全保障理事会の討議の模様をドラマ形式で再現した。同年11月には『国際連合だより(1951年度からは『国連だより』)』が始まり、国連における討議の模様が伝えられた。

『きょうの問題』(1951～1970年度)は、最新の重要問題1つに焦点を合わせて各分野の専門家、ジャーナリストがその背景、経緯、見通しを掘り下げた。第1放送で平日午後6時15分から15分の時事解説番組である。ニュースを総合的に取り上げる『ニュース解説』(1948～1991年度)との両輪で、ニュース解説の充実を期した。1962～1963年度は午前8時台に放送時間を移行し、主婦を主な対象に据えた。

CIE肝いりで始まった長時間ドキュメンタリー『今日の歩み』(1949～1950年度)は1年もたずに終了。同じくCIEの指示で始まった連続ホームドラマ『明るい生活』(1950～1952年度)も、作家たちがインフォメーションをドラマに消化しきれずに、ドラマとしての評価は得られなかった。1948年1月に『インフォメーション・アワー』の日曜枠で始まった『時の動き』は、その時々の社会問題や政治問題をタイムリーに取り上げたが、1952年11月にいったん終了。1954年11月に週4日放送で復活した。GHQはすで

『録音ニュース』湯川秀樹博士ノーベル賞を受賞(1949年) →P273

| ラジオ編 放送史 | # NHKラジオ放送史

に廃止になり、キャンペーン臭の強かった番組内容は一新され、激動する社会事象をジャーナリスティックにとらえた録音構成番組となった。1955年2月に横浜市の養老院「聖母の園」で起きた火災で入所者95名が焼死した事件を取り上げた「原宿聖母院惨事の教えるもの」、1955年7月に三重県津市で水泳訓練中の女子中学生36人が溺死した事件を取り上げた「くりかえす海の悲劇」、1956年12月に舞鶴港に入ったシベリア抑留からの最後の引揚船「興安丸」を取り上げた「興安丸帰る」など、世間の注目を集める事件、事故などの社会問題を多角的にとらえて、話題を呼んだ。

占領下に始まったインフォメーション番組は、講和への準備が進むなかで姿を消し、NHKが独自の切り口で制作する番組が次々に生まれていった。

■ニュース番組の確立と「もく星」号遭難事故

ニュース番組は1950(昭和25)年以降、正時を中心とした"区切りある生活"という観点から「ニュースは毎正時放送」という基本原則にのっとり、ラジオニュースに新しい方向が示された。

1950年に導入された携帯用テープ録音機により、速報性と機動性が格段に向上し、戦後まもなく誕生した『録音ニュース』(1946〜1959年度)は、それまでの"話題もの"中心の構成から、突発事件等に対応するニュース報道に性格を変えた。さらに1951年にはNHK独自のショルダー(肩掛け)録音機(愛称"デンスケ")を完成させ、インタビューや実況に威力を発揮した。こうした動きに対応して隔日放送だった『録音ニュース』を、1952年1月からは午後7時のニュースに続いて毎日の放送とした。

ショルダー録音機・デンスケ(1951年)

「第1回NHK青年の主張」全国コンクール地方大会(1954年)→P366

「もく星」号遭難事故　墜落現場(1952年)

114　NHK放送100年史(ラジオ編)

第1章　第2章　第3章　**第4章**　第5章　第6章　第7章

　1951年に民放が誕生して以来、とりわけ報道の分野でNHKと民放はしれつな競争を展開していた。戦後になってようやく自主取材に着手したNHKに対して、民放は80年の歴史と実績を持つ新聞社がバックにいた。両者の報道競争の中で、速報性と正確性というラジオ報道の本質が問われた一件が「もく星」号遭難事故であった。

　1952年4月9日、日航機「もく星」号が37名の乗員、乗客を乗せて、羽田空港を離陸してまもなく消息を絶った。「もく星号行方不明」の第一報は、ラジオ東京（KR＝TBSの前身）が午後0時38分に放送した朝日新聞提供の臨時ニュースであった。NHKはKRに17分遅れて報じた。直ちに日航、海上保安庁、米軍による捜索が始まったが情報が錯そうし、混乱した。KRは午後5時のニュースで、国家警察静岡県本部の発表として「浜名湖沖で米軍が乗客・乗員全員救助」と放送。午後7時には、救助の知らせを喜ぶ乗客家族の録音とともに「米軍救助艇はあす横須賀に到着」と報じた。新聞は朝日と読売が夕刊で「全員救助」、毎日が「不時着、生死不明」とした。NHKは終始慎重な姿勢を崩さず、午後7時のニュースも「安否は依然不明」「憂慮の色濃し」の線を堅持し、午後8時10分、臨時ニュースで「全員絶望」を伝えた。KRも午後9時になって救助説を撤回し、「もく星号遭難か」に切り替えた。翌10日、伊豆大島・三原山の山腹に激突して大破した機体が発見され、生存者はいなかった。民放や新聞各社が誤報を発した中で、NHKは情報源に密着した取材と、確認のとれない情報は放送しないという基本原則に徹した。この遭難事件は、NHK報道局が全国取材網を総動員し、全力を挙げて取り組んだ最初の事件となった。

　その後、報道局は1959年6月に大幅な組織改正を行う。それまでの「編集部」「内信部」「外信部」で構成された3部体制を、「編集部」「政経部」「社会部」「運動部」「テレビニュース部」「外信部」「通信部」の7部1室1課に拡充。教育局の管轄下にあった社会番組、政治経済番組の一部を報道局に移すとともに、報道関連番組の企画、取材、編集をすべて報道局が一元的に管理するなど、言論・報道機関として新聞社と同等の体制を整えた。

ラジオからテレビの時代へ

　1955（昭和30）年、戦後10年を経過した日本は、復興期を抜け出し発展期へと歩み始めていた。ラジオはこの年の3月22日、放送開始30周年を迎える。2年前の1953年にはテレビが本放送を開始し、放送もまた日本の発展と軌を一にして急速に拡大、発展に向かっていた。

　この年に登場した新企画に、1月15日の「成人の日」にラジオ第1で放送された『NHK青年の主張全国コンクール』がある。前年の1954年4月の番組改定で『青年の主張』が第2放送の日曜午後8時台に始まった。社会の出来事、国際問題、あるいは身辺のことなどに対して、若者が日ごろ考え、悩んでいることを放送を通じて発表するものであった。この番組をきっかけに全国から参加した15歳から25歳までの男女6000人が県大会、地方大会を通じて弁論と主張を競い、1955年1月に開催された全国コンクールへとつながったのである。第1回大会のテーマは「私の理想とする人物」。『青年の主張』は1957年度に放送を終了するが、「全国コンクール」は1965年からは皇太子ご夫妻が出席され、成人の日の特集番組として1988年度まで続いた。

　1950年代に入ると、クイズ番組、連続放送劇、落語などの大衆娯楽番組の人気の勢いを駆って、ラジオは全盛期を迎えた。1950年度から1954年度まで聴取率のトップ3は50％から60％台を記録。NHKの番組制作の勢いも、それまで毎年50本前後だった新（定時）番組が1953年度に一気に80番組を超える。受信契約数の観点からは1952年8月に1000万件を突破し、1958年11月に1481万件でピークに達した。

　ラジオの急速な普及をもたらした要因は、①各地の民放局開局とNHKとの競合による多彩な番組の登場　②「5球スーパー」など高性能受信機の開発ならびに量産化　③高価なラジオを分割払いで入手できる月賦販売制度の普及　④朝鮮戦争特需に端を発した景気の高揚　⑤中継局の増加や出力増など、放送網の整備　などがあった。

　1953年2月にテレビ本放送が開始されるが、ラジオの受信契約数はテレビ本放送開始後も増え続けた。ラジオ受信機の生産台数も1954年に150万台、翌1955年に200万台、翌々年の1956年に300万台と急増していった。その背景には1955年8月に販売が開始された日本初のトランジスターラジオの出現があった。

　一方で、1950年代後半になるとテレビ人気に押されるようにラジオの勢いにも陰りが見え始める。1958年度の聴取率第1位は『お父さんはお人好し』で31.3％。ちなみに1950年度の第1位『日曜娯楽版』は63％でその半分以下となった。1958年度にスタートした新番組はおよそ25で1953年度の3分の1以下。民放のラジオ広告費は1959年度にテレビ広告費に抜かれ、その差は年々開くばかりであった。

　ラジオ全盛期の1950年代は茶の間に置かれたラジオの前に家族がそろい、みんなでラジオに耳を傾けた。しかし1959年の皇太子ご成婚のテレビ中継を契機にテレビの普及が急速に進み、ほぼ時を同じくして従来の大型真空管ラジオが小型のトランジスターラジオに置き換わっていった。茶の間の主役だったラジオはその席をテレビに譲り、ラジオは"個人聴取"の道を歩み始める。テレビ時代の幕開けは、同時にラジオの低迷と混迷の時代の入り口でもあった。

NHK放送100年史（ラジオ編）　115

| ラジオ編 放送史 | # NHKラジオ放送史

05／テレビ時代のラジオ

■テレビの登場とラジオの退潮

　1952(昭和27)年、日本の放送事業は新たな放送法制の成立によって、NHKと民放の二元体制の時代に入った。

　公共的事業体としてのNHKは、全国あまねく放送の受信が可能となるよう、全国的に放送施設を増設する計画を具体化し、推進した。戦後、1946年7月に538万余りに落ち込んでいたNHKの受信契約件数は、その後のラジオ番組の人気とラジオ受信機の生産拡大を背景に急速にその数を伸ばし、1958年11月には1481万3102件でピークに達した。この時点での世帯普及率は82.5%、1958年度末でのカバレージ(聴取可能地域)は、全世帯数に対して第1放送が99.1%、第2放送が96.1%であった。

　一方、民間放送は1951年9月にその第1号が誕生して以来、1955年には全国で40社が開局し、全国主要地域での受信が可能となった。初年度に3億円でスタートした民放のラジオ広告費は1953年度に45億で15倍に膨らむ。前年比伸び率でも、全広告費に占める比率でも1956年にピークに達した。これらのデータから、ラジオの"全盛期"はNHKと民放の併存体制がスタートした1950年代初頭から1958年前後と言えるだろう。

　それ以後、NHKの受信契約件数、民放のラジオ広告収入ともに伸び悩み、やがて減少に転ずる。その最大の要因は、1953年2月に放送を開始したテレビの存在である。

　テレビ放送開始後数年は、テレビの受信契約も伸び悩んでいた。NHKが東京をはじめ全国7つの基幹局を開局したのがようやく1956年暮れ。テレビ受像機も高額で、庶民の手に届くものではなかった。しかし1957年を迎えると、テレビ受信契約件数が50万件を超え、1日の放送時間も開局当初の1日4時間が8時間を超えるまでになる。テレビの普及と受信契約件数は、皇太子ご結婚報道が話題となった1959年を境に、急速な伸びを見せるようになる。民放のテレビ広告費がラジオ広告費を上回ったのも1959年度であった。

　ラジオ全盛期の代表的な番組の1つ『三つの歌』は、1954年10月に番組の最高聴取率72%を記録したが、1958年11月には34.6%に半減。1954年度のラジオ第1の平均聴取率が14.6%だったのに対し、1958年度は6.7%と

家庭の中のラジオ(1927年)

家庭の中のラジオ(1938年)

家庭の中のラジオ(1940年代)

家庭の中のラジオ(1954年)

大きく減少している。聴取率の低下は『三つの歌』に限ったことではなく、ラジオ番組全体に言える傾向であった。

ラジオの受信契約件数は1958年11月をピークに、頭打ちから漸減傾向をたどる。一方、テレビの普及は目覚ましく、1958年度における受信契約の増加数は、テレビが年間107万件を数えたのに対し、ラジオは1万5000件にとどまった。また全国民平均のテレビ視聴時間が、1960年の56分から1965年度には2時間52分に大きく伸びたのに対し、ラジオの聴取時間は1時間34分から27分にまで激減した。1968年4月、NHKはテレビ受信料にカラー料金を新設するとともに、ラジオの受信料を全廃した。

■生き残りをかけた民放ラジオ局

ラジオの退潮にいち早く危機感を抱いたのは、広告収入の落ち込みが局の存立に直結する民間放送であった。開局以来、年平均で20億円以上も増え続けてきたラジオ広告費の伸びが、1958年は前年比7億円の増加にとどまり、その伸びが急激に鈍化したのである。民放のラジオ広告費もNHKの受信契約件数同様、この年を境に逐次減少の一途をたどっていく。その一方、テレビは広告収入、受信契約件数がともに伸び続け、ラジオからテレビの時代に移り変わりつつあるのは誰の目にも明らかだった。

1964年、日本民間放送連盟放送研究所は、変貌するラジオとその再認識の必要性を「ラジオ白書」に体系的にまとめて発表した。その中でテレビ時代のラジオの特性について"マス・パーソナルコミュニケーション"、つまりマスコミュニケーションでありながらパーソナルメディアとしての性格を強調している。ラジオ聴取態度の「個人化」をテレビとの差別性の突破口として、ラジオ復興を目指したのである。

ラジオの生き残りを模索する民放各局は、番組編成上のさまざまな試みを行った。その一つが番組の「ワイド化」である。先陣を切ったのはラジオ東京（現TBS）。1957年4月に月曜から金曜まで、午後4時20分からの40分番組『東京ダイヤル』をスタートさせた。それまでのラジオ番組が、ニュース、教養、娯楽など、それぞれの種目（ジャンル）ごとに時間を決めて放送していたのに対し、この番組はスタジオから音楽やニュース、トピックスを伝えるとともに、スタジオとラジオカーを結んで街の出来事をリポートしたりインタビューを伝えるなど、総合編成のディスクジョッキー番組であった。司会役のディスクジョッキーは竹脇昌作がつとめた。竹脇は和田信賢と同期入局の元NHKアナウンサーだが、入局わずか1か月でNHKを退職している。

『東京ダイヤル』は生放送の帯番組で、内容や形式をあらかじめ決めずに自由に進行するスタイルをとった。アメリカのネットワークNBCで、1955年に始まった人気番組『モニター』をモデルにしたものである。『モニター』はニュース、スポーツ、インタビュー、中継、音楽など、あらゆるものが詰め込まれた総合編成の生番組で、ラジオの機動性、融通性、即時性が生かされていた。アメリカでは日本より一足早く、テレビの台頭によるラジオの斜陽化が深刻化していた。『モニター』の登場は、沈滞ムードの漂うアメリカのラジオ界に新風を巻き起こしていたのである。

『東京ダイヤル』の主なねらいは、①テレビに比較してフットワークの優れたラジオの報道的機能を全面的に発揮する　②ラジオの新しい聴取態度（ながら聴取）にマッチさせる　③番組制作方法の簡易化と制作費の縮減　などであった。この新しい形式は15分ないしは30分といった従来の番組サイズに収まらず、40分から始まり1時間、2時間と長時間枠に広がっていったことから「ワイド番組」と呼ばれた。『東京ダイヤル』はラジオの機動性、同時性を発揮した生放送の魅力と、"マダムキラー"ともてはやされた竹脇昌作のおしゃべりが婦人層を中心に評判を呼び、人気番組となった。すぐに各局が追随したことから、スポンサーも次第にワイド番組に注目するようになる。ワイド番組はスポット形式のコマーシャルを多数入れられることから、高額な個別番組をまるごと買わずに済むためにスポンサーにも歓迎された。

■トランジスターラジオがもたらした大変革

ワイド番組をもたらした背景にはトランジスターラジオの普及があった。

1948年にアメリカで発明されたトランジスターラジオは、小型、省電力、長寿命などの特性を持ち、1952年ごろから真空管ラジオに代わり携帯用として生産されるようになっていた。日本では東京通信工業（現ソニー）が特許を得て、1955年に商品化した。翌年から他の大手メーカーも生産を開始。若者たちがパーソナルラジオとして飛びつき、ブームを巻き起こした。1959年には年間1000万台の大台に達し、60年にはラジオ受信機総生産量の80％を占めるまでに普及する。トランジスターラジオの出現でラジオは茶の間から個室へ、さらに車中や屋外へも持ち出すことが可能になった。"ラジオ全盛期"の「家族そろっての傾聴」から、1人1台の「ながら聴取」に聴取スタイルの大変

ラジオは家族に1台から1人1台の時代へ（1960年）

NHK放送100年史（ラジオ編）　117

ラジオ編 放送史
NHKラジオ放送史

ラジオの聴取スタイルを変えたトランジスターラジオ（1960年）

革をもたらした。

1962年8月の電通調査では、「トランジスターラジオで聴く番組ベスト5」で示された番組ジャンルは①ニュース・天気予報 ②野球中継 ③軽音楽 ④クラシック音楽 ⑤相撲中継となっている。テレビが普及したあとのラジオ番組のニーズは「ニュース」「音楽」「スポーツ」が中心で、その多くが「個人聴取」「ながら聴取」であった。

番組のワイド化とともにラジオ各局が積極的に取り入れたのが「オーディエンス・セグメンテーション（聴取者細分化）編成」である。

1964年3月にニッポン放送が打ち出した考え方で、当時、日本の経済界がアメリカから取り入れた「マーケティング・セグメンテーション（市場細分化）」を、放送番組の編成に取り入れたものである。聴取者を1日の放送時間帯別の特性に応じて分類し、"男性向けの朝""女性向けの午前中""ドライバー向けの午後""若者向けの深夜"など、それぞれの聴取対象にふさわしい番組を集中的に編成した。これはトランジスターラジオの普及による個人聴取にも対応する考え方であった。民放では、各時間帯でその聴取者層を対象とするスポンサーを開拓した結果、特にドライバーや若者を対象とした時間帯で新規スポンサーを獲得できた。

東京オリンピック（1964年開催）後に訪れた不況は、民放ラジオ各局の経営を直撃したが、低コストで制作できるディスクジョッキースタイルのワイド番組とマーケティング・セグメンテーションの考え方が、「生ワイド番組」「パーソナリティー」「聴取者参加」などをもたらした。ピンチをチャンスに変えた各局の取り組みが徐々に実を結び始め、1966年に入ると民放の広告収入は漸増し、ラジオはそれまでの低迷の時期を抜け出していった。

■ワイド化が進む第1放送

1957年度から1958年度は、ラジオの受信契約件数が1400万件以上を維持しており、大都市を中心に普及が進むテレビに対し、全国的な視点からはラジオ放送のもつ比重はまだ大きかった。

NHKは第1放送では報道、教養、娯楽などの各分野にわたって広く一般を対象とする普遍性のある番組を編成。第2放送では教育・教養番組を中心に、比較的特定

『都民の時間』国鉄京浜山手複々線開通

『都民の時間』は1959年からワイド番組『きょうも元気で』のコーナーになる

『主婦の時間』私の歳末レポート・婦人の投資（1959年）→ P407

ラジオとテレビがある当時の家庭（1960年）

118　NHK放送100年史（ラジオ編）

『午後の娯楽室』「ツルカメの社会探訪～浅草木馬館」(1960年) →P194

『午後の娯楽室』は午後2時台の演芸ワイド番組(1960年) →P194

『お茶のひととき』指揮・中田喜直(1959年) →P363

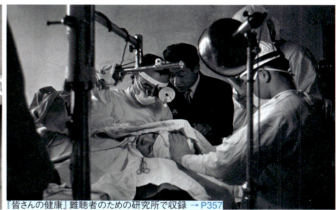
『皆さんの健康』難聴者のための研究所で収録 →P357

の層を対象とする番組を編成した。スポーツについてはプロ野球、大相撲など国民的関心の高いスポーツは第1放送に、アマチュアスポーツは第2放送に編成された。

NHKは1957年度の組織改正で、別々に設けられていたラジオ局とテレビ局が廃止され、1つの部でラジオ・テレビの両方の番組制作が行われる体制が整えられた。ラジオとテレビは相互間の調和、内容の重複などに留意しつつ編成され、ラジオ・テレビの同時放送番組の調整と廃止が進められた。1957年度は月曜から土曜までの午前5時台に、農村向けに実用・教養番組を取り合わせた総合番組『農家の皆さんへ』を55分番組で新設。

1958年度はNHKでもテレビ時代を見据えて、ラジオの新しい聴取態度やトレンドを意識し、ラジオ独自の機能と特性を生かすための番組編成上の措置が検討された。

その結果、ラジオの速報性を生かすニュース、"仕事をしながら聴ける"日中の番組の拡充、聴覚によりよく機能する立体放送の推進、さらにテレビの普及の遅れている地方のためのローカル放送の充実などが図られた。

1959年度の第1放送の番組改定は「朝・昼間番組の強化」「聴取対象の明確化」「多角的な総合ワイド番組の新設」などに主眼が置かれた。すでに民放で先行していた生ワイド番組や、異なるジャンルの複数のコーナーをディスクジョッキーが音楽やトークを交えながらつないでいく総合番組が定着しつつあった。午前7時のニュースのあとには『きょうも元気で』を新設した。「音楽・季節だより」「都民の時間・県民の時間」「朝の小説」「朝の訪問」「お知らせ」など、5分から10分程度の短いコーナーをつないで45分に構成したワイド番組である。続いて午前9時台は平日の帯番組『主婦の時間』(1959～1961年度)。「主婦日記」「メロディーにのせて」「NHK美容体操」の3コーナーで構成された。午前10時台の『家庭のひととき』も、3部構成の主婦向けワイド番組である。その日の話題を生放送で届けるディスクジョッキー・コーナー、曽野綾子原作「春の飛行」ほかの連続放送劇、聴取者から募ったテーマに沿って識者に話を聞く「私の注文」で構成。午後4時台に新設された『ラジオ社会欄』は、前半15分が社会福祉の啓もう推進をはかる録音構成番組、後半15分がローカルのディスクジョッキー番組、最後の5分が肉親の消息を求める聴取者の声を伝える「尋ね人」(1946～1961年度)の3要素で構成された。

1960年度は番組のワイド化がさらに進んだ。時間帯特性を重視し、各時間ごとの聴取者層にふさわしい内容が、生活行動に適合した形で編成された。特に午前および午後の時間帯については、在宅の主婦層や自営業者の「ながら聴取」に対応する流動感のある演出がなされた。

9月に新設された『お仕事のあいまに』は、「ワイド」にふさわしい1時間25分の長時間番組となった。日曜を除く毎日放送される帯番組で、午前10時20分から放送された。番組は乾信一郎作の連続放送劇「ジョージ元気で」、

|ラジオ編 放送史|

NHKラジオ放送史

ダーク・ダックス、藤山一郎、楠トシエらがレギュラー出演する音楽番組「メロディーの小箱」、東京の文学史跡などをめぐるローカル番組「東京今昔」ほかのコーナーを、総合司会の武井彰アナウンサーが生放送でつないだ。午後2時台の『午後の娯楽室』は55分の演芸ワイド番組。月曜から金曜まで日替わりメニューで音楽、漫才・落語、ホームドラマなどを並べた。午後3時台の『お茶のひととき』（1956～1962年度）は幼児とその母親が対象。幼児向け「遊びましょう」、小学校低学年向け「おやつの童話」、母親向け「お母さんの育児メモ」と「皆さんの健康」の4コーナーで構成。午後11時台の『きょうの終りに』は「海外だより」「趣味の手帳」「ちょっと一言」などのコーナーを詩の朗読やレコードによる音楽、アナウンサーの語りでつづる35分のディスクジョッキースタイルの番組である。午前と午後、そして深夜を中心に、それぞれの聴取者層に合わせた複数のコーナーを、音楽とトークでつなぐディスクジョッキー形式のワイド番組が番組表に並んだ。

1961年4月に始まった午前8時台の主婦向け総合ワイド番組『おはよう奥さん』は、年度後期から『朝のおくりもの』に改題される。1962年度に始まった『芸能ダイヤル』（～1964年度）は「寄席中継」「ヒットアルバム」「名人会」「舞台中継」の4コーナーを総合司会でつなぐ日曜午後の3時間のワイド枠。1964年度をもっていったん終了するが、1982年に同名の芸能生ワイドとして午後7～8時台に再開する。

1964年4月に月曜から土曜まで午前9時30分からの15分番組で始まった『みんなの茶の間』は、1966年に午前10時5分からの85分番組に、いっきにワイド化された。曜日別に放送される主婦向けの教養番組に、デイリーの人気番組『私の本棚』（1948～2007年度）や生活情報コーナーを取り込んで、1978年11月まで続く人気番組となった。『あなたとお茶を』（1964～1965年度）は一般家庭を対象にしつつ、日中に働くドライバーも対象とした午後のワイド番組。男女2人のダブルジョッキーで、音楽や朗読を織り込みながら身近な話題や時事問題を生放送で取り上げた。初年度は午後3時台の50分番組だったが、翌1965年度は午後3時台と4時台の2部構成として計100分にワイド化された。

■本格ニュース生ワイド『午後のロータリー』

テレビがほぼ完全普及した1966年度、NHKは編成方針で「ラジオの聴取者はおおむね朝および夜間の目的聴取者層と昼間の流動的な聴取者層とに大別される」との

『芸能ダイヤル』花柳章太郎（1963年）→P194

『おはよう奥さん』希望訪問（1961年）→P431

認識を示し、聴取者層の変化と聴取の実態に即した番組の刷新と再編成を行った。

その目玉の一つが『午後のロータリー』(〜1983年度)のスタートである。月曜から土曜までの毎日、午後1時5分から4時58分までのおよそ4時間枠。1970年代以降、ラジオ第1の骨格を形成する本格的ニュースワイド番組の誕生であった。

1時台はニュース・交通情報・天気予報など、きめ細かなローカルインフォメーションと県別放送。2時以降は各地の話題、当日の主な出来事、スポーツニュース、海外だより、生活メモなどを、親しみやすい音楽とともに全国向けに放送した。国会中継、野球中継なども枠内で放送し、突発的な事件事故も、現地への電話、ラジオカーによる中継などで速報した。家事や仕事をしながら気軽に聴くことができ、どこから聴いてどこで止めても自由な、生活に寄り添った内容と構成が意識された。またカーラジオでの聴取の増加にともない、交通情報や交通事故キャンペーンも放送。これらのワイド番組の時間帯には、ローカル局が必要に応じて自局制作の番組を組み込めるようになり、高校野球の地方予選の中継もできるようになった。

中継に使われたラジオカー(1978年)

生ワイド番組は1972年度の『朝のロータリー』(〜1983年度)の新設でさらに強化される。朝の生活時間帯に合わせたニュースと生活情報を中心に、月曜から土曜までの帯で午前7時15分から8時58分まで放送した。その日のニュースと日本と世界の"きょうの動き"を軸に、各地の四季折々の話題や行事、聴取者からのおたより紹介、ネットワークを生かした記者リポート、海外トピックスなどを伝えた。また通勤途上のドライバーには交通情報を、家庭の主婦にはその日の小売物価の動きを届けるなど、ローカル・インフォメーションにも力を入れた。現在に続く朝のニュース生ワイドの本格的なスタートである。

一方、この年に『午後のロータリー』は1時間拡大して午後5時58分までの放送となる。リクエストコーナーを新たに設け、中学生から家庭の主婦まで幅広い層を対象に聴取者参加を促した。

1970年代中ごろには民放ラジオ各局は、全番組の50%を生ワイド化した。

NHKでは1983年度に『朝のロータリー』と『午後のロータリー』を終了し、翌年度に大幅な番組改定が行われる。午前中は午前5時から4時間の総合ワイド番組枠『おはようラジオセンター』(〜1988・1994〜1996年度)、午前9時から午後0時までの3時間枠『ふれあいラジオセンター』(〜1988年度)、午後1時から夜7時までの6時間枠『こんにちはラジオセンター』(〜1988年度)、午後7時から深夜0時までの5時間枠『こんばんはラジオセンター』を新設。朝5時の放送開始から深夜0時までの正味18時間を、大きく4つのワイド枠で編成し、ここに第1放送のワイド化が完成する。

本格ニュース生ワイド『午後のロータリー』(1966年) →P431

『こんにちはラジオセンター』放送風景(1984年) →P432

■民放の「深夜放送」ブーム

テレビが飛躍的に普及するきっかけとなった皇太子ご成婚の年、1959年にニッポン放送は24時間放送をスタートした。10月には『糸居五郎のオールナイトジョッキー』が、月曜から金曜までの午前2時から4時までの生放送で始まる。「深夜放送」のスタートである。

1960年代に入ると深夜型都市生活者や夜間労働者が急増、激化する受験戦争によって深夜に勉強する中・高校生たちが増え、民放各局は深夜帯の潜在的聴取者層の存在に気づく。いち早くオーディエンス・セグメンテーション編成に踏み切ったニッポン放送は、午後9時以降を「若者向けの時間帯」として、次々に新番組を編成した。

1967年8月にTBSが『パックインミュージック』(午前1〜3時放送)を新設、10月にニッポン放送が『糸居五郎のオールナイトジョッキー』を刷新して、『オールナイトニッポン』(午

NHK放送100年史(ラジオ編)　121

> ラジオ編
> 放送史

NHKラジオ放送史

『若いこだま』相倉久人、馬場こずえ →P366

前1〜5時放送)をスタート。1969年6月には文化放送も『セイ！ヤング』(午前1〜3時放送)をスタートさせ、民放の深夜放送ブームが本格化する。

深夜放送を支えたのは大学受験を控えた団塊世代であり、彼らに続く中高校生たちであった。聴取者は「リスナー」と呼ばれ、リスナーから番組に届く投稿はがきは多い日には1日数千通を数えた。はがきには学校や家庭、社会に対する不満や、恋愛や進路についてなど誰にも相談できない悩みがつづられていた。投稿はがきを介して番組とリスナーがツーウェイで番組を作っていくスタイルが出来上がる。そこには常に"パーソナリティー"と呼ばれるディスクジョッキー番組の司会者の存在があった。当初『オールナイトニッポン』では、制作費をかけられないという事情から全員が局アナで固められた。彼らは若いリスナーに対して兄貴分のように接することで、親密な関係を築き、人気DJとなっていった。深夜放送は"若者たちの解放区"として文化の発信基地ともなった。1967年にはラジオ関西の深夜放送で話題をよんだザ・フォーク・クルセダーズの「帰って来たヨッパライ」が『オールナイトニッポン』で放送されるや全国的な大ヒットとなった。1970年代に入るとTBSラジオのアナウンサー林美雄が、1973年11月にデビューアルバム「ひこうき雲」をリリースした当時学生だった無名の荒井由実に注目。自身がパーソナリティーをつとめる『パックインミュージック』第2部(午前3〜5時放送)で、「ひこうき雲」や「ベルベット・イースター」など荒井の楽曲を毎週のように紹介したことで、その認知度が若者の間で高まり、浸透していった。若者のブームやヒットソングは深夜放送から生まれるようになったのである。

『若い仲間』司会・前田武彦、アシスタント・竹村紀子(1963年) →P367

一方、NHKは1日の放送を深夜0時で打ち切るために、民放のような深夜放送はなかった。しかし1970年4月の番組改定でディスクジョッキー番組『若いこだま』(〜1978年度)を午後10時台に再開し、若者のムーブメントをとらえようとした。

『若いこだま』は1958年度に若者に向けた娯楽色の強い教養番組として、第1放送の土曜午後の40分番組で1年間放送された。その後、1962年度に主として働く若者を対象に、「生活意識の向上をはかる」番組として1966年度まで放送。1963年度に日曜午後に放送が始まった青少年向けワイド枠『明るい広場』の枠内で放送された「若い仲間」(1963〜1969年度)と、同じく1964年度に枠内で放送された「青少年レコードコンサート」(1964〜1969年度)を統合する形で、1970年4月に『若いこだま』が三度目の登場となる。最新の音楽情報とリクエスト曲の合間に、若者たちのナマの声を紹介するディスクジョッキー番組として刷新された。月曜から金曜の午後10時30分からの28分番組でスタートしたが、翌1971年度には月曜か

ら土曜までに延長、時間枠も45分に拡大された。当時の日本発最先端ポップス「ニューミュージック」を中心に紹介し、各曜日のディスクジョッキーを荒井由実、パンタ（頭脳警察）、上田正樹、甲斐よしひろ、矢野顕子らそのトップランナーたちが担当。テレビに顔を出さない人気ミュージシャンがDJを担当するさきがけとなった。

『若いこだま』は1978年11月17日に放送を終了すると、その翌週の11月23日にFM放送でスタートした『サウンドストリート』（～1986年度）にその"遺伝子"は引き継がれる。

■ゴールデンタイムの『ニュース特集』

安保闘争で揺れた1960年は、社会情勢に関する国民の関心の高まりを受けて2つのニュース解説番組が始まった。1つは『早起き鳥解説』（～1968年度）で、早朝の農事ワイド番組『早起き鳥』枠内で始まった時事解説コーナーである。農業問題にとどまらず、政治、経済など一般時事問題をNHK解説委員がわかりやすく解説した。もう1つが『日曜解説』（～1964年度）で、第1放送午前6時台の20分番組。（月～金）放送の時事解説番組『きょうの問題』（1951～1970年度）の日曜拡大版であった。

1962年度の10分番組『午後の解説』は、『婦人の時間』（1945～1962年度）枠内の解説コーナーが独立した番組。直近のニュースから重要なニュースを選び、解説委員がニュースの意義や問題点を家庭生活に結び付けて解説した。1963年度にはワイド番組『午後の茶の間』枠

『午後の茶の間』「私の社会スケッチ」（1963年）→P431

『時の動き』インタビュー風景（1962年）→P283

内の「ニュース解説」コーナーに引き継がれる。

1964年4月に始まった『時の話題』（～2011年度）は、『午後の茶の間』枠内の「ニュース解説」が、午前8時台に移行して改題した番組。1984年度からは『おはようラジオセンター』ほか、朝のニュースワイドの1コーナーとなって継続する。

1966年度に第1放送の報道機能をいっそう強化するためにワイド生番組『午後のロータリー』をスタートさせた。毎正時と30分に2分間のニュースを入れるなどニュース報道を強化。加えて娯楽番組の"指定席"とされてきた第1放送の夜8時台のゴールデンタイムに『ニュース特集』を編成した。『ニュース特集』（～1975年度）は、日曜をのぞく毎日、午後8時台の55分（土曜のみ27分）の報道ワイド番組である。その日の事件、ニュースを機敏にとらえ、電話、中継、録音、多元など多角的に伝え、紛糾する国会の議場から生中継するなど、機動的に編成。従来放送していた国会リポート、海外リポート、記者座談会、『時の動き』（1947～1965年度）などを同じ枠内にまとめて"夜の報道アワー"とした。

1970年度からは夜間の報道番組を午後7時台に前倒しして集中編成した。それにともない1966年度から午後8時台に放送していた『ニュース特集』を午後7時台に移設し、午後8時台には『人生読本』『趣味の手帳』と午前9時台に放送していた教養番組（月）『ここに生きる』、（火）『この人にきく』、（水）『科学千一夜』、（木）『ふるさとの心』、（金）『健康百話』、（土）『青少年を考える』の再放送を並べた。

1976年度の改定では午後7時台の『ニュース特集』は『ニュースリポート』となり、8時台は（月）『お好み邦楽選』、（火）『民謡の旅』、（水）『放送演芸会』、（木）新番組『こよいあの歌を』、（金）『思い出の芸と人』、（土）『歌の星座』がラインナップされ、娯楽番組がゴールデンタイムに戻った。

■災害報道とラジオ

ラジオの聴取態様に大変革をもたらしたトランジスターラジオの登場は、災害時にさらに大きな存在感を示すことになる。

1959年9月26日に東海地方を襲った台風15号は、愛知、三重両県を中心に甚大な被害を出し、全国の死者・行方不明は5000人以上にのぼった。後に「伊勢湾台風」と呼称され、日本の気象観測が始まって以来、最大の台風被害をもたらした。

災害時の名古屋市のラジオ受信者はおよそ31万8000。このうちポータブルラジオの所有者は6万7000で2割強と推定されたが、その多くが真空管式で、軽量小型で電池のもちのいいトランジスターラジオを手にしている人はまだ少なかった。停電の地域では多くの人たちがラ

> ラジオ編
> 放送史

NHKラジオ放送史

ジオを聴くことができなかったのである。被災地で放送されるラジオからは「放送を聴かなかった人に、この情報を知らせてください」とアナウンサーが何度も呼びかけた。

その5年後の1964年6月16日午後1時過ぎ、新潟県から東北南部にかけて激しい地震に見舞われた。新潟全市は停電し、NHKも地元民放局もラジオ・テレビの放送が止まった。その中でいち早く復旧したのはNHKのラジオであった。地震発生直後に無停電電源装置（予期せぬ停電等で電力が断たれた際、電力を一定期間供給する電源装置）が働いて非常灯が点灯、マイクが生き返った。なおも余震で揺れ続けるスタジオから金枝芳美アナウンサーが「ただいま地震が発生したもようです。激しく揺れています。……みなさん、火の元に気をつけて、落ち着いて行動してください」と呼びかけた。

この第一報が新潟ローカルの電波に乗ったのは午後1時4分、地震発生のわずか2分後であった。NHKは第1、第2放送共通で災害情報を流し始めた。民放の新潟放送が放送を再開したのはテレビ放送が地震発生の1時間後、ラジオが2時間後であった。その間、放送はNHKのみ。NHKは新潟放送からの要請を受け、新潟放送の電波が停止していることを繰り返し伝えた。地震はマグニチュード7.5。津波や液状化現象、建物の倒壊や火災など、都市を直撃した地震災害のあらゆる現象が見られた。

NHKは2日後の18日午前1時まで、連続36時間、災害情報や警察、県、市からのお知らせや救援対策などのニュースを伝え続けた。

テレビが被災地の状況を全国へ向けて発信する一方、ラジオは被災者に向けた救出、救援情報、ライフライン情報など、きめ細かいローカルサービスに重点をおいた。混乱の中で肉親や知人を見失った人々に、その消息を伝えたラジオによる安否情報が特に大きな反響を呼んだ。新潟地震は、ラジオとテレビの間で本格的な役割分担が行われた初のケースとなった。

伊勢湾台風のときと大きく違った点は、災害発生当初から多くの市民の手元にトランジスターラジオがあったことである。当時、新潟県下にはおよそ32万台のトランジスターラジオが普及していたと推定された。新潟地震では学校の子どもたちに1人の犠牲者も出なかったが、それは教師たちの適切な対応が大きかった。のちに多くの教師たちが「トランジスターラジオによって情勢を知り、避難場所への誘導にあたった」と述べている。

当時、テレビの受信契約件数が1600万に迫る一方、ラジオの契約数は1963年度末に370万、1964年度末には270万と激減していた。しかし災害時にはラジオが力を発揮し、特にトランジスターラジオの有用性が新潟地震で実証された。

■番組表から消えたクイズ番組

テレビの台頭でもっとも影響を受けたのが夜間のラジオ娯楽番組であった。

NHKの「国民生活時間調査」によると、1960年には

伊勢湾台風での名古屋市の被害状況（1959年）

新潟地震　昭和大橋（新潟市）近くの地割れ（1964年）

新潟地震　避難先でトランジスターラジオを聴く人（1964年）

新潟地震ではラジオがライフライン・安否情報を伝え、テレビとは別の役割を果たした（1964年）

第1章　第2章　第3章　第4章　**第5章**　第6章　第7章

地名を当てるクイズ番組『ここはどこでしょう』(1958年) →P187

人物の仕事や出身地を当てる『なぞの招待席』(1965年)
→P187

各地の放送局対抗で競う『ストップクイズ』(1961年) →P187

聴取好適時間の夜8時ごろ、国民の24%ほどの人がラジオを聴いていたが、1965年には夜の時間帯がテレビに奪われたため、聴取好適時間そのものが消滅し、ラジオは1日を通して2%から3%ほどの人が聴いているにすぎない状態となった。ラジオを聴いている平均時間も1960年の1時間40分から1965年の30分に激減している。この「30分」はラジオをほとんど聴いていない81%の人を含む平均時間で、ふだんラジオを聴いている19%の人だけについての平均聴取時間は2時間20分で、そのほとんどが「ながら聴取」であることがわかった。

聴取者がクイズに参加することで成立するクイズ番組は「ながら聴取」になじまず、その居場所をラジオからテレビに徐々に移していった。その中で1958年10月にクイズ番組『ここはどこでしょう』が、第1放送の土曜午後9時台に始まる。東京のスタジオにいる解答者に、地方局からその土地ならではの"音"や"民謡"などを交えた3つのヒントが与えられ、解答者がその場所を探し当てる聴取者参加のクイズ番組である。クイズのおもしろさに加えて、各地の珍しい"音"を聴かせるなどラジオの特性を生かした内容で、1963年3月まで208回を放送した。

その後は1961年度に『ストップクイズ』(〜1962年度)、1963年度に『なぞの招待席』(〜1964年度)が続き、1965年度にクイズ・バラエティー番組『クイズホール』が始まる。日曜の午後1時10分から2時59分までのワイド番組である。

『クイズホール』の前半80分は「クイズジョッキー」。NHKでは初めてのテレフォン・リクエスト番組で、毎週季節にふさわしいテーマで聴取者からクイズやコントを募集し、司会の金子辰雄アナウンサーが紹介した。後半の29分は長寿クイズ番組『私は誰でしょう』(1948〜1968年度)を放送した。

1949年1月に始まった日本初のオリジナルクイズ番組『とんち教室』が1968年3月に20年に及ぶ放送を終了した。翌1969年3月には『私は誰でしょう』が同じく20年の歴史に幕をおろし、同時に『クイズホール』も終了する。1969年4月からは『クイズジョッキー』が日曜午後1時5分からの2時間枠の生放送で独立するが、番組内容はゲストのおしゃべり、歌、演芸をメインに据えたバラエティーで、タイトルにある「クイズ」の要素はなくなった。翌1970年4月に『クイズジョッキー』は『サンデージョッキー』と改題された。

1970年3月には『三つの歌』が915回をもって終了。ラジオ全盛期を彩った人気クイズ番組は、1960年代を最後にしばらくラジオから姿を消す。「クイズ」をタイトルに冠した番組が再び登場するのは、1998年4月に始まる『クイズ面白講座』まで待たなければならない。

■『お笑い三人組』と『あっぱれ三人組』

1960年4月、平日の夜9時台に『ラジオ芸能ホール』(〜1962年度)が35分番組で再開する。この番組は1957年11月に、クイズ、ドラマ、演芸、歌謡曲、ミュージカルなどの要素を集めた夜8時から9時までの総合芸能番組としてスタートした。いったん終了するが1960年4月に、月曜から金曜までの帯に拡大されて35分番組で復活した。番組の構成は15分の演芸もの、続いて歌謡曲が5分、締めくくりに連続放送劇をおき、司会のアナウンサーがつなぐワイド形式であった。

同じ1960年4月に土曜午後7時30分からの1時間でバラエティー番組『陽気な休憩室』(〜1963年度)が始まる。ラジオ全盛期の人気バラエティー『陽気な喫茶店』(1949〜1954年度)の続編風のタイトルで、娯楽ワイド番組『土

ラジオ編 放送史
NHKラジオ放送史

曜の夜のおくりもの』(1956～1962年度)枠内で『とんち教室』(1948～1967年度)とともに放送された。東京のスタジオに設けられた「休憩室」に、レギュラー出演者の柳家金語楼、林家三平、実業家の渋沢秀雄(渋沢栄一の四男)ほか、多彩なゲストを招き、藤倉修一アナウンサーの司会でトークを繰り広げ、その合間にクイズや演芸、歌謡曲を楽しんだ。

1955年11月に放送を開始したバラエティーコメディー『お笑い三人組』は、1956年11月からラジオ・テレビ共用番組となった。1959年4月からはテレビ単独放送となり、それを機にラジオ独自の笑いを届けようと同じ出演者、同じ作者で『あっぱれ三人組』が1960年4月にスタートする。一龍斎貞鳳、三遊亭小金馬、江戸家猫八といった『お笑い三人組』のレギュラー陣に加え、榎本健一や柳家金語楼ほかの喜劇人、人気歌手、映画スターらを毎回ゲストに招いたバラエティーである。

ラジオ第1の『あっぱれ三人組』が火曜の午後8時から8時30分まで、総合テレビの『お笑い三人組』が同じ火曜の8時30分から9時までの放送で、8時台に"三人組"を続けて楽しめるように、ラジオとテレビの"両立"を目指した編成である。しかし1962年度の番組改定で『お笑い三人組』の放送時間が『あっぱれ三人組』と同時間帯の8時に繰り上がり、"三人組"ファンはテレビかラジオの選択を迫られた。

『お笑い三人組』は放送を終了する1965年度まで30％

『ラジオ芸能ホール』「みんなで芝居を」(1958年) →P193

『ラジオ芸能ホール』左からスリー・グレイセス、ペギー葉山、服部良一(1960年) →P193

『陽気な休憩室』藤倉修一アナウンサー、江利チエミ(1960年) →P194

『あっぱれ三人組』江戸家猫八、一龍齋貞鳳、三遊亭小金馬(1960年) →P194

『芸能ダイヤル』久松喜世子、島田正吾、辰巳柳太郎（1962年）→P194

『花のパレード』舟木一夫（1964年）→P214

『軽音楽ホール』収録風景（1959年）→P212

『芸界夜話』榎本健一、柳家金語楼（1964年）→P324

以上の視聴率を獲得し、テレビ新時代を切り開いた人気番組として記憶されている。その陰で1963年3月にラジオの『あっぱれ三人組』は放送を終了した。

■芸能・娯楽番組の再編成

ラジオ全盛期にクイズ番組とともに高聴取率を競っていた人気の落語・演芸番組『浪花演芸会』（1954～1963年度）、『演芸独演会』（1951～1964年度）、『ラジオ昼席』（1954～1964年度）などが、1960年代半ばまでに次々に放送を終了したが、『放送演芸会』（1948～1978年度）と『ラジオ寄席』（1949～1977年度 *2度の休止あり）は、根強い人気に支えられ1970年代まで放送を続けた。

『浪花演芸会』は『上方演芸会』（1949～1953年度）にルーツをもつ大阪発の演芸番組。1963年度に番組が終了すると、翌年度にワイド番組『今晩は大阪です』（1964～1965年度）枠内で『上方演芸』として続き、1966年度の『上方寄席』（～1969年度）に引き継がれる。その後1974年4月に大阪発の"老舗"『上方演芸会』が、関西の演芸を集大成する公開番組として復活をとげる。

『ラジオ寄席』は1963年度をもっていったん終了するが1965年度に再開。並木一路と内海突破の名コンビが16年ぶりに復活し話題となる。1976年度にNHK放送センター505スタジオからの公開録音番組として3度目の再開を果たす。

1962年4月に第1放送に『午後のダイヤル』（1962年度）と『芸能ダイヤル』（～1964年度）が新設された。『午後のダイヤル』はニュース、音楽、文芸などで構成された平日午後の90分枠。一方、『芸能ダイヤル』は「寄席中継」「ヒットアルバム」「名人会」「舞台中継」の4コーナーを総合司会でつないだ日曜午後の3時間枠である。『芸能ダイヤル』は1964年度をもっていったん終了するが、1982年度に同名の芸能生ワイドとして復活する。

1963年4月に始まった『お笑い演芸館』（～1971年度）は、土曜午後の55分の演芸バラエティー番組。前半は演芸、後半は各地を訪ねての「演芸風土記」で構成した。1964年度をもっていったん終了するが、1970年度に日曜午後に放送を再開。漫才、落語、歌謡漫談、ものまねなどの寄席芸を、スタジオでの公開録音で放送した。

1964年度と1965年度は第1放送の夜間の芸能・娯楽番組の再編成が行われた。

1964年度はラジオ全盛期に"聴取好適時間"と言われた夜8時台の1時間枠に5本の新番組がスタートする。

月曜は大阪発の芸能ワイド番組『今晩は大阪です』（～1965年度）。大人気のホームコメディー『お父さんはお人好し』（1954～1964年度）と、上方漫才を楽しむ『上方演芸』（1955年度・1964年度）を2本立てで放送。『お父さんはお人好し』は1964年度末で終了するが、番組枠は南都雄二とミヤコ蝶々の時事漫談、落語、演芸ショーなど

NHK放送100年史（ラジオ編）　127

NHKラジオ放送史

ラジオ編 放送史

『芸界夜話』花柳章太郎(1964年) →P324

『歌は結ぶ』福田蘭童、サトウハチロー(1959年) →P211

の趣向で1965年度末まで続いた。

水曜はスタジオ公開歌謡番組『花のパレード』(～1971年度)。歌謡曲を中心にジャズ、シャンソン、ラテンなど、さまざまなジャンルの歌を多彩な顔ぶれで披露した。初年度はオーディションに合格した新進歌手を紹介する「若い歌声」、スター歌手がリクエストにこたえる「リクエストステージ」、「ポピュラー歌謡アルバム」の3部構成で放送した。

木曜の『楽天くらぶ』(～1965年度)は、時の話題や身近な問題をテーマにして、歌と演芸でつづる公開バラエティーショー。

金曜は歌謡番組『歌謡ホール』(～1965年度)。第1部はトップスターが登場する「今週のスター」、第2部は年代を追って名曲をつなぐ「思い出のメロディー」、第3部は新曲を紹介する「今週の新しい歌謡集」の3部構成。

そして日曜の『日曜軽音楽ホール』(年度内終了)は、ジャズ、シャンソン、ラテン音楽など世界各国の軽音楽を中心に、日本の歌謡曲も加えた華やかな音楽番組である。

さらに翌1965年4月には火曜に『軽音楽ホール』(～1978年度)、土曜に『放送劇』(1955～1967年度)、日曜に『ラジオ寄席』(1949～1977年度 ＊2度の休止あり)がラインナップに加わった。

しかしこのバラエティーに富んだ娯楽番組群は1965年度を最後に一新される。1966年度の第1放送午後8時台は報道機能の強化の一環で、月曜から土曜までの55分番組『ニュース特集』(～1975年度)が新設され、日曜は7時30分から1時間、『国会討論会』と『政治・経済座談会』が編成された。

報道強化の波は午後10時台にもおよび、森繁久彌のディスクジョッキー番組『ラジオ喫煙室』が1964年度をもって16年間702回にわたった番組を終了した。午後10時台には、ほかに『歌は結ぶ』『芸界夜話』『邦楽百選』『風流歌草紙』などのトーク番組や邦楽番組が並んでいたが、すべて終了するか、他の時間帯に移行。代わって1965年度は(土・日)を除き、『きょうの問題』『海外だより』などの帯番組と、『新聞をよんで』『政治の動き』『経済の動き』

『海外取材番組』などの報道系番組で占められた。

■NHKならではの伝統芸能番組

1960年代を迎えると民放各局では番組のワイド化が進み、ディスクジョッキー形式の生番組が主流となった。民放で冷遇されたジャンルが聴取率のとれない邦楽関係と、制作費のかさむドラマ番組だった。一方NHKは、テレビの時代になった後も邦楽や古典芸能番組の充実につとめ、公共放送としての文化の継承に力を注いだ。

邦楽関連番組では芸術性の高い大曲を放送する1時間番組『邦楽鑑賞会』(1954～1981年度)、曜日別にさまざまなジャンルの古典芸能を紹介する『邦楽演奏会』(1954～1972年度)、『謡曲狂言』(1957～1984年度)などが、息長く放送されていた。

1960年代に入ると第1放送で各地の郷土芸能を紹介する『芸能お国めぐり』(1960～1963年度)と、小唄・うた沢の代表的な演奏をナレーションでつづる『風流歌草紙』(1954～1959・1963～1969年度)が始まる。1964年度には第2放送で邦楽のおけいこ番組『邦楽おさらい帳』(1964～1971年度)と、洋楽の手法を取り入れた邦楽も紹介する『現代の日本音楽』(1964～1971年度)が、さらに翌年度には邦楽鑑賞の手引きとなる『日本音楽みちしるべ』(1965～1971年度)などの邦楽関連番組が相次いで誕生した。

1970年代に入ると第1放送の夜9時台に『お好み邦楽選』(1970～1984年度)が始まる。邦楽愛好家だけでなく、一般の人たちが気楽に楽しめるバラエティー形式の55分番組である。一流の演奏家による名曲演奏とともに、作家の中村真一郎、劇作家の木下順二、俳人の中村汀女、落語家の林家正蔵など多彩なゲストを招き、曲にちなんだ随想や芸談を盛り込んだおしゃべりを楽しんだ。1978年11月にFMに移設される。

1972年には2022年に放送50年を迎えた『浪曲十八番』(1972年度～)が第1放送に登場。放送開始当初はプ

ロ野球ナイター中継が終了した10月から3月までの番組であった。中堅、ベテランの浪曲師に浪曲コンクール入賞者を加えた顔ぶれで、それぞれの十八番や新作を披露した。1984～1994年度はワイド番組「サンデージョッキー」の枠内で放送。2011年度からはFM放送に移された。

　1973年度にそれまで第2で放送していた邦楽番組を第1に移設し、伝統芸能の一般化が図られた。『思い出の名人集』（1973～1975年度）は、邦楽全般および歌舞伎、その他の演劇・演芸などの"名人"のエピソードを紹介しながら、その芸術をレコード、保存テープにより鑑賞する古典芸能愛好者向け番組。1976年度に『思い出の芸と人』と改題されて継続した。『能楽鑑賞』（1973～2016年度）は、各流派の代表的な演者による能と狂言の名作を放送するFM放送の番組。楽器演奏の加わらない"素謡"として演じ、そのストレートな味わいを楽しむとともに、夏期には「能の音楽」「故人をしのんで」「人間国宝に聴く」などを特集した。

　民謡番組では第1放送で1964年度に『みんなの民謡』（～1969年度）が木曜の午後0時台に始まった。日本各地に伝わる民謡を、民謡歌手だけではなく歌謡曲、ジャズ、ポピュラーの歌手がオーケストラ伴奏でうたう昼の音楽番組で、同年に総合テレビで始まった『若い民謡』のラジオ版である。『若い民謡』では毎月1曲、民謡の心をいかしたオリジナル曲を発表したが、ラジオと連携し『みんなの民謡』でも紹介した。

■ラジオが伝えた"語り芸"の魅力

　放送開始から8年、2025回を数えた人気連続放送劇『一丁目一番地』が1965年4月2日に放送を終了する。月曜から金曜または土曜までの帯で毎日放送する「連続放送劇」は、ラジオドラマの"黄金期"を象徴するドラマ形式であった。1961年4月に総合テレビで『連続テレビ小説』がスタートすると、入れ替わるように『連続ラジオ小説』は1964年度をもって番組表から消えた。

　戦前より単発ないしは短期連続のラジオドラマを「放送劇」と呼んで放送していた。戦後は毎週金曜日に定時に近い形で放送し、通称"金ドラ"と呼ばれていた。その後、1955年度に第1（木）午後9時15分から45分間の定時枠を構え、ラジオドラマの伝統を守りながら、格調高い大衆ドラマを放送した。

『邦楽鑑賞会』収録風景（1954年）→ P263

『邦楽演奏会』名流長唄大会・汐汲（1961年）→ P263

『風流歌草紙』歌・三鈴麗子、語り手・武原はん（1954年）→ P263

『邦楽おさらい帳』講師・小唄幸子（1964年）→ P266

『能楽鑑賞』シテ方・金春流　櫻間道雄（1974年）→ P267

> ラジオ編
> 放送史

NHKラジオ放送史

　1960年4月に始まった『芸術劇場』(〜1973年度)は、書き下ろしのオリジナル作品を中心に芸術性豊かなドラマ作りを目指す第2放送の単発ラジオドラマ枠。テレビが台頭する中で、ラジオドラマ独自の世界の探究を目指した。1966年に第1放送に、さらに1968年にはFMに移設され、音響技術の面でさまざまな試みを行った。『芸術劇場』は1974年に『ドラマ』と改題され、1978年11月まで放送が続いた。

　戦後、不定期に放送していた第1のラジオドラマ枠『物語』が1955年に再開。いったん終了するが1961年に第2放送において45分番組で復活。トランジスターラジオの普及により「ラジオを一人で聴く」傾向が強まった実情に即して制作された。谷崎潤一郎作「源氏物語(桐壺の巻)」(語りは山本安英)、幸田露伴作「幻談」と中島敦作「山月記」(ともに語りは巖金四郎)など、定評ある名作を脚色し、音楽、効果音を配して制作された。1962年に再度第1放送に移設、1971年3月31日まで放送された。

　『文芸劇場』(1968〜1978年度)は、内外の文学作品からノンフィクションシリーズまで幅広い文芸作品を脚色するドラマ枠。『放送劇』終了のあとを受けて、第1放送で日曜午後10時台の43分番組で始まった。番組がスタートした1968年は明治100年の節目に当たり、明治から昭和にいたる日本文学のラジオドラマ化が推し進められた。この年、『文芸劇場』で放送された「濹東綺譚」(原作：永井荷風・脚色：須藤出穂)、「楢山節考」(原作：深沢七郎・脚色：筒井敬介)、その他の放送に対して放送批評懇談会賞が贈られている。

　ラジオ全盛期に生まれた多くの定時ドラマ枠が、テレビ

『芸術劇場』「男たち」奈良岡朋子、市原悦子(1968年)→P176

『芸術劇場』「地中海」北村和夫、越路吹雪、久米明、長門裕之(1961年)→P176

『芸術劇場』「砂の上」霧立のぼる、楠トシエ、乙羽信子(1963年)→P176

『芸術劇場』「ニューヨークの日本人」山本学、渡辺美佐子、宮部昭夫(1964年)→P176

第1章　第2章　第3章　第4章　**第5章**　第6章　第7章

『文芸劇場』「灰塵」斎藤隆、桝谷一政、小林昭二、斉藤美和、真屋順子（1968年）
→P177

『文芸劇場』「蜜のあわれ」下条正巳、加賀まりこ、岸田今日子（1968年）→P177

『文芸劇場』「夢十夜」下元勉、此島愛子、北城真記子、伊藤牧子、若宮忠三郎（1968年）
→P177

『文芸劇場』或る「小倉日記」伝　高橋悦史、佐々木すみ江（1968年）　→P177

『文芸劇場』「濹東綺譚」阿部洋子、三遊亭圓之助、森雅之、高橋昌也（1969年）
→P177

『文芸劇場』「楢山節考」宇野重吉、山本安英、花柳喜章（1969年）→P177

　の時代を迎えて次々に終了していくなかで、1957年4月にスタートした『日曜名作座』は、2000年代に入ってもなお放送が続いた長寿番組である。放送が"映像の時代"にシフトする中で、ラジオならではの"語り芸"の魅力が熱心な固定ファンをつかんだのである。この番組は森繁久彌と加藤道子の2人の語りと古関裕而の音楽による文芸ドラマで、複数の登場人物を2人だけで演じ分けるところに特徴があった。しかし放送開始当時は、1人の役者が何人もの役を演じるのは「邪道」と言われ、不評を買ったという。森繁はこの番組に熱心に取り組み、冒頭の第一声で登場人物の風貌、性格、来歴を表現することを目指した。せりふ、音楽、効果音で構成されるドラマの中で、森繁は『日曜名作座』の魅力について「"間"のとり方にある」とのちのインタビューで語っている。当初の番組制

作は担当ディレクターが1人。毎週の企画から原作の脚本化、超多忙な森繁のブッキングまで1人でこなさなければならなかった。原作の選定は高齢の聴取者を配慮して、悲惨な内容や残酷な結末は避けられ、わかりやすい言葉で表現するようにつとめた。2人だけの出演者という縛りの中で、脚本化の過程で登場人物をできるだけ少なくすることも意識された。2人の語りの魅力が評判となり、1974年には「優れたラジオ文芸として、17年間日本文学の理解、普及につとめた功績」から、第22回菊池寛賞を受賞している。

　1986年4月より「音楽」を古関に代わり池辺晋一郎が担当。1987年には加藤が病気で一時休養し、森繁との30年に及ぶコンビが中断したが、河内桃子、大谷直

NHK放送100年史（ラジオ編）　131

| ラジオ編 放送史 | # NHKラジオ放送史 |

『日曜名作座』『署長日記』森繁久彌、加藤道子(1961年) →P176

『日曜名作座』加藤道子、森繁久彌(1963年) →P176

子、幸田弘子らが交代で代役を務め、番組は存続した。2003年以降は高齢となった2人の体調を考慮して、新作の制作は見送られ、過去の作品を再放送した。こうして半世紀以上にわたって親しまれた番組は、2008年3月30日に惜しまれながら終了する。しかし2008年4月からは『新日曜名作座』と改題。西田敏行と竹下景子の新コンビが、森繁と加藤の"語り芸"の伝統を引き継いでいる。

■ 短命に終わった「立体放送」

聴覚に訴える「音楽」はラジオの得意分野で、テレビ普及後もラジオのメインコンテンツであり続けている。音楽番組だけではなく、ワイド番組やディスクジョッキー形式のトーク番組でも、聴取者からのリクエスト曲などの音楽をはさみながら進行するのが定番の演出となった。

歌謡曲やポップスなど大衆向け音楽は第1放送を中心に、クラシック音楽やジャズ、邦楽などコアなファンを持つ音楽番組はおおむね第2放送を中心に編成された。1969年3月にFM本放送開始後は、FM放送を「音楽波」と位置づけて、多くの音楽番組が中波からFMに移設された。

1958年4月に第2放送で始まった『軽音楽ホール』は、土曜の夜8時台の55〜60分番組。アメリカのポピュラー音楽やジャズを中心に、一流ミュージシャンを集めてオールスターズを随時編成して豪華な演奏を披露した。1961年10月の番組改定で大幅に内容を刷新し、広く大衆音楽ファンを対象とした歌謡曲や海外のポピュラー音楽、映画音楽などを紹介する番組となる。刷新にともなって第2放送から第1放送に波を移し、放送時間も土曜の午後3時台に移行した。番組は1961年度をもっていったん終了するが、1965年度に歌謡曲からポピュラー、ジャズ、ラテン、シャンソンまで幅広くカバーする音楽番組として復活。翌1966年度にFMに移行し『ステレオ軽音楽ホール』と改題。1972年には『軽音楽ホール』にタイトルを戻し、1978年11月まで長く親しまれる番組となった。

1961年度の番組編成方針で「立体放送」による音楽番組の拡充が示された。立体放送は第1放送と第2放送を2台のラジオで同時受信することで、実際の生音に近い音場を再現するステレオ放送の試みである。1954年11月に定時化された30分番組『立体音楽堂』は音楽ファンの注目を集め、1961年度に50分に拡大された。さらにこの年、新番組『夜のステレオ』をスタート。ジャズやポピュラー音楽を中心に軽音楽を「立体放送」で楽しむ番組で、クラシック音楽がメインの『立体音楽堂』に飽き足らなかった軽音楽ファンの渇望に応えたものである。しかし1963年12月にFM波によるステレオの実験放送が始まると、『夜のステレオ』は1964年度をもって終了となる。『立体音楽堂』もFMに波を移し、1965年度に終了。大きな話題をよんで始まった「立体放送」ではあるが、FM波によるステレオ放送開始までの過渡期の技術に終わった。

『軽音楽ホール』団洋子、笈田敏夫、三宅光子(1960年) →P212

1962年4月に始まった『きょうのうた』(〜1966年度)はテレビとラジオ共用の5分番組。戦後、「あざみの歌」「さくら貝の歌」「雪の降る街を」などの叙情歌を生み、聴取者に親しまれた『ラジオ歌謡』(1946〜1961年度)の後継番組として始まった。明るく健康的なオリジナル曲を新作し、ラジオとテレビで放送した。北原謙二が歌った「若いふたり」がこの番組から大ヒットした。1965年度よりラジオ単独

『立体音楽堂』立体放送収録風景（1960年）→P239
『立体音楽堂』録音スタジオのようす（1963年）→P239
『立体音楽堂』200人の箏合奏　宮城道雄と宮城道雄会（1955年）→P239
『立体音楽堂』スタジオ収録　指揮・小澤征爾（1960年）→P239
『立体音楽堂』ミュージカル「星のメリークリスマス」　中原美紗緒、フランキー堺、黒柳徹子（1959年）→P239
『立体音楽堂』ミュージカル「湖水の鐘」　ザ・ピーナッツ、立川澄人、弘田三枝子（1963年）→P239

放送となり1966年度で放送を終了。代わって1967年4月からは、1961年度より総合テレビで放送している同じ5分間のミニ番組『みんなのうた』を第1でも放送を開始した。

『夜のリズム』（1962～1963年度）は第1放送午後11時台の30分番組。ジャズ、シャンソン、カンツォーネ、ラテン音楽に、日本の民謡、歌謡曲を含めた幅広いジャンルの軽音楽を、新進歌手からベテラン歌手および楽団の多彩な顔ぶれで届ける大人向け音楽番組である。「特集」としてアメリカのジャズ歌手のヘレン・メリルやザ・ニュー・グレンミラー楽団などの外国人アーティストも出演した。

1960年代に入ると洋画の話題作が次々に公開され、「エデンの東」や「風と共に去りぬ」の主題曲などがヒットパレードの上位を占め、映画音楽ブームが起こった。

1962年度に『午後のダイヤル』の水曜枠で「スクリーンミュージック」が午後1時台の28分番組で始まる。レコードによる映画音楽だけでなく、映画フィルムの録音帯（サウンドトラック）より登場人物のセリフや背景音楽も盛り込んで放送した。故人となった大スターの声や出演シーンが紹介され、映画ファンを喜ばせた。月1回の「リクエスト・タイム」を設けた結果、年間で「ウェストサイド物語」「ベン・ハー」「ブルー・ハワイ」などのテーマ曲に希望が多かった。

『午後のダイヤル』が1年で終了したことで、『スクリーンミュージック』（～1966年度）は第2放送の午後4～5時台の80分の大型化をはかり、第1部「今週の作曲家」、第2部「今週のスター」、第3部「リクエスト」の3部構成で継続された。1967年4月に『軽音楽の手帳』に改題。3部構

NHK放送100年史（ラジオ編）　133

> ラジオ編
> 放送史

NHKラジオ放送史

成の第1部が映画音楽コーナーとなった。『軽音楽の手帳』は1970年4月にFMに移行し、ポピュラー音楽をレコードで紹介するディスクジョッキー番組となり、1976年度まで放送した。

『きょうのうた』金田星雄（1962年）→P213

『夜のリズム』江利チエミ、原信夫（1962年）→P213

■お休み前の人気番組『夢のハーモニー』

1965年4月に『夢のハーモニー』（～1983年度）が復活する。幅広い軽音楽を楽しむレコードによる音楽番組として、1951年5月に午後10時台に始まった15分番組である。3度の放送休止を経て、月曜から日曜までの毎日、午後11時25分からの30分番組で再開した。心地よい音楽の鑑賞で、穏やかな眠りにいざなう就寝前の音楽番組である。マントヴァーニ・オーケストラによる「今宵の君は」をテーマ曲として使用したこの番組は、ポピュラー、ジャズバラード、映画音楽などの名曲を、ポール・モーリア・グランド・オーケストラ、フランク・プゥルセル・グランド・オーケストラなどが演奏するイージーリスニングを中心に選曲。翌1966年度からは平日を50分に拡大し、週末は童話作家の立原えりかや歌人の尾崎左永子の短い詩や季節のことばに音楽を添えて構成した。多くの音楽番組がFM放送に移行する中で、1983年度まで第1放送の深夜帯で放送を続けた。城達也の語りが人気だった民放FMの『ジェットストリーム』（1967年に始まったエフエム東京・現TOKYO FMの番組）と、遠藤ふき子アナウンサーをはじめとするNHK女性アナウンサーの落ち着いた語りが好評だった第1放送の『夢のハーモニー』は、就寝前のイージーリスニング番組として人気を二分した。

『夢のハーモニー』の番組コンセプトは、1984年4月からの『おやすみの前に』（～1989年度）を経て、1990年代に花開く『ラジオ深夜便』に引き継がれていく。

同じ1965年4月に『リクエストコーナー』が、第2放送の午後3時からの1時間番組で始まる。ポピュラー音楽のリクエストにこたえる若者向けディスクジョッキー番組である。季節やその時々の話題にちなんだ特集も随時企画した。1969年のFM本放送スタートにともなってFMに移行し、日曜午後6時からの1時間番組となる。1981年度より生放送となり、最新音楽情報とともに、全米ヒットパレードに加えて全英ヒットパレードも特集で紹介した。司会は番組スタート時より最終回の1985年3月30日までの20年間、石田豊アナウンサーがつとめた。

1968年4月に始まった『午後のシャンソン』（～1976年度）は、第1放送で日曜の午後にほぼ3時間にわたってシャンソンをレコードで楽しむ音楽番組。秘蔵盤ともいえる名盤をはじめ、日本ではまだ紹介されていないフランスの新曲や新人をいち早く紹介した。「婦人公論」の元編集長で音楽評論家の蘆原英了による解説と親しみのある話しぶりが好評を呼んだ。1976年度にFMに移行しステレオ放送となる。

1970年代に入ると多くの音楽番組がFMに編成されるようになるが、第1放送にも新番組が生まれた。

1971年10月にスタートした『歌の星座』（～1977年度）は、第1放送火曜夜9時台の55分番組。リクエストにこたえて歌謡曲を紹介するレコード番組で、ディスクジョッキーは音楽評論家の伊藤強、広瀬久美子アナウンサーほかが担当した。

『夢のハーモニー』収録スタジオ →P209

『ひるの散歩道』公開収録（1981年）→P216

1974年4月に第1放送で始まった『ひるの軽音楽』は、月曜から土曜まで午後0時台に放送する30分番組。昼のひとときに明るいポピュラー音楽を身近な話題とともに紹介するディスクジョッキー番組である。この番組は1年で終了するが、翌75年から『ひるの散歩道』(～2007年度)がスタート。放送センター見学コース内のオープンスタジオにゲスト歌手を迎え、おしゃべりと音楽でつづる公開生放送番組とした。FM放送でも『ひるの歌謡曲』(1974～2005年度)を放送し、第1とFMで"昼は歌謡曲"のコンセプトで編成された。

■教養としてのクラシック番組

クラシック音楽番組はNHKが質、量ともに民放を圧倒するラジオコンテンツの1つである。戦後初の定時音楽番組としてスタートした『希望音楽会』(1945～1948年度)は、1955年度から『NHK希望音楽会』(～1961年度)としてクラシック専門番組となった。1962年度に再度『希望音楽会』にタイトルを戻し、1985年3月まで30年にわたって親しまれた。オペラ、歌曲、合唱曲を中心に、幅広い音楽を紹介した『音楽のおくりもの』(1948～1978年度)、NHK交響楽団の定期演奏会を中心に放送する『NHKシンフォニーホール』(1949～1983年度)、器楽独奏、独唱、室内楽等を中心に放送する『ラジオリサイタル』(1948～1953・1962～1982年度)、そして1949年にスタートした最長寿番組『音楽の泉』など、いずれもラジオ全盛期からテレビ時代になってもなお長く続いた、もしくは続いているクラシック音楽番組である。

1960年4月に第2放送で始まった『朝のリサイタル』は月曜から金曜までの午前8時30分からの30分番組。『夕べのリサイタル』(1955～1957年度)、『午後のリサイタル』(1955・1957～1959年度)として放送してきたクラシック音楽番組を、午前8時台に移行して改題したもの。その後も、放送時間に合わせて『○○のリサイタル』とタイトルを変えている。

同じ1960年4月に第2放送で『音楽話のくずかご』が土曜午後11時台の25分番組で独立。音楽批評家の増沢健美によるディスクジョッキー番組で、音楽史の裏話や珍しい曲を、ユーモアのある話術で聞かせた。「欲ばりすぎたアルベニス」「骨を折ったシューマン」など、各回のユニークなテーマでゲストと音楽談議に花を咲かせた。1963年度からは『音楽鑑賞』(1957～1964年度)枠内で、1965年度からは『音楽夜話』(1965～1978年度)枠内で放送を続けた。

1962年4月には第2放送で『オペラアワー』(～1996年度)や『朝のコーラス』(1962・1965～1972年度)が始まるが、これらはFM本放送開始をにらんでスタートした番組で、1969年3月の本放送開始後はFMに移行する。

1965年4月に始まった『音楽夜話』は、クラシック音楽を親しみやすい話題とレコードで楽しむ音楽解説番組である。初年度は第1週と第3週が「音楽のたのしみ」。『音楽の泉』の初代解説者である音楽評論家の堀内敬三が親しみやすい名曲を紹介した。第2週と第4週は「音楽話のくずかご」を枠内で放送。第5週は音楽評論家・大田黒元雄の「オペラ夜話」。第1放送の『音楽の泉』が日曜の午前8時台の番組だったのに対し、『音楽夜話』は第2放送の日曜午後11時台に放送され、1970年度にFMに移設された。

第2放送の『名演奏家の時間』(1946～1983年度)、『大作曲家の時間』(1948～1983年度)、『音楽のおくりもの』、『オペラアワー』(1962～1996年度)が、ともに1965年度よりFMに波を移した。1950年代から「教養番組」の一環として第2放送を中心に放送されてきたクラシック番組が、1960年代に入ると次々に高音質のFM放送に移設され、1965年以降の新規のクラシック番組は原則、FM波での放送となる。

■第3の波　FM本放送の開始

昭和25年版「ラジオ年鑑」には「放送番組のうちには、高い芸術番組や、野心的な番組も当然編成されねばならないのであって…(中略)…しかし、現在のように第1、第2の両放送網だけをもってしては、これを十分行うことができない…」と記されている。NHKはかねてより第1放送、

『音楽鑑賞』収録風景　解説者・蘆原英了(1960年)　→P240

『音楽の泉』収録風景　村田武雄(1961年)　→P237

NHK放送100年史(ラジオ編)　135

ラジオ編 放送史
NHKラジオ放送史

『立体音楽堂』立体ディスクジョッキー「ステレオ夫婦」高島忠夫、朝丘雪路 →P239

『立体音楽堂』オリンピック・ファンファーレ（1963年） →P239

第2放送に続く「第3放送」の創設を希望していたのである。しかし中波の周波数帯には新たなラジオ放送に使う周波数の余裕はすでになかった。そこで第3放送の可能性を「超短波FM放送」に求めたのである。

FM放送は混信、雑音、ひずみが少なく、生音に近い音の再現性Hi-Fi（ハイ・ファイ）にすぐれた特長を持っていることから、NHKでは1950年代にはすでにその実地研究と機器の試作を始めていた。1955年度にFM放送機の試作を完成。1957年12月24日のクリスマスイブに、東京からの実験放送としてレコードによりベートーベンの「交響曲第9番」と「クリスマス音楽集」を出力1kWで放送した。これが日本初のFM放送である。

放送時間は毎日午後7時からの2時間、番組内容はLPレコードによるクラシック音楽を中心に編成された。1958年には音楽番組に語学講座を加え、また初来日したイタリア・オペラの生中継による全曲放送を実施して、その音響効果をアピールした。

実験放送を始めて4年目の1961年度、新周波数が82.5MHzに、電力が10kWに変更され、サービスエリアが拡大された。これにともなって1日の平均放送時間が4時間を超え、放送番組も『FMオペラハウス』『交響曲の時間』などのクラシック番組、『ジャズアルバム』『ポピュラーコンサート』などの軽音楽番組、中波（第2放送）との同時放送による『邦楽鑑賞会』や語学講座などが加えられた。1962年12月には東京、大阪に続いて、仙台、名古屋、広島など、新たに7地区に実験局が設置され、受信可能世帯数は全国総世帯数の約半数にまで広がった。

1963年12月、NHKはモノラル放送についてFM実用化試験局の運用を開始した。またFMの特性を生かしたステレオ放送について実験局として免許を受け、その普及促進に弾みをつける良質な音楽番組を充実強化した。この年にFM受信機（ラジオ）は急激に普及が進み、NHK放送文化研究所の調査によると、6月に54万だった受信機の販売台数が、12月には115万台に倍増する勢いを示した。東京からは『クラシックコンサート』（火・木　後10:00～11:00）、『午後のレコードコンサート』（日　後1:00～4:00　＊1964年2月から月・水・金　後1:00～3:00を増設）などのほかに、第1と第2で同時放送している『立体音楽堂』を12月からFMでステレオ放送した。

1965年度にはNHKのFM放送網は全国で90局、そのカバレージは84％の規模となる。

日本の音声放送が中波・FMの並立時代に入るにあたり、NHKはFM本放送開始を前に音声放送3系統の基本的な方向性を以下の3点で示した。①FM放送は県域サービスを基本とする一般向け放送　②中波第1放送は広域圏サービスに重点をおく一般向け放送　③中波第2放送は全国同一内容の特定対象向け教育放送。

FM放送は実験放送の開始から12年の時を経て、1969年3月1日に本放送を開始した。

当初は朝6時から深夜0時までの1日18時間の放送で、東京中央局では1日平均10時間27分（58.1％）のステレオ放送を行った。

■高音質の"音楽波"への期待

FM本放送開始直後の1969年度の番組ラインナップは、FMのすぐれた音質を生かした音楽番組が全体の約70％を占めている。その中心となるジャンルはクラシックである。月曜から土曜までの早朝6時台に放送する『バロック音楽のたのしみ』は、実験放送中の1963年4月にスタートした。当時東京芸術大学助教授だった服部幸三と、のちに1988年から32年の長きにわたって『音楽の泉』（第1放送）で解説を担当した皆川達夫が、バロック音楽の魅力をレコードで紹介した。1970年代のヴィヴァルディの「四季」の流行にみられる日本の"バロック・ブーム"の素地を作った番組といわれている。本放送スタート時は6時30分からの30分番組だったが、1972年度からは45分に拡大。番組は1984年度に終了した後も『あさの音楽散歩』（1987～1988年度）、『あさのバロック』（1989～2003年度）、『バロックの森』（2004～2010年度）、『古楽の楽しみ』（2011年度～）と途切れることなく番組コンセプトは引き継がれ、中世・ルネサンスからバロックまでのアーリー・ミュー

ジックは、60年以上変わらずに、1日の始まりを告げるFMの看板番組となった。

『名演奏家の時間』は1946年度に第1放送でスタート。第2での放送を経て1965年度にFMに移設され、1984年3月まで放送。世界各国の名演奏家の代表的な演奏を紹介し、番組終了時にはレコード番組でもっとも長く放送された長寿番組となった。

そのほか、月曜から土曜の午前9〜10時台は『家庭音楽鑑賞』(1963〜1976年度)を放送。平日午後3時台の『午後の間奏曲』は、1970年度から『午後のリサイタル』と改題して1984年度まで放送した。特に日曜は、午後0時15分から3時までの『オペラアワー』、夜間の『海外の音楽』(1967〜1973年度)、夜間の『ステレオコンサート〜クラシック・リクエスト』(1964〜1973年度)など、長時間のクラシック番組で占められていた。

1971年4月に始まった『名曲のたのしみ』(〜2012年度)は、音楽評論家の吉田秀和の解説で、著名な作曲家の作品を半年から1年かけてほぼ全曲紹介する2時間のクラシック番組。毎月最終週には「私の視聴室」として吉田が選んだ名盤を紹介した。2012年5月に吉田が死去し、その遺稿に基づき「シベリウス　その音楽と生涯」を代読放送し、2012年12月30日に41年9か月に及んだ放送に幕を下ろした。同じく1971年度に始まった『世界の民族音楽』(〜1999年度)は、『世界の民俗音楽』(1965〜1970年度)を改題した番組。世界の民族が持つ民謡や民俗音楽、西欧以外の場所と地域で発展をとげた芸術

『バッハ連続演奏』(1963〜1972年度) →P242

『世界の民族音楽』(1971〜1999年度) →P216

性の高い音楽を幅広く紹介した。前身番組から案内役を務めた番組の"顔"小泉文夫(東京芸術大学教授)が1983年8月に死去。12月に「小泉文夫の世界」を全5回で放送した。番組は1984年度を休止としたのち、1985年度から新設された音楽ワイド番組『朝のミュージックライフ』(1987年度に『ミュージックライフ』に改題)枠内で放送した。1989年度にFM(月〜金)午前10時45分からの15分の単独番組として復活。「アラブ」「ロシア」「キリスト教」「民謡お国自慢」「フォルクローレ」などをシリーズで構成した。2000年度に『ワールドミュージックタイム』(〜2012年度)に吸収され、若者向けにアジア、アフリカ、ヨーロッパなどを中心としたワールドミュージックを紹介した。

1973年4月に始まった『青少年コンサート』(〜1984年度)は、青少年を対象に管弦楽の名曲をすぐれた演奏と親しみやすい解説で紹介するクラシック番組である。東京フィルハーモニー交響楽団、大阪フィルハーモニー交響楽団、京都市交響楽団、名古屋フィルハーモニー交響楽団などが、フルオーケストラの魅力を若者たちに伝えた。また東京近郊で実施し無料公開した「NHK名曲コンサート」を収録し、この時間で取り上げた。番組は1985年度に『FMシンフォニーコンサート』に改題し、途中2年間の休止をはさみ2011年度まで放送された。

『能楽鑑賞』は『謡曲狂言』(1957〜1984年度)の姉妹番組として1973年4月に始まった。能楽愛好者に向けて各流派の代表的な演者による能と狂言の名作を紹介した。スタート当初はFMの特性を生かし、ステレオによる効果、音色の美しさに配意し、番囃子による演奏を多く紹介した。原則として、スタジオでの録音に、謡の部分だけを取り出し、ストレートな味わいを楽しめるように配慮した。『謡曲狂言』が終了後の1985年度からは、その後継番組として2016年度まで放送し、2017年度に『FM能楽堂』にバトンを渡した。

軽音楽では月曜から土曜までの午前11時台に『軽音楽アルバム』(1962〜1976年度)を1時間番組で放送。1966年度にはポピュラー、ジャズの愛好者に向けた月曜から木曜までの午後の1時間55分番組『FMジュークボックス』(〜1976年度)を新設。同じく1966年度に『歌謡アルバム』(〜1970年度)を新設し、ステレオ収録の歌謡曲レコードが増えたことから、ステレオで歌謡曲が聴きたいという要望に応えた。午前8時台には『朝のリズム』(1967〜1978年度)を編成。月曜から土曜までの朝8時台の55分番組で、朝のひとときにふさわしい明るく軽快な演奏を中心に選曲した。

1970年代に入ると1967年度に第2放送でスクリーンミュージックなどを放送していた『軽音楽の手帳』(1970〜1976年度)が、FMの日曜夜7時台に再登場する。

月曜から土曜までの午後0時台に歌謡曲やポピュラー

> ラジオ編
> 放送史

NHKラジオ放送史

『日曜喫茶室』→P195

『イングリッシュアワー』デビット・ウィリアムス、アリス・スタイパック（1971年）→P416

　音楽をステレオレコードで紹介していた『ひるのミュージックコーナー』（1971〜1973年度）は、1974年度からジャンルを歌謡曲に絞って『ひるの歌謡曲』（〜2005年度）に改題。週単位でテーマを設け、45分の放送時間を1人ないし1組の歌手の歌をたっぷり聴くジョッキー番組となった。

　1977年度は「聴取者の要望に応え、軽音楽番組を拡充するとともに、新しい音楽番組を編成する」との編成方針に基づき、5つの軽音楽番組と5つのその他の音楽番組を新たにスタートさせた。軽音楽では『世界のメロディー』（〜1984年度）、『映画音楽とともに』（〜1978年度）、『ロックアルバム』（〜1978年度）、『軽音楽をあなたに』（〜1984年度）、『歌謡ヒットアルバム』（〜1978年度）、その他の音楽番組では『朝のハーモニー』（〜1984年度）、『にっぽんのメロディー』（〜1990年度）、『おはようコーラス』（〜1978年度）、『音楽の部屋』（〜1981年度）、『音楽のすべて』（〜1984年度）である。

　1977年度はその後、長寿番組として長く親しまれるバラエティー番組『日曜喫茶室』（〜2016年度）が始まる。マスターが放送作家のはかま満緒、ウエイトレス（初代）を吉沢和美という設定の喫茶店「なかま」に、毎回各界の著名人2〜3人が"客"として訪れ、日曜の昼下がり（午後0時15分から午後2時まで）にゆっくりコーヒーを飲みながらマスターと楽しく軽妙なトークを繰り広げる。高音質を売りにした新しい音楽番組が次々に誕生するFM放送の中で、異色のトークバラエティーであった。セミレギュラーの"常連客"には天野祐吉（「広告批評」編集長）、安野光雅（画家）、荻野アンナ（フランス文学者）、井原高忠（元日本テレビプロデューサー・ディレクター）らがいる。

　1978年11月23日に日本全国のラジオ放送局の中波放送用周波数が一斉変更されたのを機に、大幅な番組改編がなされ、『にっぽんのメロディー』は第1放送に移設され、内容も刷新された。また『映画音楽とともに』『ロックアルバム』『おはようコーラス』は終了し、『歌謡ヒットアルバム』は『ニューヒット歌謡情報』（1978〜1984年度）に引き継がれる。

　FMは本放送開始当初は「高度の教養番組の充実」もうたわれていた。

　1969年度の番組表には、午前6時台に（月〜金）の20分番組『文化講座』（1967〜1971年度）と、土曜の25分番組『ことばの教室』（1965〜1971年度）が並んでいる。

　『朗読』（1962年度〜）は（月〜土）の午前10時台の20分番組。午後11時台にも再放送した。1962年4月に実験放送中のFM放送で、アナウンサーが随筆を朗読する番組としてスタート。古今東西の文学作品、エッセー、評論などを、俳優やアナウンサーが原作の味わいを生かしてノーカットで朗読した。1996年度より第2放送に移設し、（月〜金）午後6時10分からの15分番組で継続。2022年2月にいったん放送を終了するが、2023年度より第1（土）午後0時30分からの15分番組で再開。放送は60年以上に及んでいる。

　午後10時台は「ニュース」「天気予報」「スポーツニュース」と45分の教養番組で編成された。教養枠は日本の伝統音楽を解説する『日本音楽みちしるべ』、著名文化人の講演を放送する『文化講演会』（1966〜2020年度＊途中休止あり）、科学者や評論家による科学放談番組『科学談話室』（1954〜1971年度）、オリジナル作品によるラジオドラマを放送する『芸術劇場』、当時東京芸術大学の講師だった小泉文夫が世界の民俗音楽を紹介する『世界の民俗音楽』（1971年度より『世界の民族音楽』）などの番組を並べた。

　午後11時台は英語による講演やインタビューを紹介する『イングリッシュアワー』（1972年度より第2に移設）とニュース、『朗読』の再放送で編成された。

■減少する"農事番組"

　テレビ時代となった1960年代に入っても、NHKのラジオ編成には民放ほどの際立った変化は現れていない。テレビの普及が進んだとはいえ、まだ全国の山間・離島地域ではラジオだけの世帯がかなり残っており、ラジオしか持たない人々のための番組編成を考慮しなければならない事情があった。全国の聴取者を対象とするNHKは、

第1章　第2章　第3章　第4章　第5章　第6章　第7章

地元をサービス対象とする民放のような、思い切った編成上の大転換は図れなかったのである。

1960年度の第1放送は、午前5時のニュースに続いて放送される『早起き鳥』から1日が始まった。『早起き鳥』は戦後の深刻な食糧難を背景に、1948年4月に始まった最初の「農事番組」である。「農村の民主化」と「農業の近代化」を推進する啓もう的な役割を果たし、農業政策の解説、農業技術や生活の改善に役立つ情報、月1回の漁業問題などを、天気予報やレコード音楽を交えて伝えた。放送は月曜から日曜までの毎日で、当初は15分から30分番組だったが、1960年度に午前5時5分から6時30分までのワイド化が図られた。

番組は5つのコーナーで構成された。最初のコーナー「村のアンテナ」は、5分間の『早起き鳥解説』、農林省農業団体からのお知らせ、聴取者便り、生活メモなどの幅広い内容を明るい音楽とともに送るディスクジョッキー形式のコーナー。続いて『連続放送劇　あの雲こえて』は、農村の諸問題をテーマに据えた全国放送のホームドラマ。山梨県の農村を舞台に、新興の自作農と旧地主の家族との新旧の対立や葛藤が描かれた。「経営のしおり」は、"今後の日本農業発展の方向"について考えるコーナー。「ラジオ公民館」は農政や農業問題を録音構成と座談会で取り上げた。締めくくりのコーナー「村の広場」は、近郊農村の都市化による農家の悩み、離農の問題、農村の人手不足などのテーマを、録音構成や座談会で掘り下げた。

『早起き鳥』はその後、全国の聴取者と600人に及ぶ農林水産通信員から寄せられるふるさと情報をベースに、移り変わる村々の姿を伝え続けた。1984年度に早朝のニュースワイド番組『おはようラジオセンター』（～1988年度）の5時台の枠内コーナーとなり、1986年度をもって38年にわたる放送を終了する。1987年度からは「きょうも元気で」に改題し、新たなスタートを切った。

1961年4月に第2放送で『ラジオ農業学校』が始まる。農村人口の流出で極端な人手不足となった農村事業を

『連続放送劇　あの雲こえて』放送100回記念（1959年）→P176

『連続放送劇　あの雲こえて』巌金四郎、川辺久造、吉本ミキ、吉田雅子、名古屋章、宮田輝アナほか（1959年）→P176

NHKラジオ放送史

ラジオ編
放送史

背景に、農家の後継者育成を目的とした番組である。初年度は（月～土）午前6時30分からの15分番組。番組は農村の青少年グループ活動の一環として集団学習に利用されたほか、各都道府県の農業研修施設でも課外講座に利用された。テキストも発行され、初年度の発行部数は36万部におよび、聴取率も第2放送としては最高水準を示した。

当初はローカル番組で、地域農業に密着した「後継者養成講座」であったが、1972年度に全国放送になると、日本農業全体の共通課題を取り上げた。20年にわたって放送後、1981年度に『農業経営セミナー』に引き継がれる。

1962年4月に第2放送の午前6時台に『今日の農（漁）村』が始まり、1963年度に日曜午後7時30分からの30分番組となる。移り変わる農漁村の姿を紹介しながら、日本の農漁業に山積する問題を、主に農漁村の指導者を対象に録音構成や座談会形式で考えた。同じ1963年度には総合テレビで『明るい農村』（～1984年度）が始まっている。

1964年度に『今日の農（漁）村』が終了すると、1965年4月から日曜午前7時からの30分番組『新しい農村』と、（月～土）午前5時30分からの15分番組『漁村のみなさんへ』が始まる。

そもそも『新しい農村』は、戦後すぐに始まった『農家へ送る夕』（1945～1947年度）の後継番組として「インフォメーション・アワー」枠で放送されていた番組である。その同名番組が1965年度に復活した形だ。近代化と都市化が進んだ日本農業の現状を、政治、経済、社会などさまざまな角度からとらえ、座談会をメインに掘り下げた。放送は1973年3月まで続いた後に、日曜朝6時からの1時間番組『農業展望』（1973～1985年度）に刷新される。

『漁村のみなさんへ』も1958年度から4年間放送していた番組の再登場。漁業の近代化にともなう各種の問題を政治、経済、社会、技術の各分野にわたって幅広く取り上げ、1985年度まで放送された。

1969年度は本放送開始直後のFM波で、木曜の午後0時15分から1時まで『いこいのひととき』が始まる。農事放送通信員（のちに農林水産通信員）から寄せられる地域の話題や聴取者だより、季節の訪れを告げる音の風物詩「季節の音」などを、音楽とともに伝えるローカル・ディスクジョッキー番組で、第1放送の『ひるのいこい』のFM版である。番組は1971年度に終了し、以後、FMにはその種の番組は登場しない。

1950年当時は農漁業など第一次産業に携わる15歳以上の就業者数は全体の約半数（48.5%総務省統計）。1960年は32.7%まで減ってはいたが、まだまだ日本の就業者の多数派であった。NHKは農漁業関連の番組を「農事番組（のちに農林水産番組）」とジャンル化して番組制作体制を充実させている。しかし産業構造の変化とともに1980年には就業者が全体の1割になると、おのずと番組数は減少した。

『ひるのいこい』農事放送通信員の手引き（1961年）→P314

『ひるのいこい』放送風景（1961年）→P314

■教育波へ傾斜する第2放送

第2放送は、戦後まもなくは第1放送との共通番組が大半をしめ、第1放送の補助的な役割を果たしていた。しかし第2放送の実施局が増加し、1952年度末にカバレージが全世帯の92.3%に達すると、第2放送の編成に第1とは違う特色が打ち出されるようになる。

学校放送ではそれまで「小学校低学年向け」や「中学

『漁村の皆さんへ』あわび解禁の日に漁船上にて海女にきく（1960年）
→P316

年向け」など、複数の学年を対象とした番組が放送されてきた。ところが1953年度の番組改定からこうした番組に加えて、小学校1年生から6年生まで学年別に編成される『ラジオ国語教室』(～1978年度)と『ラジオ音楽教室』(～1994年度)、そして中学生向けの『ラジオ英語教室』(～1971年度)と『ラジオ音楽教室』(～1971年度)が新設される。音楽・国語・英語が選ばれたのは、音声機能をもっとも発揮できる教科だからである。

また1953年度には働く青少年を対象とする『NHK高等学校講座』(1961年度より『高等学校講座』)を新設。通信高校生を主たる対象としながら、併せて全日制、定時制高校の生徒の補習にも役立つ番組とした。

この年から従来、第1と第2の両波のいずれかで放送していた学校放送番組はすべて第2放送に移され、第2放送の主要コンテンツとなる。

1960年度に『高等学校　ホームルームの話題』が始まる。定時制高校のホームルームの生活指導に役立てる番組であった。職場と学校の二重生活をする定時制高校生の心の問題を、職場生活、家庭生活、学校生活の中から多くの事例をもって具体的に紹介した。

1962年度からは『定時制高校の時間』(～1980年度)が始まる。国語科関連番組の「ことばと文学」と、1960年度から継続放送中の「ホームルームの話題」で土曜午後6時30分からの30分番組を構成した。

1962年度には進学指導のための番組『中学生の勉強室』(～1989年度)も始まる。"団塊世代"が中学生となり、未曽有の進学難にある中学3年生の学習を補うために新設された。大学・高校の現役講師を招き、主要5科目について系統的ドリルを実施した。テキストは隔月に10万部を発行し、家庭学習にも利用された。初年度は第2(月～金)午後5時30分からの30分番組。放送時間が下校時間と重なることから、1963年度より午後6時15分からに変更され、10月からは再放送も午後10時台に新設された。放送を利用する学習グループを作る学校も増加した。

1963年4月に通信制高校の日本放送協会学園高等学校(NHK学園高校)が開校した。NHKは学園の開校と同時に、教育テレビと第2放送で『通信高校講座』を新設。放送利用の通信教育をさらに推進するために、従来の『高等学校講座』(1953～1962年度)を改題したものである。さらに「通信高校講座4か年計画」を発表し、1966年度を目標に大々的な番組の拡充に乗り出した。

しかし1975年頃になると通信制高校全体の生徒数が減少する。これに対応するために、『通信高校講座』は対象を一般の高校生にまで広げ、1982年度から再び『高等学校講座』とタイトルを戻した。

一方、大学通信教育についても1960年度以降、放送利用による単位取得を望む声が各大学関係者の間に高まっていた。これらの声に応えて1961年度に『NHK大学通信講座』(～1965年度)を新設する。大学通信教育で学ぶ通信教育生にとっては、放送によって単位取得が可能になり、一般聴取者には大学程度の学問と教養を身につけることができる"市民の大学"として歓迎された。初年度は「英語」と「法学」を放送。その後、「経済学」「哲学」などの科目を増やした。1965年度からは教育テレビでも放送を開始。1966年度には『大学講座』(～1975年度　*教育テレビは1981年度まで放送)と改題した。

1969年4月に一般市民の高度な知的欲求に応える大学レベルの教育番組『市民大学講座』(～1975年度)が第2放送で始まり、"放送で大学教育を"という基本構想を一歩前進させた。1つのテーマを1人の講師による4回シリーズで編成。各テーマごとに解説主旨を印刷したパンフレットを作成し、聴取者の便宜をはかった。1976年度に『NHK文化シリーズ』にバトンを渡す。

1950年代の第2放送は教育放送、音楽番組、アマチュアスポーツがほぼ同比率で編成されていた。それが1965年度を境にスポーツ中継がすべて第1放送に移行。さらに音楽番組がFM放送に順次移行し、学校放送を中心とする教育番組の編成比率が初めて50％を超えた。さらに娯楽に分類されていた小唄のおけいこ番組『邦楽おさらい帳』とその後継番組『邦楽のおけいこ』が1972年度に終了すると、第2放送から娯楽色のある番組はなくなる。1973年度は第2放送の教育番組が占める比率が84.4％。1日18時間30分の放送時間のうち15時間30分が教育番組となった。

■第2放送の趣味・教養系番組

1960年代に入ると第2放送の番組改定にあたり、特に「特定対象向け番組の拡充強化」として、「通信教育番組」のほかには「語学講座」「福祉番組」「産業実務講座」などの充実がうたわれている。

終戦後、1か月余りで『実用英語会話』がスタートすると、10月には英会話ブームを巻き起こした『英語会話』が、11

世界初の広域通信制高校・NHK学園高校開校式(1963年)

| ラジオ編 放送史 | # NHKラジオ放送史 |

月には戦争で休止していた『基礎英語』が続いて始まった。1950年代になると英語以外の語学も『フランス語』と『ドイツ語』がともに1952年9月に放送を開始し、『フランス語初級講座』(1954～1961年度)、『ドイツ語初級講座』(1954～1961年度)、『フランス語入門』(1962～1975年度)、『ドイツ語入門』(1962～1975年度)、『フランス語講座』(1976～2007年度)、『ドイツ語講座』(1976～2007年度)と続いていく。同様に「中国語」「ロシア語」「スペイン語」など、英語を含めて6か国語が1960～1970年代に放送され、1984年度に『アンニョンハシムニカ～ハングル講座』が加わり7か国語がラインナップされる。語学をラジオで学ぶ一般聴取者の間では、「語学番組」が第2放送のステーションイメージとして定着した。

「盲人の時間」「ふたたび働く日まで」(1964年)　→P309

「盲人の時間」インタビュー風景(1964年)　→P309

1962年4月に大阪放送局制作で『ラジオ特殊学級』が20分番組で始まる。知的障害児の保護者や教師を対象とした初めての番組で関係者に大きな反響を呼ぶ。1963年度に『精神薄弱児のために』(～1974年度)に改題。放送時間を10分増の30分とし、知的障害児の心理的・医学的治療法と社会行政施策の問題を体系的にとり上げ、充実を図った。その後、障害者を受けいれる社会的環境の変化や人々の意識の変化をとらえて、『精神薄弱児とともに』(1975～1979年度)、『心身障害児とともに』(1980～1984年度)、『心身障害者とともに』(1985～1993年度)、『ともに生きる』(1994～2011年度)と番組タイトルとともに内容を更新した。2012年度はEテレで新番組『バリバラ～障害者情報バラエティー』が、「バリアをな

くして、生きることを楽しくする」をコンセプトにスタートする。第2放送の『バリバラR』(2012～2014年度)は、Eテレと連携して始まった新しいスタイルの障害者情報ラジオ番組である。はるな愛をパーソナリティーに、『バリバラ』の取材の舞台裏やゲストの本音トーク、視聴者の声を数多く紹介した。

1964年度に視覚障害者のための生活指導番組『盲人の時間』が午前8時台の30分番組で始まる。視覚障害者が日常生活をより豊かに過ごすために役立ててもらおうという教養・情報番組で、視覚障害者を対象とした初めての専門番組だった。放送初回は当時の厚生大臣へのインタビューと、視覚障害者による座談会を放送した。視覚障害者のための情報が乏しかった当時、この番組は貴重な情報源として、各地の盲学校での集団聴取や日本点字図書館で貸し出しテープに保存するなど、多くの視覚障害者に利用された。1974年度には第1回放送文化基金賞を受賞。また1966年から1990年まで一貫してこの番組の制作を担当したディレクターの川野楠己は、視覚障害者の文化の向上に関する分野で優れた業績を上げた個人・団体を顕彰する本間一夫賞を受賞している。1991年度に『視覚障害者のみなさんへ』と改題後、『聞いて聞かせて』(2009～2014年度)、『視覚障害ナビ・ラジオ』(2014年度～)として内容を刷新しながら放送を継続している。

1965年度に高齢者を明確な聴取対象とした初めての番組『老後をたのしく』(～1983年度)が、日曜午前6時からの30分番組で始まる。精神的にも肉体的にも充実した"老後"を過ごすための番組を目指し、俳句の指導など趣味の話題、よき時代の思い出話、健康情報、高齢者家庭への訪問などで構成した。番組の始まった1965年の日本の高齢化率(全人口に占める65歳以上の高齢者の占める割合)は6.3%。「高齢化社会」といわれる7%を超えるのは1970年であり、近い将来を見据えた番組スタートだった。2年目の1966年度には午前7時からの1時間番組に拡大、再放送も設けられた。

■縮小されるこども番組と若者向け番組

1950年代の第1放送は、午後6時台前半の『こどもの時間』に代表されるように、概ね夕方5時30分から6時30分に子ども向け番組が編成されてきた。1960年代以降もその考え方は変わらないが、第1放送のワイド化の波は子ども対象の時間帯にも及んでくる。

ラジオの『こどもの時間』が1961年度をもって終了し、1962年度からは総合テレビの子ども枠となる。

1961年度に子ども向けワイド番組『日曜こどもホール』(～

142　NHK放送100年史(ラジオ編)

『なかよしホール』「百万の太陽」露口茂、北村和夫ほか（1964年）→P181

「走れ源太」収録風景（1963年）→P181

1962年度）が第1放送日曜の午前10時から1時間のワイド枠でスタートした。この番組は3部構成で、国際局番組交換課の協力によって世界各国の子どもたちの歌や友情メッセージを紹介する「みんな仲よし世界のこども」（1957～1971年度）、子どもたちが歌や楽器演奏を競う「声くらべ腕くらべこども音楽会」（1948～1970年度）、さまざまな環境の中で希望をもって生活している子どもたちの生の声を伝えて、全国に感銘を与えた録音構成「あすを呼ぶ声」（1959～1962年度）の3本を並べた。

1963年度に第1放送で始まった『なかよしホール』（～1965年度）は、月曜から土曜までの午後6時台の55分枠。「こどもニュース」と「応答せよゼノン」「黒潮にうたう」「走れ源太」などの少年向けドラマで構成された。

1964年4月に午前10時台の幼児向けワイド番組『みんなたのしく』（1964年度）の枠内で、音楽番組「ピッポピッポボンボン」がスタートする。歌やお話、体操などを通じて幼児に歌うこと、聞くことの楽しさを伝え、幼児の心豊かな成長を期待する番組である。10分番組でスタートしたが、1965年度に14分番組に拡大。1967～1968年度は『幼児の時間』枠内で放送した。1968年11月にラジオ幼児向け番組としては初めて日本賞教育番組国際コンクールに参加し「日本賞」を受賞した。1969年4月からは第2放送に移設。1978年度に単独番組として独立し、1981年度まで子どもたちに親しまれた。同じく1964年4月に始まった『こども会議』（～1971年度）は、第1放送日曜午前の15～20分番組。小・中学生が日ごろ感じている家庭や学校などの身近な問題、社会的な問題をテーマに語り合うディスカッション番組である。全国の放送局の参加を得て、日本各地の子どもたちの自由で個性的な意見が聞かれた。

1966年度は午後5時37分から6時50分までのワイド枠で『こどもと家庭の夕べ』（～1968年度）がはじまる。1957年から続いてきた子どものためのラジオ豆事典『おやおやなあに』（～1966年度）、朗読ドラマ『名作ライブラリー』（～1971年度）、正しい話し方、言葉の使い方を学ぶ番組『じょうずな話し方』（～1978年度）、ファミリー向け音楽番組『家庭音楽会』（～1969年度）などで構成された。

1969年度は幼児向け番組を第1放送から第2放送に移設。『幼児の時間』（1945～1968年度）は『幼稚園・保育所の時間』に吸収され、番組は引き続き「お話でて

『幼児の時間』東京都内の幼稚園（1950年）→P369

『お話でてこい』佐野浅夫、安西愛子、芦野宏（1959年）→P369

『家庭音楽会』冨田勲、大宮真琴（1967年）→P242

NHK放送100年史（ラジオ編） 143

NHKラジオ放送史

ラジオ編 放送史

こい」(1954年度〜)と「ピッポピッポボンボン」で構成された。

1970年に入ると、午後6時台の『家庭音楽会』が4月に終了し、代わって午後6時15分から45分まで『株式市況』、続いて『商品市況』を放送。子ども対象の時間は午後5時40分から6時までの『名作ライブラリー』と『こどもニュース』だけとなる。

1953年に制定された青年学級振興法にもとづいて、各市町村では「青年学級」が運営された。そこでの共同学習に役立つ番組として『青年学級の友へ』が1953年4月に第2でスタートした。放送開始当初は全国におよそ1万4000学級で100万人近い参加者がいたが、1955年度をピークに徐々に衰退に向かい、番組は1969年度をもって終了した。

1956年11月に始まった『若い世代へ』(〜1961年度)は、第2放送(月〜土)午後7時台の30分番組。若い世代の総合的教養向上をねらった番組である。1961年度で放送を終了すると、1962年度に全国勤労青年を対象に、各地の青年の話題をとり上げる『若いこだま』(P122参照)がスタートする。

1963年4月に第1放送で『明るい広場』が、日曜午後4時5分から6時55分までの長時間枠で始まる。「名曲アルバム」、「若い仲間」、空想冒険ミュージカル「モグッチョチビッチョこんにちは」、「こども推理ドラマ」、「21世紀への道」が並んだ総合ワイド枠である。「若い仲間」は青年たちの率直な発言と、それに対する識者の助言による座談会を中心に音楽も加えて放送した。『明るい広場』の放送が終了してからは単独番組として、1970年4月5日まで継続し、1970年4月8日にスタートしたリニューアル版の『若いこだま』に他の若者向け番組とともに統合された。

同じく1963年4月に第2放送で始まった『明るい女性』は、働く若い女性を対象に、職場でのさまざまな問題を取り上げた。主な月間テーマは「はじめて働く人のために」「婦人と職場」「女性と給料」「働く女性の健康」「働く婦人の地位」「恋愛と結婚」「働く女性の歴史」「共かせぎと再就職」など。男社会と考えられていた当時の職場で、女性の仕事の実態や働き方を取り上げ、その問題点を考えた。

『あすへの主張』(1967〜1969年度)は『青年の主張』(1954〜1957年度)の流れをくむ第2放送の1時間番組。主に働く青少年を対象に、その生活意欲をもり立て、意識の向上をはかった。番組は「青年の主張」コンクールの府県・地方・全国大会出場者のその後の実践の模様を紹介する「主張と実践」、各地の名士や先輩から青年たちに向けた言葉を紹介する「私もひと言」、青年たちに親しまれている音楽を紹介する「リクエストコーナー」の3部構成。

『若い世代へ』青年だけの開拓村(1960年) →P366

『若い世代へ』青年だけの開拓村 インタビュー(1960年) →P366

『若い世代へ』保母さんグループ(1960年) →P366

『明るい女性』職場の環境管理(1963年) →P367

■1950～1970年代の科学・教養系番組

1950年代から1960年代に人気の教養番組に"科学もの"があった。1957年8月に茨城県東海村の実験用原子炉に初めて"原子の火"がともり、「原子力の平和利用」が盛んに報道された時期である。1961年には当時のソビエト連邦が人類初の有人飛行に成功し、米ソの宇宙開発競争が激化するなど、科学への関心が高まる出来事が相次いでいた。

1954年4月にはじまった『科学談話室』は、第2放送の30分番組。身のまわりの事象や科学界の話題について第一線の研究者や評論家が語り合う科学放談番組である。『番茶クラブ』(1951～1952年度)で好評だった知的なおしゃべりを一流の科学者たちが繰り広げた。取り上げたテーマは「宇宙開発1961年」(1960)、「数学ぎらい」(1964)、「木からおりたサル」(1967)、「地球の中心」(1970)など。1968年にFM放送に移行してからも「天然を模倣する」「考古植物学」「古代人のくらし」など多彩なテーマを取り上げ、当時、最も長く続いた科学番組として1972年3月に番組の幕を下ろす。

『科学千一夜』(1960～1978年度)は第1放送、午後10時30分からの30分番組。難解な科学の話題を軽妙なタッチで構成するディスクジョッキー形式で始まった。タイムリーな内外の科学的なトピックを取り上げて、第一線で活躍する研究者がわかりやすく解説した。のちに録音構成番組となり「化粧する」(1964)、「二本足の宿命」(1965)、「動物の笑い」(1969)、「昼型・夜型」(1970)などのテーマで人気を博し、1978年11月まで続いた。

1963年度は第1放送の『主婦の科学』『科学風土記』と、第2放送の『科学の世界』の3つの科学番組が「進歩する科学への認識を高め、科学知識の普及を図る」意図で、同時にスタートしいずれも1年間放送された。

1965年4月に第1で始まった『健康百話』(～1978年度)は、人体の不思議や病む人への助言、健康な人への警告を、経験豊かな名医が語る医学教養番組でスタート。1968年度からは専門医と生活体験の豊かなゲストとの肩のこらない対談番組となる。「誤診適診」(1968)、「肺の履歴書」(1970)、「腸内菌物語」(1974)、「患者のうそと真実」(1976)など、幅広い医療テーマを取り上げた。1978年11月に終了し、『健康百科』(～1981年度)が(月～金)夜間の10分番組で後を引き継ぐ。

1949年4月に第1放送で始まった『朝の訪問』(～1963年度)は、前年に放送していた『ラジオインタビュー』(1948)を改題したインタビュー番組である。1963年度は月曜から土曜まで午前7時45分からの14分番組だった。各界の著名人に、それぞれの近況、人生観、経験談などを聞いた。放送開始当初はアナウンサーが聞き手をつとめていたが、1956年度後期より各界の著名人をインタビュアーに起用。舞台美術家の朝倉摂、歌手の笠置シヅ子、女優の杉村春子、漫画家の加藤芳郎、作家の尾崎士郎など多彩な顔ぶれをそろえた。

『朝の訪問』が終了すると、2つの番組が後を継いだ。1つは『時の人』(1964～1971年度)で、もう1つは『日曜訪問』である。

『時の人』は時事性のある話題を中心にその当事者に話を聞く報道系インタビュー番組。1972年度からは新設された朝のワイド番組『朝のロータリー』枠内に吸収される。『日曜訪問』は『朝の訪問』の日曜版。作家、学者、芸術家など文化人にその人生観や文明批評を聞く教養系インタビュー番組である。仏教哲学者の鈴木大拙、歌人の窪田空穂、仏文学者の河盛好蔵ほかが出演。1年で終了するが、1997年度の朝のワイド情報番組『おはようラジオワイド』の日曜5時台に同名番組が復活し、作家の城山三郎、映画監督の新藤兼人らが出演した。

第1放送ではその後、著名な文化人に話を聞く『一人一話』(1965年度)、伝統を受け継ぐ名人、匠に仕事にかける情熱と苦心談を聞く『名人にきく』(1966年度)が続いた。

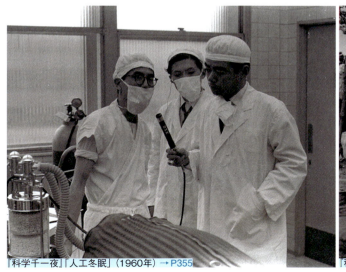
『科学千一夜』「人工冬眠」(1960年) → P355

『科学千一夜』「サル山物語」(1960年) → P355

NHKラジオ放送史

ラジオ編 放送史

『この人にきく』(1968～1975年度)は夜間の30分番組。各分野の第一線で活躍する著名人に、その時々の話題や人生観、生活信条などについて聞いた。出演者には「暮しの手帖」を創刊した編集者花森安治、金沢生まれの蒔絵師松田権六、作家の北杜夫、落語家で俳優の柳家金語楼など、多彩な顔ぶれが並んだ。

1959年4月から第2放送で『教養特集―文壇よもやま話』が、午後8時台に月1回の放送でスタートした。1960年度には『教養特集―経済夜話』のタイトルで経済座談会を放送。1961年度からは単発ものを随時放送するとともに、「私の自叙伝」「歴史よもやま話」などの固定枠も登場した。また日曜午後の1時間枠で『日曜特集』(1960～1962・1966年度)を新設。社会に起こるさまざまな現象を産業、経済の視点からとらえた録音構成番組"日本シリーズ"を企画し、「観光日本」「舶来日本」「広告日本」「温泉日本」などのテーマで放送した。1968年度に『教養特集』は第2放送からFMの金曜夜10時台に移設される。

第2放送に新設された『日曜大学』(1964年度)は日曜午前11時からの1時間番組。「シェークスピア」「生命の不思議」「地球の科学」「戦争と平和の法」など、人文科学、自然科学の両面から、現代生活に関係の深い話題を選び、高度な知識をわかりやすく解説した。放送は1年で終了したが、1969年4月開講の『市民大学講座』、『NHK文化シリーズ』につながっていく。

『NHK文化シリーズ』(1976～1981年度)は、文化、社会、教養の幅広い領域にわたる多様な知的欲求に応える番組として、教育テレビとラジオ第2に新設された。テレビでは月曜から土曜まで6つのテーマをシリーズで放送したが、ラジオでは「人と思想」、「古典講読」、「世界の再発見」の3シリーズを日曜午前6時、午前10時、午前11時からのそれぞれ60分番組で放送。各番組には再放送が設けられ、『NHK文化シリーズ』は1日合計6時間を放送した。

FM放送でも『文化講演会』と『文化講座』(1967～1971年度)が放送されている。

『文化講演会』は大学でおこなわれている公開講座程度の講演を内容とする一般向け講演番組である。1967年度は第2とFMの両波で放送。1968年度からはFMで放送し1971年度にいったん終了。1976年度から「NHK文化講演会」を各地で催し、その公開収録の模様をラジオ第1と教育テレビで放送した。1982年度よりラジオ第2に移設し、2021年3月まで放送された。一方、『文化講座』は平日午前6時台の20分番組で、人文、自然科学のあらゆる分野からテーマを選び、1テーマを200分(1回20分・10回連続)で掘り下げた。

『朝の訪問』著名人の自宅等でインタビュー(1950年)→P323

『朝の訪問』田中絹代、笠置シヅ子(1957年)→P323

『朝の訪問』田河水泡、加藤芳郎(1960年)→P323

『朝の訪問』石原慎太郎、岡本太郎(1962年)→P323

『NHK教養大学』対談　長谷川如是閑、関口泰（1952年）→P323

『NHK教養大学』「荷風よもやま話」左・永井荷風（1952年）→P323

『NHK教養大学』「ルオーの話」武者小路実篤（1952年）→P323

『NHK教養大学』座談会「スターリンの死と今後の世界情勢」（1953年）→P323

■音声3波の進むべき方向性

　1960年代を迎えると、テレビの急激な普及に応じて音声波のありようが再検討され、音声波の新たな可能性も追究された。テレビとの共用番組を廃止するなど重複が避けられるとともに、テレビとの効果的な連携が模索された。

　1969年にFM本放送が始まると、改めて音声放送の再編成が行われる。

　「第1放送」は一般向けの総合放送として、ニュース情報に力点を置いた。番組のワイド化を積極的に推進し、ラジオの機動性、速報性を生かした流動的編成で"ながら聴取"に対応した。戦後は『街頭録音』から『社会探訪』などのドキュメンタリー系の番組を通して磨かれた「録音構成」という手法がラジオ番組を席巻したが、ディスクジョッキーが進行するワイド番組が大部分を占めるようになると「生放送」が第1放送の主流となる。

　一方、「第2放送」は「特定対象者向けの教育放送」と性格付けされ、学校放送および通信高校講座等の教育番組など、聴取者が番組を選択して聴く"目的聴取"を前提に番組が編成された。番組の形式は生放送よりも録音構成などのパッケージものが主流となり、従来のスタイルが継続された。児童・生徒にとっては「学校放送」が、一般聴取者には「語学講座」が第2放送のステーションイメージとして定着し、テキストとセットになったメディアミックスが進んだ。1973年度に「生涯教育に資する番組の拡充」がうたわれ、1980年代を迎えると、学校教育から生涯学習へと傾斜していく。

　「FM放送」は音声波の難聴取救済対策に資するとともに、高音質の特性を生かした音楽番組の充実につとめた。本放送スタート直後は、午前6時台の『文化講座』や午後10時台の『文化講演会』『科学談話室』『日本音楽みちしるべ』などの教養番組、午後11時台の『イングリッシュアワー』などの"第2放送系"番組が並んでいた。しかしほとんどの教養系番組は1971年度をもって終了し、FMは音楽波としての性格を明確に打ち出し、音楽番組の充実をはかるとともにステレオ化をさらに進めていく。1980年代を迎えるとニュース・天気予報以外は午後6時台のローカル枠も含めて音楽番組もしくはレコードをかけながら進行するディスクジョッキー番組となり、「音楽波」としての純度をさらに高めた。

　1980年代以降は、第1放送、第2放送、FM放送の3波は、それぞれの性格をより際立たせる方向に進んでいく。

ラジオ編
放送史

NHKラジオ放送史

06 24時間放送とラジオの多様化

■音声3波体制の充実

1969(昭和44)年3月にFMの本放送がスタートし、NHKの音声波はラジオ第1放送、第2放送、そしてNHK-FMの3波体制となった。1978年11月23日、日本全国のラジオ放送局の中波周波数の一斉変更が行われた。これに伴う大幅な番組改定を経て、音声3波はそれぞれの波で1980年代以降の骨格を確立する。

NHKは1980年度に、各音声波の編集方針を以下のように打ち出した。

ラジオ第1放送は、ニュース・インフォメーション番組、教養番組、娯楽番組を中心とした一般向け放送とする。各ジャンルの番組放送比率は、「報道30％以上」「教育・教養30％以上」「娯楽20％以上」で、1日の放送時間が19時間。第2放送は、教育番組を中心として編成。「教育70％以上」「教養10％以上」「娯楽10％以上」で、1日の放送時間が18時間30分。FM放送はその特性を生かした音楽番組を中心に編成。「報道10％以上」「教育・教養40％以上(クラシック番組は"教養"ジャンル)」「娯楽25％以上」で、1日の放送時間が18時間。

国民生活時間調査によると1980年代に入ってからの5年間で、ラジオを聴く人の割合は減少傾向にあった。しかしラジオを聴いている人だけに限ってみれば、その聴取時間は平日2時間29分、日曜2時間15分で減っていない。民放連調査で1世帯当たり平均3台のラジオ受信機を保有しているというデータもある。1982年9月にテレビ受信契約件数が3000万を突破し、テレビが全盛期をおう歌する中で、ラジオ聴取者の多くは、ラジオにはテレビとは別の価値を見いだし、ニュースや音楽のほか、自分の生き方や人生に関する情報源として高い期待を寄せていることがNHKの調査でわかった。

1970年代の第1放送は、1972年度に日曜を除く毎日放送する朝の情報ワイド番組『朝のロータリー』が1時間43分番組で始まり、午前の主婦向けワイド教養番組『みんなの茶の間』が1時間45分、そして午後のニュースを中心とした情報ワイド番組『午後のロータリー』が4時間55分で、19時間の放送時間のうち、8時間以上がワイド生番組で編成された。1978年11月の大幅な番組改編では、ワイド化の流れがさらに加速する。午前中のワイド番組『みんなの茶の間』に代わって、家庭の主婦やドライバーを対象としたディスクジョッキースタイルの生ワイド番組『くらしのカレンダー』を2時間40分番組(土曜は1時間50分)で新設。『朝のロータリー』は2時間30分に、『午後のロータリー』は5時間35分(土曜は4時間55分)にすでに拡大されており、ワイド生番組が1日の放送時間(19時間)の半分以上となる10時間を超えた。

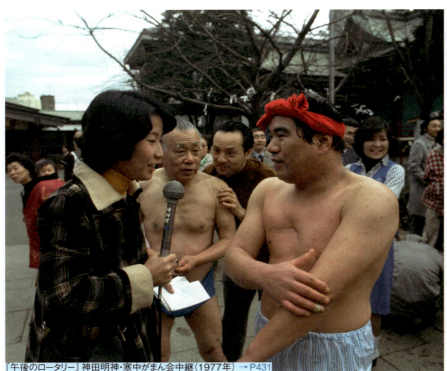

『午後のロータリー』神田明神・寒中がまん会中継(1977年) → P431

若者がFM公開収録に集まるようになる(1976年)

ポケットサイズの携帯ラジオが人気に(1985年)

第1章　第2章　第3章　第4章　第5章　**第6章**　第7章

■1984年の「ラジオ第1」大改革

1984年はラジオ第1放送の大変革の年となった。放送開始60年の節目となる1985年を目前に、番組編成ならびに組織運営の両面から、第1放送の大幅な刷新が行われたのである。

改革の目標は一元的な編集体制による生ワイド化で、毎正時と毎30分時にニュース・インフォメーションを編成する第1放送の抜本的な活性化にあった。

この放送を実現するために、1984年7月に大機構改革が行われる。放送総局の下に「番組制作局」「報道局」「アナウンス室」などの組織が位置付けられている中に、新たに「ラジオ制作部」を設けた(ニュースは報道局担当)のである。

従来の第1放送の番組は、番組ごとに担当部局が異なり、番組内容の相互の連絡調整が十分に行われていなかった。報道局報道番組部では制作担当がテレビとラジオでは別々である一方、教育局農事部では1人のPD(制作担当者)がテレビとラジオの両方を担当するなど、制作体制もまちまちであった。それがラジオ制作部が機能することで一元管理が可能となり、各時間帯の連携もスムーズに行われるようになった。

「ラジオ制作部」には「アナウンス室」から離れてアナウンサーが在籍した。ディスクジョッキースタイルで生放送を進行するアナウンサーを専属で抱え、それまでのディレクター、アナウンサーの職務細分を超えて業務展開が図られた。新設された「ラジオ制作部」の発足当時の要員を出身部門別にみると、アナウンサー出身15人、番組制作局出身26人、報道局出身16人であった。

『おはようラジオセンター』「人生読本」佐古純一郎(1984年)　→P432

放送中の『こんにちはラジオセンター』(1984年)　→P432

新生「ラジオ制作部」は新しい編集方針の柱を「(ラジオ第1を)生活情報波に徹する」と「セクションや時刻表の枠にとらわれないフレキシビリティーをもった番組の提供」とした。

1984年4月の第1放送は、新設された朝5時からのニュースワイド番組『おはようラジオセンター』で1日が始まる。月曜から土曜までの放送で、午前9時までの4時間の生番組である。午前5時のニュース・天気予報に始まり、前年度まで5時台に放送していた『早起き鳥』と6時台の収録番組『人生読本』を、午前5時台の番組コーナーとして取り込んだ。6時のニュースのあと6時15分からはNHKの海外特派員が国際電話で伝える「きょうの国際情報」と「ビジネス情報」を新設。7時のニュースのあとには「スポーツ情報」と「経済情報」の枠を設け、8時台は従来からの「日本列島きたみなみ」「時の話題」などを据えた。

続く午前9時から午後0時までは(月～土)で、主婦を主な聴取対象とした『ふれあいラジオセンター』を新設。『くらしのカレンダー』(1978～1983年度)に代わって新たに登場した生放送の3時間枠である。9時台は曜日ごとに(月)「今週の商品テストから」、(火)「たべものアラカルト」、(水)「全国旅情報」、(木)「交通安全とカーガイダンス」、(金)「家庭ジャーナル」、(土)「植物ごよみ」の各コーナーを設け、音楽とおたよりを交えて放送した。10時台はニュースに続いて人気のミニコーナー「ひとくち英会話」、その後、(月～金)で子どもと教育に関する「電話相談」を実施。土曜はゲストを招いての「リクエストコーナー」とした。11時台は前半をラジオカーによる中継で、週2回を東京から、3回を地方発とし、身近な暮らしの話題を提供。11時台後半は1949年1月から続く長寿番組「私の本棚」を継続放送した。午後0時15分からの『ひるのいこい』は長年の人気番組として継続された。

午後1時から7時までは6時間に及ぶ超ワイド番組『こんにちはラジオセンター』を(月～土)で新設。動きの激しい午後の聴取者の行動様式に合わせて、即時性、速報性を兼ね備えた生活情報源としての放送を目指した。午後は1時台のローカル情報に始まり、全国各放送局を結んでの話題、インタビューコーナー「話題の指定席」、3時台の電話相談コーナーは「医療」「育児」「料理」「園芸」「住まい」など、曜日ごとにテーマを設けて受け付けた。4時台以降は曜日ごとにクラシック音楽、映画音楽、歌謡曲、民謡などのジャンルを設定して楽しむ「リクエストコーナー」や、ビジネス、文化、芸能、スポーツ、ファッションなど、各分野の専門家が伝える「文化ジャーナル」などで構成。夕方6時からは解説委員が出演し、その日1日のニュースをまとめて伝える『ニュース解説』を毎日放送した。

夜間の時間帯には『こんばんはラジオセンター』を新設。月曜から土曜まで、午後7時から午前0時までの5時間(「プロ野球中継」を放送する上半期は、木曜から土曜の午後9時30分から午前0時)枠である。午後7時からの

NHK放送100年史(ラジオ編)　149

NHKラジオ放送史

ニュースと天気予報のあとは広報番組「NHKガイド」と、各局のローカルニュースをリレー形式で伝える「列島リレーニュース」を放送。8〜9時台は"夜のファミリーアワー"として、カーラジオでの聴取者も意識した芸能生ワイド番組を並べた。8時台は「演歌今昔」「ポップス大全集」「リクエスト歌謡全集」など、はがきや電話による聴取者とのふれあいを重視したコーナーを企画。9時台は「この人この話題」「芸と人」「芸能夜話」「スポーツ夜話」など、多彩なゲストを招いてのトーク番組を曜日別にそろえた。加えて月曜から土曜まで、年間を通して福本義典アナウンサーによる「ことばの歳時記」と、中西龍アナウンサーによる「にっぽんのメロディー」を放送。平日の10時台は報道番組「NHKジャーナル」、土曜は「旅のエッセー」と「経済トップインタビュー」。11時台は心地よい語りと静かなレコード音楽でくつろぎの時間を提供する「おやすみの前に」で1日の放送を終了した。

1日19時間の放送時間を大きく4つのゾーンに分け、それぞれの生活時間帯の聴取態様に即した番組編成がなされたのである。

■ 昭和から平成へ

1988年度は1984年度に実施された第1放送の「ナマ(放送)化」「ワイド化」の改革路線をさらに進める一方、生活情報波としての性格付けをより明確なものとした。夏には組織改正により報道局のラジオニュースがラジオ制作部と一体となったことから、ラジオ制作部の従来の情報番組とニュースとの有機的な連携を深め、アナウンサーが読み上げる"書き原稿"を中心としたニュースから、リポート、電話録音、現場中継の活用など多彩な演出によるワイドニュースを、事件、事故などの突発ニュースの発生に当たって随時編成できるようになった。その成果は、昭和天皇崩御の際の2日間にわたる「特別編成」の実施に現れた。

この年は9月17日から韓国・ソウルでオリンピック競技大会が開催され、日本中が日本人選手のメダル獲得への期待に沸いていた。その最中の9月19日の夜、NHK、民放各局は天皇の大量吐血を速報し、そのまま特別報道体制に入った。この日から、全国的に"自粛"ムードが広がる中で、各局は連日、"ご容体報道"を続けた。

ラジオ制作部では常に緊急連絡要員が部室に臨泊し、宮内庁中継担当者が現場でスタンバイする即応体制をとった。ご容体報道を随時伝えるために、午前0時の放送終了後もノーナレーションで静かなクラシック音楽を流す臨時の終夜放送体制を敷き、万が一に備えた。

1989年1月7日(土)午前5時過ぎ、高木侍医長が急ぎ皇居に向かったことで、NHKは容態の悪化を察知し、5時24分に他の報道機関に先駆けて「侍医長、皇居へ」を総合、第1、FMで速報した。午前6時33分、天皇崩御。9時20分に高木侍医長が、病状経過をまとめた「御容体書」を発表。NHKは午前10時の会長による「告知放送」で、NHKの番組編成を2日間の「特別編成」に変更することを発表した。「危篤」「崩御」「会長告知」は全7波で伝えられ、その後、9日正午前からラジオ独自の放送となった。「元号特番」などをテレビと同時放送したほか、かねてから準備していた「昭和史」関連の番組に進行中の判断を加えて放送した。

1988年9月から始まった終夜放送は、1989年1月9日午前1時5分、特別編成2日目の番組が終了するまで112日間続いた。

昭和天皇崩御のニュースを放送(1989年)

昭和天皇崩御　皇居・坂下門のNHKラジオカー(1989年)

1989年は元号が昭和から平成に改まり、新たな時代の幕開けとなった。

6月にはNHKが5年間続けてきた衛星試験放送が本放送に切り替わり、本格的な衛星放送多メディア時代が開幕。地上放送においては各メディアの役割をより明確にする方向で番組編成を刷新した。

ラジオ第1放送は「ニュース・生活情報波」としての浸透を図るために、放送の送り手と受け手が同じ生活時間を共有できるように、日曜の早朝・夜間をのぞき、全日生放送とした。1984年度の大幅刷新以来、『おはようラジオセンター』『ふれあいラジオセンター』『こんにちはラジオセンター』『こんばんはラジオセンター』の4つのワイド枠で1日を編成してきたが、1989年度は波の役割・機能を徹底し、特性を最大限に発揮させるために、ワイド化を極限にまで進めた。その結果、放送開始の午前5時から午後7時までの14時間を『NHKラジオセンター』の1番組にまとめ、個々の番組よりもむしろメディアをまるごと聴取者にアピー

『おはようラジオセンター』(1984～1988年度)を引き継いだ『NHKラジオセンター(早朝)』は、(月～土)が午前5時から9時までの4時間、日曜が6時までの1時間枠である。

午前5時台の「人生読本」を除いて完全生放送を実施。5時台はほかに39年続いた「早起き鳥」の後継コーナーとして1987年に始まった「きょうも元気で」、季節の便りや各地の話題をシリーズ編成する「ふるさとトピックス」などで構成。6時台は海外特派員による「きょうの国際情報」「ラジオ体操」「ビジネス情報」「わたしたちのことば」と続き、7時台のニュースのあとは「スポーツ情報」「けさの話題」「経済情報」「ローカル情報コーナー」、8時台の「日本列島きたみなみ」「海外のニュース話題から」と続いていく。

『ふれあいラジオセンター』(1984～1988年度)を引き継いだ『NHKラジオセンター(午前)』は、9時から午後0時まで毎日放送する3時間枠。電話や中継によって聴取者の声を生で伝える情報番組である。9時台は前半が「全国自然情報」、後半は曜日別に(月)「マネー情報」、(火)「くらしのニューワード」、(水)「くらしのサイエンス」、(木)「40代からの出発」、(金)「家庭ジャーナル」、(土)「国際放送トピックス」などの暮らしにかかわる情報コーナーを並べた。10時台は6年目を迎えた「こどもと教育～電話相談」、土曜は「ヤングママ子育て相談」とした。11時台は新設した「こだわり百科」に、「一口英会話」「私の本棚」などの継続コーナーを加えて放送。日曜の9時台は聴取者の家庭料理を紹介する「私の日曜日・わが家の味教えます」やイベント情報、10時台は継続番組の「歌の日曜散歩」、11時台は聴取者の俳句、短歌、折り込みどいつ、川柳を紹介する「文芸選評」のコーナーなど、休日の午前中にリラックスできる"お楽しみの時間"を提供した。

『こんにちはラジオセンター』(1984～1988年度)を引き継いだ『NHKラジオセンター(午後)』は、月曜から土曜まで午後1時から7時までの6時間枠。1日の中でもっとも社会活動の激しい時間帯を生放送で対応した。午後1時台はローカル放送で生活情報を充実。2時台は「列島リレーニュース」「ラジオカーでこんにちは」。3時台は電話相談「あなたの健康・家族の健康」、4時台には「情報スポット」や「くらしのセンスアップ」「いきいきシルバー」「余暇を生かす」などの新設コーナーを用意した。5時台の「リクエストコーナー」、6時台の「ニュース解説」や「衛星放送だより」など、生活者の視点で社会の動きをとらえた企画をそろえた。

夜間に新設した『ふれあいラジオパーティー』は、午後8時5分から9時55分まで2時間弱のワイド枠。科学、健康、生活、経済、暮らしなどのカルチャー情報と娯楽要素をドッキングさせた"情報バラエティーコーナー"として、週単位でテーマを設定。これまで曜日別に日替わりで編成していた午後8～9時台を"横シリーズ編成"とした。プロ野球ナイター中継のある年度前半は月・火の2本シリーズで、年度後半は月～土(水曜はスタジオライブの歌謡番組「はつらつスタジオ505」を放送)の5本シリーズで放送。午後9時台後半はインタビュー番組「ことばの歳時記」(1984～1992年度)と「にっぽんのメロディー」(1977～1990年度)を放送した。

■24時間放送のスタートと『ラジオ深夜便』

1988(昭和63)年9月に昭和天皇のご容体報道をきっかけに始まったNHKの終夜放送は、天皇崩御で終了した。1日の放送が午前0時に終了する通常放送に戻ると、聴取者から終夜放送の復活を望む投書や電話がNHKに殺到した。「夜中にラジオから静かな音楽が流れていると、心が休まる」「眠れない深夜にラジオを聴いていると心強い」といった感想や要望が多くの高齢者から寄せられたのである。

民放では1959年にすでに24時間放送が始まっており、若者を対象とした「深夜放送」が定着して久しかった。NHKでも「緊急報道に備えた24時間放送」の検討はたびたびなされてはきたが、公共放送の「電波やエネルギーの無駄づかい」という反対論もあり、深夜は未開の空白地帯として残されたままであった。しかし1989年8月、"ご容体報道"終了後の聴取者の声に押される形で、「深夜放送」実現に向けた検討がラジオ制作部で始まった。

ラジオ制作部長の春海一郎は制作部内に提案箱を置き、「もし夜中に放送するとしたらどのような内容がいいか」部員からのアイデアをつのった。その提案をもとに11月3日から5日まで深夜放送のテスト版として、「秋の夜長をラ

『ラジオ深夜便』宇田川清江アンカー(2006年) →P433

『みんなの子育て☆深夜便』村上里和アンカー(2022年)

NHK放送100年史(ラジオ編) 151

NHKラジオ放送史

ラジオ編 放送史

ジオで」のキャッチフレーズで『ラジオいきいきラリー』を67時間連続で放送した。毎正時にラジオジャパンの全世界向け英語ニュースと日本語ニュースを交互に同時放送し、NHK放送ライブラリーに保存されている名作落語などの貴重な音源を、クラシックや映画音楽などの心休まる音楽の合間に流した。番組構成はおおよそ1時間単位にニュースでざっくりと区切った緩やかな構成である。連休さなかということもあり、道路交通情報を随所に入れこむ工夫もなされた。事前の派手な番組PRもなく、「どうせ誰も聞いていないのだから」と高をくくって取り組んだ担当者もいたという。

ところが放送数日後に、380通あまりの投書がNHKに届いた。放送の感想や希望などがつづられたおたよりの8割以上が、高齢者からのものであった。春海は届いた投書のすべてに目を通し、そこに深夜に眠れないで悶々としている高齢者や、病院のベッドで不安や痛みに耐えながらイヤフォンを通して聴くラジオにすがる人たちの姿をリアルに思い浮かべた。おりしも日本は1980年代を迎え、65歳以上の高齢者が1000万人を突破。1994年には高齢化率が14％を超える「高齢社会」を迎えようとしていた。

『ラジオいきいきラリー』の実績をもとに、翌1990年4月28日から10夜連続の終夜放送（前0：00～5：00）『特集ノンストップ・ラジオ深夜便』が放送された。これが「ラジオ深夜便」のタイトルが放送にコールされた最初である。このタイトルもラジオ制作部の部員からの提案によるものだ。部内応募で集まったタイトル案には「深夜の頑張るマン」「おやすみはまだよ」「ミッドナイトシャワー」「深夜宅配便」などがあった。「深夜宅配便」には深夜のラジオに耳を傾けるリスナー一人一人に番組をお届けするというイメージがあり、高齢者にもなじみやすい日本語のタイトルがいいと高評価を得た。企画会議での検討をへて、「深夜宅配便」にヒントを得た「ラジオ深夜便」に決まった。

30年の歴史と実績をもつ民放の深夜放送に対し、新規参入のNHKは何をなすべきか。ラジオ制作部が出した結論は、民放の真逆を目指すことだった。聴取対象は大人（高齢者）、おしゃべりはできるだけゆっくり（聞き取りやすい）、パーソナリティーはNHKのOB・OGアナウンサー（正しいことば遣い、緊急報道への対応力）、クラシック音楽や映画音楽を中心に静かな音楽を流す（眠りを妨げない、むしろ眠りに誘う）。投書から浮かび上がったリスナー像から導き出されたコンセプトであった。

『特集ノンストップ・ラジオ深夜便』の放送後には、さらに大きな反響が寄せられたことから、春海の推測は確信に変わる。民放による長年の実績から、深夜のターゲットは若者と信じられてきたが、その背後にじっと息をひそめている高齢者や療養中の人々の存在が明らかになった。NHKにとっては未開の深夜から掘りおこされた新たな"鉱脈"によって、ラジオの存在価値や可能性が再確認されたのである。

1990年度は週末編成を中心に198日にわたって放送された。11月の聴取率調査から、午前0時台に34万人、午前4時台に23万人のリスナーがいると推定された。

1991年度の1日の放送時間は、午前5時から深夜0時までの19時間を基本としつつ、午前0時以降は、随時『特集ラジオ深夜便』を定時放送に準じて編成し、294日を放送した。深夜帯の緊急報道体制の強化が目的の「安心ラジオ」は、孤独と不安で眠れない高齢者や早朝に目覚めてしまう高齢者にとっての"心の安心ラジオ"ともなっていた。

スタート時のアンカー（『ラジオ深夜便』ではパーソナリティーを"アンカー"と呼ぶ）は、松川洋右、宇田川清江、平岩毅、中村充、尾島勝敏、白鳥元雄、橋本潤子の7人。本番を前に、担当ディレクターから渡される原稿は「ニュース」と進行を記した簡単なメモのみ。「あとは自分のことばで話してください」とスタジオに送り出された。指定された原稿を読むのが主な仕事だった当時のアナウンサーにとって、朝までの5時間をどのように進めればいいのか最初は戸惑ったアンカーもいたという。

1992年度には月曜から日曜までの毎日（毎週月曜は機器の補修点検のために午前1時までの放送）、午後11時10分から翌朝5時までの放送となった。番組の認知度はあがり、リスナーから月に1000通のおたよりが寄せられた。それらのほとんどが、番組宛てではなく、曜日別に担当するアンカーの個人名で届くようになる。アンカーたちが不特定多数の"みなさん"ではなく、目の前の"あなた"へ語りかけるように放送を心がけた結果である。深夜にイヤフォンを通してリスナーとアンカーが1対1で結ばれるパーソナルメディアとしてのラジオの特性が遺憾なく発揮された。

各地で開かれている「ラジオ深夜便のつどい」（1997年）

「ラジオ深夜便」関連定期刊行物

アンカーは「眠くなったらどうぞお休みください」と語りかける。この番組ではリクエストを募集しない。リクエストを受け付けると、自分のリクエストがいつ放送されるか、眠らずに待ってしまうという理由からだった。そんな番組を「副作用のない睡眠薬」として、不眠に悩む相談者に勧める医療関係者もいた。

静かに広がる"深夜便ブーム"に、「夢見心地で聴く 新しい深夜族 高齢者が支えるNHK深夜ラジオ」（「AERA」1991.1）、「中高年の聴取者開拓 ピーク時は34万人 OBアナ起用 共感の手紙1万通余」（「北海道新聞」1991.9）、「シニア層中心に人気定着 眠れぬ夜の心の友 生活スタイルの変化も反映」（「西日本新聞」1992.8）など、マスコミも注目を始める。

1994年、『ラジオ深夜便』は5年目を迎え、聴取率は11月の調査で0.5％から0.8％へと一気に上昇し、午前4時台はおよそ93万人のリスナーがいると推定された。特に1月17日に発生した阪神・淡路大震災以降は、事態の長期化が予測されるなかで、避難所で眠れぬ夜を過ごす被災者のために、2月9日から「神戸新聞、正平調（せいへいちょう・コラム名）を読む」を放送。新聞のコラムそのものを朗読するというNHKでは初めての試みだったが、大きな反響を呼んだ。

1994年度までは午前0時以降は『特集ラジオ深夜便』として放送していたが、1995年度より放送終了の午前5時までを本放送としたことにより、第1放送は完全24時間放送となった。毎週金曜を「関西発ラジオ深夜便」とし、最終金曜を全国拠点局発とする新編成を打ち出し、地域色に富んだ放送が加えられた。

1990年代から2000年代にかけての番組構成は、毎正時のニュースをはさんで午後11時台・午前0時台は各地の話題を現地のリポーターが伝える「日本列島くらしのたより」（1997年度〜）、旅や趣味の話題を日替わりで伝える「ないとガイド」（1993年度〜）、海外の話題を伝える「ワールドネットワーク」（1993年度〜）など、ビジネスパーソンのリスナーも多い時間帯を考慮した内容とした。午前1時台は各アンカーが自分で企画制作する「アンカーコーナー」（1995年度〜）。2時台は海外のポップスやムード音楽を楽しむ「ロマンチックコンサート」（1993年度〜）、3時台は日本の歌謡曲、童謡、唱歌などをテーマ別に紹介する「にっぽんの歌 こころの歌」（1995年度〜）、4時台は有名無名を問わず人生や生き方について聞く「こころの時代」（1993〜2009年度）、番組の最後は「誕生日の花と花ことば」を紹介し、6時間に及ぶ生放送を締めくくった。

『ラジオ深夜便』にはもう一つ、他の番組にはない特色がある。放送を中心としたメディアミックスでリスナーと番組との絆を築いたことである。

1994年11月11日に埼玉県戸田市で「ラジオ深夜便のつどい」が、NHKの番組情報誌「NHKウイークリーステ

「深夜便のうた」の「夜のララバイ」収録打ち合わせ 作詞の五木寛之と歌の藤田まこと（2006年）→P226

『ラジオ深夜便』をテレビでも同時放送（2006年）

ラ」の創刊5周年記念イベントとして開催された。「つどい」の第1部は午前4時台のコーナー「こころの時代」で放送した「般若心経に学ぶ」が大反響を呼んだ仏教学者・花山勝友の講演、第2部が宇田川清江、松川洋右、河村陽子の3人のアンカーを囲んだトークタイム。ふだんは声でしか知らないアンカーの素顔に接し、放送を身近に感じたという声が多く聞かれ、大盛況のうちに「つどい」は終わった。この反響を受けて、リスナーとの「つどい」が不定期に開催されるようになり、1999年からはほぼ毎月全国各地で開催される恒例イベントとなった。さらに1996年に「NHKウイークリーステラ」別冊として季刊誌「ラジオ深夜便」が創刊。2003年からは「放送とリスナーを結ぶふれあい誌」として月刊化された。放送を核として、イベント（「ラジオ深夜便のつどい」）といわゆるテキスト（月刊誌「ラジオ深夜便」）がそれぞれのメディアの特性を生かして補完し合う"深夜便の世界"を形成し、番組とリスナーとの濃密なコミュニケーションが図られたのである。

番組は1998年12月に「ラジオメディアの可能性を広げた」として第46回菊池寛賞を受賞したほか、第5回スポニチ文化芸術大賞優秀賞（1997年4月）、第7回日本生活文化大賞（1997年3月）などを受賞している。

1998年度のFM放送の24時間化に伴い、『ラジオ深夜便』は火曜から日曜（月曜は休止）までの午前1時から5時までラジオ第1とFMでの同時放送となった。

2000年4月にはNHKホールで放送開始10周年記念の「ラジオ深夜便のつどい」を全国から3000人のリスナーを招いて開催。また2010年3月には同じNHKホールで2日連続で公開収録イベント「放送開始20年！ ラジオ深夜便スペシャル」を開催した。

NHK放送100年史（ラジオ編） 153

ラジオ編 放送史
NHKラジオ放送史

2020年代に団塊世代が後期高齢者となり、高齢社会が加速化する一方で、『ラジオ深夜便』はタクシードライバーなど深夜業務の社会人や、乳幼児を抱えて眠れない若い母親や父親の声に応えるなど、リスナーの幅を広げている。

■学校教育波から生涯教育波へ

ラジオ第1放送が1970年代から1980年代にかけて、"ながら聴取"を前提とした番組の「ワイド化」と「ナマ（放送）化」を推し進めたのに対し、第2放送は"目的聴取"を前提に、個々の番組を聴取好適時間帯に並べる従来の編成手法を変えていない。また従来は学校放送や通信高校講座、農業関連番組の一部でローカル放送が実施されていたが、1975年度にローカル放送を中止し、「全国同一内容の放送」となった。

1970年代の第2放送は、学校放送番組と通信高校講座を中心に編成されていた。ところが1982年度に大きな転換期を迎える。NHKは番組編集「基本計画」で、教育テレビジョンおよびラジオ第2放送全般を見直し、重点施策事項の1番目に「高まる生涯教育への多様な要望にこたえて、これに資する幅広く魅力ある番組を、教育テレビジョンとラジオ第2放送を中心に編成する」と記した。

1982年度の編集方針「聴取者の知的欲求にこたえる社会教育番組を夜間に帯で編成する」にのっとって、『NHKラジオセミナー』（1982～1984年度）が（月～土）午後9時からの45分番組で新設（再放送は午後3時台）された。この番組は曜日ごとに（月）「近代の文学」、（火）「世界史を語る」、（水）「人と思想」、（木）「私の研究」、（金）「ノンフィクションの世界」、（土）「古典講読」のテーマを設け、第一線の学者や研究者がわかりやすく解説した。また「第2放送にふさわしい教養番組、邦楽番組、芸術関連番組を、ラジオ第1、FM放送から第2に移設する」とし、第1で放送されていた『人物春秋』（1978～1985年度）、『一冊の本』（1981～1985年度）、『文化講演会』、『謡曲狂言』（1957～1984年度）、FMで放送されていた『芸術展望』（1968～1984年度）が第2に移設された。こうして教育番組のうち学校放送、通信講座などの「学校教育番組」の放送時間が大幅に減り、「生涯学習番組」が増加した。1週間の放送時間を前年度と比較してみると、学校放送番組が21時間30分から13時間30分、通信講座番組が22時間25分から13時間20分と、いずれも3分の2以下に減っている。その一方で生涯学習番組は、『NHKラジオセミナー』をはじめとする教養番組が夜間に新設または移設され、全体で56時間50分となり、学校教育番組を30時間上回った。

学校放送番組の減少はその後も続き、1985年度には、学校放送が1週間に4時間30分となり、23時間でもっとも多かった1972年度の6分の1に減っている。テレビ放送の開始にともなって減少傾向にあったラジオ学校放送の利用率は10％以下にまで落ち込み、学校放送番組はテレビ中心の放送となった。

第2放送は「学校教育波」から「生涯教育波」へと転換した。1984年度の組織改正では番組制作局の下に「生涯教育部」を設け、生涯学習番組の制作を一元化した。さらに1990年度の編集方針では教育テレビと第2放送を「生涯学習チャンネル」と規定し、第2放送については「体系的な語学番組や学校放送番組、多様な教養番組を編成する」と示された。

第2放送の生涯学習波への転換は、語学番組の増加という形で顕著となる。語学番組の1週間の放送時間とその編成比率をみると、1951年度はわずか1時間30分（1.3％）であったが、1971年度は34時間10分（26.4％）、1982年度は37時間30分（29％）、そして2001年度には56時間15分（40.9％）と、驚異的な増加を示すようになる。1995、1996年度に英語、ポルトガル語、中国語、ハングルの4言語で、国際放送「ラジオ日本」のニュースの国内向け放送が開始されると、このニュースのあとに語学講座が編成され、正午過ぎから夕方まで外国語の時間帯となった。1996年度の1日の放送時間18時間30分のうち、平日は語学講座と外国語ニュースで10時間10分が占められており、第2放送は"語学チャンネル"として存在感を放った。

戦後すぐにスタートした『英語会話』、1950年代に始まったフランス語、ドイツ語、中国語、ロシア語、スペイン語の各語学入門講座に加えて、1984年度に『アンニョンハシムニカ～ハングル講座』が、1990年度には『イタリア語講座』（1956年度と1960年度に『イタリア語入門講座』を放

『英語で読む村上春樹』（2015年） →P421

『まいにちイタリア語』（2015年） →P420

送)が加わり8言語となった。1980年代後半のバブル景気を背景に起こった空前の海外旅行ブームが、語学学習熱をさらに高めた。

英語番組は中学生および初心者向けの『基礎英語1〜3』のシリーズ(1994〜2001年度)に加え、高校1年程度の英語力を持つ人を対象とする『英語会話』(1945〜2001年度)、大人が使える総合的な基礎英語力を養う『上級基礎英語』(1987〜1993年度)、そして英語講座の中でもっとも高度で実践的な『やさしいビジネス英語』(1987〜2001年度)まで、さまざまなレベルやニーズに合わせた番組が用意された。

放送は月曜から土曜までの毎日で1回15〜20分。英語以外の語学の基本構成は、(月〜木)が初心者を対象とした入門編、(金・土)を応用編とした。

■第2放送の長寿番組

第2放送の生涯学習番組は語学番組のほかに文化・教養系番組がある。

『NHK文化シリーズ』(1976〜1981年度)は、文化、社会、教養の幅広い領域にわたってテーマを取り上げ、シリーズで放送する教養番組枠。1982年4月に始まった『NHKラジオセミナー』はその後継番組である。一般聴取者の高度な知的欲求にこたえるもので、「生涯教育波」を印象づける新番組となった。その後、同様の教養枠が『NHK市民大学』(1987〜1989年度)、『NHK文化セミナー』(1990〜2000年度)、『NHKカルチャーアワー』(2001〜2008年度)、『カルチャーラジオ』(2009年度〜)と引き継がれていく。

1976年4月に『NHK文化シリーズ』枠内で始まった「古典講読」は、日本の古典を原典講読する番組である。「古事記」「竹取物語」「更級日記」「伊勢物語」など、近世以前の日本の古典から作品を選んで読み進められた。「古典講読」は『NHK文化シリーズ』終了後、『NHKラジオセミナー』枠内を経て、1985年度に個別番組として独立。講師・鈴木一雄(明治大学教授)、朗読・白坂道子で「源氏物語」の全文講読を開始し、1994年5月までまる9年かけて全54帖の全文講読を終えた。このシリーズは多くの聴取者を魅了し、番組とともに「源氏物語」完読を目指した聴取者が多かった。その後も「枕草子」「紫式部日記」ほか古典の名作を取り上げ、2023年度は「日記文学をよむ〜阿仏尼『うたたね』『十六夜日記』『建礼門院右京大夫集』」と題して放送した。

『NHKラジオセミナー』枠内で1984年4月に始まった「原書で読む世界の名作」は、海外の古典的名著を原文で講読し、翻訳では味わえない文体の魅力や原典の持つ独特の雰囲気を、一流講師の解説とネイティブスピーカーによる朗読で届けた。『NHKラジオセミナー』終了後は個別番組として独立。その後、同種の教養番組枠『NHK文化セミナー』(1990〜2000年度)、『NHKカルチャーアワー』(2001〜2008年度)の枠内で継続放送し、20年以上続く長寿番組となった。

『原書で読む世界の名作』横浜市立大学・小野寺健(1986年)→P330

『文化講演会』梅棹忠夫「民族学から見た国際理解」(1981年)→P328

『漢詩をよむ』は1985年4月に水曜の午後9時台に始まった45分番組である。漢詩の名作を、「自然のうた」「情愛のうた」「旅のうた」「風雅のうた」「戦いのうた」「人生のうた」のテーマのもとに精選し、年間220編余を鑑賞した。時代背景や作者にまつわるエピソードなども盛り込んだ解説と、中国語による朗詠や中国古琴の演奏などを加え、漢詩の心を伝え、人気を得た。講師は石川忠久(桜美林大学教授)、朗読は白坂道子が担当。1990年度からは『NHK文化セミナー』枠内で放送。2001年3月で放送はいったん終了するが、2008年度に『NHKカルチャーアワー』枠内で同名番組が復活し、宇野直人(共立女子大学教授)の解説で新たにスタートした。

そのほか息長く放送を続ける第2放送の番組に『宗教の時間』(1951年度〜)がある。この番組では宗教によって示された人の生き方、宗教的な体験、経典や聖典の解説など、さまざまな角度から宗教に関する話題を取り上げた。教育テレビでも1962年度に始まり、1982年度に『こころの時代—宗教・人生』に刷新したが、ラジオ第2では同じタイトルでその後も息長く放送を続け、2022年1月に放送開始70年を迎えた。同種の番組に『こころをよむ』(1985年度〜)がある。"現代(放送開始当時の1980年代)"を精神的なやすらぎが求められる「こころの時代」ととらえて企画された。世界の三大宗教書(仏典・聖書・コーラン)を、たんなる宗教書としてだけでなく、人間普遍の"こ

> ラジオ編
> 放送史

NHKラジオ放送史

ころの書"として読み進めた。2000年代に入ると、現代社会における「老い」「家族」「環境」などさまざまな今日的な課題を取り上げ、文学、哲学、宗教学といった各分野の第一人者が、よりよい未来を構築するための心のありようを探る番組とした。

第2放送の長寿番組の1つに『文化講演会』がある。そのルーツは、試験放送中のFMで1965年度に放送された『FM講演会』である。1966年4月に『文化講演会』と改題され、FMでスタートした。当初は「高度の知識を求めるFM受信者のため、大学でおこなわれている公開講座程度の講演」を放送する番組であった。1971年度にいったん終了し、1976年度から「文化講演会」を各地で催し、その公開収録の模様をラジオ第1と教育テレビで放送するようになる。その後、1982年度よりラジオ第2の単独放送となり、2021年3月に50年に及んだ放送を終了した。

■1985年度のFM放送大刷新

FM放送は1985年度に現行編成を抜本的に見直し、1日の生活態様に対応した編成に刷新した。朝の時間帯には午前9〜10時台に『朝のミュージックライフ』(〜1988年度 ＊1987年度以降は『ミュージックライフ』に改題)、午後0〜1時台に『FMワイド歌謡曲』(〜1988年度)、午後9時以降を青少年向けアワーとして『公園通り21』(〜1986年度)を新設した。

『朝のミュージックライフ』は平日(月〜金)午前9時から11時までのワイド番組。"ヤングミセス向けの音楽カルチャー番組"として新設された。2時間の番組枠を「企画コーナー」、新人演奏家が活躍する「フレッシュコンサート」、1971年度から続く「世界の民族音楽」、英語の歌を覚えて歌う「レッツ・シング・ア・ソング」の4コーナーで構成した。

『FMワイド歌謡曲』は平日午後0時15分からの101分(前期・後期は96分)番組。2部構成で前半の0時台が第1部「ひるの歌謡曲」(1974〜2005年度)。前身の『ひるのミュージックコーナー』(1971〜1973年度)から引き続き、1人の歌手にスポットを当てる歌謡番組である。後半の1時台は「わたしの歌謡アルバム」(〜1988年度)。4人の女性ディスクジョッキーが曜日ごとに「演歌」「ポップス」「リクエスト」などのテーマを設けて放送した。午後の歌謡ワイド枠は1989年度に1年休止したのちに『ひるのワイド歌謡曲』(1990〜1996年度)として再開。「ひるの歌謡曲」、「歌謡スクランブル」(1990年度〜)、「歌謡ジャーナル」(1990〜2005年度)を3本立てで並べた。その後、NHK-FMの午後0時台、1時台は"歌謡曲の時間"として定着する。

『公園通り21』は平日午後9時から11時50分までのワイド番組。感性の鋭い若い音楽ファンに向けて、FM波の個性を打ち出す新感覚の番組編成を目指した。約3時間のワイド枠を構成したのは「ニューヒットポップス情報」(1985年度)、「アドベンチャーロード」(1985〜1989年度)、「サウンドストリート」(1978〜1986年度)、「カフェテラスのふたり」(1985〜1987年度)、「クロスオーバーイレブン」(1978〜2000年度)の5番組である。

「ニューヒットポップス情報」は午後9時からの40分番組。

『青春アドベンチャー』「風になった男」山口馬木也、平田満、田畑智子、宅麻伸、吉田晃太郎、梅垣義明(2006年) →P178

『青春アドベンチャー』「ベルリンの秋」山本陽子、高橋和也、高橋かおり、林隆三(2006年) →P178

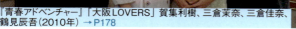
『青春アドベンチャー』「大阪LOVERS」賀集利樹、三倉茉奈、三倉佳奈、鶴見辰吾(2010年) →P178

『青春アドベンチャー』「マナカナの大阪WORKERS」渋谷天外、趙珉和、三倉茉奈、三倉佳奈、魏涼子(2010年) →P178

第1章　第2章　第3章　第4章　第5章　**第6章**　第7章

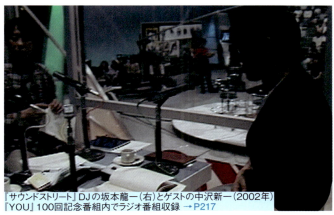

『サウンドストリート』DJの坂本龍一(右)とゲストの中沢新一(2002年)
『YOU』100回記念番組内でラジオ番組収録 →P217

『クロスオーバーイレブン』ナレーション・津嘉山正種(2002年) →P217

最新のポップス情報を提供するDJ番組で、(月)石田豊の「全米ヒットチャート」、(火)ピーター・バラカンの「ヨーロッパ・ニューヒット」、(水)松岡直也と佐藤恵利の「中南米ニューヒット」、(木)広田玲央名の「AAAヒット情報」、(金)植田芳暁とマッハ文朱の「歌謡曲ヒットチャート」で構成した。

「アドベンチャーロード」は平日午後9時40分からの15分番組。冒険小説、SF小説、ミステリーなどをステレオで連続ドラマ化した。もともとはラジオ第1で1979年にスタートした『ラジオSFコーナー』(〜1983年度)にルーツをもつエンターテインメントドラマである。『ラジオSFコーナー』は週3日放送だったが、1984年度に同じ第1放送の『連続ラジオ小説』(1978〜1983年度)と合体する形で毎日の放送となり、波をFMに移して『FMアドベンチャー』(1984年度)に改題された。1985年度は『公園通り21』の枠内で「アドベンチャーロード」として、赤川次郎の「ビッグボート2」、T・ブラジンスキーの「檻の中の殺意」、楳図かずおの「漂流教室」、宗田理の「僕らの七日間戦争」ほかを放送した。この番組は1987年度に枠を離れて独立し、1989年度まで放送を続けた。その後1990年4月に『サウンド夢工房』(〜1991年度)に生まれ変わる。音楽とドラマをクロスオーバー(相互乗り入れ)させた午後10時台の帯番組で、"言葉と音によるファンタジー"をキャッチフレーズに始まった。若者を対象とした小説、エッセー、コミックなどに原作を求め、新進脚本家を起用して制作された。谷山浩子作、岡本螢脚本の「ネムコとポトトと白い子馬」(出演:高沢順子、古谷徹ほか)、林真理子作、佐々木守脚本の「映画みたいな恋したい」(出演:愛田夏希、水島裕ほか)、斉藤由貴作「愛の詩集」(出演:斉藤由貴)などが好評を呼んだ。『サウンド夢工房』は1992年度に、よりドラマ性、エンターテインメント性を高めた『青春アドベンチャー』(1992年度〜)に刷新された。初年度は人間の頭部の形を模擬して、両耳の位置にマイクロホンを取り付けたダミーヘッドで録音された「ダミーヘッド特集」を8本放送するなど、最新録音技術を使った作品を放送して注目された。『青春アドベンチャー』は国内外の人気エンターテインメント小説を原作に、気鋭の脚本家によるオリジナル作品もまじえ、スピーディーでスリリングな展開のオーディオスペクタクルとして2022年4月に放送30年を迎えた。

『サウンドストリート』は1978年11月下旬から始まった午後10時20分からの40分番組。1978年11月中旬まで日替わりで『FMリサイタル』『世界の民族音楽』『芸術展望』『邦楽百番』『軽音楽ホール』『ドラマ』など、教養色の濃い大人向けの時間帯だった午後10時台に若者向け音楽番組を帯で編成した。1985年度からは『公園通り21』の中核をなす番組として午後10時からの50分番組で放送。最新の音楽情報と話題の音楽を、高音質のステレオ放送で提供するディスクジョッキー番組である。DJには松任谷正隆(1978〜1980年度)、佐野元春(1981〜1986年度)、坂本龍一(1981〜1985年度)、甲斐よしひろ(1978〜1980・1983〜1986年度)、山下達郎(1983〜1985年度)、大沢誉志幸(1986年度)ほか、当時の若者たちの圧倒的支持を集める注目ミュージシャンたちが曜日ごとに担当した。『公園通り21』が1986年度に終了すると同時に、『サウンドストリート』も終了したが、その19年後の2005年度に『サウンドストリート21』(2005〜2009年度)がウイークリーの1時間番組で始まり、"伝説的FM音楽番組の復活"として話題となった。『サウンドストリート21』はJ-POPシーンで活躍する人気アーティストをマンスリーゲストで迎え、彼らのこだわりの選曲を届け、2010年4月、『サウンドクリエーターズ・ファイル』(2010〜2022年度)にバトンを渡す。

「カフェテラスのふたり」(1985〜1987年度)は午後10時50分からの10分番組で、『ふたりの部屋』(1978〜1984年度)の後継番組。『ふたりの部屋』は音楽とトークで進行する通称"ドラマジョッキー"と呼ばれる新形式のステレオドラマである。松本零士「銀河鉄道999」(1978年度)、片岡義男「スローなブギにしてくれ」(1980年度)、山下洋輔「ピアニストを二度笑え!」(1982年度)、寺山修司「赤糸で縫いとじられた物語」(1984年度)など、人気作家の小説からミュージシャンのエッセーまでバラエティーに富んだ作品を取り上げ、若者たちの支持を得た。「カフェテラスのふたり」は男女2人の出演者による軽妙な会話と、効果音とステレオ音楽で構成されたドラマジョッキー。初

NHK放送100年史(ラジオ編)　157

ラジオ編 放送史
NHKラジオ放送史

年度は古井由吉の「グリム幻想」、小松左京の「宇宙人の宿題」、雁屋哲の「美味しんぼ」ほかを、1986年度は岡本螢の「花言葉物語」、新井素子の「星へ行く船」、さだまさしの「自分症候群」ほかを取り上げた。

「クロスオーバーイレブン」(1978～2000年度)は午後11時から毎日放送する50分番組。当時"クロスオーバー"と呼ばれていたジャズ、ロック、ソウルなどのジャンルが融合したソフトなフュージョン系音楽を中心に、幅広い良質な音楽としゃれた語り口で構成する、新しいタイプの音楽番組として注目された。ナレーターは石橋蓮司(1978年度)、清水紘治(1979年度)、富山敬(1980年度)ほかが担当したが、1982年度からは津嘉山正種が担当した。選曲は小倉エージ、大伴良則。スクリプト(台本)は出倉宏、玉村豊男ほかが担当。FM放送は1988年度に深夜の放送時間が1時間延長され、1日の放送時間が19時間となった。それにともなって「クロスオーバーイレブン」は午後11時から11時50分までの「パートⅠ」と、午前0時から1時までの「パートⅡ」の2部構成に拡大されるなど、若者たちの支持を得ていた。2001年3月の番組終了後は、『ミッドナイト・ポップライブラリー』(2001～2002年度)、『ポップスライブラリー』(2003～2004年度)へと続いていく。

■FM放送 ～ラジオドラマ・邦楽

ラジオドラマの分野で40年近く放送が続く長寿番組『FMシアター』がスタートしたのも1985年度である。そもそもFM放送でのラジオドラマは、1960年度に第2放送で始まった『芸術劇場』が、第1放送への移設を経て、1968年度にFMに再移設されたことに始まる。1973年11月に放送されたステレオドラマ「鉄の伝説」(作:宮本研・音楽:広瀬量平・出演:左時枝ほか)は、1973年度の芸術祭大賞を受賞している。『芸術劇場』は1974年3月に放送を終了すると、1974年4月に『ドラマ』(1974～1978年度)と改題(総合テレビに同名の単発ドラマ枠がある)し、金曜の午後10時20分からの40分番組で新たにスタートする。ステレオで制作された高林陽一作「銀色の揺籃」(出演:尾藤イサオほか)、高齢化社会の問題点を会話であぶり出して芸術祭優秀賞を受賞した倉島斉作「ちりりんちりりん」(出演:大滝秀治ほか)、ドラマの枠を超えてドキュメンタリーの世界に迫ろうと試みた井田敏作「昭和20年5月5日九州にて」(出演:内藤武敏ほか)など、バラエティーに富んだ意欲作が放送され、"ラジオドラマ再評価"の声に応えた。1978年11月23日の周波数変更にともなう番組改定を機に、第1放送の『文芸劇場』(1968～1978年度)とFMの『ドラマ』を一本化して、『ラジオ劇場』(1978～1984年度)が誕生する。オリジナル書き下ろしと原作の脚色ものをとりまぜて、ラジオドラマの独自性を探求した意欲作が各地域放送局も加わって制作された。1985年4月6日に『ラジオ劇場』は『FMシアター』に改題され、土曜の午後10時にスタートする。同じ年に『公園通り21』枠内で放送された「アドベンチャーロード」が、1回15分で(月～金)の帯番組だったのに対し、『FMシアター』は土曜の夜間にじっくり楽しむ1時間の単発ドラマ枠である。オリジナル作品を中心に、各地域局も参加して高品質な本格ドラマ

FM『地下鉄のアリス』操車場でステレオ録音をするドラマスタッフ(1977年)

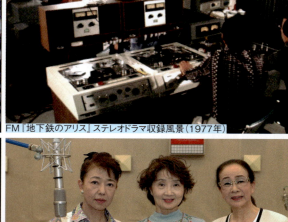
FM『地下鉄のアリス』ステレオドラマ収録風景(1977年)

『FMシアター 納豆ウドン』川原亜矢子、邑野未亜、中江有里、國村隼(2003年) →P178

『FMシアター』「黙って行かせて」山口果林、樫山文枝、南風洋子(2006年) →P178

を目指した。1986年1月に放送した世界初のPCM（デジタル）録音によるステレオドラマ「アディオス・ケンタウルス！」（作：若居亘・出演：斉藤由貴ほか）は大きな反響を呼んだ。さらに映画界で開発が進んでいた最新の音響システム・ドルビーサラウンドに、ラジオドラマでは世界で初めて取り組んだ。1990年代に入ると、ステレオ・サラウンドやダミーヘッド方式による独特の"音空間"を生かした番組作りが進められた。最新オーディオ技術を取り入れたラジオドラマは「オーディオドラマ」と呼ばれ、映像では得られないFM放送ならではのドラマ世界を生み出し、若者層の支持を得ていく。オーディオドラマの音作りを担ってきたセクション「音響効果」は、2000年度に「音響デザイン」と部名を変えて、デジタル時代に対応した。

1985年度の刷新は「邦楽」の分野にも及んでいる。人気歌舞伎役者がディスクジョッキーを担当して話題を呼んだ『邦楽ジョッキー』が、8年ぶりにFM放送で復活したのである。

そもそもこの番組は1976年度に坂東玉三郎、1977年度に尾上辰之助がディスクジョッキーを担当したラジオ第1の番組である。1985年4月にFMに波を移し、澤村藤十郎をディスクジョッキーに起用し、毎週金曜の午前11時台の35分番組で再開した。邦楽をはじめとして、クラシック、ポップス、歌謡曲などさまざまな音楽を聴きながら、邦楽の話題をベースに多彩なゲストを招いてトークを繰り広げた。ディスクジョッキーはその後、林与一、中村児太郎が担当するが、1991年度に『邦楽のひととき』の金曜枠に吸収される形で終了する。しかし4年後の1995年度、パーソナリティーに市川笑也を起用し再々復活をとげた。パーソナリティーはその後、尾上辰之助（1998〜2000年度）、市川亀治郎（2001〜2003年度）、市川笑三郎（2004〜2007年度）、尾上松也（2008〜2010年度）、中村壱太郎（2011〜2014年度）、中村隼人（2015〜2017年度）と若手歌舞伎俳優がつとめた。（名跡、名前はすべて当時）

同じく4月に始まった『邦楽のひととき』は、（月〜木）の帯で放送する午前11時台の30分番組である。邦楽界の中堅・新進の出演で、邦楽の比較的ポピュラーな曲を中心に紹介した。曜日ごとに種目を定め、（月）「箏曲・地唄・尺八」、（火）「長唄」、（水）「義太夫・常磐津・清元・新内・古曲など浄瑠璃系統の曲と現代音楽」、（木）「小唄・端唄・うた沢・琵琶・吟詠・大和楽」などと、「NHK邦楽オーディション」合格者の演奏を紹介した。金曜の同時間帯には『邦楽ジョッキー』を放送し、FMの午前11時台を"邦楽の時間"と位置づけた。

■ FM放送 〜クラシック音楽

FM本放送開始以来、午後7時台はニュースと軽音楽を放送。8〜9時台の『ステレオコンサート』（1964〜1973年度）と『FMコンサート』（1974〜1978年度）は、いずれも曜日別にクラシック、ポピュラー、ジャズなどを放送する音楽枠であった。ところが1978年11月の周波数変更にともなう改定で（月〜金）の帯で『FMクラシックアワー』（1978〜1984年度）が新設され、午後8〜9時台がクラシック音楽専門の時間帯となった。内外の一流オーケストラ、演奏家による話題の演奏を、古典から現代までクラシック全般にわたって楽しむ番組である。（月・火）は海外の各放送協会から提供された録音を紹介する「海外の音楽」、（水）は国内演奏会場における録音を紹介する「ライブハウス」、（木）はスタジオ制作のオペラやオペラ公演などを放送する「クラシックアラカルト」、（金）を「クラシックリクエスト」とした。

『FMクラシックアワー』は1985年度に『クラシックコンサート』に刷新され、放送時間を午後7時台に繰り上げた。これは「平日夜間の聴取好適時間に本格的クラシック音楽番組を新設する」という改定主旨にのっとったもの。内外の一流演奏家の演奏会をデジタル録音で紹介する番組で、演奏会場でのライブ録音、スタジオからの生放送、また随時コンサート会場からの完全生中継も実施した。『クラシックコンサート』は1990年度で終了し、『ベストオブクラシック』に改題された。世界中の上質な演奏会をじっくり堪能する本格派クラシック番組で、放送開始30年を迎えた2021年度には、N響定期公演を年間を通して生放送で紹介した。

1985年4月に始まった『マイクラシック』は、クラシックの名曲を親しみのあるナレーションで届けるクラシック番組。（月〜金）の午前7時15分からの55分番組でスタートした。前年度まで『朝のポップス』（1978〜1984年度）を放送していた時間帯で、1985年度の大刷新でクラシック音楽の時間となった。ナレーションは元NHKアナウンサーの栗田敦子と小林洋子。栗田は『マイクラシック』終了後も同コンセプトの後継番組『朝の名曲』（1991年度）、『聴きたくてクラシックI』（1992年度）、『名曲プロムナード』（1993〜1995年度）、『クラシック・ポートレート』（1996〜1998年度）まで14年間にわたって案内役をつとめた。1999年度を迎

『邦楽ジョッキー』中村隼人（左）とゲストの竜馬四重奏（2016年）→P267

NHK放送100年史（ラジオ編） 159

ラジオ編 放送史
NHKラジオ放送史

えると午前7時から8時台は、午後4時台の『ポップスグラフィティ』(1996〜2001年度)の再放送枠となり、またポップスの時間帯に戻った。

1985年10月に始まった『クラシックギャラリー』は、(月〜金)午後2時から4時まで途中ニュースをはさんでの2時間枠。すぐれた演奏、高音質の録音ディスクを選び、スタンダードな名曲を中心に、簡潔な解説を加えて放送する「ディスク番組」である。放送記録を記した「NHK年鑑」では、1984年度までは多くの番組が「レコード番組」と記述されていたが、1985年度の『クラシックギャラリー』で初めて「ディスク番組」と記載が改まる。1980年代初頭に製品化された記憶媒体であるCD(コンパクトディスク)は、その音質の良さと扱いやすさで急激に普及し、1986年には生産枚数が初めてLPレコードを逆転した。これまでの「レコード番組」は次々に「CD番組」に切り替わっていった。『クラシックギャラリー』は1986年4月より『名曲ギャラリー』に改題。幅広い音楽評論活動を続ける岩井宏之、濱田滋郎、中河原理の3人が、1週間単位の持ち回りで案内役をつとめた。この枠は『聴きたくてクラシックⅡ』(1992年度)、『クラシック・コレクション』(1993〜1995年度)、『クラシックサロン』(1996〜1998年度)、『ミュージックポプリ』(1999年度)、『クラシックセレクション』(2000〜2001年度)、『ミュージックプラザ 第1部〜クラシック』(2002〜2007年度)、『クラシックカフェ』(2008〜2023年度)へと続いていく。

『サンデーリクエストアワー』(1985〜1988年度)は、日曜の夜7時台に新設された1時間40分の長時間番組。聴取者から寄せられるリクエストをもとに構成されるクラシックのリクエスト番組である。解説は指揮者の大友直人。この番組は放送曜日と時間を変えながら『サンデークラシックリクエスト』(1989年度)、『クラシックリクエスト』(1991〜2003年度)とタイトルをマイナーチェンジしながら、18年間続いた。その間1994年度まで10年間、大友直人が案内役をつとめ、その後、ピアニストの清水和音、作曲家の新井鷗子、ギタリストの鈴木大介ほかが担当した。

1985年度の改定で始まった『FMシンフォニーコンサート』(1985〜2006年度)は、『青少年コンサート』(1973〜1984年度)の後継番組。日本の一流オーケストラによる管弦楽の名曲を、親しみやすい解説で紹介する土曜午後6時からの1時間番組である。同じく『海外クラシックコンサート』(1985〜2006年度)は、海外の放送局とNHKとの番組交換で送られてくるライブ録音を(土・日)午前9〜11時台の長時間枠で放送した。

■FM放送 〜ジャズ&ポップス

FM番組で初めて「ジャズ」がタイトルにうたわれたのは、1978年11月の番組改定で新設された『ウィークエンドジャズ』(1978〜1979年度)である。土曜の午後7時15分からの45分番組で、新着の外国盤ジャズレコードを紹介する番組だった。1980年度は日曜の午後9時から『ゴールデンジャズフラッシュ』(1980〜1984年度)を1時間番組で新設する。スイング、モダン、ボーカルなど、スタンダードジャズをテーマでくくって聞かせる、本格的"主流派ジャズ"の番組だった。解説は音楽評論家のいソノてルヲ、本多俊夫、行田よしお。その後継番組『ゴールデンジャズ&ポップス』(1985〜1987年度)は、日曜午後5時30分からの90分番組。懐かしいナンバーから最新録音まで、ジャズとポップスの名曲、名演をさまざまな角度から特集するディスクジョッキー番組である。案内役と解説は番組前半の「ジャズ」コーナーが本多俊夫と児山紀芳、後半の「ポップス」コーナーが音楽評論家の青木啓と山本さゆりが担当した。『ゴールデンジャズ&ポップス』をジャズパートに特化して、1988年度に『ゴールデンジャズ』と改題した。1989年度はその後継番組『ジャズクラブ』(1989〜2004年度)が、日曜午後6時からの1時間番組で始まる。ジャズ界の新しい動きをとらえるディスクジョッキー番組で、DJは本多俊夫と児山紀芳が引き続き担当した。『ジャズクラブ』が2004年度に終了すると、後継番組『ジャズ・トゥナイト』(2005年度〜)は、土曜の深夜に放送時間を移し、午後11時10分から午前1時に拡大された。DJはジャズギタリストの渡辺香津美とジャズピアニストの国府弘子。ジャズプレイヤーならではの視点で、ジャズの名盤から新譜まで幅広く紹介した。2007年度からはジャズ専門誌「スイングジャーナル」の元編集長の児山紀芳が再登場し、時には内外の有名ミュージシャンをゲストに招いて話を聞いた。2019年2月に児山が死去し、その年の4月からは連続テレビ小説『あまちゃん』の音楽を担当した大友良英があとを継いだ。

1978年11月の改編で始まった『セッション'78』は、タイトルにこそ「ジャズ」の文字はないが、NHK505スタジオでのジャズの公開収録番組である。この番組は1999年度から2005年度までは『セッション505』のタイトルで放送、2006年度からは『セッション○○○○』と年号を入れて2021年3月まで放送が続いた。

『ウィークエンドサンシャイン』DJのピーター・バラカン(1999年) →P224

第1章　第2章　第3章　第4章　第5章　**第6章**　第7章

世界の快適音楽セレクション

『世界の快適音楽セレクション』案内役のGONTITI/ゴンチチ（1999年）→P224

『弾き語りフォーユー』小原孝（1999年）→P223

『ザ・ソウルミュージックⅡ』村上てつや（2023年）→P233

　『ライブビート '97』（1997〜2017年度）は、1997年度の「若者向け番組の強化」の改定方針にのっとって始まった1時間番組。『セッション505』と並ぶスタジオライブ番組で、木曜の午前0時から放送した。ミッシェル・ガン・エレファント、ゆず、ギターウルフ、キリンジほか、J-POPやロックなどの分野でライブ活動を行う旬のバンドを紹介した。1997年度のFM午前0時は金曜が『BBCロックライブ』（1997〜1998年度）、土曜が『ワールドロックナウ』（1997〜2023年度）を放送し、深夜帯の若者向け番組の強化が図られた。

　1999年にはその後20年以上続く4つの長寿番組が始まる。ピアニスト小原孝が幅広いジャンルの音楽を自在にアレンジして演奏する『弾き語りフォーユー』（1999年度〜）、ブロードキャスターのピーター・バラカンがこだわりの音楽を紹介する『ウィークエンドサンシャイン』（1999年度〜）、ギターデュオ "GONTITI/ゴンチチ" の2人（ゴンザレス三上＆チチ松村）が独特の語りと意外な選曲を聞かせる『世界の快適音楽セレクション』（1999年度〜）、ソウル、R&Bなど、ブラックミュージックを専門に取り上げる『ザ・ソウルミュージック』（1999年度〜　＊2019年度に『ザ・ソウルミュージックⅡ』に改題）である。

　『軽音楽をあなたに』（1977〜1984年度）は、（月〜金）の午後4〜5時台に放送したディスクジョッキー番組である。初代DJは水野美紀（月・火）、山本さゆり（水・木）、滝真子（金）の3人。若者向けにポピュラー、ロック、ジャズ、映画音楽など、幅広いジャンルから話題のアルバムや人気アーティストを取り上げて紹介した。放送当時、1970年代に入り、カセットテープの普及が進み、1970年代半ばから若者たちの間で高音質のFM放送を録音する "エアチェック" がブームとなった。エアチェックに利用されるFM情報誌が複数発売され、録音操作が簡単にできる高音質のラジカセ（ラジオカセットレコーダー）も発売されるなど、エアチェック環境も整っていた。『軽音楽をあなたに』は、アルバムやアーティスト単位で特集を組むために、"エアチェック" ファンが常にチェックする番組と言われていた。曲目紹介やおしゃべりを、曲にかぶせない3人のDJの配慮もエアチェックファンの人気の秘密。1984年度を最後に放送は終了するが、35年後の2019年8月、NHK-FM開局50年記念として『軽音楽をあなたに2019』が午後9時台に90分番組で放送された。初代DJの3人が当時と同じ401スタジオに集合し、5日間限定で当時の放送スタイルを再現。懐かしい話題とともに「70年代のアメリカン・ロック」「ビートルズ特集」などのテーマで当時をよみがえらせた。

　『軽音楽をあなたに』の後継番組は1985年度の刷新で新設された『午後のサウンド』（1985〜1987年度）である。各曜日のDJに5人の歌手を起用し、各DJが個性を生かした選曲をおこなった。初年度のDJと音楽ジャンルは（月）石黒ケイで「ブラックコンテンポラリー音楽」、（火）松原みきで「ロック」、（水）アンリ菅野で「ジャズ・フュージョン」、（木）遠藤京子・大橋美加で「ポップス」、（金）久保田育子で「イージーリスニング・映画音楽」とした。

　夜間のワイド番組『公園通り21』（1985〜1986年度）が終了すると、若者向けポップス番組は、午後9時台が『ジョイフルポップ』（1987〜1989年度）に、10時台は『ミュージックシティー』（1987〜1989年度）に引き継がれる。前者はローティーンを対象とした和製ポップスを紹介する40分番組、後者はハイティーンから20代を対象とした海外ポップスを紹介する番組となる。1990年4月からは『ジョイフルポップ』と『ミュージックシティー』を合体させる形でリニューアルし、平日夜9時から10時30分までを『ミュージックスクエア』（1990〜2008年度）とした。日本と世界のロック＆ポップスを、人気パーソナリティーがリスナーのリクエストに応じながら紹介するDJショー番組である。毎回、特集形式で幅広い情報と音楽を紹介した。中島みゆき、桑田佳祐、布袋寅泰、永井真理子、藤井フミヤ、森高千里ほか人気アーティストがDJを務め、話題となった。

NHK放送100年史（ラジオ編）　161

ラジオ編
放送史

NHKラジオ放送史

07 インターネット時代のラジオ

■ネット活用が始まった『地球ラジオ』

　日本でインターネットの商用利用が始まったのが1993(平成5)年。NHKでは、1995年12月にNHKの情報発信を行う公式ポータルサイト「NHKオンライン」が開設された。

　1998年3月、ラジオ第1とラジオ国際放送(ラジオ日本)で1週間にわたって特集番組『地球ラジオ』を、国内および世界に向けて放送した。放送に先立って番組ホームページを開設。電子掲示板(BBS)と電子メールでメッセージ募集をはかり、これをもとに番組を構成するなど本格的なインターネット活用が始まった。

　『地球ラジオ』は、インターネットに触れ始めた若手ディレクターたちによって企画された番組である。当時、ラジオ第1は国際放送を通じて海外へ同時放送されている時間が多く、彼らは海外の在外邦人に呼びかければ、電子メールでメッセージが寄せられるのではないかと考えた。番組タイトルは、これまでにない地球規模の双方向番組として『地球ラジオ』と名付けられた。

　番組冒頭で、小笹俊一アナウンサーが「みなさん、おはようございます、こんにちは、こんばんは」と呼びかけると、すぐにヨーロッパやアジア各国からメールが届き、ラジオとネットの親和性の高さが裏付けられた。

　『地球ラジオ』は、1998年度に特集番組として随時放送され、1999年4月から日曜午後6時台の45分番組で定時放送となる。

　番組内容は"ボランティア""インターネット""受験"など、毎回あるテーマについての情報や意見を紹介する「世界井戸端会議」、海外で活躍する日本人にインタビューする「にっぽんチャチャチャ」、聴きたい音を紹介する「地球音散歩」などのコーナーで構成。またスタジオの様子を写した画像を、数秒に1枚ずつホームページ上に自動公開する取り組みや、海外リスナーのための同時配信などを試行。ネット活用の先駆的な番組として、さまざまなトライアルが実施された。

　初代のキャスターは、NHKアナウンサー後藤繁榮と、特番から担当しているタレントの玉利かおるが務めた。2000年度には毎週(土・日)に枠を増やし、さらに2003年度には午後5時5分に開始時間を引き上げ、放送時間を1

特集番組『地球ラジオ』小笹俊一アナ(1998年)

『地球ラジオ』ホームページ(1998年) →P303

電子掲示板と電子メールでメッセージ募集(1998年)

国際放送を聞いた在外邦人からメッセージが届く(1998年)

定時番組『地球ラジオ』 後藤繁榮アナ・玉利かおる(1999年) →P303

タイに住む日本人と電話でつないで放送(1999年)

時間45分に拡大。ラジオ第1を代表する番組の一つに成長した。

■FAXとメールによる双方向番組が急増

1990年代後半にアメリカを中心にIT関連企業の株価が急騰、1999(平成11)年には日本もITバブルを迎えた。NHK放送センターのある東京・渋谷にはIT企業が多く集まり、アメリカのシリコンバレーをもじってビットバレーと呼ばれるようになった。日本のインターネット利用者数は2706万人(総務省通信白書)で、前年に比べ1000万人以上、59.75%の大幅増となり、普及率は前年の13.4%から21.4%へ大きく伸ばした。多くの企業が、自社のホームページを立ち上げる時代となり、家庭でインターネットに接続できる安価なADSL接続サービスも始まり、パソコンも普及率を急速に伸ばした。

NHKでもテレビ・ラジオのさまざまな番組でホームページが立ち上がり、番組の周知宣伝やイメージアップに利用されると同時に、メールでのメッセージ募集が始まった。ラジオ番組に寄せられるメッセージは、1980年代までは封書・ハガキが中心だった。それが1990年代になるとFAXが加わり、その後、次第にメールに置き換わっていく。

それまでのラジオの情報番組は、すでに取材してある情報に対し、専門家や有識者がコメントするスタイルが多かった。ところが、FAXやメールでリスナーからのメッセージがリアルタイムで届く環境が整ったことで、双方向の演出が可能となった。

1999年4月に始まったラジオ第1の『ラジオほっとタイム』(～2007年度)は、月曜から土曜まで放送する午後1時からの5時間におよぶ生ワイド番組。その午後5時台の「いきいきホットライン」は、リスナー参加型の双方向コーナーである。「若者について」「もっと学びたいですか?」「わたしのついの住みか」など、毎週1つのテーマを選び、ゲストとリスナーが意見を交わした。50分の放送時間内に、メールを中心に数百通のメッセージが届くことも珍しくなかった。

2003年4月にラジオ第1で始まった午前の生ワイド番組『きょうも元気で!わくわくラジオ』(～2007年度)では、リスナーからのメッセージを募るコーナー「ラジオはともだち」を放送時間内に複数回設けていた。

■ネットのつぶやきが生んだ「ケータイ短歌」

1990年代後半に携帯電話が広く普及し、携帯でもインターネット接続が可能となった。そんな環境の中で生まれたのが、携帯専用サイトにアップして、携帯で読む"ケータイ小説"や"ケータイ短歌"である。日常のことばを使って「五七五七七」の31文字で自分を表現するケータイ短歌は、若者の間で静かなブームとなっていた。

2002(平成14)年に『ラジオほっとタイム』のコーナー「いきいきホットライン」でケータイ短歌を特集した。番組で投稿を募ったところ大きな反響があった。寄せられた作品の多くがふだんは番組への投稿の少ない30代以下からのもので、リスナーの多くを占める中高年層ではなかったことが制作陣を驚かせた。

この新しいネット活用の試みは、2003年4月29日夜、2時間の特集番組『特集　ケータイ短歌へようこそ』へとつながる。MCには『ラジオほっとタイム』のキャスター有江活子と、タレントのふかわりょうが起用された。

その後、同年7月に教育テレビとFMで『眠れない夜はケータイ短歌』を、2004年2月、3月にラジオ第1で『特集　こんな夜は、キミの言葉が聴きたくて』とタイトルを変えながら特集番組を放送。2005年4月、ラジオ第1の土曜夜間の刷新の柱として9時台に『土曜の夜はケータイ短歌』(～2007年度)の定時放送をスタートさせた。

月ごとに"自転車""教室"などテーマを定めて短歌を募集し、携帯やパソコンからメールで投稿してもらった。2人の進行役と加藤千恵、穂村弘、東直子らの歌人たちがスタジオトークを進めながら短歌を鑑賞。初年度の年間投稿数は3万2000首を超えた。

2008年4月に『夜はぷちぷちケータイ短歌』(～2011年度)に改題し、日曜の9時台に移設。年間の総投稿数は4万6530首に及んだ。12月22日には特集番組『今夜はテレビでケータイ短歌』が総合テレビに進出。総合とラジオ第1で同時生放送した。深夜0時台から2時30分までの放送にもかかわらず、この特番に1万3953首が寄せられた。

「ケータイ短歌」関連番組は2009年度に、ラジオ第1に新設された日曜夜の若者向けワイド番組『渋マガZ』の午後8時台で継続放送され、2012年4月1日に『渋マガZ』

『土曜の夜はケータイ短歌』(2006年)→P336

『今夜はテレビでケータイ短歌』(2008年)

NHK放送100年史(ラジオ編)　163

NHKラジオ放送史

ラジオ編
放送史

の終了をもって10年に及んだ放送に幕を下ろした。2012年はくしくも携帯電話がスマートフォンに出荷台数で追い抜かれた年であった。

■デジタル回線で高音質の簡易中継が実現

インターネットの出現とともに、デジタル回線の普及がラジオ番組の制作・演出を変えた。

ISDN回線は1980年代に登場し、1990年代半ばに安価な接続機器が登場したことで、急速に普及する。ISDNとは音声やデータをデジタル方式で通信する統合デジタル通信網で、これがラジオ中継を手軽なものにした。

1999(平成11)年4月にスタートしたラジオ第1の『ラジオいきいき倶楽部』(～2002年度)は、午前8時30分から午後0時までのワイド番組。その番組内の中継コーナーで、ISDNのコーデック(変換システム)を搭載した簡易中継器を使って放送した。従来の中継は、技術クルーとともに中継車を繰り出す本格的な中継体制をとるか、電話を使っての音質の悪い簡易中継しか選択肢がなかった。そこに手軽でなおかつ音質が良いISDNを使った中継方法が登場したのである。想定している中継地の近くにNTTの電柱があれば、そこにISDN回線を臨時に敷設して、専用の機材を回線につなぐだけで、音質が良く機動力に富んだ中継がいつでも実現できた。

ラジオ番組の制作・技術要員の効率化が進む中で、この画期的な中継方法はさまざまな番組で活用されるようになる。

2005年3月22日は、日本でラジオ放送が始まって80年の放送記念日。その節目に、新しいタイプの中継車(ラジオイベントカー)「80(はちまる)ちゃん号」がお披露目された。マイクロバスを改造し、車両側面展開型のステージを備えているのが特徴で、全国を移動しながら公開放送を通して聴取者とふれあうための車である。

2005年4月に新番組『こんにちは!80ちゃんです』(～2006年度)が、昼0時30分からの25分番組でスタートした。ISDNのコーデックが搭載されたラジオイベントカーで全国各地を移動しながら、公開放送予定地にそのつどISDN回線を敷設して、東京渋谷のNHK放送センターまで音声を伝送した。「80ちゃん号」は1日1市町村、1週間で1県の6市町村、1年間で全都道府県の280市町村余りをまわった。中継現場を訪れた聴取者数は1年間で2万人近くに及んだ。

「80ちゃん号」の車体は3回代替わりをしたが伝送の方式は引き継がれ、「80ちゃん号」からの放送は2019年3月22日の番組終了まで14年間続いた。

■実現しなかった地上デジタル音声放送

2000(平成12)年12月1日にBSデジタル本放送が開始されると、2003年12月1日、東京・大阪・名古屋の三大都市圏で地上デジタルテレビの放送が始まり、テレビは新たな時代を迎えた。一方、地上デジタル音声放送(デジタルラジオ)は2003年10月に実用化試験放送が東京と大阪で開始された。

NHKの試験放送は、ラジオ第1のサイマル放送(同じ

新しいタイプの中継車「80ちゃん号」

後部が開いてステージに早変わりする

会場にISDN回線を用意すれば中継ができる

「80ちゃん号」は14年間、全国の市町村から中継

時間帯に、同じ番組を異なるチャンネル、放送方式、放送媒体で放送すること）に一部独自番組を加えて編成した。民放各社もサイマル放送と独自番組で編成。この試験放送は、専用の受信チューナー内蔵の携帯電話か、別売りの受信チューナーをパソコンに接続して聴くことができた。ノイズの少ないCD並みの高音質が特長の地上デジタルラジオは、静止画や動画も同時に表示することが可能で、テレビ同様に多チャンネル放送やサラウンド（5.1ch）放送も可能とされた。

地上デジタルテレビの放送が開始されると、それまで地上アナログテレビが使用していたVHF7チャンネルの帯域が空き、地上デジタルラジオに使用される計画であった。NHKラジオセンターには、地上デジタルラジオのためのスタジオが新設され、制作・技術要員も集められた。本放送は地上波テレビ放送がデジタル放送に完全移行する2011年以降に予定されていた。しかし2007年になると、地上波テレビ放送のデジタル化で空く予定のVHF7チャンネルが、デジタルラジオ以外の用途に充てられることが決まり、この周波数帯での本放送実現の可能性がなくなった。

その後、先行きが見えない中でラジオ各局の足並みは乱れ、試験放送から撤退する局も増えていった。2010年6月30日に大阪の試験放送が終了、2011年3月31日に東京も終了した。日本の地上デジタルラジオは、実用化試験放送にこぎ着けながらも本放送に至らなかった初めてのケースとなった。

■ネット掲示板がつないだ『きらり10代！』

1960年代の"深夜放送"ブーム以来、中高生たちは自室にこもってラジオに耳を傾けていた。しかし1990年代以降、中高生の関心はラジオから携帯電話に移っていく。2000年代を迎えるころには、携帯なしではもはや友達同士のコミュニケーションも難しい時代となっていた。

2004（平成16）年4月、第1放送で中高生向けの『きらり10代』（～2008年度　＊2006年度に『きらり10代！』に表記変更）が始まった。土曜の朝9時5分から10時55分までのワイド番組で、第1部がさまざまな職業人に職業観や人生観について聞く「あこがれ仕事百科」、第2部がタレントや人気声優の朗読で読書に誘う「名作をよもう！」の2部構成。2002年度より完全学校週5日制が実施され、休日の午前帯は親子で聴くという想定で企画された番組だったが、週休2日制になったのちも、実態としては部活や習い事などで子どもたちの在宅率が低かった。そこで、2006年4月から日曜夜8〜9時台に番組を移設し、中高生向けのネットを活用した双方向番組にリニューアルした。人気の「あこがれ仕事百科」はそのまま残し、番組独自のネット掲示板を活用した「悩み相談　みんなで解決」を主要コンテンツに据えた。

当時、中高生の間では、ネット上のグループから仲間外れにされたり、悪口を広められたりするなど、新たなイジメの形が顕在化していた。それを反映するように、番組の掲示板には、毎日、深刻な悩みが書き込まれた。この掲示板は、多い日には1日に9万アクセスを記録。携帯電話会社のポータルサイトでも取り上げられ、中高生の間でも話題になった。

掲示板は、番組ディレクターが毎日モデレータ（掲示板の管理・進行）を担当し、投稿内容を確認して公開していた。寄せられる悩みに専門家や著名人が回答する従来の方式は取らず、リスナー自らが相談に乗るという演出。MCはタレントの浜口順子（当時20歳）と高山哲哉アナウンサー（当時32歳）が担当。MCはリスナーの意見を受け止め、共感し、交通整理をする役割に徹した。掲示板では、イジメられている子ども同士が励ましあい、悩みや苦しみを乗り越える姿も見られた。

2008年、全国の中学校・高校でイジメの温床になっている学校裏サイトが社会問題化した。裏サイト・闇サイトというネットの危険な側面から未成年を守るため、携帯電話会社はアクセス可能な健全なサイトを「ホワイトリスト」としてまとめ、子どもたちの携帯電話からはホワイトリストのサイトにしかアクセスできないよう、フィルタリングすることとなった。ところが当初、NHKのサイトがホワイトリストへの登録がなされず、子どもたちの携帯から『きらり10代！』のサイト、掲示板にアクセスができなかった。番組掲示板へのアクセスは数百に減少し、2009年3月29日、『きらり10代！』は放送を終了した。

『きらり10代！』高山哲哉アナ・浜口順子（2006年）→P368

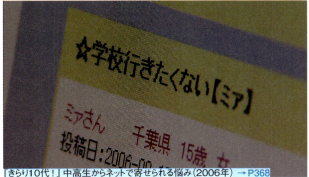
『きらり10代！』中高生からネットで寄せられる悩み（2006年）→P368

NHK放送100年史（ラジオ編）　165

> ラジオ編
> 放送史

NHKラジオ放送史

■番組の新たな演出～メールからSNSへ

　2007（平成19）年は、1947年生まれの団塊世代が60歳定年を迎える年であった。定年予備軍も控える大量定年退職時代を前に、団塊世代をメインターゲットに2007年4月にラジオ第1で『どよう楽市』が始まった。土曜朝8時35分から10時55分までの生ワイド番組で、MCは1950年生まれのメディアプロデューサー・残間里江子と上田早苗アナウンサー。当時としては珍しい女性2人による進行であった。

『どよう楽市』残間里江子、上田早苗アナ（2008年）→P434

　50代、60代を中心に、新たなトライをしている人へのインタビューを紹介する「楽市カフェ」、毎回テーマを決めて投稿を募集し、電話などでリスナーとの会話の輪を広げる「ここが気になる」などのコーナーで構成した。当時の団塊世代向け番組の多くは、大卒の男性サラリーマンを対象としており、その枠をはみ出す男性や女性についてフォーカスされることは少なかった。しかしこの番組では、定年退職後に一日中家にいる夫への不満や不安、女性のセカンドライフなど、女性からの多くの声を紹介した。歯にきぬ着せぬ女性MCたちのコメントも話題となった。

　番組にはリスナーからの投稿画像を添付できるネット掲示板を導入。番組コーナー「今ここにいます」では、リスナーたちが自分のリアルタイムを携帯電話で写真に撮って放送中に投稿した。宗谷岬から波照間島まで歩いている人、東海道五十三次の踏破を目指している人など、さまざまなリスナーの"今（土曜の朝）"が投稿された。

　番組スタート当初は、携帯電話の使い方、写真の撮り方などに不慣れな中高年も多く、MCが懇切ていねいに説明した。すると中高年リスナーからの投稿は日を追って増加し、"中高年はネットに疎い"という一般の先入観を覆す結果となった。

　残間里江子は2011年3月の放送終了まで、4年間を通してMCを担当。ペアを組んだアナウンサーは上田早苗、大沼ひろみ、宮本愛子と交代したが、女性2人のMC体制は最後まで変わらなかった。

　番組へのメール投稿が増える中で2010年代半ばになると、メール投稿はメールアドレスの秘匿ができなかったり、ウイルス添付のリスクなどから、掲示板や画像投稿などで使っていた投稿フォームへと移っていく。そして、さらに簡便な方法としてツイッター（現：X）などSNSのハッシュタグ（#）の活用が、多くの番組で採用されるようになった。

　2015年4月からラジオ第1で『らじらー！』が、（土・日）の午後8時5分から11時までの生放送で始まった。土曜版を『らじらー！ サタデー』として、番組開始当初のMCを8時台がHey! Say! JUMPの八乙女光と伊野尾慧、9時・10時台をNEWSの加藤シゲアキとお笑いコンビ・ガレッジセールのゴリが担当した。日曜の『らじらー！ サンデー』はオリエンタルラジオの中田敦彦と藤森慎吾の2人と、乃木坂46の中元日芽香（奇数週）とSKE48のメンバー（偶数週）が隔週で担当した。

『らじらー！ サタデー』ガレッジセール・ゴリ（2015年）→P200

『らじらー！ サンデー』オリエンタルラジオ、乃木坂46（2017年）→P200

　『らじらー！』では、事前に投稿フォームでメッセージを募集。放送中は投稿フォームに加えて、SNSで【#nhkらじらー】をつけて投稿を呼びかけた。ツイッター上には【#nhkらじらー】のハッシュタグ（#）があふれ、ツイッターの世界トレンドの1位に上がり、ラジオ番組としては驚異的な速さで世の中に認知された。投稿メール数は、番組2年目の2016年度は土曜・日曜を合わせて約2万6000通、ツイッターのフォロワー数も13万を超えるなど、若い世代からの支持が広がった。

　生放送の番組では、メールやFAX、投稿フォームよりもレスポンスが早いツイッターなどのSNSが活用され、ハッシュタグは新しい演出の手法として定着する。

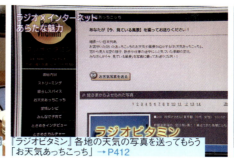
「ラジオビタミン」ではインターネットによる双方向サービスを展開 →P434

「ラジオビタミン」各地の天気の写真を送ってもらう「お天気あっちこっち」 →P412

「テレビNHK杯将棋トーナメント」では盤面をネット配信

■ポッドキャストの登場

　放送と通信の連携が進むなかで、2008（平成20）年度にラジオ第1は"ラジオルネサンス"を掲げ、1992年に『ラジオ深夜便』を定時化して以来の編成の大幅改定を行った。

　刷新のポイントは、平日午前から午後の番組を中心に、ターゲットとする聴取者を時間帯ごとに明確にしたゾーン編成の強化であった。さらに身近な「生活情報波」として、ニュースや生活情報番組を中心に、インターネットや携帯端末を使っての双方向による番組作りの推進を目指した。

　月曜から金曜までの午前中は、"在宅の女性向け生活情報ゾーン"として『ラジオビタミン』（～2011年度）を新設。続いて午後0時台から1時台を、"ふるさとゾーン"と位置づけて『ふるさとラジオ』（～2012年度）を新設。「ここはふるさと旅するラジオ」や「ちょっと寄り道"道"の駅」などのコーナーで、日本各地の話題をいきいきと伝えた。午後2時台から4時台は、"つながるラジオゾーン"として『つながるラジオ』（～2012年度）を新設。「電話相談」や「ラジオ井戸端会議」など、双方向の聴取者参加コーナーを充実させた。

　『ラジオビタミン』のコーナーには、聴取者から寄せられた料理レシピを紹介する「私の愛情レシピ」や、暮らしに役立つ情報を届ける「くらしのスパイス」があった。これを聞き逃した聴取者からは「内容をホームページ上に公開して、いつでも確認できるようにしてほしい」という要望が多く寄せられ、NHKラジオでもポッドキャストの導入が検討された。

　ポッドキャストとは、音声・動画のコンテンツファイルと、その公開場所やタイトルなどのメタ情報を記したファイルを一緒にネット上に公開するサービスで、誰でも制作・公開できる。2005年6月にiPodで使用するアプリ「iTunes」に、ポッドキャストを登録する機能が搭載され、さまざまなポッドキャストが気軽に聴けるようになり、日本にもポッドキャストブームが訪れた。

　2009年、NHKラジオニュースをはじめ、ラジオ第1の早朝ワイド番組『ラジオあさいちばん』（1999～2014年度）の「水曜ビジネスコラム」「健康ライフ」「ビジネス展望」がポッドキャスト化された。2013年には『ラジオあさいちばん』以外にも、午前のワイド番組『すっぴん！』（2012～2019年度）をはじめ、さまざまな番組のコーナーがポッドキャスト化され、リスナーの「聴き逃してしまった」「もう一度聴きたい」というオンデマンド配信のニーズに応えた。

「NHK Podcast」ウェブサイト（2024年）

　2011年にNHKネットラジオ「らじる★らじる」が始まったのちも、オンデマンド配信はポッドキャストで展開することが通常のサービスとなった。しかし、当時のポッドキャストは、どの程度利用されているのかというデータが得にくく、コンテンツが一定期間ダウンロードされてしまうなどの課題も多かった。ポッドキャストは2017年に「らじる★らじる」の「聴き逃しサービス」に移っていった。

■インターネットラジオ「らじる★らじる」と「radiko」の登場

　2007（平成19）年6月にiPhoneがアメリカに登場し、その1年後の2008年7月に日本でも発売された。手のひらサイズの画面にはパソコンのデスクトップのように、アプリのアイコンが並んでおり、そのアイコンをタップして操作する

『ラジオビタミン』村上信夫アナ、神崎ゆう子（2008年）→P434

NHK放送100年史（ラジオ編）　167

NHKラジオ放送史

ラジオ編
放送史

携帯端末はスマートフォン（スマホ）と呼ばれた。スマホは携帯電話というよりも、小さなパソコンであった。2009年にAndroid端末が加わったことで業界の競争が激化し、スマホは一気に普及する。

「radiko（ラジコ）」はラジオ放送を、インターネットを通じて同時にサイマル配信（ライブストリーミング）するインターネットラジオである。ラジオ受信機なしに放送をスマホやパソコンで聴くことができる。2008年に在阪民放ラジオ局と電通関西のグループが、大阪エリア限定でパソコン向けに試験的に配信をスタートした。2010年5月と7月にスマホ向けアプリが公開され、2010年12月1日に株式会社radikoが設立されると、本格的なサービスが開始された。

「らじる★らじる」ウェブサイトとアプリ

「らじる★らじる」当初は同時配信のみ提供

NHKラジオも「radiko」での配信が検討されたが、制度上の制約や災害時の流動編成の運用などを考慮して、独自の配信サービスを目指すことになる。

NHKラジオの同時配信サービスはNHKネットラジオ「らじる★らじる」として、2011年9月1日にパソコン向け、10月1日にAndroid向け、10月26日にiPhone向けアプリがそれぞれ公開された。

当初は、ラジオ第1、ラジオ第2、NHK-FMの全国向け放送のみの同時配信だったが、その後、各拠点局発の同時配信が順次追加されていった。2013年1月にラジオ第1とFMの仙台発、名古屋発、大阪発が、2016年9月に札幌発、広島発、松山発、福岡発が追加された。

ほとんどのAM局・FM局は県域放送だが、「radiko」はユーザーが聴いている場所を検知して、選局できる放送局をその場所で聴けるアナログラジオと同じ局に設定している。地域の民放局のビジネスを守る配慮である。ただ、ユーザーの要望も多かったことから、2014年4月、地域の限定解除を行えるサービス「ラジコプレミアム エリアフリー」を有料で開始した。2017年には「radiko」に参加する民放局すべてが、エリアフリーに対応した。これによって国内のどの地域からでも日本全国のラジオ局の番組を聴くことが可能になった。

エリアフリーによって、県域のAM局の番組に他県からメッセージが届くようになった。他県のリスナーを意識した企画が生まれ、パーソナリティーは「県外の人も、メッセージを送ってください！」と呼びかけた。さらに番組内で他県の番組を話題にしたり、人気パーソナリティーが互いの番組に出演するなど、リスナーの輪を広げる企画も次々に登場した。

エリアフリーによって"全国向け""地域向け"の壁が払われ、同じ一つの音声コンテンツとして聴かれるようになったのである。

2016年、「radiko」は「タイムフリーサービス」をスタートさせる。過去7日以内に放送された番組を、再生し始めてから24時間以内であれば、合計3時間までいつでも聴くことができる無料のサービスである。

タイムフリーサービスが登場したことで、学生たちは"深夜放送"を深夜に聴く必要がなくなった。通学時間を利用して聴くことも、好みの部分を繰り返し聴くこともできる。聴取スタイルが大きく変化し、ラジオから離れていた若い世代がラジオに戻ってくるようになった。

2017年、音楽著作権の問題から、音楽部分をカットして配信するポッドキャスト配信を続けてきたNHKラジオも、「radiko」のタイムフリーにあたるオンデマンド配信のトライアルを開始した。音楽をカットせず、1週間限定で配信する「らじる★らじる」の「聴き逃しサービス」である。

音楽配信については、著作権管理団体と交渉の末、「radiko」と同様、放送後1週間に限って、配信の許諾を得ることができた。聴き逃し配信は2017年5月25日から、出演者や著作権者の許諾が得られた一部の番組で配信実験をスタートした。

「らじる★らじる」聞き逃しサービス（2024年）

第1章　第2章　第3章　第4章　第5章　第6章　第7章

2017年は『マイあさラジオ』『ラジオ深夜便』『FMシアター』『カルチャーラジオ』など、全国向け85番組（ラジオ第1が28番組、ラジオ第2が47番組、FMが10番組）と『コイらじ』（広島局）、『ゴジだっちゃ！』（仙台局）など地域放送局制作の17番組を配信した。

2017年以降、ポッドキャスト配信を行っていた番組は、次々と「らじる★らじる」の聴き逃しサービスに切り替わり、徐々に「らじる★らじる」に統合されていった。「NHKゴガク」のサイトで公開していたラジオ第2の語学番組や、ラジオニュースも「聴き逃しサービス」で聴取できるようになった。

こうしたインターネットラジオの登場がもたらした「タイムフリー」と「エリアフリー」は、従来のラジオ聴取のスタイルを大きく変えて、ラジオの可能性を大きく広げることになった。

2017年、NHKラジオが実証実験という位置づけで「radiko」での配信を開始した。NHK・民放連共同キャンペーンの一環として、2017年10月から、ラジオ第1・第2とNHK-FMを東京発のエリアである関東地方（1都6県）と福岡・宮城・広島・愛媛の県域エリアのみで、それぞれの地域発の放送を配信。翌2018年4月12日から、ラジオ第1は「らじる★らじる」と同じ8つの地域（北海道・東北・関東甲信越・中部北陸・近畿・中国・四国・九州）を、「radiko」でも同様のブロック内で配信。ラジオ第2は全国向け放送を、NHK-FMは東京発の放送を、それぞれ全地域に配信した。

2019年に実証実験を終了し、本格配信となる。ラジオ第1とNHK-FMは、同じ配信形態のまま継続し、ラジオ第2は配信を終了した。タイムフリーサービスとエリアフリーサービスは、実証実験の当初から現在に至るまで行っていない。

「らじる★らじる」の「聴き逃しサービス」は、2021年に各著作権団体から許諾を得たうえで、試行から本格サービスに移行した。2022年度からは対象番組がラジオ3波のほとんどの番組に広がっている。

『ラジオ英会話』（2008年度～）をはじめとする語学番組のニーズが高い。またNHK-FM（月～土）昼の『歌謡スクランブル』（1990年度～）や、ラジオ第1（土）午後1時台の『真打ち競演』（1978年度～）など、リアルタイムでは聴取率が低い時間帯の音楽番組や話芸などの娯楽番組が、「聴き逃しサービス」の利用によって高い聴取数を獲得。聴き逃し配信の聴取数が、同時配信の聴取数を上回っている番組も多い。

現在、NHKラジオは「らじる★らじる」と「radiko」と2つのプラットフォームで配信されている。コストや運用などを勘案して、1つのプラットフォームを目指す議論もある。しかし、民間のプラットフォームに、NHKの緊急時の対応や仕様変更を求めるには限界もあり、コストもかかる。一方で、より多くの人にNHKラジオを届けるという公共メディアの使命を果たすためには、民放のプラットフォームで配信することにメリットもある。2つのプラットフォームの長所を活用しながら、NHKと民放の垣根を取り払ったラジオ全体の普及に寄与する運用が行われている。

■ラジオのテキスト化「読むらじる。」

ネット時代の音声メディアの課題の一つは、「いかに番組の認知度を上げるか」である。ネットユーザーは聴きた

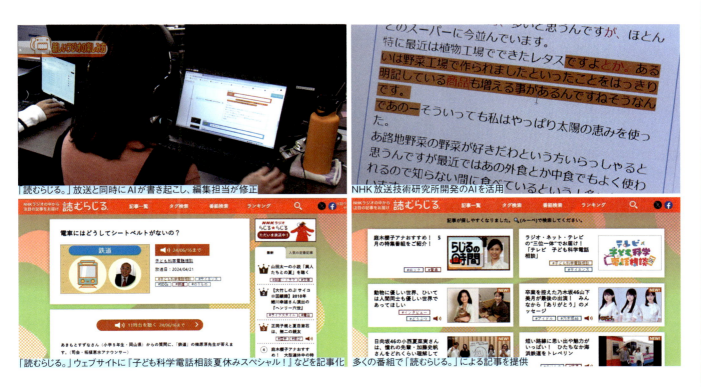

「読むらじる。」放送と同時にAIが書き起こし、編集担当が修正　　NHK放送技術研究所開発のAIを活用

「読むらじる。」ウェブサイトに『子ども科学電話相談夏休みスペシャル！』などを記事化　　多くの番組で「読むらじる。」による記事を提供

NHK放送100年史（ラジオ編）　169

ラジオ編
放送史

NHKラジオ放送史

い番組を探す場合、検索を行う。しかし、音声データそのものは検索には引っ掛からない。

2010年代になると、NewsPicks（ニューズピックス）やGunosy（グノシー）などのキュレーション（まとめ）サイトが登場。ニュースを中心とした記事を、あらかじめ選別・収集し、まとめて提供してもらえることでネットユーザーは便利に使用した。その動きをとらえて多くのラジオ局では、番組内容を文字に書き起こしたり、番組で紹介したニュースを記事化して、ウエブサイト上で公開するようになった。番組が検索に引っ掛かるようにするためのフックである。TOKYO-FMは2015（平成27）年に、ニュースを記事化して公開するサービス「TOKYO-FM＋」を始めている。

2018年10月、NHKラジオでも番組の内容を記事化して提供するサービス「読むらじる。」をスタートさせた。開始当初は『夏休み子ども科学電話相談』を中心に記事化し、「セミの抜けがらは食べられますか？」が、他メディアでも取り上げられるなど話題となった。

「聴き逃しサービス」をしている番組の記事内には、再生プレーヤーを表示し、その場で番組を聴くことができる。記事へのアクセスが、そのまま番組聴取に結びつく仕掛けである。

記事作成には、NHK放送技術研究所がAI（人工知能）を用いて開発した音声の書き起こしアプリケーションが使われている。書き起こされた文章を、編集担当が修正・確認しながらレイアウトし、WEB化される。現在は1週間に数十の記事が原則半年間、権利者の許諾を得て公開されている。

これまで人気のあった記事には、ラジオ第1『ちきゅうラジオ』（1999年度〜 ＊2013年10月に『地球ラジオ』を改題）の「行ってはいけない＜北センチネル島＞」（2019年1月放送）、ラジオ第1の平日夜10時『NHKジャーナル』（1982年度〜）の「ふくらはぎなどの"筋肉のつり" その原因と対処法」（2020年12月放送）、ラジオ第1平日午前8時30分『らじるラボ』（2020年度〜）で紹介された「印度カリー子さん直伝！ はじめてのスパイスカレー♪」（2021年6月放送）などがある。

■コロナ禍で生まれた、新しいラジオの制作スタイル

2019（令和1）年末から世界中で新型コロナウイルス感染症（COVID-19）が流行した。根治的な治療法もない中で、人々は「密閉・密集・密接」の"3密"を避けて、感染を防ぐしか方法がなかった。日本でも、2020年4月に都市部に緊急事態宣言が発出されるなど、社会全体でこの未知の感染症に立ち向かった。この事態は放送業界の番組制作に大きな制約と変革をもたらした。

スタジオや副調整室に入室できる人数が制限され、定期的な換気と消毒が行われた。アナウンサーやパーソナリティーには、マイクの前でもマスク着用が義務付けられた。出演者やスタッフにも感染者や濃厚接触者が出始めた後も、出演者を少人数に制限するなど番組内容と演出を変更することで、何とか放送を維持した。混乱する制作現場の窮地を救ったのが、オンライン会議システムである。従来からの電話放送装置を使っての出演は、電話の音質が悪いために聞き取りにくく、10分を超えるトークには耐えられなかった。そこでSkype（スカイプ）やZoom（ズーム）、Teams（チームズ）などのオンライン会議システムが利用された。電話より高音質であるばかりでなく、パソコン画面を通して顔を見ながら会話ができることで、対面で行う通常の番組作りとの違和感を軽減できた。

民放各局でもメインパーソナリティーの自宅にマイクの音声をデジタル変換してスタジオに送るシステムを設置するなど、さまざまなリモート制作の方法が試された。

3人の出演者によるラジオ第1の歴史バラエティー番組『DJ日本史』（2013年度〜）は、コロナ禍に新しいリモート制作のスタイルを確立させた。収録スタジオには、ディレクターとミキサーと音楽担当者だけが入り、出演者は全員、自宅など遠隔地からオンライン会議システムで参加した。事前に出演者に送付された台本をもとに、オンラインシステムを使って打ち合わせを実施、その後、通常の制作手順と同様に収録を行った。従来と異なるのは、出演者がそれぞれ手元で、自身の声をICレコーダーなどで録音する点にある。録音した音声データは番組終了後にディレクターに送られ、スタジオ収録したオンライン会議システムの音声と差し替えられる。ICレコーダーで録音した音声の方が、オンライン会議システムで収録された音声よりはるかに高音質だからだ。『DJ日本史』はこの収録方法で、コロナ禍を乗り切った。

『DJ日本史』をEテレ『みるラジオ』で放送（2024年）→P308

この期間、在宅ワークや在宅学習が増えたために、ラジオを聴く人が増加した。2020年4月の緊急事態宣言以降、「radiko」の月間利用者数は1000万人近くまで急増した。

コロナ禍はこれまでラジオに触れてこなかった多くの人にとって、ラジオの存在を知るまたとない機会となったのである。

ラジオに向けての実験『らじるラボ』(2023年) → P435

放送100年を振り返る『アナウンサー百年百話』(2023年) → P436

■これからのラジオと音声メディア

　阪神・淡路大震災、東日本大震災、熊本地震など、日本をたびたび襲う大地震は被災地に大きな被害とともに停電をもたらした。その非常時には、電気が止まった状態でも手回し発電や電池で稼働するラジオ受信機が命綱となった。

　2018年9月6日午前3時7分、北海道胆振(いぶり)東部を最大震度7の地震が襲った。午前3時25分、この地震にともない北海道電力のエリアにおいて日本初となるブラックアウト(全域停電)が発生。最大約295万戸が停電し、復旧まで約2日間を要した。テレビもつかない、Wi-Fiルータも動かない、スマートフォンのバッテリーも切れた中では、ラジオだけが情報を伝えるメディアとして残された。

　災害時でのラジオの重要性が改めて認識される中で、ラジオ放送局の経営は依然として厳しく、AM波の存続も危ぶまれている。2021年6月、民放AM局44社は、2028年秋をめどにFM局への展開を目指すと表明した。一方で、FMの送信・受信のエリアは狭く、北海道のような広大な土地をFM波でカバーするには、さらに多くの中継所が必要になるなど、それにともなう課題も山積している。

　2024年1月1日午後4時10分、能登半島地震が発生。同時に広範囲に停電も発生した。NHKは金沢放送局を中心に、地震に関するニュースやライフライン情報を、テレビ・ラジオだけではなくネットでも伝え、停電中の避難所では電池式ラジオの貸与を行った。その際、使い方が分からない人のために、ラジオとともにその使い方や周波数を記載したチラシを配布した。これまで、避難所でラジオを貸与しても、使い方が分からず聴かれないケースがあったからだ。

　能登半島地震では、別の問題も発生した。停電で電力が供給されない場合、NHKと民放各局の中継所は、自家発電で電波の送信を続けることになっている。しかし能登半島地震では、自家発電の燃料が枯渇し、送信が止まってしまった中継所があった。地震によって道路が寸断され、燃料の輸送路が絶たれてしまったのである。被災地が遠隔地に閉ざされた場合、遠くまで電波が届き送信所・中継所が少なくて済むAM波が有用であることも再確認された。

　2025(令和7)年3月、日本のラジオは100年を迎える。地上アナログラジオの週間接触率(1週間で1回でもラジオを聴いた人の割合)は年々低下している。その一方で、「らじる★らじる」や「radiko」に加えて、ポッドキャストが人気となり、ネットを通した音声メディア市場は成長を続けている。

　2019年以降、日本でもSpotify(スポティファイ)やAmazon Music(アマゾン・ミュージック)などの音楽配信サービス大手が、次々とポッドキャストのサービスを開始し、Apple Podcast(アップル・ポッドキャスト)と共に利用者を増やしている。

　さらにVoicy(ボイシー)やRadioTalk(ラジオトーク)、Spoon(スプーン)といった新しい音声メディアも登場し、ポッドキャストとともに、新たな配信者、コンテンツ制作者が生まれ、競争も激化している。その中にあって、既存ラジオ放送局もまた新たなコンテンツを投下し、ポッドキャストオリジナルの制作にも力をいれている。

　NHKラジオは2026年度、これまで3つあった放送波を整理・統合し、新AMと新FMの2波で新たなスタートを切る。NHKの音声波が、公共メディアとしてこれまで以上に存在感を示していくためには、アナログ地上波のラジオ放送を維持するだけでなく、ネットラジオやポッドキャストの配信も含めた「NHKサウンドメディア」として、"信頼"される情報・コンテンツを提供していくことが求められている。

放送100年を振り返る『伊集院光の百年ラヂオ』(2023年) → P436

NHK放送100年史(ラジオ編)　171

ラジオ編 番組一覧 01 ドラマ | 定時番組

1920年代　連続ドラマ

大尉の娘　〈単発ドラマ〉　1925年度
東京局が本放送を開始した1週間後の7月19日に放送されたラジオ劇。プーシキンの作品から翻案。井上正夫と水谷八重子が出演していた舞台の台本を、東京局の嘱託だった長田幹彦がラジオ用に演出。出演は舞台と同じ井上正夫、水谷八重子ほか。半鐘の音、火の燃える音など、音響効果を意識した初のラジオ劇で反響を呼んだ。「日本最初のラジオドラマ」と評する研究者もいる。

炭坑の中　〈単発ドラマ〉　1925年度
ラジオのために書かれた台本による初の本格的ドラマ。1924年1月にイギリスBBCで放送されたラジオドラマ「Danger」を築地小劇場の小山内薫が翻訳し、『炭坑の中』とタイトルした。事故により明かりが消えた炭坑の中が舞台。暗黒の世界の臨場感を高めるため、ドラマの冒頭で消灯しての聴取を呼びかけた。出演は山本安英、小野宮吉ほか。声（言葉）、音楽、効果音を3要素としてラジオドラマの芸術性が意識された。

物語　〈戦前〉　1926～1941年度
1926年11月、岡田嘉子出演で大阪局から『椿姫物語』を放送。音楽や効果音に工夫を凝らしたラジオ独自の形態を模索し、「物語」と称される最初の作品となった。1932年11月に東京局から夏川静江出演で吉屋信子作『釣鐘草』を放送、「物語」が放送種目として確立された。「物語」を基本形態として、大阪では「放送小説」を公募。東京では「立体物語」「歌謡物語」などが企画され、のちの「ラヂオ小説」につながっていく。

ラヂオ風景　1928～1941年度
ラジオの特性を娯楽面で生かしたのがラジオドラマと「景物詩」である。1925年7月に東京局が放送した東京景物詩「夏の夜」をはじめとして、大阪局の「ラヂオスケッチ」などがある。市井の人情、風景、風物を写生的に描き、情趣を音と音楽で表現した。これに時事的要素とユーモアを加え、音で描く漫画ともいえる内容としたのが『ラヂオ風景』で1928年7月に放送。ラジオドラマが「放送劇」に統一される開戦直前まで放送。1937年4月、菊池寛作「蘭学事始」を一龍斎貞丈の出演で放送。

1930年代　連続ドラマ

ラヂオ小説　〈戦前〉　1934～1941年度
1934年に東京局が放送した北村喜八作「母のこゝろ」、八住利雄作「マダムX」に、初めて「ラヂオ小説」の種目名を使用。「物語」の"立体化"を目指す種目とされた。1936年9月に3夜にわたって放送された夏目漱石作「三四郎」が、「ラジオ小説」として初めて本格的な脚色を行ったものとされる。既成の名作小説をラジオドラマ化して放送した。

新探偵小説連続放送　1934年度
探偵小説の鳴り物効果入りの脚本朗読。野村胡堂作「桜三態名古屋城」を放送し、聴取者の興味を引くために懸賞付きとされた。名古屋局発。

国史劇　〈連続ドラマ〉　1939～1940年度
「紀元二千六百年」記念特集番組。毎月1回午後6時からの放送。当時提唱されていた国民演劇に新しい方向を示そうとしたもの。著名な劇作家に作品を委嘱し、出演者も一流の俳優をそろえた。作品は1月の「肇国」から始まり、「飛鳥の御代」「大化の改新」「聖武の御代」「菅原道真」「元寇」「建武の中興」「桃山時代」「徳川光圀と大日本史」「愛国蘭学者長英」「村塾」「満州拓士の父」の12の歴史的な事象を取り上げた。

1940年代　連続ドラマ

宮本武蔵　1943～1944年度
徳川夢声の朗読による吉川英治原作の「宮本武蔵」。1939年9月から1940年4月まで、夢声ほかが交代で朗読を担当し、26回を第1で不定期に放送。1943年9月からは『連続物語』として夢声が1人で全27回を朗読した。戦意高揚のための演芸で、お通と武蔵の恋物語などは削除され、剣の極意や果たし合いの部分だけが語られた。

山から来た男　1945年度
1945年10月から毎週1回、全7回で放送されたラジオドラマ。戦後初の連続放送劇で大きな反響を呼ぶ。1946年1月に行われた東京放送劇団の第2期生募集の口頭試問で、「最も感銘を受けた最近聴いた放送は」との問いに、ほとんどの応募者がこの作品名を挙げたという。のちの「連続放送劇」の足がかりとなった。作・演出：菊田一夫。音楽：古関裕而。出演：こやまげんき、渡邊富美子、七尾伶子、巌金四郎、山田清ほか。

連続放送劇　井田家の一とき　1946年度
当時の平均的日本人一家の日常生活を明るいスケッチとして描いた連続放送劇。初めてのホームドラマとして試みられた作品。1946年5月から7回連続で放送。作：芝木好子。出演：東京放送劇団。この作品に引き続いて「井田家の近隣の住人吉村家」を描いた『我が家の平和』（作：北条誠）が1946年6月下旬より始まる。

連続放送劇　我が家の平和　1946年度
『井田家の一とき』の好評を受けて6月下旬より12回連続で始まった北条誠作の連続放送劇。「井田家の近隣の住人吉村家」の家庭をスケッチ風に描いた。この作品でラジオにおけるホームドラマの形が確立され、後の『向う三軒両隣り』などの長期連続放送劇につながっていく。

自由を護った人々　1946年度
明治、大正、昭和において、政治、文化、教育、社会の各方面で自由のために戦った人々を10回にわたって伝記ドラマとして描いた。取り上げた人物は第1回「板垣退助」に始まり、福沢諭吉、景山英子、高橋是清、新島襄、犬養毅、三木清、津田梅子、尾崎行雄ほか。主な出演は山村聡、山本安英、富田仲次郎、薄田研二、東山千栄子ほか。第1(火)午後7時30分からの30分番組。

ラジオ実験室　1946〜1947年度
アメリカCBSの「ラジオワークショップ」にならった週1回30分のドラマ番組で、CIE（民間情報教育局）の発案で生まれた。CIEラジオ課の直接指導で、ラジオの独自性に基づく表現、演技、演出、音楽、音響効果などが実験的に試され、新しいラジオドラマ技術の探究と番組演出の向上の面で重要な役割を果たした。第1回放送は「アウト・オブ・ボットル」（作：東郷静男）。1948年1月7日に『ラジオ小劇場』に改題。

向う三軒両隣り　1947〜1953年度
戦後日本の民主化を、近隣の人々の家庭生活を通して明るく描いたホームドラマ。新しい考え方を古い思考や迷信と対立させることで、新時代のありようを伝えた。CIEの助言でアメリカの人気ドラマに範をとったもの。1947年7月から5年10か月にわたり全1377回を放送。第1(火)午後7時30分からの30分番組でスタート。1948年1月より(月〜金)午後6時45分から7時までの帯番組となった。作：八住利雄ほか。

鐘の鳴る丘　1947〜1950年度
CIEの要請で制作された戦争孤児救済のためのキャンペーンドラマ。復員してきた主人公が、空襲により家も親も失った戦災孤児たちと知り合い、やがて信州の高原にある施設「鐘の鳴る丘」で共同生活を始める。混乱の戦後を明るく生きていく人々の姿を描いた。週2回の放送で始まり、後に(月〜金)午後5時15分からの15分番組となる。作：菊田一夫。音楽：古関裕而。出演：小山源喜。3年6か月にわたって全790回を放送。

ラジオ小劇場　1947〜1953・1962〜1964年度
『ラジオ実験室』（1946〜1947年度）の後を受けて1948年1月にスタート。ラジオドラマの新しい手法を次々に開拓し、多くの新人放送作家を世に送り出した。1954年4月5日に終了するまで320作品を放送。『ラジオ劇場』（1954〜1960年度）を経て、1962年度に放送を再開。創意あふれる30分番組とした。1964年度に放送を終了後、その業績に対し、放送批評懇談会からギャラクシー賞を受けた。

世界の名作　1947〜1953年度
戦後の出版事情に照らして、一般では入手困難な著名な外国文学を紹介する目的で1947年10月に始まった。初年度は英米編として「ハムレット」（シェークスピア）、フランス編として「赤と黒」（スタンダール）、ドイツ編として「ファウスト」（ゲーテ）、ロシア編として「罪と罰」（ドストエフスキー）などを、放送劇として脚色し、専門家が解説。第2(土)午後8時からの1時間番組。1953年11月に『名作劇場』に改題。

ラジオ小説　〈戦後〉　1949〜1954年度
既成の小説を地の文の朗読と会話体に分けて"立体化"した新しいラジオドラマを目指した。週1回ほぼ1か月単位で4〜5回連続で放送。初年度は徳川夢声の出演で夏目漱石の「坊ちゃん」、山田五十鈴の出演で川口松太郎作・脚色の「夜の門」ほかを放送。第1(日)午後10時台の25〜30分番組。1954年10月放送の井上靖作、恒松恭助脚色の「傍観者」は、久米明、望月優子、島田友三郎らの熱演で好評を得た。

光を掲げた人々　1949〜1954年度
有名無名を問わず、人間の幸福のためになんらかの貢献をした人々の姿を描いた伝記放送劇。初年度は「新渡戸稲造」「アンリ・デュナン」「新島襄」「リンカーン」「シュバイツァー」「ヘレン・ケラー」「二宮尊徳」「内村鑑三」など28回を放送。第1(日)午前9時台の30分番組。1954年度は放送開始30周年に当たり、電磁波の生みの親ともいうべきイギリスの「マックスウェル」をラジオ小説形式で描いた。

灰色の部屋　1949〜1953年度
NHKで初めて企画されたスリラー番組。探偵小説をラジオドラマに脚色して探偵小説ファンの期待に応えた。初年度は第2(金)午後8時15分からの15分番組で、水谷準の「司馬家崩壊」、甲賀三郎の「誰が裁いたか」、夢野久作の「難船小僧」ほかを放送。1950年1月から30分番組となり、江戸川乱歩の「蜘蛛男」、横溝正史の「蝶々殺人事件」ほかを放送。

えり子とともに　1949〜1951年度
"幸福とは何か"をテーマとする30分の連続ホームドラマ。1949年10月にスタートし、1951年3月で第1部を終了。同年4月から第2部を放送。作：内村直也。音楽：芥川也寸志、中田喜直。出演：阿里道子、小沢栄、山本安英、杉村春子、田村秋子、芥川比呂志、北沢彪、久米明ほか。1952年4月3日に放送を終了すると、その翌週から菊田一夫作の大ヒットドラマ『君の名は』が始まる。

1950年代　連続ドラマ

語るオルゴール　1950〜1953年度
『ラジオ小説』（1949〜1954年度）が週1回30分で4〜5回完結だったのに対し、1か月ごとに異なる作品を日曜を除く毎日放送。第1(月〜土)午後4時からの15分番組で、新聞小説のラジオ版を意識した「連続ドラマ」枠。1951年度は最初の10分で長編小説を放送、残りの5分は古関裕而がハモンドオルガンを演奏した。宮内寒彌脚色「三色すみれ」（52回）ほかを放送。

NHK放送100年史（ラジオ編）　173

ラジオ編 番組一覧 01 ドラマ｜定時番組

連続物語　1950・1954年度
1943年9月から徳川夢声が「宮本武蔵」を全27回で朗読。戦後は1950年度に長編作品を毎日物語形式で放送する定時枠として新たにスタートした。山村聰出演の「帰郷」（作：大佛次郎）、日高ゆりえ出演の「うず潮」（作：林芙美子）などを放送。1954年11月に同名番組がスタートし、徳川夢声が白井喬二作の長編時代小説「富士に立つ影」を朗読した。第1(土)午後9時15分からの25分番組。

さくらんぼ大将　1950〜1951年度
『鐘の鳴る丘』で人気を博した菊田一夫作の連続放送劇。不幸な少年島上六郎太、東北なまりの田舎医者大野木蛮洋、やさしい心根のかすみ夫人、可憐な少女お玉ちゃん、強欲な勝枝伯母らの織り成す笑いとペーソスにあふれた人情物語を全319回で放送。音楽：古関裕而。出演：中井啓輔、古川ロッパ（緑波・以後、本稿ではロッパで統一）、夏川静江、高橋和枝、七尾伶子ほか。第1(月〜金)午後5時15分からの15分番組。

連続ラジオ小説　1951〜1956・1958・1961〜1964・1978〜1983年度
第1(月〜土)午後4時からの15分番組でスタート。単独出演者の物語形式をやめて、語りと会話による"立体形式"とした。いったん休止のあと、1961年度に『朝のおくりもの』枠内で再開。1978年度に"スリルとサスペンスにあふれた内外の小説をドラマ化"する枠として再々スタート。下半期の放送で各年度10シリーズほどを放送。

君の名は　1952〜1953年度
東京大空襲の夜に出会った真知子と春樹のすれ違いの悲恋物語を、戦後の社会状況を背景に描き大ヒットしたラジオドラマ。女性たちから共感を呼び、放送時間には銭湯の女湯が空になったという"伝説"が生まれた。番組は松竹で映画化されたことで「真知子巻き」が流行するなど「君の名は」ブームが巻き起こる。全98回。作：菊田一夫。音楽：古関裕而。出演：北沢彪、阿里道子ほか。第1(木)午後8時30分からの30分番組。

白面公子"筑波太郎"　1952〜1953年度
大衆文学の第一人者村上元三の原作を西川清之ほかが脚色した連続放送劇。三代将軍徳川家光亡き後の四代将軍擁立の動きの中での松平長七郎（徳川家光の弟・徳川忠長の子とされる人物）の活躍を描く。音楽：飯田景応。出演：岩井半四郎、市川八百蔵、本郷秀雄ほか。語り手：一龍斎貞花。第1(火)午後7時30分からの30分番組。

幸福物語　1953年度
1300回以上続いた人気の連続放送劇『向う三軒両隣り』のあとを受けてスタート。湘南の海に面したある小都市を舞台に新婚家庭の日常生活を描き、家庭の幸せを考えるホームドラマ。作：田井洋子、筒井敬介、石川年、須藤出穂。出演：勝間久、伊藤淳子、中村メイコ、小山源喜、吉田雅子ほか。第1(月〜金)午後5時15分からの15分番組。

美しい人　1953年度
三好十郎作の連続放送劇。希望のない暗い戦争の時代と、それに続く苦しい終戦後の数年間を、一人の女性の苦難の日々を通じて描き、戦後日本のあり方を考えた。第1(土)午後9時15分からの30分番組。

名作劇場　1953〜1959年度
『世界の名作』（1947〜1953年度）を改題。『世界の名作』が各国の小説、戯曲の名作を連続ラジオドラマに脚色したのに対し、「更級日記」より「武蔵の衛士」や「宇治拾遺物語」より「鬼」など、日本の名作を積極的に取り上げた。1954年9月に文学者をメンバーとした「名作劇場企画委員会」をつくり、内容の充実をはかった。第2(火)午後9時からの1時間番組。

かくて夢あり　1953〜1954年度
『美しい人』のあとを受けてスタートした連続放送劇。農村に残る封建的な家制度に耐えかねて家を出た一人の女性の姿を通して、理知と愛情が明日への夢を支えるものであることを描いた。作：大林清。作曲：中田喜直。出演：田上嘉子、小山源喜、名古屋章ほか。第1(土)午後9時15分からの30分番組。

源義経　1954〜1955年度
村上元三が朝日新聞に連載していた同名小説を村上本人が脚色し、源義経の華麗な最盛期から悲劇的な末路までを描いた娯楽放送劇。義経を岩井半四郎、静を島崎雪子、武蔵坊弁慶を河村弘二が演じた。第1(火)午後9時15分からの25分番組。

由起子　1954〜1955年度
大ヒットした『君の名は』（1952〜1953年度）のあとを受けて、1954年4月に始まった同じ菊田一夫作の連続放送劇。オホーツク海に面した能取岬から物語が始まり、その後、舞台は東京、青森県十和田湖、瀬戸内海の因島と移り、薄幸の女性矢田部由起子の歩む数奇な運命を描く。全95回。音楽：古関裕而。出演：津島恵子、木村功、二本柳寛、北沢彪、七尾伶子ほか。第1(木)午後8時30分からの30分番組。

小ばなし横町　1954〜1955年度
昼休みのひとときに、くつろいで聴けるミニドラマ集。途中から聴いてもわかるように、30分の放送時間内に3〜4本の話を複数の作家で共作した。レギュラーの作家は淀橋太郎、伊藤逸平、大倉左兎、風早美樹、高垣葵、伊藤海彦。出演は丹下キヨ子と太宰久雄が主役をつとめた。第1(火)午後0時30分からの30分番組。

ラジオ劇場　1954〜1960・1978〜1984年度
主として明治、大正の名作小説を脚色した放送劇を取り上げた。1954年度は第2(木)午後9時15分からの45分番組。1978年度に従来放送してきた第1の『文芸劇場』（1968〜1978年度）とFMの『ドラマ』（1974〜1978年度）を一本化し、オリジナル作品、脚色ものを問わず質の高い単発ドラマ枠として新設。すぐれた作品を集めたアンコール放送も好評。初年度はFM(土)午後9時15分からの45分番組。

青いノート　1954〜1956年度
明日への希望を抱きながらも日々の生活を地道に送るあるサラリーマン家庭の哀歓を描く連続放送劇。それまで婦人番組、教養番組、報道番組で編成されていた朝の時間帯に、初めてラジオドラマが進出。1954年11月から第1部を、翌年11月から1957年3月まで第2部を放送。全732回。作：乾信一郎。作曲：大中恩。出演：木崎豊、綱島初子、友部光子ほか。初年度は第1(月〜土)で午前9時45分からの15分番組。

放送劇　1955〜1967年度
戦前より単発ないしは短期連続のラジオドラマを「放送劇」と呼んで放送していた。戦後、第1放送と第2放送それぞれで不定期に放送を開始し、1948年ごろより毎週金曜日に定期的な放送となり、通称"金ドラ"と呼ばれるようになる。1955年度に第1(木)午後9時15分から45分間の定時枠ができる。その後、芸術祭参加作品など格調高い文芸ドラマを中心に幅広く放送した。

物語劇場　1955〜1956年度
形式は『ラジオ小説』に似ているが、それ以上に「語り」に重点をおいた放送劇。語り手に一龍斎貞花、貞鳳、貞丈らがあたった。正月特集では書き下ろし作品を放送したが、それ以外は原作ものの脚色で「残菊物語」「桃中軒雲右衛門」「風林火山」「次郎長日向」「柳生連也斎」ほかを放送。脚色：知切光蔵、矢田弥八、霜川遠志、西川清之。第1(日)午後2時からの30分番組。11月からは午後2時40分からの20分番組。

物語〈戦後〉　1955〜1956・1961〜1971年度
戦後、単発のラジオドラマを『物語』のタイトルで放送していたが、1955年度に第1(水)午後10時15分からの25分番組で定時化。永井荷風、三島由紀夫、石川達三らの作品をドラマ化した。1956年11月の改定でいったん終了するが、1961年度に45分番組で(水)午後9時に復活。1人ないし2人の語り手による文芸作品の朗読を中心に放送した。

スリラー劇場　1955年度
人間性の悪の面を取り上げて描く点に特徴のある「スリラー」枠の放送劇。純粋にサスペンスをねらった「もう一つの影」(作：西川清之)、怪談「白い影」(作：岡田教和)、ミュージカルスリラー「浅草よ今日は」(作：淀橋太郎)、スリラーコメディー「望遠レンズ」(作：六所輝彦)など、さまざまなタイプのスリラーを放送。第1(月)午後9時40分からの20分番組。

風流剣士　1955〜1956年度
関ヶ原の戦いを背景に、気弱な青年陣馬之助が、数々の辛酸をなめながらも、たくましく成長していく姿をダイナミックに描く連続時代劇。作：村上元三。出演：山内雅人、清水一郎、笠川武夫、村上冬樹、幸田弘子ほか。全67回。語り：小沢寅三。初年度は第1(日)午後9時15分からの25分番組。

若い季節　1955年度
都会の高校生を主人公に、若者たちの希望ともなるような放送劇を作ろうという意図で企画された明るい連続放送劇。全12回。作：北条誠。音楽：木下忠司。出演：御橋公、日高ゆりえ、中井啓輔、菅谷政子、大塚力ほか。第1(火)午後9時15分からの25分番組。1961年に総合テレビで始まった人気ミュージカルコメディー『若い季節』とは別番組。

東京千一夜　1955〜1956年度
森繁久彌と中村メイコの2人がレギュラー出演する連続ドラマで、庶民生活の哀歓を描いた。第1話「地上の星」(作：中村実)、第2話「あさき夢みし」(作：永来重明)、第3話「ふるさとの歌」(作：長谷川幸延)、第4話「夜の鶯」(作：久生十蘭)、第5話「手品師は涙ながらに」(作：筒井敬介)など、1955年11月から1957年3月まで、9話を全71回で放送。第1(日)午後10時15分からの30分番組。

風ふくなかに　1955年度
『若い季節』(1955年度)に引き続いて同枠で放送。地方の小都市の高校に汽車通学する生徒や教師の姿を、甘く清純に描いた物語。全8回。作：野崎氏治。音楽：木下忠司。出演は一般から募集した武藤礼子ほか、川田正子、小林茂実、桑山正一ら。「全国ラジオ唱歌コンクール」で3年連続第1位となった都立八潮高校合唱団が、毎回美しいコーラスでドラマを彩った。第1(火)午後9時15分からの25分番組。

虹は七色　1956年度
(月〜金)放送の演芸バラエティー番組『午後の演芸会』の金曜枠で放送。並木一路、柳沢真一がレギュラー出演したミュージカル・バラエティー。出演は宮城野由美子、朝丘雪路ほか人気歌手が多数出演。脚本は大島得郎、鈴木みちを、原浩一、西沢実が1か月交代で執筆。第1(金)午後2時5分からの25分番組。1956年4月から10月まで放送。

ある日ある時　1956年度
社会的現象の底にひそむ矛盾や真実を描き出し、人間生活調和の基本が人間愛にあることを強調するドキュメンタリー・ドラマ。売春問題を扱った阿木翁助作「一教師の記録」、東京における学生生活を描いた筒井敬介作「私は麦畑に立っている」、神風タクシー運転手の生活を扱った西沢実作「東京バックミラー」等を放送。第1(水)午後10時15分からの25分番組。

朝の口笛　1956〜1960年度
朝の連続ホームドラマ枠。第1(月〜土)午前9時10分からの15分番組。林房雄原作、山下与志一脚色の「青春家族」(1956〜1957年度)、尾崎一雄原作、岡本功司脚色の「のんき村日記」(1957〜1958年度)、石坂洋次郎原作、岡田達門脚色の「すずかけの散歩道」(1958年度)、田辺まもる・石山透作「おはようトコちゃん」(1959年度)など、全1549回を放送。

幻の部屋　1956年度
サスペンスものを中心に放送した『スリラー劇場』(1955年度)を改題。スリラーや怪談を、3〜4回連続で放送。6月放送の「おらんだ泥棒」(作：西沢実)は、「蝶々夫人」の「ある晴れた日に」の歌にまつわる怪異譚。7月放送の「しらぎくの草紙」(作：宇野信夫)は、平安時代を舞台とした異色作。ほかに知切光蔵作「ついてきた女」、高橋昇之助作「女の手」などに反響があった。第1(月)午後9時40分からの20分番組。

NHK放送100年史（ラジオ編）　175

01 ドラマ | 定時番組

ラジオ編 番組一覧

花くれないに 1956〜1957年度
東北地方のある小都市を舞台に、東京から赴任した高校教師と、地元の純情な高校女性教師の清らかな恋愛を描いた連続放送劇。主人公の女性教師は一般からの公募で鹿沼朝子を起用。出演は北村和夫、古川ロッパ、浅丘ルリ子、北林谷栄ほか。全71回。脚本：阿木翁助。作曲：木下忠司。1956年11月から1958年4月まで放送。第1(日)午後7時30分からの30分番組。

一丁目一番地 1957〜1964年度
家族そろって楽しめる連続放送劇。東京郊外の住宅地を舞台に、"一丁目一番地"にある7軒の日常の出来事や近所づきあいを明るくユーモラスに描いたホームドラマ。作：高垣葵、高橋昇之助。音楽：宇野誠一郎。語り手：鎌田弥恵。出演：名古屋章、岸旗江、黒柳徹子ほか。第1(月〜金)午後6時台の10〜15分番組。8年間にわたって全2025回を放送した。

日曜名作座 1957〜2007年度
森繁久彌と中村メイコの連続ドラマ『東京千一夜』(1955〜1956年度)のあとを受けてスタート。森繁久彌と東京放送劇団の加藤道子の2人の語りで、複数の登場人物を演じる文芸ドラマ。番組スタート時は、明治から昭和初期の文芸作品を中心に取り上げた。第1(日)夜間の30分番組。2007年度をもって半世紀以上続いた放送を終了。2008年度に『新日曜名作座』と改題、西田敏行と竹下景子があとを引き継ぐ。

ドキュメンタリー・ドラマ 1958〜1959年度
社会の底にひそむ矛盾や真実を描き出し、ひたむきに幸福をつかもうとする人々の生活を描いたドラマ。1956年4月から半年にわたって放送した『ある日ある時』の後継番組。初年度は、今や置き去りにされようとしている蒸気機関車の機関士の生活を描いた「機関士物語」(作：阿木翁助)、夜間中学に通う子どもたちの姿を描いた「夜学ぶ子供達」(作：田中澄江)ほかを放送。第1(木)午後9時15分からの25分番組。

明日ひらく窓 1958〜1959年度
2部構成で描く人生喜劇。第1部は、東京郊外に下宿する2人の学生を主人公に、就職、恋愛、結婚をめぐるエピソードを通して、庶民の善意と人情の機微を描いた。第2部は、新聞社に勤務するカメラマンの哀歓を描いた。作：永来重明。作曲：小沢直与志(第1部)、木下忠司(第2部)。出演：佐田啓二、浅丘ルリ子、佐野周二、榎本健一ほか。初年度は第1(日)午後9時15分からの25分番組。

連続ホームドラマ 娘と私 1958年度
獅子文六の自伝小説を山下与志一が脚色したラジオドラマ。1958年4月から1年間で全304回を放送。主人公「私」が妻を失い、戦前から戦後に至る激動の時代に、残された一人娘・麻里を立派に育て上げるまでを描く。二・二六事件や日米開戦の録音を挿入し、臨場感を持たせた。出演は滝沢修、轟夕起子ほか。第1(月〜土)午前10時15分からの15分番組。この番組を下敷きに、連続テレビ小説の第1作『娘と私』が誕生する。

浪曲ドラマ 1959〜1962年度
浪曲の持つ独特のリズムと節回しを、ドラマの中に面白く生かした新しい分野の連続ドラマ。初回は2か月連続で「無法松の一生」を五月一朗の浪曲、久松保夫主演で放送。1961年度は檀一雄原作の現代もの「夕日と拳銃」を鹿島秀月の浪曲、宇津井健主演で放送し話題となる。1962年度はオリジナル作品も放送した。第1(水)午後7時30分からの30分番組。

朝の小説 1959〜1961年度
新聞小説のラジオ版という発想で生まれた朗読ドラマ。(月〜日)放送の朝のワイド番組『きょうも元気で』(1959年度)枠内でスタート。第1作は芹沢光治良作「坂の上の家で」(朗読：小沢栄太郎)。その後、高見順作「遠い窓」、壺井栄作「どこかでなにかが」ほかを放送。第1(月〜土)午前7時35分からの5分番組。1961年度に『朝のおくりもの』枠内で「連続ラジオ小説」が始まり、『朝の小説』は発展的に解消される。

愛の大河 1959年度
戦後15年間の激動する社会を背景に、満州(中国東北部)からの引き揚げ者である一家族の歴史をたどった大河ドラマ。苦難の15年を経て4人の子どもたちを育てた母親役を坪内美詠子、左翼運動を経て経済界にその地歩を築く長男役を仲代達矢、漁業の世界に身を投じる次男を梅野泰靖、そして長女を岩崎加根子が演じた。作：椎名利夫、山内久。音楽：松井八郎。第1(土)午後10時10分からの30分番組。

連続放送劇 あの雲こえて 1959〜1966年度
近代化する農村の問題をテーマとした連続放送劇。宮田輝アナウンサーが語り手となって、聴取者の目線で劇の進行を見守り共感を得た。『農家の皆さんへ』(1959年度)枠内で(月〜土)午前5時30分からの12分番組でスタート。1960年度より『早起き鳥』枠内で放送。静岡県の農家が舞台の「第1部」が1963年度に終了。翌年度より山梨県を舞台に「第2部」が始まる。1966年度に通算2458回をもって放送を終了。

1960年代 | 連続ドラマ

芸術劇場 1960〜1973年度
『名作劇場』(1953〜1959年度)と『放送劇』(1955〜1967年度)を発展的に解消させて生まれた単発ラジオドラマ枠。初年度は第2(月)午後9時からの1時間番組。『文芸劇場』(1968〜1978年度)が文芸作品の脚色ものだったのとは対照的にオリジナル作品を中心に高い芸術性を求めた。1968年度にFMに移行すると、技術的にも新たな試みがなされた。1974年度に『ドラマ』に改題。

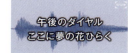
午後のダイヤル「ここに夢の花ひらく」 1962年度
総合ワイド番組『午後のダイヤル』の月曜枠、午後1時31分からの28分番組。暮らしの中での感想やエピソード、街角で見かけた心温まる話など、一般聴取者からの投書をもとに、毎回違ったテーマで制作される音楽ホームドラマ。作：高垣葵ほか。作曲：宇野誠一郎ほか。出演：楠トシエ、ペギー葉山、島田多恵子、旗照夫。

おたのしみ劇場 1963年度
夜8時台に登場した単発ドラマ枠。浪曲ドラマ、喜劇、ラブロマンスなどのほか、民話シリーズ（7月）、怪談シリーズ（8月）、青春シリーズ（10月）、推理シリーズ（12月）、歌謡ドラマシリーズ（1月）など、多彩なシリーズものも放送。1964年1月放送の歌謡ドラマ「白い並木路」（作：石郷岡豪・音楽：いずみ・たく）の主題歌楽譜希望は約5000通に達した。第1（火）午後8時1分からの29分番組。

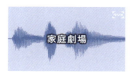

家庭劇場 1966年度
『郷土劇場』（1964〜1969年度）を1966年度のみ『家庭劇場』に改題した。郷土の素材を郷土の作者、演者で扱う家庭向けの単発ドラマ枠で、各地方局で制作した。第1（土）午後5時15分からの20分番組で、年間36本を放送。おもな作品に「熱田の作兵衛」（名古屋）、「えぞ滑稽譚」（札幌）、「ブラウスとブローチ」（広島）、「そこに道が」（福岡）、「なだれ地蔵の話」（広島）、「望郷」（名古屋）ほか。

連続放送劇　ゆくて遙かに 1967年度
早朝の農事番組『早起き鳥』（1948〜1986年度）枠内で放送していた連続放送劇「あの雲こえて」（1959〜1966年度）の後継番組。岡山県の農村を舞台に、兄弟農場を目指す若い農村青年の意欲的な活動を描いた。第1（月〜土）午前5時36分からの11分番組。

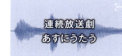

連続放送劇　あすにうたう 1968〜1969年度
『早起き鳥』枠内で放送する連続放送劇で、「ゆくて遙かに」（1967年度）の後継番組。都市化が進み、公害や離農など多くの問題を抱える神奈川県の近郊農村を舞台に、たくましく生きる青少年グループの活動を中心に描いた。第1（月〜土）午後5時36分からの10分番組。

文芸劇場 1968〜1978年度
明治100年に当たる1968年度に、明治・大正・昭和の日本文学のラジオドラマ化を目標に番組を企画。ラジオの特性を生かして原作を脚色した。「濹東綺譚」（原作：永井荷風・脚色：須藤出穂）、「楢山節考」（原作：深沢七郎・脚色：筒井敬介）をはじめ、『文芸劇場』の成果に対して、放送批評懇談会から放送批評懇談会賞が贈られた。現代海外文学シリーズほかの秀作も生んだ。初年度は第1（日）午後10時15分からの43分番組。

1970年代　連続ドラマ

連続放送劇　大地に生きる 1970〜1983年度
早朝の農事番組『早起き鳥』枠内で放送する連続放送劇で、同枠内で放送した連続放送劇「あすにうたう」（1968〜1969年度）の後継番組。実在の農業者を素材にドラマ化。1970年度は「石段のある牧場」「蜂の巣先生」「用水人生」「朝もやに鳴る鐘」の4話を放送。第1（月〜土）午前5時35分からの10分番組。

ドラマ 1974〜1978年度
第2放送で1960年度から続いていた単発ドラマ枠『芸術劇場』（1968年度にFMに移行）を改題。ラジオの特性を十分に生かした実験的な作品や質の高いオリジナルドラマを放送。初年度はアメリカに取材した「太平洋の虹―明治二年カリフォルニアにて」（作：宮本研・演出：山本壮太）など35本を放送。芸術祭に参加し、優秀賞を受賞した作品も数多い。初年度はFM（金）午後10時20分からの40分番組。

夜のサスペンス 1976〜1977年度
ミステリー、ハードボイルド、SFなどの作品をドラマ化。少人数ですべての役をこなす方法をとり、年度前半は日本の推理小説を単発形式で、後半は外国作品を連続物として放送した。主な作品は眉村卓「通りすぎた奴」、森村誠一「浜名湖東方15キロの地点」、佐野洋「夏の思い出」、ディック・フランシス「興奮」、ヨハネス・マリオ・ジンメル「白い国籍のスパイ」ほか。第1（木）午後9時5分からの25分番組。

ふたりの部屋 1978〜1984年度
音楽と話で進行する"ドラマジョッキー"と呼ばれる新形式のステレオドラマ。人気作家の小説やミュージシャンのエッセーなどバラエティーに富んだ作品を取り上げた。松本零士「銀河鉄道999」、片岡義男「スローなブギにしてくれ」、山下洋輔「ピアニストを二度笑え！」、寺山修司「赤糸で縫いとじられた物語」ほかを放送。初年度はFM（月〜金）午後11時5分からの10分番組。

ラジオSFコーナー 1979〜1983年度
内外のSF小説の傑作から選んだ短編作品を中心に、個性あふれる語り手が朗読。年度上半期に放送。主な作品と語り手：小松左京「愚行の環」（野沢那智）、広瀬正「化石の街」（城達也）、河野典生「巨鳥モア」（金内吉男）、アーサー・C・クラーク「無慈悲な空」（小池朝雄）ほか。初年度は第1（月・水・金）午後9時5分からの15分番組。1983年9月に終了し、翌年度よりFMに移行し『FMアドベンチャー』となる。

1980年代　連続ドラマ

ラジオ名作劇場 1982〜1989年度
かつて好評を得たラジオドラマの名作を系統的に編成し、今日的視点からの解説を加えて再放送した。初年度は1927年から1957年までに放送されたものから、「みんな見えなくなる峠」（1928年度）ほかの作品を、1作家につき1作品を選んで紹介。初年度は第2（日）午後7時からの1時間番組。翌年度からは70分番組に。以降、「ミュージカルドラマ」や「往年のラジオドラマ」など、月ごとにテーマ別に編成した。

ラジオ編 番組一覧 01 ドラマ | 定時番組

FMアドベンチャー 1984年度
第1の『連続ラジオ小説』(1978～1983年度)と『ラジオSFコーナー』(1979～1983年度)を統合してFMに移設。冒険小説、SF小説を連続ステレオドラマで放送した。放送作品は、ブライアン・キャリスン「無頼船長トラップ」、小松左京「闇の中の子供」、半村良「女たちは泥棒」、アーサー・C・クラーク「渇きの海」、西村京太郎「名探偵なんか怖くない」ほか。FM(月～金)午後9時45分からの10分番組。

公園通り21「アドベンチャーロード」 1985～1986年度
『FMアドベンチャー』(1984年度)を『アドベンチャーロード』に改題し、新番組枠『公園通り21』枠内に移設。冒険小説、SF小説、ミステリーなどを連続ステレオドラマ化して放送。1985年度の主な作品はT・ブラジンスキー作「檻の中の殺意」、太田蘭三作「脱獄山脈」、I・ウォーレス作「オールマイティ」ほか。初年度は(月～金)午後9時40分からの15分番組。

公園通り21「カフェテラスのふたり」 1985～1986年度
『公園通り21』枠内の(月～金)午後10時50分からの10分番組。男女2人の出演者による軽妙な会話、効果音、音楽によるドラマジョッキー。1985年度の作品は古井由吉作「グリム幻想」、南伸坊作「伸坊の哲学的……論」、和多田勝作「ぺかこ・しおりのタイムトラベル'60」、小松左京「宇宙人の宿題」、結城恭介作「美琴姫様騒動始末」ほか。1987年度は『公園通り21』の枠がはずれている。

FMシアター 1985年度～
『ラジオ劇場』(1978～1984年度)を改題。オリジナル作品を中心とした本格的なラジオドラマ枠。初年度は、世界初のPCM(デジタル)録音によるステレオドラマ『アディオス・ケンタウルス!』を放送し、大きな反響を呼ぶ。初年度はFM(土)午後10時からの1時間番組。独創性あふれるオリジナル脚本から国内外の話題の小説のオーディオドラマ化まで、バラエティーに富んだラインナップで息の長い人気を保っている。

カフェテラスのふたり 1987年度
1985年度にスタートした夜間の若者向けワイド番組『公園通り21』枠内の(月～金)午後10時50分からの10分番組でスタート。1987年度に『公園通り21』の枠がはずれて独立。男女2人の出演者による軽妙な会話と効果音、音楽によるドラマジョッキー。1987年度は永井路子作「猛女モーレツ」、青柳友子作「カフェバー"クロ"の殺人調書」、井沢満作「あぶない関係」ほかを放送。

アドベンチャーロード 1987～1989年度
第1放送の『連続ラジオ小説』(1978～1983年度)、FMの『FMアドベンチャー』(1984年度)と続いてきた帯で放送する若者向けエンターテインメントドラマ枠。1985年度に『公園通り21』枠内で「アドベンチャーロード」としてスタート。1986年度に『公園通り21』が終了し、『アドベンチャーロード』が独立。冒険小説、SF小説などを連続ステレオドラマ化。FM(月～金)午後9時からの15分番組。

1990年代 | 連続ドラマ

サウンド夢工房 1990～1991年度
音楽とドラマが融合したエンターテインメント帯番組。SF、ミステリー、コミック、エッセーなど、若者に人気のジャンルを原作に選び、新鮮な感覚を持つ若手脚本家を積極的に起用して制作。初年度は谷山浩子作「ネムコとポトトと白い子馬」、林真理子作「小説ロマンチック洋画劇場」、斉藤由貴作「愛の詩集」などが好評。初年度はFM(月～金)午後10時30分からの15分番組。1992年度に『青春アドベンチャー』に刷新。

ラジオ深夜便「ドラマアワー」 1990～1995年度
『ラジオ深夜便』の(月)午前1時台に放送。かつての秀作をアンコール放送するコーナー。季節感のあるもの、娯楽性豊かなものをピックアップして放送した。

青春アドベンチャー 1992年度～
音楽とドラマをクロスオーバーした帯番組『サウンド夢工房』(1990～1991年度)を発展的に解消し、若者を対象にドラマ性、エンターテインメント性を豊かに刷新。スピーディーな展開とともに音楽性も重視した。特にPCM化によるダミーヘッド録音を採用した作品に反響が大きかった。初年度はFM(月～金)午後10時45分からの15分番組。

2000年代 | 連続ドラマ

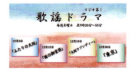

歌謡ドラマ 2004～2009年度
歌謡曲で歌われる世界を1話完結のラジオドラマで描く。ジャンルを問わず誰もが知っている名曲を取り上げ、人気歌手がドラマに登場した。ドラマの展開に合わせてテーマとなる曲が挿入される。第1(火)午後9時30分からの25分番組。出演：五木ひろし、天童よしみ、岩崎宏美、川中美幸、千昌夫、吉幾三、都はるみ、森進一、橋幸夫、氷川きよし、美川憲一ほか。

新日曜名作座 2008年度～
森繁久彌と加藤道子のコンビによるラジオドラマ『日曜名作座』が2008年3月30日に半世紀以上に及ぶ放送を終了。その後を西田敏行と竹下景子の2人が引き継ぎ、『新日曜名作座』と改題して新たにスタートした。2人だけの出演者による語りで、最新のベストセラーから古典までえりすぐりの名作を朗読する。初年度は第1(日)午後10時15分からの30分番組。2012年度からは午後7時20分からの放送となった。

ラジオドラマ・アーカイブス 2008～2009年度
NHKアーカイブスに保存されている約4000本のラジオドラマから昭和の名作を厳選してそのまま放送。制作当時のエピソードや時代背景などの聴きどころも紹介し、ラジオドラマの魅力を再発見した。初年度は第1(第4・日)午後11時15分からの45分番組で12本を放送。2009年度は(第3・日)午前1時からの1時間番組で、『ラジオ深夜便』枠内で12本を放送した。

2010年代　連続ドラマ

AKB48の"私たちの物語" 2011～2018年度
AKB48のメンバーが、リスナーから送られたストーリーやキーワード、メンバー自身の実体験などから作られた物語を演じたラジオドラマ。毎回、5～10人のメンバーと山寺宏一がラジオドラマならではの自由で奇想天外なストーリーを演じた。初年度はFM(隔週・金)午後10時からの40分番組。(日)午後7時20分から第1で再放送した。

1950年代　少年ドラマ

三太物語 1950～1951年度
『子供の時間』枠で放送された青木茂作、筒井敬介脚色の連続放送劇。戦後の復興が軌道に乗り始めた東京近郊の農村が舞台。主人公三太を中心に心温まる子どもたちの生活を、人間愛と正義感をまじえて明るく描いた。番組オープニングの「おらあ三太だ!」の元気な声が、子どもたちの心をとらえた。登場人物の花荻先生にあこがれ、教師を志望する女子学生が急増した。全79回。第1(日)午後5時15分からの30分番組。

ジロリンタン物語 1951～1952年度
『子供の時間』枠内で放送した子ども向けラジオドラマ。『三太物語』(1950～1951年度)の後継番組。第1(日)午後5時30分からの30分番組。全52回。作：サトウハチロー。脚色：筒井敬介。作曲指揮：山田栄一。出演：高橋友彦、中村メイコ、山形勲。番組が1952年10月26日に終了すると、11月2日から『三太三重まる物語』が始まる。

新諸国物語「白鳥の騎士」 1952年度
北村寿夫のオリジナル放送劇『新諸国物語』シリーズの第1部。善の白鳥党と悪のされこうべ党の時代を超えた戦いを描く冒険活劇。正義と人間愛を軸に、信義を重んじ友情に厚い主人公たちが活躍する勧善懲悪の物語。室町時代を舞台に、曲亭馬琴の「南総里見八犬伝」にヒントを得たもので、当時、NHK、民放を通じて初の連続時代劇。全182回。第1(月～金)午後6時からの15分番組。

三太三重まる物語 1952～1953年度
『ジロリンタン物語』(1951～1952年度)の後継番組。『三太物語』(1950～1951年度)の続編。作：青木茂。脚色：筒井敬介。後継番組は伊馬春部作「たぬき島たぬき村」。

新諸国物語「笛吹童子」 1952～1953年度
「白鳥の騎士」の後編としてスタート。室町時代を舞台に、人間社会の善(白鳥党)と悪(されこうべ党)との葛藤を詩情豊かに描いた。野武士に攻められて落城した満月城の兄弟、萩丸と菊丸。弟の菊丸は笛の名手。戦を嫌い武士を捨てた菊丸は笛の音で人々の心を癒やした。主題歌が人気となり、映画化もされて一大ブームを巻き起こした。全257回。音楽：福田蘭童。第1(月～金)午後6時30分からの15分番組。

お姉さんと一緒 1952～1955年度
『幼児の時間』枠で放送された連続放送劇。タッちゃん、お兄ちゃん、母親代わりのお姉さんの3人を主人公に、身近な家庭の出来事を描く幼児向け番組。中村メイコが一人で何役もの声を使い分けて独特の雰囲気を出した。3年半で135回続いた人気番組の最終回は、タッちゃん兄弟の夏休みの生活を描いた。1963年4月に総合テレビで帯ドラマ『おねえさんといっしょ』が十朱幸代主演で始まる。作はラジオ版と同じ筒井敬介。

たぬき島たぬき村 1953年度
『子供の時間』の日曜枠で放送した伊馬春部作のドラマ。「三太三重まる物語」の後継番組。語り手：巌金四郎。出演：千葉信男、渡辺勝行、落合一郎ほか。午後5時30分からの30分番組。全22回。この番組が終了すると飯沢匡作、服部正作曲の「やん坊にん坊とん坊」が始まった。

新諸国物語「紅孔雀」 1953～1954年度
北村寿夫作『新諸国物語』シリーズの第3部。戦国時代、那智の小四郎は、紅孔雀の秘宝のなぞを解く黄金の鍵をめぐってされこうべ党とたたかう。全238回。音楽：福田蘭童。第1(月～金)午後6時25分からの15分番組。

やん坊にん坊とん坊 1954～1956年度
『子供の時間』枠で放送された幼児向け連続放送劇。白猿の仲よし3兄弟が、インドにいる両親を捜しに旅に出る冒険物語。黒柳徹子の初主演番組で、大人の女性が子どもの声を演じた初めての放送劇。作・演出：飯沢匡。音楽：服部正。出演：黒柳徹子、里見京子、横山道代ほか。第1(日)午後5時30分からの30分番組。1954年度から3年間で153回を放送。飯沢はこの番組に続いて、テレビで「ブー・フー・ウー」を生み出す。

NHK放送100年史(ラジオ編)　179

ラジオ編 番組一覧 01 ドラマ｜定時番組

新諸国物語「オテナの塔」 1954～1955年度
北村寿夫作『新諸国物語』シリーズの第4部。アイヌの指導者オテナ・カムイの財宝を秘める「オテナの塔」の謎をめぐる戦国時代を舞台にした伝奇冒険譚。全252回。音楽：福田蘭童。第1(月～金)午後6時25分からの15分番組。映画化もされるなど、人気シリーズとなった『新諸国物語』は番組の低俗化批判の波にさらされ、1954年11月の放送教育研究会全国大会で「荒唐無稽で非科学的な番組」と名指しで批判された。

新諸国物語「七つの誓い」 1955～1956年度
北村寿夫作『新諸国物語』シリーズの第5部。モンゴルを舞台に、その昔に栄え、今は亡きカラ・コジア王国という理想郷の再建をめぐって、王の志を継ぐ7人の若武者の物語。全248回。音楽：福田蘭童。第1(月～金)午後6時25分からの15分番組。

海の涯に 1957年度
島原の乱を中心に雄大に描いた連続歴史ドラマ。全155回。作：須藤出穂。語り：武内文平。作曲・指揮：橋本力。出演：野田秀男、小池朝雄、平島典子ほか。第1(月～金)午後5時45分からの15分番組。

でんでん虫の歌 1957年度
飯沢匡作の連続放送劇『やん坊にん坊とん坊』(1954～1956年度)のあとを受けてスタートした筒井敬介作の連続放送劇。全53回。作曲・指揮：村上太朗。出演：木村功、原泉、加藤武ほか。第1(日)午後5時30分からの30分番組。

コロの物語 1957～1958年度
小犬のコロを主人公にした連続ホームドラマ。コロを養う廃品回収業のオッサンとの愛情を中心に、人間と犬とが自然に会話を交わす夢のある物語。全479回。作：乾信一郎。作曲：小林秀雄。テーマソング：荒井恵子。語り：幸田弘子。出演：小柳徹（コロ）、オッサン（山田清）ほか。第1(月～金)午後5時45分からの15分番組。

天のうぐいす 1958～1959年度
平安朝を舞台に、天の位をもつ優秀なうぐいすをめぐっての権力争いを描いた時代劇サスペンスドラマ。1959年1月から7月まで全133回を放送。作：北村寿夫。作曲：小林秀雄。第1(月～金)午後5時45分からの15分番組。

おらんだ火薬 1959年度
大倉左兎作の連続ドラマ。時は明治新政府の時代。化学者秋月玄白が外国から学んだ新火薬の製法を巡って、政府転覆を画策する天狗党と、新日本建設につくす志士との争いを描いたサスペンスドラマ。全128回。出演は浅野新治郎、木下秀雄、浜村美智子ほか。第1(月～金)午後5時45分からの15分番組。

幽霊船 1959年度
大佛次郎原作、松本守正脚色の連続ドラマ。愛犬・次郎丸をつれた少年が、父を尋ねて海賊船に乗り込み、父が乗っているといううわさの幽霊船を追う時代海洋ドラマ。全60回。出演は小柳徹、谷川勝己ほか。第1(月～金)午後5時45分からの15分番組。

1960年代｜少年ドラマ

黄金孔雀城 1960年度
大ヒットした『新諸国物語』シリーズ（1952～1956年度）で知られる北村寿夫（作）と福田蘭童（音楽）のコンビによる少年向け連続時代ドラマ。海賊に襲われて落城した城を再興するために立ち上がる2人の兄弟の活躍を琉球を舞台に描いた。全253回。出演は津川雅彦、扇千景、若山弦蔵ほか。第1(月～金)午後5時45分からの15分番組。人気を博し、1961年に「新諸国物語　黄金孔雀城」として映画化される。

連続放送劇　アルタイを越えて 1961年度
1961年度上半期に放送した子ども向けドラマ。第1(月～金)午後6時5分からの7分番組で全125回で放送。作：西沢実。作曲・指揮：岩河三郎。語り：北村和夫。出演：北村和夫、内田稔、神山繁ほか。

連続放送劇　そのいすにすわれ 1961年度
1961年度下半期に放送した子ども向けドラマで『アルタイを越えて』の後継番組。第1(月～金)午後6時5分からの7分番組で全124回で放送。作：西沢実。作曲・指揮：岩河三郎。語り：柳沢真一。出演：木田三千雄、矢野目がんほか。

まんぼうくんとべらぼうくん 1961～1962年度
子ども向けユーモアドラマ。全101回。作：小野田勇。音楽：宇野誠一郎、いずみたく。出演：フランキー堺、朝倉宏二、池田秀一、小沢昭一。語り：宮田輝アナウンサー。第1(火)午後6時台の17分番組。

連続放送劇　負けるな太郎　1961年度
子ども向け連続帯ドラマ。家庭の事情から中学校を出るとすぐに町のクリーニング店に勤めた太郎は、自分と同じ境遇の少年たちがだんだん悪の道に入っていくことを心配し、退役軍人のおじいさんと力を合わせて"少年の家"をつくり、明るい街づくりに努力する物語。全129回。原作：鹿島孝二。脚色：山下与志一。音楽：小林秀雄。出演：竹内照男、巌金四郎、渡辺富美子ほか。第1(月～金)午後5時45分からの15分番組。

連続放送劇　キャンデーの冒険　1961年度
『負けるな太郎』の後継番組。大事に育てられている一人っ子の安夫には友だちがいない。安夫のたったひとりの親友はネコのキャンデー。お屋敷の飼い猫で、純粋なペルシャ猫でないことがわかり、いじめられている。安夫とキャンデーは互いに励まし合って、2人だけの楽しく明るい世界を作っていく。全126回。作：乾信一郎。音楽：小林秀雄。出演：三輪勝恵、山田清ほか。第1(月～金)午後5時45分からの15分番組。

宇宙から来た少年　1962年度
北極星の第3惑星からやって来た少年を助けるために、地球の少年が宇宙で活躍する空想科学ドラマ。第1(月～金)午後5時31分からの12分番組。全249回。作：石山透。音楽：宇野誠一郎。出演：三國一朗、曽我町子、川合伸旺。

でこぼこ道　1962年度
奈良県吉野の山深い村の子どもたちの活躍を、ユーモアたっぷりに描く大阪発ドラマ。全127回。作：花岡大学。脚色：土井行夫。音楽：宮原康郎。出演：西山辰夫、端田宏三。第1(月～金)午後5時45分からの14分番組。

あすは晴れるぞ　1962年度
兵庫県北部の但馬牛の村に生きる子どもたちを明るく描いた大阪発ドラマ。全121回。作：小田和生。音楽：南安雄。語り：柳川清。出演：黒坂昌弘、高万里子、松下美智子。第1(月～金)午後5時45分からの14分番組。

名作ドラマ　1962年度
古今東西の子ども向け名作ドラマの中から選んだ1作を1か月連続放送した。第1(月～金)午後6時5分からの10分番組。古くから世界中の子どもたちが親しんできた「トム・ソーヤの冒険」や「家なき子」「西遊記」などのほか、児童文学賞を受けたばかりの作品や、NHKが募集した児童文学賞の入選作も放送した。

緑のコタン　1962年度
江戸時代末期の北海道を舞台に、アイヌの少年がさまざまな苦難の中で成長する姿を描いた。全251回。作：山中恒。音楽：橋本力。出演：森邦夫、鈴木弘子、木下秀雄、若山弦蔵ほか。語り手：梶原四郎アナウンサー。第1(月～金)午後6時15分からの15分番組。

なかよしホール　1963～1965年度
子どもを中心に家族そろって楽しめる午後6時台のワイド番組枠で、ドラマを中心に編成。第1(月～土)午後6時からの55分番組。初年度は「こどもニュース」、SFドラマ「応答せよゼノン」、大阪発ドラマ「黒潮にうたう」、子ども向け歌のコーナー「ぼくらのうた」、少年歴史ドラマ「走れ源太」、「一丁目一番地」で構成した。

応答せよゼノン　1963年度
新設された午後6時台の子ども・ファミリー向けワイド番組『なかよしホール』(1963～1965年度)枠内で放送。巨大な海底都市を作ったことで宇宙人の襲来などから地球を守ったゼノンという人物の理想主義的な生き方を描いた。前年度の『宇宙から来た少年』に続く空想科学ドラマ。全258回。作：山元護久。音楽：冨田勲。出演：久松保夫ほか。第1(月～金)午後6時5分からの10分番組。

黒潮にうたう　1963年度
午後6時台の子ども・ファミリー向けワイド番組『なかよしホール』(1963～1965年度)枠内で放送。江戸時代から捕鯨の港として知られている和歌山県の最南端、日の浦(太地)を舞台に、善意の人たちが織りなす愛の物語を、紀州地方の風俗習慣とともに描いた。全258回。作：土井行夫。音楽：南安雄。出演：高山和也、高島一雄、北村英三、松下美智子ほか。第1(月～金)午後6時15分からの13分番組。大阪局制作。

走れ源太　1963年度
午後6時台の子ども・ファミリー向けワイド番組『なかよしホール』(1963～1965年度)枠内で放送。戦国動乱の世を舞台に、あらゆる困難にもひるまずに生きていく農民の子・源太と弥助の物語。「伊賀の忍者」「キリシタン大名」など、歴史的事実に基づいて人物像を描き、格調高いロマンを展開した。全258回。作：須藤出穂。音楽：小林秀雄。出演：松本正幸、笹山利雄ほか。語り手：城達也。第1(月～金)午後6時30分からの15分番組。

こども名作ドラマ　1963年度
午後6時台の子ども・ファミリー向けワイド番組『なかよしホール』(1963～1965年度)枠内で放送。古今東西の名作の中から小学校高学年・中学生を対象として毎月1作品を選び、脚色を加えてドラマ化した。古典に限定せず、近年の世界各国の児童文学賞を受賞した作品も多く取り上げた。主な作品は「エーミールと軽わざ師」「ポー推理小説シリーズ」「グスコーブドリの伝記」「高瀬舟」ほか。第1(土)午後6時30分からの25分番組。

モグッチョチビッチョこんにちは　1963～1964年度
青少年向け総合ワイド番組枠『明るい広場』(1963～1965年度)で放送。ネズミの国の大作家モグッチョ先生と記者チビッチョが巻き起こすゆかいな空想冒険ミュージカル。作：井上ひさし。音楽：宇野誠一郎。語り手：藤村有弘。出演：熊倉一雄(モグッチョ)、黒柳徹子(チビッチョ)ほか。総合の連続人形劇『ひょっこりひょうたん島』(1964～1968年度)とほぼ同メンバー(作・音楽・出演)で放送。第1(日)午後5時40分からの20分番組。

ラジオ編 番組一覧 01 ドラマ｜定時番組

こども推理ドラマ 1963年度
青少年向け総合ワイド番組枠『明るい広場』（1963～1965年度）で放送された少年少女向け推理ドラマ。1回1話の読み切り形式で全9回を放送。中学校の校内新聞の編集部員4人を中心とする少年少女が推理に挑戦する物語。作：石山透、川崎九越、鬼怒川浩、梶龍雄。音楽：橋本力。出演：森邦夫、矢島令子、番場勇夫、木下秀雄、野田雄司ほか。第1(日)午後6時からの30分番組。

もえる水平線 1963年度
青少年向け総合ワイド番組枠『明るい広場』で、『こども推理ドラマ』の後を受けて24回連続で放送。パプア島をとりまく未知の海に出没する不思議な浮島サンプープ島。その島には今なお太古の原始民族と恐竜がいるという。そこへ探検に出かけたまま行方不明となった博士の捜索に向かう主人公たちの大冒険ドラマ。作：石山透。音楽：橋本力。出演：露口茂、森田育代ほか。語り手：三國一朗。第1(日)午後6時からの30分番組。

21世紀への道 1963年度
青少年向け総合ワイド番組枠『明るい広場』（1963～1965年度）で放送。現代科学の進歩から来るべき21世紀の人間生活と科学を推察し、これをドラマ化した。主なテーマは「砂漠に雨が降る」、「宇宙住宅1号」、「21世紀病」ほか。第1(日)午後6時30分からの25分番組。

百万の太陽 1964年度
午後6時台のワイド番組『なかよしホール』（1963～1965年度）枠内で放送の空想科学ドラマ。銀河系宇宙の命が尽き、太陽系にも危機が迫った21世紀後半。ブラウン博士らがある奇妙な星を訪ね、危機をくい止めようと奮闘する。全248回。「SFマガジン」の初代編集長・福島正実の原案をもとに川崎九越が脚本を担当。音楽：宇野誠一郎ほか。出演：山内雅人、露口茂ほか。第1(月～金)午後6時5分からの15分番組。

虹の物語 1964年度
ワイド番組『なかよしホール』（1963～1965年度）枠内で放送の名作ドラマ。子どもたちのための世界の名作を、俳優による読み聞かせで味わう番組。1か月に1話完結で12話を放送。主な作品と語り手は「ソロモンの洞窟」（小沢栄太郎）、「星座物語」（岸田今日子）、「坊っちゃん」（フランキー堺）、「飛ぶ教室」（加藤治子）、「ジャン・クリストフ」（宇野重吉）ほか。第1(月～金)午後6時25分からの10分番組。

世界冒険物語 1965年度
午後6時台の子ども・ファミリー向けワイド番組『なかよしホール』（1963～1965年度）枠内で放送。語りと音楽を交響詩のように構成し、時にはユーモラスでヒューマンに、時には自然と闘う人間の記録として世界中の「冒険」をドラマ仕立てで描いた。作：石山透、藤本義一、岸宏子ほか。音楽：宇野誠一郎、田中正史。出演：露口茂ほか。第1(月～土)午後6時15分からの15分番組。

むさしの風雲録 1965年度
午後6時台の子ども・ファミリー向けワイド番組『なかよしホール』（1963～1965年度）枠内で放送。江戸城を築城した太田道灌の少年時代の物語を、壮大な歴史ロマンとして描いた。作：須藤出穂。音楽：小林秀雄。出演：森邦夫、朝倉宏二、鈴木弘子、堀井永子、大森義夫、若山弦蔵、金内吉男。第1(月～土)午後6時35分からの15分番組。

NHKフォトストーリー 01 　　　02→P253

東京放送局仮放送局の技術室

東京放送局仮放送局の放送機室（1925年）

愛宕山・東京放送局和楽放送室

愛宕山・東京放送局洋楽放送室

開局を告げるポスター(1925年)

現在NHKアーカイブスが建つ場所にあった
埼玉県・川口放送所(1925年)

関東一円にラジオ放送を届けた川口放送所放送機
(1925年)

東京タワーが建つまで日本一高かった312メートルの
川口大鉄塔(1925年)

開局まもなく富士山頂をめざす東京放送局技術部員
(1925年)

富士山頂などでラジオ電波が受信できるか受信実験を
行う(1925年)

富士山頂では東京放送局だけでなく名古屋や大阪
からの電波も受信(1925年)

大正天皇御大葬の「御斂葬儀」の模様を放送(1927年)

初期の放送では番組に窮して鶏やウグイスを鳴かせた

放送中に鶏が鳴くのを待つ(1930年)

NHK放送100年史(ラジオ編)　183

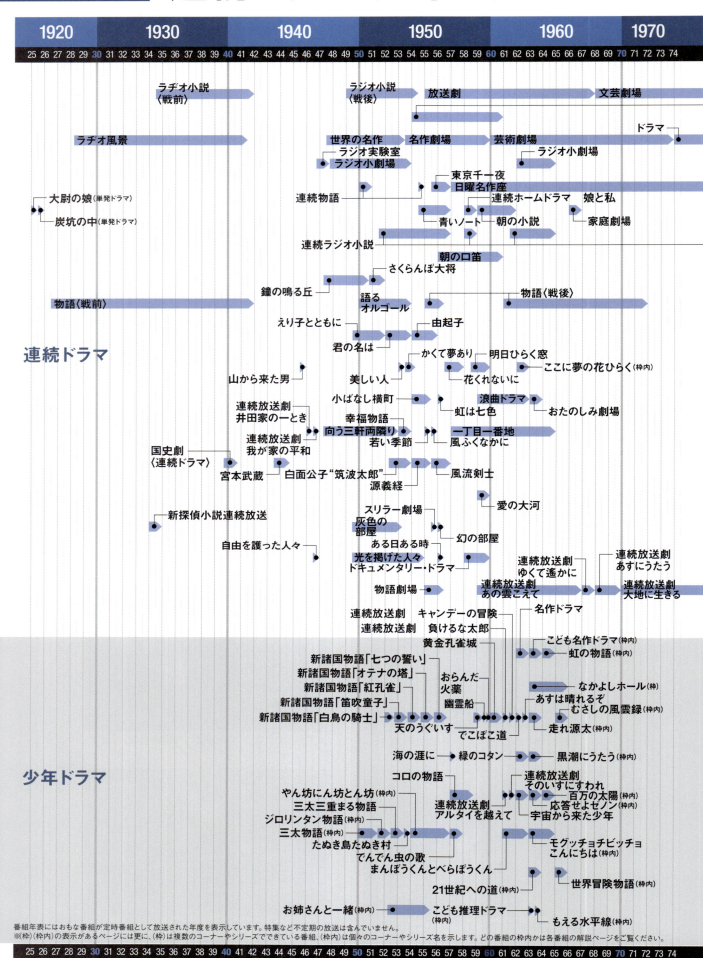

WEB版の年表はこちら

連続ドラマ

少年ドラマ

	1980	1990	2000	2010	2020

75 76 77 78 79 80 81 82 83 84 85 86 87 88 89 90 91 92 93 94 95 96 97 98 99 00 01 02 03 04 05 06 07 08 09 10 11 12 13 14 15 16 17 18 19 20 21 22 23 24

- ラジオ劇場
- FMシアター
- ふたりの部屋
- カフェテラスのふたり(枠内)
- カフェテラスのふたり
- 歌謡ドラマ
- AKB48の"私たちの物語"
- 新日曜名作座
- アドベンチャーロード
- サウンド夢工房
- 青春アドベンチャー
- アドベンチャーロード(枠内)
- ラジオSFコーナー
- FMアドベンチャー
- 夜のサスペンス
- ラジオ名作劇場
- ラジオ深夜便「ドラマアワー」
- ラジオドラマ・アーカイブス

NHK放送100年史（ラジオ編）　185

02 クイズ・バラエティー｜定時番組

ラジオ編 番組一覧

1940年代　クイズ・ゲーム

話の泉　1946〜1963年度
アメリカの人気番組「Information Please」をヒントに生まれた日本初のクイズ番組。聴取者から寄せられた問題に、博学博識の解答者が10秒以内にユーモアを交えて答える聴取者参加番組。第1（水）午後8時30分からの30分番組でスタート。難問奇問と知的な推理ゲームが人気をよび、18年間に873回を放送。第1〜2回の司会者は徳川夢声、第3回以降は和田信賢、高橋圭三ら人気アナウンサーが務めた。

二十の扉　1947〜1959年度
アメリカの人気番組「Twenty Questions」を翻案した公開生放送のクイズ番組。動物、植物、鉱物の3つのテーマから出題。解答者は20まで質問ができ、その間に正解を導き出す。質問を扉にみなして20の扉を開けていく形式。扉のノック音と開く音を番組のオープニングに使うなど、日本独自の工夫もなされた。問題は聴取者から募集。全538回。司会は藤倉修一アナ。第1（土）午後7時30分からの30分番組。

私は誰でしょう　1948〜1968年度
アメリカの人気番組「What's My Name?」を下敷きにした聴取者参加のクイズ番組。司会者からある人物のプロフィールや実績などをもとにヒントが出され、聴取者が全国中継のマイクの前でそれが誰かを当てるというもの。芸能人が覆面姿で自ら登場することもあった。NHKで初めて正解者に賞金を出したことでも話題になる。全926回。司会：高橋圭三アナほか。初年度は第1（日）午後4時30分からの30分番組。

1950年代　クイズ・ゲーム

犯人は誰だ　1951〜1953年度
推理を楽しむドラマ形式のクイズ番組。正味13分のドラマで1つの事件を提示し、聴取者が犯人が誰なのかを推理する。聴取者は犯人の名前とその理由をはがきに書いて応募。翌週に当選者10名を発表し、1人500円の賞金を進呈した。第2（日）午後9時台の15分番組。第100回を記念して公開録音を実施したところ大好評を得て、1953年11月に『素人ラジオ探偵局』に改題のうえ、公開録音番組となる。

三つの歌〈ラジオ〉　1951〜1969年度
聴取者参加型の歌謡クイズ番組。1951年11月に第1回を放送し、翌年1月から定時化。出場者がピアノ伴奏をヒントに曲目を当て、さらに歌詞を正しく歌えるかどうかを競う。当初は公開放送でその場で出場者をつのり、3曲に挑戦。歌えた曲数に応じて賞金が出た。クイズ的要素と「のど自慢」的興味、さらに宮田輝アナの巧みな司会が人気となり、常に高い聴取率を記録。全915回。第1（月）午後7時30分からの30分番組。

素人ラジオ探偵局　1953〜1960年度
ドラマ形式のクイズ番組『犯人は誰だ』（1951〜1953年度）を改題し、会場に聴取者を招いての公開録音番組とした。演者が舞台上で事件を熱演。18分が過ぎたころ突然、舞台下手から現れた司会者が「ストップ！」と声をかける。そこで聴取者から選ばれた"素人探偵"6人が、順次、自分の推理を述べる。その後、劇が続行され、最後に正解者に賞金を贈呈する。初年度は第2（土）午後9時15分からの30分番組。

即興劇場　1954〜1960年度
一般出場者が自分に振り当てられた役を知らされずに進行中の劇に登場し、声優たちが発する5つのセリフに対して即興で応える。出場者は自分の役柄を当てられれば金賞を、当てられなくとも演技がすぐれていて、熱演が認められれば銀賞を得られるというクイズ番組。出演は加藤玉枝、中村紀子ほか。司会は藤倉修一アナ。1954年11月に第1回を放送。全312回。初年度は第1（水）午後7時30分からの30分番組。

あなたは仕事を求めている　1956年度
聴取者参加のクイズバラエティー番組。架空の履歴書で就職試験を受ける口答試問と、就職現場で行われる実習の2本立てで構成。一般からの出場者が、作成された履歴書に基づいて架空の受験者になれるかどうかが見どころ。「実習」はいわゆる職業の見習い実習で、与えられた条件下で実績を上げられるかを競う。司会は酒井和雄アナウンサー。出演は並木一路、江戸家猫八、一龍斎貞鳳ほか。第1（水）午後7時30分からの30分番組。

太郎さん花子さん　1956〜1959年度
1956年5月5日の「こどもの日」特集番組で第1回を放送。11月の番組改定でクイズ番組『二十の扉』と隔週で定時放送。聴取者が解答者となり、初年度は解答者の質問に一龍斎貞鳳演じる「太郎さん」と中村メイコ演じる「花子さん」が答えていく趣向。司会は長島金吾アナウンサー。第1（土）午後7時30分からの30分番組。

スポット・クイズ　1956〜1959年度
1956年9月に『土曜の夜のおくりもの』の1コーナーとしてスタート。格言、歌、俳句、言いならわし等の文字の順序を変えて出題。これを組み合わせて、その原形に戻すクイズで、それぞれのヒントには音楽と効果音を併用した。クイズの解答が最高12万通も寄せられるほどの人気となった。

お笑い職業案内　1957年度
聴取者参加のクイズ・バラエティー『あなたは仕事を求めている』（1956年度）を改題。出場者は従来の「架空の履歴書」に代わって設けられた「口答試問」と「実習」で、新たな職業に挑戦する。第1（水）午後7時30分からの30分番組。

歌う演芸館　1957〜1958年度
替え歌によってクイズを出題し、そのクイズに関連したテーマで一般出場者と芸能人がオペレッタを展開するという歌うクイズショー。オペレッタの相手役は三遊亭小金馬、耕田実、北見洋子、旭輝子ほか。歌は荒井恵子、羽山和男。ピアノは天池真佐雄。初年度は第1(日)午後9時15分からの25分番組。

ここはどこでしょう　1958〜1962年度
東京のスタジオにいる解答者に、地方局からその土地ならではの"音"や"民謡"などを交えた3つのヒントが与えられ、解答者がその場所を当てる聴取者参加のクイズ番組。1958年3月21日に春分の日特集として第1回を放送し、10月より定時化。クイズのおもしろさと、各地の珍しい"音"や郷土の興味深い情報を得られると人気をよぶ。全208回。1958年度は第1(土)午後9時15分からの25分番組。

1960年代　クイズ・ゲーム

ストップクイズ　1961〜1962年度
東京局と大阪局がそれぞれ一般から募集した解答者によって、両局対抗で競い合う勝ち抜きクイズ。広範な分野から出題される問題2問を1組として、東京・大阪の両局から交互に出題。先に「ストップ」をかけた方が解答の権利を得るが、1度間違うとその権利を失う。東京・大阪の2元中継のほかに、金沢・福岡、広島・仙台、新潟・宮崎などネットワークを生かして各地を結び、郷土色を出した。第1(水)午後8時からの30分番組。

なぞの招待席　1963〜1964年度
4名の解答者が順番に質問していくことで、登場した人の職業や体験、記録、またその人に関係する場所などを当てるクイズ番組。なぞが判明し、その話題で話が発展していく面白さをねらった。5月初旬から10月中旬までは、プロ野球ナイター中継のスタンバイ番組となっていた。初年度は第1(土)午後7時30分からの29分番組。レギュラー解答者：永六輔、江戸家猫八。司会：金子辰雄アナウンサー。

クイズホール　1965〜1968年度
日曜午後のクイズ・バラエティー枠。前半の午後1時10分から80分が『クイズジョッキー』。NHKで初めてのテレフォンリクエスト番組。毎週季節にふさわしいテーマをとり上げ、聴取者にクイズを出題した。後半の午後2時30分からの29分は長寿クイズ番組『私は誰でしょう』（1948〜1968年度）を放送。1969年3月23日に『私は誰でしょう』が20年の歴史に幕をおろすと同時に『クイズホール』も終了した。

クイズジョッキー　1965〜1969年度
日曜午後のクイズ・バラエティー枠『クイズホール』の第1部として80分の放送を開始。一般募集した出場者に電話でクイズを出題。またその出場者のリクエスト曲を一緒にきくという、ジョッキーとクイズと電話の機能を活用した番組。1968年度で『クイズホール』が終了すると、翌年度に単独番組として独立。放送時間を1時間53分に拡大し、ゲストを招いてのコーナーなどを設けた。司会は金子辰雄アナウンサー。

1990年代　クイズ・ゲーム

クイズ面白講座　1998〜1999年度
暮らしの中の常識、新知識をクイズで考える番組。毎回テーマに沿った専門家を講師に招き、ゲスト回答者の軽妙なトークを交えて新しい情報をわかりやすく伝えた。司会：田中浩史アナウンサー、橘貴美子。第1(日)午後8時3分からの52分番組。

2000年代　クイズ・ゲーム

おしゃべりクイズ疑問の館　2000〜2010年度
司会のアナウンサーが扮する「館の主」が、歴史上の人物や話題の人のエピソードに関してクイズを出題。その問題を話の糸口にゲストのうんちくを楽しむクイズ&トーク番組。初年度は第1(月)午後8時5分から9時30分までの放送。歴代の「館の主」は、葛西聖司、柿沼郭、黒田あゆみ、内多勝康、内藤啓史、森下和哉、古谷敏郎の各アナウンサーがつとめた。

新・話の泉　2005〜2009年度
戦後の人気番組『話の泉』（1946〜1963年度）は、卓越した知識を備えた話芸の達人たちがクイズ形式でうんちくや持論を競った知的エンターテインメント。その精神を受け継ぎながら、落語界の論客・立川談志を中心とした各界のご意見番を回答者に迎え、トークバトルを繰りひろげた。出演は立川談志、山藤章二、毒蝮三太夫、山本容子、松尾貴史、嵐山光三郎ほか。第1(最終・月)午後8時5分からの1時間20分番組。

NHK放送100年史（ラジオ編）　187

ラジオ編 番組一覧 02 クイズ・バラエティー｜定時番組

2010年代　クイズ・ゲーム

中山秀征のクイズ　イマジネーター　2019〜2021年度
"イマジネーター"は、想像する人という意味の造語。リスナーから送られたヒントや質問をもとに、チームを勝利に導く生放送の参加型クイズ番組。イエス、ノーで答えられる質問を繰り返して言葉を当てる「イエスノー・クイズ」。3つのヒントで言葉を当てる「スリーヒント・クイズ」、ハイ！と挙手して早い者勝ちで答える「ハイハイ・クイズ」などで構成。司会は中山秀征（タレント）。第1(木)午後9時5分からの50分番組。

1930年代　バラエティー・お笑い

二人漫談　1931〜1935年度ごろ
漫談家や講談師が2人の掛合で口演し、『二人漫談』『掛合漫談』などのタイトルで放送。1931年6月に徳川夢声と大辻司郎による二人漫談「軟尖問答」を7回に放送。1932年1月には徳川夢声と古川ロッパが『連続二人漫談・1932年風景』を放送。大阪では従来の歌と踊りを排除して会話だけで構成した「しゃべくり漫談」を「二人漫談」と称し、横山エンタツと花菱アチャコの「早慶戦」（1934年6月10日）が大人気に。

モダン小咄（こばなし）　1933〜1940年度
3〜4分間にまとめた小咄を、機知、諧謔（かいぎゃく）、風刺を含んだ寸劇形式で表現した。1933年11月に大阪局で第1(土)午後0時5分からの35分番組で放送開始。1934年7月より全国放送。1936年に東京でも漫画家やユーモア作家に依頼して放送が始まった。

漫談風景　1933〜1940年度
1人の漫談を中心として、これに劇的情景や対話の場面を織り交ぜて大阪局が放送。「ラジオ小説」が"小説の立体化"であるのに対し、『漫談風景』は"漫談の立体化"を目指した。

ニュース演芸　〈1934〜1940〉　1934〜1940年度
1週間の主な時事問題を選んで、ラジオドラマ、歌謡、講談、浪花節などの形式を借りて演芸化した東京局発の番組。1935年度に大阪局でもバラエティー色を加えて放送した。時事問題を取り上げて替え歌でうたう「時事歌謡」、ニュースを歌謡曲に仕立てる「ニュース歌謡」も『ニュース演芸』の一要素。戦後（1956年11月）に同名の番組が復活。

日曜巷談　1934〜？年度
東京局の『ニュース演芸』、大阪局の『モダン小咄』と同様の番組で名古屋局発。1週間の主な社会的時事ネタをそれぞれ専門家に委嘱してラジオドラマ、洋楽、歌謡、講談、浪花節、琵琶等の形式に託して毎日曜に放送。

新演芸　1934〜？年度
演芸作家に落語、掛合噺、音曲噺等の新作を委嘱。ふさわしい演者を選んで高座にかけ、練れたところで放送した。

お笑ひ道中　1935年度
東京から長野、そして名古屋から京都、大阪までを道中として、この旅の話を落語家の目で見て、漫才家の観察したものを放送した。東京から名古屋までを新人の人気者柳家金語楼が受け持ち、その後、京都を一輪亭花蝶その他、大阪は村田五郎と雪江の漫才家が旅行する形をとった。

三題噺　1935〜1944・1947〜1948年度
寄席で客から題を求めて即席に噺を作る方法にならって、東京、大阪の名士から題をつのって柳家小さん、徳川夢声、桂三木助、桂小文治らが噺を披露した。戦後、1948年1月に同名番組がスタートし、同年12月まで放送。聴取者から三題（人物・物品・地名または事件）をはがきで募集し、これを一席の噺にまとめて演じるもの。三題をいかに取り合わせるかという妙味が人気に。第1(日)午後3時30分からの30分番組。

立体漫談　1935〜1940年度
立体漫談は一人、二人で演ずるものと異なり、漫談に流行歌を取り入れ、演劇的な組み立てとした。形としてはコメディーであるが、内容はあくまで漫談的、興味本位というところから「立体漫談」と名づけられた。藤原釜足、堤眞佐子、岸井明などが出演。

皇軍将士慰問の夕　1937〜1942年度
出征将兵を慰問するとともに銃後の国民の精神作興をねらった第1放送の番組。『皇軍慰問の夕』の記述もある。落語、浪曲、講談、歌謡曲、軍歌などの演芸や歌、物語などを織り込んで娯楽中心に放送。『傷病将士慰問の夕（または「午後」）』『前線将士に送る夕』『陸軍の夕』『上海戦線思ひ出の夕』など、"夕もの"と呼ばれる時局色の濃い総合番組が多数編成された。1943年1月より『前線へ送る夕』に発展して定期的に放送される。

教化演芸 1937〜？年度
これまで社会教育番組を放送していた第2放送で、国民精神総動員運動に協力して「教化演芸」の編成を開始。日本精神を具体的に織り込んだ浪曲、講談、物語、琵琶、義太夫などを放送。出征将兵の活躍や、銃後の佳話、古今の美談などを通して日本精神を強調し、あわせて国民の戦意を高めようというもので、特に人気の浪曲、講談は週2回ずつ放送された。また同時期に時局問題を対話演芸体で扱う『時局演芸』も生まれた。

1940年代　バラエティー・お笑い

演芸お好み袋 1941年度
内容や出演者名を事前に発表せず、番組の最後に明かすという趣向の演芸バラエティー番組。1941年9月の第1回の司会を徳川夢声。出演は東海林太郎、小唄勝太郎、柳家金語楼ほか。2回目の放送は放送後も出演者を公表せず、聴取者に当てさせるというクイズ形式をとった。応募回答がおよそ70万、正解が18万余。正解者100人に記念品を贈呈した。聴取率が90％を超える大反響を呼ぶ。太平洋戦争開戦で放送は3回で終了。

起てり東亜 1941〜1942年度
太平洋戦争の緒戦の大勝利に国民は沸き立った。こうした空気の中で劇作家の高田保が書いた新形式のバラエティー番組。戦争詩、軍歌、短い戦争劇、音楽、詩吟、短歌朗詠などを組み合わせ、その中にシュプレヒコールが入った。全体的に雄大な国民詩を構成しようとしたもので、新派劇の梅島昇や築地小劇場の丸山定夫らが熱演。1941年12月21日に第1回を放送。1942年1月より毎月8日に放送。

音楽ウィークリー 1945年度
三木鶏郎の「歌の新聞」のコーナーがこの番組で始まり、コメディアン・ハーモニスト（のちのトリロー・グループ）が初めてNHKに出演した。

歌の新聞 1945〜1946年度
無名の新人だった三木鶏郎を起用した歌とコントの番組。敗戦後の混乱した世相を斬新なアイデアと庶民感情に寄り添った視点から鋭く風刺して人気となり、1946年1月より第1(日)15分の定時番組となる。番組は人気を得たが、"八紘一宇"を風刺したコントの真意を理解できなかったCIE（民間情報教育局）が、旧思想を宣伝するものとみなして放送中止命令を出し、半年で番組は終了した。

演芸手帖 1946年度
里謡、尺八や聴取者の親しい愛唱歌と、一般から募集した俳句、短歌、川柳などの文芸、さらに1週間のニュースを「今週の出来事」として織り込んで構成した。第1(土)午後7時15分から放送。徐々に歌謡曲、軽音楽が番組の主流に変わっていった。

笑いの時間 1946〜1947年度
ラジオコメディー、落語、漫才、漫談、物まねなどで構成。特にラジオコメディーが数多く取り上げられ、長谷川幸延作コント集、中江良夫作「忘れ物」、金員省三作「夢の交換会」などが好評を博した。第1(日)午後8時30分からの30分番組。1947年6月に番組が終了してからも、ラジオコメディーや軽演劇は、それぞれ個別の番組として放送された。

日曜娯楽版 1947〜1952年度
三木鶏郎が手がけた『歌の新聞』（1945〜1946年度）を改題。当初は松井翠声らの司会による演芸と音楽によるバラエティー番組だったが、まもなく三木鶏郎とそのグループによる歌とコントの「冗談音楽」を中心に構成された。「冗談音楽」は世相や混迷する政治をユーモアをもって鋭く風刺して人気を博したが、一方で批判もあった。第1(日)午後8時30分からの30分番組。1952年6月に『ユーモア劇場』に改題。

ラジオコメディ 1948〜1956年度
戦前にも単発的に同名の番組が、杉村春子、左卜全、黒井恂、清川虹子、林寛、藤原釜足ほかの出演で放送されている。戦後、明るくほほえましい上品なコメディーを軽演劇の作家たちに委嘱。東京放送劇団または軽演劇の劇団が演じた。それまでも放送劇の一種として随時放送されてきたが、1948年6月から第1(火)午後0時30分からの30分番組で定時化。

とんち教室 1948〜1967年度
海外の翻案物が主流だった中にあって、初めての国産クイズ番組。司会の青木一雄アナが"先生"、各界の著名人出演者が"生徒"となって、授業形式で進行。「尻とり川柳」「折り込み都々逸」などの言葉遊びで、生徒たちのユーモラスな解答と当意即妙なやりとりが人気を呼ぶ。年度末の終業式では生徒は毎年留年。番組最終回の1968年3月に、生徒たちは19年越しの卒業式を迎えた。初年度は第1(土)午後9時からの30分番組。

東西廻り舞台 1948〜1951年度
「東西コンテスト」のタイトルで企画された東西対抗の演芸番組。1949年1月に第2(火)午後7時30分からの30分番組でスタート。落語、漫才、コメディー、バラエティー、オペレッタなどさまざまな演芸ジャンルで、東京と大阪両放送局が同一テーマで制作。前半15分を東京が、後半15分を大阪がそれぞれ担当し、聴取者は東西の個性を楽しんだ。

ラジオ寄席 1949〜1954・1956〜1963・1965〜1967・1976〜1977年度
『放送演芸会』が古典落語を中心に"芸"を聞かせたのに対し、落語、漫才、漫談、声帯模写などの大衆演芸をそろえ、日曜夜の人気番組となる。スタジオに観客を入れての公開放送は、寄席の臨場感を伝えた。1955年度にテレビ同時放送となったのを機に『お好み風流亭』に改題。1957年度に『お好み風流亭』がテレビ独自番組となり、同年度に『ラジオ寄席』が復活。その後、休止と再開を繰り返しながら1978年3月に終了。

ラジオ編 番組一覧 02 クイズ・バラエティー | 定時番組

陽気な喫茶店 1949〜1954年度
日本初の本格的バラエティーショーとして1949年4月にスタート。弁士で漫談家の松井翠声の司会漫談に始まり、ミスNHK(「のど自慢」全国大会1位の荒井恵子)が覆面歌手として登場、内海突破らによるコントで終わる構成。内海の「ギョギョッ」が流行語となった。レギュラー作家は大島十九郎、南順介ほか。南は松井翠声のペンネーム。1954年11月まで全287回を放送。第1(火)午後8時からの30分番組。

1950年代　バラエティー・お笑い

ふるさとの町 1950〜1952年度
『民謡の時間』(1947〜1950年度)を吸収して1950年7月に新設。東京から旅人が日本中のふるさとを訪ねるという設定で繰り広げるミュージカル・バラエティー。郷土の民謡やローカル色豊かな行事の録音に、気候風土、町の沿革、名所めぐりなどの要素も盛り込み、2年間で88都市を全国に紹介した。第1(月)午後7時30分からの30分番組。

ラジオ漫画 1950〜1951年度
"耳で聞く漫画"を目指した当時としては斬新で奇抜な企画。1950年4月2日にスタート。第1集「サザエさんから」は原作・長谷川町子、脚色と出演・徳川夢声、音楽(ハモンドオルガン)・古関裕而で放送。サザエさんを演じたのは東京放送劇団の七尾伶子。7月からは「西遊記」を放送。第2(日)午後5時45分からの15分番組。1955年11月に同様のコンセプトで『ラジオマンガ』が新たにスタート。

気まぐれショウボート 1950〜1951年度
現代的感覚をねらった大阪発のコメディー番組。横山エンタツ、香島ラッキー、矢代セブン(のちに夢路いとし・喜味こいしと交代)ら、漫才出身の喜劇タレントを起用したのが特徴。この成功で1952年1月からの『アチャコ青春手帳』、『エンタツちょびひげ漫遊記』などが生まれ、後年の関西喜劇ブームの端緒となった。第1(月)午後9時15分からの30分番組。

夢声百夜 1951〜1953年度
『ラジオ漫画』(1950〜1951年度)のあとを受けて、1951年5月にスタート。『ラジオ漫画』から引き続いての「西遊記」は、徳川夢声と東京放送劇団の七尾伶子との掛け合いと、古関裕而のハモンドオルガン伴奏で人気に。そのほか「新平家物語」、黒岩涙香の「幽麗塔」などを放送。複数の登場人物を夢声と七尾の2人だけで演じるスタイルは、のちに『日曜名作座』に継承される。第1(水)午後7時30分からの30分番組。

関東風土記 1951年度
東京を中心に関東一円の名所を巡り、歴史を語りながら破天荒な空想をかきたてるミュージカル・コメディー。全33回。作:淀橋太郎、キノトール、西沢実、上野一雄ほか。音楽:浅井挙曄、平岡照章ほか。出演:岸井明、小峰千代子、高杉妙子、旭輝子、丹下キヨ子ほか。第1(火)午後7時30分からの30分番組。

演芸クラブ 1951年度
1951年5月から昼の演芸番組として落語、漫才、講談などを放送。第2(火)午後0時30分からの30分番組。1952年1月から『お笑いアパート』に改題。

エンタツちょびひげ漫遊記 1951〜1952年度
横山エンタツによる『気まぐれショウボート』(1950〜1951年度)に代わって登場した、同じく横山エンタツ主演の時代物コメディー。同時期に放送していた『アチャコ青春手帳』とともに、後年の関西喜劇ブームの端緒にもなった番組。こうした上方人情ドラマがコメディー『お父さんはお人好し』の大ヒットにつながる。第2(土)午後9時15分からの30分番組。1952年度に第1放送に移設。大阪局制作。

アチャコ青春手帳 1951〜1953年度
脚本の長沖一と主演の花菱アチャコ、浪花千栄子による上方人情ドラマの第1弾。週1回"読み切り"スタイルで、アチャコの職業が毎月変わる内容だった。花菱アチャコの柔らかなセリフ回しと浪花千栄子のユーモアあふれる演技が大評判となる。「ムチャクチャでございまするがな」というアチャコのセリフが流行語となった。全103回。第2(月)午後8時30分からの30分番組。1952年度に第1放送に移設。大阪局制作。

シャボテン日記 1951〜1953年度
『関東風土記』の後継番組。ユーモアとペーソスとナンセンスを適度に配合した1回完結のコメディードラマ。脚本:あをいきくらぶ同人(淀橋太郎、竹田新太郎、中田竜雄、有吉光也)。出演:岸井明、酒井直子、坂本和子、生田博志、十朱久雄ほか。第1(火)午後7時30分からの30分番組。

もしも 1951〜1952年度
「もしもウサギがカメに勝ったなら」「もしも奈良の大仏が立ち上がったら」「もしも人間に羽が生えてたら」など、人間の尽きることのない夢や願望をテーマに、それにちなんだ歌をまじえながらドラマで描いた番組。第1(土)午後3時15分からの15分番組。

お笑いアパート 1951〜1953年度
『演芸クラブ』の後継番組。1952年1月のスタート当初は、『演芸クラブ』の路線で落語、漫才、声帯模写などで構成したが、1952年7月より内容を刷新。大島得郎、松ια泉三郎らの作家を入れ、落語や漫才などを組み合わせ、全体として筋を楽しむ「演芸バラエティー」とした。初年度は第2(火)午後8時5分からの30分番組。

ユーモア劇場　1952～1954年度
異色の風刺番組『日曜娯楽版』（1947～1952年度）を改題。応募コントによる「ユーモア・ポスト」「コメディー」「三木鶏郎の冗談ヒットメロディー」の3部で構成。「毒消しゃいらんかね」などのヒット曲が生まれ、楠トシエが歌手として頭角を現す。また三木のり平、千葉信男、河井坊茶、丹下キヨ子ら、多くのコメディアンを輩出。中村メイコ、榎本健一ほかも出演。第1(日)午後8時30分からの30分番組。

エンタツの名探偵　1953年度
『エンタツちょびひげ漫遊記』（1951～1952年度）の後継番組。ヤマカン探偵事務所に働く横山エンタツの名探偵ぶりを独特のとぼけた味で演じ、好評を得た。作：香住春吾。出演：横山エンタツ、岸田一夫、赤木春恵。大阪局制作。第1(水)午後10時15分からの30分番組。

おしづどん行状記　1953年度
笠置シヅ子と服部良一のコンビによるミュージカルドラマ。29回を放送し、「5月の歌」「恋はほんまに愉しいわ」等のヒットソングを生んだ。出演は笠置シヅ子、小野田勇、高千穂ひづるほか。第1(木)午後10時15分からの30分番組。大阪局制作。

ラジオロータリー　1953年度
東京局と大阪局が15分ずつ受け持つ娯楽番組。「バラエティー」「コメディー」「ニュース演芸」など、東西のローカル色を生かした演目を交互に放送した。第1(土)午後1時30分からの30分番組。

僕は横町の　1953年度
コメディードラマ『シャボテン日記』（1951～1953年度）を改題して1953年11月にスタート。ゴンベさんは横町に住む善良なタクシー運転手で、床屋の2階に住んでいる。床屋の親父は変わり者で娘と小僧の3人暮らしという設定の1回完結のシチュエーション・コメディー。脚本はあをいきくらぶ同人。出演は岸井明、三木のり平、坂本和子、加藤春哉ほか。第1(土)午後0時30分からの30分番組。

ピアノとともに　1954年度
ジャズピアニストでもあるコメディアンの市村俊幸と、東唱団員で編成したニュー・ラジオ・シスターズを中心に、歌、コント、市村のジャズピアノをディスクジョッキー風に楽しむ番組。第1(日)午前11時10分からの15分番組。

アチャコほろにが物語　1954年度
1952年1月に大阪ローカルでスタートした『アチャコ青春手帳』が103回で終了し、1954年4月に『アチャコほろにが物語』と改題。引き続き花菱アチャコと浪花千栄子の名コンビが活躍。アルフォンス・ドーデの「川船物語」をもとに、長沖一が大阪の水上生活者の生活を描いた。第1(月)午後8時からの30分番組。1954年12月から『お父さんはお人好し』に改題。

とかくこの世は　1954年度
榎本健一と星和子のコンビの織りなす善意の人々の物語。1953年のクリスマスに特集番組として第1回を放送。その後、2度の特集番組を経て1954年4月から定時化。脚本は山下与志一と永来重明が隔月交代で担当。11月以降は山下一人で担当した。第1(火)午後8時からの30分番組。

夢声手帳　1954年度
『ラジオ漫画』（1950～1951年度）、『夢声百夜』（1951～1953年度）と続いてきた徳川夢声の新たな番組枠。徳川夢声の自作自演による日記風の物語を放送。第1(水)午後10時40分からの20分番組。

エンタツ人生模様　1954年度
『気まぐれショウボート』（1950～1951年度）、『エンタツちょびひげ漫遊記』（1951～1952年度）、『エンタツの名探偵』（1953年度）に続く横山エンタツを中心に繰り広げる大阪発人情ドラマ。町医者で底抜けにお人好しな兄を横山エンタツが、しっかり者の妹を森光子が演じた。町医者に持ち込まれるさまざまな騒動を描き、1か月ごとに完結するシリーズもの。作：香住春吾。音楽：高橋半。

青春サーカス　1954年度
ミスワカサ・島ひろし、ミヤコ蝶々、南都雄二ほか「宝塚新芸座」グループの出演による、漫才に歌と芝居を取り入れたバラエティーショー。作・構成は秋田実。第1(土)午後3時30分からの30分番組でスタート。ちなみに「宝塚新芸座」は1950年に小林一三が秋田実に声をかけて発足した演劇集団。当時人気の漫才師や宝塚歌劇団の生徒も加わって公演を行った。森光子は看板女優。

声をそろえて　1954年度
歌手や映画スターをゲストに迎える都会的なミュージカルコメディー。出演者は中村メイコをレギュラーに、映画・演劇界から宇野重吉、森雅之、小沢栄（小沢栄太郎）、芥川比呂志、佐田啓二ほか。歌手では吉岡妙子、原田美恵子、ペギー葉山、宝とも子ほかが出演。1954年11月からは歌手の荒井恵子がレギュラーとして参加した。第1(土)午後10時40分からの20分番組。1955年度に『春子の手帳』に改題。

歌うロマンス　1954年度
1954年6月に『日曜娯楽版』（1947～1952年度）の流れをくむ『ユーモア劇場』（1952～1954年度）のあとを受けて登場。1か月単位で完結するミュージカルドラマで、全国各地を舞台として地方色の中にロマンスを描いた。西沢実と寺島信夫が交互に執筆。第1(日)午後8時30分からの30分番組。

NHK放送100年史（ラジオ編）　191

ラジオ編 番組一覧 02 クイズ・バラエティー | 定時番組

のんきタクシー　1954〜1955年度
『陽気な喫茶店』（1949〜1954年度）の放送終了後、唯一の公開バラエティーとして1954年11月にスタート。タクシー運転手から見た世相をユーモラスに描いた。タクシー運転手に並木一路、助手に内海突破の往年の漫才コンビを配し、準レギュラーとして柳家金語楼、桜むつ子が出演。作：大島得郎、鈴木みちを、名和青朗。初年度は第1(月)午後10時15分からの30分番組。

こんな話あんな話　1954・1957〜1959年度
『陽気な喫茶店』のレギュラー・松井翠声が、自作自演でディスクジョッキー風に番組を進行。アメリカのヒット曲を紹介しつつ、ゲストに話を聞いた。1957年度に同名番組がスタート。聴取者からの投稿や新聞に載った話題の中から、珍談、奇談を取り上げ、コント風に脚色して紹介。レギュラー出演は八波むと志、由利徹、柳沢真一ほか。第1(土)午後の25〜30分番組。最終年度のタイトルは『あんな話こんな話』。

幸福を拾った話　1954〜1957年度
新進コメディアン市村俊幸と、前年に「毒消しゃいらんかね」をヒットさせた宮城まり子を中心とする音楽バラエティー。ストーリーを聴取者から募集し、高垣葵と丘十四夫（丘灯至夫ほかのペンネームもあり）が脚色。音楽は長津義司とラッキーアンサンブル、ラッキーシスターズ。初年度は第1(土)午後10時40分からの20分番組。1956年11月からは宮城まり子に代わって野添ひとみが出演。

なんでも入門　1954〜1955年度
1954年6〜10月放送の『歌うロマンス』のあとを受けて登場したミュージカルバラエティー。森繁久彌演じる「森繁太」がさまざまな職業に入門するたびに巻き起こす失敗の数々を歌と笑いで描いた。作：西沢実、寺島信夫、能見正比古。音楽：仁木他喜雄。出演：森繁久彌、草笛光子、楠トシエ、有島一郎。第1(日)午後8時30分からの30分番組。1954年11月から1955年10月まで1年間の放送。

お父さんはお人好し　1954〜1964年度
『アチャコ青春手帳』（1951〜1953年度）、『アチャコほろにが物語』（1954年度）に続く花菱アチャコ・浪花千栄子主演、長沖一作の大阪人情ドラマ。5男7女の子を持つ夫婦の日常生活の悲喜こもごもをコミカルに描いた。絶大な人気を博して関西喜劇ブームの先駆的な作品となり、映画化もされた。1956年度から6年連続でラジオ聴取率第1位を獲得。全500回。第1(月)午後8時からの30分番組。

青空の仲間　1955年度
南洲と北洲と呼ばれる2人の電信技士が、電信柱の上から見る光景をテーマとしたミュージカルドラマ。南洲を榎本健一が、北洲を巌金四郎が演じた。獅子文六が戦前に発表した同名の小説をもとに、毎月、作者が交代してリレー形式で執筆。作曲は服部正。出演はほかに星和子、龍岡晋、高橋豊子、中村是好。第1(火)午後8時からの30分番組。

春子の手帳　1955年度
中村メイコ主演のミュージカル・コメディー『声をそろえて』（1954年度）を改題。春子と康介という若い2人を中心に繰り広げるミュージカル・コメディー。春子を中村メイコが、康介を当時有望コメディアンとされたフランキー堺が演じた。作：寺島信夫、大倉左兎、市川三郎。音楽：仁木他喜雄。ゲスト歌手：吉岡妙子、中田康子、築地容子。第1(月)午後9時40分からの20分番組。

お笑い三人組　1955〜1958年度
1955年11月に第1(土)昼の30分番組でスタートした公開バラエティー番組。金ちゃん（三遊亭小金馬）、良夫さん（一龍斎貞鳳）、六さん（江戸家猫八）の3人組が暮らす「あまから横丁」で起こる騒動をユーモアたっぷりに描いた。1956年11月から夜間に放送時間を移行し、ラジオ・テレビ同時放送となる。1959年度にテレビ単独放送となり、テレビ草創期を代表する人気番組となる。作：名和青朗。作曲：土橋啓二。

ヴァラエティ　1955〜1956年度
フランキー堺、草笛光子、三木のり平、中田康子の4人がレギュラー出演するミュージカル・バラエティー。気が弱くて夢見がちな「堺君」と「光子さん」が、毎日の通勤バスの中で出会い、お互い声もかけられない中でいろいろな空想を巡らしながらロマンスに発展していくストーリー。キノトール、寺島信夫、高垣葵の3人が交互に執筆。第1(火)午後0時30分からの30分番組。

ラジオマンガ　1955〜1958年度
新しい録音技術を駆使した放送劇。テープ録音機によるセリフの調調や、ボコーダー（人間の声を機械的に再合成する装置）等による音の変化や誇張でマンガ的効果をねらった。第1(日)の15分番組。1956年度より『連続ラジオマンガ』とし、連続ものを放送。1957年度にはキノトール脚色で「宮本武蔵」を徳川夢声、宮城まり子の出演、古関裕而の音楽で放送。同名異表記の『ラジオ漫画』（1950〜1951年度）もある。

らくがき合戦　1955〜1956年度
大阪の下町で起こる事件を落語的な味わいで構成した大阪発のラジオコメディーシリーズ。作者は舘直志（渋谷天外のペンネーム）。出演は渋谷天外、広野みどり、石浜裕次郎、藤山寛美。第1(土)午後0時30分からの30分番組。

相棒道中　1956年度
2人のペテン師が、海に山に町に神出鬼没の企みを起こすが、いざ事成らんとすると失敗し、のちに善意とペーソスを残していく相棒道中記。ペテン師を演じるのはミュージカル・ドラマ『青空の仲間』（1955年度）に引き続き榎本健一と巌金四郎。作は八木隆一郎。第1(火)午後9時15分からの25分番組。

素人即席演芸会　1956〜1958年度
一般からの4人の出場者が参加。出されたお題に対し、その場で演芸話に組み立て、面白さを競う聴取者参加番組。1956年11月からはテレビとの共通番組となり、レギュラー審査員にはそれまでの水野春三に、講談から一龍斎貞丈、落語から桂三木助が加わった。初年度（夏期）は第1(火)午後8時からの30分番組。毎回、優秀者には「名人賞」が送られた。最終回では「名人賞」受賞者だけが競い、最優秀者を決めた。

角を曲って三軒目　1956年度
内海突破、清川虹子がレギュラー出演する明るいホームバラエティー。東京のある町の一角、角を曲がって3軒目に黒川きんという産婆さんが住んでいた。そこに大阪から上京して下宿したのが丸目弁太郎で…。作：中江良夫。音楽：横田昌久。第1(月～金)午前11時35分からの15分番組。1956年4月から11月まで全155回を放送。

ロマンス交叉点　1956年度
『ヴァラエティ』（1955～1956年度）の続編。若いサラリーマンの夢をテーマとした4回連続のミュージカル・バラエティー。レギュラー出演は『ヴァラエティ』から引き続きフランキー堺、草笛光子、三木のり平、中田康子。作はキノトール、高垣葵、能見正比古が交代で担当。第1(火)午後0時30分からの30分番組。

ニュース演芸〈1956〉　1956年度
日本各地や世界の隅々で起こった珍しい話、おもしろい話、その折々にちなんだ歴史的な事件を、トーク、コント、録音構成、ドラマ等で描いた娯楽番組。聴取者からの投書も多く採用した。語り手：吉田雅子、川久保潔。構成・脚色：田辺まもる、八木柊一郎、高垣葵、若林一郎。第1(土)午後0時30分からの30分番組。戦前にも時事問題をドラマ、歌謡曲、講談などの形式で演芸化した同名番組がある。

演芸特集　1956～1958年度
演芸ものを(月～金)の帯で連続放送する企画で1956年11月にスタート。11～12月は直木三十五原作「南国太平記」を秩父重剛が脚色、浪花家辰造の口演で40回連続で放送。その後は連続浪曲のほかに、歌謡ドラマ、落語などを放送。初年度は第1(月～金)午後9時15分からの15分番組。1958年度は国会休会中に編成し、酒井雲の24回にわたる連続浪曲「新納鶴千代」ほかを放送。その後、特集番組として随時放送。

天晴れ風来坊　1956～1957年度
トニー谷が演じるあめ屋が、ハーモニカのメロディーだけを頼りに姉を探す少年新吉（桜京美）とコンビになって、行商の旅を続ける。その行く先々の名所旧跡、風俗、習慣、地域の気質までも物語に織り込んで、人の世のペーソスやユーモアを描き出そうというもの。作：中江良夫。音楽：利根一郎。出演はほかに清川虹子、益田喜頓。初年度は第1(火)午後8時からの30分番組。

食いだおれ一代　1956～1957年度
職人気質の板前である小谷作太郎が、娘の結婚問題に揺れる大阪発のお笑いメロドラマ。作は舘直志（渋谷天外のペンネーム）。出演は渋谷天外、初音礼子、曾我廼家五郎八、宇治川美智子、伊東亮英ほか。第1(火)午後8時30分からの29分番組。

ラジオ百科辞典　1956年度
娯楽番組の中に教養性を盛り込んだ耳で聞く"百科辞典"。ディスクジョッキーに徳川夢声、越路吹雪、フランキー堺ほか。構成は高橋邦太郎、西沢実、名和青朗、風早美樹。「40年前に上演した水谷八重子」「四十七士討ち入りの時、大石良雄が使用した呼子の笛」「50年前のトルストイの声」「電気聴診器でキャッチした血液の循環する音」ほか、貴重な音資料を紹介した。第1(土)午後9時45分からの15分番組。

リレー演芸　1957年度
2つの異なった演芸を1つのテーマで結びつけて構成する演芸番組。例えば前半が「講談」で後半が「浪花節」、または前半が「漫才」で後半が「落語」で一貫した話を作る試み。主な作品は「まだら雪」（講談と浪花節）、「息子の電話」（漫才と落語）、「親子六段」（講談と浪花節）など。作者は名和青朗、鈴木みちを、秩父重剛ほか。第1(日)午後2時30分からの30分番組。

ラジオ一口辞典　1957～1958年度
『ラジオ百科辞典』（1956年度）のあとを受けて、1957年4月に『土曜の夜のおくりもの』枠内の1コーナーに登場。珍しい音を紹介する音の百科辞典で、第1回の「200年前のオルゴールの音」をはじめ、「エジソン吹込みの蓄音機」「秘境チベットのダマル太鼓」「南極探検家白瀬中尉の声」などを放送した。第1(土)午後7時30分から9時まで放送。

おしゃべり選手　1957年度
曜日別にレギュラー出演者がおしゃべりするバラエティー番組。1957年11月の番組改定後の出演者は、(月)河井坊茶、(火)中村メイコ、(水)トニー谷、(木)丹下キヨ子、(金)フランキー堺、(土)浪花千栄子（大阪放送局発）。作者は神吉拓郎、前田武彦、永来重明、能見正比古、市川三郎、永六輔、秋田実で、ベテラン作家と新人作家が組んで台本を作成した。第1(月～土)午前11時35分からの15分番組。

ラジオ芸能ホール　1957・1960～1962年度
クイズ、ドラマ、演芸、ミュージカル、歌謡曲など、毎週趣向を変えて届けるエンターテインメントアワー。第1(水)午後8時からの59分番組で、1957年11月から年度内放送。1960年4月に第1(月～金)の帯となって、午後9時25分からの35分番組で新たにスタート。15分の演芸もの、続いて歌謡曲を5分、連続放送劇を司会のアナウンサーがつなぐ総合ワイド番組で演芸館の雰囲気を醸し出した。

楽しい広場　1958～1962年度
楠トシエと三笑亭夢楽をレギュラーとするクイズと歌のバラエティー番組。作：金井敬三、田辺まもる。司会：須田忠児。第1(日)午後5時30分からの30分番組。

青春三人娘（カメラは見ている）　1958年度
雪村いづみ、浅丘ルリ子、水谷良重が演じる「三人娘」のそれぞれの生き方を描く青春ミュージカルコメディー。出演は主演3人のほかに佐田啓二、淡路恵子など当時のトップスターが顔をそろえた。作：永来重明。作曲：仁木他喜雄、小沢直与志。第1(日)午後9時15分からの25分番組。

NHK放送100年史（ラジオ編）　193

ラジオ編 番組一覧 02 クイズ・バラエティー｜定時番組

ゼンマイ社長　1959年度
下町の小さなおもちゃ工場を舞台に、庶民の暮らしぶりを近所の人たちや同業者とのつきあいの中に人情味豊かに描いた公開バラエティー。出演は工場主に柳家金語楼、その妻に清川虹子、社員に江戸家猫八、一龍斎貞鳳、三遊亭小金馬。そのほか榎本健一、古川ロッパなど、演劇、映画界から人気者が顔をそろえた。作：名和青朗、鈴木みちを、花島邦彦。第1(火)午後8時2分からの28分番組。

ラジオ演芸館　1959～1961年度
演芸人が中心となって演じる「連続読み切りコメディー」。初年度は4～9月に野村胡堂原作「磯川兵助功名噺」を漫才作家の大野桂が脚色、漫才ナレーターによるコメディーを展開。主人公の兵助を落語家の桂小南が、ナレーターをリーガル天才・秀才がそれぞれ演じた。10月からは大野桂のオリジナル作「一心太助評判記」を獅子てんや・瀬戸わんやと古川ロッパが演じた。第1(火)午後0時台の25分番組。

1960年代　バラエティー・お笑い

午後の娯楽室　1960年度
演芸ワイド番組枠。第1(月～金)午後2時5分からの55分番組。(月～金)放送の「あなたのメロディー」のほか、曜日ごとに(月)「ツルカメの社会探訪」「漫才・落語」、(火)「お話の唄」「ポケット浪曲」「大阪発ドラマ　千客万来」、(水)「フランキー太郎の生活と意見」「落語・講談」、(木)「メイコの講談文庫」「目白三平物語」「浪曲」、(金)「むだ口へらず口」「寄席中継」で構成。

陽気な休憩室　1960～1963年度
1959年8月に特集として放送され、1960年4月から定時番組となる。東京のスタジオ内に設けられた"休憩室"に、柳家金語楼、渋沢秀雄、林家三平らレギュラー出演者が招かれ、藤倉修一アナウンサーの司会でユーモアあふれるトークを繰り広げる。人気歌手をはじめ各界から多彩なゲストを招き、歌、演芸、トークを楽しむバラエティー番組。初年度は第1(土)午後7時30分からの1時間番組。

あっぱれ三人組　1960～1962年度
1956年11月からテレビ・ラジオ同時放送になった人気バラエティー『お笑い三人組』が、1959年度にテレビ単独放送となったのを機に、ラジオ独自の笑いを届けようと、三遊亭小金馬、一龍斎貞鳳、江戸家猫八ほか『お笑い三人組』のレギュラー陣を迎えてスタート。ほかに喜劇人、人気歌手、映画スターらを毎回のゲストに招いた。第1(火)午後8時からの30分番組。

芸能お国めぐり　1960～1963年度
各地の豊かな郷土芸能を紹介する地方局発唯一の全中芸能番組。番組形式も「放送劇（ドラマ）」「管弦楽」「民謡」など、地域独特の風俗・習慣・文化を多彩に取り上げた。この番組は選奨番組として関係者の審査により月間、年間の優秀作品を選定した。第1(日)午前11時30分からの20分番組。1963年度より新番組『日本さまざま』（月～金）枠内に入り、「放送劇」は1964年度より『郷土劇場』に改題。「管弦楽」と「民謡」は1963年度で終了した。

がんばれカヨちゃん　1962年度
歌手の森山加代子を中心に繰り広げるミュージカルコメディー。第1(土)午後5時31分からの14分番組。

いこいのひととき　1962・1969～1971年度
軽音楽と落語、漫才、浪曲などの演芸番組で構成する昼のワイド番組。第1(月～土)午後0時15分からの40分番組。1962年度で放送を終了するが、1969年度に同名の別番組がFMでスタート。農事放送通信員からよせられる地域の話題や聴取者からのおたより、季節の訪れを告げる音の風物詩「季節の音」などを、音楽とともに伝えるディスクジョッキー形式の番組とした。FM(木)午後0時15分からの45分番組。

午後のダイヤル　1962年度
第1(月～金)午後1時31分から2時59分までのファミリー向け総合ワイド番組で、音楽や演芸番組をラインナップ。午後1時台は(月)「ここに夢の花ひらく」、(火)「ヒットメロディーショー」、(水)「スクリーンミュージック」、(木)「あなたのリズム」、(金)「世界のメロディー」、(月～金)午後2時台前半の「ミュージックカレンダー」、(月～金)午後2時台後半の「ラジオ芸能ホール（再）」で構成した。

芸能ダイヤル　1962～1964・1982～1983年度
「寄席中継」「ヒットアルバム」「名人会」「舞台中継」の4コーナーを総合司会がつなぐ約3時間の娯楽ワイド番組枠。第1(日)午後1時5分から4時まで放送。1982年度に同名の芸能生ワイド番組が、第1の4～9月(月～水)、10～3月(月～土)でそれぞれ午後7時15分からの1時間40分枠で放送。「今夜のラウンジ」「スタジオ訪問」「芸能昭和館」「にっぽんのメロディー」などで構成。司会は近石真介、平野文。

お笑い演芸館　1963～1964・1970～1971年度
前半はテーマにふさわしい演芸を、後半はそのテーマにちなんだ土地を訪ねての演芸風土記で構成した演芸バラエティー。初年度は第1(土)午後1時5分からの55分番組。途中休止をはさんで1970年度に放送を再開。漫才、落語、歌謡漫談、ものまねなどの寄席芸を、スタジオでの公開録音で放送した。最終年度はそれまでの『お笑い演芸館』と『サンデージョッキー』を一本化し、一部歌謡曲を加えての2時間のワイド番組とした。

下町人生　1963年度
日曜午後の3時間ワイド『芸能ダイヤル』枠内で放送した、涙と笑いの下町ホームコメディー。主な出演者は『お笑い三人組』で人気を博した江戸家猫八、一龍斎貞鳳、三遊亭小金馬の3人と倍賞千恵子ほか。作：神津友好、大倉左兎、加藤文治。作曲：土橋啓二。第1(日)午後2時からの30分番組。

今晩は大阪です　1964〜1965年度
全国放送で大人気の大阪局制作ドラマ『お父さんはお人好し』（1954〜1964年度）と、上方漫才を楽しむ『上方演芸』の2本立てで構成する大阪放送局発の番組枠。第1(月)午後8時からの58分番組。『お父さんはお人好し』は1964年度末に終了したが、番組は南都雄二とミヤコ蝶々の時事漫談とおしゃべりが、次々に落語、漫才、ショーを引き出すという趣向で1965年度末まで続いた。

芸能ステージ　1964年度
演芸番組とラジオドラマで構成した第1(水〜金)午後9時30分からの30分番組。4月から10月は、第1〜3週が「お好み名調子」と「連続演芸」、「連続ドラマ」の2本立てとし、第4週は30分の大衆ドラマを3夜連続で放送した。11月以降は(火〜金)で「お好み名調子」を終了させた上で、30分4夜連続で第1・3週は演芸関係を、第2週は歌謡ドラマやバラエティーを、第4週は大衆ドラマを放送した。

楽天くらぶ　1964〜1965年度
「男のウソ女のウソ」「イライラについて」「物を安く買う法」など、時の話題や身近な問題をテーマにして、歌と演芸でつづる公開バラエティーショー。テーマにふさわしい学識経験者をゲストに招いて、教養的な知識がつくような工夫も加えた。第1(木)午後8時1分からの57分番組。司会：柳家金語楼、山内雅人ほか。

三人のジョッキー　1964年度
日曜午後の総合芸能番組『芸能ダイヤル』枠内で放送。『お笑い三人組』の出演でおなじみの江戸家猫八、一龍斎貞鳳、三遊亭小金馬の3人によるディスクジョッキー番組。3人の個性を生かしたユーモアに富んだおしゃべりとレコードによる音楽を楽しむ。第1(日)午後3時5分からの54分番組。

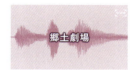

郷土劇場　1964〜1965・1967〜1969年度
各地方局発の放送劇『芸能お国めぐり』（1960〜1963年度）を改題。各中央局発の全国中継番組で、郷土の作家たちがそれぞれの土地に密着した素材で描いた。番組の質的向上のため、東京と各局との交流も行った。第1(土)午後4時5分からの25分番組。1966年度のみ『家庭劇場』に改題して放送。

演芸バラエティー　空腹先生行状記　1965〜1966年度
1965年度後期に新設された『演芸バラエティー』枠内で放送された演芸人によるラジオコメディーの第1弾。「空腹先生」と呼ばれている男と、芸を披露しながら金を稼いで旅をしている門付娘のおてつ、スリコンビのてん助・わん吉が、幕末の長崎から江戸まで旅する全11回にわたる珍道中記。作：大野桂。出演：柳亭痴楽、黒柳徹子、獅子てんや・瀬戸わんやほか。第1(火)午後7時30分からの29分番組。

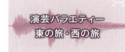

演芸バラエティー　東の旅・西の旅　1965年度
1965年度後期に新設された『演芸バラエティー』枠内で放送された演芸人によるラジオコメディーの第2弾。上方落語の題材をストーリーにとり入れた1話完結のシリーズ物語。前半を「東の旅」、後半を「西の旅」とした。作：織田正吉。出演：桂米朝、中田ダイマル・ラケットほか。大阪局制作。第1(火)午後7時30分からの29分番組。

連続演芸　1965年度
日本の歴史を生き抜いた人々の人間像を、演芸という形式で描きだす「大河演芸番組」。第1(日)午後7時30分からの29分番組。

1970年代　バラエティー・お笑い

サンデージョッキー　1970・1972・1984〜2007年度
『クイズジョッキー』（1965〜1969年度）の後継番組。音楽の話題を中心に、レコードと生演奏を楽しむ。第1(日)午後の58分番組。1972年度に音楽と落語や浪曲を楽しむジョッキー番組として再開。さらに1984年度に第1(日)午後1時から6時間の同名のワイド番組が、バラエティー形式の生放送で始まる。前半は歌謡ショー、演芸、番組『浪曲十八番』等で構成。後半は身近な話題を伝えるディスクジョッキー番組。

日曜喫茶室　1977〜2016年度
喫茶店を舞台に設定したトーク番組。喫茶店の"マスター"は放送作家のはかま満緒。毎回、各界の著名人を"常連客"として迎え、マスターとの会話を楽しむ。音楽をメインにした番組が多いFM放送にあって、トークを主体とした異色の番組。ゲスト（常連客）は安野光雅、轡田隆史、池内紀、荻野アンナほか。FM(日)午後0時15分からの1時間45分番組。2008年度からは月1回(最終・日)放送。40年続いた長寿番組。

コメディーおせっかい横丁　1978〜1979年度
年度後期に放送する「連続ラジオコメディー」の第1弾。江戸の人情と気分が残る下町を舞台に、引退した老芸人親娘を取り巻く人たちの明るい善意が織りなすコメディー。1979年10月から第2弾『コメディーおせっかい横丁〜パートⅡ』を放送。作：大野桂（パートⅠ）、堀英伸、辻真先（パートⅡ）。主な出演は加藤武、リーガル千太、内海桂子・好江、星セント・ルイス、トニー谷ほか。第1(土)午後8時5分からの30分番組。

ラジオ編 番組一覧 02 クイズ・バラエティー｜定時番組

1980年代　バラエティー・お笑い

コメディー「先生・人生・一年生」 1980年度
「連続ラジオコメディー」の第3弾。都会の片隅で社会人一年生として、でっかい夢をもって頑張っている兄弟をめぐる若者たちの日常を、明るくコミカルに描いた。全22回。第1(土)午後8時5分からの25分番組。原作は高垣葵、音楽は小森昭宏が担当。出演者：セント・ルイス、松島トモ子、コント太平洋、すどうかづみ、斉藤隆ほか。

コメディー「ブラジルから来た太郎君」 1981年度
1978年度後期より続く「連続ラジオコメディー」の第4弾。東京下町の大衆食堂を舞台に、ブラジルから来た太郎君が日本語を覚えながら高校へ進学するまでを明るいタッチで描いた。全22回。作：高垣葵、音楽：小森昭宏。出演：渡辺司、コロムビアライト、初井言榮、柳沢真一、セント・ルイス、神田陽子、宝井琴柳、五十嵐明子、川久保潔ほか。第1(土)午後8時5分からの25分番組。

芸能ダイヤル「今夜のラウンジ」 1982年度
第1(4～9月・月～水)、(10～3月・月～土)午後7時15分から8時55分まで放送した芸能生ワイド番組『芸能ダイヤル』のコーナーの1つ。

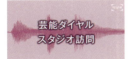

芸能ダイヤル「スタジオ訪問」 1982年度
第1(4～9月・月～水)、(10～3月・月～土)午後7時15分から8時55分まで放送した芸能生ワイド番組『芸能ダイヤル』のコーナーの1つ。

芸能ダイヤル「物語」 1982年度
第1(4～9月・月～水)、(10～3月・月～土)午後7時15分から8時55分まで放送した芸能生ワイド番組『芸能ダイヤル』のコーナーの1つ。

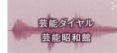

芸能ダイヤル「芸能昭和館」 1982～1983年度
第1(4～9月・月～水)、(10～3月・月～土)午後7時15分から8時55分まで放送した芸能生ワイド番組『芸能ダイヤル』のコーナーの1つ。

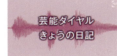

芸能ダイヤル「きょうの日記」 1983年度
第1(4～9月・月～水)、(10～3月・月～土)午後7時20分から8時55分までの芸能生ワイド番組『芸能ダイヤル』のコーナーの1つ。

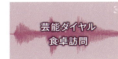

芸能ダイヤル「食卓訪問」 1983年度
第1(4～9月・月～水)、(10～3月・月～土)午後7時20分から8時55分までの芸能生ワイド番組『芸能ダイヤル』のコーナーの1つ。

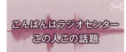

こんばんはラジオセンター「この人この話題」 1984年度
第1放送夜間の芸能生ワイド番組『こんばんはラジオセンター』枠内の(月)午後9時台前半のコーナー。

こんばんはラジオセンター「芸能夜話」 1984年度
第1放送夜間の芸能生ワイド番組『こんばんはラジオセンター』枠内の(水)午後9時台前半のコーナー。

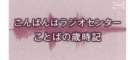

こんばんはラジオセンター「ことばの歳時記」 1984～1988年度
第1放送夜間の芸能生ワイド番組『こんばんはラジオセンター』枠内の(月～土)午後9時台後半の25分のコーナー。福本義典ほかのアナウンサーが担当。『こんばんはラジオセンター』終了後は、後継番組の『ふれあいラジオパーティー』(1989～2007年度)枠内で1992年度まで放送した。

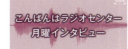

こんばんはラジオセンター「月曜インタビュー」 1984～1985年度
第1放送夜間の芸能生ワイド番組『こんばんはラジオセンター』枠内の(月)午後9時台に放送。1983年10月に芸能ワイド番組『芸能ダイヤル』(1982～1983年度)枠内で始まった月曜日のインタビューコーナー。

1990年代　バラエティー・お笑い

話芸・笑芸・当たり芸　1994～2002年度
演芸とトークで構成する芸能ショー番組。落語、漫才、コント、漫談、講談、浪曲など、演芸のベテランから若手までが登場して往年の名人芸や話題の話芸を披露。さらに俳優、歌手、文化人など各界からゲストを迎えて、トークを繰り広げた。プロ野球中継が終了する10月からの放送。司会：高田文夫（1994～1997年度）、山本晋也（1998～2002年度）。第1(木)午後8時5分からの85分番組。

DJショー　1994～1996年度
FM放送では初めての聴取者参加番組。1992年4月に第1回を放送し、1994年度に定時化。全国の大学生や一般のディスクジョッキー志望者が自分のDJ番組を持って気軽に参加するスタジオショー。初年度はFM(土)午前9時からの1時間50分番組で、司会進行は立子山博恒アナウンサー、グレース。1995・1996年度の司会進行はピーター・バラカンほか。

日曜バラエティー　1997・2008～2018年度
番組前半（午後7時台）は日常使っている英語を点検する「面白英語塾」、後半（8時台）は暮らしの中の常識、新知識を考える「クイズでGO！」。第1(日)午後7時15分からの1時間43分番組。2008年度に同名の番組がスタート。スタジオパーク450スタジオからの公開生放送で、歌謡曲、漫才、漫談などで構成するバラエティー番組。司会は山田邦子ほか。2008年度は第1(日)午後1時5分からの2時間50分番組。

2000年代　バラエティー・お笑い

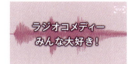

ラジオコメディー　みんな大好き！　2000～2003年度
ごく普通の家庭に起こる事件やハプニングをコメディータッチで描き、家族のきずなの強さや大切さを描くラジオドラマ。出演は中村メイコ、小松政夫、丹阿弥谷津子、藤村俊二ほか。初年度は第1(日)午後7時15分からの43分番組。

わが人生に乾杯！　2003～2010年度
『話芸・笑芸・当たり芸』（1994～2002年度）を改題。落語、漫才、漫談などの演芸人から俳優、歌手、文化人など各界で活躍するゲストを迎え、人生を振り返りその人の魅力を余すところなく伝えるトークショー。司会は山本晋也（映画監督）。年度後期の第1(木)午後8時5分からの1時間22分番組。

平成落語家ジョッキー　2003～2005年度
テレビ・ラジオで幅広く活躍している落語家のおしゃべりを多彩な演出で伝えるディスクジョッキー番組。レギュラーDJを立川志らく、林家たい平、林家彦いち、柳家花緑らがつとめた。初年度は第1(水)午後9時30分からの25分番組。

ラジオほっとタイム「ラジオなぞかけ問答」　2004～2007年度
総合情報番組『ラジオほっとタイム』の(月～金)午後1時または2時台に放送。双方向を生かした聴取者参加コーナー。話題のことばや季節に関することばを「お題」になぞかけをし、聴取者から「解」と「その心」をいただく。師範は古今亭志ん輔、神田紅、天野祐吉、泉麻人が月替わりで担当。初年度は第1(月～金)午後1時33分からの10分番組。2008年度からは『つながるラジオ』枠内で放送し、2013年3月に放送終了。

かんさい土曜ほっとタイム　2004～2018年度
『土曜ほっとタイム』（2000～2003年度）が毎週大阪局制作となり改題。関西風味の"しゃべくり"が楽しめるワイド番組に刷新された。午後1時台は上方芸能、映画、温泉などのオススメ情報と「お天気どんなんかな」。2時台は関西ゆかりの人へのインタビュー「面白人物ファイル」、3時台は「ぼやき川柳」、4時台は「SP盤コーナー」などで構成。初年度は第1(土)午後1時5分から4時53分まで放送。

かんさい土曜ほっとタイム「ぼやき川柳」　2004～2018年度
第1放送『かんさい土曜ほっとタイム』の午後3時台に放送。聴取者からの川柳投稿コーナー。選者は大西泰世（川柳作家）。2018年度をもって『かんさい土曜ほっとタイム』が終了。「ぼやき川柳」のコーナーは、2019年度より『関西発ラジオ深夜便』の午後11時台に移設された。

今夜も大入り！渋谷・極楽亭　2006～2010年度
若者に人気のミュージシャンや文化人がラジオセンター132スタジオに集まり、寄席の楽屋談義と落語を楽しむ生放送の芸能・文化情報バラエティー番組。第1(土)午後7時30分から8時55分までの1時間25分枠。初年度の司会は森口博子、関口健アナウンサー。出演の落語家は立川志らく、柳家花緑、林家彦いち、柳家喬太郎、林家きくおほか。

トーキング　ウィズ　松尾堂　2007～2022年度
松尾貴史を"店主"とする老舗古書店「松尾堂」を舞台に繰り広げられるトークバラエティー。30代、40代を中心に毎回2組程度の旬なゲストを招き、ゲストの著書や"とっておきの一冊"など、本の紹介を随所にはさみながらトークを展開。松尾堂の「店員」として佐藤寛子、加藤紀子がアシスタントをつとめた。初年度は第1(最終・日)午後0時15分からの1時間45分番組。2008年度より最終週を除く毎週日曜の放送となる。

NHK放送100年史（ラジオ編）　197

ラジオ編 番組一覧 02 クイズ・バラエティー｜定時番組

ぬくだまりの宿　みちのく亭　2008～2013年度
奥羽山脈の山懐にある架空の宿「みちのく亭」に毎回多彩な客が訪れ、宿の名物主人役の伊奈かっぺいと楽しい東北談義を繰り広げるトークバラエティー。「ぬくだまる」とは東北のことばで「あったまる」という意味。話題は祭り、食、農業など多岐にわたった。初年度は第1(第2・火)午後9時5分からの25分番組。2011年度は東日本大震災からの復興に熱い思いを抱く人々をゲストに招き、東北のすばらしさを全国に伝えた。

博多屋台　こまっちゃん　2009～2013年度
九州沖縄とアジアや太平洋地域との密接なかかわりを、九州博多名物の屋台を舞台にトークで展開。"常連客"のNHKアナウンサーが九州沖縄で頑張る話題の人物を連れて屋台を訪れ、屋台店主に扮するコメディアンの小松政夫と地域に根ざす国際交流について語り合う。生っ粋の博多っ子である小松の正調博多弁も聞きどころとなった。第1(5週に1回・水)午後9時30分からの25分番組。

ゆきねえの名古屋なごやか喫茶　2009～2013年度
名古屋出身の兵頭ゆきが喫茶店店主に扮し、名古屋局アナウンサーが地元通のウエイター・ウエイトレスという設定で、名古屋独特の文化についてゲストと語り合う。「結婚式事情」「大須演芸場」「名古屋人起業家の発想法」「名古屋から羽ばたくフィギュアスケーター」「今、ナゴヤ文学が熱い」「赤味噌文化」など、名古屋ならではの話題について伝えた。第1(5週に1回・水)午後9時30分からの25分番組。

2010年代　バラエティー・お笑い

かれんスタイル　2011～2018年度
暮らしの中でキラキラと輝く小さな幸せ、ホッとひと息つける、そんなひとときをリスナーとともに探した番組。パーソナリティーの桐島かれんとパートナーの松浦弥太郎(エッセイスト)が、旬のゲストを迎えて話を聞いた。初年度は第1(木)午後8時5分から9時30分までの1時間25分番組。年度後期のみの放送。

亀渕昭信のにっぽん全国ラジオめぐり　2011～2012年度
深夜ラジオ番組『オールナイトニッポン』(ニッポン放送)の人気DJだった亀渕昭信が、全国の民放地方局の制作現場を訪れ、放送済素材を借り受けて放送。また各番組のパーソナリティーにインタビューし、番組制作の裏話や番組の魅力を軽妙なトークで伝えた。最終回では、この番組の監修者で放送作家の石井彰も加わって、公開収録形式でラジオの未来について語り合った。初年度は第1(隔週・火)午後9時5分からの50分番組。

キャンパス寄席　2011～2017年度
首都圏の大学の構内で実施した公開お笑いライブ。落語、漫才、コントなどから誰もが知っている人気者から、これからブレークが期待される新人芸人までが出演。実施大学の学生が参加するバラエティーコーナーもまじえて放送した。司会はサンドウィッチマン。初年度は第1(最終・土)午後8時5分からの50分番組。

上地雄輔のラジ音！　2011～2012年度
俳優・タレントで歌手としても活動中の上地雄輔がパーソナリティーを務めた番組。上地がゲストとリラックスしたおしゃべりで、番組に寄せられたメールを紹介。初年度はゲストに品川ヒロシ、つるの剛士、板谷由夏、臼田あさ美、スガシカオ、木村多江、ユースケ・サンタマリアほかを招いた。FM(隔週・金)午後10時からの40分番組。第1で(隔週・日)午後7時20分より再放送した。

香山リカのココロの美容液　2012～2017年度
精神科医でエッセイストの香山リカが、同世代の女性たちの心を癒やすトークと音楽を届けた。第1(金)午後9時30分からの25分番組。

すっぴん！「フィフィのスペシャル」　2012年度
2012年度の新情報ワイド番組『すっぴん！』の第1(最終・月)午前10時台後半に放送。月曜パーソナリティーのフィフィが自らプレゼンする月1回の特別企画。主婦目線、子育てママ目線で気になる人や場所を突撃レポートする。

すっぴん！「カトノリが行く！」　2012年度
『すっぴん！』の第1(最終・火)午前10時台後半に放送。火曜パーソナリティーの加藤紀子が、好奇心のかたまりとなってさまざまな場所を訪ね、さまざまな人と出会う。

語りの劇場　グッとライフ　2013～2016年度
スポーツ、芸能、財界など各界の偉人たちの人生を、山田雅人(タレント・俳優)が自ら取材・構成して、独自の"語り"で伝えたトークバラエティー。オリンピック(リオデジャネイロ)イヤーの2016年度は、トップアスリートを中心にバラエティー豊かな人選で放送した。第1(隔週・月)午後9時5分からの50分番組。

すっぴん！「博士が愛した日常」　2013年度
『すっぴん！』の第1(木)午前9時台後半に放送する約20分のコーナー。2013年度の木曜パーソナリティー水道橋博士(お笑い芸人)が、最近気になっていること、ハマっているもの、大好きな人などを熱く語るフリートークコーナー。

すっぴん！「松田悟志のめっちゃすっぴん！ツアー」 2013年度
『すっぴん！』の第1(月)午前10時台後半に月1回放送。月曜パーソナリティーの松田悟志が、人気の大人向け職業体験やツアーに挑戦した。

夏木マリ・丈夫も芸のうち 2013〜2014年度
メインパーソナリティーの夏木マリ（俳優）がその生きざまや考え方をテーマに、ゲストとトークを繰り広げた。2013年4月から特集番組として放送し、10月から定時番組となった。第1(火)午後8時5分からの50分番組。

眠れない貴女（あなた）へ 2013年度〜
仕事、恋愛、子育て、介護などに頑張っている忙しい現代女性を音楽とトークで癒やし、勇気づける番組。人間味豊かなパーソナリティーが、心に優しいおしゃべりや音楽を届け、リスナーからのおたよりや悩み相談にも応じる。パーソナリティーは村山由佳（作家）、奥野史子（スポーツコメンテーター）。2021年度より奥野が和田明日香（食育インストラクター）に交代。FM(日)午後11時30分からの1時間30分番組。

すっぴん！「津田っちのキラキラ☆ライフ」 2014年度
『すっぴん！』の第1(火)午前9時台前半に放送。火曜パーソナリティーの津田大介とリスナーが"キラキラ☆ライフ"を送るべく、「ファッション」「美容」「インテリア」「旅」のお得情報をスペシャリストが伝授するコーナー。出演：コシノヒロコ（ファッション）、おぐねー（美容）、荒井詩万（インテリア）、村田和子（旅）。

すっぴん！「松田悟志の月スポ」 2014年度
『すっぴん！』の第1(月)午前8時台後半に放送。いま注目を集めるスポーツの「観戦"マル秘ポイント"」を伝授するコーナー。出演：生島淳（スポーツジャーナリスト）、清水英斗（サッカーライター）、小林勝（スポーツライター）、竹内一馬（相撲情報誌編集長）ほか。

すっぴん！「松田悟志のわくわくワンダー」 2014年度
『すっぴん！』の第1(月)午前9時台前半に放送。カルチャー情報満載、"わくわくドキドキ"とプレゼンターのユニークな視点を味わうコーナー。プレゼンター：おくだ健太郎（歌舞伎ソムリエ）、山口晃（画家）、岡部真一郎（明治学院大学教授）、中島卓偉（ロックミュージシャン）ほか。

すっぴん！「源ちゃんのみみきゅん」 2014年度
『すっぴん！』の第1(金)午前9時台前半に放送。上田誠（劇作家）ら舞台人が週替わりで紹介するお薦めエンタメコーナー。

すっぴん！「テキストどーん」 2014〜2017年度
『すっぴん！』の第1(月〜金)午前11時台後半のコーナーでスタート。2015〜2017年度は9時台後半に放送。毎月出版されるNHKテキスト（語学・教養・趣味・実用・健康など）の中から各曜日のパーソナリティが、それぞれ気になる1冊をチョイスして、気になった内容や写真、また、そこから派生して脱線することも良しとした、自由なおしゃべりコーナー。

ラジオ深夜便「萩本欽一の人間塾」 2014〜2021年度
『ラジオ深夜便』の第1・FM(最終・月)午前4時台に放送。ホスト役は「欽ちゃん」の愛称でおなじみの萩本欽一。毎回ゲストを迎え、公開収録で人生の楽しみを語り合う。ゲストは関根勤（コメディアン）、堀内孝雄（歌手）、森公美子（歌手）、大林素子（スポーツキャスター）、金田一秀穂（言語学者）、パックンマックン（お笑いコンビ）、タモリ、紺野美沙子（女優）、南こうせつ（シンガーソングライター）ほか。

クリス松村の音楽処方箋 2015〜2017年度
リスナーから寄せられたお悩み相談に対して、クリス松村（タレント）が独自の視点でアドバイスを送るとともに、その悩みを和らげる音楽を"処方"（選曲）。ゲストを迎えて楽しいトークを展開するバラエティー・ラジオ番組。初年度は第1(月)午後8時5分からの50分番組。

午後のまりやーじゅ「イワイガワ井川の星の数だけモノもうす！」 2015年度
午後の大型生ワイド番組『午後のまりやーじゅ』の第1(木)午後3時台に放送。

午後のまりやーじゅ「山口香のリアルボイス」 2015年度
午後の大型生ワイド番組『午後のまりやーじゅ』の第1(月)午後3時台に放送。

午後のまりやーじゅ「杜けあきの愛あればこそ、言葉あればこそ」 2015年度
午後の大型生ワイド番組『午後のまりやーじゅ』の第1(火)午後3時台に放送。

02 クイズ・バラエティー | 定時番組

ラジオ編 番組一覧

午後のまりやーじゅ「風見しんごのどこまでしゃべるの！」 2015年度
午後の大型生ワイド番組『午後のまりやーじゅ』の第1(水)午後3時台に放送。

サンドウィッチマンの天使のつくり笑い 2015～2020年度
サンドウィッチマンが司会をするバラエティー番組。「笑いは世界を救う」をコンセプトに、人気芸人をゲストに迎えたトークを織り交ぜ、若手芸人によるネタバトルで新しい笑いを紹介。初年度は第1(火)午後8時5分からの50分番組。「みちのく通信」に加え、2016年に地震に見舞われた熊本の情報を伝える「熊本通信」を2017年度に新設。2018年度は隔週2時間の生放送。2019年度からは毎週50分の収録放送に。

らじらー！ サタデー 2015～2023年度
人気アイドルのMC、リスナー参加企画やネット連動強化で、若者層を対象とした番組。「らじらー！」とは、"ラジオする人"のこと。メールやツイッター、電話など、いろいろな形で番組に参加してもらい、若いラジオファンを増やすことを目指した。初年度のMCはHey! Say! JUMPの伊野尾慧と八乙女光、ガレッジセールのゴリとNEWSの加藤シゲアキ。第1(土)午後8時5分から午後11時までの2時間55分枠。

らじらー！ サンデー 2015年度～
『らじらー！ サタデー』の日曜版。人気アイドルのMC、リスナー参加企画やネット連動強化で、若者層をターゲットにした3時間番組。初年度のMCはオリエンタルラジオ、澄川龍一（アニソン雑誌編集長）、乃木坂46の中元日芽香、SKE48のメンバー。第1(土)午後8時5分からの2時間55分枠。

A.B.C-Z 今夜はJ's倶楽部 2016～2023年度
アイドルグループのA.B.C-Z（河合郁人、橋本良亮、戸塚祥太、五関晃一、塚田僚一）が生放送で送るトークバラエティー。メンバー5人の個性を生かした企画をベースに、リスナーとの双方向も重視しながら構成。お笑い芸人や音楽家、漫画家など多彩なゲストが出演。初年度は第1(最終・火)午後8時5分からの50分番組。2018年度は隔週(火)の2時間枠に拡大。2019年度からは毎週の50分番組となる。

ゆうがたパラダイス 2016～2020年度
10～20代の若者向けのリスナー参加型音楽バラエティー番組。曜日ごとにアイドル、アニメソング、J-POPとテーマを設定。リスナーとの双方向の交流を交え、最新ヒット曲やテーマに沿ったトークを展開。初年度のパーソナリティーは(月)金田哲、(火)三森すずこ、(水)津野米咲、(木)高田秋。FM(月～木)午後4時40分からの1時間20分番組。

又吉・児玉・向井のあとは寝るだけの時間 2017年度～
3年間同居していたお笑い芸人3人（ピース・又吉直樹、パンサー・向井慧、サルゴリラ・児玉智洋）がMCを務めるトーク番組。自由律俳句、大喜利、相談室など、それぞれのコンビを越えて、友だちとして強いきずなで結ばれた関係性ならではのリビングトークを楽しむ。初年度は第1(月)午後9時5分からの50分番組。2018年度から隔週放送の1時間50分番組となり、2019年度からは毎週の1時間番組になった。

グッチ裕三の日曜ヒルは話半分 2017～2022年度
料理自慢のエンターテイナー・グッチ裕三が、ゲストとともに実際に料理を作り、おいしい料理に舌鼓を打ちながらトークを繰り広げる料理バラエティー番組。番組ホームページでレシピも掲載。MCはグッチ裕三と柘植恵水アナウンサー（2022年度は安部みちこアナ）。FM(最終・日)午後0時15分からの1時間40分番組。2021年度は、新型コロナウイルス感染防止の観点から料理コーナーは実施せず、音楽メインとした。

こやぶのとりしらベイビー 2019年度
インターネット上で日々起こっているニュースの"張本人"をスタジオで"取り調べる"番組。第1回のテーマ「レンタル彼氏」に続いて、「レンタルなんもしない人」「人気ラッパー t-Ace（ティーエース）」「性の公共」ほかを放送。司会は小籔千豊（お笑いタレント）と、"みちょぱ"こと池田美優（モデル・タレント）。第1(金)午後9時5分からの50分番組。年度前期の放送。

こやぶとみちょぱのとりしらベイビー 2019年度
年度前期放送の『こやぶのとりしらベイビー』を内容を変えずに改題。取り上げたテーマは「漫画"生理ちゃん"作者」「危険地帯ジャーナリスト」「40代で2億円貯めた元自衛官」「裁判ウォッチャー」「友情結婚相談所代表」「フリー素材アイドル」「キャバ王」「20代で隠居」「ラーメン YouTuber」「令和初バズった女子大生」ほか。第1(金)午後9時5分からの50分番組。年度後期放送。

東京03の好きにさせるかっ！ 2019年度～
コントトリオの東京03が、働く大人の「イライラ」や「あるある」を、俳優や芸人、声優をゲストに迎え、新作ラジオコントとスタジオトークで痛快に笑い飛ばす。第1(木)午後8時5分からの50分番組。夏のスペシャル拡大版や、生放送スペシャルなど特集番組も放送。ナレーションは戸松遥（声優・歌手）。

ラジオ深夜便「ぼやき川柳」 2019年度～
『ラジオ深夜便』の第1(第1～3・金)午後11時台に放送。

2020年代　バラエティー・お笑い

大竹しのぶの"スピーカーズコーナー" 2020年度～
大竹しのぶ（俳優・歌手）がコロナ禍の暮らしや仕事の中で感じたことを、思いつくままマイペースで語る番組。お気に入りの最新の音楽を紹介するほか、リスナーからの「喜・怒・哀・楽」の声も伝えた。バーチャルな旅行気分を味わう「行った気になる妄想トラベル」のコーナーもある。初年度は第1（土）午後2時5分から2時55分、3時5分から3時55分に放送。2年目から（水）午後9時5分からの50分番組。

ヤバイラジオ屋さん 2020～2023年度
3人組ロックバンド「ヤバイTシャツ屋さん」がパーソナリティーをつとめる番組。ゲストとのトーク、リスナーからのおたよりを中心に構成。第1（土）午後4時5分からの50分番組。

あさこ・佳代子の大人なラジオ女子会 2021年度～
プライベートでも仲がいい、いとうあさこ（お笑いタレント）と大久保佳代子（お笑いコンビ・オアシズ）が、ゲストと一緒に女子会のノリで好き勝手にしゃべりまくるラジオトークバラエティー。2021年5月4日に特集番組として放送し、10月から定時化した。ナレーションは茅野愛衣（声優）。第1（土）午後4時5分からの50分番組。

さくらひなたロッチの伸びしろラジオ 2021年度～
櫻坂46と日向坂46のメンバーと、お笑いコンビのロッチがトークを繰り広げる生放送バラエティー。リスナーはホームページとツイッターを通じて、メンバーが挑戦するお題やエールを送って生放送に参加。2021年度は「短歌」「なぞかけ」「動物ものまね」などにチャレンジした。第1（月）午後8時5分からの50分番組。

タカアンドトシのお時間いただきます 2021年度～
お笑いコンビのタカアンドトシが、今どきの世の中のあらゆる事柄についてリスナーとともに楽しく学んでいくトークバラエティー。漫才コンテスト優勝者など旬なタレントをゲストに招き、エピソードトークや思い出の曲を聞いた。最新のトレンド情報を紹介するコーナーも。森花子アナウンサー、庭木櫻子アナウンサー、令和ロマン（お笑いコンビ）ほかが出演。第1（水）午後8時5分からの50分番組。

STUDY！ぼくたちとみんなのラジオ 2023年度
『A.B.C-Z 今夜はJ's倶楽部』（2016～2023年度）を2023年10月に改題。A.B.C-ZがメインMCをつとめる生放送のトークバラエティー。これまでSDGsについて専門家から学んだり、全国の学生寮を訪ね、若い世代と交流したりして勉強してきたA.B.C-Zのメンバーたちが、様々な分野のスペシャリストを迎え、リスナーと一緒に"STUDY"していく。第1（火）午後9時5分からの50分番組。

ふんわり 2023年度～
『らじるラボ』（2020～2022年度）の後継番組。曜日ごとに異なるパーソナリティーの温かく楽しいトークと癒やしの音楽で、リスナーに寄り添い、"ふんわり"と包み込む情報バラエティー番組。パーソナリティーは、（月）山口もえ、（火）木村祐一、（水）伍代夏子、（木）六角精児、（金）黒川伊保子。第1（月～金）午前8時30分から11時50分まで放送。

梶裕貴のラジオ劇場 2023年度～
『進撃の巨人』のエレン・イェーガーをはじめ、アニメヒット作品の人気キャラクターを数多く務め、確かな演技力が評価されている声優・梶裕貴が、ゲストと一緒にラジオドラマに挑戦。梶がかねてから共演したいと思っていた声優など、豪華ゲストが次々と登場。リスナーから脚本を募集し、選ばれた作品を本気で演じる。出演者同士の化学反応と濃密トークが魅力。第1（金）午後8時5分からの50分番組。

佐藤二朗とオヤジの時間 2023年度～
愛嬌ある"オヤジキャラ"で親しまれている俳優・佐藤二朗が、リスナーから寄せられたオヤジならではの悩みを分かち合い笑い飛ばす、オヤジたちの居場所となるような番組。オヤジなゲストを迎え、オヤジ道を探究する「オヤジの、オヤジによる、オヤジのための時間」。第1（土）午後4時からの50分番組。

天才ピアニストの今夜もグッジョブ 2024年度
令和5年度NHK新人お笑い大賞を受賞したお笑いコンビ「天才ピアニスト」が送る勤労感謝トークバラエティー。さまざまな職業の方々をゲストに迎えて"異業種交流トーク"を繰り広げる。リスナーとともに「お仕事」に感謝を捧げる。第1（火）午後8時5分からの50分番組。

ゲーム実況者とつながる夜 2024年度
動画配信で人気のゲーム実況者「三人称」がMCを担当。2023年8月に第1回を放送した「三人称」がMCを担当する『ゲーム実況者と語る夜』と、2024年4月に第1回を放送したその派生番組『ゲーム実況者と遊ぶ夜』の好評を受けて2024年度後期に定時化。リスナーのお便りをもとに、ゲームで得た知見を生かして深掘りしていくほか、ラジオならではの素顔や意外な一面がのぞける。第1（第3・土）午後10時5分からの50分番組。

尾崎世界観のとりあえず明日を生きるラジオ 2024年度
尾崎世界観とゲストが、番組に寄せられる「明日がくるのが、ゆううつ」「生きるのがつらい」という声を受け止め、ともに夜を過ごすラジオ番組。つらい気持ちを安心して吐露できる「居場所」、"とりあえず明日を生きよう"と思える時間を目指す。第1（第4・土）午後10時5分からの50分番組。

ラジオ編 番組年表 02 クイズ・バラエティー
クイズ・ゲーム

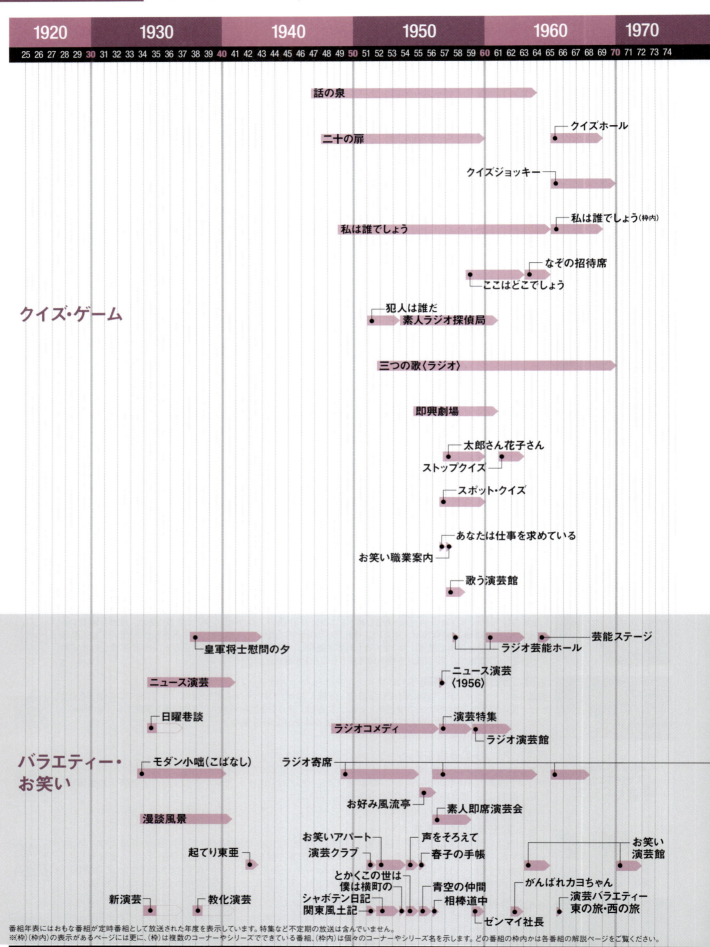

WEB版の年表はこちら
 クイズ・ゲーム
 バラエティー・お笑い

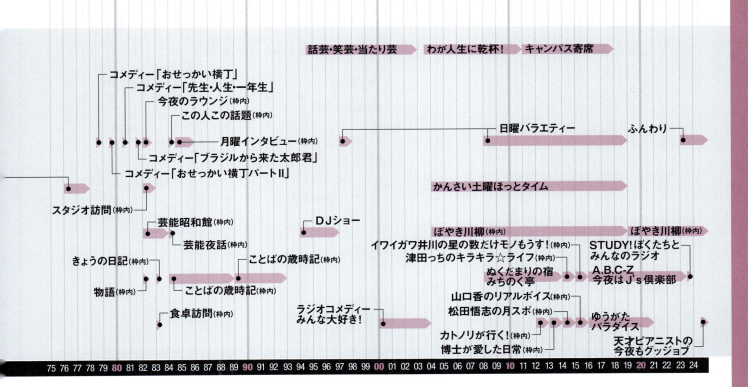

NHK放送100年史（ラジオ編）

ラジオ編 番組年表 02 クイズ・バラエティー

バラエティー・お笑い

1920	1930	1940	1950	1960	1970

25 26 27 28 29 **30** 31 32 33 34 35 36 37 38 39 **40** 41 42 43 44 45 46 47 48 49 **50** 51 52 53 54 55 56 57 58 59 **60** 61 62 63 64 65 66 67 68 69 **70** 71 72 73 74

バラエティー・お笑い

- 三題噺
- エンタツちょびひげ漫遊記
- エンタツの名探偵
- 食いだおれ一代
- 気まぐれショウボート
- エンタツ人生模様
- 演芸バラエティー 空腹先生行状記
- お笑ひ道中
- アチャコ青春手帳
- お父さんはお人好し
- アチャコほろにが物語
- 演芸お好み袋
- 東西廻り舞台
- ラジオロータリー
- らくがき合戦
- 二人漫談
- 演芸手帖
- おしづどん行状記
- おしゃべり選手
- 楽天くらぶ
- ロマンス交叉点
- ヴァラエティ
- 歌うロマンス
- 青春三人娘（カメラは見ている）
- ユーモア劇場
- 立体漫談
- 日曜娯楽版
- 音楽ウィークリー
- なんでも入門
- 下町人生（枠内）
- 三人のジョッキー（枠内）
- 歌の新聞
- あっぱれ三人組
- お笑い三人組
- 芸能お国めぐり（枠内）
- 芸能お国めぐり
- 郷土劇場
- ふるさとの町
- 幸福を拾った話
- ピアノとともに
- 陽気な喫茶店
- 陽気な休憩室
- のんきタクシー
- 笑いの時間
- とんち教室
- 角を曲って三軒目
- リレー演芸
- 青春サーカス
- 天晴れ風来坊
- 楽しい広場
- 午後の娯楽室
- もしも
- 今晩は大阪です
- こんな話あんな話
- いこいの ひととき
- 午後のダイヤル
- ラジオ漫画
- ラジオマンガ
- 連続演芸
- 連続ラジオマンガ
- 夢声百夜
- 夢声手帳
- ラジオ百科辞典
- ラジオ口辞典

番組年表にはおもな番組が定時番組として放送された年度を表示しています。特集など不定期の放送は含んでいません。
※（枠）（枠内）の表示があるページには更に、（枠）は複数のコーナーやシリーズでできている番組、（枠内）は個々のコーナーやシリーズ名を示します。どの番組の枠内かは各番組の解説ページをご覧ください。

25 26 27 28 29 **30** 31 32 33 34 35 36 37 38 39 **40** 41 42 43 44 45 46 47 48 49 **50** 51 52 53 54 55 56 57 58 59 **60** 61 62 63 64 65 66 67 68 69 **70** 71 72 73 74

204　NHK放送100年史（ラジオ編）

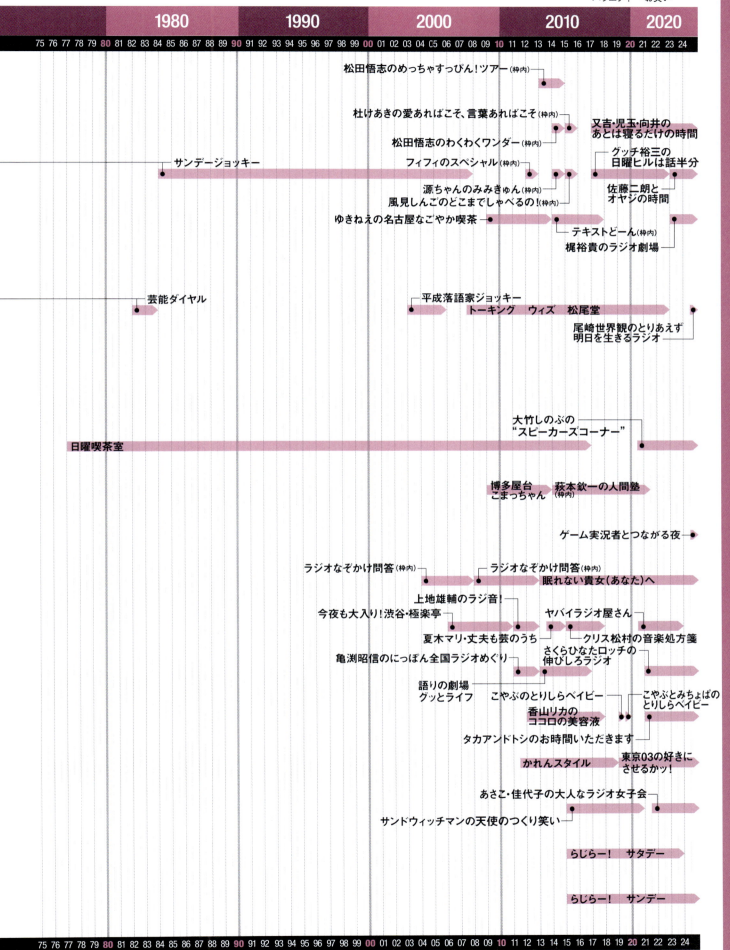

ラジオ編 番組一覧 03 音楽 | 定時番組

1950年代 紅白歌合戦

第1回NHK紅白歌合戦 1950年度
1951年1月3日、午後8時からの1時間の生放送。当初は正月の特別番組としてラジオで始まった。会場はNHK東京放送会館第1スタジオ。出場歌手や曲目、趣向などは事前に一切発表せず、聴取者の関心を高めた。司会は加藤道子（紅組）と藤倉修一アナウンサー（白組）。出場歌手は紅白各7組。放送が始まるとまもなく聴取者からの激励の電話が入るなど会場は大いに盛り上がり、藤山一郎がリーダーの白組の勝利で幕を閉じた。

第2回NHK紅白歌合戦 1951年度
1952年1月3日放送の正月番組。前年1月3日放送の好評を受けて放送時間を30分拡大し、午後7時30分から9時までとした。会場は前回と同じNHK第1スタジオ。司会は丹下キヨ子（紅組）と藤倉修一アナウンサー（白組）。出場歌手は紅白合わせて24組となり、前回から一気に10組も増えた。本番当日に交通事故にあった松島詩子の代役で越路吹雪が急きょ出演。ハプニングが生む意外性と歌合戦の熱狂が聴取者をとらえた。

第3回NHK紅白歌合戦 1952年度
正月番組としては最後の放送となった第3回。正月の恒例番組として回を重ねるごとに観覧希望者は増加した。熱戦の様子がより臨場感を持って伝わるように、スポーツ担当の志村正順アナが実況中継を担当。スタジオの客席内には2か月後のテレビ本放送に備え、3台のテレビカメラが入り、仮放送が行われた。出場歌手には宝塚歌劇団出身の月丘夢路、乙羽信子、久慈あさみ、そして暁テル子、奈良光枝などの女優陣が顔をそろえた。

1930年代 歌謡曲等

国民歌謡 1936～1940年度
だれもが愛唱できる明るく健全な歌を作ろうという趣旨で、1936年6月1日に午後0時35分からの5分番組で大阪局から放送を開始。最初の作品は「日本よい国」（作詞：今中楓渓・作曲：服部良一）。まもなく東京と交互に担当するようになり、「椰子の実」（作詞：島崎藤村・作曲：大中寅二）などの秀作を生んだ。放送が戦時色に染まっていく中で1941年2月、『われらのうた』に改題。戦後の『ラジオ歌謡』につながる。

1940年代 歌謡曲等

われらのうた 1940～1941年度
『特別講演の時間』『戦況日報』と同時に『国民歌謡』（1936～1940年度）も時局の変化を受けて1941年2月に改題。「大政翼賛の歌」「アジアの力」など、大政翼賛会選定の楽曲を発表。その後、太平洋戦争開戦でいったん放送が中断。1942年2月8日から『国民合唱』に改題し、さらに軍事色を強める。

仕事と共に 1941年度
1日の勤務に就く前のひとときに楽しく気安く聞ける感覚的な番組をねらった。音楽や朗誦を主に、これに小鳥の鳴き声等の録音をまじえて放送した。

ニュース歌謡 1941年度
ニュース（戦果）を取り込んで新曲を即座に作り「ニュース歌謡」として第1放送で放送した。開戦の日、12月8日には戦果発表の2～3時間後に「宣戦布告」（作詞：野村俊夫・作曲：古関裕而）を放送。12月10日放送の「英国東洋艦隊撃滅」（作詞：高橋掬太郎・作曲：古関裕而）は、藤山一郎が歌って聴取者を感動させた。その後、「香港陥落」（12月25日）、「マニラ陥落」（1942年1月3日）など多くが放送された。

国民合唱 1941～1945年度
『国民歌謡』（1936～1940年度）、『われらのうた』（1940～1941年度）を経て、1942年2月8日の第2回「大詔奉戴日」を期して始まった音楽番組。初回放送の「此の一戦」（作曲：信時潔）に始まり、放送終了まで92曲を放送。太平洋戦争中、ニュース以外で唯一放送を続けた定時番組。国民を挙げて唱和することで一致団結をもたらす効果をねらった。政府広報紙「週報」などに楽譜を掲載、国民への浸透を図る。

のど自慢素人音楽会 1945～1947年度
『NHKのど自慢』のルーツとなる番組。1946年1月に素人が自らマイクの前に立って歌う新しいタイプの聴取者参加番組として始まる。放送の民主化を象徴する番組の1つとなった。当初は出場者をニュースで募集。1回目の放送には900人の応募があった。番組は人気を呼び、その後、NHK屈指の長寿番組に育っていく。初年度は第1（日）午後6時からの30分番組。1947年7月に『のど自慢素人演芸会』に改題。

世界の音楽 1945～1953・2002～2003年度
世界各国の民謡、ダンス音楽からクラシックまでを、シンフォニック・ジャズに編曲。大編成のオーケストラで楽しんだ。スタジオでの音響処理技術の進歩とあいまって、放送のための音楽を開拓する試みでもあった。1945年10月から1953年11月まで308回を放送。第1（金）午後6時からの30分番組。2002年度に午後のワイド番組『土曜ほっとタイム』の3時台に同名番組がスタート。ラテンやアフリカ音楽などを紹介。

世界を踊り廻る　1945〜1946年度
戦時中に禁止されていたアメリカのジャズや軽音楽番組が、CIEラジオ課の指導の下に次々に企画された。音楽に代表されるアメリカ文化の浸透は、民主化政策を担うものでもあった。『世界を踊り廻る』はダンス音楽を中心に、1945年12月から1946年6月まで放送。第1(土)午後8時30分からの30分番組。同ジャンルの番組で、ほかに『世界舞踊音楽めぐり』『ダンス音楽』『世界を踊りめぐりて』なども放送。

ハリウッドからの音楽　1945年度
戦時中に禁止されていたアメリカのジャズや軽音楽番組が、CIEラジオ課の指導の下に次々に企画された。ロサンゼルス市にあるハリウッドは映画産業の中心地でアメリカ映画の代名詞。『ハリウッドからの音楽』は、フレッド・アステアとジンジャー・ロジャースによるダンスミュージカルなど、当時、アメリカで人気の映画音楽を紹介した。1945年12月から翌年1月まで、第1(火)午後6時からの30分番組で放送。

ジャズのお家　1945年度
戦時中に禁止されていたアメリカのジャズや軽音楽番組が、CIEラジオ課の指導の下に次々に企画された。『ジャズのお家』は1945年12月から1946年4月まで放送。第1(金)午後6時からの30分番組。このほか『今週の作曲家』『音楽喜劇からのメロディー』『夕餉の一時』『ステージからスクリーン』などの軽音楽番組が放送された。

ラジオ歌謡　1946〜1961年度
NHKが自主的な立場から戦後にふさわしい新曲を作り放送する『ラジオ歌謡』を1946年5月にスタートさせる。番組は新作歌謡の紹介と、旧作のリクエストによって構成された。「山小舎の灯」(作詞・作曲：米山正夫)、「さくら貝の歌」(作詞：土屋花情・作曲：八洲秀章)など聴取者に親しまれる多くの歌を次々に発表し、健全な家庭愛唱歌の普及につとめた。1962年度に『きょうのうた』に引き継がれる。

私たちの好きな歌　1946年度
聴取者の多くが日ごろ愛唱する歌を、簡単な解説付きで紹介する番組として1946年5月にスタート。第1(日)午後5時15分からの15分番組。同年9月からは「歌」のみでなく器楽のポピュラーな小品も含むようになる。1947年2月に「私たちが日ごろ愛唱する歌を放送する」という番組スタート時のコンセプトに戻り『愛唱歌の時間』に改題した。

思い出のアルバム　1946〜1947・1961〜1963年度
音楽と演芸を取り入れた新形式のバラエティー番組。大正末期から昭和12年までの毎年のできごとや世相を、放送当時の時代と対照させながら解説、コント、音楽などで描いた。1961年度に同名番組が『昔は今今は今』(1960年度)に代わって登場。時代の世相・風俗を象徴する音楽をテーマに、その時代の有名曲を組み合わせて、なつかしい風俗絵巻を繰り広げた。1961年度は第1(水)午後8時30分からの29分番組。

のど自慢テスト風景　1947〜1948年度
『のど自慢素人音楽会』はスタート当初は事前テストの合格者だけを放送していたが、テスト風景をそのまま放送したところ好評を呼び、何回か放送した。1947年7月、『のど自慢素人演芸会』に改題してからは、1日150名の応募者を招き、その中から30名のテスト風景を毎日曜の昼に定時化し、最終日曜に合格者だけの放送を行った。

のど自慢素人演芸会　〈ラジオ〉　1947〜1969年度
『のど自慢素人音楽会』(1945〜1947年度)を1947年7月に改題。それまでの「歌」に演芸を加えて刷新した。初年度は第1(日)午後0時30分からの30分番組。テレビ放送開始とともに、ラジオ・テレビ共用番組となる。1970年4月より『NHKのど自慢』に改題。また1948年3月に「NHKのど自慢全国コンクール」の第1回を開催し、その後、年1回の恒例となるが、1969年度第23回をもって終了する。

新芸能人の時間　1947年度
1946年11月に始まった『新人紹介の時間』がクラシック界の新人を紹介する番組だったのに対し、1947年7月スタートの『新芸能人の時間』は邦楽、歌謡曲、軽音楽、演芸などの新人を発掘した。「邦楽」「歌謡曲」など部門別に出演希望者を一般公募。毎週1回行われるオーディション合格者に出演の機会を提供し、隠れた才能の発掘に努めた。第1(火)午後9時からの30分番組。

新人の時間　1947〜1949年度
すぐれた才能を持っていながら放送の機会に恵まれない若い演奏家たちを発掘するオーディション番組。1946年11月に『新人紹介の時間』のタイトルで始まり、クラシック音楽の新人だけをとり上げ、簡単な経歴の紹介をつけて放送。1947年7月から並行して歌謡曲・邦楽の新人発掘番組『新芸能人の時間』がスタート。10月以降はこの2つの番組を一本化して『新人の時間』とした。第1(土)午後0時30分からの30分番組。

ひるのひととき　1947〜1953年度
昼間の軽音楽番組。小編成のジャズバンドによるコンボ演奏を中心に放送した。第1(火・木・土)午後0時15分からの15分番組。

ダンス音楽　1948〜1951年度
東京、大阪、名古屋の各一流ダンスホールからのバンド演奏を中継。土曜の夜に各家庭や職場で、この放送を聞きながら簡単なダンスパーティーができるようにと企画された番組。第2(土)午後8時からの1時間番組。

お好み投票音楽会　1948〜1949年度
『希望音楽会』を刷新したリクエスト番組。1949年1月に放送開始。聴取者から寄せられた投書から、希望の多かった曲目を選んで放送。募集する音楽のジャンルは設けなかったが、ほとんどが歌謡曲に集中。「湯の町エレジー」「異国の丘」「山小舎の灯」「夢淡き東京」「憧れのハワイ航路」などに人気が集まった。第1(日)午後7時30分からの30分番組。1949年7月から『今週の歌謡集』が後を引き継いだ。

NHK放送100年史〈ラジオ編〉　207

| ラジオ編 番組一覧 | 03 音楽 | 定時番組 |

歌の明星　1948〜1949年度
『お好み投票音楽会』が聴取者から希望歌唱曲を募ったのに対し、出演者希望を募った歌謡番組。毎月15日に翌月出演の希望歌手の投票を締め切り、その投票順に上位6名が出演。第1(月〜土)午後7時30分からの10分番組。歌謡曲を中心に水曜が歌曲、土曜が俗曲として当代の人気歌手が得意の曲を披露した。1949年1月から1年間の放送の後、『お好み投票音楽会』と合体する形で『今週の明星』に刷新された。

三つの鐘　1948〜1949年度
『のど自慢テスト風景』で"鐘三つ（合格）"を得た出場者を集めて放送。第1(木)午後8時からの30分番組。

朝の歌　1948〜1954年度
1949年1月に第1(月〜金)放送でスタートした早朝放送の歌番組。4月からは毎日の放送で、曜日によって「邦人作品」「外国作品」「ラジオ歌謡」などテーマを設けて放送。初年度は週3回「ラジオ歌謡」を放送し、その普及に貢献した。特に好評だったのが「薊（あざみ）の歌」「さくら貝の歌」「あかしやの花」「フォスター作曲の歌曲」など。第1(月〜金)午前7時30分からの15分番組。

夜の軽音楽　1948〜1949年度
主に大編成のシンフォニック・ジャズやシンフォニック・タンゴを放送。出演は日本を代表するスウィングバンドの渡辺弘とスターダスターズをはじめ、タンゴバンドの早川真平とオルケスタ・ティピカ東京、谷口安彦とスウィング・バンド、この番組のために特に編成された東京シンフォニック・タンゴ・オーケストラなど、一流バンドが顔をそろえた。第1(月)午後9時からの30分番組。

バンド・タイム　1948〜1953年度
曜日ごとにスタイルの違うバンド演奏を楽しむ軽音楽番組。第1(月〜日)午後5時45分からの15分番組。(日・木)タンゴ、(月)小編成のスウィング、(火)ハワイアン、(水)大編成スウィング、(金)特殊編成バンド、(土)ハワイアンで1週間を構成。1953年度に第2(月〜金)午後6時からの10分番組で異なるコンセプトでスタート。コンボによるジャズバラードやクールジャズなどをレコードで楽しんだ。

日曜のリズム　1948〜1952年度
サキソフォーンやピアノソロ、およびトリオ、ヵァルテットのジャズを中心にした軽音楽番組。第1(日)午前11時30分からの15分番組。

なつかしのメロディー　1949〜1959年度
1949年6月に放送を開始し、その当時の比較的年齢層が高い聴取者（大正時代から昭和初期に青年期を送った人々）が「懐かしい」と感じる曲を中心に放送。"なつメロ"の愛称で親しまれた。第1回は藤原義江をゲストに迎え、「からたちの花」ほかを放送。初年度は第1(土)午後8時30分からの30分番組。1956年11月から新ワイド番組『土曜の夜のおくりもの』枠内で放送。最終回は作詞家の西条八十をゲストに迎えた。

今週の歌謡集　1949年度
『お好み投票音楽会』(1948〜1949年度)を刷新し、1949年7月に始まった歌謡番組。内容は第1部が聴取者からの希望曲上位3曲を紹介する「今週のベスト・スリー」、第2部は前月発表された「ラジオ歌謡」の中から最も人気のある曲を選んで1か月間放送する「軽音楽とラジオ歌謡」、第3部は第1部に出演した歌手が、それぞれの愛唱歌を歌う「私の好きな歌」の3部構成。第2(日)午後7時30分からの30分番組。

宝塚パレド　1949〜1956年度
大阪局制作の宝塚歌劇団のショー番組。第1(土)午後3時30分からの30分番組。1953年4月からは菊田一夫作「花のいのち」を『宝塚ロマンス』と題して5回連続で放送。12月に『宝塚パレド』にタイトルを戻した。1953年度からは毎月第1土曜は「SKDパレド」と題して松竹歌劇団の演目を放送。1954〜1956年度は『パレドの午後』で「宝塚パレド」と「SKDパレド」を交互に放送した。

今週の明星　〈ラジオ〉　1949〜1963年度
人気歌手たちがヒット曲や新曲を聞かせる日曜夜間の公開歌謡番組。聴取者から希望曲をつのる『お好み投票音楽会』、『今週の歌謡集』、希望出演歌手をつのる『歌の明星』が合体して誕生した歌謡番組。3名の出演歌手が「代表曲」「愛唱曲」「リクエスト曲」をそれぞれ3曲ずつ歌った。初年度は第1(日)午後7時からの30分番組。テレビ本放送開局の日から1955年12月までテレビ・ラジオの共通番組として放送した。

愉快な仲間　1949〜1952年度
藤山一郎と森繁久彌が繰り広げるミュージカルショー。アメリカの人気番組「ビング・クロスビー・ショー」などを参考にした、歌とギャグを組み合わせた音楽バラエティー。選曲は流行歌よりもむしろセミクラシックからホームソングを中心に構成。ギャグは上品で知的なものを目指し、ゲストには芸能人のほかに文化人や芸術家を招いた。都会的センスのショーとして放送の新分野を開拓した。第1(月)午後9時15分からの30分番組。

あなたの作曲した歌　1949〜1952年度
あらかじめプロの作詞家に委嘱した課題の歌詞を発表し、一般聴取者に曲をつけて応募してもらう聴取者参加番組。毎回1500曲ほど寄せられる応募曲の中から審査委員会が3〜4編の入選曲を選び、管弦楽伴奏をつけて放送し、特選1曲を選んだ。初年度は第2(金)午後8時台の15分番組。1951年12月に課題の歌詞を聴取者から懸賞募集したところ、1万通近い応募が集まった。

おやつの時間　1949〜1955年度
午後の憩いのひとときに、軽やかな音楽を詩の朗読と明るい話題とともに送るディスクジョッキー形式の主婦向け番組。大阪局制作。第2(月〜金)午後3時からの30分番組。

きらめくリズム 1949～1950・1953・1957～1961年度
第1放送唯一の夜間の軽音楽番組。シンフォニック・ジャズやシンフォニック・タンゴを放送。(火)午後7時30分からの30分番組。『空飛ぶカーペット』を経て、1951年2月に『リズムパレード』に改題。いったん終了するが1954年1月から開局間もないテレビと同時放送をスタート。1957年11月に第1(日)午後7時からの30分番組で再開。ジャズを中心にラテンや日本の歌謡曲まで広範囲の軽音楽を紹介した。

1950年代　歌謡曲等

リズムアワー 1950～1963・1972～1974年度
日本のディスクジョッキー番組の草分け的番組で、ジャズ、ハワイアン、タンゴなど軽音楽の全ジャンルを網羅して紹介した。第2(月～金)午後1時からの1時間番組。1972年度にFMの『ステレオリズムアワー』(1966～1971年度)を改題し、同名番組が始まる。軽音楽をステレオレコードで楽しむ音楽番組。FM(日)午後0時15分からの105分番組。

空飛ぶカーペット 1950年度
『きらめくリズム』(1949～1950年度)の後継の軽音楽番組。1951年2月より『リズムパレード』に代わった。第1(月)午後7時30分からの30分番組。

夕べの音楽 1950～1953年度
おしゃべりをしながら軽音楽のリクエストに応えるNHK初の本格的ディスクジョッキー(DJ)番組。DJは石田豊アナウンサーが務めた。初年度は第2(日)午後6時からの1時間番組。1953年度は毎日放送で(日)が午後7時からの30分番組、(月～土)が午後7時からの10分番組となった。1947年度にも同名番組が放送されているが、1947年10月に『現代日本の音楽』(1947～1954年度)に改められる。

リズムパレード 1950～1954年度
ジャズやタンゴを放送してきた『きらめくリズム』(1949～1950年度)、『空飛ぶカーペット』(1950年度)の後継番組として1951年2月にスタート。夜間番組中唯一のジャズ番組だが、モダンジャズは避け、シンフォニックジャズの名曲を中心に放送。またミュージカルナンバーや最新のアメリカのヒット曲など軽音楽を日本のジャズミュージシャンや歌手が披露した。初年度は第1(火)午後7時30分からの30分番組。

歌の花ごよみ 1951～1954年度
『今週の明星』(1949～1963年度)と並ぶ本格的歌謡番組として1952年1月にスタート。『今週の明星』が一流歌手の出演にポイントを置いて番組が構成されるのに対し、『歌の花ごよみ』は曲目中心の構成。番組スタート当初は勝太郎、市丸、小梅らが唄う日本調歌謡曲を中心に選曲。1953年ごろからはジャズ、シャンソン、ラジオ歌謡など幅広い選曲による歌謡番組となった。第1(木)午後8時からの30分番組。

夢のハーモニー 1951～1953・1956～1959・1962～1963・1965～1983年度
就寝前のひとときに、心地よい調べの数々を楽しむレコードによる音楽番組。穏やかな眠りにいざなうくつろいだ雰囲気を作るのがねらい。音楽はクラシック、ジャズバラード、イージーリスニングなどを中心に選曲。第1回放送は第1(月)午後10時15分からの15分番組。3度の放送休止を経て1965年度に午後11時25分からの30分番組で再開。週末は短い詩や季節のことばに音楽を添えて構成した。

希望の星座 1952～1955年度
歌謡界の新人発掘番組として1952年6月にスタート。レコード会社や芸能事務所専属の期待の新人が3名登場。初年度は第2(土)午後10時からの30分番組。1953年11月からは『のど自慢素人演芸会』合格者と歌謡曲オーディション合格者の歌を、先輩歌手が指導する番組に内容を変更。藤山一郎、伊藤久男、林伊佐緒、二葉あき子、渡辺はま子、松島詩子らが指導に当たり、歌唱法の習得と鑑賞の手引きとして親しまれた。

僕と私のカレンダー 1952～1953年度
『愉快な仲間』(1949～1952年度)の後をうけて1952年8月にスタート。出演は『愉快な仲間』に続いて森繁久彌と越路吹雪がコンビを組んだ。シャンソンやアメリカのポピュラーソングと名作のパロディーやコメディーで構成。当時のラジオ・ミュージカルショーの最高水準を示した。作者は『愉快な仲間』の永来重明、1953年3月からは西沢実が担当。音楽は仁木他喜雄。第1(金)午後7時30分からの30分番組。

黄金のいす 1952～1954年度
歌謡曲、軽音楽界の第一線で活躍する歌手、作詞家、作曲家、ミュージシャンを主役として「黄金(きん)のいす」に迎え、その半生をヒット曲とともに振り返るミュージカルショー。1952年11月に定時化され、1955年4月1日の最終回まで、迎えたゲストは藤原義江、高峰三枝子、美空ひばり、山田耕筰、古賀政男、サトウハチロー、菊田一夫など通算100名を超えた。初年度は第1(火)午後10時15分からの30分番組。

思い出によせて 1952年度
「昭和の横顔」を副題に、昭和の世相を流行歌を交えてレコードと実況録音で描いた。構成は永来重明。第2(金)午後9時15分からの30分番組。

虹のしらべ 1952～1955年度
アルゼンチン・タンゴを中心とするラテン音楽と、コンチネンタル・タンゴ、シャンソンなどヨーロッパ系軽音楽を隔週で放送。初年度は第2(日)午後10時からの30分番組。1954年11月の番組改定で大編成オーケストラによるコステラネッツ・スタイルの音楽番組『スウィートタイム』と合流し、流行歌、ジャズを除く軽音楽を広く網羅した。1955年4月からタンゴを中心とする番組スタート時のコンセプトに戻る。

03 音楽 | 定時番組

ラジオ編 番組一覧

宝塚ロマンス　1953年度
大阪放送局制作の宝塚歌劇団のショー番組。『宝塚パレイド』(1949～1956年度)を1953年4月以降、趣向を変えて菊田一夫作「花のいのち」を『宝塚ロマンス』として5回連続で放送し、大きな反響を呼ぶ。12月に放送を終了すると、再び『宝塚パレイド』とタイトルを戻した。

音楽の地図　1953～1954年度
世界各国の町を紹介し、その土地の風景や風俗をギャグをまじえて伝えながらその地方にちなんだ音楽を楽しんだ。演奏は東京放送管弦楽団、東京放送合唱団。初年度の司会は古川ロッパ。初年度は第1(土)午後1時5分からの25分番組。1954年4月からは藤原義江、11月からは戸塚文子(雑誌「旅」編集長)が司会に。田付たつ子(翻訳家)、淀川長治(映画雑誌編集長)、大宅壮一(評論家)ほか多彩なゲストも出演した。

スウィートタイム　1953～1954年度
大編成オーケストラによるアンドレ・コストラネッツ(イージーリスニングの先駆けとなった指揮者・編曲家)・スタイルの軽音楽を楽しむ番組。1954年4月からは第1(木)午後10時40分からの20分番組。演奏は東京フィルハーモニー交響楽団を主体とする64名のNHKポップスオーケストラ。指揮は石丸寛、前田幸一郎、平井哲三郎ほか。

メロディーの花かご　1953～1956年度
各国の民謡、流行歌、日本の歌謡曲などのポピュラーなメロディーを室内楽に編曲し、NHKサロンアンサンブルの演奏で届けた。1953年12月から第1(日)午前11時からの15分番組でスタート。1954年4月から日曜を除く毎日の放送となる。1956年度は午前7時35分からの10分番組で、東京放送管弦楽団とハモンドオルガンを中心とする小編成楽団の演奏が加わった。

東京ロマンス　1953年度
ミュージカルショー番組『僕と私のカレンダー』(1952～1953年度)の後を受けて、1954年3月にスタートし4月の番組改定まで放送された。青雲の志を抱いて上京した東北の"のど自慢青年"シゲさんのミュージカルドラマ。作:西沢実、寺島信夫。音楽:仁木他喜雄。出演:森繁久彌、左ト全、草笛光子ほか。第1(水)午後7時30分からの30分番組。

SKDパレイド　1953～1956年度
毎週土曜に大阪ローカルで放送していた『宝塚パレイド』(1949～1956年度)で、1953年5月より第1土曜に松竹歌劇団(SKD)を放送。1954年度より『SKDパレイド』として独立し、第1(土)午後3時30分から30分番組となる。1955年度に『パレイドの午後』に改題し、「宝塚パレイド」と「SKDパレイド」を交互に放送した。

ミュージックサロン　1954～1955・1965・1970～1971年度
声楽、器楽独奏、合奏などにより、ポピュラー音楽を気楽に楽しむ音楽番組。第1(月～金)午後4時45分からの15分番組。1965年度に同名のレコード番組が、第1(月～土)午後5時台の30分番組で始まる。曜日別に軽音楽をジャンル別に放送し、著名な評論家が解説した。1970年度にFM(日)午後11時からの55分番組で同名番組が始まる。クラシック音楽と話題で送るジョッキー番組。語りは岸田今日子、山本学。

日本の町　1954～1955年度
戦後、全国各地に発足した200余の新しい市を、歴史、文化、産業、観光などの側面から、その全貌をとらえて音楽とともに描く「新市紹介」番組。第1(金)午後8時40分からの20分番組。一流作詞・作曲家たちにその市にちなんだ新しいホームソングを委嘱。番組のエンディングに流すとともにNHKから市に寄贈した。1955年11月の改定で30分番組に拡大。

ラジオ音楽雑誌　1954～1955年度
国内外の新しい音楽を録音テープやレコードで楽しむマガジンスタイルの音楽番組。音楽ニュースをはさみながらドラマ、楽聖物語、インタビュー、録音ルポルタージュ、座談会など、フォーマットにこだわらずに構成した。第2(日)午前10時30分からの30分番組。

ジャズはいかが　1955年度
『リズムパレード』(1950～1954年度)の後継番組として、1955年4月にスタート。ジャズでもマニア好みのモダンジャズは避け、ポピュラーなジャズを選曲。テーマ曲には米山正夫の合唱「ジャズはいかが」を使用した。出演歌手には江利チエミ、美空ひばり、ナンシー梅木、ペギー葉山、宝とも子、笈田敏夫、旗照夫、ジェームス繁田ほか。楽団はNHKオールスターズほか。第2(日)午後7時からの30分番組。

パレイドの午後　1955～1956年度
1954年度に日曜と土曜に別々に放送していた『宝塚パレイド』と『SKDパレイド』を合併し、第1(日)午後2時30分からの30分番組とした(11月からは午後4時30分から放送)。1週目は「宝塚」を全中(全国中継)、第2週、3週は東西(東京・大阪)ネットに分かれ、4週は「SKD」を全中、5週目がある場合は各東西ネットの別で「宝塚」と「SKD」をそれぞれ放送した。

歌の展覧会　1955年度
4部構成の総合音楽番組。第1部は「新曲発表」で毎月1曲歌謡曲の新曲を発表。第2部は「朗読と音楽」、第3部は東西のポピュラーソングによる歌くらべ「あの歌この歌」、第4部は毎月1つの物語による「連続音楽劇」を放送。出演は宮城まり子、河野ヨシユキほか。第1(金)午後7時30分からの30分番組。

明るいうた声　1955～1956年度
初年度は第1(月～土)午前9時35分からの10分番組。(月・木)は日本歌曲、(火・金)は欧米の歌曲・民謡、(水・土)は合唱曲を、家庭の主婦を対象に放送した。1956年度は午前7時35分に時間を移し、後期に放送。

210　NHK放送100年史(ラジオ編)

音楽の花束　1955〜1958年度
1953年11月にスタートした『スウィートタイム』（1953〜1954年度）を引き継ぐ本格的なムード音楽番組。70人編成のNHKポップスオーケストラの演奏を中心に構成。ジャズのスタンダードナンバー、映画音楽、ヒットパレード、民謡からクラシックの小品まで、豪華編成による編曲で肩の凝らない音楽を届けた。最終年度は第1(月)午後10時35分からの25分番組。

音楽夢くらべ　1955〜1967年度
音楽が表現する情景や光景をことばで表現する「ドリーム賞」、投稿された歌詞に即興で曲をつけて歌う「メロディ賞」、その2つともに合格した人におくる「天才賞」を競う聴取者参加番組。「ドリーム」「メロディ」の各賞には500円、「天才賞」には2000円（子どもの場合は相当額の賞品）を出した。歴代審査員には古関裕而、飯沢匡、服部正、高木東六らが顔をそろえた。初年度は第1(日)午前9時30分からの30分番組。

花の星座　1956〜1963年度
第一線で活躍する人気歌手たちが、歌謡曲、ジャズ、シャンソン、ラテンなど、幅広いジャンルの曲を披露するNHKホールからの公開歌謡番組。初年度は第1(金)午後7時30分からの45分番組。1956年11月からラジオ・テレビ同時放送となる。番組は、「歌のスタイルブック」、「花のスポットライト」、「今週のベスト5」（のちに「今週のパレード」と改称）の3部構成。1962年4月よりラジオ単独放送にもどる。

音楽の宴　1956年度
3部構成の長時間（45分）音楽番組。第1部は歌を中心とした特集で、セミクラシック曲集で構成。第2部は新作歌謡で、毎月2曲の新作を委嘱し、男女各1名の歌手が1か月にわたって歌った。第3部は軽音楽で、器楽曲を中心に、タンゴ、シャンソンなどのポピュラーな名曲を、午後10時台という放送時間帯にふさわしいゆったりとした演奏で届けた。初年度（夏期）は第1(火)午後10時15分からの45分番組。

音楽をどうぞ　1956年度
第1(月〜金)の帯で、午後3時台の"おやつどき"に軽い音楽を提供する番組。月曜がジャズ、火曜と木曜が歌謡曲、水曜がシャンソン、タンゴ等、金曜がラテン音楽を、NHKホールおよびNHK第1スタジオでの公開録音で届けた。1956年度前期放送で午後3時10分からの25分番組。1957年度より同名の別番組がテレビで始まる。

歌の登竜門　1956年度
先輩歌手が新人歌手に歌唱法を指導する『希望の星座』（1952〜1955年度）の番組コンセプトを踏襲。歌謡曲、タンゴ、シャンソン、ジャズなどの分野で活躍する新人歌手にスポットを当てた。毎月1回、服部良一、藤山一郎、松島詩子を審査委員とした歌謡曲オーディションを一般公開し、この番組出演への登竜門とした。第1(土)午後4時15分からの25分番組。

日曜ミュージカル　1956年度
作者永来重明が滞米中の経験を生かして書いたミュージカル「サンフランシスコの宿」を放送。第1(日)午後9時15分からの25分番組。日系1世、2世と日本からの旅行者の人間模様を、サンフランシスコの日本人社会を舞台に描いた。作曲：仁木他喜雄、松井八郎、小沢直与志。出演：越路吹雪、佐田啓二、草笛光子、水谷良重、フランキー堺、藤原釜足、河内桃子ほか。1956年11月から1957年3月まで全22回を放送。

歌は結ぶ　1956〜1959・1964年度
一般聴取者をはじめ多彩なゲストが思い出の曲とそれにまつわるエピソードを語るトーク番組。サトウハチローの人情味あふれる司会が好評だった。レギュラー出演：荒井恵子。音楽：小島和夫。演奏：シャンブルノネット。初年度は第1(火)午後10時35分からの25分番組。1960年3月にいったん終了するが、1965年度に復活。聴取者とゲストがさまざまな歌の思い出を語り合った。

お好みディスク・ジョッキー　1956年度
主婦向けディスクジョッキー番組。第1(月〜土)午前11時35分からの15分番組。曜日ごとの出演者と選曲ジャンルは（月）千葉信男とムード音楽、（火）中村メイコとシャンソン、（水）内海突破と歌謡曲、（木）丹下キヨ子とラテン音楽、（金）フランキー堺とジャズ、（土）は大阪局発でミヤコ蝶々と民謡・軽音楽・童謡。作者は能見正比古、永来重明、名和青朗、市川三郎、キノトール、秋田実（大阪局発）。

今宵歌えば　1957年度
スター歌手と異色ゲストとの取り合わせで、スター歌手の意外な一面も垣間見られる歌謡番組。三橋美智也が出演の際は、地方遊説出発直前の浅沼稲次郎社会党書記長を上野駅で取材。美空ひばりには山田耕筰が、小坂一也にはプロ野球解説の小西得郎がゲスト出演するなど、意外な顔合わせが話題を呼んだ。初年度は第1(火)午後9時30分からの30分番組。

軽音楽の手帳　1957・1967〜1968・1970〜1976年度
聴取者リクエストにレコードで応える軽音楽番組として1957年度に放送。ゲストを招いてのトークも楽しんだ。第2(土)午後8時台の40分番組。1967年度に『スクリーンミュージック』（1963・1965〜1966年度）を改題し、同名番組が始まる。映画音楽やリクエストで構成。第2(土)午後4時台の40分番組。1970年度に同名番組が、FM(日)午後7時台に若者向けのステレオ番組として3度目の登場。

虹の劇場　1957〜1958年度
ラジオの新分野開拓を目指したミュージカル番組。1957年4月に夜間の番組としてスタートし、永来重明作「幻の翼A-26」、田辺まもる作「呪われた都」ほかを放送。1957年11月に第1(火)午後0時30分からの25分番組となる。1958年度は松本清張原作「無宿人別帳」でドラマも取り上げ、1959年度は歌舞伎仕立ての作品や邦楽によるミュージカルも発表し、バラエティーに富んだ編成となった。

夢を呼ぶ歌　1957〜1959年度
世界の民謡、歌曲、童謡、ポピュラーソング、あるいは器楽曲をテーマとして取り上げ、その曲の内容、味わい、雰囲気を生かした創作劇を放送。作：永来重明、高垣葵、宮沢章二ほか。音楽：石川皓也、松井八郎、飯田三郎ほか。出演：伊志井寛、山本安英、木村功、島田正吾、榎本健一、越路吹雪、フランキー堺、佐野周二ほか。初年度は第1(水)午後10時35分からの25分番組。

ラジオ編 番組一覧 03 音楽 | 定時番組

音楽の仲間　1957〜1958年度
インストルメンタル中心で、親しみのある曲が気楽に楽しめる土曜午前の軽音楽番組。演奏は吹奏楽、マンドリン、ギター、ハーモニカ合奏団、小編成のジャズバンドをはじめ、木琴、アコーディオンなどの器楽独奏、NHKシンフォネット、オルケスタ・ティピカNHK、NHKシンフォニック・タンゴ・オーケストラなど大編成の管弦楽まで広範囲にわたった。第1(土)午前放送の15分番組。

食後のリズム　1958〜1961年度
ストリングスによる各種のムード音楽を、折々の話題や曲目にちなんだエピソードとともに紹介する昼の軽音楽番組。特にオーケストラへの編曲と一流フルバンドの演奏に力を注いだ。編曲は石丸寛、石川皓也、内藤法美ほか。演奏はNHKシンフォニック・タンゴ・オーケストラ、有馬徹とノーチェ・クバーナほか。ゲスト歌手には越路吹雪、ペギー葉山、江利チエミほかが出演。第1(木)午後0時台の25分番組。

軽音楽ホール　1958〜1961・1965年度
主にアメリカのポピュラー音楽を中心に、ミュージカルやジャズを楽しむ60分の音楽番組。第2(土)午後8時から9時まで放送。1965年度はプロ野球のスタンバイ番組として第1(火)午後8時台に登場。11月以降は幅広いジャンルの軽音楽番組とした。1966年度はFMに移行し『ステレオ軽音楽ホール』と改題。1972年度に『軽音楽ホール』にタイトルを戻し、ポピュラーから和製ポップスまで軽音楽全般を取り上げた。

輝くステージ　1959〜1960年度
クラシック、シャンソン、ジャズから歌謡曲まで幅広い音楽を、第一線で活躍する歌手、演奏家を招いて楽しむ。1959年4月10日、皇太子殿下御結婚祝賀番組として、砂原美智子、淡谷のり子、安川加寿子らの出演で第1回を放送。日本の人気歌手のほか、イギリスのポピュラー歌手ジェリー・スコット、アメリカのジャズ歌手ヘレン・メリルほか、外国人アーティストも多数出演。第1(金)午後8時30分からの29分番組。

お話のうた　1959〜1960年度
1回完結のワンマンショー形式のミュージカル。出演は宮城まり子、ペギー葉山、朝丘雪路などの人気タレントのほかに、原田洋子、北野路子、姫ゆり子など、新しいミュージカル・タレントも発掘した。作者はキノトール、永六輔、宮沢章二。第1(日)午前9時40分からの20分番組。

ハーモニー・アルバム　1959年度
ポピュラーなセミクラシックを中心に、日本の歌曲、世界の民謡、唱歌、新作歌謡などを届ける家庭の主婦向け音楽番組。曜日別にダーク・ダックスのコーラス、藤山一郎や楠トシエの独唱、日本の民謡や唱歌のジャズアレンジの演奏、マヒナスターズのコーラス、ハーモニカ・マンドリン・ギター等の合奏などで構成した。第1(月〜土)午前11時30分からの15分番組。

1960年代　歌謡曲等

歌えば青空　1960年度
若者対象のミュージカルコメディーで、困難にくじけず、青空に向かって羽ばたく若者の夢と希望を歌い上げた。ストーリーと楽曲は中堅・新鋭の作家、作曲家が書きおろし、ポップスやジャズ界と新劇界のトップタレントが演じた。ラブロマンス、サスペンス、活劇などの多彩な内容で、本格的なミュージカルの手法で制作された。第1(土)午後0時30分からの30分番組。

朝のムード・コンサート　1960年度
朝のひとときにふさわしいさわやかな音楽を選曲するムードミュージック・アワー。演奏は70人編成のNHKポップス・オーケストラを中心に、NHKシンフォネット、有馬徹とノーチェ・クバーナ、高珠恵室内楽団ほか。指揮は外山雄三、岩城宏之、伊達良ほか。編曲は山内忠、小林亜星ほか。第2(土)午前8時30分からの30分番組。

メロディーの小箱　1960年度
3部構成の新番組『お仕事のあいまに』の1パートとして放送。1959年度に放送した『ハーモニー・アルバム』を一部改定して、『お仕事のあいまに』枠内に移行。(月)ダーク・ダックス、(火)藤山一郎、(水)コンボか弦楽アンサンブル、(木)ボーカルグループ、(金)楠トシエ、(土)ハーモニカ・マンドリン・ギター等によるアンサンブル演奏など。第1(月〜土)午前10時35分からの10分番組。

昔は昔今は今　1960年度
『なつかしのメロディー』(1949〜1959年度)に代わる新番組。レギュラー出演者の柳沢真一、中原美紗緒、池田秀一がゲストとともに、「人生とアクセサリー」「人生のひととき」「人生と仲間」などのテーマでコントを演じ、そのテーマに即した各国各時代の有名曲を紹介するバラエティー形式の番組。昔と今との人情風俗の対比から生まれるユーモアと人間風刺を盛り込んだ。第1(水)午後8時30分からの29分番組。

あなたの曲わたしの曲　1961〜1962年度
酒井和雄アナウンサーと歌手の天地総子によるディスクジョッキー番組。番組前半は聴取者からのリクエスト曲をレコードで紹介。後半は「家庭コンサート」と題して、映画俳優や作家など著名人の一家をスタジオに招いて、家族それぞれのリクエスト曲を聴きながらその曲にまつわる思い出や好きな理由を語ってもらった。初年度は第1(日)午後4時20分からの39分番組。

夜のステレオ　1961〜1964年度
『輝くステージ』(1959〜1960年度)に代わって登場した軽音楽を主にした立体放送番組。初年度は第1・第2(金)午後8時30分からの29分番組。『立体音楽堂』(1954〜1965年度)で毎月1回しか放送されなかった軽音楽をステレオで放送。1964年度は第1週「ジャズまたはラテン音楽」、第2週「クラシックの名曲」、第3週「ヴォーカル・パレード」、第4週「構成音楽」、第5週「邦楽名曲選」で構成。

ラジオジュークボックス　1961～1964年度
聴取者からのリクエストを中心に構成するディスクジョッキー番組。初年度は第2(日)午後5時からの1時間番組。リクエストに積極的にこたえたほか、歌手や楽団の特集や季節にちなんだレコードの特集も行った。司会は石田豊アナウンサー。東京地方はFM(実験放送)で同時放送。第2放送にスポーツ中継が入っている場合には、FM放送のみ。

軽音楽講座　1961～1962年度
軽音楽の講座番組。1961年度は「ジャズの歴史」を解説。1962年度は4～9月は「中南米各国の音楽」と題して、パラグアイ、メキシコ、ボリビア、キューバ、ペルー、パナマ、プエルトリコ、アルゼンチン、ベネズエラの音楽を解説。10～3月は「シャンソン」と題して、シャンソンの起源、特質、歌手の種類、今後の展望などについて体系的な解説を行った。1962年度は第2(金)午後3時からの30分番組。

ヒット・アルバム　1962年度
新番組『芸能ダイヤル』の1コーナー。人気歌手を1人選び、そのヒット曲をディスクジョッキー形式で放送。主な演目は「村田英雄集」「島倉千代子集」「三橋美智也集」「美空ひばり集」ほか。第1(日)午後2時からの30分番組。主な出演は俳優の木下秀雄、友部光子、関根信昭ほか。1963年度に『リクエストアルバム』に改題。

ミュージカルアワー　1962～1966年度
ミュージカルのオリジナルキャストによるレコードと、アナウンサーの語りによりストーリーが分かるように構成し、"耳できくミュージカル"を試みた。随時、「ミュージカル作曲家特集」などの企画ものや、オフ・ブロードウェイの作品、ブロードウェイで上演中の作品も積極的に紹介した。初年度は第2(第3・金)午後3時からの120分番組。

私のヒットアルバム　1962～1971年度
第1(月～土)午後0時台の『いこいのひととき』枠内で、(月・水・金)午後0時15分から30分までのコーナー。人気歌手のヒット曲を軽い話題をはさみながら紹介した。1963年度に『いこいのひととき』の後継番組『ひるのいこい』の土曜枠に移設。ベテラン歌手のヒットソングを楽しんだ。1970年度に放送時間を日曜の夜間に移し、25分番組として再スタートを切る。歌謡番組の中でただ一つのワンマンショー番組となる。

あの歌この歌　1962年度
第1(月～土)午後0時15分から55分までのワイド番組『いこいのひととき』枠内の、(火・木・土)午後0時30分から55分までの歌謡コーナー。中堅、新進の歌手2～3人がヒット曲、新曲を披露した。

夜のリズム　1962～1963年度
ジャズ、シャンソン、カンツォーネ、ラテン音楽に、日本の民謡、歌謡曲を含めた幅広いジャンルの軽音楽を、新進歌手からベテラン歌手および楽団の多彩な顔ぶれで届けた。「特集」としてアメリカのジャズ歌手のヘレン・メリルやザ・ニュー・グレンミラー楽団などの外国人アーティストも出演した。鳴門、飯田、姫路、高崎、米子、宇都宮ほかの各地方都市でも公開収録を行った。初年度は第1(火)午後11時5分からの30分番組。

トップスターショー　1962年度
人気・実力ともにトップのスターが登場し、著名人ゲストを招いての軽妙なおしゃべりの中で、まだ知られていない一面を引き出し人気となった。司会は関光夫、三國一朗、インタビュアーは加藤みどり、関根信昭。初回は三橋美智也、最終回は村田英雄が出演した。第1(金)午後8時40分からの19分番組。

きょうのうた　1962～1966年度
創作音楽番組『ラジオ歌謡』(1946～1961年度)の後継番組。ラジオとテレビが共同制作し、作詞作曲を依頼した新曲を2週間放送する。職場に働く若い人や家庭の主婦を対象に、明るく健康的な歌を紹介していくのがねらい。初年度のラジオは第1(月～土)午前8時45分からの5分番組、テレビは総合で放送した。北原謙二が歌った「若いふたり」(作詞:杉本夜詩美・作曲:遠藤実)が大ヒットした。

ミュージックコーナー　1962～1964年度
聴取者からのリクエストを中心としたディスクジョッキー番組。季節にちなんだ特集も企画した。リクエストはがきは週に100通以上が届いた。進行は高階菖子アナウンサー。第2(土)午後5時からの60分番組。

軽音楽アルバム　1962～1976年度
ステレオの新譜レコードを中心に選曲する昼前の軽音楽番組。FM(月～土)午前11時からの1時間番組。1967年4月からはステレオ放送で、曜日別にさまざまなタイプのポピュラー音楽を紹介した。1974年度より(日)午前の番組となる。1965年度は同時間帯に『ステレオ軽音楽アルバム』をステレオ放送した。

午後のダイヤル「ヒットメロディーショー」　1962年度
第1放送の総合ワイド番組『午後のダイヤル』の火曜枠、午後1時31分からの28分番組。ポピュラーな歌や演奏を集めた音楽番組。「ミュージカル名曲集」「シャンソン・アルバム」など特集的に扱い、月に1回は聴取者からのリクエストで構成した。

午後のダイヤル「あなたのリズム」　1962年度
第1放送の総合ワイド番組『午後のダイヤル』の木曜枠、午後1時31分からの28分番組。ラテン、ハワイアン、ウエスタン、ジャズ、日本の民謡など、広範囲にわたる軽音楽をレコードで紹介するディスクジョッキーコーナー。三木鶏郎の「冗談工房」にいた放送作家・工藤昌男のユーモアと風刺のきいた構成に人気があった。司会は小川宏アナウンサー。

NHK放送100年史(ラジオ編)　213

ラジオ編 番組一覧 03 音楽 | 定時番組

午後のダイヤル「ミュージック・カレンダー」 1962年度
第1放送の総合ワイド番組『午後のダイヤル』の（月～金）午後2時5分からの25分番組。音楽家のプロフィールや作曲にまつわるエピソードなどを中心にしながら、身辺雑話、おしゃれエチケット、趣味の話、風俗時評などを取り入れたディスクジョッキー番組。各曜日のDJは（月）日野直子、（火）木村勝美、（水）関光夫、（木）小川宏、（金）金子辰雄。1985年度に同名のクラシック音楽番組がFMで放送されている。

リクエストアルバム 1963年度
日曜午後の3時間ワイド『芸能ダイヤル』枠内で放送された『ヒット・アルバム』（1962年度）を刷新。友部光子と木下秀雄が週ごとに交互に担当し、聴取者からのリクエストにこたえるディスクジョッキー番組。季節にちなんだ軽快な会話で進行した。スクリプター（構成台本）は風早美樹。第1(日)午後2時30分からの30分番組。

歌の花束 1963～1969年度
第1放送のワイド番組『ひるのいこい』の火曜枠で、午後0時34分からの25分番組。歌謡曲やポピュラーの中堅歌手を中心に、ベテラン・新人を加えた3～4人で構成する歌謡番組。特に有望な新人歌手の紹介につとめ、新人歌手の登竜門的な役割を果たした。

スクリーンミュージック 1963・1965～1966年度
1962年度に『午後のダイヤル』の水曜枠でスタート。レコードで映画音楽を楽しむとともに、サウンド・トラック・テープを活用して映画作品の音声から大スターの声や出演シーンも紹介した。1963年度に第2(水)午後4時20分からの80分番組で独立。1964年度休止のあと、1965年4月に再開。1967年度は『軽音楽の手帳』に改題し、3部構成の第1部で放送した。

ひる休みの音楽 1963～1970年度
1963年度に試験放送中のFMでスタート。ジャズ、タンゴ、ウエスタン、ポピュラー、ラテンの各分野に分け、解説をつけて放送した。FM本放送が始まった1969年度は（月～水・金）午後0時15分からの45分番組。

リクエストアワー 〈地域放送〉 1963～1995年度
各地域放送局でローカル放送されたリクエストによる若者向け音楽番組。試験放送中のFMで(日)午前の2時間枠でスタート。1964～1971年度は『ステレオリクエストアワー』とした。"Fリク"の愛称で親しまれた。各局が独自タイトルで放送し、地元色を出した。局舎内のスタジオや地元施設で公開放送も行った。番組を懐かしむリスナーの声に応えて、2020年2月に特集番組『FMリクエストアワーリターンズ！』を放送。

ポピュラーミュージックアワー 1964年度
主婦や学生を主な対象に、さまざまな軽音楽をジャンルに分けて放送した。曜日ごとのジャンルと案内役は、（月）「ラテン」（高橋忠雄・ホルヘ的場）、（火）「シャンソン」（蘆原英了）、（水）「スクリーン・ミュージック」（清水光雄）、（木）「ジャズ」（河野隆次・油井正一）、（金）「ジャズ」（牧芳夫・久保田二郎）、（土）「ポピュラー」（塚越靖一アナウンサー）。第1(月～土)午後5時10分からの30分番組。

花のパレード 1964～1971年度
歌謡曲を中心にジャズ、シャンソン、ラテンなど、さまざまなジャンルの歌を多彩な顔ぶれで送るスタジオ公開歌謡番組。初年度はオーディションに合格した新進歌手を紹介する「若い歌声」、スター歌手がリクエストにこたえる「リクエストステージ」、「ポピュラー歌謡アルバム」の3部構成とした。第1(水)午後8時1分からの57分番組。1970年度からレコードでヒット歌謡曲を紹介するディスクジョッキースタイルに変更。

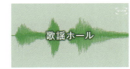
歌謡ホール 1964～1965年度
週末夜のゴールデンタイムを飾る歌謡番組。第1部はトップスターが登場する「今週のスター」、第2部は年代を追って名曲をつなぐ「思い出のメロディー」、第3部は新曲を紹介する「今週の新しい歌謡集」の3部構成。第1(金)午後8時台の57分番組。1965年度は(土)午後7時30分からの44分番組で、トップスターのワンマンショー「今週の歌謡集」と「思い出のメロディー」の2部構成。司会は海野景昭アナウンサー。

日曜軽音楽ホール 1964年度
日曜夜のゴールデンタイムに送る軽音楽番組。ジャズ、シャンソン、ラテン音楽など世界各国の軽音楽を中心に、最近の日本の歌謡曲も加えて放送した。第1部「トリオロスパンチョスとともに」、第2部「スターダスト物語」、第3部「ポピュラーパレード」の3部構成。出演：(1部)見砂直照と東京キューバン・ボーイズほか。(2部)旗照夫、九重佑三子ほか。(3部)江利チエミ、坂本九ほか。第1(日)午後8時からの58分番組。

世界のメロディー 1964～1965・1977～1984年度
世界の民族音楽やポピュラー音楽をレコードと、ときには現地録音も交えて紹介するディスクジョッキー番組。初年度は第2(日)午後3時からの60分番組。1977年度にFMで同名のレコード番組が始まる。第1部がラテン、第2部がフォーク・カントリー、第3部がシャンソン・カンツォーネの3部構成。FM(日)午前10時からの2時間番組。1962年度に『午後のダイヤル』金曜枠内でも同名の番組を放送している。

ポピュラー・アルバム 1965年度
プロ野球のスタンバイ番組で、野球中止の場合か早く終わった場合のみ放送。ヒット曲やポピュラーソングの中からムードのある編曲や演奏のものを選んで、レコードにより放送した。第1(火)午後9時20分からの20分番組。

リクエストコーナー 1965～1984年度
ポピュラー音楽のリクエストにこたえる若者向けディスクジョッキー番組。季節やその時の話題にちなんだ特集も随時企画した。初年度は第2(日)午後3時からの1時間番組。1969年3月のFM本放送スタートにともなってFMに移行し、(日)午後6時からの1時間番組とした。1981年度より生放送となり、最新音楽情報をふんだんに盛り込んだ。司会は番組スタート時から終了まで石田豊アナウンサーがつとめた。

軽音楽のたのしみ　1965年度
日曜午後のレコード音楽番組。軽音楽をジャズ、ポピュラー、ウエスタン、シャンソン、ハワイアン、タンゴ、ラテンの7分野に分け、それぞれの発祥とその後の変遷などの歴史を解説する講座番組。解説は油井正一（ジャズ）、青木啓（ジャズ・ラテン）、高場将美（ラテン）、永田文夫（シャンソン）、早津敏彦（ハワイアン）、大岩祥浩（タンゴ）、中村とうよう（ワールドミュージック）。第2(日)午後5時からの60分番組。

世界の民俗音楽　1965～1970年度
「生活の中の音楽」というテーマを設けて、世界各地の音楽を紹介する音楽教養番組。FMで1965年度にスタート。世界各国で録音した貴重な音源を紹介。国別、朗唱法、楽器、宗教など、さまざまな観点から分析する多彩な切り口が好評だった。レギュラー出演者は東京芸術大学講師（当時）の小泉文夫。FM本放送開始後の1969年度は(日)午後10時15分からの45分番組。1971年度に『世界の民族音楽』と改題。

ステレオ軽音楽ホール　1965～1978年度
軽音楽界で活躍する一流ミュージシャンによる生演奏を紹介するスタジオ制作の音楽番組。FM試験放送中の1965年度にスタート。本放送開始後の1969年度はFM(水)午後7時からと(土)午後6時からのそれぞれ60分番組。内容は歌謡曲からラテン、ポピュラー、ジャズ、シャンソンと軽音楽全般をとり上げ、新しい編曲とステレオ効果および音質に留意して制作された。1972年度に『軽音楽ホール』に改題。

歌謡アルバム　1966～1970年度
ステレオ収録の歌謡曲レコードが増えたことから、FMで歌謡曲を放送してほしいという要望が多くなり、1966年の試験放送中に新設。4～7月は美空ひばり、東海林太郎らベテラン歌手のヒット曲集をワンマンショーのスタイルで放送し、8月以降は中堅や新人の歌手も加えた。FM本放送開始後の1969年度は(土)午後0時15分からの45分番組。唯一のステレオ放送による歌謡曲番組となった。

FMジュークボックス　1966～1976年度
ポピュラー・ジャズの愛好者向けのステレオレコード番組。FM試験放送中の1966年度に始まり、本放送スタート後の1969年度は(月～木)午後4時からの1時間55分番組。幅広い選曲で肩のこらないBGMとして聴いてもらえるよう工夫した。

ステレオリズムアワー　1966～1971年度
軽音楽をステレオレコードで解説とともに楽しむ音楽番組。毎回2人の評論家が登場し、中南米音楽、ジャズ、シャンソン、ウエスタン、フォークソング、カンツォーネの中から担当ジャンルの楽曲を解説。1966年度に試験放送中のFMでスタート。本放送となった1969年度は(日)午前10時からの2時間番組。解説は蘆原英了、荒井基裕、いソノてルヲ、高橋忠雄、高山正彦ほか。1972年度に『リズムアワー』に改題。

海外の音楽　1967～1973年度
海外の放送局から番組交換で送られてくる録音テープの中から、世界各地の音楽祭やコンクール、演奏会の録音などを放送し、海外の音楽界の現状を広く紹介した。1967年度に試験放送中のFMで(日)午後4時からの3時間番組で定時化。本放送開始後の1969年度はステレオ録音が増え、32本をステレオで放送した。1974年度に『ステレオコンサート』（1964～1973年度）と統合して『FMコンサート』となる。

みんなのうた　1967年度～
子どもたちが友だちや家族と楽しく歌える健康的な歌を紹介する帯番組。1か月通しで放送する歌と、曜日ごとに2か月単位で更新する歌の組み合わせで、毎回2曲ずつ放送した。1961年度に総合テレビでスタートし、1967年度から第1放送、1968年度から第2放送、1974年度からFM放送でもそれぞれ放送を開始した。初年度は第1(月～金)午後5時37分からの5分番組。

午後のシャンソン　1968～1976年度
レコードでシャンソンを楽しむ音楽番組。秘蔵盤ともいえる名盤をはじめ、日本ではまだ紹介されていないフランスの新曲や新人をいち早く紹介した。「婦人公論」の元編集長で音楽評論家の蘆原英了による解説と親しみのある話しぶりが好評を呼んだ。初年度は第1(日)午後3時5分からの2時間53分番組。1976年度からFMに移行しステレオで放送。(日)午後1時30分からの30分番組に。

あなたの歌　1968～1972年度
アマチュアの作詞・作曲した歌を毎週4曲選んで、おなじみの歌手で発表する聴取者参加番組。司会のアナウンサーが作者にインタビューし、作者の生活ぶりや人生観、作詞作曲の動機、曲にまつわるエピソードを引き出した。初年度のアナウンサーは4～7月が村田幸子、8月～翌年3月が前川康一。第1(土)午前9時30分からの28分番組。総合テレビの『あなたのメロディー』（1963～1984年度）のラジオ版。

歌謡ヒットメロディー　1968～1969年度
上半期のみ。スポーツ中継の雨天時、早期終了時のスタンバイ番組。第1(火)午後7時30分からの29分番組。

1970年代　歌謡曲等

NHKのど自慢　1970年度～
1947年7月6日に始まった『のど自慢素人演芸会』の内容を一部刷新した視聴者参加の公開派遣番組。一般出場者が歌唱力を競う番組の基本線は変わらず、毎週、2人のゲスト歌手が出演して出場者に話を聞くなど番組を盛り上げた。当日の合格者から「今週のチャンピオン」1人を選ぶほか、毎週のチャンピオンが出場する「チャンピオン大会」もスタートした。第1(日)午後0時15分からの45分番組。総合テレビで同時生放送。

NHK放送100年史（ラジオ編）　215

ラジオ編 番組一覧 03 音楽 | 定時番組

 **ひるのミュージックコーナー** 1971～1973年度
(月・水・土)は歌謡曲、(火・金)はポピュラー音楽を楽しむステレオレコード番組。FM(月～水・金・土)午後0時15分からの45分番組。1973年度は歌謡曲の歌手1人にスポットを当てる構成で(月～金)の放送とした。1974年度に『ひるの歌謡曲』に改題。

 **歌謡スポット** 1971～1973年度
ヒット歌謡曲を中心に楽しむレコード番組。第1(日)午後4時30分からの28分番組。

 **歌の星座** 1971～1977年度
リクエストにこたえて歌謡曲を紹介するレコード番組。ディスクジョッキーは星野涼子(1972年度)、広瀬久美子アナウンサー(1973・1974年度)、広瀬久美子アナウンサー・伊藤強(1975年度)、伊藤強(1976年度)。第1(火)午後9時5分からの55分番組。

 **世界の民族音楽** 1971～1999年度
『世界の民俗音楽』(1965～1970年度)のタイトル表記を変更。世界の民族が持つ民謡や、西欧以外の地域で発展をとげた芸術性の高い音楽などを幅広く紹介。1983年度に前身番組から案内役を務めた小泉文夫(東京芸術大学教授)が死去。1985年度から『朝のミュージックライフ』枠内に入る。1989年度にFM(月～金)午前10時台に復活。2000年度に『ワールドミュージックタイム』に吸収される形で終了。

 **サウンド・オブ・ポップス** 1972～1984年度
新着ポップスを中心に紹介するレコード番組。アナウンサーがアーティスト名と曲名を読み上げるだけというシンプルな構成が、エアチェックファンに好評だった。またYMOをゲストに招いて糸井重里が話を聞いた「YMO特集」(1980年8月)や、山下達郎と大瀧詠一がスタジオライブを行った「日本のポップスはいま」(1981年8月)など、特集番組も随時企画され、話題を呼ぶ。FM(月～金)午後7時台の40～45分番組。

 **ひるの軽音楽** 1974年度
昼休みにふさわしい明るいポピュラー曲を話題とともに届ける。第1(月～土)午後0時30分からの30分番組。1975年度に『ひるの散歩道』にバトンを渡す。

 **ひるの歌謡曲** 1974～2005年度
『ひるのミュージックコーナー』(1971～1973年度)を改題。歌謡曲をステレオで楽しむジョッキー番組。週単位でテーマを設け、1人ないし1組の歌手の歌をたっぷり聴く構成。FM(月～金)午後0時15分からの45分番組。その後『FMワイド歌謡曲』(1985～1988年度)、『ひるのワイド歌謡曲』(1990～1996年度)の枠内で放送していた時期もある。

 **ひるの散歩道** 1975～2007年度
放送センター見学コース内のオープンスタジオにゲスト歌手を迎え、おしゃべりと音楽でつづる公開生番組としてスタート。1994年度からはラジオセンターの132スタジオ、402スタジオから放送した。また公開派遣番組として月に数回は各地での公開生放送を行った。初年度は第1(月～土)午後0時30分からの30分番組。2006年度からは第1・FM(月～土)午後0時30分～0時55分の25分番組。

 **歌のアラカルト** 1976～1978年度
毎週、2人から3人のベテラン歌手が登場、歌とおしゃべりで構成する幅広いジャンルのポピュラーソング番組。また年間派遣番組として、札幌、松山、浦和、松江、函館など全国各地で公開録音も行った。主な伴奏は原信夫とシャープス・アンド・フラッツ、宮間利之とニューハード、小野満とスイングビーバーズ。司会は生方恵一アナウンサー。第1(月)午後9時5分からの25分番組。

 **ヤングジョッキー** 1976～1978年度
最新のロックと音楽情報を紹介するディスクジョッキー番組。ロック講座、人気アーティストへのインタビュー、スタジオライブなどで構成し、若者の支持を得た。1976年に荒井由実(現:松任谷由実)が行ったスタジオライブの音源が発掘されて話題となった。ディスクジョッキーは渋谷陽一。初年度はFM(日)午後9時からの60分番組。1977年度は(土・日)の週2回に増設された。

 **夕べの広場〈地域放送〉** 1976～1997年度
ローカル放送の『くらしの話題』(1962～1975年度)を改題。聴取者からのハガキによるリクエストによって選曲された音楽中心のディスクジョッキー番組。FM(月～金)午後6時からの1時間番組。1998年度に『サンセットパーク』に改題。

 **軽音楽をあなたに** 1977～1984年度
若者と在宅主婦層向けディスクジョッキー番組。ヒットポップスを中心に、ロック、ジャズ、フュージョン、カントリー、フォークなど、幅広いジャンルのポピュラー音楽を取り上げた。最終年度のディスクジョッキーは(月)幅しげみ(キーボードプレーヤー)、(火)松原みき(歌手)、(水)アンリ菅野(歌手)、(木)木島肖子(学生)、(金)久保田育子(歌手)。最終年度はFM(月～金)午後4時5分からの1時間55分番組。

 **ビッグショー** 1977年度
1974年度に総合テレビで始まったワンマンショー形式の歌謡番組『ビッグショー』を、1977年度はテレビ用とFMステレオ用の同時収録を実施し、FMでも放送した。

映画音楽とともに　1977〜1978年度
スクリーンミュージックを系統立てて紹介するFMのステレオ音楽番組。FM(土)午前11時5分からの48分番組。

にっぽんのメロディー　1977〜1990年度
なつかしい日本の歌、名曲の数々を中西龍アナウンサーの語りで放送。第3週の「歌ごよみ」シリーズは特に好評を博した。FM(土)午前7時10分からの50分番組。1978年11月23日以降は第1(月〜金)の午後10時台の10分番組となり、リクエスト中心で放送。1982年度は『芸能ダイヤル〜にっぽんのメロディー』のタイトルで、1984年度からは『こんばんはラジオセンター』ほか、夜間のワイド番組枠内で放送。

ロックアルバム　1977〜1978年度
ロック入門のジョッキー番組。FM(土)午後1時からの1時間番組。

ポピュラーアラカルト　1977〜1979年度
ポピュラー音楽を解説とともに楽しむディスクジョッキー番組。DJは関光夫。FM(土)午後6時からの1時間番組。

歌謡ヒットアルバム　1977〜1978年度
リクエストにこたえて歌謡曲のヒットナンバーを、歌謡界の情報とともに届ける。FM(日)午後7時15分からの45分番組。

朝のポップス　1978〜1984年度
朝にふさわしい軽快でさわやかなレコード音楽とおしゃべりでつづるディスクジョッキー番組。DJは阿部泉、前川尚子、若宮てい子、増井孝子ほか。初年度はFM(月〜金)午前7時10分からの50分番組。大阪局制作。

サウンドストリート　1978〜1986年度
トップミュージシャンや音楽評論家をディスクジョッキーに起用した音楽情報番組。国内外のポップス、ロックを最新情報とともに紹介した。歴代DJは松任谷正隆、森永博志、佐野元春、坂本龍一、松浦雅也、甲斐よしひろ、烏丸せつこ、川村恭子、渋谷陽一、山下達郎、大沢誉志幸、平山雄一。初年度はFM(月〜金)午後10時20分からの40分番組。1985〜1986年度は『公園通り21』枠内で放送。

クロスオーバーイレブン　1978〜2000年度
深夜のひととき、ジャンルを越えて融合した音楽としゃれた語り口で構成した新しいタイプの音楽番組。初年度はFM(月〜金)午後11時台の40分番組、(土・日)は50分番組。1988年度からは2部構成となり、午前0時台まで放送時間を拡充。2001年3月に番組は終了するが、根強いファンのアンコールの要望を受けてしばしば特集番組で復活放送している。

おしゃべり歌謡曲　1978〜1981年度
聴取者からのおたよりとリクエストによる歌謡曲の紹介、そしてパーソナリティーの軽妙なおしゃべりで進行するディスクジョッキー番組。日常的な話題を求めて街頭に出かける「おしゃべり散歩」、古今東西の名作を現代風に脚色した「ものがたり」のコーナーには、人気の俳優や芸人が出演し個性的な話芸を披露した。パーソナリティーは近石真介と平野文。初年度は第1(月〜金)午後8時5分からの35分放送。

トラベルジョッキー　1978〜1981年度
音楽とともにさまざまな形の「旅」を提供するジョッキー番組。「旅」にスポットをあて、民謡、邦楽、歌謡曲、ニューミュージック、わらべ歌などを聴きながら、旅の思い出、ホットな情報、現地訪問による「音」やインタビューなどを、ゲストを交えて紹介した。主な放送は「津軽冬の旅」(あべ静江)、「江ノ電の小さな旅」(佐良直美)、「女石松こんぴら代参」(泉ピン子)ほか。第1(月〜金)午後8時40分からの18分番組。

ウィークエンドジャズ　1978〜1979年度
新着の外国盤ジャズレコードを紹介する音楽番組。FM(土)午後7時15分からの45分番組。

ニューヒット歌謡情報　1978〜1984年度
歌謡界のホットな情報を盛り込んで、ポップスから演歌までの幅広い流行歌をとり上げる若者向け歌謡情報番組。毎回、スタジオに歌手を招き、身のまわりの楽しい話を聞いた。出演は伊藤強、塩見大治郎、三浦弘子、大川茂ほか。初年度はFM(土)午後8時5分からの70分番組。

昭和歌謡大全集　1978〜1983年度
戦前から大衆の中に生き続ける昭和の歌謡曲をレコードとトークでつづる歌謡番組。作詞家、作曲家、歌手をゲストに迎え、デビュー曲や思い出に残る曲などを中心に、年代を追いながら当時の世相や歌にまつわるエピソードを聞く「私の歌謡史」と、ゲストが選ぶヒット・アルバムの紹介などで構成した。歴代司会者は泉ピン子、小池勇アナ、関口進アナ、加賀美幸子アナ。初年度は第1(日)午後1時5分からの75分番組。

NHK放送100年史（ラジオ編）　217

ラジオ編 番組一覧 03 音楽 ｜ 定時番組

 **セッション'78（'79）** 1978～1999・2006～2020年度
国内外の一流ミュージシャンによるジャズやフュージョンの公開ライブ番組。番組名は初年度から「セッション」に年号を表記。1999年11月から2005年度は「セッション505」としたが、その後再び年号表記に戻る。初年度はFM(日)午後8時10分からの50分番組。NHK505スタジオでの公開録音で始まり、その後「みんなの広場ふれあいホール」からの公開番組となる。ナビゲーターは濱中博久アナウンサーほか。

 **マイラブリーポップス** 1978～1979年度
ニューミュージック、フォーク、ロックなどの音楽を指向するディスクジョッキー番組。毎回、聴取者にアンケートを送り、返ってきたアンケート結果から番組を構成。ミュージシャン本人をゲストに招いて、ゲストと一緒にアンケートを分析し、話し合った。スタジオライブ、コンサートライブの音源を中心にレコードも織りまぜて放送した。DJは高橋基子。FM(日)午後9時からの1時間番組。

 **あなたのメロディー** 1978年度
1963年3月23日に第1回が始まった総合テレビの視聴者参加番組『あなたのメロディー』の応募作品の中から、優秀曲をFM(土)午前7時55分からの5分番組で紹介した。

1980年代 ｜ 歌謡曲等

 **夜のスクリーンミュージック** 1980～1982年度
週ごとにテーマを設け、映画音楽と映画情報を届けるレコード番組。第1週は季節や生活をテーマとしたバラエティー、第2週は人物と映画音楽、第3週は今日の映画界をテーマとしたバラエティー、第4週は「リクエストホット10」、第5週は古きをたずね新しきを知るスペシャル。番組進行（DJ）は映画音楽評論家の関光夫が担当した。FM(土)午後10時20分からの40分番組。

 **夜の停車駅** 1980～1984年度
落ち着いた雰囲気のなかで音楽と語りを楽しむ大人向けの番組。音楽はイージーリスニング、セミクラシック、ジャズなど、放送時間帯の夜間を意識した選曲とした。1983年度はメルヘン風の構成で、より音楽主体の演出となった。語りは江守徹。構成は蓬莱泰三、河内紀、鈴木松子、鈴木悦夫、岡本一彦。初年度はFM(日)午後10時20分からの40分番組で始まり、1983年度より(土)午後11時からの55分番組になった。

 **ゴールデンジャズフラッシュ** 1980～1984年度
スイング、モダン、ボーカルなど、いわゆるスタンダードジャズの名曲、スタンダード曲をレコードで系統的に紹介する音楽番組。解説はイソノテルヲ、行田よしお、本多俊夫の3人が交替で担当。イソノが主にスイング、行田がディキシーと日本のジャズを中心に解説。本多が最先端のジャズを含む広い範囲をカバーした。初年度はFM(日)午後9時からの1時間番組。

 **ニューサウンズスペシャル** 1980～1989年度
リスナーから寄せられたアンケートをもとに番組を構成し、スタジオライブやコンサートの音源を紹介。アリス、チューリップ、オフコース、松任谷由実ほか、フォーク、ロック、ニューミュージックの世界から毎回ゲストをスタジオに招き、トークも盛り込んだ。司会は高橋基子。1985年4月6日より、FM(土)夜間の2時間35分番組『ウィークエンドライブスペシャル』の中に移設。司会に放送作家の榎雄一郎が加わった。

 **芸能ダイヤル「旅のエッセイ」** 1982～1984年度
『トラベルジョッキー』（1978～1981年度）の後を受け、『芸能ダイヤル―旅のエッセイ』と改題して新たにスタート。旅の時代に即したさまざまな形の"旅"を提供した。初年度は『芸能ダイヤル』の枠内で放送したが、1983年度より『旅のエッセー』として(土)午後10時15分からの25分番組で独立。民謡、邦楽、歌謡曲、童歌などを聴きながら、ゲストを交えて旅の思い出、エピソードを紹介した。

 **歌謡スペシャル** 1983～1990年度
スタジオ公開のライブショー。人気歌手のワンマンショーを中心に、2人の歌手によるジョイントショーや作曲家、作詞家をゲストに迎えてのおしゃべりで構成。ゲスト歌手のヒット曲のほかに、毎回のテーマに合った選曲でバラエティーをもたせた。司会はうつみ宮土理、1988年度からは杉浦圭子アナウンサーが担当。初年度はFM(日)午後9時からの55分番組。

 **こんにちはラジオセンター「ウィークエンドリクエスト」** 1984～1988年度
1984年度に新設された第1(月～土)放送の午後の情報ワイド『こんにちはラジオセンター』の(土)午後4・5時台に放送。『こんにちはラジオセンター』が終了したあとは、『NHKラジオセンター（午後）』で継続放送。

 **こんばんはラジオセンター「演歌今昔」** 1984～1988年度
第1放送夜間の芸能生ワイド番組『こんばんはラジオセンター』枠内の(月)午後8時台のコーナーとしてスタート。1987年度より8・9時台のコーナー。

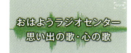 **おはようラジオセンター「思い出の歌・心の歌」** 1984～1996年度
『おはようラジオセンター』第1(日)午前5時台の「早起き鳥」の前半コーナーとして始まる。忘れられない歌、心に残る曲を聴取者から募り、その思い出とともに紹介するリクエスト番組。聴取者からは昭和10～20年代の歌への要望が多かった。1992年度から『NHKラジオセンター―けさもラジオで～わが故郷わが青春』の前半コーナーとして、1994年度からは『おはようラジオセンター』(日)午前5時台前半に放送。

こんにちはラジオセンター「リクエストコーナー」 1984〜2003年度
第1放送午後の6時間生ワイド番組『こんにちはラジオセンター』の(月〜土)午後5時台のコーナー。曜日ごとに専門のディスクジョッキーが登場し、リスナーのリクエストにこたえた。1989年度より『NHKラジオセンター（午後）』の(月〜金)に放送。(土)を「ウイークエンドリクエスト」とした。2000〜2003年度は『土曜ほっとタイム』の午後4時台で継続放送。

こんばんはラジオセンター「ポップス大全集」 1984年度
第1放送夜間の芸能生ワイド番組『こんばんはラジオセンター』枠内の(火)午後8時台のコーナー。司会：フランク永井、千葉紘子。

こんばんはラジオセンター「リクエスト歌謡全集」 1984年度
第1放送夜間の芸能生ワイド番組『こんばんはラジオセンター』枠内の(水)午後8時台のコーナー。

FMワイド歌謡曲 1985〜1988年度
FM(月〜金)午後0時15分から1時51分までのワイド歌謡番組枠。第1部「ひるの歌謡曲」と第2部「わたしの歌謡アルバム」で構成。「ひるの歌謡曲」（1974〜2005年度）は、1人または1組の歌手でポップス、なつメロ、演歌、ニューミュージックなどを楽しむ。「わたしの歌謡アルバム」は(月〜木)放送で、(月・木)がリクエスト中心、(火・水)がテーマ中心で、演歌、ポップスなどを女性DJの進行で紹介した。

午後のサウンド 1985〜1987年度
『軽音楽をあなたに』（1977〜1984年度）の後継番組。ジャンル別に5人の歌手が曜日ごとにDJを担当、個性的な選曲でトークを展開。初年度の担当DJとジャンルは(月)石黒ケイ「ブラックコンテンポラリー」、(火)松原みき「ロック」、(水)アンリ菅野「ジャズ＆フュージョン」、(木)遠藤京子・大橋美加「ポップス」、(金)久保田育子「イージーリスニング・映画音楽」。FM(月〜金)午後4時からの2時間番組。

公園通り21 1985〜1986年度
FMの平日夜間9〜11時台を"青少年向けアワー"として拡充し、各種の音楽番組やドラマなどを『公園通り21』とタイトルした枠内にラインナップした。1985年度は午後9時台が「ニューヒットポップス情報」と「FMアドベンチャーロード」、10時台が「サウンドストリート」と「カフェテラスのふたり」、11時台が「クロスオーバーイレブン」で、5番組を編成した。

公園通り21「ニューヒットポップス情報」 1985年度
『公園通り21』枠内の(月〜金)午後9時からの40分番組。世界を5つにわけたポップス地図をもとに構成する最新ポップス情報を提供するディスクジョッキー番組。1週間の構成は(月)「全米ヒットチャート」、(火)「ヨーロッパ・ニューヒット」、(水)「中南米ニューヒット」、(木)「AAAヒット情報」、(金)「歌謡曲ヒットチャート」。1986年度に『ワールド・ポップス'86』に刷新された。

ウィークエンドライブスペシャル 1985〜1989年度
土曜の夜、2時間35分（のちに2時間40分）にわたってライブ音楽を放送するFMの音楽番組枠。初年度は第1部「セッション'85」（後7:20〜8:15）。司会：鹿内孝、吉野みどり。第2部「ザ・コンサート」（後8:15〜9:10）、第3部「ニューサウンド・スペシャル」（後9:10〜9:55）。司会：高橋基子、榎雄一郎。原則、3部で構成されたが、随時、枠をはずした柔軟な編成も取り入れた。

ウィークエンドライブスペシャル セッション'85 1985〜1989年度
『ウィークエンドライブスペシャル』（初年度は後7:20〜9:55）枠内で放送。ジャズやフュージョンのバンド演奏にゲストプレーヤー、歌手を迎え、新鮮で迫力あるサウンドを楽しむスタジオ公開放送番組。初年度の司会は鹿内孝と吉野みどり。最終年度の1989年度は「セッション'89」のタイトルで放送。初年度はFM(土)午後7時20分からの55分番組。

ウィークエンドライブスペシャル ザ・コンサート 1985〜1989年度
『ウィークエンドライブスペシャル』（初年度は後7:20〜9:55）枠内で放送。内外のさまざまな音楽ジャンルのコンサートをライブ録音で放送。初年度はFM(土)午後8時15分からの55分番組。

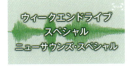

ウィークエンドライブスペシャル ニューサウンズ・スペシャル 1985〜1989年度
『ウィークエンドライブスペシャル』（初年度は後7:20〜9:55）枠内で放送。ニューミュージックのゲストをスタジオに招き、ライブ演奏と聴取者からのお便りを素材に進行した。司会は高橋基子と榎雄一郎。初年度はFM(土)午後9時10分からの45分番組。

ゴールデンジャズ＆ポップス 1985〜1987年度
ジャズとポピュラー音楽の決定盤レコードを紹介するDJ番組。FM(日)午後5時30分からの90分番組で前半45分がジャズ、後半45分がポップスの2部構成。「ジャズ」パートのDJ（解説）は、音楽評論家の本多俊夫と児山紀芳が1週交替で担当。「ポップス」パートは、青木啓と山本さゆりが1週交替で担当した。

おはようラジオセンター「歌のかんどころ」 1985〜1987年度
第1放送朝の情報ワイド番組『おはようラジオセンター』枠内の(土)午前11時台のコーナー。電話を通して聴取者に歌謡曲を指導するコーナー。出演：宮川泰（作曲家）。

NHK放送100年史（ラジオ編） 219

03 音楽 | 定時番組

ラジオ編 番組一覧

こんばんはラジオセンター「はつらつスタジオ505」 1985～2004年度
第1放送夜間の生ワイド番組『こんばんはラジオセンター』の(水)午後8～9時台のコーナーとしてスタート。NHK505スタジオからの公開生放送で、ハガキや電話による聴取者とのふれあいを重視した大型歌謡番組。この番組で制作する「新ラジオ歌謡」も好評。ラジオ番組ではあるが照明にも十分に配慮し、光と音でショーを盛り上げた。1989年度に『ふれあいラジオパーティー』枠内に引き継がれ、1995年度に単独番組として独立。

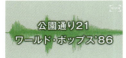

公園通り21「ワールド・ポップス'86」 1986年度
1985年度にスタートしたFM夜間の若者向けワイド番組『公園通り21』枠内で放送した(月～金)午後9時15分からの40分番組。「ニューヒットポップス情報」の後継番組。世界の若者の音楽を最新のポップス情報とともに、曜日別にテーマごとに伝えた。(月)「ワールドナウ」、(火)「全米ポップス情報」、(水)「全英ポップス情報」、(木)「日本ポップス情報」、(金)「オールリクエスト」で1週間を構成。

こんにちはラジオセンター「ミュージック・プレゼント」 1986～1988年度
『こんにちはラジオセンター』の第1(月～金)午後2時台後半のコーナー。アンカーマンのパーソナリティーを生かしたディスクジョッキー番組。

モーニングサウンド 1987年度
朝8時台という生活時間帯を意識した選曲によるポピュラー音楽とともに楽しむトーク番組。時代感覚のあるニューエイジミュージックなどのレコードを使用。FM(月～金)午前8時15分からの41分番組。

ジョイフルポップ 1987～1989年度
和製ポップスを中心に放送するローティーン対象のDJ番組。FM(月～金)午後9時15分からの40分番組。各曜日のDJは(月)根本要とキャティー、(火)中川勝彦と桑田靖子、(水)太川陽介と榊原郁恵、(木)マッハ文朱と林家しん平、(金)ヒロ寺平とグレースが担当。1989年度は(月)佐伯健三、(火)岡村靖幸、(水)太川陽介と松本典子、(木)吉村明宏と松居直美、(金)中島みゆきに交代した。

ミュージックシティー 1987～1989年度
ハイティーンからヤング・アダルトを聴取対象とした外国曲中心のDJ番組。人気DJがそれぞれの専門分野で選曲の腕を競い合った。DJは西森マリー、ピーター・バラカン、赤木りえ、萩原健太、大伴良則、ヒロ寺平、グレース。初年度はFM(月～金)午後10時からの50分番組。

世界音楽めぐり 1987～1989年度
レトロブームを背景に生まれた懐かしいポピュラー音楽の名盤によるレコード番組。初年度はパーソナリティーの三宅榛名(作曲家・ピアニスト)が山田洋次、五木寛之など、各界のゲストを迎えて、ゲストの思い出に残る名盤を中心に選曲した。1988年度からはカントリー・ミュージック、シャンソン、カンツォーネ、タンゴなど各分野の専門家がDJを担当。初年度はFM(日)午後10時からの1時間番組。

ふれあいラジオセンター「歌の日曜散歩」 1987～2018年度
第1(月～日)午前9時から0時までの情報番組『ふれあいラジオセンター』枠内の(日)午前10時台のコーナーとしてスタート。聴取者からの思い出の曲や、懐かしい音楽のリクエストに応えるディスクジョッキー番組。また全国各地の季節の話題やその日の出来事を寄せてもらい、全国の人々の暮らしぶりをリアルタイムで伝える。1995年度より第1(日)午前10時5分からの1時間45分番組で単独番組として独立。

FMサウンドクルーザー 1988～1990年度
1日を快適なリズムでスタートできるよう、聴きやすいポピュラー音楽で構成した番組。新しいイージー・リスニングを中心に紹介し、コメントは原則として冒頭のタイトルコールと曲目紹介にとどめた。初年度はFM(月～金)午前8時10分からの46分番組。1989年度に午後5時15分からに移行。

ポップスアベニュー 1988～1990年度
30～40歳代の在宅主婦を対象としたポピュラー音楽番組。"ビートルズ以後"の世代の心の中にある青春のメロディーを中心に構成し、新しいFMの聴取層の開拓を目指した。曜日別の案内役と音楽ジャンルは、(月)浅井英雄「ヨーロッパ音楽」、(火)天野滋「アメリカ音楽」、(水)山本さゆり「アメリカ音楽」、(木)竹村淳「ラテン音楽」、(金)宮本啓「映画音楽ほか」。FM(月～金)午後2時からの55分番組。

ゴールデンジャズ 1988年度
『ゴールデンジャズ&ポップス』(1985～1987年度)の後継番組。ジャズの不朽の名曲、名演奏を多角的に取り上げ、音楽的な解説、情報などを織り込んだディスクジョッキー番組。DJはジャズ評論家の本多俊夫と児山紀芳が隔週で担当。FM(日)午後6時からの1時間番組。

ニューミュージック・ダイアリー 1989年度
戦後生まれの在宅主婦やドライバーを主な対象とし、歌謡ポップスからフォーク、ロック、ニューミュージックまで、テーマに即して紹介した。ディスクジョッキーは(月・火)が深沢彩子、(水・木)が川瀬なな子。FM(月～木)午後1時からの50分番組。

NHKラジオセンター(午後)「ウィークエンドリクエスト」 1989～1992年度
『NHKラジオセンター(午後)』の第1(土)午後4～5時台のDJ形式のリクエストコーナー。相川浩アナウンサーとそれぞれ週替わりで神津カンナ、江國香織、神田紫、石川ひとみ、吉田弘子が加わり、リクエスト曲と豊かな会話で進行した。なお奇数月の2週間は大相撲中継を放送。

ジャズクラブ　1989〜2004年度

『ゴールデンジャズ』（1988年度）のあとを継ぐ本格派向けジャズ番組。過去の名盤はもちろん、ジャズ界の最新の動きを紹介するディスクジョッキー番組。ディスクジョッキーは本多俊夫、児山紀芳ほか。初年度はFM(日)午後6時からの1時間番組。その後、午後2時台、午後11時台と放送時間が移行する。2005年度より『ジャズ・トゥナイト』に引き継がれる。

1990年代　歌謡曲等

NHKラジオセンター（午後）「ほっとたいむ131」　1990〜1993年度

『NHKラジオセンター（午後）』の第1(月〜金)午後4〜5時台に放送。4時台を"音楽コーナー"として、初年度は(月)ホームミュージック、(火)映画音楽、(水)民謡、(木)ポピュラー、(金)歌謡曲で、それぞれのパーソナリティーがリスナーからのリクエストに応えた。

ないとぶれいく　1990〜1991年度

第1(月〜金・日)の深夜に放送する音楽番組。初年度の(月〜金)は午後11時22分からの23分番組で、心地よい語りとインストゥルメンタルを中心としたジャズ・ポップスをライブで放送。(日)は午後11時5分からの40分番組で長尺版の録音を放送した。出演は島村喜兵衛、角田明夫、星静夫、田中新吾、吉本忠郎アナウンサーほか。

ワールドポップスセレクション　1990〜1991年度

レトロブームを背景にした聴取者からの要望にこたえる懐かしいポピュラー音楽の名盤による番組。アメリカ、ヨーロッパ、ラテンの中から2つの分野を選び構成し、各分野の専門家がDJを担当する。総合司会：青木啓。選曲の基準は"ビートルズ"以前とした。初年度はFM(土)午前10時30分からの1時間20分番組。1992年度に『ワールドFMセレクション』に改題。

ひるのワイド歌謡曲　1990〜1996年度

FM(月〜金)午後0時15分から1時55分までの歌謡番組枠。初年度は(月〜木)で「ひるの歌謡曲」（後0:15〜1:00）、「歌謡スクランブル」（後1:00〜1:55）、(金)が「歌謡ジャーナル」（後0:15〜1:55）の3番組で編成された。

ひるのワイド歌謡曲「歌謡スクランブル」　1990年度〜

『ひるのワイド歌謡曲』（1990〜1996年度）のFM(月〜木)午後1時台にスタート。30〜40代の在宅主婦やドライバーを主な対象とし、歌謡ポップスからフォーク、ロック、ニューミュージックなどのヒット曲、話題曲をテーマ別に紹介。1997年度に『歌謡スクランブル』単独番組となる。初代DJの深沢彩子と逢地真理子は2024年度現在も担当中。2024年度は(月〜土)午後0時30分からの1時間30分番組。

ひるのワイド歌謡曲「歌謡ジャーナル」　1990〜2005年度

『ひるのワイド歌謡曲』の金曜枠としてスタート。歌謡界のさまざまな話題や情報を織り込みながら、人気の歌手・作詞家・作曲家らをゲストに招きヒット曲の数々やトークで構成した。1996年度に『ひるのワイド歌謡曲』が終了し、1997年度からは単独番組となる。初年度はFM(金)午後0時15分からの1時間40分番組。DJは玉利かおるほか。

ミュージックスクエア　1990〜2008年度

『ジョイフルポップ』（1987〜1989年度）と『ミュージックシティー』（1987〜1989年度）を刷新。日本と世界のロック＆ポップスを、人気パーソナリティーがリスナーのリクエストに応えて紹介する本格的なDJ番組。特集形式で幅広い情報と音楽を紹介した。中島みゆき、桑田佳祐、布袋寅泰、藤井フミヤ、森高千里ほか人気アーティストがDJを務めた。初年度はFM(月〜金)午後9時からの1時間30分番組。

サタデーライブイン　1990〜1991年度

土曜の深夜、およそ3時間にわたってロックやニューミュージックのライブ音楽を楽しむ大人向けのFMスペシャル番組枠。初年度は午後10時から午前1時までの放送で、前半を「ビートイン10」（後10:00〜11:45）、後半を「セッション'90」（前0:00〜1:00）で編成した。

サタデーライブイン「ビートイン10」　1990〜1991年度

『サタデーライブイン』の前半に編成されたライブ番組。内外の一流ミュージシャンによるロックやニューミュージック、エスニックなどの多彩なジャンルのライブ演奏を放送。初年度はFM(土)午後10時からの1時間45分番組。司会は高橋基子、榎雄一郎、矢口清治ほか。1991年度は放送時間が午後9時からに移行し、それにともなってタイトルは「ビートイン9」とした。

サタデーライブイン「セッション'90」　1990〜1991年度

『サタデーライブイン』の後半に編成されたライブ番組。1978年度に始まった『セッション○○』が、『サタデーライブイン』枠内で放送。ジャズやフュージョンのバンド演奏に、ゲストプレーヤー、歌手たちを迎え、新鮮で迫力あるサウンドを楽しむスタジオ公開番組。初年度はFM(土)午前0時からの1時間番組。1991年度は「セッション'91」とタイトルを変え、午後10時10分からの1時間50分番組となった。

ふれあいラジオパーティー「わたしの歌日記」　1991〜1996年度

『ふれあいラジオパーティー』枠内の(月〜金)午後9時台後半に放送。前年度まで放送の「にっぽんのメロディー」のあとを受けてスタート。初年度は加賀美幸子アナウンサーが、1992年度は吉川精一アナウンサーが担当。1994年度より第1(月〜金)午後9時45分からの10分番組で独立。聴取者から寄せられた便りと、懐かしい歌から最新ヒット曲まで、さまざまな歌謡曲で構成するDJ番組。朗読：広瀬修子アナウンサー。

ラジオ編 番組一覧 03 音楽 | 定時番組

ポップスステーション　1991～1995年度
ポスト・ビートルズ・ジェネレーションと呼ばれる世代を対象に、彼らの心の中にある青春ポップスの数々、映画音楽、イージーリスニング等を中心に構成した生放送番組。番組の案内役は浅井英雄、天野滋、竹村淳、宮本啓、山本さゆり（初年度のみ）、大伴良則（1994年度から最終年度まで）。FM(月～金)午後4時からの2時間番組。1996年度に『ポップスグラフィティ』と改題。

ひるのワイド歌謡曲「歌謡コレクション」　1991年度
1990年度にスタートしたお昼の歌謡番組枠『ひるのワイド歌謡曲』の(土)午後0時台に放送。人気ピアニストの羽田健太郎と滝真子が軽妙なトークを織り交ぜながら進行する歌謡番組。およそ半分を505スタジオからの公開録音形式で放送した。FM(土)午後0時15分からの1時間45分番組。

ワールドFMセレクション　1992～1993年度
海外のヒットチャートと最新の音楽情報をテンポのいいナレーションでつづるワールドワイドの番組。海外の情報に詳しいグレースがプレゼンターとなり、欧米の放送局が制作した番組や若者に人気のアーティストのライブを中心に紹介した。FM(土)午前9時からの2時間番組。

ミュージック・トレンド　1992～1993年度
第一線で活躍している若者たちに人気のアーティストを毎週1人（または1組）ゲストに招き、彼らの音楽とトークを楽しむ。パーソナリティーはチャカと高橋基子。初年度はFM(土)午後11時5分からの55分番組。

ロックン天国　1992～1996年度
アマチュア・ロックの"甲子園"『BSヤングバトル』の姉妹番組。『BSヤングバトル』と連動し、ヤングバトルの応募告知や全国の個性的なアマチュア・ロック情報などを紹介した。1990年度に始まり、1992年度にFM(金)午後11時10分からの50分番組で定時化された。

ラジオ深夜便「ロマンチックコンサート」　1992年度～
『ラジオ深夜便』の第1(月～日)午前2時台に放送。1998年度からFMでも放送。イージーリスニングやシャンソン、ポピュラーなど、各回ジャンルとテーマを決めて"懐かしい洋楽"を送る。またアンカーが個性を生かしてテーマを決める選曲もある。現役世代が多く聞いている日曜(土曜深夜)には、団塊世代を意識した選曲がなされた。

アラウンド日本「音楽アラカルト」　1994～1999年度
第1放送の総合情報ワイド枠『アラウンド日本』の午後4時台に放送。前年度放送の『NHKラジオセンター（午後）』の「ほっとタイム131」を刷新。音楽評論家が曜日ごとにジャンル別に曲を紹介するDJ番組。1995年度からは『NHKラジオセンター（午後）』枠内で放送。1999年度は『ラジオほっとタイム』の午後4時台に放送。1999年度のDJは黒田恭一、湯川れい子、竹内勉、蒲田耕二、青木誠、伊藤強。

人生・三つの歌あり　1994～2001年度
プロ野球中継の終了に伴い10月からの新番組として1994年11月にスタート。各界で活躍する著名人をゲストに迎え、心に残る思い出の歌を聞きながら歩んできた人生を語ってもらうトーク番組。初年度の司会は田中新吾、児玉士誠、迎康子。第1(金)午後8時5分からの1時間25分番組。1997～2000年度は前期の最終火曜にも放送。

あいうえ歌謡曲　1994～1997年度
歌謡曲の題名をあいうえお順に並べ、歌にまつわるエピソード、時代背景などをゲストの話とともに紹介するディスクジョッキー番組。DJは長田暁二（音楽文化研究家、音楽プロデューサー）。初年度は第1(土)午後7時30分からの2時間番組。

ミュージックパイロット　1994～2004年度
『ミュージック・トレンド』（1992～1993年度）の後継番組。若いリスナーにとっては新鮮な70年代のロック&ポップスやリズム&ブルース、そして当時のヒットナンバーに至るまでの名曲を、DJを担当する音楽プロデューサーたちがセレクトする。初年度はFM(金)午後11時10分からの50分番組。歴代DJは中村貴子、カヒミ・カリィ、石田小吉、横山剣。2001年度以降は(火)午後11時からの1時間番組。

ラジオ深夜便「にっぽんの歌こころの歌」　1994年度～
『ラジオ深夜便』の第1(月～日)午前3時台に放送。1998年度からFMでも放送。午前2時台の「ロマンチックコンサート」が"懐かしい洋楽"を放送するのに対し、3時台は"懐かしい日本の歌"のコーナー。「懐かしの歌謡スター」「作家でつづる流行歌」「思い出の流行歌」「昭和○年代ヒット歌謡」などのテーマで選曲する。

アコースティックライブ　1995～1996年度
若手ロック、ポピュラーアーティストによるスタジオ公開ライブ番組。1回1グループの出演で1時間のライブステージを構成。初年度はアコースティックサウンドに特化したが、1996年度は幅広いジャンルのグループが出演。実力のあるアーティストを起用して若い聴取者から好評を得た。出演は藤原尚武、小室等、西岡恭蔵、大塚まさじ、小野リサ、フラワーカンパニーズほか。FM(土)午後2時からの1時間番組。

ふるさと自慢うた自慢　1996～2018年度
地元の一般出場者の男女2チームがゲスト歌手をチームリーダーに、"ふるさと自慢""うた自慢"で競い合う視聴者参加型の公開番組。ゲスト歌手2人がたっぷりと歌を聞かせるステージショー『ふるさと自慢コンサート』と隔週交代で放送した。初年度は第1(土)午後9時5分からの50分番組。

ふるさと自慢コンサート 1996〜2017年度
地元の一般出場者がゲスト歌手をチームリーダーに"ふるさと自慢""うた自慢"で競い合う視聴者参加型の公開番組『ふるさと自慢うた自慢』の"姉妹番組"。『ふるさと自慢うた自慢』に出演したゲスト歌手2人がたっぷりと歌を聞かせるステージショーで、『ふるさと自慢うた自慢』と隔週交代で放送した。第1(土)午後9時5分からの50分番組。

歌謡大全集 1996年度
昭和の歌謡曲黄金時代を築いた歌手、作詞家、作曲家へのインタビューとともに、それぞれの楽曲をすべて紹介する歌謡番組。『ラジオ深夜便』の中のコーナーだったものを一つの番組として独立、全25本を放送した。インタビュアーは加賀美幸子アナウンサー。第1(日)午後7時15分からの1時間40分番組。

ポップスグラフィティ 1996〜2001年度
『ポップスステーション』(1991〜1995年度)を改題。各ジャンルに精通するパーソナリティーが、最新の音楽情報から話題のアーティストまで、ポピュラー音楽を多角的に紹介する生放送のDJ番組。パーソナリティーは萩原健太(ポップス)、竹村淳(ラテン)、大橋美加(ボーカルと映画音楽)、服部克久(イージーリスニング)、北中正和(ワールドミュージック)。初年度はFM(月〜木)午後4時からの1時間45分。

ポップスアーティスト名鑑 1996〜2001年度
ロック・ポップスの世界に足跡を残した内外のビッグ・アーティストを紹介する番組。1人のアーティストを1人のDJが担当し、さまざまな角度から徹底的に解剖、その魅力を探った。DJは宮子和眞、東郷かおる子、湯浅学、五十嵐正、なぎら健壱、大鷹俊一、矢口清治ほか。初年度はFM(金)午後4時からの1時間45分番組。

ライブビート'97/'98 1997〜2017年度
いま最もビビッドなライブ活動をしているバンドの熱気あふれるスタジオ公開ライブを紹介する番組。初年度はFM(木)午前0時からの1時間番組。番組名が1999年度から年表記のない『ライブビート』に改題。2010年度から月1回の放送となる。DJは古閑裕(2005〜2017年度)、鈴木慶一(2005〜2010年度)。

BBCロックライブ 1997〜1998年度
イギリスBBC録音によるライブプログラムで、市販ビデオ等がほとんど販売されていない1970〜1980年代の貴重なコンサートライブを放送。DJを担当するピーター・バラカンの選曲でディープ・パープル、レッドツェッペリン、初期のビートルズ、ローリングストーンズなどのロックから、アイリッシュ・ロックまで幅広いアーティストを取り上げた。FM(金)午前0時からの1時間番組。

ワールドロックナウ 1997〜2023年度
長年のキャリアを持つ音楽評論家の渋谷陽一がDJと解説をつとめ、海外・国内の最新のロック&ポップス、旧譜の中からおすすめの曲を紹介する最新の洋楽情報番組。初年度はFM(土)午前0時からの1時間番組。

ミュージックエコー 1997年度
休日の朝、ゆったりとした心地よい音楽になごやかな話題をちりばめて、あわただしい生活のリズムを静めるような「音のオアシス」を目指した番組。案内役は深澤美津子。FM(日)午前7時10分からの45分番組。

音楽夢倶楽部 1998〜2004年度
ポップスからクラシックまでさまざまな音楽シーンで活躍しているアーティストをゲストに招き、その人の音楽人生や将来の夢について聞き、音楽仲間との即興ミニライブを披露してもらう音楽バラエティー番組。司会:加治章(1998〜2002年度)、児玉士誠(1998〜2002年度)、迎康子(1998〜1999年度)、古谷敏郎アナウンサー(2002〜2004年度)。第1(土)午後7時30分からの1時間25分番組。

アジアポップスウインド 1998〜2008年度
メディアで放送される機会の少ないアジア圏のポップスを専門的に紹介する番組。アジアの人気アーティストをゲストに迎えるなどアジア各地の最新音楽情報から映画、カルチャー情報までアジアの"今"を伝えた。ナビゲーターは関谷元子。初年度はFM(日)午前0時からの60分番組。

サンセットパーク 1998〜2010年度
FMのローカル番組『夕べの広場』(1976〜1997年度)の後継番組。東京発の生番組で関東甲信越ブロック(一部県域)放送。各地の話題、お便り、ゲストの新進歌手の話にリクエスト曲を織り込むディスクジョッキー番組。FM(月〜金)午後6時からの50分番組。

ラジオ深夜便「サウンドオアシス」 1998〜2011年度
『ラジオ深夜便』の第1・FM(火〜土)午前1時台に放送。毎回1人の歌手や演奏家をワンマンショー形式で紹介する20分ほどの音楽コーナー。曲の合間にアンカーが取り上げた歌手や演奏家の略歴やエピソードを紹介した。のちに『関西発ラジオ深夜便』のコーナーとして(第1・2・3・土)午前1時台に移行する。

弾き語りフォーユー 1999年度〜
ピアニストの小原孝がリスナーからのリクエストやおたよりを紹介しながら、クラシック、歌謡曲、J-POP、さらに民謡や童謡まで幅広いジャンルの名曲を独自のアレンジで聞かせる双方向型音楽番組。優しく語りかけるトークも好評。初年度はFM(月〜木)午前11時30分からの20分番組。

NHK放送100年史(ラジオ編) 223

ラジオ編 番組一覧 03 音楽｜定時番組

ウィークエンドサンシャイン 1999年度～
ブロードキャスター、ピーター・バラカンのナビゲートで送る週末の"ミュージックマガジン"。バラカンが独特の嗅覚とこだわりの哲学でセレクトした古今東西の音楽を紹介。知名度やヒットなどにとらわれない独自の選曲が魅力の長寿番組。初年度はFM(土)午前8時からの1時間57分番組。2023年度はFM(土)午前7時20分から9時まで放送。

世界の快適音楽セレクション 1999年度～
ギターデュオ"GONTITI/ゴンチチ"のゴンザレス三上と チチ松村が案内役をつとめるノンジャンルの音楽番組。案内役のひょうひょうとしたおしゃべりと、ユニークなテーマと切り口で紹介する「快適音楽」は、"土曜朝の癒やし系"番組として好評を得る。初年度はFM(土)午後7時15分からの1時間45分番組。2024年度はFM(土)午前9時からの1時間55分番組。

ザ・ソウルミュージック 1999～2018年度
ブームとなっているソウルやR&Bなどブラックミュージックを専門に取り上げる音楽番組。オールディーズから最新ヒットまで幅広く、より深くその魅力に迫る。初年度はFM(金)午前0時からの1時間番組。DJはオダイジュンコ。2019年度に『ザ・ソウルミュージックⅡ』と改題。

夜のエスプレッソ 1999～2001年度
アコーディオンの音色と地中海の波、そしてカフェのざわめきが心地よいひとときを醸し出す。そんなしゃれた雰囲気を音で構成するトーク番組。カフェのオーナーをつとめるアコーディオン奏者のCobaが、月替わりで登場するユニークなゲストとのおしゃべりを楽しむ。DJ・司会：Coba（小林靖弘）。FM(月)午前0時45分からの15分番組。

セッション505 1999～2005年度
『セッション○○』(1978～1999年度)を改題。コンボからビッグバンドまでさまざまなジャズをNHK505スタジオで公開収録し、放送するライブ番組。初年度はFM(土)午後9時からの1時間番組。FMと連動してハイビジョンでも放送した。2006年度より再び『セッション2006/2007』(年号表記は放送年度に合わせて変わる)に戻った。司会は小川もこ。

2000年代　歌謡曲等

ラジオいきいき倶楽部「ミュージック・プレゼント」 2000～2002年度
午前の総合情報番組『ラジオいきいき倶楽部』の第1(月～金)午前10時45分からの10分番組。孫からおばあちゃんへ、遠く離れた親友へ、気になるあの人になど、メッセージを添えて音楽を送るリスナー参加の音楽コーナー。

ラジオほっとタイム「ミュージックボックス」 2000～2005年度
第1放送午後の総合情報番組『ラジオほっとタイム』の(月～金)午後4時台後半に放送。各ジャンルの音楽を専門家によるディスクジョッキーで楽しむ音楽番組。2002年度に午後4時5分からの48分番組に拡大。2004年度のディスクジョッキーは伊藤強（歌謡曲）、湯川れい子（ポップス）、竹内勉（民謡）、青木誠（日本のポップス）、黒田恭一（クラシック）。

土曜ほっとタイム「リクエストコーナー」 2000～2003年度
第1放送土曜午後の総合ワイド番組『土曜ほっとタイム』の午後4時台に放送。

ミュージックメモリー 2000～2008年度
懐かしい映画音楽やイージーリスニング、ポップスなど、洋楽のエバーグリーンな音楽を紹介する中高年向け音楽番組。初年度はFM(日)午後9時からの1時間番組で、早見優がDJを務めた。2007年度より歌謡曲の作詞家や作曲家が自作を語る番組に刷新し、(日)午前8時に放送時間を移行。2007年4月からは作詞家の阿久悠が、7月からは平尾昌晃（作曲家）が、2008年度は都倉俊一（作曲家）が担当。

ワールドミュージックタイム 2000～2012年度
アジア、アフリカ、ヨーロッパなどを中心としたワールドミュージックを紹介する音楽番組。長寿番組となった『世界の民族音楽』(1971～1999年度)を吸収してのスタート。若い世代に向けた番組を目指したが、幅広い世代から支持を得ることになった。パーソナリティーは音楽評論家の北中正和。初年度はFM(日)午後10時からの1時間番組。

新ラジオ歌謡 2001～2004年度
「新ラジオ歌謡」は、戦後、聴取者に親しまれる多くの歌を生み出したオリジナル曲「ラジオ歌謡」の平成版。誰もが口ずさめる愛唱歌を新たに生み出すことを目指し、1985年4月から『はつらつスタジオ505』(1985～2004年度)で年間4曲程度を創作し、紹介した。2001年度は第1(日)午後7時53分からの5分番組で定時枠を編成。『はつらつスタジオ505』、『NHKガイド』枠内でも放送した。

いとしのオールディーズ 2001～2012年度
1950年代から1970年代の懐かしのアメリカンポップスを中心とした洋楽ポップスを、ゲストに招いた著名な文化人や芸能人の青春の思い出話とともに楽しむ。司会は玉谷邦博、青木裕子アナウンサーほか。初年度は第1(金)午後8時5分から9時30分まで放送。プロ野球オフシーズンの年度後期に放送。

ミッドナイト・ポップライブラリー　2001〜2002年度
『クロスオーバーイレブン』（1978〜2000年度）を引き継いだ音楽と朗読を組み合わせた番組。名作や話題の文学作品の朗読と心地よいポップス、ヒーリングミュージックでつづる40分。個性的なパーソナリティーが週替わりで担当。初年度はFM(火〜土)午前0時20分からの40分番組。2003年度に『ポップスライブラリー』に改題。

ラジオ深夜便「懐かしのSP盤コーナー」　2001〜2010年度
『ラジオ深夜便』の第1・FM(第2・土)午前2時台に放送。『関西発ラジオ深夜便』のコーナー。マニアやコレクターが多い貴重なSP盤で、戦前の音楽や珍しい歌などを峯尾武男アンカーが紹介する。

家族で選ぶ思い出の歌　2002〜2003年度
誕生日、結婚記念日、家族旅行など、家族で聴いたり口ずさんだ思い出の歌とそのエピソードをリスナーからのリクエスト形式で紹介した。第1(日)午後7時53分からの5分番組。

ミュージックプラザ　第2部〜ポップス　2002〜2007年度
『ポップスグラフィティ』（1996〜2001年度）をリニューアルして改題。専門家をパーソナリティーに招き、幅広いジャンルの音楽を届けた。初年度のパーソナリティーは萩原健太（ポップス）、竹村淳（ラテン）、大橋美加（ボーカル・映画音楽）、服部克久（イージーリスニング）、エポ（日本のポップス）。初年度はFM(月〜金)午後4時からの2時間番組。2008年度よりタイトルは『ミュージックプラザ』となる。

ワンナイト・ライブスタンド　2002〜2004年度
月1回、日本の最新音楽シーンを代表するような魅力的なアーティストを1組招き、生放送でライブ演奏もまじえながらその素顔にせまる特集スタイルの音楽エンターテインメント番組。初年度はFM(最終・日)午後7時15分からの3時間40分番組で、ポルノグラフィティ、スガシカオ、キンモクセイ、トライセラトップス、チャー、ビギン、ハウンド・ドッグ、ジャンヌ・ダルクが出演。DJは中村貴子。

きょうも元気で！わくわくラジオ「わたしの音楽ファイル」　2003〜2005年度
2003年度に始まった午前中の情報生ワイド番組『きょうも元気で！わくわくラジオ』の午前11時台に放送。音楽の専門家によるおすすめの曲、注目の曲を原則2曲ずつ解説とともに紹介した。第1(月〜金)午前11時12分からの10分番組。

ポップスライブラリー　2003〜2004年度
『ミッドナイト・ポップライブラリー』（2001〜2002年度）を改題。名作や話題の文学作品の朗読と、心地よいポップスとヒーリングミュージックで構成。取り上げる作品は小説、エッセー、ファンタジーなど幅広いジャンルからリラックスして聴ける作品を選んだ。語りは個性的なパーソナリティーが、週替わりで担当。語り：市川実日子、石田ゆり子、篠井英介、高田聖子ほか。FM(火〜土)午前0時20分からの40分番組。

かんさい土曜ほっとタイム「SP盤コーナー」　2004年度
関西風味の"しゃべくり"が楽しめる第1放送のワイド番組『かんさい土曜ほっとタイム』の午後4時台に放送。

ときめきJAZZ喫茶　2004〜2006年度
懐かしいデキシーランドからスイング、ビバップなどのオールディーズ・ジャズとボーカル曲を中心に紹介。DJが持ち寄るジャズレコードのお宝コレクションも好評。DJは藤岡琢也（俳優）、浅井慎平（写真家）。初年度は第1(月)午後9時30分からの25分番組。

ユア・ソング　2005〜2017年度
放送開始80周年を期に、誰でも口ずさめる新しい歌をラジオから作り出すことを目指して始まった5分番組。2か月で2曲を紹介し、『ひるの散歩道』と『NHKガイド』の枠内で放送。制作する楽曲のコンセプトは「自然をおう歌し、人と自然の共存する21世紀を歌う」「家族・ふるさとなど人と人の心を結ぶ歌」「生きる喜びと命の大切さを歌う」。初年度は第1(前期・月／後期・木)午後9時台、(火)午後8時台に放送。

きらめき歌謡ライブ　2005〜2018年度
『はつらつスタジオ505』（1995〜2004年度）の後継番組。歌謡曲・ポップスのベテランから若手歌手が、フルバンドの生演奏で歌う大型歌謡番組。505スタジオからの公開生放送。司会は葛西聖司アナウンサー、徳田章アナウンサー。第1(水)午後8時5分から9時30分まで放送。

土曜音楽パラダイス　2005年度
音楽好きのホストが、会ってみたいミュージシャンをスタジオに招き、音楽活動やそれを支える考えや発想を聞きながら、それぞれの音楽の楽しさ、魅力を伝える。司会は古谷敏郎アナウンサーと森口博子、遠藤久美子がそれぞれ隔週で担当。第1(土)午後8時5分からの50分番組。

サウンド・ミュージアム　2005〜2010年度
日本を代表するアーティスト1組を招き、長時間にわたって徹底特集。彼らの音楽への向き合い方と意外な素顔に迫る音楽エンターテインメント番組。矢沢永吉、中島みゆき、山下達郎らが出演し、貴重な話を披露した。FM(最終・日)午後7時20分からの2時間40分番組。

NHK放送100年史（ラジオ編）　225

ラジオ編 番組一覧 03 音楽 ｜ 定時番組

ジャズ・トゥナイト 2005年度〜
『ジャズクラブ』(1989〜2004年度)を改題。過去の名盤はもちろん、ジャズ界の最新の動向も伝えるジャズDJ番組。DJはジャズギタリストの渡辺香津美、ジャズピアニストの国府弘子。初年度はFM(土)午後11時10分からの1時間50分番組。2019年4月からギタリストで作曲家の大友良英がナビゲーターを担当。番組前半がテーマ特集、後半が内外の新譜を紹介する「ホットピックス」のコーナーで構成。

サウンドストリート21 2005〜2009年度
かつての人気音楽番組『サウンドストリート』(1978〜1986年度)が復活。J-POPシーンで活躍する人気アーティストをマンスリーでゲストに加え、彼らのこだわりの選曲で楽しんだ。FM(火)午後11時20分からの1時間番組。

私の名盤コレクション 2005〜2006年度
さまざまな分野からゲストを招き、その人ならではの思い出のCDやレコードを持参してもらい、その音楽と出会ったその時々のできごとや思い出を語ってもらった。FM(火〜土)午前0時20分からの40分番組。

ラジオ深夜便「青春賛歌」 2006年度
『ラジオ深夜便』の第1・FM(第5・月)午前1時台に放送。舟木一夫のヒット曲「高校三年生」をはじめ、数多くの"青春歌謡"を生んだ作詞家の丘灯至夫を招いて、懐かしい歌の数々を楽しんだ。

ラジオ深夜便「トミ藤山の真夜中のライブ」 2006年度
『ラジオ深夜便』の第1・FM(金)午前1時台に月1回放送。カントリー歌手のトミ藤山を招いてのスタジオライブや、ホールでの公開ライブを放送。室町澄子アンカーのアンカーコーナー。

ラジオあさいちばん「思い出のあの一曲」 2006年度
朝の総合情報番組『ラジオあさいちばん』の第1(日)午前5時30分からの10分番組。聴取者からのリクエスト曲をその思い出とともに紹介するコーナー。

ラジオ深夜便「三代目海沼実の歌の世界」 2006〜2016年度
『ラジオ深夜便』の月1回第1・FM(金)午前1時台に放送。のちに「海沼実の歌の世界」に改題。

ラジオ深夜便「深夜便のうた」 2006年度〜
『ラジオ深夜便』から大人のための新しい歌を発信しようとスタートした深夜便版「みんなのうた」。オリジナル曲を中心に3か月に2曲(年間8曲)を制作し、毎日午前0時台と3時台に1日2回放送。最初のオリジナル曲は五木寛之作詞、弦哲也作曲の「夜のララバイ」で藤田まことが歌った。初年度はほかに加藤登紀子の「檸檬」、小椋佳の「船旅」、みなみらんぼうの「道程」、倍賞千恵子の「冬の旅」など8曲を放送した。

日曜あさいちばん「あのころのフォークが聴きたい」 2007〜2013年度
『日曜あさいちばん』の午前6時台に放送。歌手のなぎら健壱が1960年代から1970年代を中心に、フォークの知られざる歴史を名曲の数々とともに紹介した。第1(日)午前6時16分からの6分番組。

どよう楽市「思い出ジュークボックス」 2007〜2009年度
団塊世代を中心に、活動的な50代、60代をメインターゲットにした第1放送の番組『どよう楽市』の枠内コーナー。1960年代、1970年代のヒット曲、思い出の曲のリクエストを募り、青春を彩ったエピソードとともに楽しんだ。関連の特集番組『思い出ジュークボックス』を7月と12月に放送した。

音楽熱中倶楽部 2007〜2009年度
人の心を温めてくれる音楽、生きる勇気を与えてくれる音楽の数々。そんな音楽にまつわるエピソードや思い出を語りながら、幅広い音楽を紹介した。DJは弘兼憲史(漫画家)、北原照久(おもちゃ博物館館長)ほか。第1(水)午後9時30分からの25分番組。

歌謡スポットライト 2007〜2008年度
今後の活躍が期待される「歌謡界の新星」を毎週1人ずつゲストに招き、ゲストのあこがれのアーティストや影響を受けた人の音楽を紹介。DJとのトークでその人柄も伝わる歌謡番組。FM(月〜金)午後5時15分からの45分番組。

インディーズファイル 2007〜2012年度
アマチュア・インディーズアーティストから公募した楽曲の音源を紹介。自ら音楽活動を行っている若い世代とNHKの接点となることを目指した番組。毎回、ゲストを招いて、音楽活動を行うリスナーの参考になる話題を提供した。パーソナリティーは森若香織。2007〜2008年度はタイトルに年号がつく。FM(最終・日)午後11時30分からの1時間5分番組。2008年度のゲストはケラリーノ・サンドロヴィッチほか。

ミュージック・リラクゼーション　2007〜2008年度
就寝前のひととき、心休まる音楽を届ける癒やしの時間。ポップス、クラシックの小品などを放送。FM(火〜土)午前0時10分からの40分番組。ナレーションは声優の富沢美智恵。

Pop Up Japan　2007〜2009年度
ラジオ国際放送の番組を日本国内向けにFMで放送。パックンマックンをパーソナリティーに、国内で人気上昇中のアーティストや、アニメの主題歌などで海外でも知られているアーティストをゲストに迎え、最新のJ-POPの楽曲を紹介。スタジオパーク内の450スタジオから隔週で公開収録した。FM(月)午前0時35分からの25分番組。

歌の散歩道　2008〜2012年度
若手からベテランまで人気歌手の歌とおしゃべりでつづる歌謡番組。スタジオパーク350スタジオからの公開生放送。地域公開派遣番組としても、初年度は全国13か所で実施した。番組枠内で「ユアソング」を紹介。第1(月〜金)午後2時5分からの30分番組。

ふるさとラジオ「ふるさとこの曲」　2008〜2012年度
『ふるさとラジオ』の第1(月〜金)午後0時台に放送。「80ちゃん号」の訪ねた地域にちなんだ曲を紹介する。

ラジオビタミン「ビタミンソング」　2008〜2011年度
午前中の総合情報生ワイド番組『ラジオビタミン』の午前11時台に放送。1980〜1990年代の曲を中心に、心の栄養になる曲をリスナーのリクエストで、曲にまつわる思い出とともに紹介する。第1(月〜金)午前11時15分からの12分番組。金曜は11時5分より「ビタミンソングスペシャル」。

U-18　ユーガタM塾　2008〜2011年度
「温故知新」をテーマとした若い世代のための新しい音楽番組。現役高校生がMCを担当。高校生が「あなたの周りの"大人"が青春時代に好きだったアーティストや楽曲」を取材して選曲した。初年度はFM(金)午後4時からの1時間15分番組。2010年度よりFM関東ローカル『サタデーワイド』枠内で午後6時からの50分番組で放送。

ミュージックプラザ　2008〜2015年度
『ミュージックプラザ　第2部〜ポップス』(2002〜2007年度)をリニューアルして改題。生放送でリスナーからのリクエストに応えるかたちで、幅広い世代のさまざまなジャンルの音楽ファンが楽しめる番組とした。初年度の曜日別パーソナリティーは、(月)つのだ☆ひろ、(火)ルーシー・ケント、(水)守乃ブナ、(木)矢口清治。FM(月〜木)午後4時からの1時間15分番組。

亀渕昭信のいくつになってもロケンロール！　2009〜2011年度
民放(ニッポン放送)の深夜放送の先駆け『オールナイトニッポン』の人気DJだった亀渕昭信が、洋楽に関する豊富な知識を披露しながら、みずからレコードのターンテーブルを操作してなつかしい洋楽を紹介する。第1(隔週・火)午後9時5分からの50分番組。2011年度は新設されたアンコールアワー『とっておきラジオ』枠内で放送。

こうせつと仲間たち　2009〜2012年度
南こうせつがさまざまな分野の知人・友人をゲストに招き、楽しいトークを繰り広げる。こうせつのミニライブのほかに、ゲストミュージシャンとのセッションも披露した。初年度は第1(隔週・火)午後9時5分からの50分番組。

ラジオビタミン「伝えたい歌　残したい歌」　2009〜2011年度
午前中の情報生ワイド『ラジオビタミン』の第1(火)午前11時5分からの10分番組。未来に伝えたい童謡・唱歌を神崎ゆう子キャスターがナビゲート。

インストルメンタル・ジャーニー　2009〜2010年度
就寝前のひとときに心地よい眠りに誘うインストルメンタル・ミュージックの数々を最小限のナレーションで届ける。リスナーに癒やしの時間を提供するノンジャンルの音楽番組。司会はフリーアナウンサーの棚橋志乃。FM(火〜土)午前0時からの50分番組。

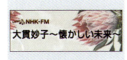

大貫妙子　懐かしい未来　2009〜2011年度
シンガー・ソングライターの大貫妙子がパーソナリティーを務め、ゲストと「ライフスタイル」「人間と自然」「日本と世界」などのテーマで語り合うトーク&音楽番組。初年度のゲストは山下達郎、三國清三、大瀧詠一、養老孟司、内田樹、中村征夫、毛利衛ほか。FM(最終・火)午後11時からの1時間番組。

きたやまおさむのレクチャー&ミュージック　2009〜2011年度
元「ザ・フォーク・クルセダーズ」のメンバーで、作詞家であり精神科医のきたやまおさむをメインパーソナリティーに迎え、ゲストとともに音楽や文化について語り合った。司会はきたやまおさむと黒崎めぐみアナウンサー。FM(月)午後11時からの1時間番組。

ラジオ編 番組一覧 03 音楽 | 定時番組

 **にっぽんのうた　世界の歌** 2009〜2011年度
童謡や叙情歌など、親から子へ、子から孫へと伝えられてきた"音楽の遺産"を再評価し、次世代へ引き継ぐことを目標とする番組。童謡、わらべ歌、叙情歌や歌曲、世界の名曲など、さまざまなジャンルの名歌をバラエティー豊かに放送した。初年度はFM(月〜金)午前9時20分からの40分番組。2011年4月からは(月〜木)の放送。

 **ミュージックライン** 2009年度〜
話題のアーティストを招き、ロングインタビューと最新曲の解説などで音楽を徹底的に深掘りする。初年度の(月〜木)はリスナーからのリクエストに応えるとともに、スタジオで弾き語りを生放送で披露する。(金)は「ミュージックライン・スタンダード」と題して、特に1980〜1990年代の楽曲を中心に「懐メロ特集」を組んだ。FM(月〜金)午後9時10分からの1時間35分番組。

 **元春レイディオ・ショー** 2009〜2013年度
シンガーソングライターの佐野元春が、1980年代に担当していた『サウンドストリート』と同じスタイルで、自身で選曲・構成・DJを行う音楽番組。環境問題に取り組む若者をリポートする「グリーン・ピープル」のコーナーなど、ジャーナルな視点も取り入れた。FM(火・最終を除く)午後11時からの1時間番組。

2010年代　歌謡曲等

 **小西康陽　これからの人生** 2010〜2012年度
元ピチカート・ファイヴの小西康陽が、"今、本当に聴きたい音楽とは何か？"にこだわって選曲した音楽番組。時代や洋楽・邦楽を問わず、小西が選んだ名曲や、番組オリジナル録音の音源などを紹介した。FM(最終・水)午後11時からの1時間番組。2012年度のタイトル表記は『小西康陽　これからの人生。』。

 **サウンドクリエーターズ・ファイル** 2010〜2022年度
『サウンドストリート21』(2005〜2009年度)の後継番組。J-POPシーンで活躍する人気アーティストやクリエーターをマンスリーでゲストに迎え、彼らのこだわりの選曲で届ける音楽番組。ゲストが楽曲の誕生秘話、ミュージシャンの交遊録を紹介するとともに、弾き語りを披露することも。初年度はFM(日)午後9時30分からの1時間30分番組。

 **松尾潔のメロウな夜** 2010〜2023年度
EXILE、平井堅、JUJUなどのプロデュースで知られる音楽プロデューサー・松尾潔がパーソナリティーを務める音楽番組。R&Bを中心にメロウ(成熟した大人)な楽曲を、松尾の豊富なブラックミュージックの知識とともに紹介。初年度はFM(水・最終を除く)午後11時からの1時間番組。2018年度より第1でも放送。

 **ラジオマンジャック** 2010年度〜
2010年4月にスタートしたローカル枠『サタデーワイド』の第2部で午後4〜5時台に番組がスタート。生演奏、コントなどを織り交ぜながら、リスナーからのリクエストも取り入れた「究極の弾ける音楽番組」を目指し、選曲を毎週生放送で届けた。2012年度に全国放送。FM(土)午後4時からの2時間番組。MCは赤坂泰彦、遠藤久美子(2012年度)、時東ぁみ(2013年度〜)。

 **映画音楽パラダイス** 2011年度
映画のサウンドトラックや映画の中で使われた音楽を、毎回さまざまなテーマでくくって紹介した。年度後半はアンコール放送。司会は棚橋志乃。第1(金)午後9時30分からの25分番組。

 **エレうた！** 2011〜2012年度
初音ミクやGUMIなどの音声合成ソフトのキャラクターたちが歌う楽曲を紹介する音楽番組。ネット上で評判の歌をリクエストしてもらう一方、聴取者が制作した歌も募集し、放送で紹介する双方向型リクエスト番組でもある。パーソナリティーは桃井はるこ(声優・シンガーソングライター)、花澤香菜(声優)、小倉唯(声優)。初年度は第1(最終・土)午後10時15分からの45分番組。

 **岡田惠和　今宵、ロックバーで〜ドラマな人々の音楽談議** 2011年度〜
2011年4月からの連続テレビ小説『おひさま』の脚本家岡田惠和が、親しい俳優やクリエーターをゲストに迎え、自分たちの青春を彩った音楽とその時代について語り合う。初年度は寺脇康文、井上真央、満島ひかり、中谷美紀、近藤芳正、樋口可南子、渡辺俊幸、糸井重里、串田和美、平原綾香ほかが出演。初年度は第1(月・5最終週を除く)午後9時5分からの50分番組。同じくFM(土・最終週を除く)午前1時からの50分番組。

 **絆うた** 2011〜2014年度
人生の応援歌、次世代を担う子どもたちへのメッセージ、生きていくエネルギーを与えてくれる心の歌など、忘れることのできない"絆うた"を紹介した。司会は三宅民夫アナウンサー。第1(土)午後7時20分からの35分番組。

 **昭和歌謡ショー** 2011〜2014年度
昭和の数々の歌謡曲を「作詞家・作曲家の世界」「股旅歌謡」などのテーマを設け、レギュラー解説陣のトークを交えながら紹介した。解説は小西良太郎(音楽評論家)、合田道人(歌手・作家)、長田暁二(音楽文化研究家)、柳亭市馬(落語家)、増田明美(スポーツジャーナリスト)ほか。第1(木)午後9時30分からの25分番組。2015年度に『昭和ヒット倶楽部』にバトンを渡す。

つながるラジオ「ロックンローラー近田春夫の歌謡曲って何だ？」 2011～2015年度
第1放送『つながるラジオ』の「木曜ワイド」枠の午後4時台に月1回放送。近田春夫が"ロック魂"で懐かしい歌謡曲を語る音楽トークコーナー。2012年度に毎週金曜のレギュラーコーナーとなる。2013年度は『午後のまりやーじゅ』の金曜日に放送。

石丸幹二のシアターへようこそ 2011～2012年度
ミュージカル俳優の石丸幹二がパーソナリティーを務めた音楽番組。ミュージカルナンバーやスタンダードの名曲、またクラシックをベースにしたクラシカル・クロスオーバーといったジャンルの音楽を、石丸の豊富な音楽知識をもとにしたトークを交えて届けた。初年度はFM(金・最終週を除く)午後9時10分からの50分番組。

とことん〇〇 2011～2014年度
とことんこだわったテーマで、とことんこだわったジャンルの音楽を、こだわりのディスクジョッキーのプレゼンで1か月ととことん放送（DJは月替わり）。ディープなファン向けに新しい発見に満ちた時間を届けた。初回はあおい洋一郎のDJで「とことん本物が聴きたくなるビートル・ソングス」でビートルズの楽曲を掘り下げた。FM(火～土)午前0時からの50分番組。

すっぴん！「ワールドミュージックパスポート」 2012年度
『すっぴん！』の第1(火)午前9時台後半に放送する約20分のコーナー。世界各国のポピュラー音楽を紹介しながら、世界を巡る"音の旅"に案内する。案内役は原田尊志（ワールドミュージック専門のCD店経営）。

すっぴん！「ダイアモンド✿ユカイの"サムシング"ソング‼」 2012～2013年度
『すっぴん！』の第1(最終・水)午前10時台後半に放送。水曜パーソナリティーのダイアモンド✿ユカイが選ぶ、ハートがユカイになる「サムシング・ソング」セレクションを放送。テーマ別の音楽講座とスタジオでの生歌も披露。2013年度は「ダイアモンド✿ユカイの"サムシング"ソング・スペシャル」として、自らのルーツや、影響を受けたさまざまなジャンルの音楽をチョイスして届けた。

音楽遊覧飛行 2012年度～
仕事や家事の合間のひとときに、現実のけん騒から離れてリフレッシュできるような癒やし系音楽を届ける番組。週替わりのパーソナリティーが、さまざまなシーンをほうふつとさせる音楽や、地域・文化に根ざした音楽を紹介した。初年度のパーソナリティーは榊原広子（歌手）、サラーム海上（音楽評論家）、中川安奈（女優）。初年度はFM(月～木)午前9時20分からの40分番組。

くるり電波 2012～2018年度
京都出身のロックバンド、くるりのメンバー（岸田繁、佐藤征史、ファンファン／番組スタート時は主に岸田）が自身の愛好する音楽を、月1回届ける音楽番組。京都弁での語りかけと独自の切り口で新聞記事を読み解く「だーきし新聞」や「お悩み相談」のコーナーなど、かつての深夜ラジオをほうふつとさせる雰囲気を大切にした。初年度はFM(最終・火)午後11時からの1時間番組。2018年度は第1でも放送。

ミューズノート 2012～2016年度
SPEEDの島袋寛子がDJとなって、大好きで気になる女性歌手を古今東西から毎回1人を選んで紹介。自らも生歌を1曲披露した。2年目は歌手のChara、3年目は加藤ミリヤ、4年目はシンガーソングライターのmiwaがDJを担当。FM(日)午後5時からの1時間番組。2017年度より『miwaのミューズノート』に改題。

洋楽80'sファン倶楽部 2012～2014年度
洋楽専門の音楽番組。40代のリスナーをターゲットに、彼らの青春期である"1980年代"に流行したロック・ポップスを届けた。DJはシャーリー富岡。FM(日)午後4時からの1時間番組。2015年度に『洋楽グロリアス　デイズ』に改題。

ごきげん歌に乾杯！ 2013～2015年度
総合テレビの『ごきげん歌謡笑劇団』（2009～2015年度）の公開収録時に同時収録した歌謡番組。十数曲におよぶ出演歌手の歌唱とトークで構成。司会のコロッケがリスナーからの手紙を紹介するコーナーや、瀬口侑希（歌手）がアコーディオン奏者・山岡秀明の伴奏で懐かしの名曲を披露するコーナーも。2015年度は一龍斎貞鏡がご当地を題材にした講談を披露した。第1(最終・水)午後8時5分から9時30分まで放送。

午後のまりやーじゅ「オレソング」 2013～2014年度
第1放送の大型生ワイド番組『午後のまりやーじゅ』の(月～木)午後4時台前半に放送。娘や息子・部下が話題にしているアイドルから往年のスターの"今"を音楽とともに紹介する約10分の音楽コーナー。

午後のまりやーじゅ「DJ赤坂泰彦のこれがポップスだ！」 2013～2015年度
第1放送の大型生ワイド番組『午後のまりやーじゅ』の(金)午後1～2時台に放送。ラジオDJの赤坂泰彦がポップスの名曲を紹介し、リスナーのリクエストに応えた。

ぼくらの青春J-POP　平成ミュージック・グラフィティー 2013～2016年度
『いとしのオールディーズ』（2001～2012年度）の後継番組。J-POPという言葉が定着した1990年代。当時青春時代を送った各界のゲストとともに、この時代の出来事や思い出を振り返りながら、リスナーからのリクエストも交えてJ-POPのヒット曲を楽しんだ。年度後期の放送で第1(金)午後8時5分から9時30分まで放送。初年度の司会はアナウンサーの寺澤敏行、出田奈々。

NHK放送100年史（ラジオ編）　229

ラジオ編 番組一覧 03 音楽 | 定時番組

みうらじゅんのサントラくん 2013～2014年度
みうらじゅん（イラストレーター）が、青春の思い出の映画とそのサウンドトラックについて熱く語る番組。「怪獣映画」「マカロニ・ウエスタン」「スパイ映画」「パニック映画」「007」シリーズなど、薫り高いヨーロッパ名作映画とは対極にあるような映画を紹介。みうら本人が映画公開当時に買ったアナログレコードも聴いた。ゲストが青春の映画について語るコーナーも録音で紹介。第1（最終・火）午後9時5分から50分番組。

ミュージックパトロール　チェキラ！ 2013～2014年度
ラジオ第1放送唯一の若者向け定時音楽情報番組。J-POPや洋楽の最新ヒット曲や人気アーティストの情報をたっぷり紹介した。1980年代の名曲を紹介する「JUKE BOX」、ゲストにじっくりと話を聞く「アーティスト・ストーリー」のコーナー、月に1度の「ニューヨークエンターテインメント情報」などで構成。第1（日）午後8時5分からの50分番組。

MINMIのレディオMAMA 2013～2014年度
MINMI（シンガーソングライター）がDJを務める音楽番組。子どもを持つ女性や、将来子どもを持ちたいと考える女性たちをリスナーに想定して選曲した。FM（最終・月）午後11時からの1時間番組。

THE ALFEE 終わらない夢 2013年度～
ロックバンドのTHE ALFEEが「夢」をテーマに届ける番組。深夜ラジオに親しんだ世代から夢に突き進もうとする10代まで、全国のリスナーとTHE ALFEEの3人が大好きな音楽、愛すべき仲間たちとつながる。FM（水）午後11時からの1時間番組。2018～2021年度は第1でも放送した。

アニソン・アカデミー 2013年度～
NHK・FM初の"アニソン"（アニメソング）レギュラー番組としてスタート。リスナーからのリクエストを中心に、幅広い世代に親しまれるアニソンや、ゲストとのトーク、ライブも紹介。出演は中川翔子（タレント）とあべあきら（放送作家・シンガーソングライター）。FM（土）午後2時からの2時間番組。

ソング・アプローチ 2013～2016年度
J-POPやロックで歌われる曲の歌詞にこだわり、朗読を交えて届けた新機軸の音楽番組。出演は加藤ひさし（ミュージシャン）、近藤サト（フリーアナウンサー）。朗読はあおい洋一郎（声優・ナレーター）。FM（日）午後6時からの50分番組。

星野源のラディカルアワー 2013年度
俳優・ミュージシャンとして活躍中の星野源が、好きな音楽を聴きながら、日々感じている何気ない思いをリスナーに語りかける番組。星野が病気療養のため6月に第7回をもって終了。FM（隔週・金）午後10時からの45分番組。

ラジオあさいちばん「サエキけんぞうの素晴らしき80's」 2014～2018年度
サエキけんぞう（ミュージシャン・作詞家・プロデューサー）が、30～40代のリスナーをターゲットに1980年代の文化・風俗を語りながら、当時のヒット曲を紹介した。第1（日）午前6時16分からの6分番組。2015年度から『NHKマイあさラジオ』の（日）午前6時台で継続放送。2019年度に『三宅民夫のマイあさ！』枠内で後継コーナー「サエキけんぞうの素晴らしき20世紀ポップス」が（土）午前6時台に始まる。

すっぴん！「MUSIC　SCRAP」 2014～2019年度
『すっぴん！』の第1（月～金）午前11時台に放送。ノイズミュージックから昭和歌謡まで、週替わりの個性的なミュージックセレクターがこだわりの音楽を紹介する。出演：タブレット純、大友良英、やついいちろう、高橋ヨシキ、湯山玲子、中原昌也、春日太一。2014年末に特番「すっぴん！大感謝祭」を、2015年末にはラップ特集も放送。

怒髪天・増子直純の月刊☆ロック判定 2014年度
ロックバンド・怒髪天のボーカル、増子直純が世の中のさまざまな物事を"ロックかロックでないか"で斬りまくるトーク番組。旬なアーティストをゲストに招いての音楽色豊かな内容で放送した。第1（最終・土）午後8時5分からの50分番組。

ミュージック・イン・ブック 2014～2017年度
音楽に造詣が深い作家をゲストに「文学」と「音楽」というふたつの芸術をクロスオーバーして語り、新しい味わい方を提示した。2016年度は養老孟司（医学者）、羽生善治（将棋棋士）など、作家以外で文筆活動をしている著名人も迎えた。2017年度は作家の西加奈子、小野正嗣、桐野夏生などが出演。若い層も含めた知的好奇心に富むリスナーを刺激した。司会は松浦寿輝（詩人）。第1（水）午後9時30分からの25分番組。

ラジオ深夜便「オトナのリクエストアワー」 2014～2017年度
『ラジオ深夜便』の第1（土）午後11時・午前0時台に放送。2か月ごとにテーマを定め、曲にまつわるエピソードとリクエストを募集する。テーマにそってゲストとアンカーがおしゃべりしながら音楽を楽しむ。初年度4・5月のテーマは「初めて買ったレコード」。ゲストは吉元由美（作詞家、作家）、ミッキー吉野（キーボードプレイヤー）、白鳥英美子（歌手）、世良公則（ミュージシャン）ほか。

MISIA　アフリカの風 2014年度
実力派シンガーのMISIAが自身のテーマでもある"アフリカ"とじっくり向き合った番組。さまざまなアフリカの音楽を紹介するとともに、現地で活躍している青年海外協力隊員と電話で話すなど、生の知られざるアフリカの魅力を伝えた。FM（火・最終週を除く）午後11時からの1時間番組。

ヒャダインの"ガルポプ！"　2014～2018年度
数多くの歌手やアニメ作品に楽曲を提供しているヒャダインこと前山田健一がパーソナリティーを務める音楽番組。"新世代型"女性アイドルやガールズグループの楽曲に焦点を当て、ゲストとともにプロデュース論、音楽性、アイドル論、裏方の役割など、幅広い話題で語り合った。初年度の出演は中川翔子、増田セバスチャン（アートディレクター）、久保ミツロウ（漫画家）ほか。FM(隔週・金)午後10時からの45分番組。

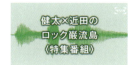
健太×近田のロック巌流島 〈特集番組〉　2014年度
音楽評論家の萩原健太とミュージシャンの近田春夫が、20世紀ポップスシーンについて、さまざまなテーマで月1回、6回にわたって白熱した議論を戦わせた。全6回のテーマは「ボブ・ディランが音楽シーンに与えた影響」「ビートルズ」「ブルー・アイド・ソウル」「三大ギタリスト（クラプトン・ベック・ペイジ）」「ディスコ・ミュージック」「ロックの反骨精神」。FM(最終・月)午後11時からの1時間番組。

歌え！土曜日 Love Hits　2015～2021年度
J-POPを中心に、最新ヒット曲を紹介した若者向け音楽番組。毎回1組のアーティストにインタビューした「バックステージ」や、海外のエンターテインメント情報を届けた「Hot Topic U.S.A.」（月1回）などで構成。パーソナリティーは新井恵理那。初年度は第1(土・最終週を除く)午後7時20分からの30分番組。新型コロナ感染状況が一段落した時期には、スタジオでのインタビューやミニライブを放送。

午後のまりやーじゅ「ユーガッタミュージック」　2015年度
第1放送の大型生ワイド番組『午後のまりやーじゅ』の(月～木)午後4時台に放送。

昭和ヒット倶楽部　2015～2017年度
『昭和歌謡ショー』（2011～2014年度）の後継番組。演歌からアイドルソングまで、さまざまなヒット曲がきらびやかに並んだ昭和の歌謡曲を放送。若手歌手をトークゲストに迎え、昭和のヒット曲の中から思い出に残る歌などについて聞いた。2015年度は全国15か所で公開収録を実施。司会は水谷彰宏アナウンサー（1・2年目）、伊藤博英アナウンサー（3年目）。第1(木)午後9時30分からの25分番組。

Masayuki Suzuki Radio Show GOOD VIBRATION　2015～2018年度
元ラッツ&スターのメンバーで"ラブソングの王様"といわれるシンガーの鈴木雅之が、自身の音楽遍歴のルーツ探索をしながら名曲を紹介する、ちょっとレトロな雰囲気のラジオ・ショー。FM(最終・月)午後11時からの1時間番組。2018年度は『金曜カルテット』枠（FM 後11:00～／第1 後4:05～）の第3週に放送。

MISIA　星空のラジオ　2015年度～
実力派シンガーのMISIAがDJを務めた『MISIA アフリカの風』（2014年度）をリニューアルして改題。MISIAの楽曲や世界中の音楽を紹介。ゲストを招いてのトークやスタジオライブも行った。FM(火・最終週を除く)午後11時からの1時間番組。2021年度からタイトルを『MISIA　星空のラジオ～Sunday Sunset～』とし、FM(日)午後5時から6時に放送時間帯を変更した。

洋楽グロリアス デイズ　2015～2023年度
1970年代から1980年代にかけてヒットした洋楽ナンバー満載の音楽専門番組。当時、青春期を過ごした聴取者にとっての"輝かしい日々＝グロリアス デイズ"を、音楽とトークで思い出してもらおうという番組。初年度のDJはシャーリー富岡（音楽ナビゲーター）。2年目からは片寄明人（シンガーソングライター）。FM(日)午後4時からの1時間番組。

夜のプレイリスト　2015～2023年度
さまざまなジャンルの著名人が週替わりでDJを担当。"私の人生と共に在った5枚のアルバム"を持参し、人生にどのようにかかわったのかを紹介しながら、アルバムの魅力を語った。FM(火～土)深夜0時からの50分番組。初年度はロバート・キャンベル、久保田利伸、内田春菊、石井竜也、市川紗椰、長塚圭史、六角精児、真琴つばさ、石井正則、北原照久、津田大介、コシノジュンコ、笹公人、高嶋政宏、秋吉久美子ほかが出演。

音楽ガハハ　2016～2018年度
音楽界とお笑い界で活躍を見せるマキタスポーツ（お笑い芸人、ミュージシャン、俳優）、レキシ（ミュージシャンの池田貴史によるソロユニット）、やついいちろう（お笑いコンビ・エレキコミック）の3人の番組。爆笑トークに加えて、音楽実験企画や即興演奏など、独自の切り口で音楽と笑いの融合を試みた。初年度はFM(最終・水)午後11時からの1時間番組。2017年度よりゲストが登場。2018年度は第1でも放送。

ミュージック・グラフィティー　2017年度
1980年代から2000年代に青春時代を送った各界のゲストとともに、リスナーからのメッセージやリクエストを交えながら、この時代の出来事、思い出を振り返り、当時のJ-POPや洋楽のヒット曲を楽しむ。司会は熊倉悟、柘植恵水アナウンサー(隔週交代)。第1(金)午後8時5分からの1時間25分番組。

久保田利伸　ファンキーフライデー　2017～2018年度
シンガーソングライターの久保田利伸が、こよなく愛する「ラジオ」だからこそ伝えられる音楽魂を存分に発揮して、久保田自身が思い入れのあるR&Bの名曲を紹介した。初年度はFM(最終・金)午後11時からの1時間番組。2年目はFMに加えて第1(金)午後4時5分からも放送した。

サカナクション・山口一郎 "Night Fishing Radio"　2017年度～
サカナクション（ロックバンド）のフロントマン、山口一郎がナビゲーターを務める音楽番組。"音"故知新をコンセプトに、邦楽・洋楽の区別や時代を問わず、「テクノ」「エレクトロニカ」「Jポップ」「歌謡曲」「ジャズ」「クラシック」などの音楽ジャンルから、「細野晴臣」「山下達郎」「植木等」などのミュージシャンまで、時代やジャンルを超えたサウンドの魅力を自由に語り合う。FM(隔週・日)午後6時からの50分番組。

NHK放送100年史（ラジオ編）　231

ラジオ編 番組一覧 03 音楽｜定時番組

miwaのミューズノート 2017〜2019年度
2015年度にシンガーソングライターのmiwaが、『ミューズノート』（2012〜2016年度）の4代目DJとなり、2017年度より『miwaのミューズノート』に改題。miwaが大好きで気になる女性歌手を古今東西から毎回1人選び、歌手としての視点、女性としての視点から紹介した。FM(日)午後5時からの1時間番組。2018年度より第1でも放送。2019年12月26日に放送を終了した。

すっぴん！「ちょっと聞いてよアンサーソング」 2018年度
『すっぴん！』の第1(水)午前11時台に放送。リスナーの明るいお悩みやチョットした相談を聞き、"悩めるあなた"にピッタリの1曲を、水曜パーソナリティーのダイヤモンド☆ユカイがセレクトして届けるコーナー。

ラジオ深夜便「景色の見える音楽」 2018年度〜
『ラジオ深夜便』の第1(第3・水)午後11時台に放送。

金曜カルテット 2018年度
2017年度、各曜日の最終週のみ放送していた番組をまとめて金曜日のFMと第1に移設。第1週「くるり電波」（2012〜2018年度）、第2週「音楽ガハハ」（2016〜2018年度）、第3週「Masayuki Suzuki Radio Show GOOD VIBRATION」（2015〜2018年度）、第4週「久保田利伸　ファンキーフライデー」（2017〜2018年度）を編成した。

5分でミュージックライン 2018年度〜
最新のJ-POPを届けるFMの音楽番組『ミュージックライン』（2009年度〜）。翌日に放送される『ミュージックライン』のゲストを5分で紹介し、今話題の音楽事情がコンパクトにわかるミニ番組。DJは『ミュージックライン』と同じく南波志帆（アーティスト・歌手）が担当。FM(月〜金)午後11時55分からの5分間。

イチ押し　歌のパラダイス 2019〜2021年度
『きらめき歌謡ライブ』（2005〜2018年度）の後継番組。ベテランから新人まで、話題の歌手が登場し、"イチ押し"の新しい歌とフレッシュな話題で構成した音楽番組。輪島裕介（大阪大学准教授）が時代を超えた"すごい歌"を紹介するミニコーナー「スゴうた」や、人気作詞家、作曲家らが名曲制作の秘話を語る「スペシャル・エディション」などのコーナーも人気。第1(水)午後8時5分からの50分番組。

うたことば 2019年度
歌詞の視点からアーティストの魅力を掘り下げた音楽番組。8回の特集番組を経て定時化。歌詞にまつわるエピソード投稿を紹介し、楽曲をフルコーラスで放送した。作詞家の高橋久美子がプロ目線で語った「くみことば」や、お笑いトリオのパンサー・向井慧が自身の歌への思いを語った「ムカイズム」が看板コーナーとなる。MCは向井慧と高橋久美子。第1(日)午後1時5分から2時55分に放送。

すっぴん！「ユカイなジャンピン・ジャック・フラッシュ！」 2019年度
『すっぴん！』の第1(火)午前9時台に放送。火曜のパーソナリティー・ダイアモンド☆ユカイが、自身の体験を中心に熱く語る。第1回のテーマは「ローリングストーンズ」。ストーンズとの出会いやエピソードをストーンズの曲を紹介しながら語った。

古家正亨のPOP★A 2019年度〜
K-POPアーティストの楽曲を中心に、"Asia（アジア）"の"POP"な音楽とカルチャートレンドを生放送で送るエンタメ情報番組。MCは韓流をはじめアジアの音楽に詳しいDJ・古家正亨（まさゆき）。韓国の旬なアーティストたちがゲストで生出演。リスナーはリアルタイム投票などの双方向企画で参加。月に1度、韓国出身の人気アーティスト、ジェジュンがMCとして出演。第1(水)午後9時5分からの50分番組。

ミュージック・バズ 2019年度
「今、どんな音楽が"バズって（ヒットして）"いるのか」を、最新データや話題のアーティストの生の声を通して解き明かしていく音楽番組。ゲストには人気のポップ・ミュージシャンが登場。また、インターネットを中心に活動している音楽ジャーナリストらが音楽シーンの最新トピックを解説。DJは今井了介（音楽プロデューサー）と東京パフォーマンスドールの高嶋菜七（歌手）。第1(土)午後1時5分からの1時間50分番組。

岸谷香　Unlock the heart 2019〜2022年度
女性ロックバンド、PRINCESS PRINCESSのフロントとして、今も熱狂的なファンを持つアーティスト・岸谷香が、"音楽をキー"にリスナーの"心の扉"を開けていく番組。FM(金)午後11時からと第1(金)午後4時5分からそれぞれ50分番組で放送。

ディスカバー・マイケル 2019年度
マイケル・ジャクソンの突然の死から10年。FM初の1年間限定企画として、マイケルの音楽人生をあたかも「大河ドラマ」のように多角的に掘り下げた。第1・2週は「MJミュージックヒストリー」と題してその楽曲を時代を追って紹介。第3週は音楽ジャーナリスト・高橋芳朗とともにマイケルの影響を受けたミュージシャンの曲を紹介。最終週は多彩なゲストがそれぞれのマイケル観を語った。FM(日)午後9時からの1時間番組。

リトグリのミューズノート 2019〜2023年度
『miwaのミューズノート』（2017〜2019年度）の後継番組。女性ボーカルグループのLittle Glee Monster（リトルグリーモンスター）通称"リトグリ"が、毎回、今一番気になる女性アーティストや洋楽アーティストを取り上げ、それぞれの個性でそのアーティストの魅力に迫りながら、さまざまな楽曲を紹介する。初年度はFM(木)午後11時からと、第1(木)午後4時5分からのそれぞれ50分番組。

ザ・ソウルミュージックⅡ 2019年度～
『ザ・ソウルミュージック』（1999～2018年度）の後継番組。ソウルやR&Bなどブラックミュージックを専門的に取り上げ、ソウルミュージックの魅力を伝えた。20年にわたって『ザ・ソウルミュージック』のDJを務めたオダイジュンコに代わって、第1週を久保田利伸が、第3・4週をゴスペラーズのリーダー・村上てつやが担当した。FM(土)午後6時からの50分番組。

2020年代　歌謡曲等

ディスカバー・ビートルズ 2020・2023年度
『ディスカバー・マイケル』（2019年度）に続くディスカバーシリーズの第2弾。解散から50年、今なお最高の人気を誇るビートルズの歴史と音楽の魅力にマニアックに迫る。案内役はビートルズ・マニアとして知られるミュージシャンの杉真理（まさみち）が第1～3週、ロックバンド・TRICERATOPSの和田唱が最終週を担当。FM(日)午後9時からの1時間番組。2023年度に『ディスカバー・ビートルズⅡ』を放送。

GReeeeN HIDEの　ミドリの2重スリット 2021～2023年度
男性4人組ボーカルグループ、GReeeeNのリーダー・HIDEが初めてパーソナリティーをつとめる番組。量子物理学の世界で"最も美しい実験"にちなんだタイトル通りに、HIDEが日々の生活のなかで思うあれこれや素朴な疑問についてゲストと語り合い、お気に入りの音楽を楽しんだ。初年度はGReeeeNのメンバー、naviもゲスト出演した。FM(火)午後11時と、第1(火)午後4時5分からのそれぞれ50分番組。

ディスカバー・クイーン 2021年度
「マイケル・ジャクソン」「ビートルズ」に続く"ディスカバーシリーズ"の第3弾。正式結成から50年、フレディ・マーキュリー没後30年の節目にクイーンを深掘り。第1、2週は西脇辰弥（作・編曲家）がアルバムごとに音作りの秘密に迫る。第3週はパッパラー河合（ギタリスト）がその魅力を語る。最終週はゲストを招いてのクイーン談議。案内役はサンプラザ中野くん(ロック歌手)ほか。FM(日)午後9時からの1時間番組。

とれたて音楽館 2022年度
演歌・歌謡曲を中心に、新人からベテランまでバラエティー豊かな歌手が出演。"とれたて"の新曲やトークなどで構成した音楽番組。キャスターは徳田章（元NHKアナウンサー）。「館長のもう1曲」のコーナーでは新曲を紹介。第1(土)午後0時30分からの25分番組。

ディスカバー・カーペンターズ 2022年度
FMでの1年限定企画"ディスカバーシリーズ"の第4弾。マイケル・ジャクソン、ビートルズ、クイーンに続き、2022年度はラジオ第1に波を移してカーペンターズを取り上げた。案内役は平松愛理。第1、2週は作・編曲家の森俊之が音楽作りの秘密を深掘り。第3週の出演はラジオDJの矢口清治。第4週はミュージシャンがゲストに。最終回はリチャード・カーペンターを迎えての生放送を実施。(日)午後3時台の50分番組。

ヴォイスミツシマ 2023年度～
ミュージシャンを中心にさまざまなジャンルのゲストを招いての音楽&トーク番組。MCは俳優そしてミュージシャンと、ジャンルを越えて活動を広げている満島ひかり。さまざまな垣根をひょいっと越えて、その時キラキラしていると感じたことを声と音で届けていく。YO-KING、三浦大知、縣秀彦（天文学者）、林家正蔵（落語家）、ディーン・フジオカほかがゲスト出演。第1(日)午後3時5分からの50分番組。

望海風斗のサウンドイマジン 2023年度～
宝塚の男役トップスターとして絶大な人気を誇り、退団後も圧倒的な歌唱力を持つ実力派として、ミュージカルを中心に活躍している望海風斗。そんな望海がパーソナリティーをつとめる音楽&トーク番組。すてきなゲストを招き、その人のゆかりの場所で"耳をすます"と聞こえてくる音の世界に着目し、そこから見えてくるゲストの魅力に望海がせまる。FM(日)午後9時からの50分番組。

挾間美帆のジャズ・ヴォヤージュ 2023年度～
世界で活躍するジャズ作曲家・指揮者の挾間美帆がMCをつとめる新感覚ジャズ番組。彼女が拠点として活動しているニューヨークの最新音楽情報やツアー先で仕入れたとっておきの話題を、交流のあるアーティストとの対談やときにはライブ演奏を交えてニューヨークから届ける。FM(日)午後9時からの50分番組。

ぶいあーる！～VTuberの音楽Radio～ 2023年度～
「VTuber（バーチャルYouTuber）の音楽シーン」をテーマにした音楽番組。VTuber界の歌姫・星街すいせいをMCに、豪華VTuberをゲストに迎え、珠玉の音楽を浴びまくる。ここでしか聴けないパフォーマンスは必聴。聴けば、新しい"推し"に出会えること間違いなし。FM(日)午後10時40分からの50分番組。

twilight Club DJ MIX 2023年度
クラブシーンでフロアを沸かすアーティストのことを知ることができる番組。MCは人気ゲームの楽曲や人気アーティストのサウンドプロデュースなどを手がけるTAKU INOUE。そして、ボーカロイド作品を生み出す一方、さまざまなRemixワークを手掛ける音楽プロデューサーkz。ゲストを迎えて、普段聴く音楽とは少し違う音楽体験を届ける。2023年度はFM(最終週・日)午後9時50分からの50分番組。

江﨑文武のBorderless Music Dig! 2024年度
音楽家・江﨑文武とともに、「"新しい"音楽は、常にジャンルの狭間で生まれている」というコンセプトで、最新ヒットチューンからHIPHOP、ロック、ジャズ、クラシックなどさまざまなジャンルの音楽をボーダレスにDigっていく（深掘りしていく）音楽番組。FM(日)午後9時50分からの50分番組。

ラジオ編 番組一覧 03 音楽 | 定時番組

マイ・フェイバリット・アルバム 2024年度
週替わりで各界の著名人がDJとして登場。1日1枚お気に入りの「フェイバリット・アルバム」と音楽を、独自の視点や自身のエピソードを交えながら紹介する。アルバムの魅力とともに、DJの音楽ヒストリーや意外な素顔や本音も聞ける。FM(月〜金)午後10時30分からの50分番組。(月〜金)午後6時から再放送。

洋楽シーカーズ 2024年度
最新の洋楽ポップミュージックに、解説と情報を添えた音楽専門番組。番組DJが探し求めて厳選したサウンドを土曜の夜に紹介する。DJ・解説は音楽評論家の大貫憲章と伊藤政則。FM(土)午後9時からの1時間番組。

アニソンプレミアムRADIO 2024年度
アニソンシンガーのオーイシマサヨシが、豪華声優・アーティストを迎え、今話題のアニメを楽曲でひもとく音楽番組。Japan Musicの代名詞となったアニソンの最前線、そのパワーを届ける。FM(土)午後2時からの2時間番組。

ウエンツ瑛士×甲斐翔真の妄想ミュージカル研究所 2024年度
ウエンツ瑛士と甲斐翔真がミュージカルの魅力を全国に届けるべく、業界をアツくしている俳優・クリエイターを招いて、語り、歌う50分。ゲストやMCがミュージカル・ナンバーを歌うほか、ミュージカルの歴史を妄想ドラマでひも解く「ジャーニー・トゥ・ザ・パスト」のコーナーなど盛りだくさんで届ける。FM(月)午後10時30分からの50分番組。

エイジアン・ミュージック・ニュー・ヴァイブズ 2024年度
グローバルにヒットしているK-POPのみならず、アジアで生まれた新しくて個性的な音楽がじわじわと世界に広がっている。こうした新しい潮流を、ミャンマー出身でアジアの音楽に強い関心を持つ森崎ウィンが、文化的背景とともに紹介する。FM(火)午後10時30分からの50分番組。

石若駿 即興と対話 2024年度
注目のドラマー・石若駿が、気になるミュージシャンをスタジオに招き、その場限りのセッションを敢行する。レア感あふれる即興演奏と、スペシャルな対話を余すところなく届ける。ナレーションは洞口依子。FM(水)午後10時30分からの50分番組。

FMシネマサウンズ 2024年度
映画賞に輝いた様々な作品、時代を彩った俳優の名演技、そして名せりふ。いつか観た、観たかった映画のシーンを思い浮かべながら、映画作品の魅力を音楽と語りで楽しむ。FM(木)午後10時30分からの50分番組。

1920年代　クラシック等

日本音楽史講座 1925年度
古代から近世に至る邦楽の変遷を、実演つきで系統的に解説した。講師には正倉院および宮内省の楽器研究、東洋音楽研究に従事した田辺尚雄、「日本歌謡史」等で東京帝国大学で文学博士の学位を取得した高野辰之らが出演。1925年10月11日から、毎週日曜に12回にわたって放送。

西洋音楽講座 1926年度
東京局で1926年7月から10月と1927年7月から9月に放送。第1(日)午後0時からの1時間番組。講師：山田耕筰、小松耕輔、伊庭孝ほか。

放送歌劇 1926〜1930年度
1926年7月に「オフィリアの死」を放送。1927年2月から1930年11月にかけて全21回を放送。第1回はジョヴァンニ・ヴェルガ作のオペラ「カヴァレリア・ルスチカーナ」。出演：田谷力三、佐藤美子ほか。

ベートーベン100年祭記念演奏 1926〜1927年度
ベートーベンの没後100年を記念する演奏会。1927年3月から4月にかけて12回にわたって東京局で放送。ベートーベン作曲ピアノソナタ第21番「ワルトシュタイン」作品53　ピアノ：小倉末子ほか。

1930年代　クラシック等

ベートーベン交響曲連続演奏　1934～1935年度
1935年1月から12月にかけて9回放送。第1(火)午後8時10分からの30分番組。「交響曲第1番　ハ長調」指揮：斎藤秀雄。演奏：日本放送交響楽団ほか。

朝のレコード音楽　1937～1940年度
1937年4月の番組改定で休日の朝に放送を開始し、1940年度末まで放送。1938年4月より平日の第1午前7時20分からの20分番組で『朝のレコード音楽』の時間が設けられた。同時期に『朝の音楽』も放送。

楽聖の夕　1939～1940年度
ラジオ第1で1月から12月まで編成。この番組はポピュラーな名曲よりも、むしろふだんあまり聴く機会のない作曲家の傑作を演奏しようという企画。第1回「ヘンデルとその作品」。

ピアノ奏鳴曲　1939～1941年度
ベートーベン「ピアノ奏鳴曲」連続放送（31回）。1940年1月から1941年12月まで、ほぼ月1回の頻度でベートーベン作曲のピアノソナタを放送。最後の1回は太平洋戦争勃発で、放送が中断された。演奏はレオニード・クロイツァー、土川正浩、高折宮次、藤田晴子、ヨーゼフ・ローゼン・ストックほか。

1940年代　クラシック等

希望音楽会　1945～1948・1962～1984年度
聴取者の投書により曲目、出演者をつのる戦後初の定時音楽番組。第1(月)午後7時15分からの30分番組でスタート。軽音楽とクラシックを毎週交互に放送。1945年12月10日の公開放送で並木路子が「リンゴの唄」を歌って初めて全国に流れた。1948年4月からは軽音楽のみの放送となる。1955年11月に『NHK希望音楽会』に改題し、クラシック番組で再開。1962年度にタイトルを『希望音楽会』に戻す。

名曲鑑賞　1945～1956年度
ニュースの前後や番組の穴埋めに使っていたレコードを、番組のメインに位置づけたクラシック音楽番組。戦前にも同名の番組が随時放送されていたが、戦後、1945年12月に第1(土)午後6時からの30分番組で定時化。のちに第2放送に移行。1954年度は曜日別に(月)20世紀の音楽、(火)協奏曲、(水)室内楽、(木)声楽、(金)管弦楽とし、定評のある演奏家のレコードから古今の名曲を選んで放送した。

日響の時間　1945～1947年度
1945年8月28日に日本交響楽団（日響）が尾高尚忠の指揮で放送。これが終戦後最初の管弦楽の放送となった。12月には日本交響楽団の演奏を楽しむ『日響の時間』が第1(金)午後8時30分からの30分番組で定時化。月4回の放送のうち原則1回を交響曲、そのほかをピアノ、バイオリン、フルートなどの協奏曲と歌唱を盛り込んだ「ポピュラーコンサート」で構成した。1947年10月から『日響演奏会』に改題。

東唱の時間　1945～1953年度
番組とともにデビューした東京放送合唱団（東唱）は、その前身の日本放送合唱団の一部の団員に、東京音楽学校（現・東京芸術大学音楽学部）出身の新進歌手を加えた40名のNHK専属合唱団。東唱の研究発表の場でもあったこの番組は、初めてで唯一の定時合唱番組だった。合唱音楽特有の美しさ、楽しさを聴取者へ伝え、戦後盛んになった職場での合唱運動の指標にもなった。初年度は第1(木)午後6時からの30分番組。

放送音楽会　1945～1951年度
1946年2月、土曜、日曜や祝日に特別番組として放送していた『放送音楽会』を定時化。第2放送の唯一の1時間のクラシック音楽番組とした。放送時間が30分の『日響の時間』、『日響演奏会』では時間的に収まらない交響曲や歌劇などを放送し、熱心なクラシックファンの支持を得た。日本交響楽団を主として、東京フィルハーモニー管弦楽団、東宝交響楽団などのオーケストラが出演。初年度は第2(木)午後8時から放送。

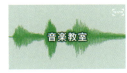

音楽教室　1946～1947年度
音楽番組を鑑賞するうえで必要と思われる音楽の基礎知識や一般的な音楽上の法則を、実際に音楽を楽しみながら伝える目的で新設された。解説は村田武雄。第1(日)午後6時45分からの15分番組。1946年5月に古典の小曲の鑑賞から始まり、同年8月からは町田嘉章の解説で邦楽を取り上げた。邦楽のパートはのちに邦楽番組『邦楽みちしるべ』に発展する。11月からは有坂愛彦の解説でクラシック音楽を取り上げた。

名演奏家の時間　1946～1983年度
1946年12月29日に第1で始まった『名匠演奏』を『名演奏家の時間』に改題。世界各国の名演奏家の代表的な演奏を最新のレコードで紹介し、ていねいな解説を加えた。1948年10月から第1(月～土)午前8時30分からの30分番組。曜日ごとに「声楽」「管弦楽」「ピアノ」「室内楽」など種目別に構成。1956年度に第2放送に、1965年度にFMに移行。

NHK放送100年史（ラジオ編）　235

03 音楽 | 定時番組

ラジオ編 番組一覧

ニューレコードコンサート 1946〜1947年度
GHQのCIE（民間情報教育局）提供の録音盤によりNBC交響楽団その他の新しい演奏を紹介。レコード放送に新しい時代を開いた。

愛唱歌の時間 1946〜1947年度
1946年5月に『私たちの好きな歌』が始まる。聴取者の愛唱歌を選んで、簡単な解説を付して放送した。同年9月からは「歌」のみでなく器楽のポピュラーな小品も含めた。1947年2月に再び「歌」の紹介に戻し、『愛唱歌の時間』に改題する。第1(月〜日)午後2時からの30分番組。シューベルト、フォスター、山田耕筰など、当時の聴取者が好んだクラシック系の歌を放送。1948年4月に『私たちの音楽』に引き継がれる。

日本の音楽 1946〜1947年度
1946年5月に日本人によるクラシック音楽の作曲活動を盛り上げるために、第1(月〜日)午前9時15分からの15分番組で放送。(日・火・金)が生演奏、その他の曜日が録音またはレコードで日本人の作品を放送。1947年7〜9月は週2回の30分番組『夕べの音楽』となる。

土曜コンサート 1947〜1955・1959〜1972年度
1947年10月に、第1(土)午後3時からの1時間で始まったクラシック音楽番組。1948年1〜3月は放送日が日曜に代わり『日曜コンサート』に改題。1948年4月にタイトルを戻し、1956年3月まで放送。その後、「少年少女音楽会」「青少年音楽会」という名で放送した土曜午後のオーケストラ演奏会を、1959年4月に『土曜コンサート』として再復活。親しみやすい管弦楽の名曲を紹介する公開番組として定着した。

現代日本の音楽 1947〜1956年度
1946年5月に発足した『日本の音楽』は、1947年7〜9月の『夕べの音楽』を経て、同年10月から週3日放送の30分番組となり『現代日本の音楽』に改題。第2(月・水・金)午後7時30分からの30分番組。日本人作曲家の育成を目指し、尾高尚忠、伊福部昭のほか、團伊玖磨、柴田南雄、芥川也寸志らの20代、30代の若手作曲家の新曲が披露された。戦前（1936〜1941）にも同名の番組が放送されていた。

日響演奏会 1947〜1949年度
1947年10月に『日響の時間』を改題。第1(火)午後8時30分からの30分番組で定時化された。日本交響楽団（日響）の演奏で、交響曲、ピアノ、バイオリン、フルート等の協奏曲、独唱などのコンサートの模様を放送した。1949年7月20日より出演に際しては「NHK交響楽団」の名称を用いることとし、『日響演奏会』の番組タイトルも『NHKシンフォニーホール』に変更した。

食後の音楽 1947〜1955年度
昼食時や昼食後の伴奏音楽（BGM）としてセミクラシックの名曲を放送。第1(月・水・金)午後0時30分からの30分番組でスタート。水曜を管弦楽の時間として東京放送管弦楽団と東京フィルハーモニー管弦楽団が交互に出演し、憩いのひとときにふさわしい歌劇の序曲や円舞曲などを演奏。1953年度より第2(月〜金)の放送となり、曜日ごとにジャズやタンゴなどの軽音楽を放送する枠に刷新。

家庭の音楽 1948〜1954年度
午前9時15分からの『主婦日記』に続いて放送される家庭の主婦を対象とした音楽番組。(月)「ピアノ」、(火)「室内楽」、(水)「声楽」、(木)「弦楽」、(金)「その他の器楽（マンドリン、ハーモニカ、オルガン等）」、(土)「邦楽」で1週間を構成。気軽に聴けるクラシックの小品を中心に放送した。第1(月〜土)午前9時30分からの15分番組。1952年度に第2に移行。

大作曲家の時間 1948〜1983年度
古今の大作曲家をとりあげて、生涯におけるエピソード、作品の内容、歴史的意義などを体系的に紹介しながら、その作品をレコードで鑑賞した。1949年1月に第2(月〜日)午前7時からの30分番組で放送を開始。1965年度にFMに移設され、(土)午前7時20分からの40分番組となる。古今の大作曲家の生涯と作品を最近の学説を取り入れながら紹介するレコード教養番組で、約30年続く長寿番組となった。

音楽のおくりもの 1948〜1978年度
『希望音楽会』（1945〜1948年度）を刷新し、1949年1月に始まったクラシック音楽番組。東京フィルハーモニー交響楽団を主体とし、歌と器楽のソリストを加えた編成で、よく知られたセミクラシックの小品を放送。NHKが聴取者の各家庭に贈る「音楽のおくりもの」とした。初年度は第1(土)午後8時30分からの30分番組。1965年度よりFMに移設。オペラ、歌曲を中心に、幅広い音楽を随時ステレオ放送した。

サンデーシンフォニーコンサート 1948〜1949年度
番組スタート当初は世界各地の一流交響楽団の紹介に主眼を置き、1時間の長時間枠を生かしてリスト作曲「ファウスト交響曲」、ベルリオーズ作曲「幻想交響曲」などの大曲を放送。人気クイズ番組『話の泉』（1946〜1963年度）の解答者としても知られる堀内敬三が解説を担当し、洋楽に関心のない聴取者にもアピールした。第2(日)午前10時からの1時間番組。堀内敬三は翌年度より新番組『音楽の泉』の初代進行役となる。

オペレッタの時間 1948〜1950年度
オペラよりも気軽に楽しめる「喜歌劇」オペレッタを放送する時間。第1(日)午後3時からの30分番組。1949年度に放送した主な作品は「ショーボート」（カーン作曲）、「軍艦ピナフォア」（サリヴァン作曲）、「セヴィリアの理髪師」（ロッシーニ作曲）、「フラスキータ」（レハール作曲）、「マスコット」（オードラン作曲）ほか。1950年11月からは『放送音楽会』の枠内で放送。

ラジオリサイタル 1948〜1953・1962〜1982年度
"ラジオリサイタル"とは、それまで第1(水)午後7時30分からの30分番組で放送してきた管弦楽をともなわない器楽独奏、独唱、室内楽等のクラシック音楽番組の部内での呼び名だったが、1948年度に番組名として定着。1954年4月から放送時間を1時間に延長し、タイトルを『NHKラジオリサイタル』に改題。1962年度よりタイトルを『ラジオリサイタル』に戻す。

私たちの音楽　1948～1956年度
新進気鋭の若手に門戸を開くようになった『愛唱歌の時間』（1946～1947年度）を引き継ぐ形で『私たちの音楽』がスタート。すぐれた才能を持つ新人を紹介している『新人の時間』（1947～1949年度）をさらに拡張して、邦楽と洋楽の両部門から新たな才能を発掘するオーディション番組とした。第1(木)午後4時からの25分番組。

朝の室内楽　1948～1952年度
弦楽四重奏団等の室内楽を日曜の午前中に放送するクラシック番組。現代音楽や比較的野心的な作品、一般にはあまり演奏されない管楽器のアンサンブルなどを放送。若い聴取者を中心にクラシックファンの支持を受けた。初年度は第2(日)午前9時からの30分番組。

NHKシンフォニーホール　1949～1983年度
NHK交響楽団の演奏を定期公演を中心に楽しむクラシック番組。戦後から『日響演奏会』のタイトルで放送していた番組を、1949年7月20日の放送より「日本交響楽団（日響）」は「NHK交響楽団」の名称を使用し、番組タイトルを『NHKシンフォニーホール』と変えて再スタートを切った。初年度は第2(水)午後8時30分からの30分番組。その後、第1、FMへと波を移行した。

音楽の泉　1949年度～
1949年1月から放送の『サンデーシンフォニーコンサート』を、同年9月に人気クイズ番組『話の泉』にあやかって『音楽の泉』と改題して放送。クラシックの古今の名曲を工夫を凝らした選曲と親しみやすい解説とともにレコードで紹介した。初年度は第1(日)午前8時からの1時間番組。歴代解説者は堀内敬三、村田武雄、皆川達夫、奥田佳道。NHK有数の長寿番組で、2024年度は第1(日)午前8時5分からの50分番組。

午後2時の音楽　1949～1950年度
従来、午後4時から15分間放送していた音楽番組を午後2時に繰り上げ、『午後2時の音楽』とタイトルして放送。各曜日ごとに(月)「メロディーの流れ」、(火)「歌のアルバム」、(水)「楽しい楽器室」、(木)「愛唱歌」、(金)「今週のピアニスト」とテーマを立てた。第1(月～金)午後2時からの15分番組。1951～1953年度は『午後3時30分の音楽』、1954年度は『午後4時25分の音楽』として放送。

交響曲の時間　1949～1960年度
30分以上の長尺の交響曲を中心に、交響詩、序曲、各楽器の協奏曲、歌劇、組曲など、オーケストラを使用するあらゆる種類の楽曲を、簡単な解説をつけてレコードで楽しむ1時間番組でスタート。初年度は第2(月～金)午後1時からの1時間番組。

1950年代　クラシック等

音楽入門　1950～1951年度
洋楽を鑑賞する上で知っておきたい音楽知識を、レコードを楽しみながら提供する番組。1か月単位で1テーマを解説。各月のテーマは「音楽の形式」「声楽の知識」「器楽の知識」「音楽の歴史」「音楽の美学」「民族と音楽」「音楽と文学」「歌劇の話」「室内楽の話」「合唱音楽の話」「弦楽の話」「ピアノ音楽の話」「管弦楽の話」「東洋音楽の話」など。第2(月～土)午前10時からの30分番組。

夜のしらべ　1950～1951・1971～1978年度
就寝前の静寂をこわさない穏やかな室内楽を中心に放送。初日はハイドン作曲のセレナードほかを選曲した。1951年度は第2(月～土)午後10時からの55分番組。1971年度にポピュラーからクラシックまでを曜日別にレコードで楽しむ同名のFM番組が大阪局発で始まる。(月)器楽ソロ、(火・木)ムード音楽、(水)室内楽、(金)管弦楽・合奏を放送した。FM(月～金)午後11時からの35分番組。

きょうも楽しく　1950～1956・1969～1971年度
早朝にふさわしいさわやかな音楽を、軽音楽、クラシックの区別なく放送する音楽番組。第2(月～土)午前7時からの15分番組。1969年度に同名番組が始まる。朝にふさわしい軽快な音楽を中心に選曲するレコード番組。第1(月～土)午前7時15分からの20分番組。1950～1956年度は『今日もたのしく』『きょうもたのしく』『きょうも楽しく』の3種類のタイトル表記が放送資料にみられる。

NHKオペラハウス　1951～1952年度
オペラまたはオペレッタという聴覚以外の要素を多分に持つ音楽作品を、放送技術の駆使によって克服しようと企画された番組。舞台上の人物の動きや視覚に訴える舞台演出を、ナレーション、セリフ、あるいは効果等で補った。主な上演オペラ作品は「カルメン」「ドン・ジョバンニ」「トゥランドット」「蝶々夫人」等。第2(木)午後8時5分からの55分番組。1952年6月の番組改定で『音楽のおくりもの』（1948～1978年度）に包含される。

午後3時30分の音楽　1951～1953年度
『午後2時の音楽』（1949～1950年度）の放送時間変更に伴って改題。第1(月～金)午後3時30分からの15分番組で、一般家庭向けの選曲で音楽を放送した。各曜日ごとに(月)「メロディーの流れ」、(火)「歌のアルバム」、(水)「楽しい楽器室」、(木)「愛唱歌」、(金)「今週のピアニスト」とテーマを立てた。1951年度は東京ローカル。1954年度に『午後4時25分の音楽』に改題。

歌劇　1951～1961年度
スポーツ中継のない週末の午後に、歌劇の全曲をLPレコードで解説をつけておくる第2放送の音楽番組。名歌手のアリア集、オペラクイズ、オペラ歌手の裏話等も紹介した。1960年度は第2(土)午後2時からの2時間番組で、「サロメ」「ヴァネッサ」「ロメオとジュリエット」などのほか、夏のザルツブルク音楽祭の録音による「フィガロの結婚」を2回にわたって全曲放送し、好評を得た。

ラジオ編 番組一覧 03 音楽 ｜ 定時番組

 **楽聖ロマンス** 1952年度
音楽界の偉人たちにまつわる逸話や史実に基づくいろいろな物語を紹介し、関係の名曲をレコードで楽しむ音楽教養番組。1952年5月12日の「シューマン」から11月12日の「モーツァルト」まで不定時に13回を放送した。

 **いこいの歌** 1952～1953年度
夜のひとときによく知られたクラシックの歌曲を聞いてもらうファミリー向け番組。初年度の出演は笹田和子、川崎静子、薗田誠一ほかで、トスティ作曲「夢」、ブラームス作曲「子守歌」、シューベルト作曲「セレナード」などを放送。初年度は第1(月・火)午後9時45分からの15分番組。

 **先週の交響楽** 1952年度
前週に放送した『NHKシンフォニーホール』と『土曜コンサート』のうち、好評だったものの録音を1時間に再編集して放送するダイジェスト版。第2(日)午前10時からの1時間番組。

 **サンデーコンサート** 1952～1970年度
スポーツ放送のスタンバイもかねて登場。日曜日の午後にクラシックの名曲をゆっくり楽しむレコード番組。2時間から2時間半の放送時間を生かして、宗教音楽や交響曲の大曲・シリーズものを放送して特色を出した。最終年度は第2(日)午後1時30分からの90分番組。

 **二十世紀の音楽** 1953～1956年度
作曲家、音楽評論家の解説で、20世紀に入ってから世界で評判になった代表的な現代音楽をレコードで紹介する。初年度はプロコフィエフ、バルトーク、マルタン、シェーンベルク、ヒンデミット、ベルク、ブリテン、メシアンなどの現代音楽の作曲家の作品を取り上げた。1954年度からは『名曲鑑賞』の月曜枠で放送。解説者は柴田南雄、戸田邦雄、芥川也寸志、入野義郎ほか。初年度は第2(日)午後0時からの30分番組。

 **わが家の歌** 1953～1954年度
ポピュラーな歌曲、特に聴取者の希望曲を一流独唱家により鑑賞するとともに、そのうちの1曲を週にわたって歌唱指導するファミリー向け番組。出演は川崎静子、三枝喜美子、木下保、古沢淑子、関種子。第1(月～土)午前11時15分からの15分番組。

 **朝のしらべ** 1953～1961・1963・1965～1978年度
朝の気分にふさわしい気軽に楽しめるセミクラシックの名曲を、LPレコードで放送した。第2(月～土)午前7時45分からの15分番組でスタート。1957年度より第2(日)午前5時30分からの30分番組でジャズ・シャンソン・タンゴからセミクラシックまで幅広く選曲した。1960年度はコーナー「先週のラジオ歌謡」を設けた。1965年度にFMで大阪発のクラシック番組として新たに始まる。

 **スタジオコンサート** 1953年度
1954年1月放送開始。日本で活躍する中堅級の演奏家による器楽独奏、独唱、室内楽等を中心に楽しむクラシック番組。主な出演者は植野豊子、清水勝雄、松浦豊明、長松純子、室井摩耶子、伊藤京子、矢野滋、北爪利世、ジュピター・トリオ、プロ・ムジカ弦楽四重奏団ほか。この年に来日した作家トーマス・マンの三男であるビオラ奏者ミヒャエル・マンの出演が話題となる。第2(日)午後8時5分からの25分番組。

 **コンサートエコー** 1953～1954年度
大阪発のコーラス番組。薗田誠一、清水脩等の指揮で、古典から現代作品にいたるまで数多くの作品を放送した。第1(土)午後3時15分からの15分番組。1954年11月13日より『コーラス・タイム』に改題。

 **私たちの音楽会** 1953～1954年度
オーディション合格者に出演の機会を提供した『私たちの音楽』(1948～1956年度)の出演者の中から、優秀者を演奏会形式で紹介する番組。第2(土)午後5時からの1時間番組で、洋楽、邦楽を30分ずつ放送した。

 **夜のワルツ** 1953～1954年度
24人編成のシャンブル・サンフォニエットの演奏でワルツを楽しむ音楽番組。指揮は平井哲三郎、林光ほか。第1(土)午後9時45分からの15分番組。

 **音楽の窓** 1953～1955・1964～1968・1978～1983年度
古今の名曲をレコードで楽しみながら、音楽評論家の野村光一と音楽好きの文化人が対談を繰り広げた。初年度は第2(土)午後6時30分からの30分番組。1964年度に同名番組が第2でスタート。親しみやすいクラシックの名曲をレコードで紹介した。1978年度に暮らしのエッセーと音楽でくつろぐDJ番組として再々スタート。出演は小沢栄太郎、中条静夫、團伊玖磨ほか。第1(土)午後6時15分からの35分番組。

 **イヴニングサロン** 1953年度
クラシック、軽音楽を問わず、各種レコードをリクエストはがきにより選曲。番組半ばに「ミハエルの旅」と題するおとぎ話風の物語を挿入し、夕方のひとときに楽しく聴ける番組とした。第2(日)午後5時からの1時間番組。

グッドナイトミュージック　1953年度
就寝前のひとときを、クラシック音楽のレコードの中から静かな室内楽等の小品を選んで放送した。第2(月～日)午後11時15分からの15分番組。

歌の仲間　1953年度
東京放送合唱団の研究発表の場でもあった番組『東唱の時間』（1945～1953年度）を、1953年11月より『歌の仲間』に改題。ブラームス作曲「七つの歌」、シューマン作曲「ロマンスとバラード」など、ポピュラーな合唱曲を紹介した。第1(日)午前9時15分からの15分番組。

お好みレコードショップ　1954～1955・1961年度
聴取者からのリクエストによって曲目を決める唯一のクラシック番組。第2(日)午後0時からの30分番組で、クラシックの小品を紹介。同年11月に放送時間を1時間に拡大し、交響曲、協奏曲なども全曲放送した。1955年11月の番組改定で終了するが、1961年にディスクジョッキー番組として復活。のちに女優に転身した野際陽子アナウンサーがDJを担当した。第2(土)午後5時からの55分番組。

コーラス・アルバム　1954～1961年度
NHK専属合唱団による合唱番組。東京放送合唱団による合唱番組『東唱の時間』（1945～1953年度）、『歌の仲間』（1953年度）を経て、1954年4月からスタート。東京放送合唱団のほか、第2週は大阪放送合唱団、第4週は名古屋放送合唱団が出演。曲目はクラシックの古典から現代、さらに民謡、軽音楽まで広範囲に及んだ。初年度は第1(日)午前9時15分からの15分番組。1957年度後期より第2放送に移設。

LPサロン　1954～1963年度
午後のひとときに名曲名演のレコードを親しみやすい解説で楽しむクラシック番組。初年度は第2(土)午後5時からの1時間番組。1963年度はFMで同時放送。

音楽のしおり　1954～1961年度
大阪局が制作する関西の声楽家、ピアニストと大阪放送管弦楽団による"関西版ラジオリサイタル"。第2(日)午後6時からの30分番組。1960年度は地方音楽文化の育成を目的に、各地方在住の音楽家が出演。大阪、名古屋、広島、札幌、仙台、福岡、松山の各中央放送局が交替で放送した。

名曲キャビネット　1954～1970年度
週末午後のひととき、室内楽を中心に古今の名曲、埋もれた名曲をレコードで鑑賞するクラシック番組。初年度は第2(土・日)午後1時からの1時間番組。スポーツのスタンバイ番組として始まる。

立体音楽堂　1954～1965年度
ラジオ第1と第2で同時放送し、これを2台の受信機（ラジオ）で聞くことでステレオ効果が得られるという番組。1952年12月20日に『土曜コンサート』で初めて"立体放送"を実施。1954年11月13日に世界初の立体放送による定時番組としてスタートし、大きな反響を呼んだ。初年度は第1・2(土)午後0時30分からの30分番組。1965年度にFM独自の番組として(日)午後9時からの1時間番組となる。

少年少女音楽会　1954～1955年度
小、中学生を対象とした音楽鑑賞番組。第1(最終・土)午後6時5分からの35分番組。東京都教育庁と連携し、毎回、日比谷公会堂、共立講堂、日本青年館等の演奏会場に都内の生徒たちを招待して公開録音を行った。第1回放送は、メンデルスゾーン作曲「バイオリン協奏曲」を、ニクラウス・エッシュバッハーの指揮、パウル・クリングのバイオリン、N響の演奏で届けた。解説は音楽評論家の村田武雄が担当。

きょうの音楽家　1954年度
さまざまなタイプのクラシック音楽を曜日別に放送してきた15分番組『午後3時30分の音楽』（1951～1953年度）を、1954年11月に改題。第2(月～金)午後5時からの30分番組で、(月)「器楽独奏」、(火・木)「邦楽」、(水)「声楽」、(金)「室内楽」を編成した。

きょうの前奏曲　1954年度
1954年11月の番組改定で新設されたクラシック番組。歌劇「軽騎兵」序曲（スッペ作曲）をテーマとして、さわやかな朝にふさわしい音楽をLPレコードで届けた。第1(月～日)午前5時15分からの5分番組。1953年2月から2か月間、同名の番組が第2(月～日)午前6時30分からの30分番組で放送されている。

スタジオ演奏会　1954～1955年度
『私たちの音楽会』（1953～1954年度）に代わって、1954年11月にスタート。『私たちの音楽会』が新人中心だったのに対し、洋楽では武岡鶴代、長坂好子、鰐淵賢舟ら往年の花形、邦楽では各部門における中堅以上の演奏家が出演し、演奏会風に構成。1955年度は洋楽には奥田良三、柳兼子、由利あけみが出演。珍しい曲や埋もれた曲を発掘して音楽愛好家の要望に応えた。第2(土)午後6時30分からの25分番組。

心の歌　1954年度
各界の著名人が心に残っている忘れられない歌と思い出について語り、その曲を演奏して郷愁を誘う大阪局制作の音楽番組。主な出演者は富田砕花（詩人・歌人）、鍋井克之（洋画家）、滝川幸辰（法学者）ほか。第1(日)午前11時35分からの15分番組。

ラジオ編 番組一覧 03 音楽 | 定時番組

NHKラジオリサイタル 1954〜1961年度
『ラジオリサイタル』（1948〜1953年度）を改題してNHKを冠した。放送時間を1時間に延長し、"芸術アワー"をアピール。1954年度は毎月最終週に、世界各国の現代音楽の代表的傑作と言われるものを、定期的に国別に系統的に解説をつけて紹介した。第2(金)午後9時からの1時間番組。1962年度よりタイトルを『ラジオリサイタル』に戻した。

職場の音楽 1955年度
職場の優秀合唱団、吹奏楽団、軽器楽団の合唱と演奏を放送。第2(土)午後0時30分からの30分番組。

メトロポリタン・オペラ・アワー 1955〜1960年度
VOA（ヴォイス・オブ・アメリカ）提供の録音によって、ニューヨークメトロポリタン歌劇場で上演された歌劇を2時間の長時間枠で放送した。初年度は第2(日)午後0時から。世界一流の舞台からの中継とあって、広くオペラファンの人気を集めた。最終年度は原則月1回で最終日曜の午後1時からの2時間番組で、「カルメン」「フィデリオ」「トスカ」「ナブッコ」などを放送。1961年度以降も不定期に随時、放送した。

名曲をたずねて 1955〜1960年度
クラシックを中心にセミクラシックからシャンソンまで聴取者のリクエストにより放送するレコード番組。毎週日曜に第1で放送していたリクエスト番組『お好みレコードショップ』（1954〜1955年度）を、1955年11月から放送枠を拡大して改題。初年度は第1(月〜土)午前8時5分からの25分番組。5年間で1200回を数えた番組は、1961年4月1日にベートーベン作曲「交響曲第5番」の放送をもって幕を下ろした。

NHK希望音楽会 1955〜1961年度
『希望音楽会』（1945〜1948年度）が1955年11月に改題して復活。聴取者からリクエスト曲を募り、すぐれた演奏を平易な解説で紹介するクラシック番組とした。内外一流の演奏家・団体の演奏会やスタジオ録音から幅広く紹介。初年度は第1(水)午後9時15分からの30分番組。1958年度からは日本で唯一のラジオ・テレビ同時生放送の音楽番組となる。1962年度にタイトルを『希望音楽会』に戻す。

午後のリサイタル 1955・1957〜1959・1970〜1972・1977〜1984年度
器楽独奏、独唱、合唱、室内楽など、クラシック音楽の各ジャンルを曜日別に放送。初年度は第2(月〜金)午後5時からの30分番組。1955年11月に『夕べのリサイタル』（1955〜1957年度）に改題。1957年11月に『午後のリサイタル』にタイトルを戻し、1959年度まで放送。その後、1970年度と1977年度に再登場し、第一線で活躍している演奏家から新進演奏家までスタジオで演奏を披露した。

夕べのリサイタル 1955・1957・1964・1969・1973・1976年度
第2(月・水・金)午後5時から30分のクラシック番組。日本の第一線で活躍している演奏家や、将来を嘱望される新進演奏家が出演。1957年11月に『午後のリサイタル』に改題。その後、『朝のリサイタル』（1960〜1963年度）をへて、再び1964年4月に夕方に放送時間が移り『夕べのリサイタル』に戻る。1969年度にいったん終了するが、1973年度にFMに波を移し、午後5時台の30分番組で再開した。

青少年音楽会 1956〜1958年度
1955年度まで月1回放送してきた『少年少女音楽会』（1954〜1955年度）に代わって1956年4月にスタート。子どもから大人まで楽しめる親しみやすい名曲を、主に東京フィルハーモニー交響楽団の演奏で紹介。月1回は大阪放送局発で大阪放送管弦楽団が演奏した。解説は『音楽の泉』の進行役を1959年度から30年近く担当することになる音楽評論家の村田武雄。第1(土)午後2時5分からの55分番組。

音楽クラブ 1956〜1967年度
音楽界の話題を批評精神でとらえるマガジン形式の週刊音楽情報番組。野村光一、中島健蔵らを中心にした「音楽時評」、芥川也寸志の「やぶにらみの音楽論」、10人の日本人作曲家による「現代音楽ベストテン」ほか、「日本楽壇5つの問題」「楽器の話」「私のディスク」などのコーナーを座談会や録音などで構成。初年度は第2(日)午前10時からの1時間番組。1964年度にFMに移設。

音楽鑑賞 1957〜1964年度
NHK唯一の深夜のクラシック鑑賞番組として1957年4月にスタート。音楽についてのさまざまなテーマを週単位から数週間単位で取り上げ、系統的にじっくり鑑賞する。第1(月〜金)午後11時台の30〜35分番組。1959年度に第2に移設。最終年度は「都市と宮廷の音楽〜ドイツ・イタリア・フランス編」（10週間）ほか、第2(月〜日)午後11時30分からの30分番組で放送。

私たちの演奏会 1957〜1972年度
『希望の星座』（1952〜1953年度）、『歌の登竜門』（1956年度）の流れをくむ新人発掘のためのオーディション番組。毎月1回、オーディションで出演者を決定。クラシックと軽音楽を隔週で放送。審査員はクラシック（声楽・器楽等）が堀内敬三、野村光一、増沢健美、軽音楽（ジャズ・シャンソン・ポピュラー・歌謡曲等）が、古賀政男、服部良一、油井正一、藤山一郎。初年度は第2(日)午後7時からの30分番組。

現代の音楽 1957年度〜
内外の現代音楽作品を多角的に紹介する唯一の番組として第2(日)午後0時台の30分番組でスタート。各地の現代音楽祭やその他で発表された新作、日本の新進作曲家への委嘱作品を積極的に取り上げた。1963年度にFM波に移設。2024年度は日曜午前8時10分からの50分番組。音楽学者の白石美雪が現代音楽の魅力を紹介する。NHK屈指の長寿音楽番組の1つ。

おはよう音楽 1957〜1960年度
早朝にふさわしい明るく軽快な曲想で、広く親しまれているクラシックの小品を楽しむ早朝の音楽番組。管弦楽、器楽独奏、室内楽、声楽からギター、アコーディオン、ハーモニカなどの独奏・合奏まで幅広く選曲した。第2(月〜土)午前5時30分からの10分番組。

歌の国、音楽の町　1957年度
世界のさまざまな国と地域を紹介し、そこで生まれ育った民族の歌、踊りとともに自然や歴史、そして今日の姿をとらえて紹介した。取り上げた主な国と都市、地域にパリ、ナポリ、ハンガリー、スコットランド、コーカサスがある。1957年度（前期）は第1(日)午後2時からの30分番組。後期が午後0時30分からの25分番組。

音楽カレンダー　1957～1959年度
放送当日の日付に関係のある音楽家、俳優、画家、詩人など、またある時は劇場の創設や音楽祭の模様など、"その日"にかかわる音楽をカレンダーをめくるように聴きながら、話題を追った。第1(月～土)午前9時45分からの15分番組。

歌劇の夕べ　1958～1960年度
1958年度にN響の常任指揮者として来日したウィーン国立歌劇場の指揮者ウィルヘルム・ロイブナーと、N響を中心として古今の名歌劇の全曲放送を試みた。第2で日曜の夜間に原則月1回2時間で放送した。1959年度以降はマンフレット・グルリット、ニコラ・ルッチ、アルベルト・レオーネ、カール・チェリウスなど、海外で数々の歌劇場で経験を積んだ日本在住の外国人指揮者や日本人指揮者の指揮で歌劇全曲を楽しんだ。

音楽話のくずかご　1958～1976年度
音楽批評家の増沢健美によるディスクジョッキー番組。音楽史の裏話や珍しい曲を、ユーモアのある話術で聞かせた。1958年度に『音楽鑑賞』（1957～1964年度）枠内で始まり、1960年度に第2(土)午後11時40分からの20分番組で独立。1963年度に再び『音楽鑑賞』枠内に入り、1965～1976年度は『音楽夜話』（1965～1978年度）枠内で放送され、足かけ19年にわたる放送を終了。

朝のリズム　1958・1967～1978年度
休日の朝にふさわしい明るく軽快な曲を選んで放送した。初年度は第1(月～土)午前7時35分からの10分番組。1967年度に試験放送中のFMで新たにスタート。朝にふさわしい明るいメロディーを持つポピュラー音楽をステレオレコードで楽しんだ。FM本放送を開始後の1969年度は(月～土)午前8時からの1時間番組。

夜の室内楽　1959～1960・1962・1965年度
室内楽愛好者を対象に、日曜の深夜に古典の室内楽に対する理解を深めてもらうことを目的とした番組。主にモーツァルトの室内楽を中心にレコードで放送した。テーマとして使われたクリスティアン・バッハ作曲「五重奏曲変ホ長調作品11の第4番」と、アナウンサーによる詩の朗読が好評で、多くの投書が届いた。第2(土)午後9時30分からの30分番組。

1960年代　クラシック等

朝のリサイタル　1960～1963年度
『夕べのリサイタル』『午後のリサイタル』として放送してきたクラシック音楽番組を、午前8時台に移行して改題。初年度は(月)ピアノ独奏、(火・木)声楽、(水)室内楽、(金)弦楽ないしは管楽器の独奏で1週間を構成した。日本のクラシック界の第一人者や将来を嘱望されている新進演奏家が出演。第2(月～金)午前8時30分からの30分番組。

きょうの名曲　1960年度
ポピュラーな名曲をレコードで紹介する音楽番組。療養中の人や放課後の学生に愛聴され、熱心な投書や曲のリクエストも届いた。第2(月～金)午後4時30分からの30分番組。

夜のいこい　1960年度
野球のナイトゲームの早期終了の場合のスタンバイレコード番組。第2(水)午後9時30分からの30分番組。

音楽のたのしみ　1960～1969年度
音楽評論家の堀内敬三を解説者に迎えたクラシック音楽番組。室内楽、ピアノ曲、バイオリン曲など、ポピュラーなクラシック曲をわかりやすい解説とともにレコードで楽しんだ。初年度は第1(金)午後10時30分からの30分番組。1963年度は『音楽鑑賞』（1957～1964年度）の木曜枠で、『音楽話のくずかご』と交互に隔週放送。1965年度からは『音楽夜話』（1965～1978年度）枠内で1969年度まで放送。

名曲アワー　1961年度
スポーツ放送のスタンバイ番組。長時間にわたるレコード音楽の放送は、雨の日の音楽ファンに喜ばれた。第2(月～金)午後2時からの1時間40分番組。

朝の名曲　1961～1984・1991年度
1960年度で終了した『名曲をたずねて』を惜しむ声に応えて始まったクラシックレコードによる唯一のリクエスト番組。第1のワイド番組『朝のおくりもの』（1961～1962年度）枠内でスタート。1963年度に(月～土)午前8時5分からの40分番組で独立。1972年度にFMに移設、1984年度まで20年以上にわたって放送。1991年度に同名番組が新たにスタート。親しみやすいクラシック音楽の名曲を届けた。

ラジオ編 番組一覧 03 音楽 ｜ 定時番組

オペラアワー 1962～1996年度
あらゆる種類のオペラの全曲を、新着のステレオレコードで紹介する長時間枠。従来、スポーツ放送のない土曜に放送していたが、1962年度に第2(金・第3を除く)午後3時30分からの90分番組で定時化。1965年度にFMに移設し、(土)午後1時からの3時間番組となる。1996年度は海外の放送局から提供される著名な歌劇場や音楽祭におけるライブ録音を中心にオペラの名作を紹介した。

交響曲の午後 1962～1963年度
交響曲、交響詩、序曲、協奏曲、ミサ曲など、管弦楽を主体とする幅広い分野の作品をとり上げ、レコードで鑑賞する番組。特に後期ロマン派の長大な交響曲を全曲フルで聴くことのできる番組としてファンに喜ばれた。初年度は第2(土)午後3時からの120分番組。

朝のコーラス 1962・1965～1972年度
東京・大阪・名古屋の放送合唱団が交代で出演する本格的な合唱番組『コーラス・アルバム』(1954～1961年度)を改題。毎月第1・第3・第5週が東京放送合唱団、第2週が大阪放送合唱団、第4週が名古屋放送合唱団の演奏を放送。第2(土)午前8時30分からの30分番組。1965年度に試験放送中のFMで再開。朝にふさわしいさわやかなコーラスを主にステレオレコードで紹介した。

私たちのコーラス 1962年度
全国のアマチュア合唱団の演奏を紹介するコーラス番組。第2(土)午後7時からの20分番組。全国合唱コンクール入賞団体はもちろん、職場のコーラス、学生コーラスグループなど、出演団体は多彩で、全国で盛んな合唱運動の一面がこの番組に反映した。

名曲アルバム 1963年度
青少年を対象とした教養と娯楽の総合番組『明るい広場』枠内で放送されたレコードによるクラシック音楽番組。ショパンのバラード、ビゼーの「カルメン」組曲など、名曲・名演のレコードを親しみやすい解説で紹介した。第1(日)午後4時5分からの55分番組。1976年にテレビで同名のミニ番組が始まる。

家庭音楽会 1963・1966～1969年度
童謡からカンツォーネ、オーケストラによるムード音楽まで、多彩な構成を試みたファミリー向け音楽番組。第1(火)午後8時30分からの29分番組。1966年度に午後5・6時台のファミリー枠『こどもと家庭の夕べ』枠内で同名番組がスタート。家庭の主婦、学生をおもな対象とするレコード番組で、音楽の楽しさを味わうことを主眼に、音楽の知識も養えるように構成した。第1(月～金)午後6時15分からの35分番組。

家庭音楽鑑賞 1963～1976年度
家庭の主婦と一般クラシック愛好家を対象とした長時間枠の教養音楽番組。FM試験放送中の1963年度に始まり、本放送開始後の1969年度は(月～金)午前9時からの1時間40分番組。大木正興、丹羽正明ほかの音楽評論家による親しみやすい解説で、クラシック音楽を体系的に紹介した。取り上げたテーマは「オペラの歴史」「名ピアニストをきく」「ビートルズとその周辺」など。

ディスクコンサート 1963年度
ラジオ第1と第2で別チャンネルを同時放送する「立体放送」番組。新しいステレオレコードで、クラシックとポピュラーの名曲・名演を隔週交互に放送した。主な放送はバーンスタイン指揮のベートーベン「交響曲第5番」、ミュージカル「マイ・フェア・レディ」、「ソニー・ロリンズとモダンジャズの巨匠たち」など。第1・第2(土)午後3時10分からの49分番組。

バロック音楽のたのしみ 1963～1964・1966～1984年度
17～18世紀の音楽を週ごとにドイツ、イタリア、フランスなど国別に編成し、解説。1963年度にFMで始まったが1964年度でいったん終了。1966年4月に再開し、FM本放送開始後の1969年度は(月～土)午前6時30分からの30分番組。バロック音楽のレコードを服部幸三と皆川達夫の解説で楽しんだ。ヴィヴァルディの「四季」の流行にみられるような日本の"バロック・ブーム"の素地を作ったレコード番組。

バッハ連続演奏 1963～1972年度
1963年度にFMでスタート。バッハの作品を教会暦や新盤の話題などをはさみながら紹介したレコード音楽番組。解説は服部幸三(東京芸術大学助教授)。1965年度からは関連番組として扱われていた『バロック音楽のたのしみ』からの独立性を強め、バッハの作品を網羅するなど、バッハの音楽性に焦点を絞った内容とした。FM本放送開始後の1969年度は(日)午前7時15分から45分番組。

ステレオコンサート 1964～1973年度
FM(月～日)午後10時10分からの50分番組でスタートした音楽番組。曜日別にクラシックから軽音楽まで、さまざまなジャンルの音楽をそれぞれ専門の解説者を招いて構成し、ステレオレコードで楽しんだ。1965年度より午後7時20分から9時までの放送となる。1972～1973年度は軽音楽のみ。1974年度に『海外の音楽』(1967～1973年度)と合併する形で『FMコンサート』となる。

音楽夜話 1965～1978年度
クラシック音楽を身近な話題とレコードで楽しむ音楽解説番組。初年度は第1週と第3週が「音楽の楽しみ」。音楽評論家の堀内敬三が親しみやすい名曲を紹介。第2週と第4週は1960年度に始まった増沢健美が案内する「音楽話のくずかご」を枠内で放送した。第5週は音楽評論家・大田黒元雄の「オペラ夜話」。初年度は第2(日)午後11時からの30分番組。1966年度に第1放送に、1970年度にFMに移設した。

ステレオホームコンサート 1965～1971年度
古典から現代までクラシックのポピュラーな名曲を中心に、最新盤、名演奏盤で長時間演奏を楽しむステレオレコード番組。1965年度に試験放送中のFMで放送をスタート。(月～金)は2時間番組でほとんど解説を加えず放送。(日)は3時間番組で大木正興、門馬直美、渡辺学而らの音楽評論家が解説した。本放送となった1969年度は(月～土)午後1時からの2時間番組。1972年度より『ホームコンサート』に改題。

FMリサイタル　1966～1978・1988～1990・1996～1999年度
『音楽のおくりもの』（1948～1978年度）の枠内で放送された「FMリサイタル」が1966年度に独立。『テレビリサイタル』（1962～1974年度）で放送した内容を中心としたステレオ音源によるクラシック番組。FM(金)午後7時からの60分番組。1988年度に(月～金)午前10時台に同名番組がスタート。いったん休止のあと1996年度に再開。内外で活躍する日本人演奏家の演奏をスタジオ収録で紹介した。

クラシックサロン　1968～1971・1996～1998年度
クラシック音楽をめぐるさまざまな話題をエッセイ風にまとめて解説し、レコードで実例を示す音楽番組。初年度はFM(月)午後7時20分からの60分番組。1996年度に『クラシック・コレクション』（1993～1995年度）の後継番組として同名番組がスタート。肩の凝らないおしゃべりとクラシック音楽のCDで構成。FM(月～木)午後2時からの2時間番組。1999年度に『ミュージックポプリ』に改題。

午後の間奏曲　1968～1969年度
1969年3月1日からのFM本放送に伴うステレオ番組増加を目指して新設されたステレオ番組。家庭にいる女性や学生音楽愛好家を対象に、比較的ポピュラーなクラシックの名曲を選び、(月)室内楽、(火)ピアノ、(水)オーケストラ、(木)弦楽器、(金)声楽と、曜日ごとにジャンルを分けて放送した。1969年度はFM(月～金)午後3時20分からの40分番組。

1970年代　クラシック等

名曲のたのしみ　1971～2012年度
音楽評論家の吉田秀和の解説で、著名な作曲家の作品を半年から1年かけてほぼ全曲紹介するクラシック番組。毎月最終週には「私の視聴室」として吉田が選んだ名盤を紹介。初年度はFM(日)午前9時からの2時間番組。2005年度から土曜夜間の1時間番組となる。2012年5月に吉田が死去。その遺稿に基づき「シベリウス　その音楽と生涯」を代読放送し、2012年12月に41年9か月に及んだ放送が終了した。

こどものためのレコードコンサート　1971年度
少年少女のための音楽鑑賞入門番組。毎月、週ごとに「セミクラシック」「ポピュラー」「世界各国の音楽」「音楽○○入門」の4つのシリーズを順次放送。5週目は「リクエスト特集」とした。語り手は12月第3週まで広瀬久美子アナウンサー、その後は葉村エツコが担当した。第1(日)午前10時20分からの40分番組。

ホームコンサート　1972～1976年度
『ステレオホームコンサート』（1965～1971年度）を改題。ステレオ愛好家を対象に、古典から現代までの親しみやすい曲や大曲を、新着レコードやすぐれた録音を選んで放送した。FM(月～土)午後1時からの2時間番組。

オルガンとコーラス　1973～1976年度
オルガン演奏の週とコーラスの週に分けて編成したステレオ放送番組。オルガン演奏の週は、1973年6月に落成した新NHKホールに設置されたパイプオルガンを内外の奏者が演奏。コーラス番組の週は、東京放送合唱団、大阪放送合唱団のほかアマチュアも含め各種団体の合唱を放送した。FM(日)午前8時18分からの42分番組。

青少年コンサート　1973～1984年度
青少年を対象に管弦楽の名曲をすぐれた演奏と親しみやすい解説で紹介する番組。東京近郊で実施した「NHK名曲コンサート」（年間8回）を公開放送し、この時間で取り上げた。原則として毎月第3週は大阪放送局、第5週は名古屋放送局で制作した。出演は東京フィルハーモニー交響楽団、大阪フィルハーモニー交響楽団、京都市交響楽団、名古屋フィルハーモニー交響楽団ほか。初年度はFM(日)午後5時からの1時間番組。

NHKホールアワー　1973～1978年度
NHKホールで収録したNHK交響楽団をはじめとする内外のオーケストラを中心に、ステレオ放送するクラシック番組。初年度はシュトゥッツガルト・バッハ合唱団・管弦楽団、デムス・スコダピアノ連弾、ハラルト・フォーゲルオルガン独奏、NHK交響楽団演奏会、リヒテル・ピアノリサイタルほかを放送。初年度はFM(日・月1回程度)午後2時からの3時間番組。

FMコンサート　1974～1978年度
『海外の音楽』（1967～1973年度）と『ステレオコンサート』（1964～1973年度）を統合して新設されたFMの音楽番組。午後8時5分から10時まで、(月・水・金)が音楽評論家の解説でクラシック音楽を放送。(火・木・土・日)がラテン・ポピュラー・ジャズの評論家の解説による名曲、ヒット曲を楽しんだ。1978年11月に放送を終了すると、翌週から(月～金)放送で『FMクラシックアワー』に拡大移行した。

仲間の音楽会　1976～1978年度
一般音楽愛好家や職場、学校などのアマチュアグループの合唱や演奏の録音、活動の様子を、司会をつとめる音楽家が適切なアドバイスを加えて紹介する。司会：(初年度：3か月交代)和田昭治、喜早哲、立川清登、石丸寛、(1977年度)中村八大、服部克久、(1978年度)石丸寛。第1(日)午後6時15分からの35分番組。

朝のハーモニー　1977～1984年度
国内外の演奏家によるNHKホールのオルガン演奏を中心に放送した番組。また海外放送局提供の録音による演奏も放送した。出演は広野嗣雄、岳藤豪希、ハラルド・フォーゲル、アンドレ・イゾアール、ウェルナー・ヤコブほか。FM(日)午前6時15分からの43分番組。

NHK放送100年史（ラジオ編）　243

ラジオ編 番組一覧 03 音楽 | 定時番組

音楽の部屋　1977～1981年度
主に在宅主婦を対象に、クラシックからポピュラーまで気楽に楽しめるように構成した。曜日別に（月）「音楽カレンダー」、（火）「音楽世界地図」、（水）「世界の歌」、（木）「音楽小事典」、（金）「世界の楽団」。初年度はFM（月～金）午前9時からの1時間40分番組。

音楽のすべて　1977～1984年度
番組前半は大木正興、諸井誠、門馬直美、高崎保男、菅野浩和、和田則彦ほかによるトークと音楽を楽しむ。珍しい話題による「音楽雑記帳」をはさんで、後半は「きょうのレコード」で構成。また月2回は栗原小巻、柳家小三治、市川染五郎、森下洋子らのゲストを招いた。初年度はFM（月～金）午後1時からの2時間番組。

おはようコーラス　1977～1978年度
日曜の朝にさわやかなコーラスを楽しむ音楽番組。出演はプロの合唱団のほか、一般、職域、高校、大学、地域で活動する全国のアマチュア合唱団。プロでは放送合唱団の活動のほか、東京混声合唱団の三善晃の自作自演が注目された。FM（日）午前8時18分からの42分番組。

FMクラシックアワー　1978～1984年度
内外の一流オーケストラ・演奏家による話題の演奏をはじめ、古典から現代までクラシック音楽全般をじっくり味わう。初年度の曜日別の内訳は、（月・火）が海外の放送局提供による「海外の音楽」、（水）が国内の演奏会場の録音を聴く「ライブハウス」、（木）がスタジオ制作のオペラや演奏を楽しむ「クラシック・アラカルト」、（金）が「クラシック・リクエスト」で1週間を構成。FM（月～金）午後8時5分からの115分番組。

たのしいコーラス　1978～1990年度
第1回「ママさんコーラス全国大会（23団体）」をはじめ、全国のアマチュアグループからプロの合唱団まで各方面のコーラスを紹介する合唱番組。東京混声合唱団、日本合唱協会、東京二期会など多くのグループ、多彩な団体が出演。合唱コンクール地区大会の優秀団体、コンクールに参加しない実力団体、新進のグループなども紹介した。初年度はFM（土）午後1時40分からの20分番組。

ブラスのひびき　1978～1990・1995～2001年度
青少年層の「ブラスバンド」に対する関心の高まりに応える形で番組がスタート。日本の吹奏楽人口の増加を受けて、さらなるレベル向上と普及を目指した。内外のすぐれた演奏をレコードで紹介するほか生演奏も届けた。初年度はFM（日）午前8時18分からの42分番組。1990年度でいったん放送を終了。1992～1994年度は第2で祝日の特集番組として放送。1995年度よりFM（土）午前7時台に35分番組で再開。

しらべによせて　1978～1983年度
世界の名曲を作品ゆかりの地の美しい映像とともにコンパクトに紹介するテレビ番組『名曲アルバム』のラジオ版。音楽とともに曲の背景やエピソードをナレーションで紹介した。構成：蓬萊泰三、泉久次ほか。語り：中村恵子、白坂道子、里見京子。出演：五十嵐喜芳、伊原直子、尾高忠明、東京フィルハーモニー交響楽団ほか。第1（日）午後5時50分からの8分番組。

ピアノのある部屋　1979～1983年度
ピアノ曲のレコードに、杉野キチローのピアノ生演奏と話をまじえ、高野修のおしゃべりにより気楽に聴ける番組とした。初年度は第1（土）午後9時30分からの28分番組。

1980年代　クラシック等

名曲サロン　1982～1984年度
広く親しまれたクラシックの名曲を中心に、長時間の大曲や知られざる名曲のレコードも含めて、放送センターのスタジオから生放送した。初年度は8月2日から10回にわたって「夏休みにおくる100の名曲」を放送。FM（月～金）午後1時からの1時間55分番組。

サンデークラシックコンサート　1982～1984年度
声楽曲以外の親しみやすいクラシックの名曲でプログラムを組み、話題の多い海外録音テープと新譜レコードで放送した。FM（最終・日）午後3時5分からの2時間55分番組。

名曲の小箱　1984年度～
世界の名曲を5分で楽しむ音楽番組。テレビ番組『名曲アルバム』の素材をもとに構成。簡単な解説を添えて鑑賞の手引きとし、1週間をとおして一つの曲を放送。初年度は第1（日）午前9時35分から、第2（月～土）午後9時55分からのそれぞれ5分番組。その後FMでも放送。

音楽家ポートレート　1984～1987年度
作曲家、演奏家を問わずクラシック音楽家のある一面を、解説やエピソードで浮き彫りにする音楽教養番組。アナウンサーの朗読とレコード音楽で番組を進行。テーマは「愛から生まれた名曲」「ギター音楽の巨匠たち」「旅の日のメンデルスゾーン」「ふるさとを愛しつづけたドボルザーク」「フランツ・リストの6つの顔」など。一つのテーマで数回のシリーズを組んで放送した。初年度はFM（土）午前8時からの2時間番組。

FM音楽手帳　1984〜1990年度
週ごとに話題と出演者を変えて構成。第1週は音楽評論家が前月の音楽の話題を取り上げる「私の音楽時評」。第2週は日本を代表する音楽家の素顔を探る「音楽家訪問」。聞き手は中野博詞（慶應義塾大学教授）。第3週は柴田南雄（作曲家）の音楽的文明批評「作曲家の目」。第4週はゲストが一枚のレコードについて語る「私と一枚のレコード」。聞き手は村上陽一郎（東京大学教授）。初年度はFM(日)午後8時からの30分番組。

ミュージックダイアリー　1985年度
早朝のひととき、作曲家、演奏家、名曲の初演などを中心とした"音楽ごよみ"をひもときながら、放送当日に関連する選曲でクラシック音楽をレコードで楽しむ。ナレーションは明石勇、野口博康両アナウンサー。FM(月〜日)午前6時15分からの40分番組。1985年4月から半年間の放送で、10月に『ミュージックカレンダー』に改題。

マイクラシック　1985〜1990年度
朝のひととき、親しみのあるクラシックの名曲をナレーションとともに届けた。週単位でテーマを設け、第1週「作曲家シリーズ」、第2週「音楽の旅」、第3週「世界の名演奏家」、第4週「リクエスト集」、第5週は季節、時期に合ったタイムリーな音楽等で構成。のちに、「楽器の魅力シリーズ」「名演奏家シリーズ」などのテーマでも放送した。初年度はFM(月〜金)午前7時15分からの55分番組。

朝のミュージックライフ　1985〜1986年度
ヤングミセス向けの音楽カルチャー番組としてスタートした音楽ワイド番組。初年度は「企画コーナー」「フレッシュコンサート」「世界の民族音楽」「レッツ・シング・ア・ソング」の4つのコーナーで始まり、2年目は「企画コーナー」で「ドイツ音楽歳時記」を通年企画としてスタートさせた。1987年度に『ミュージックライフ』に改題。FM(月〜金)午前9時からの2時間番組。

クラシックコンサート　1985〜1990年度
室内楽からオーケストラや歌劇まで幅広い分野にわたって内外の優れた演奏家の演奏を、スタジオ収録、生放送、演奏会場でのライブ録音、海外放送局の提供による録音テープなどで放送。公開録音も実施した。FM(月〜金)午後7時20分からの1時間40分番組。1991年度に『ベストオブクラシック』に改題。

海外クラシックコンサート　1985〜2006年度
海外で行われているさまざまな演奏会や音楽祭を、海外の放送局から送られてくるライブ録音に解説を加えて放送する番組。ザルツブルク、ウィーン、ベルリンなどの音楽祭をはじめ、オーケストラの定期公演、スタジオ・コンサート等、契約の関係でCD化が不可能とされる貴重なソフトを数多く紹介した。初年度はFM(土・日)午前9時からの放送で、(土)が1時間15分番組で(日)が2時間50分番組。

FMシンフォニーコンサート　1985〜2006・2009〜2011年度
『青少年コンサート』（1973〜1984年度）を改題。管弦楽の名曲を優れた演奏と親しみやすい解説で紹介。公開録音も随時、実施した。東京フィルハーモニー交響楽団、大阪フィルハーモニー交響楽団、名古屋フィルハーモニー交響楽団など、日本各地に活躍するオーケストラが出演。初年度はFM(土)午後6時からの1時間番組。2006年度でいったん放送を終了するが、2009年度にFM(日)の1時間40分番組で再開。

サンデーリクエストアワー　1985〜1988年度
聴取者から寄せられたリクエストをもとに構成したクラシックのリクエスト番組。解説は大友直人（指揮者）、聞き手は岩崎香織（俳優）。初年度はFM(日)午後7時20分からの1時間40分。1989年度に『サンデークラシックリクエスト』に改題し、その後『クラシックリクエスト』へと続いていく。

N響アワー　1985〜1990年度
NHK交響楽団の名演奏をコンサートホールの雰囲気に近い形で紹介するほか、練習風景や室内楽活動などを多角的にとり上げた。教育テレビで1980年度から放送を開始したが、1985年度から日曜の再放送をFMでステレオによる同時放送を開始した。FM(日)午後2時からの1時間番組。

クラシックギャラリー　1985年度
すぐれた演奏、ハイレベルの録音のディスクを選び、スタンダードな名曲を中心に簡潔な解説を加えて紹介するクラシック音楽番組。幅広い音楽評論活動を続ける岩井宏之、濱田滋郎、中河原理が1週間単位の持ち回りで案内役を務めた。FM(月〜金)午後2時からの2時間番組（途中午後2時55分から10分間「ニュース・天気予報・交通情報」の中断あり）。1986年度に『名曲ギャラリー』に改題。

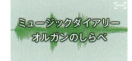
ミュージックダイアリー〜オルガンのしらべ　1985年度
『朝のハーモニー』（1977〜1984年度）を、1985年4月に『ミュージックダイアリー』の日曜枠に移行し「オルガンのしらべ」と改題。NHKホールのパイプオルガンを中心に、内外の演奏家の演奏や世界各国から提供を受けたオルガン音楽祭の録音を放送した。FM(日)午前6時15分からの40分番組。1985年10月に『ミュージックカレンダー〜オルガンのしらべ』に改題。

ミュージックカレンダー　1985〜1986年度
放送当日の"音楽ごよみ"によって選曲構成するクラシックレコード番組。1985年4月から放送していた『ミュージックダイアリー』を10月に改題。FM(月〜土)午前6時15分からの40分番組。ナレーションは草柳隆三アナウンサーほか。なお1962年度の第1放送『午後のダイヤル』で、(月〜金)放送の同名の25分番組（コーナー）がある。

名曲のひととき　1986〜1989年度
テレビ番組『名曲アルバム』（総合・教育）の音源から2曲を組み合わせて、アナウンサーのコメントを織り込みながら10分のラジオ番組として構成した。第2(月〜金)午後4時20分からの10分番組。

ラジオ編 番組一覧 03 音楽 | 定時番組

名曲ギャラリー　1986〜1991年度
『クラシックギャラリー』（1985年度）を改題。新しいすぐれた演奏、高品質の録音のディスクを選び、スタンダードな名曲を中心に、話題の曲などを交えて放送するクラシック音楽のディスク番組。案内役は岩井宏之、濱田滋郎、中河原理ほか。FM(月〜金)午後2時からの2時間番組（途中午後2時55分から10分間「ニュース・天気予報・交通情報」の中断あり）。

あさの音楽散歩　1987〜1988年度
『ミュージック・カレンダー』（1986年度）のあとを受けてスタート。朝の澄んだ空気の中を散策するように、バロック音楽を中心としたポピュラーなクラシック音楽でくつろぐ番組。音楽にマッチした季節感あふれる詩、エッセーなども紹介した。案内役は日野直子（元NHKアナウンサー）。FM(月〜土)午前6時台の40〜55分番組。

ミュージックライフ　1987〜1988年度
『朝のミュージックライフ』（1985〜1986年度）を改題。朝の時間帯にあわせて、さわやかなクラシック音楽に教養性を加味したヤングミセス向けの音楽ワイド番組。①「企画コーナー」　②「フレッシュコンサート」　③「世界の民族音楽」　④「レッツ・シング・ア・ソング」の4コーナーで構成。初年度はFM(月〜金)午前9時からの1時間58分番組。1988年度は「企画コーナー」と「世界の民族音楽」の2本柱で構成。

あさの音楽散歩〜オルガンのしらべ　1987年度
「ミュージックダイアリー〜オルガンのしらべ」（1985年4〜9月）、『ミュージックカレンダー〜オルガンのしらべ』（1985年10月〜1986年度）を経て、1987年度より『あさの音楽散歩』の日曜枠で放送。ホールのパイプオルガンを中心に、内外演奏家の演奏や世界各国提供のオルガン音楽祭の録音テープを放送した。FM(日)午前6時15分からの40分番組。

夜の間奏曲　1988〜1990年度
夜のひととき、ギター、ハープ、ピアノ、ハープシコード、フルートなどの楽器による穏やかで美しいメロディーを楽しむクラシック音楽番組。初年度はFM(月〜金)午後9時からの15分番組。1990年度は午後10時45分からに移行。

名演奏家を聴く　1988〜1991年度
世界の巨匠たちの演奏をディスクで鑑賞するクラシック音楽番組。初年度はワルター・ギーゼキング、パブロ・カザルスを紹介。その後、アルトゥール・ルービンシュタイン、ヤッシャ・ハイフェッツ、マルセル・モイーズ、アルフレッド・コルトー、アドルフ・ブッシュとブッシュ弦楽四重奏団、ヨーゼフ・シゲティほかの名演を放送した。FM(日)午前10時からの1時間50分番組。

オルガンのしらべ　1988〜1990年度
NHKホールにパイプオルガンが建造されたのを機に、1977年4月に『朝のハーモニー』のタイトルで放送を開始。『ミュージックダイアリー』（1985年度）、『ミュージックカレンダー』（1986年度）、『あさの音楽散歩』（1987年度）を経て『オルガンのしらべ』として独立。NHKホールでのパイプオルガン演奏を中心に、内外演奏家のオルガン演奏を放送した。FM(日)午前6時からの55分番組。

あさのバロック　1989〜2003年度
『あさの音楽散歩』（1987〜1988年度）の後継番組。バロック音楽を中心に、中世・ルネサンスの音楽までを専門に扱う早朝の音楽番組。NHKホールのオルガン演奏、内外演奏家のライブ演奏、リスナーからのリクエストも紹介し、バロック音楽ファンの多様なニーズに応えた。初年度はFM(月〜土)午前6時からの55分番組。2004年度より『バロックの森』に引き継がれる。

音楽図書館　1989〜1990年度
『ミュージックライフ』（1987〜1988年度）の企画コーナーが独立。音楽評論家、作曲家、学者など各界の第一人者が、さまざまな角度からクラシック音楽を取り上げ、やさしい解説を加えながら音楽を聴いた。初年度の解説者とテーマは小塩節（独文学者）「都市と音楽」、田中信昭（指揮者）「合唱の部屋」、高橋基郎（仏文学者）「文学と音楽」ほか。初年度は（月〜金）午前9時からの1時間15分番組。

サンデークラシックリクエスト　1989年度
『サンデーリクエストアワー』（1985〜1988年度）を改題。聴取者からのリクエスト曲を中心に構成するクラシック音楽のディスク番組。リクエスト曲にかかわる楽しい話題を交えて放送した。FM(日)午後10時からの1時間50分番組。案内役は大友直人（指揮者）と岩崎香織（俳優）。1990年度に放送日が（土）午後7時15分からの1時間45分番組となり、タイトルを『サタデークラシックリクエスト』に変更した。

1990年代　クラシック等

間奏曲　1990〜1996年度
講座番組の合間にクラシック音楽の名曲を放送し、憩いのひとときとした番組。初年度は第2(火・水)午前11時45分からの15分番組。最終年度となった1996年度は祝日のみの放送。

日曜クラシックスペシャル　1990〜2006年度
長時間のクラシック番組を柔軟に編成するために新設した日曜午後から夜間にかけての長時間枠。初年度はFM(日)午後2時から午後10時までの8時間で、『N響アワー』『オペラアワー』『FMシンフォニーコンサート』『ベストオブクラシック』『FM音楽手帳』などの番組をニュース・天気予報をはさんで編成。1997年度以降は、通常のコンサート中継の時間枠に収まりきらない演目やイベントなどを、月1回放送する枠となる。

サタデークラシックリクエスト　1990年度
『サンデークラシックリクエスト』（1989年度）の放送日が、日曜から土曜に変更になって改題。聴取者からのはがきリクエストにこたえて構成するクラシック音楽のディスクジョッキー番組。リクエスト曲にかかわる楽しい話題などを交えて進行した。FM(土)午後7時15分からの1時間45分番組。案内役は大友直人（指揮者）と岩崎香織（俳優）。

ベストオブクラシック　1991年度～
『クラシックコンサート』（1985～1990年度）を改題。室内楽からオーケストラやオペラなど幅広いジャンルにわたって、内外のすぐれた演奏家の演奏会を紹介する本格派クラシック番組。海外の放送機関の録音によるライブ素材と、一部生放送を含むライブ録音でクラシック音楽を楽しむ。2024年度はFM(月～金)午後7時30分からの90～100分番組。

土曜リサイタル　1991～1995年度
週5日放送していた『FMリサイタル』（1988～1990年度）を、土曜の早朝にまとめて『土曜リサイタル』と題して放送。内外で活躍する第一線の中堅、若手の日本人演奏家を、スタジオ収録により紹介した。第1・3週はピアノ・アンサンブル、第2・4週は弦楽器・声楽・管打楽器、第5週はオーディション合格者と名古屋発の演奏を放送した。初年度はFM(土)午前7時15分からの1時間45分番組。

音楽ジャーナル　1991～1993年度
クラシック音楽界の話題やニュースを紹介。初年度は第1週が岩井宏之、丹羽正明、三善清達らによる「音楽時評」、第2週「音楽家インタビュー」、第3週は柴田南雄（作曲家）の音楽的文明時評「作曲家の目」、第4週「この人と語る」で構成。各回の冒頭に、最新の海外の音楽ニュースを伝えた。聞き手は村上陽一郎（東京大学教授）。FM(日)午後6時30分からの30分番組。1994年4月から『芸術ジャーナル』に改題。

クラシックリクエスト　1991～2003年度
『サンデーリクエストアワー』（1985～1988年度）、『サンデークラシックリクエスト』（1989年度）、『サタデークラシックリクエスト』（1990年度）と続いてきたクラシックのリクエスト番組。ディスクジョッキーが聴取者からのリクエストに応えて進行した。リクエスト曲についての話題、社会や文化現象などを盛り込み、音楽をマルチな視座でとらえた。初年度はFM(日)午後9時からの2時間番組。

聴きたくてクラシックⅠ　1992年度
クラシック音楽界の過去の出来事を日ごとに振り返り、テーマを一つ選んでそれにちなんだ名曲を解説とともに紹介する番組。作曲家の誕生日・命日、楽曲が完成した日など、音楽とともに音楽界の記念すべき出来事を知る楽しみも提供した。1部、2部のワイド編成の第1部。案内役は栗田敦子、小林洋子。FM(月～金)午前7時15分からの1時間38分番組。

聴きたくてクラシックⅡ　1992年度
クラシック音楽界の過去の出来事を日ごとに振り返り、一つテーマを選んでそれにちなんだ名曲を解説とともに紹介する番組。作曲家の誕生日、命日、楽曲が完成した日など、音楽とともに音楽界の記念すべき出来事を知る楽しみも提供した。1部、2部のワイド編成の第2部。2部の案内役は若手音楽研究家の白石美雪、横井雅子、岡部真一郎、仁井谷久美子、柴辻純子、戸田紗織、遠山菜穂美。FM(月～金)午前9時からの2時間。

トスカニーニライブラリー　1992年度
今世紀を代表する巨匠として一世を風びした指揮者アルトゥーロ・トスカニーニの貴重な演奏の録音テープを連続して紹介した。その大半は1937年にトスカニーニのために組織されたアメリカのNBC交響楽団との演奏だった。FM(日)午前10時からの1時間50分番組。

名曲プロムナード　1993～1995年度
『聴きたくてクラシックⅠ』（1992年度）の後継番組。あわただしい朝のひとときに誰もが知っているクラシックの名曲を中心に送るさわやかな音楽番組。案内役は栗田敦子、小林洋子、橋本潤子。FM(月～金)午前7時15分からの1時間38分番組。1996年度に『クラシック・ポートレート』に改題。

名曲スケッチ　1993年度～
テレビ番組『名曲アルバム』から生まれたラジオ番組で、第2の『名曲のひととき』（1986～1989年度）がFMに波を移して復活。『名曲アルバム』の音楽素材をもとに2曲選び、アナウンサーによる簡単なコメントを添えて放送する10分のミニ番組。初年度はFM(土)午前10時50分からの10分番組。1998年度からはラジオ第2でも放送し、放送日時も拡充した。

20世紀の名演奏　1993～2009年度
今世紀を代表するさまざまなジャンルのクラシックの名演奏を黒田恭一（音楽評論家）の魅力あふれる語りで紹介した番組。初年度はFM(日)午前10時からの1時間50分番組。2007年10月以降、黒田が病気療養中は同じくクラシック音楽評論家の諸石幸生が解説を担当。2009年5月に黒田が他界、6月以降は諸石幸生が担当を引き継いだ。

クラシック・コレクション　1993～1995年度
『聴きたくてクラシックⅡ』（1992年度）の後継番組。クラシックの名曲を中心に曜日別にテーマを設定し、若手音楽評論家らが意外なエピソードや興味ある情報を交えて生放送で紹介した。FM(月～金)午後2時からの2時間番組。再放送を翌日午前9時から放送した。出演：岡部真一郎、仁井谷久美子、柴辻純子、戸田紗織、遠山菜穂美、白石美雪、横井雅子。1996年度に『クラシックサロン』が後を引き継ぐ。

クラシックファンタジー　1994年度
深夜の時間帯に落ち着いて聴ける大人のためのクラシック音楽番組。深夜にふさわしい選曲、しゃれたエッセーが大人のリスナーに支持され、反響を呼んだ。語り：野沢日香里（女優）。スクリプト：鈴木悦夫、いずみ玲。FM(土)午後11時10分からの50分番組。

NHK放送100年史（ラジオ編）　247

ラジオ編 番組一覧 03 音楽 | 定時番組

芸術ジャーナル　1994〜2001年度
『音楽ジャーナル』（1991〜1993年度）を改題し、一部内容を刷新。第1週は前月の音楽界の話題を取り上げる「音楽時評」、第2週は音楽家の素顔を探る「音楽家インタビュー」、第3週は池辺晋一郎（作曲家）の音楽的文明時評「作曲家の目」、第4・5週は演劇や映画界の話題をジャーナルに取り上げた。各回の冒頭に、海外の最新音楽ニュースや演劇ニュースも伝えた。初年度はFM（日）午後6時30分からの30分番組。

クラシックものがたり　1995年度
『クラシックファンタジー』（1994年度）の後継番組。クラシックの作曲家や名曲にまつわるエピソードを真実と空想を織り交ぜて作った物語を、美しい音楽にのせて送るクラシック番組。題材は作曲家の生涯やオペラやバレエのストーリー。出演は林隆三、島田陽子、檀ふみ、毬谷友子ほか。FM（土）午後11時10分からの50分番組。

クラシック・ポートレート　1996〜1998年度
『名曲プロムナード』（1993〜1995年度）の後継番組。親しみやすいクラシックの名曲を肖像写真にたとえて、共通するテーマにしたがってさまざまなタイプの音楽を楽しむエッセー風の音楽番組。案内役は栗田敦子、橋本潤子（元NHKアナウンサー）。初年度はFM（月〜金）午前7時15分からの1時間38分番組。

クラシック新譜情報　1996〜1997年度
作曲家・吉松隆がクラシックCDの新譜発売の傾向を分析するとともに、独自の視点でとらえた最新の音楽情報を紹介する。日本人アーティストに注目する「Jクラシックスを聴く」など、選曲には毎回テーマを設けた。FM（金）午前9時からの2時間番組。

おしゃべりクラシック　1996〜2001年度
日本人の生活習慣や行事などを話題に取り入れた日常感覚のクラシック音楽番組。俳優・渡辺徹とクラシック演奏家とのトークで週末の午後のひとときを演出した。出演はピアニスト・伊藤めぐみ（1996・1997年度）、チェロ奏者・向山佳絵子（1998年度）、ソプラノ歌手・澤畑恵美（1999年度）、マリンバ奏者・神谷百子（2000年度）、チェロ奏者・長谷川陽子（2001年度）。FM（金）午後2時からの2時間番組。

ベストオブクラシック・セレクション　1996年度
1991年度に始まった『ベストオブクラシック』で紹介した国内の演奏会の中から、日本人アーティストを中心に反響の大きかった演奏を選んで再構成して放送した。FM（土）午前7時15分からの1時間40分番組。1997年度は『ベストオブクラシック選』に改題。

世界のコーラス　1996〜2001年度
全国の合唱ファンに送るCD番組。地域の特徴ある合唱の聴き比べ、世界的な人気を誇る実力派グループの名演、時代や作曲家でまとめたプログラムなど多様な切り口で放送。外国の合唱団の来日公演も随時紹介した。初年度はFM（日）午前9時30分からの30分番組。

恋する音楽小説　1996〜2000年度
古今の名曲や作曲家にまつわるエピソードをフィクションを加えながら構成し、美しい音楽とともに楽しむ番組。『クラシックものがたり』（1995年度）を改題、内容を刷新してクラシック以外のジャズ、シャンソン、ポップスなど、より幅広い音楽を取り入れて幅広く楽しめる番組とした。初年度はFM（土）午後11時5分からの50分番組。

ベストオブクラシック選　1997年度
『ベストオブクラシック・セレクション』（1996年度）を改題。『ベストオブクラシック』（1991年度〜）で放送した演奏会の中から、特に反響のあった内容を日本人アーティストを中心に再構成して放送した。FM（土）午前7時15分からの1時間40分番組。

ミュージックポプリ　1999年度
平日の午後、"聴きやすい"をコンセプトに選曲したクラシック音楽を最小限のコメントを添えて紹介した音楽番組。初年度はFM（月〜木）午後2時からの90分番組。

2000年代　クラシック等

名曲リサイタル　2000〜2011年度
クラシックを中心に邦楽や中国古典も含む「伝統音楽」の世界で活躍するアーティストをスタジオに招き、古今の名曲の演奏を聴くスタジオ公開番組。司会の古今亭志ん輔が軽妙なトークを展開した。初年度はFM（金）午前7時30分からの1時間27分番組。2003年度からは加羽沢美濃（作曲家・ピアニスト）がアナウンサーとコンビを組んで司会を担当。

クラシックセレクション　2000〜2001年度
クラシック音楽の名演奏をCDで楽しむ番組。月曜はオーケストラ、火曜は室内楽や独奏、水曜は声楽、木曜はさまざまな小品を中心にバラエティーに富んだ曲目を紹介した。案内役は坪内千恵子。FM（月〜木）午後2時からの2時間番組。

FMサンデースペシャル 〈特集番組〉 2001年度
クラシック、ポップスなど、ひとつの分野・音楽家・テーマに徹底的にこだわり、日曜の午後から夜間にかけて不定期に放送する聴きごたえのある長時間特集番組。年間10本程度放送。FM(日)午後2時から翌日(月)午前1時までの枠。

ミュージックプラザ 第1部～クラシック 2002～2007年度
シンプルな語りでクラシック音楽をCDで紹介する生番組。生放送の特性を生かして、音楽界のさまざまなニュースに即応した。パーソナリティーは高橋由美子(女優)、鈴木大介(ギタリスト)、中澤裕子(タレント)、唐澤美智子(フリーアナウンサー)ほか。FM(月～金)午後2時からの2時間番組。2008年度に『クラシックカフェ』が引き継ぐ。

ヨーロッパ・クラシック・ライブ 2003～2005年度
ヨーロッパで開かれる演奏会を生中継で紹介するシリーズ。「ザルツブルク音楽祭」や「ウィーン・フィル定期演奏会」など、日本人に人気の高いプログラムを年間9本放送した。案内はフリーアナウンサーの坪郷佳英子。FM(日・不定期)午後6時または7時からの2時間番組。

バロックの森 2004～2010年度
『あさのバロック』(1989～2003年度)の後継番組。バロック音楽から中世・ルネサンスまでの音楽作品を放送。初年度の平日は若手専門家(有田栄、加藤拓未、松村洋一郎、大愛崇晴、堀朋平、福本康之)が1週交代で案内役を担当、(土・日)はリクエストの日として、古楽ファンの多様なニーズに応えた。(土・日)担当は松田輝雄。FM(月～日)午前6時からの55分番組。2011年度に『古楽の楽しみ』に改題。

N響演奏会 2004年度～
月に1度、N響定期公演Aプログラムを生放送で紹介する。2時間をコンサート中継に、1時間を当日のプログラムにちなんだ話題で構成する3時間番組。司会は山田美也子ほか。初年度はFM(日)午後3時からの3時間番組。

クラシックだい好き 2004年度
クラシック音楽を愛する各界の著名人が自らの体験を語り、お気に入りの曲を紹介する。出演は山本益博、桂小米朝、阿川佐和子ほか。FM(日)午後7時20分からの1時間40分番組。

気ままにクラシック 2005～2011年度
『ミュージックプラザ 第1部～クラシック』(2002～2007年度)枠内で、2003年度にスタートしたクラシックの名曲と楽しいトークで送る生放送番組。クラシックに詳しくない人も楽しめる番組として好評を得た。2005年度に『気ままにクラシック』として独立。パーソナリティーは鈴木大介(ギタリスト)、鈴木文子(フリーアナウンサー)。初年度はFM(日)午後7時20分からの1時間40分番組。

ラジオ深夜便「クラシックを楽しむ」 2006～2014年度
『ラジオ深夜便』の第1・FM(奇数月第1・火)午前1時台に放送。前年度まで「ロマンチックコンサート」枠内で放送されていたコーナーが独立。音楽プロデューサーの中野雄が、クラシック音楽の貴重な音源を紹介しながら、わかりやすい解説と、曲や音楽家についてのエピソードを語った。聞き手は遠藤ふき子アンカー。

サンデークラシックワイド 2007～2011年度
『FMシンフォニーコンサート』(1985～2006年度)、『海外クラシックコンサート』(1985～2006年度)、『日曜クラシックスペシャル』(1990～2006年度)を統合した4時間の大型クラシック番組。第1・3・5週は、海外の音楽祭や演奏会を欧米の放送局からの音源で紹介。第2週は日本各地のオーケストラの演奏会や公開録音を紹介。第4週は「アラカルト」。FM(日)午後2時からの4時間番組。

オーケストラの夕べ 2008年度
青少年を対象に、オーケストラの名曲を優れた演奏とわかりやすい解説で紹介する。東京フィルハーモニー交響楽団のほか、関西・東海北陸のオーケストラが出演。東京など関東4か所で公開録音を実施した。FM(日)午後7時20分からの1時間40分番組。

クラシックカフェ 2008～2023年度
『ミュージックプラザ 第1部～クラシック』(2002～2007年度)を改題。クラシックの多彩な名曲を女性解説者が紹介するCD番組。初年度の案内役はフリーアナウンサーの唐澤美智子、高山久美子。2015年度からは貞平麻衣子、2022年度からは吉田愛梨が務めている。初年度はFM(月～木)午後2時からの1時間55分番組。

吹奏楽のひびき 2008年度～
吹奏楽の持つ多様な魅力を紹介する音楽番組。吹奏楽のためのオリジナル曲を数多く手がける若手作曲家の中橋愛生を進行役に迎えた。初年度はCDの名盤や「米国コーストガード音楽隊」の演奏会のライブ録音など、貴重な演奏会を収録し、放送。初年度はFM(日)午後9時30分からの30分番組。2018年度からは最終週に指揮者の下野竜也も出演。

ビバ！合唱 2008年度～
世界の合唱の名曲や一流合唱団の美しいハーモニーをわかりやすい解説を交えて放送する。初年度のパーソナリティーは合唱指揮者で作曲家の松下耕。FM(日)午後9時からの30分番組。

ラジオ編 番組一覧 03 音楽 | 定時番組

土曜あさいちばん「クラシックでお茶を」 2009〜2010年度
『土曜あさいちばん』の午前5時台に放送。バイオリニストの千住真理子が、クラシックの名曲を解説した。デジタルラジオの番組の再放送。第1(土)午前5時40分からの10分番組。

2010年代　クラシック等

名演奏ライブラリー　2010年度〜
『20世紀の名演奏』(1993〜2009年度)の後継番組。毎回1人のアーティストを取り上げ、歴史に残るクラシック音楽の名演奏を、諸石幸生(音楽評論家)の解説で主にレコード、CD音源で聴く。2016年度より満津岡信育(まつおかのぶやす・音楽評論家)が解説を担当。2024年度はFM(日)午前9時からの2時間番組。

ガットのしらべ　2011〜2015年度
羊の腸から作られた弦はガット弦と呼ばれ、金属弦とは異なる独特の温かみのある音色を生む。ガット弦の演奏を中心に、優れた演奏を毎回チョイスし、弦楽器の魅力を伝えた。案内役は大林奈津子。初年度はFM(土)午後8時15分からの45分番組。2012年度より月1回の放送となる。

熊川哲也のバレエ音楽スタジオ　2011年度
日本バレエ界が生んだスーパースター・熊川哲也が、自らのダンサー経験、演出家経験をもとにバレエ音楽の魅力を語る。業界初のラジオによるバレエ番組。パーソナリティーは熊川哲也、新井鷗子(音楽構成作家)。FM(第4・金)午後9時10分からの50分番組。

古楽の楽しみ　2011年度〜
中世・ルネッサンスからバロックまでの、アーリーミュージック全般を専門家による解説とともに紹介する番組。聴取者の要望にこたえるリクエストの回も設けた。古楽研究者や演奏家が解説を担当。出演は礒山雅(音楽学者)、今谷和徳(音楽史家)、関根敏子(大学講師)、鈴木優人(音楽家)、大塚直哉(チェンバロ奏者・指揮者)ほか。初年度はFM(月〜金・日)午前6時からの55分番組。2012年度から(月〜金)放送。

千住真理子のクラシックでお茶を　2011年度
バイオリニストの千住真理子が、クラシックの名曲を初心者にもわかりやすく解説。デジタルラジオで放送した番組の再放送。FM(土)午前1時50分からの10分番組。

DJクラシック　2012〜2017年度
第一線で活躍するクラシック界のアーティストたちが週替わりで登場したDJ番組。錦織健(オペラ歌手)、小林十市(バレエダンサー・俳優)、清水和音(ピアニスト)、茂木大輔(N響首席オーボエ奏者)、首藤康之(バレエダンサー)、広上淳一(指揮者)、宮尾俊太郎(バレエダンサー)、千住真理子(バイオリニスト)らが出演した。FM(金)午後9時10分からの50分番組。

オペラ・ファンタスティカ　2012年度〜
世界の超一流のオペラハウスで上演されるオペラをまるごと楽しむ4時間の大型番組。従来からのオペラファンにとどまらず、初心者にもわかりやすい解説で、オペラの魅力を紹介する。欧米を中心としたさまざまな歌劇場の公演の最新音源、国内の話題のオペラや過去に録音された名盤などを放送。案内役は音楽評論家の堀内修、奥田佳道ほか。FM(金)午後4時からの4時間番組。

きらクラ！　2012〜2019年度
クラシックに興味はあるけれど、ちょっと敷居が高いと思っている初心者向けクラシック番組。番組パーソナリティーの肩のこらないおしゃべりとリスナーからのおたよりによるさまざまな企画コーナーで構成。パーソナリティーはふかわりょうと遠藤真理(チェロ奏者)。初年度はFM(日)午後2時からの2時間番組。

クラシックの迷宮　2012年度〜
音楽評論家の片山杜秀が、独創的な切り口でクラシック音楽を自在に語る。毎月第1・2週はテーマを自由に設定。第3週は話題の新録音紹介。第4週(最終週)はNHKアーカイブスの希少音源を発掘。FM(土)午後9時からの1時間番組。2021年度に100分に拡大。

ブラボー！オーケストラ　2012年度〜
オーケストラ演奏によるクラシックの名曲を60分のコンパクトサイズで放送するクラシック入門番組。日本のプロオーケストラによるライブ音源に、わかりやすい解説をつけて紹介する。初年度の解説は吉松隆(作曲家)、外山雄三(指揮者・作曲家)、伊東信宏(音楽学者)。2021年度から柴辻純子(音楽評論家)、小石かつら(音楽学者)、井上さつき(音楽学者)。初年度はFM(日)午後7時20分からの1時間番組。

リサイタル・ノヴァ　2012〜2018年度
新進気鋭の若手演奏家の演奏を楽しむ疑似コンサートホール"リサイタル・ノヴァ"。フレッシュな演奏と演奏家たちの本音トークを、ピアニストの本田聖嗣が"支配人"となって届けた。日本音楽コンクールの入賞者や国際コンクールで上位入賞した演奏家を中心に紹介。2017年から「支配人」にピアニストの金子三勇士が参加した。初年度はFM(日)午後8時20分からの40分番組。

ラジオ深夜便「奥田佳道の"クラシック"の遺伝子」 2014～2016年度
『ラジオ深夜便』の第1・FM(第2・月)午前1時台に放送。出演：奥田佳道（音楽評論家）。聞き手：森田美由紀アンカー。

N響 ザ・レジェンド 2015～2020年度
過去60年分、約5000曲のN響演奏会の音源を蔵出しにしたアーカイブス番組。ジョゼフ・ローゼンストック、ヴォルフガング・サヴァリッシュなど、N響ゆかりの名指揮者たちによる貴重な演奏を、リスナーのリクエストに応えて紹介。案内役はメインパーソナリティーの池辺晋一郎と上條倫子アナウンサー（2015年度）、岡本由季（2016年度）、檀ふみ（2017年度以降）。FM(土)午後7時20分からの1時間40分番組。

鍵盤のつばさ 2016年度～
ピアニストで作曲家の加藤昌則が想像力の翼を自由に羽ばたかせ、鍵盤楽器の魅力をさまざまな切り口で解き明かす。「気やすく"弾いて"っていうけどさ！」「ガンガン！オルガン！オンパレード！」「本気ダシます！2番だし！」「お師匠様のおかげです」「作曲家成人式」など、ユニークなテーマ設定で放送。リスナーからのリクエストにも応えた。初年度はFM(月1回・土)午後8時15分からの45分番組。

すっぴん！「ユカイなコンポニスト」 2017年度
『すっぴん！』の第1(水)午前8時台後半に放送。クラシックの世界を、作曲家の性格や人となりに注目して、曲を読み解く異色のコーナー。

リサイタル・パッシオ 2019年度～
"情熱（パッシオ）"あふれるクラシック音楽と、演奏家の音楽に懸ける思いを伝えるリサイタル番組。若手中心に実力派アーティストによるライブ感あふれる演奏を、インタビューとともに届けた。司会は金子三勇士（ピアニスト）。FM(日)午後8時20分から8時55分に放送。

2020年代　クラシック等

ラジオ深夜便「夜明けのオペラ」 2020年度～
『ラジオ深夜便』の第1・FM(偶数月第4・日)午前4時台に放送。

×（かける）クラシック 2020年度～
番組のキーワードは「○○○×（かける）クラシック」。市川紗椰（モデル）と上野耕平（サクソフォン奏者）がMCとなり、クラシックとさまざまなジャンルを"掛け合わせ"、深くておもしろい音楽の世界をナビゲート。「鉄道」「ロック」「映画」などをテーマに、上野のサクソフォン・ライブも交えて、クラシック音楽をバラエティー色豊かに紹介。FM(日)午後2時からの1時間50分番組。

クラシックの庭 2024年度
2008年4月に放送を開始した『クラシックカフェ』をリニューアル。バラエティー豊かなCD音源でクラシック音楽の庭園を散策していく番組。聴く人の心にクラシック音楽の新しい風景を届ける。案内人：田添菜穂子（フリーアナウンサー）、登レイナ（フリーアナウンサー）。FM(月～木)午後2時からの1時間50分番組。

マエストロ慶太楼の長電話 2024年度
世界を飛び回って個性的な活動を続ける指揮者の原田慶太楼が、「多くの人たちにクラシックを楽しんでもらいたい」と心をこめて届ける新感覚の音楽番組。仲間たちやリスナーと電話でつながりながら、毎回ひとつの名曲を深掘りしていく。FM(金)午後10時30分からの50分番組。

1940～1950年代　民謡等

民謡の時間 1947～1950年度
『農家へ送る夕』（1945年度）や『炭坑へ送る夕』（1946年度）で放送した民謡が好評で、『民謡の時間』として独立。1948年4月からは端唄や小唄などの俗曲も取り上げ、『民謡と俗曲』に改題。1949年1月より再度『民謡の時間』に戻した。各中央放送局が順次担当し、その地方、地域の郷土色の強い民謡の数々をリレー放送で紹介。1950年7月から放送を一時休止。1951年5月に『民謡お国めぐり』に改題。

民謡お国めぐり 1951年度
『民謡の時間』（1947～1950年度）が『ふるさとの町』（1950～1952年度）の新設により一時放送を中断。1951年5月に第1(日)午後8時45分からの15分番組で『民謡お国めぐり』のタイトルで復活。1952年1月に現在まで続く長寿番組『民謡をたずねて』となる。

NHK放送100年史（ラジオ編）　251

ラジオ編 番組一覧 03 音楽 | 定時番組

 **民謡をたずねて** 1951年度〜
『民謡お国めぐり』(1951年度)を1952年1月に改題。各地に生まれ育った風土的特色を生かした民謡を各地域放送局から放送した。それぞれの地方に密着した生活様式や季節感を織り込み、地元の歌い手の個性を生かした歌で構成。初年度は第2(水)午後9時15分からの30分番組。1952年度より第1(月)午後8時に移設し、高い聴取率を上げる。2007年度からFMでも放送を開始。2019年度よりFMのみで放送。

1960〜1990年代 　民謡等

 **全国音楽めぐり** 1964〜1969年度
全国各放送局から、それぞれ地元代表の出演者による演奏を広く紹介した。初年度は曜日ごとに、(月)管弦楽、(火)民謡、(水)独唱・独奏・室内楽、(木)合唱、(金)民謡、(土)邦楽とジャンルを分けて放送した。第1(月〜土)午後5時40分からの20分番組。

 **みんなの民謡** 1964〜1969年度
伝統ある日本の民謡を、民謡歌手だけでなく歌謡曲、ジャズ、ポピュラーの歌手がオーケストラ伴奏でうたう番組。従来の民謡の心をいかした「あたらしい歌」(総合テレビ『若い民謡』で発表するオリジナル曲と同一曲)を毎月発表した。スタジオ収録のほかに、各地での公開放送も行った。初年度の主な出演者は春日八郎、橋幸夫、ボニージャックスほか。第1(木)午後0時34分からの25分番組。

 **日本の民謡** 1966〜2016年度
全国の民謡をとりあげ、その民謡にまつわるエピソードなども併せて放送した。FM試験放送中の1966年にスタート。本放送開始後の1969年度はFM(土)午後5時からの55分番組。1978年11月からステレオ放送。出演歌手へのインタビューコーナー、邦楽オーディション合格者を紹介する新人コーナー、聴取者からのリクエストコーナーなど多彩なコーナーを設けた。2016年度を最後に半世紀に及ぶ歴史に幕を下ろした。

 **民謡北から南から** 1972〜1975年度
全国各地で親しまれている民謡を集めてその魅力をレコードで紹介する民謡番組。4月から9月までの上半期に放送。(下半期は『浪曲十八番』を放送)第1(木)午後9時5分からの55分番組。

 **ひるの民謡** 1972〜1983年度
土曜の昼間に、民謡をステレオレコードで楽しむ番組。全国各地の季節や行事にちなんだ民謡を取り上げたほか、聴取者からのリクエストにも応えながら各地の民謡を紹介した。FM(土)午後0時15分からの45分番組。

 **民謡の旅** 1972〜1977年度
各分野で活躍する人々が語る旅の話と民謡で構成する民謡ジョッキー番組。初年度は楠本憲吉(俳人)の「瀬戸内の春」、東家浦太郎(浪曲師)の「霞ヶ浦から銚子まで」、末広恭雄(東京大学名誉教授)の「魚と民謡」、戸川幸夫(作家)の「動物風土記」ほかを放送。第1(日)午後2時からの58分番組。

 **日本民謡大観** 1995〜1999年度
NHKが半世紀以上の歳月をかけて日本各地で採譜・録音し完成させた「日本民謡大観」は6000曲を超える貴重な民謡遺産である。番組ではそれらをあますところなく紹介するとともに、各地の民謡の特徴を比較、分析して、さまざまな角度から楽しめる番組とした。解説は小島美子(国立歴史民俗博物館名誉教授)。初年度はFM(日)午前11時40分からの10分番組。

2010年代〜 　民謡等

 **吉木りさのタミウタ** 2017〜2021年度
『日本の民謡』(1966〜2016年度)の後継番組としてスタート。いにしえより"民"たちの中に脈々と根づく唄"タミウタ"。日本人にとってのソウルミュージックともいえるタミウタを、さまざまな切り口で紹介したスタジオ番組。荻野目洋子、石川さゆりほか、幅広いジャンルからゲストを招き、バラエティー色豊かな内容とした。司会は吉木りさ(タレント)、ゆかり(民謡歌手)。FM(日)午前11時からの50分番組。

 **駒井蓮のニポミン！** 2022〜2023年度
日本の民謡、略して"ニポミン"。日本の伝統音楽であり、人々の生活から生まれた民謡を気軽に楽しんでもらう番組としてスタート。『吉木りさのタミウタ』の後継番組。MCは俳優の駒井蓮と民謡鳴物家元・美鵬直三朗。元ちとせ(歌手)や古坂大魔王(お笑いタレント・DJ)など幅広いジャンルからゲストを招き、ゲストの出身地の民謡を聴きながら、ふるさとにこだわったトークを届けた。FM(日)午前11時からの50分番組。

 **出会いは！みんようび** 2024年度
『駒井蓮のニポミン！』(2022〜2023年度)の後継番組。日本の民謡を中心に、全国各地の魅力あふれる音楽・文化を、さまざまなジャンルから招いたゲストとの楽しいトークとともに届ける。ゆかりの地域を深掘りし、その地方ならではの懐かしい民謡やご当地自慢に出会う。MC：森口博子(歌手)、浅野祥(津軽三味線奏者)。FM(金)午前11時25分からの25分番組。

NHKフォトストーリー 02

P182 ← 01　03 → P296

除夜の鐘をスタジオから中継（1927年）

初期の演芸番組「慶安太平記」で台詞に実感を込めるために実演（1927年）

初期のドラマ番組「雨が降る」（1928年）

初期の音楽番組「娘義太夫」（1928年）

初期の音楽番組「潮来節」（1928年）

初期の音楽番組・JOAKオーケストラ（1927年）

初期の趣味実用番組『箏のおけいこ』講師・宮城道雄（1935年）

「アメリカより帰って」を放送中の水谷八重子（1927年）

愛宕山でラジオ出演をしたベーブ・ルース（1934年）

座談会　左から久米正雄・菊池寛・吉川英治、右から宇野千代・吉屋信子（1936年）

NHK放送100年史（ラジオ編）　253

ラジオ編 番組年表 03 音楽 歌謡曲等1

1920	1930	1940	1950	1960	1970

25 26 27 28 29 30 31 32 33 34 35 36 37 38 39 40 41 42 43 44 45 46 47 48 49 50 51 52 53 54 55 56 57 58 59 60 61 62 63 64 65 66 67 68 69 70 71 72 73 74

歌謡曲等

- われらのうた
- 国民歌謡 → 国民合唱 → ラジオ歌謡 → きょうのうた みんなのうた
- ニュース歌謡
- 私たちの好きな歌
- 仕事と共に
- NHK 紅白歌合戦
- 歌の花ごよみ
- 花の星座 → 花のパレード
- 黄金のいす
- 今宵歌えば
- 私のヒットアルバム
- トップスターショー
- 歌の花束
- あの歌この歌
- おやつの時間
- 歌謡ホール
- 明るいうた声
- 昔は昔今は今
- なつかしのメロディー
- 思い出のアルバム
- 思い出によせて
- 歌は結ぶ
- 歌の明星
- 歌謡ヒットメロディー → ひるの軽音楽
- 今週の明星〈ラジオ〉
- ひるの歌謡曲
- お好みディスク・ジョッキー
- ひるのミュージックコーナー
- お好み投票音楽会
- ラジオジュークボックス
- 今週の歌謡集
- リクエストコーナー
- ポピュラーミュージックアワー
- 朝の歌
- 歌謡アルバム
- あなたの曲わたしの曲
- ポピュラー・アルバム
- ミュージックコーナー
- 歌謡スポット
- ヒットメロディーショー〈枠内〉
- ヒット・アルバム
- リクエストアルバム
- 日本の町
- 歌の星座
- リクエストアワー 〈地域放送〉
- あなたの作曲した歌
- 歌の展覧会
- のど自慢素人音楽会
- NHKのど自慢
- のど自慢素人演芸会〈ラジオ〉
- 希望の星座
- のど自慢テスト風景
- 歌の登竜門
- 三つの鐘
- 新芸能人の時間
- 音楽夢くらべ → あなたの歌
- 新人の時間

番組年表にはおもな番組が定時番組として放送された年度を表示しています。特集など不定期の放送は含んでいません。
※〈枠〉〈枠内〉の表示があるページには更に、〈枠〉は複数のコーナーやシリーズでできている番組、〈枠内〉は個々のコーナーやシリーズ名を示します。どの番組の枠内かは各番組の解説ページをご覧ください。

25 26 27 28 29 30 31 32 33 34 35 36 37 38 39 40 41 42 43 44 45 46 47 48 49 50 51 52 53 54 55 56 57 58 59 60 61 62 63 64 65 66 67 68 69 70 71 72 73 74

254　NHK放送100年史（ラジオ編）

歌謡曲等1

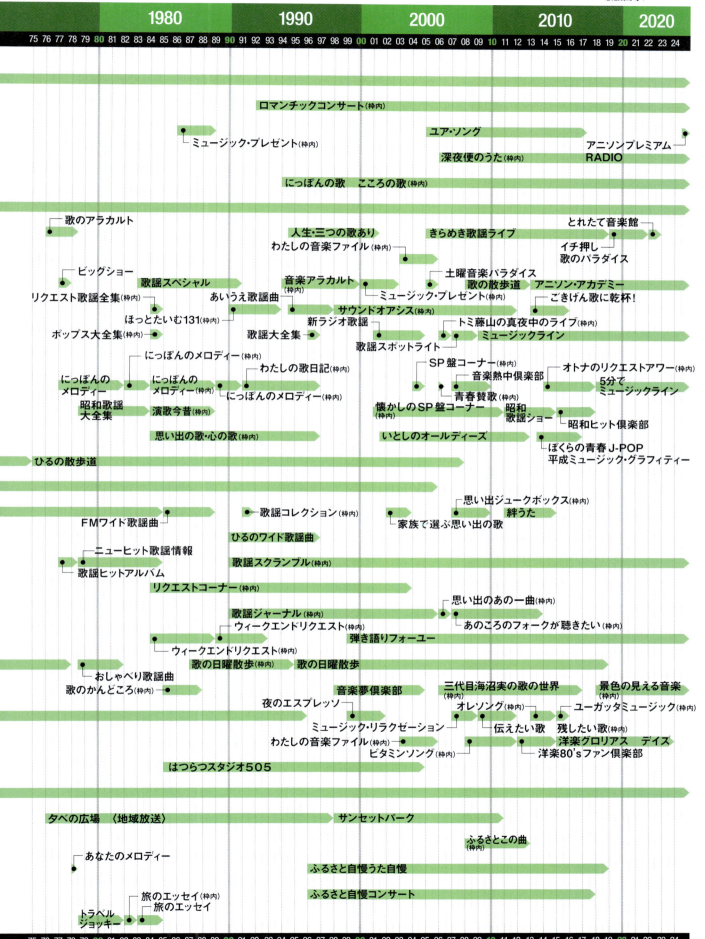

ラジオ編 番組年表 03 音楽

歌謡曲等2

1920	1930	1940	1950	1960	1970

25 26 27 28 29 30 31 32 33 34 35 36 37 38 39 40 41 42 43 44 45 46 47 48 49 50 51 52 53 54 55 56 57 58 59 60 61 62 63 64 65 66 67 68 69 70 71 72 73 74

軽音楽ホール
日曜軽音楽ホール
ステレオ軽音楽ホール
バンド・タイム
リズムアワー
ステレオリズムアワー
ジャズのお家
空飛ぶカーペット
あなたのリズム(枠内)
ハリウッドからの音楽
きらめくリズム
ジャズはいかが
ハーモニー・アルバム
リズムパレード
軽音楽アルバム
軽音楽の手帳
ひるのひととき
朝のムード・コンサート
スクリーンミュージック
虹のしらべ
スクリーンミュージック(枠内)
ダンス音楽
ひる休みの音楽
音楽をどうぞ
食後のリズム
ミュージック・カレンダー(枠内)
夢のハーモニー
メロディーの小箱
夜の軽音楽
音楽の花束
FMジュークボックス
夕べの音楽
スウィートタイム
夜のリズム
ミュージックサロン
サウンド・オブ・ポップス
メロディーの花かご
軽音楽講座
ラジオ音楽雑誌
軽音楽のたのしみ

歌謡曲等

日曜のリズム
音楽の宴
夜のステレオ
午後のシャンソン
音楽の仲間
輝くステージ

東京ロマンス
僕と私のカレンダー
日曜ミュージカル
ミュージカルアワー
愉快な仲間
お話のうた
世界の音楽
海外の音楽
世界を踊り廻る
音楽の地図
夢を呼ぶ歌
世界の民俗音楽
世界の民族音楽
パレイドの午後
虹の劇場
宝塚ロマンス
歌えば青空
宝塚パレイド
宝塚パレイド(枠内)
SKDパレイド

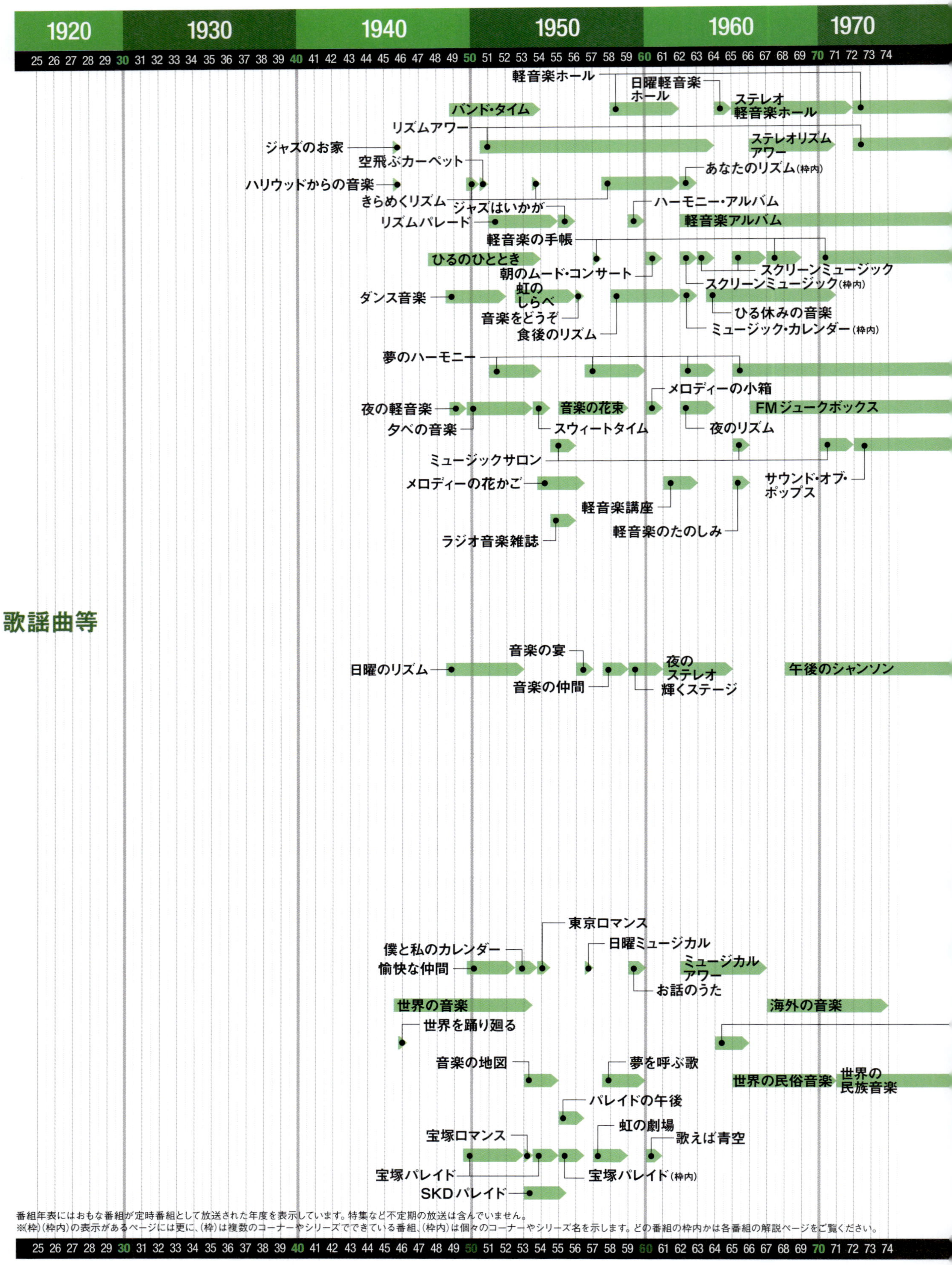

番組年表にはおもな番組が定時番組として放送された年度を表示しています。特集など不定期の放送は含んでいません。
※(枠)(枠内)の表示があるページには更に、(枠)は複数のコーナーやシリーズでできている番組、(枠内)は個々のコーナーやシリーズ名を示します。どの番組の枠内かは各番組の解説ページをご覧ください。

25 26 27 28 29 30 31 32 33 34 35 36 37 38 39 40 41 42 43 44 45 46 47 48 49 50 51 52 53 54 55 56 57 58 59 60 61 62 63 64 65 66 67 68 69 70 71 72 73 74

256　NHK放送100年史(ラジオ編)

WEB版の年表はこちら

歌謡曲等2

1980 / 1990 / 2000 / 2010 / 2020

75 76 77 78 79 80 81 82 83 84 85 86 87 88 89 90 91 92 93 94 95 96 97 98 99 00 01 02 03 04 05 06 07 08 09 10 11 12 13 14 15 16 17 18 19 20 21 22 23 24

- 映画音楽とともに
- ゴールデンジャズ＆ポップス
- ザ・ソウルミュージック
- ザ・ソウルミュージックⅡ
- ゴールデンジャズフラッシュ
- ゴールデンジャズ
- ジャズクラブ
- ジャズ・トゥナイト
- ウィークエンドジャズ
- FMシネマサウンズ
- ないとぶれいく
- インストルメンタル・ジャーニー
- 音楽遊覧飛行
- 夜のスクリーンミュージック
- ミュージックパイロット
- ミュージック・トレンド
- 映画音楽パラダイス
- 挟間美帆のジャズ・ヴォヤージュ
- 軽音楽をあなたに
- 午後のサウンド
- ポップスステーション
- ポップスグラフィティ
- ミュージックプラザ 第2部〜ポップス
- ミュージックプラザ
- モーニングサウンド
- ポップスアベニュー
- ミュージックエコー
- マイ・フェイバリット・アルバム
- 朝のポップス
- ミュージックメモリー
- 松尾潔のメロウな夜
- FMサウンドクルーザー
- ワールドFMセレクション
- ユカイなジャンピン・ジャック・フラッシュ！(枠内)
- サタデーライブイン
- ときめきJAZZ喫茶
- ダイアモンド☆ユカイの"サムシング"ソング!!(枠内)
- ラジオマンジャック
- ジョイフルポップ
- ロックン天国
- 亀渕昭信のいくつになってもロケンロール！
- 久保田利伸
- 公園通り21
- 世界の快適音楽セレクション
- 怒髪天・増子直純の月刊☆ロック判定
- ファンキーフライデー
- ミッドナイト・ポップライブラリー
- サウンド・ミュージアム
- 岡田惠和 今宵、ロックバーで〜ドラマな人々の音楽談議
- クロスオーバーイレブン
- ワールド・ポップス'86(枠内)
- ミュージックシティー
- ワールドポップスセレクション
- ポップスライブラリー
- ニューヒットポップス情報(枠内)
- ワールドロックナウ
- ぶいあーる！〜VTuberの音楽Radio〜
- サウンドストリート
- サウンドストリート21
- サウンドクリエーターズ・ファイル
- ヤングジョッキー
- 洋楽シーカーズ
- セッション'78
- セッション505
- セッション2006
- ディスカバー・ビートルズⅡ
- ロックアルバム
- ビートイン10(枠内)
- ディスカバー・クイーン
- ニューサウンズスペシャル
- ライブビード'97
- ディスカバー・マイケル
- マイラブリーポップス
- セッション'90(枠内)
- BBCロックライブ
- ディスカバー・ビートルズ
- ウィークエンドライブスペシャル セッション'85
- ウィークエンドサンシャイン
- ディスカバー・カーペンターズ
- ザ・コンサート
- アコースティックライブ
- こうせつと仲間たち
- みうらじゅんのサントラくん
- ニューサウンズ・スペシャル
- サカナクション・山口一郎"Night Fishing Radio"
- 夜の停車駅
- ミュージックスクエア
- ニューミュージック・ダイアリー
- ロックンローラー
- 石若駿 即興と対話
- ポップスアーティスト名鑑
- 近田春夫の歌謡曲って何だ？(枠内)
- ポピュラーアラカルト
- ワンナイト・ライブスタンド
- GReeeeN
- HIDEのミドリの2重スリット
- 星野源のラジカルアワー
- ミュージック・バズ
- サエキけんぞうの素晴らしき80's(枠内)
- きたやまおさむのレクチャー＆ミュージック
- ミューズノート
- リトグリのミューズノート
- miwaのミューズノート
- 元春レイディオ・ショー MUSIC SCRAP(枠内)
- 江﨑文武のBorderless Music Dig!
- 小西康陽
- これからの人生
- 音楽ガハハ
- ミュージックボックス(枠内)
- DJ赤坂泰彦のこれがポップスだ！(枠内)
- THE ALFEE 終わらない夢
- 望海風斗のサウンドイマジン
- インディーズファイル
- 歌え！土曜日 Love Hits
- MINMIのレディオMAMA
- とことん○○
- 私の名盤コレクション
- 夜のプレイリスト
- U-18
- ユーガタM塾
- ヒャダインの"ガルポプ！"
- 古家正亨のPOP★A
- 大貫妙子 懐かしい未来
- twilight Club DJ MIX
- 世界の音楽(枠内)
- くるり電波
- 世界のメロディー
- 世界音楽めぐり
- にっぽんのうた 世界の歌
- ワールドミュージックパスポート(枠内)
- ウエンツ瑛士×甲斐翔真のソング・妄想ミュージカル研究所
- アジアポップスウインド
- アプローチ
- ちょっと聴いてよアンサーソング
- ミュージック・グラフィティー
- ミュージック・イン・ブック
- うたことば
- ワールドミュージックタイム
- 金曜カルテット
- Pop Up Japan
- エイジアン・ミュージック・ニュー・ヴァイブズ
- 健太×近田のロック巌流島
- 石丸幹二のシアターへようこそ
- MISIA 星空のラジオ
- ミュージックパトロール
- チェキラ！
- MISIA アフリカの風
- エレうた！
- Masayuki Suzuki Radio Show GOOD VIBRATION
- 岸谷香 Unlock the heart
- ヴォイスミツシマ

NHK放送100年史（ラジオ編） 257

ラジオ編 番組年表 03 音楽 クラシック等1

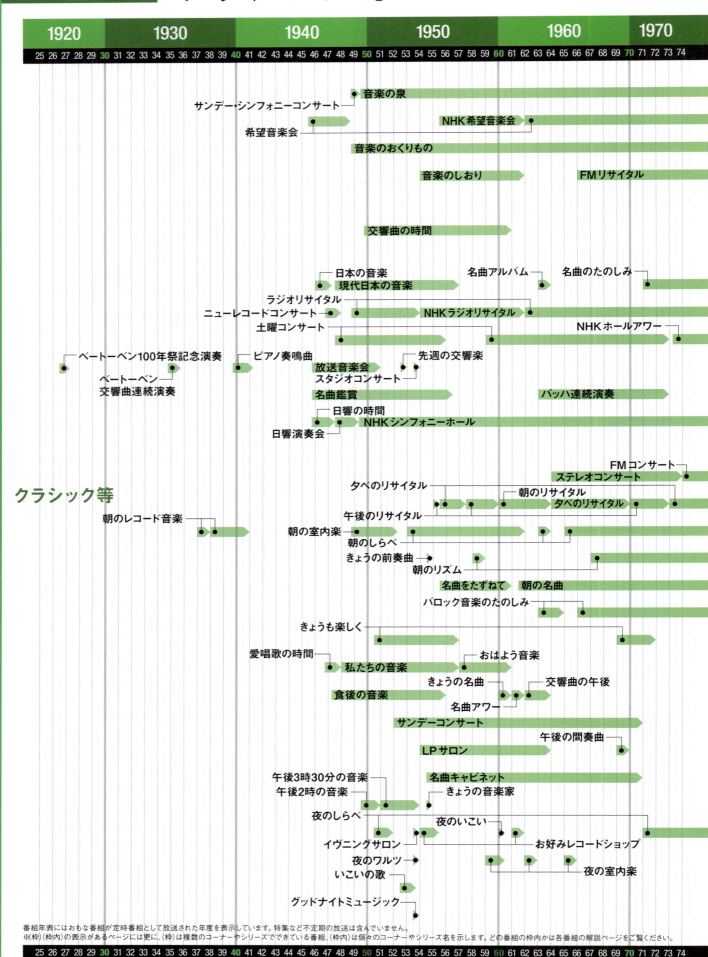

WEB版の年表はこちら

クラシック等1

	1980	1990	2000	2010	2020
75 76 77 78 79	80 81 82 83 84 85 86 87 88 89	90 91 92 93 94 95 96 97 98 99	00 01 02 03 04 05 06 07 08 09	10 11 12 13 14 15 16 17 18 19	20 21 22 23 24

- サンデーリクエストアワー
- サタデークラシックリクエスト
- クラシックリクエスト
- サンデークラシックリクエスト
- 名演奏家を聴く
- FMリサイタル
- ガットのしらべ
- 土曜リサイタル
- FMサンデースペシャル〈特集番組〉
- しらべによせて
- サンデークラシックワイド
- 音楽のすべて
- 海外クラシックコンサート
- サンデークラシックコンサート
- 日曜クラシックスペシャル
- 名曲の小箱
- リサイタル・パッシオ
- 名曲リサイタル
- 名曲のひととき
- トスカニーニライブラリー
- 20世紀の名演奏
- 名演奏ライブラリー
- 名曲サロン
- 名曲ギャラリー
- 名曲スケッチ
- クラシックギャラリー
- N響アワー
- N響演奏会
- N響 ザ・レジェンド
- ベストオブクラシック・セレクション
- FMクラシックアワー
- ベストオブクラシック選
- ヨーロッパ・クラシック・ライブ
- クラシックコンサート
- ベストオブクラシック
- 午後のリサイタル
- 朝のミュージックライフ
- 音楽図書館
- ミュージックライフ
- 朝の名曲
- マイクラシック
- ミュージックダイアリー
- ミュージックカレンダー
- バロックの森
- 古楽の楽しみ
- あさの音楽散歩
- あさのバロック
- オルガンのしらべ
- クラシックでお茶を(枠内)
- 朝のハーモニー
- ミュージックダイアリー〜オルガンのしらべ
- あさの音楽散歩〜オルガンのしらべ
- ミュージックカレンダー〜オルガンのしらべ
- クラシックセレクション
- 間奏曲
- ミュージックプラザ第1部〜クラシック
- おしゃべりクラシック
- クラシックカフェ
- クラシックの庭
- 気ままにクラシック(枠内)
- 気ままにクラシック
- ピアノのある部屋
- クラシックを楽しむ(枠内)
- 夜の間奏曲

NHK放送100年史（ラジオ編） 259

ラジオ編 番組年表 03 音楽 クラシック等2・民謡等

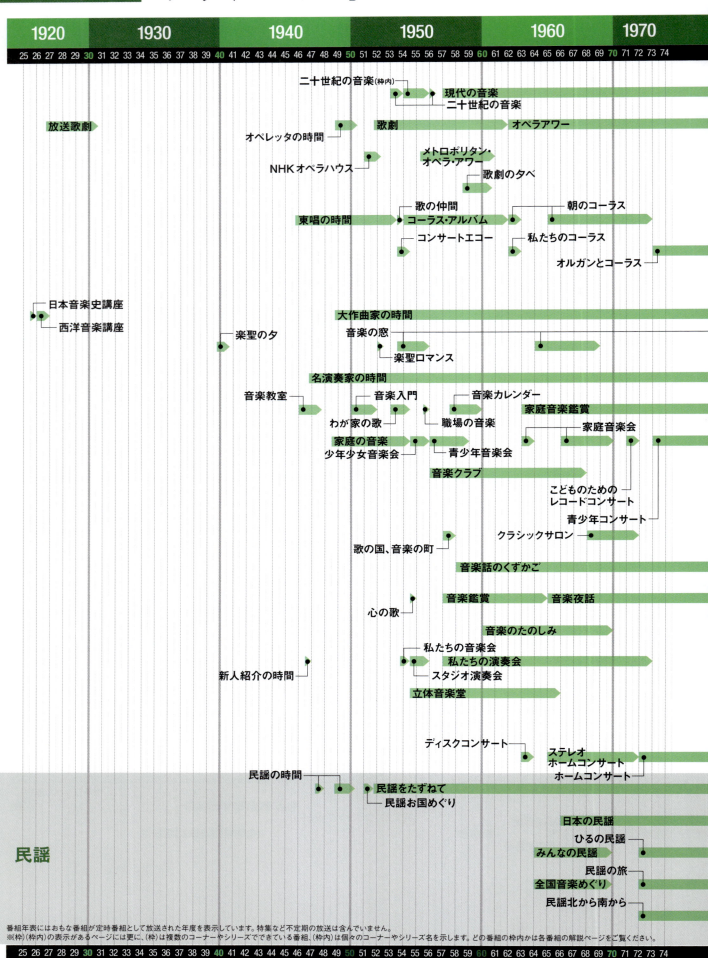

WEB版の年表はこちら

クラシック等2

民謡

	1980	1990	2000	2010	2020
75 76 77 78 79 80 81 82 83 84 85 86 87 88 89 90 91 92 93 94 95 96 97 98 99 00 01 02 03 04 05 06 07 08 09 10 11 12 13 14 15 16 17 18 19 20 21 22 23 24

オペラ・ファンタスティカ
夜明けのオペラ (枠内)

おはようコーラス
たのしいコーラス　　　　　世界のコーラス　　　　ビバ!合唱

聴きたくてクラシックⅠ　　ユカイなコンポニスト(枠内)
FM音楽手帳　名曲プロムナード　クラシック・ポートレート
聴きたくてクラシックⅡ
　　　　　　　　　　　　　　オーケストラの夕べ　熊川哲也のバレエ音楽スタジオ
音楽家ポートレート
　　　　　　　　　　　　　　　　　　　千住真理子のクラシックでお茶を
　　　　　　　　　　　　　　　　　　　ブラボー!オーケストラ

　　　　　　　　　　　　　　　　　　　　　　　　　鍵盤のつばさ
　　　　　　　　　　　　　　　　　　FMシンフォニーコンサート
音楽の部屋
ブラスのひびき　　　ブラスのひびき　　吹奏楽のひびき
　　　　　　　　　クラシックサロン　クラシックだい好き
　　　　　　　　　　　　　ミュージックポプリ　DJクラシック
クラシック・コレクション　　　　　　　×(かける)クラシック
　　　　音楽ジャーナル　芸術ジャーナル　　　　きらクラ!
　　　　　　　　　　　恋する音楽小説　マエストロ慶太楼の長電話
　　　　　クラシックファンタジー　クラシックものがたり　クラシックの迷宮
　　　　　　クラシック新譜情報　奥田佳道の"クラシック"の遺伝子(枠内)
仲間の音楽会　　　　　　　　　　　リサイタル・ノヴァ

吉木りさのタミウタ
駒井蓮のニポミン!
出会いは!みんようび
日本民謡大観

NHK放送100年史(ラジオ編)　261

04 伝統芸能 | 定時番組

1930年代

文芸浪曲 1934～?年度
有名作家に文芸作品の浪曲脚色を依頼し、浪曲家が演じた。

長唄 1938・1939～1940年度
1938年4月から1939年3月まで「月別名曲選」を第1(土)午後8時30分からの1時間番組で放送。1939年1月から毎月1回「改訂歌詞長唄選」を放送。

邦楽名曲選 1939・1947～1963年度
1939年4月に主として三味線の名曲を集め、長唄、清元、義太夫、常磐津の代表曲を解説をつけて演奏した。第1回は長唄「京鹿子娘道成寺」を放送。年度内に12回放送。戦後はクラシックや軽音楽に遅れて、1947年11月にようやく邦楽の定時番組として『邦楽名曲選』が復活。第1(金)午後7時30分から30分番組で、一流の演者が邦楽の代表的な名曲を演奏した。

1940年代

お好み演芸会 1945～1948年度
落語、漫才、物真似、声色、漫談などを楽しむ演芸番組。放送が政府の統制下に置かれていた戦時中は、娯楽番組への規制が特に厳しかった。戦後、漫才、落語などの演芸番組は国民に明るさをもたらすジャンルとして歓迎され、終戦わずか2か月後の10月にスタート。演芸番組の復活は放送民主化の試みでもあった。初年度は第1(火・木)午後7時30分からの30分番組。1949年1月に『放送演芸会』に改題。

浪花節 1946～1956年度
戦後、もっとも立ち直りに苦しんでいた演芸種目「浪花節」が1946年度から、『浪花節』のタイトルで第2(土)午後7時15分からの45分番組で定時化される。1949年度より"やくざ物"を廃して戦後の方向性を見いだした。1950年1月より月1回「新作浪曲台本検討会」を開き、浪曲界に新風を吹き込んだ。1957年度より番組タイトルが『浪花節』から『浪曲』に変わる。

現代邦楽の時間 1947年度
第1(日)午前9時45分からの15分番組。

放送演芸会 1948～1978年度
本格的な演芸をじっくり味わう番組。落語、漫才を中心に、講談、浪曲なども加えた。放送開始当初は、第1放送の『ラジオ寄席』が大衆的なお笑い演芸を目指したのに対し、1948年9月に第2放送に移設した『放送演芸会』は、古典落語を中心に芸に重点をおいた渋い演目で構成された。1951年度には55分番組となり、長尺物も披露する本格演芸番組となる。1952年11月から再度第1放送に移設。地方での公開録音も実施。

俗曲 1949～1953年度
端唄、小唄、うた沢と邦楽の小品を、音楽通の多彩な司会者が曲の解説をエピソードとともに紹介した。初年度は第1(金)午後9時15分からの15分番組。司会者には俳人で小説家の久保田万太郎、邦楽研究家の英(はなぶさ)十三(じゅうざ)、当時、日比谷図書館長を務めていた歌人・国語学者の土岐善麿ほかが当たった。

上方演芸会 1949～1953・1974年度～
大阪放送局制作の公開演芸番組。初年度は第2(水)午後8時からの30分番組で始まり、翌1950年度に第1に移設。「家族みんなで楽しめる漫才」をモットーに、秋田実らの演芸作家が漫才台本を書き、5000本以上の新作漫才を放送した。上方特有のこってりとした味わいが人気を呼び、後年の上方演芸ブームの先駆けとなった。1954年4月に『浪花演芸会』に改題。1974年度に関西の演芸を集大成する公開番組として再開。

若手演芸会 1949～1955年度
落語、漫談、漫才等の若手演芸家たちが芸を競った番組。初年度は『若手演芸会』が(土)に、『若手芸能家』が(火・木)に放送。『放送演芸会』『お好み風流亭』等に出演する若手の登竜門となった。第2(土)午後2時からの1時間番組。

1950年代

若手演芸家の時間　1950年度
落語、浪曲、講談、漫才、声帯模写などの「演芸」を中心に次代を担う新進芸能家たちに活躍の場を提供した。第2(火)午後4時30分からの30分番組。

若手芸能家の時間　1951〜1954年度
1951年度に落語家や漫才師などの演芸家に加えて、邦楽の演奏者を紹介する『若手芸能家の時間』がスタート。邦楽番組に出演する演奏者の中で、助演者的立場にあるワキ、3枚目等次代を担う若手や、邦楽師弟制から発表の機会に恵まれない優秀な技能者の演奏を紹介した。初年度は第2(火)午後4時30分からの30分番組。1952年度からは『若手芸能家』のタイトルで放送。

演芸独演会　1951〜1963・1964年度
落語、講談、浪曲を中心に、当代一流演芸人の独演で十八番から意欲的な新作までを楽しむ演芸番組。1952年1月に第2放送で夜間の40分番組で始まる。さらに11月に第1放送に波を移して(金)午後8時からの45分組となり、長講物の放送が可能となった。1963年度にいったん番組は終了。1964年11月から年度内、『演芸独演会』のタイトルで30分の独演による浪曲と講談を隔週で放送した。

邦楽千一夜　1952〜1953年度
長唄、謡曲、浄瑠璃、箏曲、俗曲、民謡等、邦楽全種目にわたり、それぞれの曲の持ち味を物語またはドラマに構成し、邦楽になじみのない聴取者に楽しく聴いてもらおうという番組。邦楽番組に新感覚を盛り込み、邦楽の新しい愛好者を生み出す努力を行った。第2(水)午後9時15分からの30分番組。

邦楽の時間　1952〜1953年度
第1放送の邦楽番組。謡曲、箏曲、長唄、浄瑠璃等、それぞれの分野で若手を発掘し起用することで、多大な成果を得た。(日〜金)の放送で、(日)は午前11時から、(月〜金)は午後2時30分からの30分番組。(日)「謡曲・狂言」、(月)「箏曲・地唄・尺八」、(火)「新内・琵琶・古曲等」、(水)「義太夫」、(木)「常磐津・清元」、(金)「長唄」をそれぞれ放送。

いとのしらべ　1953年度
三曲(箏曲・三味線・尺八)の器楽演奏を中心にレコードで放送した。邦楽番組で放送した新器楽物も、この番組で再放送した。第2(土)午前6時からの30分番組。

邦楽鑑賞会　1954〜1981年度
邦楽の全種目にわたりその芸術性の高い古典の大曲、および従来時間的制約から放送できなかった長時間にわたる段物、連続物をとりあげて愛好者の要望に応えた。初年度は第2(日)午後9時からの1時間番組。1954年4月に放送した巌谷真一作、杵屋作之助作曲による「朝星夕星」は、オペラ形式に準じた邦楽の第1回作品で、邦楽放送の新境地を開拓したと反響を呼んだ。1973年度に第1放送に移設。

邦楽演奏会　1954〜1972年度
『邦楽の時間』(1952〜1953年度)の後継番組。邦楽各分野の第一線で活躍している中堅、若手の出演で、曜日別に邦楽各種目の名曲、大曲、流行曲をひろく放送した。初年度は第1(月・水・金)午後2時台の25分番組。1963年度からは第2(月〜金)の帯番組となり、(月)箏曲、(火)古典・小唄・うた沢などの小品・琵琶、(水)長唄、(木)義太夫・常磐津・清元などの浄瑠璃もの、(金)現代邦楽で1週間を構成。

風流歌草紙　1954〜1959・1963〜1969年度
『俗曲』(1949〜1953年度)の後継番組として、1954年4月に第1(月)午後10時台の20分番組で始まる。就寝前を意識して叙情的に構成された邦楽番組。小唄、端唄、うた沢などの俗曲を主とした内容に、箏曲、地唄、長唄、清元などの小品や古曲などもとり入れた。1959年度に一度終了するが、1963年度に(日)午後11時台の25分番組で再開。邦楽の小品歌曲や古典邦楽のサワリを語りとともに放送。

浪花演芸会　1954〜1963年度
232回続いた『上方演芸会』(1949〜1953年度)を1954年4月に改題。大阪発の上方漫才を中心とした番組。古い伝統を持つ上方落語の中から、すぐれたものを選んで紹介するほか、定期的に漫才作者との会合を持ち、独創的な新作漫才の開拓を行った。初年度(夏期)は第1(木)午後7時30分からの30分番組。

ラジオ昼席　1954〜1964年度
落語と漫才を2本だてで構成する昼の演芸番組。主に次代を担う中堅から新人の新鮮で意欲的な芸を紹介した。初年度は第1(木)午後0時30分からの30分番組。主な出演は落語では金原亭馬生、春風亭小柳枝、桂米丸、古今亭寿輔、春風亭梅橋ほか、漫才ではオサム・ミツル、〆子・和子、物真似の江戸家猫八らの活躍が注目を集めた。1964年度は第1(日)午後2時からの1時間番組。

邦楽百番　1955〜1962・1973年度〜
洋楽・邦楽を交互に放送してきた『きょうの音楽家』(1954年度)を、1955年度に『邦楽百番』と改題。謡曲から民謡に至るまで、邦楽全般を放送した。のちに文部大臣賞、NHK賞など、邦楽オーディション合格者の作曲・演奏を紹介する番組となる。1973年度にFMの『ステレオ邦楽鑑賞』(1965〜1972年度)を改題し、新たにスタート。古典芸能界の人間国宝や重鎮たちの芸を、新たに録音するステレオ番組とした。

NHK放送100年史(ラジオ編)　263

04 伝統芸能 | 定時番組

ラジオ編 番組一覧

上方演芸　1955年度
上方落語と漫才を組み合わせたお昼の演芸番組。第1(水)午後0時30分からの30分番組。大阪放送局の制作。

○○の聞き方味い方　1955年度
落語、浪花節、講談、歌舞伎などを取り上げ、その成り立ちや歴史、その特性などを実演またはレコードを聞きながら解説する鑑賞ガイド番組。1955年4〜7月が三遊亭金馬の「落語の聞き方味い方」、8〜10月が水野春三の「浪花節の聞き方味い方」、11・12月が一龍斎貞丈と旭堂南陵の「講談の聞き方味い方」、1956年1〜3月が河村繁俊の「歌舞伎の聞き方味い方」を放送。第1(木)午後10時40分からの20分番組。

お好み風流亭　1955〜1956年度
昼の演芸番組『ラジオ寄席』(1949〜1977年度・途中休止あり)を、1955年4月からラジオ・テレビ同時放送としたのを機に『お好み風流亭』に改題。一流演芸人の活躍の舞台であるとともに、新人の登竜門の役目も果たした。1957年度からはテレビ単独放送となる。第1(金)午後0時30分からの30分番組。

親鸞　1955年度
講談に音楽と効果音を配し、ラジオ講談の新分野を開拓。講談界に新風を吹き込もうという意気込みでスタートした連続講談番組。吉川英治の原作を谷屋充が脚色。講談界の第一人者宝井馬琴の重厚な話術と宮城衛の箏曲を中心とした音楽伴奏と相まって好評を得た。第1(日)午前11時25分からの25分番組。

落語　1955〜1958年度
落語は1925年の開局の年から随時放送されている番組種目の1つ。戦後は1955年11月から定時番組で枠が定まった。演(だ)し物は、渋い話や比較的珍しい古典落語を中心に、名人芸と共に話そのものの粋をゆっくり味わってもらおうという趣向。また正岡容、宇野信夫、安藤鶴夫らの解説を付して鑑賞の手助けとした。初年度は第1(土)午後10時15分からの25分番組。

放送小ばなし会　1955〜1959年度
『放送演芸会』(1948〜1978年度)や夏期特集で放送して好評を得て単独番組として独立。人気の落語家たちが自作の小ばなしを競った。初年度は第1(金)午後8時40分からの20分番組。1956年度から公開録音形式の25分番組となり、内容も刷新。レギュラー司会者に徳川夢声を迎え、全国から寄せられた応募小ばなしの発表、会場の観覧者から募ったお題による即席小ばなしなどで構成した。

連続浪花節　1955〜1957年度
浪花節愛好家によく知られた名作を1か月連続で第一人者が口演する番組。東家浦太郎、木村若衛、天中軒雲月、酒井雲、梅中軒鶯童の出演で、「荒木又右衛門」(作:山手樹一郎)、「秩父水滸伝」(作:村松梢風)ほかを放送。第1(土)午後9時15分からの25分番組。

舞台中継　1955年度
1955年度に『舞台中継』の定時枠を第2(水)午後9時からの1時間で設けた。4月の「大盗大助」(東京放送劇団第1回公演・俳優座劇場。演出:菊田一夫・音楽:古関裕而)に始まり、1956年3月の「明暗」(文学座・第一生命ホール)で終わった。

劇場中継　1955〜1965年度
1955年度に『劇場中継』の定時枠が第1(日)午後3時5分からの55分番組で設けられた。初年度は4月の「東をどり・都をどり」に始まり、1956年3月の「オテナの塔」で終わった。1965年度は大衆娯楽的要素の強い「劇場中継」を21本放送し、ラジオにおける『劇場中継』は1966年3月で終了した。

三国志　1956年度
宝井馬琴による連続講談。吉川英治原作による「三国志」を谷屋充の脚本、宮城衛の音楽でラジオドラマ化した。全20回。第1(日)午前11時25分からの25分番組。

邦楽の手引　1956〜1961年度
学生など若い世代を意識した邦楽の入門番組。初年度は「日本の楽器」と題して、打楽器、管楽器、弦楽器など学生や洋楽にも親しみやすく分類し、その使用目的、渡来の歴史、発達様式、音律、奏法等、一貫した理論で解説。次いで邦楽の起源から現代の邦楽までを22回にわたって系統的に解説した。初年度は第2(日)午後11時からの30分番組。

午後の演芸会　1956〜1959年度
落語、漫才、歌謡漫談、浪曲、講談、声帯模写、民謡、ミュージカル・バラエティーなど、すべての演芸を網羅し、曜日ごとに演芸種目ごとに構成。落語では三遊亭円古、桂米丸、春風亭柳昇ほか、漫才では木田鶴夫・亀夫、内海桂子・好江ほか、浪花節では中村富士夫、三門お染ほかが出演。初年度は第1(月〜金)午後2時5分からの25分番組。

連続講談　1956〜1958年度
講談は放送初期から随時放送されている番組種目の1つ。1956年度に第1(金)午後2時5分からの25分番組で定時化。1957年11月からは家庭婦人向けに脚本・谷屋充、音楽・宮城衛、口演・宝井馬琴で、吉川英治原作の「平将門」を放送。講談の立体化により新生面をひらいたものとして好評を博した。1958年度は一龍斎貞丈による「白虎」(原作:富田常雄)を、脚本・加藤駿一、音楽・神津善行で24回連続で放送。

邦楽文庫　1957〜1961年度
邦楽の持つ豊富な叙事的、叙情的な内容を、親しみやすい物語やドラマに構成し、一流の演者、人気タレントの語りで味わう。娯楽と啓もうを兼ねた邦楽番組。出演は山本安英、フランキー堺、伊志井寛、市川海老蔵、三遊亭小金馬ほか。第1(日)午後11時からの30分番組。

謡曲狂言　1957〜1984年度
謡曲および狂言愛好者を対象に、その稽古の範例となる演奏を、シテ方、ワキ方、囃子方、狂言方の各家元クラスと、流派内一線級のメンバーにより放送した。初年度は第2(日)午前11時30分からの30分番組。

日曜昼席　1957〜1961年度
落語、漫才、講談、浪曲などで構成する午後の演芸ワイド番組。立体講談、新講談、歌謡浪曲、リレー漫才など、新しい演芸ジャンルを開拓していく意欲的な発表の場でもあった。またNHKが春秋2回実施している漫才コンクールの入賞者発表会も行った。初年度は第1(日)午後2時からの1時間番組。1962年度に放送日を土曜に移し、『土曜昼席』として継続、1963年3月に放送を終了する。

邦楽みちしるべ　1957〜1962年度
家庭の主婦を対象とした邦楽番組で、季節にちなんだ衣食住の話を導入に親しみやすい邦楽案内とした。よく知られた曲目に重点をおき、司会者がわかりやすく解説。初年度は第2(月・木)午後2時30分からの1時間番組。曜日別に演奏種目を分け、(月)が主に長唄、箏曲などの唄ものと演奏もの、(木)が清元、常磐津、義太夫、新内などの浄瑠璃ものと小唄、うた沢などの小品ものを取り合わせた。

浪曲　1957〜1961・1965〜1969年度
『浪花節』を『浪曲』に改題。第1(水)午後0時からと(土)午後9時15分から、それぞれ30分で放送した。水曜の昼は主に中堅の活躍の場として、意欲ある新作を発表。土曜の夜は大家の十八番物や新作を発表。1965年度に第1(水)午後7時30分から30分番組で定時枠が復活。浪曲台本研究会で創作された新作の浪曲台本や浪曲研究会などで上演された十八番物を中心に放送。1967年以降は下半期に放送。

歌舞伎夜話　1958年度
小説家で歌舞伎の評論家でもある安藤鶴夫が歌舞伎の一観客となり舞台を鑑賞し、さらに奈落から楽屋まで足を運び、人気役者や大部屋など現場の人々と対談し、歌舞伎の妙味を随筆風に構成。歌舞伎の味わい方を伝えた。第1(火)午後11時10分からの20分番組。

仲よし演芸会　1959〜1961年度
聴取者参加の浪曲のど自慢。毎回6人程度の出場者が、あらかじめ節も台詞も入っている3分程度の台本を渡され、その節づけと台詞の巧拙を競うもの。優秀者は「浪曲賞」とし、その中から1名「名人」を選んだ。レギュラー審査員は神保国久、秩父重剛、水野春三。第1(日)午後9時20分からの40分番組。1962年度に『なかよし浪曲会』に改題。

1960年代

土曜昼席　1962年度
『日曜昼席』(1957〜1961年度)の後継番組。土曜の午後に送る演芸バラエティー番組。落語、漫才、講談、浪曲などの新作発表と、各地の風物を演芸で紹介する演芸風土記で構成した。第1(土)午後3時20分からの30分番組。漫才コメディー「春風の盗人」、新講談「杜子春」、リレー落語「大工調べ」、掛合浪曲「帰ってきた女」、落語芝居「三軒長屋」、演芸風土記「房州よいとこ」などを放送。

なかよし浪曲会　1962年度
『仲よし演芸会』(1959〜1961年度)を改題。聴取者参加の素人浪曲のど自慢。あらかじめ節も台詞も入っている3分程度の台本を出場者に渡し、その節づけと台詞の巧拙を競った。レギュラー審査員は谷屋充、神保国久、秩父重剛。第1(日)午後9時20分からの40分番組。

演芸特選会　1963年度
前半の20分を浪曲、落語、講談界のトップクラスによる演芸2題。後半30分を野球中継のスタンバイ番組とした。京山華千代の浪曲「文七元結」や 国友忠の「手拭」、神田山陽の講談「寛政力士伝」などを放送。第1(土)午後9時10分からの50分番組。10月から年度内は『お好み演芸場』と改題し、一つのテーマによる演芸2題を放送した。

名作桧舞台　1963〜1964年度
放送文化財ライブラリーに保存してある録音テープ音源の再生とスタジオ制作の名作舞台劇を交互に放送した。1964年度の主な作品と出演者は、「山参道」花柳章太郎（舞台劇としては最後の放送）、「女の一生」杉村春子、「瞼の母」島田正吾・久松喜世子、「敗残司法卿」松本幸四郎・滝沢修、「夕鶴」山本安英ほか。初年度は第1(土)午後8時からの59分番組。1964年度は(火)午後8時1分からの57分番組。

お好み演芸場　1963年度
野球中継が終わった1963年10月7日以降に前身のスタンバイ番組『演芸特選会』を改題。一つのテーマに関連する演芸2題を放送する番組となった。例えば「犬」がテーマの回は、笑福亭松鶴の「鴻池の犬」と三遊亭金馬の「元犬」が披露された。司会は人見明。第1(土)午後9時10分からの50分番組。

NHK放送100年史（ラジオ編）　265

04 伝統芸能 | 定時番組

ラジオ編 番組一覧

落語百扇　1964年度
プロ野球のナイターシーズンが終わる10月から翌年3月の開幕までのオフシーズンに送る落語番組。独演会形式で落語や人情ばなしをゆっくり鑑賞するもので、「牛丸薬」「辻八卦」など珍しい演目も紹介した。原則的には観客を入れない非公開だったが、時には「東京落語会」の会場からも中継した。主な出演者は春風亭柳橋、古今亭志ん生、三遊亭円生、桂小文治、古今亭今輔ほか。第1(日)午後7時30分からの29分番組。

邦楽百選　1964～1969年度
邦楽各流派の第一人者が演奏する邦楽の名曲を聴く。第1(水)午後10時20分からの20分番組。初年度の主な出演者は芳村伊十郎、越野栄松、竹本綱太夫、清元志寿太夫ほか。

邦楽おさらい帳　1964～1971年度
邦楽関係の唯一のおけいこ番組で、邦楽のなかでも一番親しみやすい「小唄」をとりあげた。講師は小唄界の第一人者の小唄幸子。生徒役はアナウンサーと応募した聴取者の中から選んだ。とりあげた主な曲は「きゃらの香り」「茶のとが」「いたこ出島」「折よくも」「雪のあした」「梅が香」など。第2(木)午後3時からの30分番組。

現代の日本音楽　1964～1971年度
現代邦楽のさまざまな傾向の作品を取り上げていく番組。日本の古典手法に基づくもののほか、洋楽の手法を導入したものなどを取り上げた。邦楽界からは杵屋正邦、今藤長十郎、常磐津文字兵衛ら、洋楽界からは、清水脩、清瀬保二、諸井誠らの作曲家が集った。初年度は第2(日)午後10時台の45分番組。1967年度にFMに移設。(日)午後10時台の45分番組で、作曲家・演奏団体、使用楽器別などシリーズで放送した。

浪曲・講談　1964年度
演し物は、浪曲研究会、講談研究会の作品を中心に、演芸台本研究会の新作を配した。4～9月の放送だが、プロ野球中継のスタンバイで放送本数は少なかった。11月以降は『演芸独演会』のタイトルで、30分の独演による浪曲と講談をほぼ隔週に放送した。第1(日)午後9時30分からの30分番組。

日本音楽みちしるべ　1965～1971年度
日本の伝統音楽を、音楽理論や文化史などの側面から解明し、邦楽鑑賞の手引きとする目的で企画された。世界の音楽の中での日本音楽の特色を明らかにし、邦楽を種目別に理解できるように構成。楽器やことばと音楽の関連性を解明するなど新しい試みも行われた。解説は吉川英史、岸辺成雄、服部幸三、小泉文夫ほか。第2(日)午前11時台の30分番組。1969年度にFMに移設し、(月)午後10時15分からの45分番組とした。

ステレオ邦楽鑑賞　1965～1972年度
第一級の演奏者が演奏する邦楽の各分野の名曲を、ステレオ放送で楽しむ邦楽番組。FM試験放送中の1965年にスタート。本放送開始後の1969年度は、(火)午後7時からと(金)午後4時から、それぞれ1時間番組で放送。近世邦楽だけにとどまらず、雅楽、能、狂言および現代の創作邦楽まで含めて幅広く放送した。

古典落語　1966～1969年度
伝承されている古典落語の名作や人情噺を、古典派の名人や中堅真打ちたちがたっぷりと演じた。初年度は東京落語会、上方落語会、その他スタジオでの録音により40回にわたり放送した。おもな作品と演者は、古今亭志ん生「品川心中」、春風亭柳橋「天災」、桂小文治「紙屑や」、金原亭馬生「たがや」、三遊亭円生「三十石」、林家染丸「景清」、桂米朝「質屋蔵」ほか。第1(火)午後10時30分からの28分番組。

上方寄席　1966～1969年度
大阪発の娯楽番組枠『今晩は大阪です』(1964～1965年度)に代わり、現代感覚あふれる新作の上方漫才2題を中心に構成。司会者が出演者にインタビューして素顔を引き出すなど、内容に変化をもたせた。音楽：上野山正男。司会：山川静夫アナウンサー。第1(水)午後7時30分からの29分番組。出演：京唄子・鳳啓助、若井ぼん・若井はやと、横山やすし・西川きよしほか。

1970年代

お好み邦楽選　1970～1984年度
邦楽愛好家だけでなく一般の人たちが気楽に親しめるバラエティーに富んだ構成の邦楽番組。一流の演奏家による名曲演奏と、曲にちなんだ随想や芸談を盛り込んだおしゃべりで進行。月ごとに通しのテーマを決めて聴取者からのお便りやリクエスト曲を紹介した。初年度は第1(月)午後9時5分からの55分番組。1978年11月にFM(土)に移設。「さわり集」「邦楽器の魅力」などをテーマに構成し、お稽古コーナーも設けた。

演芸名人会　1970年度
落語、浪曲、講談、それぞれの真打ちによる本格的な芸の鑑賞を目的とした演芸番組。第1・4週「落語」、第2週「浪曲」、第3週「講談」の編成で、「東京落語会」「浪曲研究会」「講談研究会」など、演芸各研究会での収録を原則とした。また大阪からは上方落語を放送した。柳家小さん、金原亭馬生、京極佳津照、二葉百合子、神田伯山ほかが出演。第1(水)午後9時5分からの55分番組。

土曜寄席　1970年度
土曜夜の家庭向け演芸番組で、落語、漫才、色物(奇術・曲芸等)を中心に構成。第1週と第3週は大阪放送局発、その他の週は放送センター505スタジオから寄席中継スタイルで公開放送した。また公開派遣番組として長野県箕輪町ほか各地からも放送。古今亭今輔、前田勝之助、牧野周一、Wけんじほかが出演。第1(土)午後9時5分からの55分番組。

266　NHK放送100年史(ラジオ編)

水曜寄席　1971年度
『土曜寄席』(1970年度)の放送日が同時間帯の水曜に移行したことに伴い改題。寄席からの中継録音とスタジオの公開録音で、新進、中堅、ベテランと幅広い出演者が落語、漫才、色物などの寄席芸を披露。各地への公開派遣番組としても親しまれた。出演は春風亭柳橋、桂伸治、柳家小さん、三遊亭金馬、桂米丸、三遊亭円生、三遊亭夢楽、東竜夫・竜子、木田鶴夫・亀夫、江戸家猫八ほか。第1(水)午後9時5分からの55分番組。

お笑いラジオ寄席　1972～1973年度
落語、漫才、講談、声帯模写などのほかに、歌謡曲を楽しむ公開演芸バラエティー番組。1973年度には新人歌手による歌謡コーナー、講談をクイズ化した「はてな講談」を新設。司会は林家三平(1972年度)、三遊亭金馬(1973年度)。出演は獅子てんや・瀬戸わんや、内海桂子・好江、木田鶴夫・亀夫、桜井長一郎、一龍齋貞水、宝井琴鶴、青空球児・好児ほか。第1(日)午後8時からの58分番組。東京と大阪で交互に制作。

浪曲十八番　1972年度～
放送開始当初はプロ野球ナイター中継が終了した10月から3月に放送。中堅、ベテランの浪曲師に浪曲コンクール入賞者を加えた顔ぶれで、それぞれの十八番や新作を放送した。主な出演は二葉百合子、五月一朗、吉田奈良丸、三門博、天津羽衣、松平国十郎ほか。初年度は第1(木)午後9時5分からの55分番組。1984～1994年度は『サンデージョッキー』の枠内で放送。2011年度からFM放送に移設。

きょうの邦楽　1973～1984年度
月曜から木曜までは邦楽各分野の古典および準古典を中堅と優れた新人の演奏で放送。月曜が箏曲・地唄・尺八、火曜が長唄、水曜が常磐津・清元・新内・義太夫・富本(浄瑠璃)・古典、木曜が小唄・端唄・うた沢・琵琶・大和楽など。金曜は新しい邦楽を目指す創作邦楽(第1～3週)とNHK邦楽オーディション合格者の演奏(第4週)を放送した。初年度はFM(月～金)午後5時からの30分番組。

思い出の名人集　1973～1975年度
邦楽全般および歌舞伎、その他の演劇・演芸などの"名人"のエピソードを解説者が紹介しながら、その芸術をレコード、保存テープにより鑑賞する古典芸能番組。週ごとに邦楽(第1・5週)、演芸(第2・4週)、歌舞伎・演劇(第3週)を放送。出演は吉住慈恭、清元延寿太夫、喜多六平太、磯節安中、徳川夢声、広沢虎造ほか。初年度は第1(金)午後8時30分からの30分番組。1976年度に『思い出の芸と人』と改題。

能楽鑑賞　1973～2016年度
能楽愛好者に向けて各流派の代表的な演者による能と狂言の名作を放送する番組。楽器演奏の加わらない"素謡"として演じ、そのストレートな味わいを楽しんでもらうほか、夏期には「能の音楽」「故人をしのんで」「人間国宝に聴く」などを特集した。初年度はFM(日)午前7時15分からの45分番組。

邦楽ジョッキー　1976～1977・1985～2017年度
人気の歌舞伎俳優がディスクジョッキー(DJ)をつとめ、邦楽をはじめ、クラシック、ポップス、歌謡曲など、幅広いジャンルの音楽を楽しんだ。初年度のDJは坂東玉三郎。第1(火)午後9時台の25分番組。いったん休止のあと1985年度にFMに移設し、澤村藤十郎をDJに再開。1991年度に『邦楽のひととき』(1985年度～)の金曜枠で継続。1995年度に市川笑也をパーソナリティーに(金)午前11時台に再び独立。

思い出の芸と人　1976～1978年度
『思い出の名人集』(1973～1975年度)を改題。故人の芸のみならず、残された録音テープやレコード、さらに生前交友のあった人の語る思い出、エピソードを通してその人柄をしのんだ。登場したのは初代中村吉右衛門、井上正夫、梅若実、古今亭志ん生、広沢虎造、神田伯山、八代目坂東三津五郎、十四代守田勘弥、宮城道雄ほか。第1(金)午後8時5分からの53分番組。

演芸広場　1978～1981年度
毎週月曜から金曜までの5日間を1つのテーマで構成する演芸番組。落語、漫才、浪曲、講談などの演芸素材に、独演、連続物、芸能ジャーナル、ルポルタージュ演芸、芸談、寄席中継など幅広く取り上げた。主な内容は「立川文庫傑作選」「銭形平次捕物帖・国友忠」「林家正蔵独演三夜」「ミニミニ寄席訪問」「橘つや・三味線一代」「寄席浪曲の名人達」など。初年度は第1(月～金)午後10時30分からの28分番組。

真打ち競演　1978年度～
漫才・漫談・落語を基本要素として、話芸の真打ちクラスの出演でじっくり聞かせる公開演芸番組。番組スタート当初は東京落語会、東西浪曲大会などでの公開、非公開スタジオ収録を織り込んで独演、2組程度の競演などで構成した。初年度は第1(土)午後10時20分からの38分番組。2024年度現在、放送が継続中の長寿番組。

1980年代

邦楽のたのしみ　1982～2010年度
歴代の名演奏家による邦楽の名曲の数々を貴重なライブラリー音源から聴き、関連する話題とともに放送した。評論家、演奏家、作家などが曲の来歴、由来、聴きどころなど、曲にまつわる興味深い話を添えた。初年度は第2(日)午後6時からの1時間番組。30年近くも続く長寿番組となり、2011年3月に終了した。最終年度は第2(土)午前9時30分からの30分番組。

邦楽のひととき　1985年度～
邦楽の最新演奏を多彩な出演者で愛好家に届ける古典芸能番組。1985年度の放送開始当初は、邦楽界の中堅・新進の出演で、邦楽の比較的ポピュラーな曲を中心に放送。FM(月～木)午前11時15分からの30分番組で、曜日ごとに異なるジャンルの邦楽を放送した。2024年度はFM(月・火)午前11時からの25分番組。楽曲はすべて新規収録、唄・語り・器楽など、ほぼすべてのジャンルを網羅している。

ラジオ編 番組一覧 04 伝統芸能｜定時番組

語り芸の世界 1986〜1988年度
広く大衆に親しまれてきた伝統的な語り芸を、故人となった名人を取り上げて紹介した番組。「昭和の寄席名人芸」シリーズとして古今亭志ん生、五代目宝井馬琴、二代目広沢虎造など、落語、講談、浪曲、漫才の各分野の名人たちを紹介した。2年目は琵琶、3年目は義太夫も含めて紹介した。初年度は第2(月)午後9時からの45分番組。

1990年代

ラジオ深夜便「演芸特選」 1992〜2008年度
『ラジオ深夜便』の第1(月)午前1時台に放送。1998年度からはFMでも放送。落語を中心に演芸種目を放送。

芸能名作選 1995〜1996年度
中高年層および演芸ファンに向けて、当代一流の演者による話芸を楽しんでもらう番組。落語を中心に漫才、講談、浪曲などを紹介。出演は柳家小さん、桂米丸、桂米朝、小金井芦州、宝井馬琴、東家浦太郎、内海桂子・好江ほか。初年度は第2(月〜金)午後3時30分からの30分番組。

ラジオ深夜便「なつかしの上方演芸」 1995年度
『関西発ラジオ深夜便』の(土)午前3時台に放送。元NHK芸能プロデューサーの棚橋昭夫が関西芸能の魅力を語る。

ラジオ名人寄席 1996〜2007年度
今は亡き落語家の名人芸や、今では聞けなくなった漫才の名作の数々をエピソードやミニ解説もまじえて紹介した。初年度は第1(月〜木)午後9時30分からの25分番組。司会：玉置宏。漫才解説：澤田隆治（2000〜2002年度）。

NHK文化セミナー「古典芸能の源流」 1998〜2000年度
『NHK文化セミナー』（1990〜2000年度）の水曜枠で放送。歌舞伎・新派・文楽・能など、口伝によって継承されてきた日本の伝統芸能の源流を探って日本文化の特質を明らかにする。初年度は、能の大成者・世阿弥の生涯と芸術論を堂本正樹（演劇評論家）が解説。1999年度は三隅治雄（国立文化財研究所名誉研究員）が、民衆の生活の中から生まれた民俗芸能について解説した。第2(水)午後9時30分からの30分番組。

2000年代

ラジオ深夜便「邦楽夜話」 2004〜2009年度
『ラジオ深夜便』の第1・FM(月)午前1時台に月1回放送。

お楽しみ演芸特選 2008年度
演芸界の"名人"と呼ばれた巨匠の至芸を紹介する。司会は内藤啓史アナウンサー。第1(日)午後4時5分からの48分番組。

ラジオ深夜便「深夜便　落語100選」 2009〜2015年度
『ラジオ深夜便』枠内の落語コーナー。現在、活躍中の噺家によるオリジナル収録音源に落語解説を入れて月に2回放送。初年度は瀧川鯉昇の「長屋の花見」、桂小文治の「牛ほめ」、金原亭馬生の「あくび指南」、柳家喬太郎の「粗忽長屋」、柳家三三の「高砂や」ほかを放送。第1・FM（最終　水・木)午前1時台。解説の聞き手は遠藤ふき子アンカー。

2010年代

スタパ落語会 2011年度
NHK放送センター内のスタジオパーク350スタジオで、2人の落語家が本格的な落語を披露。旬な落語家だけでなく、次世代を担う落語家も登場した。司会は関口泰雅アナウンサー。年度後期の放送で、第1(日)午後3時5分から50分番組。

土曜あさいちばん「時代を元気にしてくれた あの唄・あの言葉」 2011年度
『土曜あさいちばん』の午前7時台に放送。2011年度より『土曜あさいちばん』のキャスターをつとめる古谷敏郎アナウンサーの専門知識を生かし、古典芸能などの名場面を、音楽や電話インタビューなどで紹介した。第1(土)午前7時20分からの6分番組。

すっぴん!「お囃子えりちゃんの職人ええじゃないか」 2012年度
『すっぴん!』の第1(金)午前10時台後半に放送。寄席で落語のお囃子を奏でる三味線弾きの恩田えりが、今も日本の伝統の技を守り続けている職人たちを訪ね、その仕事ぶりをリポートする。

土曜あさいちばん「ラジオの前のそこが特等席」 2012～2013年度
『土曜あさいちばん』の午前6時台に放送。枠内コーナー「時代を元気にしてくれた あの唄・あの言葉」（2011年度）を改題し、テーマ、時間帯を変更。古谷敏郎キャスターの専門知識を生かした古典芸能の名場面や、NHKのOBアナウンサーの活躍ぶりなどを、キャスターの語りと当時の音源を中心に紹介した。第1(土)午前6時14分からの9分番組。2013年度は『土曜あさいちばん』枠内「サタデートピックス」で放送。

ラジオ深夜便「〈関西発〉上方落語を楽しむ」 2012年度～
『関西発ラジオ深夜便』の第1・FM(第3・土)午前1時台に放送。江戸落語とは違った味わいを醸し出す上方落語を、大阪放送局の録音の中からえりすぐって放送。落語作家のくまざわあかねのミニ解説とともに上方落語の世界を楽しむ。

すっぴん!「日本一早い!大喜利コーナー」 2014～2018年度
『すっぴん!』の第1(木)午前8時台後半に放送。木曜パーソナリティーの川島明（漫才師）が出すお題に、リスナーが答える大喜利コーナー。

ラジオ深夜便「話芸100選」 2016年度～
『ラジオ深夜便』の第1・FM(第1～2・月)午前1時台に放送。「深夜便 落語100選」（2009～2015年度）を改題し、放送時間帯を変更した。落語に加えて講談や漫談、漫才も取りあげた。

FM能楽堂 2017年度～
『能楽鑑賞』（1973～2016年度）の後継番組。「現存する世界最古の舞台芸術」と言われる能楽を、初心者でも楽しんでもらえるように、評論家や研究者、愛好家がわかりやすく解説する。能の謡（謡曲）や狂言の名作を、第一線で活躍する能楽師の出演でスタジオ録音して放送する。初年度はFM(日)午前6時からの55分番組。

NEXT名人寄席 2018年度～
落語、漫才、講談、浪曲など、伝統ある話芸の世界で「未来の名人」を目指す若手注目株が、いま最も生きのいい芸を披露する番組。落語界の人間国宝・柳家小三治からの激励メッセージや、各師匠たちからの応援コメントとともに、注目の若手芸人を全国に紹介する。初年度は第1(最終・土)午前10時5分からの50分番組。

カブキ・チューン 2018年度～
『邦楽ジョッキー』（1995～2017年度 ＊第1回放送は1976年度）をリニューアルして改題。歌舞伎や古典芸能の魅力を、ポップに楽しく紹介する。初年度は歌舞伎俳優・尾上右近が歌舞伎や清元をはじめとする古典芸能をわかりやすく解説。平原綾香（歌手）、篠井英介（俳優）、尾上菊之助（歌舞伎俳優）などさまざまなジャンルのゲストも招いた。FM(金)午前11時からの50分番組。

2020年代

小痴楽の楽屋ぞめき 2023年度～
若手真打のトップランナーとして活躍する人気落語家・柳亭小痴楽が、落語界のオモテからウラまで語りつくすトークバラエティー。寄席の楽屋のような自由な雰囲気の中、爆笑トークが繰り広げられる。古典落語の演目「二階ぞめき」で落語好きにはおなじみの言葉「ぞめく」は、「浮かれ騒ぐ」という意味の動詞。第1(日)午後1時5分からの50分番組。

野村萬斎のラジオで福袋 2024年度
世界を股にかけてさまざまな分野で活躍している狂言師・野村萬斎が、ラジオのレギュラー番組に初挑戦。これまでに培った経験や人脈をフルに生かしながらも新境地を開拓すべく、トークあり音楽あり狂言ありと福袋のごとく魅力満載でおくる。第1(第4・土)午後3時5分からの50分番組。

NHK放送100年史（ラジオ編） 269

ラジオ編 番組年表 04 伝統芸能

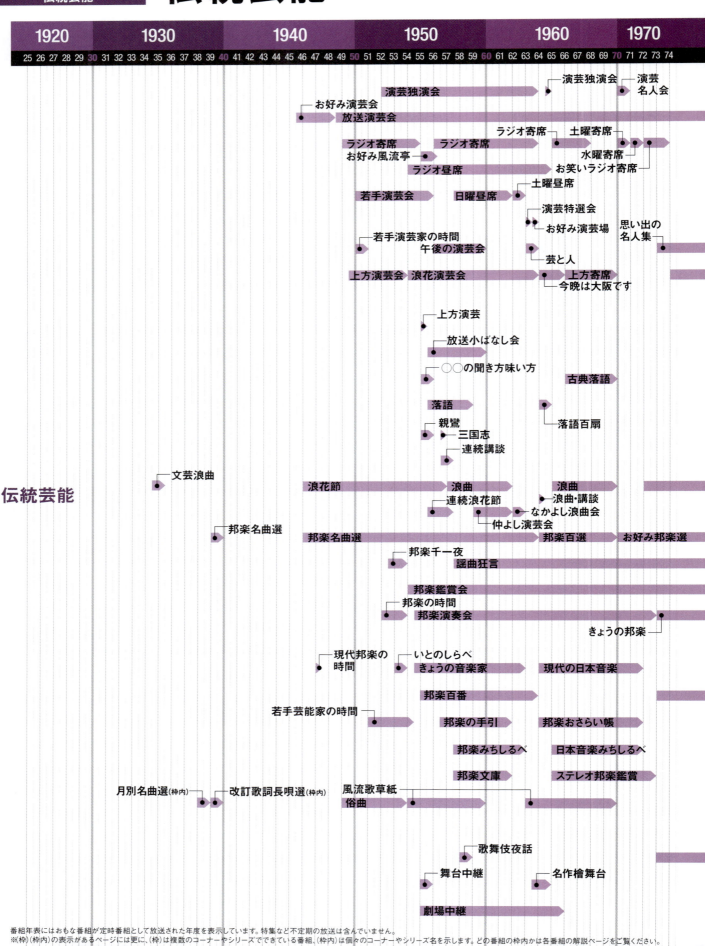

WEB版の年表はこちら
伝統芸能

年表（ラジオ 伝統芸能）

| 年 | 1980 | 1990 | 2000 | 2010 | 2020 |

- 語り芸の世界
- 芸能名作選
- お楽しみ演芸特選
- NEXT名人寄席
- 真打ち競演
- ラジオ寄席
- 日本一早い！大喜利コーナー（枠内）
- ラジオ名人寄席
- 野村萬斎のラジオで福袋
- お囃子えりちゃんの職人ええじゃないか（枠内）
- ラジオの前のそこが特等席（枠内）
- 演芸広場
- 時代を元気にしてくれたあの唄・あの言葉（枠内）
- 思い出の芸と人
- 芸と人（枠内）
- 芸と人
- 上方演芸会
- なつかしの上方演芸（枠内）
- 演芸特選（枠内）
- ラジオ深夜便 落語100選（枠内）
- ラジオ深夜便 話芸100選（枠内）
- ラジオ深夜便「〈関西発〉上方落語を楽しむ」（枠内）
- スタパ落語会
- 小痴楽の楽屋ぞめき
- 浪曲十八番
- 邦楽のひととき
- 邦楽のたのしみ
- 邦楽ジョッキー（一部枠内）
- カブキ・チューン
- 邦楽百番
- 邦楽夜話（枠内）
- NHK文化セミナー 古典芸能の源流
- 能楽鑑賞
- FM能楽堂

NHK放送100年史（ラジオ編） 271

05 ニュース｜定時番組

ラジオ編 番組一覧

1920年代　国内ニュース

ニュース　1925年度～
1925年3月22日の放送開始初日、午前11時30分から読売新聞社提供の『ニュース』を初めて放送。東京・大阪・名古屋の3局とも、地元の新聞社・通信社からニュース原稿の提供を受けて放送した。1930年11月1日から、東京中央放送局より「放送局編集ニュース」を全国に中継放送する。1936年6月より国内ニュースの取材は同盟通信社に一元化される。1943年4月以降、「ニュース」は「報道」と改称される。

経済市況　1925～1941・1948～1955年度
放送開始とともに株式・商品市況を毎日放送した。米綿相場や銀塊、スチール株、為替相場等をはじめ、綿花、期米、砂糖、生糸等重要商品の市況を放送。1941年12月の開戦とともに『経済通信』に改題。放送回数を前後場各1回に縮減。戦後は1948年3月1日に東京から午後4時5分から5分間の市況放送を開始、同年5月には大阪も放送を再開させた。1948年4月からは10分に放送時間を拡大。第1と第2で放送された。

官庁ニュース（官省公示事項）　1928～1940年度
1928年8月、東京中央局からローカルで放送を開始。1930年11月、各省から公示事項として送られる新規施設について、法令の改廃、統計および調査事項の発表などを、一般に周知する目的で『官省公示事項』として全国放送開始。1941年2月をもって発展的解消をとげ、一般ローカルニュース中に包含される。

気象通報　1928年度～
気象情報に関する放送は、放送開始以来「天気予報」のみであったが、1928年11月に全国放送網が整備されると全国放送とローカル放送に分かれて、全国放送では「全国天気概況」「漁業気象」「山岳気象」「暴風警報」等を交えて放送するようになったため、それらを包含して『気象通報』という名称を用いるようになった。

1930年代　国内ニュース

カレント・トピックス　1932～1940・1952～1981年度
東京局の英語による5分のニュース番組。日曜・祭日を除く毎日、午後6時25分から第1で放送。耳から英語を学びたいという聴取者からの要望に応えて始まった番組だが、日中戦争における国策上の宣伝効果も担った。戦争で放送休止となっていたが、1952年6月から日曜を除く毎日、午後6時からの5分番組で第2放送で再スタートする。日本の国内事情を知ろうとする在日外国人や英語を学ぶ学生に好評だった。

早朝ニュース　1937年度～
盧溝橋事件の発生とともに報道番組を強化。7月14日から午前6時25分に5分間の『早朝ニュース』を新設。前夜放送終了後に入ったニュースを、戦況を中心に放送。11月1日からの冬期は午前6時55分から放送した。ラジオの早朝の時間帯のニュースが定時化されたのは、このとき以来である。

今日のニュース　1937～1943年度
中国における戦場の拡大を背景に、8月21日から通常の放送が終了した午後11時から放送した15分番組。その日の終わりに1日の戦況や重要ニュースをまとめて放送。もっとも多くの将兵を戦場に送り出している農山漁村の人々が、昼間の送電がなくともラジオニュースが聴けるよう配慮した。1941年12月の開戦以降は『今日の戦況とニュース』に改題。さらに1943年4月に『今日の報道』に改題。

戦局展望　1938～1939年度
戦局の動きを伝えるために、1週間の戦況ニュースをとりまとめて、第1(日)午後9時40分の『ニュース』内で放送をスタート。1939年8月から『時局展望』に改題。

事変回顧　1939年度
"事変"（盧溝橋事件）勃発以来の日本軍の"奮戦"を伝え、長期建設への国民的緊張を促した。午後9時40分からのニュースの最後に毎日放送。

録音レポート　1939～1940年度
1週間のニュースを10分間にまとめて項目別に並べた「録音レポート」、アナウンサーがひのき舞台に登場した人物に2分間のインタビューを行う「2分間対話」、さらに「時の話題」を加えて、いずれも月1回の放送を行った。（日）午後8時前後の10分番組。

時局展望　1939年度
『戦局展望』を改題。1週間の戦況ニュースをとりまとめて、第1(日)午後9時40分の『ニュース』内で放送。1週間の時局の動きを通じ、聴取者に"聖戦"の意義と時局の重大性を認識させた。1940年3月いっぱいで放送を打ち切り、『郷土だより』に引き継がれる。

1940年代　国内ニュース

経済通信　1941～1943年度
『経済市況』を1941年12月に改題し、放送回数を縮減。東京発のみに集約し、放送内容も株式、商品の2本立てとし、商品は横浜、神戸の生糸市況に限ることになった。

今日の報道　1943年度
夜10時に放送していた『今日の戦況とニュース』が、"敵性語"追放のあおりを受けて『今日の報道』に改題。番組タイトルに使われた「報道」は、戦後に「ニュース」に戻る。

けふの戦局　1944～1945年度
毎日、午後6時55分から5分間、特にフィリピン島戦局のみを取り上げて、ニュース部分を解説した。戦況が悪化し、本土決戦が叫ばれる中で、国民に戦争完遂を訴えるだけの番組となっていく。

労働ニュース　1945～1947年度
戦後、急激に盛り上がった労働運動に即応し、1946年1月から番組をスタート。広く勤労者全般に労働運動の本質、正しい労働組合のあり方を理解してもらうため、内容の重点を勤労者の啓もう指導においた。第1(月～土)午後7時15分からの5分番組で始まったが、その後労働運動の高まりの中で10分に拡張し、一般ニュースとともに伝えた。

復員だより　1945～1946年度
終戦時に外地にいた軍人、軍属、一般市民などの復員、引き揚げの進行状況、引き揚げ船の出入状況、乗船者の告知、各地に残留している同胞の状況など、復員や引き揚げに関する情報をまとめて伝える5分番組。毎日午後7時のニュースの前に放送された。1946年1月に始まった番組は、南方地域の引揚完了とともに1947年2月に終了した。

録音ニュース　1946～1959年度
戦前に1941年1月から2月にかけて録音によるニュース番組『録音ニュース』が登場。戦後、1946年5月に第1放送で週2回午後0時30分からの15分番組で定時放送を開始。1950年11月から午後7時のニュースに続いての午後7時15分に移設。1952年1月からは毎日放送の帯番組となった。

尋ね人　1946～1961年度
戦禍によって肉親と離ればなれになった人、外地から引き揚げてきた人々などが、身寄りや知人の消息を求めて放送を通じて呼びかけた番組。聴取者からの手紙を読み上げて情報提供を求めた。初年度は第1(月～金)午前6時台の10分番組。その後、夜間や第2でも放送。放送開始当初は消息判明が40～50％に達したが、年ごとに割合は低下。1961年度まで15年にわたって放送し、10万件近い放送件数のうち25％が判明した。

配給だより　〈地域放送〉　1946～1948年度
各局のローカル番組としてスタート。管内主要消費都市の主食、海産物ならびに魚介類、野菜その他配給物資の入荷量、配給量、公定価格、配給方法等を伝えた。また輸入食料、調理法、保存法等について解説を加えるなど家庭の主婦の啓もうに努め、闇物資の追放と明るい家計維持を奨励した。1947年5月に隣組が廃止されてからは、従来の"回覧板"に替わる機能を果たすものと期待された。終了後も『ラジオ告知板』内で放送。

文化ニュース　1946～1947年度
世界各国の演劇、映画、美術、教育、文学、出版、思想など、文化界全般のニュースを放送。さらに演劇、映画、美術、音楽などの批評も行った。第1(月～土)午後5時15分からの15分番組でスタート。1947年7月1日に改題して『文化だより』となる。

文化だより　1947年度
1946年9月に『文化ニュース』のタイトルでスタート。世界各国の演劇、映画、美術、教育、文学、出版、思想など、文化界全般のニュースを放送。1947年7月より『文化だより』と改題。演劇、映画、美術、音楽など、各界の批評を専門家に委嘱、さらに歌舞伎の若手俳優による芸談や座談会なども放送。

引揚者の時間　1947～1956年度
南方地域からの引き揚げが一段落し、1947年2月に終了した『復員だより』（1945～1946年度）の後を受けて始まった。大幅に遅れていたソ連、中国東北部地区からの引き揚げ促進と引き揚げ者の生活援護をねらいとした。当初は第1(金)午後9時45分からの15分番組。

今週のニュース特集　1949～1956年度
NHKのネットワークを生かした初のリレー報道番組。東京が司会し、東京をはじめ7中央放送局（大阪・名古屋・札幌・仙台・広島・松山・熊本）からその週のローカル放送のうち全国的に関連のある項目を、各局の自主編集によりリレー形式で全国放送するもの。この番組の特色である多元中継を利用して、東京・大阪間の対談企画が組まれるなど、報道放送に新分野を開拓した。初年度は第1(土)午後10時からの30分番組。

ラジオ編 番組一覧 05 ニュース | 定時番組

1950〜1990年代　国内ニュース

経済ニュース　1950〜1958年度
株式市況と商品市況を放送。産業、経済、金融関係などに関心をもつ聴取者のために、一般ニュースで放送する経済関係のニュースよりは、やや専門的な話題を深く掘り下げて伝えた。初年度は第2(月〜金)午後0時25分からの5分番組。

きょうの市況　1953〜1955年度
株式の終値を夜間に再放送して、投資家の便宜をはかった。東京放送局からは東京証券取引所の分を、大阪放送局からは大阪取引所の分をそれぞれ放送した。第2(月〜金)午後6時5分からの10分番組。

きょうの国会から　1954〜1958年度
法案の審議や内政外交の問題点をわかりやすく伝える目的で1954年11月にスタート。国会開会中は日曜、休日を除く毎日、録音構成でその日の国会の動きを伝えた。特に重要法案や予算案の審議等については、議場からラジオ・テレビ同時中継した。初年度は第2(月〜土)午後8時台の15分番組。1956年11月からは第1に波を移行。1958年度に放送を終了し、翌年度からは新番組『きょうのニュースから』が引き継いだ。

国会をみて　1954〜1956年度
国会会期中、日曜の午前11時から放送されていた『国会だより』（1952〜1954年度）を改題。放送記者が取材した国会の1週間の動きと法案審議の模様を解説。1954年12月から第1(日)午前6時40分からの10分番組でスタート。1956年11月の番組改定で『きょうの国会から』（1954〜1958年度）に統合。

リレーニュース　郷土通信　1958〜1959年度
全国各地のローカル色あふれたニュースの中から、1週間のトピックを"郷土通信"として各局のリレー形式で全国に紹介した。第1(土)午後5時15分からの15分番組。1959年度半ばから『リレーニュース・郷土の話題』と改題し、(日)午後5時台の20分番組に拡大。

農産物市場案内　1958〜1971年度
生産農家、農協および各種出荷団体に出荷への指針を示すために、農産物の毎日の市況および相場を速報する番組。野菜、果物、牛、豚、鶏卵、鮮魚類について、東京、大阪の中央卸売市場の市況、その日の数量、相場動向、出荷上の注意などを迅速に伝えた。第2(月〜土)午後1時台の10分番組。1960年度に『水産物市場案内』が5分番組で新たにスタート。1962年度以降は『農水産物市況』として第1放送に移設。

きょうのニュースから　1959年度
これまで全中5分、ローカル5分だった午後9時からのニュースの時間を、1959年4月からローカル5分はそのままに全中を15分に延長。放送記者による情勢分析や座談会を通して、ニュースの背景を浮かび上がらせた。第1(日〜土)午後9時からの20分番組。

リレーニュース・郷土の話題　1959〜1962年度
『リレーニュース　郷土通信』（1958〜1959年度）を改題。ローカル色豊かで、しかもニュース性をもった各地のさまざまな話題の中から週間のトピックを拾い、これを"郷土の短信"として全国に紹介した。第1(日)午後5時10分からの20分番組。1963年度より『郷土の話題』。

ニュースハイライト　1960〜1961年度
これまでの『録音ニュース』（1946〜1959年度）に代わって新設。その日のニュースをまとめて多角的に、かつ重点的にとらえて放送した。大相撲、野球などの結果も「ニュース」として扱われるようになった。第1(月〜土)午後7時15分からの15分番組。1962年度に『時の人時の話題』および『きょうのニュース』に引き継がれる。

水産物市場案内　1960〜1971年度
『農産物市場案内』の中に含めて放送していた水産物を独立させた番組。(月〜金)午後6時15分からの5分番組。最初の3分は全国中継。残り2分は東京から東日本市況を、大阪から西日本市況を地域別に別々に放送した。

きょうのニュース　1962〜1963年度
第1(月〜土)午後10時からの25分間を『きょうのニュース』とタイトルし、1日のニュースの総合編集版とした。1日の主なニュースを要約して伝えるとともに、とくに重要なニュースや話題を重点的に取り上げ、記者報告、コメント、録音構成などで問題を掘り下げた。1963年度は(月〜金)が午後9時から、(土・日)が10時からのそれぞれ1時間番組で、ニュース、解説、スポーツによる報道ワイド番組とした。

郷土の話題　1963〜2008年度
『リレーニュース　郷土通信』（1958〜1959年度）、『リレーニュース・郷土の話題』（1959〜1962年度）をへて、1963年度に『郷土の話題』となる。ニュース性をもったローカル色豊かな話題を、12〜13局のリレー形式で紹介した。1963年度は第1(日)午前7時15分からの20分番組。1997年度より「おはようラジオワイド」枠内で放送。2001年度より『リレーニュース・郷土の話題』にもどる。

 朝のロータリー 「日本列島きたみなみ」 1972～1990年度
第1放送の情報ワイド番組『朝のロータリー』の午前8時台に放送。1984年度からは『おはようラジオセンター』枠内の午前8時台に継続放送。1989年度に『NHKラジオセンター（早朝）』に引き継がれ、1991年度に「きょうの日本列島」に改題。

 列島リレーニュース 1984年度～
NHKのネットワークを生かして、各地のローカルニュースを1日2回、全国中継でリレー形式で伝えた。初年度は第1（月～金）午後2時5分から2時28分までと、午後7時30分から7時58分まで。全国各地のニュースが聴けると聴取者の好評を得た。『こんにちはラジオセンター』や『日曜あさいちばん』などのワイド番組の中でも放送された。2024年度は午後のワイド番組『まんまる』枠内で午後2時台に放送。

 サンデートピックス 1987～1996年度
日曜朝に放送されていた『郷土の話題』（1963～2008年度）と『スポーツトピックス』（1978～1986年度）を一体化した45分間の生情報番組。初年度は第1（日）午前7時10分からの45分番組で、「スポーツ情報」と「郷土の話題」を、途中「天気予報・交通情報」をはさんで放送した。1996年度は前年度まで午前6時台に放送していた「新聞をよんで」が、「スポーツ情報」に代わって7時台に移行した。

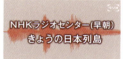 NHKラジオセンター（早朝）「きょうの日本列島」 1991～1998年度
『NHKラジオセンター（早朝）』の第1（月～土）午前8時台に放送の「日本列島きたみなみ」を改題。日本各地の動きを伝えた。1994年度より『おはようラジオセンター』枠内で継続放送。

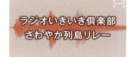 ラジオいきいき倶楽部 「さわやか列島リレー」 1999～2005年度
『ラジオいきいき倶楽部』の（月～土）午前8時台に放送。1日が本格的に動き始める時間に、日本の朝の表情ときょうのニュース・話題を拠点局からリレーで伝えた。初年度は第1（月～土）午前8時36分からの14分番組。

2000年代～　国内ニュース

 私も一言！夕方ニュース 2008～2014年度
双方向性を生かした夕方のニュース番組。リスナーの「ニュースへの一言」をメール、FAXなどで募集し紹介するとともに、NHK解説委員がニュースを深く掘り下げた。午後6時台は「ニュースの魂」「ここに注目」など、解説委員が専門性を生かしたコーナーを担当。キャスターは伊藤博英アナウンサー、有江活子。第1（月～金）午後5時からの1時間50分枠。2015年度に『先読み！夕方ニュース』と改題。

 先読み！夕方ニュース 2015～2017年度
『私も一言！夕方ニュース』（2008～2014年度）を刷新して改題。最新ニュースを追いかけながら、現代日本の潮流をいち早く"先読み"し、生放送でわかりやすく伝えた。リスナーとの双方向性を重視し、お便り、メール、ツイッターを随時紹介。キャスターのほかに専門分野を持つ解説委員を週替わりのコメンテーターとして迎え、多彩なニュースに対応した。第1（月～金）午後5時から6時50分まで放送。

 Nらじ 2018年度～
『先読み！夕方ニュース』（2015～2017年度）に代わり、午後7時からの『NHKきょうのニュース』を包含するかたちでスタート。午後6時台は各分野の専門家やリスナーからの意見を交えて伝える「ニュースのしゃべり場」、午後7時台後半は気になるニュースを深掘りする「特集　一本勝負」などのコーナーで構成。初年度の進行は畠山智之、黒崎瞳、野村正育ほかの各アナウンサー。第1（月～金）午後6時からの2時間番組。

 NHKやさしいことばニュース 2024年度
最新のニュースを専門的なことばはできるだけ使わず、わかりやすい表現で伝える新しいニュース番組。通常のニュースよりゆっくりとしたテンポとやさしい日本語で、外国人をはじめ、高齢者、子どもなど誰もが安全・安心な生活を送るのに欠かせない情報を届ける。第1（月～金）午後6時45分からの5分番組。

1950年代～　国際ニュース

 国際連合だより 1950～1951年度
国際連合関係のニュースおよび解説の時間。アナウンサーによる話を中心に、国際連合関係の会議に出席した日本代表の帰朝談も録音により伝えた。1951年度より『国連だより』。第1（日）午前11時55分からの5分番組。

 国連だより 1951～1953・1961～1964年度
総会をはじめ世界各国での国連全般の動き、故ハマーショルド事務総長のスウェーデンでの葬儀の様子などを、特派員や会議出席者の報告、録音で伝えた。第1（土）午後11時20分からの10分番組。

NHK放送100年史（ラジオ編）　275

05 ニュース | 定時番組

ラジオ編 番組一覧

海外の話題　1951～1955年度
それまで毎週放送されていた『VOAの時間』『海外通信』などの番組を統合して、『海外の話題』とタイトルした。各国の短波放送をはじめ、駐日各国大使館、NHK海外通信員の取材で、社会性に富んだ海外の話題を提供した。1955年度は第1(火・水・木)午後11時10分からの10分番組。

NHK特派員海外報告　1956～1958年度
ニューヨーク、パリ、さらに1956年度に新設されたロンドン、ワシントンのNHK海外総支局に常駐する特派員からの国際電話や、VOA（ヴォイス・オブ・アメリカ）等現地放送の生の声を録音し、編集して放送。初年度は第1(土)午前7時45分からの15分番組。1959年度に『海外特派員報告』に改題。

海外ニュースから　1956年度
1週間の主な海外ニュースを、外国短波放送や特派員報告を中心に録音構成で伝える番組として1956年11月にスタート。エジプトのスエズ運河国有化に端を発した第二次中東戦争や、1956年10月のハンガリー事件などをめぐる国連安保理事会の動きについて、その背景解説等を加えて伝えた。第1(日)午後11時10分からの15分番組。1957年4月の番組改定で『世界をつなぐ』（1954～1959年度）に統合される。

海外トピックス　1959年度
世界の隅々から伝えられる「海外こぼれ話」的なバラエティーに富んだ話題を、軽快なタッチで放送した。第1(月～金)午後11時35分からの5分番組。1960年度に『海外だより』に引き継がれる。

海外特派員報告　1959～1965年度
『NHK特派員海外報告』（1956～1958年度）を改題（1960年度は『海外特派員の報告』）。NHK海外総支局のネットワークを生かした特派員からの現地報告によって、最新の国際情勢や海外各地の話題を伝えた。初年度は第1(土)午前7時40分からの15分番組。1964年度に総合テレビで『NHK特派員報告』が始まると、1966年度に第1の『海外特派員報告』は総合と同名の『NHK特派員報告』に改題。

海外だより　1960～1965年度
1958年4月に総合で始まった『海外だより』から2年遅れてラジオ版が登場。NHK海外特派員からの録音テープ、国際電話による報告のほか、外電や外国放送からの取材も活用し、海外情報を伝えた。『海外特派員報告』がニュースと直結した政治、経済問題が中心なのに対し、海外諸国の文化、風俗、市民生活を取り上げた。初年度は第1(月～土)午後11時20分からの10分番組で、深夜ワイド枠「きょうの終りに」内で放送。

NHK特派員報告　1966～1983年度
『NHK特派員海外報告』（1956～1958年度）、『海外特派員報告』（1959～1965年度）と続いて、1966年度に『NHK特派員報告』に改題。激動する世界の動きを、NHK海外総支局に駐在する特派員の報告によって紹介する番組。1966年度は第1(日)午前7時40分からの19分番組。1984年度に『おはようラジオセンター』の午前6時台「きょうの国際情報」に衣がえした。

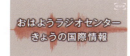

おはようラジオセンター「きょうの国際情報」　1984～1996年度
第1放送の情報ワイド番組『おはようラジオセンター』枠内午前6時台のコーナー。前年度まで放送していた『NHK特派員報告』（1966～1983年度）を引き継ぎ、NHKの特派員が国際電話でホットな情報を伝え、国際化時代のニーズに応えた。1989年度に『NHKラジオセンター（早朝）』枠内に引き継がれる。

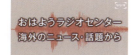

おはようラジオセンター「海外のニュース・話題から」　1987～2007年度
第1放送の情報ワイド番組『おはようラジオセンター』枠内(月～金)午前8時台のコーナー。1989年度に朝の情報ワイド番組『NHKラジオセンター（早朝）』に引き継がれ、1991年度より「海外の話題」に改題。1994年度に再開した『おはようラジオセンター』でも継続放送。その後も朝のワイド番組に引き継がれた。

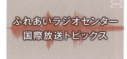

ふれあいラジオセンター「国際放送トピックス」　1988～2000年度
第1(月～日)午前9時から午後0時までの情報番組『ふれあいラジオセンター』（1984～1988年度）枠内の(土)午前9時台後半に編成。NHKの国際放送「ラジオ日本」の番組で、ふだん国内で聞くことのできない話題を紹介するコーナー。『ふれあいラジオセンター』終了後は、『NHKラジオセンター（午前）』（1989～1998年度）、『ラジオいきいき倶楽部』（1999～2002年度）枠内で放送。

英語ニュース　1995～2022年度
1995年に発生した阪神・淡路大震災で在日外国人に対する情報提供の必要性が大きくクローズアップされたことから、世界に向けて放送している国際放送「ラジオ日本」の英語ニュースのうち2回（後に1回）を国内にも放送した。「英語で内外の最新ニュースが必ず聴ける」ことを目指してスタート。初年度は第2(月～金)午後2時と午後11時からの15分番組、(土・日)は午後2時と午後11時からの10分番組。

ポルトガル語ニュース　1995年度～
主に南米のブラジル向けに放送している国際放送「ラジオ日本」のポルトガル語ニュースを国内に放送するもの。日本各地に住む16万人の在日ブラジル人向けに始まった番組。日本の出来事を中心にアジアや世界の情勢を伝える主に南米向けのポルトガル語ニュース。初年度は第2(月～日)午後6時からの10分番組。

ハングルニュース　1996年度～
アジア大陸向けに放送しているラジオ国際放送「ラジオ日本」のハングルニュースを国内にも放送するもの。在日の韓国・北朝鮮の人々を対象とした。初年度は第2(月～日)午後0時45分からの15分番組。

276　NHK放送100年史（ラジオ編）

中国語ニュース　1996年度～
アジア大陸向けに送信しているラジオ国際放送「ラジオ日本」の中国語ニュースを国内にも放送するもの。在日の中国・東南アジアの人々を主な対象とした。初年度は第2(月～日)午後1時からの15分番組。

ラジオあさいちばん「海外経済リポート」　2000～2007年度
第1放送の朝の総合情報番組『ラジオあさいちばん』の(土)午前6時台に放送。2007年度は『土曜あさいちばん』枠内で放送。

スペイン語ニュース　2002年度～
英語、ポルトガル語、中国語、ハングルに続いて新設された外国語ニュース。中米および南米向けに放送しているラジオ国際放送のスペイン語ニュースを、国内にも放送した。日本に居住する南米スペイン語圏出身者が主な対象。初年度は第2(月～日)午後6時10分からの10分番組。

Japan & World update　2009～2017年度
国際放送の英語によるニュースワイド番組をラジオ第2でも同時放送した。重要ニュースの背景や専門家の見方などを紹介するコーナー「アングル」を中心に、内外のニュースを多角的に伝えた。キャスターは新村香、北代裕子、ロバート・ジェファソン。第2・国際(月～金)午後2時からの30分番組ほか。

1940年代～　スポーツニュース

スポーツショウ　1946～1956年度
「きょうのスポーツニュース」、1週間のスポーツを伝える「今週のハイライト」、選手や関係者への「インタビュー」、聴取者からの質問に答える「スポーツ問答」などで構成したスポーツ情報番組のルーツ。初年度は第1(金)午後6時からの30分番組。1949年度に第2放送に移設。人気のプロ野球については、シーズン前後に監督、選手等の座談会、六大学野球部の練習場巡り、プロ野球キャンプ巡りを行い選手の動静を伝えた。

スポーツダイジェスト　1950～1962年度
放送当日の日曜のスポーツイベントを中心に、直近1週間の主なスポーツのハイライトを実況録音を編集して放送。プロ野球のナイトゲームをダイジェストで放送し、好評を得た。初年度は第1(日)午後10時からの30分番組。1951年度に第2に移設。

週間スポーツハイライト　1956年度
1週間のうちに開催されたスポーツ競技のうち、実況放送のなかった各競技イベントをハイライトで放送。1956年6月にはストックホルムの第16回オリンピック馬術競技に参加した日本チームの現地での座談会を放送。またメルボルン・オリンピックにさきがけ、記念して行われた「オリンピックデー」の模様を伝えた。第2(土)午後2時からの1時間番組。

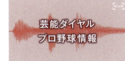
芸能ダイヤル「プロ野球情報」　1983年度
第1(4～9月・月～水)、(10～3月・月～土)午後7時20分から8時55分までの芸能生ワイド番組『芸能ダイヤル』枠内7時台のコーナー。

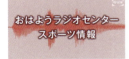
おはようラジオセンター「スポーツ情報」　1984～1995年度
第1放送の情報ワイド番組『おはようラジオセンター』枠内午前7時台のコーナー。1989年度に『NHKラジオセンター（早朝）』枠内に引き継がれる。

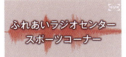
ふれあいラジオセンター「スポーツコーナー」　1984～1990年度
第1放送の生活情報ワイド番組『ふれあいラジオセンター』枠内の(土)午前9時台のコーナー。1989年度より『NHKラジオセンター（午前）』の同時間帯に引き継がれる。

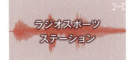
ラジオスポーツステーション　1991～1994年度
4月から10月までプロ野球のシーズン中、(木～土)に編成するプロ野球ナイター中継をベースにしたスポーツ情報番組。スタジオをキーステーションとして、その日に中継するゲームを中心に、各球場の途中経過や結果、記録などを電話リポートを交えながら伝えた。またJリーグ中継や正月恒例の箱根駅伝も中継、ラジオの新しいスポーツ総合情報番組として定着した。初年度は第1(木～土)午後6時15分からの3時間15分番組。

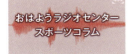
おはようラジオセンター「スポーツコラム」　1996～1998年度
第1放送朝の情報ワイド番組「おはようラジオセンター」枠内の(土)午前7時台に放送。

NHK放送100年史（ラジオ編）　277

ニュース（国内・国際・スポーツ）

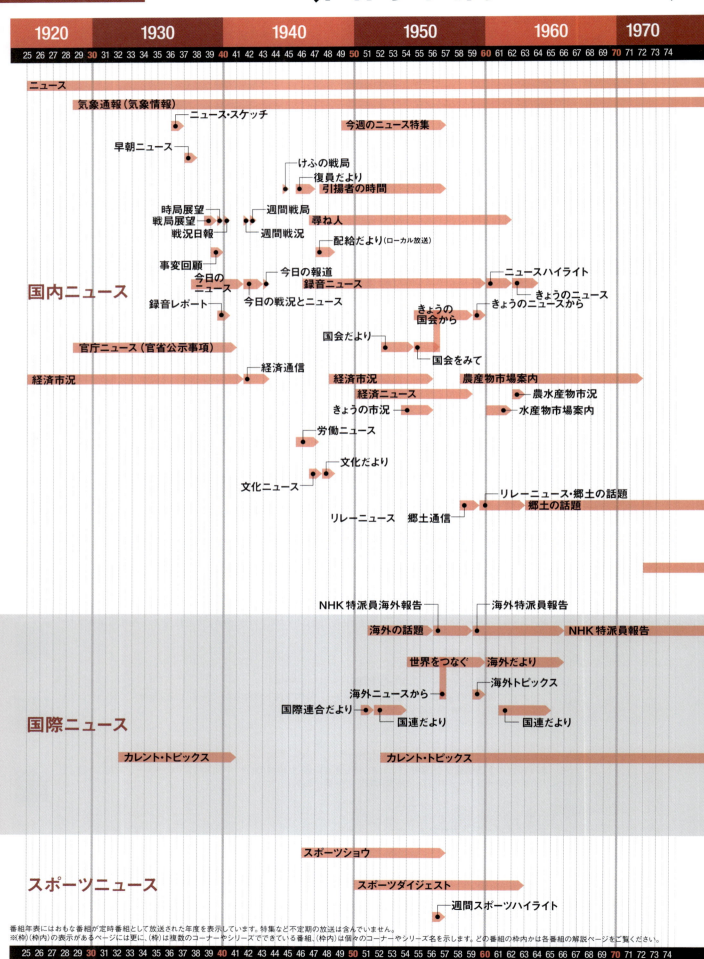

WEB版の年表はこちら

国内ニュース

国際ニュース

スポーツニュース

1980　1990　2000　2010　2020
75 76 77 78 79 80 81 82 83 84 85 86 87 88 89 90 91 92 93 94 95 96 97 98 99 00 01 02 03 04 05 06 07 08 09 10 11 12 13 14 15 16 17 18 19 20 21 22 23 24

先読み！夕方ニュース
私も一言！夕方ニュース
Nらじ

サンデートピックス

列島リレーニュース

日本列島きたみなみ(枠内)　きょうの日本列島(枠内)　さわやか列島リレー(枠内)　NHKやさしいことばニュース
ネットワークトピックス(枠内)

ニューヨーク円・株情報(枠内)
きょうの国際情報(枠内)
海外のニュース・話題から　海外の話題　海外経済リポート(枠内)
国際放送トピックス　Japan&World update
英語ニュース
ポルトガル語ニュース
ハングルニュース
中国語ニュース
スペイン語ニュース

ラジオスポーツステーション
スポーツコラム(枠内)
プロ野球情報(枠内)　　スポーツ情報(枠内)
スポーツ情報(枠内)
スポーツコーナー(枠内)

75 76 77 78 79 80 81 82 83 84 85 86 87 88 89 90 91 92 93 94 95 96 97 98 99 00 01 02 03 04 05 06 07 08 09 10 11 12 13 14 15 16 17 18 19 20 21 22 23 24

NHK放送100年史（ラジオ編）　279

06 報道・ドキュメンタリー | 定時番組

ラジオ編 番組一覧

1930年代　時事・報道

時事問題解説　1928～1931年度
金解禁の前後における浜口雄幸首相による「講演　経済難局の打開について」（1929年8月28日）、井上準之助大蔵大臣による「講演　国民経済の建て直しと金解禁」、元記者の外交官小村俊三郎の「支那事情講座」、憲法学者清水澄による「大日本帝国憲法」、大審院部長池田寅二郎による「民法講座」、土方久徴日銀総裁の講演などを放送。1931年10月、大阪局で『時事解説』が始まる。

国際講座　1930～1932年度
1928年頃から単発で放送が始まる。当面の国際問題を専門家が一般向けに平易に解説。国際連盟10周年記念として1930年4月から6月にかけて渋沢栄一（国際連盟協会会長）が「平和に対する努力」を連続放送した。その後も徳川家達（貴族院議長）、石井菊次郎（外交官）、新渡戸稲造（教育者）ほかが講演をおこなった。1931年10月には田川大吉郎の「最近世界の動き」などを放送。

時事解説　1931～1941年度
政治経済、国際等の問題を解説する時事解説番組として1931年10月4日に大阪局で放送を開始する。従来のワンテーマによる講演形式をとらず、その週のトピックを2～3項目ピックアップして、分かりやすく解説して好評を得た。（日）午後6時30分からの30分番組。同月17日に東京局で始まった『時事講座』と1933年10月に統合され、（土）夜間の全国放送を第1でスタートした。

時事講座　1931～1933年度
1931年10月4日に大阪局で『時事解説』の放送が始まると、約2週間後の17日に東京局では『時事講座』をスタート。第1回の経済学者永雄策郎による「奉天の近情」をはじめとする講演を放送。時局問題の報道、解説に当たった。『時事解説』『時事講座』などの番組は、次第に国民の戦意高揚と国威発揚に協力するものとなっていった。1933年10月に大阪局の『時事解説』と統合され、『時事解説』に改題。

満蒙事情特別講座　1931年度
1931年9月の満州事変勃発を受けて、12月15日に坂西利八郎中将ほか数名による講座をスタート。

中部支那事情特別講座　1931年度
1932年2月に「長江と我海軍」「支那本部に於る政局の動き」「上海を中心とせる日本の企業」「上海に於る各国人」「長江の航運に就て」「上海の金融為替事情」「長江流域と日本との貿易関係」「上海附近の地形に就て」などの内容で放送。

満州事変一周年記念講座　1932年度
出演は松井太久郎（陸軍歩兵中佐）。

今日の知識　1933～1938年度
政治・経済・社会・文化等、その時々の諸問題についての基礎的な知識を提供することを目的とした番組。第2放送で東京・大阪・名古屋の3局放送。第1放送の"講演もの"に比べて専門的かつ具体的な内容を扱った。1937年度は「世界の民間信仰」「ナチス文壇と国民文学」「北清事変から北支事変まで」ほかを放送。平日夜間の30分番組。

ニュース解説〈戦前〉　1937～1940年度
午後9時30分からのニュースに続いて『ニュース解説』を新設。"事変"（日中戦争）の意義を国民に認識させるとともに、戦況ニュースに現れた中国の地名、人名、あるいは中国の政治・経済・軍事などの事情について解説し、ニュースだけでは伝わらない部分を補った。報道部編集課ニュース係員が書いた原稿をアナウンサーが読んで放送。1941年2月の番組改定で、『政府の時間』に吸収される。

国民朝礼の時間　1937～1941年度
1937年9月から「国民精神総動員運動」が次々と展開され、その一環で新設。午前8時からの20分、学校向けに『ラジオ体操』を放送。「君が代」演奏のあとに宮城遥拝を呼びかけ、その後、清浦奎吾（元総理大臣）の「時局と国民精神」、嘉納治五郎（教育者・政治家）の「時局と心身鍛錬の真義」、本野久子（愛国婦人会会長）の「婦人と銃後の護り」などの時局講演を全国中継した。開戦後は「朝礼訓話」を放送。

特別講演の時間　1937～1940年度
1937年10月から随時編成されてきたが、1938年1月から午後7時30分という聴取好適時間に10分番組で第1放送で定時化される。政府の重要政策の発表や新しい法令を解説する時間とした。この日以降、政府の重要政策の発表や講演は、すべて内閣情報部経由となる。「現時の非常時生活」（林博太郎）、「東洋の平和は亜細亜モンロー主義にあり」（金子堅太郎）などのテーマで講演。1941年2月に『政府の時間』に改題。

週間を顧みて　1938～1941年度
第1（日）午前10時から40分の録音放送。徳富猪一郎（評論家）の講演「日本国民よ自ら顧みよ」、大熊信行（文芸評論家・歌人）の講演「日本文芸の道」などを放送。

ラヂオ時局読本　1938〜1940年度
国民に国策を周知し、時局認識を深めさせるために1938年7月に新設。内閣情報部から資料提供と原稿の監修を受け、報道部編集課で作成した原稿をアナウンサーが朗読や対談を通して解説。物資の節約、勤倹貯蓄など、国民の実践すべき事項を具体的に取り上げた。毎週2〜3回午後7時30分（のちに午後8時30分）からの10分間、第1放送と都市（第2）放送の両波で放送。1941年12月の開戦後、『戦時国民読本』に改題。

精動特報　1939〜1940年度
国民精神総動員運動（精動）の指導に当たる中央より、地方官公署、精動関係の諸団体、指導者たちに対する指令、連絡に当てるために、1939年7月以降、（火・金）午後4時30分からの20分番組を新設した。横溝光暉内閣情報部長の「精動新展開の諸方策について」の放送で始まった。

時局談話　1939〜1941年度
国民の認識すべき問題をそのつど取り上げ、講演または座談会の形式で、第1（全国放送）と第2（都市放送）で同時送出した。石渡荘太郎（大蔵大臣）の「事変下の財政金融事情」に始まり、農林次官の「米の話」、燃料局長官の「燃料の話」など、1940年3月までに講演29回、太田正孝（大蔵政務次官）「ものの経済を語る」など座談会8回を放送。毎週木曜の夜間に放送。

1940年代　時事・報道

政府の時間　1940〜1941年度
1938年1月以降、政府の政策発表の場として設けられた『特別講演の時間』は、1941年2月の放送種目および時刻改定により『政府の時間』に改題。第1(月〜土)午後7時30分からの10分番組とした。『ニュース解説』（1937〜1940年度）も同時期に『政府の時間』に吸収される。

軍事報道　1940〜1941年度
1941年2月に『戦況月報』を改題し、週2回放送の戦況解説番組『軍事報道』とした。1941年12月の開戦を期して『軍事発表』に改題。

軍事発表　1941年度
陸海軍当局による戦況解説番組。1941年2月より週2回放送してきた『軍事報道』を改題し、毎日午後8時から30分の第1放送の定時番組とした。1942年4月の改定で『陸軍の時間』『海軍の時間』と改題し、週2回に放送を減らした。

国民に告ぐ　1941年度
午後7時30分から10分番組で放送していた『政府の時間』を改題し、午後7時30分からの30分番組に拡大。閣僚ら政府当局が戦時政策を国民に伝える講演番組。1941年12月は「大東亜共栄圏の食糧問題」（農林大臣・井野碩哉）、「戦時下に於ける国内治安と国民の覚悟」（司法大臣・岩村通世）、翌1942年1月には「大東亜戦争の意義とその使命」（情報局総裁・谷正之）などを第1で放送。

国民の誓　1941〜1942年度
『軍事発表』や『国民に告ぐ』が政府から国民への"上意下達"の番組であったのに対し、『国民の誓』と『我等の決意』は、国民の立場から大戦下の決意を表明する番組。平泉澄（歴史学者）、藤山愛一郎（日本商工会議所会頭）、菊池寛（作家）、大谷竹次郎（松竹社長）など、各界代表者、職域代表者等が、「聖戦目的完遂の誓」を述べた。毎日午前7時30分より第1で放送。

我等の決意　1941年度
『国民の誓』が民間の著名人、各界の名士が意見表明する番組としたのに対し、『我等の決意』は農・工・商、学生など、あらゆる階層の有名無名の一般人が戦争への決意を語った。軍官民一丸となって戦争に向かう覚悟を内外に示すための番組。毎日午後6時30分より第1で放送。

戦時国民読本　1941〜？年度
『ラヂオ時局読本』（1938〜1940年度）を改題。情報局作成の原稿を週2〜3回ずつ朗読する形式の政府講演で、戦争の意義、作戦地の状況などを説明した。

勝利の記録　1941〜1943年度
前週の1週間分の戦果の発表や重要放送を、勇壮な行進曲とともに伝える録音構成番組。国民必聴番組として毎週日曜午前9時から1時間番組で放送した。戦況の悪化により1943年10月31日で番組欄から消えた。

週間戦況　1941年度
1週間の戦況を振り返ってその戦果をアピールし、国民の戦意高揚を図るとともに、戦争完遂に対する国民の覚悟を新たにした。1941年12月8日の開戦を機に12月14日から、毎週日曜の午後7時30分から30分番組で放送。1942年4月に『週間戦局』に改題。

NHK放送100年史（ラジオ編）　281

ラジオ編 番組一覧 06 報道・ドキュメンタリー｜定時番組

 **陸軍の時間** 1942〜?年度
『軍事発表』(1941年度)の後継番組で、陸軍の独自方針を国民に直接伝えるための時間。

 **海軍の時間** 1942〜?年度
『軍事発表』(1941年度)の後継番組で、海軍の独自方針を国民に直接伝えるための時間。

 **週間戦局** 1942〜1943年度
『週間戦況』(1941年度)を1942年4月から改題。太平洋戦争緒戦における軍事行動が一段落したのを機に、単に戦果のあとをたどるだけでなく、国際情勢の解説にも力を注いだ。

 **前線銃後を結ぶ** 1942年度
前線から送られてくる出征将兵の声の録音を、その郷里に届けて聞かせ、これに対する留守家族の声を録音。それぞれを放送し、前線と内地を結ぶ声の便りの交換放送とした。午後9時のニュースの後に放送。内地から送ったニュースや演芸、音楽にこたえて、シンガポールからは兵隊のハーモニカ演奏や軍歌の合唱が送られた。

 **大東亜に呼ぶ** 1942〜1943年度
東京から大東亜(東アジア)各地に向け放送された番組。"大東亜の皆さま"と親しく呼びかけ、講演・報道を通じて東亜の一体感を強調するものだった。第1回放送は大日本興亜同盟総裁林銑十郎の「大東亜建設大業の完遂」。

 **前線へ送る夕** 1942〜1945年度
『皇軍将士慰問の夕』(1937〜1942年度)と、"声のたより"の交換放送『前線銃後を結ぶ』(1942年度)を発展させた番組。1943年1月7日の夜に日比谷公会堂に出征軍人の家族を招待し、高峰三枝子、市丸、轟夕起子らの出演で第1回を放送。ハイケンスのセレナーデのテーマで始まり、寄席中継、歌謡曲、「声の慰問袋」、農漁村で働く人々の録音報告などを戦場に向けて放送。終戦直前まで月2回定期放送された。

 **官公署の時間** 1945年度
通信・交通網が被災したため、中央官庁から地方官公署への伝達の迅速化をはかる目的で放送。第1(月〜土)午前9時からの30分番組。

 **建設の声** 1945年度
聴取者からの投書をそのまま放送する「声の投書欄」。自分の意見を表明したいという人々から1日に300通にも上る投書が寄せられた。その内容で圧倒的に多かったのが食糧問題。そのほかは戦争への反省やインフレ対策、戦災復興などのテーマも頻繁に登場した。各官庁でもこの番組を重視し、責任者が直接投書への回答を寄せることもあった。第1(月〜日)午後7時15分からの15分番組。11月から『私たちのことば』に改題。

 **出獄者にきく** 1945年度
1945年10月22日から11月5日まで6回放送。戦時中に投獄されていた徳田球一、志賀義雄など共産党幹部をはじめ、終戦で解放された思想犯、反戦主義者らが次々にマイクの前に立ち、敗戦時までの特高警察の拷問など、思想・言論弾圧の事実を伝えた。

 **私たちのことば** 1945〜1991年度
1945年9月に始まった『建設の声』を聴取者からの公募により同年11月に改題。毎日300〜400通が寄せられる投書を選び、1回3〜4編を放送。初年度は第1(月〜日)午前7時からの10分番組。1963年3月に放送の「定時制高校の皆さんへ」を当時の池田勇人首相が聴き、その日の閣議で定時制高校生の就職差別の撤廃を指示したことが話題に。1978年度より1991年度まで朝の情報生ワイド番組枠内で放送。

 **座談会** 1945年度
1945年11月21日に『討論会—天皇制について』を放送。中立・保守・急進の3つの政治的立場を代表する三者が一堂に会して論じ合った。討論番組の2回目から『座談会』とタイトルし、毎週2回午後8時からの30分番組で放送。憲法改正、食糧問題、労働問題、婦人問題等、当面の重要課題について活発な討論を展開。民主主義の啓もうに大きな役割を果たした。1946年4月より『放送討論会』に発展する。

 **真相はかうだ** 1945年度
戦後日本の非軍事化と民主化を推進するために、CIE(民間情報教育局)が企画したキャンペーン番組。戦時中の日本軍の実態を暴露し、責任を追及した。構成・脚本・演出をすべてCIEラジオ課が担当。「南京大虐殺」や「バターン半島死の行進」など、日本軍の残虐行為をドラマ仕立てで再現した。日本人にとっては抵抗感のある内容が聴取者の反感を買い、わずか10回で終了。1946年2月から『真相箱』に刷新。

 **戦争裁判報告** 1945〜1948年度
横浜地方裁判所におけるB・C級戦犯の裁判を伝える番組。第1(月〜日)午後7時20分からの10分番組。これは翌年に始まる「極東国際軍事裁判(東京裁判)」の報告に備え、CIEの指示によって始められた番組。1946年5月3日からは東京市ヶ谷で開廷されたA級戦犯に対する極東国際軍事裁判について伝える『極東国際軍事裁判報告』が午後7時15分から始まる。

282 NHK放送100年史(ラジオ編)

真相箱　1945～1946年度
10回で終了した第1放送の『真相はかうだ』（1945年度）を改題。戦争に関する聴取者の質問、疑問に答える問答形式の番組に刷新した。質問に対する回答は「事実であって意見ではない。戦争参加諸国の実際の記録から得た事実である」とうたって、第二次世界大戦の原因、戦闘の模様などについて答えた。1947年1月から『質問箱』に改題。

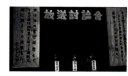
放送討論会　1946～1962年度
1945年11月から始まった第1放送の『座談会』が発展し、1946年4月に『放送討論会』となる。放送の民主化を背景に、国民の声を吸収して、正しい世論形成の役割を目指した公開討論会。番組の形式は保守、中立、急進の意見を持つ3人の講師が、与えられた論題について2回ずつ意見を述べ、次に聴衆が講師に質問を出し、講師がそれに答えるというもの。第1回放送の講師は蝋山政道、市川房枝、鈴木東民。

解説　1946～1948年度
1945年1月以来途絶えていた『解説』の放送が、1946年4月より第1放送で週3日、午後9時15分からの15分番組で復活。1項目主義の時事解説とした。1946年6月に新機構の発足に伴い「解説委員」は、報道部を離れて解説室として独立。7月31日に解説放送に関する新方針が定まり、9月から解説放送の新たな形式が定まった。

今週の議会から　1946～1947年度
1946年6月に第1放送で、日曜の午後9時からの1時間番組で始まった。国会の動きや議員たちの動向を、各政党の代表の討論によって具体的に伝えようという番組。国民の政治に対する関心を高めることに寄与した。同年8月に『先週の議会から』に改題し、1947年9月に『国会討論会』となる。

世界の動き　1946・1960～1961年度
1946年5月に始まった解説番組。世界で注目を集める政治的話題を中心に、各界の動きや時の人をクローズアップした。情報は雑誌「リーダーズダイジェスト」「タイム」等に求めた。第1(金)午後9時30分からの30分番組。1960年度に座談会番組として新たにスタート。言論界、外交界の評論の第一人者が出演し、国際情勢の流れを解説。司会はNHK外信部長。1960年度は第1(日)午後11時10分からの30分番組。

議会報告　1946年度
1946年の第90回帝国議会会期中、7月1日から2か月にわたり放送。国民の議会に対する関心を高め、新憲法の審議状況を明らかにすることでその理解を深めてもらう意図で企画。本会議、委員会、小委員会の質疑応答、院内における各党派各会派の動きを、放送記者が対談形式で伝えた。第1(月～土)午後9時からの10分番組。

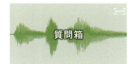
質問箱　1946～1947年度
第1放送の『真相箱』（1945～1946年度）を刷新して改題。『真相箱』が取り上げた"質問"の範囲が先の戦争に限られていたのに対し、政治、経済、産業、芸術、宗教、衛生その他、日常の問題にまで拡大して受け付けた。

新聞論調　1946～1954年度
戦争末期に軍部、政府の代弁者となっていた日本放送協会の解説委員は、戦後、GHQの指令で自主的な解説の道を歩みだす。しかし専任解説者不足や未熟との批判もあり、1945年11月下旬で解説番組の放送を終了。代わって新聞の社説を紹介する『新聞論調』となる。東京の6大新聞（朝日・毎日・読売・日本経済・東京・時事）各紙の社説と、アメリカの新聞の社説も加えて紹介。1951年度に『週間新聞論調』を新設。

国会討論会　1947～1991年度
『先週の議会から』を改題。政府・与野党幹部が、当面の問題を論じ合う討論番組。国会休会中は『政治討論会』とし、政党の代表者による討論と、放送記者による座談会を放送。初年度は第1(日)午後9時からの1時間番組。1961年度よりテレビ・ラジオ共通番組となる。1992年度より『討論』の枠タイトルで『国会討論会』『経済座談会』などを放送。

インフォメーション・アワー　1947～1956年度
1948年1月からCIE（民間情報教育局）の指導監督のもとに、第1放送の午後8時から設けられた30分のキャンペーン放送枠。民主主義思想の啓発のための番組をさまざまな形式で放送。(月)『新しい農村』、(火)『労働の時間』、(水)『問題の鍵』（4月から『社会の窓』）、(木)『産業の夕』、(金)『コミュニティー・ショー（ローカル・ショー）』、(土)『家庭の話題』、(日)『時の動き』で1週間を編成。

問題の鍵　1947年度
「インフォメーション・アワー」の水曜枠で1948年1月から3月まで放送。新しい時代の緊急な諸問題の啓もう、宣伝が目的のインフォメーション番組。例えば「魚や野菜の出回り状況」「農地改革」などのテーマに対し、音楽、ドラマ、実況録音などでテーマを"立体化"し、最後に問題の解決策を示す方法が取られた。放送は3か月で打ち切られ、1948年4月7日から『社会の窓』に改題。

時の動き　1947～1952・1954～1958・1960～1965年度
「インフォメーション・アワー」の日曜枠で放送。あらゆる分野にわたる社会事象、政治的問題を、録音構成、多元中継、対談などさまざまな形式を用いてタイムリーに取り上げた。途中休止のあと、1954年11月から『社会の窓』を吸収。さらに1958年4月に『街頭録音』を吸収して毎日放送の帯番組となった。1年休止のあと、1960年度に復活。1966年度より『ニュース特集』の枠内に移動。

アメリカ便り　1947～1952年度
NHKワシントン特別通信員の坂井米夫が送ってくるリポートを、志村正順アナウンサーが肩の凝らない語り口で紹介。内容はアメリカ人の日常生活、日本人との考え方の違いといった文化面から、朝鮮戦争勃発後のアメリカの平和維持への考え方や国際連合との協力など国際関係にいたるまで幅広かった。アメリカの文化と民主主義への賛美を基調にした番組は、広く聴取者に受け入れられた。第1(日)午後7時20分からの10分番組。

ラジオ編 番組一覧 06 報道・ドキュメンタリー | 定時番組

自由人の声　1947〜1948年度
少数の声なき声を代表して、識者が自由な立場から社会全般のできごとに対して批判するなど、その所信を述べる番組。紹介する意見は無署名の原稿を、NHKの責任で朗読するもの。第1(日)午前7時台の15分番組。

社会の窓　1948〜1954・1959年度
「インフォメーション・アワー」の水曜枠『問題の鍵』が1948年4月に『社会の窓』に改題。各官庁提供のキャンペーン資料によって題材を選び、社会保障、人権擁護、青少年問題等を主たるテーマに、当事者や関係者の声をマイクでとらえた。初年度は第1(水)午後8時からの30分番組。1954年度をもっていったん終了するが、1959年度に(月〜金)放送の新番組『社会番組』の月曜枠で放送を再開した。

ニュース解説　〈戦後〉　1948〜1991年度
1948年11月からそれまでの1項目主義の時事解説を、1日の重要ニュースを複数取り上げる多項目主義に切り替え、『ニュース解説』とタイトルして第2放送でスタートした。翌年1月から第1放送に移り、(月〜日)午後9時30分からの15分番組とした。1951年6月にはGHQの事後検閲がなくなり、自主編集に委ねられた。機構面でも同年7月に報道部解説課が解説委員室に改称され、体制が強化された。

今日の歩み　1949〜1950年度
長時間ドキュメンタリードラマの形式で社会の重要問題を掘り下げる「インフォメーション番組」で、CIE（民間情報教育局）が特に力を注いだ啓発番組。1949年10月放送の第1回は、青少年不良化防止がテーマの「君達は何が欲しいか」。その後「青少年のスポーツ」「租税の歴史」「人権擁護」「社会教育」「選挙」「肺結核」などのテーマを取り上げた。初年度は第1(日)午後8時30分からの1時間番組。

新しい道　1949〜1952・1954年度
民主主義の真の意義を一般に理解徹底させる目的で始まった「インフォメーション・アワー」の1つ。主人公の青年が思想的に悩み苦しみながら人権の尊重を悟るという展開を、セミドキュメンタリーのドラマ形式で描いた。第1(土)午後8時からの30分番組。1954年度に新たな構想の下で再スタート。社会に実際に起こった事件を題材にしてこれをドラマ化。聴取者が現実社会を正しく批判するのに役立つ素材を提供した。

ラジオ座談会　1949〜1952年度
政治問題、経済問題、社会問題などについて司会者と3人の出演者が和やかな雰囲気の中で話し合うトーク番組。司会は元外交官でNHK解説委員の平沢和重。初年度は第1(水)午後7時30分からの30分番組。1952年6月に『日本のあゆみ』に改題。

1950年代　時事・報道

明るい生活　1950〜1952年度
CIE（民間情報教育局）が推し進めたインフォメーション番組の1つ。"人権の尊重"や"封建的意識の打破"などの「インフォメーション」を、ある一家に起こるさまざまな出来事を通して連続ホームドラマの形式で描いた。作者は乾信一郎、小沢不二夫、山下与志一、小沢不二夫、田畑喜作が交代で執筆。1950年6月に第2(月)午後7時30分からの30分番組でスタート。11月に第1(日)午後3時30分に移設。

世界の危機　1950〜1951年度
1950年6月25日、北朝鮮軍が北緯38度線を越え韓国に侵攻。米ソ対立の激化と深刻化する朝鮮半島情勢を受けて、8月3日に始まったインフォメーション番組の1つ。朝鮮問題を中心に、世界の重要な政治、外交、軍事問題について、世界各地のニュースを伝えた。また国連総会や安全保障理事会の討議の模様を劇形式で再現したNHK初のニュースドラマも放送。第1(木)午後8時からの30分番組。

きょうの問題　1951〜1970年度
ニュースを総合的に取り上げる『ニュース解説』（1948〜1991年度）に対して、最新の重要問題1つに焦点を合わせて各分野の専門家、ジャーナリストがその背景、経緯、見通しを掘り下げる時事解説番組。『ニュース解説』との両輪で、ニュース解説の充実を期した。1952年6月からは第1(月〜金)午後6時15分からの15分番組。1962〜1963年度は午前8時台に放送時間を移し、主婦を主な対象とした。

週間新聞論調　1951〜1961年度
1週間の内外の有力新聞の社説の主旨を1週間ごとにまとめて、その間に論じられた重要問題を紹介。問題ごとにその共通点、相違点を示し、内外世論の動向を明らかにした。初年度は第1(日)午前10時45分からの15分番組。1952年度に『海外新聞論調』がスタート。1962年度に『週間新聞論調』と『海外新聞論調』を一本化して『週間論調』とした。

海外新聞論調　1952〜1961年度
海外新聞の論調を通じて、国際問題への理解を深めるための番組。初年度は第2(土)午後6時30分からの15分番組。1957年度は報道番組『世界をつなぐ』（1954〜1959年度）枠内で放送。米・英・仏・西独・ソ連・中国などの有力紙の社説を要約し、1週間ごとにまとめて紹介した。1960年度に第2(土)午前6時20分からの10分番組で再び独立。1962年度に『週間新聞論調』と統合され、『週間論調』となる。

日本のあゆみ　1952〜1953年度
『ラジオ座談会』（1949〜1952年度）を改題。明治維新以降の近代日本が、政治、経済、文化等、さまざまな面においてどのような歴史をたどったのかをドキュメンタリードラマで描いた。第1回「家族制度の変遷」に続いて、「財閥史」「政党史」などを取り上げ、日本近代史を解説。なかでも「条約変遷史」は、サンフランシスコ条約の発効前後の日本の現実を反映し、大きな反響を呼んだ。初年度は第1(土)午後の30分番組。

今日の世界　1952～1954年度
高まりつつある国際情勢への関心に応えるためにスタート。世界各国を1国ずつ訪問する形をとって、各国大使館提供の資料をもとにその国の現状や将来を専門家が解説した。諸外国に関する新しい知識を吸収しようとする高校生からの投書が多かった。第1(日)午後10時15分からの30分番組。

国会だより　1952～1954年度
国民の国会に対する関心を高めることを主な目的で企画された番組。国会で審議された問題を中心に、放送記者がその週の政治の動きをわかりやすく解説した。国会休会中は『放送記者の手帳』とタイトルして、政治・経済・社会全般にわたって、その週の主な問題を伝えた。第1(土)午後9時45分からの15分番組。

日本の課題　1952～1953年度
日本が直面し、解決しなければならない問題を広い視野から取り上げて、各界の専門家が解説した。1953年5月からは主に経済問題を中心に放送。特に労働問題、アメリカのMSA（相互安全保障法）問題が多く取り上げられた。初年度前期は第2(月)午後8時30分からの30分番組。

新聞をよんで　1953～2010年度
新聞に対する建設的な批判と正しい読み方の指針を伝え、数少ない新聞批評の役目を果たす番組としてスタート。全国紙6紙と一部地方紙に1週間のうちに掲載された紙面から抜粋して、各界の識者が論評した。初年度は第1(日)午後9時45分からの15分番組。1995～1999年度は『ラジオ深夜便』枠内で放送。2000年度以降は朝のワイド番組の1コーナーとして放送。（放送年度によって『新聞を読んで』の表記もある）

閣僚にきく　1953年度
早朝に毎日放送しているインタビュー番組『朝の訪問』（1949～1963年度）の月曜版に代わって7月に始まる。評論家が聞き手となり当面の政治問題について担当閣僚にその問題の経緯、内閣の方針などをただし、併せて一般の要望を伝える対談形式の番組。11月末まで、外交、文教、労働、米価など主要問題について20回にわたって内閣の所信を聞いた。第1(月)午前7時45分からの15分番組。

けさの話題　1953～1960年度
その日の話題となるようなニュースをとりあげ、わかりやすく解説する主婦向け解説番組。第1(月～土)午前11時5分からの10分番組。曜日ごとの解説者をNHK内外から迎え、1958年度に担当した犬養道子（評論家）が女性解説者第1号として注目された。1961年度に『婦人の時間』枠内に移行。

記者手帳から　1953～1958年度
国会休会中に『国会だより』に代わって放送していた『放送記者の手帳』（1952年度）を改題。1953年11月から第2(土)午後6時からの15分番組で放送。重要事件やトピックの中から放送記者や特派員が直接取材に当たって得たサイドニュースや裏話を紹介。また話題の問題点を深く掘り下げて解説した。1957年度より『記者手帳』に改題し、夏期は第2の15分番組、冬期は第1の10分番組とした。

私の社会時評　1953年度
評論家が1回15分のストレートトークで、その週に起こった出来事を読み解き、その背後にある社会的な動きについて、独自の視線で批評を行った。第2(金)午後9時45分からの15分番組。

私たちの質問　1953～1954年度
日ごろ聴取者が疑問に思っていること、一般市民ではなかなか足を踏み入れることのできない問題等を聴取者から募集し、それに答える番組。第2(月)午後8時5分からの25分番組。

世界をつなぐ　1954～1959年度
刻々と移り変わる国際情勢を、世界各国の中波、短波の放送から取材し、翻訳し、録音構成によって伝える報道番組。第1(金)午前6時40分からの10分番組でスタート。1955年度には報道系ニュース番組だけでなく、ひろく社会、教養、音楽番組からも取材し、週2回の放送とした。1957年4月の番組改定で『海外ニュースから』（1956年度）と統合し、毎日の放送となる。

世界の表情　1954～1955年度
世界各地で起こる事件、事象の中から、直接日本に影響を及ぼす重要な国際問題、時事問題を選んで、わかりやすく解説した。初年度は第2(水)午後8時5分からの25分番組。

私の主張　1955年度
広く一般の聴取者の意見発表の場が『私たちのことば』（1945～1991年度）であるのに対し、『私の主張』は著名人の論壇番組。政治、経済、社会、文化全般からタイムリーな話題を選んで、15分のストレートトークで放送した。第1(日)午前7時45分からの15分番組。

新しいアジア　1957年度
過去の後進性を打開しようとするアジア、アフリカ諸国が直面するさまざまな問題を取り上げ、今日の状況を伝えた。第2(日)午前6時30分からの30分番組。

NHK放送100年史（ラジオ編）　285

06 報道・ドキュメンタリー | 定時番組

ラジオ編 番組一覧

世界の窓 1958～1959年度
『世界とアジア』(1957年度)の後継番組。緊張を続ける東西両陣営の対立や、アジア・アフリカに火の手が上がった民族運動の動きなど、激動の国際情勢からタイムリーなテーマを選び、専門家にその背景や問題点を聞いた。聞き手は経済評論家の韮沢嘉雄。第1(日)午後11時10分からの25分番組。1960年度に『世界の動き』に引き継ぐ。

社会番組 1959年度
政治、経済、社会のあらゆる事象の動きを取り上げ、その解明をはかる番組枠。(月)「社会の窓」、(火)「日本さまざま」、(水)「人と話題」、(木)「マイク片手に」、(金)「生活のうた」で5日間を構成。第1(月～金)午後9時35分からの25分番組。

ラジオ社会欄 1959年度
第1放送で(月～金)が午後4時25分からの35分、(土)が午後4時20分からの40分のワイド番組枠。前半15分が社会福祉の啓もう推進をはかる録音構成番組、後半15分がローカル放送のディスクジョッキー番組、最後の5分が肉親の消息を求める聴取者の声を伝える「尋ね人」(1946～1961)の3要素で構成した。

東から西から 1959～1966年度
海外の実情を帰国者に聞くインタビュー番組。「各国の選挙と政治」(1959年度)、「海外の教科書に現れた人間」(1960年度)、「アメリカの家庭生活」(1961年度)、「ベルリンの東と西」(1962年度)、「国際技能オリンピックから帰って」(1963年度)ほかのテーマで聞いた。初年度は第2(土)午前6時30分からの20分番組。

日本さまざま 1959・1963年度
第1(月～金)の新番組『社会番組』の火曜枠で放送。不定期に放送してきた企画番組を、午後9時台の25分番組で定時化。各局の「県民の時間」を母体とした各地の話題を3～4本取り上げた。1963年度に同名番組がスタート。全国の放送局をリレーで結び、ローカル色豊かな話題を紹介する番組枠。各地域局発全国中継番組の拡充がはかられた。「芸能お国めぐり」と「日本を結ぶ」で構成。第1(月～金)午後3時台の49分番組。

人と話題 1959年度
(月～金)放送の新番組『社会番組』の水曜枠で放送。時の人をゲストに迎え、時の話題に焦点を合わせて、座談会でテーマを掘り下げる時事報道番組。第1(水)午後9時35分からの25分番組。

1960年代 | 時事・報道

政治と政策 1960～1963年度
国会休会中に放送する30分番組で総合テレビと第1で放送。前期国会の反省や次期国会への施策対策などについて論評する政治番組。1963年度をもってラジオ放送は終了するが、1964年4月より総合テレビに波を移して1年間放送。記者座談会や関係閣僚、政党幹部に対する記者インタビューによって、政治問題を解明するとともに、視聴者の政治的関心を高めた。

日曜特集 1960～1962・1966年度
各地の話題を多元リレー中継でつなぐ25分番組『日本さまざま』(1959・1963年度)を、月1回の55分番組に刷新。さらに社会に起きる現象を産業・経済面からとらえた録音構成「日本シリーズ」を月1回企画。これらを『日曜特集』のタイトルで第1(日)の55分番組で放送。1962年度は週1回の固定枠で「こんにちは東京です」ほかを放送。1966年度に第2(日)に同名番組が登場。国際的視野に立った対談、座談会を放送。

日曜解説 1960～1964年度
安保闘争に揺れた1960年に誕生した世論啓もう番組。(月～土)放送の時事解説番組『きょうの問題』(1951～1970年度)の日曜拡大版とした。単なる解説に終わらせず、時の底流を広い視野からとらえて問題の焦点を深く掘り下げるよう努めた。初年度(4～6月)は第1(日)午前6時40分からの20分番組。レギュラー出演者は小泉信三(経済学者)、笠信太郎(朝日新聞論説主幹)、蠟山政道(政治学者)ほか。

時の人時の話題 1962年度
その日の内外のニュースを録音構成により多角的にとらえ、そのニュースを代表する人物に焦点を当てた。機動性を生かした報道番組。第1(月～土)午後7時20分からの10分番組。

午後の解説 1962年度
『婦人の時間』(1945～1962年度)枠内の解説コーナーが独立。直近のニュースから重要なニュースを選び、解説委員が主に主婦向けに、ニュースの意義や問題点を家庭生活に結び付けて解説した。第1(月～土)午後3時10分からの10分番組。1963年度にワイド番組『午後の茶の間』枠内の「ニュース解説」コーナーに引き継がれ、『午後の解説』のタイトルでは総合テレビ(月～金)午後2時台の番組となる。

週間論調 1962年度
『週間新聞論調』(1951～1961年度)と『海外新聞論調』(1952～1961年度)を一本化した番組。その週の重要問題についての内外世論の動向をまとめて紹介する番組。重要ニュースがある場合は海外、国内を分けず、重要ニュースのある方に絞って解説するなど日々の動きに柔軟に対応した。第1(日)午後11時35分からの15分番組。

きょうのハイライト　1963年度
『時の人時の話題』（1962年度）の後継番組。放送日当日の重要ニュースの背景、見通しなどについて、主に記者や特派員が伝えた。第1(月〜土)午後7時20分からの10分番組。

日本を結ぶ　1963年度
午後3時10分から3時59分までの『日本さまざま』枠内で放送する録音構成番組。全国各地の放送局を結び、それぞれの土地の特色ある話題を伝えた。第1(月〜金)午後3時31分からの26分番組。

午後の茶の間「ニュース解説」　1963年度
ワイド番組『午後の茶の間』枠内の「ニュース解説」コーナー。家庭の主婦を主な対象に、政治・経済・社会問題を、身近な家庭生活に結びつけながら取り上げた。主なテーマは「国会や地方選挙」「予算」「婦人週間」「サリドマイド事件」「風呂代・砂糖などの値上げ」「非行少年の問題」ほか。第1(月〜金)午後1時31分からの9分番組。

政治の動き　1964〜1965年度
放送記者による座談会番組。時には閣僚や政党幹部を招いてインタビューも実施した。取り上げた主なテーマには1964年度に「日米首脳会談の成果」、「活発化した日韓交渉」、1965年度には「大詰めに入った内閣改造」、「空白つづく日韓国会」などがある。第1(木)午後10時40分からの19分番組。

報道特集　1964〜1969年度
政治、経済、社会、文化などあらゆる方面の問題を機動的に取り上げ、録音や座談会によって、問題の原因、背景、影響を掘り下げる大型報道番組。初年度は第1(日)午後1時5分からの54分番組。取り上げた主なテーマは「北海道の冷害」（1964年度）、「土地政策への提言」（1965年度）、「悩み多い公害対策」（1966年度）、「紛糾する新国際空港」「ひき逃げ〜姿なき犯人を追って」（1967年度）ほか。

時の話題　1964〜2011年度
『午後の茶の間』（1963年度）枠内で放送していた「ニュース解説」が、午前8時台に移行して改題。主に家庭の主婦を対象に、最近のニュースから重要問題を選び、わかりやすく解説した。初年度は第1(月〜土)午前8時50分からの9分番組で、「公労協スト」「消費者行政」「東京の水不足」など幅広い話題をとり上げた。1984年度からは『おはようラジオセンター』ほか、朝のニュースワイドの1コーナーとして継続。

日曜記者席　1965年度
新聞各社の日曜の夕刊廃止に応ずる措置として、午後6時に15分間のニュースを新設し、これに続く解説番組とした。1週間の動きの中から、重要ニュースに関する記者の報告または座談会を放送。第1(日)午後6時15分からの10分番組。

ニュース特集　1966〜1975年度
ラジオ第1で日曜をのぞく毎日、午後8時台に新設された55分(土曜のみ27分)の報道ワイド番組。その日の事件、ニュースをすばやくとらえ、電話、中継、録音、多元など多角的に伝える夜の報道アワーとした。従来の『きょうの国会から』『記者座談会』『時の動き』を同じ枠内にまとめて放送。国会が紛糾している時は議場から生中継したり、それぞれの枠をはずすなどして機動的に編成した。第1(月〜土)午後8時3分からの放送。

1970年代　時事・報道

日曜ダイジェスト　1971〜1973年度
1週間の重要ニュースの背景や問題点を整理し、解説する情報集約番組。その週に起きた主なニュースを取り上げ、複数のNHK解説委員がそれぞれの専門的な立場から対談や座談会の形でわかりやすく解説した。取り上げたテーマは「中国の国連参加」「国際通貨問題」「ベトナム情勢」「保険医総辞退」など。初年度は第1(日)午後7時25分からの35分番組。

ニュースリポート　1976〜1978年度
事件・事故の速報、社会の動向、国会の動き、国際情勢、さらに芸能・スポーツの話題まで、幅広い分野のニュースをまとめ、問題点を整理する報道番組。初年度の放送時間は、4〜9月が第1(月〜土)で、10〜3月が第1(月・水・金)の、それぞれ午後7時15分からの42分番組。1978年11月の番組改定を機に廃止となる。

ラジオジャーナル　1978〜1981年度
毎日のニュースを記者や専門家が詳しく分析し解説する生放送の報道番組。初年度は、聴取者が家庭や職場の出来事を直接電話で話す「ホットライン」コーナーが人気を集めた。また1979年度から実施した海外で活躍する日本人に電話インタビューする「世界からこんばんは」も好評だった。初年度は第1(月〜土)午後7時15分からの42分番組。

06 報道・ドキュメンタリー | 定時番組

ラジオ編 番組一覧

1980年代　時事・報道

NHKジャーナル 1982年度～
1981年度まで放送されていた午後10時の『ニュース』とその後の『ラジオジャーナル』（1978～1981年度）を統合した平日夜間の報道情報番組。「きょう一日と今の時代がわかる」報道番組を目指して、ニュースデスクが詳しく解説。スポーツニュースや気象情報のほか、企画コーナーでは曜日ごとに医療健康、スポーツ、カルチャーなど関心が高いテーマを取り上げた。初年度は第1(月～金)午後10時からの1時間番組。

新海外事情 1984～1989年度
日々の海外ニュースには扱われにくい世界各国の動き、さまざまに伝えられる海外事情の底にある歴史、文化、宗教、社会慣習などを掘り起こして紹介した。取り上げたテーマは、「一人っ子問題にとりくむ中国」「食糧危機に悩むアフリカ」「移民問題に悩むフランス」「国際企業買収合戦」「世界をねらう韓国自動車産業」「タイの児童労働」「アメリカのスポーツビジネス」ほか。初年度は第2(木)午後10時20分からの40分番組。

ふるさとリポート 1984年度
全国の各放送局が地域の社会や文化の情報を紹介した録音構成番組。各局の制作担当者、アナウンサーによる地元リポートで、各地の村おこし運動やコミュニティー作りなど、ふるさとの新鮮な話題を提供した。第1(日)午前9時5分からの30分番組。

こんばんはラジオセンター「土曜談話室」 1988～1989年度
多様化する社会の動きをいち早くとらえ、現代のさまざまな問題について論じ合い提言する、ラジオの特性を生かした時事性の強いトーク番組。各分野の第一線で活躍する人たちを招き、対談や座談会で多彩なテーマに取り組んだ。取り上げたテーマは、「株価は安定を続けるか」「ニューメディアの未来を読む」「宇宙から地球を見る」「外国人労働者の人権」「地方博が残したもの」ほか。第1(土)午後10時15分からの43分番組。

1990年代　時事・報道

NHKラジオセンター（早朝）「けさのキーワード」 1991～1994年度
『NHKラジオセンター（早朝）』の第1(月～土)午前7時台に放送。日々のニュースのポイントとなることばを解説した。

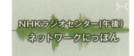
NHKラジオセンター（午後）「ネットワークにっぽん」 1991～2004年度
『NHKラジオセンター（午後）』の第1(月～土)午後1・2時台に放送。地域局のアナウンサーやリポーター、記者、ディレクターが、地域のさまざまな話題を伝えた。

討論 1991～1993年度
『国会討論会』（1947～1991年度）を1992年2月2日より『討論』という枠タイトルで、「国会討論会」「経済座談会」「政治座談会」の時間とした。1992年度は日曜の総合で午前9時から、第1では午後7時30分からのそれぞれ1時間番組で放送。1993年度は生放送を基本とし、総合・第1ともに(日)午前9時からの1時間番組とした。1994年度に『日曜討論』に改題。

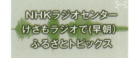
NHKラジオセンター～けさもラジオで（早朝）「ふるさとトピックス」 1992～1993年度
第1放送の情報ワイド番組『NHKラジオセンター～けさもラジオで（早朝）』の午前5時台に放送。各局制作による話題をリポート。

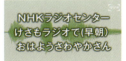
NHKラジオセンター～けさもラジオで（早朝）「おはようさわやかさん」 1992～1996年度
『きょうも元気で』（1991年度）の枠内で始まったコーナー。『NHKラジオセンター～けさもラジオで（早朝）』の第1(月～土)午前5時台に放送。地域局の女性アシスタントが電話で各地の表情や動きをリポートした。

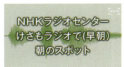
NHKラジオセンター～けさもラジオで（早朝）「朝のスポット」 1992～1996年度
第1放送の情報ワイド番組『NHKラジオセンター～けさもラジオで（早朝）』の午前7時台に放送。最新の社会の動きに評論や解説を加えて伝えた。1994年度からは『おはようラジオセンター』の午前7時台に継続放送。

NHKラジオ夕刊 1992～2007年度
従来の「読むニュース」から「語りかけるニュース」への脱却を目指して新設。4人の解説委員が(月～金)を、1人が日曜版の編集長を担当。政治・経済・国際・生活・文化情報など、おのおのの専門分野を生かしてニュースをわかりやすく解説した。初年度は第1(月～金・日)午後6時からの50分番組。1996年度に(土)枠を新設。2000年度から前期はプロ野球放送のため(月～水)、後期は(月～金)の放送となった。

ラジオ深夜便「ワールドネットワーク」 1993年度～
『ラジオ深夜便』の第1(火〜金)午前0時台に放送。海外に暮らすリポーターが、それぞれの国や街の情報を届ける。生活感あふれるニュースや、肌で感じた"お国柄"との出会いなど、ガイドブックには載らない情報を、国際電話でアンカーが聞いた。

ラジオ深夜便「列島・きょうの動き」 1993～2017年度
『ラジオ深夜便』の第1(月〜日)午前0時台に放送。NHKの全国各放送局の情報で、その1日をふりかえる。地域色あふれる行事や催し物情報も伝えた。

アラウンド日本「ほっとタイム」 1994～1995年度
第1放送の総合情報ワイド枠『アラウンド日本』の午後5時台に放送。『NHKラジオセンター（午後）』の午後4・5時台の「ほっとタイム131」の5時台を改題。世の中の動きや社会のしくみなど、関心事の背景を専門家へのインタビューで解き明かした。1995年度は『NHKラジオセンター（午後）』枠内で放送。

日曜討論 1994年度～
『討論』（1991～1993年度）を改題。動きの激しい政治の世界の当事者へのインタビューや討論を生放送でおこなう番組。総合と第1の同時放送で、初年度の上半期は第1(日)午前9時からの1時間番組、下半期は1時間15分番組とした。

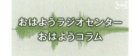

おはようラジオセンター「おはようコラム」 1995～1996年度
『おはようラジオセンター』の第1(月〜金)午前7時台に放送。解説委員による解説コーナー。

関西発ラジオ深夜便「アジアリポート」 1995年度～
『関西発ラジオ深夜便』の第1(土)午前0時台に放送。「ワールドネットワーク」のアジア版。韓国、中国、モンゴル、タイ、シンガポール、ベトナム、インドネシアなど、アジア各地のリポーターが、現地の様子や文化の最新情報を伝える。

ラジオ深夜便「ふるさと情報」 1995～1996年度
『ラジオ深夜便』の第1(月〜日)午前2時台に放送。

ラジオ深夜便「新聞をよんで」 1995～1999年度
『ラジオ深夜便』の(日)午前0時台に放送。1953年度から放送が続いている同名番組（コーナー）を『ラジオ深夜便』枠内で放送。全国紙6紙と一部地方紙の1週間分の記事について、識者が論評する新聞批評番組。記事の内容から紙面構成、社説、新聞社の基本姿勢にも言及した。2000年度からは『ラジオ深夜便』枠内を出て、第1(日)午前5時33分からの12分番組となる。1998年度からはFMでも放送。

おはようラジオセンター「アジア情報」 1996～2007年度
『おはようラジオセンター』枠内で(土)午前6時台に放送。政治経済から街の話題まで、幅広くアジアの最新情報を伝えるコーナー。毎月第1土曜は国際問題評論家の饗庭孝典（杏林大学教授）が担当、総合テレビ『アジア発見』の担当ディレクターによる取材報告、さらにJICA派遣者、アジアで活動する日本人NGOなどアジア渡航者のリポートで各地の現状と課題を伝えた。初年度は第1(土)午前6時45分からの10分番組。

おはようラジオワイド「ワールドリポート」 1997年度～
『おはようラジオワイド』枠内で第1(月〜金)午前6時台と7時台に放送。海外支局の記者が世界の動きを伝える。1999年度以降も、『ラジオあさいちばん』（1999～2014年度）、『NHKマイあさラジオ』（2015～2018年度）、『マイあさ！』（2019年度～）等の朝の情報ワイド番組枠内で継続放送。

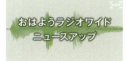

おはようラジオワイド「ニュースアップ」 1997～2018年度
『おはようラジオワイド』枠内の第1(月〜金)午前7時20分からの7分番組。「7時のニュース」のあと、政治経済、国際関係、教育、環境、福祉などの、関心の高い事柄をNHK解説委員や外部識者がタイムリーに解説。社会の動きに柔軟に対応し、適宜テーマを差し替えた。

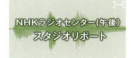

NHKラジオセンター（午後）「スタジオリポート」 1997年度
『NHKラジオセンター（午後）』枠内で第1(火)午後1時台後半に放送。年度前半に首都圏の話題を伝えた。

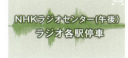

NHKラジオセンター（午後）「ラジオ各駅停車」 1997～1999年度
『NHKラジオセンター（午後）』枠内で第1(火)1時台後半に放送。全国各地のJR、私鉄、第3セクターの駅に、季節の話題を電話でインタビューした。年度後半放送。

NHK放送100年史（ラジオ編） 289

06 報道・ドキュメンタリー | 定時番組

NHKラジオセンター（午後）「東京の中のふるさと」 1997年度
『NHKラジオセンター（午後）』枠で第1(木)午後1時台後半に放送。東京にある全国各地の物産館、東京事務所や県人会などを訪ね、ふるさとの良さや東京での印象を、各県出身者が中継インタビューで紹介する。

ラジオ深夜便「日本列島くらしのたより」 1997年度～
『ラジオ深夜便』の第1(月～金)午後11時台に放送。さまざまな職業を持つ現地のリポーターが、その土地のホットな話題を紹介し、日本列島の豊かな季節感と多様な暮らしぶりを電話で伝える。

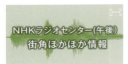

NHKラジオセンター（午後）「街角ほかほか情報」 1998年度
『NHKラジオセンター（午後）』枠内で、年度後期の第1(木)午後1時台後半に放送。東京の社会・経済・文化・風俗のニュートレンドを紹介した。

ラジオいきいき倶楽部「中継・おじゃまします」 1999～2002年度
『ラジオいきいき倶楽部』の第1(月～金)午前9時台に放送。さまざまな場所からいま話題の出来事をビビッドに伝える中継番組。初年度の主な内容は「頑張るオーダーメードの靴屋さん（神戸）」「35階の花見（銀座）」「子どもの本専門店（青山）」「地下60mのコンサート」「お寺が市民の発電所」「機織の音が響く西陣」「三崎市場のマグロ」ほか。2000年度は第1(月～金)午前11時10分からの10分番組。

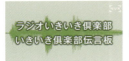

ラジオいきいき倶楽部「いきいき倶楽部伝言板」 1999～2002年度
『ラジオいきいき倶楽部』の第1(月～金)午前11時台後半に放送。リスナーからのおたより、ファックスなどで寄せられる耳寄り情報をまとめて紹介するコーナー。

ラジオいきいき倶楽部「季節のかおり」 1999～2001年度
『ラジオいきいき倶楽部』の(土)午前8時台のミニコーナー。日本各地の表情を電話でたずねる季節の便り。初年度は第1(土)午前8時47分からの5分番組。

2000年代 | 時事・報道

かんさい土曜ほっとタイム「震災10年のメッセージ」 2004年度
第1放送『かんさい土曜ほっとタイム』の午後4時台に放送。1995年1月17日の阪神・淡路大震災から10年の節目をむかえてのコーナー。

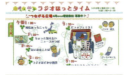

ラジオほっとタイム「ちょっと知りたいニュースのつぼ」 2007年度
『ラジオほっとタイム』の第1(月～木)午後1時33分からの8分番組。日ごろちょっと知りたいと思う"ニュースのキーワード"を取り上げ、解説委員がわかりやすく伝えた。

What's Up Japan 2007～2008年度
ラジオ国際放送の番組を日本国内向けに第2で同時放送した。冒頭5分間はニュース解説コーナー「コメンタリー」。日本国内の政治・経済・社会情勢をわかりやすく解説するとともに、アジアで起きている事象について、地元のジャーナリストや専門家が現地報告する。番組後半は「ラジオジャパンフォーカス」を放送。第2(月～金)午後2時10分からの19分番組。

土曜あさいちばん「海外元気情報」 2008～2013年度
早朝の生ワイド番組『土曜あさいちばん』の第1(土)午前5時19分からの7分番組。『おはようラジオセンター』の枠内コーナー「アジア情報」（1996～2007年度）を改題。政治経済から街の話題まで、アジアの最新情報を伝えた。饗庭孝典（国際問題評論家）の解説やアジア渡航者のリポートで、各地の現状・課題などを伝えた。

つながるラジオ「いのちをつなぐメッセージ」 2009年度
『つながるラジオ』の第1(木)午後3時台後半に放送。2008年度に特番で放送したものを週1回でコーナー化した。"たったひとつの命だから"という言葉に続くメッセージを募集し、それぞれの命への思いがつまった愛情あふれるメッセージを朗読した。

2010年代　時事・報道

つながるラジオ「いのちと絆のメッセージ」 2010〜2011年度
『つながるラジオ』の第1(月)午後3時台後半に放送。枠内コーナー「いのちをつなぐメッセージ」(2009年度)を改題。"たったひとつの命だから"という言葉に続くメッセージを募集。それぞれの命への思いがつまった愛情あふれるメッセージを朗読した。

ラジオあさいちばん「被災地からのメッセージ　被災地へのメッセージ」 2011年度
『ラジオあさいちばん』の第1(月)午前5時18分からの7分番組。震災から1か月間、連日午前5時台の『ふるさと元気情報』を休止して被災地の情報を届けた。4月11日からは毎週(月)に「被災地からのメッセージ　被災地へのメッセージ」のタイトルで、さまざまな復興への取り組みや、支援活動に奔走する人たちへのインタビューなど、被災地の動きを発信した。

土曜あさいちばん「週刊辛口コラム」 2011年度
『土曜あさいちばん』の第1(土)午前5時16分からの8分番組。午前5時台のコーナー「新聞を読んで」(1953〜2010年度)を改題。政治経済、国際関係などを、4人のNHK元解説委員が週替わりで解説した。

すっぴん!「Eyes on ニッポン」 2012〜2013年度
『すっぴん!』の第1(月)午前8時台後半に放送する約20分のコーナー。日本での取材経験が豊富な外国人ジャーナリストたちが、それぞれの国の最新事情を交え、彼らから見る「ニッポン」について語った。

すっぴん!「流行アナライズ」 2012〜2015年度
『すっぴん!』の第1(火)午前8時台後半に放送する約20分のコーナー。「今の流行は何?」「それがウケている背景は?」など、世の中の流行を、新ビジネス、流通、消費、地方経済など、その道の専門家がさまざまな角度から分析する。出演は井上正敏(シニアアナリスト)、牛窪恵(マーケティングライター)、岡田豊(みずほ総合研究所主任研究員)、渡辺敦美(「日経トレンディ」編集長)。

すっぴん!「News まるかじり」 2012〜2013年度
『すっぴん!』の第1(水)午前8時台後半に放送する約20分のコーナー。NHK解説委員が専門分野によって週替わりで登場。その週のニューストピックをわかりやすく解説する。

すっぴん!「アフター 3.11」 2012〜2013年度
『すっぴん!』の第1(金)午前8時台後半に放送する約20分のコーナー。東日本大震災の被災地で続いている復興への取り組み、そしてそれを支援する人々を紹介し、震災について考える。月に1度「大友良英のFUKUSHIMA便り」を放送。

ラジオあさいちばん「復興へのメッセージ」 2012〜2016年度
『ラジオあさいちばん』の(月)午前5時台に放送。震災以降(2011.3.14)に放送が始まった「被災地からのメッセージ　被災地へのメッセージ」のタイトルとテーマを変更。被災地域で始まったさまざまな復興への取り組みや、全国からの支援活動に奔走する人たちへのインタビューなどを発信した。初年度は第1(月)午前5時18分からの7分番組。2015年度からは『NHKマイあさラジオ』枠内で放送。

土曜あさいちばん「土曜元気情報」 2012〜2013年度
第1放送土曜早朝のワイド番組『土曜あさいちばん』の午前5時台に放送。全国各地の話題を紹介した。

土曜あさいちばん「土曜コラム」 2012〜2014年度
『土曜あさいちばん』の第1(土)午前7時台の7分番組。「新聞を読んで」(1953〜2010年度)と「週刊辛口コラム」(2011年度)を継続する形で、タイトル、曜日、時間帯を変更。政治経済、国際問題などを、NHK元解説委員12人が交代で解説した。2015年度に新設された『NHKマイあさラジオ』の(土)午前5時台で継続放送。

日曜あさいちばん「日曜コラム」 2012〜2014年度
『日曜あさいちばん』の第1(日)午前7時台の7分番組。「新聞を読んで」(1953〜2010年度)と「週刊辛口コラム」(2011年度)を継続する形で、タイトル、曜日、時間帯を変更。政治経済、国際問題などを、NHK元解説委員12人が交代で解説した。

なっとく防災広場 2013〜2014年度
災害時の被害を減らす"減災"に役立つことを目指し、地震、津波、大雨などの災害に関する基礎知識や防災のノウハウ、最新の情報を伝える5分番組。2014年度は、災害取材にあたっている社会部記者の出演を積極的に進め、熱中症、台風、大雪に対する注意点を放送。そのほか、御嶽山や富士山の噴火対策も紹介した。第1(日)午後7時55分からの5分番組。2014年度は『ラジオあさいちばん』の午前5時台でも放送。

NHK放送100年史(ラジオ編)　291

06 報道・ドキュメンタリー　定時番組

ラジオ編 番組一覧

安心ラジオ　2014年度〜
東日本大震災後、防災メディアとしてのラジオの役割とその重要性が見直された。そんな中、暮らしの中の安心情報を伝える1分番組としてスタート。防災を中心に、医療、介護、年金、雇用、消費者問題、防犯など、一口メモの形にまとめて1日に数度、繰り返し放送。2023年度からは最新の情報をより深くよりわかりやすくまとめて放送。第1(月〜金・祝日)の5分番組。

ラジオあさいちばん「海外あさいち情報」　2014年度
『土曜あさいちばん』の午前5時台に放送していた「海外元気情報」(2008〜2013年度)を改題。海外に住む日本人が各国の最新の話題を伝えた。第1(金)午前5時45分からの7分番組。

NHKマイあさラジオ「マイあさだより」　2015年度〜
『NHKマイあさラジオ』の第1(月〜金)午前5時台に放送。列島各地の朝の表情や話題を、地域に暮らす人たちが伝える。2019年度に『マイあさ！』に改題され、その枠内で継続放送。

NHKマイあさラジオ「きょうは何の日」　2015年度〜
『NHKマイあさラジオ』の第1(月〜金)午前5時台に放送。2019年度に『マイあさ！』に改題され、2019年6月より午前6時台に時間を繰り下げて継続放送される。

NHKマイあさラジオ「社会の見方・私の視点」　2015〜2018年度
『NHKマイあさラジオ』の第1(月〜金)午前6時台後半に放送。経済を中心に専門家が解説してきた「ビジネス展望」(1997〜2014年度)を刷新。分野を科学・福祉・スポーツ・社会科学等にも広げ、各界の第一線の学者・研究者が"今"を鋭く分析する。

週刊どこでも安心ラジオ　2015〜2017年度
『なっとく防災広場』(2013〜2014年度)の後継番組。災害への備えに加え、暮らしの安心に役立つ最新情報を毎回5分にまとめて放送。初年度は、防災、気象、安全、健康、医療、犯罪、事故関連などタイムリーな内容を放送。3年目は南海トラフの地震情報発表見直しや火山災害への注意喚起などについて解説した。ナレーションは野村正育アナウンサー。初年度は第1(土・日)午後7時50分からの5分番組。

NHK東日本大震災音声アーカイブス　被災地からの声　2016〜2020年度
東日本大震災の被災地で暮らす人たちの声を伝える。2011年3月20日に東北ブロックで放送を開始し、同年5月15日から放送時間を第1(日)午前8時からの25分番組に固定した。2016年度に『NHK東日本大震災音声アーカイブス　被災地からの声』として、第1(第1・土)午前9時5分からの50分番組で年間8本を全国放送した。副題の「被災地からの声」は2018年度に「あれから、そして未来へ」に改題。

日曜コラム　日本を読む、世界を読む　2017〜2018年度
2015年度にスタートした『NHKマイあさラジオ』の(土・日)コーナーとして放送していた「土曜コラム」「日曜コラム」を、独立した1番組としてリニューアル。ジャーナリストが登場し、日本国内や世界のニュース・出来事に焦点を当て、「ギャンブル依存症対策」「トランプ流交渉術」「乱高下避けられぬ野菜の値段」などのテーマで解説した。第1(日)午前7時45分からの10分番組。

三宅民夫のマイあさ！　2019〜2021年度
三宅民夫キャスターを番組の中心に据えた朝のニュース情報番組。ニュースの核心に迫る「真剣勝負！」、世界のメディア情報満載の「ワールドアイ」、経済の最新の動きやスポーツコーナーなど、現役世代向けの企画で構成した。第1(月〜金)午前6時40分から8時28分まで放送。キャスター：三宅民夫、田中孝宜、吉松欣史アナ、大久保彰絵、久保田明菜。気象予報士：伊藤みゆき。

三宅民夫のマイあさ！「三宅民夫の真剣勝負！」　2019〜2020年度
第1放送のニュースワイド番組『三宅民夫のマイあさ！』の午前7時台に放送。三宅キャスターが専門家にインタビューし、ニュースの核心に迫る。

三宅民夫のマイあさ！「ワールドアイ」　2019〜2021年度
第1放送のニュースワイド番組『三宅民夫のマイあさ！』の午前8時台に放送。海外メディア研究を続けてきた田中孝宜キャスターが「世界のメディアが伝える今」を紹介する。

2020年代　時事・報道

ラジオ深夜便「南相馬便り」　2020年度
『ラジオ深夜便』の第1(第4・金)午後11時台に放送。福島県南相馬市に在住の作家・柳美里が地元の話題を語る。

三宅民夫のマイあさ！「深よみ。」 2021年度
第1放送のニュースワイド番組『三宅民夫のマイあさ！』の午前7時台に放送。「三宅民夫の真剣勝負！」の後継コーナー。さまざまな社会問題を取り上げて、専門家がていねいに解説した。若手アナウンサーやディレクターによるリポートも増やした。

ジャーナルクロス 2022年度～
ニュースや世の中の出来事を深掘りして伝えるマンスリーのラジオ報道番組。ロシアのウクライナ侵攻、元総理銃撃、国葬、宗教問題、安全保障政策、ジェンダー問題、新型コロナウイルスなど、ニュース性が高く、人々の関心が高いテーマを取り上げた。専門家をスタジオに招いたり、キャスターが現場取材をしたりと、情報を多角的に交差させ、リスナーの疑問に徹底的に答えた。第1(第4・金)午後8時5分からの50分番組。

ガチモン！ 2024年度
国内外問わず、数多く存在する社会問題に関して、若い世代に知ってほしい、理解してほしいニュースをわかりやすく掘り下げて学ぶ。男性アイドルグループ INI（アイエヌアイ）の後藤威尊、高塚大夢が、NHKの解説委員や記者と一緒に考える。2023年12月27日に「2023年をクイズで振り返る」で第1回を放送。その後、随時放送し、2024年度後期より第1(火)午後9時5分からの50分番組で定時化。

1930年代　ドキュメンタリー

時局社会見学 1939～1940年度
『婦人の時間』の枠内で1939年9月から1940年12月まで放送。録音技術の進歩により可能になった録音放送で、放送による社会見学を実施。茶の間と社会を結び新生面を開いた。「軍需工場に働く銃後女性の姿」「廃品更生の状況」「学生生徒の夏季鍛錬」「歳末奉仕風景」「共同炊事」などが紹介された。

1940年代　ドキュメンタリー

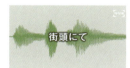

街頭にて 1945～1946年度
浅草や新宿などの盛り場でスタッフが通行人に声をかけ、録音自動車に乗り込んでもらい、アナウンサーがテーマにのっとって質問をするという趣向。一般市民の声を電波に乗せる放送の民主化を象徴する番組。1945年9月29日に第1放送で放送を開始。食糧難がピークを迎え、栄養失調による餓死者も出た1946年には、「貴方はどうして食べていますか」が放送され、話題となった。1946年12月10日以降、『街頭録音』に改題。

街頭録音 1946～1957年度
『街頭にて』（1945～1946年度）を改題。CIE（民間情報教育局）の指導と監督の下、国民の声を積極的に取り入れた第1放送の番組。それまでの録音自動車による移動録音をやめ、銀座・資生堂前での固定収録に切り替えた。1947年4月放送の「青少年の不良化をどう防ぐか～ガード下の娘たち」が反響をよび、その録音手法はラジオドキュメンタリーのルーツとなった。1958年4月以降、『時の動き』に統合。

世相録音 1947年度
1947年4月に放送された『街頭録音』の「青少年の不良化をどう防ぐか～ガード下の娘たち」の反響を受け、5月から2か月間放送された第1放送の街録番組。アナウンサーはぶっつけでマイクを向け、『街頭録音』でしばしば聞かれるようになってきたタテマエ発言にない、人々のホンネを聞きだした。同年7月に『社会探訪』に引き継がれる。

社会探訪 1947～1953年度
『街頭録音』『世相録音』の流れをくみ1947年7月に第1放送でスタート。「集団スリ」「収容所の孤児」「封建制三部作」など、終戦後の社会の矛盾、混乱を生々しく伝えた。マイクが拾った現実音にナレーションを施す手法「録音構成」を生みだす。一度、終了するが1952年11月に復活。従来のような社会問題に加え、政治問題を多く扱った。1954年度にテレビで同名番組を放送。NHKドキュメンタリーの原点となる。

1950年代　ドキュメンタリー

マイク片手に 1959年度
(月～金)放送の新番組『社会番組』の(木)枠で放送。作家、評論家などが取材から解説まで一貫して担当し、その人の視点で社会現象をとらえる構成番組。菅原通済（実業家・文筆家）の「旧赤線地帯」、きだみのる（作家）の「どぶねずみ号西へ行く」、池田弥三郎（国文学者）の「(伊勢湾台風の)罹災地を行く」などを放送。第1(木)午後9時35分からの25分番組。

生活のうた 1959年度
(月～金)放送の新番組『社会番組』の(金)枠で放送。『人さまざま』（1958年度）の後継番組で、有名無名を問わずさまざまな人の生き方を浮き彫りにする録音構成のヒューマンドキュメンタリー。「或るアルバイト学生の手記」「ペンと電話の30年」「山麓の荒地にいどむ」ほかのテーマで放送。第1(金)午後9時35分からの25分番組。

NHK放送100年史（ラジオ編）　293

06 報道・ドキュメンタリー | 定時番組

ラジオ編 番組一覧

1960年代　ドキュメンタリー

日本のどこかで　1960年度
自らの職業を通じて社会の人々に尽くしている名もなき人々のヒューマンドキュメント。第1(月)午後10時30分からの30分番組。東京発で「和尚さんは分校長」「谷川岳のヒゲの吾作さん」ほかを、地域局発で「校長先生は一人五役」(佐賀局)、「臥蛇島の教師」(鹿児島局)、「風土病と取り組んで」(松山局)、「山の郵便屋さん」(富山局)ほかを放送。

現代に生きる　1964年度
さまざまな社会環境や職場環境のもとで真剣に人生と取り組んでいる人たちの姿を報告する録音構成番組。苦難や挫折に屈することなく必死に人生を生き抜こうとする姿が描かれた。第1(日)午後11時5分からの20分番組。「スピードに挑む」「原爆の詩」「定点観測 15年」「海と十字架」「目の見えぬ子らと共に」「心に見た星」ほかのテーマを取り上げた。

ここに生きる　1967〜1973年度
日本各地でたくましく生きる無名の人びとの生き方や考え方をとらえた録音構成番組。全国の各放送局が制作に参加した。初年度は「コタンの詩人」(室蘭)、「足指に生きる」(山口)、「ノリ博士」(函館)などが話題となった。初年度は第1(火)午後9時30分からの30分番組。

1990年代　ドキュメンタリー

ラジオアングル('90)　1990〜1994年度
『土曜談話室』(1988〜1989年度)に代わって始まったラジオの大型週末情報アワー。タイトルの数字は放送年。複雑化、多様化、流動化する社会の動きや変化をいち早くとらえ、わかりやすく整理して伝えるラジオ版「NHKスペシャル」。地域局の参加も多く、各種コンクールでの受賞も相次いだ。初年度は第1(土)午後10時15分から午前0時までの放送。1995年度から『土曜ジャーナル』となる。

土曜ジャーナル　1995〜2007年度
『ラジオアングル』(1990〜1994年度)の後継番組。現代社会の一端を明らかにしていくドキュメンタリー番組で、初年度は「戦後50年」をメインテーマとした。基本編成は第1週「フリー提案枠」、第2週「戦後人物史」(「戦後50年」特集9本シリーズ)、第3週は戦後50年関連企画の朗読「ラジオ文芸館」、最終週は戦後50年の日本を検証する「日本点検」。初年度は第1(土)午後10時15分からの45分番組。

NHKラジオセンター(午後)「仲間発見」　1998年度
『NHKラジオセンター(午後)』枠内で、年度前期の第1(木)午後1時台後半に放送。首都圏でさまざまなサークルで活躍する人々の姿を描いた。

1940〜1950年代　スポーツ番組

スポーツミラー　1947〜1950年度
ラジオによるスポーツ全般にわたるコーチとしての役割と、スポーツ先進国アメリカを中心とする海外のスポーツ解説の2本立てで1947年10月にスタート。第2放送の午後7時台の30分番組。1949年1月からは聴取者からスポーツ全般に対する質問を募集し、専門家がそれに答える番組に内容を変更。質問の70%野球に関するもので、応募者は16〜20歳が中心だった。1950年6月から『スポーツショウ』に合流。

スポーツ教室　1954〜1963年度
スポーツ全般にわたっての話題、解説などで構成するスポーツ情報番組。初年度は前半を「先週のスポーツ」、著名スポーツ選手の体験談、「ルール解説」で、後半15分を「スポーツ物語」で構成。初年度の「スポーツ物語」では、「ボストンマラソン物語」「アジア大会物語」「愛のムチ常陸山物語」「人見絹枝物語」などを放送。第2(月〜金)午後4時からの30分番組。

1960年代　スポーツ番組

オリンピックを成功させよう　1963〜1964年度
1964年度に国民的行事であるオリンピック東京大会を控え、大会への関心を高める番組とした。オリンピックにまつわるさまざまな話題と、過去のオリンピックの正しい在り方を紹介した「私とオリンピック」の2本柱をシリーズで放送した。総合テレビでも放送。

294　NHK放送100年史(ラジオ編)

 オリンピックアワー　1963～1964年度
1964年開催の東京大会を1年後に控え、オリンピックに対する国民的関心を盛り上げるために新設。「オリンピックの歴史」や海外取材による有望外国人選手の動向、大会に備える日本選手の横顔などを、1963年5月26日から38週にわたって紹介。海外取材は世界31か国に及んだ。初年度は第1(日)午後10時45分からの14分番組。総合テレビでも放送。オリンピックが終了した10月以降は『スポーツアワー』に改題。

 スポーツアワー　1964～1977年度
オリンピック東京大会の閉幕を受けて、それまでの『オリンピックアワー』を改題。オリンピックを契機に高まっているスポーツへの国民の関心にこたえて、アマチュア、プロを問わずスポーツ界の話題をとり上げた。アナウンサーがキャスターとなって進行するニュースショー形式を採用。初年度は第1(日)午後10時40分からの19分番組。

1970年代　スポーツ番組

 スポーツトピックス　1978～1986年度
スポーツニュースやスポーツ中継以外のウィークリーのスポーツ番組。注目を集めている各種競技大会の見どころ、展望をはじめ、海外スポーツ事情、プロ野球の焦点など、アマチュア、プロスポーツを問わずさまざまなスポーツの話題をわかりやすく伝えた。初年度は第1(日)午前10時からの15分番組。

1990年代　スポーツ番組

 ラジオあさいちばん「週末スポーツ情報」　1999～2008年度
『ラジオあさいちばん』の第1(土)午前7時台に放送。「スポーツコラム」(1996～1998年度)の後継コーナー。週末に行われるスポーツの見どころや魅力をNHK解説者や記者が伝える。中継担当のアナウンサーのリポートも。2009年度以降は「週末スポーツワイド」(2009～2010年度)、「スポーツ情報」(2011～2013年度)、「スポーツトピックス」(2014年度～)とコーナー名が変わる。

2000年代　スポーツ番組

 ラジオ深夜便「スポーツ名場面の裏側で」　2007～2016年度
『ラジオ深夜便』の第1・FM(金)午前1時台に月1回放送。この年度に新アンカーとして参加した松本一路のインタビューコーナー。

 土曜あさいちばん「週末スポーツワイド」　2009～2010年度
『土曜あさいちばん』の第1(土)午前7時15分からの25分番組。前年度まで放送の「週末スポーツ情報」を改題。週末に行われるスポーツを中心に、第一線で活躍する選手や解説者が見どころを語った。中継を担当するアナウンサーのリポートも随時取り入れた。

2010年代　スポーツ番組

 渋谷スポーツカフェ　2011年度
スポーツを彩るさまざまなゲストが登場し、カフェのオーナー役の飯星景子が聞き手となってスポーツのおもしろさを紹介した。カフェの店長役は、「髭男爵」のひぐち君。第1(火)午後8時5分からの50分番組。

 土曜あさいちばん「スポーツ情報」　2011～2013年度
『土曜あさいちばん』の午前7時台に放送。週末に行われるスポーツを中心に、第一線で活躍する選手や解説者に見どころを語ってもらった。中継を担当するアナウンサーのリポートも随時取り入れた。第1(土)午前7時30分からの8分番組。

 ラジオあさいちばん「スポーツトピックス」　2014年度～
『ラジオあさいちばん』の第1(土)午前7時台に放送。1999年度に「週末スポーツ情報」として始まり、「週末スポーツワイド」(2009～2010年度)、「スポーツ情報」(2011～2013年度)と改題してきた朝のスポーツコーナー。2015年度からは『NHKマイあさラジオ』の(土)枠内で、2019年度からは『マイあさ！』の(土)枠内で継続放送。

ラジオ編 番組一覧 06 報道・ドキュメンタリー | 定時番組

すっぴん！「スポーツ自由形」 2015～2018年度
『すっぴん！』の第1(月)午前9時台前半に放送。いま注目を集めるスポーツの見どころを紹介。個性豊かなジャーナリストが、独自目線"自由形"で登場。出演：生島淳（スポーツジャーナリスト）、清水英斗（サッカーライター）、竹内一馬（相撲情報誌編集長）、星野恭子（スポーツライター）ほか。

ラジオ深夜便「"2020"に託すもの」 2017～2018年度
『ラジオ深夜便』の第1(第2・月)午前4時台に放送。2017年度に新アンカーとして加わった工藤三郎が、スポーツ界を内外からけん引する人々にインタビュー。2020年の東京オリンピック・パラリンピックに、どんな思いを託しているのかを聞く。

増田明美のキキスギ？ 2018～2020年度
マラソン解説でおなじみのスポーツジャーナリスト・増田明美が司会を務めたスポーツトーク番組。スポーツに関わるあらゆる分野のアスリートや関係者にじっくり話を聞いて、東京2020オリンピック・パラリンピックに向けて機運を盛り上げた。『チコちゃんに叱られる！』（総合）とのコラボなど、さまざまな企画も実施。第1(金)午後8時5分から9時55分まで、途中「ニュース・天気予報・交通情報」をはさんで放送。

すっぴん！「スポーツのミカタ」 2019年度
『すっぴん！』の第1(水)午前11時台に放送。メジャーなスポーツの意外な見方や、マイナースポーツの"ここが面白い！"など、専門家がスポーツの楽しみ方を語る。出演：生島淳（スポーツジャーナリスト）、清水英斗（サッカーライター）、佐々木クリス（バスケットボールアナリスト）、喜瀬雅則（スポーツライター）ほか。

ラジオ深夜便「アスリート誕生物語」 2019～2021年度
『ラジオ深夜便』の第1・FM(第1・月)午前4時台に放送。2020年の東京オリンピック・パラリンピックを控えたアスリートたちに焦点を当て、彼らの卓越した技術力と精神力はどのような環境で育まれ、周囲の人々は彼らにどのように接し、またどんな言葉をかけてきたのか。家族やコーチなど、一流アスリートを見守ってきた人々をゲストに招き、山下信アンカーが知られざる一流アスリートの誕生秘話に迫った。

ラジオ深夜便「みんなのパラスポーツ」 2019～2021年度
『ラジオ深夜便』の第1(第1・3 土)午前0時台に放送。

2020年代 | スポーツ番組

2050フットボール 2024年度
サッカーファンの間で支持を集めているサッカー戦術系YouTuber・レオザフットボールをパーソナリティーに、毎回ゲストと1つのテーマで討論する。第1回はJリーグの野々村芳和チェアマンをゲストに迎え、明日の日本サッカー、Jリーグについて語り合った。2050年までにワールドカップ優勝を目指すサッカー日本代表。その実現に向けて、ファンとともに意識を高めていく。第1(土)午後3時5分からの50分番組。なっとく防災広場 2013～2014年度

NHKフォトストーリー 03

P253 ← 02　　04 → P343

物語「聖戦の秋に歌う」出演の山田五十鈴（1938年）

演劇「ほがらか日記」左から左卜全、明日待子、中村メイコ（1940年）

日本最初のラジオ体操会場（1930年）

東京・浅草より ラジオ体操中継（1943年）

総選挙開票速報（1930年）

銀座に開設したJOAK案内所（1934年）

ラジオドラマの効果音作り"雨音"

ラジオドラマの効果音作り"雷鳴"

ラジオドラマの効果音作り"沢のせせらぎ"

ラジオドラマの効果音作り"波音"

ラジオドラマの効果音作り"氷屋"

ラジオドラマの効果音作り"自動車"

録音ロケの機材（1942年）

録音機材の運搬（1942年）

NHK放送100年史（ラジオ編）

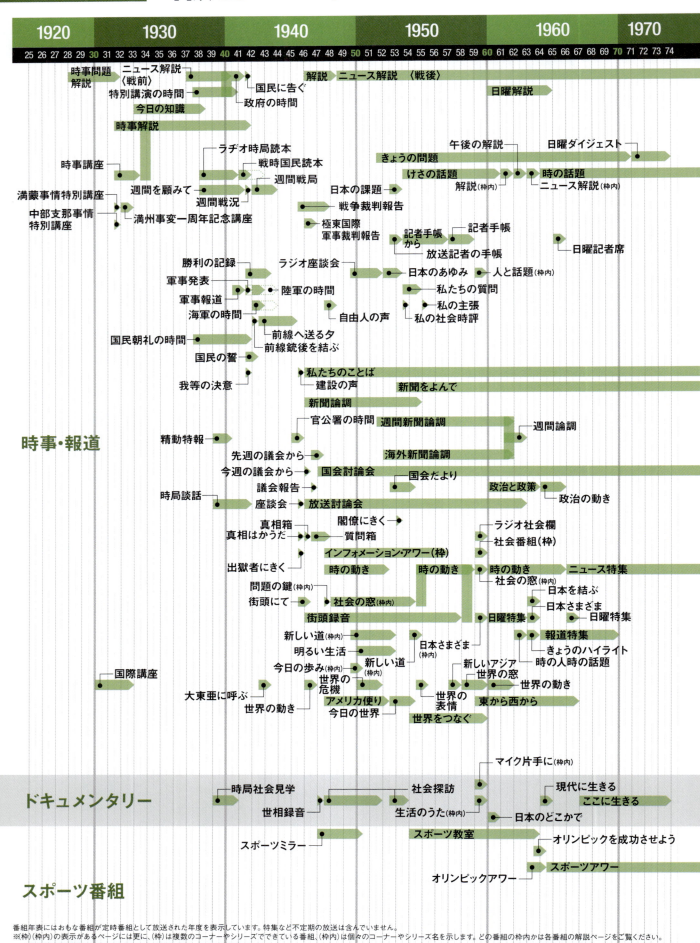

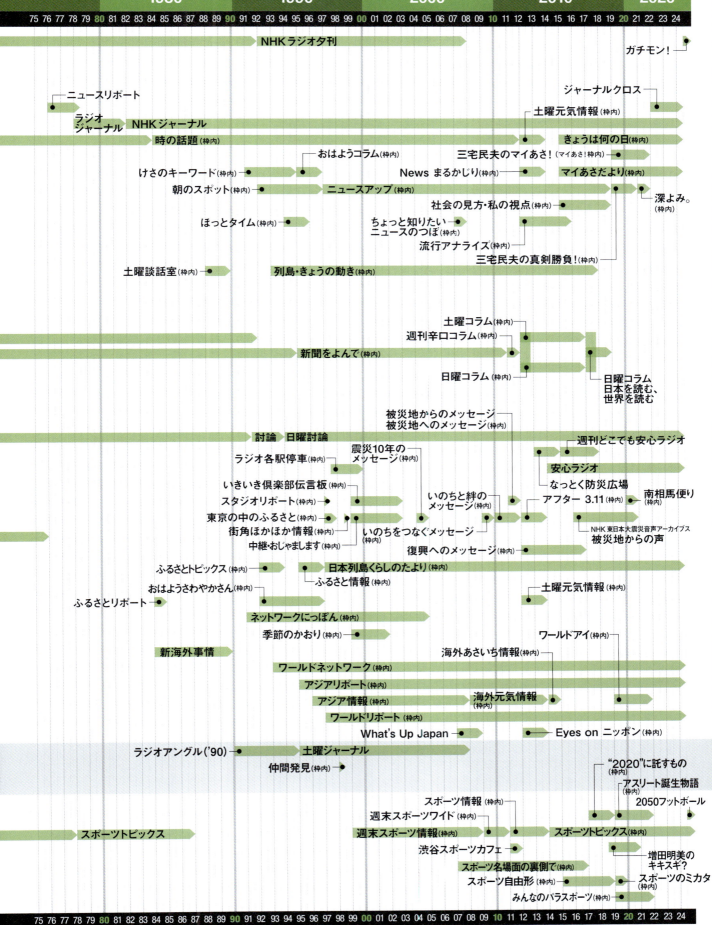

ラジオ編 番組一覧 07 紀行 | 定時番組

1930年代　紀行（国内）

名所案内 1935年度
日本全国の名所を居ながらにして耳で楽しむ。南は天城雲仙から北は札幌、朝鮮に至るまで、広い範囲にわたって案内した。

天然記念物めぐり 1937年度
1937年7月27日から8月31日まで31回連続放送。第1（月～土）午後6時からの30分番組。

府県めぐり 1939～1940年度
全国各放送局の持ち回りで、各地の産業や名所旧跡を紹介した。録音構成を中心に、話やリポートに音楽や演芸を織り込むバラエティー形式。1939年7月の第1回放送「神奈川県の巻」から1940年8月の「北海道の巻」まで全48回を放送。各局が録音技術や機動力を駆使して、その成果を競い合った。第1（月）午後9時からの40分番組。

1950～1960年代　紀行（国内）

新風土記 1953年度
東京を手始めに各都道府県の戦後におけるその土地土地の新しい文化、経済、社会、事象、事件等を、タイムリーにとらえた新しい風土記。各都道府県の戦後の変わりゆく姿と、伝統の中に息づく新時代の息吹を、各地域局制作でとらえた。第1（木）午後9時45分からの15分番組。

旅と釣 1964年度
番組前半のテーマを「旅」として、紀行作家の岡田喜秋のガイド的解説や「旅の相談室」「旅の思い出」「旅への誘い」などのコーナーで構成。後半は「釣り」をテーマに、釣り解説のほかに森戸辰男（元広島大学学長）や亀井勝一郎（文芸評論家）など釣り自慢の名士の「釣の思い出」などを放送した。第2（金）午後3時からの30分番組。

ふるさとの心 1968～1978年度
伝統に根ざした個性豊かな村や町、地方の風土や人情などを、全国各放送局がその土地の生活から探る録音構成番組。初年度は第1（火）午後9時15分からの30分番組。おもな放送に「かかあ天下」（東京）、「通天閣界隈」（大阪）、「博多人形」（福岡）、「おへんろ」（松山）、「遠野今昔」（盛岡）、「しなのの国」（長野）ほか。1978年11月の周波数変更に伴う番組改定により、『新日本百景』と改題。

1970年代　紀行（国内）

新日本百景 1978～1981年度
『ふるさとの心』（1968～1978年度）の後継番組。全国のさまざまな地域で変わりつつある姿と、そこに生きる人々の暮らしと表情をとらえた録音構成番組。NHK各局が制作し、変化する日本列島の今を描いた。「島の小さな放送局～長崎県小値賀村」（1978年度）、「帰ってきた石炭列車」（1980年度）、「炭鉱病院の灯が消える～夕張市」（1981年度）ほかを放送。第1（金）午後9時30分からの28分番組。

1980年代　紀行（国内）

わがふるさと 1982～1983年度
全国各地の農漁村の動きを、"音"にこだわり、"音の世界"で表現した紀行番組。その土地に詳しい地元在住者や出身者が案内役となって、"ふるさと"を紹介。主なテーマは「わしらの町は日本のヘソや－兵庫県西脇市」「母なる沙流川（さるがわ）のほとりで－北海道平取町」「ネオンきらめく寺の町－京都・新京極」「トロッコの音が響く町－岐阜県神岡町」ほか。第1（日）午前9時25分からの30分番組。

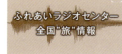

ふれあいラジオセンター「全国"旅"情報」 1984～1986年度
第1放送の生活情報ワイド番組『ふれあいラジオセンター』枠内の（水）午前9時台のコーナー。日本や世界の観光地を紹介した。

 音の風景　1985年度～
日本各地や海外のさまざまな風景を取材し、自然の移り変わりや四季折々の生活の事象を「音」と「ナレーション」で構成する5分ミニ番組。初回の「代々木公園」から数えて2022年度で制作本数1700本を超えた。自然、生活、伝統、行事などをさまざまな角度から取り上げ、想像力をかきたてる音の魅力を伝えるとともに、時代の響きを記録し続けている。第2(月～土)午後0時50分ほか。(第1・FMでも随時放送)

1990年代　紀行（国内）

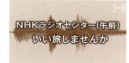 NHKラジオセンター（午前）「いい旅しませんか」　1991～1997年度
『NHKラジオセンター（午前）』の第1(土)午前9時5分からの25分番組。旅行ジャーナリストと旅行作家が隔週で担当し、週末に向けて自分の足で集めた"ちょっと耳よりな"旅情報を提供した。出演は生内玲子（旅行ジャーナリスト）、小山和（旅行作家）ほか。

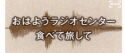 おはようラジオセンター「食べて旅して」　1991～2005年度
第1(月～日)午前5時台のワイド番組『きょうも元気で』の土曜枠で始まった食と旅のコーナー。その後、『NHKラジオセンター～けさもラジオで（早朝）』(1992～1993年度)、『おはようラジオセンター』(1994～1996年度)、『おはようラジオワイド』(1997～1998年度)ほかの情報生番組で放送。歴代出演者は吉田豊（生活史研究家）、永山久夫（生活史研究家）、野口冬人（旅行作家）ほか。

 音にあいたい　1995～1998・2000～2014年度
"懐かしいあの音にもう一度あいたい"というリクエストに応えてつづる録音構成番組。聴取者の音にまつわる思い出やエピソードを織り込み、臨場感あふれる音で構成した。若い日の体験がよみがえるという年配者の支持を集めた。初年度は第1(日)午前6時40分からの15分番組。1999年度に『ラジオあさいちばん』枠内で「新・音にあいたい」に改題するが、2000年度より『音にあいたい』に戻して2014年度まで放送。

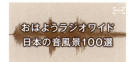 おはようラジオワイド「日本の音風景100選」　1997～1998年度
「おはようラジオワイド」枠内の(土)午前6時台に放送。環境庁が制定した「残したい日本の音風景100選」を各局のディレクターやアナウンサーが録音構成で制作し、週末にふさわしい旅情と豊かな音の風景を提供した。1997年度は「柴又帝釈天界隈と矢切の渡し」ほか51本を制作。初年度は第1(土)午前6時43分からの12分番組。

 ラジオあさいちばん「列島音の旅」　1999～2009年度
朝の情報生ワイド『ラジオあさいちばん』の(土)午前6時台に放送。「日本の音風景100選」(1997～1998年度)の後継番組。各局のディレクターやアナウンサーが制作する録音構成番組で、日本各地の音を通して地域や人々の生活を伝えた。初年度は第1(土)午前6時45分からの7分番組。

 ラジオあさいちばん「新・音にあいたい」　1999年度
『ラジオあさいちばん』の第1(日)午前6時40分からの11分番組。聴取者からの「あの音が聞きたい」というリクエストに応えてつづる録音構成番組。『おはようラジオセンター』枠内の『音にあいたい』(1995～1998年度)を1999年度に改題して刷新。デジタル通信機器など現代、そして未来を感じさせる音も取り入れた。2000年度に『音にあいたい』にタイトルがもどる。

2000年代　紀行（国内）

 かんさい土曜ほっとタイム「旅情報」　2005～2018年度
第1放送『かんさい土曜ほっとタイム』の午後4時台に放送。途中、放送時間帯を午後1時台に移行し、コーナータイトルを「オススメ旅情報」とした。

 ラジオ深夜便「大人の旅ガイド」　2005～2015年度
『ラジオ深夜便』の第1(木)午前0時台に放送。大人のための旅スポットについて、旅の達人に週替わりで電話で話を聞く。第1週「温泉紀行」（石川理夫）、第2週「東京歴史散歩」（三宅いづお）、第3週「夜景探訪」（丸々もとお）、第4週「私のおすすめ美術館」（太田治子）。

 ラジオ深夜便「のど自慢、出会いふたたび」　2005年度
『ラジオ深夜便』の第1・FM(水)午前1時台に月1回放送。この年度に新アンカーとして参加した宮川泰夫のインタビューコーナー。『NHKのど自慢』の司会を12年務めた宮川アンカーが、"音楽にはドラマがある"をモットーに、当時の出演者を訪ね、その後の人生を聞く。

 ラジオ深夜便「のど自慢旅日記」　2006～2017年度
『ラジオ深夜便』の第1・FM(木)午前1時台に月1回放送。「のど自慢、出会いふたたび」(2005年度)の後継コーナー。宮川泰夫アンカーが『NHKのど自慢』の司会を担当した12年間の中で、印象に残った土地を選んで、町のようす、出会った人々、土地ゆかりの歌について語った。

ラジオ編 番組一覧 07 紀行 | 定時番組

ここはふるさと 旅するラジオ 2007～2014年度
『こんにちは！80（はちまる）ちゃんです』（2005～2006年度）を改題。ラジオイベントカー「80ちゃん号」が、生放送で全国の市町村を中継しながら地域色豊かな情報を発信。初年度は第1（月～金）午前11時30分からの20分番組。2008年度から『ふるさとラジオ』（～2012年度）枠内でFMと同時放送。2015年度に『旅ラジ！』に改題。担当アナウンサー「80アナ」も「90アナ」に名称を改めた。

沖縄熱中倶楽部 2007年度～
「思わず行きたくなる沖縄」をキーワードに始まった月1回の沖縄局発全国向けカルチャーエンターテインメント番組。ガイドブックだけではわからない独特の文化や習慣、旬の情報などを沖縄音楽とともに紹介。リスナーからのメールやファックスによるリクエストにも応え、双方向で番組を進行した。出演は藤木勇人（俳優）ほか。初年度は第1（最終・水）午後9時30分からの25分番組。

ふるさとラジオ 2008～2012年度
2部構成の午後のワイド生番組の第1部。「ふるさと」をキーワードに、全国各地の地域の情報を伝えた。第1（月～金）午後0時20分から1時55分までの1時間35分。午後0時台は「ここはふるさと旅するラジオ」を中心に、全国の"ふるさと"を訪ね、ふるさとの「やる気・元気・本気」を紹介。1時台は全国の道の駅の紹介や「列島リレーニュース」で全国の今を伝えた。0時20分から0時55分まではFMでも同時放送。

つながるラジオ「旅の達人」 2008～2011年度
『つながるラジオ』の金曜枠「金曜旅倶楽部」の「旅」を入り口とした知的情報コーナー。多彩な分野のゲストが、「日本を知る旅」「趣味に浸る旅」「味わいの旅」「出会い・ふれあいの旅」「人生の旅」などのテーマで語った。毎月最終金曜は、黒田恭一（音楽評論家）も加わり、音楽とともに旅談議を繰り広げた。第1（金）午後4時5分から48分番組。

ふるさとラジオ「旅するラジオミニ中継」 2008～2009年度
『ふるさとラジオ』の第1（月～金）午後1時台後半に放送。「今はどこに？」「明日はどこで？」などを電話でリポート。

つながるラジオ「金曜旅倶楽部」 2008～2011年度
『つながるラジオ』の金曜は「金曜旅倶楽部」と題して、週末に向けての情報を提供。午後3時台の「大使館からこんにちは」、午後4時台の「旅の達人」などで構成。週末の全国のイベント紹介や、各都道府県の観光情報等を中継を交えて放送した。第1（金）午後2時40分から2時間13分番組。

もぎたて！北海道 2008～2013年度
道内7局のネットワークを生かして、北海道の最新情報と魅力を全国に発信する番組。知られざる観光スポットやアウトドアスポーツを、道内7局のアナウンサーが紹介するコーナー「行ってみたい北海道」、北海道の旬の食材やたべものを紹介する「北海道うまいものがたり」などで構成。出演は講談師の神田山陽。初年度は第1（第1・火）午後9時5分からの25分番組。

ふるさとラジオ「ちょっと寄りみち"道の駅"」 2008～2012年度
『ふるさとラジオ』の第1（月～金）午後1時8分からの8分番組。全国約800か所にあるパーキングエリア「道の駅」と結び、その土地の特徴や駅自慢、お国言葉を紹介し、素朴で温かい列島各地の息づかいを伝えた。

ふるさとラジオ「ふるさと元気力」 2008～2012年度
『ふるさとラジオ』の第1（月～金）午後1時台に放送する7分ほどのコーナー。全国の地域で、地域の活性化や再生を目指して活動する"元気人"に電話でインタビューする。金曜は、都内を中心に週末に予定されているイベント等の会場から中継するほか、各地の動物園、博物館情報も盛り込んだ。

つながるラジオ「旅に出ようよ」 2009～2011年度
第1放送『つながるラジオ』の「金曜旅倶楽部」枠内午後3時台後半のコーナー。週末の全国のイベント紹介のほか、旅行作家など旅のプレゼンターがお勧めの観光地を取り上げ、その魅力や産物、見どころを紹介した。

2010年代 | 紀行（国内）

旅ラジ！ 2015～2018年度
放送90年を機に『ここはふるさと旅するラジオ』（2007～2014年度）のタイトルと演出を一新。ステージ付きラジオ中継車の名称も「90ちゃん号」とし、全国各地から中継。地域の魅力や活性化の試み、地元ゆかりの著名人へのインタビューなどを発信。熊本地震や九州北部豪雨の被災地も訪れた。地元局のアナウンサーが「90アナ」の名称で地域の顔として活躍した。第1・FM(月～金)午後0時30分からの25分番組。

音で訪ねる ニッポン時空旅 2015年度～
日本各地の祭りや民謡などの貴重な録音を掘り起こし、時空を超えた空想の旅を楽しむ番組。毎回、「茶」「牛」「蚕」「風鈴」「神がかり」「スポーツ実況のはじまり」「津軽三味線」など、旅のテーマを設定。主にワールドミュージックの分野からゲストを迎え、民俗学の解説を交えて自由なトークを楽しむ。司会（案内人）は俳優の永野宗典と本多力。解説は島添貴美子（富山大学教授）。初年度は第2（日）午前8時からの30分番組。

ラジオ深夜便「旅の達人」 2016年度〜
『ラジオ深夜便』の第1(木)午前0時台に放送。「大人の旅ガイド」（2005〜2015年度）を改題。週替わりでテーマ別にさまざまな旅の楽しみを見つけるコーナー。週別のテーマと出演者は第2週「低い山を目指せ！」大内征（低山トラベラー）、第3週「全国鉄道紀行」宮村一夫（東京理科大学教授）、第4週「美味探究」向笠千恵子（フードジャーナリスト）、第5週「のんびりアジア旅」下川裕治（旅行作家）。

ラジオ深夜便「にっぽんの音」 2017年度〜
『ラジオ深夜便』の第1・FM(第3・月)午前4時台に放送。

すっぴん！「みね子の、あの街この街」 2019年度
『すっぴん！』の第1(水)午前9時台後半に放送。2019年度の水曜パーソナリティー・能町みね子が、普通の旅番組では取り上げないような旅を独自の視点で紹介するニッチな旅コーナー。第1回は「岩泉（岩手県）」、最終回は「小野町（福島県）」。

鉄旅・音旅　出発進行！〜音で楽しむ鉄道旅〜 2019年度〜
列車の音、駅の発車メロディー、ホームのアナウンスなど、鉄道の"音"にとことんこだわる鉄道エンターテインメント番組。SL、寝台列車、観光特急など、旅情あふれる走行音やマニアックな機械音、今では聴くことのできない懐かしい音に至るまでを紹介。特集番組を経て2019年度後期に定時化。MCは土屋礼央（歌手）、野月貴弘（ミュージシャン）ほか。第1(月)午後8時5分からの50分番組。

1940年代　紀行（海外）

世界を旅して 1945〜1946年度
主に女性を対象に、世界各国の文化、風俗、教育などの諸事情を、肩の凝らない話で紹介する番組。1946年1月より毎週3回（火・木・土）午後2時からの15分番組でスタート。外交官夫人や芸術家など海外生活、体験が豊富な女性が出演した。

1960年代　紀行（海外）

世界みたまま 1967〜1969年度
海外からの帰国者に現地の最新事情やこぼれ話をきくインタビュー番組。初年度は、秘境アマゾンを冒険した高木三男の「アマゾンの自然とくらし」、パリを拠点に活躍した湯浅年子（物理学者）の「東西の科学精神」ほかを放送。第1(木)午後9時30分からの29分番組。

1980年代〜　紀行（海外）

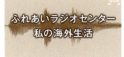
ふれあいラジオセンター「私の海外生活」 1988年度
第1(月〜日)午前の情報番組『ふれあいラジオセンター』（1984〜1988年度）枠内の(土)午前11時台に放送。海外で長い間生活し、その国の文化や人々の生き方をつぶさに見てきた人たちが、その国について感心したこと、教えられたことなどを語った。1989年度は『NHKラジオセンター（午前）』枠内で継続放送。1990年度からは『NHKラジオセンター（午後）』の午後2時台に移行し、1991年度まで放送。

NHKラジオセンター（午前）「あんな国こんな街」 1998〜2001年度
『NHKラジオセンター（午前）』枠内の第1(土)午前9時45分からの10分番組。よく知らない国、よく知られた国の知られざる街の話題を、駐日大使や日本在住の外国人が紹介する。登場した国々はハンガリー、モロッコ、イタリア、アルゼンチン、カナリア諸島、マラウイ共和国、キューバ、スロヴェニア、バチカン市国など。

地球ラジオ（ちきゅうラジオ） 1999年度〜
世界各地のリスナーが電話、メール、FAX等で番組に参加する地球規模の双方向番組。ラジオ第1と国際放送「NHKワールド・ラジオ日本」で、全世界に同時生放送する。1997年度からの特集を受けて1999年度に定時化。初年度は第1・ラジオ国際(日)午後6時5分からの45分番組で、「世界井戸端会議」「地球音散歩」などのコーナーで構成した。『地球ラジオ』は2013年10月、『ちきゅうラジオ』に表記変更。

つながるラジオ「大使館からこんにちは」 2008〜2011年度
『つながるラジオ』の金曜枠「金曜旅倶楽部」午後3時台に放送。各国の在日大使館からゲストを招き、その国ならではのお土産、お国自慢の料理、日本とのつながり、イベントなどを紹介した。第1(金)午後3時33分から22分番組。

紀行（国内・海外）

ラジオ編 番組年表 07 紀行

1920	1930	1940	1950	1960	1970

25 26 27 28 29 30 31 32 33 34 35 36 37 38 39 40 41 42 43 44 45 46 47 48 49 50 51 52 53 54 55 56 57 58 59 60 61 62 63 64 65 66 67 68 69 70 71 72 73 74

紀行（国内）

名所案内
天然記念物めぐり
府県めぐり
新風土記
旅と釣
ふるさとの心

紀行（海外）

世界を旅して
世界みたまま

番組年表にはおもな番組が定時番組として放送された年度を表示しています。特集など不定期の放送は含んでいません。
※（枠）（枠内）の表示があるページには更に、（枠）は複数のコーナーやシリーズでできている番組、（枠内）は個々のコーナーやシリーズ名を示します。どの番組の枠内かは各番組の解説ページをご覧ください。

25 26 27 28 29 30 31 32 33 34 35 36 37 38 39 40 41 42 43 44 45 46 47 48 49 50 51 52 53 54 55 56 57 58 59 60 61 62 63 64 65 66 67 68 69 70 71 72 73 74

01.ドラマ　02.クイズ・バラエティー　03.音楽　04.伝統芸能　05.ニュース　06.報道・ドキュメンタリー　07.紀行　08.教養・情報　09.自然・科学　10.こども・教育　11.趣味・実用　12.大型特集番組等

304　NHK放送100年史（ラジオ編）

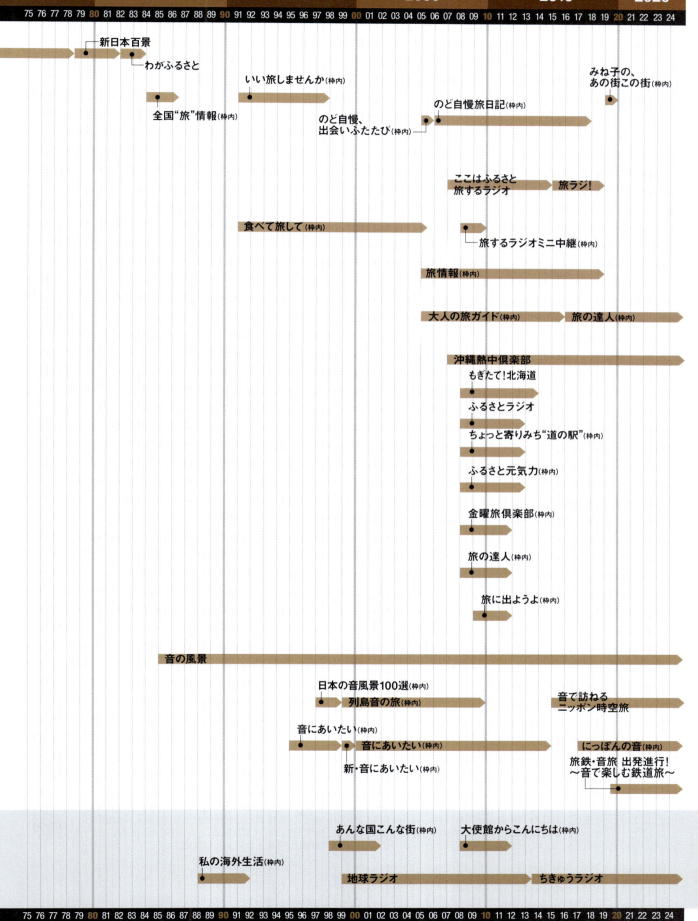

08 教養・情報 | 定時番組

ラジオ編 番組一覧

1930年代　歴史

明日の歴史 1934～1935年度
放送翌日の日付に焦点を当て、歴史上の重要な出来事、国家的な出来事、偉人の生死などを回顧し、故事から現代を見つめる番組。毎夜、最終の全中ニュースに引き続き放送した3分番組で、東京から全国放送した。

国史講座 1939～1940年度
第1放送の「紀元二千六百年」記念特集番組。週3回の放送で夏期は午前6時30分からの30分番組（冬期は午前7時台）。1～6月は上代から明治時代までの時代史を、7～12月は「昔の南洋と日本」「五人組法規と徳川幕府の教化政策」など時代史で取り上げなかった特殊な話題を取り上げ、その現代的意義を解説した。大型の「国史講座」年代表が無料頒布され、その数は13万部に上った。

1940年代　歴史

世界史講座 1940～1941年度
日本および枢軸諸国を中心としたもので、大串兎代夫（法学者）の「臣民の道」など、世界史の中で日本の優位性を位置づけようとするものだった。1941年1月から約1年にわたって週3回、第1(火・木・土)午前7時1分からの29分番組。

1950年代　歴史

外交史物語 1952年度
第1次世界大戦から第2次大戦に至るまでに世界の外交がたどってきた道を、当時の経験者や専門家がわかりやすく解説した。「明治外交」を法学者の信夫（しのぶ）淳平が、第1次世界大戦から第2次大戦に至る時期の欧米各国の事情を福井文雄（外交評論家）が、同時期の日本の事情を元外交官の堀田正昭と有田八郎がそれぞれ語った。第2(金)午後8時5分からの25分番組。

歴史の窓から 1953～1955年度
年代順に日本史の中から重要な人物、事件をとり上げ、正史、野史、裏面史等の史料によって、歴史の正しい姿を伝えるとともに、趣味的な話で興味を喚起した。渋沢栄一の四男の実業家・渋沢秀雄をレギュラー司会者として、歴史家、文学者との座談会形式で、人物の生きた時代、人物の心理、人間論を語り合った。テーマは「徳川家康」「頼朝と義経」「大仏開眼」ほか。初年度は第2(金)午後8時5分からの25分番組。

架空実況放送〈特集番組〉 1956～1983年度
歴史上の大事件をスポーツ実況形式で再現するユニークなドキュメンタリースタイルのドラマ。西沢実が脚本を担当し、北出清五郎をはじめとするスポーツ担当アナウンサーが実況放送スタイルでドラマを進行した。第1回放送は1957年3月の放送記念日特集「決戦関ヶ原」。この放送が大評判を呼び、特集番組で年間数本を放送。第2回「早慶戦ことはじめ」から1983年8月の最終回「古代オリンピック」まで全30回を放送。

1960年代　歴史

教養特集　歴史よもやま話 1961～1966年度
第2放送『教養特集』の個別番組（固定枠）。歴史上の人物や事件と、その背景を語り合う座談会番組。初年度の主なテーマは「織田信長」「川中島の戦」「平泉三代」「聖徳太子」ほか。最終年度の主な出演者は司馬遼太郎、藤森成吉、海音寺潮五郎ほか。司会は池島信平。1965年度に『ラジオ教養特集』で継続放送。1966年度に単独番組として独立し、1967年3月末で放送を終了。

歴史のふるさと 1965～1967年度
全国各中央局の制作で、日本史の断面、裏話を風土色豊かな音や郷土史家などの話でつづる録音構成番組。初年度は第1(火)午後9時台の19分番組。「にしん御殿」（札幌局）、「杜氏の村」（仙台局）ほかを放送。1966年度からは午後9時台の29分番組に拡大し、「板垣死すとも」（名古屋局）、「信州高遠と絵島生島」（東京）ほかを放送。1967年度後期は、明治100年関連番組として幕末維新シリーズを編成した。

1970年代　歴史

歴史と人間 1976〜1978年度
日本史上の著名な人物について作家、評論家、有識者が独自の視点から語る歴史番組。主な出演者と語る歴史上の人物（カッコ内）は、柴田錬三郎（徳川吉宗）、三好徹（沖田総司）、水上勉（良寛）、海音寺潮五郎（平清盛）、田中澄江（春日局）など。聞き手は三國一朗。初年度は第1(土)午後9時30分からの28分番組。1978年度の番組改定により『人物春秋』と改題し、刷新される。

人物春秋 1978〜1985年度
『歴史と人間』（1976〜1978年度）の後継番組。歴史上の人物をさまざまな角度から取り上げ、ゲストが自由な発想と想像力で、知られざる人物像を浮き彫りにするユニークな歴史番組。聞き手は『歴史と人間』に引き続き三國一朗。主なゲストと取り上げる人物は池波正太郎（真田幸村）、津本陽（宮本武蔵）、永井路子（在原業平）ほか。初年度は第1(月)午後9時30分からの28分番組。1982年度に第2に移設。

1980年代　歴史

NHKラジオセミナー「世界史を語る」 1982〜1983年度
『NHKラジオセミナー』（1982〜1984年度）の枠内番組。悠久の歴史にロマンをもとめ、世界史の一時点、ある地域を選び、エピソードを中心に歴史の魅力を語る。主なテーマは「ナイルのほとりで」「バイキングの実像」「イスラムのスペイン」「トルコ民族の世界」「ドレフュス事件とジャーナリズム」「アメリカ西部開拓の時代」「スラブ民族の歴史」ほか。第2(火)午後9時からの45分番組。

歴史再発見 1986〜1987年度
最新の研究成果を取り入れ、新しい切り口で日本を再発見する歴史番組。英雄豪傑の歴史や事件史ではなく、古代から昭和までの身近な事柄を素材に、日本人がどのように生きてきたかを、歴史民俗学や歴史社会学の専門家がエピソードを交えながら語った。聞き手は井出孫六（作家）、山田宗睦（評論家）、亀井千歩子（民俗研究家）。初年度は第2(水)午後10時20分からの30分番組。

史記の世界 1986年度
1982年4月にスタートした教育テレビの『NHK市民大学』で、1983年4月から9月まで放送した「史記の世界」の音源をラジオ番組として再構成した。中国および中国古代史への関心が高まったおりでもあり、放送では触れなかった問題にも質問が多く寄せられた。第2(木)午後9時からの45分番組。

歴史をよむ 1988〜1991年度
古代から近代まで、歴史の基幹となる史料や、その時代をより深く知るための古典を、朗読とゲストの話によって紹介した。1か月単位のシリーズで編成。テーマと出演者は、「五輪書」鎌田茂雄（東京大学名誉教授）、「醒睡笑」関山和夫（仏教大学教授）、「太平記」佐藤和彦（東京学芸大学教授）ほか。第2(土)午後9時からの30分番組。1990年度から『NHK文化セミナー』枠内で放送。

1990年代　歴史

NHK文化セミナー「歴史に学ぶ」 1992〜2000年度
一般には読まれることの少ない日本史の資料を読み進め、原文の面白さを鑑賞するとともに、今日的解釈を加えて時代を見直した。初年度は「信長公記」「おもろそうし」を取り上げた。第2(土)午後9時からの30分番組。

NHKラジオセンター（午後）「録音でつづる戦後50年」 1995年度
第1放送『NHKラジオセンター（午後）』の(土)午後5・6時台に放送。NHKに残る録音資料をもとに、毎回、当時の生活体験者や識者を招いて、戦後50年の歩みをたどる。「戦後50年」にちなんだ企画番組の1つ。

2000年代　歴史

ラジオ深夜便「歴史に親しむ」 2000〜2016年度
『ラジオ深夜便』の第1・FM(木)午前1時台に月1回放送。川野一宇アンカーのインタビューコーナー。歴史の研究者や著名人に、知られざる歴史の一面を聞く。テーマは歴史上の偉人や政治の問題にとどまらず、稲作やメガネの歴史、江戸時代の旅事情などが幅広く取り上げられた。

08 教養・情報 | 定時番組

ラジオ編 番組一覧

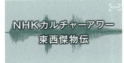
NHKカルチャーアワー「東西傑物伝」 2001～2004年度
すぐれた為政者、文化人、女性、悪人など、洋の東西を問わず、歴史上にその名をとどめるユニークな人物を取り上げ、時代とそこに生きた人間像を描く番組。初年度の4～6月は永井路子（作家）の「日本史に輝く美女たち～私の小説ノートより」、10～12月は童門冬二（作家）の「戦国を勝ちぬいた武将たち～危機克服のリーダーシップ」などを放送。第2(火)午後9時30分からの30分番組。

NHKカルチャーアワー「歴史再発見」 2005年度～
教養番組「NHKカルチャーアワー」の火曜枠で放送。古今東西のエポック・メーキングとなった事象・人物を取り上げ、同時代の文献や残存資料を基本とし、現代の視点から歴史の再評価を図った。前期は樋脇博敏（東京女子大学助教授）による「古代ローマ生活誌」、後期は菊池良生（明治大学教授）による「ハプスブルク家とヨーロッパ世界」。第2(火)午後9時30分からの30分番組。

わたしの戦後60年～だからこそあなたに伝えたい言葉 2005年度
「わたしの戦後60年」というテーマでリスナーから募った1000通近くを、朝、午前、午後、深夜の定時番組の中で5か月間にわたって紹介。また午後5時台にはさまざまな分野で活躍する10人が、戦争体験と若い世代へのメッセージを語った。8月には特集として再構成版を2週間（8月8～12日、15日、17～19日）にわたって放送。

2010年代　歴史

ラジオ深夜便「"江"のツボ」 2011年度
『ラジオ深夜便』の第1・FM(最終・月)午前1時台に放送。2011年1月から放送が始まった大河ドラマ『江～姫たちの戦国～』の舞台裏を、『江』の脚本を担当する田渕久美子（脚本家）が語る。

ラジオ深夜便「"平清盛"のツボ」 2011～2012年度
『ラジオ深夜便』の第1・FM(最終・月)午前1時台に放送。2012年1月から放送が始まった大河ドラマ『平清盛』を楽しむための"ツボ"を本郷和人（東京大学教授）が紹介する。

ラジオ深夜便「ここに注目！八重の桜」 2012～2013年度
『ラジオ深夜便』の午前1時台に第1とFMで放送。2013年1月から始まる大河ドラマ『八重の桜』の放送に先立って2012年12月に放送をスタート。『八重の桜』の語りを担当する草笛光子が、翌月のドラマの見どころや登場人物について、ナレーションの台詞を一部引用しながら紹介した。

DJ日本史 2013年度～
歴史好きが歴史を熱く語る、ユニークな歴史エンターテインメント番組。歴史好きで知られるタレントの松村邦洋と、2008年に最年少で江戸歴史文化検定1級に合格したお江戸のアイドル"お江戸ル"の堀口茉純がトークを展開。時代劇出演者をゲストに招いて、公開収録も行った。初年度は第1(隔週・月)午後9時5分からの50分番組。2018年度からは(日)午後4時5分から毎週の放送となる。

ラジオ深夜便「昭和史を味わう」 2014～2016年度
『ラジオ深夜便』の第1・FM(日)午前4時台に月1回放送。ノンフィクション作家の保阪正康が、「昭和」という時代を語る"耳で知る昭和"シリーズ。時代を表す当時のラジオニュースや映画の音源なども交え、どんな時代であったかを振り返る。

すっぴん！「ユカイな裏歴史」 2015～2016年度
『すっぴん！』の第1(水)午前8時台後半に放送。歴史の教科書や事実としては語られていない"裏歴史"をめぐる旅へ。日本史の面白さをより深く味わうコーナー。ナビゲーター：加来耕三（歴史家・作家）。

ラジオ深夜便「近代日本150年　明治の群像」 2017～2018年度
『ラジオ深夜便』の第1・FM(第1・月)午前4時台に放送。

すっぴん！「ユカイな江戸暮らし」 2017～2018年度
『すっぴん！』の第1(水)午前8時台に放送。水曜パーソナリティ・ダイアモンド✡ユカイのコーナー。毎週テーマを設け、それを糸口に時代劇では描ききれない真実の江戸のくらしを紹介する。出演：山田順子（時代考証家）、河合敦（歴史研究家）。

2000年代～ 美術

ラジオ深夜便「絵を語る」 2001～2006年度
『ラジオ深夜便』の第1・FM(第2・金)午前1時台に放送。美術作品について美術の専門家や学芸員へのインタビューを交えて紹介する"耳で鑑賞する"美術番組。聞き手は1990年度から5年間、教育テレビの『日曜美術館』の司会をつとめた斎藤季夫アンカー。

ラジオ深夜便「わたしのアート交遊録」 2010年度～
『ラジオ深夜便』の第1・FM(水)午前1時台に放送。さまざまなアートの実践者が登場し、制作のエピソードやアートへの思いを語る。インタビュアーは1997年度から6年にわたって教育テレビの『日曜美術館』の司会をつとめた石澤典夫アンカー。

1950年代 福祉

社会福祉の手引 1951～1953年度
1951年6月に社会福祉事業法が実施され、続いて生活保護法、児童福祉法、身体障害者福祉法といったいわゆる福祉3法が実施された。これら新しい社会福祉に関する法律やその利用方法等を、ドラマ形式や録音構成で解説した。初年度は第2(土)午後9時45分からの15分番組。1952年11月に第1に移設。

社会福祉の時間 1954～1956年度
『社会福祉の手引』(1951～1953年度)の流れをくむ福祉番組。身体障害者、生活困窮者などを対象に、生活指導、関係法規の解説、社会保障施設の紹介などを、録音構成、ドラマ、インタビューなどの形式で伝えた。初年度は第1(月～金)午後4時25分からの20分番組。1956年11月の番組改定で『明るい社会』に改題して、高齢者問題等にも目を向けた。

明るい社会 1956～1958・1960年度
『社会福祉の時間』(1954～1956年度)を改題。社会福祉を社会全般の問題としてとらえ直して内容を拡充。毎週金曜は高齢者福祉の問題をディスクジョッキー形式で取り上げた。初年度は第1(月～金)午後5時15分からの15分番組。1959年度に『ラジオ社会欄』と改題し、35分に拡大。1960年度にタイトルを『明るい社会』にもどした。1961年度に新番組『午後のひととき』に引き継がれる。

1960年代 福祉

あすを明るく 1961年度
社会福祉と公民教育をねらいとした一般向け教養ワイド番組。「季節の話題」「キャンペーン」「私の言葉」「明るい話題」「おたより」の各コーナーを、アナウンサーのディスクジョッキーと音楽でつないだ。「明るい話題」は、日本社会にみられる善意や愛情、心温まる相互扶助などが紹介され、好評を博した。番組後半15分は1947年度から続く健康番組『皆さんの健康』を放送。第1(月～土)午前11時5分からの40分番組。

ラジオ特殊学級 1962年度
教育界の片隅に追いやられている印象がある知的障害児に対する教育の問題を、教師と障害児をもつ保護者400万人を対象として取り上げ、全国的な反響があった。大阪局制作。第2(日)午後7時からの20分番組。1963年度に『精神薄弱児のために』に改題。

精神薄弱児のために 1963～1974年度
知的障害児を持つ家庭と特殊学級担任の教師を対象に1962年度に始まった『ラジオ特殊学級』を改題。放送時間を10分増とし、聴取対象と番組の性格をいっそう明確化した。初年度は第2(日)午後7時からの30分番組。1975年度に『精神薄弱児とともに』に改題。

盲人の時間 1964～1990年度
視覚障害者が日常生活をより豊かに楽しく過ごすために役立ててもらおうという教養・情報番組。初年度は第2(土)午前8時30分から9時まで放送。放送開始以来、各地の盲学校での集団聴取や日本点字図書館で貸し出しテープに保存するなど反響を呼んだ。1974年度に第1回放送文化基金賞を受賞。1991年度に放送開始25年目の節目を迎え、『視覚障害者のみなさんへ』と改題して再出発した。

老後をたのしく 1965～1983年度
高齢者を対象に、明るく健康的な老後となるような番組を目指した。趣味の話、俳句の指導、よき時代の思い出話、長寿村や老人ホーム・高齢者家庭への訪問などで構成。初年度は第2(日)午前6時からの30分番組。1966年度から午前7時からの60分番組に拡大。1973年度には福祉番組充実の一環として第1に移設。俳句、短歌、川柳の選評、司会の青木一雄アナウンサーによる「こんにちは青木です」などのコーナーを設けた。

ラジオ編 番組一覧 08 教養・情報 | 定時番組

1970年代　福祉

精神薄弱児とともに　1975～1979年度
『精神薄弱児のために』(1963～1974年度)を改題。知的障害児を持つ家庭を対象に、幼児期から青年期にいたるまでの家庭での指導のしかた、施設・学校さらに職場でのさまざまな問題を取り上げて紹介した。初年度は第2(日)午後7時からの30分番組。大阪局制作。1980年度より『心身障害児とともに』に改題。

1980年代　福祉

心身障害児とともに　1980～1984年度
『精神薄弱児とともに』(1975～1979年度)を、「精神薄弱」という言葉に含まれる障害者への偏見や差別的な響きを考慮して改題。扱うテーマも従来の知的障害児を取り巻く諸問題だけでなく、多様な障害者に共通する問題へ広げて紹介し、「障害児(者)」と「健常者」がともに生きていく方向を探るようにつとめた。初年度は第2(日)午後7時からの30分番組。大阪局制作。1985年度に『心身障害者とともに』に改題。

心身障害者とともに　1985～1993年度
『心身障害児とともに』(1980～1984年度)の「障害児」の部分を「障害者」に改題。近年クローズアップされてきている卒業後の進路や、高齢化等の問題も積極的に取り上げた。障害の種類や程度を超えて、障害児・障害者に共通する課題を取り上げ、ともに生きる社会への方向を探る番組とした。初年度は第2(日)午後8時からの30分番組。大阪局制作。1994年度に『ともに生きる』に改題。

1990年代　福祉

社会福祉セミナー　1988～1990・1993年度～
1988年度から社会福祉士および介護福祉士法が施行され、資格制度が発足。そうした動きを背景に、社会福祉の専門的かつ系統的な知識や情報を提供した。1990年度をもってラジオでの放送を終了し、1991～1992年度は教育テレビの番組となる。1993年度から再びラジオ第2に戻る。高齢者福祉や障害者福祉、子ども福祉などについて、その歴史から制度、変わりつつある社会保障制度の基礎などを解説する。

視覚障害者のみなさんへ　1991～2008年度
『盲人の時間』(1964～1990年度)放送開始25年目の節目に改題。近年増加傾向にある中途失明者、高齢失明者、弱視者のための情報や体験談を重点的に紹介。また福祉関連の制度や仕組みの最新情報やその課題、働く現場のリポートなど、幅広いテーマを取り上げた。第2(日)午後7時30分からの30分番組。2009年度に『聞いて聞かせて』に改題。

ともに生きる　1994～2011年度
1962年4月に『ラジオ特殊学級』として第2放送で始まった福祉番組。『精神薄弱児のために』(1963～1974年度)、『精神薄弱児とともに』(1975～1979年度)、『心身障害児とともに』(1980～1984年度)、『心身障害者とともに』(1985～1993年度)と続き、1994年度に『ともに生きる』に改題。障害者の自立と、共に生きる社会への方向を探った。大阪局制作。2012年度、『バリバラR』に続く。

2000年代　福祉

ラジオ深夜便「輝いて生きる」　2001～2009年度
『ラジオ深夜便』の第1・FM(水)午前1時台に月1回放送。水野節彦アンカーのインタビューコーナー。ハンディに負けずに生きる人、それを支える人たちに話を聞いた。車いすの画家やパソコンを教える視覚障害者、アジア大会で優勝した視覚障害の陸上選手などが登場。

ラジオ深夜便「"老い"を豊かに」　2005～2008年度
『ラジオ深夜便』の第1(日)午前0時台に放送。元NHK解説委員で福祉ジャーナリストの村田幸子が、高齢者の暮らしや福祉をテーマに最新事情を分かりやすく伝え、高齢化社会を上手に生き抜くヒントを紹介する。

聞いて聞かせて　2009～2014年度
『視覚障害者のみなさんへ』(1991～2008年度)をリニューアルして改題。当事者参加を重視し、視覚障害のある当事者をキャスターに起用。視覚障害者のリポーターも多く登場し、福祉関連制度の最新情報やその課題、働く現場のリポートなどを伝えた。第2(日)午後7時30分からの30分番組。2014年4月に『聞いて聞かせて～視覚障害ナビ・ラジオ』に、さらに10月に『視覚障害ナビ・ラジオ』に改題された。

2010年代 福祉

ラジオ深夜便「天野祐吉の隠居大学」 2011〜2013年度
『ラジオ深夜便』の第1・FM(最終・月)午前4時台に放送。2010年度に放送し好評だった「隠居大学」を定時化。コラムニストの天野祐吉が聞き手となり、さまざまな分野から"遊び"の達人を招いて、"隠居の心得"をともに考える。ゲストには小沢昭一、冨士眞奈美ほか。天野祐吉が2013年10月20日に死去し、9月に収録済みだった回を10月28日に放送して最終回となった。

バリバラR 2012〜2014年度
『ともに生きる』(1994〜2011年度)の後継番組。Eテレの『バリバラ』に、さらに障害者やゲストの本音トーク、取材の舞台裏などの情報をプラスして放送する、新しいスタイルの障害者情報ラジオ番組。聴取者の声、障害者の番組への意見も数多く紹介した。パーソナリティーははるな愛。第2(日)午前8時からの30分番組。

視覚障害ナビ・ラジオ 2014年度〜
『聞いて聞かせて』(2009〜2014年度)を2014年度後期より改題。視覚に障害のある人のための番組。福祉関連の制度の最新情報や生活情報、魅力的な生き方などを伝えた。2014年度はNHKが視覚障害者に向けてラジオ放送を開始して50年目の節目で、半世紀の歩みを振り返り、今後の番組について考えた。第2(日)午前7時30分からの30分番組。

ラジオ深夜便「わたし終いの極意」 2016年度〜
『ラジオ深夜便』の第1・FM(金)午前1時台に放送。月替わりで"伝授者"を招き、人生の最期まで健やかに豊かに過ごすためのヒントを探る。テーマと出演者は「わたし終いの極意」樋口恵子(評論家)、「片付け力は、生きる力」阿部絢子(生活研究家)、「口腔ケアで心も身体も健やかに」斎藤一郎(鶴見大学歯学部教授)、「"生きがい"をもって生きる」柴田博(桜美林大学名誉教授)ほか。

ラジオ深夜便「深夜便　認知症カフェ」 2017年度〜
『ラジオ深夜便』の第1・FM(第1・火)午前1時台に放送。佐治真規子ディレクターが「認知症の情報カフェのオーナー」役となって多彩なゲストにインタビューし、認知症の最新研究などの情報を伝えた。

1920年代 産業

日用品物価 1925〜1941年度
1925年5月に東京局で放送開始。東京市商工課提供。不正商人の出入りを防ぎ、主婦が家計を守る助けとするために、その日の市場の相場により食料品、衣料品、文具、家具、燃料など生活必需品の値段を細大漏らさず放送する。同様の番組を『日用品相場』『日用品値段』『日用品小売値段』等のタイトルでも、各地方の実情にもとづいてローカルで放送した。太平洋戦争開戦で中止。

経済講座 1927年度
1927年に日本を襲った経済界の恐慌に際し、一般国民への注意とともに時の情勢の解説的講演として放送。財務官森賢吾の「財界安定の鍵」、法学博士堀江帰一の「金融界の安定と国民の覚悟」などを連続10回で放送。1928年には山崎靖純(読売新聞経済部長)の「産業の合理化に就いて」ほかを放送。

職業紹介の時間 1929〜1940・1945〜1947年度
不況による就職難で社会問題化した失業者対策の一環として『職業紹介事項』『職業紹介』等のタイトルでも放送。放送開始の3日後の1929年10月24日、世界大恐慌が始まる。東京府、東京市等の各職業紹介所より情報提供を受け、求人先、職務名、需要人員、給料等、求職人の参考となるべき事項を放送。1930年1月、大阪局でも京阪神3都市の職業紹介を開始する。1941年4月より『職業指導所からのお知らせ』に改題。

産業ニュース 1929〜1940年度
産業振興の一助として生まれた番組。大蔵、農林、商工等関係主務省当局の援助のもと、日本商工会議所、帝国農会、帝国水産会等の公益団体より材料の提供を受け、東京局より全国放送した。1941年4月より1回の放送を『商工業の時間』(10分)と『農家の時間』(5分)に分割し、充実を図った。1941年の開戦以降は『経済通信』の中で放送され、さらに農村関係については1942年3月からは『農家の時間』に包含された。

1930年代 産業

産業講座 1930〜1935年度
各方面の産業についてそれぞれの専門家が、産業界の状況や個々の産業に関する具体的な説明をおこなった。1932年3月に静岡ローカルで『産業講座』のタイトルで農業講座を放送しているほか、各局が個別の産業および副業をタイトルとした講座を放送。

NHK放送100年史(ラジオ編)　311

ラジオ編 番組一覧 08 教養・情報 | 定時番組

実業講座 1931～1933年度
すでに職業についている人を対象に組織的、系統的に教育する職業講座番組。第2放送開始にあたって1931年4月に新設された。各業種の総称として『実業講座』とタイトルされた。1931年度は第1期（4～7月）が「工業講座」と「水産業講座」、第2期（9～12月）「商業講座」、第3期（1～3月）「農業講座」で、8月は夏期特別講座を編成した。実業補習学校や青年訓練所などで大いに利用された。テキストも発行。

社会見学 1933～1935年度
産業、文化その他公共的施設等を訪れ、各現場の作業工程や業務工程などの活動状況や雰囲気を、音響、音声で伝えた。アナウンサーが当事者に質問応答する形式で、臨場感あふれる効果が期待された。初年度の第1回は「東京株式取引所初立会」を1934年1月4日に放送。その後、「貨幣のできるまで」「川崎造船所」「蛍いか捕獲実況」「地下鉄が走るまで」「西陣織」「飛行機ができるまで」等を放送。第1と第2で不定時で放送。

農村への講座 1934年度
大阪局発の第2放送の農村青年向け番組。農作物の栽培法、農村副業、農家経営、農業体験談等について取り上げ、未開拓農村に明確な指針を与えた。テキストを広く頒布し、団体聴取を指導奨励した。1935年4月に第1放送の『青年学校の時間』に吸収され、『都市青年への講座』と交互で放送される。

農山漁村経済更生実績講座 1934年度
東北地方の冷害に対処するための仙台局発の番組。農政当局者、各県推薦模範村長、懸賞募集による農村有識者等が出演。1934年11月から14回連続放送。

農家の時間 1935～1947年度
1935年5月に始まった農家向け番組。1939年、農事に関する放送を拡充。農事指導に関する講演、講座は『青年の時間』（1931～1940年度）で、経営面、技術面については『農家の時間』で月1～2回放送。終戦で一時中断後、終戦直後の8月にいち早く復活。激変する農村に必要な増産技術や、新しい制度の解説に重点を置いて放送し、農村民主化の一翼を担った。戦後は第1(月～日)午前6時15分からの15分番組。

店員の時間 1938～1940年度
1938年10月に商店法が施行され、各商店は午後10時に閉店することとなった。厚生省は日本放送協会と連携し、店員が午後10時以降に家で教養と慰安が得られるような番組を企画。番組はハーモニカ、アコーディオン、マンドリン、木琴などによる軽音楽をレコードで流し、続いて経済や経営の話題を提供。午後10時からの20分番組で、東京、大阪、名古屋の3局から第2で放送。

1940年代　産業

商工業の時間 1941年度
従来の『産業ニュース』を内容によって農林漁業関係、商工関係に二分し、後者を日中の放送に移行。商工関係の統制強化にともなって、周知事項が増えたことに対する措置。

産業戦士の方へ 1943年度
工場で働く"産業戦士"向けの「産業ニュース」と「講演」で構成された番組。毎週木曜を除く毎日、午前5時40分から放送。働く国民はすべて"産業戦士"であるという観点から、三輪寿壮(大日本産業報国会厚生部長)の「相次ぐ感激を増産へ」、土屋文明(歌人)の「勤労を讃ふ」などを放送。

地方増産だより 1944年度
増産に対する強い要請に基づいて、1944年4月15日より毎週(火・金)午後6時25分から放送。各地の食糧増産実績や増産障害を打開した実話などを全国に紹介。他の地方の生産に良い刺激と示唆を与え、全国的な生産水準の向上と、生産競争を図ることをねらいとした。増産に重点が置かれてはいたが、里謡、音楽、話、録音などを交えることで明るく楽しい放送とするよう努めた。

農家へ送る夕 1945～1947年度
新しい増産技術、農地改革、農業協同組合の設立など、農業関係の専門家の話に、軽音楽、歌謡曲、民謡、演芸などの多彩な娯楽ものを織り交ぜて、農家を慰問激励する番組として新設された。第1(月)午後8時から1時間の公開番組で、スタジオ以外に日比谷公会堂や各地農村へも中継・録音形式で盛んにマイクが進出した。1948年1月からは『新しい農村』に改題。

農事ニュース 1945年度
農村の民主化、農村文化の向上を目的に設けられた第1放送の番組。食糧の増産や供出の促進を訴えるとともに、農地改革、農業会解体など新制度について解説し、幅広い農事知識を提供した。1945年12月に放送開始。その後は『農家の時間』（1935～1947年度）、『農家へ送る夕』（1945～1947年度）、『早起き鳥』（1948～1986年度）、『農家のいこい』（1949～1952年度）などの農事総合番組の中で放送。

経営者の時間 1946～1947年度
経済復興に重点を置いた番組の1つ。破局にひんした終戦直後の日本経済の復興をはかるために、金融、資材、労働力などあらゆる部門にわたり経営者の活動を促した番組。ニュース、情報、音楽、演芸、話、座談会などを織り交ぜた総合番組形式で放送。初年度は第1(木)午後6時からの30分番組。

勤労者の時間　1946〜1947年度
働く人々を対象に労働の民主化を目指した番組。講演をはさんで音楽、演劇などで構成したバラエティーに富んだ内容とした。第1(日)午後6時からの30分番組。1948年1月に「インフォメーション・アワー」枠内で『労働の時間』に引き継がれる。

炭坑へ送る夕　1946〜1947年度
日本経済再建の原動力とみなされていた石炭増産に資する番組として新設。第1(木)午後8時からの30分番組。炭坑労働者を主な対象にしつつ、石炭産業の重要性について一般の関心を高める啓もう番組とした。人気芸能人が出演する娯楽番組に石炭関係のニュース、解説、音楽、演芸等を織り込む総合番組形式で、全国炭坑のど自慢大会、炭鉱慰問中継、天皇陛下行幸実況録音なども放送した。1948年1月に『産業の夕』に統合。

漁村へ送る夕　1946〜1947年度
1945年10月に始まった『農家へ送る夕』が農村、農業従事者を対象としたのに対し、漁村、漁業従事者を対象に、水産県共通の問題をとらえ、漁業経営の再建に資する番組とした。放送は『農家へ送る夕』と同じ第1(月)午後8時からの55分番組で、4〜5週に1回の頻度で放送された。

漁業の時間　1946〜1947年度
『農家の時間』に1年2か月遅れて1946年10月にスタート。漁村向けニュースと漁業関連の話題で構成した。第1(火・金)午前6時15分からの15分番組。

明日の食糧　1947〜1950年度
生産者と消費者の双方が深刻な食糧難に見舞われている状況を背景に、国民の食糧に対する認識を深め、どうしたら食糧増産ができるかを聴取者と考えた。しかしヤミが横行し、買い出しに明け暮れる消費者の前に思うような反響は得られなかった。初年度は第1(月〜日)午後7時20分からの10分番組。

新しい農村　1947〜1952・1965〜1972年度
『農家(漁村)へ送る夕』の後継番組で「インフォメーション・アワー」枠で放送。国の農業政策や農村教育など、これからの農民に必要な知識や情報を主に対談形式で伝えた。初年度は第1(月)午後8時からの30分番組。いったん休止のあと、1965年度に同名番組が第2でスタート。農村の指導者や中堅農家を対象に、農業および農村が抱える諸問題の現状分析と、その是正のための施策について考えた。

労働の時間　1947〜1951年度
『勤労者の時間』(1946〜1947年度)の後継番組。1948年1月、「インフォメーション・アワー」の火曜枠としてスタート。働く者の権利と義務を正しく認識してもらうのがねらい。産業集中排除、所得の公平分配、財閥解体など、労働組合運動に関連したタイムリーなテーマを、ドキュメンタリーや小劇形式、座談会などさまざまな演出で伝えた。初年度は第1(火)後8時からの30分番組。

産業の夕　1947〜1949年度
第1放送「インフォメーション・アワー」の木曜枠で放送。日本経済の再建がどのように進んでいるのか、各分野におけるその実情と主要な問題について認識を深め、産業復興を促進する目的で制作された。ドラマ、現地録音、座談会、解説などを織り交ぜて放送。産業の地域的な分布を考慮し、1950年6月には大阪放送局発「鉄」を、7月には名古屋放送局発「真珠」を制作するなど、適時各中央放送局からも放送した。

早起き鳥　1948〜1986年度
1948年3月に第1回を放送した農業従事者向け早朝番組で、翌年4月より定時放送を開始。全国の農家や農林水産通信員からの便りや情報を紹介するとともに、農業問題全般にわたって取り上げた。初年度は第1(月〜日)午前5時35分からの25分番組。1984年度に朝のワイド番組『おはようラジオセンター』の枠内に移動。1986年度をもって38年にわたる放送を終了。1987年度に「きょうも元気で」に改題。

農家のいこい　1949〜1952年度
『ひるのいこい』の前身番組。「農事ニュース」「農事メモ(農作物の手入れ、家畜の育て方、生活改善の方法等)」「お知らせ」などを、音楽(歌謡曲・歌曲・民謡等から3曲)にのせて放送する農家向け番組。放送文化研究所の世論調査で、農家がもっともラジオを聞いている日中の時間帯とされた昼食時(午後0時台)に放送。第1(火・木)午後0時15分からの15分番組。1952年11月の番組改定で『ひるのいこい』に改題。

農業技術講座　1949年度
農業技術と農家の生活改善をテーマとした農業従事者対象の講座番組。前半18分が技術講座で、「栽培」「土壌と肥料」「作物の病害」「家畜の飼い方」「農機具の知識」「農業気象」などのテーマで放送。後半10分は生活改善講座で、「村の生い立ち」をテーマに農村社会の成立経過を歴史的にたどり、生活習慣や衣食住に見られる根強い封建制の起源、経過を明らかにした。第2(月〜日)午後5時30分からの30分番組。

新しい経営　1949〜1952・1963年度
経営に悩む各種中小企業者を対象に、経営上効果を上げる方法をさまざまな角度から解説した。1950年3月から第2放送の拡充に伴って大阪発でスタート。第2(日)午後7時30分からの30分番組。1963年度に同名の番組を新設。第1部「社長登場」、第2部「経営のヒント」で構成。中小企業経営者を対象に、経営理念と技法の有機的結合を図った。第2(日)午前7時からの30分番組。

ラジオ編 番組一覧 08 教養・情報 | 定時番組

1950年代 産業

若い農民 1950〜1953年度
戦後日本の再建の担い手となる青年たち、特に農村青少年クラブを対象に始まった番組。青少年クラブの基本要綱や優良青少年クラブ、海外青少年クラブの紹介、さらに従来農村に欠けていた若者たちのレクリエーションの紹介に努めた。初年度は第1(月〜日)午後6時30分からの30分番組。1951年度に第2に移設。1952年度には「若い農民の歌」を選定。歌詞を一般から募集した。1954年11月に『明日の農民』に刷新。

農業講座 1950〜1960年度
1950年度前期を「経営改善講座」、後期を新しい農業技術を紹介する技術講座とした。初年度は第2(月〜金)午後9時台の15分番組。『早起き鳥』が一般農民のための生活番組だったのに対し、『農業講座』は農業技術や経営問題など専門的な内容を農業従事者を対象に放送。1961年度は『農業教室』として教育テレビに波を移した。ラジオ開局2年後の1927年4月にも同名の講座を全6回で東京放送局から放送している。

経済読本 1951〜1952年度
『産業の夕』(1947〜1949年度)と『労働の時間』(1947〜1951年度)を1本に統合し、各種の経済問題を扱った。1952年度には『奥さんの経済学』(1951年度)、『新しい経営』(1949〜1952年度)をさらに統合し、NHK唯一の経済番組とした。1952年度は「朝鮮事変は日本経済に何をもたらしたか」「労働法の改正を巡って」ほかを放送した。第2(水)午後7時30分からの30分番組。

明るい農村 1952〜1954年度
GHQの要請に応えて制作されてきた『新しい農村』(1947〜1952年度)を、1952年11月の番組改定で『明るい農村』に改題して刷新。農村社会に起こっている出来事を聴取者一般の問題として取り上げた。第1(月)午後9時台の30分番組。1952年度の主なテーマは「嫁御の立場」「農村の迷信・行事」ほか。1953年度は「農村次男、三男対策」「水の暴力」ほか。1963年度は同名のテレビ番組が始まる。

ひるのいこい 1952〜1961・1963年度〜
『農家のいこい』(1949〜1952年度)を改題。「農業気象」を割愛し、家庭生活に密着した話題を多く選ぶなど、農業従事者のみならず一般聴取者にも親しまれる内容とした。古関裕而作曲のテーマ曲ではじまり、全国各地の農林水産通信員(2006年度から「ふるさと通信員」)からの四季の話題などを伝えた。1962年度に『もうすぐおひる』に改題、1963年度にタイトルを戻す。2006年度から第1・FMの同時放送。

商店の皆さんへ 1953〜1954年度
商業者(特に小売店)を対象とした経営実務の知識普及のための番組。仕入れ、販売、管理、経理、雇用、税務等について、商業指導関係者や専門家が具体的に解説した。第2(月〜日)午後11時15分からの15分番組。

中小企業者の時間 1953〜1954年度
中小企業経営の諸問題をさぐり、問題の解説とその対策の解明に努めた。解説者のストレートトークまたは対談で番組を進行。また録音構成で中小企業の実態を伝えた。第2(月〜土)午後11時からの15分番組。1954年11月に『中小企業の時間』に改題。

財界往来 1953〜1954年度
財界人がその時々の経済問題について語り合う座談会番組。座談会のテーマは「これからの日本経済」「池田(勇人)特使の成果と財界」「年末の金融界」「(昭和)29年度予算と財界」「MSA協定をめぐって」「日銀総裁にきく」など。第1(日)午前11時15分からの30分番組。1954年6月に『経済談話室』に刷新。

日本の産業 1953〜1954年度
日本の基幹産業をはじめとする各産業を紹介し、さらにその実態を分析。その産業が直面している問題点や日本経済との関係を解説した。取り上げた産業は、「鉄鋼」「石炭」「電力」「硫安(化学肥料)」「海運」「自動車」「石油」「中小企業(鋳物工業)」「加工貿易」「兵器産業」など。第2(金)午後8時30分からの30分番組。

今週の経済 1953年度
経済問題に関心の深い聴取者を対象とした週間の経済解説番組。解説者と取り上げたテーマは、江幡清(朝日新聞論説委員)の「秋から冬への労働攻勢とその背景」、堀江薫雄(東京銀行常務)の「日英会談の背景」、後藤誉之助(経済審議庁調査課長)の「外貨予算と物価」、前田一(日経連事務局長)と高野実(総評事務局長)の「賃金問題をめぐって」ほか。第2(火)午後9時45分からの15分番組。

ラジオ公民館 1953〜1960年度
1953年11月にローカル番組で始まる。農作業前のひととき、農家の炉端に「話の種」になる話題を提供しようという農事番組。初年度は第1(土)午前6時15分からの15分番組。1957年度より(月〜土)午前5時台の帯番組となる。『早起き鳥』(1948〜1986年度)が農業技術の改良と生活改善を正面から扱ったのに対し、広く農村文化の向上と農業従事者の精神面の改革を肩の凝らないディスクジョッキー形式とした。

経済の動き 1954・1963〜1965年度
経済の諸問題を取り上げ、その当事者や専門家の見解を録音構成で伝えた。取り上げたテーマは「私鉄スト」「重油問題」「共産圏貿易」ほか。また1週間の経済ニュースも併せて伝えた。第1(金)午後10時台の25分番組。1963年度に同名番組が始まる。放送記者による座談会をメインに、閣僚や当事者を招いてのインタビューや現地ルポによる録音構成で解説した。初年度は第1(火・木)午後10時45分からの15分番組。

農業広報版　1954〜1959年度
農林省をはじめ、全国農協中央会、全国販売農業協同組合連合会、全国購買農業協同組合連合会、農林中金ほか農業関係諸団体の運営や事業活動を農業従事者に周知し、併せてその時期の農政や経済の動きとの関連を知らせ、農家経営の向上改善に役立ててもらおうという目的でスタートした番組。初年度は第1(日)午前5時45分からの15分番組。放送年度によって『農業広報板』の表記もある。

経済談話室　1954〜1957・1959年度
財界人による座談会番組『財界往来』（1953〜1954年度）を改題。取り上げるテーマを財界から経済全般に広げ、経済界、労働界からもゲストを招き、国内外の経済問題について語り合った。初年度は第1(日)午前11時台の25分番組。1959年4月に同名の別番組が新たに始まる。経済関連ニュースを広く取り上げ、その問題点や背景を当事者と経済担当記者との対談等で明らかにした。第2(日)午後10時台の20分番組。

中小企業の時間　1954・1957〜1958年度
『中小企業者の時間』（1953〜1954年度）を改題。中小企業全体の問題を日本経済との関係から取り上げた。1954年度は第2(日)午後10時からの30分番組。番組は1954年度で終了するが、『中小商工業の皆さんへ』（1956年度）の内容を刷新し、1957年度に同名番組『中小企業の時間』が新たに始まる。中小企業者に直接役立つ時事問題の解説など、"新聞にも出ない情報"を伝える番組とした。

農村の歩み　1954〜1960年度
戦後から高度経済成長に向かい、急激に移り変わる農村の実態を現地取材でとらえ、農村社会で起こっている問題を伝えた。1954年11月の番組改定で『時の動き』が新番組として再開し、これまで一般聴取者を対象に第1で放送してきた『明るい農村』（1952〜1954年度）を吸収。代わって『農村の歩み』を農村対象番組として第2放送でスタート。初年度は(水)午後8時30分からの30分番組。

明日の農民　1954〜1956年度
『若い農民』（1950〜1953年度）の後継番組。農村漁村の青少年を対象に、地域社会における組織活動に具体的指針を提供することを目的にスタート。農村青少年グループ、青年学級、4Hクラブ（農業青年クラブ）等の団体活動の優良事例の紹介に努めた。初年度は第2(火)午後7時30分からの30分番組。

経済時評　1955〜1956年度
経済の専門家がその時々の経済現象の問題点を明らかにし、国民生活とのつながりや影響を解説した。第1(日)午後4時15分からの15分番組。

経済の時間　1955年度
『商店の皆さんへ』（1953〜1954年度）と『中小企業の時間』（1954年度）を統合し、1955年4月にスタート。好況にあった日本経済にあって取り残された中小企業者や、デパート、生活協同組合の進出の影響を受けた商店事業者の実質的向上を目的として企画された。第2(月〜木)午後11時5分からの15分番組。

くらしのしおり　1955〜1956・1960・1963年度
消費経済に重点をおいて、商品学から生活技術の面まで含めて、総合的、科学的知識を提供する経済番組。初年度は第2(月〜金)午後2時台の30分番組。1960年度に新設された第1のワイド番組『お仕事のあいまに』枠内で復活。1963年度には日常生活に密着したお知らせや生活情報、気象情報などの話題を、音楽をはさみながら男女のアナウンサーがディスクジョッキー形式で伝えた。第1(月〜土)午後5時台の30分番組。

中小商工業の皆さんへ　1956年度
好況の中でも苦しい経営を強いられている中小商工業者を対象に、経営関連情報や告知、新しいテクニックの紹介、経営に関する体験談等を系統的にわかりやすく解説した。第2(月〜木)午後7時15分からの15分番組。

新産業読本　1956年度
1955年、1956年と続いた経済界の好況は、オートメーションに象徴される技術の革新をもたらした。この番組では"第2の産業革命"ともいうべき「技術の近代化」と「イノベーション」を取り上げ、化学繊維の進歩、天然ガス化学工業・石油化学工業の発達、木材や炭坑廃ガスの新しい利用、エレクトロニクスなど、技術の進歩と経済との結びつきを録音構成で描いた。第2(日)午後7時からの30分番組。

経済夜話　1956・1961〜1962年度
日本の資本主義経済の成長期に、日本経済を背負ってきた財界の長老に生きた経済史を聞いた。出演は松永安左衛門（政治家・電気実業）、村田省蔵（政治家・元大阪商船社長）ほか。聞き手は住田正一（呉造船所社長）。第2(土)午後11時からの30分番組。1961年度は第2で月に1回『教養特集』枠内で放送。1962年度は経済評論家、ジャーナリスト、企業経営者などによる座談会を月1回放送した。

商工実務講座　1957〜1959年度
『中小商工業の皆さんへ』（1956年度）の後継番組。商店や工場経営の新しい合理化の手法について、中小商工業者を対象にテキストを併用してわかりやすく解説した。初年度のテーマは「わかりやすい簿複式記」（4〜7月・9〜10月）、「品質管理」（7〜8月）、「安全管理」（11月）、「師走の商法」（12月）、「税金講座」（1〜2月）、「わかりやすい団体法」（3月）。第2(月〜金)午後6時台の20分番組。

国のふところ、家のふところ　1957〜1958年度
国の経済の動きが国民生活にどんなつながりを持つかをわかりやすく解き明かす経済番組。毎回、経済関係の閣僚を招き、当面の問題について経済評論家が政府の考えを聞いた。1958年度は第1(日)午前11時30分からの20分番組。

NHK放送100年史（ラジオ編）　315

ラジオ編 番組一覧 08 教養・情報 | 定時番組

経済豆辞典 1957年度
ラジオの経済ニュースや新聞の経済欄に使われる経済用語について、その正確な意味をわかりやすく解説した。第2(土)午後6時からの5分番組。

新産業地図 1957年度
『新産業読本』(1956年度)の後継番組。変貌する地域産業を日本の産業構造全体との関係において、ルポルタージュ形式で解説した。第2(日)午前8時からの30分番組。

工業技術講座 1957～1958年度
工業界で活躍している現場技術者たちの再教育をねらった番組で、いわゆる工業常識をこの分野の第一人者が解説した。主なテーマは「技術とは何か」「設計計画の基礎」「検査と品質管理」ほか。第2(土)午前6時からの30分番組。

農家の皆さんへ 1957～1959年度
農村向けの実用・教養番組をとり合わせた総合番組枠。「人生読本」「早起き鳥」「連続放送劇 あの雲こえて」「天気予報」「ラジオ公民館」で構成。第1(月～土)午前5時5分からの55分番組。

漁村の皆さんへ 1958～1961・1965～1985年度
『早起き鳥』(1948～1986年度)の土曜日に放送していた漁村向けコーナーを拡大し、独立。漁業不振に悩む沿岸漁民の経済的向上を目指すとともに、水産業全体の進展の方向を探り、漁業経営に直接役立つような実用情報を提供した。初年度は第2(月～木)午後7時台の15分番組。1965年度に『漁村のみなさんへ』と表記変更し、漁業経営者の経営の指針とするために再開。第2(月～土)午前5時台の15分番組。

今日の農政 1958～1960年度
一般農家向けに、新しく打ち出された国の政策や法律など、農政の焦点を当局者の談話を中心に伝えた。初年度は「旧地主の動向と農地補償」「今年の農林予算」「畑作振興とビート政策」「問題の農業法人化」などのテーマで取り上げた。初年度は第2(金)午前6時30分からの30分番組。

村の広場 1959～1962年度
農村の話題を都会で暮らす人々に、ふるさとの便りとして聞いてもらおうという番組。第1(月～土)午前6時15分からの15分番組。毎日放送する「畦道だより」「今日のヒント」「話題たずねて」「生活の窓」などと、曜日替わりのコーナーで構成。1960年度は『早起き鳥』枠内で、「畦道だより」「生活ニュース」「話題のポスト」の3コーナーを放送。1961年度よりローカル放送。1963年度に『話の広場』に改題。

1960年代 | 産業

村のアンテナ 1960年度
1948年度に始まった早朝の農事ワイド番組『早起き鳥』の中のDJ番組。農林省農業団体からのお知らせ、聴取者だより、時事解説コーナー「早起き鳥解説」などを音楽とともにつづった。「早起き鳥解説」は5分間のミニコーナー。農業問題にとどまらず政治、経済など一般時事問題を解説委員がわかりやすく解説し、1968年度まで続いた。「村のアンテナ」は第1(月～日)午前5時5分からの20分番組。

商工サロン 1960年度
中小の商店主や工場経営者を対象とした実用情報番組。サービスや法律など経営に直結する「商工相談室」、各種連合団体や工業会の動きを知らせる「商工ニュース」、「商店ア・ラ・カルト」などのコーナーで構成。第2(日)午後10時15分からの20分番組。

産業実務講座 1960～1961年度
おもに青少年を対象に3級程度の実力養成を目指した「そろばん教室」、労働省実施の技能検定のための「工業教室(機械工・印刷工・仕上工・板金工)」、中小工場の職長らが工場経営の合理化の実例などを学ぶ「工業実務講座」、中小の店主らが経営や簿記の実務を学ぶ「商業実務講座」の4講座からなる講座枠。各講座が10分から15分で放送された。初年度は第2(月～金)午後6時45分からの45分枠。

経営のしおり 1960～1961年度
『早起き鳥』枠内で放送。"今後の日本農業発展の方向"について考える番組。優秀農家の紹介を行うとともに、さまざまな立場の人たちに「明日の日本農業へよせる夢や青写真」を語ってもらった。「農家のお嫁さん」問題をシリーズで取り上げた「お嫁さんやーい」は、1962年2月に『早起き鳥』を中心に全農業番組を動員して実施し、大きな反響を得た。第1(月～土)午前5時台に放送。1962年度に『あすへのしおり』に改題。

工業教室 1961年度
1960年度から始まった『産業実務講座』の「工業教室」が、第2(月～金)午後6時20分からの15分番組で独立。働く青少年の技能検定合格の一助としてスタート。

316　NHK放送100年史(ラジオ編)

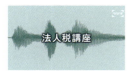
法人税講座　1961年度
1961年9〜10月に、第2(月〜金)午後3時40分からの20分番組で放送。同じ時間帯で『商店の皆さんへ』(4〜8月)、『所得税講座』(11〜12月)、『税金講座』(12月)、『複式簿記講座』(1〜3月)を放送。

ラジオ農業学校　1961〜1980年度
農村人口の流出で極端な人手不足となった農村事業を背景に、農家の後継者育成を目的にスタート。初年度は第2(月〜土)午前6時台の15分番組。農林省各都道府県農林部の協力のもと、町村単位の現地集合研修や地方集合研修制度を設け、画期的な「農村青年教育」に乗り出した。初年度の全国テキスト発行部数は36万部および、聴取率も第2放送としては最高水準を示した。1981年度に『農業経営セミナー』に引き継がれる。

村のこだま　1962〜1981年度
3部で構成される早朝の農事ワイド番組『早起き鳥』の第1部。「村のアンテナ」(1960年度)の後継コーナー。農業団体からのお知らせ、聴取者だより、時事解説コーナー「早起き鳥解説」、くらしのヒントなどを音楽とともにつづったディスクジョッキー番組。第1(月〜日)午前5時5分からの25分番組。1978年度より『むらのこだま』に表記変更。

もうすぐおひる　1962年度
農村向けディスクジョッキー番組『ひるのいこい』を改題。聴取対象に農家だけでなく一般家庭の主婦らも含め、買い物メモなど生活に密着した話題や各地の風物詩を録音で紹介した。第1(月〜土)午前11時31分からの19分番組。1963年度にタイトルを『ひるのいこい』にもどし、放送時間も従来どおり午後0時15分からとした。

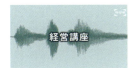
経営講座　1962年度
中小企業の体質改善を図り、経営の近代化に役立つ講座とした。テーマ別の短期集中講座のかたちをとり、冒頭5分は「やさしい経営学」講座、その後の15分は「企業内教育」「売れる商品をつくるには」「品質管理入門」「税金講座」などのテーマを取り上げた。第2(月〜金)午後6時25分からの20分番組。

今日の農(漁)村　1962〜1964年度
移り変わる農漁村の姿を紹介しながら、そこにある問題点や農政・漁政問題を、録音構成や座談会で掘り下げた。1962年度は第2(日)午前6時10分からの20分番組。農政・農村問題を『今日の農村』のタイトルで放送し、漁政・漁村問題は月2回程度『今日の漁村』として放送した。

経済散歩　1962年度
日々変化する経済情報を身近な問題として提供する番組。第1(金)午前11時15分からの14分番組。取り上げた主なテーマは「一杯のコーヒーから」「野菜の値段」「ドルを稼ぐ」ほか。解説は武山泰雄(日本経済新聞論説委員)、奥村忠雄(大阪市立大学教授)。

あすへのしおり　1962〜1970年度
3部で構成される『早起き鳥』の第3部。「経営のしおり」(1960〜1961年度)の後継コーナー。第1(月〜土)午前5時43分からの14分番組。1964年度は曜日別に(月・水)が各局RFDによる農村の動き、話題などのリポート、(火)が農業コンサルタントによる対談、(木)が変貌する農業の経営・技術の問題点等についての解説と相談、(金)がローカル、(土)が全国の農家からの意見を紹介する「村のポスト」。

くらしの経済　1963〜1967年度
『茶の間のひととき』枠内で放送された主婦向け経済解説番組。時事的経済問題を記者が解説する「経済記者室」、新製品の紹介などの「買物メモ」、消費者協会で実施した「商品テスト」など、消費生活に直結する話題が取り上げられた。第1(月〜土)午前11時30分からの25分番組。

話の広場　1963〜1972年度
各地域放送局別にローカルで放送。農山漁村の素材を録音構成や、農事放送通信員のリポートなどで紹介した。1959年度より『村の広場』のタイトルで放送し、1963年度以降も『村の広場』で継続している局もある。第1(月〜日)午前6時15分からの15分番組。

働く婦人　1963年度
農村に働く女性を対象とした番組。移り変わりつつある農村で、農家の主婦たちの家計、育児、労働、健康などの諸問題やグループ活動について座談会や録音構成で伝えた。第2(日)午後9時からの30分番組。

中小企業向け番組　1964〜1967年度
中小企業経営者を対象に国際化時代に入った企業経営に必要な事柄を系統的に分かりやすく解説した番組枠。曜日ごとに「新しい商業経営」、「中小企業のための法律」、「税金相談」、「経営入門」などのテーマが設けられた。主な出演者に経営コンサルタントの千坂宰太、マーケティング専門家の藤枝高士ほか。第2(月〜金)午前8時30分からの30分番組。1967年度に『中小企業番組』と改題し、そのまま年度内に終了した。

あすの職場　1965〜1967年度
(月〜金)放送の『中小企業向け番組』(1964〜1967年度)の水曜枠で放送。第2(水)午前8時30分からの30分番組。1967年度に『中小企業番組』に改題され、従来どおり水曜日に放送し年度末に終了。1968年度は教育テレビの『これからの中小企業』の月曜に同名の番組が始まる。

NHK放送100年史(ラジオ編)　317

ラジオ編 番組一覧 08 教養・情報 | 定時番組

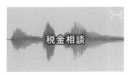 税金相談　1966年度
1964年度と1965年度の下半期に『中小企業向け番組』枠内で放送。1966年10月の番組改定で独立して新設。第2(木)午前8時30分から9時までの30分番組。

1970〜1980年代　産業

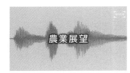 農業展望　1973〜1985年度
農家をはじめ、農林業関係者を主な対象に、座談会や対談、現地ルポや公開講演などを通して情報提供と解説を行い、日本農業の将来展望を試みた。月1回「農政の焦点」として今日的テーマにスポットを当て、政策、行政の諸問題を取り上げた。第2(日)午前6時からの60分番組。

 農業経営セミナー　1981年度
農業の技術や経営知識などを提供した講座番組『ラジオ農業学校』(1961〜1980年度)を引き継ぎ、その集大成とした。主として経営・流通面から農業を点検する番組。「酪農」「畜産」「果樹」「園芸」「食糧」「健康」「林業」「流通販売」「投資戦略」「転作」「農業と法律」などをメインテーマとして取り上げた。第2(月〜土)午前7時20分からの15分番組。

 ビジネス情報　1982〜1983年度
経済界の最先端で活躍する企業トップに話を聞く「トップインタビュー」を軸に、その週の経済ニュースから重要なトピックスを伝えた経済情報番組。トップが語る企業戦略はビジネスマンの生きた情報源となった。アメリカ経済の動向など、海外情報も広く紹介した。第1(月)午後9時30分からの25分番組。1984年度に新設された朝の情報ワイド番組『おはようラジオセンター』の午前6時台に引き継がれる。

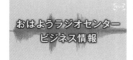 おはようラジオセンター「ビジネス情報」　1984〜1996年度
『ビジネス情報』(1982〜1983年度)が、第1放送の『おはようラジオセンター』(1984〜1988・1994〜1996年度)枠内の午前6時台のコーナーで継続放送。その週の経済ニュースやトピックス、海外経済の動向など、海外情報などを幅広く伝えた。1989〜1993年度は『NHKラジオセンター(早朝)』枠内で継続放送。1997年度に『おはようラジオワイド』枠内で「ビジネス展望」に改題。

 経済トップインタビュー　1984年度
第1放送夜間の総合ワイド枠『こんばんはラジオセンター』の(土)午後10時40分からの18分番組。企業のトップに経営哲学や企業戦略について聞く。

 ビジネスインタビュー　1985年度
『経済トップインタビュー』(1984年度)にかわる番組としてスタート。『新・サラリーマンライフ』(教育テレビ)内のコーナー「ビジネスWHO'S WHO」の放送素材を、ラジオ用に再編集して放送。企業のトップに経営哲学や企業戦略を聞くほか、宇宙ビジネスからバイオ、新素材まで、日本の先端技術の動向を紹介するなど、タイムリーに各分野の人物にスポットを当てた。第1(日)午後11時5分からの12分番組。

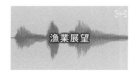 漁業展望　1985年度
農林業から漁業の分野へも枠を広げ、研究者や専門家をスタジオに招いてタイムリーな話題、農漁政問題の掘り下げを行うとともに、ベテラン漁業関係者の体験例も取り上げた。第2(日)午前7時からの1時間番組。

 ラジオ農業(漁業)セミナー　1986〜1990年度
農業および漁業の従事者を主な聴取対象とした専門性の高い番組。1か月1テーマで分野別・専門別に掘り下げ、技術の最前線から経営、流通、制度など総合的なテーマまで幅広く取り上げた。初年度は第2(日)午前7時からの30分番組。農業就業人口の減少、より国際的な情報の必要性が高まってきたことを踏まえ、1990年度をもって『ラジオ農業学校』(1961〜1980年度)以来のラジオの農業番組を終了した。

 ニューメディアノート　1986〜1987年度
エレクトロニクス技術とそれに支えられた通信手段の飛躍的発展が、経済やビジネスの世界、人々の生活をどのように変えていくのか、ニューメディアの最新情報の動向を伝える番組。第2(日)午前7時30分からの30分番組。

1990年代　産業

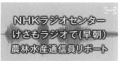 NHKラジオセンター〜けさもラジオで(早朝)「農林水産通信員リポート」　1992〜1993年度
『NHKラジオセンター〜けさもラジオで(早朝)』の午前5時台前半に放送。NHK農林水産通信員によるリポート「町から村から」を放送。1993年度は第1(木)午前5時19分からの10分番組。

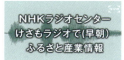
NHKラジオセンター～けさもラジオで（早朝）「ふるさと産業情報」 1992～1996年度
『NHKラジオセンター～けさもラジオで（早朝）』の第1(月～土)午前5時台のコーナー。

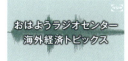
おはようラジオセンター 「海外経済トピックス」 1995～1996年度
『おはようラジオセンター』の第1(土)午前6時台に放送。

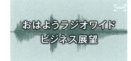
おはようラジオワイド 「ビジネス展望」 1997～2014年度
『おはようラジオワイド』枠内の(月～金)午前6時台に放送。複雑化する日本経済・世界経済を第一線で活躍するエコノミストや経済アナリストがわかりやすく解説・分析する。主な出演者は経済評論家の鈴田敦之、内橋克人、慶應義塾大学教授の竹中平蔵ほか。初年度は第1(月～金)午前6時43分からの12分番組。1999年度からは『ラジオあさいちばん』枠内で継続放送。

2000年代～ 産業

ラジオ深夜便「マーケットリポート」 2000～2005年度
『ラジオ深夜便』の第1(火～日)午前0時台後半に放送。

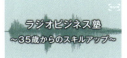
ラジオビジネス塾～35歳からのスキルアップ～ 2014年度
キャリア10年を経た35歳前後の中堅社員に向け、「経済指標に強くなるには」「プレゼンテーション力を磨くには」「起業」などをテーマに、実際のビジネスシーンで役立つ知識を身につけるためのノウハウを紹介した。解説は飯田泰之（明治大学准教授）。第2(木・金)午後10時15分からの15分番組。

ラジオ 仕事学のすすめ 2015～2019年度
さまざまな分野で活躍する人物をゲストに招き、新しい時代の働き方のヒントとなる思考や発想方法を紹介したトーク番組。Eテレの『仕事学のすすめ』（2010～2012年度）を新たにラジオ用にリメイク。初年度は建築家の安藤忠雄、脚本家の小山薫堂らの仕事術を取り上げた。3年目からはビジネスコンサルタントの山崎将志をメインの出演者に、ビジネス展開に関する役立つ情報を紹介。第2(木・金)午後10時台の15分番組。

すっぴん！「ギョーカイ大図鑑」 2016～2019年度
第1放送『すっぴん！』内のコーナー。業界誌の編集者などをスタジオに招き、さまざまな業界をディープに楽しむコーナー。2016・2017年度は火曜（パーソナリティー：ユージ）、2018年度は木曜（パーソナリティー：川島明）、2019年度は火曜（パーソナリティー：ダイアモンド☆ユカイ）に放送。

三宅民夫のマイあさ！「マイ！Biz」 2019～2021年度
第1放送『三宅民夫のマイあさ！』の午前6時台に放送。ビジネスの最新情報や経済動向について田中孝宜キャスターが伝えるほか、各界の専門家が最新ビジネス情報を伝える。

しごとをあそぼ 2024年度
仕事がつまらない。そんなアナタに贈る、脱力系ビジネス番組。元テレビ局プロデューサーで映像ディレクターの高橋弘樹が、仕事を楽しむにはどうしたらいいのかをマジメに考える。第1(第3・土)午後3時5分からの50分番組。

1920年代 教養

講演 1925～1945年度
1925年3月23日放送の第1回「新旧の弁」高田早苗（早稲田大学総長）、以後111日間に106本の講演を放送。午後7時台の30分番組。満州事変以後、「講演」は国家主義的な国策に沿うものとなる。1941年12月の開戦後は、戦争の意義を説き、その意気高揚に努めるもので、谷正之（情報局総裁）の「大東亜戦争の意義とその使命」、賀屋興宣（大蔵大臣）の「大東亜戦争と国民の覚悟」などを放送。

宗教講座 1925～1934年度
東京局で始まった初の講座番組。倫理、道徳、宗教に関する話が取り上げられた。第1回放送は本願寺管長代理大谷尊由の「親鸞教の文化的意義」。同年7月19日以降は、宗教的説話や宗教そのものの教義は、『修養講座』の一部として取り上げられた。1932年1月から、道重信教（増上寺貫主）の「法然上人降誕八百年記念を迎へて」など、新たに『宗教講座』または『宗教講演』として全国各地の名僧、宗教界の名士の講話を放送。

08 教養・情報 | 定時番組

ラジオ編 番組一覧

修養講座　1925〜1934年度
1925年5月に東京局で放送された『宗教講座』が、同年7月に改題。6月には大阪局でも同名番組がスタート。宗教界の長老、学界の権威など、倫理・道徳・宗教に関する話題をはじめ、その他一般の修養に関する放送を実施。金井為一郎（牧師）の「復活と人生」（1926年）、今泉定介（神道家・国文学者）の「建国の精神」（1929年）ほかを放送。宗教・修養に関する放送は、のちの『聖典講義』『朝の修養』に続いていく。

芸術講座　1925〜1927年度
内外の文学、美術、音楽等に関する知識、もしくは鑑賞眼を養うための講座。音楽関係では「邦楽鑑賞講座」「音楽名曲講座」「西洋音楽講座」を連続放送。美術に関しては展覧会会期中の展示に関する美術批評を放送。文学に関しては研究者が偉大な作家の訃報や忌日にちなんで講演。トルストイ生誕百年を記念して作家の武者小路実篤が「トルストイに就いて」を、俳人の河東碧梧桐が記念文芸講演「正岡子規を憶ふ」ほかを放送した。

1930年代　教養

公民常識講座　1931年度
大阪局で始まった公民教育を目的とする長期講座。法律・政治・経済・国際関係・社会組織等について、公民の常識として知っておかなければならないことを系統的に放送した。第2放送が始まっていない大阪、名古屋、広島、熊本の4局では、交互入中継により放送した。平日午後6時30分からの放送。東京局の第2放送では『公民講座』を放送。

日曜礼拝　1933〜1939年度
大阪局で1933年7月に、第2放送の開始にともなって（日）午前10時からの1時間番組で始まった。キリスト教の礼拝実況と牧師の説教を放送。第1放送の同時間帯は『宗教講話』の時間で、主として仏教方面の講演が行われていた。同年12月より『日曜勤行』に改題。東京局では1935年3月に放送を開始し、1939年12月まで放送した。

日曜勤行　1933〜1940年度
1933年7月末から大阪局で始まった『日曜礼拝』が予想以上の好評を博したことから、仏教方面にも内容を拡充して同年12月に第2放送でスタート。東京では1934年12月、『日曜礼拝』と同時刻に第1で放送していた『宗教講話』に代わって全国放送となる。内容は「勤行の実況と高僧の法話」で、各寺院、教会から現場中継をおこなった。有名寺院・教会の行事に列する臨場感を聴取者に与え、好評を得た。

詩の朗読　1933〜？年度
文字による視覚的表現に傾いていた日本の詩を、朗読者による言葉の響きに音楽伴奏を織り交ぜて、詩と音楽との結合に重点をおいた。1933年10月、東京を除く全国中継番組として第1回を放送。1934年3月大阪からの中継で「三木露風」を放送。その後、同年に薄田泣菫、高村光太郎、蒲原有明らの詩を、一流作曲家の管弦楽伴奏により朗読。以降、散発的に年数回放送され、戦後も1960年代にかけて不定期に放送された。

聖典講義　1934年度
1934年3月より第1放送の東京ローカルで放送を開始し、4月より全国放送。日曜を除く毎日放送する午前8時からの30分番組。仏教の経典講義や仏教一般に関する放送を中心に、宗教や経典に関する解説を行い、宗教復興の導火線となったと言われる。第1回は友松円諦の「法句経義義」（15回シリーズ）。農村不況、失業と就職難が社会を覆う不安な世相を背景に大きな反響を呼ぶ。1935年2月に『朝の修養』に引き継がれる。

朝の修養　1934〜1940年度
『聖典講義』（1934年度）を改題。仏教関連の講義を中心とした『聖典講義』に対し、神道及び日本精神に関する話を増やし、国民精神運動として一般聴取者を獲得した。1936年年頭より、歴代天皇の「御製謹話」を放送。日中戦争がはじまると武士道鼓吹や"日本的死生観"がテーマの中心となり、愛国心の発揚に力が注がれた。1938年4月以降、『修養講話』として放送した。1941年4月に『朝のことば』に改題。

日曜特集講座　1934〜1937年度
第2放送の20分番組で、片倉衷（陸軍歩兵少佐）の「最近の満州国を語る」、寿岳文章（書誌・和紙研究家）の「挿絵と装順」、「春のリーグ戦を語る〜早慶戦復活から今日まで」など、政治、経済、文化、スポーツから、家庭経済の話題まで幅広く取り上げた。1939年7月第2放送が「都市放送」と改称されると、『日曜特集』として（日）午後8時から9時30分までの1時間30分枠で、座談会、ラジオ対談、講座を放送。

名作朗読　1935〜？年度
1935年8月1日に劇評家の岡鬼太郎が黙阿弥作「青砥稿花紅彩画」を朗読。そのほか、歌人の土岐善麿が国木田独歩作「泣き笑ひ」を、歌人の今井郁子が樋口一葉作「たけくらべ」を朗読した。

自作朗読　1935〜1940年度
1935年10月に村松梢風が「闇道の春」を、川口松太郎が「やくざ一代萩寺の長七」を自作朗読した。そのほか小島政二郎が「吉田澤右衛門」を、本山荻舟が「ある日の児島高徳」を、久米正雄が「小説にたらぬ話」を、里見弴が「河岸のかへり」をそれぞれ朗読した。1940年6月まで放送が確認できる。

国民講座　1936〜1938年度
成人を対象に中等教育修了程度の知識を与える目的で第2放送に新設。1年を単位として、人文科学・自然科学の両面にわたって一般国民教養に資すべき題材を選び連続放送した。「東洋における資源」「東洋思潮」「アジア民族史」「近世日本外交史」「明治以後の日本思想史」「最近における我が工業の躍進」「趣味の植物学」などを放送。1938年9月、『国民講座』の名称使用をやめ、そのつどタイトルを決めることとなった。

ラヂオ随筆　1936〜1937年度
従来の『趣味講座』の型を破って「季節を中心とする随筆的感想」を目安として、第1(水)午後6時台の15分番組で東京・大阪・名古屋の3局中継で放送。政治家、学者、芸術家、趣味人たち2人が出演し、肩の凝らないこぼれ話を"放談"する。『英語講座』の講師をつとめていた岡倉由三郎の「ユーモアの正体」をはじめ、石原純（理論物理学者）の「科学上の伝説と事実」、成瀬無極（ドイツ文学者）の「秋の聴覚」ほかを放送。

ラヂオ夜話　1939年度
1938年から中止していた第1放送の『趣味講座』に代わるもので、『ラヂオ随筆』（1936〜1937年度）の復活ともいうべき番組。各界の出演者がそれぞれの専門分野について、国家の現状に即して必要と考えられる一題を発表した。桑木厳翼（東京帝国大学名誉教授）の「能の山伏」、小野秀雄（東京帝国大学文学部講師）の「匙加減と筆加減」、大島正満（生物学者）の「母性勲章」ほかを放送。

神社めぐり　1939〜1940年度
「紀元二千六百年」記念特集番組。毎月数回、午前7時1分から40分まで第1放送で放送。録音または中継で神社、山陵における記念講演に、祭事、叙景を織り込んで放送。1月に明治神宮、熱田神宮、出雲大社、竃山神社、賀茂御祖神社に始まり、12月に平安神宮、台湾神社、吉野神宮で終了した。

史蹟めぐり　1939〜1940年度
「紀元二千六百年」記念特集番組。日曜・祭日の午前7時1分から40分まで第1で放送。現地からの講演、解説、実感放送で構成。西都原（さいとばる）古墳群（宮崎県）、吉見百穴（埼玉県）、出雲玉作跡（栃木県）、陸奥国分寺跡（宮城県）、讃岐国分寺跡（香川県）、名護屋城跡・元寇防塁（福岡県）、足利学校跡（栃木県）、東大寺旧境内（奈良県）ほか、全国各地のおもな史蹟を歴訪した。

日本文化講座　1939〜1940年度
「紀元二千六百年」記念特集番組。全国放送で第1(日)午後6時25分からの20〜30分番組。「日本文化の性格」（長谷川如是閑）、「日本文化の源泉」（西村真次）、「日本文化と外来文化」（井上哲次郎）、「日本神話の特質」（松村武雄）、「日常生活に於ける日本文化、食物」（柳田国男）、「日本文化の伝統と発見」（阿部次郎）など、月2〜4回で31回を放送。

国文講座　1939〜1940年度
「紀元二千六百年」記念特集番組。都市放送（第2）で(火・木・土)午前7時1分からの29分番組。「国文学に現はれた日本精神」（吉沢義則）、「日本文学の精神」（斎藤清衛）、「古事記・日本書紀」（武田祐吉）、「記紀の歌謡」（折口信夫）などのほか、江戸時代の小説、劇、俳諧、和歌、随筆に続いて、現代の文学についても連続講義を行った。テキスト「国文講座」は2万3500部を発行。

1940年代　教養

朝のことば　1941年度
『朝の修養』（1934〜1940年度）を青壮年向けに改め、1941年4月に改題。青壮年に団結と敢闘を呼びかける番組に生まれ変わる。津久井龍雄（政治評論家）の「民族心と世界心」、石濱知行（経済学者）の「支那のもつ力」、海後宗臣（東京帝国大学助教授）の「生活の編成」などの講演のほか、7〜8月の2か月間は「われらは翼賛す」という題で、全国の翼賛運動実践家の体験を放送。午前6時40分からの19分番組。

常会の時間　1941〜1944年度
1938年から組織化が始まった「隣組」は、10戸内外を1単位とし、さまざまな連絡には回覧板が回された。ラジオを通じて「隣組」を指導する番組として1941年7月1日に第1放送で放送開始。放送が司会の役目をはたす形式で全国140万隣組が一斉常会を開催、近衛首相ほか各国務大臣の講話を放送。毎月1日に設定された「興亜奉公日」に編成。国民に対する国家意識の普及徹底と戦意高揚を図るために「放送」が生活に組み込まれた。

愛国詩　1941〜1944年度
高村光太郎、野口米次郎、西条八十、佐藤春夫など25人の詩人に委嘱した。1944年10月には神風特攻隊に関する全軍布告（海軍省発表）の報道を受けて、「神風特別攻撃隊」を主題に編成。

国民常識講座　1945年度
終戦後、日本の民主化に向けてGHQがもっとも重要視したのが政治教育キャンペーンで、その方針にそって設けられた番組。1945年11月5日の第1回は、時事新報論説委員の清水伸による「憲法の話」を第2で放送。以後、毎日早朝に、無産運動、農村の民主化、演劇などのテーマを体系的に取り上げた。1946年3月以降は『民主主義講座』に引き継がれた。

読書案内　1945〜1958・1964〜1969年度
出版界の動向や新刊書の紹介にとどまらず、政治、経済、婦人、科学、文芸など各分野の解説と批評を兼ねた番組。1946年1月に第1放送でスタート。1949年1月に第2に移設。その後は1950年9月に設けられたNHK読書委員会推薦の良書の紹介、出版時評などで構成した。1959年4月より『学芸展望』に統合。1964年度に第2(日)午前10時30分からの30分番組で再開。1970年度に『私の読書案内』に改題。

神道の時間　1945〜1951年度
神道、仏教、キリスト教の3つの伝統的宗教を取り上げる時間として1946年1月20日にスタート。『神道の時間』は初年度第1(日)午前8時からの15分番組。宗教によって示された生き方、宗教的な体験、経典や聖典の解説など、さまざまな角度から宗教に関する話題を取り上げ、宗教的情操を養う番組とした。1951年度に第2に移設。1951年度に『宗教の時間』に統合される。

ラジオ編 番組一覧 08 教養・情報 | 定時番組

仏教の時間　1945〜1951年度
神道、仏教、キリスト教の3つの伝統的宗教を取り上げる時間を1946年1月20日にスタート。『仏教の時間』は初年度第1(日)午前10時からの15分番組。宗教によって示された生き方、宗教的な体験、経典や聖典の解説など、さまざまな角度から宗教に関する話題を取り上げ、宗教的情操を養う番組とした。1951年度に第2に移設。1951年度に『宗教の時間』に統合される。

キリスト教の時間　1945〜1951年度
神道、仏教、キリスト教の3つの伝統的宗教を取り上げる時間を1946年1月20日にスタート。『キリスト教の時間』は初年度第1(日)午前11時からの15分番組。宗教によって示された生き方、宗教的な体験、経典や聖典の解説など、さまざまな角度から宗教に関する話題を取り上げ、宗教的情操を養う番組とした。1951年度に第2に移設。1951年度に『宗教の時間』に統合される。

民主主義講座　1945〜1946年度
『国民常識講座』(1945年度)を1946年3月に改題。各分野の専門家が講義を行った。特に天野貞祐(哲学者)の「人間は平等なり」、長谷川如是閑(評論家)の「思想言論の自由」、尾崎行雄(政治家)の「将来への希望」が反響を呼ぶ。毎回、放送の翌日にその論旨をめぐって聴取者代表による座談会を放送。討論形式を通して民主主義の基本的態度の育成を図った。1946年5月まで全12回を放送。

スクリーンからステージから　1945〜1946年度
当初は映画界、演劇界の人気ものを招き、コメディー風のおしゃべりや歌で構成したが、その後、その週の注目の映画や舞台を解説する番組となった。解説者には今井慶、内村軍一、巌金四郎が当たった。第1(金)午後8時15分からの15分番組。1946年9月に『映画の時間』に統合。

ラジオ民衆学校　1946〜1952年度
日常生活に必要なさまざまな知識を、ドラマ形式でわかりやすく伝えるインフォメーション番組。1946年11月に公布された新憲法の精神や意義の普及の役割も担った。初年度は第1(金)午後9時台の30分番組。ドラマ形式の「話」を15分、5分間の音楽をはさんで、聴取者からの投書をもとに日常の問題を説明する「御存知ですか」を10分の構成。「話」では「日本語の民主化」「新聞小説の読み方」などのテーマを取り上げた。

私たちの憲法　1946〜1947年度
新憲法についての啓発を目的とした番組。1946年11月から翌年5月まで、第1(木)夜間に39回を放送。内容は脇村義太郎(外務省事務官)の「経済民主化のあゆみ」、芦田均(政治家)の「新憲法と我が国の政治」、恒藤恭(法哲学者)の「基本的人権について」、石原謙(キリスト教史学者)の「信教の自由」、戸田貞三(東京帝国大学教授)の「新憲法と教育制度」、中川善之助(法学者)の「男女の平等」ほか。

朝の講座　1946〜1947年度
朝の7時台に送る"知識階級向け"教養講座番組。「ノーベル賞の人々」「各党の政策」「民間伝承の話」「日本憲政史」「1947年の政治の展望」などのテーマのほか、1946年11月に公布された新憲法の精神や意義について深く掘り下げるために数回にわたる連続講座で放送した。第2(月〜日)午前7時からの30分番組。1947年10月から『朝の話』に改題。

お休み番組　1946〜1951年度
1946年12月から第1(月〜土)午後10時台の15分番組で始まる。就寝前のひとときを音楽と詩や随筆など文芸作品の朗読で楽しむ時間とした。1948年1月からは第2でも放送。1949年9月からは第1で「明日の話題」や随筆朗読を放送。レギュラーの随筆執筆者は福田清人(児童文学作家)、山口誓子(俳人)、曾宮一念(洋画家)、井上康文(詩人)、小絲源太郎(洋画家)ほか。1952年度に『お休みの前に』に改題。

映画の時間　1946〜1947・1949〜1961年度
映画監督、批評家、俳優などの出演で、映画界の話題をテーマに座談会等を行った。1947年6月にいったん終了するが、1950年3月に同名の番組が復活。映画評論家によって構成される「NHK映画委員会」が選んだ優秀作品を中心に内容紹介と批評を行った。年末にはNHK映画委員会選出のベストテンを「日本映画」と「外国映画」に分けて発表。初年度は第2(木)午後4時30分からの30分番組。

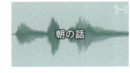

朝の話　1947年度
第2放送の『朝の講座』を、1947年10月から『朝の話』と改題。通俗的な趣味講演とした。第2(月〜土)午前7時30分からの15分番組。曜日別にテーマを変えて、(月)「文芸・美術・音楽・運動・娯楽」、(火)「政治・経済・法律」、(水)「科学」、(木)「宗教・思想」、(金)「社会・婦人・労働・教育」、(土)「特集」で1週間を編成した。

今日の話題　1947〜1948年度
『朝の話』を1947年7月より対談形式に刷新し『今日の話題』とした。帝銀事件の容疑者に取材した「顔の責任」、不当財産取引の問題を扱った「名刺代りに」など時事性、話題性のある話題をとり上げ、注目された。第1(月〜土)午前7時45分からの15分番組。1948年7月以降、『ラジオインタビュー』に、さらに1949年4月に『朝の訪問』に改題。

ことばの研究室　1947〜1957年度
正しい日本語、美しい日本語の普及を目的に、1947年10月に第1(月・金)午後0時15分からの15分番組でスタート。国語の歴史、文法、発音、外国語との比較などを対談や劇などもまじえて研究した。1950年1月に第2放送に移設。1951年度は「マイクの話術」「せりふと日本語」などのテーマで、ことばの社会的背景をとらえた。1952年10月から始まった「美しい日本語」のシリーズは、多大な反響をよんだ。

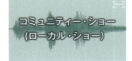

コミュニティー・ショー(ローカル・ショー)　1947〜1949年度
『インフォメーション・アワー』の金曜枠で放送。各地域局の制作で、東京では「関東の皆様へ」、他の管内では「〇県の皆様へ」のタイトルを多く用いた。国土復興、住宅復興、農業および漁業協同組合のあり方、公衆衛生などのテーマに沿って、各地の実情に応じて取り上げた。テーマによってそのつど劇形式や現地録音などさまざまな演出を工夫し、時には地方色を出すために里謡、民謡なども取り入れた。

日曜随想　1947・1953年度
アナウンサーが聞き手となって学界、芸術界、実業界の名士たちが随想を語る日曜朝のインタビュー番組。第1(日)午前6時30分からの15分番組。1953年度に同名番組が第2(日)午前8時からの30分番組で復活。季節にちなんだ美しい詩、きびしい生活記録、またその時々の"耳学問"など、各界の著名人による生活随想を日曜朝のくつろいだ時間に届ける。

文化講座　1948〜1951・1967〜1971年度
一般教養の体系的な入門講座。1949年1月から従来の対談や座談会という演出方法を刷新し、ドラマ形式を取り入れた。初年度は第2(月〜金)午後7時台の15分番組。1952年4月より『NHK教養大学』に改題。1967年度に新たに同名番組がFM(月〜金)午前6時台の20分番組でスタート。人文、自然科学のあらゆる分野からテーマを選び、1テーマを200分(1回20分・10回連続)で掘り下げた。

ラジオインタビュー　1948年度
1947年7月に始まった『今日の話題』を、1948年7月以降は『ラジオインタビュー』のタイトルで放送。話題のテーマについて話を聞くインタビュー番組で、より会話の妙味に重点を置いた。主なテーマは「健康の国家管理」「労働者の役目」「働く子どもたちの保護」「救いの綱」ほか。第1(月〜土)午前7時45分からの15分番組。1949年4月から『朝の訪問』に改題。

私の本棚　1948〜2007年度
家庭の主婦に古今東西の良書を紹介する目的で1949年1月に始まる。明治・大正期発行の名作、翻訳ものなどから、1か月に3〜4冊の割合でアナウンサーや俳優が朗読。初年度は第1(月〜土)午前10時20分からの9分番組。1966年度に『みんなの茶の間』(1964〜1978年度)枠内に移行。その後も午前のワイド番組内で継続し、2008年3月に『きょうも元気で！わくわくラジオ』枠内で59年にわたる放送を終了。

朝の訪問　1949〜1963年度
『ラジオインタビュー』(1948年度)を改題したアナウンサーによる朝のインタビュー番組。各界の著名人が、それぞれの近況、人生観、経験談、社会時評、研究余話など、朝の気分にふさわしい話題を座談風に語った。初年度は第1(月〜金)午前7時台の15分番組。1956年11月より外部の著名人をインタビュアーに起用。朝倉摂、笠置シヅ子、杉村春子、加藤芳郎、尾崎士郎、淡島千景、沢村貞子など多彩な顔ぶれをそろえた。

1950年代　教養

心の記録　1950年度
著名な随筆、日記、書簡、詩歌の中から、放送時間帯の朝にふさわしい内省的な作品を選んで朗読。取り上げた作品はモンテーニュの随想録、樋口一葉の日記、トルストイの日記、夏目漱石の談話、森鴎外の随筆など、古今東西の定評ある作品から選んだ。第2(月〜土)午前7時からの15分番組。のちの『人生読本』(1953〜1996年度)につながる。

世界の文化　1951〜1952年度
各界の識者が日本文化について正しい認識を持つために、世界文化を展望する。海外からの帰国者が多く出演した。三島由紀夫(作家)の「アングロサクソン文化とラテン文化」、木原均(遺伝学者)の「印度の科学」、篠原正瑛(哲学者)の「西ドイツの知識人」などが好評を呼んだ。第2(土)午前7時からの15分番組。

宗教の時間　1951年度〜
宗教によって示された生き方、宗教的な体験、経典や聖典の解説など、さまざまな角度から宗教に関する話題を取り上げ、宗教的情操を養う番組。終戦後、宗派別に曜日を分けて放送してきたが、1952年1月より仏教、神道、キリスト教の3つの伝統的宗教を中心に、日本の宗教の実情に即して、自由にテーマを選んで編成した。2022年1月に放送70周年を迎えた有数の長寿番組。2024年度は第2(日)午前8時30分からの30分番組。

番茶クラブ　1951〜1952年度
宮沢俊義(法学者)、緒方富雄(医学者)、奥野信太郎(中国文学者)、水野成夫(実業家)の4人をレギュラーとする社会時評番組。「年齢について」「常識について」「学問について」「人情について」などのテーマで、機知とユーモアに富んだざっくばらんなおしゃべりを展開。社会問題や人生について語り合った。第2(火)午後8時30分からの30分番組。

芸談　1951〜1953年度
各方面の芸術家が聞き手と語り手になり、その人の"芸"について語り合う対談番組。1952年1月に第1(日)午後9時45分からの15分番組でスタート。初年度は喜多流宗家・喜多六平太が能楽について語る4回シリーズ。聞き手：小宮豊隆(ドイツ文学者・文芸評論家)。稀音家(きねや)浄観が長唄三味線について語る4回シリーズ。聞き手：高浜虚子(俳人)ほかを放送。1953年11月から第2放送に移設。

NHK教養大学　1952〜1961年度
『文化講座』(1948〜1951年度)を改題。法律、経済、文学、歴史、哲学など、各部門における一般教養の入門講座とした。1年間を4期に分け、各期ごとにテキストを発行して聴取者の便宜を図った。第2(月〜金)午前6時45分からの15分番組。東京国立博物館館長・上野直昭(なおてる)の「日本美術の話」、日本大学教授・石田幹之助の「東洋史から見た日本」ほかを放送。同年11月の番組改定で30分番組となる。

お休みの前に　1952〜1956・1961・1984〜1989年度
1951年度まで放送の『お休み番組』を改題。作家、画家、学者の随筆や、詩人が番組のために書き下ろした詩をアナウンサーが朗読した。第1(月〜日)午後11時20分からの10分番組。一時休止後、1961年度に再開。著名人秘蔵のレコードを聴きながら、その曲にまつわる思い出を語った。1984年度に同名異表記の『おやすみの前に』を放送。心地よい語りと静かなレコード音楽で構成する45分番組とした。

08 教養・情報 | 定時番組

特集番組 1952〜1954年度
NHKの各担当セクションが、講習会、学会の中継、座談会、録音ルポルタージュなど、さまざまな形式で55分の番組を意欲的に制作する「特集」枠。社会課が担当した「世界を動かす5人」「水素爆弾の誕生」などの録音構成を含む座談会、阿部知二（作家）、清水幾太郎（社会学者）、バーナード・リーチ（陶芸家）らの講演会中継などが好評だった。第2(水)午後8時台の55分番組。1954年11月『NHK教養特集』となる。

ラジオ・アンケート 1952年度
気になる世相や話題を選び、各界の著名人に2〜3分のインタビューをおこなう社会時評番組。世相への風刺や言い得て妙という直言を聞く。第1(日)午前6時45分からの15分番組。

おかめ八目 1952〜1953・1954〜1956年度
1953年1月に座談会形式の社会時評番組でスタート。池島信平（文藝春秋新社編集局長）、花森安治（「暮しの手帖」編集長）、扇谷正造（「週刊朝日」編集長）の3人のレギュラー出演者の話は、機知に富んだ話題と鋭い世相批判で人気を呼んだ。いったん休止の後、1954年4月に同じ出演者で、第1(木)午後10時台の25分番組で再開。1954年10月からは3か月ごとに3人のレギュラーを交代した。

人生読本 1953〜1996年度
学識者から豊かな人生経験をもつ市井の人々までが出演し、日々の生活信条や現代人の人生の糧となる思想、体験を語るトーク番組。初年度は第1(月〜土)午前6時台の10分番組。1984年度にワイド番組『おはようラジオセンター』の新設に伴って番組の枠内コーナーとして継続。1996年度に『おはようラジオセンター』の終了をもって、44年続いた番組に幕を下ろす。

話題の人 1953年度
その時々の政財界、または社会面での"話題の人"を追い、知人、関係者へのインタビューでその人の姿を浮き彫りにする番組。第2(火)午後9時45分からの15分番組。

東と西 1953年度
国籍を異にする人々が席を同じくして、文化、社会、風俗、趣味など、さまざまな話題をとらえて話し合う番組。第2(金)午後8時5分からの25分番組。

連続講話 1953年度
学界、思想界、評論界など各界の重鎮が、豊富な経験から得た人生観、世界観を回数に拘束されずに存分に語る番組。第1回は民俗学者の柳田国男が「農村青年と語る」と題して13回にわたって話した。その後、長谷川如是閑（評論家）の「私の常識哲学」、山川均（思想家）の「昔と今」、松永安左衛門（実業家）の「人間、どこまでも人間」を放送。第2(月)午後8時30分からの30分番組。

きょうの広報版 1953年度
社会、政治、経済、教育、文化など、あらゆる方面にわたっている役所の仕事を、ストレートトーク、対談、録音構成等で伝える。取り上げたテーマの中で、人身売買を扱った「人買いと身売り」、知的障害児を扱った「幸薄き子供たち」などに反響があった。第1(月〜金)午後4時45分からの15分番組（後半3分はローカルのお知らせ放送）。

ラジオ詩集 1953年度
詩の朗読番組。毎回、1人の詩人の作品を年代順に、あるいはテーマのもとに数編を選び、必要に応じて伴奏曲、間奏曲をつけて放送劇団員または外部出演者が朗読した。第2(日)午後9時からの15分番組。

国際教養大学 1954〜1962年度
世界の一流知識人の講演を日本語解説付きで放送する教養番組。各国の講演番組を紹介するほか、来日中の学者・文化人の講演に、日本の専門家が翻訳と解説を加えて放送した。初年度は"原爆の父"として知られるロバート・オッペンハイマーの「科学と常識」、イギリスの歴史家アーノルド・トインビーの「ギリシャ的人間観」、バーナード・リーチと柳宗悦の「民芸の美しさ」などが話題に。第2(土)午前7時30分からの30分番組。

芸界夜話 1954・1964年度
各方面の芸術家にその人の"芸"について聞くインタビュー番組。『芸談』（1951〜1953年度）のあとを受けて1954年4月から10月まで放送。出演は小絲源太郎（洋画家）、春風亭柳橋（落語家）、水谷八重子（女優）ほか。第1(火)午後10時40分からの20分番組。1964年度に同名番組が新たに始まる。歌舞伎、新派、宝塚、落語など芸界の話題の人や舞台裏で活躍している人を迎えて、芸談、苦心談を聞いた。

NHK教養特集 1954〜1958年度
政治経済から科学教育までその時々のトピックをとらえて、座談会、録音構成、ドキュメンタリー・ドラマなどの手法で問題を掘り下げる教養番組枠。初年度は第2(月・火・木・金)午後8時5分からの55分番組。1956年度は「架空経済閣僚懇談会」および「NHKラジオ家族会議」をそれぞれ月1回放送。1957年度は「経済討論」を月1回放送した。1959年度からは『教養特集』として随時放送。1962年度に定時化。

季節の手帳 1954〜1955年度
早朝のひとときに、季節にちなんだ詩や短歌、随筆、そして明治以来の名文を朗読する番組。第2(土・日)午前6時15分からの15分番組で、土曜が「短歌・名文」、日曜が「詩・随筆」を、東京放送劇団員の朗読で放送した。

芸術よもやま話　1954〜1955年度
作家、画家、歌人、俳人など文学、芸術界の第一線で活躍する著名人に話を聞くインタビュー番組。『芸界夜話』(1954・1964年度)のあとを受けて1954年11月から1955年10月まで放送。初年度の主な出演者と聞き手(カッコ内)は中川一政(今泉篤男)、里見弴(杉村春子)、鏑木清方(久保田万太郎)、中村歌右衛門(三島由紀夫)、高浜虚子(山口青邨)ほか。第1(火)午後10時40分からの20分番組。

教養特集－ラジオ家族会議　1954〜1958年度
『NHK教養特集』の最終火曜に放送。幅広い年齢層の視聴者を対象とした座談会形式の番組。祖父母、父母、子どもの3世代からなる家族設定で、聴取者からの意見を参考にしながら、世代間の意見の違いを話し合いで解決しようというもの。全4回でテーマは「家族制度について」「1954年という年」「政党本部の表情」「よく学びよく遊ぶということについて」。第2(最終・火)午後8時5分からの55分番組。

皆さんの法律　1954〜1955・1957〜1958年度
日常生活に必要な法律の知識の啓もうを目的とした番組。法律、政令、規則のうち、時事的内容をもったものを中心に解説した。1955年度でいったん終了するが、1957年度に再登場。新しく制定された法律をとり上げ、その意義や実際に起きた事件との関連でわかりやすく解説した。後半10分間は「法律相談」の形式で、投書で寄せられた具体的なケースについて答えた。1957年度は第2(土)午前6時30分からの30分番組。

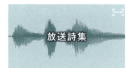

放送詩集　1954〜1961年度
1953年度に始まった詩の朗読番組『ラジオ詩集』を改題。初年度は第2(木)午後9時からの15分番組。ラジオにおける詩の朗読の試みを中心に、詩人の紹介、実験的作品の紹介を通じて親しまれた。最終年度は1年間にわたる長期企画に重点をおき、第1週は大岡信作「万葉の世紀」、第2週「過去、現在の詩人の作品から」、第3週「創作詩」、第4週「人と作品」を放送。

国語講座　1955〜1959年度
話し言葉を中心に取り上げた日本語講座。第2(月〜金)午前6時台の15分番組。初年度は(月)「発声と発音」、(火)「言葉の遣い方」、(水)「話の進め方」、(木)「方言の旅」、(金)「質問に答えて」で1週間を構成。1957年度に『ことばの研究室』が終了し、成人向けの唯一の日本語番組となった。1958年度からは「書き言葉」についても取り上げた。1960年度に『ことばの広場』に改題。

今日は皆さん　1955〜1956年度
『三つの歌』の司会で人気のあった宮田輝アナウンサーが、有名無名を問わず明るい家庭を訪ね、その家庭的な温かい雰囲気を伝えた。1955年4月に第1(日)午前9時15分からの15分番組でスタート。11月に午前7時45分からの15分番組に変更。

スター訪問　1955〜1956年度
『芸術よもやま話』(1954〜1955年度)の後を受けて1955年11月にスタート。映画・舞台で活躍するスターたちに、その芸と人気の保持にどのような努力を払っているのかなどを、映画・演劇評論家が聞くインタビュー番組。主な出演者は京マチ子、乙羽信子、中村扇雀、小月冴子、曙ゆり、小林桂樹、森繁久彌、淡島千景ほか。初年度は第1(火)午後10時40分からの20分番組。

妻をめとらば　1956年度
各界の著名人が「理想の女性」について語り、それぞれの女性観を通して、夫婦のあり方、家庭生活のあり方を考えた。演出形式はトーク、ドラマ、落語、朗読、ドキュメンタリーなどさまざまな要素を組み合わせて構成。出演は内村直也(劇作家)、三遊亭金馬(落語家)、古賀忠道(上野動物園園長)、服部正(作曲家)、飯田蝶子(女優)、飯沢匡(劇作家・演出家)ほか。第1(日)午後3時40分からの20分番組。

ラジオ歳時記　1956〜1957年度
季節感を大切にした学者や文化人によるディスクジョッキー番組。話し手として作家の幸田文、随筆家の下田将美、詩人の尾崎喜八などが出演し好評を得た。第1(日)午前7時45分からの15分番組。1999年4月に『ラジオ深夜便』枠内で同名の俳句関連コーナーが、俳人の鷹羽狩行の出演で始まっている。

学界だより　1956〜1961年度
学会での研究発表や、トピックを広く一般に伝え、日本の学術文化の向上に寄与することを目的にスタート。自然科学、人文科学研究の最近の動向を紹介し、活動が顕著な学会の研究発表などを座談会、録音構成などで伝えた。初年度は第2(日)午前7時15分からの40分番組。

希望家庭訪問　1956年度
第1放送の『土曜の夜のおくりもの』(第1土曜・午後7:30〜8:59)の1コーナーで、総合司会者が著名人の家庭を訪問。翌日の日曜のプランを尋ねるなど明るい話題を聞くインタビュー番組。出演は力道山、安西愛子、東郷青児、玉川一郎、別所毅彦、武者小路実篤、木村庄之助。

男の一生女の一生　1957年度
人間の一生に誰もが経験する人生の1コマを年代を追って、毎回のテーマとした録音構成番組。主なテーマは「誕生(第1回)」「最初のラブレター(第10回)」「家出の心理(第16回)」「息子の結婚(第28回)」「心理的更年期(第37回)」「定年(第40回)」「老人ホーム(第48回)」「孫の誕生(最終回)」など。語り:長岡輝子。スクリプト:筒井敬介。第1(土)午後9時45分からの15分番組。

人さまざま　1958年度
著名人だけでなくさまざまな取り組みや体験をした一般の人たちも含めて、その生き方をストレートトーク、対談、録音構成等で聞いた。言語学者でアイヌ語研究で知られる言語学者・金田一京助の3回シリーズ「ユーカラと共に」は特に反響が大きかった。第1(水・木・金)午後11時10分からの20分番組。

NHK放送100年史(ラジオ編)　325

08 教養・情報 | 定時番組

ラジオ編 番組一覧

 **学芸展望** 1959～1963年度
『読書案内』（1945～1958年度）の後継番組。学芸、文学、芸術など、各界の動きと最新の話題を取り上げて解説するほか、学会などで発表された注目すべき講演を紹介した。またNHK読書委員会（委員：臼井吉見、河盛好蔵、村岡花子、美濃部亮吉ほか）が選定する推薦図書の発表と内容紹介を行った。初年度は第2(日)午前9時15分からの45分番組。

 **教養特集** 1959～1964・1968～1969年度
『NHK教養特集』（1954～1958年度）から継続。1959年度は災害関連や医学関連の特集を随時放送。1962年度に第2(火～金)午後8時から1時間の定時枠を設け、「歴史よもやま話」「文化講演会」「私の自叙伝」「経済夜話」ほかのテーマで放送。教育テレビでも同名番組を開始。1965年度に『ラジオ教養特集』『テレビ教養特集』とそれぞれ改題。音声波は1968年～1969年度はFMで放送。

 **教養特集―文壇よもやま話** 1959～1960年度
池島信平（文藝春秋新社編集局長）と嶋中鵬二（中央公論社社長）を聞き手に12人の作家を迎え、月1回、作品の背景や創作エピソードを聞いた。初年度のゲストは正宗白鳥、佐々木茂索、山本有三、江戸川乱歩、石川淳、長与善郎、村松梢風、小林秀雄、久保田万太郎、吉川英治、尾崎士郎、丹羽文雄。第2(月1回)午後8時5分からの55分番組。1960年度は『文壇よもやま話』に改題。

1960年代 教養

 **ことばの広場** 1960～1965年度
『ことばの研究室』（1947～1957年度）、『国語講座』（1955～1959年度）の後を受けて1960年度に新設。九州と東北のように対照的な方言をめぐっての座談会「日本語ところどころ」、全学連やタクシーの運転手など、特定のグループで使われる言葉についての対談「現代語の風景」、日本語をよくするための案を検討する「日本語の提案」などをシリーズで放送。初年度は第2(日)午前7時30分からの30分番組。

 **大学通信講座** 1961～1965年度
大学程度の学問と教養を一般に公開する、放送による"市民の大学"を目指した。大学通信教育で学ぶ通信教育生には、放送によって単位取得ができるようにした。初年度のみ『NHK大学通信講座』。第2(火・木・土)午前5時30分からの30分番組で、「英語」と「法学」を放送。その後、「経済学」「哲学」などの科目を増やした。1965年度からは教育テレビでの放送も開始。1966年度に『大学講座』に改題。

 **古典をたずねて** 1962年度
スペインの作家ミゲル・デ・セルバンテスの小説「ドン・キホーテ」や吉田兼好の随筆集「徒然草」など、国内外の名作をとりあげ、1週間で4回連続で鑑賞した。第2(月～木)午後1時40分からの20分番組。

 **映画鑑賞** 1962年度
『映画の時間』（1949～1961年度）を改題。映画評論家によって構成される「NHK映画委員会」が選んだ優秀作品を中心に内容紹介と批評を行った。第2(日)午後6時30分からの30分番組。

 **朗読** 1962年度～
1962年4月にFMで第1回を放送。アナウンサーが随筆を朗読した。初年度は(月～金)午後4時からの20分番組。FM本放送開始翌月の1969年4月は、(月～土)午前10時40分からの20分番組。小説を中心とした文学作品だけでなく、随筆や自伝などからも名著を選び、原作の味わいを生かして俳優やアナウンサーが朗読した。1996年度より第2放送に移設。2023年度より第1放送に移設。

 **芸と人** 1963・1978～1981・1984年度
各界の名優がかつて演じた舞台中継の録音を聞きながら芸を語った。第1(金)午後11時台の25分番組。1978年11月に同名番組が、『思い出の芸と人』（1976～1978年度）の後継番組として始まる。長唄、新劇、狂言、歌舞伎、筝曲、宝生流など伝統芸能の分野の人々をとりあげ、芸談やエピソードを聞いた。午後8時台の28分番組。1984年度に生ワイド番組『こんばんはラジオセンター』枠内でも放送。

 **芸能展望** 1963・1966～1967年度
毎月の演劇界と映画界の話題について、それぞれの評論家に聞く。第2(日)午後11時15分からの45分番組。1966年4月、試験放送中のFMで同名番組がスタート。映画・演劇の話題を伝えるとともに、上映、上演中の映画・演劇の話題作を取り上げて批評、紹介した。1966年度はFM(日)午後6時30分からの30分番組。

 **教養特集「現代世相論」** 1963年度
『教養特集』の固定枠タイトル。現代の世相を端的に表す言葉や現象を録音で紹介し、その現代的な意義を座談会で探った。主なテーマは「酒は静かに」「会議の効用」「おはらい日本」など。1963年4～9月は第2(月～土)午後10時15分からの60分番組、10月以降は(月～金)午後10時40分からの45分番組、(土)午後10時15分からの60分番組となった。

 **教養特集「私の読書遍歴」** 1963～1965年度
第2放送『教養特集』の固定枠タイトル。その人の人生に何らかの影響を及ぼし、感銘を与えた何冊かの書物を選び、読書を通してその半生を語ってもらうストレートトーク番組。初年度の主な出演者は、大内兵衛（経済学者）、貝塚茂樹（東洋学者）、佐藤達夫（人事院総裁）、大原総一郎（実業家）ほか。

教養特集「日本を考える」 1963〜1965年度
第2放送『教養特集』の固定枠タイトル。現代生活の中から、日本人の心の底に根ざすテーマを取り上げ、聴取者代表と学識経験者がひざを交えて話し合う聴取者参加のディスカッション番組。初年度に取り上げたテーマは「消費生活」「国づくり町づくり」「年功序列」「科学技術」ほか。主な出演者は前田一（日経連専務理事）、田代茂樹（東レ会長）、柴田徳衛（都立大学助教授）ほか。司会は中島和三アナウンサー。

教養特集「現代世界演劇の動向」 1963〜1965年度
第2放送『教養特集』の固定枠タイトル。ヨーロッパ演劇を中心に、現代世界演劇の動きを、作家、演目、俳優、さらに日本の演劇界に与える影響までを含めて研究し、座談会によって放送した。「フランス編」「イギリス編」「ドイツ編」「イタリア編」「アメリカ編」「北欧編」「海外演劇と日本」「新しい演劇・新しい作家たち」の8回を放送。

時の人 1964〜1971年度
『朝の訪問』（1949〜1963年度）の後継番組。時事性のある話題の当事者に話を聞くインタビュー番組。話題の焦点を明らかにするとともに、その人物の素顔も紹介した。主な出演者には東京大学生産技術研究所の岡本舜三（1964年度）、翻訳文化賞を受けた三笠宮崇仁殿下（1967年度）、日本で初の心臓移植手術を執刀した和田寿郎（1968年度）ほか。初年度前期は第1(火〜金)午前7時45分からの14分番組。

ラジオ文芸 1964年度
短歌、俳句、川柳等の短詩系文芸を中心に、月ごとに講師が解説し、投句、投稿についても選評した。解説者は「短歌」（松村英一・五味保義・加藤将之・佐藤佐太郎）、「俳句」（星野立子・中村草田男・山口誓子・富安風生）、「川柳」（川上三太郎）、「詩」（村野四郎・安西冬衛）、「散文」（中村光夫）。第2(火)午後3時からの30分番組。

日曜訪問 1964・1997〜2016年度
『朝の訪問』（1949〜1963年度）の後継番組。各界で活躍する第一人者に、近況や人生観、文明批評を聞いた。第1(日)午前9時台の25分番組。出演は窪田空穂（歌人）、鈴木大拙（仏教学者）ほか。1997年度に「おはようラジオワイド」に、同名のインタビュー番組が登場。その後、『ラジオあさいちばん』（1999〜2014年度）、『NHKマイあさラジオ』（2015〜2018年度）枠内で継続放送。

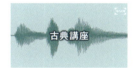

古典講座 1964〜1967年度
人が生きる上での知恵と勇気を与える東西の古典を、1か月単位でシリーズで解説した講座番組。とり上げられた古典は「論語」「随想録」「唐詩」「コーラン」「神曲」「ファウスト」「聖書」「プラトン」「冥想録」「万葉集」「ベーダ」「新約聖書」「孟子」「デカルト方法叙説」「エミール」ほか。初年度は第2(月〜土)午前5時30分からの15分番組。

日曜大学 1964年度
一般成人や学生を対象に、人文科学と自然科学の両面から現代生活に関係の深い話題を選び、高度な知識をやさしく体系的に解説した。主なテーマとして「シェークスピア」、「生命の不思議」、「地球の科学」、「戦争と平和の法」、「現代の物理学」、「歴史と人間」、「感染と免疫」ほか。第2(日)午前11時からの1時間番組。

教養特集「自然のエッセイ」 1964〜1965年度
『教養特集』の固定枠タイトル。第一級の科学者が長い間の研究生活を通じて自分の目に映った自然の姿や、その美しさ、壮大さ、神秘を語る科学教養番組。初年度は「純粋を求めて」「海の生命力」「氷の花」などのテーマを取り上げた。第2(土)午後10時15分からの45分番組。月1回放送。

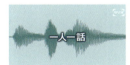

一人一話 1965年度
一流文化人がそのとき最も興味を持っているひとつの話題を随想風に語る番組。主な内容は、昭和を代表する日本画家・東山魁夷による「風景をみる心」、元東京帝国大学総長で政治学者の南原繁による「母を語る」ほか。第1(月)午後9時40分からの19分番組。

ラジオ教養特集 1965〜1967年度
第2放送の『教養特集』（1959〜1964年度）が、1965年度より『ラジオ教養特集』に改題。固定枠で「歴史よもやま話」「私の自叙伝」などを継続する一方、「文学と風土」を新設。「与謝野晶子」と「萩原朔太郎」などをテーマに、作家と作品の中に宿っている心をその風土の中に探った。1966年度より自由枠で放送。

ラジオ教養特集「青少年問題特集」 1965年度
第2放送『ラジオ教養特集』の固定枠。青少年問題に対する世論を喚起すると同時に、青少年健全育成の一助となるように構成した。放送内容は4月「人間形成と青少年」、5・8月「青少年の実態と分析」、6・7月「青少年と非行」、9〜12月「子どもと家庭と社会」、1〜3月「青少年の健全育成」。最終週は「今月の青少年問題から」として、全国各地の青少年関係の動きを解説し、効果的な情報提供をおこなった。

ことばの教室 1965〜1971年度
共通語の役割を理解し、正しい日本語の発音と話しことばの実際を練習し、系統的な日本語の知識を身につけることをねらいとした。FM(土)午前6時35分からの25分番組。

大学講座 1966〜1975年度
高度な大学の学問を一般社会人が修得できるようにするとともに、大学通信教育生が放送によって大学の単位を履修できるように編成、制作した第2放送の講座番組。これまでの『大学通信講座』（1961〜1965年度）を改題し、放送時間も拡充した。教育テレビでも放送。

ラジオ編 番組一覧 08 教養・情報 | 定時番組

名人にきく　1966年度
日本の長い伝統を受け継ぎ、美の再発見に打ち込むさまざまな分野の名人たちに、仕事にかける情熱と苦心談をきく。主な内容は「玉鋼一代」「そばを打つ」「梵鐘と私」ほか。第1(火)午後9時30分からの29分番組。

文化講演会　1966～1971・1976～2020年度
1966年度にそれまでFMで放送していた『FM講演会』を『文化講演会』に改題。大学でおこなっている公開講座程度の講演を内容とする一般向け講演番組とした。1967年度は第2とFMの両波で放送。1968年度からはFMで放送し1971年度にいったん終了。1976年度から「NHK文化講演会」を各地で催し、その公開収録の模様をラジオ第1と教育テレビで放送。1982年度よりラジオ第2に移設した。

この人にきく　1968～1975年度
各分野の第一線で活躍する著名人に、その時々の話題や人生観、社会全般に対する考え方をきくインタビュー番組。初年度の主なゲストは「暮しの手帖」の創設者で編集者の花森安治、喜劇役者の渋谷天外、プロレタリア文学の小説家佐多稲子、金沢生まれの蒔絵師松田権六、小説家で舞台演出家の今日出海ほか。第1(火)午後9時15分からの30分番組。

わたしの古典　1968～1969年度
「古典」を長い間生きぬいてきた優れた書物ととらえ、各界の第一線で活躍している人が古典との出会いとその評価を体験的に語る。古今東西の宗教、文学、自然科学、歴史など広範な書物をとりあげた。1969年度の主な放送は「論語」、「自然弁証法」、「茶の本」、「レ・ミゼラブル」、「古典と現代」ほか。FM(水)午後10時15分からの45分番組。

芸術展望　1968～1984年度
FM本放送を翌年に控えた1968年4月にFMでスタート。第1・3・5週が「映画・演劇」、第2・4週が「音楽」の話題で構成。1969年度は(日)午前9時からの1時間番組。奇数週では「映画時評」「演劇時評」と演劇界が直面する現状について話し合った。偶数週の「音楽時評」では、東京を中心とした音楽公演の批評を、中島健蔵、野村光一、遠山一行、大木正興、吉田秀和らの座談会で放送した。1982年度に第2に移設。

科学者―その人とことば　1968年度
長年第一線で研究を続けてきた科学者が、自ら歩んだ道のりや研究を通じて得た人生観、社会観を語りあう対談番組。おもな出演者は日本人初のノーベル賞受賞者の湯川秀樹（物理学者）、「小さな親切運動」を提唱した茅誠司（物理学者）、触媒研究の第一人者堀内寿郎（化学者）、日本脳炎などの研究者川喜田愛郎（細菌学者）ほか。FM(月)午後10時15分からの45分番組。

市民大学講座　1969～1975年度
一般成人の高度な知的欲求に応えてスタートした大学レベルの教育番組。現代社会の持つ基本的な問題を一流の講師による解説を中心に編成、制作した。1つのテーマを1人の講師が4回シリーズで担当。各テーマごとに解説主旨を印刷したパンフレットを作成し、聴取者の便宜を図った。初年度のテーマは「経済発展と経済理論」「歴史と現代」「法と裁判」「現代科学の基本問題」ほか。第2(日)午前11時からの1時間番組。

1970年代　教養

私の読書案内　1970～1975年度
『読書案内』（1945～1958・1964～1969年度）を改題。「NHK読書委員会」が毎月の新刊書の中から選定した図書の紹介を中心に、「古典のすすめ」「専門書を読むために」「一冊の本」「今月の話題から」などのテーマで構成した。初年度は第1(日)午前9時5分からの25分番組。

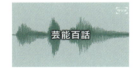

芸能百話　1970～1971年度
音楽、演芸、演劇をテーマに各界の第一人者、名人、名優が、芸について月1回、じっくり語る対談または座談会番組。初年度は近衛秀麿（指揮者）の「指揮者の舞台裏」、杵屋栄左衛門（歌舞伎長唄の三味線方）の「歌舞伎のお囃子」、能楽師の近藤乾三と野村万蔵による「能楽放談」、「林家正蔵にきく」などを放送。聞き手は池田弥三郎、増田正造、戸板康二ほか。FM(最終・火)午後10時15分からの45分番組。

NHK文化シリーズ　1976～1981年度
文化、社会、教養の幅広い領域からテーマを取り上げ、多様な知的欲求に応える番組枠としてテレビとラジオに新設。テレビでは6つのテーマをシリーズで放送。ラジオでは現代に影響を与えた近代の思想家たちを解説する「人と思想」、日本の古典を原典講読する「古典講読」、国際理解を目的に日本人の海外体験を取り上げた「世界の再発見」の3シリーズを放送。第2(日)午前6時、午前10時、午前11時からのそれぞれ60分番組。

NHK文化シリーズ「人と思想」　1976～1981年度
第2放送『NHK文化シリーズ』（1976～1981年度）の枠内個別番組。現代に影響を与えた近代の思想家たちを解説し、人生と人間について考えるシリーズ。主なテーマとして「孔子」「孟子」「シャカ」「マホメット」「ガンジー」「魯迅」「毛沢東」「ホーチミン」ほかを取り上げた。1982年度は『NHKラジオセミナー』の水曜枠で継続放送。

NHK文化シリーズ「古典講読」　1976年度～
第2放送『NHK文化シリーズ』（1976～1981年度）の枠内で放送を開始。研究者の解説と朗読で古典の名作の数々を全文原典講読し、その魅力を味わう。その後、『NHKラジオセミナー』（1982～1984年度）枠内を経て、1985年度に『古典講読』として独立し、「源氏物語」の全文講読を開始。講師は鈴木一雄（明治大学教授）、朗読は白坂道子。その後、「枕草子」「紫式部日記」ほかの古典の名作を取り上げた。

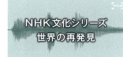
NHK文化シリーズ「世界の再発見」 1976〜1977年度
『NHK文化シリーズ』(1976〜1981年度)の枠内個別番組。国際理解を目的に日本人の海外体験を取り上げた。第2(日)の50〜60分番組。

私の歩んだ道 1976〜1977年度
著名人がその半生を振り返り、特に心に残っていることを語った。主な出演は、日本初の重症心身障害児施設「島田療育センター」初代園長・小林提樹、「会社再建の神様」と呼ばれた実業家・早川種三、英文学者、随筆家で和紙研究家でもある寿岳文章ほか。第1(日)午前9時5分からの55分番組。

ことばの十字路 1978〜1983年度
『じょうずな話し方』(1966〜1978年度)の後継番組。話しことばを中心とした言語生活についての関心を高め、日常生活で気になることばの諸問題について考えた。国語学者、言語学者といった専門家にとどまらず、俳優、知識人など各界のゲストが出演した。初年度のテーマは「ことばと私」「アクセントと話しことば」「ことば歳時記」「発音と話しことば」ほか。初年度は第1(月〜金)午後6時40分からの10分番組。

ひざをまじえて 1978〜1980年度
世の中には、余人には思いも及ばないところに関心を寄せ、世間を見つめている人がいる。有名無名を問わず、そうした独自の視点で物事に取り組んでいる2人の人物が語り合うユニークな対談番組。主なテーマは「演歌のふるさと」「ヤカンのかたち」「明治の007」「街には街の色がある」「江戸の味・現代の味」「名木、名仏」など。第1(火)午後9時30分からの28分番組。

おやじと私 1978〜1979年度
各界の著名人をゲストに迎え、自身の父親について語ってもらうトーク番組。家族制度の崩壊など父権喪失の時代と言われる中で、父親は子に明確な生き方や教育方針を示すことが出来ずにいる。番組では父親が子どもにどのような影響を与えたかをゲストが語る。出演は古今亭志ん朝、坂田栄男、藤本義一、斉藤史、糸川英夫、渡辺貞夫ほか。第1(水)午後9時30分からの28分番組。

三人一話 1978〜1981年度
気心の知れた3人の固定したゲストによる鼎談で社会時評、文化時評を目指したトーク番組。ゲスト(1979年度):堺屋太一(作家)、安野光雅(画家)、松本克美(共同通信編集局次長)。(1980年度):山田宗睦(哲学者)、石川喬(作家)、神谷満雄(セントラル経営センター副理事長)。(1981年度):鶴見和子(社会学者)、谷川健一(民俗学者)、内村剛介(ロシア文学者)ほか。第1(木)午後9時台の28分番組。

NHK文化シリーズ「世界のノンフィクション」 1978〜1980年度
第2放送『NHK文化シリーズ』(1976〜1981年度)の枠内個別番組。古今東西のノンフィクションの名作を取り上げ、朗読と解説によって作品の世界を紹介する。主な作品は「アラビアのロレンス自伝」「野性のエルザ」「世界最悪の旅」「作家の手紙から」「アンネの日記」「沈黙の春」「チベット旅行記」「ある明治人の記録」「ソロモンの指輪」「ニッポン日記」ほか。

1980年代 教養

あの時わたしは 1980〜1981年度
世界の中の日本を目指した昭和初期、あらゆるものを奪われた戦中、敗戦の苦しさから抜け出そうと努力した昭和20年代。われわれ日本人に多くの体験をもたらした"昭和"という時代を、"庶民の証言"をもとに探ったインタビュー番組。扱ったテーマは「婦人警官誕生」「円本時代のセールスマン」「秘話二・二六事件」「黒い太陽をとらえた2分間」「娘たちの兵器工場」ほか。初年度は第1(水)午後9時30分からの28分番組。

一冊の本 1981〜1985年度
各界の有名人をゲストに、"人生の伴侶としての一冊の本"を選んでもらい、本の内容とともに、その人がどのような影響を受け、何を感じたかなどを紹介した番組。曽野綾子が「聖書」、田中澄江が「アンネの日記」、永井道雄が「リヴァイアサン」、堀江謙一が「次郎物語」、中原誠が「宮本武蔵」、外山雄三が「ヒロシマというとき」などを取り上げた。初年度は第1(水)午後9時30分からの28分番組。、2年目より第2に移設。

NHK文化シリーズ「ノンフィクションへの招待」 1981年度
第2放送『NHK文化シリーズ』(1976〜1981年度)の枠内で放送。『世界のノンフィクション』(1978〜1980年度)の後継番組。東西のノンフィクションの名作を朗読と解説によって紹介し、活字の世界からより広く深い世界へ誘うことを試みた。主な作品は「宮脇俊三・時刻表2万キロ」「ウッドワード、バーンスタイン・大統領の陰謀」「工藤幸雄・ワルシャワの7年」「徳川夢声自伝」ほか。

NHKラジオセミナー 1982〜1984年度
さまざまな知的欲求に応えるテーマを曜日ごとに取り上げ、第一線で活躍する学者・研究者が解説する教養番組枠。初年度のテーマは「近代の文学」「世界史を語る」「人と思想」「私の研究」「ノンフィクションの世界」「古典講読」。1983年度に「わが師わが道」が、1984年度に「原書で読む世界の名作」が新たに始まる。1985年度にこの枠がなくなり、個々の番組が独立。第2(月〜土)午後9時からの45分番組。

NHKラジオセミナー「近代の文学」 1982〜1985年度
『NHKラジオセミナー』(1982〜1984年度)の枠内でスタートし、1985年度に単独番組となる。日本近代文学の名作を取り上げ、朗読を交えながら時代と作家、作品について解説し、今日につながる近代文学史の基本的な流れをたどった。放送された4年間で明治・大正・昭和までの流れをたどり、最終年度では戦後文学を取り上げた。1985年度は第2(月)午後9時からの45分番組。

NHK放送100年史(ラジオ編) 329

ラジオ編 番組一覧 08 教養・情報 | 定時番組

NHKラジオセミナー「私の研究」 1982〜1985年度

『NHKラジオセミナー』(1982〜1984年度)の枠内番組でスタートし、1985年度に単独番組となる。さまざまな分野の研究者が、自分の研究テーマについてわかりやすく解説する番組。研究の過程での苦しみや失敗、研究進展の転機となった発見など、豊富なエピソードを交えて語った。テーマは「宇宙とブラックホール」「海の幸の栄養学」「セラミックス新時代」ほか。1985年度は第2(木)午後9時からの45分番組。

NHKラジオセミナー「ノンフィクションの世界」 1982〜1984年度

『NHKラジオセミナー』(1982〜1984年度)の枠内番組。東西のノンフィクションの古典から最近の話題作までを取り上げ、解説を交えながら読み進める。主な作品は「パリ燃ゆ」「言葉の海へ」「寒村自伝」「ビーグル号航海記」「ガンジー自伝」「西洋紀聞」「ナポレオン発掘記」「コロンブス航海誌」「江戸参府旅行日記」「陰謀・暗殺・軍刀」ほか。初年度は第2(金)午後9時からの45分番組。

文化時評 1982〜1983年度

生活に密着した話題を取り上げ、その文化的背景や日本人のものの考え方を探ったトーク番組。各界の専門家をゲストに招き、作家の阿刀田高と理学博士の中村桂子が聞き手となり、それぞれの立場から話を聞いた。主なテーマは「梅雨と日本人」「父親の役割」「動物社会・人間社会」「お化けの話」「手ざわり・重さ・デザインの心」「生活の中の天気予報」「星を見る楽しさ」ほか。第1(水)午後9時30分からの25分番組。

わたしの海外日記 1982〜1983年度

海外生活を体験してきた人々に最新の海外事情を見たまま、思ったままに語ってもらい、世界各地の話題を伝えたインタビュー番組。主なテーマは「ウィーンの森は緑なりき」「スーダン寄生虫0作戦」「アメリカ産業用ロボット」「ミクロネシア環礁調査行」「欧米の精神分析事情」「捕鯨は救えるか」「褐色の大地に井戸を」ほか。第1(木)午後9時30分からの25分番組。

現代文明展望 1982〜1983年度

文明の転換期と言われ、価値が多様化している現代にあって、文明のあり様を根源的に問い直そうとした番組。初回のテーマは「日本は西欧近代を超えられるか」。その後、「文明のなかの男と女」「マルクスと現代社会」「ニューメディアと未来の生活」「西欧近代の知を超えて」ほか、学会のシンポジウムなどを素材にさまざまな問題を取り上げた。第2(最終・日)午後9時からの1時間番組。

早起き鳥「わが故郷わが青春」 1982〜1996年度

『早起き鳥』枠内で1982年4月にスタート。各界の著名人に青春にまつわる思い出や故郷について聞くインタビューコーナー。1984年度に『おはようラジオセンター』枠内「早起き鳥」で、1991年度は『きょうも元気で』枠内で、1992年度には『NHKラジオセンター〜けさもラジオで〜わが故郷わが青春』で継続放送。最終年度は第1(日)午前5時30分からの25分番組。

NHKラジオセミナー「わが師わが道」 1983〜1984年度

『NHKラジオセミナー』(1982〜1984年度)の枠内番組。心の師、人生の師、学問上の師など、各界の名士が今はなき師との出会いから今日まで、師の思想、業績、人となりについて語る。主な出演者と「テーマ(師)」は茅誠司「本多光太郎」、高田好胤「橋本凝胤」、杉村春子「久保田万太郎」、宮城まり子「菊田一夫」、隅谷三喜男「大河内一男」、藤田たき「津田梅子」ほか。第2(水)午後9時からの45分番組。

青春を語る 1983年度

各界で活躍している人たちが精いっぱい生きた青春を振り返り、当時の生き方や喜び、悩みなどを語ったトーク番組。出演:渡辺淳一、三波春夫、有馬稲子、米長邦雄、武満徹ほか。第2(木)午後10時20分からの40分番組。

こんにちはラジオセンター「話題の指定席」 1984〜1988年度

第1放送午後の6時間生ワイド番組『こんにちはラジオセンター』の(月〜土)午後4時台のコーナー。有名無名の人々の生き方や人生を伝えるインタビュー番組。

こんにちはラジオセンター「土曜サロン」 1984〜1988年度

第1放送午後の生ワイド番組『こんにちはラジオセンター』の(土)午後2時台のコーナー。『午後のロータリー』(1966〜1983年度)からの継続放送。1989年度からは『NHKラジオセンター(午後)』枠内で継続放送。

NHKラジオセミナー「原書で読む世界の名作」 1984〜2007年度

『NHKラジオセミナー』(1982〜1984年度)枠内で1984年度にスタート。1985年度に『NHKラジオセミナー』の終了に伴って、個別番組として独立。海外の古典的名著を直接原文で講読し、翻訳では味わえない文体の魅力や原典の持つ独特の雰囲気を、一流講師の解説とネイティブスピーカーによる朗読で届けた。その後、『NHK文化セミナー』、『NHKカルチャーアワー』の枠内でも放送。第2夜間の45分番組。

さわやか広場 1984〜1986年度

『老後をたのしく』(1965〜1983年度)の後継番組。第1(日)の1時間50分番組でスタートしたが、1985年度に午前9時からの3時間番組に拡大。「シルバー電話相談」と「文芸選評」を中心に構成した。『さわやか広場』は1986年度に終了したが、高齢者のための健康コーナーは1987年度から午後3時台の『あなたの健康、家族の健康』に、「文芸選評」は『ふれあいラジオセンター』のコーナーで継続された。

漢詩をよむ 1985〜2000・2008年度〜

漢詩の名作を「自然のうた」「情愛のうた」などのテーマで精選し鑑賞。時代背景や作者にまつわるエピソードを盛り込んだ解説と、中国語による朗詠なども交えて紹介。解説は石川忠久(二松学舎大学教授 ＊放送終了時)。初年度は第2(水)午後9時からの45分番組。1990年度以降は『NHK文化セミナー』『NHKカルチャーアワー』『カルチャーラジオ』枠内で放送。2023年度の解説は赤井益久(國學院大學名誉教授)。

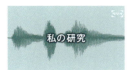
私の研究 1985年度

『NHKラジオセミナー』(1982〜1984年度)の枠内番組でスタートし、1985年度に単独番組として独立。さまざまな分野の研究者が、自分の研究テーマについてわかりやすく解説する番組。研究の過程での苦しみや失敗、研究進展の転機となった発見など、豊富なエピソードを交えて興味深い話を展開した。1985年度は第2(木)午後9時からの45分番組。

外国語への招待—ことばと文化 1985〜1986年度

さまざまな外国語のおもしろさと、異文化や風俗習慣を知る楽しみを味わいながら、日本語、日本文化、日本人について改めて考える番組。少数民族の言語、文化に関する調査など、体験をとおして得られた生の情報や外国語習得のコツを紹介した。出演は鈴木孝夫(慶応大学教授)、佐藤純一(東京大学教授)、田中望(国立国語研究所日本語教育センター)ほか。第2(金)午後9時からの45分番組。

はなしことば講座 1985〜1991年度

日本語のはなしことばを、発声、発音、話し方などから実践的に取り上げた講座番組。やや改まった場で一定の時間に筋道を立てて話すためにはどうすればいいのか、NHKアナウンサーが講師になって場面に応じた話しことばを紹介した。リスナーをスタジオに招き、はなしことばを診断する「はなしことば診断」、就職試験や社会人1年生のために役立つ実践的な解説も好評。テキストも発行。第2(土)午後9時45分からの15分番組。

現代キーワード探検 1985〜1986年度

流行しているキーワードの単なる用語解説にとどまらず、キーワードによる現代文明の解読をねらった新しいタイプの文明論番組。扱った主なキーワードは、「超世紀末」「小衆化時代」「家庭内離婚」「テクノストレス」「ハッカー」「ハウスハズバンド」「ミスマッチ感覚」「アンドロイド」「おたく族」「バルネラビリティ」「インキュベーション」「重層的非決定」など。初年度は第2(土)午後10時20分からの40分番組。

こころをよむ 1985年度〜

文学・哲学・宗教学といった各分野の第一人者が、現代社会における老い、家族、環境など、さまざまな問題を考察し、よりよい未来を構築するための心の在り方を探る番組。1985年度の放送開始当初は、世界の三大宗教書(仏典、聖書、コーラン)を、たんなる宗教書としてではなく、人間普遍のこころの書として読み進めた。初年度は第2(日)午前11時台の45分番組。テキストを発行。2016年度からストリーミングを開始。

自作を語る 1985〜1991年度

小説、詩、ノンフィクションなど文学のあらゆるジャンルから名作を選び出し、その朗読と作者へのインタビューで構成する文学番組。作者が自作について、執筆の動機、作品成立の過程、さらには人生観、文学観など、自在に語った。初年度の出演者とテーマは、松本清張「出発のころ」、石垣りん「詩による履歴書」、大岡昇平「戦争と文学」、石牟礼道子「ノンフィクション」ほか。初年度は第2(日)午後7時からの45分番組。

ビッグ対談 1985〜1987年度

各分野で精力的に活動し、かつ影響力の大きい人物2人が、鋭い感性と高い知性、豊かな個性をぶつけ合い、1つのテーマについて論じあった。教育テレビで放送中の『ビッグ対談』をラジオ番組として再編集した番組。主なテーマと出演者は、「歴史をみる・時代をよむ」江上波夫・五木寛之、「教育とは何だ」住井すゑ・山田洋次、「国際化時代を生きる」盛田昭夫・城山三郎。初年度は第2(最終・日)午後8時30分からの90分番組。

四季のうた 1986〜1991年度

さわやかな朝のひとときに、四季折々の俳句・短歌・詩などを紹介した文芸エッセイ番組。歌人、俳人、詩人、作家が、春夏秋冬の各季節を原則として1週間ずつ担当し、心に残る古今の詩歌を個性豊かに語った。出演は佐佐木幸綱(歌人)、島田修二(歌人)、川崎洋(詩人)、宗左近(詩人)、坪内稔典(俳人)、金子兜太(俳人)、飯田龍太(俳人)、中野孝次(作家)ほか。初年度は第2(月〜土)午前5時30分からの15分番組。

学問新時代 1986〜1987年度

新しい分野の学問の内容や社会的背景をわかりやすい解説で紹介する番組。次々と登場してくる「ニューアカデミズム」の名でよばれる新しい学問や研究がどのような方法でおこなわれているのか。またそれらの研究をとおして、現代のどのような断面が見えてくるのか、気鋭の学者たちが語った。初年度は第2(月)午後10時20分からの30分番組。

短歌のこころ 1986年度

1982年4月にスタートした教育テレビの『NHK市民大学』で、1983年4月から1984年3月まで放送した「歌への招待」(講師・馬場あき子)の音源をラジオ番組として再構成した。高度内容を平易に語る講師の話術が好評で、続編を期待する声も多かった。第2(木)午後9時からの45分番組。

NHK市民大学 1987〜1989年度

教育テレビの教養番組『NHK市民大学』(1982〜1989年度)と『ETV8』(1985〜1989年度)の中から、ラジオにふさわしい内容の番組をラジオ番組として再構成して放送。自然環境破壊、経済摩擦など世界の動きを視野に入れた多様なテーマ設定で、生涯にわたる自己啓発、知的欲求にこたえた。初年度は「アメリカンヒーローの系譜」「文明の現在」「人生の四季」などを紹介。第2(土)午後10時台の40分番組。

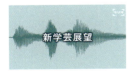
新学芸展望 1988〜1989年度

社会の多様化、複雑化とともに学問や文化の領域でも旧来の枠組みではとらえきれない動きがみられる。新しい学問や文化の動きをいち早くキャッチし、最前線で活躍するゲストに最新の学芸・文化情報を聞いた。出演者とテーマは、河井智康(海洋学者)の「イワシがいなくなる日」、鎌田東二(哲学者・宗教学者)の「翁童文化の再生」、児童学者・本田和子(ますこ)の「現代"少女文化"論」ほか。第2(木)午後9時からの30分番組。

NHKラジオセンター「土曜サロン」 1989〜1992年度

『午後のロータリー』(1966〜1983年度)、『こんにちはラジオセンター』(1984〜1988年度)枠内からの継続放送。第1(土)午後2時台のコーナー。1989年度からは『NHKラジオセンター(午後)』枠内で放送。1993年度は午後1時から6時50分を「土曜サロン」として、週末の楽しい"情報・エンターテインメント番組"と位置づけた。

NHK放送100年史(ラジオ編)　331

08 教養・情報 | 定時番組

1990年代 教養

 **吉川英治名作選** 1990～1996年度
大衆文学に偉大な足跡を残した吉川英治の作品を朗読形式で毎日放送した。1990年度は「宮本武蔵」（朗読：鈴木健二）を1991年8月まで放送。続いて9月から「私本太平記」（朗読：林隆三）を、1993年9月からは「三国志」（朗読：橋爪功）を放送。初年度は第1(月～日)午後11時台の15分番組。1992年度より『ラジオ深夜便』枠内で「吉川英治・朗読シリーズ」「吉川英治・名作選」などのタイトルで放送した。

 **NHK文化セミナー** 1990～2000年度
『NHKラジオセミナー』（1982～1984年度）の流れをくむ教養番組枠。古今東西の哲学、歴史、文学、宗教、思想など、現代人が渇望してやまない心の豊かさを探求した。1990年度に第2(月～土)午後9時からの30分番組でスタート。曜日別にテーマを設定して(月～金)を構成した。1991年度に(日)午後8時からの1時間番組で新たな枠が加わる。2001年度に『NHKカルチャーアワー』に引き継がれる。

 **NHK文化セミナー「心の探究」** 1990～1997年度
『NHK文化セミナー』の月曜枠で放送。古今東西の哲学、宗教、思想の深えんに触れ、現代人が渇望してやまない心の豊かさを探求した。放送テーマと講師：「インド原始仏典を読む」奈良康明（仏教学者）、「巡礼と聖地」今野国雄（歴史学者）、「四十二章経に学ぶ」田上太秀（仏教学者）。第2(月)午後9時からの30分番組。

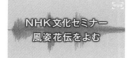 **NHK文化セミナー「風姿花伝をよむ」** 1990年度
『NHK文化セミナー』の火曜枠で放送。わが国最初の本格的な芸術論と言われている世阿弥著「風姿花伝」を、新しい感覚で体系的にじっくりと読み解いた。講師：表章（法政大学教授）。第2(火)午後9時からの30分番組。

 **NHK文化セミナー「日本の伝統演劇」** 1990～1991年度
『NHK文化セミナー』の水曜枠で放送。能、狂言、歌舞伎、古典劇など、伝統芸能を鑑賞するのに役立つ基礎知識を提供した。放送テーマと講師：「日本の伝統演劇」「ドラマの世界」河竹登志夫（演劇学者）、「能の来た道」高山茂。第2(水)午後9時からの30分番組。

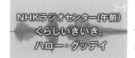 **NHKラジオセンター（午前）「くらしいきいき、ハロー・グッデイ」** 1990～1992年度
『NHKラジオセンター（午前）』の第1(月～金)午前9時台に放送。(月～金)の5日間通してのフリー・ゾーン。"ディレクターズ・アンド・アンカーマンズ・アイ"のコーナーとして、宇宙・天文・自然・科学・文化・暮らしなど、森羅万象に題材を求め、各界に人を求めて時宜にかなった話題、情報を伝えた。

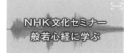 **NHK文化セミナー「般若心経に学ぶ」** 1991年度
『NHK文化セミナー』の月曜枠で4月から9月まで放送。講師は花山勝友（武蔵野女子大学教授）。第2(月)午後9時からの30分番組。その後、『ラジオ深夜便』のインタビューコーナー「こころの時代」で放送されると再放送希望の問合せが殺到するなど好評を呼んだ。

 **NHK文化セミナー「親鸞の手紙」** 1991年度
『NHK文化セミナー』の月曜枠で10月から翌年3月まで放送。講師は坂東性純（坂東報恩寺住職）。第2(月)午後9時からの30分番組。

 **NHK文化セミナー「芭蕉をよむ」** 1991年度
『NHK文化セミナー』の火曜枠で放送。日本近世文学の最盛期を担った「芭蕉」を1年間取り上げ、4月から9月は「おくのほそ道」、10月から翌年3月は「野ざらし紀行」を鑑賞する。講師は林達也（駒沢大学教授）。第2(火)午後9時からの30分番組。

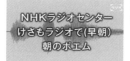 **NHKラジオセンター～けさもラジオで（早朝）「朝のポエム」** 1992～1993年度
第1放送『NHKラジオセンター～けさもラジオで（早朝）』の午前5時台に放送。

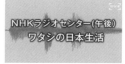 **NHKラジオセンター（午後）「ワタシの日本生活」** 1992年度
『NHKラジオセンター（午後）』の第1(土)午後3時台（月2本）のコーナー。在日外国人が日本での暮らしや母国との違いなどを語る国際局との共同制作番組。

 **話しことばQ&A** 1992年度
情報化、国際化が進み、より高度な話しことばの能力が求められている社会を背景に企画された番組。話しことばの具体的な疑問・質問に「Q&A」形式で応えていく。第1週は山川静夫アナウンサーの月間テーマにそったインタビュー。最終週は日本語センターのアナウンサーが通信添削講座に寄せられた具体例をもとに基本的なノウハウを取り上げた。アナウンス室が制作を担当。第2(日)午後0時からの15分番組。

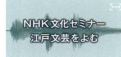

NHK文化セミナー「江戸文芸をよむ」 1992〜1996年度
『NHK文化セミナー』の火曜枠で放送。1991年度に「芭蕉をよむ」のタイトルでスタート。江戸期の文芸、俳諧、物語、随筆、紀行文などを取り上げ、その作品を今日的視点から読み解く。上半期は山下一海（鶴見大学教授）の「与謝蕪村」、下半期は谷脇理史（早稲田大学教授）の「日本永代蔵」を放送。第2(火)午後9時からの30分番組。

NHK文化セミナー「近代演劇の展開」 1992〜1993年度
『NHK文化セミナー』の水曜枠で放送。能、狂言、歌舞伎、古典劇、近代演劇から現代劇まで、演劇の鑑賞をする上での基礎知識を提供した。上半期は「近代劇の曙」、下半期は「戯曲の流れ」を藤木宏幸（共立女子大学教授）の解説で紹介する。第2(水)午後9時からの30分番組。

私の日本語辞典 1992〜2021年度
時代背景や変遷、生活風土、文化といった幅広い視点でとらえた日本語論を展開する番組。日本語学者、作家、作詞家、評論家、詩人、翻訳家といった言葉の専門家から、数学者、指揮者、演出家、落語家、歴史学者など、さまざまなジャンルで活躍する知識人が月ごとに登場、日本の文化や言葉について語った。初年度は第2(日)午後10時20分から40分番組。最終年度は第2(土)午後3時15分からの30分番組。

ラジオ深夜便「こころの時代」 1992〜2009年度
『ラジオ深夜便』の第1(月〜日)午前4時台でスタート。1990年4月に『特集ラジオ深夜便』枠内で「おはよう早起きさん」のタイトルで始まる。当初は教育テレビ『こころの時代ー宗教・人生』で好評だった番組の音声を再編集した。1992年度より新作を放送。宗教家や教育者、各界の"人生の達人"、病や障害に負けず人生を前向きに生きる人々へのインタビューなどで、充実した人生を送るための知恵やヒントを伝えた。

NHKラジオセンター（午前）「ラジオ談話室」 1993〜1998年度
『NHKラジオセンター（午前）』の第1(月〜金)午前9時台の50分番組。芸術、科学、文化など幅広い分野から、話題の人物を発掘し、その業績を通じて人となりや人間性を紹介した。1日50分、5日間にわたってじっくり話を聞くインタビュー番組。1997年度のテーマと出演は、「60歳から人生が始まる」日野原重明（聖路加国際病院理事長）、「歌舞伎を世界に」中村又蔵（歌舞伎役者）ほか。

ラジオ深夜便「ないとガイド」 1993年度〜
『ラジオ深夜便』の第1(土)午後11時台に放送。後に(日)午前0時台のコーナーとなる。週替わりでテーマを立てた。2005年度は第1週「待ち合わせは映画館で」（青柳秀侑）、第2週「自然に親しむ」（みなみらんぼう・内山節）、第3週「ラジオ歳時記」（鷹羽狩行）、第4週「読書で豊かに」（荒川洋治・青山南・小池昌代）、第5週「スポーツの見どころ聞きどころ」（西田善夫）。

ラジオ深夜便「ないとエッセー」 1993〜2018年度
『ラジオ深夜便』の第1(月〜金)午後11時台後半に放送。1人が1つのテーマを連載方式に毎日送る"声のエッセー"。出演者は科学者、芸術家、医師、農業生産者、企業、経営者など多彩。それぞれの分野から得た体験や知識を伝えた。

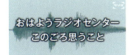

おはようラジオセンター「このごろ思うこと」 1994〜1996年度
第1(月〜土)午前5時からの4時間枠『おはようラジオセンター』の午前5時台に放送。

NHK文化セミナー「悲劇の世界・喜劇の世界」 1994〜1996年度
「日本の伝統演劇」（1990〜1991年度）、「近代演劇の展開」（1992〜1993年度）と続いてきた『NHK文化セミナー』の演劇講座第3弾。世界の悲劇、喜劇の中から特徴的なものを選び、その歴史、特徴、戯曲などを概説するとともに、それらの中に見られる民族性も探った。1994年度はギリシャ悲劇を取り上げた。第2(水)午後9時からの30分番組。

ラジオ深夜便「母を語る」 1994〜2019年度
『ラジオ深夜便』の第1(第3・火)午前1時台に放送。1998年度よりFMでも放送。著名人をゲストに招き、母への思い、母の思い出をたずね、母と子の人間関係からゲストの人間像を浮き彫りにするインタビュー番組。聞き手は遠藤ふき子アンカー。

ラジオカルチャーセンター 1995・1998〜2001年度
『NHKラジオセンター（午前）』枠内で第1(土)午前10時台に放送。その道の達人や研究者などが専門分野の知識や魅力をおもしろく、かつわかりやすく語る講座番組。1テーマを原則2回で放送し、ハガキやFAXの質問、疑問にも答えた。1996〜1997年度は『おもしろカルチャーセンター』と改題したが、1998年度に再び『ラジオカルチャーセンター』に戻る。1999年度より『ラジオいきいき倶楽部』枠内で放送。

素敵なはなしことば 1995〜1999年度
美しい話しことばでのスピーチや朗読のノウハウを伝える番組。第2放送の『はなしことば講座』（1985〜1991年度）からのノウハウを、具体的にわかりやすくテキスト化し、全国のアナウンサーがテキストに沿って指導した。日本語センターとアナウンス室との共同制作。第2(日)午後5時からの15分番組。

ラジオ深夜便「教科書の中の名作を読む」 1995〜1996年度
『ラジオ深夜便』の第1(月〜日)午前3時台に放送。当時出版されていた国語教科書を朗読するコーナー。

NHK放送100年史（ラジオ編） 333

08 教養・情報 | 定時番組

ラジオ編 番組一覧

ラジオ深夜便 「ないとインタビュー」 1995年度
『ラジオ深夜便』の第1(日)午後11時台に放送。

ラジオ深夜便 「かんさいストーリー」 1995年度～
『ラジオ深夜便』の第1(第3・土)午前2時台に放送。1998年度よりFMでも放送。「関西発ラジオ深夜便」のコーナー。主に関西の作家や著名人が書いた"関西の文章"をアナウンサーが朗読する。関西ことばが描きだす世界や、関西文化の神髄を堪能する。

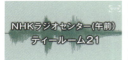
NHKラジオセンター(午前)「ティールーム21」 1996年度
5年後に控えた21世紀を希望と活力に満ちた社会とするために、各界で活躍する若い知識人たちによる「NHKラジオセンター21世紀プロジェクト委員」を組織し、21世紀につながる新しい動き、価値観をカジュアルなティールーム感覚で提言した。委員:浅田彰(京都大学助教授)、大泉一貫(東北大学助教授)、大田弘子(埼玉大学助教授)、河内厚郎(評論家)ほか。第1(月～金)午前11時5分からの25分番組。

おもしろカルチャーセンター 1996～1997年度
1995年度に第1放送『ラジオカルチャーセンター』としてスタートし、1996年度に改題。『NHKラジオセンター(午前)』枠内の(土)午前10時台に放送する50分番組。市井の文化人が専門分野の魅力をわかりやすく語る講座番組。主な内容は「森の日本史」「湯と風呂と日本人」「世界史の見方楽しみ方」「こよみのふしぎ」など。1998年度からタイトルが再び『ラジオカルチャーセンター』に戻る。

ことばのメモ帳 1996～1998年度
さまざまな分野で活躍するゲストの「ことば」をめぐるトークエッセー。初年度は城生佰太郎(筑波大学助教授)が音声学からみたことばの最新研究を紹介。また佐々木瑞枝(横浜国立大学教授)が外国人に日本語を教える際のことばの特質について話した。そのほかリービ英雄(作家)、渡辺吉鎔(慶應義塾大学教授)が出演し、それぞれ12回にわたって語った。初年度は第1(日)午前6時22分からの6分番組。

日曜ラジオマガジン 1996～2005年度
日曜の夕方に送る大人向けのエンターテインメント情報番組。レギュラーコメンテーターが伝えるえりすぐりの情報、各界で活躍するゲストがお気に入りの音楽や本を紹介するコーナー、全国各地の文化情報など、知的好奇心を満たす番組として定着した。コメンテーターはピーター・バラカン(音楽評論家)、永千絵(映画評論家)、林あまり(歌人)、崔洋一(映画監督)ほか。初年度は第1(日)午後4時5分からの1時間50分番組。

ラジオ深夜便 「サンデートーク」 1996～2004年度
『ラジオ深夜便』の第1(日)午後11時台～0時台に、途中ニュース・天気予報をはさんで放送。時代の底流にあるさまざまな問題について、森毅、養老孟司、山田太一らのレギュラーゲストと、その回の内容にふさわしいゲストが対談した。2005年度より団塊世代をターゲットに「輝け!熟年～サタデートーク～」と改題。

NHKラジオセンター(午後)「わたしの昼下がり」 1997～1999年度
『NHKラジオセンター(午後)』枠内で第1(水)午後1時台後半に放送。各界著名人、話題の人の住まいを訪問して、中継でインタビューした。

フレッシュトーク 1997～1999年度
30代から40代の若手識者で構成された「NHKラジオセンター21世紀プロジェクト委員」のメンバーが時代の動きを切り取り、21世紀への課題などを大胆に提言する番組。取り上げたテーマは「親と子の老い支度」「行財政改革への提言」「いい仕事を創り出す」「インターネットと市民」ほか。初年度は第1(月～金)午後10時45分からの15分番組。1999年度より『ラジオいきいき倶楽部』枠内の午前11時台に放送。

NHKラジオライブラリー 1997～2005年度
NHKが保有する膨大な過去のラジオ番組の中から、往年の俳優、作家、学者など各界の著名人が出演した「シリーズ番組」を選び、再編集の上アンコール放送した。初年度は(月)「人物春秋」、(火)「芸と人」、(水)「歴史よもやま話」、(木)「あの時わたしは」「青春を語る」、(金)「わが師わが道」、(土)「一冊の本」を編成。第2(月～土)午後9時からの30分番組。

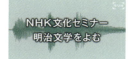
NHK文化セミナー 「明治文学をよむ」 1997～2000年度
日本近代の黎明期・明治の作家と作品を取り上げ、今日の文化とのつながりを追求した。初年度に取り上げた作品と講師:前期「森鷗外 その文学の時空間」山崎一穎(跡見学園女子大学教授)、後期「樋口一葉 われは女なりけるものを」菅聡子(お茶の水女子大学助教授)。第2(火)午後9時30分からの30分番組。

ラジオ文芸館 1998～2017年度
落ち着いた語り口で文芸作品を朗読する番組。第1回放送から6年後の1998年4月に定時化。"耳で聴く短編小説"として、現代日本作家の短編を中心に1回"読み切り"で放送。アナウンサーの朗読に音響効果を加え、短編小説の魅力を伝えた。初年度は第1(日)午後10時台の45分番組。2011年度より放送時間帯を夜から朝に移し、ライトノベルや新進気鋭の作家の作品も紹介。2018年度から『ラジオ深夜便』内で放送。

NHK文化セミナー 「人間を探る」 1998～2000年度
宗教・哲学・心理学・社会学など幅広い研究成果の中から「生き方」のヒントを探る番組。初年度のテーマと講師:前期「仏教世界～般若心経を中心に」松原哲明(龍源寺住職)、後期「こころの表と裏」鈴木晶(法政大学教授)。第2(月)午後9時30分からの30分番組。

ラジオあさいちばん「当世キーワード」 1999～2011年度
『ラジオあさいちばん』の(日)午前6時台に放送。次々に生まれる新語・流行語、若者ことばなど、時代を表す新しい動きを「ことば」に注目して紹介。毎回、4～5個の「ことば」を取り上げて解説、分析し、社会時評番組としての側面もあった。解説は新語アナリストの亀井肇。初年度は第1(日)午前6時15分からの7分番組。

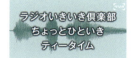
ラジオいきいき倶楽部「ちょっとひといき　ティータイム」 1999～2002年度
『ラジオいきいき倶楽部』の第1(月～金)午前10時5分からの50分番組。素敵な生き方をしている人、いま輝いている人、話題の人などをゲストに招いて肩のこらない話を聞くトークコーナー。2000年度の主な内容は「牛若丸が挑んだ角界・舞の海」「ええんちゃうの？という生活・森毅」「ホームパーティーから始めたボランティア・桐島洋子」「昆虫採集が原点だった・養老孟司」ほか。

2000年代　教養

土曜ほっとタイム「素敵なあなた」 2000～2003年度
第1放送『土曜ほっとタイム』の午後1時台（2001年度以降は1～2時台）に放送。有名無名を問わず、その生き方に魅力のある人物を招き、そのライフスタイル、感性、世の中への姿勢などを聞く人物インタビュー番組。

土曜ほっとタイム「思い出コレクション」 2000～2002年度
第1放送『土曜ほっとタイム』の午後5時台に放送。青春時代の懐かしい出来事や思い出の品物にスポットを当て、ゲストとともに語り合った。

のこしたいふるさとのことば 2000～2005年度
NHKでは1999年度から2000年度にかけて、記録事業「21世紀に残したいふるさと日本のことば」に取り組んだ。全国の放送局が取材した豊富な記録の中から、各地の代表的な「お国ことば」を、生き生きとした会話やことばを通して伝える番組。初年度は第1(月～金)午後10時55分からの5分番組。2002年度に第2に移設。

ラジオ深夜便「私の新幸福論」 2000～2005年度
『ラジオ深夜便』の第1・FM(火)午前1時台に月1回放送。古屋和雄アンカーのインタビューコーナー。

はなす　きく　よむ 2000～2007年度
『はなしことば講座』(1985～1991年度)をより具体的、実践的内容に刷新。アナウンサーが放送の仕事を通して蓄積してきた経験をもとに、さまざまな場面での「話す・聞く・読む」のコツをわかりやすく伝えた。テキストも発行。初年度は第2(土)午後6時10分からの15分番組。

ラジオあさいちばん「ちょっとカルチャー」 2001年度
第1放送『ラジオあさいちばん』の(土)午前8時台に放送。多様なジャンルで活躍する新しい文化の担い手や新たなムーブメントを紹介した。

NHKカルチャーアワー 2001～2008年度
50代以上の中高年層を主な対象とした教養番組。(月～日)放送で、曜日ごとに哲学・歴史・芸能・外国文学・漢詩・文学紀行など、広範囲な分野から年間タイトルを設けた。日曜は年間タイトルを設けず、月ごとの4～5本シリーズで広範囲な教養分野からテーマを取り上げた。第2(月～土)午後9時30分からの30分番組。(日)は午後8時からの1時間番組。2009年度に『カルチャーラジオ』に改題。

NHKカルチャーアワー「生きる知恵」 2001～2004年度
価値観の混迷する現代、生きるための身近な問題を哲学、宗教などから学び、生き方の知恵を探る番組。初年度は上半期に「中野孝次の生きる知恵」、下半期に「栗田勇の生きる知恵」を放送。第2(月)午後9時30分からの30分番組。

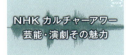
NHKカルチャーアワー「芸能・演劇その魅力」 2001～2006年度
日本の雅楽、舞楽をはじめ、ヨーロッパ演劇まで、幅広く世界の芸能の魅力を掘りおこしていく番組。初年度は村上淑郎（立教大学講師）の「21世紀シェークスピアの真価」を1年にわたって放送。第2(水)午後9時30分からの30分番組。

NHKカルチャーアワー「漢詩への誘い」 2001～2006年度
初歩から漢詩を勉強したいという聴取者の声に応え、季節や旅などに関するよく知られた漢詩を解説する、わかりやすく親しみやすい漢詩入門講座。作品の解説は石川忠久（二松学舎大学学長）。最終回のみ宇野直人（共立女子大学教授）。第2(金)午後9時30分からの30分番組。

NHK放送100年史（ラジオ編）　335

08 教養・情報 | 定時番組

ラジオ編 番組一覧

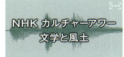

NHKカルチャーアワー 「文学と風土」 2001〜2004年度
1つの土地を中心に、そこにまつわる作品、作家を取り上げ、風土と文学のかかわりを語る番組。初年度の上半期は井上謙（前近畿大学教授）の「東京文学探訪〜明治を見る・歩く」、下半期は高田宏（作家）の「北国名作探訪」を放送。第2(土)午後9時30分からの30分番組。

ラジオ深夜便 「健やかに生きる」 2002〜2004年度
『ラジオ深夜便』の第1・FM(木)午前1時台に月1回放送。広瀬修子アンカーのインタビューコーナー。

ラジオ深夜便 「くらしの中のことば」 2002〜2015年度
『ラジオ深夜便』の第1(日)午前0時台に放送。各界のスペシャリストが電話出演で、メディアにあふれる最新の用語、流行のことばなどをわかりやすく解説する。初年度のレギュラー出演者は第1週が山田昌弘（東京学芸大学助教授）、第2週が島森路子（「広告批評」編集長）、第3週が大泉一貫（宮城県立宮城大学教授）、第4週が藤原直哉（経済アナリスト）、第5週が尾崎喜光（国立国語研究所主任研究員）。

きょうも元気で！わくわくラジオ 「ときめきインタビュー」 2003〜2007年度
『きょうも元気で！わくわくラジオ』の第1(月〜金)午前10時5分からの50分番組。旬の人を中心に、その人の生き方や考え方、ちょっといい話などを生でインタビューする。夫婦や親子で出演するシリーズ企画も実施した。2008年度からは『ラジオビタミン』枠内で放送。

土曜ほっとタイム 「ことばの達人」 2003年度
『土曜ほっとタイム』の第1(第3・土)午後1時30分からの1時間番組。作家・歌人など、ことばにより自己表現をしている人物に、ことばへのこだわりを聞く。

土曜ほっとタイム 「気になることば塾」 2003年度
『土曜ほっとタイム』の午後2時台後半に放送。日常交わされる会話の中で気になることばやことばづかいを取り上げ、そのことばが使われる背景やコミュニケーションのあり方を考察した。「塾長」は陣内正敬（関西学院大学教授）。原則第1(第3・土)午後2時30分からの25分番組。

ラジオほっとタイム 「気になることば」 2004〜2012年度
午後の総合情報番組『ラジオほっとタイム』の第1(月〜金)午後2時台または3時台に放送。日ごろ、つい言ってしまうことば、よく耳にすることばから、気になると思ったことばを取り上げ、アナウンス室の"ことばおじさん"こと梅津正樹アナウンサーとともに考えた。2008年度より午後のワイド番組『つながるラジオ』で継続放送。

かんさい土曜ほっとタイム 「面白人物ファイル」 2004〜2009年度
第1放送『かんさい土曜ほっとタイム』の午後2時台に放送。関西ゆかりの人へのインタビューコーナー。2007年度よりタイトル表記が「おもしろ人物ファイル」に変更。2010年度に「ほっと人物ファイル」に改題。

土曜の夜はケータイ短歌 2005〜2007年度
若者たちの思いを五七五七七の31音に託し、"携帯"やパソコンのメールで送ってもらい放送する新しいスタイルの番組。月ごとにテーマを定めて短歌を募集したところ、年間投稿数は3万2000首を超えた。出演は歌人の加藤千恵、穂村弘、東直子ほか。司会はふかわりょう（タレント）、川嶋あい（シンガーソングライター）ほか。第1(土)午後9時5分からの50分番組。

ラジオ深夜便 「輝け！熟年〜サタデートーク〜」 2005〜2006年度
『ラジオ深夜便』の第1(土)午後11時台から午前0時台にかけて放送。前年度までの「サンデートーク」（1996〜2004年度）を刷新。定年前の世代が第2の人生を考える上でヒントになる話を、各界で活躍する人へのインタビューで生放送で伝えた。

ラジオ深夜便 「民話を語ろう」 2005〜2006年度
『ラジオ深夜便』の第1・FM(日)午前1時台に放送。日本各地でご当地の民話をお国ことばによって味わい深く語り継いできた"語り部"たちに話を聞き、"残しておきたい日本"を声と言葉でたどっていく。

ラジオ深夜便 「列島インタビュー」 2005〜2010年度
『ラジオ深夜便』の第1・FM(月)午前1時台に放送。日本全国でいきいきと暮らす、市井の人々の声を届けるコーナー。NHKの各地域局も参加。

ラジオ深夜便 「朗読　蝉しぐれ」 2005〜2006年度
『ラジオ深夜便』の第1(火)午前0時台に放送。2003年度にNHKでドラマ化されて数々の賞に輝くなど話題を呼んだ藤沢周平の時代小説「蝉しぐれ」を、藤沢周平文学のファンを自認する松平定知アナウンサーが朗読した。

ラジオ深夜便「特集・わが人生の歌語り」 2005～2009年度
『ラジオ深夜便』の第1・FM(最終・日)午前4時台に月1回放送。五木寛之（作家）が自らの人生を、出生の1932（昭和7）年から時代を追って、印象に残る流行歌を交えて語った。自伝の形をとりつつ、昭和を生きてきた日本の庶民の"こころのドキュメント"として大きな反響を呼ぶ。聞き手は須磨佳津江アンカー。

NHKカルチャーアワー「文学探訪」 2005～2006年度
教養番組『NHKカルチャーアワー』の土曜枠で放送。かつての文豪、カリスマ的な作家、必読の名作等を素材に、現代的視点で読み返し、文学のもつ豊かで奥深い世界と人間の生き方を考えるシリーズ。前期は関口安義（立教大学教授）による「芥川龍之介」、後期は栗原敦（実践女子大学教授）による「宮沢賢治」を放送。第2(土)午後9時30分からの30分番組。

ラジオ深夜便「人ありて、街は生き」 2006年度～
『ラジオ深夜便』の第1・FM(第1・3 土)午前1時台に放送。「関西発ラジオ深夜便」のインタビューコーナー。関西ゆかりの芸術や文化、トピックスについて、著名人や専門家に聞く。文学、美術、伝統芸能、歴史、科学など、分野は幅広い。聞き手は峯尾武男アンカー、西橋正泰アンカーほか。

土曜あさいちばん「著者に聞きたい 本のツボ」 2007～2014年度
『土曜あさいちばん』の第1(土)午前6時16分からの6分番組。話題の本の著者に作品が生まれた背景や、作品にかけた思いについて聞いた。2007年10月から番組ホームページで放送後オンデマンドで聴取可能。2014年度は『ラジオあさいちばん』枠内で放送。

ラジオ深夜便「人生"私"流」 2007～2011年度
『ラジオ深夜便』の第1(土)午後11時台から午前0時台に放送。個性的に自分らしく、人生をおう歌している人たちに、その生き方の"根っこ"にあるものや、"元気の素"を生放送でじっくり聞く。

ラジオ深夜便「わが心の人」 2007年度～
『ラジオ深夜便』の第1・FM(金)午前1時台に月1回放送。この年度に新アンカーとして参加した迎康子のインタビューコーナー。2020年度より年4回放送。

ラジオ深夜便「朗読 三屋清左衛門残日録」 2007年度
『ラジオ深夜便』の第1(火)午前0時台に放送。藤沢周平の時代小説「三屋清左衛門残日録」を松平定知アナウンサーが朗読した。

NHKカルチャーアワー「芸術その魅力」 2007年度～
『NHKカルチャーアワー』の水曜枠で放送。日本の伝統音楽、ヨーロッパ演劇、映画まで、幅広く世界の芸術を掘りおこした。初年度は堀内修（評論家）の「オペラ」、千葉優子（宮城道雄記念館資料室長）の「箏曲家宮城道雄作品と系譜」、狩野良規（青山学院大学教授）の「スクリーンの中の英国」を放送。第2(水)午後9時30分からの30分番組。2009年度より『カルチャーラジオ』枠内で放送。

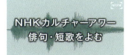
NHKカルチャーアワー「俳句・短歌をよむ」 2007～2010年度
『NHKカルチャーアワー』の金曜枠で放送。俳句・短歌の第一人者が独自の視点からそれぞれの世界を語る。初年度は黒田杏子（俳人）の「俳句列島日本」、篠弘（歌人）の「作歌の秘密」、坊城俊樹（俳人）の「虚子の肖像」、岡井隆（歌人）の「歌の生まれるところ」を放送。第2(金)午後9時30分からの30分番組。2009年4月より『カルチャーラジオ』枠内で放送。

NHKカルチャーアワー「文学の世界」 2007年度～
『NHKカルチャーアワー』の土曜枠で放送。古今東西の文芸作品をさまざまな視点で取り上げ、文学の世界を堪能する。初年度は小林章夫（上智大学教授）の「20世紀イギリス小説」、太田治子（作家）の「明治・大正・昭和のベストセラー」、野里紳一郎（東京大学特任講師）の「イタリア文学への誘い」ほかを放送。第2(土)午後9時30分からの30分番組。2009年4月より『カルチャーラジオ』枠内で放送。

World Interactive 2007～2010年度
ラジオ国際放送の番組を第2でも同時放送した。初年度の第1週は近藤正（成蹊大学教授）が、季節に沿った世界の英語俳句を紹介し、リスナーから寄せられた俳句を講評。第2週は大島希巳江（文京学院大学准教授）が英語で落語を語り、解説を加えた。その他の週はリスナーからの質問やリクエストに答えたり、世界各地のリスナーに電話インタビューするなど、リスナーとの結びつきを深めた。第2(土)午後2時台の19分番組。

夜はぷちぷちケータイ短歌 2008～2011年度
『土曜の夜はケータイ短歌』（2005～2007年度）に続く若者向け双方向短歌番組。毎月1つのテーマを決めてリスナーから短歌を募集。進行役2人と歌人、毎回のゲストによるスタジオトークでリスナーの短歌を紹介した。12月に総合テレビとの同時生放送を実現し、約1万4000首の投稿を得た。出演は歌人の穂村弘、東直子ほか。初年度は第1(日)午後9時台の50分番組。2009年度から『渋マガZ』枠内で継続放送。

ラジオ深夜便「特集・100年インタビュー」 2008～2009年度
『ラジオ深夜便』の第1・FM(最終・木・金)午前4時台に放送。

NHK放送100年史（ラジオ編） 337

08 教養・情報 | 定時番組

ラジオ編 番組一覧

ラジオ深夜便「朗読 用心棒日月抄」 2008年度
『ラジオ深夜便』の第1(火)午前0時台に放送。藤沢周平の時代小説「用心棒日月抄」を松平定知アナウンサーが朗読した。

ことば力アップ 2008〜2021年度
昨今のコミュニケーションについての関心の高まりを受けて、『はなす きく よむ』(2000〜2007年度)をより専門性の高い内容に刷新し、改題した。NHKアナウンサーが執筆したテキストと連動して、朗読、プレゼン、敬語など、さまざまなテーマで、表現やコミュニケーションに関する実践的なノウハウをわかりやすく紹介した。初年度は第2(土)午後5時45分からの15分番組。

日曜あさいちばん「落合恵子の絵本の時間」 2009年度〜
『日曜あさいちばん』の午前7時台に放送。落合恵子(作家)が絵本の名作の主なストーリーや魅力を解説。あわせてアメリカンポップスの名曲を紹介した。初年度は第1(日)午前7時33分からの7分番組。2015年度からは『NHKマイあさラジオ』枠内で継続放送。

ラジオ深夜便「ミッドナイトトーク」 2009年度〜
『ラジオ深夜便』枠内のトークコーナー。各界の著名人が各月ごとのテーマについてじっくり語った。初年度の偶数月のゲストは立松和平、吉永みち子、田部井淳子、大林宣彦。奇数月が阿木燿子、山本一力、田渕久美子、小椋佳。第1(第1・月〜木)午後11時台〜午前0時台放送。

ラジオ深夜便「朗読 藤沢周平シリーズ」 2009〜2011年度
『ラジオ深夜便』の第1(火・第1週を除く)午前0時台に放送。「蝉しぐれ」(2005〜2006年度)、「三屋清左衛門残日録」(2007年度)、「用心棒日月抄」(2008年度)と続いてきた松平定知アナウンサーの「藤沢周平作品」朗読シリーズ。

ラジオ深夜便「女優が語る私の戦後」 2009年度
『ラジオ深夜便』の第1(土)午後11時台から午前0時台にかけて月1回放送。戦後の混乱をたくましく生き抜き、映画の隆盛やテレビの登場を経験したベテラン女優がその半生について語る。山本富士子、池内淳子、香川京子ほかが出演。

カルチャーラジオ 2009年度〜
『NHKカルチャーアワー』(2001〜2008年度)を改題。中高年層の多様化する知的欲求に応えるための教養番組。曜日ごとに自然・歴史・芸術・文学などの分野を取りあげた。第2(月〜土)は午後8時30分からの30分番組、(日)は午後8時からの1時間番組。

2010年代〜 | 教養

かんさい土曜ほっとタイム「ほっと人物ファイル」 2010〜2018年度
第1放送『かんさい土曜ほっとタイム』の午後2時台に放送。同枠内の「おもしろ人物ファイル」(2007〜2009年度)を改題。関西ゆかりの人へのインタビューコーナー。

日曜あさいちばん「文学のしずく」 2010〜2011年度
『日曜あさいちばん』の午前6時台に放送。国内や海外の文学作品の名作や古典作品を、日本の若手俳優の朗読で紹介した。デジタルラジオの番組の再放送。毎月最終週はおたよりをたっぷり紹介する「お便り・メール特集」。第1(日)午前6時40分からの15分番組。2011年度から午前5時台に放送時間を移行。

ラジオ深夜便「女優が語る私の人生」 2010〜2011年度
『ラジオ深夜便』の第1・FM(第1・土)午前1時台に放送。前年度に放送した「女優が語る私の戦後」を刷新し、女優シリーズ第2弾として改題。初年度は竹下景子、大竹しのぶ、山本陽子など12人が出演した。

ラジオ深夜便「明日へのことば」 2010年度〜
『ラジオ深夜便』の第1・FM(月〜日)午前4時台に放送。番組スタート当初から放送してきたインタビューコーナー「こころの時代」を、放送20年を機に改題。第一線で活躍する著名人からひたむきに生きる市井の人まで、多彩な出演者たちがこれまでの人生や力強いメッセージを語る。

ラジオ深夜便「インタビュー・スペシャル」 2010〜2012年度
『ラジオ深夜便』の午前4時台に、第1・FMで2夜連続放送の長時間インタビューコーナー。毎月2〜3人が出演し、自らの生き方をじっくり語った。2010年度の出演者は加山雄三、松任谷由実、冨田勲、橋田壽賀子、宝田明、中村メイコなど18人。

土曜あさいちばん 「サタデートピックス」 2011〜2013年度

『土曜あさいちばん』の午前6時台に放送。文化情報と科学情報を紹介するコーナー「カルチャー&サイエンス」（2002〜2010年度）のジャンルを広げ、時事の話題に即したインタビューやリポートを伝える番組とした。初年度は第1(土)午前6時台の7分番組。2013年度は第2週に「ラジオの前のそこが特等席」、最終週に伊藤和明（防災情報機構会長）の「災害史に学ぶ」、そのほかキャスターらの録音構成リポートを放送。

ラジオ深夜便 「にっぽんを味わう」 2011〜2013年度

『ラジオ深夜便』の第1(第2〜4週・水)午前0時台に放送。日本の伝統文化のよさを再発見し、より深く理解するためのヒントを、その道の専門家に聞く。各週のテーマと出演者は第2週「歌舞伎」山川静夫（エッセイスト）、第3週「和食」土井善晴（料理研究家）、第4週「日本茶」中村羊一郎（日本茶研究家）。

ラジオ深夜便 「特集・五木寛之の"歌の旅びと"」 2011〜2014年度

『ラジオ深夜便』の第1・FM(最終・日)午前4時台に放送。『ラジオ深夜便』の枠内コーナー「特集・わが人生の歌語り」を改題。"旅"をテーマに、五木寛之（作家）が、これまで全国を旅して心に残った「旅の風景」「地域に暮らす人々」「その土地を歌った唄」など、折々の世相を交えて振り返る。聞き手は「特集・わが人生の歌語り」に続いて須磨佳津江アンカー。

カルチャーラジオ 「NHKラジオアーカイブス」 2011年度〜

これまでNHKが放送してきた番組や保存している音声資料から、「昭和」を生きた人々を取り上げ、その人となりと業績、その歴史的意味をたどる。初年度は物故した作家を中心に永井荷風、谷崎潤一郎、川端康成、林芙美子ほかを原則4回シリーズで取り上げた。解説は大村彦次郎（元文芸誌編集長）、聞き手は宇田川清江。2017年度より解説を保阪正康（ノンフィクション作家）が担当。第2(月)午後8時台の30分番組。

カルチャーラジオ 「詩歌を楽しむ」 2011〜2013年度

近年、新しい表現の可能性を求めて愛好者を増やしている俳句・短歌と詩の世界を、第一線の俳人・歌人・詩人らが作品鑑賞を中心に独自の視点から語る講座番組。ガイドブックも発行。初年度は深見けん二（俳人）の「"選は創作なり"〜高浜虚子を読み解く」、栗木京子（歌人）の「歌は、女は〜現代短歌の水脈をたどる」、小池昌代（詩人）の「詩を読んで生きる 小池昌代の現代詩入門」ほか。第2(金)午後8時台の30分番組。

カルチャーラジオ 「日曜カルチャー」 2011年度〜

日曜の『カルチャーラジオ』を、2011年度に「日曜カルチャー」と新たにタイトル。初年度は前和男（元NHK交響楽団エグゼクティブ・プロデューサー）の「日本のオーケストラ文化〜放送が果たしてきた役割」、小菅正夫（前旭山動物園長）の「みんな動物たちに教えてもらった」、井田茂（東京工業大学教授）の「ここまでわかった宇宙〜太陽系、地球、系外惑星の素顔」ほかを放送。第2(日)午後8時からの1時間番組。

すっぴん！「新書ナビ」 2012〜2013年度

『すっぴん！』の第1(木)午前8時台後半に放送する約20分のコーナー。常に時代をリードし、流行や新しい考え方を生み出している新書の世界。2人のコメンテーターがおススメの新書を紹介し、新書から"今"を読み解く。コメンテーターは斎藤哲也（編集者・ライター）と澁川祐子（ライター）。

すっぴん！「本とシネマの乱読中毒」 2012年度

『すっぴん！』の第1(木)午前9時台後半に放送する約20分のコーナー。大の本好き、映画好きの木曜パーソナリティー中島さなえ（作家）が、手当たり次第に読んだ本や見た映画の中から、独断で選んだ作品をじっくり紹介する。

すっぴん！「源ちゃんのゲンダイ国語」 2012〜2019年度

『すっぴん！』の第1(金)午前9時台後半に放送する約20分のコーナー。金曜パーソナリティーの高橋源一郎（作家）が、書物や映画から、マスコミ、広告、街角の落書きまで、心に留まった言葉や文章を独自の視点から読み解き、意外な魅力やそこに秘められた意味を浮き彫りにする。初年度は「若い世代の短歌」「音声言語認識ソフト」「聖書のケセン語訳」などのテーマを取り上げた。

すっぴん！「すっぴん！インタビュー」 2012〜2019年度

『すっぴん！』の第1(月〜金)午前10時台〜11時台前半に放送する約70分のコーナー。日替わりで話題の人、輝いている旬のゲストをスタジオに招き、その日のパーソナリティーがゲストの素顔に迫るインタビューコーナー。時には生演奏やセッションを交えて話を聞いた。初年度のゲストは堤幸彦、森山直太朗、LiLiCo、ふかわりょう、千住明、阿川佐和子、辛酸なめ子、すぎやまこういち、俵万智、谷川俊太郎ほか。

すっぴん！「源ちゃんのゲンバ」 2012年度

『すっぴん！』の第1(最終・金)午前10時台後半に放送。金曜パーソナリティーの高橋源一郎が、変わり続ける現代社会のさまざまな"現場"を自ら訪れ、独自の視点から取材、リポートする異色の日本探訪記。

つながるラジオ 「ことばの宝船」 2012年度

『つながるラジオ』の第1(月〜水)午後3時45分からの10分番組。2012年度後期の放送。梅津正樹アナウンサーの「気になることば」の後継番組。"ことばのご隠居"こと杉原満アナウンサーが、日ごろ気になる日本語の使い方や表現について楽しく解説した。

ラジオ深夜便 「時代を創った女たち」 2012年度

『ラジオ深夜便』の第1・FM(第1〜2・水)午前1時台に放送。女性の社会進出のパイオニアを担った方々が、自分が育った環境、その道に入るきっかけ、影響を受けた人たちなどについて語る。出演は辰巳芳子（料理家）、志村ふくみ（染織家）ほか。

ラジオ編 番組一覧 08 教養・情報 | 定時番組

ラジオ深夜便「オトナの生き方」 2012〜2013年度
『ラジオ深夜便』の第1(日)午前0時台〜1時台に放送。齢を重ねた人生の達人が来し方を振り返る深夜の生インタビューコーナー。初年度の出演は林家正蔵(落語家)、後藤正治(ノンフィクション作家)、サンディー(歌手・フラ指導者)、吉松隆(作曲家)、井上堯之(作曲家・ギタリスト)、小野リサ(歌手)、若草恵(作曲・編曲家)ほか。聞き手は柴田祐規子、栗田敦子の両アンカー。

すっぴん!「松田悟志のすっぴん映画部」 2013年度
『すっぴん!』の第1(月)午前9時台後半に放送する約20分のコーナー。2013年度の月曜パーソナリティー松田悟志(俳優)が、ジャンルを問わず「あなたにぜひ観てほしい」おススメの映画作品を紹介した。

すっぴん!「メディアtsuda塾」 2013年度
『すっぴん!』の第1(火)午前9時台後半に放送する約20分のコーナー。2013年度の火曜パーソナリティー津田大介(ジャーナリスト)が、めまぐるしく動くメディア界の最新事情を分かりやすく伝えた。

すっぴん!「日本の未来図を描く 津田大介のコミュニティー探訪」 2013年度
『すっぴん!』の第1(火)午前10時台後半に月1回放送。火曜パーソナリティーの津田大介が、全国各地のコミュニティーづくりの活動現場を訪問。これからの日本の未来像を、全国の町づくり、コミュニティーづくりから考えた。

ラジオ深夜便「私の"がむしゃら時代"」 2013〜2018年度
『ラジオ深夜便』の第1・FM(火)午前1時台に月1回放送。2013年度の新アンカー森田美由紀が自ら制作するアンカーコーナー。各界で今も現役として活躍している方々に、無我夢中で頑張っていた時代の話を聞くインタビューシリーズ。出演は毛利衛(日本科学未来館館長・宇宙飛行士)、小林研一郎(指揮者)、井上陽水(シンガーソングライター)、久本雅美(女優・タレント)、小松原庸子(舞踊家)、林望(作家)ほか。

すっぴん!「新刊コンシェルジュ」 2014年度
『すっぴん!』の第1(木)午前9時台前半に放送。本を知り尽くした「読書のプロ」が、週替わりで直近に出版された本の中からおすすめを紹介。プレゼンター:幅允孝(ブックディレクター)、斎藤哲也(編集者)、鴻巣友季子(翻訳者)、米光一成(ゲーム作家)。

ラジオ深夜便「女優が演じる日本の名作」 2014年度
『ラジオ深夜便』の第1・FM(第1〜2・日)午前1時台に放送。日本の小説を名女優の朗読で聴く。出演と作品は山本陽子「花埋み」(渡辺淳一著)、白石加代子「干魚と漏電」(阿刀田高著)、司葉子「紀ノ川」(有吉佐和子著)。

ラジオ深夜便「知って得する"大人の日本語"」 2014年度
『ラジオ深夜便』の第1・FM(第3・日)午前1時台に放送。出演:杉原満。

ラジオ深夜便「オトナの教養講座」 2014年度〜
『ラジオ深夜便』の第1(月)午前0時台に放送。改めて学びたいことや知って得する情報、誰かに教えたくなる豆知識など、知的好奇心を刺激する真夜中の教養講座。各週の講座と講師は第1週「歴史」山本博文(東京大学教授)、第2週「英語」大杉正明(清泉女子大学教授)、第3週「論語」安岡定子(塾講師)、第4週「美術」結城昌子(アートディレクター・絵本作家)。

ラジオ深夜便「名作の読み方」 2014〜2015年度
『ラジオ深夜便』の第1(水)午前0時台に放送。古今東西の名作から1作品を取り上げ、名作の名作たるゆえんに迫るシリーズ。4月は作家の阿刀田高が、自身の経験を交えながら紫式部の「源氏物語」の魅力と読み方を語った。

ラジオ深夜便「生き方"わたし"流」 2014〜2015年度
『ラジオ深夜便』の第1・FM(水)午前1時台に月1回放送。柴田祐規子アンカーがさまざまな分野からゲストを招き、その人ならではの生き方を聞いた。ゲストはクミコ(歌手)、マロン(フードスタイリスト)、桜庭一樹(作家)、八木倫明(ケーナ奏者)、杣田美野里(写真家・エッセイスト)、寒川一(防災&アウトドア企画代表)、髙橋正実(デザイナー)ほか。

すっぴん!「愛と独断のサブカルチャー講座」 2015年度
『すっぴん!』の第1(月)午前8時台後半に放送。戦後サブカルチャー史に詳しい宮沢章夫が毎回テーマを絞って音楽と共に解説。「はっぴいえんど」「現代口語演劇」「劇場概論」「少女漫画のふろく」「80年代とYMO」「岡崎京子」「あぁ寺山修司」「中上健次」「怪奇大作戦」「ヒッチコックとトリフォー」「演歌とフォーク」「新宿西口レコード」「ボブ・ディラン」「バンギャル(バンド追っかけギャル)」など。

ラジオ深夜便「五木寛之 聴き語り昭和の名曲」 2015〜2017年度
『ラジオ深夜便』の枠内コーナー。「特集・わが人生の歌語り」(2005〜2009年度)、「特集・五木寛之の"歌の旅びと"」(2011〜2014年度)に続く、作家五木寛之へのインタビューシリーズの第3弾。作詞家としての顔も持つ五木が昭和の歌謡史を語りつくす。初年度は第1・FM(月)午前3時台に月1回放送。

ラジオ深夜便「音の絵本・日本と世界の昔話」 2015年度
『ラジオ深夜便』の第1・FM(第3・日)午前1時台に放送。大切に語り継がれてきた昔話を、音楽家・守時タツミが「聴く絵本」としてリメイク。女優の南果歩、鶴田真由の語りと、叙情豊かな音楽で、"音の昔話の世界"に導いた。取り上げた昔話は「かぐやひめ」「ももたろう」「したきりすずめ」ほか。

ラジオ深夜便「俳優が語る　名作シリーズ」 2015～2017年度
『ラジオ深夜便』の第1・FM(第1～2・日)午前1時台に放送。出演と作品は、長山藍子「柳橋物語」(山本周五郎)、松坂慶子「私のエディット～エディット・ピアフの物語～」、草笛光子「白い犬とワルツを」(テリー・ケイ)、中井貴一、宮本信子「『檀』～もう一度、妻になれたら～」(沢木耕太郎)ほか。

ラジオ深夜便「気になる日本語」 2015～2016年度
『ラジオ深夜便』の第1・FM(第1・月)午前1時台に放送。出演は塩田雄大（NHK放送文化研究所主任研究員）。

すっぴん！「文化のひととき」 2016～2018年度
『すっぴん！』の第1(月)午前8時台後半に放送。「愛と独断のサブカルチャー講座」の後継企画。月曜パーソナリティーの宮沢章夫（劇作家・演出家・作家）が、古今東西のあらゆる文化を「独自の視点」で切り取るコーナー。

ラジオ深夜便「真夜中の文芸館」 2016～2017年度
『ラジオ深夜便』の第1・FM(第3・月)午前1時台に放送。『ラジオ文芸館』(1998～2017年度)の放送からえりすぐりの作品をアンコール放送した。

ラジオ深夜便「芸の道　輝き続けて」 2016年度～
『ラジオ深夜便』の第1(第1・月)午前0時台に放送。2016年度に新アンカーとして登場した徳田章が聞き手となり、芸能の世界で第一線で走り続ける人に話を聞いた。出演は橋幸夫（歌手）、由紀さおり（歌手）、高橋英樹（俳優）、宮川大助・花子（漫才師）、オール巨人（漫才師・歌手）、大月みやこ（歌手）、小井戸秀宅（振付師・演出家）ほか。

ラジオ深夜便「舌の記憶～あの時あの味」 2016～2018年度
『ラジオ深夜便』の第1・FM(第2・金)午前1時台に放送。ゲストの食にまつわる思い出から、その人の半生、人生観に迫るインタビューシリーズ。聞き手は桜井洋子アンカー。第1回出演者は山極壽一（京都大学総長）。

ラジオ深夜便「人生のみちしるべ」 2016～2017年度
『ラジオ深夜便』の第1・FM(第2・水)午前1時台に放送。「生き方"わたし"流」(2014～2015年度)を改題。出演は菅原洋一ほか。

ラジオ深夜便「深夜便ぶんか部」 2016年度～
『ラジオ深夜便』の第1(水・第1週を除く)午前0時台に放送。週替わりでテーマ別に文化のかおりを味わうコーナー。初年度の週別テーマと出演者は第2週「望遠鏡のかなたに」大野裕明（福島県田村市星の村天文台台長）、第3週「美術館に行きませんか？」結城昌子（アートディレクター・絵本作家）、第4週「いにしえの道を訪ねて」宮田太郎（古街道研究家）、第5週「トキメキ☆相聞歌」小島ゆかり（歌人）。

ラジオ深夜便「"美味しい"仕事人」 2017年度～
『ラジオ深夜便』の第1・FM(第3・日)午前1時台に放送。2000年度より『きょうの料理』の司会も担当する後藤繁榮アンカーが、"美味しいもの"を創り上げているさまざまなプロフェッショナルの素顔に迫る。

ラジオ深夜便「思い出の銀幕スター」 2017年度
『ラジオ深夜便』の第1・FM(第5・金)午前1時台に放送。

ラジオ深夜便「絶望名言」 2017年度～
毎回ひとりの偉人、文豪を選び、絶望に寄り添う言葉を紹介する。絶望から生まれた言葉だからこそ、絶望のふちにいる人間にとっては救いにもなり得るという視点から、"絶望名言"から生きる上でのヒントを探す。解説の頭木弘樹（文学紹介者）は難病で13年に及ぶ闘病生活で、カフカやドストエフスキーの絶望の言葉から光を見いだした経験を持つ。聞き手は川野一宇アンカー。第1・FM(第4・月)午前4時台、偶数月に放送。

ラジオ深夜便「謎解き　うたことば」 2017年度～
『ラジオ深夜便』の第1・FM(第4・月)午前4時台、奇数月に放送。2年目は偶数月(第4・土)午後11時台に放送。

08 教養・情報 | 定時番組

渡辺祐のリビング・ラジオ 2017年度
人生を豊かに過ごすためのヒントを、人々の記憶に残るレジェンドといえる著名人たちのライフスタイルから見つける番組。レジェンドたちと生前に交流があった番組ゲストが、彼らとのエピソードを語った。出演は渡辺祐（エディター・ライター）。FM(隔週・日)午後6時からの50分番組。

すっぴん！「ひざウチ！ふにオチ！」 2018年度
『すっぴん！』の第1(月〜金)午前10時台に放送。巷(ちまた)で話題になっていること、これからブームになりそうなことなど、身の回りの生活情報・文化情報を紹介。思わず「膝を打ち、腑に落ちる」情報コーナー。プレゼンター：三遊亭粋歌（落語家）、春風亭正太郎（落語家）。

すっぴん！「ユー辞典」 2018年度
『すっぴん！』の第1(火)午前11時台に放送。毎回ひとつの言葉を「お題」として出し、その意味や解釈を大喜利的にリスナーが回答。最も「ウマい」答えをユージが認定し、ユー辞典に、ユージのイラストとともに掲載していく。

ラジオ深夜便「深夜便ビギナーズ」 2018年度〜
『ラジオ深夜便』の第1(第2〜3・土)午後11時台〜午前0時台に放送。"人生百年時代"といわれる現代では50代は後半生の「ビギナーズ（初心者）」。そんなビギナーズを対象に、後半生ならではの楽しみや悩み、心配事や悲しみに直面した時の乗り越え方やより充実した人生にするためのヒントを考える。

ラジオ深夜便「絶望名言ミニ」 2018〜2019年度
『ラジオ深夜便』の第1(第2・水)午後11時台後半に放送。2017年度に始まった(第4・月)午前4時台放送の「絶望名言」が好評を呼び、そのコンパクト・バージョンを放送。

ラジオ深夜便「えほんの箱」 2018〜2019年度
『ラジオ深夜便』の第1(第4・水)午後11時台に放送。

ラジオ深夜便「トキメキ☆源氏絵巻」 2018〜2019年度
『ラジオ深夜便』の第1(第4・金)午後11時台に放送。

ラジオ深夜便「五木寛之のラジオ千夜一話」 2018年度
『ラジオ深夜便』の第1(第2・月)午前0時台に放送。「五木寛之 聴き語り昭和の名曲」（2015〜2017年度）の後継コーナー。

すっぴん！「サブカル用語の基礎知識」 2019年度
『すっぴん！』の第1(月)午前11時台に放送。第1回のテーマは「マンガから読むBL」。ライターで研究者のトミヤマユキコをスタジオに迎え、多様化している「BL（ボーイズラブ）」の世界をひもといた。そのほか「アニメのオープニング」「SFは最新がおもしろい！」「このマンガが五月病に効く！」「劇場版アニメ」「天才SFデザイナー、シド・ミード」などを放送。

ラジオ深夜便「ほむほむのふむふむ」 2019年度
『ラジオ深夜便』の第1・FM(第2・月)午前4時台に放送。現代短歌界を代表する歌人の1人で、エッセイスト、絵本作家としても活躍する穂村弘が、短歌を軸に好きなものや好きな人を取り上げて語る。

高橋源一郎の飛ぶ教室 2020年度〜
作家の高橋源一郎が「本」と「人」を通して現代の世相を分析し、現代社会の生き方を指南する夜の学校。一コマ目（番組前半）はお薦めの一冊を高橋独自の視点で紹介する「ヒミツの本棚」のコーナー。二コマ目（後半）の「きょうのセンセイ」では、話題の本の著者や各界の専門家を迎えて、その専門ジャンルについて対話を繰り広げる。第1(金)午後9時5分からの50分番組。進行は小野文惠アナ、礒野佑子アナ（2022年度〜）。

ラジオ深夜便「切ない歌を探して」 2020年度
『ラジオ深夜便』の第1(第4・土)午前0時台に放送。「"十九の春"を探して」などの著書で知られる川井龍介（ジャーナリスト）と桜井洋子アンカーのトークコーナー。

ラジオ深夜便「真夜中の本屋さん」 2020年度〜
『ラジオ深夜便』の第1(第5・月)午後11時台〜午前0時台に放送する生トークコーナー。出演はロバート・キャンベル（日本文学研究者・前国文学研究資料館長）。聞き手は迎康子アンカー。

ラジオ深夜便「私の人生手帖」 2020年度～
『ラジオ深夜便』の第1・FM(第4・土)午前4時台に放送。

おしゃべりな古典教室 2020年度～
古典には現代人の日常をもっと豊かにするヒントが満ちている。歌舞伎、人形浄瑠璃、能の演劇。雅楽、邦楽の音曲。講談、落語の話芸。万葉集や古事記、和歌、俳句の文学などの"古典"の世界を、木ノ下歌舞伎の主宰・木ノ下裕一が講師となり、生徒役の小芝風花(女優)に分かりやすく紹介していく「古典入門番組」。第2(木・金)午前9時30分からの15分番組。(日・月)にそれぞれ2回分をまとめて再放送。

ラジオ深夜便「岸本葉子の暮らしと俳句」 2021年度～
『ラジオ深夜便』の第1(月)午後11時台、月1回奇数月に放送。エッセイストの岸本葉子が、その時季の暮らしぶりや、実践している暮らしの知恵、シニアのほどよく快適な生活術を紹介する。自身が趣味で作った季節や暮らしを感じさせる俳句、先達の句を交えながら四季折々の暮らしにまつわるトークを楽しむ。2年目より毎月の放送となる。

ラジオ深夜便「舞台にかける」 2021～2023年度
『ラジオ深夜便』の第1(第4・金)午後11時台に放送。歌舞伎・文楽・能・狂言などの伝統芸能をはじめ、バレエ・オペラ・ミュージカル・演劇など、古今東西のあらゆる舞台芸術の魅力にふれるコーナー。いま注目のステージをピックアップして紹介するほか、出演者に話を聞いた。

ラジオ深夜便「夜のしおり」 2021年度～
『ラジオ深夜便』の第1(第4・土)午前0時台に放送。本の中のことば、誰かから贈られたことば、音楽の中のことばなど、作家の落合恵子の心に留まった"ことばたち"を心地よい音楽を交えながら紹介する。夜のひとときに「そっとはさむしおり」のような番組。

アニメ・ステラー 2022年度～
日本のアニメーション作品を多角的に深く掘り下げるトーク番組。クリエイター、声優、音楽家など作品制作に関わったゲストを毎回スタジオに招き、その魅力について熱く語る。『機動戦士ガンダム』の安彦良和監督や『君の名は。』の新海誠監督など、アニメ界のビッグネームも出演した。キャスターはサッシャ(ラジオDJ・ナレーター)、亜咲花(歌手)。第1(火)午後8時5分からの50分番組。

国語辞典サーフィン 2023年度～
国語辞典はどれも同じように見えるかもしれないが、実は作り手の思いにあふれ、それぞれの個性がある。ネットサーフィンのごとく国語辞典を持ち換え、ページをめくりながら、知られざる辞典そのものの魅力や言葉のおもしろさなどを届ける。知的好奇心を満たしてくれる番組。パーソナリティーはサンキュータツオ、柘植恵水アナウンサー。第1(土)午後0時45分からの15分番組。

朗読の世界 2023年度～
古くから読み親しまれている日本文学、そして海外文学の翻訳版を、人気の俳優・声優が朗読。文学に接する機会の少ない若いリスナーや、目の不自由な方々など、幅広い層に届けていく。原作の持つ世界観と空気感を最大限に尊重。省略などの編集や演出を加えずに、長編から短編まで原作をそのまま朗読する。FM(月～金)午後9時15分からの15分番組。

弘兼憲史の"俺たちはどう生きるか" 2024年度
街角で中高年の方々にインタビューして集めた切実な声、悩みに対して、「島耕作」シリーズや「黄昏流星群」などで人気の漫画家・弘兼憲史がゲストとともに考えていく番組。第1(第1・土)午後3時5分からの50分番組。

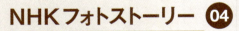

NHKフォトストーリー ④　　P296 ← 03　　05 → P437

録音ロケの現地に向かう(1942年)

番組『怒りの村』録音ロケ風景(1943年)

NHK放送100年史(ラジオ編)　343

ラジオ編 番組年表 08 教養・情報 歴史・美術・福祉

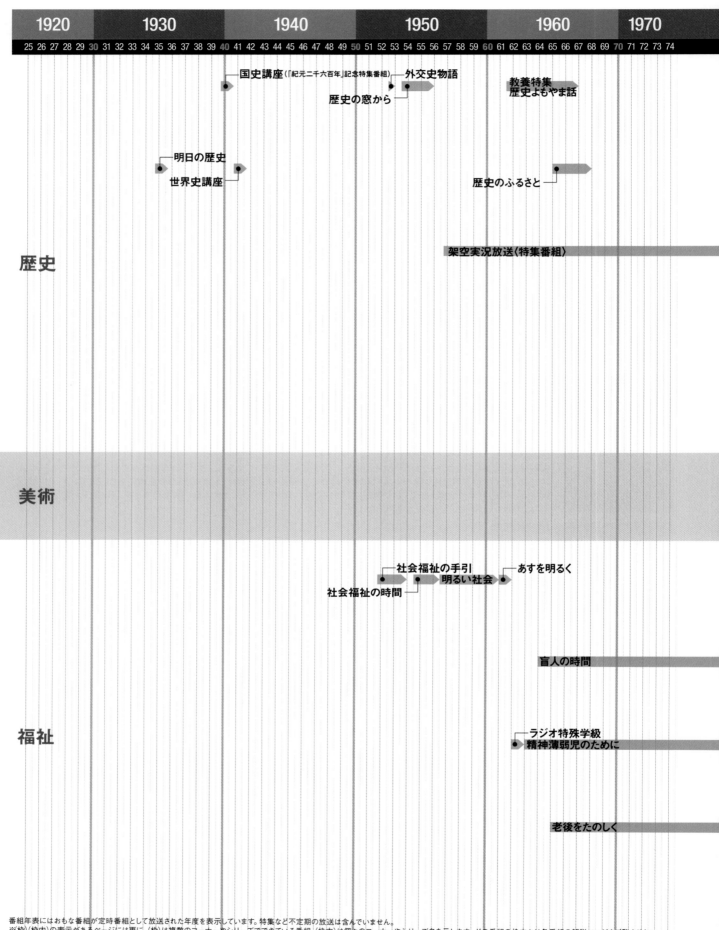

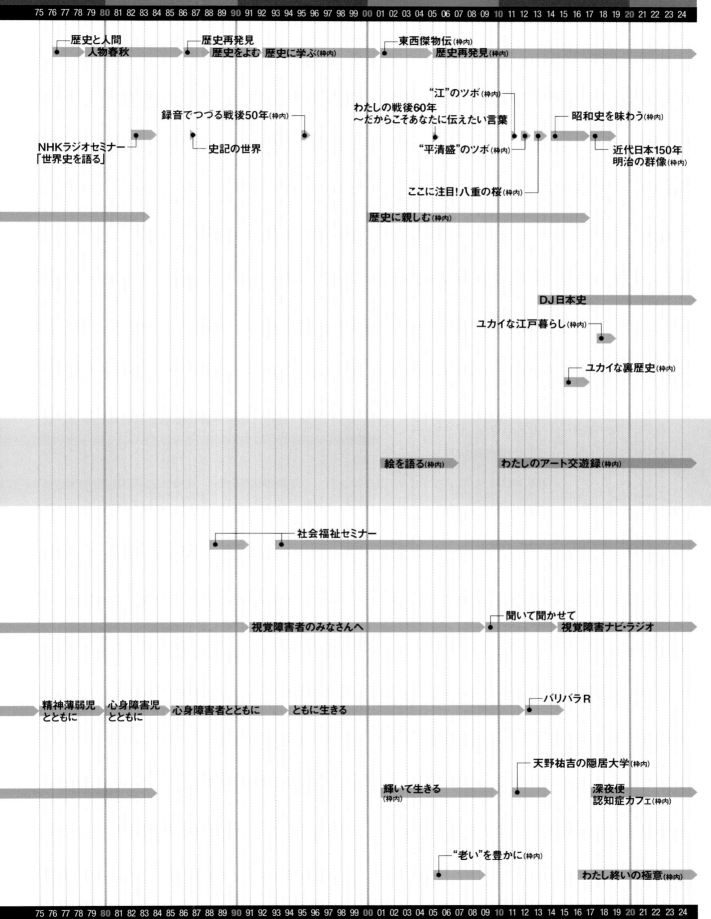

ラジオ編 番組年表 08 教養・情報 産業

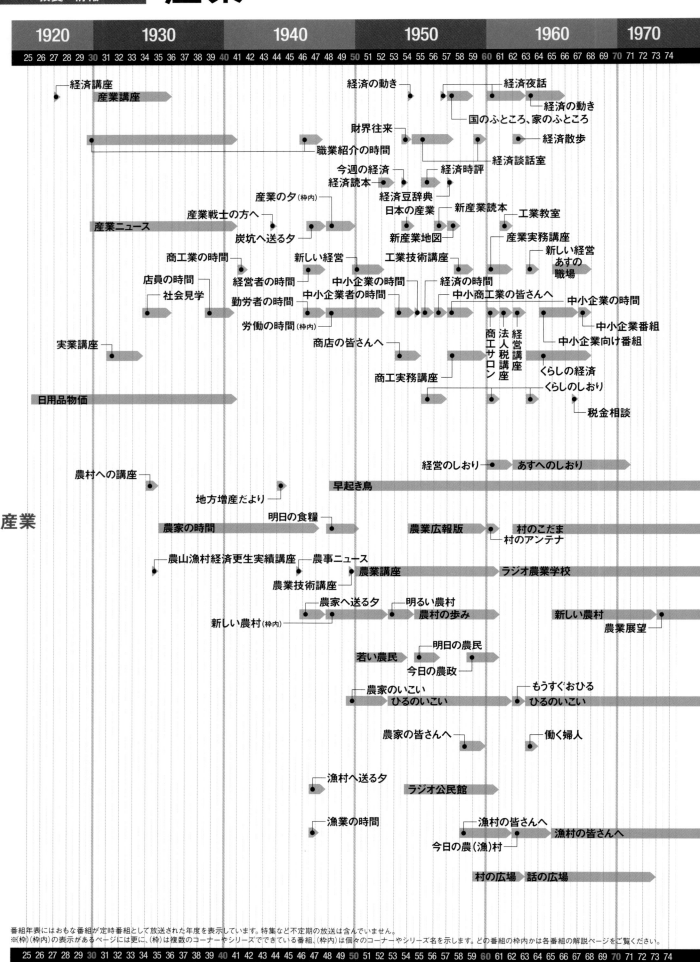

産業

産業番組 年表

| 年代 | 1980 | 1990 | 2000 | 2010 | 2020 |

- ビジネス情報
- ビジネス展望(枠内)
- ビジネス情報(枠内)
- マイ!Biz(枠内)
- 経済トップインタビュー
- ビジネスインタビュー
- ニューメディアノート
- 海外経済トピックス(枠内)
- マーケットリポート(枠内)
- ふるさと産業情報(枠内)
- ラジオ仕事学のすすめ
- ラジオビジネス塾 〜35歳からのスキルアップ〜
- ギョーカイ大図鑑(枠内)
- しごとをあそぼ
- 早起き鳥(枠内)
- 農林水産通信員リポート(枠内)
- 農業経営セミナー
- ラジオ農業(漁業)セミナー
- 漁業展望

NHK放送100年史（ラジオ編）　347

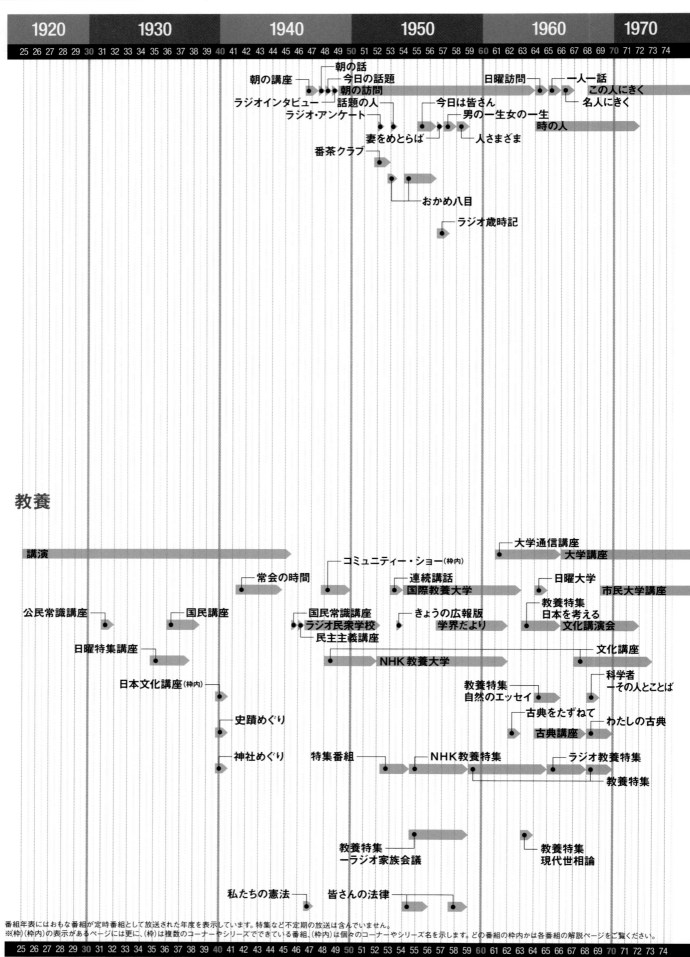

WEB版の年表はこちら

教養1

NHK放送100年史（ラジオ編）

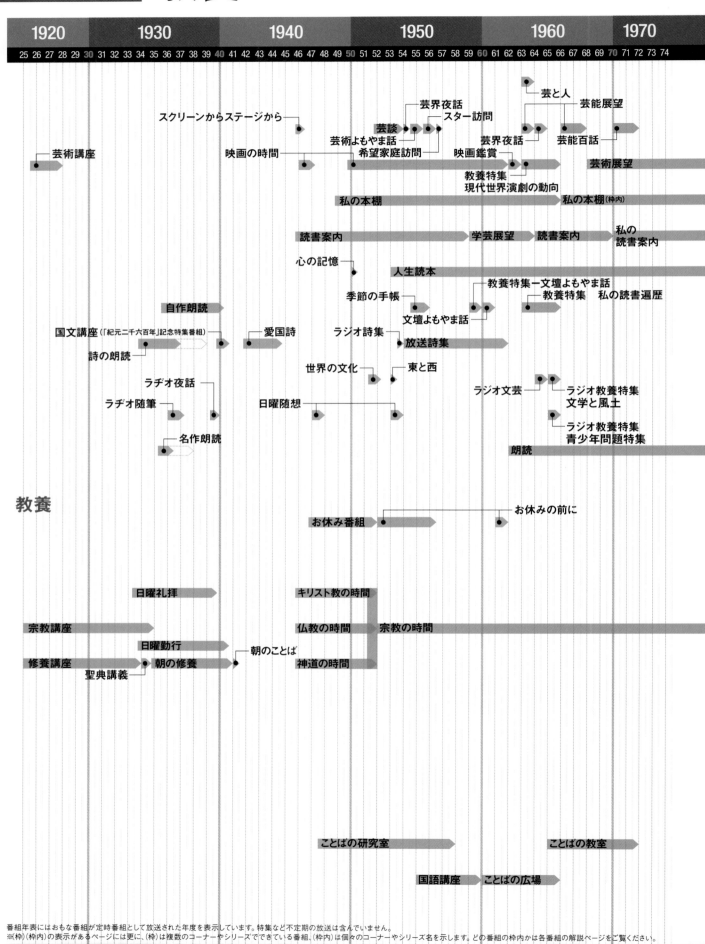

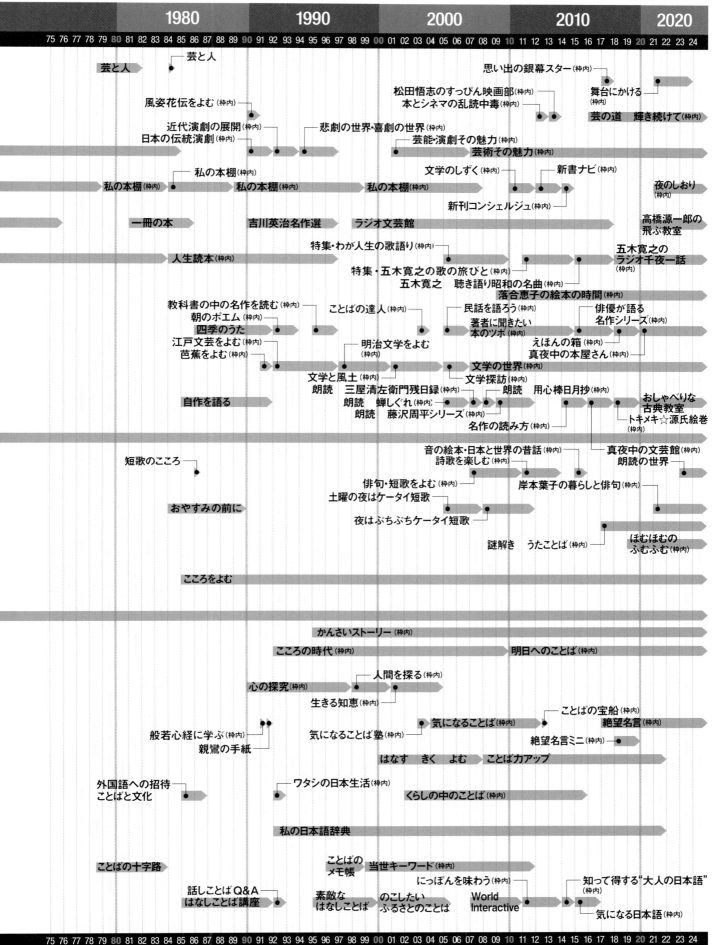

ラジオ編 番組一覧 09 自然・科学 | 定時番組

1950年代 〔自然〕

郷土の花 1954年度
1954年3月22日の放送記念日に発表したNHK選定「郷土の花」は、4月から各地域局より第1(土)午後3時15分からの15分番組で46回を放送。内容は花にちなんだ伝説や劇に、詩歌の朗読や民謡歌曲を織り交ぜて構成。それぞれの郷土にゆかりの深い花について紹介した。

自然とともに 1956〜1983年度
野鳥や虫の音、せせらぎや波の音など、自然の四季のいとなみを音で描く日曜朝の自然番組。第2放送の『やさしい科学』(1948〜1957年度)で1956年4月から放送した「自然とともに」が、同年11月に第1放送で独立。第1(土)午後5時台の15分番組で定時放送となる。1965年度に第3回ギャラクシー賞受賞。1972年度からはFMでも放送を開始。1984年度よりラジオ・エッセイ『私の自然』に引き継がれる。

1960年代 〔自然〕

朝の小鳥 1965〜1981年度
ステレオ録音によるさわやかな野鳥のコーラスを鑑賞する自然番組。1965年4月に実用化試験放送中のFMで第1回を放送。基本が4月から9月までの季節編成。本放送開始後の1969年度はFM(日)午前8時からの20分番組。

1980年代 〔自然〕

ふれあいラジオセンター「植物ごよみ」 1984〜1987年度
1984年度に始まった午前中の生活情報ワイド番組『ふれあいラジオセンター』枠内の(土)午前9時台後半のコーナー。草花を中心とした博物誌。

私の自然 1984〜1994年度
自然とともに暮らし、自然を見つめてきたさまざまな個性を持つ「私」が、自然の魅力を語る朝に送るトーク番組。「私」は研究者から市井のナチュラリストまで幅広く人選し、自然と触れ合うおもしろさや喜びを語ってもらった。第1(日)午前6時40分からの15〜18分番組。語られたテーマは、「ライチョウのなわばり」「虫のことばをききわける」「北のキノコの物語」「フクロウ小屋観察日記」「砂漠に生きる草花」ほか。

ふれあいラジオセンター「全国自然情報」 1986〜1989年度
午前中の生活情報ワイド番組『ふれあいラジオセンター』枠内の(月〜金)午前9時台のコーナー。昆虫、野鳥、植物など自然の移り変わりや、人間と自然の営みにまつわるさまざまな話題を紹介した。1989年度は『NHKラジオセンター(午前)』枠内の午前9時台前半に放送。

1990年代 〔自然〕

ウィークリー花博 1990年度
1990年4月1日から9月30日まで大阪鶴見緑地で開催された「国際花と緑の博覧会」について開催期間中リポートする番組。『NHKラジオセンター(午後)』「列島クローズアップ」枠で会場からイベント展開を中心に花博情報を伝えた。第1(水)午後2時35分からの10分番組。

ラジオ深夜便「草木との対話」 1996〜2002年度
『ラジオ深夜便』の第1(水)午前1時台に月1回放送。1998年度からはFMでも放送。河村陽子のアンカーコーナー。

2000年代　自然

 ラジオあさいちばん「季節の野鳥」 2000〜2009年度
朝の情報番組『ラジオあさいちばん』枠内放送。第1(日)午前5時22分からの5分番組。四季の移り変わりが明確な日本列島には、水辺の鳥から山野の鳥まで季節ごとにさまざまな野鳥が姿を現す。美しい野鳥の鳴き声とともに、日本野鳥の会ネイチャースクールの安西英明所長が聞き分け方や観察のポイントを解説する。

 ラジオ深夜便「花が好き！自然が好き！」 2003〜2018年度
『ラジオ深夜便』の第1・FM(水)午前1時台に放送。須磨佳津江アンカーのインタビューコーナー。自他ともに認める"花好き"で、NHK『趣味の園芸』の司会を長年務めた須磨アンカーが、花や自然の話題を入り口にすてきな生き方をしている人に話を聞いた。

 ラジオほっとタイム「心伝えて、愛・地球博」 2005年度
『ラジオほっとタイム』の第1(月〜金)午後2時45分からの5分番組。2005年3月25日から9月25日まで、愛知県で開かれた「愛・地球博」の会場の表情やイベント情報などを、会場内の「なごやかスタジオ」からインタビューやリポートを交えて毎日伝えた。

 NHKカルチャーアワー「人と自然」 2005〜2006年度
50歳以上の中高年を主な対象にした教養番組『NHKカルチャーアワー』の月曜枠で放送。自然環境悪化の中で、自然が語るメッセージに耳を傾けようという番組。前期は「われら地球家族・鳥類」というテーマで山岸哲(鳥類学者)ほか山階鳥類研究所の方々に、後期は「日本の森・世界の森」というテーマで宮脇昭(国際生態学センター研究所長)にそれぞれ話を聞いた。第2(月)午後9時30分からの30分番組。

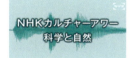 NHKカルチャーアワー「科学と自然」 2007〜2010年度
『NHKカルチャーアワー』の月曜枠で放送。最新の研究現場のエピソードを交え、科学の視点で自然環境を見つめ直した。初年度前期は丸山直樹(東京農工大学名誉教授)の「旅の野生動物記」、後期は渡部潤一(国立天文台天文情報センター長)の「新しい太陽系　宇宙の姿」を放送。第2(月)午後9時30分からの30分番組。2009年度に改題された『カルチャーラジオ』で継続放送。

2010年代　自然

 日曜あさいちばん「季節のいのち」 2010〜2014年度
『日曜あさいちばん』の第1(日)午前5時19分からの9分番組。前年度まで放送していた「季節の野鳥」を刷新し、改題。これまでは日本に生息するさまざまな野鳥の鳴き声を季節ごとに紹介してきたが、2010年度からは野鳥だけでなくさまざまな動物や虫などの鳴き声を紹介。安西英明(「日本野鳥の会」理事)が聞き分け方や観察のポイントを紹介した。

 ラジオ深夜便「自然を楽しむ」 2012〜2015年度
『ラジオ深夜便』の第1(第2〜4・火)午前0時台に放送。3人の"自然のプロ"が週替わりで登場。身近な植物や野鳥観察のヒント、雑草の不思議な生態、山歩きのコツなど、自然の楽しみ方を伝授する。各週のテーマと出演者は第2週「街中の自然観察」佐々木洋(プロ・ナチュラリスト)、第3週「雑草の不思議」稲垣栄洋(みちくさ研究家)、第4週「山歩きの楽しみ」田部井淳子(登山家)。

 ラジオ深夜便「深夜便かがく部」 2018年度〜
『ラジオ深夜便』の第1(第2〜4・月)午後11時台に放送。個性豊かな講師陣が、週別にテーマを設けて動物や植物の不思議な世界を案内する。初年度の第2週はシンガーソングライターとしての顔を持つ本川達雄(生物学者)の「うたう生物学」、第3週は岩科司(筑波実験植物園前園長)の「ふしぎな植物園」、第4週は石垣幸二(沼津港深海水族館館長)の「深海のいきもの」。

 石丸謙二郎の山カフェ 2018年度〜
"カフェ"のマスターとしてパーソナリティーを務めるのは、登山歴40年の俳優・石丸謙二郎。登山家や写真家を迎えてのおしゃべりや、石丸が自らの登山の様子を録音した「マスターの音だより」、山に関する小説を朗読する「マスターの本棚」、リスナーの"自慢の山"を紹介する「日本列島山リレー」などのコーナーで構成。初年度は第1(土)午前9時5分からの50分番組。2019年度から午前8時5分から9時55分に拡大。

2020年代　自然

 ラジオ深夜便「オーレリアンの丘から四季便り」 2020〜2021年度
『ラジオ深夜便』の第1・FM(第5・月　＊年間4回)午前4時台に放送。写真家で切り絵作家の今森光彦が住んでいるのは滋賀県大津市にある"オーレリアンの庭"。オーレリアンとは蝶を愛する人のこと。今森は30年をかけて里山の環境を整え、その風景を撮り続けてきた。村上里和アンカーがオーレリアンの庭を訪ね、今森とともに四季折々の里山の魅力を伝える。

NHK放送100年史(ラジオ編)　353

09 自然・科学 | 定時番組

ラジオ編 番組一覧

ラジオ深夜便「山の達人たち」 2020年度～
『ラジオ深夜便』の第1(第5・月)午前0時台に放送。

1920年代　科学情報

通俗科学講座 1925～1935年度
科学一般の平易な解説を目的としたもので、衛生、食料、衣料問題など、家庭生活の面から説くものが多かった。1925年7月20日に第1回「我が国民性と科学」(後藤新平)を放送。そのほか「夏日に於ける活動と休養」(杉田直樹)、「米と麦」(稲垣乙丙)、「電気と人生」(田中龍夫)、「家庭の燃料問題」(大島義清)、「人造生糸の話」(厚木勝基)などを放送。

科学講座 1929年度
各方面の科学知識を一般に分かりやすく解説し、普遍化を目指す講座。1週間連続の講座で「天文学」「気象学」「海洋学」「民族心理学」「人類学」「考古学」「生物学」「地質学」「太古史」「神話学」などの講義をおこなった。1930年ごろには『科学講座』の一種で、さらに生活と密接な関係を持つ医学知識を提供する『通俗医学講座』も放送した。

1930年代　科学情報

最新自然科学講座 1930年度
1931年3月23日から4月12日にかけて全20回で放送。永田武美(医学博士)の「ヴィタミンの話」、竹内時男(物理学者)の「物質は波動である」、石原純(理学博士)の「相対性原理と量子論」、江見節男(理学博士)の「物理化学の発達に就いて」、國富信一吉(中央気象台技師)の「関東地方に於ける大地震と小地震の週期性」、小野俊一(動物学者・発明協会役員)の「発明と日本の文化」ほかを放送。

1950年代　科学情報

科学ゼミナール 1953～1956年度
大学教養課程程度を対象とした高度な科学番組。第一線の科学者を講師に迎え、聴取者から選んだ聴講生との討論をまじえたゼミナール形式で放送。初年度は日本化学会50年記念で来日した世界有機化学界の第一人者サー・R・ロビンソンの「有機化学進歩の趨勢」、天文学者の萩原雄祐の「天体物理学」ほかを放送。初年度は第2(日)午前8時30分からの30分番組。1956年10月に終了し『学界だより』に引き継がれる。

科学談話室 1954～1971年度
身のまわりの事象や科学界の話題について第一線の研究者や評論家が語り合う科学放談番組。『番茶クラブ』(1951～1952年度)の後を受けて、『番茶クラブ』で好評だった知的なおしゃべりを一流の科学者たちが繰り広げた。初年度は第2(金)午後8時30分からの30分番組。テーマは「宇宙開発1961年」「数学ぎらい」「木からおりたサル」ほか。1968年度にFMに移設。

科学の散歩 1955～1956年度
1953年度に『若い世代へ』の水曜コーナーでスタート。その後『やさしい科学』(1948～1957年度)に引き継がれ、1955年4月に単独番組として独立。若者向けの科学番組で、科学随筆や現地探訪で構成した。1956年度放送の「風土病地帯をゆく」は大きな反響を呼んだ。第2(水)午後7時30分からの30分番組。1956年11月に『科学の世界』に改題。

原子力と新世界 1955年度
原子力の平和利用に関して一般の興味と関心が高まったため、1955年11月の番組改定に先立って10月から放送をスタート。物理学者の湯川秀樹、伏見康治、山崎文男ほか、日本における最高レベルの専門家を講師に迎え、原子力の平和利用についてわかりやすく解説した。第2(日)午後11時からの20分番組。1956年4月1日より『今日の原子力』に改題。

今日の原子力 1956～1957年度
日本初の原子力研究機関が茨城県東海村に設置されることが1956年4月に決定。一方で米、英、ソ連の原水爆実験とともに、ストロンチウム90やセシウム137などの放射性物質の恐ろしさが報じられるなど、原子力への関心の高まりを背景に始まった番組。日本の原子力開発の問題点、ソ連のICBM発射や人工衛星の打ち上げ成功、東海村第1号実験炉運転開始の話題などを取り上げた。初年度は第2(木)午後7時台の30分番組。

科学の世界 1956～1957・1963年度
『科学の散歩』(1955～1956年度)を1956年11月から引き継ぐ。「深海を探る」「数学の世界」など、1か月1テーマで科学講話を放送。第2(水)午後7時40分からの20分番組。1963年度に同名番組がスタート。あらゆる分野の事柄について"科学"で考え、科学的な考え方に対し興味を深める番組。主なテーマは「地震とナマズ」「生命の起源」「脳の中の地図」など。第2(土)午後7時30分からの30分番組。

 原子力時代　1958年度
『今日の原子力』(1956～1957年度)の後継番組。単なる原子力問題にとどまらず、ソビエトの人工衛星打ち上げ成功以後、大きく転換した世界の科学技術や軍事・国際政局の面から問題点をとらえ、解説をおこなった。核実験停止会議、米ソのミサイル競争、英国で開発されたコールダーホール型原子炉の日本への導入問題などのテーマを取り上げた。第2(日)午前8時からの30分番組。

 今週の科学　1958～1961年度
直近1週間に話題になった科学ニュースを科学ジャーナリストが解説。さらに向こう1週間に行われる予定の学会、催しの展望も行った。原子力や核実験、人工衛星の話題が多く取り上げられた。番組には5人の現役科学者がブレーンとなって、毎回、テーマの検討、分析を行った。初年度は第1(土)午後11時10分からの20分番組。

 あすへの科学　1959年度
『若い世代へ』(1956～1961年度)の水曜コーナーで放送。「デンマーク農業に学ぶ」「塩は姿を変えている」「日本のダム」など、科学技術を基盤として新しい世界を開拓しつつある国内外の人々の姿を紹介した。第2(水)午後7時40分からの20分番組。

1960年代　科学情報

 科学千一夜　1960～1978年度
米ソの宇宙開発競争とともに科学への関心が高まっていた1960年に放送をスタート。難解な科学の話題をディスクジョッキー形式で分かりやすく伝える科学啓蒙番組。初年度は第1(水)午後10時30分からの30分番組。タイムリーな内外の科学的なトピックを取り上げて、第一線で活躍する研究者がやさしく解説する軽妙なタッチの番組として親しまれ、1978年11月に19年に及ぶ番組を終了。

 科学の話題　1962～1963年度
直近1週間の科学ニュースを紹介する『今週の科学』(1958～1961年度)に代わって登場。家庭の主婦を対象に、1週間に起きた科学ニュースをわかりやすく解説した。レギュラー解説者は科学評論家の丹羽小弥太、「科学朝日」などで活躍したジャーナリストの岸田純之助が務めた。第1(土)午前11時15分からの15分番組。

 科学風土記　1963年度
全国各地の放送局をリレーで結ぶワイド番組『日本さまざま』枠内で放送。郷土が誇る風物に科学的な分析を加える録音構成で、全国各地の伝説や事象を選び、解説を加えた。取り上げた主なテーマは「灘の酒」、「浅間の鬼押しだし」ほか。第1(金)午後3時30分からの29分番組。

1980年代　科学情報

 サイエンスウィークリー　1982～1983年度
最新科学技術のトピックスをタイムリーに紹介する科学情報番組。ニュースの背景にある科学技術や知っておきたい科学の話題を、第一線の研究者らがわかりやすく伝えた。取り上げたテーマは「お札の偽造防止技術」「川崎病のなぞをさぐる」「秘境・南硫黄島の生物」「体外受精」「ナマズの地震予知」「紀州山中・赤潮の謎」「脳に酵素を運ぶ」「開発すすむ知能ロボット」ほか。初年度は第1(火)午後9時30分からの25分番組。

 こんにちはラジオセンター・サンデージョッキー「科学万博会場から～つくばリポート～」　1984～1985年度
第1放送『こんにちはラジオセンター』の(月～金)午後2時台後半のコーナーと、『サンデージョッキー』の午後2時台を通して毎日放送。1985年度前半に茨城県筑波研究学園都市で開催された「科学万博」を3月18日から9月14日まで、イベントやパビリオンの紹介、駐車場・宿泊情報などを会場から連日中継で伝えた。

 わたしの科学ノート　1984～1989年度
各分野で世界の最先端を行く日本の優秀な科学者や技術者たちが、最前線の科学技術をわかりやすく語るとともに、研究に踏み込んだきっかけや研究のおもしろさ、裏話などを明かす。初年度の出演者と語ったテーマは、木原均(遺伝学者)の「小麦にかけた60年」、阿久津哲造(心臓外科医)の「人工心臓をめざす」、奥田治之(天文学者)の「赤外線で見る知られざる宇宙」など。初年度は第2(金)午後10時20分からの40分番組。

1990年代　科学情報

 NHKラジオセンター(午後)「気象歳時記」　1993～2006年度
情報生ワイド番組『NHKラジオセンター(午後)』の第1(月～金)午後1時台後半に放送。気象情報と気象にまつわるミニ知識を伝えた。2006年度は第1(月～金)午後1時19分からの6分コーナー。2007年度に「お天気ウオッチング」に改題。

09 自然・科学 | 定時番組

 NHKラジオセンター（午後）「気象と健康」　1997〜1999年度
第1放送『NHKラジオセンター（午後）』枠内で午後1時台後半の「気象歳時記」に続いて（月）に放送。気象の変化と健康の関係を専門医に電話でインタビューする。

2000年代　科学情報

 ラジオあさいちばん「カルチャー&サイエンス」　2002〜2010年度
『ラジオあさいちばん』の枠内コーナー。文化情報を月に3回、科学情報を月1回のペースで紹介。多様なジャンルで活躍する新しい文化の担い手や新たなムーブメント、先端科学の現場や研究成果を取材・構成して放送した。初年度は第1（土）午前8時からの22分番組。2007年度に『土曜あさいちばん』枠内で、2008年度からは『日曜あさいちばん』の枠内で継続放送。

 ラジオほっとタイム「お天気ウオッチング」　2007年度
『ラジオほっとタイム』の第1（月〜金）午後1時19分からの6分番組。同枠内の「気象歳時記」を改題。最新の天気予報を気象予報士の渡辺博栄が季節の話題とともにわかりやすく伝えた。

 ふるさとラジオ「お天気耳より情報」　2008〜2012年度
『ふるさとラジオ』の第1（月〜金）午後1時33分からの7分番組。『ラジオほっとタイム』の「お天気ウオッチング」（2007年度）を改題。気象予報士の渡辺博栄が、最新の天気予報を季節の話題とともにわかりやすく伝えた。

2010年代　科学情報

 みんなで科学　ラボラジオ　2011〜2012年度
"科学って、実はおもしろい！"を合言葉に、ニュースに出てくる科学を解説し、科学を楽しむことを目的とした第1放送の科学情報番組。ラジオの機動性を生かして研究現場からの中継を交えて伝えた。2012年度は「ヒッグス粒子」「金環食の正しい観測方法」「ウナギの知られざる生態」などのテーマを扱い、年間11本を放送。2012年度は祝日と（月1回・日）に午前10時5分からの1時間45分番組で放送。

 カルチャーラジオ「科学と人間」　2014年度〜
『カルチャーラジオ』の金曜枠で放送。地球温暖化、大地震の起こるメカニズム、宇宙開発、iPS細胞など、一見わかりにくい科学や環境の話題をその道の第一人者が新鮮な切り口でわかりやすく解説する。取り上げたテーマは「IT社会とコミュニケーション〜現在・過去・未来」「宇宙に生命はいるのか」「変わりゆく気候　気象のしくみと温暖化」「AI（人工知能）の現状と展望」ほか。第2（金）午後8時30分からの30分番組。

 ラジオ深夜便「望遠鏡のかなたに」　2016〜2019年度
『ラジオ深夜便』の「深夜便ぶんか部」の第2週の放送でスタート。2018年度に「ぶんか部」の枠を出て第1（金）午後11時台に独立。お話は福島県田村市星の村天文台台長の大野裕明。

 すっぴん！「お天気メンバー11時」　2017年度
『すっぴん！』の第1（月〜金）午前11時台に放送。全国のリスナーと電話をつなぎ、その場所の天気をきっかけにおしゃべりをする。

 ラジオ深夜便「サイエンスは、いま」　2017〜2019年度
『ラジオ深夜便』の第1・FM（第5・木）午前1時台に放送。二宮正博アンカーの企画で、日本の最先端科学の現在を探る。

 すっぴん！「学問のスルメ」　2019年度
『すっぴん！』の第1（月）午前9時台に放送。「ヘンな論文」の著者でもある月曜パーソナリティーのサンキュータツオが、「学問」や「研究」の味わい方をレクチャーする教養バラエティーコーナー。取り上げたテーマは「湯たんぽの研究」「科学コミュニケーション」「研究者という職業」ほか。

1920年代　生活科学

通俗医学講座　1927〜1930年度
生活と密接な関係を持つ医学について、研究発表を主に一般にわかりやすく講義した。「予防医学」や「衛生学」のほかに、「健康講座」のタイトルで放送した西勝造による「西式強健術と触手療法（全6回）」や他の講師による「家庭療法」「食餌療法」も好評だった。

1930年代　生活科学

衛生メモ　1934〜1940年度
1934年10月より、これまで放送されていた『家庭メモ』と日替わりで、主婦たちが関心を寄せる家庭衛生、保健知識、冬の流行性感冒、夏の日射病など、季節に応じた健康維持のための注意点を伝えた。第1(火・木・土)午前9時からの5分番組で、東京局から全国放送した。

1940年代　生活科学

厚生の時間　1941年度
傷病軍人および病人等のほか、一般青壮年から老人まで聴取対象に含めて新設した。療養に関する講演のほか、内容は修養、趣味、慰安にまで及ぶ。午前9時または午後5時から放送。「傷病軍人の方々へ〜希望に生きよ」ほか。

療養所の時間　1943〜1945年度
療養所にいる傷病軍人を慰安、激励するための番組。午後1時30分からの30分番組で毎日放送。伊藤康安(僧侶)の「茶の味、禅の味」、木村義雄(将棋名人)の「将棋の話」、川上三太郎(川柳作家)の「川柳の味わい方、作り方」、宮城道雄(作曲家・箏曲家)の「勘の世界」などのシリーズ番組を、浅野千鶴子(声楽家)の独唱、童謡とピアノで「たのしい疎開」、室内楽などの歌や音楽と交互に放送。戦後、『療養の友』に改題。

療養の友　1945・1953年度
戦況の悪化で休止していた『療養所の時間』が、終戦まもない9月に復活。同年10月、『療養の友』に改題。対象をそれまでの傷病軍人に限らず自宅療養中の一般患者に広げ、結核の予防や療養にあたっての正しい指導をおこなうほか、体験談、俳句、和歌の募集もおこなった。1946年1月にいったん番組は終了するが、1953年4月に病気療養者を対象とした文芸投稿番組として第2放送で再開。

衛生の時間　1945〜1947年度
健康の保持と環境衛生に資する番組として1946年1月にスタート。食糧難による栄養失調の対策をはじめ、当時流行していた疥癬(かいせん)、ジフテリア、天然痘、発疹チフス等の予防に力を注いだ。第1(月)午前10時30分からの15分番組。1947年7月に『皆さんの健康』に統合。

皆さんの健康　1947〜1965年度
終戦後、結核患者のための時間として成果を収めてきた『療養の友』と『衛生の時間』の発展形として新設。一家の健康管理者である主婦を対象に、公衆衛生思想の普及啓もうと保健衛生の指導を目的とした。聴取者から寄せられる健康相談にも答えた。1948年7月から「ラジオドクター」システムを採用し、専門医の話をわかりやすく伝えた。1961年度は『あすを明るく』、1964年度は『午後の茶の間』の1コーナーとして継続。

やさしい科学　1948〜1957年度
1948年9月に第2(月〜金)午後9時台の15分番組で始まる。社会人を対象に自然科学の各分野にわたって、その基礎的な考え方や知識を対談形式でわかりやすく解説する番組。1954年4月から7か月間のみ『科学クラブ』に番組が変わるが、同年11月に青少年を対象に『やさしい科学』が復活。第2(月〜金)で曜日ごとに「科学クイズ」「科学家庭座談会」「科学の散歩」「連続科学小説」などのコーナーを放送する。

1950年代　生活科学

療養の時間　1951〜1977年度
結核を中心に心臓病、がんなどの長期療養者とその家族のために、闘病に必要な知識を提供し生活指導を行った。また孤独になりがちな療養者同士の交流の場とした。初年度は第2(月〜土)午前9時からの15分番組。1969年度より週1回午前8時台の25〜30分番組となる。

09 自然・科学 | 定時番組

ラジオ編 番組一覧

科学クラブ 1954・1957～1962年度
1948年から放送していた『やさしい科学』に代わって1954年4月にスタート。"耳で聞く科学雑誌"と銘打った中学生向け科学番組。同じ年の11月に新たに始まった同名の別番組『やさしい科学』に引き継がれる。1957年11月、再び『やさしい科学』の後継番組として第1放送に波を移し、家庭と青少年を対象としたポピュラーサイエンス番組として再スタートした。1957年度は第1(月～金)午後5時台の15分番組。

医学の時間 1954～1961年度
開業医を中心とする医療関係者を対象とした医療専門番組。新しい治療法や流行病に対する緊急対策を、対談、座談会、ルポルタージュなどの手法で伝えた。また学会で話題になっている新報告や一般医学についても解説した。初年度は第2(日)午後10時からの30分番組。1962年度に『今日の医学』に改題。

1960年代　生活科学

今日の医学 1962・1982～2001年度
医療関係者を対象とした医療専門番組『医学の時間』を改題。開業医その他、医療関係者を対象に、最新の医学、薬学などの学会の動きや、臨床の実例などの普及を図った。第2(土・日)午後6時台の25分番組。1963年度に『現代の医学』に改題。1982年度に医療関係者を対象に、専門家や研究者が学会で発表された新研究や新しい治療の成果などの最新情報を伝える番組として再開。第2(日)午前6時台の20分番組。

主婦の科学 1963年度
新設された家庭向けワイド番組『午後の茶の間』枠内で放送。暮らしの合理化を科学的にはかるための"主婦の生活便利帳"とした。1週間の構成は、(月)「聴取者の質問に答えて」、(火・水・木)「衣食住の科学的解説」、(金)「今週の科学的トピック」。第1(月～金)午後2時15分からの15分番組。

現代の医学 1963年度
『医学の時間』(1954～1961年度)として発足し、『今日の医学』(1962年度)を経て1963年度に『現代の医学』に改題。開業医とその他の医療関係者を対象に、医学・薬学会の動きや貴重な臨床例などを伝え、最新の医学専門知識の普及をはかった。第2(土)午後11時15分からの45分番組。

健康百話 1965～1978年度
経験豊かな名医が語る随想の中に病人への助言となるような気付きや、健康を過信している人たちへの警句を盛り込んだ。初年度は第1(金)午後9時台の19分番組。1968年度から専門医との対談番組となる。取り上げたテーマは「誤診適診」(1968年度)、「腸内菌物語」(1974年度)、「患者のうそと真実」(1976年度)ほか。1978年11月に終了し、『健康百科』が(月～金)の10分番組で後を引き継ぐ。

健康手帳 1966～1978年度
主婦のための教養ワイド番組『みんなの茶の間』枠内で放送。健康に関するリスナーからの質問に専門医が回答し、病気の予防や重症化を防ぐための知識を提供する番組。初年度は第1(月～土)午前10時45分からの13分番組。

1970年代　生活科学

療養の広場 1978～1981年度
結核療養者を主な対象として25年間にわたって放送した『療養の時間』(1951～1977年度)を改題。その後、成人病を含む慢性疾患療養者を主な対象とした。自宅や療養所などで長期に療養する人のために必要な医療知識や生活の指針を紹介。また療養体験記や俳句、短歌などの文芸の時間をいっそう充実させ、孤独になりがちな療養者の心の交流を図るとともに相互の連帯感を深めた。第2(日)午前8時30分からの25分番組。

健康百科 1978～1981年度
『健康百話』(1965～1978年度)の後継番組。健康の基礎知識や、健康な生活を送るためのアドバイスを各分野の専門家が語るトーク番組。総合テレビの『きょうの健康』が、午前と午後(再)の放送であるため、昼間、勤めをもつ人たちからの夜間放送を求める声に応えて設けた番組。第1(月～金)午後9時20分からの10分番組。週単位(連続5回)でテーマを設定。1回ずつは小テーマで読み切り的な構成として好評を得た。

1980年代　生活科学

健康談話室 1982～1983年度
体の生理作用、医療・医学の新しい考え方、臨床医の長年の医療体験など、自分の健康を自分自身で守るうえに参考となる話題を幅広く取り上げた。話し手は、第一線で活動する医師、看護師、医療工学者など。聞き手には医事評論家の西來武治、高津和子ほか、NHKの医療番組担当者が当たった。扱った内容は「寿命をのばす」「心の病気からだの病気」「ビタミンＣのききめ」ほか。初年度は第1(土)午後9時30分からの28分番組。

こんばんはラジオセンター「面白自然科学」 1985～1988年度
第1放送の芸能生ワイド番組『こんばんはラジオセンター』枠内の(火)午後9時台のコーナー。

こんにちはラジオセンター「あなたの健康・家族の健康」 1987～2007年度
第1(月～土)午後1時から7時までのワイド生番組『こんにちはラジオセンター』の午後3時台に編成された枠内コーナー。聴取者に関心の高い健康情報について(月～金)で1テーマを原則に伝えた。前半は専門医からのアドバイス、後半は電話相談をもとに聴取者の相談に答えた。1990年度にワイド枠『NHKラジオセンター（午後）』の「くらしの電話相談～健康・年金・法律・園芸・料理など～」に引き継がれる。

1990年代　生活科学

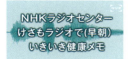
NHKラジオセンター～けさもラジオで（早朝）「いきいき健康メモ」 1992～1993年度
第1放送『NHKラジオセンター～けさもラジオで（早朝）』の午前5時台に放送。

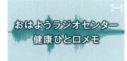
おはようラジオセンター「健康ひと口メモ」 1994～1996年度
第1放送『おはようラジオセンター』の午前5時台に放送。身近な健康情報コーナー。1997年度より「健康ライフ」があとを引き継ぐ。

おはようラジオワイド「健康ライフ」 1997年度～
第1放送『おはようラジオセンター』枠内の「健康ひと口メモ」(1994～1996年度)を改題して刷新。『おはようラジオワイド』枠内の(月～金)午前5時台の10分番組。インタビュー形式で医療のほか、食事の話題から山歩きまで幅広い健康情報を伝えた。1999年度以降も情報番組『ラジオあさいちばん』、2015年度からの『NHKマイあさラジオ』、2019年度からの『マイあさ！』枠内で継続放送。

2000年代　生活科学

ラジオ深夜便「健康百話」 2005～2008年度
『ラジオ深夜便』の第1(水)午前0時台に放送。医学、スポーツ、食などのジャンルから、テーマを月替わりで設定し、専門家の話を聞く。最新の研究成果を踏まえた、簡単に実行できる健康法を紹介する。久野譜也（筑波大学教授）の「ながら筋トレ」や安保徹（新潟大学大学院教授）の「自然の力が病気を治す」などに反響があった。

2010年代　生活科学

ラジオ深夜便「からだの知恵袋」 2018年度～
『ラジオ深夜便』の第1(第2～5・火)午後11時台に放送。2017年度に始まった「ごはんの知恵袋」の健康情報版。"食べる・ねむる・うごく・やすらぐ"の4つのテーマに沿って、すこやかな暮らしを送るための情報を届けた。

NHK放送100年史（ラジオ編）　359

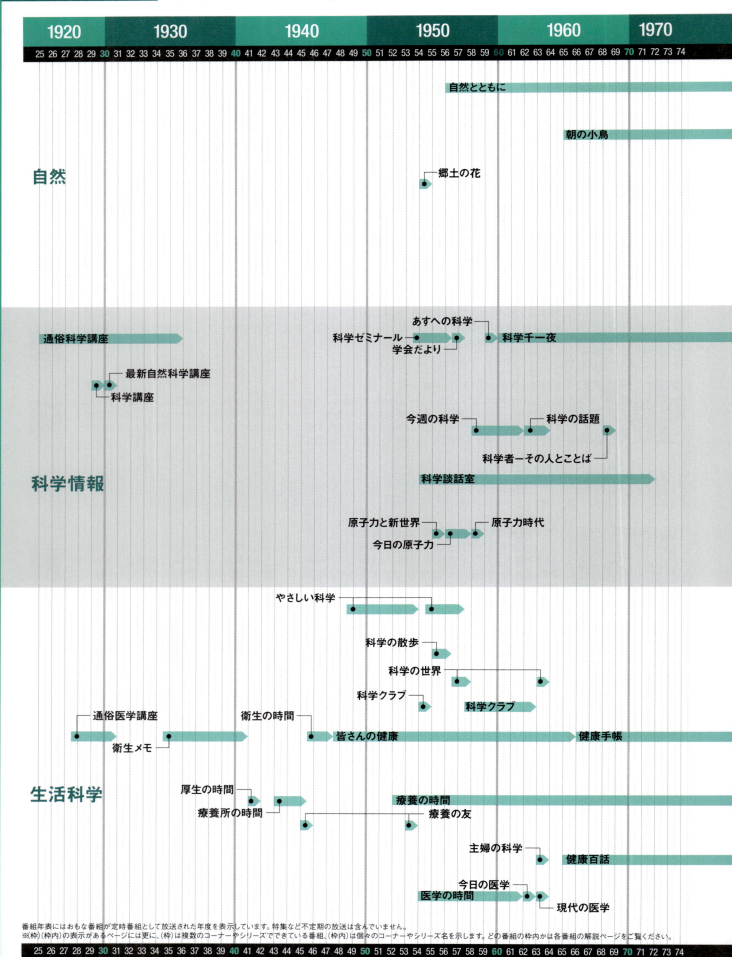

WEB版の年表はこちら

自然 科学情報 生活科学

1980　1990　2000　2010　2020

75 76 77 78 79 80 81 82 83 84 85 86 87 88 89 90 91 92 93 94 95 96 97 98 99 00 01 02 03 04 05 06 07 08 09 10 11 12 13 14 15 16 17 18 19 20 21 22 23 24

- 私の自然
- 山の達人たち(枠内)
- 季節のいのち(枠内)
- 季節の野鳥(枠内)
- 草木との対話(枠内)
- 花が好き！自然が好き！(枠内)
- 植物ごよみ(枠内)
- オーレリアンの丘から四季便り(枠内)
- 全国自然情報(枠内)
- 人と自然(枠内)
- 深夜便かがく部(枠内)
- 科学と自然(枠内)
- ウィークリー花博
- 自然を楽しむ(枠内)
- 石丸謙二郎の山カフェ
- 心伝えて、愛・地球博(枠内)

- サイエンスウィークリー
- カルチャー&サイエンス(枠内)
- わたしの科学ノート
- サイエンスは、いま(枠内)
- 望遠鏡のかなたに(枠内)
- 科学と人間(枠内)
- 科学万博会場から～つくばリポート
- 学問のスルメ(枠内)
- お天気メンバー11時(枠内)
- お天気ウオッチング(枠内)
- 気象歳時記(枠内)
- お天気耳より情報(枠内)
- 気象と健康
- みんなで科学　ラボラジオ

- 面白自然科学(枠内)

- 健康ひと口メモ(枠内)
- 健康談話室
- 健康ライフ(枠内)
- いきいき健康メモ(枠内)
- からだの知恵袋(枠内)
- 療養の広場
- 健康百話(枠内)
- 健康百科
- あなたの健康・家族の健康(枠内)
- 今日の医学

75 76 77 78 79 80 81 82 83 84 85 86 87 88 89 90 91 92 93 94 95 96 97 98 99 00 01 02 03 04 05 06 07 08 09 10 11 12 13 14 15 16 17 18 19 20 21 22 23 24

ラジオ編 番組一覧 10 こども・教育 | 定時番組

1920年代　幼児・こども

子供の時間　1925～1940・1948～1961年度
1925年7月の東京局本放送開始と同時に始まった子ども対象の番組、もしくは番組枠。放送初日は児童文学者の久留島武彦が童話「もらった寿命」を朗読。翌年9月より午後6時からの定時放送となる。1928年11月、ご大礼記念として全国放送開始。1941年1月に『少国民の時間』に改題。戦後は『仲よしクラブ』を経て、1948年に小学生向け学校放送の課外的な位置づけで放送を再開。1959年度より『こどもの時間』。

コドモ日曜新聞　1928～1932年度
『子供の時間』が全国放送を開始した1928年、大阪局で『コドモ日曜新聞』がローカルの定時番組で5月からスタート。時事、科学、スポーツ、社会など、子どもに聴かせたい話題を、わかりやすく正しいことばづかいで伝える番組とした。その後、1932年6月1日から『コドモの新聞』として、東京発の全国放送となった。

1930年代　幼児・こども

コドモの新聞　1932～1940年度
大阪局の『コドモ日曜新聞』（1928～1932年度）が、1932年6月から『コドモの新聞』として東京発の全国放送となる。第1（月～土）午後6時からの『子供の時間』に続いて放送する5分番組。話し手には東京放送局の職員で童話作家の関屋五十二と、"ラジオのおばさん"と親しまれ、後に「赤毛のアン」を翻訳した村岡花子の2人が選ばれ、1週間交代で担当した。1941年4月から『シンブン』に改題。

国史劇 〈子供の時間〉　1939～1940年度
紀元二千六百年の記念特集番組（紀元二千六百年奉祝放送）の一環で、1940年1月から12月まで、毎月1回、午後6時からの『子供の時間』内で放送された歴史劇。内容は1月放送の「天孫降臨」に始まり、「此の一戦」に至るまで、各時代の史実を基に松村武雄、植木直一郎、中村孝也、渡辺世祐、尾佐竹猛、木村毅らが創作した。

1940年代　幼児・こども

少国民の時間　1940～1945年度
『子供の時間』（1925～1940年度）を1941年1月に改題。子どもたちに愛国心と兵隊へのあこがれを抱かせ、国のために働くことを教育した。1941年度は番組冒頭5～7分に『コドモの新聞』を改題した『シンブン』を置き、子ども向けニュースを放送。1945年3月末で学校放送が中止され、この番組が実質的に引き継いだ。終戦で休止後、1945年8月23日に再開。1945年12月1日、『仲よしクラブ』に改題。

シンブン　1941～1947年度
1932年6月から東京発の全国放送となった『コドモの新聞』が、1941年4月から『シンブン』に改題。午後6時からの第1放送『少国民の時間』の冒頭に置かれ、時間もそれまでの5分から7分に延び、東京局発のみとなった。

仲よしクラブ　1945～1947年度
戦後、1945年8月23日に再開された『少国民の時間』の後継番組のタイトルを一般児童聴取者から募集し、1945年12月1日から『仲よしクラブ』に改題。名実ともに民主的児童文化の建設に乗り出す。内容は演劇的なもの、音楽的なもの、教養的なものに大別し、演芸部・音楽部・教養部がそれぞれ分担して担当。「私たちのチエ袋」は子どもたちから募集した質問に答える人気コーナー。1948年1月に『子供の時間』に改題。

こどものための話　1946～1959年度
小学校低学年程度の児童を対象に、世界各国の伝承童話、連続探検物語、聖書物語等を紹介した。1946年10月に第2で番組がスタート。1947年度に第1に移設され、（日）午前9時30分からの15分番組となる。1954年度は2～3か月連続で「ピノキオ」「ギリシャ神話」「ニルスの不思議な旅」ほかを放送。

子供の音楽　1946～1953年度
小学生から中学3年生までを対象にした音楽関連番組。第1（日）午前10時30分からの15分番組でスタート。1948年度は30分番組となり、第1週が新作の子どもの歌を発表する「ラジオ子供のうた」、第2週が「歌と管弦楽」、第3週が各所からの「子供会」の中継、第4週（最終）が幼児から中学3年生までが参加する「声くらべ腕くらべこども音楽会」で構成された。

声くらべ腕くらべこども音楽会　1948～1970年度
1947年6月に始まった『のど自慢素人演芸会』の子ども参加者を対象に別枠で番組を独立。『子供の音楽』（第1・日曜午前11時からの30分番組）の枠内で1948年4月からスタートした。幼児から中学生までを対象に、子どもたちが歌や器楽演奏の腕前を競う聴取者参加番組。放送開始以来23年、日曜朝のひとときに子どもたちのはつらつとした歌声や演奏を届け、1971年3月に終了した。

うたのおばさん　1949〜1963年度
子どもたちに健全な歌を届けるために企画された歌番組。初年度は第1(月〜土)午前8時台の15分番組。松田トシ、安西愛子の2人が隔週で担当。ピアノ伴奏で5曲を歌った。1951年1月から新曲を2週間単位で放送。「ぞうさん」(作詞：まど・みちお・作曲：團伊玖磨)、「サッちゃん」(作詞：阪田寛夫・作曲：大中恩)、「めだかの学校」(作詞：茶木滋・作曲：中田喜直)などの童謡を生みだした。最終年度は『母と子の窓』枠内で放送。

うたのほん　1949〜1950・1952〜1960年度
小中学生を対象に、学校唱歌、童謡、世界の名歌曲の中から独唱・合唱曲を放送。第1(月〜金)の10分番組。1952年11月に同名番組が第1(日・土)の15分番組で始まり、童謡を中心に放送。1956年度は月1回、「ラジオ子供の歌」を発表し、その普及に努めた。1957年度から対象年齢を中学校上級生から高校生へ引き上げ、NHKが選定した「みんなでうたう歌」の中から、毎月1曲を放送した。

1950年代　幼児・こども

ちえのポスト　1953〜1956年度
『子供の時間』の「謎の旅」(1950〜1952年度)にかわって火曜日に登場した子ども向けクイズ番組。小学校各学年に向くように、問題を社会、算数、国語、理科等、学校の教材より直接選んだ。作・構成：中山侑。

お茶のひととき　1956〜1962年度
1956年11月に小学校低学年向けの25分番組で、第1(月〜金)の午後3時台にスタート。1958年度に"母と子の楽しいひととき"をコンセプトに内容を刷新。幼児向け「あそびましょ」、低学年向け「童話」、母親向け「育児の話」の3部構成とした。1960年度には『皆さんの健康』(1947〜1965年度)を加えて45分に拡大。司会は葦原邦子と春山葉子。1961年度に主婦向けディスクジョッキー番組に刷新した。

おやおやなあに　1956〜1966年度
『子供の時間』枠内で始まった5分間のミニコーナー。「なんだろ坊や」と「知ってるおじさん」の2人がクイズ形式で話し合う子ども向けラジオ豆事典。放送開始から10年3か月にわたり、同じ作者、出演者で放送。作：金井敬三、重金碩之。音楽：服部公一。出演：川久保潔、里見京子。1963年度からは『なかよしホール』枠内で、1966年度は『こどもと家庭の夕べ』枠内で放送。

みんな仲よし世界のこども　1957〜1971年度
それまで特集番組として放送してきた番組を1957年度に定時化。NHKと外国放送局との間でおこなっている国際番組交換による放送テープを使用し、世界各国の児童合唱団の歌を、その国の風土、子どもたちの生活、意見、友情のメッセージ、作文などとともに紹介した。日本と世界の子どもをつなぐ国際親善番組としての役割を果たした。初年度は第1(日)午前7時30分からの15分番組。

けさも元気で　1957年度
登校前の子どもたちを対象としたディスクジョッキー形式の番組。その日の出来事、暦の話題を明るい音楽とともに伝えた。第1(月〜土)午前6時40分からの10分番組。語り手は川久保潔。

今日も明るく　1958年度
『けさも元気で』(1957年度)と同趣旨の番組。登校までの子どもたちを対象に、その日の歴史的事件、歴史的人物の箴(しん)言、詩歌、俳句、行事などを、明るい音楽をはさみながら解説した。出演は野崎康夫アナウンサーほか。第1(月〜土)午前6時40分からの10分番組。

日本のこどもたち　1959年度
各地方局の制作で、日本各地で暮らす子どもたちの姿を録音構成またはドラマ形式で描いた。国会閉会中に放送。第1(日)午後6時30分からの25分番組。

あすを呼ぶ声　1959〜1962年度
初年度は『子供の時間』の土曜に放送した15分番組。全国さまざまな環境の中で希望をもって生活し、勉強している子どもたちの生の声を伝え、感銘を与えた。こども番組の中で唯一の録音構成番組。1961年度に新設された1時間の子ども向けワイド番組『日曜こどもホール』枠内に移行。第1(日)午前10時15分からの15分番組で放送。

1960年代　幼児・こども

うたのおじさん　1960〜1963年度
1949年度から親しまれている『うたのおばさん』の男性版。声楽家の友竹正則が"うたのおじさん"となって、幼児たちと歌を楽しんだ。初年度は第1(月〜土)午前8時45分からの15分番組。1か月のうち『うたのおばさん』を3週、『うたのおじさん』を1週の割合で放送。出演：友竹正則、東京放送児童合唱団、東京放送管弦楽団。編曲・指揮：服部正。構成：丘灯至夫。司会：青木一雄。最終年度は『母と子の窓』枠内で放送。

NHK放送100年史(ラジオ編)　363

ラジオ編 番組一覧 10 こども・教育 | 定時番組

NHKこども列車 1960〜1961年度
日本各地に生活する子どもたちの姿を録音構成やドラマ形式で紹介した『日本のこどもたち』(1959年度)を改題。各地方局の持ち回りで、各局の子ども向け番組を紹介した。国会閉会中のみ放送。第1(日)午後6時30分からの25分番組。

日曜こどもホール 1961〜1962年度
第1放送(日)午前10時から11時までの子ども向け番組枠。初年度は国際局番組交換課の協力によって世界各国の子どもたちの歌や友情メッセージを紹介する『みんな仲よし世界のこども』(1957〜1971年度)、子どもたちが歌や楽器演奏を競う『声くらべ腕くらべこども音楽会』(1948〜1970年度)、子どもたちの生の声を伝えて全国に感銘を与えた『あすを呼ぶ声』(1959〜1962年度)を並べた。

ぼくらのうた 1962〜1964年度
子どもたちの愛唱歌の中から選び、1曲2週間ほど連続放送した。第1(月〜金)午後5時43分からの2分番組。1963年度は新設された(月〜土)午後6時からのワイド番組『なかよしホール』枠内で放送。

こども会議 1964〜1971年度
小・中学生が家庭・学校・社会生活など、日常生活の身近な問題や社会的な問題をテーマに語り合うディスカッション番組。初年度は第1(日)午前10時15分からの15分番組。全国の放送局の参加を得て、日本各地の子どもたちの自由で個性的な意見が聞かれた。

こどもと家庭の夕べ 1966〜1968年度
子どもや青少年を中心としたファミリー向けの夕方のワイド枠。初年度は第1(月〜金)午後5時37分から6時50分までの73分。初年度は「おやおやなあに」「名作ライブラリー」「こどもニュース」「じょうずな話し方」「家庭音楽会」を編成した。1967年度からは「みんなのうた」が加わった。

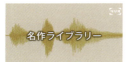
名作ライブラリー 1966〜1971年度
『こどもと家庭の夕べ』の枠内に新設。青少年向けに東西の名作を、語り中心のラジオ向け作品として脚色して紹介する番組。1か月1話で、東京、大阪、名古屋の3局が制作した。第1(月〜金)午後5時42分からの11分番組。初年度は「さすらいの孤児ラスムス」、「肥後の石工」、「ビルマの竪琴」、「車輪の下」、「夢をほりあてた人」などを放送。名古屋章、白坂道子、三國一朗、若山弦蔵ほかの人気俳優が朗読した。

じょうずな話し方 1966〜1978年度
『こどもと家庭の夕べ』の枠内に新設。子どもたちが家庭生活や社会生活のなかで円滑な人間関係を作り出していくための、正しい話し方や言葉の使い方を学ぶ番組。俳優によって問題点が例示され、ゲストの子どもたちや主婦が実際に練習した。司会は中西龍アナウンサー。初年度は第1(月〜金)午後6時5分からの10分番組。1972年度より放送時間を午前9時台に移行し、青少年および社会人対象の番組となる。

2000年代〜 | 幼児・こども

土曜ほっとタイム「親子で、はてな?〜科学電話相談」 2000〜2001年度
第1放送『土曜ほっとタイム』枠内の午後3時5分からの50分番組。子どもの素朴な疑問や質問にスタジオの専門家がていねいに応える聴取者参加番組。司会は春風亭朝之助。

土曜いきいき倶楽部「こども夢質問箱」 2002〜2003年度
第1放送『土曜いきいき倶楽部』(2002年度)枠内の午前9時5分からの50分番組。小中学生に人気のある、あるいはあこがれの職業についているゲストをスタジオに招き、電話で子どもたちからの質問に直接答えてもらった。ゲストは松岡修造、大山のぶ代ほか。『土曜いきいき倶楽部』終了後、2003年度に『土曜わくわくラジオ』枠内で継続放送。

おとおばけのぼうけん 〈特集番組〉 2011〜2015年度
幼児から小学生の親子向けの5分間のオーディオドラマ。音が大好きな「おとおばけ」が日常生活の仕事や生活の音を冒険する。また多彩なミュージシャンが世界の楽器の音を紹介。季節特番として5年間で70本超の企画を第1で放送。放送90周年の記念特番では、中村メイコ、夏川りみをゲストにラジオの歴史を振り返るとともに、子どもを招いてのワークショップを実施した。

きこえタマゴ！ 2017〜2018年度
第1放送の子ども向け帯番組。午後7時40分からの20分番組。初年度は前期(月〜水)・後期(月〜金)の放送。(月〜木)の小学生向け「スペースシップちきゅーん」(出演はお笑いコンビのかもめんたる)と、(金)の未就学児向け「みうみうとようちゅーん」(出演はミュージシャンの坂本美雨)の2番組を放送。2年目は毎週土曜午前8時5分からの50分番組。出演：JOY(タレント)。

子ども科学電話相談 2019年度〜
子どもたちの素朴で鋭い質問に科学者たちが電話で答える相談番組。夏・冬休み恒例の特集番組が、週1回の2時間番組として定時化した。通常の電話相談に加え、子どもがスタジオで直接先生に質問をぶつける「先生に聞いちゃおう！」や、電話相談の後日談を聞く「あのあと、どうなった？」など多彩なコーナーで構成。初年度の司会は山田敦子、石山智恵、山本志保。第1(日)午前10時5分から11時50分に放送。

1920〜1930年代　若者

少年課外講座　1925〜？年度
名古屋局発で1925年12月13日から、午後の子ども向け番組の時間を利用して『少年課外講座』を設け、学童に対し教科に関連した補習的な放送を行った。

青年の時間　1931〜1940年度
青年向けの講演放送。1931年11月より第2放送で随時放送。1938年9月に『ラヂオ青年講座』(1937〜1938年度)など、青年向け各種放送を新たに統合整理し、『青年の時間』として第1放送で全国放送する。中村明人(陸軍軍人)の「重大時局に余は斯くの如き青年を熱望する」など、政府や軍人が国民精神の高揚を訴えた。1941年4月の番組改定で『青年の時間』が廃止され、代わって『青年学校放送』が始まる。

青年の夕　1934〜1938年度
1934年10月以降、毎月1回、青年に呼びかける名士の時事講話や青年の体験談、および演芸を放送。農村の現状と自治を説いた「農村青年の夕」、3県(千葉・奈良・大分)の篤農村長3氏による農村更生の経験談、青年の政治的関心を喚起する3人の代議士による「青年に告ぐ」などを放送。1938年9月以降、『青年の時間』に統合される。

青年学校の時間　1935年度
1935年4月、青年学校令公布にともない大阪局で放送開始。農村、都市を問わず、団体聴取の形で青年たちが積極的に利用することを呼びかけた。1936年4月13日以降、『ラヂオ青年学校』となる。

勤労青年の時間　1936年度
大阪局の『青年学校の時間』に対して、東京局では1936年4月から一般勤労青年を対象とした『勤労青年の時間』が第2放送でスタート。同年10月、『青年講座』に改題。

ラヂオ青年学校　1936年度
『青年学校の時間』(1935年度)を改題。青少年教育におけるラジオ放送の強化方針にのっとり、青年層対象の講座等に第2放送が当てられた。1936年度に大阪局で放送を開始、1937年度には東京、名古屋、大阪合同の『ラヂオ青年講座』となり、文部省、地方教育当局、青年団と連携し、組織的な番組編成が行われた。1938年9月以降、『青年の時間』に改題。

青年講座　1936年度
『勤労青年の時間』を1936年10月に改題。大阪局が『農村への講座』を4月に『ラヂオ青年学校』に改題したのに歩調を合わせて10月から東京局で始まる。青年学校および青年団を対象に第2で放送。平日午後9時からの30分のローカル枠。1937年4月以降は『ラヂオ青年講座』の名称に統一される。

ラヂオ青年講座　1937〜1938年度
大阪局の『ラヂオ青年学校』と東京局の『青年講座』を統合し、さらに名古屋局も加えて『ラヂオ青年講座』を第2でスタートさせる。文部省、青年団などと緊密な連携をとり、その利用普及に貢献。年間5回発行したテキストは毎回十数万部を配布するまでになった。1938年9月に『青年の時間』に統合整理される。

1940年代　若者

ラヂオ青年常会　1940〜1941年度
1940年8月以降、毎月22日に放送。休止の月もあったが、1941年7月以降は午後7時台の20分番組で毎月実施。「大東亜戦争と青少年の覚悟」「必勝の信念を職場に生かせ」など、戦争完遂と自覚を呼びかける軍上層部の講話を放送。各地の勤労青年が青年団単位で集会所等に集まり、ラジオを囲み指導者の下で常会を開催。全国の青年団員の常会に対し指導的役割を果たした。12月の開戦以降は『戦時青年常会』に改題。

青年学校放送　1941年度
『青年の時間』に代わる番組として、1941年4月から都市(第2)放送で始まる。主として教師や指導者を対象に、勤労青年に対する指導育成が求められたが、開戦で都市放送が中止されたため、この番組も休止となった。

戦時青年常会　1941〜1944年度
『ラヂオ青年常会』が1941年12月の開戦とともに『戦時青年常会』に改題。戦時下の勤労青年の自覚を促し、戦争完遂への決意を固めることが目的であった。この放送を媒介として全国各地の青年団単位で、ラジオの前に集まって、一斉に常会を開き、必勝を誓い合った。

ラジオ編 番組一覧 10　こども・教育　定時番組

青少年学徒の時間　1945年度
1945年11月5日から12月31日まで放送。第2(月～日)午後5時からの30分番組。戦後の混沌たる社会情勢を反映して、学習指導でもなければ課外講義でもない、聴取対象のはっきりしない放送となった。そのため1946年1月に『学生の時間』に改題し、「明日の市民」という副題をつけ、広く一般青年層に対する民主主義啓発の番組とした。

学生の時間　1945～1951年度
『青少年学徒の時間』を改題。「明日の市民」という副題を付け、大学生及び一般青年層に対する民主主義啓発の放送を行った。その後、学制改革に伴い新制高等学校程度の学生を対象として、1948年1月より第2(月～日)午後6時30分からの30分番組に。「クイズコンテスト」「耳からの音楽史」「世界の市民(劇)」「学園文芸」「討論」「名作鑑賞(劇)」などを曜日別に編成。1952年6月より『若い世代へ』に引き継がれる。

明日の市民　1946～1947年度
1946年5月に『学生の時間』(1945～1951年度)の聴取対象を大学生に絞ったことで、番組コーナーだった『明日の市民』が勤労青年向けに単独番組として独立。おもに復員、徴用解除の青少年に正しい民主主義のあり方を伝え、平和思想に親しむことを目指した。内容は青少年聴取者から募集した「おたより」、新憲法の普及を目的とした「話」、青少年団体文化グループの運営方法の指導などで構成した。

1950年代　若者

青少年の時間　1950～1951年度
次代を担う若者が真の民主主義社会の一員として成長するように、知識、礼儀、情操を身につけて、それを行うグループの育成に寄与する時間とした。初年度は第2(土)午後10時からの30分番組。

若い世代へ　1952～1953・1956～1961年度
『学生の時間』『青少年の時間』『若い女性』を統合し、対象を学生、勤労青年、農村青年など若い世代全般に広げた。ディスクジョッキー形式による名曲鑑賞、文学作品の朗読、連続放送劇など、曜日ごとにテーマを決めて毎日放送した。1953年度でいったん終了するが、1956年11月に第2(月～土)午後7時30分からの30分番組で再スタートを切る。全国の青年に交流の場を提供すると同時に、総合的教養の向上をねらった。

青年学級の友へ　1953～1969年度
全国の青年学級生を中心に、働く青少年を対象とした番組。ねらいは「社会人として必要な教養を考える」「勤労青年が社会生活やグループ活動において順応していけるような生活態度を身につける」「同世代の青年たちが何を考えどう行動しているのかを紹介し、連帯を高め相互交流の場を提供する」の3点。最終年度は第2(日)午後7時30分からの30分番組。

青年の主張　1954～1957年度
学生や勤労青年が関心を寄せる出来事や社会問題について、若者自身が自らの意見を発表する番組。番組では若者たちが感情に走らず、筋道だった発表のしかたに習熟するように、講師が質問することによって指導した。初年度は第2(日)午後8時台の25分番組。番組の盛り上がりを受け、1955年1月15日の成人の日に第1回「NHK青年の主張」全国コンクールを開催。1958年度に『若い世代へ』に移行し、1957年度内に終了する。

友への手紙　1954～1955年度
手紙形式で、青年期の悩みや問題を聴取者と一緒に考えていく番組。聴取者からの投稿や専門家との座談会も行った。第2(木)午後7時30分からの30分番組。

青少年職業講座　1957～1958年度
卒業を間近にした中高校生や就職して1～2年の青年を対象に、仕事をする上での一般常識を紹介した。第2(月～金)放送で、午後6時35分からの20分番組。曜日別に(月)「各職種の適性、内容の話」、(火)「職場を訪ねて」、(水)「職業相談室」、(木)「先輩にきく」、(金)「産業のしくみ」などのテーマで編成した。

若いこだま　1958・1962～1966・1970～1978年度
1958年度に若者を対象に娯楽色の強い教養番組として第1の40分番組で1年間放送。1962～1966年度は第2放送で、主として勤労青年を対象に、青年の意識の向上をはかる番組とした。1970～1978年度は『青少年レコードコンサート』(1964～1969年度)と『若い仲間』(1963～1969年度)などを統合した若者たちの声と音楽で構成するDJ番組となる。第1(月～金)午後10時台の28分番組。

1960年代　若者

希望の世代　1962～1963年度
政治、経済、社会、文化など各界で活躍している人が、豊富な経験と深い知識をもとにその人生観などを若い世代に語った。本田宗一郎(本田技研工業社長)の「仕事とアイデア」、島崎敏樹(東京医科歯科大学教授)の「青春を生きる」、沢田美喜(児童養護施設エリザベスサンダースホーム設立者)の「きずあとの復興」ほかを放送。初年度は第2(火)午後7時30分からの30分番組。1964年度に『青年に語る』に改題。

366　NHK放送100年史(ラジオ編)

青年図書館 1962年度
近代日本の作家を中心とした、青年のための文学鑑賞の手引き。取り上げた主な作家は、北原白秋、夏目漱石、森鷗外、樋口一葉、徳富蘆花、島崎藤村、芥川龍之介。解説は東京教育大学教授の吉田精一、評論家の山本健吉、亀井勝一郎、中村光夫。第2(土)午後7時20分からの40分番組。

明るい広場 1963〜1965年度
青少年を対象とした教養と娯楽の総合ワイド番組枠。第1(日)午後4時5分から6時55分に放送。初年度は、「名曲アルバム」、座談会「若い仲間」、空想冒険ミュージカル「モグッチョビッチョこんにちは」、「こども推理ドラマ」、冒険ドラマ「もえる水平線」、「21世紀への道」を編成。1964年度はオリンピック東京大会関連で「オリンピック物語」「世界をひらく」を、1965年度は「あすをつくる」を放送した。

若い仲間 1963〜1969年度
総合ワイド番組『明るい広場』枠内で放送。青年たちの率直な発言と、それに対する識者の助言による座談会を中心に構成。若者に人気の歌手と楽団演奏による音楽も加えた。1965年度より教育テレビの『われら10代』と共通で放送。第1(日)午後5時台の35分番組。1970年度に新設の『若いこだま』に、他の若者向け番組とともに統合。

明るい女性 1963年度
働く若い女性を対象に、職場でのさまざまな問題を取り上げてともに考える番組。主な月間テーマは「はじめて働く人のために」「婦人と職場」「女性と給料」「福利厚生」「働く女性の健康」「働く婦人の地位」「生活を豊かにするために」「恋愛と結婚」「働く女性の歴史」「職業と適性」「共かせぎと再就職」など。第2(火)午後7時30分からの30分番組。

日曜ライブラリー 1964〜1965年度
青少年向け総合ワイド番組『明るい広場』(1963〜1965年度)枠内で放送をスタート。古今東西の名作の中から青年に親しみやすい作品を選び、朗読やラジオドラマで紹介し、あわせて作品や作者の解説を加えた。初年度に取り上げた作品は川端康成著「伊豆の踊子」、夏目漱石著「こころ」、福沢諭吉著「福翁自伝」、井伏鱒二著「漂民宇三郎」など。第1(日)午後4時5分からの25分番組。

青少年レコードコンサート 1964〜1969年度
青少年向け総合ワイド枠『明るい広場』(1963〜1965年度)内で放送。ジャズからクラシックまでレコードで取り上げ、解説を加えて紹介するディスクジョッキー番組。第1(日)午後4時30分からの30分番組。

青年に語る 1964年度
『希望の世代』(1962〜1963年度)を改題。各界で活躍中の著名人や、地味にこつこつ自分の職業に励んでいる人たちが、人生体験と積み上げた知識をもとに人生観や社会観を語る若者向け番組。主な出演者は武者小路実篤(作家)、加東大介(俳優)、土門拳(カメラマン)、壺井栄(児童文学者)、杉村春子(女優)、永野重雄(実業家)ほか。第2(土)午後6時からの25分番組。

あすへの主張 1967〜1969年度
主に働く青少年を対象に、その生活意欲をもり立て意識の向上をはかった。番組は①『青年の主張』コンクールの府県・地方・全国大会出場者のその後の実践の模様を紹介する「主張と実践」、②各地の名士や先輩から青年たちに向けた言葉を紹介する「わたしも一言」、③青年たちに親しまれている音楽を紹介する「リクエストコーナー」の3部構成。初年度は第2(日)午後6時からの60分番組。

1970年代　若者

なかよし音楽クラブ 1972年度
ローティーンを対象に、ポピュラー、セミクラシックを楽しむディスクジョッキー番組。毎月第2週は海外の放送局から送られた子どもの歌のテープを紹介した。DJは中村律子。第1(日)午前10時からの50分番組。

なかよしジョッキー 1973〜1975年度
『なかよし音楽クラブ』(1972年度)を改題。ローティーンを対象に岸田今日子のメルヘン風なパーソナリティーを特色としたディスクジョッキー番組。1975年度は中尾ミエがディスクジョッキーをつとめ、その明るく親しみやすいキャラクターと幅広い選曲が好評だった。第1(日)午前10時からの50分番組。

1980年代　若者

青春を生きる 1982年度
さまざまな地域、分野で青春を精いっぱい生きている若者をテーマに、その生き方や喜び、悩みを語ったトーク番組。テーマは「ストックはいらない」「笙の音に魅せられて」「大地に学ぶ女子学生」など。第2(木)午後10時20分からの40分番組。

ラジオ編 番組一覧 10 こども・教育 | 定時番組

FMホットライン 1983〜1992年度
高校生、大学生世代をメインターゲットとした文化情報番組。音楽、映画、演劇、ファッション、出版、美術、スポーツなどの各ジャンルから最新情報を集めて紹介。ゲストとキャスターが魅力ある語り口とユニークな視点で伝えた。キャスターは渋谷陽一（音楽評論家）、1990年度からは長田渚左（ノンフィクション作家）、1992年度からは今井智子（音楽評論家）が務めた。初年度はFM(日)午後10時からの1時間番組。

1990年代　若者

ラジオ公園通り'93 1993〜1994年度
「若者・国際化・双方向」の3つのキーワードのもとに開発された新感覚のスタジオ公開生番組。初年度のタイトルは『ラジオ公園通り'93』（数字は西暦年）。電話、FAX、パソコン通信なども取り込んで「双方向ラジオ」を目指した。若者たちの人生観や社会活動をテーマに、スタジオに集まった若者たちとコメンテーターがトークショーやミニコンサートを繰り広げた。初年度は第1(日)午後7時15分からの1時間15分番組。

週刊情報サラダ 1995年度
スタジオ公開生番組『ラジオ公園通り'93』（1993〜1994年度）を改題し、時間枠を拡大。「平成若者塾」「世の中一本勝負」「この人にあいたい」などのコーナーを設け、あらゆる分野で話題のニュースを若者目線で考えた。「若者と大人の世代の交差点」をキャッチフレーズに、中高年リスナーからの意見、感想を放送に反映させた。司会は福井慎二、星野豊、大沼ひろみアナウンサー。第1(日)午後6時からの2時間55分番組。

2000年代　若者

きらり10代 2004〜2008年度
10代を対象とした2部構成の番組。第1部「あこがれ仕事百科」は、どんな仕事が自分に向いているのか悩む少年少女たちに、さまざまな分野の職業人がその仕事観を語った。第2部「名作をよもう！」は、声優やタレントの朗読で読書に誘うコーナー。初年度は第1(土)午前9時5分から10時55分まで放送。ネット掲示板で悩みを聞く「悩み相談 みんなで解決」コーナーが人気に。2006年度より『きらり10代！』に表記変更。

渋マガZ 2009〜2011年度
大学生を中心に若い世代のリスナー拡大を目指して始まったマガジン形式の番組。初年度の午後7時台は「キャンパス情報」や悩み相談コーナー。8時台は「夜はぷちぷちケータイ短歌」、9時台は「社会チラ見」や「こだわりスト見参！」などの情報発信企画と「就活情報」を中心に構成。第1(日)夜間の2時間35分枠。レギュラーゲストは上田晶美（キャリアコンサルタント）、白石昌則（大学生協職員）。

2010年代〜　若者

カケダセ！ 2011年度
さまざまな不安と闘っている若者にエールを送るとともに、大人へと成長する道を伴走する番組。それぞれの分野で"駆け出し"中の若者に話を聞く「カケダシLIVE」、著名人が自分の若いころの思い出を語った「あのころダウンロード」などで構成。パーソナリティーはミュージシャンのROLLY、AKB48のメンバー、大場美奈、仲俣汐里、島田春香。ナビゲーターは山田敦子アナウンサー。第1(土)午前の1時間50分枠。

君の思いを受け止めた！〜青春リアル・スピンオフ 2011年度
10〜20代の若者たちが、番組ウェブサイトを通じて互いの悩みや疑問を語り合うEテレの『青春リアル』。この番組に寄せられた視聴者からのメール（1年間で約1200件）を紹介した1時間番組。Eテレの再放送終了の1時間後から生放送した。FM(日)午前1時からの1時間番組。

wktkラヂオ学園 2012〜2014年度
中・高校生を主な対象とした第1(土・日)夜間の3時間ワイド番組。リスナーからのメール投稿やツイッターをもとに、学校生活、恋愛、家族関係などについてトークを展開。生電話や大喜利形式によるリスナー参加コーナーも設けた。NEWSの加藤シゲアキとガレッジセールのゴリやAKB48のメンバー、あべこうじ、佐久間一行、ガリットチュウなどがMCを担当。タイトルの「wktk」は「わくてか」と読む。

wktkラヂオ学園「だめだめラジオ　天使のお言葉」 2012〜2014年度
『wktkラヂオ学園』の(日)午後11時台に放送。若いリスナー獲得のために開発された番組。"自分はダメだ！"と嘆く全国の若者から、そのダメっぷりをメールで送ってもらい、番組で紹介しながらその対策を考える。ゲストのアイドルが、そんなリスナーを最後に叱り、活を入れた。司会はロッチ（コカドケンタロウ、中岡創一）。第1(日)午後11時台の50分番組。2013年度に『wktkラヂオ学園』の枠内から独立した。

きょうのwktkラヂオ学園 2012年度
『wktkラヂオ学園』の放送前に、その日の内容を告知する番組。中倉隆道アナウンサーの司会で、土曜はNEWSの加藤シゲアキとガレッジセールのゴリ、日曜はガリットチュウほかが出演した。第1(土)午後8時45分からの10分と(日)午後7時55分からの5分番組。

368　NHK放送100年史（ラジオ編）

wktkラヂオ学園「怒髪天　増子直純のロックな労働相談室」 2012〜2013年度
『wktkラヂオ学園』枠内の(最終・日)午後11時台にスタート。2013年度に『wktkラヂオ学園』の枠を出て単独番組として独立。ロックバンド・怒髪天のボーカル増子直純が、働く若者たちから寄せられた職場の悩みや将来の不安に答えるトークバラエティー。第1(最終・土)午後8時5分からの50分番組。さまざまな仕事観を提示し、生きづらさを感じている若者たちへエールを送った。

怒髪天・増子直純の月刊☆ロック判定 2014年度
『wktkラジオ学園』枠内の『怒髪天　増子直純のロックな労働相談室』(2012〜2013年度)を改題。結成30年のロックバンド「怒髪天」のボーカル・増子直純が、世の中のさまざまな物事を「ロックかロックでないか」で切りまくるトーク番組。旬なアーティストをゲストに招き、音楽色豊かな内容で構成した。第1(最終・土)午後8時5分からの50分番組。

ラジオ保健室 2022年度
10代の若者たちの性や人間関係、学校生活、進路などの悩み、モヤモヤした気持ち、疑問を自由に話す保健室のようなラジオの居場所。中高生から届く声に応え、「新学期リセット&リスタート」「自分らしさ」「ジェンダー」「性の多様性」「つらくて消えたくなる時」などのテーマを取り上げた。パーソナリティーはブルボンヌ（女装パフォーマー）と山田朋生アナウンサー。第2(金)午後8時5分からの50分番組。

アンミカTeen-ager倶楽部 2024年度
モデルとして成功するために幾多の挫折を乗り越え、夢をかなえてきた人生のエキスパート、アンミカ。そんな彼女が、未来を担っていく10代の悩みや夢中になっていることなどに向き合い、真摯にこたえる番組。アシスタントは押尾駿吾アナウンサー。第1(第1〜2・土)午後10時5分からの50分番組。

1930〜1950年代　学校放送・高校講座：幼稚園・保育所

幼児の時間 1932〜1943・1945〜1968年度
就学前の幼児とその母親を対象に、お話、童謡などを中心に放送。1927年5月、大阪局より不定期に放送を開始。1933年2月より第1放送で定時放送。1935年4月、東京から全国放送となる。1943年11月、『戦時保育所の時間』に改題後、1945年3月で放送を休止。戦後、1945年10月に再開。4歳程度から就学前の幼児を対象に歌、お話、児童劇などを放送した。1969年度に『幼稚園・保育所の時間』となる。

戦時保育所の時間 1943〜1944年度
『幼児の時間』(1932〜1943年度)を11月に改題。12月は農繁期のため放送中止。1944年1月より再開し、1945年3月まで放送した。

お話でてこい 1954年度〜
1954年11月から第1放送『幼児の時間』(1932〜1943・1945〜1968年度)枠内のお話コーナーとして登場。手塚武二、筒井敬介、須藤出穂の3人が交代で執筆した。1969年度に『幼児の時間』が『幼稚園・保育所の時間』となり、その枠内で名作童話や創作童話の朗読番組として継続。出演は佐野浅夫ほか。1969年度に日本賞文部大臣賞受賞。1978年度に独立して第2(月・水・金)午前9時台の15分番組となる。

うたいましょう 1959〜1962年度
第1放送『幼児の時間』の(月〜土)に放送。毎日のプログラム（お話の時間）に入るまでの導入として楽しい歌を送る。よい歌、正しい音程の歌を毎日繰り返し聴くことによって、正しい音感を養うのがねらい。「チューリップ」「海」といった季節の歌、「手を洗いましょう」「三つのお顔」などの生活の歌など、幅広く選曲した。

ぴょんぴょんうさぎ 1959〜1960年度
第1放送『幼児の時間』の(水)に放送。うさぎの兄妹が毎日の生活の中でさまざまな経験をし、心身ともに成長していく様子を描いた生活童話（作：柏倉敏之）。

1960年代　学校放送・高校講座：幼稚園・保育所

あひるのアップくん 1960年度
『幼児の時間』の金曜に放送。ユーモラスな動物として愛されているあひるが主人公のお話（作：飯島敏子）。あひるのアップくんのまわりに起こるさまざまなできごとを愉快に描いた。第1(金)午前10時5分からの15分番組。大阪局制作。

うたのゆうえんち 1960年度
『幼児の時間』の土曜に放送。子どもの知っている歌で構成。第1(土)午前10時5分からの15分番組。名古屋局制作。

NHK放送100年史（ラジオ編）　369

ラジオ編 番組一覧 10 こども・教育 | 定時番組

みんなたのしく 〈1960〜1961〉 1960〜1961年度
『幼児の時間』の(第2・4 火)に放送。幼児向けのお話遊び(「なぞなぞ」「しりとり遊び」等)を中心に、歌やリズムあそびで構成した楽しい公開番組。月に1〜2回、幼稚園に出向いて、子どもたちと遊びながら学んだ。1961年度は毎週の放送となる。出演は中村メイコ。第1(月)午前10時5分からの15分番組。

ロケットくんのぼうけん 1960〜1963年度
『幼児の時間』枠内で放送。第1(木)の15分番組。どこにでも行けるロケットくんが、ある時は月へ、またある時は海やおとぎの国へ、自由に飛んでいって、そこで数々の冒険を繰り広げる。童話を音楽や効果音でイメージを広げ、子どもたちの夢を満たすことをねらった。作:山中恒。曲:冨田勲。出演:中川謙二、白坂道子ほか。

えほんをひらきましょ 1961年度
『幼児の時間』の土曜に放送。のりものや動物、おもちゃなど、絵本には子どもが興味を持つ事柄がたくさん並んでいる。この番組は絵本を開く形式で、それらのテーマを取り上げ、楽しいお話と歌で構成。子どもの好きなお話の中に、やさしい生活指導を盛り込んで、毎日の生活に役立つものとした。

みんなであそびましょう 1961年度
『幼児の時間』枠内で放送。第1(火)の15分番組。出演:中村メイコほか。作:香山美子。音楽:湯川昭。

10人のこびと 1961〜1965年度
『幼児の時間』枠内で放送。第1(水)の15分番組。愉快でいたずらな10人のこびとたちが、けんかをしたり対立したりしながらも、協力して一つのことをなしとげるまでを、「こびと」といったファンタジックな素材をつかって展開した。1963年度は『母と子の窓』枠内で、1964年度は『みんなたのしく』枠内で放送。作:山元護久。音楽:岩河三郎。出演:初井言栄ほか。

ちいさな船のポンくん 1961〜1962年度
『幼児の時間』枠内で放送。第1(金)の15分番組。小さなポンポン船の「ポンくん」は、川でも海でも自由に出かけて遊ぶ。元気なポンくんが引き起こすさまざまな事件を、効果音や音楽を生かして楽しく表現した童話。作:飯島敏子。作曲:高橋半。出演:松下美智子ほか。大阪局制作。

あそびましょう 1962〜1965年度
『幼児の時間』枠内で放送。第1(火)の15分番組。『みんなであそびましょう』(1961年度)を改題。「ミキちゃん」という男の子のお話とリズムあそびで構成。前半は生活指導に役立つ「お話」、後半のリズム遊びは、リズムを体得させ、表現遊びによって創造力を伸ばすことをねらいとした。作:香山美子、竹本員子。曲:湯山昭。出演:中村メイコほか。

ポンポンピアノ 1962〜1964年度
『幼児の時間』枠内で放送。第1(土)の15分番組。子どものよく知っている歌をお話でつないだ構成。お話には生活のしつけ、健康に関すること、季節の行事、歌あそびなどを織り込んで、楽しく聴きながら生活指導に役立つものとした。作:山田万亀。音楽:熊谷賢一。出演:鷲見多美子。(名古屋局発)

ジャングルタロー 1963〜1966年度
『幼児の時間』枠内で放送。第1(金)の15分番組。動物たちがくらすジャングルに、人間の少年タローが迷い込んでくる。そのためにひきおこされるいろいろな問題を解決していく、ユーモアとスリルに富んだ物語。作:飯島敏子。音楽:白木義信。出演:松下美智子。大阪局制作。

みんなたのしく 〈1964〉 1964年度
第1(月〜土)午前10時5分から10時59分までの幼児向けワイド番組枠。レコード中心の音楽鑑賞番組『ピッポピッポボンボン』、『幼児の時間(「お話でてこい」)』、幼児向け歌番組『こんどはうたよ』の3番組で構成した。

ピッポピッポボンボン 1964〜1981年度
幼児向けワイド番組『みんなたのしく』枠内に新設された音楽鑑賞番組。初年度は第1(月〜土)午前10時5分からの10分番組。タイトルは鳩時計の音で、楽しみながら音楽教育に役立てる番組。1965年度から「幼稚園・保育所の時間」枠内で放送。1968年11月にラジオ幼児向け番組としては初めて日本賞教育番組国際コンクールに参加し「日本賞」受賞。1969年4月に第2に移設。1978年度に単独番組として独立。

こんどはうたよ 1964年度
幼児向けワイド番組『みんなたのしく』枠内に新設された音楽番組。幼児の好きな歌、古くから歌われている歌、この番組のために新しく作られた歌などを中心に、聴いて体を動かせるリズム感のある歌や、音楽によるクイズ、リズム遊びなどを放送した。出演は歌手の高橋元太郎と浜田章子。第1(月〜土)午前10時31分からの28分番組。

幼稚園・保育所の時間 1965〜1977年度
幼稚園・保育所に通う年齢の幼児を対象とした番組枠。1965年度は第1(月〜土)午前9時31分から9時49分までの放送で、「ピッポピッポボンボン」(月〜土)、「お話でてこい」(月〜木)、「あそびましょう」(火)、「10人のこびと」(水)、「ジャングルタロー」(金)、「チビッコわんちゃん」(土)で構成した。1969年度に『幼児の時間』が『幼稚園・保育所の時間』となり、第2放送へ移行した。

チビッコわんちゃん 1965～1967年度
「幼稚園・保育所の時間」の土曜枠で放送。第1(土)午前9時45分からの13分番組。元気ないたずらっこの小犬「チビッコわんちゃん」が、その仲間の小犬たちといっしょに失敗したり、けんかをしたり、いろいろな事件に大活躍したりする楽しい物語。社会性や道徳観念のめばえを養っていく。作：山田万亀。作曲：熊谷賢一。出演：神谷啓子、岡部雅郎ほか。名古屋局制作。

チクとタク 1966～1968年度
『幼児の時間』枠内で放送。初年度は第1(木)午前9時45分からの13分番組。イギリスの近代童話「ピーターパン」に出てくる"時計ワニ"の孫であるワニの「チク」と海賊の「タク」が、ゆかいなシーソーゲームを繰り広げ、コミカルな歌や音楽でストーリーが展開する。作：山元護久。作曲：岩河三郎。出演：熊倉一雄、小林恭治、伊藤牧子ほか。

ブルルンくん 1967～1968年度
『幼児の時間』枠内で放送。作：飯島敏子。作曲：高橋半。第1(金)午前9時45分からの13分番組。大阪局制作。

ブッペのサーカス旅行 1968年度
午前9時台の幼児向け番組枠『幼児の時間』内で放送。作：山田万亀。作曲：熊谷賢一。語り手：藤城健太郎。出演：堀江宏、岡部雅朗ほか。第1(土)午前9時31分からの14分番組。名古屋局制作。

1920～1930年代　学校放送・高校講座：小学校

朝のラヂオ学校 1929年度
1929年7月から8月にかけて名古屋局で放送。

季節講座 1931年度
第2放送開始にあたって新設された教育番組で、季節の話題を中心に、自然界の知識を教える講座。1931年4月から7月末にかけて「桜の話」「貝類の話」「農村計画の話」「春の気象」「春の虫」「ピクニックの用意」「筍の話」「燕の話」「つゝじの話」「初夏と動物」「梅雨期に於ける動物性食品の注意に就いて」「夏季に於ける牛乳その他の飲料の衛生問題」「趣味のキャンピング」「七月の感情」「夏の読書」ほかを放送。

少青年講座 1931年度
第2放送開始にあたって新設された教育番組。小中学生を対象に学校の教科の補助、修養、鑑賞的なものを内容とし、放課後の団体聴取をねらった講座。1931年4月から翌年3月末までに、「能率増進の為に」「模型飛行機の作り方」「大日本諸姓氏の系図に就て」「女子とスポーツの趣味」「表彰されたる人々」「登山季節に当りて」「夏の長崎の伝説」「体育講座」「我等の歴史」「愛国の少年軍使内」ほかを放送。

小学生の時間 1935～1940年度
1935年4月に全国向けの学校放送が、『小学生の時間』『幼児の時間』『教師の時間』の3番組で始まった。『小学生の時間』で取り上げた科目は、国語、理科、唱歌、国史、体育その他で、対話やドラマ形式、音楽などを利用して構成された。1941年4月1日に 国民学校令により旧小学校令が廃止となる。

学校課外講座 1935～？年度
全国学校放送の先駆けをなして1935年4月に始まる。小学校の学科内容には直接関連しないが、大多数の小学校では取り扱うことのできないような内容を放送。教科書に記載されている文学的な歌詞に曲を付したり、ベートーベンのピアノソナタの実演をするなど、無味乾燥とした学習に情緒的な潤いを与えた。また標準語による模範朗読なども行った。

1940年代　学校放送・高校講座：小学校

学校新聞 1947～1954年度
小学校4年生以上を対象としたニュース番組。初年度は第1(月～土)午前10時45分からの15分番組。最初の10分は世界ならびに国内の政治・経済・社会問題の大きな動きを全国放送で伝え、続く5分を各地方の学校便りをローカルで伝えた。

ラジオ図書館 1948・1951～1984年度
1948年9月に中学・高等学校向けに新設された国語関連番組。児童・生徒が親しんでおくべき名著、名作を劇形式で放送。1951年度からは小学校高学年向け国語関連番組となる。1954年度は低学年向け「お話たまてばこ」、中学年向け「みんなの図書室」とともに、小学校の「名作番組」を構成。世界の児童文学、民話、伝説等から小学校5・6年生の心の成長の糧となる作品を選び、ラジオドラマに脚色して放送した。

NHK放送100年史（ラジオ編）　371

ラジオ編 番組一覧 10 こども・教育 | 定時番組

（小学校低学年向け）おはなし 1948～1950年度
小学校低学年向け国語関連番組。児童から募った童話のテーマによって作話する創作童話や、名作を脚色した童話を朗読した。1950年度は1学期「創作童話」、2学期「伝承童話」とし、3学期は前年度に引き続き「お話のポスト」としてバラエティーをもたせた。

（小学校低学年向け）音楽こども部屋 1948～1949年度
小学校低学年向け音楽関連番組。歌唱、器楽合奏、子守唄シリーズ、管弦楽鑑賞等。第1(火)午前10時10分からの10分番組。

（小学校低学年向け）伸びる子供 1948～1949年度
小学校低学年向け社会科番組。放送の一例。2人の子どもが林へ宝物（小鳥の卵）を取りに行く。2人は森林監視人から、巣箱は木を枯らす害虫を退治してくれる小鳥を誘うものであることを聞き、そっと卵を巣箱に返す。聴取後、益鳥の種類をあげたり、巣箱の作り方や効用を調べる。第1(水)午前10時10分からの10分番組。

（小学校低学年向け）私たちのラジオ新聞 1948～1952年度
小学校低学年向け番組として第1(金)午前10時15分からの15分番組でスタート。低学年児童が興味を持つ身近なニュースをわかりやすく取り上げた。1952年度から小学校中学年を対象とした。

（小学校高学年向け）社会科 1948年度
小学校高学年向け社会科番組。小学校3・4年生向けを土曜日に、5・6年生向けを月曜に放送。午前10時40分からの20分番組。4月の「5・6年向け」では、学校のバザーで売ったお汁粉と靴下の自由販売から配給統制の必要性を知らせる「おしるこ売切れ」、民主主義の世の中に、新聞の使命がどれだけ大切かを知らせる「新聞よありがとう」ほかを放送。

（小学校高学年向け）私たちの科学 1948年度
小学校高学年向け理科関連番組。巣箱の作り方の研究や近くの森の害虫の観察をおこなう「森の悪者」、山火事の恐ろしさと枯林（こりん）の必要性、洪水に対する森林の樹根の作用などを学ぶ「山の土」、ベニヤ板の歴史と効用、製造工程をテーマにした「割れない木」ほかを放送。第1(火)午前10時40分からの20分番組。

（小学校高学年向け）レクリエーション 1948～1949年度
小学校高学年向け番組。6年生を中心とした野球チームの話でチームワークの大切なことを知らせ、運動を楽しむときの心がけについて話し合った。また魚の習性や魚類保護の方法などを研究する「魚釣り」、ハイキングの目的を話し合い、子どもたちで楽しいハイキングの計画を立てる「ハイキング日記」などを、1948年9月から翌年7月まで第1で放送。同時期に『小学校低学年の時間』でも低学年向けに「レクリエーション」を放送。

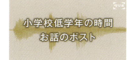
（小学校高学年向け）音楽の泉 1948～1949年度
小学校高学年向け音楽番組。1949年4月は「南日本の民謡から」「中部日本の民謡から」「裏日本の民謡から」を、同年5月は「各地の民謡」「仕事の歌（農業の歌）」「仕事の歌（工業の歌）」などを放送。第1(木)午前10時40分からの20分番組。

（小学校高学年向け）ちえくらべ 1948年度
小学校高学年向け番組。

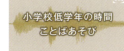
小学校低学年の時間　お話のポスト 1949～1951年度
1949年9月から始まった小学校低学年向け「お話」の時間。児童からお話の題を募集し、これを題材として童話を創作して放送した。

小学校低学年の時間　音楽鑑賞 1949年度
1949年9月から始まった小学校低学年向け音楽の時間。2学期が「祭りの音楽」、3学期が「動物の音楽」とした。

小学校低学年の時間　ことばあそび 1949・1952～1959年度
1949年9月から年度内放送。ことば遊びを通して発音、発声をただすとともに、語彙を豊富にして言葉の構成力を養った。1952年度から「小学校の時間第1部」で再スタートを切る。日常的に子どもたちの間でおこなわれていることば遊び（なきまねあそび・あたまあわせ・しりとり・ないないづくし）を紹介しながら、遊びを通じて、話す、聞く力をのばし、国語に対する興味と関心を高めた。

小学校低学年の時間　げんきなこども 1949・1951～1955・1961～1970年度
児童の健康と安全をテーマに1949年9月に始まる。子どもの生活に取材した生活指導のためのドラマ番組で、特に健康と安全の基礎的な習慣や態度について指導した。1961年度に生活指導番組「こねこミー」（1955～1960年度）にかわって低学年向け道徳番組として新たにスタートした。2年生の女児と1年生の男児の家庭生活を中心に、学校や家庭で起こるできごとに話題を求め、児童の道徳性をつちかった。

小学校高学年の時間　マイクの旅 1949〜1970年度
小学校5年生対象の社会科番組。擬人化したマイクロフォン「マイクさん」が日本全国を旅行しながら、各地の地理や歴史を中心に勉強していく"社会見学"シリーズ。1回15分でラジオドラマ風に展開した。作者は『架空実況放送』の西沢実。「マイクさん」の声は太宰久雄。各地の自然環境や資源を紹介することによって、それに立脚する産業や文化等への理解を深めた。同様のシリーズ「マイク科学の旅」(1949年度)も放送。

小学校高学年の時間　明るい家 1949年度
小学校高学年向け番組。第2・3学期に「健康と安全」について放送。第1(水)午前10時40分から11時までの20分番組。1949年9月から翌年3月まで放送。

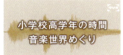
小学校高学年の時間　音楽世界めぐり 1949年度
小学校高学年向け音楽関連番組。1949年度の2学期に放送。3学期は「楽器の話」を放送。第1(木)午前10時40分から11時までの20分番組。1949年9月から12月まで放送。

小学校高学年の時間　お話世界めぐり 1949年度
小学校高学年向け国語関連番組。1949年度の2学期に放送。3学期は「名作めぐり」。第1(土)午前10時40分からの20分番組。1949年9月から12月まで放送。

小学校高学年の時間　マイク科学の旅 1949年度
小学校高学年対象の理科番組。擬人化したマイクロフォン「マイクさん」が日本全国を旅行しながら、各地の地理や歴史を中心に勉強していく"社会見学"シリーズの科学版。第1(火)午前10時40分からの20分番組。1949年9月から翌年3月まで放送。

1950年代　学校放送・高校講座：小学校

小学校低学年の時間　うたのかばん 1950〜1966年度
小学校低学年の音楽学習のうち、主に鑑賞学習領域に重点をおき、児童の心身の発達段階に即した、楽しい学習活動が展開できるように工夫した。かばんを開けると、歌や音楽が飛び出すという趣向で、名曲鑑賞を中心に歌唱指導、器楽合奏、名曲鑑賞、創造的表現、リズム反応を総合的に指導した。

小学校低学年の時間　どうぶつのくに 1950・1952〜1956年度
小学校低学年向け理科番組。子どもたちの身辺には、いつでもどこにでも動物(けもの・むし・とり・さかな)がいることに気づかせるように内容を構成。それらの動物の生活を科学的に観察する習慣と態度を養い、併せて動物愛護の心を育てるようにつとめた。

小学校低学年の時間　働く人々 1950年度
子どもたちの身近に働く人々をテーマにした小学校低学年向け社会科番組。1960年度に社会科番組が学年別に編成されたことで、小学校2年生向けに『小学校の時間(低学年)はたらく人びと』が再開。

小学校高学年の時間　季節だより 1950〜1953年度
小学校高学年向け理科番組。日本各地の自然の様子の変化や、それに順応して生きている人々の暮らしぶりを、各地の放送局を結んでリレー形式で伝えた。1950年11月に放送した「渡り鳥」では、山口県八代村(現・周南市)からの鶴の声をインサートして、ラジオならではの効果をあげた。

小学校高学年の時間　生きた言葉 1950〜1953年度
話し方、聞き方の指導を目的とした国語番組。日常によく起こる言葉の問題を劇形式で取り上げた。毎月最終週は「私たちの作文」と題して、全国の児童から募集した作文の中から優秀作品を、選者の批評を加えて発表した。

小学校高学年の時間　音楽 1950年度
小学校高学年向け音楽番組。1学期を「子供のための音楽」、2学期を「和夫の音楽ノート」、3学期を「音楽の味わい方」で1年間を構成した。

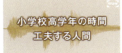
小学校高学年の時間　工夫する人間 1950年度
小学校高学年向け番組。1学期を「手の働き、足の働き」、2学期を「目の働き、耳の働き」、3学期を「医者と薬の働き」で1年間を構成。祖先の工夫の跡をたどりながら、考える力の偉大さを認識してもらう。

NHK放送100年史(ラジオ編)　373

ラジオ編 番組一覧 10　こども・教育　定時番組

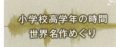

小学校高学年の時間　世界名作めぐり 1950年度
小学校高学年向け朗読番組。世界各国の名作の中から児童に親しめる作品を選んで朗読する。3学期は「日本童話集」を放送。

ラジオクラブ 〈期間編成〉 1950〜1987年度
1948年12月に『冬のラジオ学校』、1949年3〜4月に『春のラジオ学校』、同年7〜9月に『夏のラジオ学校』としてスタート。1950年度に『ラジオクラブ』に改題。小・中学生を対象に、毎学期ごとに放送した学校放送の集中的再放送を中心に、さまざまな企画を放送した。夏休み期間中に放送する『夏のラジオクラブ』、冬休み期間中に放送する『冬のラジオクラブ』、春休み期間中に放送する『春のラジオクラブ』がある。

小学校の時間　第1部　お話のおけいこ 1951年度
小学校低学年向け国語の時間。話し方の指導がねらいで、短い童話を児童に話して聞かせ、それを子どもたちが直ちに自分で話せるようにした。

小学校の時間　第1部　ラジオかくれんぼ 1951年度
小学校低学年向けの時間。児童の身辺にある動物、植物、器具の名前を当ててもらうクイズ形式の番組。

小学校の時間　第2部　考える太郎 1951年度
小学校中学年向け理科の時間。科学的な考え方や工夫、原理を伝え、日常生活に応用する能力や態度を養った。

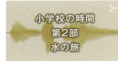

小学校の時間　第2部　水の旅 1951年度
小学校中学年向け理科の時間。水と自然、水と人間生活、水そのものについて考えた。

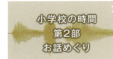

小学校の時間　第2部　お話めぐり 1951年度
小学校中学年向け国語の時間。世界の名作童話を紹介した。

小学校の時間　第2部　七つの鍵 1951年度
小学校中学年向けの時間。7つのヒントにより、正解を当てるクイズ形式の番組。

小学校の時間　第2部　仲よしクラブ 1951年度
小学校中学年向け道徳の時間。個人道徳、公衆道徳、保健衛生等、社会科に関連するものを劇形式で放送。

小学校の時間　第2部　たのしい音楽 1951〜1967年度
小学校中学年向け音楽の時間。低学年向け『うたのかばん』で音楽学習の喜びを知った児童に、その程度を上げた内容で、さらに積極的に音楽の楽しさを求めるように努めた。特にリズム学習に重点をおき、歌唱、器楽合奏、鑑賞のそれぞれに、リズムの理解と体得を中心に学習を進めた。

小学校の時間　第3部　季節の音楽 1951年度
小学校高学年向け音楽の時間。季節に応じて歌唱と器楽の鑑賞を行い、創作にもふれた。

小学校の時間　第3部　このごろのできごと 1951〜1972年度
小学校高学年向け社会科の時間。学年別社会科番組のほかに、広い意味の社会科学習に役立てるために、中・高学年向けに編成したニュース番組。世界並びに日本に起こった重要な出来事を解説するとともに、そのニュースの理解に必要な用語、人名、地名の解説も行った。日本を理解し、広く視野を広げ、正しい国際理解ができるよう努めた。テレビ番組の充実と学校での聴取の実態を考慮して1972年度をもって終了した。

小学校の時間　第1部　こどものこよみ 1952〜1954年度
小学校低学年向け社会科の時間。季節的な年中行事、動植物、自然現象などに関連して展開されている子どもたちの生活をとり上げ、子どもたちに敏感な季節感覚を養ってもらい、豊かな季節的生活を楽しむことができる情操を得られるように導いた。

374　NHK放送100年史（ラジオ編）

小学校の時間　第1部　お話たまてばこ　1952〜1984年度
小学校低学年向け国語関連番組。日本を中心として世界各国の伝承童話や昔話を取り上げ、豊かな情操を養うとともに国際理解への素地を培った。「学校放送名作番組委員会」で推薦した作品の中から取り上げた。

小学校の時間　第2部　昔はどうしていたでしょう　1952年度
小学校中学年向け社会科の時間。昔の人々はどのような生活をしていたかを現在と比較することで、衣食住、交通、運搬、通信、交易などの問題を理解しやすいように構成した。

小学校の時間　第2部　私たちの観察　1952年度
小学校中学年向け理科番組。身近に観察できるものの学習への導入に役立たせた。長期継続観察を示唆する意味で、「昼の長さと夜の長さ」「いね」など、春と秋の2回にわたって扱ったものもあった。

小学校の時間　第2部　なかよしグループ　1952・1954〜1970年度
小学校中学年向け道徳番組。「寛太」「新平」など、どの学校にもいそうな少年を主人公に、日常生活のさまざまな問題を児童なりに考え、みなで解決していく姿をドラマで描いた。学校や近隣社会でぶつかる生活経験を具体的に描くことによって、自主的な生活態度や好ましい人間性を養うこともねらった。

小学校の時間　第3部　音楽の世界　1952〜1953年度
小学校高学年向け音楽番組。歌唱、器楽合奏、鑑賞、創作等、音楽の諸要素を学期ごとに扱った。特に「創作」は新しい試みとして各学校から募集し、優秀作品を放送した。

小学校の時間　第3部　日本の歴史にあらわれた人びと　1952〜1953年度
小学校高学年向け社会科番組。日本の歴史上の代表的人物を年代順にとり上げて、その業績を時代背景とともに学んだ。また先人が築いた文化遺産を鑑賞した。

ラジオ国語教室　1953〜1978年度
小学校1年から6年まで学年別に設けられた国語の時間。月曜から土曜まで曜日ごとに対象学年を分けて編成。ラジオの特性を生かし、主に「話す・聞く」に焦点を合わせた内容とした。第2放送の15分番組。1978年度に「聞く・話す」の学習が「表現（話すを含む）・理解（聞く）」の2領域に分割されるのを先取りして発展的に解消、1979年度より『小学校国語番組』がスタートする。

ラジオ音楽教室（小学校）　(1〜3年): 1953〜1981・(4年): 1953〜1985・(5〜6年): 1953〜1994年度
小学校1年から6年まで学年別に設定された音楽の時間。児童の発達段階に即した系統的な音楽教育を目指して、曜日別に対象学年を分けて放送した。初年度は1・2年生は「リズム」、3・4年生は「旋律」、5・6年生は「和声」の美と形式について学んだ。歌唱、器楽、創作などの各領域を総合的に展開し、音楽における幅広い能力を育てることを目標に構成。1982年度は第1(月〜水)放送で、4〜6年生向けのみとなる。

小学校中学年の時間　わたしたちのくらし　1953〜1955年度
小学校中学年向け社会科の時間。遠い時代の人々の生活のしかたや生活上の工夫などを取り上げ、先人たちが協力と忍耐、不屈の精神力によって生活の向上を図ってきたことを明らかにした。

小学校中学年の時間　ラジオ新聞　1953〜1955年度
小学校中学年向け社会科関連の時間。『私たちのラジオ新聞』(1948〜1952年度)を改題。児童の興味と関心を呼ぶような最近の出来事を平易に伝え、それらがどのように自分たちの生活に関連しているのかを考え、問題解決の能力を養った。

小学校中学年の時間　三郎のかんさつノート　1953年度
小学校中学年向け理科番組。児童に身近な季節や自然物をとり上げ、理科的に観察する態度や能力を養った。

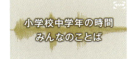
小学校中学年の時間　みんなのことば　1953年度
国語のもっとも基礎的な要素である「聞く」「読む」「話す」「書く」といった能力を、子どもの生活の中から引きだしてとり上げ、指導した。

小学校中学年の時間　かんさつノート　1954〜1955年度
小学校中学年向け理科番組。『三郎のかんさつノート』を改題。季節的な自然現象をとり上げ、理科的に観察する態度や能力を養った。

10 こども・教育 | 定時番組

ラジオ編 番組一覧

小学校中学年の時間　みんなの図書室　1954〜1981年度
小学校中学年向け国語関連番組。朗読やドラマ形式により伝承童話や世界の名作を紹介した。子どもたちの「お話」に対する欲求心を満足させながら、子どもたちの情操を豊かにするような作品を選んだ。1982年度に小学校高学年向けの名作番組『ラジオ図書館』に吸収合併され、小学校「中・高学年向け」番組となる。

小学校高学年の時間　季節の理科　1954年度
小学校高学年向け理科番組。季節の移り変わりや、それに応ずる生物の変化に興味を持たせ、それらを観察する力や態度を育てた。

小学校高学年の時間　音楽の旅　1954〜1967年度
小学校低学年向け『うたのかばん』、中学年向け『たのしい音楽』の発展形として、世界各国の音楽の中から、声楽、器楽の両部門にわたり鑑賞した。1959年度は、1学期は演奏形態別に、2学期は音楽の種類別に、3学期は声楽と管弦楽に分け、年間を通して5・6年生対象の文部省鑑賞教材の全曲を取りあげた。

小学校高学年の時間　日本のむかし　1954〜1959年度
小学校高学年向け社会科番組。『日本の歴史にあらわれた人びと』(1952〜1953年度)の後継番組。歴史的事件や人名を年代順に羅列するだけでなく、児童の興味と理解に合うようにドラマ化し、歴史を通して流れる"意味"をつかみとるよう努めた。

ひる休みのおくりもの　1955〜1981年度
小中学生が学校の昼休みを楽しく過ごすために企画された番組。季節の話題や子どもたちの作文などをはさみながら音楽を放送。選曲は小・中学校の共通鑑賞教材をはじめ、クラシック音楽、各国の民謡、リクエスト曲等で構成。「全国唱歌ラジオコンクール」や「NHK全国音楽コンクール」の入賞校の合唱・演奏や、課題曲指導も放送。第2(月〜土)午後0時台の10〜15分番組。1982年度に『学校音楽コンクールの時間』となる。

小学校の時間（低学年）こねこミー　1955〜1960年度
小学校低学年向け生活指導番組。「こねこのミー」がくらす「動物村」を設定。わんぱくでいたずらずきのミーが、学校や家の近所で起こるいろいろな問題に興味と関心を持って、積極的に働きかけていく。その行動に子どもたちが自然にとけこんで、知らず知らずのうちに集団生活に適応していく態度を養い、健康・安全・愛情などの生活の技術と情操を身につけるのがねらい。

小学校の時間（高学年）理科のしおり　1955年度
小学校高学年向け理科番組。燃料、電気、植物など身の回りの素材や、台風、天体などの自然現象を、ドラマ仕立てや録音構成で系統的にわかりやすく伝えた。

小学校の時間（低学年）かんちゃんのえにっき　1956〜1959年度
小学校低学年向け社会科番組。明朗で健康な一面、ときに思わぬ脱線をする「かんじ」という男の子の生活や行動を描き、自然と社会生活に対する初歩的な見方や考え方を養った。取り上げたテーマ例は「友だちと仲良く、親切に」「登下校時の交通安全」「先生は学校の父さん母さん」「集団生活での個人」「道や乗りものの働き、交通道徳」「店の品物と問屋の関係」ほか。第2(木)午前10時からの15分番組。

小学校の時間（高学年）明るい学校　1956〜1970年度
小学校5・6年生向け生活指導番組。子どもたちが日常当面する問題とその解決に努力する姿を劇で描くことによって、子どもたちが道徳的な価値判断と実践への意欲を持つように構成した。年間の内容構成は、学校や社会の行事、学校内外の活動や生活の中からテーマを設定し、それに基づいて個々の番組のねらいを定めた。

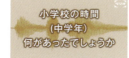

小学校の時間（中学年）何があったでしょうか　1956〜1959年度
小学校中学年向け社会科関連番組。子どもたちに身近な地域社会の出来事や話題、必要に応じて国内・国際問題なども取り上げて解説し、世の中の動きが自分たちの生活とどのように結びついているかを児童たちに考えてもらい、広く社会の動きをみるための能力を養った。各局発のローカル番組。

小学校の時間（中学年）ひろがる理科室　1956〜1960年度
小学校中学年向け理科番組。初歩的な科学への興味と理解を深め、科学的な態度を養った。内容は「生物の生活」「自然の変化」「天体の動き」などを中心として、その現象・機能・着眼点などをやさしく解明した。番組はドラマ化を原則とするが、それ以外に録音・各地からの季節だよりなども加えて構成した。

小学校の時間（中学年）あの村この町　1956〜1970年度
小学校4年生向け社会科番組。日本各地の地域の特徴やそこでの人々の生活を知ることで、自分たちの村や町に対する理解を深め、郷土における生活をよりよくするにはどうすればよいかを考えた。番組はドラマ形式でつくられ、児童が興味深く聴取できるよう工夫した。地方局発全中番組。

小学校の時間　けんちゃんのたんけん　1957〜1962年度
小学校低学年向け理科番組で、『どうぶつのくに』(1950・1952〜1956年度)の後継番組。「けんちゃん」の物語を通して、自然の事物や現象を科学的にみたり考えたりする態度や習慣を養い、生物を愛する心情を高め、飼育栽培、実験工作への意欲を持たせた。

1960年代　学校放送・高校講座：小学校

お話のくに　1960・1965年度
小学校低学年向け番組『こどものための話』(1946～1959年度)を改題。ヒュー・ロフティングの「ドクトル先生の郵便局」やイーヴ・ガーネットの「ふくろ小路一番地」などの海外作品を中心にしつつ、日本の新作童話も紹介した。1960年度に第1(日)午前10時台の15分番組で放送。1965年度に少年少女向け世界の名作番組として再登場。「シートン動物記」(全13回)が好評。第1(日)午前9時台の25分番組。

小学校の時間（低学年）はたらく人びと　1960～1963年度
1960年度から小学校社会科番組を学年別とし、その2年生対象番組として新設。生産活動に従事している人々や、公共のために働いている人びとの仕事の様子を紹介し、それらが分業のかたちで営まれ、自分たちの毎日の生活もこれによって成り立っていることに気づかせる。1964年度に1・2年生の社会科番組はテレビのみとなり、ラジオ放送を終了した。

小学校の時間（低学年）よっちゃんのえにっき　1960～1963年度
1960年度から小学校社会科番組を学年別とし、その1年生対象番組として新設。家庭、学校、近隣社会での人間関係や社会的問題を、「よっちゃん」と「キッコちゃん」の2人の子どもの生活の中に描くことを通して、社会機能に対する初歩的な認識を育てた。1964年度に1・2年生の社会科番組はテレビのみとなり、ラジオでの放送を終了した。

小学校の時間（中学年）みんなのくらし　1960～1971年度
1960年度から小学校社会科番組を学年別とし、その3年生対象の番組として新設。『何があったでしょうか』(1956～1959年度)に代わるローカル番組。現場での郷土学習に合わせ、各県別に制作した。1971年度をもって廃止し、1972年度はテレビ番組に統合した。

小学校の時間（高学年）日本のあゆみ　1960～1972年度
歴史中心の『日本のむかし』(1954～1959年度)を発展させ、新しい学習指導要領に沿って、小学校6年生の社会科学習全般に役立つ素材を提供し、学習内容を豊かにすることをねらいとした。政治と国民生活、日本の歴史の概略、日本と関係の深い諸外国の様子などを、劇と録音構成で取り上げた。テレビ番組の充実と学校での聴取の実態を考慮して1972年度をもってラジオでの放送を終了した。

小学校の時間（中学年）ユーちゃんのカレンダー　1961年度
小学校中学年向け理科番組。

小学校の時間（中学年）ユーちゃんの理科ノート　1962年度
小学3年生を対象とした理科番組。四季による自然の変化や生物の生活、音の世界などの問題を生活の中から発見し、鋭い観察力を育てることをねらいとした。取り上げたテーマは1学期「虫の習性・小鳥の種類と習性・集中豪雨と梅雨の現象ほか」、2学期は「月世界探検の科学物語・永久磁石の用途と性質ほか」、3学期は「気温と水の変化・春を迎える植物の姿・雪と生活ほか」など。

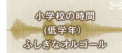
小学校の時間（低学年）ふしぎなオルゴール　1963年度
ラジオの特性を生かした新しい形の理科番組として、小学校低学年向けに新設。楽しさの中に自然の事物や現象に興味を持つとともに、科学的にものをみたり考えたりする態度を養い、生物を愛する心情を高めるよう構成した。第2(水)午前10時15分からの15分番組。

小学校の時間（中学年）ラジオ・ポスト　1963～1966年度
小学校中学年向けの総合的な社会科番組。学年別社会科番組のほかに、広い意味の社会科学習に役立てるために、時事ニュースや各地の季節の話題をNHKのネットワークを駆使して具体的に伝え、中学年の子どもたちにふさわしい季節の感覚や時事問題についての関心を深めようとするもの。

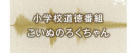
小学校道徳番組　こいぬのろくちゃん　1964～1967年度
小学校1年生向け道徳番組。入学期児童の集団生活への同化を図ることをねらいに新設。1年生の日常の行動様式をととのえ、道徳的判断、実践力を養い、社会の一員としての自覚を育てていこうとするもの。元気でわんぱくな小犬のろくちゃんとその仲間たちの生活を劇形式で描きながら、各回のねらいをわかりやすく提示した。

小学校道徳番組　ぼくはいちろう　1968～1970年度
『こいぬのろくちゃん』(1964～1967年度)のあとを受けて始まった小学校1年生向け道徳番組。児童を主人公とする生活ドラマ。第2(月)午前10時15分からの15分番組。

10 こども・教育 | 定時番組

ラジオ編 番組一覧

1970年代　学校放送・高校講座：小学校

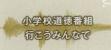

小学校道徳番組　行こうみんなで 1971〜1974年度
小学校中学年向け道徳番組。道徳指導の資料として、ラジオの特性を生かし、児童の心情に訴えて望ましい道徳意識と実践的態度を育てることを目的とした。素材は児童が日常生活の場で直面する出来事のみに限定せず、広く社会の出来事や古今の名作、先人の業績の中からも幅広く取り上げた。第2(金)午前10時30分からの15分番組。

小学校道徳番組　あすに向かって 1971〜1974年度
小学校高学年向け道徳番組。道徳指導の資料として、ラジオの特性を生かし、児童の心情に訴えて望ましい道徳意識と実践的態度を育てることを目的とした。素材は児童が日常生活の場で直面する出来事のみに限定せず、広く社会の出来事や古今の名作、先人の業績の中からも幅広く取り上げた。第2(火)午前10時15分からの15分番組。

小学校国語番組　ことばの教室 1979〜2002年度
すべての学習の基本である国語を小学校1年生から6年生まで、発達段階に合わせて体系的に学ぶ番組。新しい教育課程において、「聞く・話す」の学習が、「表現（話すを含む）」「理解（聞く）」の2領域に分割されるのを先取りして、長年続いた『ラジオ国語教室』（1953〜1978年度）を発展的に解消して、1979年度に新たにスタートした番組。「聞く」「話す」に加えて、「言語事項（言葉の学習）」に重点をおいた。

1980〜1990年代　学校放送・高校講座：小学校

学校音楽コンクールの時間 1982〜1994年度
年度上半期は、「NHK全国学校音楽コンクール」の課題曲を、お便りなどをまじえながら小・中・高校の校種別に紹介。また作曲家や合唱指揮者などが、コンクールに役立つポイントをアドバイスした。下半期はコンクールに参加した小学校、中学校、高等学校の自由曲を中心に紹介した。初年度は第2(上半期・月〜水)、(下半期・月)午後0時50分からの10分番組。

みんなのコーラス 1995〜2010年度
上半期は主に「NHK全国学校音楽コンクール」の新しい課題曲を、作曲家および合唱指揮者のアドバイスを交えて紹介。下半期はコンクールに参加した学校の自由曲の演奏を合唱指導者の講評を交えて放送した。初年度は第2(月〜水)午前10時20分からの20分番組。

2000年代　学校放送・高校講座：小学校

おはなしの旅 〜 低学年 2003〜2012年度
小学校低学年向け国語番組。子どもに与えたい優れたお話を俳優らの表情豊かな朗読やラジオドラマで紹介した。子どもたちの想像力をはぐくみ、ことばの世界を広げることをねらう。出演は中村メイコ、えなりかずきほか。初年度は第2(月)午前10時20分からの15分番組。

おはなしの旅 〜 中学年 2003〜2012年度
小学校中学年向け国語番組。子どもに与えたい優れたお話を俳優らの表情豊かな朗読やラジオドラマで紹介した。子どもたちの想像力をはぐくみ，ことばの世界を広げることをねらう。出演は幸田弘子、橋爪功ほか。初年度は第2(火)午前10時5分からの15分番組。

おはなしの旅 〜 高学年 2003〜2012年度
小学校高学年向け国語番組。子どもに与えたい優れたお話を俳優らの表情豊かな朗読やラジオドラマで紹介した。子どもたちの想像力をはぐくみ、ことばの世界を広げることをねらう。出演は岸田今日子、森本レオほか。初年度は第2(月)午前10時5分からの15分番組。

1930年代　学校放送・高校講座：中学校

普通学講座 1931〜?年度
第2放送開始にあたって新設。小学校を卒業した人に、中等学校の教科に準じて補習教育をしようというもの。公民、国語、数学、理科、歴史、地理、家政、現代などの科目を曜日ごとに分けて編成。権田保之助（文部省嘱託）の「教育と民衆娯楽」、春山作樹（東京帝国大学教授）の「公民科（修身）」、倉野憲司（東京女子大学教授）の「国語」、岩間緑郎（東京女子高等師範学校教授）の「数学科（算術・代数）」などを放送。

 **中等学生の時間** 1937〜1940年度
歴史に取材した話、生徒の研究発表、工場・新聞社などの見学実況、音楽などを放送。(火・木・土)の週3日放送で、午後6時台の30分番組。(火)「偉人の青年時代」、(木)「研究所めぐり」、(土)「音楽」で構成。「音楽」は東京局と大阪局が交互に担当。各中等学生の合唱、ハーモニカ、ブラスバンドないしレコードによる名曲鑑賞で構成。1940年度で放送を一時中止。東京ローカルで1941年11月に再開した。

1940年代　学校放送・高校講座：中学校

 **中学高等学校の時間　音楽鑑賞** 1948〜1951年度
中学校および高校向け音楽番組。世界の偉大な音楽家、音楽作品についての理解を深める。初年度は第1(火)午前10時20分からの20分番組。1学期が「楽器の聴き方」、2学期が「器楽合奏」、3学期が「4重奏から管弦楽」をテーマとした。1951年度は作曲家の人間性にふれることに重点をおいて、楽曲鑑賞を行った。

 **中学高等学校の時間　私とは何か** 1948〜1950年度
中学校高校向け特別活動番組。肉体的、知的、情緒的に変化の激しい青年期の心理と行動の特色や問題について、例をあげながら理解を深め、その能力を伸ばすとともに円満な人格を作るための示唆を提供する。初年度は第1(水)午前10時20分からの20分番組。

 **中学高等学校の時間　新しい学校** 1948〜1949年度
中学校高校向け番組。特殊課程活動の理論と実際を研究する番組。第1(月)午前10時30分からの15分番組。

 **中学高等学校の時間　英語** 1949〜1951年度
中学校高校向け英語番組。英語の正しいイントネーションの習得に主眼を置いた。アメリカンスクールの生徒の出演により、やさしい日常表現を用いて簡単な会話劇の形式をとった。初年度は第1(土)午前10時20分からの20分番組。1951年度は「中学校の時間」。

 **中学高等学校の時間　文学** 1949〜1951年度
中学校高校向け国語番組。世界の名作を選んで劇化し、学校における文学作品鑑賞の補助とした。初年度は第1(木)午前10時20分からの20分番組。

1950年代　学校放送・高校講座：中学校

 **中学高等学校の時間　世界の動き** 1950〜1971年度
中学校高校向け社会科番組。世界の動きを伝えるニュースの中から子どもたちに身近な問題を取り上げて、解説者と子どもたちの対話形式で解説した。初年度は第1(金)午前10時20分からの20分番組。

 **中学高等学校の時間　生活と衣食住** 1950年度
社会科を中心として構成した中学高等学校向け時間。1学期から衣・食・住の順に3学期まで放送。日本の住居、食物、衣服を中心に、これを歴史的、地理的、科学的な検討を加えて解説した。第1(月)午前10時20分からの20分番組。

 **中学校の時間　世界の産業** 1951年度
世界の農業、鉱業、水産業の実情と国民の経済生活との関係を知り、将来の職業選択の指針を提供し、社会人としての視野を養うことを目的とした。

 **中学校の時間　私たちの身体** 1951年度
中学生向け理科番組。1951年度の1学期のみ放送。

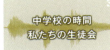 **中学校の時間　私たちの生徒会** 1951年度
1951年度の2・3学期に放送。討議の方法を学び、健全な小さな民主社会の建設を試みた。

10 こども・教育 | 定時番組

ラジオ編 番組一覧

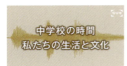

中学校の時間　私たちの生活と文化　1952年度
1952年度「中学校の時間」の1学期に放送。

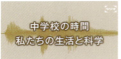

中学校の時間　私たちの生活と科学　1952年度
1952年度「中学校の時間」の2学期に放送。日常生活に関係のある交通・通信、衣料、写真、レコードなどの法則や原理、発明発見の動機を解説する。

中学校の時間　私たちの郷土と世界　1952年度
1952年度「中学校の時間」の3学期に放送。郷土の発達、文化向上の過程を全国放送でとり上げ、具体的な資源、産業はローカルで放送し、いかなる郷土も日本、世界の歩みから切り離せないことを強調した。

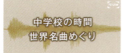

中学校の時間　世界名曲めぐり　1952〜1984年度
世界の名曲の中から中学生が親しめる作品をとり上げ、わかりやすく解説した。名曲に親しみながら鑑賞力を高めることに重点をおいた。1955年度より1部と2部に分けて編成された「中学校の時間」では2部で放送。1部の「音楽」がドリル的な性格を持ったのに対し、2部は純然たる鑑賞番組とした。

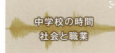

中学校の時間　社会と職業　1952・1955〜1956年度
中学生向け進路指導の番組。生徒が知っておくべき職業についての一般知識を提供し、自己の進む職業を選ぶ能力と、他の人の職業に対する敬愛の態度を養う。1955年度に「中学校の時間（2部）」で職業指導の番組として再開。正確な職業情報の提供に重点をおいて放送した。

中学校の時間　名作をたずねて　1952〜1984年度
中学生向けの国語関連番組。中学生にふさわしい文学作品の名作を選んで劇化して紹介した。また朗読によって鑑賞し、情操教育に役立てた。中学生の読書指導として、またホームルームや国語学習で利用された。

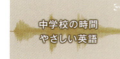

中学校の時間　やさしい英語　1952年度
中学生向け英語の教科番組。英語の正しい発音、イントネーション、アクセント、会話の練習に主眼を置いた。

ラジオ音楽教室（中学校）　1953・1960〜1971年度
1953年度は第2（火・木）午後1時台の15分番組。火曜は「理論」、木曜は「表現」をテーマに学んだ。特に教育現場で問題になっている中学生の変声期における歌唱の問題、施設のない学校での簡単な器楽合奏、従来の教育で遅れていた創作（作曲）活動について取り上げた。1960年度に前年度までの『中学校の時間（1部）音楽』を『ラジオ音楽教室』に刷新。全学年を対象に音楽表現活動を重点的に取り扱った。

ラジオ英語教室　1953〜1971年度
中学生の入門程度の英語学習の補習を目的に始まる。特に発声指導に重点を置き、「聞くこと、話すこと」に役立つ英語番組とした。週3日の放送で、曜日ごとに中学1年生から3年生までをそれぞれ対象とした。初年度は第2（月・水・金）午後1時からの15分番組。1971年度をもって終了し、1972年度より新しく『A Good Ear for English』を設けた。

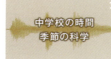

中学校の時間　季節の科学　1953年度
中学校向け理科番組。季節によって変化する自然界の現象をとり上げて解説。四季の変化を注意深く観察し、物事を科学的に考える能力を養った。

中学校の時間　心の生活　1953年度
中学校向け道徳番組。中学生の心理的、社会的、倫理的な問題をドラマで描き、これからの生活を示唆することによって、自分を律する態度を養った。

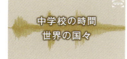

中学校の時間　世界の国々　1953年度
中学校向け社会科関連番組。世界の主な国々の珍しい風景、政治、産業、文化を紹介した。

中学生のおさらい　1954〜1961年度
中学生を対象に、家庭での予習、復習に役立ててもらおうという番組。初年度は英語、国語、数学、社会、理科の5科目について実施した。第2（月〜金）午後5時30分からの30分番組。1959年度から『ラジオ家庭教室』枠内で放送。

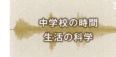
中学校の時間　生活の科学　1954年度
われわれの日常生活に関係の深い交通、通信、医学等の問題を取り上げ、その発明、発見者の伝記をドラマによって紹介した。さらにその原理、事象、応用の方法などを解説し、中学生の科学的知識の啓もうに努めた。

中学校の時間　次郎の日記　1954〜1955年度
中学生向け道徳番組。主人公の次郎は農村に近い小都市に暮らす中学2年生。次郎の日記をドラマ化するかたちで問題を提示した。中学生のホームルームを中心とするさまざまな問題をとり上げたところ、この内容がリアルだと好評で、中学校番組の中で最高の利用率を得た。

中学校の時間　日本の文化史　1954年度
中学生向け社会科関連番組。日本の歴史や文化に対する正しい見方や、文化遺産についての正しい評価ができるよう指導した。

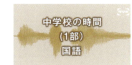
中学校の時間（1部）国語　1955〜1971年度
中学校1年生向け国語番組として始まる。国語教育の中では新しい指導領域として重要な意味を持つ"話しことば"の指導に役立てるため、主として"話しことば"を中心に番組を構成した。週1回15分で、初年度は最初3〜4分を書き取りドリル、その後を「話しことば」中心の学習にあてた。1960年度にそれまで週1本で3学年を対象としていたのを改め、（月）1年生、（火）2年生、（水）3年生と各学年に応じて週3本を放送。

中学校の時間（1部）社会科地理　1955〜1969年度
中学校1年生向け社会科番組。1学期と2学期の半ばを「日本地理」に、残りを「世界地理」に当てた。内容は東京都教育庁の班目文雄の話を中心に、現地で収録した録音や各地の中学校生徒の作文などを紹介。解説が無味乾燥としたものにならないように、中学生との対話形式をとった。

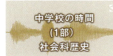
中学校の時間（1部）社会科歴史　1955〜1976年度
1955年度に中学校1年生向けに始まった社会科歴史。世界史をバックにしながら、各時代の日本の特徴を認識させるように、具体的な史実を取り上げてドラマに構成し、立体的に浮き彫りにした。1972年度の指導要領改訂にともなって『社会科歴史（1年生向け）』と『社会科歴史（2年生向け）』に分かれた。

中学校の時間（1部）理科　1955〜1959年度
中学1年の教科単元から6つの単元を選び、学習の整理と発展への基礎をつくるように心がけた。初年度は1学期「生物と水」、2学期「気象と地球」、3学期「天体」で構成。1958年度は中学校3年間のすべての単元を対象とする教材として、効果的な理科学習ができるように編成した。

中学校の時間（1部）音楽　1955〜1959年度
中学校高学年が対象。聴覚を通して音楽理論を学ばせるねらいをもって、初年度は1学期「リズムと拍手」「音階と調」「音程」等、2学期「いろいろな形式」「よい旋律」などを中心に指導。3学期は1・2学期の復習とした。1958年度は1学期「音楽の生成」、2学期「音楽の構成」、3学期「生活と音楽」で年間を構成した。

中学校の時間（1部）作文風土記　1955年度
日本各地の自然の姿や、そこで営まれている生活や生産様式などについて、各地域の中学生が書いた作文を中心に、現地録音や解説を交えて構成した。

中学校の時間（2部）科学と生活　1955〜1956年度
中学校向け理科の時間。「中学校の時間（1部）」の理科が教科に直結した内容なのに対し、（2部）では先人の科学的業績を知らせたり、科学的な考え方や物の見方を教える教養的な内容とした。初年度2学期は北海道から東京に旅する少年を主人公に、交通通信機関を紹介し好評を得た。3学期は「原子力」を扱った。

中学校の時間（第1部）上級英語　1956年度
中学校高学年向け英語番組。『ラジオ英語教室』の「初級」と「中級」の総まとめとした。

中学校の時間（第2部）健三の日記　1956〜1957年度
中学校向け道徳番組。『次郎の日記』（1954〜1955年度）の後継番組。中学生の身近な問題をホームルームの話題を中心に劇化して放送したところ、1955年度に引き続き、中学校番組での最高の利用率を記録した。1955年度の主人公「次郎」が卒業したという設定で、その弟の「健三」を主人公とした。

中学校の時間（第1部）職業・家庭科　1957〜1959年度
職業、家庭科の学習のうち、特に職業指導と進路指導に重点をおいた。指導にはそれぞれ文部省、教育庁の担当者が当たった。

ラジオ編 番組一覧 10 こども・教育 | 定時番組

中学校の時間（第2部）科学の窓　1957～1960年度
中学校向け理科の時間。日常生活と科学との関連において身近な科学的事実の理解を深め、科学的な生活態度の養成に努めた。主なテーマは「医学の進歩」「電気の力」「病気との闘い（がん・早期発見の努力）」「日本の地下資源」「原子力と生活」ほかで、生活と科学との関連をドラマや録音構成で伝えた。

中学校の時間（第2部）私たちの社会　1957年度
政治・経済・社会を取り上げた中学校向け社会科番組。1学期が「政治」、2学期が「経済」と「国際理解」、3学期が「社会問題」を、ドラマと録音構成の形式で取り上げた。

中学校の時間（第2部）達夫の日記　1958～1959年度
『健三の日記』（1956～1957年度）の後継番組。中学生の生活の現実から問題を拾う生活指導番組。中学2年生の主人公・木村達夫と「やまいも班」の7人がホームルームを中心に、学級、学校、家庭などでの各種の問題を経験しながら成長する姿をドラマで描いた。1957年9月から実施された「道徳」科との関連を考慮した。

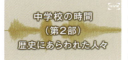
中学校の時間（第2部）歴史にあらわれた人々　1958～1960年度
中学校向け社会科（歴史）番組。東西の歴史にあらわれた人々の考えや働きを、その時代の歴史的背景の中でとらえ、新しい歴史学習の有効な資料とした。番組は好評を得て、従来40％台であったこの時間の聴取率を一挙に70％台にまで引き上げた。初年度に取り上げた人物は「ソクラテス」「聖徳太子」「行基」「紫式部」「レオナルド・ダ・ビンチ」「ガリレオ・ガリレイ」「ザビエル」「角倉了以」「山田長政」「松尾芭蕉」など。

1960年代　学校放送・高校講座：中学校

中学校の時間（第2部）わたしたちは考える　1960～1994年度
道徳番組の強化の一環として1960年度に新設。中学2・3年生を対象に、道徳教育や生活指導全般に役立てるための具体的資料を提供した。

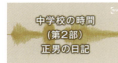
中学校の時間（第2部）正男の日記　1960～1961年度
中学1年生対象の道徳番組。『達夫の日記』（1958～1959年度）の後継番組。中学1年生の「坂本正男」を主人公に、その所属する学級内の小集団「こだま班」の7人のメンバーが、学級や家庭で経験する生活上の問題をドラマ化し、のぞましい道徳意識と実践力を育てることをねらいとした。

中学校の時間（第2部）学級の話題　1961～1981年度
中学生対象の特別活動の時間。学級活動の時間の健全な運営に資するため、各地の学校から資料を豊富に集めて、ドラマあるいは録音構成で放送した。

中学生の勉強室　1962～1989年度
中学3年生の学習の補助に大学・高校の現役講師を招き、主要5科目について、系統的ドリルを実施。テキストは隔月に10万部を発行し、家庭学習にも利用された。初年度は第2(月～金)午後5時30分からの30分番組。放送時間が下校時間と重なることから、1963年度より午後6時15分からに変更され、10月からは再放送も午後10時15分から新設された。放送利用を中心に学習グループを作る学校が増加した。

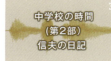
中学校の時間（第2部）信夫の日記　1962～1963年度
中学1・2年生対象の道徳番組。『正男の日記』（1960～1961年度）の後継番組。

土曜クラブ　1963～1965年度
中学・高校生を対象とした教科外教養番組。鑑賞力、思考力の両面から、青年前期にある生徒の教養向上を図った。初年度のテーマは、第1週「名作劇場」、第2週「十代の広場」、第3週「音楽と共に」、第4週「生きている社会」、第5週「特別講演」とした。第2(土)午前11時15分から45分までの放送で、ラジオ学校放送では初めての30分番組。

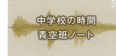
中学校の時間　青空班ノート　1964～1994年度
これまで『次郎の日記』（1954～1955年度）、『健三の日記』（1956～1957年度）、『達夫の日記』（1958～1959年度）、『正男の日記』（1960～1961年度）、『信夫の日記』（1962～1963年度）と続いてきた日記形式の1・2年向け道徳番組を刷新。1年生のある生活グループ「青空班」の男女数人が、交代でその体験や悩み事をつづっていく連続ドラマ。従来の日記形式の良さを生かしながら、さらに登場人物の行動半径と経験領域を広げた。

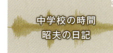
中学校の時間　昭夫の日記　1966～1994年度
これまで中学校1・2年向けだった「中学校の時間」の『青空班ノート』を中学1年対象とし、中学2年対象の『昭夫の日記』を新設した。初年度は第2(木)午前10時45分からの15分番組。

1970年代　学校放送・高校講座：中学校

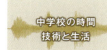

中学校の時間　技術と生活　1971〜1974年度
1971年度からテレビの『技術・家庭』を廃止し、ラジオの『技術と生活』を新設した。第2(木)午前9時45分からの15分番組。

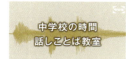

中学校の時間　話しことば教室　1972〜1975年度
1960年度から1971年度まで放送していた『国語1年』『国語2年』『国語3年』を廃止し、新たに設けた中学校向け国語番組。第2(月)午前9時45分からの15分番組。

中学校の時間　ことばの研究　1972〜1975年度
1960年度から1971年度まで放送していた『国語1年』『国語2年』『国語3年』を廃止し、新たに設けた中学校向け国語番組。第2(火)午前9時45分からの15分番組。

中学校の時間・高等学校の時間　A Good Ear for English　1972〜1974年度
1953年度から1971年度まで放送していた『ラジオ英語教室1年』『ラジオ英語教室2年』『ラジオ英語教室3年』を廃止し、新たに設けた中学・高等学校向け英語番組。

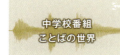

中学校番組　ことばの世界　1976〜1981年度
中学校の全学年を対象に、生活の中でのことばのさまざまな面に焦点を当て、言語感覚を豊かにすることを目的とした。「聞くこと、話すこと」と「ことばに関する事項」の領域を中心に構成した。第2(火)午前9時45分からの15分番組。

1990年代　学校放送・高校講座：中学校

中学生実力アップセミナー　1992年度
中学3年生を対象に、3年間の学習の重点を復習し、高校進学のための実力を養成するための番組。講師：「英語」原田昌明（東京学芸大学附属世田谷中学校教諭）、「数学」徳峯良昭（筑波大学附属中学校教諭）、「国語」川本信幹（日本体育大学助教授）。第2(月〜金)午後7時35分からの25分番組。

1950年代　学校放送・高校講座：高等学校

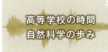

高等学校の時間　自然科学の歩み　1951年度
高等学校向け教科番組。1学期は「物理学」、2学期は「化学・生物学」、3学期は「天文・気象・地質・鉱物学」を取り上げた。各分野における発達の歴史を調べ、各種の発明・発見や、それらと日常生活の関係を研究して科学常識を養った。

高等学校の時間　世界の国々　1951年度
高等学校向け教科番組。世界各国の政治、経済、産業、文化、教育にわたり、その特色を研究して、世界人としての常識を広めた。

高等学校の時間　社会見学　1951年度
高等学校向け教科番組。公共事業施設、政治、経済、産業の中心機関や企業体を見学して、生きた社会の具体的認識に供するとともに将来の職業選択の参考となるよう導いた。

高等学校の時間　青年期の心理　1952年度
青年期の心理的特徴を学ぶことで自己を正しく理解し、自己指導能力の発達を助長することをねらいとした。1学期には青年期の「内面的自我意識」の問題、2学期には「青年と社会との関係」「道徳意識」「男女関係」等の問題、3学期にはそれらを総合した青年の性格形成の問題を取り上げた。

ラジオ編 番組一覧 10 こども・教育 | 定時番組

高等学校の時間　時の話題　1952～1972年度
高校生のための時事解説番組。世界の動向の中から生まれてきた言葉や、さまざまな国家の当面する政治的、経済的、文化的話題を取り上げて、それぞれの専門家が問題の背景や他の問題との関連を解説した。

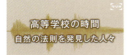

高等学校の時間　自然の法則を発見した人々　1952年度
高等学校向け教科番組。科学の各分野において、自然界の法則や原理がどのような時代的、また社会的背景の中で発見され、形づくられてきたのか、またそれが科学の進歩にいかに役立ってきたかを理解してもらうことをねらいとした。1学期は「数学・幾何学・天文学」、2学期に「物理学」、3学期には「地学・植物学」の分野を取り上げた。

高等学校の時間　世界の芸術　1952年度
高等学校向け教科番組。世界的芸術遺産が、どのような時代的、文化的背景で生まれ、どのような思想の流れにおいて作られてきたかを解説する。高校生の芸術鑑賞の基礎を培うとともに、情操教育に役立てることをねらいとした。1学期は「音楽」、2学期は「文学」、3学期は「美術」を取り上げた。

NHK高等学校講座　1953～1962・1982～1990年度
通信高校生の自宅学習に役立てるように1953年度に『NHK高等学校講座』のタイトルで全国放送を開始。全日制、定時制高校生の学力増進、補習用としても利用された。初年度は第2(月～土)の15分番組。1954年度から「初級」と「上級」を放送。1963年度に『通信高校講座』と改題。1982年度に『高等学校講座』に再度改題し、全日制高校生や一般成人に高校レベルの基礎的・系統的知識を提供する番組とした。

高等学校の時間　青年と社会　1953年度
青年期の本質理解と、望ましい生活態度の形成をねらった番組。1学期は「近代社会の特質と青年の立場」、2学期は「青年と社会生活」、3学期は「文化現象と青年」をそれぞれテーマとして取り上げた。

高等学校の時間　今日の科学　1953・1958～1962年度
1953年度の「高等学校の時間」では、高等学校理科単元の全般にわたって、それぞれの分野の最先端の新しい科学上の問題を取り上げ、専門家が解説した。1958年度から高校生の科学的教養を高めることをねらいとした番組として再開。内容は「日常生活に関係の深い事象」「科学界の動向や課題」「科学思潮」「科学技術の現状と将来」「科学と産業の関連」などのテーマをとり上げて解説した。

高等学校の時間　私達の学園生活　1953～1954年度
全国各地の高等学校をたずね、クラブ活動や生徒会を中心に特色ある学園生活の実際を紹介した。

高等学校の時間　日本の古典　1953～1961年度
「梁塵秘抄」「今昔物語」「古事記」「西鶴」など日本の古典文学のうち、特に教科書に取り上げられる頻度の高い作品を選び、作品の解釈と社会的、文化的、思想的背景を解説しながら、原典の一部を朗読した。

高等学校の時間　学科の要点　1953年度
教室での教科指導に直接役立つことをねらった番組で、1学期は「解析Ⅰ」、2学期は「世界史」、3学期には「生物」を取り上げた。

高等学校の時間　青年期の探究　1954～1984年度
ホームルームにおける生活指導の番組として、高校向け番組の中でもっとも利用された。青年期に特有な不安や悩みにいかに対処すべきかについて考える素材を提供した。1956年度には解説者として串田孫一、田宮虎彦、三島由紀夫、島崎敏樹、乾孝、波多野完治ほかの文化人が出演した。

高等学校の時間　英文研究　1954～1961年度
高校生向けの英語番組。おもに高校低中学年の学力を目安に、発音面での語学力を高める番組とした。また英米文学の名作から高校生の実力にふさわしい作品を選び、文章の鑑賞、文法だけでなく、慣用句、語源、引用文の説明など多岐にわたって解説した。

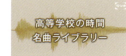

高等学校の時間　名曲ライブラリー　1954～1981年度
高校生向けの音楽関連番組。音楽のさまざまな形式とその特長を解説し、併せて世界の名曲を鑑賞することで、高校生にふさわしい音楽の基礎知識を養うことを目指した。初年度の解説は作曲家の入野義郎。

高等学校の時間　高校生の声　1955～1957年度
高校生自身がマイクの前に立って自分たちの問題について語り合う番組。奇数回には「高校生の主張」を、偶数回には「希望訪問」を放送した。1956年度は「希望訪問」を終了し、「高校生の主張」を放送。

1960年代　学校放送・高校講座：高等学校

高等学校　ホームルームの話題　1960～1961年度
"夜の学校放送"として第2(土)午後6時45分から15分間、定時制高校のホームルームの生活指導に役立てるように編成した。1962年度に『定時制高校の時間』が新設されたことで、「ホームルームの話題」はその枠内で放送するようになり、番組終了の1980年度まで続いた。

高等学校番組　ことばと文学　1961年度
定時制高校向けの国語番組として新設。働きながら学ぶ生徒を対象とするため、文学作品の扱いも「人間いかに生くべきか」という視点から、「ことば」の面では「職場での言葉」「街中でのことば」など、実生活に結びついた言語指導を中心に取り上げた。1962年度に新設される『定時制高校の時間』の第1部で継続放送される。

高等学校の時間　Listen to Me!　1961～1981年度
高校生対象の英語の時間。発音・イントネーション・リズムを体得することを目指した。ネイティブ・スピーカーの英語を聞き取り、理解する力を養うことに重点をおき、やさしい英語を何回も繰り返し練習する形式をとった。

定時制高校の時間　1962～1980年度
定時制高校生のための学校放送番組。国語関連番組「ことばと文学」と、生活指導番組「ホームルームの話題」の2部構成。「ことばと文学」は、教科を離れた教養としても楽しく聞けるように制作された。また「ホームルームの話題」は、主に低学年を対象として1980年度の放送終了まで続いた。初年度は第2(土)午後6時30分からの30分番組。テキストも発行された。

定時制高校の時間　ことばと文学　1962～1966年度
1962年度に新設された『定時制高校の時間』(後6:30～7:00)の第1部(後6:30～6:45)として放送された国語科関連番組。1961年度の『高等学校番組　ことばと文学』からの継続放送。「ことば」と「文学」を2つの柱として構成。「ことば」の面では、正しい言語生活を考えるための素材を提供。「文学」の面では、古典文学、現代文学、外国文学の中から選んで「鑑賞」を中心に放送した。

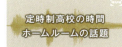

定時制高校の時間　ホームルームの話題　1962～1980年度
1962年度に新設された『定時制高校の時間』の第2部(後6:45～7:00)として放送された生活指導関連番組。『高等学校　ホームルームの話題』(1960～1961年度)からの継続番組。働きながら学ぶ生活のなかでの学習の問題、クラブ活動や生徒会活動など学校生活の問題、青年期の心理や健康、人生設計など、定時制高校生が直面する諸問題を幅広くとり上げ、ホームルームの時間に話し合う素材として放送した。

実力養成講座　1962年度
『NHK高等学校講座～上級』(1953～1962年度)の内容を刷新し、高校上級生の主要科目に対する実力養成と、大学受験生のための指導に役立てる番組とした。科目は「国語・古文」「数学Ⅰ演習」「英文解釈」「国語・漢文」「数学Ⅱ・Ⅲ演習」「英作文」。第2(月～土)午後11時15分からの25分番組。1963年度は季節休暇中に放送する『ラジオクラブ』枠で再放送した。

通信教育のしおり　1962～1964年度
通信教育生が教室で教師とともに集団で視聴し、事後、話し合うことを考慮して制作した生活指導番組。内容は「通信教育生の学習上、生活上の問題点」と「生徒が知っておくべき教育行政上の問題」を中心に取り上げた。第2(日)午後0時45分からの15分番組。1965年度から『通信高校講座』枠内で「通信高校講座～ホームルーム」として、スクーリング時の集団視聴番組として位置づけた。

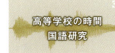

高等学校の時間　国語研究　1962～1981年度
高校生対象の国語の時間。改訂学習指導要領では、現代文の読解力を高めること、言語技術を身につけて言語生活の向上をはかることが重視されているので、この分野の教材を提供した。現代国語に重点をおき、「小説、詩歌、論説の読み方」、「作文指導」、「話し言葉の研究」、「作家訪問」などを放送した。

高等学校の時間　人間とは何か　1963～1981年度
高校生が「人間らしい生活とはどのようなものか」を考える手がかりを与えようというもので、人間のすばらしさや不思議さについて、自然科学、人文科学、社会科学の学問的成果に基づいて専門家が話した。

通信高校講座　1963～1981年度
1963年度のNHK学園高等学校開校にともない、放送利用の通信教育をさらに推進するために従来の『NHK高等学校講座』(1953～1962年度)を改題。通信高校生を主たる対象としながら、併せて全日制、定時制高校の生徒の補習にも役立つ番組とした。初年度は第2(月～日)午後8時から9時まで、第1部から第3部に分けて放送。教育テレビでも放送した。1982年度に『高等学校講座』に改題する。

通信高校講座Ⅰ　音楽　1964～1981年度
『通信高校講座』のラインナップに新たに加えられた番組。第2(火・金)午後8時40分からの20分番組。1982年度からは通信教育番組共通の改称に合わせ『高等学校講座　音楽Ⅰ』に改題。(土)午後4時20分からの20分番組(再放送は土曜午後8時20分からの20分番組)として再スタートした。

10 こども・教育 | 定時番組

ラジオ編 番組一覧

通信高校講座　数学Ⅰ入門　1964～1967年度
通信教育生の数学の基礎学力を充実させ、「数学Ⅰ」の学習効果を向上させるために新設された番組。学習能率を高めるために中学の総復習となるよう構成し、講義を進めた。苦手意識を持つ生徒が多く、通信教育で最も大きな学習上の障害となっていた「数学Ⅰ」の履修に必要な教材が制作されたことで、教育現場はもちろん、一般の高校生や中学上級生からも大きな反響があった。第2(月～金)午後7時40分からの20分番組。

通信高校講座　現代国語　1966～1983年度
通信高校講座の枠内に新設。第2(土)午後8時からの20分番組。1982年度以降『高等学校講座』や『NHK高校講座』などと番組名を変えながら1991年度スタートの『NHK高校講座』まで同趣旨の番組として続いている。

通信高校講座　倫理社会　1966～1981年度
通信高校講座の枠内に新設。第2で20分番組。1982年度以降『高等学校講座』や『NHK高校講座』などと番組名を変えながら1991年度スタートの『NHK高校講座』まで同趣旨の番組として続いている。

通信高校講座　政治経済　1966～1981年度
通信高校講座の枠内に新設。第2で20分番組。1982年度以降『高等学校講座』や『NHK高校講座』などと番組名を変えながら1991年度スタートの『NHK高校講座』まで同趣旨の番組として続いている。

通信高校講座　日本史　1966～1981年度
通信高校講座の枠内に新設。第2で20分番組。1982年度以降『高等学校講座』や『NHK高校講座』などと番組名を変えながら1991年度スタートの『NHK高校講座』まで同趣旨の番組として続いている。

通信高校講座　物理A　1966～1972年度
通信高校講座の枠内に新設。第2で20分番組。1982年度以降『高等学校講座』や『NHK高校講座』などと番組名を変えながら1991年度スタートの『NHK高校講座』まで同趣旨の番組として続いている

通信高校講座　食物Ⅰ　1966～1972年度
通信高校講座の枠内に新設。第2で20分番組。1982年度以降『高等学校講座』や『NHK高校講座』などと番組名を変えながら1991年度スタートの『NHK高校講座』まで同趣旨の番組として続いている。

通信高校講座　商業一般　1966～1972年度
通信高校講座の枠内に新設。第2で20分番組。1982年度以降『高等学校講座』や『NHK高校講座』などと番組名を変えながら1991年度スタートの『NHK高校講座』まで同趣旨の番組として続いている。

通信高校講座　農業経営　1966～1972年度
通信高校講座の枠内に新設。第2で20分番組。1982年度以降『高等学校講座』や『NHK高校講座』などと番組名を変えながら1991年度スタートの『NHK高校講座』まで同趣旨の番組として続いている。

高等学校の時間　古典研究　1967～1982年度
高校番組拡充の要望に応えて従来の第2(月～土)午前11時から11時15分に加えて午前11時30分から11時45分までの帯を増加。それにともなって『古典研究』と『世界の歴史』が新設された。

高等学校の時間　世界の歴史　1967～1974年度
高校番組拡充の要望に応えて従来の第2(月～土)午前11時から11時15分に加えて午前11時30分から11時45分までの帯を増加。それにともなって『古典研究』と『世界の歴史』が新設された。

定時制高校の時間　明るいリズム　1967～1971年度
1966年度まで「ことばと文学」と「ホームルームの話題」の2つのコーナーで構成していた『定時制高校の時間』のうち、「ことばと文学」を廃止し、「ホームルームの話題」、「明るいリズム」、「青年と社会」の3部構成とした。「明るいリズム」では音楽にのせて学校ニュースや作文、詩などを紹介した。第2(土)午後6時15分からの10分番組。

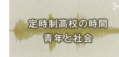
定時制高校の時間　青年と社会　1967～1971年度
『定時制高校の時間』の主に高学年を対象とする生活指導番組。特別教育活動から広く倫理社会や政治経済の領域まで扱った。第2(土)午後6時25分からの15分番組。

通信高校講座　家庭経営 1968〜1972年度
通信教育生を対象とし、学習指導要領に準拠して放送。1966年度に拡充4か年計画をすべて完成。1966年、1967年度の利用状況を考慮し、1968年度に新設。通信高校生の進路および学習の実態に基づき、家庭科に関する科目の増設を行った。第2(火・土)午後10時40分からの20分番組。1973年度から新しい高等学校指導要領が実施されるのを機に、『通信高校講座』の大幅改訂を行った。

通信高校講座　被服Ⅰ 1968〜1972年度
通信教育生を対象とし、学習指導要領に準拠して放送。1966年度に拡充4か年計画をすべて完成。1966年、1967年度の利用状況考慮し、1968年度に新設。通信高校生の進路および学習の実態に基づき、家庭科に関する科目の増設を行った。第2(水)午後10時40分からの20分番組。1973年度から新しい高等学校指導要領が実施されるのを機に、『通信高校講座』の大幅改訂を行った。

1970年代　学校放送・高校講座：高等学校

高等学校の時間　わたしの人生 1970〜1981年度
教育現場からの要望にこたえて、人間形成に役立つことを目標に新設された。

定時制高校の時間　ここに学ぶ 1972〜1976年度
定時制高校の生徒の"声の広場"としてスタート。主にホームルームの時間での利用を前提に放送された。

高等学校の時間　放送クラブ 1973〜1974年度
高校生のクラブ活動の必修化に対応して、クラブ活動番組として新設。第2(金)午後1時45分からの15分番組。

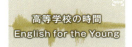

高等学校の時間　English for the Young 1975〜1981年度
中学・高校向け英語番組『A Good Ear for English』(1972〜1974年度)に代わり、「高等学校番組」として始まる。その日のトピックスを中心としたさまざまなコーナーをディスクジョッキー形式で放送。楽しい雰囲気に浸りながら生きた英語表現や音声に慣れることをねらいとした。第2(水)午後1時30分からの30分番組。

高等学校の時間　クラブ活動 1975〜1981年度
『放送クラブ』(1973〜1974年度)に代わり、文芸、演劇、放送、新聞、落語、音楽とラジオの特性を生かした6つのクラブを対象とした内容を放送。各番組とも教師・生徒共用のテキストも発行された。第2(木)午後1時30分からの30分番組。

高等学校の時間　世界史をさぐる 1975〜1982年度
高等学校の時間『世界の歴史』(1967〜1974年度)の後継番組。解説コーナー(20分)と史料コーナー(10分)に分け、文化圏ごとにテーマを時代順に配列、2つのコーナーを独立しても利用できるように構成した。第2(月)午後1時30分からの30分番組。

1980年代　学校放送・高校講座：高等学校

定時制に学ぶ 1981〜1988年度
『定時制高校の時間』(1962〜1980年度)の後継番組。高等学校定時制の生徒を対象とした番組。青年期特有の悩みや問題、生徒たちが学校で直面する諸問題を取り上げ、働きながら学ぶ生徒たちの悩みや学ぶ上での喜びを中心に構成した。番組全体として、さまざまな環境の中で学ぶ生徒たちへの励ましと連帯の場となることをねらいとした。第2(土)午後6時からの20分番組。教師・生徒共用テキストを発行。

高等学校番組　ラジオ文学館 1982〜1984年度
高等学校番組で『国語研究』(1962〜1981年度)のあとを受けて始まる。第2(木)午前11時30分からの30分番組。

高等学校番組　高校クラブ情報 1982〜1983年度
高校生のクラブ活動の情報交換や交流の場となるよう、全国各地のユニークな活動を紹介した。特に「NHK杯全国高校放送コンテスト」(全国の高校の放送部の生徒たちが、日頃の校内放送活動の成果を競うコンテスト)の作品は集中的に取り上げた。第2(月)午前11時30分からの30分番組。教師・生徒共用のテキストも発行された。

10 こども・教育 | 定時番組

ラジオ編 番組一覧

高校数学入門 1982～2002年度
主に通信制高校生や生涯学習時代の一般を対象にした15分の在宅学習番組。中学校で学んだ数学の復習と高校数学を学習する手助けを目的とした。講師は、学校教諭や教育者が担当。1994年度からは秋山仁（東海大学教育開発研究所教授）が務める。初年度は第2(月・水・金)午後7時15分からの15分番組。テキストも発行された。

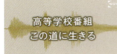
高等学校番組　この道に生きる 1982～1983年度
高等学校番組の1教科。各界で活躍している人々が今までの人生をベースに、自分が開拓し学んできた道を語るトーク番組。岩村昇（医学者）、海卓子（幼児教育者）、高橋喜平（雪崩研究家・エッセイスト）、椋鳩十（小説家・児童文学作家）、玉屋庄兵衛（からくり人形師）ほかが出演した。第2(火)午前11時30分からの30分番組。

高等学校番組　わたしと古典 1983～1984年度
高等学校番組の『古典研究』(1967～1982年度)のあとを受けて始まる。第2(水)午前11時30分からの30分番組。

高等学校番組　人物世界史 1983～1984年度
高校生を対象とした世界史関連番組。歴史の転換期に登場した人物を中心に取り上げ、人物の魅力や謎を解き明かしながら、その時代に迫った。知識網羅的な学習から世界史嫌いに陥りがちな高校生や、広く一般にも教養的な利用を呼びかけた。猿谷要（アメリカ史研究者）、増井経夫（東洋史学者）、菊地昌典（ソ連史学者）、中村平治（インド史学者）ほかが出演した。第2(水)午前11時からの30分番組。

高校土曜ボックス 1989～1994年度
高校生を対象にした進路相談番組。ホームルームの時間などに話し合う素材を提供することをねらいとした。進路指導の先生や大学・専門学校の関係者、採用企業の担当者などの話を中心に、進学・就職情報、海外留学情報、カタカナで表記されることが多い新しい職業・職種、大学の新設学科の内容紹介など、進路にかかわる話題を幅広く取り上げた。初年度は第2(土)午後6時からの20分番組。

1990～2000年代　学校放送・高校講座：高等学校

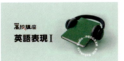
NHK高校講座 1991年度～
前年度まで放送の『高等学校講座』の名称を1991年度より教育テレビの番組と同じに改めた。通信制高校生にはスクーリング減免の法的措置のある番組として利用された。1991年度は「数学Ⅱ」「英語Ⅱ」「国語Ⅰ」「国語Ⅱ」「現代文」「倫理」「現代社会」「音楽Ⅰ」のシリーズを放送。通信高校生だけでなく、10代から高齢者まで広い層で利用された。初年度は第2(月～土)午前5時台の20分番組。

『NHK高校講座』は番組数が多いため、2024年度放送の番組一覧のみ掲載します。

現代の国語	Eテレ	監修・講師：藤森裕治、井上志音ほか　出演：向井慧（パンサー）
言語文化	R2	監修・講師：吉田茂、渡辺恭子ほか　聞き手：木本景子、河実里夏　朗読：高山久美子、松田佑貴
文学国語	R2	監修・講師：田中洋美、畑綾乃ほか　出演：飯田小蒔、板原慈永　朗読：花田光
論理国語	R2	監修・講師：井上志音、畑綾乃、小谷瑛、斎藤祐、玉腰朱里　朗読：木本景子、塚本雅浩
古典探究	R2	監修・講師：内田洋、小原広行ほか　聞き手：神谷文乃　朗読：高山久美子
地理総合	Eテレ	監修・講師：須貝俊彦、戸井田克己、根元一幸ほか　出演：井桁弘恵、南圭介
歴史総合	Eテレ	監修・講師：川島真　出演：秋元才加、牧田習
世界史探究	Eテレ	監修・講師：羽田正、角田展子ほか　MC：山崎怜奈　出演：胡桃沢はな、高岡ミロ、内藤心希、野乃ジゼル、森崎美月、根岸実花
日本史	Eテレ	監修・講師：小風秀雅、本郷和人ほか　出演：小日向えり、市瀬悠也、平野詩乃
日本史探究	R2	監修・講師：渡辺晃宏、佐伯英志ほか　聞き手：森遥香
公共	Eテレ	監修・講師：高橋勝也、杉田敦、栗原久、橋本康弘　出演：安斉星来　声：桑島法子
政治・経済	R2	監修・講師：篠田健一郎、升野伸子ほか
倫理	R2	監修・講師：田中久文、小林和久ほか
数学Ⅰ	Eテレ	監修・講師：湯浅弘一　出演：酒井善澄、藤本ばんび
数学Ⅱ	Eテレ	監修・講師：川﨑宣昭、水谷信也、矢作裕滋、渡部儀隆　出演：宮田隆平、成松亮、鈴木梨予
数学A	Eテレ	監修・講師：湯浅弘一　出演：庄司浩平、宮下結衣
数学Ⅱ	R2	監修・講師：川﨑宣昭、水谷信也、矢作裕滋、渡部儀隆　出演：宮田隆平、成松亮、鈴木梨予
英語コミュニケーションⅠ	Eテレ	監修・講師：阿野幸一　出演：鞘師里保、クリステン・ワッツ
英語コミュニケーションⅡ	R2	監修・講師：太田洋、赤塚祐哉ほか　出演：山﨑玲奈、ケイト・J

英語コミュニケーションⅢ	Eテレ	監修・講師:臼倉美里、豊嶋正貴　出演:Safiya、栗島陽音、山田優翔
英語表現Ⅰ	R2	監修・講師:工藤洋路、津久井貴之
物理基礎	Eテレ	監修・講師:田原輝夫、野口禎久、大津豊隆　出演:川角博(監修兼)、岡部七子、増井湖々
化学基礎	Eテレ	監修・講師:渡部智博　出演:鈴木福、五十嵐美樹
生物基礎	Eテレ	監修・講師:市石博　出演:城夢叶、久保田真旺、中島瑠菜　声:小山裕香
地学基礎	Eテレ	監修・講師:久田健一郎ほか　出演:佐藤藍子、仁村紗和
科学と人間生活	Eテレ	監修・講師:縣秀彦、宮本一弘ほか　出演:木村多江、中村嘉惟人
音楽Ⅰ	R2	監修・講師:青島広志、植村幸生、末石忠史、塚原康子、沼野雄司、馬淵明彦
美術Ⅰ	Eテレ	監修・講師:上野行一、山口晃ほか　出演:加藤諒
書道Ⅰ	Eテレ	監修・講師:長野秀章、青山浩之ほか　声:遠藤純平
家庭総合	Eテレ	監修・講師:佐藤ゆかり、堀内かおるほか　MC:トミヤマユキコ　出演:見城裕隆、藤田俸羽、本間愛波
ビジネス基礎	Eテレ	監修:粕谷和生、岩瀬紀子　出演:戸田梨杏、原田夕季叶　声:小野寺一歩
簿記	Eテレ	監修・講師:粕谷和生　MC:酒井瞳　講師:渡部崇文　出演:石井祥伍、松田莉奈　声:おまたかな
体育実技	Eテレ	監修:高田彬成　講師:高野進、星奈津美、陸川章、平野早矢香、佐藤理恵ほか　声:能登麻美子
ロンリのちから	Eテレ	監修:野矢茂樹　出演:緒川たまき、仁村紗和ほか
保健体育	R2	監修・講師:杉山正明、中松滋ほか　出演:壇蜜
情報Ⅰ	Eテレ	監修・講師:赤堀侃司ほか　出演:野田クリスタル、村上(マヂカルラブリー)、正源司陽子(日向坂46)　声:村上由利子
仕事の現場　real	R2	リポーター:井本彩花、米野真織、廣村季生
ベーシック国語	Eテレ	監修・講師:金田一秀穂　出演:滝沢カレン　声:土屋伸之(ナイツ)
ベーシック数学	Eテレ	監修:湯浅弘一　出演:三浦玄、さくら
ベーシック英語	Eテレ	監修:鳥飼慎一郎　出演:渡辺直美、フィリップ・C、佐伯亮、石崎日梨
ベーシックサイエンス	Eテレ	監修・講師:川村康文　出演:藤本淳史・田畑祐一(田畑藤本)、浜田彩加、山川二千翔、宮川里奈(Cupitron)
総合的な探究の時間	Eテレ	監修:田村学　出演:協力校の高校生のみなさん　声:島袋美由利

1930〜1940年代　育児・教育

学校教育法講座　1934年度
小学校の教師を対象に、一般教員の教養水準を高めるための大阪局発の番組。(月)は教育学、教育思潮、教育上の新主張など教育理論について放送。(火)技能科目、(水)国語科目、(木)科学的科目、(金)は公民科的科目のそれぞれ教育法を、(土)は課外その他の講演を放送。

教師の時間　1935〜1952(途中休止あり)・1968〜1994年度
1935年4月、学校放送の全国放送開始にともなって始まる。教師を対象に、教科の扱い方、学級の運営、教師としての一般修養などを放送。1945年4月から休止していた学校放送が、終戦後にGHQが進める教育の民主化の方針に沿って再出発。1952年度にいったん終了するが、1968年度に第2(日)の1時間番組で再開。現職の教師を対象に各地の教育実践を紹介した。1995年度に『教育ジャーナル』に引き継がれる。

PTAの時間　1948〜1952年度
PTAがどのような組織を持ち、どのように運営すれば民主的で教育的な活動ができるのかを考える目的で始まった学校放送番組。両親教育と各地PTAの現状および活動の紹介を主な内容とした。初年度は第1(木)午後3時30分からの30分番組。1952年9月から『私たちのPTA』に改題。1953年度より『家庭と学校』枠内で放送。

1950〜1960年代　育児・教育

お母さんの童話　1951〜1956年度
1950年6月に大阪ローカルで放送をスタート。次代を担う子どもたちの心の成長の糧になるような童話の素材を母親のために放送。朗読は大阪放送劇団。1951年6月から全国放送。1953年11月からは名古屋放送局と隔週で、1955年11月からは東京も加わり、東京・大阪・名古屋から1週交替で放送した。初年度は第2(月〜金)午後4時からの30分番組。

10 こども・教育 | 定時番組

ラジオ編 番組一覧

子供の言い分 1951〜1952年度
幼児教育の問題点をとり上げ、主として子どもの立場から訴えるという劇形式によって解説した。資料提供と解説は緒方安雄（小児科医）、山下俊郎（心理学者）、木田文夫（小児科医）、三木安正（小児科医）が当たった。第2(日)午後10時からの15分番組。1952年9月に『親と教師のために』に改題。

私たちのPTA 1952年度
『PTAの時間』（1948〜1952年度）を1952年9月より改題。PTA運営上の問題と両親教育を取り上げた。1953年度より『家庭と学校』（1953〜1958年度）枠内で「PTAの話題」として放送。

家庭と学校 1953〜1958年度
家庭と学校を結ぶ共通の話題を提供し、教師や家庭の父母に教育問題を考えてもらう番組。初年度は第2(月〜金)午後6時30分からの15分番組。(月)「やさしい教育学」、(火)「子供の世界」、(水)「子供によい音楽を」、(木)「PTAの話題」、(金)「教育界の動き」を曜日ごとに放送。1955年度に(土・日)の週2回放送となり、1956年度より毎週(日)午前8時30分からの30分番組となる。

ラジオ育児室 1955〜1957年度
2〜4歳児を対象とした楽しい遊びと、その母親たちへの育児のアドバイスで構成した30分番組。前半は幼児向けコーナー「遊びましょう」で、歌やリズム遊びやこの年ごろに身につけたい習慣などを紹介。後半は母親向けに育児全般にわたる具体的な問題を取り上げて、専門家がアドバイスを行った。第2(月〜金)午後3時からの30分番組。1957年度に『お茶のひととき』（1956〜1962年度）と合体し、番組後半を構成。

教育相談室 1956〜1961年度
子どもの教育について、父母と教師にともに考えてもらうための材料を提供する教育番組。生活指導、学力指導、保健衛生、教育環境など、さまざまな教育問題を扱った。初年度は第2(金)午後7時からの30分番組。1959年度は放送時間を1時間に拡大し、「こどもの世界」「教育相談」「教育だより」の3部構成で放送。

勉強のさせ方 1956〜1961年度
新しい教育における学習指導要領を保護者向けにわかりやすく紹介する番組。小学校低学年から高学年まで、算数、理科、社会、国語の主要4教科を中心に取り上げた。教育庁指導主事、現職の教師などの体験にもとづく指導法を、母親との対談で解説した。初年度は第2(月〜金)午後4時からの30分番組。1959〜1960年度は『ラジオ家庭教室』を構成する前半コーナーとして放送。

教育時評 1962〜1966年度
教育界の話題を各方面から解説・論評する番組。学校教育、家庭教育、勤労青少年教育、非行少年問題などを、できるだけ親しみやすく、身近な生活上の問題として取り扱った。初年度は第2(日)午前8時からの30分番組。1964年度は私大の授業料をめぐる私学助成や入試制度などのテーマに重点を置いた。1967年度に『教育界の話題』に引き継がれる。

放送教育相談室 1964〜1981年度
放送教育の経験が浅い教師を対象に、放送教材使用上の諸問題についての疑問等について、教育相談の形を借りて解決する番組。学者、放送教育コンサルタントおよび実践家らの理論や経験をもとに、学習指導上の問題点や、放送利用の効果、施設などの諸問題をとり上げた。初年度は第2(日)午前9時からの15分番組。

青少年を考える 1966〜1975年度
青少年の実態と彼らをとりまく社会の諸条件を具体的に解明して、次代を担う青少年をよりよく理解し、あたたかく育てるための方策を考えた。初年度は第1(土)午後9時30分からの29分番組。毎月1〜3週を録音構成、最終週を座談会とした。主な月間テーマは「青少年と非行」「青少年の心と体」「勤労青年をめぐって」「家庭とこども」「受験と青少年」「こどもと環境」「こどもと学校」「少年法」など。

赤ちゃんメモ 1966〜1967年度
主婦のための教養ワイド番組『みんなの茶の間』枠内で放送。育児や乳児の病気の予防に必要な知識を「メモ」のかたちで伝えた。第1(月〜土)午前10時45分からの13分番組。

教育界の話題 1967年度
教育専門家のみならず一般の幅広い層を対象に、教育界の話題をさまざまな角度から解説、論評する番組。『教育時評』（1962〜1966年度）を改題し、教育を身近な生活上の問題としてとらえることを指針とした。学校教育から家庭教育まで教育の各分野にわたって取り上げたが、特に高校教育に重点をおいた。第2(日)午前9時30分からの30分番組。

1970〜1990年代 育児・教育

親子談話室 1976〜1978年度
青少年のさまざまな問題をテーマに街頭や学校で収録した中高生の声を紹介し、それらをもとにスタジオに集う父親、母親世代のゲストと数人の中高生が語り合った。くつろいだお茶の間談議の形式で語り合うことで親が子を理解する手がかりとした。出演は半田茂雄、樋口恵子、五代利矢子ほか。第1(月)午後9時30分からの28分番組。

わたしの教育談議　1982〜1986年度
各界で活躍する著名人が、自分の子育て体験やユニークな教育論を展開し、教育のあり方への提言とした対談番組。谷川俊太郎、赤塚不二夫、中村メイコ、倉本聰、松谷みよ子、山田太一、三遊亭金馬、安岡章太郎、湯川れい子、加藤芳郎、フランソワーズ・モレシャン、井上好子、今江祥智ほかの出演。聞き手は相川浩アナウンサー。初年度は第2(火)午後10時20分からの40分番組。

現代教育事情　1982〜1983年度
荒廃する教育界の現状や再生へのさまざまな試みをリポートし、教育のあるべき姿をさぐった。①「今週の教育界の動き」、②「学校だより」、③「マイクリポート」の3部構成。扱った主なテーマは、「教科書裁判判決くだる」「教育かけ込み寺」「15の春の最前線」「登校拒否児の通う学級」「ふえる中学浪人」「様変わりする教員採用試験」「習熟度別学級」ほか。第1(金)午後9時30分からの25分番組。

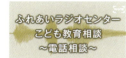
ふれあいラジオセンター「こども教育相談〜電話相談」　1984〜1998年度
生活情報ワイド番組『ふれあいラジオセンター』枠内の第1(月〜金)午前10時台のコーナー。子どもと教育に関する電話相談を実施。当時、中学校を中心に校内暴力と不登校が保護者と教育関係者の課題となっていた。心理カウンセラー、児童精神科医、教育評論家、弁護士らがアドバイザーとなり、幅広く対応した。1989年度からは『NHKラジオセンター（午前）』枠内で放送。1990年度に「こどもと教育電話相談」となる。

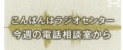
こんばんはラジオセンター「今週の電話相談室から」　1985〜1986年度
夜間の生ワイド番組『こんばんはラジオセンター』枠内に、1985年10月からは「今週の電話相談室から」を新設。第1(10〜3月・土)午後10時台のおよそ43分のコーナー。同年12月から「今週の電話相談から〜ヤングママ子育て相談」として、幼い子を持つ若い母親を主な対象とするコーナーとした。

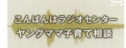
こんばんはラジオセンター「ヤングママ子育て相談」　1987〜1998年度
1985年12月に第1放送で始まった『こんばんはラジオセンター』の「今週の電話相談から〜ヤングママ子育て相談」が、1987年度に0歳から3歳未満の子どもを持つ母親を対象にした「ヤングママ子育て相談」となる。1990年度からは『NHKラジオセンター（午前）』枠内に移行し、1998年度をもって『こどもと教育電話相談』の木曜コーナーで番組を終了する。

NHKラジオセンター（午前）「わたしの教育時評」　1995年度
『NHKラジオセンター（午前）』の第1(木)午前10時からの55分番組。電話相談を効果的に活用しながら、子どもをめぐるさまざまな問題を多角的に考える。

教育ジャーナル　1995〜1996年度
学校の教師を対象に、最新の教育情報や全国各地のすぐれた教育実践を紹介した番組。1995年度は10月中旬から5回にわたって愛知県豊橋市で行われた「放送教育研究会全国大会」関連の内容を特集、1996年度は9月下旬から5回にわたって札幌で行われた同大会を特集した。また11月には2回にわたって「日本賞」参加作品から世界の放送教育界の現状を取り上げた。初年度は第2(日)午後2時20分からの40分番組。

NHKラジオセンター（午前）「私の教育・私の子育て」　1996年度
『NHKラジオセンター（午前）』の第1(金)午前10時5分からの50分番組。「わたしの教育時評」（1995年度）の後継コーナー。さまざまな分野で教育や子育てに挑戦している先駆的な取り組みを紹介した。弁護士の「人権110番」からの話題も、毎日取り上げた。

2000年代〜　育児・教育

ラジオビタミン「みんなで子育て」　2008〜2011年度
午前中の総合情報生ワイド番組『ラジオビタミン』枠内の午前9時台のコーナー。番組掲示板などに寄せられた子育ての悩みを、リスナー同士で共感しあうコーナー。第1(月〜金)午前9時33分からの7分番組。

すっぴん！「子育てカフェ」　2012〜2018年度
『すっぴん！』の第1(水)午前9時台後半に放送する約20分のコーナー。リスナーから子育てに関する悩みや相談、ちょっと聞いてもらいたいことを募集し、専門家と一緒に考える。出演は尾木直樹（教育評論家）、大日向雅美（恵泉女学園大学大学院教授）、サトシン（絵本作家）、細部千晴（小児クリニック院長）。

ラジオ深夜便「ママ☆深夜便」　2020〜2021年度
『ラジオ深夜便』の第1(第4・木)に放送。赤ちゃんや幼児を持つ"ママ"たちに寄り添う特集番組『ママ☆深夜便』が定時化。午後11時台と午前0時台はリスナーからのメールを紹介しながらの「子育てリアルトーク」、午前1時台は朗読・読み聞かせの「真夜中の絵本」、2・3時台は音楽リクエスト、4時台は子育てのエピソードを聞く「ことばの贈りもの」で構成。聞き手と進行は村上里和アンカー。午前1時からは、FMでも放送。

さまよえるパパたちへ　2024年度
パパたちが子どもを育てる中で、現場ではどんなことが起こっているのか。ダイアモンド☆ユカイとロバートの山本博が、子育てに悩むパパたちとともにヒントを探していく。第1(第3〜4・土)午後2時5分からの50分番組。

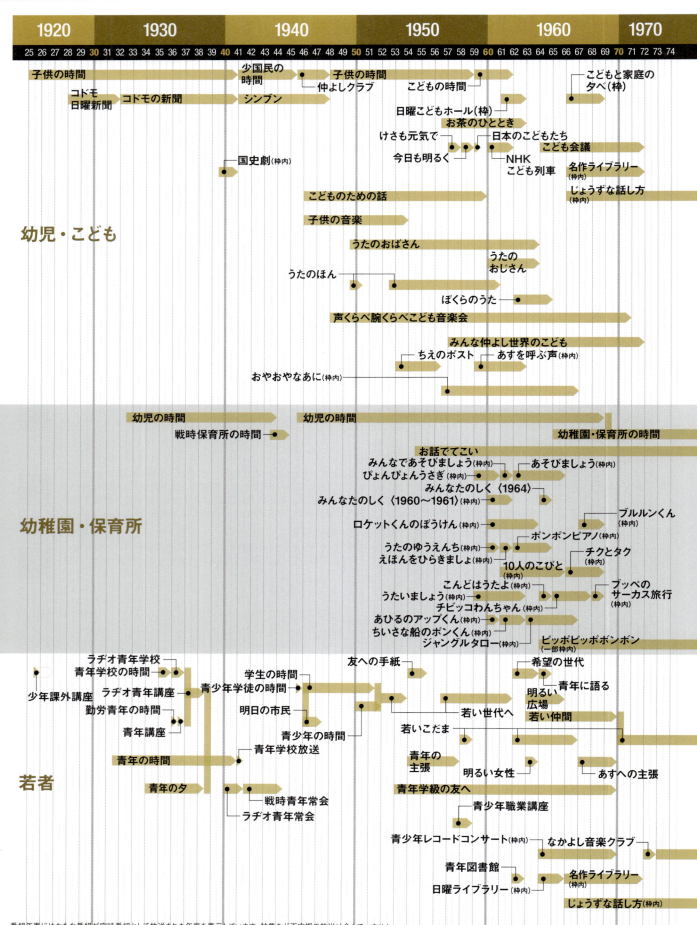

WEB版の年表はこちら

幼児・こども

若者

幼稚園・保育所

1980　1990　2000　2010　2020
75 76 77 78 79 80 81 82 83 84 85 86 87 88 89 90 91 92 93 94 95 96 97 98 99 00 01 02 03 04 05 06 07 08 09 10 11 12 13 14 15 16 17 18 19 20 21 22 23 24

親子で、はてな？〜科学電話相談(枠内)　こども夢質問箱(枠内)　きこえタマゴ！　子ども科学電話相談

青春を生きる　ラジオ公園通り　渋マガZ　ラジオ保健室
週刊情報サラダ　きらり10代
wktkラヂオ学園(枠)
カケダセ！　アンミカTeen-ager倶楽部
だめだめラジオ　天使のお言葉(枠内)

怒髪天 増子直純の
ロックな労働相談室
君の思いを受け止めた！
〜青春リアル・スピンオフ
怒髪天 増子直純の
月刊☆ロック判定

FMホットライン

なかよしジョッキー

75 76 77 78 79 80 81 82 83 84 85 86 87 88 89 90 91 92 93 94 95 96 97 98 99 00 01 02 03 04 05 06 07 08 09 10 11 12 13 14 15 16 17 18 19 20 21 22 23 24

学校放送・高校講座（小学校）

ラジオ編 番組年表 10 こども・教育

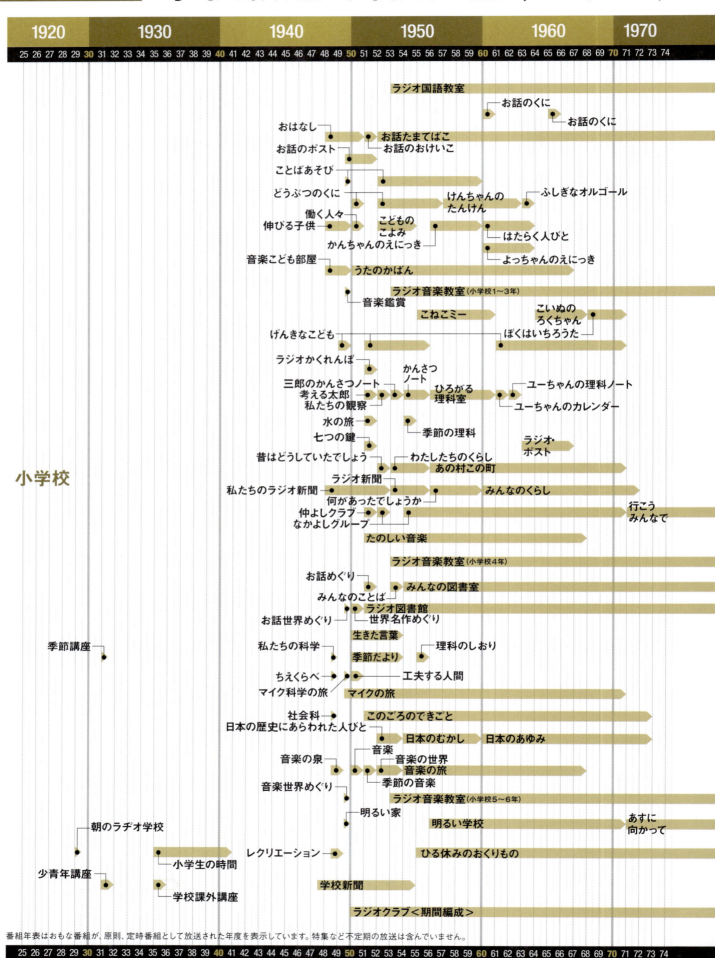

WEB版の年表はこちら

学校放送・高校講座(小学校)

| | 1980 | 1990 | 2000 | 2010 | 2020 |

ことばの教室

おはなしの旅〜低学年

おはなしの旅〜中学年

おはなしの旅〜高学年

学校音楽コンクールの時間　みんなのコーラス

NHK放送100年史(ラジオ編)　395

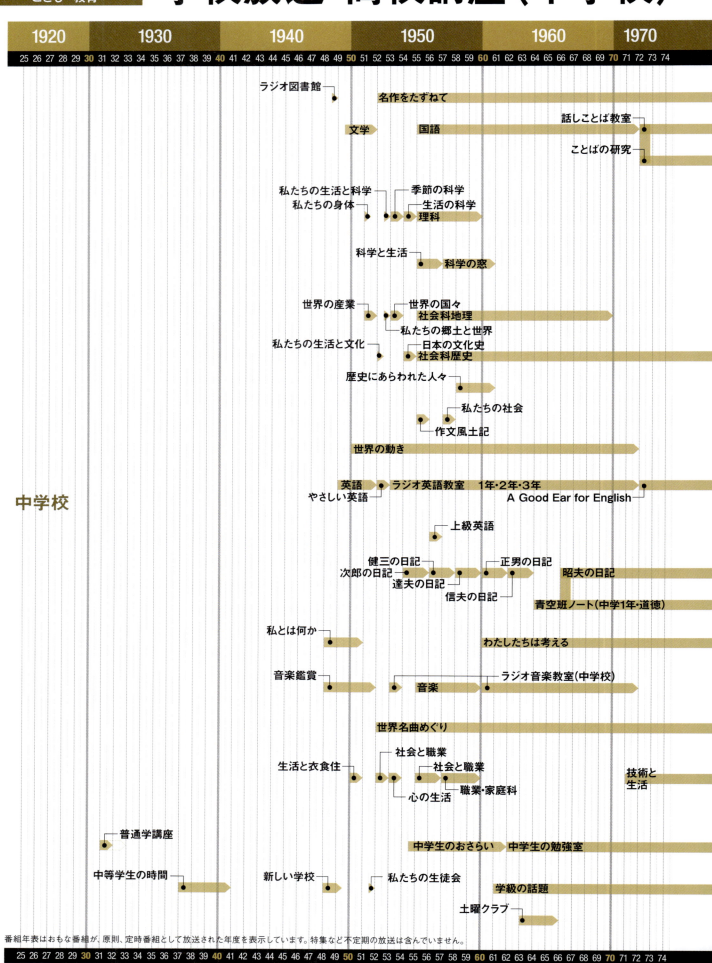

| | 1980 | 1990 | 2000 | 2010 | 2020 |

学校放送・高校講座(中学校)

ことばの世界

中学生実力アップセミナー

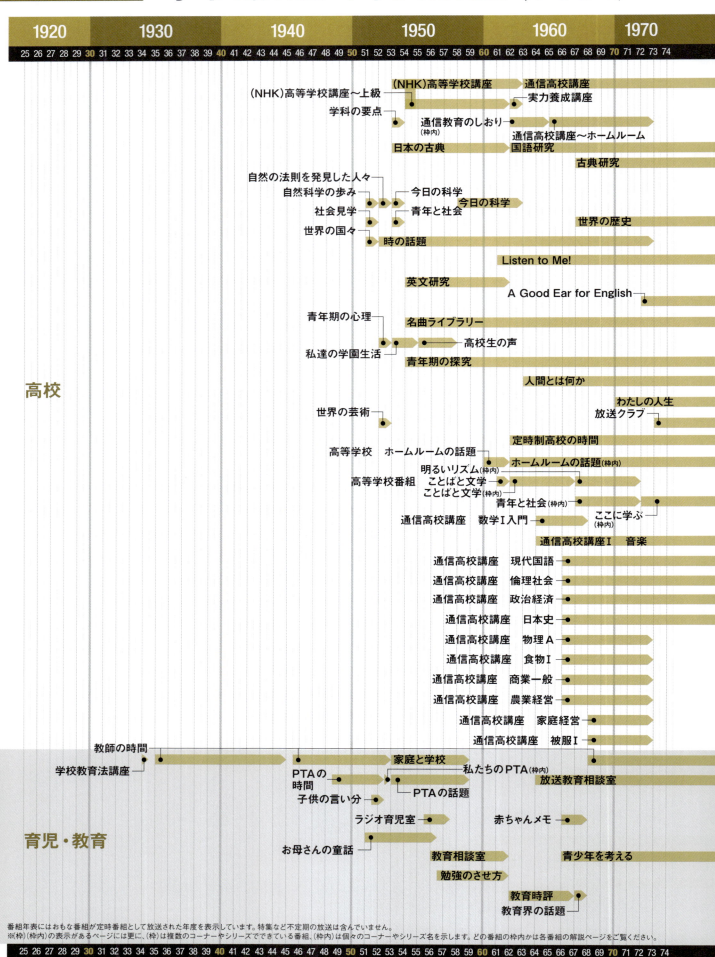

育児・教育

11 趣味・実用 | 定時番組

ラジオ編 番組一覧

1920年代 〔趣味〕

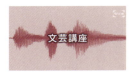

文芸講座 1925〜1936年度
文芸に関する知識や鑑賞力を養うために設けられた。1925年7月14日に第1回「空中文話、微苦笑の話」を放送。講師は作家の久米正雄。長期間継続放送された講座番組だが、不定期で月に2回ないし4回放送。各回は独立していて相互の関連性は薄く、"文芸講演"といったおもむきだった。そのほか小山内薫の「国劇の将来」、里見弴の「文芸閑話」、泉鏡花の「芸苑小話」などを放送。1936年度ころまで不定期に放送。

趣味講座 1925〜1939・1954年度
国民の生活に味わいと知識を与えるために東京局で開講。第1回は1925年7月に「日本の景色の話」（田山花袋）を放送。各分野にわたって一般大衆の興味に訴えるテーマを"肩の凝らない調子"で放送。戦後、1954年度に同名の番組を放送。誰にでもできる趣味の指導を、専門家が指導した。「写真入門講座」「登山の話」「俳句の作り方」などに、聴取者から多くの質問が寄せられた。第2(月〜金)午後4時台の30分番組。

1930年代 〔趣味〕

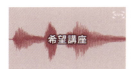

希望講座 1931年度
大阪局が8月に放送した20日間の短期講座。聴取者からの希望で企画された最初の番組。番組前半20分を「箏曲」、後半10分を「珠算」で構成。聴取者からの応募はがき総数は5193通。希望の講座種目は46種に達した。応募トップは「中国語」1121通、次いで「箏曲おさらい」884通、「珠算」666通、「謡曲」341通、「宗教」240通だった。「中国語」は20日間の放送では難しいと機会を改めた。

生活改善講座 1936〜1937年度
一般の日常生活にはいり込んでいる非科学的な迷信や因習を打破する目的で新設。衣食住、社交等について実際的指導を行い、国民生活の向上を目ざした。これらの放送資料を得るために「生活改善放送研究会」を設け、各方面の専門家に協力を求めて、参考資料を作成。「生活改善の実行」「生活改善と結婚問題」「贈答の改善」「葬儀の改善」「旅館への注文」「国民の栄養」「健康生活と体育運動」などのテーマで第1で放送。

ラヂオ随筆 1936〜1937年度
従来の『趣味講座』の型を破って、「季節を中心とする随筆的感想」を著名人が「放談」する番組。第1回は岡倉由三郎による「ユーモアの正体」。萩原朔太郎（詩人）の「俳句の話」、石原純（物理学者）の「科学上の伝説と事実」など、肩のこらない内容で好評を博したが、1937年7月の盧溝橋事件発生を受け、"時局"や"国民精神総動員"の名の下に、趣味的番組は中止に追い込まれる。

季節の話題「家庭園芸の時間」 1938〜1940年度
季節の園芸や釣り、ハイキング案内など、日曜朝にふさわしい15分番組としてスタートしたが、時局の切迫にともなって食糧増産に一役買う野菜園芸の時間が中心となり塗り替えられた。1941年4月には『家庭園芸の時間 隣組園芸の手引き』に改題された。

1940年代 〔趣味〕

聴取者文芸 1947〜1950年度
全国聴取者から俳句、短歌、川柳、詩、短編小説を募集し、選者が批評し、放送劇団員が朗読した。"放送文芸"は新聞等の投稿と異なり、優秀作品が朗読され全国に披露される点に大きな魅力があった。第2(日)午前8時30分からの30分番組でスタート。選者は俳句が富安風生、水原秋櫻子ほか。短歌が若山喜志子、松田常憲ほか。川柳が川上三太郎、前田雀郎ほか。詩が深尾須磨子、北川冬彦ほか。短編小説が瀧井孝作、伊藤整ほか。

室内遊戯の時間 1948〜1953年度
囲碁、将棋を中心にチェス、連珠（五目並べ）等室内で行われるゲームについて解説する番組。第2(月)午後8時からの1時間で始まる。1950年度から「将棋（名人戦等）」「囲碁（本因坊戦等）」「囲碁将棋講座」の3要素で構成。1951年8月から「第1回NHK杯争奪将棋トーナメント」が、1953年8月から「第1回NHK杯争奪囲碁トーナメント」の放送がそれぞれスタート。1954年度に『囲碁将棋の時間』に改題。

家庭菜園 1948〜1949年度
戦後の食糧難で、不足しがちな食料を自力で確保しようという配給生活者を対象とした番組。庭の一部や家の周りの空き地を利用しての麦、じゃがいも、さつまいもなどの主食類や、各種野菜の作り方をわかりやすく指導した。第1(月・水・金)午前7時台の15分番組。1949年10月から3月までの冬期は、雪に閉ざされて菜園ができない地域を考慮して、『季節の家庭仕事』と題して地域の特殊事情に応じた番組を(土・日)の週2回放送した。

趣味の時間 1948〜1949年度
毎回、ある「趣味」を取り上げて、その道の専門家、批評家、アマチュア愛好家がそれぞれ1名ずつ参加して座談会スタイルでその魅力を語り合う。釣り、カメラ、競馬、ダンスなど、庶民的な趣味の放談会とした。第2(日)午前9時30分からの30分番組。1950年3月に『趣味の手帳』に改題。

趣味の手帳 1949〜1977年度
週1回、午前9時台に座談会形式で放送していた『趣味の時間』を1950年3月に改題。1950年度は第2(月〜金)午後5時30分からの15分番組。いわゆる"趣味もの"ではなく、文学、歴史、法律、経済、自然科学など、各分野に造詣の深い人たちが興味深い体験や、専門分野についての研究余話などをエッセー風に語る教養番組。1962年度より再放送の時間が設けられた。1978年3月に28年にわたる放送を終了。

1950年代　趣味

女性教室 1950〜1964年度
女性を対象とした実用番組でテキストも発行した。「洋裁」「和裁」「手芸」「料理」「洗濯」「家庭園芸」「育児」「エチケット」などのテーマを、1か月に1つ扱う長期講座形式で放送。初年度は第2(月〜土)午前10時30分からの30分番組。1953年度より第1に移設。1961年度は新しい試みとして「いけばなと俳句」を放送し中高年の聴取者に好評を得た。

季節の家庭仕事 1950〜1952年度
1950年4月に『家庭菜園』(1948〜1949年度)を刷新。『家庭菜園』は4〜9月の菜園シーズンに放送したが、10〜3月は関東以北は雪に閉ざされる地域もあるということで、『季節の家庭仕事』と改題し地域の特殊事情に応じた番組とした。第1(土・日)午前7時台の15分番組。草花や庭木、果樹にとどまらず趣味と実益を兼ねた小動物の飼い方、庭の設計、野草の採集などを紹介した。1950年度に第2放送に移設。

ラジオ受信機講座 1952〜1954・1955年度
初心者でも「5球スーパー」(5本の真空管を利用し、放送局の信号を増幅、検波する方式のラジオ)の組み立てができるように、基礎理論から組み立て、修理、取り扱いまでわかりやすく解説した。講師はNHK受信機部の職員3名。前・後編各100ページのテキストも発行した。初年度は第2(月〜金)の午後6時30分からの10分番組。1954年11月にいったん休止したが、聴取者からの要望に応えて1955年度に番組を再開。

料理クラブ 1953〜1954年度
『主婦日記』(1947〜1963年度)の料理コーナーが独立。家庭料理、菓子、病人食などの作り方、料理のコツ、栄養や食品衛生などについて、話や対談形式で伝える"主婦の料理教室"。「献立メモ」は主婦が日々の献立の参考にして好評を得る。1954年度11月の番組改定で終了。「献立メモ」は新番組『わが家のリズム』に、料理の作り方については『主婦日記』に組み入れられた。第1(月〜土)午前10時台の15分番組。

農芸手ほどき 1953〜1955年度
園芸番組『季節の家庭仕事』(1950〜1952年度)が『農芸手ほどき』と『季節の庭仕事』の2つの番組に分かれた。農事番組の中にあって聴取対象が農業従事者ではなく、都市周辺で家庭園芸を趣味としている一般市民層であることが特徴。取り扱うテーマは草花をはじめ、野菜、果樹、野草、山菜の採集から養鶏、小動物の飼い方まで幅広い。第2(月〜土)午前7時30分からの15分番組。

季節の庭仕事 1953年度
園芸番組『季節の家庭仕事』(1950〜1952年度)が『農芸手ほどき』と『季節の庭仕事』の2つの番組に分かれた。「家庭園訪問」「園芸手帖」「トピック」「季節のメモ」などで構成。「家庭園訪問」では、聴取者の庭を園芸の専門講師とともに訪問し、技術面を具体的に指導した。「園芸手帖」は聴取者の家庭園芸での失敗などの経験談を取り上げた。第2(日)午前6時45分からの15分番組。

囲碁将棋の時間 1954〜1961年度
『室内遊戯の時間』(1948〜1953年度)を改題。囲碁と将棋の対局を中継した。初年度の1954年度の囲碁は「呉清源・坂田栄男10番碁」「第9期本因坊戦」「第2回NHK杯争奪囲碁トーナメント」等を、将棋は「第13期将棋名人戦」「早指し王位決定戦」「第4回NHK杯争奪将棋トーナメント」等をそれぞれ放送。その後も前期は注目棋戦をピックアップして解説、後期はNHK杯争奪トーナメントを放送した。

趣味の園芸 1956〜1961年度
家庭園芸を楽しむ人のために、草花、花木、野菜、果樹、盆栽などの園芸技術と観賞を紹介する。初期のころは花の愛好家グループの紹介や花の伝説をドラマ風に紹介することもあった。また一般聴取者にも楽しめるように、園芸ニュースや季節にちなんだ園芸トピックスなども盛り込んだ。初年度は第2(土・日)午前7時からの15分番組で、その後も週末朝の番組として親しまれた。1964年度に総合テレビで同名の番組が始まる。

写真講座 1956年度
カメラ愛好者が300万人と言われた空前のカメラブームを背景に登場した番組。カメラ、フィルムの知識から撮影のしかた、現像、引き伸ばしなど、モノクロからカラーまで毎月テーマを変えて放送。テキストも発行した。講師は浮田祐吉、菊池真一、金丸重嶺、宮本五郎、笹井明。第2(月〜金)午後6時25分からの15分番組。

1960〜1970年代　趣味

そろばん教室 1961〜1996年度
1960年度に第2(月〜金)午後6時台の15分番組で始まった『産業実務講座』の一つとして青少年を対象にスタート。1961年度に小学生から高齢者まで幅広い層を対象に、3級の検定合格を目標とした講座番組として独立。1961年度は第2(月〜金)午後6時50分からの10分番組。1996年度をもって『産業実務講座』から36年間に及んだ放送を終了した。

NHK放送100年史（ラジオ編）　401

11 趣味・実用 | 定時番組

ラジオ編 番組一覧

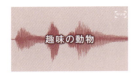
趣味の動物 1964年度
急増している動物愛好家の要望にこたえた趣味の番組。番組前半は専門家による飼育技術の指導を、後半は動物愛好家のもとを訪ねる構成とした。第2(月)午後3時からの30分番組。

園芸手帳 1964年度
番組前半を季節の変化に応じた園芸技術の指導にあて、後半はNHKが収集制定した「郷土の花」を取り上げ、その美しさ、郷土とのかかわり、歴史などを紹介した。第2(水)午後3時からの30分番組。

邦楽のおけいこ 1972年度
『邦楽おさらい帳』(1964〜1971年度)を改題。邦楽の中でも親しみやすい小唄を取り上げたおけいこ番組。講師は小唄幸子、千紫千恵。生徒はNHK邦楽技能者育成会の出身者の中からオーディションで選ばれた3人が交代で出演した。おけいこの曲目は、季節感なども考慮しながらポピュラーでやさしい曲を選んだ。テキストを3か月ごとに発行。第2(日)午後1時からの30分番組。

1990年代 | 趣味

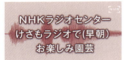
NHKラジオセンター〜けさもラジオで(早朝)「お楽しみ園芸」 1992〜1993年度
第1放送『NHKラジオセンター〜けさもラジオで(早朝)』の午前5時台に放送。

パソコン実践セミナー 1992〜1994年度
1993年度から中学校のカリキュラムに導入されるコンピューター教育のために企画された番組。中学生、高校生および一般の聴取者を対象にした実践的な内容のパーソナルコンピューター講座。講師:安田寿明(東京電機大学教授)。第2(月〜金)午後7時35分からの25分番組。

2010年代〜 | 趣味

渋谷アニメランド 2010〜2012年度
日本のアニメを第一線で支える関係者が、アニメについて熱く語り合う番組。2009年度まで特集として放送してきた番組を定時化。パーソナリティーは、藤津亮太(アニメ評論家)、冨田明宏(音楽評論家)が交代で担当。主な出演者は、富野由悠季、原恵一、神山健治、大河内一楼、畑亜貴、茅原実里、豊崎愛生、花澤香菜、平野綾、朴璐美、新海誠、佐藤ひろ美、梶裕貴ほか。初年度は第1(隔週・火)午後8時からの50分番組。

オトナの補習授業 2011〜2012年度
興味はあるけれど、よくは知らない趣味や文化について、その道の専門家がわかりやすく解説するトークバラエティー。初年度は出演者とテーマが毎回変わり、「俳句」「ジャズ」「そば屋」「寄席」などを放送。2年目はナビゲーターを俳優の勝村政信が務め、「オペラ・男(女)のアリア」「短歌入門」「俳句」などを取り上げた。出演は夏井いつき(俳人)、古谷徹(声優・ナレーター)ほか。第1(随時・火)午後9時台の50分番組。

ラジオ深夜便「乗りものアラカルト」 2011〜2012年度
『ラジオ深夜便』の第1・FM(第2・火)午前1時台に放送。2011年度に新アンカーとして加わった伊藤健三のアンカーコーナー。鉄道や船、飛行機など、乗りものにまつわる音声資料や関係者へのインタビューで、その奥深い世界を楽しむ。初回は「青森」をテーマに、この春に運転開始した東北新幹線「はやぶさ」や、かつての青函連絡船などにスポットを当てた。

すっぴん!「ゆる〜りヨガ」 2012年度
『すっぴん!』の第1(月〜金)午前11時台前半に放送。ヨガ・インストラクターのサントーシマ香(かおり)が心も体も癒やされる簡単なヨガポーズを紹介する。

すっぴん!「おぐねー★キレイの秘密」 2012年度
『すっぴん!』の第1(月)午前11時台後半に放送。ヘアメークアップアーティストのおぐねー(小椋ケンイチ)が、キレイになるためのとっておきの方法を伝える。

すっぴん!「ラン!トーク!ラン!」 2012年度
『すっぴん!』の第1(水)午前11時台後半に放送。身近な観光名所や人気スポット、走ってみたいジョギングコースなどを、ゲストが実際に走りながらランニングについて語る異色コーナー。番組ディレクターがゲストに伴走して収録した。

 すっぴん!「感じる俳句」 2012年度
『すっぴん!』の第1(木)午前11時台後半に放送。俳句に欠かせない"季語"にまつわるちょっとステキなエピソードと、女流俳人の繊細かつ大胆な俳句を紹介する俳句コーナー。出演は女性誌の編集をきっかけに俳句に携わり、スマートフォンで撮影・編集する「俳句ムービー」やオンライン句会の運営などで活動する池田美樹。

 すっぴん!「おぐねーの3分聴いてキレイになろう!」 2013年度
『すっぴん!』の第1(月〜金)午前11時台前半に放送。「おぐねー★キレイの秘密」を改題し(月〜金)放送に拡大。ヘアメークアップアーティストのおぐねー(小椋ケンイチ)によるミニ美容レッスンコーナー。

 すっぴん!「本、ときどきマンガ」 2015〜2017年度
『すっぴん!』の第1(木)午前9時台前半に放送。「新刊コンシェルジュ」(2014年度)の後継企画。おすすめの本やマンガを紹介する。直近に出版された本に加え、絶版物や本をめぐる取り組みについても話した。プレゼンター:米光一成(ゲーム作家)、ブルボン小林(コラムニスト)、内沼晋太郎(ブック・コーディネーター)、鴻巣友季子(翻訳者)。

 すっぴん!「高橋ヨシキのシネマストリップ」 2015〜2018年度
『すっぴん!』の第1(金)午前9時台前半に放送。高橋ヨシキ(映画評論家)が紹介する"日本一刺激的な映画コラム"。「華氏451」「ホテル・ルワンダ」「スターウォーズ」「ビートルジュース」など、往年の名作から有名監督作品まで、映画の真の魅力を、じ〜っくりと"丸裸"にしていくコーナー。ゾンビ特集やディストピア特集なども。番組最後は映画について、ざっくり一言でコメントをまとめ、人気に。

 すっぴん!「春日太一の金曜映画劇場」 2017〜2019年度
『すっぴん!』の第1(金)午前9時台前半に放送。「高橋ヨシキのシネマストリップ」と隔週で放送。出演:春日太一(時代劇・映画研究家)。

 アナウンサーのディープな夜 2017年度
全国に約500人いるNHKアナウンサー。それぞれ趣味を持ち、中にはその道を究めている者もいる。番組では、あるジャンルについて詳しい3人を厳選。鉄道、プロレス、アニメなどのテーマを設定してタレントや専門家とトークを生放送で展開。司会は増田英彦(お笑い芸人)と雨宮萌果アナウンサー。「魂を震わせる ギターの魅力は○○だ!」というテーマで総合テレビでも生放送した。第1(最終・月)午後8時台の50分番組。

 パワーボイスA 2017〜2018年度
20〜30代のアニメファンに向けたアニメ情報番組。声優やアニメソングシンガー、制作者など、アニメに関連するさまざまなゲストを迎え、最新情報から名作の裏側までバラエティー豊かに紹介した。初年度は第1(日)後8時台の50分番組。パーソナリティーは中村繪里子(声優・ラジオパーソナリティー)、澄川龍一(音楽ライター)、武藤志織(声優)。2年目は徳井青空(声優・漫画家)、アシスタントは石飛恵里花(声優)。

 画(え)のないアニメ館 2017年度
人気声優が一堂に会し、リスナー投稿を基に、オリジナルのアニメを音声のみで表現する"画のないアニメ"を即興で創り出していくこれまでにないスタイルの番組。司会は足立梨花。出演:徳井青空(声優・漫画家)。FM(最終・土)午後11時からの2時間番組。

 ラジオ深夜便「春風亭昇太のレコード道楽」 2018年度〜
『ラジオ深夜便』の第1(第4・土)午後11時台、午前0時台、奇数月に放送。

 ラジオ深夜便「私とペットのよもやま話」 2018〜2020年度
『ラジオ深夜便』の第1(第1・3 土)午前0時台に放送。

 あにげっちゅ 2019・2021年度
出演者が衣装着用で生放送するNHK初の"コスプレ・ラジオ"。そのコスプレ写真をSNSに随時公開した。声優実演大喜利やクイズなど、リスナー参加コーナーが多数あり、全国のオタクの活動"オタ活"を応援した。後期に改題するが、2021年度に『あにげっちゅ』に戻す。MCは徳井青空(声優・漫画家)、ヒャダイン(音楽プロデューサー)、石飛恵里花(声優)ほか。初年度前期は第1(月)午後8時5分からの50分番組。

 徳井青空のあにげっちゅ 今日からオタ活 2019〜2020年度
『あにげっちゅ』を年度後期に改題し、コスプレ好きを自認する徳井青空(声優・漫画家)の冠番組となる。初年度は(月)午後8時5分からの50分番組。2020年度は(日)午後1時台に移行し、ニュース・天気予報をはさんで100分に拡大した。MCは徳井青空のほかに、音楽プロデューサーでミュージシャンのヒャダイン、声優の石飛恵里花、速水奨、伊藤健人、野津山幸宏、アニソン・ボーカルユニットのi☆Risほか。

 山下健二郎のトーク・ライク・フィッシング 2024年度
無類の釣り好きでプロを目指すか迷ったという三代目J SOUL BROTHERSの山下健二郎が、釣りを愛してやまないゲストを迎え、釣りの面白さ・楽しさを語る。第1(第1〜2・土)午後2時5分からの50分番組。

NHK放送100年史(ラジオ編) 403

11 趣味・実用 | 定時番組

ラジオ編 番組一覧

1920年代　生活情報

栄養料理献立　1925～1937年度
東京中央放送局（以下東京局）からの開始当初は国立栄養研究所発表の栄養料理献立を放送。1932年になると各局で料理専門家に委嘱し、それぞれの地方の嗜好、材料等に基づいた季節料理を紹介。毎日放送し、日曜は特に栄養研究所発表の栄養料理を東京局から全国中継で放送した。

家庭講座　1925～1939年度
育児、衛生、料理、裁縫、手芸、美容を含む"家庭婦人"を対象とした実用講座。1925年5月に東京局で第1回「栄養料理献立の特長」を放送。大阪でも6月7日に同名の番組が始まっている。1934年秋、婦人向けの『婦人講座』『家庭婦人講座』『家庭大学講座』を整理し、家事、家計などに関するものは『家庭講座』、育児、家庭教育に関するものは『母の時間』、婦人の教養向上に関するものは『婦人の時間』と改称した。

婦人講座　1925～1935年度
「婦人」の情操および知的教育を目ざした教養番組。第1回は大阪局から1925年6月にキリスト教の教育者林歌子が「婦人の責務」を講演。1926年2月からは東京局でも第1回を「母の心得べき子供の法律」（片山哲）でスタート。テキストを発行する長期講座も放送。「婦人文学講座」「歌と俳句の作り方味ひ方」「茶の湯作法」ほかのテーマで放送。午前10時台と午後2時台に放送した。1934年9月に『婦人の時間』に改題。

家庭大学講座　1927～1934年度
高等女学校卒業程度の若い女性を対象とした、家庭人としての教養を高めるための講座番組。人文科学、自然科学の各分野にわたって専門的知識を系統立て、社会常識上必須な科目を選んで連続放送した。「遺伝と優生学」「青年女性の自己省察」「婦人の経済知識」ほかを放送。1934年7月に放送を終了すると、これに代わる番組として「婦人美術講座」「歳末年始の心得」「婦人医学講座」など、時宜にかなった連続講座を放送した。

ラジオ体操（ラヂオ体操）　1928～1947・1951年度～
国民の体力向上と健康の保持や増進を目的とした一般向け体操で、ピアノ伴奏にのせて指導。1928年11月1日に御大礼記念事業の一環として東京ローカルで始まる。1929年2月から順次全国向けに放送。戦時下も終戦前日まで放送。終戦直後の8月23日に放送を再開。1951年5月、新ラジオ体操（現行のラジオ体操第1）を制定し、放送を開始した。1952年6月、職場向けとして「ラジオ体操第2」を制定し、放送開始。

1930年代　生活情報

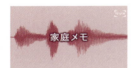
家庭メモ　1933～1940年度
家庭の実用知識を伝える耳で聞く「家庭百科事典」。第1(月・水・金)放送の『家庭講座』枠内の5分番組。内容は衣食住、育児、社交、教養、料理、裁縫、家屋、庭園、美容、廃物利用、家具、衣類の手入れ等、家事全般にわたって家庭の主婦を対象に放送した。1934年10月からは家庭の衛生についての豆知識を提供する5分番組『衛生メモ』と日替わりで放送した。

週間女性展望　1934～1935年度
放送日(毎週月曜午後2時から)の前週に起こった女性に関するさまざまな問題を各界の権威が世界的動向より平易に批判解説した。大阪局発で『家庭大学講座』の枠内で午後2時に放送。1934年7月2日より、東京局と大阪局が交互に全国中継した。

母の時間　1934～1939年度
『家庭講座』『婦人講座』『家庭大学講座』を整理し、育児・家庭教育に関する問題を『母の時間』で取り上げた。乳児から学齢に達するまでの子どもの心と体の問題、病気に対する予備知識、母親として知っておかなければならない常識などを提供した。

婦人の時間　1934～1941・1945～1962年度
『婦人講座』（1925～1935年度）を改題。一般婦人の教養を高め、豊かな趣味、高い理想を養うための番組。1940年度は『家庭婦人の時間』、1941年12月の開戦後は『戦時家庭の時間』に改題。戦後1945年10月に、民主国家の再建と「婦人解放」に重点を置いたキャンペーン放送の一環として再開。内容はニュース、対談、音楽、朗読等を交えた総合番組。初年度は第1(月～土)午後1時からの30分番組。

何月の婦人界　1935～?年度
『週間女性展望』（1934～1935年度）を改題。毎月末に1回、当月に起こった主な婦人問題を取り上げて、『婦人の時間』枠内で時事評論的に解説した。1935年8月末に『婦人の時間　八月中の女性問題展望』、9月末に『婦人の時間　九月の婦人問題展望』、1936年1月末に『婦人の時間　一月中の婦人界』などを放送。1936年2月以降は、毎月末に『○月の婦人界』のタイトルで放送した。

家庭の時間　1939～1941年度
1939年9月にそれまでの婦人向け番組が『家庭の時間』と『婦人の時間』の二本立てとなった。『家庭の時間』は和洋音楽と演芸を主とする慰安（娯楽）番組で20分、お話メモ等を主とする教養番組で20分、そして家庭のための日用品関係の情報に5分で45分の放送を構成した。1941年12月8日の開戦後は『戦時家庭の時間』に改題。

 日本女性文化講座　1939〜1940年度
「紀元二千六百年」記念特集番組。全国放送で毎月1回午後3時からの20分番組。「文学上の女性の功績」（茅野雅子）、「芸術上の功績」（長谷川時雨）、「日本の婦徳」（中村孝也）、「婦人労働の変遷」（市川房枝）、「婦人の社会生活の変遷」（河崎なつ）ほかを全11回で放送。

1940年代　生活情報

 戦時家庭の時間　1941〜1942年度
従来放送していた『家庭の時間』と『婦人の時間』を開戦翌日から改題。午前に「備へあり憂ひなし」、午後に「家庭防空の用意はよいか」を放送。婦人の戦時意識の高揚と家庭生活の戦時態勢化を図った。内容および表現の自主性と迅速性を確保するため、部内で原稿を作成し、アナウンサーが朗読。午前と午後の1日2回放送。1945年3月、「空襲下に乳幼児を護らう」「どんな野草が食べられるか」などの話を最後に番組は終了。

 新しい生活の建設　1941〜1942年度
新しい理念にもとづく生活の建て直しを目的とした婦人向けの午後の番組。「明日の家庭道」「戦時経済生活」「生活のうるほひ」「働く生活」「強く逞しき体」「日常生活の新様式」「民族繁栄の根源」「隣組生活の実際」「戦時家庭訓」「土に生きよ」「奉公の生活」「大国民の養成」「家計の反省」などのテーマで連続講座を放送した。

 隣組園芸　1941年度
日曜朝の家庭向け放送だった『季節の話題「家庭園芸の時間」』（1938〜1940年度）は、戦況の悪化とともに食糧増産に一役買う野菜園芸の時間となり、1941年4月に『隣組園芸の手引き』を放送。その後、5月より『隣組園芸』となり、月に1〜3回日曜に放送された。

 戦時女子青年常会　1942〜1943年度
『戦時青年常会』に続いて、1942年5月からは若い女性を対象として毎月22日午後1時から放送を開始。日本女性の戦時生活における自覚と教養に資することをねらいとした。番組は話、詩の朗読、合唱などが組まれた。1944年1月以降は夜間に移り、『戦時青年常会』に吸収される。

 戦時生活相談　1942〜1943年度
新しい家庭生活への積極的工夫を生み出すための生活指導番組。家庭生活上の諸問題について聴取者から質問を募集し、これに対する専門家の回答をアナウンサーが朗読した。土曜の午前9時からの20分番組。聴取者からの反響も大きく、半月で約300通の質問や相談が寄せられた。第1回「職業・衣料・住宅」関係、第2回「隣組・育児・防空」関係、第3回「軍事・洗濯・国民服」関係の話題を放送。

 お早う番組　1946〜1953年度
1946年7月に第1（月〜金）午前5時30分からの30分番組でスタート。1948年9月からは（土・日）の放送で、音楽、随筆の朗読とともに土曜は「来週の暦」、日曜は「今週の話題」を放送。1949年9月に第2（月〜日）午前6時台の20分番組となる。その日の暦上の事象、主な年中行事、その日の日付に起こった歴史上の出来事等を、アナウンサーの朗読で紹介した。午後10時台の『おやすみ番組』とセットで放送。

 主婦日記　1947〜1963年度
生活技術の向上と家事の合理化をはかるために、家庭生活の手引として主婦を対象に放送。第1（月〜土）午前9時台の15〜20分番組。「私の工夫」などのコーナーを通して、衣食住、育児、保健衛生、美容等、家庭生活にかかわる身近な問題を具体的に取り上げた。PTAや母親グループの話し合いの素材としても利用された。『主婦の時間』（1959〜1961年度）、『母と子の窓』（1963年度）などの枠内でも放送。

 家庭の話題　1947〜1949年度
『インフォメーション・アワー』の土曜枠で放送。解説者にドイツ文学者の宇多五郎を起用し、納税、貯蓄、住宅、民法、新教育制度など、市民生活に関係のある問題をわかりやすく解説した。1949年1月からは家庭訪問の形をとり、一般家庭を訪問して特定のテーマについて意見を聞く方法に改めるなど、番組が単調にならないような演出を工夫した。1949年10月に番組は打ち切られ、『新しい道』が後を継いだ。

 ラジオ告知板　1948〜1951年度
職業紹介、官庁からのお知らせ、買物メモ、魚野菜便りなどを伝えるお知らせ番組。初年度は第2（月〜金）午前9時30分からの15分、第1（月〜金）午後2時15分からの30分ほかで放送。

 メロディーにのせて　1948〜1954・1959〜1960・1962年度
リクエストによるレコード音楽を聞く合間に、料理の献立など主婦に役立つ情報を提供。1954年度でいったん終了するが、1959年度にワイド番組『主婦の時間』内で復活。「実用メモ」「エチケット」「献立のヒント」などの話題を取り上げた。第1（月〜土）午前9時台の15分番組。1962年度に第1（月〜土）午前10時台の54分番組で再復活。地域社会の生活向上、福祉の増進、公民教育をねらいとしたDJ番組とした。

 勤労婦人の時間　1948〜1954年度
女性の地位向上を目的に新設された働く若い女性を対象とした番組。女性たちの労働問題を扱うとともに、「美しい言葉づかい」「秋の服装はこんな風に」などの実用情報も紹介した。毎月、各地の職場を訪れる「職場のつどい」では、「討論会」や「働く婦人クイズ」などを公開録音した。録音ルポでは社会的なテーマを取り上げた。初年度は第2（月）午後7時30分からの30分番組。1954年11月、『若い女性』に引き継がれる。

11 趣味・実用 | 定時番組

ラジオ編 番組一覧

今日の常識　1949〜1951年度
家庭の主婦を主な対象に、政治、経済、社会、文化、科学等に関する時事的な用語を社会常識として解説した。取り上げた用語は「滞貨」「預金部資金」「衆議院と参議院」「尊属殺人」「国際連合」「アイソトープ」ほか。第2(月〜金)午後3時30分からの15分番組。

若い女性　1949〜1952・1954〜1956年度
10代(13〜19歳)の少女たちに向けた初めての番組。彼女たちが社会を見つめる目と実生活に役立つ常識を養う目的で生まれた番組。"ティーンエイジャー"という言葉が番組で使われ、流行語となる。いったん終了するが、1954年11月、『勤労婦人の時間』(1948〜1954年度)を統合する形で再登場。録音ルポ、インタビュー、座談会、ドラマ等で構成する総合番組とした。第2(月)午後7時30分からの30分番組。

1950年代　生活情報

明るい茶の間　1951〜1959年度
家庭の主婦が関心を抱くテーマを中心に取り上げ、民主的な家庭づくりを基本方針に企画された。内容は、合理的な働き方を考える「主婦の疲れを少なくするために」、家族生活をする上での常識を考える「生活の道しるべ」など、家庭科学、農繁期の衛生、地域社会の改善、生活のヒントなどを幅広く取り上げた。投書、応募作文、生活メモなど、聴取者から番組への積極的な参加もあった。第1(月〜土)午前6時台の10〜15分番組。

皆さんの相談室　1951年度
三井武夫(日本銀行政策委員)を回答者とし、家庭、恋愛、法律など各種相談に応じる番組。回答者を助ける専門委員として宮城音弥(東京工業大学教授)、植松正(一橋大学教授)、小津茂郎(弁護士)、武富貴志男(家庭裁判所判事)ほかが当たった。第2(日)午後7時30分からの30分番組でスタート。

奥さんの経済学　1951年度
家庭経済と国家経済の結びつきを、経済評論家の前田梅松がわかりやすく解説した主婦向け番組。全33回。第2(月)午後7時30分からの30分番組。

朝のひととき　1954〜1956年度
土曜の朝に送る軽器楽の時間。陸上自衛隊音楽隊による吹奏楽や、アマチュア団体によるハーモニカ合奏、マンドリン合奏などでセミクラシックのポピュラーな名曲を放送した。第1(土)午前6時15分からの15分番組。1947年7月から年度内、同名の音楽を主とする番組が放送された。

NHK美容体操　1954〜1963年度
家庭婦人の活動的な健康美を作る目的で、NHKと郵政省簡易保険局共催、文部省、厚生省、日本体操協会後援で1954年4月に発足。「ラジオ体操」と表裏一体をなして、全国で公開指導を行い普及に努めた。1954年11月より『わが家のリズム』枠内で放送。1955年11月から第1(月〜土)の10分番組で独立。指導は竹腰美代子ほか。1960年度よりラジオ・テレビ共用番組となり、1963年度にラジオでの放送を終了。

わが家のリズム　1954〜1955年度
単調におちいりがちな主婦の生活にリズムと変化を持ち込む総合番組。初年度は第1(月〜土)午前10時15分からの45分番組。1955年4月にホームコメディー「私とあなた」を組み入れ、娯楽色を強化。藤山一郎、荒井恵子ほかによるホームソング、美容体操、投書で構成する「思い出のメロディー」、主婦の社会見学「商売拝見」、一流の料理研究家に委嘱した「献立のヒント」などで構成した。

新・家庭読本　1955〜1956年度
幸福な生活を築いていくためのヒントを、どこの家庭にもある身近なテーマを通して考える番組。妻の問題を取り上げる「亭主教育」、職場における夫の仕事や現状、心理状態を取り上げる「女房教育」、親と子の問題を取り上げる「両親教育」の時間とした。取り上げた主なテーマは「遅い御帰還−酒の巻」「倦怠期」「お父さんとお母さんへ−子供の立場から」「愚妻、愛妻、恐妻」ほか。第1(月)午後10時15分からの25分番組。

ラジオ家庭欄　1956〜1958年度
経済、科学、医学、育児、教育、美容などのテーマを、主婦の立場から家庭生活に結び付けて取り上げた。第1(月〜土)午前10時台の20分番組。各曜日ごとのテーマは(月)「家庭科学・医学ほか」、(火)「美容・エチケット・趣味」、(水)「(投稿による)私の経験」「(商品や業者への)私たちの注文」、(木)「育児・教育」、(金)「(著名人の妻に聞く)私の内助」、(土)「経済問題・家計のやりくり」で1週間を編成。

NHK相談室　1956〜1957年度
市民生活の中でのさまざまな疑問、質問を聴取者の投書から選び出し、各方面の専門家が答えた。第2(月〜金)午後2時50分からの10分番組で、各曜日別にテーマを設定。(月)「生活相談」、(火)「園芸相談」(11月から「法律相談」)、(水)「経済相談」、(木)「内職相談」、(金)「法律相談」とした。

NHK婦人学級　1958〜1970年度
1959年1月に『婦人の時間』(1945〜1962年度)内に開設された集団視聴番組。4月には『テレビ婦人の時間』も始まった。放送を利用して共同学習を行う聴取者に学習素材を提供し、聴取者のグループ活動の一助とした。「憲法を読みましょう」「うつりゆく農村」など、テーマを決めて専門講師が話をした。初年度は第1(金)午後1時台の25分番組。1971年度に『家庭学級』に改題したのち、1972年3月に終了。

 主婦の時間　1959〜1961年度
「主婦日記」「メロディーにのせて」「NHK美容体操」の3番組で構成された主婦向けワイド番組枠。「主婦日記」は衣食住に関する実用知識と教育・育児・健康・美容情報を扱う25分番組。「メロディーにのせて」は「便利帖」「エチケット」「献立のヒント」などで構成する15分番組。「NHK美容体操」は1954年から続く女性向け体操番組。第1(月〜土)午前9時10分からの50分番組。

1960年代　生活情報

 家庭の皆さん　1962年度
女性を中心に家庭で楽しむ教養番組。第1(月〜土)午後1時5分から25分の帯番組で、曜日ごとにテーマを設定。月曜は聴取者からの便り、詩、俳句、短歌などを紹介、火曜は録音構成の「私の社会スケッチ」、水曜は各地の婦人の姿や生活を紹介する「くらしさまざま」、木曜は時事的な問題をわかりやすく解説する「お母さんの勉強室」、土曜は社会時評「女の目・男の目」。月1回は大阪局と名古屋局が担当した。

 くらしの話題　1962〜1966・1969〜1975年度
1962年度に実験放送中のFMで始まる。県域ローカルで、ローカルトピックスや気象、くらしのヒント、健康メモなどを、音楽をはさみながら紹介するDJ番組。途中、『くらしを楽しく』（1967〜1968年度）に改題するが1969年度にタイトルを戻す。1975年度にステレオ放送となり、リクエストによる音楽中心の番組となる。FM(月〜金)午後6時からの1時間番組。1976年度に『夕べの広場』に改題。

 生活メモ　1963年度
『茶の間のひととき』枠内で放送された生活情報番組。くらしの話題をレコードによる音楽をはさみながらディスクジョッキースタイルで伝えた。取り上げた主なテーマは「教科書よもやま話」「Gマークをごぞんじですか」「リハビリテーションとは」ほか。第1(月〜土)午前11時20分からの10分番組。

 午後の茶の間「育ちゆく世代」　1963年度
第1(月〜金)のワイド番組『午後の茶の間』（後1:05〜3:00）枠内放送で、女性の社会的視野を広げ、教養を高めるきっかけとなるよう新設された。(月)午後1時5分からの25分番組。

 午後の茶の間「くらしの四季」　1963年度
第1(月〜金)のワイド番組『午後の茶の間』（後1:05〜3:00）枠内放送で、(月〜金)午後1時40分からの20分番組。家庭生活に縁の深い四季おりおりの話題から1日1テーマを選び、音楽とともに送るディスクジョッキー番組。

 みんなの茶の間　1964〜1978年度
家庭の女性を対象に実用番組や教養番組を、毎日帯で放送した。第1(月〜土)午前9時台の15分番組。（月・水・金）は季節に応じた実用知識を提供する「くらしのしおり」、(火)は子どもの心理や生活指導を考える「うちの子隣の子」、(木)は主婦のための教養の時間「お母さんのノート」、(土)は著名人による「この頃思うこと」で1週間を構成。最終年度は(月〜土)午前10時5分からの110分番組に拡大した。

 くらしのリズム　1965年度
家庭の主婦を対象に、毎日のくらしに役立つ情報とちょっとした知識を親しみやすいレコード音楽をはさんでつづる「実用型ディスクジョッキー」番組。曜日ごとのテーマ（内容）は、(月)週間の暦・生活行事予定、(火)買い物・すまい・料理、(水)くらしの科学・園芸、(木)栄養・ことばの散歩、(金)服飾・家計、(土)生活トピックス・レジャーなど。第1(月〜土)午前10時31分からの27分番組。

1970年代　生活情報

 家庭学級　1971年度
暮らしの中の問題を掘り下げてじっくり考える社会教養番組。1つのテーマを1〜2か月のシリーズで取り上げ、家族みんなで考えられるように構成した。テーマは4・5月「少年少女」、6・7月「からだを守る」、8月「おんな」、9・10月「都市と市民」、11・12月「商品」、1・2月「老年」、3月「まなぶ」。主な出演者は高田ユリ、丸木政臣、佐藤忠男ほか。第2(土)午後7時台の30分番組。教育テレビとの共用番組。

 くらしのカレンダー　1978〜1983年度
平日の午前中、文化、教育、社会問題から衣食住、健康など、幅広い生活情報をリクエスト曲やお便りとともに送る生ワイド番組。家庭の主婦だけでなく、ドライバーなど働く人々を広く対象とした生活情報番組を目指した。1949年1月から続いている長寿番組『私の本棚』は、前身の『みんなの茶の間』（1964〜1978年度）から引き続き、この枠内で放送。初年度は第1(月〜土)午前9時15分から11時55分の放送。

ラジオ編 番組一覧 11 趣味・実用 定時番組

1980年代　生活情報

朝のロータリー「ドライブ・ハンドブック」 1983年度
第1放送の情報ワイド番組『朝のロータリー』枠内放送。1984年度に『おはようラジオセンター』に引き継がれる。

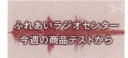
ふれあいラジオセンター「今週の商品テストから」 1984年度
第1放送の生活情報ワイド番組『ふれあいラジオセンター』の(月)午前9時台のコーナー。

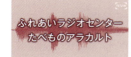
ふれあいラジオセンター「たべものアラカルト」 1984〜1987年度
第1放送の生活情報ワイド番組『ふれあいラジオセンター』の(火)午前9時台のコーナー。

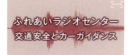
ふれあいラジオセンター「交通安全とカーガイダンス」 1984年度
第1放送の生活情報ワイド番組『ふれあいラジオセンター』の(木)午前9時台のコーナー。

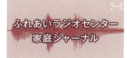
ふれあいラジオセンター「家庭ジャーナル」 1984〜1989年度
第1放送の生活情報ワイド番組『ふれあいラジオセンター』の(金)午前9時台に放送。家庭に結びつく時事的な情報を伝えるコーナー。1989年度は『NHKラジオセンター（午前）』枠内の(金)午前9時台後半に継続放送。

ふれあいラジオセンター「リクエストコーナー」 1984年度
第1放送の生活情報ワイド番組『ふれあいラジオセンター』の(土)午前10時台のコーナー。

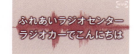
ふれあいラジオセンター「ラジオカーでこんにちは」 1984〜1989年度
生活情報ワイド番組『ふれあいラジオセンター』の第1(月〜金)午前11時台前半のコーナー。ラジオカーが毎日出動して、(月〜金)放送のうち週2回を東京発、3回を地方発で、身近な暮らしの話題を中継で伝えた。1989年度にワイド枠『NHKラジオセンター（午後）』の午後2時台に移行。1990年度に「列島クローズアップ」に刷新。

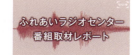
ふれあいラジオセンター「番組取材レポート」 1984年度
第1放送の生活情報ワイド番組『ふれあいラジオセンター』の(土)午前11時台のコーナー。

こんにちはラジオセンター「ネットワークトピックス」 1984〜1985年度
第1放送午後の6時間ワイド番組『こんにちはラジオセンター』の(月〜金)午後2時台後半のコーナー。

こんにちはラジオセンター「電話相談コーナー」 1984〜1986年度
第1放送午後の6時間ワイド番組『こんにちはラジオセンター』の(月〜土)午後3時台のコーナー。聴取者から電話による相談を受け付け、医療・育児・料理・園芸・住まいなどの「相談コーナー」を設けた。

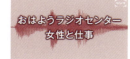
おはようラジオセンター「女性と仕事」 1985〜1987年度
第1放送朝の情報ワイド番組『おはようラジオセンター』の(木)午前9時台後半のコーナー。3年間で130人あまりの各界の第一線で活躍する女性が、自分の仕事について語った。出演：江上節子（雑誌編集長）。

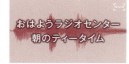
おはようラジオセンター「朝のティータイム」 1985〜1987年度
第1放送朝の情報ワイド番組『おはようラジオセンター』の(土)午前10時台のコーナー。著名人による含蓄のある会話や音楽を楽しむ。

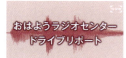

おはようラジオセンター「ドライブリポート」 1986～1992年度
第1放送朝の情報ワイド番組『朝のロータリー』枠内で始まった「ドライブ・ハンドブック」が『おはようラジオセンター』で「ドライブ情報」を経て「ドライブリポート」に改題。(土)午前8時台のコーナー。1990年度からは『NHKラジオセンター（午後）』の(土)午後1時台に放送。JAF（日本自動車連盟）の協力による「関東甲信越ドライブリポート」に刷新。

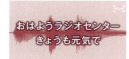

おはようラジオセンター「きょうも元気で」 1987～1991年度
第1(月～土)午前5時から9時までのワイド生番組『おはようラジオセンター』の午前5時台に編成された枠内コーナー。1948年から続いてきた長寿番組『早起き鳥』の後継番組として内容を刷新。生放送で全国各地から季節の話題を届けるなど、地域性と内容に幅を持たせた。1989年度より『NHKラジオセンター（早朝）』枠内で放送。1991年度に単独番組として独立。

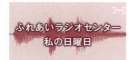

ふれあいラジオセンター「私の日曜日」 1987～1992年度
第1(月～日)放送のワイド番組『ふれあいラジオセンター』の(日)午前9時からの55分番組。日曜の父親の姿について書いた子どもの作文や子どものうたう歌の紹介、各地で行われる日曜のイベントなどを電話で紹介。1989年度からは『NHKラジオセンター（早朝）』枠内で「私の日曜日・わが家の味教えます」に刷新。季節感と家族史に彩られた各家独特の家庭料理を聴取者との電話のやりとりで紹介した。

こんにちはラジオセンター「くらしの電話相談」 1987～2007年度
第1放送『こんにちはラジオセンター』の(土)午後3時台のコーナー。前年度までの「電話相談コーナー」が、健康問題に特化した「あなたの健康・家族の健康」に刷新。従来の健康関連以外の電話相談を(土)に「くらしの電話相談」として設けた。1990年度以降は『NHKラジオセンター（午後）』、『ラジオほっとタイム』等の枠内で放送。2008年度より「電話相談」に改題。『つながるラジオ』枠内で継続放送した。

こんにちはラジオセンター「午後の情報スポット」 1987～1990年度
第1(月～土)午後1時から7時までのワイド番組『こんにちはラジオセンター』の午後4時台のコーナー。日本各地のイベント情報、まち情報を、中継、電話、おたよりなどで紹介。また、映画、演劇、ファッションなどの文化情報も伝えた。

NHKラジオセンター（午前）「こだわり百科」 1989年度
第1(月～日)午前9時から午後0時までの生放送の情報番組『NHKラジオセンター（午前）』の(月～金)11時台に放送。暮らしのさまざまな分野で、いい意味でのこだわりをもって生きている人たちを紹介した30分番組。

1990年代　生活情報

NHKラジオセンター（午前）「イベント情報」 1990～2002年度
『NHKラジオセンター（午前）』の(日)午前9時台に放送する情報コーナー。その時点で行われている、またはこの後に始まるイベント、その週末に開かれる催し物などについて担当者にきく。初年度は第1(土)午前9時17分からの10分番組。1999年度の新番組『ラジオいきいき倶楽部』の(土)午前9時台に同名のコーナーが登場。

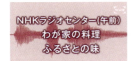

NHKラジオセンター（午前）「わが家の料理ふるさとの味」 1991～2012年度
『NHKラジオセンター（午前）』の第1(日)午前9時台に放送。「私の日曜日・わが家の味教えます」(1990年度)が「私の日曜日」と「わが家の料理ふるさとの味」に刷新。1995年度からは10～11時台の『歌の日曜散歩』枠内で放送。リスナーから寄せられた自慢の味、家庭の味を電話で紹介してもらい、地域のかおりを伝える。

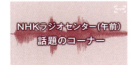

NHKラジオセンター（午前）「話題のコーナー」 1994～1995年度
『NHKラジオセンター（午前）』の第1(月～金)午前11時台前半のフリーゾーン。タイムリーな出来事の背景を考えたり、日常生活に役立つ情報を提供するコーナーとした。

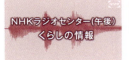

NHKラジオセンター（午後）「くらしの情報」 1995～2000年度
『NHKラジオセンター（午後）』の第1(月～金)午後1時台後半の情報コーナー。1999年4月に後継枠の『ラジオほっとタイム』の同時間帯で継続放送。

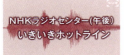

NHKラジオセンター（午後）「いきいきホットライン」 1996～2007年度
人生のさまざまな時期に経験する出来事や、衣食住にかかわる暮らしの中の問題などをテーマに取り上げ、聴取者からのFAX、メールを交えながらスタジオの専門家とともに考える聴取者参加の双方向番組。初年度は「NHKラジオセンター（午後）」の第1(月～金)午後5時台に放送。1999年度より『ラジオほっとタイム』（1999～2007年度）の午後5時台に放送。1日50通から100通のFAX・メールが寄せられた。

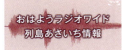

おはようラジオワイド「列島あさいち情報」 1997～2000年度
『おはようラジオワイド』枠内の午前5時台に放送。全国に配置した69人の「あさいちリポーター」が伝える朝の表情や気象情報、過去の歴史事象をまとめた「きょうは何の日」などで構成。その日の日本列島の朝を生き生きと伝えることを目指した。初年度は第1(月～金)午前5時14分からの16分番組。1999年度に新番組『ラジオあさいちばん』枠内に引き継がれ、2001年度に「列島あさいちさん」に改題。

NHK放送100年史（ラジオ編）　409

ラジオ編 番組一覧 11 趣味・実用 | 定時番組

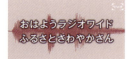
おはようラジオワイド「ふるさとさわやかさん」 1997〜2000年度
第1放送『おはようラジオワイド』枠内の午前5時台に放送。各地からのふるさとリポート。2001年度に「ふるさとあさいちリポート」に改題。

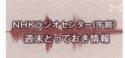
NHKラジオセンター（午前）「週末とっておき情報」 1997〜1998年度
『NHKラジオセンター（午前）』枠内の第1(金)午前10時5分からの50分番組。週休2日制の定着や生活の多様化に合わせて、週末の行動の参考になるとっておき情報を提供した。動植物の活動状況を伝える「自然情報」、週末を中心とした催しを紹介する「イベント情報」などで構成。

NHKラジオセンター（午後）「留守番電話131」 1997〜1999年度
『NHKラジオセンター（午後）』の第1(金)午後1時台後半に放送。季節の便りや家族のことなど、あるテーマにもとづきスタジオの留守番電話に寄せられた意見を紹介した。1999年度は新番組『ラジオほっとタイム』の(金)午後1時台に放送。

NHKラジオセンター（午前）「情報スクランブル」 1998年度
『NHKラジオセンター（午前）』の第1(木・金)午前11時5分からの25分番組。"いま"をキーワードに、生活に役立つ情報、心を豊かにする話題を提供した。主な内容は「クレジットローン社会の落とし穴」「予算は文化のバロメーター」「ペットを失った人の心のケア」「家庭内暴力に対する駆け込みシェルター」「市民が作った環境プラン」など。

ラジオ深夜便「ミッドナイトクッキング」 1999〜2008年度
『ラジオ深夜便』の第1・FM(金)午前0時台に月1回放送。『ラジオ深夜便』ならではの"音だけの料理番組"。簡単に作れる中高年向けのメニューを、料理研究家の浜田ひろみが紹介する。聞き手は室町澄子アンカー。月1回で始まったが、2002年度より月3回に放送を拡大。

ラジオいきいき倶楽部「くらしセンスアップ」 1999〜2002年度
『ラジオいきいき倶楽部』の第1(月〜金)午前9時台に放送。食、ファッション、住まい、ライフスタイル、趣味など、日替わりのテーマに沿ってリスナーからの質問に答え、実用的な生活文化情報を届けた。初年度は(月〜金)午前9時5分からの50分番組。初年度の主な内容は「おいしいご飯で元気にスタート」「家庭でできるプロの掃除」「美肌の大敵は」「海外でロングステイ」「税金と上手につきあう」ほか。

2000年代 | 生活情報

ラジオほっとタイム「ちょっと言わせて」 2000〜2001年度
第1放送の総合情報番組『ラジオほっとタイム』の(月〜金)午後4時台前半に放送。ある出来事やものをテーマに、手紙や電話で聴取者が語る双方向番組。

土曜ほっとタイム「なんでもトーク」 2000年度
第1放送『土曜ほっとタイム』の午後2時台に放送。聴取者からの質問や意見によってゲストの素顔を伝える。

土曜ほっとタイム「中継・ちょっと知りたい」 2000年度
第1放送『土曜ほっとタイム』の午後2時台後半に放送。

ラジオあさいちばん「列島あさいちさん」 2001〜2007年度
朝の総合情報番組『ラジオあさいちばん』の「列島あさいち情報」（1997〜2000年度）の後継コーナー。全国各地の約70人の「列島あさいちさん」が、各地の朝の表情とトピックスで一日の始まりを生き生きと伝えた。初年度は第1(月〜土)午前5時18分からの7分コーナー。2008年度より「列島あさいちさん」と「ふるさとあさいちリポート」を一つにまとめて「ふるさと元気情報」とした。

ラジオあさいちばん「ふるさとあさいちリポート」 2001〜2007年度
朝の総合情報番組『ラジオあさいちばん』の(月〜土)午前5時台に放送。「ふるさとさわやかさん」（1997〜2000年度）を改題。ラジオセンターと各局とのネットワークを活用して委託した全国約50人の「ふるさとあさいちリポーター」が、自分の足で取材した地域の情報をコンパクトにリポートした。初年度は第1(月〜金)午前5時45分からの7分コーナー。2008年度より「ふるさと元気情報」に刷新。

土曜ほっとタイム「中継・街にスポット」 2001〜2003年度
第1放送『土曜ほっとタイム』の午後2時台後半に放送。

ラジオほっとタイム「ふるさとマイタウン」 2002〜2007年度
第1放送『ラジオほっとタイム』の(月〜金)午後1時台に放送した5分コーナー。全国各地のFMコミュニティー放送局(2007年度時点で約200局)と結び、それぞれの局のパーソナリティーが地域の話題を提供した。このつながりをもとに、年2回程度の「特集番組」も実施した。

きょうも元気で！わくわくラジオ「ニッポンあっちこっち」 2003〜2007年度
『きょうも元気で！わくわくラジオ』の午前9時台に放送。毎日、2つの都道府県と電話をつなぎ、その日の天候や地域の最近の話題、季節の便りなどをコンパクトに紹介。リポーターはタウン誌の編集者、観光協会職員など。初年度は第1(月〜金)午前9時5分からの15分番組。

きょうも元気で！わくわくラジオ「耳より生活情報」 2003〜2007年度
『きょうも元気で！わくわくラジオ』の午前9時台に放送。家事、ファッション、旅、経済など、暮らしや文化についてのトレンド、またハウツーを各分野の専門家が、電話でわかりやすく紹介した。初年度は第1(月〜金)午前9時22分からの5分番組。

きょうも元気で！わくわくラジオ「今夜のおかず」 2003〜2007年度
『きょうも元気で！わくわくラジオ』の午前9時台に放送。その日の献立のヒントを料理専門家が、実際に料理を作りながら紹介した。初年度は第1(月〜金)午前9時33分からの7分番組。

きょうも元気で！わくわくラジオ「中継・あなたの街を歩いてみれば」 2003〜2005年度
『きょうも元気で！わくわくラジオ』の第1(月〜金)午前11時5分からの7分番組。リポーターが訪れた街で発見した、新しい街の息吹や暮らしぶりを伝えた。

きょうも元気で！わくわくラジオ「ラジオはともだち」 2004〜2007年度
第1放送『きょうも元気で！わくわくラジオ』の午前9時台にリスナーからのおたよりを紹介する「ラジオはともだち〜ちょっと聞いて」を10分番組で、11時台にリスナー同士の情報交換の広場「ラジオはともだち〜ちょっと教えて」を5分番組で放送した。2004年度からは2つのコーナーはそれぞれ「ラジオはともだち」に統一され、毎週テーマを決めて募ったリスナーからのおたよりを紹介し、また直接電話で話をした。

ラジオほっとタイム「電話相談一口メモ」 2004〜2005年度
午後の総合情報番組『ラジオほっとタイム』の(月〜金)午後1時台に放送。午後2時台の電話相談を前に、ワンポイントでお得な情報や最新情報を提供する。初年度は第1(月〜金)午後1時50分からの5分番組。

ラジオほっとタイム「くらしQ」 2004〜2005年度
午後の総合情報番組『ラジオほっとタイム』の(月〜木)午後2時台または3時台に放送。今の流行、暮らしの中の新しい動きや疑問、最近聞くけどよくわからない言葉などについて、専門家とともにわかりやすく伝える。初年度は第1(月〜木)午後3時33分からの10分番組。

ラジオほっとタイム「週末ほっとランキング」 2004〜2007年度
午後の総合情報番組『ラジオほっとタイム』の(金)午後2時台または3時台に放送。CD・書籍・映画の最新ランキングを紹介。また放送文化研究所の協力を得て、さまざまな調査結果も紹介した。初年度は第1(金)午後3時33分からの10分番組。

かんさい土曜ほっとタイム「オススメ情報」 2004〜2007年度
第1放送『かんさい土曜ほっとタイム』の午後1時台に放送。上方芸能、映画、温泉などのおすすめ情報を、「オススメ関西文化情報」「オススメ温泉情報」「オススメ映画情報」などのコーナータイトルで提供した。

ラジオ深夜便「暮らしワンポイント」 2005年度
『ラジオ深夜便』の第1(金)午前0時台に放送。

ラジオあさいちばん「ボイスレター」 2005〜2009年度
朝の総合情報番組『ラジオあさいちばん』の(日)午前5時台に放送。聴取者からのおたよりをもとに、聴取者の肉声で身近な話題を伝えてもらった。第1(日)午前5時40分からの13分番組。2007年度より毎月最終週はおたよりをたっぷり紹介する「おたより特集」とした。

ラジオほっとタイム「列島あっちこっち」 2006〜2007年度
午後の情報生ワイド『ラジオほっとタイム』の第1(月〜金)午後1時8分からの8分番組。全国800か所余りにあるパーキングエリア「道の駅」と結び、その土地の特徴や駅自慢、お国言葉を紹介し、素朴で温かい列島各地の息遣いを伝えた。

ラジオ編 番組一覧 11 趣味・実用 | 定時番組

ラジオほっとタイム「ビュッフェ131－厨房－」 2006～2007年度
『ラジオほっとタイム』の第1(月～金)午後3時33分からの22分番組。「ビュッフェ131」は架空の列車の食堂車。3時台はその「厨房」を舞台に、毎週"旬の食材"をとりあげ、料理のメニューやヒントを和・洋・中華の専属シェフ(料理研究家15人)が紹介する。毎週金曜には各国の在日大使館からゲストを招き、各国の特徴を示すお土産とともに、お国自慢の料理、イベントなどを紹介した。

ラジオほっとタイム「ビュッフェ131－客室－」 2006～2007年度
『ラジオほっとタイム』の午後4時台に放送。「旅と食」を入り口にした知的情報コーナー。午後3時台は「厨房」が舞台だったのに対し、4時台は「客室」が舞台。各界のゲストが「日本を知る旅」「趣味に浸る旅」「味わいの旅」「出会い・ふれあいの旅」「人生の旅」などのテーマで語った。第1(月～金)午後4時台の48分番組。主なゲスト:大岡玲(作家)、立松和平(作家)、田崎真也(ソムリエ)、矢崎滋(俳優)ほか。

どよう楽市「今ここにいます」 2007～2010年度
活動的な50代、60代に生き方のヒントを提供する第1放送のワイド番組『どよう楽市』の午前8時台のコーナー。土曜の朝、リスナーはどこにいて何をしているのか、写真とともに投稿してもらい紹介した。2008年度以降のタイトル表記は「いまここにいます」。

どよう楽市「楽市カフェ」 2007～2010年度
活動的な50代、60代に生き方のヒントを提供する第1放送のワイド番組『どよう楽市』の午前9時台のコーナー。定年後にさまざまな趣味や現役時代のキャリアを生かして活躍を続けるひと、新たなトライをしている人など、団塊世代を中心にしたインタビューコーナー。

どよう楽市「イチオシ中継」 2007～2009年度
活動的な50代、60代に生き方のヒントを提供する第1放送のワイド番組『どよう楽市』の午前10時台のコーナー。週末のお出かけスポットや団塊世代に人気の場所からの中継。

どよう楽市「ここが気になる」 2007～2010年度
活動的な50代、60代に生き方のヒントを提供する第1放送のワイド番組『どよう楽市』の午前10時台のコーナー。団塊世代をメインターゲットに毎回テーマを決め、投稿を募集。リスナーに直接電話をするなど会話の輪を広げ、団塊世代の意識を探る。

つながるラジオ 2008～2012年度
2部構成の午後のワイド生番組の第2部。聴取者と電話やファックス、メールで直接つながり、暮らしに役立つ情報を盛りだくさんで伝える。第1(月～金)午後2時40分から4時53分までの2時間13分。午後2時台は「つながる広場」と「ラジオなぞかけ問答」、午後3時台は「電話相談」と「気になることば」、4時台は「ラジオ井戸端会議」。金曜は「金曜旅倶楽部」として週末に向けた旅やイベントの情報を伝えた。

つながるラジオ「電話相談」 2008～2012年度
1987年度より放送してきた午後の情報生ワイド番組の看板コーナー「くらしの電話相談」のタイトルを、『つながるラジオ』枠内でマイナーチェンジ。(月・火)が専門分野ごとの医師が答える「あなたの健康・家族の健康」、(水)は幅広い分野の専門家が身近な問題に答える「くらし全般(園芸・ペット・住まい)」、(木)は心理カウンセラー等が担当する「こころの相談」。第1(月～木)午後3時10分からの20分番組。

つながるラジオ「ラジオ井戸端会議」 2008～2012年度
『つながるラジオ』の(月～木)午後4時台に放送。人生のさまざまな時期に経験する出来事や衣・食・住にかかわる暮らしの中の価値観などをテーマとして取り上げる。聴取者からのファックス・メールをメインに、スタジオゲストとのやりとりで構成する双方向のコーナー。第1(月～木)午後4時5分からの48分番組。

世の中面白研究所 2008～2014年度
日常生活の中でふと疑問に感じたことがらに答える番組。生活、文化、娯楽など、毎回違うテーマを取り上げて、それぞれの分野の専門家を招いて最新の情報を楽しいトークとともに伝える。"研究所"の所長は小堺一機、副所長は青木裕子アナウンサーほか。毎回、専門の"研究員"も迎える。第1(月)午後8時5分からの50分番組。

ラジオあさいちばん「ふるさと元気情報」 2008～2013年度
『ラジオあさいちばん』の(月～金)午前5時台に放送。各地の朝の表情とトピックスを伝える「列島あさいちさん」(2001～2007年度)と「ふるさとあさいちリポート」(2001～2007年度)をまとめて「ふるさと元気情報」とした。日本各地の地域興しに奮戦する人々を生電話で紹介。第1(月～金)午前5時18分と45分からの7分番組。2011年度は「被災地からのメッセージ　被災地へのメッセージ」を放送。

ラジオビタミン「くらしスパイス」 2008～2011年度
午前中の総合情報生ワイド番組『ラジオビタミン』の午前8時台に放送。日替わりでアドバイザーが暮らしに役立つワンポイントアドバイスを提供。「トレンド予報」「知っとく経済」「衣食住なるほどアドバイス」「心のテーブルマナー」「いつまでも美肌」「真吾流ガーデニング」「弘道おにいさんのいつでも体操」「スポーツのつぼ」「親子deスポーツ」などのコーナーで構成。第1(月～金)午前8時36分からの9分番組。

ラジオビタミン「お天気あっちこっち」 2008～2011年度
午前中の総合情報生ワイド番組『ラジオビタミン』の午前9時台に放送。『きょうも元気で!わくわくラジオ』の「ニッポンあっちこっち」の後継コーナー。リスナーから番組掲示板に風景写真を送ってもらい、それをもとに全国の天気を気象予報士が解説する。出演は伊藤みゆき(気象予報士)ほか。第1(月～金)午前9時5分からの10分番組。

ラジオビタミン「私の愛情レシピ」 2008〜2011年度
午前中の総合情報生ワイド番組『ラジオビタミン』の午前9時台に放送。料理家が臨場感ある調理音とともにレシピを紹介。金曜はリスナーおすすめレシピを村上信夫アナウンサーが調理する。第1(月〜金)午前9時15分からの10分番組。

ラジオビタミン「おしゃべりスクエア」 2008〜2011年度
午前中の総合情報生ワイド番組『ラジオビタミン』の午前9時台に放送。毎週テーマを決めてリスナーからお便りを募って紹介。直接、電話でリスナーの話を聞くなど、リスナーの声が行き交う共感の広場とした。第1(月〜金)午前9時45分からの10分番組。

ラジオビタミン「ラジビタ中継隊が行く!」 2008〜2011年度
午前中の総合情報生ワイド番組『ラジオビタミン』の午前11時台に放送。元気に活動する商店街の様子や街角にあるおもしろ博物館などを中継で伝える。第1(月〜木)午前11時5分からの10分番組。

ラジオ深夜便「春夏秋冬・味めぐり」 2009〜2010年度
『ラジオ深夜便』の第1(第2〜4・金)の午前0時台に放送する約10分のコーナー。毎月1人のゲストが1つの食材をピックアップし、食材の魅力や旅先での出会いなど、食をテーマにつづる"ラジオエッセー"。出演は田崎真也(ソムリエ)、平松洋子(エッセイスト)、東理夫(作家)ほか。聞き手は迎康子アンカー。

ラジオ深夜便「暮らしすこやか」 2009〜2010年度
『ラジオ深夜便』の第1(第2〜4・水)午前0時台に放送。シニア世代が快適で健やかに過ごすための暮らしのヒント、生活に役立つ情報提供を目指す。藤井範弘(弁護士)の「暮らしの法律」、村田幸子(福祉ジャーナリスト)の「高齢者の福祉」、紀平正幸(ファイナンシャルプランナー)の「ライフプラン」など、毎月さまざまなジャンルの専門家が登場した。

ラジオビタミン「にっぽん島めぐり」 2009〜2011年度
第1放送の総合情報生ワイド番組『ラジオビタミン』の(水)午前11時台に放送。全国の島に暮らす皆さんと電話でつなぎ、自然・特産品・祭りなど、四季折々のすばらしさを伝えてもらった。第1(水)午前11時5分からの10分番組。

2010年代　生活情報

かんさい土曜ほっとタイム「お天気どんなんかな」 2010〜2018年度
第1放送『かんさい土曜ほっとタイム』の午後1時台に放送。『土曜ほっとタイム』(2000〜2003年度)の最終週(大阪局制作)で不定期にスタート。

土曜日レディ 2010〜2012年度
2010年4月にスタートしたローカル(関東甲信越)枠『サタデーワイド』の第1部として午後2〜3時台に放送が始まる。「土曜日の午後は音楽と楽しいおしゃべりが似合う」をコンセプトに女性向け生放送番組。2012年度は全国放送。FM(土)午後2時からの2時間番組。

すっぴん!「フードコート」 2012〜2015年度
『すっぴん!』の第1(月〜金)午前9時台前半に放送する約15分のコーナー。料理のハウツーから食のウンチクまで、曜日ごとにバラエティーに富んだフード情報を提供した。初年度の各曜日のテーマは(月)「かんたん、かんげき、ハッピー缶詰め」、(火)「ほおばる喜び、しあわせパン」、(水)「美味しい野菜、食べてますか?」、(木)「クイックおつまみおもてなし」、(金)「見たり聞いたり"魚話"」。

すっぴん!「てくてくタウン誌」 2012年度
『すっぴん!』の第1(月)午前9時台後半に放送する約20分のコーナー。地域のとっておきの話題や最新情報を伝える各地の個性的なタウン誌を通して、地元密着だからこそ見えてくる各地の魅力を紹介した。

すっぴん!「マニアさんの部屋」 2012年度
『すっぴん!』の第1(最終・木)午前10時台後半に放送。木曜パーソナリティーの中島さなえが、知る人ぞ知るマニアックなコレクターのお宅を訪ね、そのディープな世界を紹介する。

すっぴん!「おべんとガーデン」 2012〜2013年度
『すっぴん!』の第1(月〜金)午前9時台前半に放送する約10分のコーナー。リスナーが、今朝作ったお弁当や朝ごはんの写真を撮って、番組ホームページに投稿。その写真を見ながら盛り上がる。各パーソナリティーとリスナーがともに作るコーナー。

11 趣味・実用 | 定時番組

すっぴん！「おしえて！おべんとマスター」 2012年度
『すっぴん！』の第1(火)午前11時台後半に放送。「おべんとガーデン」（午前9時台前半放送）に投稿された写真の中から、気になるお弁当をピックアップ。投稿者と電話をつないで、調理や盛りつけの工夫など、お弁当作りにまつわるエピソードを聞いた。

日曜あさいちばん「おいしい日曜日」 2012～2014年度
『日曜あさいちばん』の午前5時台に放送。エッセイストの平松洋子や玉村豊男、酒紀行家の江口まゆみ、パティシエの辻口博啓（ひろのぶ）の4人が週替わりで世界や日本各地の食文化などを紹介したラジオエッセー。2年目は、玉村豊男に代わって作家の島田雅彦が加わった。第1(日)午前5時45分からの8分番組。番組ホームページでのストリーミングも実施した。

午後のまりやーじゅ「10min.」 2013～2015年度
第1放送の大型生ワイド番組『午後のまりやーじゅ』の午後1時台後半に放送。暮らしを豊かにする約10分の情報コーナー。

すっぴん！「さわけんのぶっちゃけScience Cooking」 2015年度
『すっぴん！』の第1(火)午前9時台前半に放送。料理を科学的に解析し、最小の手間で効率のいいレシピを紹介する。出演：さわけん（料理研究家）。

すっぴん！「すっぴん中継」 2016年度
『すっぴん！』の第1(月)午前9時台前半に放送。

ラジオ深夜便「ごはんの知恵袋」 2017年度～
『ラジオ深夜便』の第1(最終週・月～木)午後11時台に放送。料理や栄養学の専門家が案内役となり、食や生活のヒントを紹介するコーナー。独り暮らしや高齢世帯にも役立つ情報を提供した。

にっぽん列島夕方ラジオ 2018年度～
地域局の午後5時台の生放送番組を日替わりでそのまま全国に向けて放送。各地域の暮らしや地元で活躍する人たちのトークなど、地方の多様性を伝えた。曜日ごとに各局の番組をバランスよく取り上げ、全国のリスナーが地域発番組に親しむきっかけとなった。第1(月～金)午後5時5分からの50分番組。

ラジオ深夜便「ライフスタイル」 2018年度～
『ラジオ深夜便』の第1(第2～4・木)午後11時台に放送。生活を楽しむ達人たちが、自身のライフスタイルについて語りながら、日々の暮らしに彩りを添えるちょっとしたコツを伝える。初年度の週別の出演者とテーマは、第2週が稲垣えみ子（元新聞記者）の「平成つれづれ草」、第3週が玉村豊男の「晴耕雨読」、第4週が上野砂由紀（ガーデナー）の「ガーデンごよみ」。

すっぴん！「すべての道は食に通ず」 2019年度
『すっぴん！』の第1(木)午前11時台に放送。ちまたではやる食や食材、家でも出来る外食レシピなどさまざまな角度から切り取る"食"のコーナー。

1920年代　語学

英語講座 1925・1933～1937年度
初めて放送された語学講座で、1925年7月20日から6週間、東京局から連続放送した。この講座でテキストとして「ラジオ英語講座資料」を刊行。テキスト付き講座番組のはしりとなった。初代講師は岡倉由三郎。講座をユーモラスな小ばなしから始め、本題に入るスタイルが聴取者に喜ばれた。大阪局では9月に、名古屋局では12月にそれぞれ『英語講座』を開設する。

英語講座初等科 1926～1932年度
1926年4月から放送をスタート。(月・水・金)の週3日、午後6時30分からの30分番組。専任講師は岡倉由三郎。1933年4月から『基礎英語講座』に改題。(月～土)午後6時30分からの30分番組。流動的だった当時の番組編成の中で、いち早く定時枠を確立した。

英語講座中等科 1926～1932年度
1926年4月から放送をスタート。(火・木・土)午後6時30分からの30分番組。

外国語講座　1926～1941年度
夏期講座で『フランス語初等科』『英語中等科』『ドイツ語初等科』を東京局が放送。1927年12月に『エスペラント講座』を放送。1931年4月、第2放送開始に当たり、『フランス語』と『ドイツ語』を午後6時からの30分番組で編成。9月には『支那語初等科』、1932年7月に『満州語講座』を名古屋局、金沢局から放送開始。1941年12月ですべての外国語講座の放送はとりやめとなった。

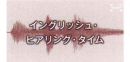
イングリッシュ・ヒアリング・タイム　1927～1928年度
英語を聞きとるための訓練を目的とした番組で、毎週木曜夜間に10分番組で放送。大阪局発。1928年、全国中継の開始とともに終了。

1930年代　語学

基礎英語講座　1933～1941・1945～1993年度
『英語講座初等科』（1926～1932年度）を改題。初代講師は引き続いて岡倉由三郎が担当。戦争により"敵性語"として放送停止となるが、戦後、1945年11月1日、第1(月～土)午前6時台の15分番組で再開。講師は英語学者の堀英四郎。1950年7月より第2放送に移設。1961年度より『基礎英語』に改題。中学1年生が学ぶ程度の英語の基礎講座として定着。のちに『続基礎英語』ほかの関連番組を生む。

1940年代　語学

実用英語会話　1945年度
海外放送の英語アナウンサー杉山ハリスほかが講師を務める英会話講座。1945年9月から1946年1月まで第1放送で放送。

英語会話　1945～1991年度
戦前に始まった英会話講座は戦争で中断。戦後に復活。1946年2月、日本放送協会の英語アナウンサーだった平川唯一が講師となり再開。ユーモアに富んだ題材と巧みな話術で評判を呼び、戦後日本に英会話ブームを巻き起こす。その後、松本亨（1951～1972年度）、東後勝明（1972～1985年度）、大杉正明（1987～1997年度）など人気講師を輩出。1992年度に『英会話』と改題。

カレント・イングリッシュ　1946～？年度
第2放送午前6時45分からの15分番組。出演は五十嵐新次郎ほか。五十嵐はNHK国際放送のアナウンサーを経て、英語教育者となる。

1950年代　語学

ドイツ語講座　〈1952〉　1952～1955年度
年間を通じたドイツ語の講座が1952年9月から開始される。初年度は第2(月～土)午前6時30分からの15分番組。1952～1953年度の内容は「初級」。講師は桜井和市（学習院大学教授）。1954年度に講座内容が「初級」と「中級」に分かれ、『ドイツ語講座』は中級（講師：相良守峯）となり、それにともない従来（初級レベル）の『ドイツ語講座』は『初級ドイツ語』に改題。講師は引き続き桜井和市が担当した。

フランス語講座　〈1952〉　1952～1955年度
年間を通じたフランス語講座が1952年9月から開始される。初年度は第2(月～土)午前6時からの15分番組。1952～1953年度の内容は「初級」。講師は前田陽一（東京大学教授）。1954年度に講座内容が「初級」と「中級」に分かれ、『フランス語講座』は「中級」（講師：渡辺一夫）の内容となり、それにともない従来（初級レベル）の『フランス語講座』は『初級フランス語』に改題。講師は引き続き前田陽一が担当。

中国語入門　1953～1975年度
中国語独習者のための入門講座（1955年度までのタイトルは『中国語入門講座』）。共通語による日常の会話表現を素材に中国語の発音・文法・文型練習を系統的に指導した。初年度は4～10月で第2(土・日)午前6時30分からの30分番組。最終年度は第2(火・木・土)午前8時からの20分番組で、午後4時20分からと午後11時20分から再放送した。

ドイツ語初級講座　1954～1961年度
1952年9月に始まった『ドイツ語講座』が、『初級ドイツ語』（1954年度）、『ドイツ語初級講座』（1955年度）、『ドイツ語初級』（1956年度）とタイトルを変えながら1961年度まで続く。講師は1956年度より関口存男（つぎお・慶應義塾大学講師）、1959年度より植田敏郎（一橋大学教授）。1962年度に『ドイツ語入門』に改題。『ドイツ語初級講座』は教育テレビの番組タイトルとなる。

11 趣味・実用 | 定時番組

フランス語初級講座 1954～1961年度
1952年9月に始まった『フランス語講座』が、『初級フランス語』（1954年度）、『フランス語初級講座』（1955年度）、『フランス語初級』（1956年度）とタイトルを変えながら1961年度まで続く。講師は1952年度より前田陽一（東京大学教授）が担当。1962年度に『フランス語入門』に改題。『フランス語初級講座』は教育テレビの番組タイトルとなる。

スペイン語入門 1956～1975年度
スペイン語独習者のための入門講座。一般成人、学生を対象に、初歩の発音・文法・表現を外国人のモデルリーディングを交えながら指導した。初年度は4～10月で、第2(土・日)午前6時からの30分番組。講師は笠井鎮夫（東京外国語大学教授）。最終年度は第2(月・水・金)午前8時からの20分番組で、午後4時20分と午後11時20分に再放送した。

ロシア語入門 1956～1975年度
ロシア語独習者のための入門講座を1年単位で放送した。初年度は11～翌年3月で、第2(土・日)午前6時からの30分番組。講師は東郷正延（東京外国語大学助教授）。1976年度より『ロシア語講座』に改題し、「入門編」と「応用編」を曜日を変えて放送した。放送年度により『ロシア語入門講座』のタイトルもある。

イタリア語入門講座 1956・1960年度
イタリア語独習者のための入門講座。第2(土・日)午前6時30分からの30分番組で、講師は奥野拓哉（東京外国語大学助教授）。1956年11月から翌年3月まで放送。1960年4～9月は新たな短期シリーズを放送。講師は下位英一（東京外国語大学講師）。第2(月・水・金)午前5時40分からの20分番組。

1960年代　語学

ドイツ語入門 1962～1975年度
『ドイツ語初級講座』（1954～1961年度）から引き続いての、ドイツ語独習者のための入門講座。初年度の講師は藤田五郎（東京外国語大学教授）で、第2(月・水・金)午前7時からの20分番組。1969年度から(金・土)はやや程度の高い表現指導を行う。

フランス語入門 1962～1975年度
『フランス語初級講座』（1954～1961年度）の後継番組。フランス放送協会提供の音声テープを利用したフランス語独習者のための入門講座。初年度の講師は『フランス語初級講座』から引き続いての前田陽一（東京大学教授）。第2(火・木・土)午前7時からの20分番組。1969年度から(金・土)は文学作品などを取り上げて、やや程度の高い内容とした。

特殊外国語入門 1963～1964年度
3つの外国語について、独習者のための入門講座を4か月ごとに放送。4～7月が『ロシア語入門』、8～11月が『スペイン語入門』、12～3月が『中国語入門』とした。初年度は第2(月～土)午前5時30分からの15分番組。1964年度は午前7時からの20分番組で、試験放送中のFMで再放送した。

イングリッシュアワー 1964～1970・1972～1992年度
英語で表現された思想内容に直接触れようとする人々を対象にした英語による教養番組。1964年度にFMでスタート。本放送開始後の1969年度は(月～木)午後11時からの25分番組。1971年度休止のあと、1972年度に第2に移設して(土・日)午後7時30分からの30分番組で再開。土曜はやや高度の講演、インタビュー、BBC制作の朗読などとし、日曜は若者向けの録音構成やディスクジョッキーを放送した。

続基礎英語 1965～1993年度
『基礎英語』（1933～1993年度）が戦後復活し、中学1年程度の"英語の基礎"を学ぶ番組として定着。『続基礎英語』は中学2・3年程度の英語を学ぶ番組で、『基礎英語』と合わせて中学生程度の英語を学べるように編成された。初年度の講師は安田一郎（成城大学講師）で、第2(月～土)午後7時台15分番組。1993年度に番組は終了し、『基礎英語』は『基礎英語1』『基礎英語2』『基礎英語3』にレベル分けされた。

フランス文化シリーズ 1965～1970年度
学生や一般成人を対象にフランスとドイツの文学・文化などを楽しむ教養番組。1965年4月にFMで『フランス・ドイツ文化シリーズ』としてスタート。1970年度は偶数月「フランス文化シリーズ」、奇数月「ドイツ文化シリーズ」を放送。仏・独両国の名作の鑑賞、来日著名文化人のインタビューなどを通して語学の学習にも役立てた。

ドイツ文化シリーズ 1965～1970年度
学生や一般成人を対象にフランスとドイツの文学・文化などを楽しむ教養番組。1965年4月にFMで『フランス・ドイツ文化シリーズ』としてスタート。1970年度は偶数月「フランス文化シリーズ」、奇数月「ドイツ文化シリーズ」を放送。仏・独両国の名作の鑑賞、来日著名文化人のインタビューなどを通して語学の学習にも役立てた。

1970年代 語学

ドイツ語講座 〈1976〉 1976〜2007年度
『ドイツ語入門』(1962〜1975年度)を改題し、(月〜木)の「入門編」と(金〜土)の「応用編」で1週間を構成した。「入門編」は、ドイツ人による会話を素材に初歩の表現や語法を学ぶ。「応用編」は高度な日常表現や文章講読とともにドイツ語文化の背景についてもふれた。初年度は第2(月〜土)午前7時からの20分番組。2007年度をもって終了し、2008年度からは『アンコール ドイツ語講座』を放送。

ロシア語講座 1976〜2007年度
『ロシア語入門』(1956〜1975年度)を改題。(月〜木)は、発音・文法・会話表現などロシア語の基礎を系統的に学習した。(金・土)は応用編としてやや程度の高い表現を学び、文学作品の講読もおこなった。初年度は第2(月〜土)午前7時40分からの20分番組。2007年度をもって終了し、2008年度は『アンコール ロシア語講座』として、過去の番組からアンコール放送した。

フランス語講座 〈1976〉 1976〜2007年度
『フランス語入門』(1962〜1975年度)を改題し、(月〜木)の「入門編」と(金・土)の応用編で1週間を構成した。「入門編」はフランス国営放送のスキットを織り交ぜながら半年で基本を学ぶコース。「応用編」は会話劇などを素材にフランス語を味わう手がかりとした。初年度は第2(月〜土)午前8時からの20分番組。2007年度をもって終了し、2008年度からは『アンコール フランス語講座』を放送。

中国語講座 1976〜2007年度
『中国語入門』(1953〜1975年度)を改題。週3回から6回へと放送回数も増やした。(月〜木)の入門編は、初心者向けに発音や基本文型を、半年サイクルの年2回シリーズで系統的に学べるようにした。(金・土)の応用編は、より高度な日常表現を豊富な例を用いて説明した。初年度は第2(月〜土)午前8時35分からの20分番組。2007年度をもって終了し、2008年度は『アンコール 中国語講座』とした。

スペイン語講座 1976〜2007年度
『スペイン語入門』(1956〜1975年度)を改題。(月〜木)は入門編として、基礎的な文法や発音の習得をねらいとした。(金・土)は応用編で、平易な素材を味わう手がかりを指導した。初年度は第2(月〜土)午後3時10分からの20分番組。2007年度をもって終了し、2008年度からは『アンコール スペイン語講座』として、過去の番組からアンコール放送した。

1980年代 語学

ハローフレンズ 1981〜1984年度
2人の出演者(マーシャ・クラッカワーとウィリアム・カフ)と電話で英会話を楽しむ聴取者参加番組。参加者は小学生から主婦、社会人など幅広く、身近な話題を英語で話してアドバイスを受けることで、実践的な会話力を身につけることをねらいとした。海外の青少年の生活や興味ある話題、英米のヒット曲も紹介した。第2(土)午後7時30分からの30分番組。

アンニョンハシムニカ〜 ハングル講座 1984〜2007年度
朝鮮半島で使われている言語を、初心者を対象に学んでもらう。(月〜木)は初心者を対象とした「入門編」。発音と文字の反復練習に始まり、基礎的な会話表現と文法の習得を目指した。(金・土)は「応用編」で、やさしい会話を中心に実用的な表現を学んだ。初年度は(月〜土)午前8時からの20分番組。半年編成で、前期の内容を後期に再放送した。

上級基礎英語 1987〜1993年度
『続基礎英語』に続く番組として、中学3年生以上を対象に総合的な基礎英語力の向上を目指した。英語から遠ざかっていた一般社会人も対象に、題材を社会生活や家庭生活から広く取り上げた。特に日本人が自分や日本について英語圏の人に伝える際に有用な表現を多く紹介した。初年度は(月〜木)午後3時10分からの20分番組。1990年度に(月〜土)に放送を拡大した。

やさしいビジネス英語 1987〜2001年度
ビジネスマン向けの実用的な英語講座番組。ビジネス界で必要とされる英語を、具体的で興味深いダイアローグの形で提示し、プラクティスを盛り込んだ。第一線で活躍するビジネスマンへのインタビューや時事英語の解説など、より実践的な内容で構成。4〜9月の半年編成とし、10〜3月は再放送。講師は杉田敏(バーソン・マーステラ日本支社長 ＊1987年度肩書)。初年度は第2(月〜木)午後3時30分からの20分番組。

レッツ・シング・ア・ソング 1988年度
1985年度に『朝のミュージックライフ』のコーナーとして始まり、『ミュージックライフ』(1987〜1988年度)のコーナーを経て、1988年度に番組として独立。英語のポピュラーソングを聞き、歌いながら、英語も学べる番組とした。大学生から中高年まで幅広い支持を集め、楽譜希望も殺到。レギュラー司会はアラン・ターニー(清泉女子大学教授)。ゲストは雪村いづみほか。FM(月〜金)午前10時台の10分番組。

11 趣味・実用 | 定時番組

ラジオ編 番組一覧

1990年代 　語学

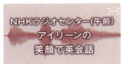
NHKラジオセンター（午前）「アイリーンの笑顔で英会話」 1990～1992年度
『NHKラジオセンター（午前）』の第1(月～土)午前11時台の5分ミニ番組。「マイクの一口英会話」の後継コーナー。

イタリア語講座 1990～2007年度
8番目の外国語講座として新設。半年構成で(月～木)が「入門編」、(金・土)が応用編。「入門編」は初めてイタリア語に接する人を対象に、実用的な表現と文法を段階的に学習した。日本人になじみのある単語や発音の例を数多く登場させ、言葉に親近感が持てるように工夫した。「応用編」はイタリアの最新情報を素材に構成。初年度は第2(月～土)午後4時台の20分番組。2008年度に『まいにちイタリア語』に改題。

英会話 1992～2001年度
戦前に始まった英会話講座『英語会話』(1945～1991年度)を改題。『英語会話』の最終年度となった1991年度の内容、講師、放送時間など変わらずにタイトル変更のみで継続された。高校1年程度の英語力を持つ人を対象に、より実践的で生きた英語を身につけることを目標とした。講師は大杉正明（清泉女子大学教授）ほか。1998年度よりマーシャ・クラッカワー（聖心女子大学助教授）。

NHKラジオセンター（午前）「ジェフ・クラークのらくらく英会話」 1992～1993年度
『NHKラジオセンター（午前）』の第1(月～土)午前11時台の5分ミニ番組。「アイリーンの笑顔で英会話」(1990～1992年度)が9月まで放送し、その後継コーナーとして10月からスタート。

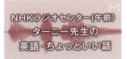
NHKラジオセンター（午前）「ターニー先生の英語・ちょっといい話」 1994～1995年度
『NHKラジオセンター（午前）』の第1(月～金)午前11時台の5分ミニ番組。「ジェフ・クラークのらくらく英会話」(1992～1993年度)の後継コーナー。英語文化と日本文化との違いをことばの表現を通じてやさしく解説した。

基礎英語1 1994～2001・2005～2020年度
『基礎英語』(1933～1941・1945～1993年度)の後継番組。初めて英語を学ぶ中学1年生を主な対象とした英語入門講座。聞くこと、話すことを中心に英語の"音"に慣れることから始め、日常よく使う基本表現を学習した。1994年度は第2(月～土)午前6時台の15分番組。午後2時台と6時台に1日2回再放送した。2002年度に『新基礎英語1』に改題。2005年度に再度『基礎英語1』にタイトルを戻す。

基礎英語2 1994～2001・2005～2020年度
『続基礎英語』(1965～1993年度)の後継番組。中学2年生を主な対象とした英語入門講座。学校や家庭での身近な話題を素材にして、やさしい会話表現を学び、気軽に英語で話せるようになることを目指した。1994年度は第2(月～土)午前6時15分からの15分番組。午後2時台と6時台に1日2回、再放送した。2002年度に『新基礎英語2』に改題するが、2005年度に再度『基礎英語2』にタイトルを戻す。

基礎英語3 1994～2001・2008～2020年度
『続基礎英語』(1965～1993年度)を『基礎英語2』と『基礎英語3』に再編成した。『基礎英語3』は中学3年生を主な対象とし、中学3年までに学ぶ文法や語彙、基礎表現をきめ細かく学習した。1994年度は第2(月～土)午前6時台の15分番組。午後2時台と6時台に1日2回、再放送した。その後、『新基礎英語3』(2002～2004年度)に改題するが、2008年度に『基礎英語3』で新たにスタートする。

英会話入門 1994～2001・2005～2007年度
基礎から一歩進めた英会話に挑戦したい人を対象に、日常的な場面での楽しい実践会話を目指した。堅苦しい英語学習の要素を省き、「人とコミュニケーションすることの楽しさを体得する」ことを最大目標にして学習を進めた。講師を担当した遠山顕（コミュニカ代表取締役）の親しみのある指導と相まって幅広い層から支持を得た。1994年度は第2(月～土)午前6時台の15分番組。午後2時台と6時台に再放送した。

やさしい日本語 1995年度～
海外での日本語学習熱の高まりにこたえて放送する日本語講座番組。国際放送「ラジオ日本」は21か国語で外国人向け『初級日本語講座』を放送しているが、第2放送で放送するのはその英語版。むずかしい文法説明は避け、日常会話で役立つ日本語の表現を文化や習慣とともに紹介する。ドラマ形式のスキットを楽しみながら日常生活で使う基本的な表現を学習していく。初年度は第2(日)午後5時45分からの15分番組。

2000年代 　語学

新基礎英語1 2002～2004年度
『基礎英語1』を改題して刷新。チャンツ（リズムに合わせて英文や単語を発音する英語の学習法）で英語の音になじみ、簡単なあいさつや自己紹介ができるようになることを目指す。講師：高橋一幸（神奈川大学外国語学部助教授）。ゲスト：アンジェラ・イム、ドミニク・アレンほか。第2(月～土)午前6時からの15分番組。

418　NHK放送100年史（ラジオ編）

新基礎英語2　2002〜2004年度
『基礎英語2』を改題して刷新。学校生活や家庭生活、友人との交流などの場面を通して日常の英語表現を学ぶ。講師：国際短期大学講師の松林世志子（2002年度）、青山学院大学教授の田辺正美（2003〜2004年度）。ゲスト：レイチェル・スミス、ジョニー・ウェルズほか。第2(月〜土)午前6時15分からの15分番組。

新基礎英語3　2002〜2004年度
『基礎英語3』を改題して刷新。「聞くこと」から「話すこと」、そして「読み書き」へと段階を踏みながら、文法をしっかり押さえつつ中学3年レベルの英語をマスターする。講師：手島良（武蔵高等学校・中学校教諭）。ゲスト：ケイト・エルウッド、クリス・ウェルズ。第2(月〜土)午前6時30分からの15分番組。

英語リスニング入門　2002〜2004年度
英会話の基本となるリスニング力を身につけるための番組。前期は音と音がつながったり消えたりする英語の発音を学び、後期はニュースなど生の素材を使って学ぶ。前期講師：松坂ヒロシ（早稲田大学教授）。後期講師：西垣知佳子（千葉大学教育学部助教授）。初年度は第2(月〜土)午前6時45分からの15分番組。2004年度の講師は遠山顕（コミュニカ代表取締役）。

英会話レッツスピーク　2002〜2005年度
会話力を高め、言いたいことにぴったりの英語を的確に話せるように、日常生活の中で使う生きた英語表現を紹介。講師は岩村圭南（コンテンツ・クリエイター）。2002年度後期のみ小野田榮（神田外語大学助教授）。第2(月〜土)午後3時25分からの15分番組。

ビジネス英会話　2002〜2007年度
『やさしいビジネス英語』（1987〜2001年度）の後継番組。社会の最新情報をテーマに、世界に通用するビジネスパーソンを育てる英語番組。初年度の講師は杉田敏（エトス・プラス代表取締役）、馬越恵美子（桜美林大学教授）。初年度は第2(月〜土)午後10時40分からの15分番組。2008年度から『実践ビジネス英語』があとを引き継ぐ。

アラビア語講座　2003〜2005・2008年度〜
アラブの人たちとのコミュニケーションに役立つ基本的な日常会話と初歩の文法、独特のアラビア文字の読み書きを学習する。初年度前期は本田孝一（大東文化大学教授）の「開け！アラビア語」、後期は木下宗篤（東京外国語大学講師）の「アリフからはじめよう」。初年度は第2(月)午前11時30分からの30分番組。2008年度よりアンコール放送。

シニアのための　ものしり英語塾　2005年度
4人の講師が曜日ごとに交代で登場する、シニア世代を意識した新感覚の英語講座とした。第2(月〜土)午前7時45分からの15分番組。講師は(月・火)が大杉正明（清泉女子大学教授）、(水・木)が馬越恵美子（桜美林大学教授）、(金・土)がジェームス天願、(月〜土)の「文法コーナー」が松本茂（東海大学教育開発研究所教授）。2006年度に『ものしり英語塾』に改題。

英会話中級　2005年度
基礎はわかっていても、会話に自信が持てない人のための講座。身近な題材を中心に、「感謝する」「提案する」「禁止する」など、目的に応じた表現を的確に伝えることを学ぶ。講師は前期が高木裕迅（白百合女子大学教授）、後期が遠山顕（コミュニカ代表取締役）。第2(月〜土)午後2時30分からの15分番組。

英会話上級　2005〜2007年度
基本的な英文法は身についていて、日常会話はなんとかなるという英語レベルの人が対象。会話・表現など英語の運用能力で最高度なものを目指す。英語を学ぶと同時に、英語の背景にある文化・歴史についても自然と学んでいける内容とした。初年度の前期講師はマーシャ・クラッカワー（聖心女子大学助教授）、後期講師は高木裕迅（白百合女子大学教授）。第2(月〜土)午後2時45分からの15分番組。

レベルアップ英文法　2006〜2007年度
『新基礎英語2』を終えたリスナーが次に進むべき内容とし、同時に会話主体の他の英語講座との併用を視野に入れた内容とした。講師は太田洋（駒沢女子大学助教授）。第2(月・水・金)午前6時30分からの15分番組。

ものしり英語塾　2006〜2007年度
『シニアのための　ものしり英語塾』（2005年度）を改題。従来の50代以降という聴取対象の間口をさらに広げ、学習効率最優先ではないアプローチを工夫した。初年度は第2(月・水・金)午前7時45分からの15分番組。講師は(月・火)大杉正明（清泉女子大学教授）、(水・木)馬越恵美子（桜美林大学教授）、(金・土)ジェームス天願、(月〜土)の文法コーナーを松本茂（東海大学教育開発研究所教授）が担当。

徹底トレーニング英会話　2006〜2008年度
会話力を高めるため、繰り返し徹底的にトレーニングし、「英語を話す筋肉を鍛える」ユニークな語学講座。同じ英文を何度も繰り返し口に出し、何度も聞く。単なるリピートではなく、「オーバー・ラッピング」「シャドーイング」「穴埋めしての音読」など、さまざまなトレーニング法を準備した。第2(月〜土)午後0時25分からの15分番組。講師は岩村圭南（コンテンツ・クリエイター）。2008年度は2006年度の再放送。

英語ものしり倶楽部　2008〜2010年度
世界の情報が入手でき、英語の深い教養を楽しく身につけられる講座番組。英語を使って活躍する各界の著名人たちとのトークの中で、転機になったひとことなど、役に立つ表現を学ぶ。英語俳句のコーナーでは、リスナーからの投稿を紹介するなど、双方向の演出を行った。講師兼MCは大杉正明（清泉女子大学教授）。第2(土)午前6時30分からの30分番組。

NHK放送100年史（ラジオ編）　419

11 趣味・実用 | 定時番組

チャロの英語実力講座　2008〜2009年度
『リトル・チャロ』クロスメディア企画のうちのラジオパート。ラジオ版のドラマを聴き、そこに出てきた英語表現を学ぶ。(月)はラジオドラマを聞き、あらすじを理解。(火〜木)は、その中に出てくるフレーズを学習。(金)は再びドラマを聞くことで「状況の中で生きた英語表現」を身につける。土曜は応用力をテストする。この6日間を繰り返すことで、英語力の定着を図った。第2(月〜土)午前7時からの15分番組。

入門ビジネス英語　2008〜2020年度
ビジネス英語の入門番組として、ビジネスシーンで必要な考え方やスキルがシンプルな表現とともに身につくことを目指した。『新基礎英語3』終了程度の簡易表現を使って、ビジネスで役立つ表現やスキルを磨く。テキスト執筆はジョン・K・ギレスピー（ビジネスコンサルタント）。初年度は第2(月・火)午後10時35分からの15分番組。

実践ビジネス英語　2008〜2020年度
『ビジネス英会話』(2002〜2007年度)の後継番組。第一線で働くビジネスパーソンが、ビジネスの現場で使う新しい英語表現を学ぶ英語講座。最新のビジネストレンドと、現実のビジネスの世界での出来事をリアルに反映したビニエット（ミニドラマ）が好評。NHKの英語講座番組では、最もレベルの高い英語講座番組。講師は杉田敏（株式会社プラップジャパン代表取締役社長）。初年度は(水〜金)午後10時台の15分番組。

くらしで使えるポルトガル語　2008〜2010年度
2007年度夏季集中講座を週1回の定時で再放送。日本で生活する30万（放送当時）を超えるブラジル人と、日々の暮らしの中でコミュニケーションを楽しむための講座。講師は武田千香（東京外国語大学准教授）、エリゼウ・ビシテリ（東京外国語大学客員准教授）。第2(土)午前8時50分からの15分番組。2009〜2010年度も2007年度夏季集中講座の再放送。

まいにちイタリア語　2008年度〜
(月〜土)放送の20分番組だった『イタリア語講座』(1990〜2007年度)を、(月〜金)放送の15分番組に刷新し、『まいにちイタリア語』に改題。初年度前期は、週の前半(月〜水)が「文法塾〜伊語事始」、後半(木・金)が「リスニング問題に挑戦！〜初級編」とした。後期は講座を3段階に分け、(月・火)が入門編、(水・木)が中級編、(金)が上級編とした。第2(月〜金)午前7時45分から放送。

まいにちスペイン語　2008年度〜
(月〜土)放送の20分番組だった『スペイン語講座』(1976〜2007年度)を、(月〜金)放送の15分番組に刷新し、改題。初年度前期は、講師の下田幸男（立教大学兼任講師）の留学経験をもとにしたスキットを使って、スペイン語の基礎を学ぶ。後期の舞台はアルゼンチン。日系3世の青年が、自分のルーツ探しでブエノスアイレスを旅するストーリーを通して、スペイン語の基礎を学ぶ。第2(月〜金)午前8時から放送。

まいにち中国語　2008年度〜
(月〜土)放送の20分番組だった『中国語講座』(1976〜2007年度)を、(月〜金)放送の15分番組に刷新し、『まいにち中国語』に改題。初年度前期は「基礎を固める6か月」。講師は荒川清秀（愛知大学教授）。後期は、初級中国語を学んだ人たちを対象にした「ちがいのわかる6か月」。講師は小野秀樹（首都大学東京准教授）。第2(月〜金)午前8時15分からの15分番組。

まいにちドイツ語　2008年度〜
(月〜土)放送の20分番組『ドイツ語講座』(1976〜2007年度)を、(月〜金)の15分番組に刷新し、『まいにちドイツ語』に改題。初年度前期の(月・水・金)は、入門者に向けた基礎固めの講座「"カナ"手本ドイツ語」。(火・木)はドイツ語文法に特化した講座「フェリックスの日記帳」。後期の(月〜木)は2007年度前期の再構成。(金)は「ドイツ語発音クリニック」。第2(月〜金)午前6時45分から放送。

まいにちハングル講座　2008年度〜
(月〜土)放送の20分番組だった『アンニョンハシムニカ〜ハングル講座』(1984〜2007年度)を、(月〜金)放送の15分番組に刷新し、『まいにちハングル講座』に改題。初年度前期は旅行で実際に使える表現を学ぶ「クイズで学ぼう！旅のハングル」。10〜12月は「"ハングル耳"を鍛えよう」。1〜3月は「ドラマで鍛える"ハングル耳"」。第2(月〜金)午前7時15分からの15分番組。

まいにちフランス語　2008年度〜
(月〜土)放送の20分番組だった『フランス語講座』(1976〜2007年度)を、(月〜金)の15分番組に刷新し、『まいにちフランス語』に改題。初年度前期は、大学生ナミのパリ留学の生活をスキットにフランス語の基礎を学ぶ「ナミのおいしいパリ日記」。後期は日本各地を旅するジュリアンとさくらの会話を基に基本表現を学ぶ「ジュリアンとさくらのJaponウォッチング」。第2(月〜金)午前7時30分から放送。

まいにちロシア語　2008年度〜
(月〜土)放送の20分番組だった『ロシア語講座』(1976〜2007年度)を、(月〜金)放送の15分番組に刷新し、『まいにちロシア語』に改題。初年度前期は、キリル文字の説明と発音指導から始める「文字からゆっくり〜カタツムリの初級編」。後期は中級編と実践編に分けて放送。(月〜水)が「文法もゆっくり〜カタツムリの中級編」、(木・金)が「会話力アップの実践編」とした。第2(月〜金)午前8時50分から放送。

ラジオ英会話　2008年度〜
『英会話入門』(1994〜2001・2005〜2007年度)の後継番組。スピーキング力とリスニング力をバランスよく鍛え、場面別・目的別に発話できるようになることを目指した。通常のダイアローグに加え、創作ラジオCMや天気予報、交通情報などの素材を使って、現実のシチュエーションでも困らない実践力を養った。講師は遠山顕（コミュニカ代表）。第2(月〜金)午後3時45分からの15分番組。

英語5分間トレーニング　2009〜2011年度
「"英語の筋肉"を鍛えよう」というコンセプトで、年中無休で放送する5分ミニ英語番組。音読、リスニングなど曜日別の多彩なトレーニングメニューを用意し、すぐに使える会話力を身につけることを目指した。講師は岩村圭南（コンテンツ・クリエイター）。第2(月〜日)午前9時5分から放送。

 **ハングル日本百科** 2009～2020年度
日本に居住する韓国・朝鮮の人々や韓国語学習者を主な対象として、国際放送の一部番組を国内向けに再構成して放送。初年度は第2(土・日)午後10時40分からの15分番組。2011年度よりラジオ国際放送と同時放送。

 **ワンポイント・ニュースで英会話** 2009～2017年度
教育テレビ『ニュースで英会話』の連動番組で、ワンセグ2の『ワンポイント・ニュースで英会話』と音声素材を共有。放送前週の英語ニュースを素材に使い、英語ニュースを理解するポイントとすぐに使いたい英語表現をマスターすることを目指した。第2(月～金)午前8時30分からの5分番組。

 **中文日本百科** 2009～2011年度
日本に居住する中国系の人々や中国語学習者を主な対象として、国際放送の一部番組を国内向けに再構成して放送。第2(土・日)午後5時45分からの15分番組。2011年度はラジオ国際放送で同時放送した。

2010年代　語学

 **リトル・チャロ2　心にしみる英語ドラマ** 2010～2011年度
ニューヨークで迷子になった子犬の大冒険英語アニメ『リトル・チャロ』(総合・教育)。ラジオではノーカット、フルストーリー版で放送。(月・金)で物語をじっくりと楽しみ、(火～木)で英語のポイントを押さえた。講師は、松本茂(立教大学教授)。出演は光岡ディオン、オーウェン真樹。テキストも発行された。

 **攻略！英語リスニング** 2011～2016年度
中・上級者向け英語リスニングトレーニング番組。初年度は後期のみの放送で、NHKの放送通訳者として活躍する講師のノウハウ「ヴィジュアライズ(視覚化)」によって、長い文章でも要点を押さえて聞き取るコツを伝授した。2012年度より通年新作の放送で、1分30秒から2分の長文英語を(土・日)の2日間かけて徹底的に聴き取り、総合的な英語力の増強を図った。第2(土・日)午後0時40分からの15分番組。

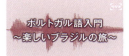 **ポルトガル語入門～楽しいブラジルの旅** 2011～2014年度
2014年のサッカーワールドカップ、2016年のオリンピックなど、ビッグイベントを控えたブラジルへの旅を想定した実用的なポルトガル語会話入門。全24回で基本表現を学ぶ。講師は浜岡究(拓殖大学言語文化研究所講師)、モニカ・フラガ。第2(土)午後6時30分からの15分番組。2012～2014年度は2011年度の再放送。

 **英会話タイムトライアル** 2012年度～
『基礎英語』終了程度の簡単な英語を使い、テンポよく英会話ができる発話力を養うトレーニング番組。難しい表現を学ぶのではなく、すでに知っている単語や表現を使って英語の瞬発力を養う「SPRトレーニング」と、身につけた瞬発力を腕試しする「対話カラオケ」の2つのコーナーで構成。ネイティブ講師の指導による、これまでにないトレーニング型の講座。テキストも発行。第2(月～金)午前8時30分からの10分番組。

 **中国語 "日本ジャーナル"** 2012～2020年度
ラジオ国際放送の番組『ラジオジャパンフォーカス』や『プラグイン　ニッポン』などを再構成。日本に居住する中国語を話す人や語学学習者が主な対象。初年度は第2(土・日)午後3時45分からの15分番組。

 **レベルアップ　中国語** 2012～2019年度
『まいにち中国語～応用編』の内容を別番組として再編成。新作と再放送を組み合わせて1年を構成。初年度は第2(月～金)午前10時30分からの15分番組。テキストも発行された。

 **レベルアップ　ハングル講座** 2012～2019年度
『まいにちハングル講座～応用編』の内容を別番組として再編成。新作と再放送を組み合わせて1年を構成。初年度は第2(月～金)午前10時45分からの15分番組。テキストも発行された。

 **英語で読む村上春樹** 2013～2016年度
40を超える言語に翻訳されている作家・村上春樹。英語に訳された村上作品を原文と比較しながら読み解き、新たな魅力を発見する講座番組。英訳と原文の朗読や、フレーズの内容の読解、比較文学の視点からの考察も加えた。毎月末には、日本文学が海外でどのように翻訳され、受け止められているのかをゲストを招いて語り合った。講師は沼野充義(東京大学大学院教授)。初年度は第2(日)午後10時50分からの30分番組。

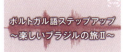 **ポルトガル語ステップアップ～楽しいブラジルの旅Ⅱ** 2013～2015年度
『ポルトガル語入門～楽しいブラジルの旅』の続編として放送。ブラジル・リオデジャネイロを舞台にしたスキットを使い、ナチュラルな表現と文法知識を押さえ、一歩進んだ講座を目指した。講師：浜岡究(拓殖大学言語文化研究所講師)。第2(土)午後6時30分からの15分番組。2014～2015年度は2013年度の再放送。2016年度に『ポルトガル語ステップアップ　音楽とパーティーの街　リオデジャネイロ』に改題。

NHK放送100年史(ラジオ編)　421

ラジオ編 番組一覧 11 趣味・実用 | 定時番組

エンジョイ・シンプル・イングリッシュ　2014年度〜
中学レベルの簡単な英語で書かれたストーリーを聞き取るだけの番組としてスタート。(月〜金)の曜日ごとに偉人伝や日本の文化紹介、ショートストーリー、昔話などテーマにバリエーションをもたせ、ラジオドラマ風に効果音や音楽をつけるなど、リスナーを飽きさせない工夫をした。発行したテキストには日本語訳を掲載せず、英語を英語のまま理解する感覚を養うことを目指した。第2(月〜金)午前9時10分からの5分番組。

ポルトガル語入門　リオデジャネイロ　夢の日々　2015〜2021年度
ブラジルで話されているポルトガル語を学習する番組。実際によく使われる表現をもとに、毎回例文を発音しながら体にしみこませる学習を行った。年度前期の放送。講師は福嶋信洋（共立女子大学准教授）。第2(土)午後6時30分からの15分番組。2年目以降は、初年度である2015年度を再放送。2021年度のタイトルは『ポルトガル語入門』。

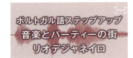
ポルトガル語ステップアップ　音楽とパーティーの街　リオデジャネイロ　2016〜2020年度
『ポルトガル語ステップアップ〜楽しいブラジルの旅Ⅱ』(2013〜2015年度)を改題。ブラジル・リオデジャネイロの若者たちの会話をイメージしたスキットを使い、ポルトガル語のより実践的な表現を目指す講座。毎回、ブラジルの音楽や食、社会状況も紹介した。講師は福嶋信洋（共立女子大学准教授）。第2(土)午後6時45分からの15分番組。2017年度以降は2016年度の再放送。

おもてなしの中国語　2017〜2020年度
「出会い　ふれあい　語り合い」をテーマに、観光地や店で役立つ実用的な表現を紹介し、インバウンド需要に応えた。講師は及川淳子（桜美林大学専任講師）。年度前期（4〜9月）の放送で、年度後期は前期の再放送。2年目からは再放送。テキストも発行された。

高校生からはじめる「現代英語」　2017〜2021年度
中学レベルの英語学習を終えた人が対象。いわゆる学校英語から、実際に使われている生の英語への橋渡しを目的とした。NHKワールドJAPANで放送された英語ニュースを素材に、日本語から英文を作成する反訳トレーニングなどを取り入れた。「オバマ前大統領の広島演説」「カズオ・イシグロのノーベル賞晩さん会スピーチ」ほかを取り上げた。テキストも発行。講師は伊藤サム。第2(土・日)午後0時40分からの15分番組。

短期集中！3か月英会話　2017年度
3か月ごとにテーマを変えて、英語をさまざまな視点からとらえていく英語講座。年間3シリーズを制作。4〜6月は東京2020オリンピック・パラリンピックに向け、ボランティアの現場で必要とされる英語表現や会話能力を高めるための講座「めざせ！スポーツボランティア」。7〜9月は「演劇ワークショップへようこそ！」、10〜12月は「洋楽で学ぶ英文法」、1〜3月は再放送。第2(月〜水)午前10時台の15分番組。

ボキャブライダー　2017年度〜
毎回1つのテーマを取り上げ、関連する英単語を4つずつ、使う場面などで関連づけて紹介する5分ミニ英語講座。ラジオと連動したアプリには例文を音声つきで掲載。単語のスペルや意味、使いわけを学べる単語クイズのサービスも提供。第2(月〜金)午前9時5分から放送。再放送は1日2回、土曜と日曜には1週間分（5回）をまとめて再放送。監修は田中茂範（慶應義塾大学名誉教授）。葵わかな、浜辺美波、桜田ひよりほかが出演。

おもてなしのハングル　2018〜2020年度
"知って伝えるコミュニケーション術"と題し、訪日観光客との会話に役立つ表現や日韓の習慣・文化の違いを解説した語学番組。2年目から2018年度を再放送した。講師は長友英子（日韓同時通訳者）。年度後期の放送で第2(木・金)午前10時30分からの15分番組。

基礎英語0　2018〜2020年度
英語に初めてふれる小学5・6年生を対象に、授業や日常で感じた英語の疑問や質問に対して電話で直接答える番組。回答する先生は、児童英語の専門家。「英単語をリズムに乗せて歌う」「4コマ漫画のオチを英語で考える」など、小学生が楽しめるコーナーで構成。出演はサンシャイン池崎（お笑い芸人）、花音（タレント）ほか。第2(月)午後6時台の10分番組。2021年3月29日から『小学生の基礎英語』が後を引き継ぐ。

世界へ発信！ニュースで英語術　2018〜2021年度
『ワンポイント・ニュースで英会話』(2009〜2017年度)を刷新して改題。1回5分、英語ニュースを通じて最新の時事英語表現を学ぶ。毎日1本ずつ英語ニュースを取り上げ、ポイントを理解するためのキーセンテンスをピックアップ。多様なテーマと英語表現をバランスよく紹介。テキストは無く、解説は番組ウェブサイトに掲載した。第2(月〜金)午後0時55分からの5分番組。2021年度に『ニュースで英語術』に改題。

遠山顕の英会話楽習　2018〜2021年度
ナチュラルな英語のダイアローグ（会話）を通して、英会話のおもしろさを体験する講座。コンセプトは"楽しく学ぶ"。長年、『ラジオ英会話』など多数の英語講座を担当した遠山顕（コミュニカ代表）が自身の名前を冠して始めた講座番組。楽しみながらも、英語の4技能（読む・聞く・話す・書く）を効率的に伸ばすことを目的とした。第2(月〜水)午前10時30分からの15分番組。

Plug-in Japan　2018〜2021年度
世界のリスナーが"日本とつながる"国際放送の英語番組。最新の話題や文化、社会問題を独自の視点で掘り下げたリポートに加え、日本の最先端技術や防災ノウハウなども伝えた。初年度は第2(月〜金)午後2時15分からの15分番組。

422　NHK放送100年史（ラジオ編）

2020年代　語学

ステップアップ中国語　2020年度～
多文化共生を目的として、日本で暮らす中国語話者の手助けのための"やさしい中国語"を学び、"中国語サポーター（助っ人）"を目指す。10～12月は「共に生きる"くらし"の会話」。1～3月は「通訳式トレーニングでレベルアップ」。2年目は、初年度の再放送。4～6月、10～12月は「共に生きる～」。7～9月、1～3月は「通訳式トレーニング～」。第2(月・火)午後10時からの15分番組。テキストも発行された。

小学生の基礎英語　2021年度～
『基礎英語0』(2018～2020年度)の後継番組。小学5・6年生を対象とした英語講座。英語をかたまりで覚えて、年間100ほどのフレーズを習得。子どもたちの英語に関する疑問に電話で答えるコーナーや、リスナー投稿による英語大喜利など小学生が楽しめる構成とした。講師は居村啓子（拓殖大学外国語学部教授）。出演はサンシャイン池崎（お笑い芸人）ほか。テキストも発行。第2(月・水・金)午後6時台の10分番組。

中学生の基礎英語　レベル1　2021年度～
『基礎英語1』(1994～2020年度 ＊途中休止あり)の後継番組。中学英語をイチから学ぶ入門編。中学1・2年で学習する文法を扱った。毎回1つずつ文法を取り上げ、それを活用した会話練習などを行う。講師は本多敏幸（東京・千代田区立中等教育学校教諭）。第2(月～金)午前6時からの15分番組。

中学生の基礎英語　レベル2　2021年度～
『基礎英語2』(1994～2020年度 ＊途中休止あり)の後継番組。中学2年生半ばから中学卒業レベルの英語を学ぶ番組。(月～木)は文法事項を学習し、(金)はその週の復習で構成。題材となるストーリーの舞台はニューヨーク。ファッションデザイナーを目指す女の子がさまざまなルーツを持つクラスメートに出会い、成長していく姿を描いた。講師は高田智子（清泉女子大学教授）。第2(月～金)午前6時台の15分番組。

中高生の基礎英語　in English　2021年度～
『基礎英語3』(1994～2020年度 ＊途中休止あり)の後継番組。中高生向けのオールイングリッシュで学ぶ実践的な語学番組。中学校で今後基本となる"英語での英語を教える授業"を先取りし、ダイアローグや解説もすべて英語で進行。毎週1つのテーマについて学び、英語で意見交換できる力を育成する。講師は百瀬美帆（明海大学教授）。出演は鈴木福（俳優）ほか。第2(月～金)午前6時30分からの15分番組。

ステップアップ ハングル講座　2021年度～
4～6月は「もっと楽しむ！"韓活"応援レッスン」を放送（10～12月に再放送）。K-POPや韓国ドラマなどにまつわる韓国文化やハングル、SNSの利用などに役立つフレーズを学ぶ。7～9月は「K文学の散歩道」を放送（1～3月に再放送）。世界的ブームになっているK文学（韓国文学）の最新トレンドを作品とともに紹介。第2(木・金)午前10時30分からの15分番組。

ラジオで！カムカムエヴリバディ　2021年度
連続テレビ小説『カムカムエヴリバディ』(2021年度後期)に連動した英語講座。ドラマに関連する内容の説明や英語表現の解説を行った。(月～水)は15分間の講座、(土)はそのダイジェスト版を20分で放送。通常回にはない「英語スキット全文読み」を入れた。上白石萌音、村雨辰剛、川栄李奈などドラマ出演者をゲストに招くスペシャル回も放送。講師は大杉正明。テキストも発行。第2(月～水)午前10時台の15分番組。

ラジオビジネス英語　2021年度～
ビジネス英語をこれから学びたい人から、既に仕事で英語を日常的に使っている人など、幅広い学習者に向けた語学番組。(月・火)はビジネス英会話で実用的なフレーズを覚えて使いこなす。(水)は英文メールのやり取りのレッスン。(木・金)は著名人のインタビュー教材をもとに、英語の語彙やトピックスの幅を広げる。講師は柴田真一（神田外語大学特任教授）。第2(月～金)午前9時15分からの15分番組。テキストも発行。

ポルトガル語講座　ステップアップ　アイルトンのニッポン　2021年度～
「アイルトンのニッポン」をテーマに放送。ブラジル人が日常的によく使う自然な語彙や言い回しにたくさんふれながら、入門レベルからステップアップを目指す。日本に暮らすブラジル人との交流を通じて文化も紹介。ブラジルと日本の交流の歴史にも触れ、より実践的にポルトガル語を学ぶ。第2(土)午前8時50分からの15分番組。2022年度からは2021年度の再放送。

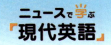

ニュースで学ぶ「現代英語」　2022年度～
5分番組の『ニュースで英語術』と、15分番組の『高校生からはじめる「現代英語」』を一本化する形でスタート。最新のニュースを通して世界で使える生きた英語、現代英語を、(月～金)1回15分で学ぶ。(月～水)はリスニング力、(木・金)はスピーキング力の強化に重点を置いた。初年度の講師は伊藤サム（元ジャパンタイムズ編集局長）、米山明日香（青山学院大学准教授）。ナビゲーターは秀島史香（ラジオDJ）。

ポルトガル語講座　入門　聴いて・覚えて・話してみよう！　2022年度～
「聴いて・覚えて・話してみよう！」をテーマに放送。声に出す練習をたくさんして、ブラジルで話されているポルトガル語の基礎的な文法や表現を身につける。講師：中川ソニア(拓殖大学講師)、宮入亮(東京外国語大学講師)。第2(土)午後6時45分からの15分番組。2022年度前期の放送で、2023年度以降は2022年度の再放送。

NHK放送100年史（ラジオ編）　423

ラジオ編 番組年表 11 趣味/生活情報

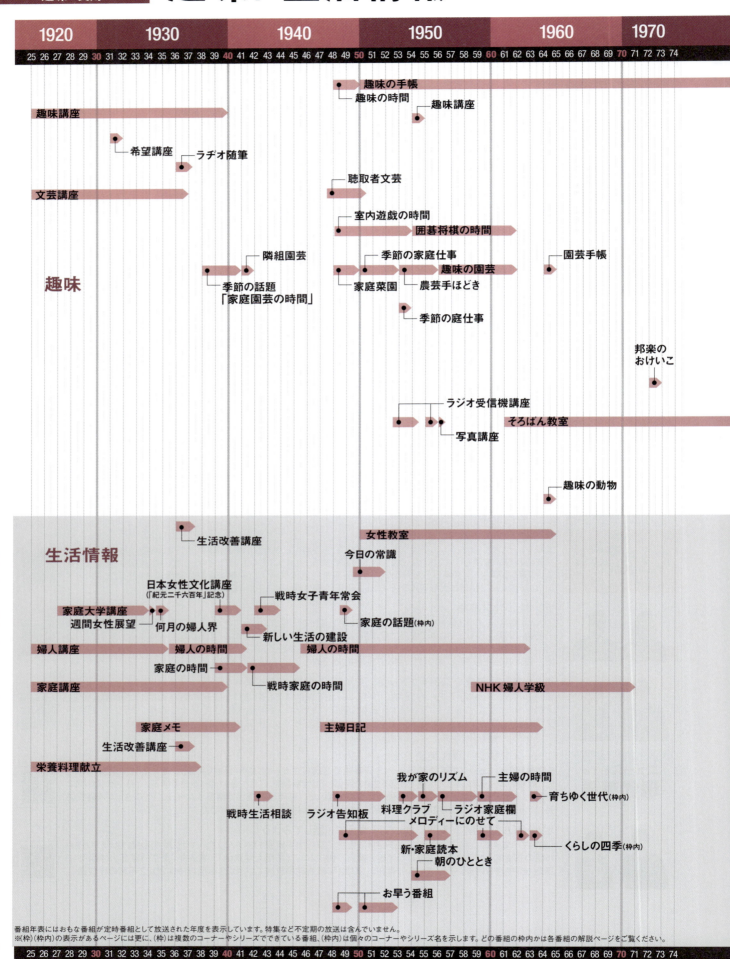

WEB版の年表はこちら

趣味

生活情報

	1980	1990	2000	2010	2020

趣味

- オトナの補習授業
- アナウンサーのディープな夜
- 本、ときどきマンガ(枠内)
- 感じる俳句(枠内)
- 徳井青空のあにげっちゅ
- 今日からオタ活
- 渋谷アニメランド
- あにげっちゅ
- パワーボイスA
- あにげっちゅ
- 画(え)のないアニメ館
- 春日太一の金曜映画劇場(枠内)
- 高橋ヨシキのシネマストリップ(枠内)
- お楽しみ園芸(枠内)
- おぐねー★キレイの秘密(枠内)
- おぐねーの3分聴いてキレイになろう!(枠内)
- ゆる～リヨガ(枠内)
- 春風亭昇太のレコード道楽(枠内)
- ラン!トーク!ラン!(枠内)
- 山下健二郎のトーク・ライク・フィッシング
- 乗りものアラカルト(枠内)
- パソコン実践セミナー
- 私とペットのよもやま話(枠内)

生活情報

- 列島あさいち情報(枠内)
- 列島あさいちさん(枠内)
- 今週の商品テストから(枠内)
- ふるさとさわやかさん(枠内)
- ふるさと元気情報(枠内)
- 女性と仕事(枠内)
- ふるさとあさいちリポート(枠内)
- 交通安全とカーガイダンス(枠内)
- ドライブ情報(枠内)
- ドライブリポート(枠内)
- ボイスレター(枠内)
- フードコート(枠内)
- 午後の情報スポット(枠内)
- くらしスパイス(枠内)
- 家庭ジャーナル(枠内)
- さわけんのぶっちゃけScience Cooking(枠内)
- 話題のコーナー(枠内)
- 週末とっておき情報(枠内)
- たべものアラカルト(枠内)
- こだわり百科(枠内)
- イベント情報(枠内)
- ニッポンあっちこっち
- すべての道は食に通ず(枠内)
- 全国"旅"情報(枠内)
- 情報スクランブル(枠内)
- おべんとガーデン
- くらしセンスアップ(枠内)
- 耳より生活情報(枠内)
- お天気あっちこっち(枠内)
- くらしの情報(枠内)
- 今夜のおかず(枠内)
- 私の愛情レシピ
- おしえて!おべんとマスター(枠内)
- きょうも元気で(枠内)

NHK放送100年史(ラジオ編) 425

ラジオ編 番組年表 11 趣味・実用
生活情報

| 1920 | 1930 | 1940 | 1950 | 1960 | 1970 |

25 26 27 28 29 30 31 32 33 34 35 36 37 38 39 40 41 42 43 44 45 46 47 48 49 50 51 52 53 54 55 56 57 58 59 60 61 62 63 64 65 66 67 68 69 70 71 72 73 74

生活情報

明るい茶の間
みんなの茶の間
家庭の皆さん
生活メモ(枠内)

奥さんの経済学
くらしのリズム

皆さんの相談室
NHK相談室
くらしの話題
くらしの話題
くらしを楽しく

勤労婦人の時間

若い女性

ラジオ体操
ラジオ体操
NHK美容体操(枠内)
NHK美容体操 →
NHK美容体操

番組年表にはおもな番組が定時番組として放送された年度を表示しています。特集など不定期の放送は含んでいません。
※(枠)(枠内)の表示があるページには更に、(枠)は複数のコーナーやシリーズでできている番組、(枠内)は個々のコーナーやシリーズ名を示します。どの番組の枠内かは各番組の解説ページをご覧ください。

25 26 27 28 29 30 31 32 33 34 35 36 37 38 39 40 41 42 43 44 45 46 47 48 49 50 51 52 53 54 55 56 57 58 59 60 61 62 63 64 65 66 67 68 69 70 71 72 73 74

01.ドラマ　02.クイズ・バラエティー　03.音楽　04.伝統芸能　05.ニュース　06.報道・ドキュメンタリー　07.紀行　08.教養・情報　09.自然・科学　10.こども・教育　11.趣味・実用　12.大型特集番組等

426　NHK放送100年史（ラジオ編）

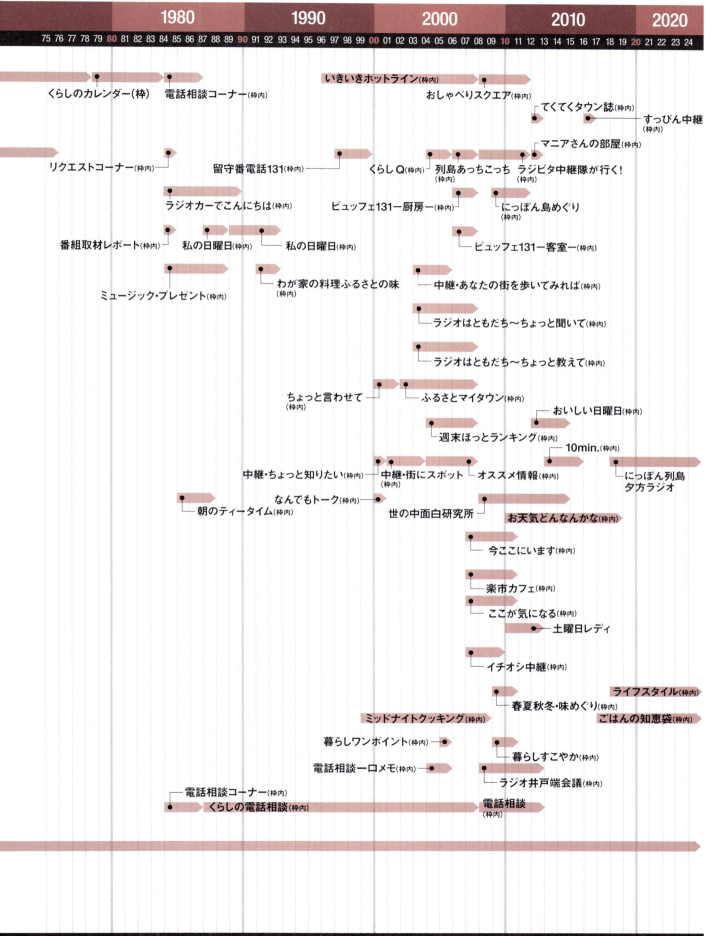

ラジオ編 番組年表 11 趣味・実用 語学

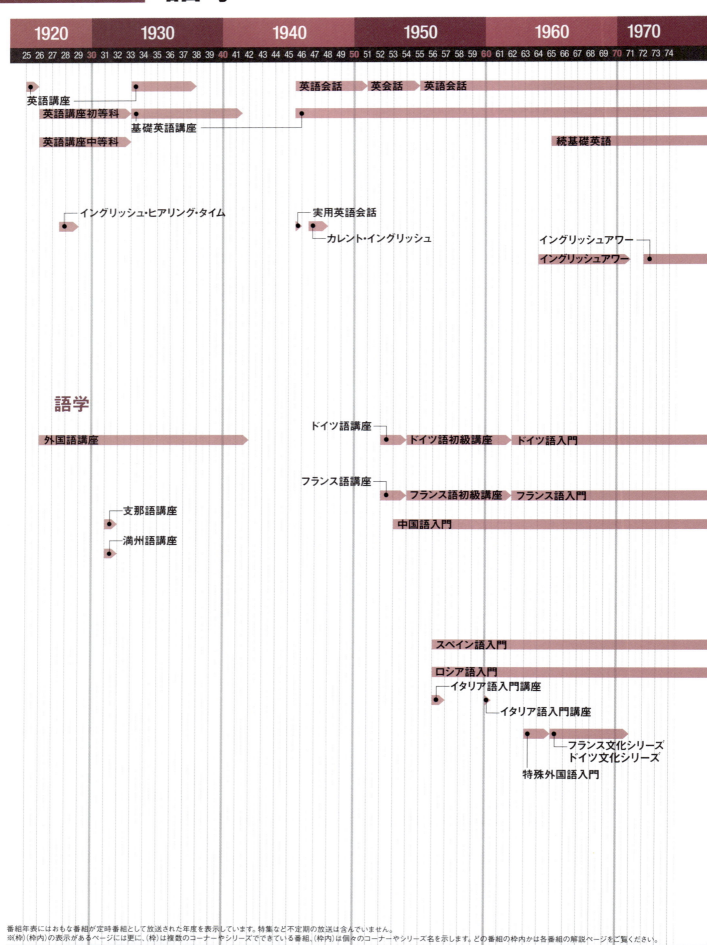

語学

語学番組年表

| | 1980 | 1990 | 2000 | 2010 | 2020 |

- 英会話 → ラジオ英会話
- 基礎英語1 → 新基礎英語1 → 基礎英語1 → 中学生の基礎英語 レベル1
- 基礎英語2 → 新基礎英語2 → 基礎英語2 → 中学生の基礎英語 レベル2
- 上級基礎英語 / 基礎英語3 → 新基礎英語3 → 基礎英語3
- 英語リスニング入門 / チャロの英語実力講座 / 中高生の基礎英語 in English
- 英会話入門 / エンジョイ・シンプル・イングリッシュ
- 英語リスニング入門 / 英会話入門 / リトル・チャロ2 心にしみる英語ドラマ
- 英会話中級 / レベルアップ英文法 / 英語で読む村上春樹 / ボキャブライダー
- ニュースで学ぶ「現代英語」
- 英会話上級 / ワンポイント・ニュースで英会話 / 世界へ発信！ニュースで英語術
- ハローフレンズ / ジェフ・クラークのらくらく英会話(枠内) / 徹底トレーニング英会話 / 英会話タイムトライアル
- レッツ・シング・ア・ソング / 英会話 / レッツスピーク / 英語5分間トレーニング / 遠山顕の英会話楽習
- アイリーンの笑顔で英会話(枠内) / シニアのためのものしり英語塾 / ものしり英語塾 / 攻略！英語リスニング / 短期集中！3か月英会話
- ターニー先生の英語・ちょっといい話(枠内) / 英語ものしり倶楽部 / 入門ビジネス英語 / ラジオで！カムカムエヴリバディ
- やさしいビジネス英語 / ビジネス英会話 / 実践ビジネス英語 / ラジオビジネス英語
- 基礎英語0 / 小学生の基礎英語
- ドイツ語講座 → まいにちドイツ語
- フランス語講座 → まいにちフランス語
- 中国語講座 → まいにち中国語
- 中国語"日本ジャーナル" / 中文日本百科
- レベルアップ中国語 / おもてなしの中国語 / ステップアップ中国語
- スペイン語講座 → まいにちスペイン語
- ロシア語講座 → まいにちロシア語
- イタリア語講座 → まいにちイタリア語
- ポルトガル語入門 / リオデジャネイロ 夢の日々
- ポルトガル語入門～楽しいブラジルの旅 / くらしで使えるポルトガル語 / ポルトガル語ステップアップ 音楽とパーティーの街 / リオデジャネイロ
- ポルトガル語講座入門 聴いて・覚えて・話してみよう！
- ポルトガル語ステップアップ～楽しいブラジルの旅Ⅱ / ポルトガル語講座ステップアップ / アイルトンのニッポン
- アラビア語講座 / アラビア語講座
- アンニョンハシムニカ ハングル講座 → まいにちハングル講座
- ハングル日本百科
- おもてなしのハングル / ステップアップハングル講座
- レベルアップハングル講座
- やさしい日本語

12 大型特集番組等 | 定時番組

ラジオ編 番組一覧

1950年代　ノンジャンル

ラジオ小咄 1950年度
ディスクジョッキーの草分け的番組『ラジオ喫煙室』(1950〜1964年度)の前身番組。第2(土)午後5時45分からの15分番組。出演：森繁久彌、木下華声ほか。音楽：古関裕而。作：長崎抜天、市川三郎。

ラジオ喫煙室 1950〜1964年度
『ラジオ小咄』に代わって1950年11月から始まったディスクジョッキーの草分け的番組。森繁久彌の円熟した話術によって、時の話題や小ばなし、豆ニュースなどを、音楽とともに届けた。第1(土)午後4時からの15分番組でスタート。最終回は市川三郎、永来重明、向田邦子らの作家（スクリプター）をまじえ、番組の裏話、苦心談に花を咲かせ、16年間702回にわたった番組の幕を閉じた。

職場のいこい 1951年度
職場の昼休みに、勤労者に軽い話題と軽音楽を提供するディスクジョッキー形式の番組。第1(月〜金)午後0時15分からの15分番組。

家庭グラフ 1951〜1953年度
日曜午後のひとときを家族でくつろいで聴ける番組という趣旨で企画。「グラフ」というタイトルが示すように雑誌スタイルで、聴取者から寄せられた投書をもとに「希望音楽」「童話劇」「朗読」「ホームドラマ」「希望訪問」など、バラエティーに富んだコーナーをそろえた。第1(日)午後3時5分からの55分番組。

土曜の夜のおくりもの 1956〜1962年度
1956年11月にスタートした土曜夜の娯楽ワイド番組枠。初年度は「二十の扉」(「太郎さん花子さん」と隔週で放送)「なつかしのメロディー」「とんち教室」「スポットクイズ」「希望家庭訪問」を、第1(土)午後7時30分から1時間29分の放送枠に並べた。

きょうも元気で 1959年度
音楽、ドラマ、人物インタビューなどを時刻アナウンスでつなぐ朝のワイド番組。第1(月〜日)午前7時15分からの45分番組。原則、「音楽・季節だより」(7:15〜7:20)、「都民の時間・県民の時間」(7:20〜7:35)、「朝の小説*」(7:35〜7:40)、「朝の訪問*」(7:40〜7:55)、「お知らせ等」(7:55〜8:00)で45分を構成した。(*)は(月〜金)放送。

家庭のひととき 1959年度
3部構成の家庭の主婦向けワイド番組。第1部がその日の話題を生放送で届けるディスクジョッキー・コーナー。第2部が曽野綾子原作「春の飛行」ほかのラジオドラマを放送する「連続放送劇」。第3部が聴取者から募ったテーマで識者に話を聞く「私の注文」。第1(月〜土)午前10時20分からの40分番組。

1960年代　ノンジャンル

きょうの終りに 1960年度
従来からの『趣味の手帳』(1949〜1977年度)、新しく始まった「海外だより」「ちょっと一言」を、詩の朗読とレコードによる音楽を挟みながらアナウンサーが進行するディスクジョッキー風ワイド番組。「ちょっと一言」は、朝日新聞の入江徳郎や宇宙工学の糸川英夫など各界の著名人が、曜日別に話す3分ほどの"ラジオコラム"。午後11時台の放送で(月〜土)が25分、(日)が15分番組。

お仕事のあいまに 1960年度
1960年9月に新設された(月〜土)午前10時20分から85分のワイド番組枠。乾信一郎作の連続放送劇「ジョージ元気で」(出演：島田隆多ほか)、ダークダックス、藤山一郎、楠トシエらがレギュラー出演する音楽番組「メロディーの小箱」、東京の文学史蹟などをめぐるローカル番組「東京今昔」ほかのコーナーで構成。武井彰アナウンサーが総合司会で生放送でつないだ。

日本ところどころ 1960〜1962年度
日本各地のさまざまな特徴ある郷土の話題を選んで放送した。1日1局持ち回りで担当した。1962年度の主なテーマは「ソーラン節考」「水に悩む観光地」等。1960年4月から総合テレビでも同名の番組を放送。

午後のひととき 〈地域放送〉 1961年度
全国中継の録音放送とローカルディスクジョッキーで構成した『明るい社会』(1960年度)を改編した関東ローカル番組。「生活ニュース」「生活メモ（市場だより・生活気象・買物メモ・行楽案内）」「交通情報」で構成した。第1(月〜土)午後4時35分からの24分番組。

こんにちは東京です　1961年度
各中央局が参加する多元番組。総合司会の鈴木健二アナウンサーと各中央局のアナウンサーが、レコードによる音楽と軽妙なやりとりで話題を紹介した。不老長寿の薬で"成人病"にも効くという松山局からの「クコの木」の話題が大きな反響を呼んだ。第1(土)午後0時15分からの45分番組。

おはよう奥さん　1961年度
複数のコーナーを女優・轟夕起子が総合司会でつなぐワイド番組。池田勇人総理夫人や芥川龍之介夫人など著名人の妻を訪ねる「希望訪問」や、藤山愛一郎、トニー谷ほか著名人の好きな文章を紹介する「私の好きな文章」などのコーナーと、連続ラジオ小説で構成。聴取者からのリクエスト曲にはセミクラシックを選んだ。第1(月～土)午前8時5分からの40分番組。1961年度後期からは『朝のおくりもの』に改題。

朝のおくりもの　1961～1962年度
『おはよう奥さん』の後継番組。初年度は第1(月～土)午前8時台の40分枠。総合司会は河合謙二アナウンサー。午前8時5分から29分まではリクエストに応える「朝の名曲」コーナー、作曲家の誕生日や命日にちなんだ放送も行った。ニュースをはさんで8時30分から「連続ラジオ小説」を放送。『朝のおくりもの』終了にともない1963年度の「連続ラジオ小説」は午前11時台のワイド番組『茶の間のひととき』内に移行。

茶の間のひととき　1963年度
主婦を対象に、家庭生活の向上に役立ててもらう総合番組枠として午前11時台に新設。午前8時台から移行した『連続ラジオ小説』、くらしの話題を音楽を交えたディスクジョッキー形式で伝える『生活メモ』、女性向け経済番組『くらしの経済』、『株式市場から』などの番組で構成した。第1(月～土)午前11時5分からの50分番組枠。

午後の茶の間　1963年度
第1(月～金)午後1時5分から1時間55分の家庭向けワイド番組枠。「おかあさんの勉強室」「ニュース解説」「私の本棚」「女性教室」「皆さんの健康」など、さまざまな曜日、時間帯に散らばっていた教養・実用番組と新企画番組を午後1時と2時台に集めて、総合司会の酒井広・荻原保両アナウンサーがディスクジョッキースタイルで進行した。聴取者からはおたよりのほか、俳句、短歌、詩などの投稿も寄せられた。

母と子の窓　1963年度
第1(月～土)午前9時5分から54分の小さな子を持つ主婦向けワイド番組枠。『主婦日記』『美容体操』『うたのおばさん・うたのおじさん』『お話でてこい』の4番組で構成。

午後の散歩道　1964～1965年度
午後のひとときに楽しい音楽と人生や生活の知恵をミックスさせた新しい教養系ディスクジョッキー番組。各曜日ごとに特徴を持たせたテーマを設定。初年度は(月)「文芸歳時記」、(火)「世界の街角から」、(水)「私の音楽アルバム」、(木)「ちょっとより道」、(金)は身のまわりにある科学の知識、原理などを解説する「サイド・ミラー」で構成した。第1(月～金)午後2時5分からの54分番組。

あなたとお茶を　1964～1965年度
一般家庭やドライバー向けに、身近な話題や時事的な話題をとり上げながら合間にポピュラー音楽のレコードをかけるディスクジョッキー番組。「今日の歌」「朗読」などのコーナーを織り込みながら聴取者からのリクエストにもこたえた。第1(月～土)午後3時10分からの50分番組。1965年度は放送時間を午後4時台に拡大し、新たに「今日の歳時記」「午後の小説」「故郷めぐり」などのコーナーを設けた。

午後のロータリー　1966～1983年度
"ながら聴取"時代に対応した生放送のニュース情報ワイド枠。第1(月～土)午後1時5分から4時58分まで放送。午後1時台はローカル情報と関東の各県別放送。2時以降は各地の話題、その日の出来事、スポーツニュース、海外だより、生活メモなどを音楽とともに全国放送した。最終年度の1983年度は午後1時5分から6時50分までの大型生ワイドとした。1984年度からは『こんにちはラジオセンター』に刷新。

1970年代　ノンジャンル

朝のロータリー　1972～1983年度
朝の生活時間帯に合わせた生放送のインフォメーション番組。前日から当日にかけてのニュースと"きょうの動き"を軸に、各地の四季折々の話題や行事と聴取者からのおたよりの紹介、ネットワークを生かした日本列島各地の記者リポート、さらに海外のトピックスを伝えた。初年度は第1(月～土)午前7時15分からの1時間43分番組。枠内コーナーは1984年度以降、『おはようラジオセンター』枠内に引き継がれる。

おはようジョッキー　1978～1981年度
朝のひとときにさわやかな話題と心地よい音楽を送る主婦向けディスクジョッキー番組。創作ポエムやメルヘンの朗読、パーソナリティーの浜畑賢吉がさまざまな分野で活躍する人物との出会いやエピソードを紹介する「おはよう交遊録」、ポップスの名曲、ヒット曲による「おんがく交遊録」などで構成。詩：杉紀彦。童話：立原えりか。構成：鈴木康仁、尾崎左永子、中尾啓子ほか。第1(月～土)午前8時30分からの28分番組。

NHK放送100年史（ラジオ編）　431

12 大型特集番組等 | 定時番組

ラジオ編 番組一覧

1980年代　ノンジャンル

おはようラジオセンター　1984〜1988・1994〜1996年度
第1（月〜土）午前5時から4時間の総合ワイド番組枠。朝5時の「ニュース」に始まり、「早起き鳥」（1948〜1986年度）、1953年度からの「人生読本」などのコーナーのあと、ニュース、国際情報、ビジネス情報、スポーツ情報、交通情報などで構成。1989年度から『NHKラジオセンター（早朝）』に改題、1994年度に再び『おはようラジオセンター』に戻り、1997年度に『おはようラジオワイド』に改題。

ふれあいラジオセンター　1984〜1988年度
生ワイド番組『くらしのカレンダー』（1978〜1983年度）のあとを受けてスタートした生放送の生活情報番組。第1（月〜土）午前9時からの3時間枠。9時台は「今週の商品テストから」など主婦向け生活情報と音楽、お便り。10時台は「こどもと教育〜電話相談〜」など、11時台はラジオカーによる中継、「私の本棚」「ひとくち英語」などのコーナーで構成。1989年度からは『NHKラジオセンター（午前）』となる。

こんにちはラジオセンター　1984〜1988年度
『午後のロータリー』（1966〜1983年度）のあとに始まった第1（月〜土）午後1時からの生放送の6時間ワイド番組。午後の聴取者の行動様式に合わせて、即時性、速報性を兼ね備えた生活情報源とした。ニュース、交通、気象、電話相談、リクエストコーナーなど、多様な聴取層の生活時間に対応。1987年度に新設した午後3時台の「あなたの健康・家族の健康」は1テーマで300〜400件の相談が集まった。

こんばんはラジオセンター　1984〜1988年度
第1放送の新編成で早朝に『おはようラジオセンター』、午前中に『ふれあいラジオセンター』、午後に『こんにちはラジオセンター』、夜間の午後7時から深夜0時（曜日、放送月によって時間が異なる）までを『こんばんはラジオセンター』とした。午後7時からのニュース・天気予報に始まり、「演歌今昔」「面白自然科学」「ラジオ名画座」などの多彩な娯楽番組を並べた。

NHKラジオセンター（早朝）　1989〜1991年度
『おはようラジオセンター』（1984〜1988年度）の後継枠。第1（月〜日）午前5時からの4時間（日曜は1時間）の生放送の総合情報番組。午前5時の「きょうも元気で」「人生読本」、6時台の「きょうの国際情報」「ビジネス情報」「わたしたちのことば」、7時台の「スポーツ情報」「けさの話題」「経済情報」、8時台の「日本列島きたみなみ」「海外ニュースの話題から」「ニュースの言葉」ほかの番組で構成。

NHKラジオセンター（午前）　1989〜1998年度
『ふれあいラジオセンター』（1984〜1988年度）の後継番組。第1（月〜日）午前9時からの3時間枠。初年度は（月〜金）の午前9時台が「全国自然情報」「くらしの情報」、10時台が「こどもと教育〜電話相談〜」、11時台が「こだわり百科」「私の本棚」等のコーナー、（土）が「スポーツ情報」「ヤングママ子育て相談」「私の海外生活」、（日）が「私の日曜日」「歌の日曜散歩」「文芸選評」などのコーナーで構成。

NHKラジオセンター（午後）　1989〜1998年度
『こんにちはラジオセンター』（1984〜1988年度）の後継番組。第1（月〜土）午後1時からの6時間枠。初年度は（月〜金）午後1時台が「各地の話題」ほか、2時台が「列島リレーニュース」ほか、3時台が「あなたの健康・家族の健康」、4時台が「生活・社会・文化の話題」、5時台が「リクエストコーナー」、6時台が「ニュース解説」等、さらに（土・日）のコーナーで編成。1994年度のみ『アラウンド日本』に改題。

ふれあいラジオパーティー　1989〜2007年度
科学、健康、生活、経済、暮らしなどのカルチャー情報と娯楽素材で構成する情報バラエティー番組枠。初年度は第1（月〜土）午後8時5分からの1時間50分（土曜は午後7時30分からの2時間25分）。（水）午後8・9時台は大型歌謡番組「はつらつスタジオ505」を『こんばんはラジオセンター』（1984〜1988年度）より継続生放送。（月〜金）午後9時30分台は「ことばの歳時記」「にっぽんのメロディー」を放送。

ラジオいきいきラリー　1989年度
「秋の夜長をラジオで」をコンセプトとした67時間の特集番組。従来の午前0時から午前5時までの放送休止をなくし、連続67時間のオールナイト放送を第1放送で実施。事前周知をしなかったにもかかわらず380通余りの手紙が寄せられた。そのほとんどが高齢者からであり、深夜に眠れない高齢者や従来の若者向け深夜放送に飽き足らない高齢者の存在が明らかになった。翌1990年度の『特集ラジオ深夜便』につながっていく。

1990年代　ノンジャンル

特集ラジオ深夜便　1990〜1991年度
深夜に社会活動をしている人、眠れない多くの高齢者、早起きの高齢者に向けて、1990年度に特集番組『ノンストップ・ラジオ深夜便』で終夜放送を実施。地震情報や気象情報を伝える「安心ラジオ」としての速報性に加えて、内外のニュース、静かな音楽や教養番組の再放送などの心にしみるインタビュー番組等で構成。第1（随時）午前0時からの5時間番組。演芸番組やラジオドラマの名作シリーズも放送。1992年度に定時化。

NHKラジオセンター〜けさもラジオで（早朝）　1992〜1993年度
第1（月〜土）午前6時から9時まで放送の『NHKラジオセンター（早朝）』を（月〜日）午前5時から9時に拡大。最新の国際情報や経済情報、地域産業情報を伝える情報アワーとした。午前5時台はニュースに続いて「全国の天気」「スポーツ情報」「朝のポエム」「お楽しみ園芸」「農林水産通信員リポート」「ふるさとトピックス」「いきいき健康メモ」、前年度から引き続いて「おはようさわやかさん」「人生読本」ほかを放送。

ラジオ深夜便　1992年度～
1992年度に定時化。午前0時以降は、前年度から引き続き『特集ラジオ深夜便』として放送したが、1995年度にすべての時間帯を定時化。「安心ラジオ」をコンセプトに、穏やかな音楽や心を打つインタビューなどで眠れぬ夜の「心の友」として中高年を中心に絶大な支持を得た。第1（月～日）午後11時10分から翌午前5時までの放送。1998年度からは午前1時よりFMで同時放送を開始。金曜は『関西発ラジオ深夜便』。

NHKラジオセンター（午後）「土曜サロン」　1993～1999年度
『NHKラジオセンター（午後）』の第1（土）午後1時から6時50分までの長時間枠。週末の"情報・エンターテインメント番組"と位置づけ、「ローカル線の旅」「トークサロン」「ラジオ雑学事典」ほかを放送。1983年度に『午後のロータリー』枠内でスタート後、午後の生ワイドの土曜枠で継続放送した。1993年度に放送時間を大幅に拡大。1997年度より最終土曜を『関西発土曜サロン』とした。司会は広瀬久美子アナほか。

アラウンド日本　1994年度
総合情報ワイド枠『NHKラジオセンター（午後）』を改題。第1（月～金）午後1時からの5時間枠、（土）は午後7時までの6時間枠。午後1時台は「列島リレーニュース」、「気象歳時記」、ラジオカー中継ほか。2時台は「ネットワークにっぽん」、3時台は「あなたの健康・家族の健康」ほか、4時台は「音楽アラカルト」、5時台は「ほっとタイム」で構成した。土曜は広瀬久美子アナウンサーの司会で『土曜サロン』を放送。

月刊ラジオ語録　1994～1996年度
1か月のラジオ番組を「100分」に凝縮して伝える「アンコールアワー」。毎月1回、反響の大きかった番組をピックアップしてダイジェスト版を放送。1か月の放送を振り返るとともに、印象に残った番組をもう一度という要望にもこたえた。第1（最終・日）午後7時15分からの1時間40分番組。

ラジオ深夜便「放送文化財ライブラリーから」　1995～1997年度
『ラジオ深夜便』の第1（火～土）午前1時台に放送。放送文化財ライブラリーに保存されている貴重な音源を聞く。

おはようラジオワイド　1984～1988・1997～1998年度
『おはようラジオセンター』（1984～1988・1994～1996年度）を改題。ニュースとの総合編集を進め、国際・経済情報などを解説委員や外部の専門家の解説で機動的にわかりやすく伝えるために刷新。列島各地の表情や国際情報を生き生きと伝えた。「列島あさいち情報」「ふるさとさわやかさん」「健康ライフ」「ビジネス展望」「日本の音風景100選」「日曜訪問」を新設。第1（月～土）午前5時から9時まで、（日）は午前8時まで放送。

ラジオあさいちばん　1999～2014年度
ニュース・気象・交通情報をベースに、生活情報をコンパクトに毎日放送する朝の総合情報番組。『おはようラジオワイド』（1997～1998年度）を改題。聴取者の動向に合わせ、（月～土）を30分短縮して8時30分までの放送とした。枠内に「列島音の旅」「週末スポーツ情報」「当世キーワード」「新・音にあいたい」を新設。初年度は第1（月～土）午前5時からの3時間30分番組。（日）は午前5時からの3時間番組。

ラジオいきいき倶楽部　1999～2002年度
『NHKラジオセンター（午前）』（1989～1998年度）の後継の情報ワイド枠。初年度は第1（月～土）午前8時30分からの3時間30分。全国ニュースに続いて「さわやか列島リレー」「くらしセンスアップ」「中継・おじゃまします」「ちょっとひといき　ティータイム」「フレッシュトーク」などのコーナーを放送。最終月曜からの5日間は大阪局担当の『関西発ラジオいきいき倶楽部』として、地域情報の充実を図った。

ラジオほっとタイム　1999～2007年度
『NHKラジオセンター（午後）』（1989～1998年度）のあとを受けてスタートした午後の情報生ワイド。第1（月～土）午後1時からの5時間枠。（月～金）は地域情報と生活情報を中心にしたコーナー、「音楽アラカルト」「いきいきホットライン」で構成。（土）はおたよりを紹介しながらリクエスト曲に応えるディスクジョッキー番組「土曜サロン」を放送。

2000年代　ノンジャンル

土曜ほっとタイム　2000～2003年度
土曜の午後を楽しむ情報生ワイド。第1（土）午後1時5分から5時55分まで放送。初年度1時台はインタビュー番組「素敵なあなた」、2時台はリスナーからの質問でゲストの素顔を探る「なんでもトーク」、3時台「親子で、はてな？～科学電話相談室」、4時台「リクエストコーナー」、5時台「思い出コレクション」で構成。最終週は大阪発。総合司会は山根基世アナウンサー。2004年度に『かんさい土曜ほっとタイム』に刷新。

土曜いきいき倶楽部　2002年度
（月～金）放送の『ラジオいきいき倶楽部』（1999～2002年度）の土曜版。午前8時台の「さわやか列島リレー」、9時台から10時台前半の「こども夢質問箱」、10時台後半の「土曜掲示板」と「イベント情報」、11時台の「文芸選評」で構成。キャスターは鎌田正幸アナウンサーと坪郷佳英子。第1（土）午前8時35分から11時50分まで放送。

きょうも元気で！わくわくラジオ　2003～2007年度
『ラジオいきいき倶楽部』（1999～2002年度）の後継番組。暮らしに役立つ情報や知的好奇心に応える話題、全国各地の話題などをテンポよく伝える生ワイド。リスナーがFAX、電話、メールなどで直接参加できる双方向を積極的に進めた。初年度は第1（月～金）午前8時35分から11時50分までの3時間15分枠。毎月最終月曜からの5日間は『関西発きょうも元気で！わくわくラジオ』。

NHK放送100年史（ラジオ編）　433

ラジオ編 番組一覧 12 大型特集番組等 | 定時番組

土曜わくわくラジオ 2003年度
『きょうも元気で！わくわくラジオ』のスタートに合わせて、『土曜いきいき倶楽部』（2002年度）を改題。内容は2002年度とほぼ同じ。午前8時半過ぎに「さわやか列島リレー」、9時・10時台は「こども夢質問箱」、11時台は「文芸選評」で構成。第1(土)午前8時35分から11時50分までの3時間15分枠。

こんにちは！80（はちまる）ちゃんです 2005〜2006年度
小さなステージがついた中継車（ラジオイベントカー）「80（はちまる）ちゃん号」が、ラジオ放送80周年を記念して誕生。「80ちゃん号」が全国の市町村を生放送で中継するとともに、地域の話題を取り込んだミニステージショーを全国各地で展開した。初年度は第1(月〜土)午後0時30分からの25分番組。「80アナ」（初年度）を山本哲也、金井直己、藤崎弘士、関口健の各アナウンサーが担当。

ラジオ深夜便セレクション 2006年度
『ラジオ深夜便』で放送した「あの番組をもう一度聴きたい」という声に応えて、『ラジオ深夜便「こころの時代」』など、聴取者に関心の高かった番組を再放送した。第1(土)午前9時5分からの50分番組。司会は鎌田正幸アナウンサー。

土曜あさいちばん 2007〜2013年度
総合情報番組『ラジオあさいちばん』を2007年度より(月〜金)の放送とし、土曜を『土曜あさいちばん』と改題。ニュース・経済情報はしっかりフォローしつつ、午前6時台の「列車音の旅」、7時台の「週末スポーツ情報」、8時台の「カルチャー＆サイエンス」など、週末を意識したゆったりした編成とした。第1(土)午前5時13分から8時30分までの放送。2014年度に再び『ラジオあさいちばん』にタイトルが戻る。

日曜あさいちばん 2007〜2013年度
毎日放送の朝の総合情報番組『ラジオあさいちばん』を2007年度より(月〜金)の放送とし、日曜を『日曜あさいちばん』に改題。午前5時台を「季節の野鳥」「当世キーワード」、6時台を「音に会いたい」、7時台に「日曜訪問」など、くつろぎ感のある編成とした。第1(日)午前5時13分から7時55分までの放送。2014年度に再び『ラジオあさいちばん』にタイトルが戻る。

どようら楽市 2007〜2010年度
団塊世代をはじめ、活動的な50代、60代に生き方のヒントを提供する土曜午前の情報生ワイド番組。インターネットと連動し、リスナーからの投稿をリアルタイムでHP（ホームページ）で公開するほか、写真投稿も載せるプログラムを開発し、リスナーも見ながら番組を進行する双方向番組とした。第1(土)午前8時35分から10時55分までの2時間20分枠。司会は残間里江子（フリープロデューサー）、上田早苗アナウンサー。

ラジオ深夜便「深夜便アーカイブス」 2007〜2011・2018年度〜
『ラジオ深夜便』の第1・FM(日)午前1時台に放送。『三つの歌』『とんち教室』『二十の扉』などの懐かしいラジオ番組や、すでに故人となった著名人の貴重なインタビューなどを、NHKのアーカイブスから掘り起こして放送。「金魚売の声」「豆腐屋のラッパ」などの懐かしい音を聞かせるミニコーナーもあった。

ラジオビタミン 2008〜2011年度
午前中の総合情報生ワイド番組『きょうも元気で！わくわくラジオ』（2003〜2007年度）の後継番組。番組を聞くことでリスナーが元気になる"ビタミン"がたっぷりつまった番組。従来の年配リスナーに加えて30代、40代のリスナーにまで聴取層を広げることを目指した。キャスターは村上信夫アナウンサーと神崎ゆう子。第1(月〜金)午前8時30分から11時50分までの3時間20分枠。

2010年代 | ノンジャンル

とっておきラジオ 2010〜2016年度
NHKラジオで放送した番組の中から、反響の多かった番組を選んで週末に再放送する番組枠。テーマ音楽と前説で番組の簡単な概要を紹介する以外は、基本的には放送されたものをそのまま再放送した。ラジオ第1の全国放送だけでなく、FMやローカル放送で好評だった番組や各地で開催されているイベントの模様も再構成して取り上げた。初年度は第1（土・日）午後4時5分からの50分番組。

つながるラジオ「木曜ワイド」 2011〜2012年度
『つながるラジオ』の第1(木)午後3時台と4時台に放送する2時間のスペシャル枠。2011年度前半は東日本大震災関連の特番を放送したほか、リンボウ先生こと林望（作家）の「これがわたしの「くらし方」」と「ロックンローラー近田春夫の歌謡曲って何だ？」を月1回のレギュラーコーナーとして放送。「ロックンローラー近田春夫の歌謡曲って何だ？」は2012年度に毎週金曜のレギュラーコーナーとなる。

すっぴん！ 2012〜2019年度
平日午前の情報生ワイド。"すっぴん"は化粧のない素のままという意味で、曜日ごとに登場する多彩なパーソナリティーが本音トークを展開。「すっぴん！インタビュー」や「子育てカフェ」など、バラエティーに富んだコーナーで構成。初年度のパーソナリティーはフィフィ、加藤紀子、ダイアモンド☆ユカイ、中島さなえ、高橋源一郎。アンカーは藤井彩子アナウンサー。第1(月〜金)午前8時から11時50分までの放送。

午後のまりやーじゅ 2013〜2015年度
メインパーソナリティーの山田まりやと各曜日のパーソナリティーがバラエティー色豊かに送る午後の大型生ワイド番組。「列島リレーニュース」、ゲストへのロングインタビュー、曜日別コーナーなどで構成。金曜は「DJ赤坂泰彦のこれがポップスだ！」「ロックンローラー近田春夫の歌謡曲って何だ？」を放送。曜日別パーソナリティーは、なぎら健壱、松村邦洋、ブルボンヌほか。第1(月〜金)午後の3時間50分枠。

NHKマイあさラジオ　2015～2018年度
"毎朝"放送のニュース情報番組。タイトルには"マイ（=私の）朝"の意味も込められている。（月～金）はこれから活動を始める人々のためのニュース＆お役立ち情報を提供。（土・日）はリフレッシュしたい人たちに向けて、食、自然、音楽、健康、歴史などのコーナーで構成し、リスナーの多様なニーズに応えた。第1（月～金）午前5時から7時58分までと、（土・日）午前5時から8時までの放送。

小山薫堂の"温故知新堂"　2015年度
放送90年を機に、NHKに保管されている音声アーカイブを活用し、過去のさまざまなラジオ番組を楽しむ。特に、戦後70年にあたる2015年、戦前、戦中、戦後のラジオの役割を2回にわたって放送。戦後GHQの統制下で放送人がどんな思いで番組制作をしていたのかなど、当時の番組関係者を招き、苦労話や裏話も聞いた。第1（最終・火）午後9時5分からの50分番組。司会は放送作家の小山薫堂と藤井まどかアナウンサー。

ごごラジ！　2016～2019年度
曜日ごとの個性的なパーソナリティーとアナウンサーが進行する平日午後の生ワイド番組。初年度パーソナリティーは（月）山口香、（火）前期：稔幸、後期：杜けあき、（水）風見しんご、（木）井川修司、（金）高橋久美子。キャスターは神門光太朗アナウンサーと石垣真帆。初年度は第1（月～金）午後1時5分から4時55分までの放送。2019年度後期に『武内陶子のごごラジ！』に改題。

ラジオ深夜便「季刊深夜便」　2016年度～
『ラジオ深夜便』の第1（第4・月）午前0時・1時台に放送。毎月1つのテーマを2時間枠でたっぷり届ける特集コーナー。初回は恋の和歌、相聞歌を特集した。午前1時台はFMで同時放送。

もういちど！ラジオ　2017～2018年度
『とっておきラジオ』（2010～2016年度）の後継番組。好評番組をセレクトして放送するアンコール枠。2017年度は第1（土）午前9時5分からの50分番組。「東日本大震災から6年」「ラジオ深夜便　特集・佐藤愛子に聞く！」「原爆の惨禍を生き抜いて～知られざる"原爆孤児"～」などのほか、「ザ・ベストラジオ2017」として民放の優秀番組を紹介した。2019年度に『らじるセレクト』に改題。

武内陶子のごごラジ！　2019年度
平日午後の生ワイド『ごごラジ！』を改題。MCはこれまでの2人体制から武内陶子アナ1人となる。音楽とリスナー投稿を中心としたコーナーのほか専門家やタレントを招き、生活情報から人間関係、地域に特化した情報など、曜日ごとのテーマでトークを展開した。第1（月～金）午後0時30分から3時55分までの放送。

マイあさ！　2019年度～
早朝のニュース情報番組。ニュース、スポーツ、気象情報、各地の話題、「きょうは何の日」「健康ライフ」などで構成。初年度は田中孝宜・高嶋未希キャスターがメインを務めた。第1（月～金）午前5時から6時30分までと、（土・日）午前5時から8時までの枠。『三宅民夫のマイあさ！』（2019～2021年度）の終了に伴い、2022年度より第1（月～金）午前5時から8時28分に拡大。（土・日）は午前8時までの放送。

らじるセレクト　2019年度～
『もういちど！ラジオ』（2017～2018年度）を改題。好評番組をセレクトして放送するアンコール枠。『武内陶子のごごカフェ』『ラジオ深夜便』『発掘！ラジオアーカイブス』などの定時番組を取り上げたほかに、2021年度は『ラジオ100年プロジェクト　キクコトノミライ』『阿佐ヶ谷姉妹のクラブピンクメガネ』などの特集番組を再構成して放送。第1（土）午後1時台と第1（日）午後3時台のそれぞれ50分番組。

発掘！ラジオアーカイブス　2019～2022年度
NHKにも保管されていない過去の番組を、視聴者・リスナーが所有している音源から"発掘"する番組。発掘されたお宝番組を紹介するとともに、番組関係者の証言なども交えて、放送の歴史や当時の世相を振り返る。戦後の人気ドラマ『お父さんはお人好し』や松本零士原作の「銀河鉄道999」のラジオドラマ版ほかの音源を紹介した。第1（最終・日）午後1時5分からの50分番組。

2020年代　ノンジャンル

らじるラボ　2020～2022年度
"音だからおもしろい、音だから伝わる"企画をリスナーと一緒に楽しむ、音声メディアのラボ（実験室）。アーカイブスから発掘した過去の貴重な音源の紹介、物語に音をつける「おとあそび」、その中で音にフレーズをつける「音ピタッ」など、音の魅力を生かした内容を放送。旬なゲストへのインタビュー、悩み相談室など"聴く楽しみ"を届けた。進行は吾妻謙アナウンサー。第1(月～金)午前8時30分から11時50分までの放送。

武内陶子のごごカフェ　2020～2021年度
『武内陶子のごごラジ！』（2019年度）を改題。音楽とリスナーの投稿を組み合わせた「ミュージックカフェ」、曜日ごとに設定したテーマにもとづいてゲストを招き、日替わりでトークする「カフェトーク」、リクエスト曲と思い出をリスナーから募集する「カフェリクエスト」で構成。2年目には、全国のアナウンサーがトークでリポートする「カフェリポート」を新設した。第1(月～金)午後0時30分から3時55分までの放送。

ごごカフェ　2022～2023年度
『武内陶子のごごカフェ』（2020～2021年度）を刷新して改題。第1(月～金)午後0時30分から3時55分までの放送。(月)午後1時台はコミュニケーションの達人を目指すヒント満載の「目指せコミュ達！」、同じく（火～木）1時台に解説委員がニュースをわかりやすく解説する「教えて解説委員！」を新設。「カフェリクエスト」は「ミュージックカフェ」に改題。「カフェリポート」「カフェトーク」は継続放送。

NHK放送100年史（ラジオ編）　435

ラジオ編 番組一覧 12 大型特集番組等 ／ 定時番組

アナウンサー百年百話 2022年度～
2025年3月、ラジオ放送が日本で始まってちょうど100年を迎える節目にちなんで企画された番組。放送の最前線に立つアナウンサーの"ことば"をもとに、「放送の始まり」「災害放送」「高校野球」「歌舞伎中継」「紅白歌合戦」などテーマを決めて、放送100年を振り返る。関係者の証言や、新たな音源も発掘して伝える。随時、公開収録も行っている。初年度は第2(水)午前10時30分からの15分番組。

みんなでひきこもりラジオ 2022年度～
全国で100万人を超えると言われている"ひきこもり"。特に長期化・高齢化が大きな課題となる中、NHKラジオでは、自宅にいながら人と人とがつながれる"場"を提供する特集番組を2020年度から制作。2022年度は、第1(金)午後8時5分から50分の定時番組として生放送。毎回、多くのリスナーが投稿や電話などで参加し、本音を語っている。MCは栗原望アナウンサー。

ラジオ100年プロジェクト　キクコトノミライ 2022年度～
2025年の「ラジオ100年」を前に、NHKでは音声メディアの現在・未来を考える「ラジオ100年プロジェクト」を発足。2021年度より「キクコトノミライ」と題して特集番組を放送。2022年度からは月1回、定時番組でポッドキャスト、ネットラジオなど、さまざまな音声コンテンツ・メディアを取り上げ、音声の未来について取り上げた。MCは秀島史香と大橋拓アナウンサー。第1（第3・金）午後8時台の50分番組。

伊集院光の百年ラヂオ 2023年度～
ラジオ放送が始まりまもなく100年。遠い昔の音源は何を語りかけてくれるのか。NHKが保管する膨大な音声資料から歴史的価値のあるお宝音源を探し出し、伊集院光と一緒に味わう。2023年度は「70年前の人気ラジオクイズ番組・二十の扉」、「NHKに残る最古の紅白！第5回NHK紅白歌合戦」など、1950年代の音源を中心に発掘した。出演：伊集院光、礒野佑子アナウンサー。FM(日)午前11時からの50分番組。

まんまる 2024年度
『ごごカフェ』（2022～2023年度）の後継番組。「地域の人々とつながり、毎日を"まんまる"な気持ちで」という思いを込めた午後のワイド番組。ラジオ本来の魅力である"つながる力"をモットーに、全国のリスナーとリアルタイムにつながっていく。日本各地の午後の空気感を生放送で発信する。MCは高山哲哉アナウンサー、松尾剛アナウンサー。第1(月～金)午後0時30分からの3時間30分番組。

1940年代　広報

今週のNHK 1949～1959年度
直近1週間のラジオプログラムの中からおすすめ番組や新番組を録音構成で紹介する広報番組。出演予定の芸能人のお宅訪問や出演に当たっての感想も伝えた。初年度は第1(日)午前7時15分からの15分番組。

1960～1970年代　広報

私のダイヤル 1964～1967年度
ラジオ番組の聴きものを録音音声も使いながらディスクジョッキー形式で紹介する広報番組。NHKの行事・事業などもはさみ、企業広報も兼ねた。初年度は第1(月～土)午前11時20分からの10分番組。

NHKガイド 1976～2018年度
1976年度に始まり、不定期に放送。1990年度は第1(土)午後7時55分から放送。テレビ、衛星放送、文字放送等、NHKのすべての放送、番組について、出演者、担当者の声などを交えて紹介するラジオの広報番組。2005年度からは(土)午後7時20分からの10分番組で「ユア・ソング」を枠内で放送。

1980年代　広報

NHKの国際放送から 1982～1987年度
NHKの国際放送"ラジオジャパン"を国内にPRする広報番組。国際放送のさまざまな内容をダイジェストにして紹介し、国際放送に対する理解を深めることに努めた。「番組紹介」のほか、海外聴取者からの手紙、最新のヒットソングを中心とした世界の音楽など、バラエティーに富んだ構成で、楽しみつつ国際放送への理解促進を目指した。キャスターは、秋山士郎、柴田優子。初年度は第2(日)午後10時20分からの40分番組。

衛星放送だより 1988～1990年度
日曜午後1時から7時までのバラエティー形式の生放送番組『サンデージョッキー』枠内に編成された広報番組。衛星放送の魅力、番組内容、話題などを紹介し、衛星放送の普及促進につとめた。初年度は第1（月～水・日）午後6時30分からの20分番組。

2000年代〜　広報

 **ラジオいきいき倶楽部「土曜掲示板」** 2001〜2002年度
『ラジオいきいき倶楽部』の(土)午前8時台に放送する5分番組。BS番組の見どころ紹介、NHKの催しもの案内、土曜、日曜に各地で行われる催しについて電話で主催者に聞くコーナー、全国各地の花だよりなどの自然情報など、週末の過ごし方のヒントとなる情報を集めた。第1(土)午前8時50分からの5分番組。2002年度からは『土曜いきいき倶楽部』枠内午前10時台に継続放送。

 **とっておきテレビ** 2012〜2017年度
『とっておきラジオ』(2010〜2016年度)の放送枠で最終週に放送。NHKテレビの特集番組や新番組の舞台裏を紹介する番組。番組ディレクターやプロデューサー、出演者などへのインタビューで、ラジオだからこそ詳しく話せる制作秘話やハプニング、現場の熱気などを紹介した。2017年度は第1(最終・土)午前9時5分、(最終・日)午後4時5分からのそれぞれ50分番組。

 **らじるの男** 2018年度
「らじる★らじる」(NHKの各音声波の音声と番組情報をインターネットで提供するサービス)を聴くことが唯一の楽しみというしがない中年男性"らじるの男"が、淡々としたつぶやきで語る5分間のミニドラマ。「らじる★らじる」の利便性とさまざまなラジオ番組をPRした。出演は俳優の温水洋一、田口トモロヲ、田中要次、六角精児。第1とFMで(月〜金)に放送。2019年度から後継コーナー『らじるの時間』がスタート。

NHKフォトストーリー ⑤

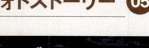

P343 ← ④

録音メディアとして運搬されていた録音盤

海外での録音素材も録音盤で送られてくる

ラジオ実況中継の様子(左1941・右1943年)

ラジオ契約の取次や修理をするラジオ店(1940年頃)

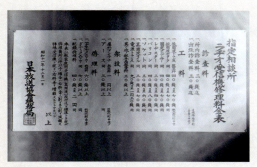
ラジオ修理料金表(1936年)

全国の隣組がラジオ『常会の時間』を一斉に聴取(1941年)

NHK放送100年史(ラジオ編)　437

ラジオ編 番組年表 12 大型特集番組等
ノンジャンル・広報

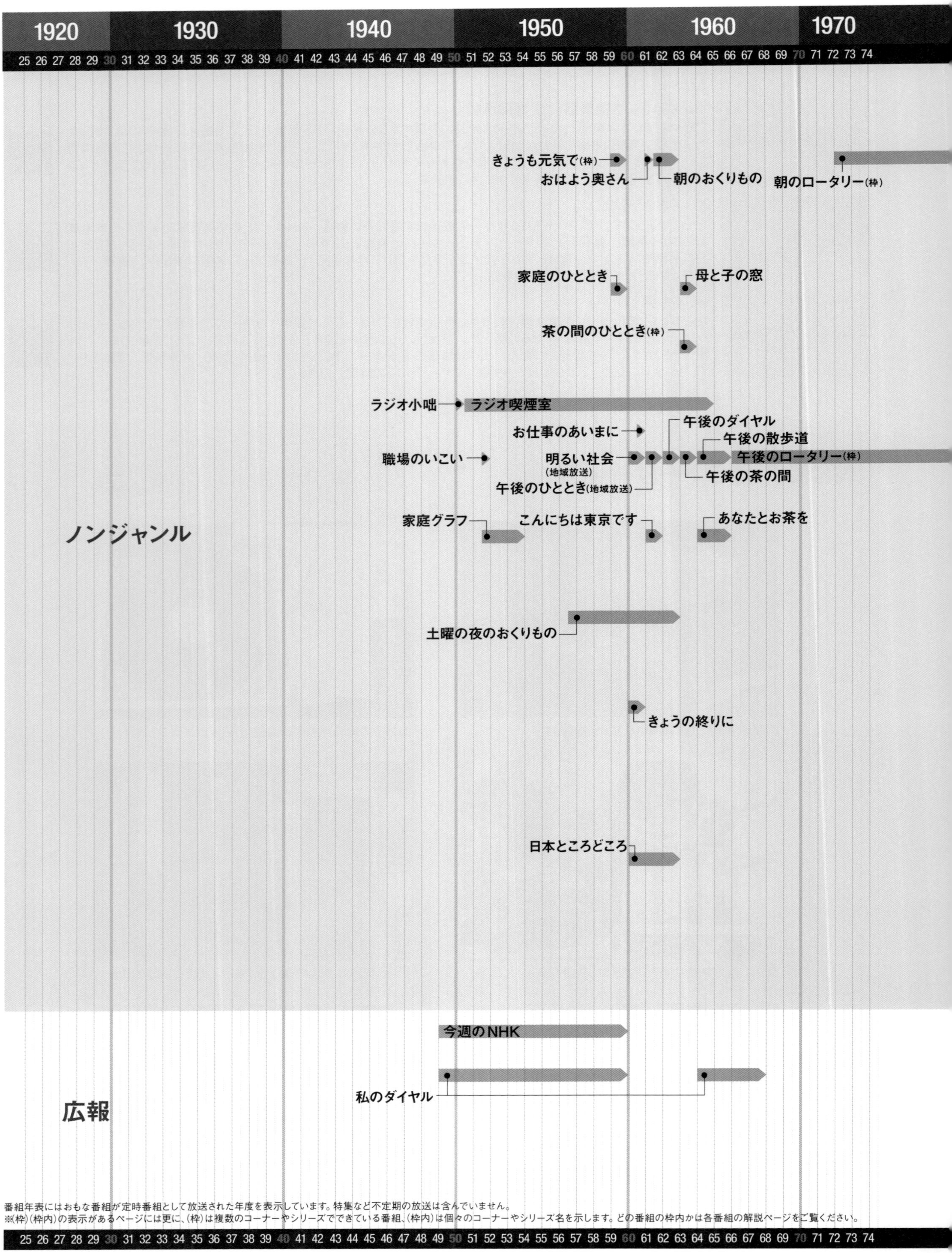

1920	1930	1940	1950	1960	1970

25 26 27 28 29 30 31 32 33 34 35 36 37 38 39 40 41 42 43 44 45 46 47 48 49 50 51 52 53 54 55 56 57 58 59 60 61 62 63 64 65 66 67 68 69 70 71 72 73 74

ノンジャンル

きょうも元気で(枠)→

おはよう奥さん ──朝のおくりもの

朝のロータリー(枠)

家庭のひととき── ──母と子の窓

茶の間のひととき(枠)

ラジオ小咄→ ラジオ喫煙室

お仕事のあいまに→ 午後のダイヤル

職場のいこい→ 明るい社会(地域放送) 午後の散歩道

午後のロータリー(枠)

午後のひととき(地域放送) 午後の茶の間

家庭グラフ→ こんにちは東京です あなたとお茶を

土曜の夜のおくりもの

きょうの終りに

日本ところどころ

広報

今週のNHK

私のダイヤル

番組年表にはおもな番組が定時番組として放送された年度を表示しています。特集など不定期の放送は含んでいません。
※(枠)(枠内)の表示があるページには更に、(枠)は複数のコーナーやシリーズでできている番組、(枠内)は個々のコーナーやシリーズ名を示します。どの番組の枠内かは各番組の解説ページをご覧ください。

25 26 27 28 29 30 31 32 33 34 35 36 37 38 39 40 41 42 43 44 45 46 47 48 49 50 51 52 53 54 55 56 57 58 59 60 61 62 63 64 65 66 67 68 69 70 71 72 73 74

438　NHK放送100年史（ラジオ編）

WEB版の年表はこちら
ノンジャンル 広報

1980 / 1990 / 2000 / 2010 / 2020

75 76 77 78 79 80 81 82 83 84 85 86 87 88 89 90 91 92 93 94 95 96 97 98 99 00 01 02 03 04 05 06 07 08 09 10 11 12 13 14 15 16 17 18 19 20 21 22 23 24

- おはようラジオセンター(枠)
- NHKラジオセンター(早朝)(枠)
- NHKラジオセンター〜けさもラジオで(早朝)
- NHKマイあさラジオ
- マイあさ!
- おはようラジオセンター(枠)
- ラジオあさいちばん(枠)
- おはようラジオワイド(枠)
- 土曜あさいちばん
- 日曜あさいちばん

- おはようジョッキー
- ラジオいきいき倶楽部(枠)
- ラジオビタミン(枠)
- ふんわり
- ふれあいラジオセンター(枠)
- NHKラジオセンター(午前)(枠)
- きょうも元気で!わくわくラジオ(枠)
- すっぴん!
- らじるラボ
- 土曜わくわくラジオ
- 土曜いきいき倶楽部
- どよう楽市

- こんにちはラジオセンター(枠)
- NHKラジオセンター(午後)(枠)
- 午後のまりやーじゅ
- ごごラジ!
- まんまる ごごカフェ
- ラジオほっとタイム
- アラウンド日本
- つながるラジオ(枠)
- 武内陶子のごごラジ!
- 武内陶子のごごカフェ
- こんにちは!80(はちまる)ちゃんです
- 木曜ワイド(枠内)
- 土曜サロン(枠内)
- 土曜ほっとタイム

- ふれあいラジオパーティー(枠)
- こんばんはラジオセンター(枠)

- 季刊深夜便(枠内)
- ラジオいきいきラリー〈特集番組〉
- ラジオ深夜便
- 特集ラジオ深夜便
- 放送文化財ライブラリーから(枠内)
- ラジオ深夜便セレクション
- 深夜便アーカイブス(枠内)

- 月刊ラジオ語録
- みんなでひきこもりラジオ
- NHKラジオライブラリー
- もういちど!ラジオ
- らじるセレクト
- とっておきラジオ

- 小山薫堂の"温故知新堂"
- 伊集院光の百年ラヂオ
- 発掘!ラジオアーカイブス
- アナウンサー百年百話
- ラジオ100年プロジェクト　キクコトノミライ

- NHKガイド

- らじるの男
- 土曜掲示板(枠内)
- とっておきテレビ
- らじるの時間

- NHKの国際放送から
- 衛星放送だより

NHK放送100年史(ラジオ編)　439

国際放送

NHKの国際放送は、ラジオ放送開始から10年経った1935年にはじまった。
以来、海外にいる邦人に向けて、そして、世界の人に日本の姿を伝えてきた。
ラジオから始まり、テレビ、そして、インターネットへと広がった国際放送の歴史をたどる。

ラジオ国際放送

ラジオ日本　ヨーロッパ・アジア担当アナウンサー（1959年）

戦前のラジオ海外放送

ラジオ放送の歴史は、その越境性、ボーダレス性にある。東京放送局が1925（大正14）年7月12日に遠くまで届く1キロワットの電波に切り替えると、9月には、アラスカとオーストラリア、そしてアメリカ西海岸から聴取報告が届いた。日本の国内放送は、図らずも電波の力により、国際性を持つことになった。フィリピンのダバオでマニラ麻を栽培していた日本人は、「やっと聞き取ったニュースを印刷して同胞に報じた」と伝えてきた。NHKのラジオ放送は、日本国内向けに始まったのだが、同時に、国際性を帯びたメディアであった。

フィルムに録音するトーキーによる初の海外放送開始（1932年）

ラジオ放送を開始した時から、放送に従事していた人々は、ラジオの持つこの国際性に着目していた。国内放送開始から10年後の1935年に海外放送（NHKでは、国外に向けての放送を、戦前は海外放送、戦後は国際放送と呼んでいる）が開局されたのだが、それ以前から、国際親善を目的とした国際中継放送が頻繁に行われており、放送による一種の外交活動であった。

海外リスナーに送られるベリカード（受信確認証）（1956年頃）

国際放送

左上：日本から米国に小唄を放送（1935年）　右上：日米交歓国際放送で歌う三浦環（1936年）　左下：リンドバーグ太平洋横断飛行の霞ケ浦到着をアメリカへ国際中継（1931年）　右下：独飛行船ツェッペリン伯号来日をドイツへ国際中継（1929年）

例えば、1929年8月19日には、ドイツの飛行船ツェッペリン伯号来日に際して、ドイツ向け中継を試みている。また、1931年8月28日には、太平洋横断飛行に成功したリンドバーグ大佐の「歓迎の夕」が対米向けに放送された。その他、1934年12月24日にはウエストミンスター寺院の鐘とクリスマス音楽をロンドンから中継、1935年の大みそかには、日本からアメリカへ除夜の鐘を届けるなど、電波を通じての諸外国との交歓放送が盛んに行われていた。

短波によるラジオ海外放送の誕生から国策遂行のメディアへ

ラジオ放送が普及し始めるなかで、日本を取り巻く世界の情勢は大きく変化していた。とりわけ1931（昭和6）年9月18日に始まった満州事変以降、世界情勢をラジオが反映するようになり、国内だけでなく外国に対しての対外放送の必要性が論じられるようになった。当初の国際親善のメディアから、次第に戦争におけるプロパガンダのためのメディアとして認識されていく。

1935年6月、一般に「ラジオ・トウキョウ」と呼ばれる海外向けラジオ放送が、より遠くまで伝わる短波を使って始まる。日本国内では短波受信機の所有は禁止されていたので、一般国民は聴取できなかった。そのニュース原稿は、同年7月に設置された内閣情報委員会のもと、同盟通信社から配信されたものが英語および各国語に翻訳された。海外放送のニュースや番組は内閣情報委員会の検閲を受けていたのである。

終戦直前に、証拠となることを恐れて放送資料の多くが破棄されており、当時の実態を知ることは難しいが、戦後、大本営発表が欺瞞に満ちたものであったことが明らかになり、海外

上：海外放送開始のチャイム（1935年）
中：海外放送　北米向け第一声（1935年）
下：国際放送国際課　海外ニュース編集（1937年）

放送は国策プロパガンダの先兵であったと批判されることになる。こうした戦前のラジオ海外放送のなかで、今に伝えられているエピソードがいくつかある。

1941年12月8日、ラジオ海外放送はニュースの途中で突然「西の風、晴れ」という謎めいた気象通報を繰り返した。日本海軍によるハワイの真珠湾攻撃の直前である。この通報は在外公館に対して、機密文書の破棄を指示する暗号だった。

左：海外時差放送に使われた巨大な英国製鋼帯式録音機（1937年）
右：連続30分録音でき、昼の放送を夜間に時差再生（1937年）

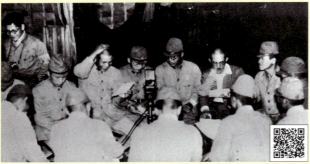
戦地の様子を日本に伝えた『前線だより』（1943年）

そして、連合軍の捕虜の中から、放送に従事したことがある経験者に『ゼロ・アワー』という番組を制作させた。戦地の米兵に故郷を思い出させて、厭戦気分を駆り立てるのが目的だった。女性アナウンサーが米兵に英語で直接語りかける内容になっていて、南太平洋の各地で米兵に聞かれた。女性アナウンサーは米兵から"東京ローズ"と呼ばれて慕われた。戦後、一人の日系アメリカ人女性が、"東京ローズ"の一人であるとして国家反逆罪で逮捕されて服役したが、1977年に市民権が回復されている。"東京ローズ"と呼ばれた女性アナウンサーは、この他にも複数いたと言われている。

日本の敗戦色が濃くなると、海外向け放送は、広島での原爆の惨状を国際社会に向けて伝えている。また、日本の無条件降伏を求めたポツダム宣言受諾決定について、政府発表前の1945年8月10日に報じている。終戦の詔勅（玉音放送）の英語放送を担当したのは、戦後、"カムカム英語"がブームとなった『英語会話』の平川唯一である。平川は、1937年にアメリカから帰国した海外放送の英語アナウンサーであった。この後、終戦後しばらくの間、海外向け放送は停止されることになる。

戦後のラジオ国際放送

1952（昭和27）年、NHK国際放送「ラジオ日本」が始まる。国際社会に復帰した新生日本を海外の人々に広く理解してもらおうという、新たな初心を持っての再出発であった。

ラジオ国際放送は、国内のラジオ放送とは大きく異なる点がある。それは、海外在留の日本人を主な対象に日本語で放送していること、そして、英語、中国語、ロシア語などの外国語による放送を、それら言語を母語とする視聴者を対象に放送していることだ。

また、ラジオ日本では、当初は特定の地域に向けて放送サービスを行っていたが、1960年9月から英語・日本語による全世界向けのGS（ジェネラル・サービス）と、各地域の言語による特定地域向けのRS（リージョナル・サービス）の2つに大別されるようになった。

上：国際放送再開記念番組　N響と邦楽・長唄演奏（1952年）
下：国際放送英語アナウンサー（1955年）

左：玉音放送の英語版の放送を務めた平川唯一
右：玉音放送を聴く人々（1945年）

左：リージョナル・サービス『スワヒリ語の時間』（1964年）
右：世界に国際放送を届ける運行室（1965年）

国際放送

国際放送の特徴は、朝・昼・夜の時間が違う世界中の聴取者を対象とするために、一日の放送のなかで、同じ番組が何度か繰り返される点である。ニュースについては直近の情報に差し替えているが、一般放送番組では数回繰り返して放送されることになる。さらにGSの場合には、日本語と英語のそれぞれの放送時間帯が1時間ごとに交互に繰り返されていた。

ラジオ国際放送では、放送内容が報道、インフォメーション、娯楽の大きく3つのカテゴリーに分けられている。その比率は、短波放送が国際放送の主力だった1997年度には報道の比率が6割余りを占め、インフォメーションは3割、そして娯楽が残り1割以下となっていて、ニュースを中心にした報道に重点が置かれていた。国際放送の主力が短波放送からテレビに移っている2023年度においても、部門別の割合は、報道が6割以上を占めていて、全体の番組編成の割合は大きく変わっていない。それぞれのカテゴリーの内容は次のとおりである。

報道

報道において最も重要なのは、定時のニュースである。GSでは、毎正時ごとに英語と日本語の定時ニュースが、10分から15分間で編成されていた。日本語、英語とも、報道局出稿のニュースの中から、国際放送にふさわしいと思われるものを選んで放送した。英語ニュースでは、報道局の原稿を翻訳するとともに、AP、ロイター、共同が配信するニュースも参考にして、国際放送局独自のニュースの出稿もしていた。

上：NHK放送会館・国際局（1955年）
下：英国巡洋艦ベルファスト号のニュース取材（1961年）

報道局出稿の日本語と国際放送局出稿の英語のニュース原稿は、他の各言語のグループに回され、各国語に翻訳される。日本語原稿は中国語・ハングル、英語原稿がそれ以外の各国言語のマザーテキストになっていた。

なお、ラジオ国際放送のニュースのうち、英語、スペイン語、ポルトガル語、中国語、ハングルについては、国内に居住する各国の出身者を主な対象にラジオ第2でも放送されている。

定時のストレートニュースをさらに補完し深化させるために、国際放送局では、独自に解説番組を制作していた。番組のタイトルはその時々で変わっているが、基本的な番組コンセプトは変わっていない。1993（平成5）年当時は『きょうの視点』というタイトルで、日本語8分、英語4分の解説番組がほぼ毎日放送されている。評論家や研究者、NHK解説委員が、日本語で解説するとともに、それを英語に翻訳して各国語のグループに配布した。

例えば、1993年7月5日の『きょうの視点』では、「論議呼ぶ選挙予測報道のあり方」というテーマで、田中愛治（東洋英和女学院大学助教授、のちに早稲田大学総長）が解説を担当している。同じ年の4月27日には、「ロシア国民投票とエリツィン政権の行方」のテーマで、秋野豊（筑波大学助教授）が解説を行っている。秋野は、5年後の1998年に国連タジキスタン監視団の政務官として在職中に、武装集団に襲われて帰らぬ人となった。

インフォメーション

報道以外の番組のくくりとしてインフォメーションがある。この部門は、おもに日本の文化や芸術をテーマにした番組で、日本語講座なども含まれる。時代によって番組タイトルが変更になったり、番組全体の構成が変わったりすることがあるが、基本的な番組のコンセプトは継続されている。この部門の中心となるのは、人物などの紹介と日本語の普及である。

人物に関わる番組としては、1962（昭和37）年度から1989年度まで27年間続いたラジオ日本の看板番組『ある日本人』がある。小学校教師、建築技師、弁護士、バス運転手など市井の日本人をはじめ、ノーベル賞受賞作家・川端康成、ソニー・盛田昭夫、映画監督・黒澤明など多くの著名人が登場した。1962年度に英語放送番組として始まったが、1969年からは広く各言語で放送されるようになった。海外の視聴者からは、この番組を通じて日本および日本人がより身近に感じられるようになったと好意的な意見が寄せられた。その後、同種の番組が『プロフィール』というタイトルで、1995年に始まっている。

英語による放送で人気があったのは、リスナーからのお便りを紹介する『ハローフロムトーキョー』である。週1回、オーストラリア向け、アジア・アフリカ・欧州向け、北米向けに放送していた。司会はそれぞれ、オーストラリアABC交換職員と日本人、BBC交換職員と日本人、そして、北米向けには交換職員がい

左上:『ある日本人』川端康成(1962年)　右上:『ある日本人』井深大(1962年)　左下:『ある日本人』看護婦(1963年)　右下:『ある日本人』すし職人(1963年)

なかったのでアメリカ人などの出演者が担当していた。ひとつのセグメントがおよそ5分から10分間であった。

『ハローフロムトーキョー』の番組タイトルで放送されたのは1990年4月からであるが、それ以前からあった『東京だより』は、『ハローフロムトーキョー』の前身といえる。例えば、好評だった放送回に、オーストラリアABC放送の交換アナウンサーだったグレアム・ウエブスター自作自演の「長崎の食卓から」がある。長崎名物の卓袱（しっぽく）料理を長崎の歴史と深い関係があるゲストと囲み、出てくる食事の中に長崎の歴史をかいま見るという内容で、アナウンスも内容も優れた番組であった。

また、月1回『日本の文化』というシリーズ番組が放送されている。このシリーズでは、「日本人の宗教心」というテーマで作家・遠藤周作が登場。その他、「日本人の笑い」で劇作家・飯沢匡が、「日本の音楽の文学性」で作曲家・團伊玖磨が、「国際社会に於ける日本文化」で、社会人類学者・中根千枝が登場している。

こうした人物に関わる番組は、その後『プラグイン ニッポン』のコーナーで、ビジネスパーソンや芸術家など社会に影響力のある人々のインタビューを紹介する『Direct Talk』などに引き継がれている。

インフォメーションのもう一つの柱は、日本語講座である。日本語講座が、初めて放送されたのは1959年度の『日本語の手びき』である。毎週2回各15分放送で初歩的な日本語会話を習得してもらうのがねらいだった。当初、英語とインドネシア語で始まり、その後、他の言語にも拡大していった。英語番組はNHKラジオ『英語会話』で知られる松本亨が講師を務めた。『日本語の手びき』は、後に『やさしい日本語』に名前を変えている。

また、日本語講座は、在外の日本人子女を対象に『日本語

上:『日本語の手びき』　松本亨(1964年)
下:『日本語の手びき』　テキスト(1963年)

『ワンポイントレッスン』を放送した。他にも、外国人の日本語学習者の要望に応えて、『エンジョイジャパニーズ』を初級、中級の講座に分けて放送している。この番組は、日本国内の外国人のためにラジオ第2でも放送された。

この他に、インフォメーションには『海外安全情報』がある。海外に在住、渡航する邦人に、各国の治安など安全情報を知ってもらうのが目的である。日本の外務省からの情報をもとに、国際放送局が制作にあたっている。

娯楽

ラジオ日本の邦人向けの日本語放送では、国内のラジオ第1放送のおもな番組が放送されている。娯楽の部門では、年末恒例の『紅白歌合戦』を同時中継するのをはじめ、ラジオ第1放送の長寿番組『上方演芸会』や『みんなのうた』などを楽しむことができる。

一方、英語や他の外国語についての放送では、報道とインフォメーションが主体であり、娯楽番組は少ないが、1986(昭和61)年度に、日本のポピュラー音楽を中心に紹介する『東京ポップイン』という番組が始まった。その後、『プラグイン ニッポン』のなかのコーナーとして、テレビ国際放送『J-MELO』がラジオ日本で放送されている。ポップス、ロック、伝統音楽など、日本の音楽の特徴である「多様性」に注目し、毎回、世界の視聴者とともに作り上げていく貴重な音楽番組である。この他、『Friends Around the World』という週1回のディスクジョッキー番組がある。この中で、リスナーからのリクエスト曲を放送している。

このように、ラジオ国際放送は報道、インフォメーション、娯楽の3つのカテゴリーの番組を中心に構成されているが、その他の各種報道や特集番組・記念番組をここで紹介する。

日本の音楽を世界に向けて紹介する『J-MELO』

国会議員選挙開票速報

ラジオ国際放送の当初は、国内放送とは別に、国政選挙の開票速報を実施していた。日本語と英語で、国内放送に準じる形で選挙特番を放送した。他の各国語は、ニュース枠を拡大して、選挙の全体状況を伝えた。開票当日のラジオスタジオは、日本語、英語とも興奮と熱気にあふれていた。1995(平成7)年以降、テレビ国際放送が拡大されてゆく中で、開票速報の中心は、ラジオからテレビに移っていき、ラジオ国際放送は報道局の原稿をもとに定時ニュースのなかで扱うようになる。

第39回衆議院議員総選挙 開票速報(1990年)

震災報道

NHKの存在意義の一つは、ライフ・ラインとしての災害報道であり、それは国際放送にとっても同様である。1995(平成7)年1月17日に発生した阪神・淡路大震災では、ラジオ日本の日本語放送が、発生直後から通常放送をすべて中止して地震情報に切り替え、以降1週間は1日17時間の放送すべてを地震関連の内容とした。英語ニュースも同様に発災直後の朝6時のトップニュースで世界に向けて発信するとともに、通常番組を中止して地震情報を伝えた。以降1週間は1日13時間の放送のすべてを地震

上:『ディスクジョッキー』放送作家・西沢実 歌手・井口小夜子 (1954年)
下:『歌うスター』 岸惠子・有馬稲子 (1955年)

関連の情報に切り替えた。特定地域向けの各言語放送でも、スタッフを総動員しニュース放送時間を拡大して伝えた。また現地に特別チームを派遣して外国人に関する情報収集にあたるとともに、各国領事館や関係各所、個人に取材し、被災した外国人の状況をきめ細かく放送した。

事件・事故報道

定時のニュース枠を超えて、特別なプロジェクトを作って対応したのが「イラクの日本人人質事件」である。1990(平成2)年から1991年の湾岸危機・戦争への対応は国際放送の歴史の中でも特筆すべきものだった。

1990年8月2日のイラクによるクウェート侵攻はペルシャ湾岸地域の緊張を一気に高めた。そうした中、イラクは外国人を多国籍軍に対する盾、つまり、人質とすることを明らかにした。このなかには141人の日本人が含まれていた。このような事態に対して、ラジオ日本はイラクなど中東地域でよく聞こえるアフリカ・ガボンからの海外中継を増設し、8月30日には従来3時間30分だった中東向け放送を3倍以上の11時間に拡充して、イラク情勢に関するニュースを集中的に伝えた。さらに9月6日からは、人質になっている日本人に向けた肉親や同僚などのメッセージ放送に踏み切った。メッセージ放送は日本人全員が解放されるまで97日間にわたって続けられた。

この間、家族などから寄せられたメッセージは1543件に上った。無事帰国した日本人の1人は「軟禁状態のなかで、ラジオ日本から家族や同僚からの励ましのメッセージが流れてまいりました。嬉しさ、懐かしさがこみ上げ、涙がいつまでも止まりませんでした」とNHKへの手紙で述べている。日本人人質が解放されてから間もない1991年1月17日、イラク軍と多国籍軍の間で湾岸戦争が勃発した。ラジオ日本では、放送をほぼ24時間体制に拡充し、50時間連続という異例の長時間放送を行っている。

ラジオ日本でメッセージを送る人質の家族

南極観測隊に向けた放送開始

1956(昭和31)年、日本の第1次南極観測隊が派遣された。ラジオ日本では、この国を挙げての行事を応援するために、南極で観測に従事する人々に向けて放送を実施した。最初の放送は1957年2月1日午前0時半から1時までの30分間で、内容はニュースや家族の声などを伝える録音だよりや演芸、音楽などであった。試験放送初日、隊員の輸送にあたっていた海鷹丸の船長から感謝する電文が送られてきた。「一同、大変喜んでいます。祖国の声を待ちわびています」というものであった。やがて昭和基地が設営され、短波受信のためのアンテナも立てられると、「東京で国内放送のラジオを聞いているのと同じ程度で聞こえ、基地の楽しいひと時となっている」という越冬隊員の声が寄せられた。

上：南極越冬隊の家族の声を収録(1959年)
下：南極でラジオ日本を聞く越冬隊員(1961年)

国葬・大喪の礼

1967(昭和42)年10月31日、東京・千代田区の日本武道館で行われた「吉田茂元首相の国葬」は、国内のテレビ・ラジオで中継されたが、ラジオ日本においても英語放送での実況中継が行われた。担当は、英語アナウンスの力量がBBCのアナウンサーに匹敵すると言われた国際放送局欧米部・水庭進だった。1988年9月の昭和天皇の容体急変以来、ラジオ日本は連日、天皇の病状について報道した。翌年の「大喪の礼」では、国際放送でも関連番組を放送している。

昭和天皇崩御を知らせる国際放送(1989年)

国際放送

広島・長崎での原爆死没者の慰霊祭

核兵器廃絶の願いを世界に向けて発信する8月6日の広島平和記念式典と8月9日の長崎平和祈念式典の中継は、唯一の戦争被爆国である日本から発信するラジオ日本にとって重要な責務となる。式典の中継とともに、現地の広島放送局と長崎放送局と連携しながら、原爆投下に関わる新たな事実や原爆の災禍をテーマにした関連番組を放送し続けている。

大阪万国博覧会と沖縄国際海洋博覧会

1970(昭和45)年、アジアで初めての万国博覧会が大阪で開催された。ラジオ日本では大阪万博開幕の1年前から『進歩と調和をめざして』という特集番組を、日本語・英語をはじめ18の言語で全世界に向け放送し、高度経済成長を続けながら先進国の仲間入りを果たしつつある日本の姿を伝えた。開会式の模様を実況中継するとともに、期間中、「万博便り」を連日放送して、話題の展示館やイベントなどを紹介した。

1975年には、沖縄の本土復帰を記念して沖縄国際海洋博覧会が開幕した。ラジオ日本は開会式を英語と日本語で実況中継した。また、参加各国アナウンサーが各国のパビリオンを訪れた様子を放送するとともに、人々の反響などを伝える番組を多数放送している。

スポーツ実況中継

ラジオ日本では、スポーツ中継の定期的な放送は限られているが、1964(昭和39)年の東京オリンピック、1972年の札幌冬季オリンピックについては、英語アナウンサーによる主要種目の実況中継が試みられた。札幌冬季オリンピックでは、日本人がスキージャンプで金・銀・銅を独占した快挙を英語で中継放送している。

『オリンピックジョッキー』(1964年)

タイの軍事クーデターで在留邦人向けに臨時送信

2014(平成26)年5月22日に、タイで起きた軍事クーデターの際、短波ラジオの必要性が注目を集めた。クーデター後、軍事政権は直ちにメディアの統制に乗り出し、軍事政権の発表だけを放送するように命じた。そのため、テレビ国際放送『NHKワールド・プレミアム』は視聴できなくなってしまった。

NHKの国際放送は、クーデターの3年前に英語による24時間のテレビ国際放送を開始しており、テレビを通しての映像情報の圧倒的な迫力の前に、国際放送におけるラジオの影響力は大きく後退していた。しかし、短波によるラジオ国際放送は、電波の特性としてテレビ電波やインターネットのように、放送の送り先の国による遮断や妨害を受けにくいため、確実に情報を伝えるメディアとして大きな役割を果たすことになった。

クーデター当時、およそ5万人いると言われたタイ在住の日本人のために、NHKは、翌23日から、短波による日本語の臨時ラジオ放送を開始した。放送時間枠を、従来の12時間から24時間に拡大。日本国内のラジオ第1放送の再送信とともに、国際放送局独自の日本語ニュースや外務省の「海外安全情報」などを加えて、タイ関連の情報を強化した。これは、先に述べたイラク戦争以来11年ぶりの措置だった。視聴者から「ラジオの臨時放送が始まり、ひと安心した」、「インターネットの時代だが、ラジオの魅力を再認識した」などの声が寄せられ、ラジオ国際放送が再評価された。

進化するラジオ国際放送

1935(昭和10)年の放送開始以来、ラジオ国際放送といえば短波という時代が長く続いたが、21世紀に入ってからのメディア環境の変化にともない、より聴取しやすい中波、FM、衛星ラジオ、さらにはインターネットによる配信まで、さまざまな手段で世界に情報発信している。また、国内に住む外国人や海外からの旅行者(インバウンド)向けに、ラジオ第2放送やスマートフォン専用アプリなどを通じて多言語サービスを提供している。

ラジオ国際放送は、2007年度前期までは22言語、1日のべ65時間放送していたが、海外発信が欧米を中心に短波放送からテレビにシフトしていくのに伴い、短波放送の送信地域と送信時間を見直した。全世界向けのGS(ジェネラル・サービス)を廃止して、地域に応じた効率的な情報発信を進め、ドイツ語、イタリア語などの4言語を廃止した。

2024年度は、17言語(英語、アラビア語、ベンガル語、ビルマ語、中国語、フランス語、ヒンディー語、インドネシア語、ハングル、ペルシャ語、ポルトガル語、ロシア語、スペイン語、スワヒリ語、タイ語、ウルドゥー語、ベトナム語)でラジオでの音声サービスを提供すると共に、19言語20種類(上記に加えて、トルコ語、ウクライナ語、中国語は簡体字と繁体字)でのライブストリーミングやニュース配信・番組VOD、SNS発信などを行っている。多様なメディアを活用することで、ラジオ国際放送はまったく新しいメディアへと進化している。

テレビ国際放送

時代は映像による国際発信を求めた

1980(昭和55)年代初め、アメリカのケーブル・ニュース専門チャンネル、CNNが24時間のテレビ放送を全世界に展開し、イギリスのBBCがそのあとを追った。情報のグローバル化である。

こうした中、1991年4月1日、アメリカ西海岸で在外邦人向けに有料の日本語衛星放送「テレビジャパン」が始まった。NHKニュースの他、大河ドラマ、連続テレビ小説、「おかあさんといっしょ」などのドラマや娯楽番組が放送された。電波はNHK放送センターから太平洋上の通信衛星、アメリカ国内の衛星を経て、各家庭のパラボラアンテナで直接受信、または現地のケーブルテレビを通じて届けられた。当時の放送法では、映像による国際放送の規定がなかったため、NHKによる放送サービスとしてではなく、あくまで現地法人に番組を渡して視聴者に届けてもらう「番組配信」であった。

また、このころ衛星放送で国内向けに放送されていた日英バイリンガルニュース番組『TODAY'S JAPAN』『JAPAN BUSINESS TODAY』『ASIA NOW』が、アメリカのPBSなど海外の放送機関でも放送されるようになり、映像による独自の国際放送番組につながる足がかりが作られた。この背景には、貿易摩擦などで日本に対する批判や誤解が生じた際に日本の現状や主張を直接伝えて理解を求める有効な手段が不足していたことなどがあった。

「テレビジャパン」が始まってから3年後の1994年6月3日、映像による国際放送の規定を盛り込んだ放送法の一部改正案が国会に提出され、12月から施行となった。こうして日本からのテレビによる情報発信の法的な枠組みが整った。

上:テレビジャパンを放送するJNG(ニューヨーク)
下:映像国際放送を放送するJSTV(ロンドン)

上:英語によるビジネス・経済情報『JAPAN BUSINESS TODAY』
下:アジアのニュースを届ける『ASIA NOW』

国際放送

テレビ国際放送の開始「NHK ワールド」の誕生

　放送法改正を受け、1995(平成7)年4月3日、映像による国際放送が始まる。従来、有料の「テレビジャパン」では、すべての番組にスクランブルがかけられていたが、北米向けに1日5時間、欧州向けには3時間10分、スクランブルのない無料放送が海外の視聴者に届けられることになった。NHKのテレビ国際放送の開始元年である。当初は、海外向けの独自放送番組はなく、『NHKニュース　おはよう日本』『NHKニュース7』『NHKニュース9』『クローズアップ現代』『NHKビジネスライン』などの報道番組を中心に、日本国内向けの番組をそのまま海外に向けて放送していた。また、経済成長が著しいアジア地域の情報を厚めに伝えるため、『アジアWHO'S WHO』『アジア・ナウ』『チャイナ・ナウ』といった番組も放送された。日本語が分からない海外の視聴者のために、『NHKニュース7』『NHKニュース9』『NHKビジネスライン』『TODAY'S JAPAN』『アジア・ナウ』については、日本語・英語の2か国語放送を実施した。予算も要員にも限りがある中、国内放送と共有することでコンテンツの充実を図った。

テレビ国際放送開始当時のようす(1995年)

　1996年6月、NHKの海外発信を一元的に実施する国際放送局が発足した。そして、テレビとラジオの国際放送を総称して「NHK ワールド」と呼ぶことになった。国際放送局独自の制作によるテレビ英語ニュース番組が放送されたのは1997年4月からである。『NHK DAYLINE JAPAN』と『NHK JAPAN THIS DAY』という15分の英語ニュースが制作された。1998年4月には、やはり独自のウィークリーニュース番組『NHK JAPAN THIS WEEK』が始まった。日本やアジアのさまざまなニュースを1週間単位でせきとめ、世界に発信する番組で、海外総支局からの英語によるリポートなども伝えた。それまでラジオニュースの制作しか経験していない国際放送局にとって、テレビニュース制作は未知のものであり、戸惑いや慣れない苦労もあった。制作担当者は報道局に足繁く通ってニュース映像のコピーをさせてもらい、字幕スーパーも自分たちで作画した。放送直前まで映像制作や作画で追い込まれるのは日常茶飯事であった。しかし現場は"新たな時代を築くのだ"という意気込みにあふれていた。

上・中・下：1997年度にスタートした『NHK DAYLINE JAPAN』(1997年)

全世界向けの24時間放送へ

　1998(平成10)年4月から「NHKワールド TV」は、パンアムサット社(現インテルサット社)の衛星を使ったデジタル波によってアジア太平洋地域に向けても放送を開始。アナログでは実現できない高品質な映像と音声を海外の視聴者に届けること

国際放送のニュース制作現場

NHK放送100年史(ラジオ編)　449

ができるようになった。また、これを機にスクランブルをかけてケーブルテレビ局やホテルなどに有料で提供する番組配信を「NHKワールド・プレミアム」と称し、ドラマやエンターテインメント番組中心のサービスとした。10月には、中南米、南西および中央アジア、中東、アフリカ地域向けにも放送を開始した。これにより、海外のどこにいても「NHKワールドTV」を通して日本の情報をほぼリアルタイムで知ることができるようになった。内容はニュースや情報番組が中心で、言語は日本語と英語の2か国語であった。無料で視聴できたが、受信するには直径2メートル級の大きなアンテナが必要で、一般家庭では設置が難しく、どう普及させるかが大きな課題であった。「NHKワールドTV」「NHKワールド・プレミアム」ともに、日本語と英語の混在は続き、これを解消するには2008年10月まで待たなければならなかった。

　1999年10月、「NHKワールドTV」は24時間放送を実現した。24時間化にあたっては収録・送出サーバーの整備・拡充という、現在につながるハード面の進歩が大きな役割を果たした。前日の9月30日に、茨城県東海村で臨界事故が起きていたが、この事故のニュースは開始当日の10月1日まで継続して放送された。日本で起きた事故をリアルタイムで世界に伝えたことは、「NHKワールドTV」が世界に向けて強力な情報伝達手段であることを示したといえる。

日本発の英語ニュース『WHAT'S ON JAPAN』（2003年）

グローバル化に伴い英語での発信力強化へ

　冷戦終結後、アメリカCNNやイギリスBBCがリードしていた情報発信の競争に、中国CCTVや中東カタールのアルジャジーラなども加わり24時間英語チャンネルをスタートさせるなど、諸外国でテレビの国際チャンネルを立ち上げる動きが相次いだ。日本国内でも、日本の情報発信を強化しようという声が高まった。

　2007（平成19）年12月、放送法が改正され、日本の対外情報発信力を強化するためNHKのテレビ国際放送の業務を「外国人向け」と「邦人向け」に分離し、それぞれ対象を明確にすることが定められた。これに先駆けて、国際放送の制作現場では、日本語と英語が混在していた「NHKワールドTV」で、英語放送の比率を上げていく取り組みが進められた。「英語化率の向上」を目標に、英語による国際放送独自の番組を増やし、文化、食、音楽、トレンドなど幅広いジャンルの番組で日本の魅力を発信していった。2005年度には、55.2％と全番組の半数をわずかに上回る程度だった英語化率は、2006年度には73％、2007年度には91.1％、そして、遂に2008年10月に100％を達成するのである。外国人向けの「NHKワールドTV」、邦人向けの「NHKワールド・プレミアム」とサービスを分離した2008年には、テレビ国際放送の予算が初めてラジオ国際放送を上回った。世界の視聴者にとっては、24時間日本発の英語による情報に接することができるようになった。

24時間英語ニュースチャンネル本格始動

　「NHKワールドTV」は、2009（平成21）年2月、大幅な番組改定を行い、放送センター本館7階の国際放送局に新しく作ったニュース専用スタジオから24時間毎正時の英語ニュース放送をスタートさせた。キャッチフレーズは"Your Eye on Asia"。この中心的な存在となったのがニュース『NHK NEWSLINE』。NHKの国内外のネットワークを活用して、内容の充実を図った。とりわけ、アジアの取材体制を大幅に強化し、バンコクや北京のスタジオから生中継で伝えるなど、現地からのリポートに力を入れた。日本国内のニュースについても多様な情報を発信。テレビ国際放送が24時間化した2009年8月の衆議院選挙から、国政選挙の本格的な開票速報を編成している。

　毎正時のニュースに続く後半の30分は、幅広いジャンルの情報番組を効果的に編成。週末には、ドラマやアニメ、エンターテインメントなど、多彩で個性にあふれる番組を配置し、世界に通用するコンテンツの開発を目指している。

24時間毎正時のニュース『NHK NEWSLINE』

東日本大震災と原発事故
未曽有の大災害を世界に伝える

　2011（平成23）年3月11日に発生した東日本大震災。そして、東京電力福島第一原子力発電所の事故。日本がこれまでに経験したことのない未曽有の大災害をどう世界に伝えるのか。「NHKワールドTV」では、震災発生から1か月間、特別編成による24時間放送を行い、ほぼすべての時間帯で震災・原発

左・右：東日本大震災を世界に伝える「NHKワールドTV」（2011年）

事故関連のニュースや番組を全世界に発信し続けた。『NHK NEWSLINE』では、首相官邸や東京電力での記者会見などを同時通訳で生中継。『NHKスペシャル』などの国内番組も通訳付きで編成した。通常編成に戻った後も、震災・原発関連のニュースを重点的に報じた。被災地に国際放送独自の取材クルーを派遣して、現地の状況や課題を伝え続けた。

海外では、アメリカCNNやイギリスBBCなど、2000を超える放送局が「NHKワールドTV」の映像を利用、または直接放送し、NHKの的確な取材と正確な報道が評価された。

「信頼される国際放送」を目指して

2015（平成27）年、「NHKワールドTV」では、日本とアジアの情報を世界に発信する体制を強化するため、夜の大型ニュース番組『NEWS ROOM TOKYO』を新設した。また、世界一流の識者がグローバルな課題を議論する大型討論番組『GLOBAL AGENDA』では、国際政治・安全保障や経済・金融問題から、環境問題に至るまで、日本と世界が直面する課題に対し、世界のオピニオンリーダーが解決策を提言する。

2018年4月から「NHKワールド」の外国人向けサービスは、名称を「NHKワールドJAPAN」へと変更。また、2021年5月から『NHK NEWSLINE』は、日本時間火曜日から土曜日の午前5時台から9時台（土曜日は10時まで）の時間帯でニューヨークのスタジオから放送している。

視聴可能世帯数は、2023年11月で約160の国と地域の4億2700万世帯に上り、海外事業者を通じたOTT配信の契約数は9200万世帯となっている。1935年に短波からスタートしたNHKの国際放送は、ラジオからテレビ、そしてインターネットでの本格発信へと進化を遂げてきた。ネット上に存在する無数の情報。その真偽や価値を判断するために客観的で正確な情報を世界の視聴者にどう提供できるか。これからもNHKの国際放送は、日本と世界をつなぐ信頼される公共メディアとして、公平・公正で確かな情報を、日本の視点やアジアの見方を交えて発信していく。

大型ニュース番組『NEWS ROOM TOKYO』

大型討論番組『GLOBAL AGENDA』

各国言語でニュースの発信を続ける国際放送の制作現場（2024年）

マンガで読むNHKヒストリー 1

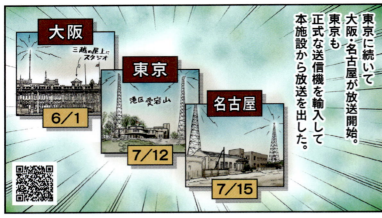

東京に続いて大阪・名古屋が放送開始。東京も正式な送信機を輸入して本施設から放送を出した。

あっ 聞こえたよ

それは、その間にラジオがよく聞こえるように調整する必要があったからだという。

しかし、素人集団の寄り合い所帯ではすぐに番組企画で行き詰まった…

大阪放送局

開局はしたけど、何を放送したら聞いてもらえるやろか？

出版社出身：あかんあかん 出演料はほとんど払えへんから無茶や

新聞社出身：けったいやな

芸能関係出身：有名な芸能人をもっと呼んだらどうや！

そや！縁起物のウグイスの声を聞かせたらどうやろ？

そやな！それでいこ！

そして放送当日

……今日はラジオ休みかいな？

また苦情のハガキが来ましたでえ

最初は珍しがられたラジオも、次第につまらないと思われ始めた。

アカンやないか

もうコリゴリや

またかいな

……

お願いやからひと声鳴いて！頼むわ！

大変です！天皇陛下のご容態が急変したそうです！

こうしてご容態の宮内省発表を電話で各局に伝えて速報したラジオは、新聞や雑誌とは違うメディアとして世の中に認められていくようになった。

部長！どうしましょう

ご病状のニュースを一斉に放送しよう！

今年から東京・大阪・名古屋が一つの日本放送協会になったんだ

1926年11月

大正天皇

マンガで読むNHKヒストリー
第1話 ウグイスは鳴かなかった 〜ラジオのはじまり〜

アニメでみる

大衆文化が花開いた大正時代。人々は新しい娯楽を求めていた。

1920年にアメリカでラジオが始まり、日本でも東京・大阪・名古屋で別々にラジオの準備が始まった。
まだ日本放送協会（NHK）ではない別々の放送局

社団法人 東京放送局は他の地域に先駆けて1925年3月1日から放送を始めることが決まった。

放送開始まであと3か月に迫った東京放送局では…
え！なんだって！

東京が買うはずだったアメリカ製の送信機を大阪が買っただと！
これから発注では開局に間に合いませんよ

送信機は他にないのかっ
東京の電気研究所にありますが改造しないと使えませんよ
これでは大阪に先を越される！突貫工事だ！
はっハイ！

アンテナも国の試験所から借用。
放送設備もその隣にある学校に造ることに…
逓信省電気試験所
東京高等工芸学校図書館

逓信省の検定官が来たのは放送開始の3日前だった。

音はよく聞こえないし、図書館を間仕切りしただけでは、スタジオとは言えません
放送局として不合格です
そ、そんなぁ
3月1日から開局と発表しているし
大阪に先を越されたくない…

仕方ないですなぁ…あくまで試験ですよ！
改修しますので試験送信ということで3月1日から始められませんでしょうか…

試験送信から3週間後。やっと再検査に合格。

1925年3月22日9時30分。放送が始まった。

アーアー聞こえますか
JOAKこちらは東京放送局であります

なぜ最初にアーアーと言ったのか？それは…

NHK放送100年史（ラジオ編）

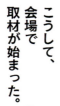

マンガで読むNHKヒストリー
第2話 実感放送 そして 前畑ガンバレ！

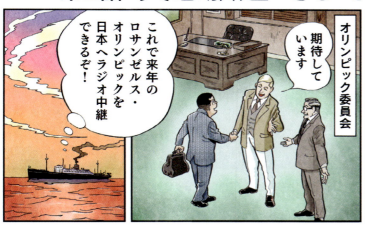

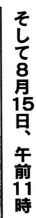

マンガで読むNHKヒストリー 4

第4回 紅白歌合戦 準備

「幻の紅白」から6年…
「あの熱狂をもう一度できないか…」
「そうですね『紅白歌合戦』という番組名で！」

1951年1月3日、ついに正月ラジオ特別番組として「紅白歌合戦」は始まった。
300人の観客 出場歌手14人

「やっぱり正月は紅白だよな」
「でも、一度歌手を間近で見てみたいわねぇ」

「来年の正月からは多くの人が見られる劇場中継にできないか？始まったばかりのテレビでも中継して…」
「大きな劇場はどこも正月公演でいっぱいですよ」

「仕方がない劇場が空いている大みそかに変更するしかないか」
「今年は紅白を2回作ることになりますね」

こうして第4回 紅白は1953年大みそか、当時最大規模2600席の日劇から中継された。

そして東京オリンピックをひかえた1963年―第14回の放送では最高視聴率81.4％を記録。
こんにちは赤ちゃん 梓みちよ
恋のバカンス ザ・ピーナッツ
高校三年生 舟木一夫
見上げてごらん夜の星を 坂本 九

劇場を転々としながらも第24回（1973年）からは完成したNHKホールに定着した。

こうして大みそかといえば「紅白歌合戦」と言われるほど親しまれ続けている。

458　NHK放送100年史（ラジオ編）

マンガで読むNHKヒストリー 5

時は戻って再び1953年、テレビには出演者やスタッフにとっても試行錯誤の連続だった。

師匠、すいません まだテレビカメラが強い光に耐えられなくて…

反射防止用のドーラン

……？

あの名人・古今亭志ん生師匠

この年、NHK放送劇団は俳優を募集。約6000人の応募者から13人が選ばれた。

当時の黒柳さん

この時代、バラエティーもドラマも生放送だったので、いろいろな"事件"が起きた。

生放送・「リンゴ」事件

あれ、小道具のリンゴがない…

イブ役の黒柳徹子さん

はい、まもなく生本番

エッ

バラエティー「夢であいましょう」の寸劇「アダムとイブ」

え、あれ小道具だったの…

ムシャー

ヤバ

な、なんとか店で買ってきてリンゴのシーンに間に合った…

ゼィゼィ

生放送・「犯人の名前」事件

犯人がわかりました 山田です！

…？ 台本では鈴木じゃなかったっけ

記者① 記者② 記者③

ドラマ「事件記者」放送中

生放送・「手錠」事件

本当に犯人は山田なんですね？

やっぱり犯人は山田だと思っていたよ

この後のシーンも山田ってことにしなけりゃ

関連えちゃった

犯人は山田になりました

犯人は山田になりました

出番待ちの役者たち

まもなく刑事が家に帰ってご飯を食べるシーンです

それでは本番5秒前、4、3…

逮捕する！

ガチャ

手錠のカギがない！

エッ！

エッ！

黒柳さん

これじゃ話がめちゃくちゃだ！

放送時間が残っていても「終」と出して終わればよいという、古き良き時代でもあった…

次は、犯人が留置場で眠れぬ夜を過ごすシーン

ディレクター

ハァ眠れない

オイ なんで刑事がいっしょに寝てるんだ！

とりあえず隠れなきゃ

片手でムシャムシャ

460　NHK放送100年史（ラジオ編）

マンガで読むNHKヒストリー
第5話 それは「イ」の字から始まった 〜テレビのはじまり〜

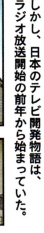

マンガで読むNHKヒストリー 6

マンガで読むNHKヒストリー
第6話 テレビを見ない時間帯を変えた"朝ドラ"

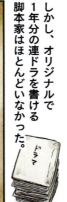

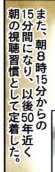

マンガで読むNHKヒストリー 7

第1作は「大河ドラマ」ではなく、「大型娯楽時代劇」と呼ばれていた。

「大河ドラマ」という呼びかたは、第2作「赤穂浪士」から。

しかも、NHKが名づけたわけではなかった。

人の生涯を描く大河小説にならって、読売新聞が呼び始めたのだった。

第3作は、人気を博した「太閤記」。

- 第3作「太閤記」(1965) 緒形拳 — 高度経済成長の出世物語
- 第19作「おんな太閤記」(1981) 西田敏行 — 戦乱収束を願う安定成長の物語
- 第35作「秀吉」(1996) 竹中直人 — バブル崩壊後に素顔の秀吉を描く物語

その後も描かれる秀吉だが大河ドラマは時代を映し出す鏡となった。

第4作以降も時代劇路線を貫いたが大きな転機が訪れる。

- 第22作「山河燃ゆ」(1984) 松本幸四郎 — 昭和初期から太平洋戦争を生きた日系アメリカ人二世・天羽兄弟
- 第23作「春の波涛」(1985) 松坂慶子 — 明治から大正に海外でも活躍した日本の女優第一号・川上貞奴
- 第24作「いのち」(1986) 三田佳子 — 終戦から戦後40年を生き抜いた女医・岩田未希

1980年代半ばには歴史ドラマをやり尽くし、近・現代に題材を求めた。

そして、1年間という放送期間を変えた時期もあった。

- 第31作「琉球の風」(1993年1月〜6月) 東山紀之 — 6か月
- 第32作「炎立つ」(1993年7月〜1994年3月) 渡辺謙 — 9か月
- 第33作「花の乱」(1994年4月〜12月) 三田佳子 — 9か月

大河ドラマも常に変革を求められているのである。

しかし、大型時代劇を望む声は根強く、第25作は伊達政宗を描く。

大河ドラマ歴代最高となる平均視聴率39.7%を記録した。

第25作「独眼竜政宗」(1987) 渡辺謙

最近は女性が主人公になることが多くなっている。

- 第45作「功名が辻」(2006) 仲間由紀恵
- 第47作「篤姫」(2008) 宮崎あおい
- 第50作「江」(2011) 上野樹里
- 第52作「八重の桜」(2013) 綾瀬はるか
- 第54作「花燃ゆ」(2015) 井上真央

より多くの人たちに見てもらいたいと今も変化を続けているのである。

マンガで読むNHKヒストリー
第7話 "大河"と呼ばれるドラマの誕生

アニメでみる

マンガで読むNHKヒストリー 8

一方、長寿番組「おかあさんといっしょ」にも開発の歴史がある。

スタートは1959年。最初は婦人番組枠だった。

翌年、人形劇の「ブーフーウー」が大人気となる。

1961年には、ラジオ「うたのおばさん」を基にテレビならではの体操を組み入れた番組「うたのえほん」が始まる。

これが5年後に「おかあさんといっしょ」へ統合され、歌・体操・人形劇からなる番組の原型ができあがった。

最初はおにいさんだけが体操をしていたが、こどもの日に幼児を入れて放送したら出演させたいという電話が殺到し、現在の形に。

しかし、高度経済成長で1970年代には9割の幼児が幼稚園に通うようになる…

というわけで、幼稚園に行く前の幼児向け番組にしたいので

大学研究者「いっしょに考えていただけませんか」

そこでスタッフが考えたのは…

こうして、未開拓だった2歳児向けの番組開発が始まった。

参考にしたのは、アメリカの「セサミストリート」がハーバード大学と行った研究である。

調査の結果、2歳児の集中力が続くのは2分30秒までですね

セグメントを柔軟に入れ替える形式にしましょう

セグメント＝短いコーナー

開始／スタジオ／歌／人形劇／パジャマでおじゃま／志ん輔ショー／体操

でも2歳児では何が面白かったか聞いても答えられないし…

2つの映像を選ばせて人気のセグメントを探りましょう

本命の映像／無関係な映像

なんだかこっちが気になる…

ディストラクター法

こうしてヨガのゆっくりした動きを取り入れた異色の体操「ハイ・ポーズ」が生まれた。

ひゅうう！

「おかあさんといっしょ」は、少しずつ変化しながら半世紀以上続く幼児番組として親しまれている。

にこにこ、ぷん（1982〜）
ドレミファ・どーなっつ！（1992〜）
ポコポッテイト（2011〜）
ぐ〜チョコランタン（2000〜）

おかあさんといっしょ

466　NHK放送100年史（ラジオ編）

マンガで読むNHKヒストリー
第8話 アイデアとリサーチが生んだ こども番組

ラジオの時代からこども番組は作られていたが…

大ヒットしたのはテレビの人形劇「チロリン村とくるみの木」（1956〜）。農村を舞台に野菜や果物が活躍する物語。

【企画会議】
ディレクターB：「チロリン村」は8年続いたけどさすがにマンネリになってきたな
ディレクターA：ひとつの村だけのお話だから…
舞台を漂流する島にしたらいろんな人が上陸できるよ

井上さんとは、あの劇作家・井上ひさしさん。まだ駆け出し時代だった。

で、脚本は誰が書くんだ？
29歳の児童文学作家の山元さんと
27歳のディレクターのアイデアから、名作人形劇が生み出された。
すこし前に私と同じ年でアパートの隣に住む井上さん…彼の初脚本でこどもドラマを作ったんです

ひょっこりひょうたん島（1964〜）
わがままな大人としっかり者のこどもが住んでいるひょうたん形の島が舞台です！
面白そうじゃないか
プロデューサー

人形を担当したのはひとみ座。単純な形からできた棒遣い人形で、ダイナミックな動きが魅力。しかし、視聴率は低迷。

放送は、5年間で1224回にも及んだ。しかし現在は8回分しか残っていない。

はやく帰ろうぜ
暗くなってきたョ
カァカァ
日が短くなったのも追い風になり、ついには視聴率37・5％の大ヒットになった。

牧歌的だった「チロリン村」に比べて斬新すぎたかな
言葉が悪いって苦情が来てる
ファンが増えはじめたのは放送開始から半年後…

ところが、当時の放送用ビデオテープが高価なため再利用されたからだった。
それは、当時のある小学生が詳細な視聴メモを残していた。

シャーロックホームズ（2014〜）　新・三銃士（2009〜）
ひげよさらば（1984〜）
新八犬伝（1973〜）　プリンプリン物語（1979〜）
こうして、人形劇はこどもたちに支えられながら脈々と引き継がれている。

ダンゼン面白い！

これが大いに役立ち、1991年にリメイク版を制作できた。

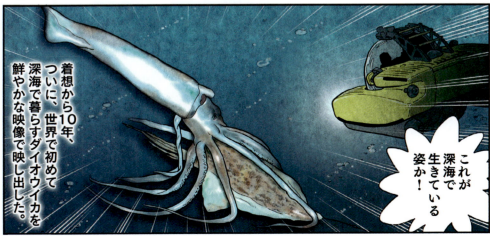

マンガで読むNHKヒストリー 10

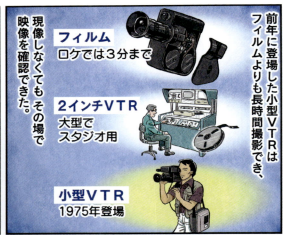

マンガで読むNHKヒストリー
第10話 サムシング・ニュー NHK特集が伝えた世界

アニメでみる

1976年春。NHK特集は流氷を小型VTRで空撮した番組から始まった。
NHK特集 氷雪の春 オホーツク海沿岸飛行

シルクロード／地球大紀行／ルーブル美術館
以来、13年間に1378本が放送された。その制作は、組織の壁に風穴を開けることから始まった。

風穴を開けろ！！
NHK役員
通った企画に人と予算をつける！

ディレクターでなくてもいい！誰が番組を提案してもいい！競争原理でいい番組を作るんだ！

一方、NHK制作部局は専門化し、番組が型にはまりつつあった。
鬼の報道局／花の芸能局／仏の教育局

1970年代に入り、民放は斬新な番組で活気があった。
8時だヨ！全員集合／元祖どっきりカメラ／時間ですよ

明治百年（1968）西洋文明移植のプロセス
70年代われらの世界（1970～1975）21世紀にむけての危機
未来への遺産（1974～1975）文明はなぜ滅びたか、遺跡を海外取材
プロデューサーB
混成部隊での大型番組は成功してきたからね

こうして、どの制作部局にも属さないNHKスペシャル番組部が作られた。
プロデューサーA
この部が核になって、各部局から人が集まるプロジェクト方式にしたらどうだろう
NHKスペシャル番組部

でも4月の初回放送まであと2か月
1回目は何にしよう…

誰もやらなかった切り口の番組を募集する！
何か新しいチャレンジがある番組を作っていこう！
サムシング・ニュー

で、何を作るんですか？
やったことがない撮り方や作り方！そして、見たことがない映像だ！
基本方針は「実験性」と「スクープ性」に決まった。

INDEX

ラジオ編
番組名索引

あ行

あ

あいうえ歌謡曲	222
愛国詩	57, 321
愛唱歌の時間	207, 236, 237
愛の大河	176
相棒道中	91, 192
青いノート	96, 97, 102, 175
青空の仲間	90, 91, 192
青空班ノート	382
赤ちゃんメモ	390
明るいうた声	210
明るい社会	309, 430
明るい女性	144, 367
明るい生活	84, 113, 284
明るい茶の間	111, 406
明るい農村	112, 140, 314, 315
明るい広場	122, 144, 181, 182, 242, 367
昭夫の日記	382
A Good Ear for English	380, 383, 387
アコースティックライブ	222
阿佐ヶ谷姉妹のクラブピンクメガネ	435
あさこ・佳代子の大人なラジオ女子会	201
朝の歌	208
朝のおくりもの	97, 120, 174, 176, 241, 431
朝の音楽	235
あさの音楽散歩	136, 246
あさの音楽散歩～オルガンのしらべ	246
朝の口笛	96, 97, 175
朝の講座	322
朝のコーラス	135, 242
朝のことば	47, 320, 321
朝の小鳥	352
朝の室内楽	237
朝の修養	30, 47, 320, 321
朝の小説	97, 119, 176
朝のしらべ	238
朝のハーモニー	138, 243, 245, 246
朝の話	322
あさのバロック	136, 246, 249
朝のひととき	406
朝の訪問	109, 110, 119, 145, 146, 285, 322, 323, 327, 430
朝のポップス	159, 217
朝のミュージックライフ	137, 156, 216, 245, 246, 417
朝のムード・コンサート	212
朝の名曲	159, 241, 431
朝のラヂオ学校	371
朝のリサイタル	135, 240, 241
朝のリズム	137, 241
朝のレコード音楽	235
朝のロータリー	121, 145, 148, 275, 408, 409, 431
朝のロータリー「ドライブ・ハンドブック」	408
朝のロータリー「日本列島きたみなみ」	275
アジア発見	289
アジアポップスウインド	223
明日の市民	366
明日の食糧	313
明日の農民	112, 314, 315
明日ひらく窓	176
あすにうたう	177
あすの職場	317
明日の歴史	306
あすは晴れるぞ	181
あすへの科学	355
あすへのしおり	316, 317
あすへの主張	144, 367
あすを明るく	309, 357
あすを呼ぶ声	143, 363, 364
あそびましょう	370
新しいアジア	285
新しい経営	113, 313, 314
新しい生活の建設	405
新しい農村	83, 84, 112, 140, 283, 312, 313, 314
新しい道	284, 405
アチャコ青春手帳	93, 190, 191, 192
アチャコほろにが物語	93, 191, 192
あっぱれ三人組	125, 126, 127, 194
天晴れ風来坊	193
アディオス・ケンタウルス！	159, 178
アドベンチャーロード	156, 157, 158, 178
アナウンサーのディープな夜	403

アナウンサー百年百話	171, 436
あなたとお茶を	120, 431
あなたの歌	215
あなたの曲わたしの曲	212
あなたの健康、家族の健康	330
あなたの作曲した歌	208
あなたのメロディー	194, 215, 218
あなたは仕事を求めている	186
あにげっちゅ	403
アニソン・アカデミー	230
アニソンプレミアムRADIO	234
アニメ・ステラー	343
あの歌この歌	210, 213
あの雲こえて	139, 176, 177, 316
あの時わたしは	329, 334
あひるのアップくん	369
アメリカ便り	283
アラウンド日本	222, 289, 432, 433
アラウンド日本「音楽アラカルト」	222
アラウンド日本「ほっとタイム」	289
アラビア語講座	419
アラビアン・モーニング	98
アルタイを越えて	180
ある日ある時	99, 175, 176
或る夫婦	35
アンコール　スペイン語講座	417
アンコール　中国語講座	417
アンコール　ドイツ語講座	417
アンコール　フランス語講座	417
アンコール　ロシア語講座	417
安心ラジオ	152, 292, 432, 433
U-18　ユーガタM塾	227
あんな話こんな話	192
アンニョンハシムニカ～ハングル講座	142, 154, 417, 420
アンミカTeen-ager倶楽部	369

い

イヴニングサロン	238
医学の時間	358
いこいの歌	238
いこいのひととき	140, 194, 213
囲碁将棋の勘どころ	110
囲碁将棋の時間	110, 400, 401
十六夜日記	155
石丸幹二のシアターへようこそ	229
石丸謙二郎の山カフェ	353
伊集院光の百年ラヂオ	171, 436
石若駿　即興と対話	234
井田家の一とき	79, 172, 173
イタリア語講座	154, 418, 420
イタリア語入門講座	154, 416
イチ押し　歌のパラダイス	232
一冊の本	154, 328, 329, 334
一丁目一番地	102, 103, 129, 176, 181
糸居五郎のオールナイトジョッキー	121
いとしのオールディーズ	224, 229
いとのしらべ	263
イングリッシュアワー	138, 147, 416
イングリッシュ・ヒアリング・タイム	415
インストルメンタル・ジャーニー	227
インディーズファイル	226
インフォメーション・アワー	83, 84, 113, 140, 283, 284, 313, 322, 405

う

ヴァラエティ	91, 192, 193
ウィークエンドサンシャイン	160, 161, 224
ウィークエンドジャズ	160, 217
ウィークエンドライブスペシャル	218, 219
ウィークエンドライブスペシャル　ザ・コンサート	219
ウィークエンドライブスペシャル　セッション'85	219
ウィークエンドライブスペシャル　ニューサウンズ・スペシャル	219
ウィークリー花博	352
ウエンツ瑛士×甲斐翔真の妄想ミュージカル研究所	234
ヴォイスミツシマ	233
浮世床小景	35
うたいましょう	369
歌う演芸館	187
歌うロマンス	89, 191, 192
歌え！土曜日 Love Hits	231
歌えば青空	212
うたことば	232
うたたね	155
歌のアラカルト	216
うたのおじさん	363
うたのおばさん	363
うたのおばさん・うたのおじさん	431
うたのかばん	374, 376

歌の国、音楽の町	241
歌の散歩道	227
歌の新聞	74, 75, 189
歌の星座	123, 134, 216
歌の展覧会	210
歌の登竜門	211, 240
歌の仲間	239
歌の日曜散歩	151, 220, 409, 432
歌の花ごよみ	107, 108, 209
歌の花束	214
うたのほん	363
うたのゆうえんち	369
詩の朗読	320
歌は結ぶ	128, 211
宇宙から来た少年	181
美しい人	174
海の涯に	180
海の見える家	39
運動講座	31

え

英会話	415, 418
英会話上級	419
英会話タイムトライアル	421
英会話中級	419
英会話入門	418, 420
英会話レッツスピーク	419
映画音楽とともに	138, 217
映画音楽パラダイス	228
映画鑑賞	326
映画劇の夕	50
映画の時間	322, 326
英語会話	85, 141, 154, 155, 415, 418
英語講座	31, 32, 41, 321, 414
英語講座初等科	32, 414, 415
英語講座中等科	32, 414
英語5分間トレーニング	420
英語で読む村上春樹	154, 421
英語ニュース	276
英語ものしり倶楽部	419
英語リスニング入門	419
エイジアン・ミュージック・ニュー・ヴァイブズ	234
衛生の時間	357
衛星放送だより	151, 436
衛生メモ	53, 357, 404
英文学講座	31, 32
栄養料理献立	53, 404
英霊に捧ぐる夕	49
AKB48の"私たちの物語"	179
A.B.C-Z　今夜はJ's倶楽部	200, 201
江﨑文武のBorderless Music Dig!	233
SKDパレイド	208, 210
エスペラント講座	32, 415
NHKこども列車	364
NHKオペラハウス	103, 104, 237
NHKガイド	150, 224, 225, 436
NHKカルチャーアワー	155, 308, 330, 332, 335, 336, 337, 338, 353
NHKカルチャーアワー「生きる知恵」	335
NHKカルチャーアワー「科学と自然」	353
NHKカルチャーアワー「漢詩への誘い」	335
NHKカルチャーアワー「芸術その魅力」	337
NHKカルチャーアワー「芸能・演劇その魅力」	335
NHKカルチャーアワー「東西傑物伝」	308
NHKカルチャーアワー「俳句・短歌をよむ」	337
NHKカルチャーアワー「人と自然」	353
NHKカルチャーアワー「文学探訪」	337
NHKカルチャーアワー「文学と風土」	336
NHKカルチャーアワー「文学の世界」	337
NHKカルチャーアワー「歴史再発見」	308
NHK希望音楽会	104, 135, 235, 240
NHKきょうのニュース	275
NHK教養大学	147, 323
NHK教養特集	110, 324, 325, 326
NHK高校講座	386, 388, 389
NHK高等学校講座	141, 384, 385
NHK高等学校講座～上級	385
NHK紅白歌合戦	72, 74, 91
NHK歳末たすけあい旬間	86
NHK市民大学	155, 307, 331
NHKジャーナル	170, 288
NHKシンフォニーホール	71, 103, 104, 135, 236, 237, 238
NHK青年の主張全国コンクール	115
NHK相談室	406
NHK大学通信講座	141, 326
NHK特派員海外報告	276
NHK特派員報告	276
NHK国際放送から	436
NHKのど自慢	72, 206, 207, 215, 301
NHKのど自慢全国コンクール	74, 207

NHK東日本大震災音声アーカイブス　被災地からの声 ···· 292
NHK美容体操 ················· 406, 407
NHK婦人学級 ······················· 406
NHK文化シリーズ ···· 141, 146, 155, 328, 329
NHK文化シリーズ「古典講読」········· 328
NHK文化シリーズ「世界の再発見」········ 329
NHK文化シリーズ「世界のノンフィクション」····· 329
NHK文化シリーズ「ノンフィクションへの招待」··· 329
NHK文化シリーズ「人と思想」········· 146, 328
NHK文化セミナー ··· 155, 268, 307, 330, 332, 333, 334
NHK文化セミナー「江戸文芸をよむ」······· 333
NHK文化セミナー「近代演劇の展開」······· 333
NHK文化セミナー「心の探究」········· 332
NHK文化セミナー「古典芸能の源流」······· 268
NHK文化セミナー「親鸞の手紙」········ 332
NHK文化セミナー「日本の伝統演劇」······· 332
NHK文化セミナー「人間を探る」········ 334
NHK文化セミナー「芭蕉をよむ」········ 332
NHK文化セミナー「般若心経に学ぶ」······· 332
NHK文化セミナー「悲劇の世界・喜劇の世界」···· 333
NHK文化セミナー「風姿花伝をよむ」······· 332
NHK文化セミナー「明治文学をよむ」······· 334
NHK文化セミナー「歴史に学ぶ」········ 307
NHKホールアワー ···················· 243
NHKマイあさラジオ · 230, 289, 291, 292, 295, 327, 338, 359, 435
NHKマイあさラジオ「きょうは何の日」······· 292
NHKマイあさラジオ「サエキけんぞうの素晴らしき20世紀ポップス」····················· 230
NHKマイあさラジオ「社会の見方・私の視点」···· 292
NHKマイあさラジオ「マイあさだより」······· 292
NHK やさしいことばニュース ············· 275
NHKラジオセミナー · 154, 155, 307, 328, 329, 330, 331, 332
NHKラジオセミナー「近代の文学」······ 154, 329
NHKラジオセミナー「原書で読む世界の名作」··· 330
NHKラジオセミナー「世界史を語る」·· 154, 307, 328
NHKラジオセミナー「ノンフィクションの世界」···· 154, 329, 330
NHKラジオセミナー「わが師わが道」···· 329, 330
NHKラジオセミナー「私の研究」··· 154, 329, 330
NHKラジオセンター ··················· 150
NHKラジオセンター～けさもラジオで(早朝) 288, 301, 318, 319, 332, 359, 402, 432
NHKラジオセンター～けさもラジオで(早朝)「朝のスポット」··························· 288
NHKラジオセンター～けさもラジオで(早朝)「朝のポエム」······················· 332, 432
NHKラジオセンター～けさもラジオで(早朝)「いきいき健康メモ」···················· 359, 432
NHKラジオセンター～けさもラジオで(早朝)「お楽しみ園芸」······················ 402, 432
NHKラジオセンター～けさもラジオで(早朝)「おはようさわやかさん」················ 288, 432
NHKラジオセンター～けさもラジオで(早朝)「農林水産通信員リポート」················· 318, 432
NHKラジオセンター～けさもラジオで(早朝)「ふるさと産業情報」······················· 319
NHKラジオセンター～けさもラジオで(早朝)「ふるさとトピックス」··············· 151, 288, 432
NHKラジオセンター～けさもラジオで～わが故郷わが青春 ························ 218, 330
NHKラジオセンター(午後) 151, 218, 219, 220, 221, 222, 288, 289, 290, 294, 303, 307, 330, 331, 332, 334, 352, 355, 356, 359, 408, 409, 410, 432, 433
NHKラジオセンター(午後)「いきいきホットライン」409, 433
NHKラジオセンター(午後)「ウィークエンドリクエスト」·····················219, 220
NHKラジオセンター(午後)「気象歳時記」··355, 356
NHKラジオセンター(午後)「気象と健康」··· 356
NHKラジオセンター(午後)「くらしの情報」409, 432
NHKラジオセンター(午後)「スタジオリポート」289
NHKラジオセンター(午後)「東京の中のふるさと」290
NHKラジオセンター(午後)「土曜サロン」··· 331, 433
NHKラジオセンター(午後)「仲間発見」······· 294
NHKラジオセンター(午後)「ネットワークにっぽん」288, 433
NHKラジオセンター(午後)「ほっとたいむ131」··· 221, 222, 289
NHKラジオセンター(午後)「街角ほかほか情報」· 290
NHKラジオセンター(午後)「ラジオ各駅停車」· 289
NHKラジオセンター(午後)「留守番電話131」· 410
NHKラジオセンター(午後)「録音でつづる戦後50年」···························· 307
NHKラジオセンター(午後)「ワタシの日本生活」332
NHKラジオセンター(午後)「わたしの昼下がり」334
NHKラジオセンター(午前) ········ 151, 276,

277, 301, 303, 332, 333, 334, 352, 391, 408, 409, 410, 418, 432, 433
NHKラジオセンター(午前)「アイリーンの笑顔で英会話」····························· 418
NHKラジオセンター(午前)「あんな国こんな街」·· 303
NHKラジオセンター(午前)「あい旅しませんか」·· 301
NHKラジオセンター(午前)「イベント情報」·· 409, 410
NHKラジオセンター(午前)「くらしいきいき、ハロー・グッデイ」························· 332
NHKラジオセンター(午前)「こだわり百科」 151, 409, 432
NHKラジオセンター(午前)「ジェフ・クラークのらくらく英会話」······················· 418
NHKラジオセンター(午前)「週末とっておき情報」·· 410
NHKラジオセンター(午前)「情報スクランブル」· 410
NHKラジオセンター(午前)「ターニー先生の英語・ちょっといい話」······················ 418
NHKラジオセンター(午前)「ティールーム21」·· 334
NHKラジオセンター(午前)「ラジオ談話室」···· 333
NHKラジオセンター(午前)「わが家の料理ふるさとの味」···························· 409
NHKラジオセンター(午前)「話題のコーナー」··· 409
NHKラジオセンター(午前)「わたしの教育時評」· 391
NHKラジオセンター(午前)「私の教育・私の子育て」···························· 391
NHKラジオセンター(早朝) 151, 275, 276, 277, 288, 318, 409, 432
NHKラジオセンター(早朝)「きょうの日本列島」·· 275
NHKラジオセンター(早朝)「きのうのキーワード」· 288
NHKラジオセンター「土曜サロン」·········· 331
NHKラジオ夕刊 ······················ 288
NHKラジオライブラリー ················· 334
NHKラジオリサイタル ·············· 236, 240
N響アワー ···················· 245, 246
N響演奏会 ························· 249
N響　ザ・レジェンド ··················· 251
Nらじ ···························· 275
画(え)のないアニメ館 ·················· 403
FMアドベンチャー ··········· 157, 177, 178
FMオペラハウス ···················· 136
FM音楽手帳 ···················· 245, 246
FMクラシックアワー ············ 159, 243, 244
FM講演会 ····················· 156, 328
FMコンサート ··········· 159, 215, 242, 243
FMサウンドクルーザー ················· 220
FMサンデースペシャル ················· 249
FMシアター ·············· 158, 169, 178
FMシアター　納豆ウドン ················ 158
FMシネマサウンズ ···················· 234
FMジュークボックス ·············· 137, 215
FMシンフォニーコンサート · 137, 160, 245, 246, 249
FM能楽堂 ····················· 137, 269
FMホットライン ····················· 368
FMリクエストアワーリターンズ！········· 214
FMリサイタル ············ 157, 243, 247
FMワイド歌謡曲 ············ 156, 216, 219
えほんをひらきましょ ·················· 370
えり子とともに ············ 80, 81, 173
LPサロン ························· 239
エレうた！························· 228
演芸お好み袋 ······················ 189
演芸クラブ ···················· 92, 190
演芸手帖 ························· 189
園芸手帳 ························· 402
演芸独演会 ············ 92, 127, 263, 266
演芸特集 ························· 193
演芸特選会 ······················ 265
演芸バラエティー ··········· 92, 190, 195
演芸バラエティー　空腹先生行状記 ········· 195
演芸バラエティー　東の旅・西の旅 ········· 195
演芸広場 ························· 267
演芸名人会 ······················ 266
エンジョイ・シンプル・イングリッシュ ·········· 422
エンタツ人生模様 ··················· 93, 191
エンタツちょびひげ漫遊記 ·········· 93, 190, 191
エンタツの名探偵 ··················· 93, 191

お

黄金孔雀城 ················· 100, 101, 180
応答せよゼノン ···················· 143, 181
オーケストラの夕べ ··················· 249
大竹しのぶの"スピーカーズコーナー" ········ 201
大貫妙子　懐かしい未来 ··············· 227
お母さんの童話 ····················· 389
岡田恵和　今宵、ロックバーで～ドラマな人々の音楽談議 ···························· 228
おかめ八目 ······················· 324
沖縄熱中倶楽部 ····················· 302
奥さんの経済学 ············ 113, 314, 406
お好み演芸会 ··················· 91, 262
お好みディスク・ジョッキー ·········· 90, 211

お好み投票音楽会 ········· 70, 107, 207, 208
お好み風流亭 ············ 189, 262, 264
お好み邦楽選 ············ 123, 128, 266
お好みレコードショップ ············ 239, 240
尾崎世界観のとりあえず明日を生きるラジオ ···· 201
お仕事あいまに ··········· 119, 212, 315, 430
おしづどん行状記 ··················· 90, 191
おしゃべり歌謡曲 ···················· 217
おしゃべりクイズ疑問の館 ··············· 187
おしゃべりクラシック ··················· 248
おしゃべり選手 ··················· 90, 193
おしゃべりな古典教室 ·················· 343
お楽しみ演芸特選 ···················· 268
おたのしみ劇場 ····················· 177
お茶のひととき ··········· 119, 120, 363, 390
オテナの塔 ··············· 100, 180, 264
お父さんはお人好し ·· 92, 93, 115, 127, 190, 191, 192, 195, 435
おとおばけのぼうけん ·················· 364
男の一生女の一生 ···················· 325
音で訪ねる　ニッポン時空旅 ·············· 302
オトナの補習授業 ···················· 402
音にあいたい ······················ 301
音の風景 ························· 301
お姉さんと一緒 ·········· 101, 102, 103, 179
おはなし ························· 372
お話でてこい ·········· 143, 369, 370, 431
お話のうた ······················· 212
お話のくに ······················· 377
おはなしの旅～高学年 ·················· 378
おはなしの旅～中学年 ·················· 378
おはなしの旅～低学年 ·················· 378
お話　満洲から帰って ··················· 41
お話　陸軍の組織に就て ················· 41
おはよう奥さん ··················· 120, 431
おはよう音楽 ······················ 240
おはようコーラス ··················· 138, 244
おはようジョッキー ··················· 431
お早よ番組 ······················· 405
おはようラジオセンター 121, 123, 139, 149, 150, 151, 218, 219, 275, 276, 277, 287, 288, 289, 290, 301, 313, 318, 319, 324, 330, 333, 359, 408, 409, 431, 432, 433
おはようラジオセンター「朝のティータイム」······ 408
おはようラジオセンター「アジア情報」······ 289, 290
おはようラジオセンター「歌のかんどころ」···· 219
おはようラジオセンター「おはようコラム」···· 289
おはようラジオセンター「思い出の歌・心の歌」·· 218
おはようラジオセンター「海外経済トピックス」· 319
おはようラジオセンター「海外のニュース・話題から」···························· 276
おはようラジオセンター「きょうの国際情報」149, 276
おはようラジオセンター「きょうも元気で」······ 409
おはようラジオセンター「健康ひと口メモ」···· 359
おはようラジオセンター「このごろ思うこと」···· 333
おはようラジオセンター「女性と仕事」········ 408
おはようラジオセンター「人生読本」···· 149, 432
おはようラジオセンター「スポーツコラム」···· 277
おはようラジオセンター「スポーツ情報」······ 277
おはようラジオセンター「食べて旅して」······ 301
おはようラジオセンター「ドライブリポート」···· 409
おはようラジオセンター「ビジネス情報」··· 149, 318
おはようラジオワイド · 145, 274, 289, 301, 318, 319, 327, 359, 409, 410, 432, 433
おはようラジオワイド「健康ライフ」······ 359, 433
おはようラジオワイド「日本の音風景100選」301, 433
おはようラジオワイド「ニュースアップ」········ 289
おはようラジオワイド「ビジネス展望」·· 318, 319, 433
おはようラジオワイド「ふるさとさわやかさん」410, 433
おはようラジオワイド「列島あさいち情報」409, 433
おはようラジオワイド「ワールドリポート」······ 289
オペラアワー ········· 135, 137, 242, 246
オペラ・ファンタスティカ ················ 250
オペレッタの時間 ···················· 236
思い出ジュークボックス ················· 226
思い出によせて ····················· 209
思い出のアルバム ·········· 107, 108, 207
思い出の芸と人 ·········· 123, 129, 267, 326
思い出の名人集 ················· 129, 267
おもしろカルチャーセンター ············ 333, 334
おもてなしの中国語 ··················· 422
おもてなしのハングル ·················· 422
おやおやなあに ·········· 143, 363, 364
親子談話室 ······················· 390
おやじと私 ······················· 329
お休みの前に ···················· 322, 323
おやすみの前に ············ 134, 150, 323
お休み番組 ···················· 322, 323
おやすみ番組 ······················ 405
おやつの時間 ······················ 208
親と教師のために ···················· 390

INDEX

あ行

おらんだ火薬・・・・・・・・・・・・・・180
オリンピックアワー・・・・・・・・・・・295
オリンピックを成功させよう・・・・・294
オルガンとコーラス・・・・・・・・・・243
オルガンのしらべ・・・・・・・・245, 246
お笑いアパート・・・・・・・・・・92, 190
お笑い演芸館・・・・・・・・・・127, 194
お笑い三人組・・・88, 89, 125, 126, 192, 194, 195
お笑い職業案内・・・・・・・・・・・186
お笑ひ道中・・・・・・・・・・・・49, 188
お笑いラジオ寄席・・・・・・・・・・267
音楽ウィークリー・・・・・・・・・・189
音楽ガハハ・・・・・・・・・・231, 232
音楽家ポートレート・・・・・・・・・244
音楽カレンダー・・・・・・・・241, 244
音楽鑑賞・・・・・・・・135, 240, 241
音楽教室・・・・・・・・・・・・・・235
音楽クラブ・・・・・・・・・・・・・240
音楽こども部屋・・・・・・・・・・・372
音楽ジャーナル・・・・・・・・247, 248
音楽図書館・・・・・・・・・・・・・246
音楽入門・・・・・・・・・・・・・・237
音楽熱中倶楽部・・・・・・・・・・・226
音楽の泉・・・37, 71, 72, 135, 136, 236, 237, 240, 372
音楽の宴・・・・・・・・・・・・・・211
音楽のおくりもの・・・・103, 104, 135, 236, 237, 243
音楽のしおり・・・・・・・・・・・・239
音楽のすべて・・・・・・・・・138, 244
音楽のたのしみ・・・・・・・・135, 241
音楽の地図・・・・・・・・・・・・・210
音楽の仲間・・・・・・・・・・・・・212
音楽の花束・・・・・・・・・・・・・211
音楽の部屋・・・・・・・・・・138, 244
音楽の窓・・・・・・・・・・・・・・238
音楽話のくずかご・・・・・135, 241, 242
音楽夜話・・・・・・・・135, 241, 242
音楽遊覧飛行・・・・・・・・・・・・229
音楽夢倶楽部・・・・・・・・・・・・223
音楽夢くらべ・・・・・・・・・・・・211
音楽をどうぞ・・・・・・・・・・・・211
恩讐の彼方に・・・・・・・・・・・・69

か行

か

海外クラシックコンサート・・・・160, 245, 249
海外市況・・・・・・・・・・・・・・25
海外取材番組・・・・・・・・・・・・128
海外新聞論調・・・・・・・・・・284, 286
海外だより・・・・・・・・120, 128, 276, 430
海外通信・・・・・・・・・・・・・・276
海外特派員の報告・・・・・・・・・・276
海外特派員報告・・・・・・・・・・・276
海外トピックス・・・・・・・・・・・276
海外ニュースから・・・・・・・・276, 285
海外の音楽・・・・137, 159, 215, 242, 243, 244
海外の話題・・・・・・・・・・・・・276
海軍の時間・・・・・・・・・・281, 282
外交史物語・・・・・・・・・・・・・306
外国語講座・・・・・・・・・・・・・415
外国語への招待―ことばと文化・・・・331
解説・・・・・・・・・・・40, 66, 283
海村記・・・・・・・・・・・・・39, 55
街頭にて・・・・・・・・・・63, 64, 293
街頭録音・・63, 64, 65, 67, 68, 77, 85, 147, 283, 293
課外講話　此度の事変と小国民・・・・・41
科学クラブ・・・・・・・・・・357, 358
科学講座・・・・・・・・・・・・・・354
科学者―その人とことば・・・・・・・328
科学ゼミナール・・・・・・・・・・・354
科学千一夜・・・・・・・・・123, 145, 355
科学談話室・・・109, 110, 138, 145, 147, 354
科学の散歩・・・・・・・・・・354, 357
科学の世界・・・・・・・・・・145, 355
科学の話題・・・・・・・・・・・・・355
科学風土記・・・・・・・・・・145, 355
輝くステージ・・・・・・・・・・・・212
架空実況放送・・・・・100, 108, 306, 373
学芸展望・・・・・・・・・・・321, 366
学生の時間・・・・・・・・・・・・・366
楽聖の夕・・・・・・・・・・・・・・235
楽聖ロマンス・・・・・・・・・・・・238
各地副業講座・・・・・・・・・・・・52
かくて夢あり・・・・・・・・・・・・174
角兵衛獅子・・・・・・・・・・・・・58
学問新時代・・・・・・・・・・・・・331
閣僚にきく・・・・・・・・・・・・・285
掛合講談・・・・・・・・・・・・・・49
掛合漫談・・・・・・・・・・・・・・188

歌劇・・・・・・・・・・・・・・・・237
歌劇の夕べ・・・・・・・・・・・・・241
カケダセ！・・・・・・・・・・・・・368
×（かける）クラシック・・・・・・・251
梶裕貴のラジオ劇場・・・・・・・・・201
歌唱漫談・・・・・・・・・・・・・・49
風ふくなかに・・・・・・・・・・・・175
家族で選ぶ思い出の歌・・・・・・・・225
語り芸の世界・・・・・・・・・・・・268
語りの劇場　グッとライフ・・・・・・198
語るオルゴール・・・・・・・・・96, 173
ガチモン！・・・・・・・・・・・・・293
学界だより・・・・・・・・・・325, 354
学校音楽コンクールの時間・・・・376, 378
学校課外講座・・・・・・・・・・・・371
学校教育法講座・・・・・・・・・46, 389
学校新聞・・・・・・・・・・・・・・371
ガットのしらべ・・・・・・・・・・・250
家庭園芸の時間　隣組園芸の手引き・・400
家庭音楽会・・・・・・・143, 144, 242, 364
家庭音楽鑑賞・・・・・・・・・137, 242
家庭学級・・・・・・・・・・・406, 407
家庭グラフ・・・・・・・・・・・・・430
家庭講義・・・・・・・・・・・177, 195
家庭講座・・・・・・・・31, 32, 44, 53, 404
家庭菜園・・・・・・・・・・・400, 401
家庭大学講座・・・・・・・・・・31, 404
家庭と学校・・・・・・・・・・389, 390
家庭と満洲事変・・・・・・・・・・・41
家庭の音楽・・・・・・・・・・・・・236
家庭の時間・・・・・・・・・・404, 405
家庭のひととき・・・・・・・・・119, 430
家庭の皆さん・・・・・・・・・・・・407
家庭の話題・・・・・・・・・84, 283, 405
家庭婦人講座・・・・・・・・・・・・404
家庭婦人の時間・・・・・・・・・60, 404
家庭メモ・・・・・・・・・・53, 357, 404
角を曲って三軒目・・・・・・・・・・193
鐘の鳴る丘・・・・・・79, 80, 94, 173, 174
カフェテラスのふたり・・・156, 157, 178, 219
カブキ・チューン・・・・・・・・・・269
歌舞伎夜話・・・・・・・・・・・・・265
株式市況・・・・・・・・・・・・・・144
株式市場から・・・・・・・・・・・・431
上方演芸・・・・・・・・・・127, 195, 264
上方演芸会・・・72, 91, 92, 127, 262, 263
上方寄席・・・・・・・・・・・127, 266
上地雄輔のラジ音！・・・・・・・・・198
カムカムエヴリバディ・・・・・・・・423
亀渕昭信のいくつになってもロケンロール！・・・227
亀渕昭信のにっぽん全国ラジオめぐり・・・198
香山リカのココロの美容液・・・・・・198
歌謡アルバム・・・・・・・・・137, 215
歌謡劇・・・・・・・・・・・・・・・49
歌謡スクランブル・・・・・・156, 169, 221
歌謡スペシャル・・・・・・・・・・・218
歌謡スポット・・・・・・・・・・・・216
歌謡スポットライト・・・・・・・・・226
歌謡大全集・・・・・・・・・・・・・223
歌謡ドラマ・・・・・・・・・・・・・178
歌謡ヒットアルバム・・・・・・・138, 217
歌謡ヒットメロディー・・・・・・・・215
歌謡ホール・・・・・・・・・・128, 214
カルチャーラジオ・・155, 169, 330, 335, 337, 338, 339, 353, 356
カルチャーラジオ「NHKラジオアーカイブス」・・・339
カルチャーラジオ「科学と人間」・・・・356
カルチャーラジオ「詩歌を楽しむ」・・・339
カルチャーラジオ「日曜カルチャー」・・・339
かれんスタイル・・・・・・・・・・・198
カレント・イングリッシュ・・・・・・415
カレント・トピックス・・・・・・・・272
官公署の時間・・・・・・・・・・62, 282
かんさい土曜ほっとタイム・・197, 225, 290, 301, 336, 338, 411, 413, 433
かんさい土曜ほっとタイム「SP盤コーナー」・・・・・225
かんさい土曜ほっとタイム「オススメ情報」・・・411
かんさい土曜ほっとタイム「お天気どんなんかな」・・・413
かんさい土曜ほっとタイム「面白人物ファイル」・・・336
かんさい土曜ほっとタイム「震災10年のメッセージ」・・・290
かんさい土曜ほっとタイム「旅情報」・・・301
かんさい土曜ほっとタイム「ほっと人物ファイル」・・・338
かんさい土曜ほっとタイム「ぼやき川柳」・・・197
関西発きょうも元気で！わくわくラジオ・・・433
関西発土曜サロン・・・・・・・・・・433
関西発ラジオいきいき倶楽部・・・・・433
関西発ラジオ深夜便・・153, 197, 223, 225, 268, 269, 289, 334, 337, 433
関西発ラジオ深夜便「アジアリポート」・・・289
漢詩をよむ・・・・・・・・・・155, 330
間奏曲・・・・・・・・・・・・・・・246

官庁公示事項・・・・・・・・・・・・23
官庁ニュース（官省公示事項）・・・・272
関東風土記・・・・・・・・・・・・・190
ガンバハル氏の実験・・・・・・・・・35
がんばれカヨちゃん・・・・・・・・・194

き

聞いて聞かせて・・・・・・・142, 310, 311
聞いて聞かせて～視覚障害ナビ・ラジオ・・・310
議会報告・・・・・・・・・・・・・・283
聴きたくてクラシックI・・・・・・159, 247
聴きたくてクラシックII・・・・・・160, 247
きこえタマゴ！・・・・・・・・・・・364
岸谷香　Unlock the heart・・・・・・232
記者座談会・・・・・・・・・・・・・287
記者手帳・・・・・・・・・・・・・・285
記者手帳から・・・・・・・・・・・・285
技術・家庭・・・・・・・・・・・・・383
技術と生活・・・・・・・・・・・・・383
気象通報・・・・・・・・・・・・23, 272
絆うた・・・・・・・・・・・・・・・228
季節講座・・・・・・・・・・・・39, 371
季節の家庭仕事・・・・・・・・・400, 401
季節の手帳・・・・・・・・・・・・・324
季節の庭仕事・・・・・・・・・・・・401
季節の話題「家庭園芸の時間」・・・400, 405
基礎英語・・・・32, 141, 415, 416, 418, 421
基礎英語0・・・・・・・・・・・422, 423
基礎英語1・・・・・・155, 416, 418, 423
基礎英語2・・・・155, 416, 418, 419, 423
基礎英語3・・・・155, 416, 418, 419, 423
基礎英語講座・・・・47, 59, 85, 414, 415
基礎英語初等科・・・・・・・・・・・32
北日本の民謡による組曲・・・・・・・71
きたやまおさむのレクチャー＆ミュージック・・・227
希望音楽会・・・70, 85, 103, 104, 135, 207, 235, 236, 240
希望家庭訪問・・・・・・・・・・・・325
希望講座・・・・・・・・・・・・・・400
希望の星座・・・・・・・・209, 211, 240
希望の世代・・・・・・・・・・366, 367
気まぐれショウボート・・・・・93, 190, 191
気ままにクラシック・・・・・・・・・249
君の思いを受け止めた！～青春リアル・スピンオフ・・・368
君の名は・・・・・・・81, 94, 95, 173, 174
キャンデーの冒険・・・・・・・・・・181
キャンパス寄席・・・・・・・・・・・198
教育界の話題・・・・・・・・・・・・390
教育時評・・・・・・・・・・・・・・390
教育ジャーナル・・・・・・・・389, 391
教育相談室・・・・・・・・・・・・・390
教化演芸・・・・・・・・・・・・49, 189
教師の時間・・・46, 47, 58, 82, 83, 371, 389
郷土劇場・・・・・・・・・177, 194, 195
郷土だより・・・・・・・・・・・・・272
郷土の花・・・・・・・・・・・352, 402
郷土の話題・・・・・・・・・・274, 275
今日の歩み・・・・・・・84, 112, 113, 284
今日の医学・・・・・・・・・・・・・358
きょうのうた・・・・・・132, 134, 207, 213
きょうの終りに・・・・・・・120, 276, 430
きょうの音楽家・・・・・・・・・239, 263
今日の漁村・・・・・・・・・・・・・317
きょうの健康・・・・・・・・・・・・358
きょうの広報版・・・・・・・・・・・324
きょうの国会から・・・・・・・・274, 287
きょうの市況・・・・・・・・・・・・274
今日の戦況とニュース・・・・・57, 272, 273
けふの戦局・・・・・・・・・・・・・273
きょうの前奏曲・・・・・・・・・・・239
今日の知識・・・・・・・・・・・・・280
今日のニュース・・・・・・・48, 57, 272
きょうのニュース・・・・・・・・・・274
きょうのニュースから・・・・・・・・274
今日の農政・・・・・・・・・・・・・316
きょうのハイライト・・・・・・・・・287
きょうの邦楽・・・・・・・・・・・・267
今日の報道・・・・・・・・・57, 272, 273
きょうの名曲・・・・・・・・・・・・241
きょうの問題・・・・・113, 123, 128, 284, 286
きょうの料理・・・・・・・・・・・・341
きょうのwktk ラジオ学園・・・・・・368
今日の話題・・・・・・・・・110, 322, 323
今日も明るく・・・・・・・・・・・・363
きょうも元気で・・118, 119, 139, 151, 176, 288, 301, 313, 330, 409, 430, 432
きょうも元気で！わくわくラジオ・・109, 163, 225, 323, 336, 411, 412, 433, 434
きょうも元気で！わくわくラジオ「今夜のおかず」・・411
きょうも元気で！わくわくラジオ「中継・あなたの街を歩いてみれば」・・・411

きょうも元気で！わくわくラジオ「ときめきインタビュー」
・・・・・・・・・・・・・・・・・・・・・・・・・・・・・・・・・・・336
きょうも元気で！わくわくラジオ「ニッポンあっちこっち」
・・・・・・・・・・・・・・・・・・・・・・・・・・・・・・・・・・・411
きょうも元気で！わくわくラジオ「耳より生活情報」・411
きょうも元気で！わくわくラジオ「ラジオはともだち」411
きょうも元気で！わくわくラジオ「わたしの音楽ファイル」
・・・・・・・・・・・・・・・・・・・・・・・・・・・・・・・・・・・225
きょうも楽しく・・・・・・・・・・・・・・・・・・・・・・・・・・237
きょうもたのしく・・・・・・・・・・・・・・・・・・・・・・・・237
今日もたのしく・・・・・・・・・・・・・・・・・・・・・・・・・237
教養特集・109, 110, 146, 306, 315, 324, 326, 327
教養特集－経済夜話・・・・・・・・・・・・・・・・・・・・・146
教養特集「現代世界演劇の動向」・・・・・・・・・・・327
教養特集「現代世相論」・・・・・・・・・・・・・・・・・・・326
教養特集「自然のエッセイ」・・・・・・・・・・・・・・・・327
教養特集「日本を考える」・・・・・・・・・・・・・・・・・327
教養特集－文壇よもやま話・・・・・・・・・146, 326
教養特集－ラジオ家族会議・・・・・・・・・・・・・・・325
教養特集　歴史よもやま話・・・・・・・・・・・・・・・306
教養特集「私の読書遍歴」・・・・・・・・・・・・・・・・326
漁業展望・・・・・・・・・・・・・・・・・・・・・・・・・・・・・・318
漁業の時間・・・・・・・・・・・・・・・・・・・・・・・・・・・313
極東国際軍事裁判報告・・・・・・・・・・・・・・・・・・282
漁村の皆さんへ（みなさんへ）・・・・・・・140, 316
漁村へ送る夕・・・・・・・・・・・・・・・・・・・・・・・・・313
清正の娘・・・・・・・・・・・・・・・・・・・・・・・・・・・・・・69
きらクラ！・・・・・・・・・・・・・・・・・・・・・・・・・・・・250
きらめき歌謡ライブ・・・・・・・・・・・・・・・225, 232
きらめくリズム・・・・・・・・・・・・・105, 106, 209
きらり10代・・・・・・・・・・・・・・・・・・・・・165, 368
キリスト教の時間・・・・・・・・・・・・・・・・・・・・・322
霧の中・・・・・・・・・・・・・・・・・・・・・・・・・・・・・・・35
桐一葉・・・・・・・・・・・・・・・・・・・・・・・・・・33, 35
黄金のいす・・・・・・・・・・・・・107, 108, 209
金曜カルテット・・・・・・・・・・・・・・・・・231, 232
勤労者の時間・・・・・・・・・・・・・・・・・・・・・・・313
勤労青年の時間・・・・・・・・・・・・・・・・・52, 365
勤労婦人の時間・・・・・・・・・・・82, 111, 405, 406

く

クイズ面白講座・・・・・・・・・・・・・・・・・125, 187
クイズジョッキー・・・・・・・・・・・・・・125, 187, 195
クイズホール・・・・・・・・・・・・・・・・・125, 187
食いだおれ一代・・・・・・・・・・・・・・・・・・・・・193
グッチ裕三の日曜ヒルは話半分・・・・・・・・・200
グッドナイトミュージック・・・・・・・・・・・・・・239
国のふところ、家のふところ・・・・・・・・・・・315
久保田利伸　ファンキーフライデー・・・・・・231
熊川哲也のバレエ音楽スタジオ・・・・・・・・・250
クラシックカフェ・・・・・・・・・・・160, 249, 251
クラシックギャラリー・・・・・・・・・160, 245, 246
クラシック・コレクション・・・・・・・・160, 243, 247
クラシックコンサート・・・・・・・・136, 159, 245, 247
クラシックサロン・・・・・・・・・・・・160, 243, 247
クラシック新譜情報・・・・・・・・・・・・・・・・・248
クラシックセレクション・・・・・・・・・・160, 243
クラシックだい好き・・・・・・・・・・・・・・・・・・249
クラシックの庭・・・・・・・・・・・・・・・・・・・・・251
クラシックの迷宮・・・・・・・・・・・・・・・・・・・・250
クラシックファンタジー・・・・・・・・・・247, 248
クラシック・ポートレート・・・・・・・・159, 247, 248
クラシックものがたり・・・・・・・・・・・・・・・・248
クラシックリクエスト・・・・・・・・159, 160, 245, 247
くらしで使えるポルトガル語・・・・・・・・・・・420
くらしのカレンダー・・・・・・・148, 149, 407, 432
くらしの経済・・・・・・・・・・・・・・・・・317, 431
くらしのしおり・・・・・・・・・・・・・・・・・315, 407
くらしのリズム・・・・・・・・・・・・・・・・・・・・・407
くらしの話題・・・・・・・・・・・・・・・・・216, 407
くらしを楽しく・・・・・・・・・・・・・・・・・・・・・・407
鞍馬天狗・・・・・・・・・・・・・・・・・・・・・58, 96
GReeeeN HIDEの　ミドリの2重スリット・・・233
クリス松村の音楽処方箋・・・・・・・・・・・・・199
クルムバウ館の秘密・・・・・・・・・・・・・・・・・39
くるり電波・・・・・・・・・・・・・・・・・・229, 232
黒潮にうたう・・・・・・・・・・・・・・・・143, 181
クロスオーバーイレブン156, 157, 158, 217, 219, 225
軍事発表・・・・・・・・・・・・・・・・・57, 281, 282
軍事報道・・・・・・・・・・・・・・・・・・・57, 281

け

経営講座・・・・・・・・・・・・・・・・・・・・・・・・・317
経営のしおり・・・・・・・・・・・・・・・・・139, 316
経営者の時間・・・・・・・・・・・・・・・・・・・・・312
軽音楽アルバム・・・・・・・・・・・・・・・137, 213
軽音楽講座・・・・・・・・・・・・・・・・・・・・・・・213
軽音楽のたのしみ・・・・・・・・・・・・・・・・・・215
軽音楽の手帳・・・・・・133, 134, 137, 211, 214
軽音楽ホール・・・・127, 128, 132, 157, 212, 215
軽音楽をあなたに・・・・・・138, 161, 216, 219

軽音楽をあなたに2019・・・・・・・・・・・・・161
芸界夜話・・・・・・・・・127, 128, 324, 325
経済講座・・・・・・・・・・・・・・・・・・・31, 311
経済座談会・・・・・・・・・・・・・・・・・283, 288
経済散歩・・・・・・・・・・・・・・・・・・・・・・・・・317
経済市況・・・・・・・・・24, 25, 44, 272, 273
経済時評・・・・・・・・・・・・・・・・・・・・・・・・315
経済談話室・・・・・・・・・・・・・・・・314, 315
経済通信・・・・・・・・・272, 273, 311
経済読本・・・・・・・・・・・・・・・・・113, 314
経済トップインタビュー・・・・・・・・・150, 318
経済難局の打開について・・・・・・・・・24, 25
経済ニュース・・・・・・・・・・・・・・・・・・・・・274
経済の動き・・・・・・・・・・・・・・・・128, 314
経済の時間・・・・・・・・・・・・・・・・・・・・・314
経済豆辞典・・・・・・・・・・・・・・・・・・・・・316
経済夜話・・・・・・・・・・・・・・・・・315, 326
芸術劇場・・・・・・・・130, 138, 158, 176, 177
芸術講座・・・・・・・・・・・・・・・・・・・31, 320
芸術ジャーナル・・・・・・・・・・・・・247, 248
芸術展望・・・・・・・・・・・・・154, 157, 328
芸術よもやま話・・・・・・・・・・・・・・・・・・・325
芸談・・・・・・・・・・・・・・・・・・・・・323, 324
芸と人・・・・・・・・・・・・・・・・・・326, 334
芸能お国めぐり・・・・・・・128, 194, 195, 286
芸能ステージ・・・・・・・・・・・・・・・・・・・・・195
芸能ダイヤル・・120, 127, 194, 195, 196, 213, 214, 218, 277
芸能ダイヤル「きょうの日記」・・・・・・・・・196
芸能ダイヤル「芸能昭和館」・・・・・・・・・196
芸能ダイヤル「今夜のラウンジ」・・・・・・196
芸能ダイヤル「食卓訪問」・・・・・・・・・・・196
芸能ダイヤル「スタジオ訪問」・・・・・・・・196
芸能ダイヤル「旅のエッセイ」・・・・・・・・218
芸能ダイヤル－旅のエッセイ・・・・・・・・218
芸能ダイヤル～にっぽんのメロディー・・・217
芸能ダイヤル「プロ野球情報」・・・・・・・・277
芸能ダイヤル「物語」・・・・・・・・・・・・・196
芸能展望・・・・・・・・・・・・・・・・・・・・・・・326
芸能百話・・・・・・・・・・・・・・・・・・・・・・・328
芸能名作選・・・・・・・・・・・・・・・・・・・・・268
ゲーム実況者とつながる夜・・・・・・・・・・・201
劇場中継・・・・・・・・・・・・・・・・・・・・・・・264
けさの話題・・・・・・・・・・・・・151, 285, 432
けさも元気で・・・・・・・・・・・・・・・・・・・・・363
月刊ラジオ語録・・・・・・・・・・・・・・・・・・・433
健康談話室・・・・・・・・・・・・・・・・・・・・・358
健康手帳・・・・・・・・・・・・・・・・・・・・・・・358
健康百話・・・・・・・・・・・123, 145, 358, 359
健康百科・・・・・・・・・・・・・・・・145, 358
原書で読む世界の名作・・・・・・155, 329, 330
原子力時代・・・・・・・・・・・・・・・・・・・・・355
原子力と新世界・・・・・・・・・・・・・・・・・・354
建設の声・・・・・・・・・・・・・・・・・・63, 282
健三の日記・・・・・・・・・・・・・・・381, 382
現代キーワード探検・・・・・・・・・・・・・・・331
現代教育事情・・・・・・・・・・・・・・・・・・・391
現代に生きる・・・・・・・・・・・・・・・・・・・・294
現代日本の音楽・・・・・・・・・・・・209, 236
現代の医学・・・・・・・・・・・・・・・・・・・・・358
現代の音楽・・・・・・・・・・・・・・・・・・・・・240
現代の日本音楽・・・・・・・・・・・128, 266
現代文明展望・・・・・・・・・・・・・・・・・・・330
現代邦楽の時間・・・・・・・・・・・・・・・・・・262
健太×近田のロック巌流島・・・・・・・・・・・231
鍵盤のつばさ・・・・・・・・・・・・・・・・・・・・251
建礼門院右京大夫集・・・・・・・・・・・・・・155

こ

恋する音楽小説・・・・・・・・・・・・・・・・・・・248
こいぬのろくちゃん・・・・・・・・・・・・・・・・・377
講演・・・・・・・・・・30, 45, 312, 319
公園通り21・・・156, 157, 158, 161, 178, 217, 219, 220
公園通り21「アドベンチャーロード」・・・・178
公園通り21「カフェテラスのふたり」・・・・178
公園通り21「ニューヒットポップス情報」・・・219
公園通り21「ワールド・ポップス'86」・・・・220
工業技術講座・・・・・・・・・・・・・・・・・・・316
工業教室・・・・・・・・・・・・・・・・・・・・・・・316
交響曲の午後・・・・・・・・・・・・・・・・・・・242
交響曲の時間・・・・・・・・・・・・・・136, 237
皇軍慰問の夕・・・・・・・・・・・・・・・・・・・188
皇軍将士慰問の夕・・・49, 58, 188, 282
高校数学入門・・・・・・・・・・・・・・・・・・・388
高校生からはじめる「現代英語」・・・422, 423
高校土曜ボックス・・・・・・・・・・・・・・・・・388
厚生の時間・・・・・・・・・・・・・・・・・・・・・357
こうせつと仲間たち・・・・・・・・・・・・・・・・・227
高等学校講座・・・・・・・・141, 384, 385, 386, 388
高等学校講座　音楽I・・・・・・・・・・・・・385

高等学校の時間　English for the Young・・・・387
高等学校の時間　英文研究・・・・・・・・・384
高等学校の時間　学科の要点・・・・・・・・384
高等学校の時間　今日の科学・・・・・・・・384
高等学校の時間　クラブ活動・・・・・・・・387
高等学校の時間　高校生の声・・・・・・・・384
高等学校の時間　国語研究・・・・・・・・・385
高等学校の時間　古典研究・・・・・・・・・386
高等学校の時間　自然科学の歩み・・・・383
高等学校の時間　自然の法則を発見した人々・・384
高等学校の時間　社会見学・・・・・・・・・383
高等学校の時間　青年期の心理・・・・・・383
高等学校の時間　青年期の探究・・・・・・384
高等学校の時間　青年と社会・・・・・・・・384
高等学校の時間　世界史をさぐる・・・・・・387
高等学校の時間　世界の国々・・・・・・・・383
高等学校の時間　世界の芸術・・・・・・・・384
高等学校の時間　世界の歴史・・・386, 387
高等学校の時間　時の話題・・・・・・・・・384
高等学校の時間　日本の古典・・・・・・・・384
高等学校の時間　人間とは何か・・・・・・385
高等学校の時間　放送クラブ・・・・・・・・387
高等学校の時間　名曲ライブラリー・・・・384
高等学校の時間　Listen to Me!・・・・・・385
高等学校の時間　私達の学園生活・・・・384
高等学校の時間　わたしの人生・・・・・・387
高等学校番組　高校クラブ情報・・・・・・387
高等学校番組　ことばと文学・・・・・・・・385
高等学校番組　この道に生きる・・・・・・388
高等学校番組　人物世界史・・・・・・・・388
高等学校番組　ラジオ文学館・・・・・・・・387
高等学校番組　わたしと古典・・・・・・・・388
高等学校　ホームルームの話題・・・141, 385
高等小学校の時間・・・・・・・・・・・・・・・・47
紅白歌合戦・・・・・・・・・・・・・・・・72, 445
紅白音楽試合・・・・・・・・・・・・・・・72, 73
幸福物語・・・・・・・・・・・・・・・・・102, 174
幸福を拾った話・・・・・・・・・90, 91, 192
公民講座・・・・・・・・・・・・・・・・・・・・・・・320
公民常識講座・・・・・・・・・・・・・・・・・・・320
攻略！英語リスニング・・・・・・・・・・・・・421
声くらべ腕くらべこども音楽会・・・143, 362, 364
声をそろえて・・・・・・・・・・・90, 191, 192
コーラス・アルバム・・・・・・・・・・・239, 242
コーラス・タイム・・・・・・・・・・・・・・・・・・238
ゴールデンジャズ・・・・・・・・・・160, 220, 221
ゴールデンジャズ＆ポップス・・・・160, 219, 220
ゴールデンジャズフラッシュ・・・・・・160, 218
語学講座・・・・・・・・・・・・・・・・・・39, 147
語学講座　独逸語・・・・・・・・・・・・・・・・38
語学講座（独逸語・仏蘭西語）・・・・・・・・39
古楽の楽しみ・・・・・・・・・・・136, 249, 250
ごきげん歌に乾杯！・・・・・・・・・・・・・・・229
ごきげん歌謡笑劇団・・・・・・・・・・・・・・・229
国語1年・・・・・・・・・・・・・・・・・・・・・・・・383
国語2年・・・・・・・・・・・・・・・・・・・・・・・・383
国語3年・・・・・・・・・・・・・・・・・・・・・・・・383
国語研究・・・・・・・・・・・・・・・・・・・・・・・387
国語講座・・・・・・・・・・・・・・・・・325, 326
国語辞典サーフィン・・・・・・・・・・・・・・・343
国際教養大学・・・・・・・・・・・・・・・・・・・324
国際講座・・・・・・・・・・・・・・・・・・・・・・・280
国際連合だより・・・・・・・・・・・・113, 275
国史劇・・・・・・・・・51, 52, 53, 172, 362
国史講座・・・・・・・・・・・・・・・・・51, 306
国文学講座・・・・・・・・・・・・・・・・・・・・・31
国文講座・・・・・・・・・・・・・・・・・51, 321
国民合唱・・・・・・・・・・・・・50, 51, 71, 206
国民歌謡・・・・・・・・・・・50, 51, 70, 206
国民講座・・・・・・・・・・・・・・・・・・・・・・・320
国民常識講座・・・・・・・・・・・・・321, 322
国民朝礼の時間・・・・・・・・・・・・・54, 280
国民に告ぐ・・・・・・・・・・・・・・・・・57, 281
国民の誓い・・・・・・・・・・・・・・・・・57, 281
国連だより・・・・・・・・・・・・・・・113, 275
ごごカフェ・・・・・・・・・・・・・・・・・435, 436
午後3時30分の音楽・・・・・・・・・237, 239
ここに生きる・・・・・・・・・・・・・・・123, 294
午後2時の音楽・・・・・・・・・・・・・・・・・・237
午後の演芸会・・・・・・・・・・・・・・175, 264
午後の解説・・・・・・・・・・・・・・・・123, 286
午後の間奏曲・・・・・・・・・・・・・・137, 243
午後の娯楽室・・・・・・・・・・・119, 120, 194
午後のサウンド・・・・・・・・・・・・・・161, 219
午後の散歩道・・・・・・・・・・・・・・・・・・・431
午後のシャンソン・・・・・・・・・・・・・134, 215
午後のダイヤル　127, 133, 176, 194, 213, 214, 245
午後のダイヤル「あなたのリズム」・・・・・・213
午後のダイヤル「ここに夢の花ひらく」・・・・176
午後のダイヤル「ヒットメロディーショー」・・・213
午後のダイヤル「ミュージック・カレンダー」・・・・214

NHK放送100年史（ラジオ編）　475

午後の茶の間・123, 286, 287, 357, 358, 407, 431
午後の茶の間「くらしの四季」・・・・・・・・・・・・・407
午後の茶の間「育ちゆく世代」・・・・・・・・・・・・407
午後の茶の間「ニュース解説」・・・・・・・123, 287
午後のひととき・・・・・・・・・・・・・・・・・309, 430
午後のまりやーじゅ・・・199, 200, 229, 231, 414, 434
午後のまりやーじゅ「イワイガワ井川の星の数だけモノもうす！」・・・・・・・・・・・・・・・・・・・・・・・・199
午後のまりやーじゅ「オレソング」・・・・・・・・・229
午後のまりやーじゅ「風見しんごのどこまでしゃべるの！」・・・・・・・・・・・・・・・・・・・・・・・・200
午後のまりやーじゅ「DJ赤坂泰彦のこれがポップスだ！」
・・・・・・・・・・・・・・・・・・・・・・・・・・・・229
午後のまりやーじゅ「10min.」・・・・・・・・・・・414
午後のまりやーじゅ「杜けあきの愛あればこそ、言葉あればこそ」・・・・・・・・・・・・・・・・・・・・・・・199
午後のまりやーじゅ「山口香のリアルボイス」・・・199
午後のまりやーじゅ「ユーガッタミュージック」・・・・231
午後のリサイタル・・・・・・・135, 137, 240, 241
午後のレコードコンサート・・・・・・・・・・・・・136
午後のロータリー・・・120, 121, 123, 148, 330, 331, 431, 432, 433
ここはどこでしょう・・・・・・・・・・・・125, 187
ここはふるさと旅するラジオ・・・・・・・・167, 302
午後4時25分の音楽・・・・・・・・・・・・・・・237
ごごラジ！・・・・・・・・・・・・・・・・・・・・435
心の歌・・・・・・・・・・・・・・・・・・・・・・239
心の記録・・・・・・・・・・・・・・・・・109, 323
こころの時代〜宗教・人生・・・・・・・・155, 333
こころをよむ・・・・・・・・・・・・・・・155, 331
五重塔・・・・・・・・・・・・・・・・・・・・・・69
小痴楽の楽屋ぞめき・・・・・・・・・・・・・・・269
国会だより・・・・・・・・・・・・・・・274, 285
国会討論会・・・・・・・・・67, 128, 283, 288
国会をみて・・・・・・・・・・・・・・・・・・274
国境警備慰問の夕・・・・・・・・・・・・・・・・49
古典研究・・・・・・・・・・・・・・・・386, 388
古典講座・・・・・・・・・・・・・・・・・・・327
古典講読・・・・・・・146, 154, 155, 328, 329
古典落語・・・・・・・・・・・・・・・・・・・266
古典をたずねて・・・・・・・・・・・・・・・・326
高等学校　ことばと文学・・・・・・・・141, 385
ことばの教室・・・・・・・・・・・・・・138, 327
ことばの研究室・・・・・・・・・・322, 325, 326
ことばの十字路・・・・・・・・・・・・・・・・329
ことばの広場・・・・・・・・・・・・・325, 326
ことばのメモ帳・・・・・・・・・・・・・・・・334
ことば力アップ・・・・・・・・・・・・・・・・338
こども会議・・・・・・・・・・・・・・・143, 364
子ども科学電話相談・・・・・・・・・・・・・・364
子ども科学電話相談夏休みスペシャル！・・・・・169
こども推理ドラマ・・・・・・・・・144, 182, 367
こどもと家庭の夕べ・・・・・・・・143, 242, 363, 364
こどもと教育〜電話相談・・・・・151, 391, 432
コドモ日曜新聞・・・・・・・・・・33, 53, 362
こどもニュース・・・・・・・143, 144, 181, 364
子供の言い分・・・・・・・・・・・・・・・・・390
子供の音楽・・・・・・・・・・・・・・・・・・362
子供の時間・・30, 32, 33, 41, 52, 53, 83, 101, 102, 179, 362, 363
こどもの時間・・・・・・・・・・・・・・142, 362
コドモの新聞・・・・・・・・・・・・53, 77, 362
こどものための話・・・・・・・・・・・・362, 377
こどものためのレコードコンサート・・・・・・・243
こども名作ドラマ・・・・・・・・・・・・・・・181
小西康陽　これからの人生・・・・・・・・・・・228
小西康陽　これからの人生。・・・・・・・・・・228
この頃のニュースから・・・・・・・・・・・・・・53
この人にきく・・・・・・・・・123, 146, 328
小ばなし横町・・・・・・・・・・・・・・・・・174
5分でミュージックライン・・・・・・・・・・・232
駒井蓮のニポミン！・・・・・・・・・・・・・・252
コミュニティー・ショー・・・・・・・・283, 322
コメディーおせっかい横丁・・・・・・・・・・・195
コメディーおせっかい横丁〜パートⅡ・・・・・・195
コメディー「先生・人生・一年生」・・・・・・・196
コメディー「ブラジルから来た太郎君」・・・・・196
こやぶとみちょぱのとりしらベイビー・・・・・・200
こやぶのとりしらベイビー・・・・・・・・・・・200
小山薫堂の“温故知新堂”・・・・・・・・・・・435
こよいあの歌を・・・・・・・・・・・・・・・・123
今宵歌えば・・・・・・・・・・・・・・・・・・211
これからの中小企業・・・・・・・・・・・・・・317
コロの物語・・・・・・・・・・・・・・102, 180
コンサートエコー・・・・・・・・・・・・・・・238
今週のNHK・・・・・・・・・・・・・・・・・436
今週の科学・・・・・・・・・・・・・・・・・・355
今週の歌謡集・・・70, 71, 107, 207, 208, 214
今週の議会から・・・・・・・・・・・・・67, 283
今週の経済・・・・・・・・・・・・・・・・・314
今週のニュース特集・・・・・・・・・・・・・・273

今週の明星・・・・・・・70, 71, 107, 108, 208, 209
こんどはうたよ・・・・・・・・・・・・・・・・370
こんな話あんな話・・・・・・・・・・・・90, 192
今日の原子力・・・・・・・・・・・・・354, 355
今日の常識・・・・・・・・・・・・・・・・・・406
今日の農村・・・・・・・・・・・・・・・・・・317
今日の農（漁）村・・・・・・・・・・・・140, 317
今日の世界・・・・・・・・・・・・・・・・・・285
こんにちは東京です・・・・・・・・・・286, 431
こんにちは！80（はちまる）ちゃんです・・・164, 302, 434
今日は皆さん・・・・・・・・・・・・・・・・・325
こんにちはラジオセンター・・121, 149, 150, 151, 218, 219, 220, 275, 330, 331, 355, 359, 408, 409, 431, 432
こんにちはラジオセンター「あなたの健康・家族の健康」・・・・・・・・・・・・・・・・・・・・359, 432
こんにちはラジオセンター「ウィークエンドリクエスト」218, 219, 220
こんにちはラジオセンター「くらしの電話相談」409, 412
こんにちはラジオセンター「午後の情報スポット」・・409
こんにちはラジオセンター・サンデージョッキー「科学万博会場から〜つくばリポート」・・・・・・・・・・355
こんにちはラジオセンター「電話相談コーナー」・・408, 409
こんにちはラジオセンター「土曜サロン」・・・・・330
こんにちはラジオセンター「ネットワークトピックス」・408
こんにちはラジオセンター「ミュージック・プレゼント」220
こんにちはラジオセンター「リクエストコーナー」・・219
こんにちはラジオセンター「話題の指定席」・149, 330
今晩は大阪です・・・・・・・・・127, 195, 266
こんばんはラジオセンター・121, 149, 150, 196, 217, 218, 219, 220, 318, 326, 359, 391, 432
こんばんはラジオセンター「演歌今昔」・150, 218, 432
こんばんはラジオセンター「面白自然科学」・359, 432
こんばんはラジオセンター「芸能夜話」・・・・150, 196
こんばんはラジオセンター「月曜インタビュー」・・196
こんばんはラジオセンター「ことばの歳時記」・150, 196
こんばんはラジオセンター「この人この話」・150, 196
こんばんはラジオセンター「今週の電話相談室から」・・・・・・・・・・・・・・・・・・・・・・・・391
こんばんはラジオセンター「土曜談話室」・・288, 294
こんばんはラジオセンター「はつらつスタジオ505」220, 224
こんばんはラジオセンター「ポップス大全集」・150, 219
こんばんはラジオセンター「ヤングママ子育て相談」391
こんばんはラジオセンター「リクエスト歌謡全集」・・219
今夜も大入り！渋谷・極楽亭・・・・・・・・・197

さ 行

さ

サイエンスウィークリー・・・・・・・・・・・・355
財界往来・・・・・・・・・・・・・・・314, 315
最新自然科学講座・・・・・・・・・・・・・・・354
在満同胞慰安の夕・・・・・・・・・・・・・・・41
サウンド・オブ・ポップス・・・・・・・・・・・216
サウンドクリエーターズ・ファイル・・・・・157, 228
サウンドストリート 123, 156, 157, 217, 219, 226, 228
サウンドストリート21・・・・・・・157, 226, 228
サウンド・ミュージアム・・・・・・・・・・・・225
サウンド夢工房・・・・・・・・・・・・157, 178
サカナクション・山口一郎 "Night Fishing Radio" 231
先読み！夕方ニュース・・・・・・・・・・・・・275
さくらひなたロッチの伸びしろラジオ・・・・・・201
さくらんぼ大将・・・・・・・・94, 100, 174
ザ・ソウルミュージック・・・・・・・161, 224, 233
ザ・ソウルミュージックⅡ・・・・・・・161, 224, 233
サタデークラシックリクエスト・・・・・・246, 247
サタデーライブイン・・・・・・・・・・・・・・221
サタデーライブイン「セッション'90」・・・・・221
サタデーライブイン「ビートイン10」・・・・・221
サタデーワイド・・・・・・・・・227, 228, 413
座談会・・・・・・・・・・・・67, 282, 283
佐藤二朗とオヤジの時間・・・・・・・・・・・・201
三郎のかんさつノート・・・・・・・・・・・・・375
さまよえるパパたちへ・・・・・・・・・・・・・391
さわやか広場・・・・・・・・・・・・・・・・・330
山嶽党奇談・・・・・・・・・・・・・・・・・・58
産業講座・・・・・・・・・・・・・・・・・・311
産業実務講座・・・・・・・・・・141, 316, 401
産業戦士の方へ・・・・・・・・・・・・・・・・312
産業ニュース・・・・・・・・・・・23, 311, 312
産業の夕・・・・・・・84, 113, 283, 313, 314
三国志・・・・・・・・・・・・・・・・・・・264
三四郎・・・・・・・・・・・・・・・・39, 172
サンセットパーク・・・・・・・・・・・216, 223
三題噺・・・・・・・・・・・・・・・・72, 188
三太三重まる物語・・・・・・・・・・・101, 179
三太物語・・・・・101, 102, 103, 108, 179

サンデークラシックコンサート・・・・・・・・・244
サンデークラシックリクエスト・・・・160, 245, 246, 247
サンデークラシックワイド・・・・・・・・・・・249
サンデーコンサート・・・・・・・・・・・・・・238
サンデージョッキー・・125, 129, 194, 195, 267, 355, 436
サンデーシンフォニーコンサート・・・・・・71, 236, 237
サンデートピックス・・・・・・・・・・・・・・275
サンデーリクエストアワー・・・・・160, 245, 246, 247
サンドウィッチマンの天使のつくり笑い・・・・・・200
三人一話・・・・・・・・・・・・・・・・・・・329
三人のジョッキー・・・・・・・・・・・・・・・195
三勇士の俤を偲びて・・・・・・・・・・・・・・41
三勇士の夕・・・・・・・・・・・・・・・・・・41

し

THE ALFEE 終わらない夢・・・・・・・・・・230
ジェットストリーム・・・・・・・・・・・・・・134
視覚障害者のみなさんへ・・・・・・・142, 309, 310
視覚障害ナビ・ラジオ・・・・・・・142, 310, 311
士気振興の夕・・・・・・・・・・・・・・・・・49
四季のうた・・・・・・・・・・・・・・・・・・331
史記の世界・・・・・・・・・・・・・・・・・・307
市況・・・・・・・・・・・・・・・・24, 25
時局演芸・・・・・・・・・・・・・・・・・・189
時局講演・・・・・・・・・・・・・・・・・・・55
時局社会見学・・・・・・・・・・・・・・53, 293
時局談話・・・・・・・・・・・・・50, 55, 281
時局展望・・・・・・・・・・・・・・・・・・272
仕事学のすすめ・・・・・・・・・・・・・・・・319
仕事と共に・・・・・・・・・・・・・・・・・・206
しごとをあそぼ・・・・・・・・・・・・・・・・319
自作朗読・・・・・・・・・・・・・・・・・・320
自作を語る・・・・・・・・・・・・・・・・・・331
時事解説・・・・・・・・・・・・・・・・40, 280
時事講座・・・・・・・・・・・・・・・・40, 280
時事講談　満蒙事変の根元・・・・・・・・・・・41
時事問題解説・・・・・・・・・・・・・・・・・280
史蹟めぐり・・・・・・・・・・・・・・・51, 321
自然とともに・・・・・・・・・・・・・・・・・352
下町人生・・・・・・・・・・・・・・・・・・194
実業講座・・・・・・・・・・・・・・38, 39, 312
実践ビジネス英語・・・・・・・・・・・・419, 420
室内遊戯の時間・・・・・・・・・・・110, 400, 401
質問箱・・・・・・・・・・・・・・・・68, 283
実用英語会話・・・・・・・・・・・39, 85, 141, 415
実力養成講座・・・・・・・・・・・・・・・・・385
支那語講座・・・・・・・・・・・・・・・・・・41
支那語初等科・・・・・・・・・・・・・・・・・415
支那事変国債売出の夕・・・・・・・・・・・・・49
支那の家庭の話・・・・・・・・・・・・・・・・41
シニアのための　ものしり英語塾・・・・・・・・419
渋マガZ・・・・・・・・・・・・163, 337, 368
渋谷アニメランド・・・・・・・・・・・・・・・402
渋谷スポーツカフェ・・・・・・・・・・・・・・295
事変回顧・・・・・・・・・・・・・・・・・・272
時報・・・・・・・・・・・・・・23, 25, 26, 62
市民大学講座・・・・・・・・・・・141, 146, 328
ジャーナルクロス・・・・・・・・・・・・・・・293
社会科・・・・・・・・・・・・・・・・83, 372
社会科歴史（1年生向け）・・・・・・・・・・・381
社会科歴史（2年生向け）・・・・・・・・・・・381
社会見学・・・・・・・・・・・・・・・・・・312
社会探訪・・・・・・・・・・・64, 65, 147, 293
社会の窓・・・・・・・・・・・・84, 283, 284, 286
社会番組・・・・・・・・・・・・284, 286, 293
社会福祉セミナー・・・・・・・・・・・・・・・310
社会福祉の時間・・・・・・・・・・・・・・・・309
社会福祉の手引・・・・・・・・・・・・・・・・309
尺八と歌謡曲・・・・・・・・・・・・・・・・・40
写真講座・・・・・・・・・・・・・・・・・・401
ジャズアルバム・・・・・・・・・・・・・・・・136
ジャズクラブ・・・・・・・・・・・160, 221, 226
ジャズ・トゥナイト・・・・・・・・・160, 221, 226
ジャズのお茶・・・・・・・・・・・・・・69, 207
ジャズはいかが・・・・・・・・・・・・・・・・210
Japan & World update・・・・・・・・・・・277
シャボテン日記・・・・・・・・・・・・・190, 191
ジャングルタロー・・・・・・・・・・・・・・・370
上海戦線慰問の夕・・・・・・・・・・・・・・・49
上海戦線思ひ出の夕・・・・・・・・・・・・・・188
ジャンバルジャン・・・・・・・・・・・・・・・39
週刊情報サラダ・・・・・・・・・・・・・・・・368
週刊女性展望・・・・・・・・・・・・・・・・・404
週間新聞論調・・・・・・・・・・・283, 284, 286
週間スポーツハイライト・・・・・・・・・・・・277
週間戦況・・・・・・・・・・・・・57, 281, 282
週間戦局・・・・・・・・・・・・・57, 281, 282
週刊どこでも安心ラジオ・・・・・・・・・・・・292
週間論調・・・・・・・・・・・・・・・284, 286
週間を顧みて・・・・・・・・・・・・・・・・・280

宗教講演・・・・・・319
宗教講座・・・・・・30, 47, 319, 320
宗教講話・・・・・・47, 320
宗教の時間・・・・・・31, 110, 155, 321, 322, 323
銃後だより・・・・・・58
銃後の人々・・・・・・49
銃後婦人の夕・・・・・・49
自由人の声・・・・・・284
10人のこびと・・・・・・320
修養講座・・・・・・30, 47, 319, 320
修養講話・・・・・・320
自由を護った人々・・・・・・173
出獄者にきく・・・・・・68, 282
主婦日記・・・82, 111, 119, 236, 401, 405, 407, 431
主婦の科学・・・・・・145, 358
主婦の時間・・・・・・118, 119, 405, 407
趣味講座・・・・・・31, 321, 400
趣味の園芸・・・・・・353, 401
趣味の時間・・・・・・110, 400, 401
趣味の手帳・・・・・・110, 123, 400, 401, 430
趣味の動物・・・・・・402
春期基礎英語・・・・・・39
春期支那語・・・・・・39
ジョイフルポップ・・・・・・161, 220, 221
常会の時間・・・・・・321
小学生の基礎英語・・・・・・422, 423
小学生の時間・・・・・・46, 371
小学校高学年の時間　明るい家・・・・・・373
小学校高学年の時間　生きた言葉・・・・・・373
小学校高学年の時間　お話世界めぐり・・・・・・373
小学校高学年の時間　音楽・・・・・・373
小学校高学年の時間　音楽世界めぐり・・・・・・373
小学校高学年の時間　音楽の旅・・・・・・376
小学校高学年の時間　季節だより・・・・・・373
小学校高学年の時間　工夫する人間・・・・・・373
小学校高学年の時間　世界名作めぐり・・・・・・374
小学校高学年の時間　日本のむかし・・・・・・376
小学校高学年の時間　マイク科学の旅・・・・・・373
小学校高学年の時間　マイクの旅・・・・・・373
小学校国語番組・・・・・・375
小学校国語番組　ことばの教室・・・・・・378
小学校中学年の時間　かんさつノート・・・・・・375
小学校中学年の時間　季節の理科・・・・・・376
小学校中学年の時間　三郎のかんさつノート・・・375
小学校中学年の時間　みんなのことば・・・・・・375
小学校中学年の時間　みんなの図書室・・・・・・376
小学校中学年の時間　ラジオ新聞・・・・・・375
小学校中学年の時間　わたしたちのくらし・・・・・・375
小学校低学年の時間　うたのかばん・・・・・・373
小学校低学年の時間　お話のポスト・・・・・・372
小学校低学年の時間　音楽鑑賞・・・・・・372
小学校低学年の時間　げんきなこども・・・・・・372
小学校低学年の時間　ことばあそび・・・・・・372
小学校低学年の時間　どうぶつのくに・・・・・・373
小学校低学年の時間　はたらく人びと・・・・・・373
小学校道徳番組　あすに向かって・・・・・・378
小学校道徳番組　行こうみんなで・・・・・・378
小学校道徳番組　こいぬのろくちゃん・・・・・・377
小学校道徳番組　ぼくはいちろうた・・・・・・377
小学校の時間　けんちゃんのたんけん・・・・・・376
小学校の時間(高学年)明るい学校・・・・・・376
小学校の時間(高学年)日本のあゆみ・・・・・・377
小学校の時間(高学年)理科のしおり・・・・・・376
小学校の時間　第1部　お話たまてばこ・・・・・・375
小学校の時間　第1部　お話のおけいこ・・・・・・374
小学校の時間　第1部　こどものこよみ・・・・・・374
小学校の時間　第1部　ラジオかくれんぼ・・・・・・374
小学校の時間　第2部　お話めぐり・・・・・・374
小学校の時間　第2部　考える太郎・・・・・・374
小学校の時間　第2部　たのしい音楽・・・・・・374
小学校の時間　第2部　仲よしクラブ・・・・・・374
小学校の時間　第2部　なかよしグループ・・・・・・375
小学校の時間　第2部　七つの鍵・・・・・・374
小学校の時間　第2部　水の旅・・・・・・374
小学校の時間　第2部　昔はどうしていたでしょう・・・375
小学校の時間　第2部　私たちの観察・・・・・・375
小学校の時間　第3部　音楽の世界・・・・・・375
小学校の時間　第3部　季節の音楽・・・・・・374
小学校の時間　第3部　このごろのできごと・・・・・・374
小学校の時間　第3部　日本の歴史にあらわれた人びと・・・・・・375
小学校の時間(中学年)あの村この町・・・・・・376
小学校の時間(中学年)何があったでしょうか　376, 377
小学校の時間(中学年)ラジオ・ポスト・・・・・・377
小学校の時間(中学年)ひろがる理科室・・・・・・376
小学校の時間(中学年)みんなのくらし・・・・・・377
小学校の時間(中学年)ユーちゃんのカレンダー・・・377
小学校の時間(中学年)ユーちゃんの理科ノート・・・377
小学校の時間(低学年)こねこミー・・・・・・376
小学校の時間(低学年)ふしぎなオルゴール・・・・・・377

小学校の時間(低学年)はたらく人びと・・・373, 377
小学校の時間(低学年)よっちゃんのえにっき・・・・377
上級基礎英語・・・・・・155, 417
商工業の時間・・・・・・311, 312
商工サロン・・・・・・316
商工実務講座・・・・・・315
少国民の時間・・・・・・53, 57, 60, 83, 362
詔書の奉読・・・・・・61
じょうずな話し方・・・・・・143, 329, 364
少青年講座・・・・・・39, 371
商店の皆さんへ・・・・・・314, 315, 317
少年課外講座・・・・・・365
少年少女音楽会・・・・・・236, 239, 240
傷病将士慰問の夕(または「午後」)・・・188
傷病兵士慰問の午後・・・・・・49
商品市況・・・・・・144
勝利の記録・・・・・・57, 281
昭和歌謡ショー・・・・・・228, 231
昭和歌謡大全集・・・・・・217
昭和ヒット倶楽部・・・・・・228, 231
初級ドイツ語・・・・・・415
初級日本語講座・・・・・・418
初級フランス語・・・・・・415, 416
職業指導所からのお知らせ・・・・・・311
職業紹介・・・・・・311
職業紹介事項・・・・・・311
職業紹介の時間・・・・・・25, 311
職業婦人の衛生・・・・・・53
食後の音楽・・・・・・236
食後のリズム・・・・・・212
職場のいこい・・・・・・430
職場の音楽・・・・・・240
女性教室・・・・・・111, 401
所得税講座・・・・・・317
しらべによせて・・・・・・244
素人即席演芸会・・・・・・192
素人ラジオ探偵局・・・・・・98, 186
次郎の日記・・・・・・381, 382
ジロリンタン物語・・・・・・101, 179
真打ち競演・・・・・・169, 267
新演芸・・・・・・188
新海外事情・・・・・・288
新学芸展望・・・・・・331
新・家庭読本・・・・・・406
新基礎英語1・・・・・・418
新基礎英語2・・・・・・418, 419
新基礎英語3・・・・・・418, 419, 420
新芸能人の時間・・・・・・207
新産業地図・・・・・・316
新産業読本・・・・・・315, 316
神社めぐり・・・・・・51, 321
尋常小学校の時間・・・・・・47
新諸国物語・・・・・・100, 101, 179, 180
新諸国物語「オテナの塔」・・・・・・100, 180
新諸国物語「七つの誓い」・・・・・・100, 180
新諸国物語「白鳥の騎士」・・・・・・100, 179
新諸国物語「笛吹童子」・・・・・・100, 101, 179
新諸国物語「紅孔雀」・・・・・・100, 179
心身障害児とともに・・・・・・142, 310
心身障害者とともに・・・・・・142, 310
新人紹介の時間・・・・・・207
心身鍛錬の夕・・・・・・49
新人の時間・・・・・・207, 237
人生読本　109, 110, 123, 149, 151, 316, 323, 324, 432,
人生・三つの歌あり・・・・・・222
真相箱・・・・・・68, 282, 283
真相はかうだ・・・・・・68, 282, 283
新探偵小説連続放送・・・・・・172
神道読本・・・・・・321
新日曜名作座・・・・・・132, 176, 178
新日本百景・・・・・・300
新・話の泉・・・・・・187
人物春秋・・・・・・154, 307, 334
新風土記・・・・・・300
シンブン・・・・・・362
新聞論調・・・・・・283
新聞をよんで・・・・・・128, 275, 285
新聞を読んで・・・・・・285, 291
新編弓張月・・・・・・59
新ラジオ歌謡・・・・・・220, 224
親鸞・・・・・・264

す

水産物市場案内・・・・・・274
吹奏楽のひびき・・・・・・249
水曜寄席・・・・・・267
スウィートタイム・・・・・・106, 209, 210, 211
スクリーンからステージから・・・・・・
スクリーンミュージック・・・・・・133, 194, 211, 214
助六由縁江戸桜・・・・・・69

スター訪問・・・・・・325
スタジオ演奏会・・・・・・239
スタジオコンサート・・・・・・238
STUDY！ぼくたちとみんなのラジオ・・・・・・201
スタパ落語会・・・・・・268
すっぴん！・・・167, 198, 199, 229, 230, 232, 251, 269, 291, 296, 303, 308, 319, 339, 340, 341, 342, 356, 391, 402, 403, 413, 414, 434
すっぴん！「Eyes on ニッポン」・・・・・・291
すっぴん！「愛と独断のサブカルチャー講座」・・・340, 341
すっぴん！「アフター 3.11」・・・・・・291
すっぴん！「おぐねー★キレイの秘密」・・・402, 403
すっぴん！「おぐねーの3分聴いてキレイになろう！」・・・・・・403
すっぴん！「おしえて！おべんとマスター」・・・・・・414
すっぴん！「お天気メンバー11時」・・・・・・356
すっぴん！「お囃子えりちゃんの職人ええじゃないか」・・・・・・269
すっぴん！「おべんとガーデン」・・・・・・413, 414
すっぴん！「学問のスルメ」・・・・・・356
すっぴん！「春日太一の金曜映画劇場」・・・・・・403
すっぴん！「カトノリが行く！」・・・・・・198
すっぴん！「感じる俳句」・・・・・・403
すっぴん！「ギョーカイ大図鑑」・・・・・・319
すっぴん！「源ちゃんのゲンダイ国語」・・・・・・339
すっぴん！「源ちゃんのゲンバ」・・・・・・339
すっぴん！「源ちゃんのみみきゅん」・・・・・・199
すっぴん！「子育てカフェ」・・・・・・391, 434
すっぴん！「サブカル用語の基礎知識」・・・・・・342
すっぴん！「さわけんのぶっちゃけ Science Cooking」・・・・・・414
すっぴん！「新刊コンシェルジュ」・・・・・・340, 403
すっぴん！「新書ナビ」・・・・・・339
すっぴん！「すっぴん！インタビュー」・・・339, 434
すっぴん！「すっぴん中継」・・・・・・414
すっぴん！「すべての道は食に通ず」・・・・・・414
すっぴん！「スポーツ自由形」・・・・・・296
すっぴん！「スポーツのミカタ」・・・・・・296
すっぴん！「ダイアモンド✕ユカイの"サムシング"ソング!!」・・・・・・229
すっぴん！「高橋ヨシキのシネマストリップ」・・・・・・403
すっぴん！「ちょっと聞いてよアンサーソング」・・・232
すっぴん！「津田っちのキラキラ☆ライフ」・・・・・・199
すっぴん！「テキストどーん」・・・・・・199
すっぴん！「てくてくタウン誌」・・・・・・413
すっぴん！「日本一早い！大喜利コーナー」・・・269
すっぴん！「日本の未来図を描く　津田大介のコミュニティー探訪」・・・・・・340
すっぴん！「News まるかじり」・・・・・・291
すっぴん！「博士が愛した日常」・・・・・・198
すっぴん！「ひざウチ！ふにオチ！」・・・・・・342
すっぴん！「フィフィのスペシャル」・・・・・・198
すっぴん！「フードコート」・・・・・・413
すっぴん！「文化のひととき」・・・・・・341
すっぴん！「本、ときどきマンガ」・・・・・・403
STUDY！「本とシネマの乱読中毒」・・・・・・339
すっぴん！「松田悟志の月スポ」・・・・・・199
すっぴん！「松田悟志のすっぴん映画部」・・・・・・340
すっぴん！「松田悟志のめっちゃすっぴん！ツアー」・・・・・・199
すっぴん！「松田悟志のわくわくワンダー」・・・199
すっぴん！「マニアさんの部屋」・・・・・・413
すっぴん！「みね子の、あの街この街」・・・・・・303
すっぴん！「MUSIC　SCRAP」・・・・・・230
すっぴん！「メディア tsuda塾」・・・・・・340
すっぴん！「ユー辞典」・・・・・・342
すっぴん！「ユカイな裏歴史」・・・・・・308
すっぴん！「ユカイな江戸暮らし」・・・・・・308
すっぴん！「ユカイなコンポジスト」・・・・・・251
すっぴん！「ユカイなジャンピン・ジャック・フラッシュ！」・・・・・・232
すっぴん！「ゆる〜りヨガ」・・・・・・402
すっぴん！「ラン！トーク！ラン！」・・・・・・402
すっぴん！「流行アナライズ」・・・・・・291
すっぴん！「ワールドミュージックパスポート」・・・229
素敵なはなしことば・・・・・・333
ステップアップ中国語・・・・・・423
ステップアップ ハングル講座・・・・・・423
ステレオ軽音楽アルバム・・・・・・213
ステレオ軽音楽ホール・・・・・・132, 212, 215
ステレオコンサート・・・・・・159, 215, 242, 243
ステレオコンサート〜クラシック・リクエスト・・・137
ステレオ邦楽鑑賞・・・・・・263, 266
ステレオホームコンサート・・・・・・242, 243
ステレオリズムアワー・・・・・・209, 215
ストップクイズ・・・・・・125, 187
スペイン語講座・・・・・・417, 420
スペイン語ニュース・・・・・・277
スペイン語入門・・・・・・416, 417
スポーツアワー・・・・・・295
スポーツ教室・・・・・・294

スポーツショウ・・・・・・・・・・・・・・・・277, 294
スポーツダイジェスト・・・・・・・・・・・・・・・277
スポーツトピックス・・・・・・・・・・・・275, 295
スポーツミラー・・・・・・・・・・・・・・・・・・・・294
スポット・クイズ・・・・・・・・・・・・・・・・・・186
スリラー劇場・・・・・・・・・・・・・・・・・98, 175

せ

生活改善講座・・・・・・・・・・・・・・・・・52, 400
生活のうた・・・・・・・・・・・・・・・・・・286, 293
生活メモ・・・・・・・・・・・・・407, 430, 431
税金講座・・・・・・・・・・・・・・・・・・315, 317
税金相談・・・・・・・・・・・・・・・・・・317, 318
政治・経済座談会・・・・・・・・・・・・・・・・・128
政治討論会・・・・・・・・・・・・・・・・・・・・・283
政治と政策・・・・・・・・・・・・・・・・・・・・・286
政治の動き・・・・・・・・・・・・・・・・128, 287
青春アドベンチャー・・・・・・・156, 157, 178
青春サーカス・・・・・・・・・・・・・・・・・・・・191
青春三人娘（カメラは見ている）・・・・・・193
青春リアル・・・・・・・・・・・・・・・・・・・・・368
青春を生きる・・・・・・・・・・・・・・・366, 367
青春を語る・・・・・・・・・・・・・・・・330, 334
青少年音楽会・・・・・・・・・・・・・・・236, 240
青少年学徒の時間・・・・・・・・・・・・・・・・366
青少年コンサート・・・・・・137, 160, 243, 245
青少年職業講座・・・・・・・・・・・・・・・・・・366
青少年の時間・・・・・・・・・・・・・・・・・・・366
青少年レコードコンサート・・・・・・122, 366, 367
青少年を考える・・・・・・・・・・・・・123, 390
精神薄弱児とともに・・・・・・・142, 309, 310
精神薄弱児のために・・・・・・・・142, 309, 310
聖典講義・・・・・・・・・・・・30, 47, 52, 320
精動特報・・・・・・・・・・・・・・・・・・・・・・281
青年学級の友へ・・・・・・・・・・・・・144, 366
青年学校の時間・・・・・・・・・・・52, 312, 365
青年学校放送・・・・・・・・・・・・・・・・52, 365
青年講座・・・・・・・・・・・・・・・・・・52, 365
青年図書館・・・・・・・・・・・・・・・・・・・・367
青年に語る・・・・・・・・・・・・・・・・366, 367
青年の時間・・・・・・・・・・50, 52, 312, 365
青年の主張・・・・・・・・・115, 144, 366, 367
青年の夕・・・・・・・・・・・・・・・・・・52, 365
政府の時間・・・・・・・・・・54, 57, 280, 281
西洋音楽講座・・・・・・・・・・・31, 234, 320
世界音楽めぐり・・・・・・・・・・・・・・・・・220
世界史講座・・・・・・・・・・・・・・・・・・・・306
世界とアジア・・・・・・・・・・・・・・・・・・・286
世界の動き・・・・・・・・・・・・・・・283, 286
世界の音楽・・・・・・・・・・・・・・・・・・・・206
世界の快適音楽セレクション・・・・・・161, 224
世界の危機・・・・・・・・・・・・・・・113, 284
世界のコーラス・・・・・・・・・・・・・・・・・248
世界のノンフィクション・・・・・・・・・・・・329
世界の表情・・・・・・・・・・・・・・・・・・・・285
世界の文化・・・・・・・・・・・・・・・・・・・・323
世界の窓・・・・・・・・・・・・・・・・・・・・・286
世界の民俗音楽・・・・・・・137, 138, 215, 216
世界の民族音楽・・・137, 138, 156, 157, 215, 216,
224, 245, 246
世界の名作・・・・・・・・・・・96, 173, 174
世界のメロディー・・・・・・・・138, 194, 214
世界の歴史・・・・・・・・・・・・・・・386, 387
世界へ発信！ニュースで英語術・・・・・・422
世界冒険物語・・・・・・・・・・・・・・・・・・182
世界みたまま・・・・・・・・・・・・・・・・・・303
世界を踊り廻る・・・・・・・・・・・・・69, 207
世界を旅して・・・・・・・・・・・・・・・・・・303
世界をつなぐ・・・・・・・・・・276, 284, 285
世相録音・・・・・・・・・・・・・・64, 65, 293
セッション505・・・・・・・160, 161, 218, 224
セッション'78・・・・・・・・・・・・・・160, 218
セッション2006・・・・・・・・・・・・・・・・224
銭形平次捕物控・・・・・・・・・・・・・・・・・96
戦況月報・・・・・・・・・・・・・・・・・・・・・281
戦況日報・・・・・・・・・・・・・・・・・・・・・206
戦局展望・・・・・・・・・・・・・・・・・・・・・272
全国音楽めぐり・・・・・・・・・・・・・・・・・252
戦時家庭の時間・・・・・・・・・・・57, 404, 405
戦時国民読本・・・・・・・・・・・・・・・57, 281
戦時女子青年常会・・・・・・・・・・・・・・・405
戦時生活相談・・・・・・・・・・・・・・・・・・405
戦時青年常会・・・・・・・・・・・57, 365, 405
戦時保育所の時間・・・・・・・・・・・・・・・369
先週の議会から・・・・・・・・・・・・・・・・・283
先週の交響楽・・・・・・・・・・・・・・・・・・238
千住真理子のクラシックでお茶を・・・・・250
前線銃後を結ぶ・・・・・・・・・・・・・58, 282
前線将士に送る夕・・・・・・・・・・・・・・・188
前線だより・・・・・・・・・・・・・・・・・・・58
戦線地理・・・・・・・・・・・・・・・・・・・・・58

前線に送る夕・・・・・・・・・・・・・・・・・・75
前線の兵隊さんから・・・・・・・・・・・・・・58
前線へ送る夕・・・・・・・・・58, 188, 282
戦争裁判報告・・・・・・・・・・・・・・・・・・282
ゼンマイ社長・・・・・・・・・・・・・・・・・・194

そ

早朝ニュース・・・・・・・・・・・・・・48, 272
続基礎英語・・・・・・・・・415, 416, 417, 418
即興劇場・・・・・・・・・・・・・・・・・・・・・186
俗曲・・・・・・・・・・・・・・・・・・262, 263
そのいすにすわれ・・・・・・・・・・・・・・・180
空飛ぶカーペット・・・・・・・・・・・106, 209
そろばん教室・・・・・・・・・・・・・・316, 401
ソング・アプローチ・・・・・・・・・・・・・・230

た行

た

第1回NHK紅白歌合戦・・・・・・・・・・・・・206
第2回NHK紅白歌合戦・・・・・・・・・・73, 206
第3回NHK紅白歌合戦・・・・・・・・・・・・・206
大尉の娘・・・・・・・・・・・・・34, 35, 172
大学講座・・・・・・・・・・・・141, 326, 327
大学通信講座・・・・・・・・・・・・・・326, 327
大作曲家の時間・・・・・・・・・・・・・135, 236
大詔を拝し奉りて・・・・・・・・・・・・・56, 61
大地に生きる・・・・・・・・・・・・・・・・・・177
大東亜地理・・・・・・・・・・・・・・・・・・・・58
大東亜に呼ぶ・・・・・・・・・・・・・・・・・・282
大東亜武侠団・・・・・・・・・・・・・・・・・・58
大命を拝して・・・・・・・・・・・・・・・・・・62
タカアンドトシのお時間いただきます・・・201
高橋源一郎の飛ぶ教室・・・・・・・・・・・・342
宝塚パレイド・・・・・・・・・・・・・・208, 210
宝塚ロマンス・・・・・・・・・・・・・・208, 210
武内陶子のごごカフェ・・・・・・・・・・・・435
武内陶子のごごラジ！・・・・・・・・・・・・435
尋ね人・・・・・・・・68, 69, 119, 273, 286
達夫の日記・・・・・・・・・・・・・・・・・・・382
起てり東亜・・・・・・・・・・・・・・59, 189
たぬき島たぬき村・・・・・・・・・・・・・・・179
楽しい音楽・・・・・・・・・・・・・・・・・・・376
たのしいコーラス・・・・・・・・・・・・・・・244
楽しい広場・・・・・・・・・・・・・・・・・・・193
旅と釣・・・・・・・・・・・・・・・・・・・・・300
旅のエッセー・・・・・・・・・・・・・・150, 218
旅ラジ！・・・・・・・・・・・・・・・・・・・・302
太郎さん花子さん・・・・・・・・・・・・186, 430
短歌のこころ・・・・・・・・・・・・・・・・・・331
短期集中！3か月英会話・・・・・・・・・・・422
炭坑の中・・・・・・・・・・・・・34, 35, 172
炭坑へ送る夕・・・・・・・・・・・・・251, 313
ダンス音楽・・・・・・・・・・・・・・・・・・・207

ち

ちいさな船のポンくん・・・・・・・・・・・・370
ちえくらべ・・・・・・・・・・・・・・・・・・・372
ちえのポスト・・・・・・・・・・・・・・・・・・363
地下鉄のアリス・・・・・・・・・・・・・・・・158
ちきゅうラジオ・・・・・・・・・・・・170, 303
地球ラジオ・・・・・・・・・・・162, 170, 303
チクとタク・・・・・・・・・・・・・・・・・・・371
チビッコわんちゃん・・・・・・・・・・370, 371
地方増産だより・・・・・・・・・・・・・・・・312
茶の間のひととき・・・・・・・・317, 407, 431
チャロの英語実力講座・・・・・・・・・・・・420
中学高等学校の時間　新しい学校・・・・・379
中学高等学校の時間　英語・・・・・・・・・379
中学高等学校の時間　音楽鑑賞・・・・・・379
中学高等学校の時間　生活と衣食住・・・379
中学高等学校の時間　世界の動き・・・・・379
中学高等学校の時間　文学・・・・・・・・・379
中学高等学校の時間　私とは何か・・・・・379
中学生実力アップセミナー・・・・・・・・・383
中学生のおさらい・・・・・・・・・・・・・・・380
中学生の基礎英語　レベル1・・・・・・・・423
中学生の基礎英語　レベル2・・・・・・・・423
中学生の勉強室・・・・・・・・・・・141, 382
中学校の時間（1部）音楽・・・・・・・・・・・381
中学校の時間（1部）国語・・・・・・・・・・・381
中学校の時間（1部）作文風土記・・・・・・381
中学校の時間（1部）社会科地理・・・・・・381
中学校の時間（1部）社会科歴史・・・・・・381
中学校の時間（1部）理科・・・・・・・・・・・381
中学校の時間（2部）科学と生活・・・・・・381
中学校の時間　青空班ノート・・・・・・・・382
中学校の時間　昭夫の日記・・・・・・・・・382
中学校の時間　技術と生活・・・・・・・・・383

中学校の時間　季節の科学・・・・・・・・・380
中学校の時間・高等学校の時間　A Good Ear for
English・・・・・・・・・・・・・・・・・・・・・383
中学校の時間　心の生活・・・・・・・・・・・380
中学校の時間　ことばの研究・・・・・・・・383
中学校の時間　社会と職業・・・・・・・・・380
中学校の時間　次郎の日記・・・・・・・381, 382
中学校の時間　生活の科学・・・・・・・・・381
中学校の時間　世界の国々・・・・・・・・・380
中学校の時間　世界の産業・・・・・・・・・379
中学校の時間　世界名曲めぐり・・・・・・380
中学校の時間（第1部）音楽・・・・・・・380, 381
中学校の時間（第1部）上級英語・・・・・・381
中学校の時間（第1部）職業・家庭科・・・・381
中学校の時間（第2部）科学の窓・・・・・・382
中学校の時間（第2部）学級の話題・・・・・382
中学校の時間（第2部）健三の日記・・・381, 382
中学校の時間（第2部）達夫の日記・・・・・382
中学校の時間（第2部）信夫の日記・・・・・382
中学校の時間（第2部）正男の日記・・・・・382
中学校の時間（第2部）歴史にあらわれた人々・・・382
中学校の時間（第2部）私たちの社会・・・382
中学校の時間（第2部）わたしたちは考える・・・382
中学校の時間　日本の文化史・・・・・・・・381
中学校の時間　話しことば教室・・・・・・・383
中学校の時間　名作をたずねて・・・・・・380
中学校の時間　やさしい英語・・・・・・・・380
中学校の時間　私たちの郷土と世界・・・380
中学校の時間　私たちの身体・・・・・・・・379
中学校の時間　私たちの生活と科学・・・380
中学校の時間　私たちの生活と文化・・・380
中学校の時間　私たちの生徒会・・・・・・379
中学校番組　ことばの世界・・・・・・・・・383
中高生の基礎英語　in English・・・・・・・423
中国語講座・・・・・・・・・・・・・・417, 420
中国語“日本ジャーナル”・・・・・・・・・・・421
中国語ニュース・・・・・・・・・・・・・・・・・277
中国語入門・・・・・・・・・415, 416, 417
中国語入門講座・・・・・・・・・・・・・・・・・415
中小企業者の時間・・・・・・・・・・・314, 315
中小企業の時間・・・・・・・・・・・・314, 315
中小企業番組・・・・・・・・・・・・・・・・・・317
中小企業向け番組・・・・・・・・・・・317, 318
中小商工業の皆さんへ・・・・・・・・・・・・315
中等学生の時間・・・・・・・・・・・・・・・・・379
中年婦人の職業・・・・・・・・・・・・・・・・・53
中部支那事情特別講座・・・・・・・・・41, 280
中文日本百科・・・・・・・・・・・・・・・・・・421
聴取者文芸・・・・・・・・・・・・・・・・・・・400
朝礼訓話・・・・・・・・・・・・46, 47, 58, 280
珍客・・・・・・・・・・・・・・・・・・・・・・・35

つ

通信教育のしおり・・・・・・・・・・・・・・・385
通信高校講座・・・・・・・・・・・141, 384, 385
通信高校講座I　音楽・・・・・・・・・・・・・385
通信高校講座　家庭経営・・・・・・・・・・・387
通信高校講座　現代国語・・・・・・・・・・・386
通信高校講座　商業一般・・・・・・・・・・・386
通信高校講座　食物I・・・・・・・・・・・・・386
通信高校講座　数学I入門・・・・・・・・・・386
通信高校講座　政治経済・・・・・・・・・・・386
通信高校講座　日本史・・・・・・・・・・・・386
通信高校講座　農業経営・・・・・・・・・・・386
通信高校講座　被服I・・・・・・・・・・・・・387
通信高校講座　物理A・・・・・・・・・・・・・386
通信高校講座　倫理社会・・・・・・・・・・・386
通俗医学講座・・・・・・・・・・・・・354, 357
通俗科学講座・・・・・・・・・・・・・・・・・・354
つながるラジオ・167,197, 229, 290, 291, 302, 303,
336, 339, 409, 412, 434
つながるラジオ「いのちと絆のメッセージ」・・・・・・291
つながるラジオ「いのちをつなぐメッセージ」・290, 291
つながるラジオ「金曜旅倶楽部」・・・302, 303, 412
つながるラジオ「ことばの宝船」・・・・・・339
つながるラジオ「大使館からこんにちは」・・・303
つながるラジオ「旅に出ようよ」・・・・・・302
つながるラジオ「旅の達人」・・・・・・・・・302
つながるラジオ「電話相談」・・・・・・167, 412
つながるラジオ「木曜ワイド」・・・・・229, 434
つながるラジオ「ラジオ井戸端会議」・・・412
つながるラジオ「ロックンローラー近田春夫の歌謡曲っ
て何だ？」・・・・・・・・・・・・・・・229, 434
椿姫物語・・・・・・・・・・・・・・・・・39, 172
妻をめとらば・・・・・・・・・・・・・・・・・・325
釣鐘草・・・・・・・・・・・・・・・・・・39, 172

て

出会いは！みんようび・・・・・・・・・・・・252
DJクラシック・・・・・・・・・・・・・・・・・・250
DJショー・・・・・・・・・・・・・・・・・・・・197

DJ日本史 ・・・・・・・・・170, 308
定時制高校の時間 ・・・・・141, 385, 386, 387
定時制高校の時間　明るいリズム ・・・386
定時制高校の時間　ここに学ぶ ・・・387
定時制高校の時間　ことばと文学 ・・・385
定時制高校の時間　青年と社会 ・・・386
定時制高校の時間　ホームルームの話題 ・・・385
定時制に学ぶ ・・・・・・・・387
ディスカバー・カーペンターズ ・・・233
ディスカバー・クイーン ・・・233
ディスカバー・ビートルズ ・・・233
ディスカバー・ビートルズⅡ ・・・233
ディスカバー・マイケル ・・・232, 233
ディスクコンサート ・・・・105, 242
でこぼこ道 ・・・・・・・・181
鉄旅・音旅　出発進行！〜音で楽しむ鉄道旅〜 ・・・303
徹底トレーニング英会話 ・・・419
店員の時間 ・・・・・・・・312
天気予報 ・・・25, 57, 62, 138, 272, 275, 316
天才ピアニストの今夜もグッジョブ ・・・201
でんでん虫の歌 ・・・・・・180
天然記念物めぐり ・・・・・300
天のうぐいす ・・・・・・・180
天の鶯 ・・・・・・・・・・100

と

ドイツ語 ・・・・・・・・142, 415
ドイツ語講座 ・・・142, 415, 417, 420
ドイツ語初級 ・・・・・・・415
ドイツ語初級講座 ・・・・415, 416
ドイツ語初等科 ・・・・・・415
ドイツ語入門 ・・・142, 415, 416, 417
ドイツ文化シリーズ ・・・・・416
冬季基礎独逸語 ・・・・・・・39
東京03の好きにさせるかっ！ ・・・200
東京千一夜 ・・・・95, 97, 175, 176
東京ダイヤル ・・・・・・・117
東京ロマンス ・・・・・・89, 210
東西廻り舞台 ・・・・・・・189
東唱の時間 ・・・・・71, 235, 239
twilight Club DJ MIX ・・・・233
どうぶつのくに ・・・・・373, 376
討論 ・・・・・283, 288, 289, 366
討論会ー天皇制について ・・・67, 282
トーキング　ウィズ　松尾堂 ・・・197
遠山顕の英会話楽習 ・・・・・422
とかくこの世は ・・・・・・191
時の動き ・・84, 112, 113, 123, 283, 287, 293, 315
時の人 ・・・・・・・・145, 327
時の人時の話題 ・・・・・286, 287
時の話題 ・・・123, 149, 272, 287, 384
ときめきJAZZ喫茶 ・・・・・225
ドキュメンタリー・ドラマ ・・・99, 176
徳井青空のあにげっちゅ　今日からオタ活 ・・・403
独語講座初等科 ・・・・・・・32
特集　ケータイ短歌にようこそ ・・・163
特集　こんな夜は、キミの言葉が聴きたくて ・・・163
特集ノンストップ・ラジオ深夜便 ・・・152
特集番組 ・・・・・・・・・324
特集ラジオ深夜便 ・・・152, 153, 333, 432, 433
特殊外国語入門 ・・・・・・416
読書案内 ・・・・・321, 326, 328
特別講演の時間 ・・・54, 206, 280, 281
とことん〇〇 ・・・・・・・229
都市青年への講座 ・・・・・312
都市青年への時間 ・・・・・・52
トスカニーニライブラリー ・・・247
とっておきテレビ ・・・・・437
とっておきラジオ ・・・227, 434, 435, 437
トップスターショー ・・・・・213
隣組園芸 ・・・・・・・・405
隣組園芸の手引き ・・・・・405
怒髪天・増子直純の月刊☆ロック判定 ・・・230, 369
怒髪天　増子直純のロックな労働相談室 ・・・369
飛び入り素人のど自慢音楽会 ・・・73
都民の時間 ・・・・・・・118
ともに生きる ・・・・142, 310, 311
友への手紙 ・・・・・・・366
土曜あさいちばん・・・250, 269, 277, 290, 291, 292, 295, 337, 339, 356, 434
土曜あさいちばん「海外元気情報」 ・・・290
土曜あさいちばん「クラシックでお茶を」 ・・・250
土曜あさいちばん「サタデートピックス」 ・・・339
土曜あさいちばん「時代を元気にしてくれた　あの唄・あの言葉」 ・・・269
土曜あさいちばん「週刊辛口コラム」 ・・・291
土曜あさいちばん「週末スポーツワイド」 ・・・295
土曜あさいちばん「スポーツ情報」 ・・・295
土曜あさいちばん「著者に聞きたい　本のツボ」 ・・・337
土曜あさいちばん「土曜元気情報」 ・・・291
土曜あさいちばん「土曜コラム」 ・・・291

土曜あさいちばん「ラジオの前のそこが特等席」・・269
土曜いきいき倶楽部 ・・・364, 433, 434, 437
土曜いきいき倶楽部「こども夢質問箱」 ・・・364, 433
土曜音楽パラダイス ・・・・・225
土曜クラブ ・・・・・・・382
土曜コンサート ・・・71, 103, 105, 236, 238, 239
土曜サロン ・・・・330, 331, 433
土曜ジャーナル ・・・・・・294
土曜談話室 ・・・・・・288, 294
土曜の夜のおくりもの 108, 125, 186, 193, 208, 325, 430
土曜の夜はケータイ短歌 ・・・163, 336, 337
土曜昼席 ・・・・・・・・265
土曜日レディ ・・・・・・・413
土曜ほっとタイム ・・・197, 206, 219, 224, 335, 336, 364, 410, 413, 433
土曜ほっとタイム「思い出コレクション」 ・・・335
土曜ほっとタイム「親子で、はてな？〜科学電話相談」 ・・・364
土曜ほっとタイム「気になることば塾」 ・・・336
土曜ほっとタイム「ことばの達人」 ・・・336
土曜ほっとタイム「素敵なあなた」 ・・・335
土曜ほっとタイム「中継・ちょっと知りたい」 ・・・410
土曜ほっとタイム「中継・街のスポット」 ・・・410
土曜ほっとタイム「なんでもトーク」 ・・・410
土曜ほっとタイム「リクエストコーナー」 ・・・224
土曜寄席 ・・・・・・・266, 267
どよう楽市 ・・・166, 226, 412, 434
どよう楽市「イチオシ中継」 ・・・412
どよう楽市「今ここにいます」 ・・・412
どよう楽市「思い出ジュークボックス」 ・・・226
どよう楽市「ここが気になる」 ・・・412
どよう楽市「楽市カフェ」 ・・・412
土曜リサイタル ・・・・・・247
土曜わくわくラジオ ・・・・364, 434
トラベルジョッキー ・・・・217, 218
ドラマ ・・・130, 157, 158, 174, 176, 177
とれたて音楽館 ・・・・・・233
とんち教室 77, 78, 87, 88, 125, 126, 189, 430, 434

な行

な

ないとぶれいく ・・・・・・・221
長唄 ・・・・・・・159, 262, 263
仲間の音楽会 ・・・・・・・243
中山秀征のクイズ　イマジネーター ・・・188
仲よし演芸会 ・・・・・・・265
なかよし音楽クラブ ・・・・・367
仲よしクラブ ・・・・・・83, 362
なかよしジョッキー ・・・・・367
なかよしホール ・・・143, 181, 182 ,363, 364
なかよし浪曲会 ・・・・・・265
なぞの招待席 ・・・・・・125, 187
なつかしのメロディー ・・・108, 208, 212, 430
夏木マリ・丈夫も芸のうち ・・・199
なっとく防災広場 ・・・・291, 292
夏のラジオクラブ ・・・・・374
夏休み子ども科学電話相談 ・・・170
七つの誓い ・・・・・・100, 180
何があったでしょうか ・・・376, 377
浪花演芸会 ・・・92, 127, 262, 263
浪花節 ・・・・・・193, 262, 265
何月の婦人界 ・・・・・・・404
なんでも入門 ・・・・・・・192

に

2050フットボール ・・・・・296
西浦の神〜アイヌ叙事詩ユーカラより ・・・50
虹の劇場 ・・・・・・・・211
虹のしらべ ・・・・・・106, 209
虹の物語 ・・・・・・・・182
虹は七色 ・・・・・・・・175
21世紀への道 ・・・・144, 182, 367
二十の扉 ・・・76, 77, 78, 87, 186, 430, 434
二十世紀の音楽 ・・・・・・238
20世紀の名演奏 ・・・・247, 250
日米放送音楽会 ・・・・・・・69
日曜あさいちばん ・・・226, 275, 291, 338, 353, 356, 414, 434
日曜あさいちばん「あのころのフォークが聴きたい」 ・・・226
日曜あさいちばん「おいしい日曜日」 ・・・414
日曜あさいちばん「落合恵子の絵本の時間」 ・・・338
日曜あさいちばん「季節のいのち」 ・・・353
日曜あさいちばん「日曜コラム」 ・・・291
日曜あさいちばん「文学のしずく」 ・・・338
日曜解説 ・・・・・・・123, 286
日曜記者席 ・・・・・・・287
日曜喫茶室 ・・・・・・138, 195

日曜クラシックスペシャル ・・・246, 249
日曜軽音楽ホール ・・・・128, 214
日曜巷談 ・・・・・・・・49, 188
日曜こどもホール ・・・142, 363, 364
日曜娯楽版 ・・・74, 75, 88, 89, 92, 115, 189, 191
日曜コラム　日本を読む、世界を読む ・・・292
日曜勤行 ・・・・・・・30, 47, 320
日曜コンサート ・・・・・・236
日曜随想 ・・・・・・・・323
日曜大学 ・・・・・・・146, 327
日曜ダイジェスト ・・・・・287
日曜討論 ・・・・・・・288, 289
日曜特集 ・・・・・146, 286, 320
日曜特集講座 ・・・・・・320
日曜のリズム ・・・・・・・208
日曜バラエティー ・・・・・197
日曜昼席 ・・・・・・・・265
日用品小売値段 ・・・・・・311
日用品相場 ・・・・・・・311
日用品値段 ・・・・・・53, 311
日用品物価 ・・・・・・25, 311
日用品物価(値段) ・・・・・・25
日曜訪問 ・・・145, 327, 433, 434
日曜ミュージカル ・・・・・211
日曜名作座 ・・89, 95, 97, 98, 131, 132, 176, 178, 190
日曜ライブラリー ・・・・・367
日曜ラジオマガジン ・・・・・334
日曜礼拝 ・・・・・・・30, 47, 320
日響演奏会 ・・・・・71, 235, 236
日響の時間 ・・・・・71, 235, 236
にっぽんのうた　世界の歌 ・・・228
にっぽんのメロディー　138, 150, 151, 194, 217, 221, 432
にっぽん列島夕方ラジオ ・・・・414
日本音楽史講座 ・・・・・31, 234
日本音楽みちしるべ ・・・128, 138, 147, 266
日本さまざま ・・・194, 286, 287, 355
日本女性文化講座 ・・・・51, 405
日本ところどころ ・・・・・430
日本のあゆみ ・・・・・・284
日本の音楽 ・・・・・・・236
日本の課題 ・・・・・・・285
日本のこどもたち ・・・・363, 364
日本の産業 ・・・・・・・314
日本の素顔 ・・・・・・・・65
日本のどこかで ・・・・・・294
日本の町 ・・・・・・・・210
日本の民謡 ・・・・・・・252
日本のむかし ・・・・・・・377
日本の歴史にあらわれた人びと ・・・375, 376
日本文化講座 ・・・・・・51, 321
日本民謡大観 ・・・・・・・252
日本を結ぶ ・・・・・・286, 287
ニューサウンズスペシャル ・・・218
ニュース ・・・23, 24, 25, 26, 40, 57, 59, 65, 69, 118, 138, 152, 272, 273, 274, 288, 432
ニュース演芸 ・・・49, 50, 56, 188, 191, 193
ニュース解説 ・・40, 48, 55, 113, 123, 149, 151, 280, 281, 284, 286, 287, 431, 432
ニュース歌謡 ・・・56, 59, 188, 206
ニュースで英会話 ・・・・421, 422
ニュースで英語術 ・・・・422, 423
ニュースで学ぶ「現代英語」 ・・・423
ニュース特集 ・・・123, 128, 283, 287
ニュースハイライト ・・・・274
ニュースリポート ・・・・123, 287
ニューヒット歌謡情報 ・・・138, 217
ニューミュージック・ダイアリー ・・・220
ニューメディアノート ・・・・318
入門ビジネス英語 ・・・・・420
ニューレコードコンサート ・・・236

ぬ

ぬくだまりの宿　みちのく亭 ・・・198

ね

NEXT名人寄席 ・・・・・・269
眠れない貴女(あなた)へ ・・・199
眠れない夜はケータイ短歌 ・・・163

の

農家(漁村)へ送る夕 ・・・・313
能楽鑑賞 ・・・・129, 137, 267, 269
農家のいこい ・・85, 112, 312, 313, 314
農家の時間 ・・・84, 311, 312, 313
農家の皆さんへ ・・・119, 176, 316
農家へ送る夕 ・・84, 140, 251, 312, 313
農業技術講座 ・・・・・・・313
農業教室 ・・・・・・・・314
農業経営セミナー ・・・140, 317, 318

INDEX

あ行　か行　さ行　た行　な行　は行　ま行　や行　ら行　わ行　その他

農業講座・・・・・・・・・・39, 52, 112, 312, 314
農業広報版・・・・・・・・・・・・315
農業展望・・・・・・・・・・・・140, 318
農芸手ほどき・・・・・・・・・・・401
農山漁村経済更生実績講座・・・・・312
農産物市場案内・・・・・・・・・274
農事改良講座・・・・・・・・・・・52
農事ニュース・・・・・・84, 85, 312, 313
農水産物市況・・・・・・・・・・274
農村の歩み・・・・・・・・・・112, 315
農村への講座・・・・・・52, 312, 365
のこしたいふるさとのことば・・・・335
望海風斗のサウンドイマジン・・・・233
のど自慢・・・・・・・・・・・・74, 301
のど自慢素人演芸会・72, 73, 74, 85, 88, 206, 207, 209, 215, 362
のど自慢素人音楽会・・・73, 74, 206, 207
のど自慢テスト風景・・・74, 207, 208
伸びる子供・・・・・・・・・・・・372
信夫の日記・・・・・・・・・・・・382
野村萬斎のラジオで福袋・・・・・・269
乗組船員慰問の夕・・・・・・・・・49
のんきタクシー・・・・・・・88, 89, 192
ノンストップ・ラジオ深夜便・・・・432

は行

は
ハーモニー・アルバム・・・・・・・212
灰色の部屋・・・・・・・・・・・98, 173
配給だより・・・・・・・・・・・・273
博多屋台　こまっちゃん・・・・・・198
爆音による敵機の聴き分け方・・・・・60
白鳥の騎士・・・・・・・・・・100, 179
白面公子"筑波太郎"・・・・・・99, 174
挾間美帆のジャズ・ヴォヤージュ・・・233
走れ源太・・・・・・・・・・・143, 181
パソコン実践セミナー・・・・・・・402
働く婦人・・・・・・・・・・・・・317
パックインミュージック・・・・121, 122
発掘！ラジオアーカイブス・・・・・435
八紘一宇の夕・・・・・・・・・・・49
バッハ連続演奏・・・・・・・・・・242
はつらつスタジオ505・・・220, 224, 225, 432
花くれないに・・・・・・・・・・・176
話しことばQ&A・・・・・・・・・・332
はなしことば講座・・・・・331, 333, 335
話の泉・71, 76, 77, 78, 87, 88, 186, 187, 236, 237
話の広場・・・・・・・・・・・316, 317
はなす　きく　よむ・・・・・335, 338
花の星座・・・・・・・・・107, 108, 211
花のパレード・・・・・・・127, 128, 214
母親・・・・・・・・・・・・・・・39
母と子の窓・・・・・・363, 370, 405, 431
母のこころ・・・・・・・・・・・・39
母の時間・・・・・・・・・・・・31, 404
早起き鳥・84, 123, 139, 149, 151, 176, 177, 218, 312, 313, 314, 316, 317, 330, 409, 432
早起き鳥解説・・・・・・123, 139, 316, 317
早起き鳥「わが故郷わが青春」・・・・330
ハリウッドからの音楽・・・・・・・207
バリバラR・・・・・・・・142, 310, 311
春子の手帳・・・・・・・・90, 191, 192
春のラジオクラブ・・・・・・・・・374
パレイドの午後・・・・・・・・208, 210
ハローフレンズ・・・・・・・・・・417
バロック音楽のたのしみ・・・・136, 242
バロックの森・・・・・・・136, 246, 249
パワーボイスA・・・・・・・・・・403
ハングル日本百科・・・・・・・・・421
ハングルニュース・・・・・・・・・276
番茶クラブ・・・・・109, 110, 145, 323, 354
バンド・タイム・・・・・・・・・・208
犯人は誰だ・・・・・・・・・・・98, 186

ひ
ピアノ奏鳴曲・・・・・・・・・・・235
ピアノとともに・・・・・・・・・・191
ピアノのある部屋・・・・・・・・・244
PTAの時間・・・・・・・・・・389, 390
BBCロックライブ・・・・・・・161, 223
東から西から・・・・・・・・・・・286
東と西・・・・・・・・・・・・・・324
光を掲げた人々・・・・・・・・・・173
引揚者の時間・・・・・・・・・69, 273
弾き語りフォーヴ・・・・・・・161, 223
ひざをまじえて・・・・・・・・・・329
ビジネスインタビュー・・・・・・・318
ビジネス英会話・・・・・・・・419, 420

ビジネス情報・・・・・・149, 151, 318, 432
ビッグショー・・・・・・・・・・・216
ビッグ対談・・・・・・・・・・・・331
ヒット・アルバム・・・・・・・213, 214
ピッポピッポポンポン・・・143, 144, 370
人さまざま・・・・・・・・・・293, 325
人と話題・・・・・・・・・・・・・286
一人一話・・・・・・・・・・・145, 327
ビバ！合唱・・・・・・・・・・・・249
百万の太陽・・・・・・・・・・143, 182
ヒャダインの"ガルポプ！"・・・・・231
美容体操・・・・・・・・・・・・・431
ぴょんぴょんうさぎ・・・・・・・・369
ひるのいこい・・112, 140, 149, 213, 214, 313, 314, 317
ひるの歌謡曲・・・135, 138, 156, 216, 219, 221
ひるの軽音楽・・・・・・・・・135, 216
ひるの散歩道・・・・・134, 135, 216, 225
ひるのひととき・・・・・・・・・・207
ひるのミュージックコーナー・・138, 156, 216
ひるの民謡・・・・・・・・・・・・252
ひるのワイド歌謡曲・・・156, 216, 221, 222
ひるのワイド歌謡曲「歌謡コレクション」・・・222
ひるのワイド歌謡曲「歌謡ジャーナル」・・・221
ひるのワイド歌謡曲「歌謡スクランブル」・・・221
昼間の音楽・・・・・・・・・・・・46
ひる休みのおくりもの・・・・・・・376
ひる休みの音楽・・・・・・・・・・214
弘兼憲史の"俺たちはどう生きるか"・・・343

ふ
ぶいある！〜VTuberの音楽Radio〜・・・233
VOAの時間・・・・・・・・・・・・276
風流歌草紙・・・・・・・128, 129, 263
風流剣士・・・・・・・・・99, 100, 175
笛吹童子・・・・・・・・100, 101, 179
復員だより・・・・・・・・68, 69, 273
複式簿記講座・・・・・・・・・・・317
府県めぐり・・・・・・・・・・・・300
富士に立つ影・・・・・・39, 95, 96, 174
婦人講座・・・・・・・・・・31, 32, 404
婦人講座〜子女の教養に対する母の心得・・・31
婦人の時間・・31, 81, 82, 109, 123, 285, 286, 293, 404, 405, 406
婦人のための職業案内・・・・・・・53
舞台中継・・・・・・69, 120, 127, 194, 264
二人(掛合)漫談・・・・・・・・・・49
ふたりの部屋・・・・・・・・・157, 177
二人漫談・・・・・・・・・・・・・188
普通学講座・・・・・・・・・38, 39, 378
仏教の時間・・・・・・・・・・・・322
仏語講座初等科・・・・・・・・・・32
ブッペのサーカス旅行・・・・・・・371
武勇童話　夏服将校・・・・・・・・41
冬のラジオクラブ・・・・・・・・・374
Plug-in Japan・・・・・・・・・・・422
プラグイン　ニッポン・・・421, 444, 445
ブラスのひびき・・・・・・・・・・244
ブラボー！オーケストラ・・・・・・250
フランス語・・・・・・・・・・141, 415
フランス語講座・・142, 415, 416, 417, 420
フランス語初級・・・・・・・・・・416
フランス語初級講座・・・・・・142, 416
フランス語初等科・・・・・・・・・415
フランス語入門・・・・・・142, 416, 417
フランス・ドイツ文化シリーズ・・・416
フランス文化シリーズ・・・・・・・416
ふるさとあさいちリポート・・・410, 412
ふるさと元気情報・・・・・291, 410, 412
ふるさと自慢うた自慢・・・・・222, 223
ふるさと自慢コンサート・・・・222, 223
ふるさとの心・・・・・・・・123, 300
ふるさとの町・・・・・・・・190, 251
ふるさとラジオ・・・167, 227, 302, 356
ふるさとラジオ「お天気耳より情報」・・・356
ふるさとラジオ「旅するラジオミニ中継」・・・302
ふるさとラジオ「ちょっと寄りみち"道の駅"」・・・302
ふるさとラジオ「ふるさと元気力」・・・302
ふるさとラジオ「ふるさとこの曲」・・・227
ふるさとリポート・・・・・・・・・288
古家正亨のPOP★A・・・・・・・・232
ブルルンくん・・・・・・・・・・・371
ふれあいラジオセンター・・・121, 149, 150, 151, 220, 276, 277, 300, 303, 330, 352, 391, 408, 409, 432
ふれあいラジオセンター「歌の日曜散歩」・・・220
ふれあいラジオセンター「家庭ジャーナル」・・・408
ふれあいラジオセンター「交通安全とカーガイダンス」・・・408
ふれあいラジオセンター「国際放送トピックス」・・・276
ふれあいラジオセンター「こども教育相談〜電話相談」・・・391

ふれあいラジオセンター「今週の商品テストから」・408
ふれあいラジオセンター「植物ごよみ」・・・352
ふれあいラジオセンター「スポーツコーナー」・・・277
ふれあいラジオセンター「全国自然情報」・・・352
ふれあいラジオセンター「全国"旅"情報」・・・300
ふれあいラジオセンター「たべものアラカルト」・・・408
ふれあいラジオセンター「番組取材レポート」・・・408
ふれあいラジオセンター「ラジオカーでこんにちは」・・・408
ふれあいラジオセンター「リクエストコーナー」・・・408
ふれあいラジオセンター「私の海外生活」・・・303
ふれあいラジオセンター「私の日曜日」・・・409
ふれあいラジオパーティー・151, 196, 220, 221, 432
ふれあいラジオパーティー「わたしの歌日記」・・・221
フレッシュトーク・・・・・・・334, 433
文化講演会・・・138, 146, 147, 154, 155, 156, 326, 328
文化講座・・・・・・138, 146, 147, 323
文化時評・・・・・・・・・・・・・330
文化だより・・・・・・・・・・・・273
文化ニュース・・・・・・・・・・・273
文芸劇場・・・130, 131, 158, 174, 176, 177
文芸講座・・・・・・・・・・・31, 400
文芸浪曲・・・・・・・・・・・49, 262
文壇よもやま話・・・・・・・・・・326
ふんわり・・・・・・・・・・・・・201

へ
平成落語家ジョッキー・・・・・・・197
ベートーベン交響曲連続演奏・・・・235
ベートーベン100年祭記念演奏・・・・234
ベストオブクラシック・・・159, 245, 246, 247, 248
ベストオブクラシック・セレクション・・・248
ベストオブクラシック選・・・・・・248
紅孔雀・・・・・・・・・・・・100, 179
勉強のさせ方・・・・・・・・・・・390
ヘンな論文・・・・・・・・・・・・356

ほ
邦楽演奏会・・・・・・・・128, 129, 263
邦楽おさらい帳・・・128, 129, 141, 266, 402
邦楽鑑賞会・・・・・・128, 129, 136, 263
邦楽ジョッキー・・・・・・159, 267, 269
邦楽千一夜・・・・・・・・・・・・263
邦楽のおけいこ・・・・・・・・141, 402
邦楽の時間・・・・・・・・・・・・263
邦楽のたのしみ・・・・・・・・・・267
邦楽の手引・・・・・・・・・・・・264
邦楽のひととき・・・・・・・・159, 267
邦楽百選・・・・・・・・・・・128, 266
邦楽百番・・・・・・・・・・・157, 263
邦楽文庫・・・・・・・・・・・・・265
邦楽みちしるべ・・・・・・・・235, 265
邦楽名曲選・・・・・・・・105, 212, 262
法人税講座・・・・・・・・・・・・317
放送演芸会・72, 91, 92, 123, 127, 189, 262, 264
放送音楽会・・・・・・・71, 103, 235, 236
放送歌劇・・・・・・・・・・・・・234
放送記者の手帳・・・・・・・・・・285
放送教育相談室・・・・・・・・・・390
放送クラブ・・・・・・・・・・・・387
放送劇・・・128, 129, 130, 172, 175, 176
放送小ばなし会・・・・・・・・・・264
放送詩集・・・・・・・・・・・・・325
放送討論会・・・・・・67, 68, 282, 283
放送舞台劇　満洲事変・・・・・・・41
報道・・・57, 59, 60, 62, 63, 65, 272, 273
報道特集・・・・・・・・・・・・・287
法律講座・・・・・・・・・・・・・31
ホームコンサート・・・・・・・242, 243
ボキャブライダー・・・・・・・・・422
僕と私のカレンダー・・・・89, 209, 210
僕は横町の・・・・・・・・・・・・191
ぼくらのうた・・・・・・・・・181, 364
ぼくらの青春J-POP　平成ミュージック・グラフィティー・・・229
星野源のラディカルアワー・・・・・230
Pop Up Japan・・・・・・・・・・・227
ポップスアーティスト名鑑・・・・・223
ポップスアベニュー・・・・・・・・220
ポップスグラフィティ・・・222, 223, 225
ポップスステーション・・・・・222, 223
ポップスライブラリー・・・・・158, 225
ポピュラーアラカルト・・・・・・・217
ポピュラー・アルバム・・・・・・・214
ポピュラーコンサート・・・・71, 136, 235
ポピュラーミュージックアワー・・・214
ポルトガル語講座　ステップアップ　アイルトンのニッポン・・・423
ポルトガル語講座　入門　聴いて・覚えて・話してみよう！・・・423
ポルトガル語ステップアップ　音楽とパーティーの街

リオデジャネイロ・・・421, 422
ポルトガル語ステップアップ～楽しいブラジルの旅Ⅱ・・・421, 422
ポルトガル語ニュース・・・276
ポルトガル語入門・・・422
ポルトガル語入門～楽しいブラジルの旅・・・421
ポルトガル語入門　リオデジャネイロ　夢の日々・・・422
ポンポンピアノ・・・370

ま行

ま

マイあさ！・・・289, 292, 295, 359, 435
マイあさラジオ・・・169, 291
マイク片手に・・・286, 293
マイクの旅・・・101, 108, 373
マイクラシック・・・159, 245
まいにちイタリア語・・・154, 418, 420
まいにちスペイン語・・・420
まいにち中国語・・・420
まいにち中国語～応用編・・・421
まいにちドイツ語・・・420
まいにちハングル講座・・・420
まいにちハングル講座～応用編・・・421
まいにちフランス語・・・420
まいにちロシア語・・・420
マイ・フェイバリット・アルバム・・・234
マイラブリーポップス・・・218
マエストロ慶太楼の長電話・・・251
負けるな太郎・・・181
正男の日記・・・382
Masayuki Suzuki Radio Show GOOD VIBRATION・・・231, 232
増田明美のキキスギ？・・・296
マダムX・・・39
又吉・児玉・向井のあとは寝るだけの時間・・・200
松尾潔のメロウな夜・・・228
幻の部屋・・・98, 175
ママ☆深夜便・・・391
満州語講座・・・41, 415
満州事変一周年記念講座・・・41, 280
満州事変の犠牲者・・・41
満州事変を顧て・・・41
漫談風景・・・188
まんぽうくんとべらぼうくん・・・180
まんまる・・・275, 436
満蒙事情特別講座・・・41, 280

み

MISIA　アフリカの風・・・230, 231
MISIA　星空のラジオ・・・231
みうらじゅんのサントラくん・・・230
三つの歌・・・87, 88, 92, 116, 117, 125, 186, 325, 434
三つの鐘・・・208
ミッドナイト・ポップライブラリー・・・158, 225
水戸黄門漫遊記・・・98
緑のコタン・・・181
皆さんの健康・・・119, 120, 309, 357, 363, 431
皆さんの相談室・・・406
皆さんの法律・・・325
源義経・・・99, 174
三宅民夫のマイあさ！・・・230, 292, 293, 319, 435
三宅民夫のマイあさ！「深よみ。」・・・293
三宅民夫のマイあさ！「マイ！Biz」・・・319
三宅民夫のマイあさ！「三宅民夫の真剣勝負！」・・・292
三宅民夫のマイあさ！「ワールドアイ」・・・292
宮本武蔵・・・58, 98, 172, 192, 329, 332
ミュージカルアワー・・・213
ミュージック・イン・ブック・・・230
ミュージックエコー・・・223
ミュージックカレンダー・・・194, 245, 246
ミュージックダイアリー～オルガンのしらべ・・・245, 246
ミュージック・グラフィティー・・・231
ミュージックコーナー・・・213
ミュージックサロン・・・210
ミュージックシティー・・・161, 220, 221
ミュージックスクエア・・・161, 221
ミュージックダイアリー・・・245, 246
ミュージック・トレンド・・・222
ミュージックパイロット・・・222
ミュージック・バズ・・・232
ミュージックパトロール　チェキラ！・・・230
ミュージックプラザ・・・225, 227
ミュージックプラザ　第1部～クラシック・・・160, 249
ミュージックプラザ　第2部～ポップス・・・225, 227
ミュージックポプリ・・・160, 243, 248
ミュージックメモリー・・・246
ミュージックライフ・・・137, 156, 245, 246, 417
ミュージックライン・・・228, 232

ミュージック・リラクゼーション・・・227
ミューズノート・・・229, 232
みるラジオ・・・170
miwaのミューズノート・・・229, 232
民主主義講座・・・321, 322
みんなたのしく・・・143, 370
みんなであそびましょう・・・370
みんなで科学　ラボラジオ・・・356
みんなでひきこもりラジオ・・・436
みんな仲よし世界のこども・・・143, 363, 364
みんなのうた・・・50, 133, 215, 226, 364, 445
みんなのコーラス・・・378
みんなの子育て☆深夜便・・・151
みんなの茶の間・・・82, 109, 120, 148, 323, 358, 390, 407
みんなの民謡・・・129, 252
みんな見えなくなる峠・・・35, 177
MINMIのレディオMAMA・・・230
民謡お国めぐり・・・251, 252
民謡北から南から・・・252
民謡と俗曲・・・251
民謡の時間・・・190, 251
民謡の旅・・・123, 252
民謡の夕・・・37
民謡をたずねて・・・251, 252

む

昔は昔今は今・・・107, 108, 207, 212
向う三軒両隣り・・・79, 80, 81, 94, 100, 102, 173, 174
むさしの風雲録・・・182
娘と私・・・97, 176
夢声手帳・・・191
夢声百夜・・・98, 190, 191
村のアンテナ・・・139, 316, 317
村のこだま・・・317
むらのこだま・・・317
村の広場・・・139, 316, 317

め

名演奏家の時間・・・135, 137, 235
名演奏家を聴く・・・246
名演奏ライブラリー・・・250
名曲アルバム・・・144, 242, 244, 245, 247, 367
名曲アワー・・・241
名曲鑑賞・・・235, 238
名曲キャビネット・・・239
名曲ギャラリー・・・160, 245, 246
名曲サロン・・・244
名曲スケッチ・・・247
名曲の小箱・・・244
名曲のたのしみ・・・137, 243
名曲のひととき・・・245, 247
名曲プロムナード・・・159, 247, 248
名曲リサイタル・・・248
名曲をたずねて・・・240, 241
名作劇場・・・96, 173, 174, 176, 382
名作ドラマ・・・181
名作桧舞台・・・265
名作ライブラリー・・・143, 144, 364
名作朗読・・・320
名所案内・・・300
名匠演奏・・・235
名人にきく・・・145, 328
メトロポリタン・オペラ・アワー・・・240
メロディーにのせて・・・119, 405, 407
メロディーの小箱・・・120, 212, 430
メロディーの花かご・・・210

も

もういちど！ラジオ・・・435
盲人の時間・・・142, 309, 310
もうすぐおひる・・・314, 317
もえる水平線・・・182
モーニングサウンド・・・220
もぎたて！北海道・・・302
モグッチョビッチョこんにちは・・・144, 181, 367
もしも・・・190
モダン小咄・・・49, 188
元春レイディオ・ショー・・・228
モニター・・・117
物いはぬ戦士の夕・・・49
物語・・・39, 95, 96, 130, 172, 175
物語劇場・・・175
ものしり英語塾・・・419
問題の鍵・・・84, 283, 284

や行

や

やさしい科学・・・352, 354, 357, 358
やさしい日本語・・・418, 444
やさしいビジネス英語・・・155, 417, 419
ヤバイラジオ屋さん・・・201
山から来た男・・・79, 172
山下健二郎のトーク・ライク・フィッシング・・・403
ヤングジョッキー・・・216
やん坊にん坊とん坊・・・102, 179, 180

ゆ

ユア・ソング・・・225, 436
ゆうがたパラダイス・・・200
夕べの音楽・・・107, 209, 236
夕べの広場・・・216, 223, 407
夕べのリサイタル・・・135, 240, 241
ユーモア劇場・・・88, 89, 91, 189, 191
幽霊船・・・180
愉快な仲間・・・75, 76, 89, 91, 208, 209
由起子・・・95, 174
ゆきねえの名古屋なごやか喫茶・・・198
ゆくて遙かに・・・177
ゆく年くる年・・・53
夢のハーモニー・・・134, 209
夢を呼ぶ歌・・・211

よ

洋楽80'sファン倶楽部・・・229
洋楽グロリアス　デイズ・・・229, 231
洋楽シーカーズ・・・234
陽気な喫茶店・・・74, 75, 76, 89, 125, 190, 192
陽気な休憩室・・・125, 126, 194
謡曲・・・55
謡曲狂言・・・128, 137, 154, 265
養鶏講座・・・52
幼児の時間・・・33, 46, 83, 101, 103, 143, 179, 369, 370, 371
幼稚園・保育所の時間・・・143, 369, 370, 371
ヨーロッパ・クラシック・ライブ・・・249
吉川英治名作選・・・332
吉木りさのタミウタ・・・252
世の中面白研究所・・・412
夜のいこい・・・241
夜のエスプレッソ・・・224
夜の間奏曲・・・246
夜の軽音楽・・・208
夜のサスペンス・・・177
夜の室内楽・・・241
夜のしらべ・・・237
夜のスクリーンミュージック・・・218
夜のステレオ・・・105, 132, 212
夜の停車駅・・・218
夜のプレイリスト・・・231
夜のリズム・・・133, 134, 213
夜のワルツ・・・238
夜はぷちぷちケータイ短歌・・・163, 337

ら行

ら

ライブビート・・・223
らくがき合戦・・・192
落語・・・35, 72, 193, 264
落語百扇・・・266
楽天くらぶ・・・128, 195
ラジオあさいちばん・・・167, 226, 277, 289, 291, 295, 301, 319, 327, 335, 337, 353, 356, 359, 409, 410, 411, 412, 433, 434
ラジオあさいちばん「思い出のあの一曲」・・・226
ラジオあさいちばん「海外あさいち情報」・・・292
ラジオあさいちばん「海外経済リポート」・・・277
ラジオあさいちばん「カルチャー&サイエンス」・・・356
ラジオあさいちばん「季節の野鳥」・・・353
ラジオあさいちばん「サエキけんぞうの素晴らしき80's」・・・230
ラジオあさいちばん「週末スポーツ情報」・・・295
ラジオあさいちばん「新・音にあいたい」・・・301
ラジオあさいちばん「スポーツトピックス」・・・295
ラジオあさいちばん「ちょっとカルチャー」・・・335
ラジオあさいちばん「当世キーワード」・・・335
ラジオあさいちばん「被災地からのメッセージ　被災地へのメッセージ」・・・291
ラジオあさいちばん「復興へのメッセージ」・・・291
ラジオあさいちばん「ふるさとあさいちリポート」・・・410
ラジオあさいちばん「ふるさと元気情報」・・・412
ラジオあさいちばん「ボイスレター」・・・411
ラジオあさいちばん「列島あさいちさん」・・・410
ラジオあさいちばん「列島音の旅」・・・301
ラジオアングル・・・294
ラジオ・アンケート・・・324

ラジオいきいき倶楽部164, 224, 275, 290, 333, 334, 335, 409, 410, 433, 437
ラジオいきいき倶楽部「いきいき倶楽部伝言板」・290
ラジオいきいき倶楽部「季節のかおり」・・290
ラジオいきいき倶楽部「くらしセンスアップ」・・410
ラジオいきいき倶楽部「さわやか列島リレー」・275
ラジオいきいき倶楽部「中継・おじゃまします」・290
ラジオいきいき倶楽部「ちょっとひといき　ティータイム」・・335
ラジオいきいき倶楽部「土曜掲示板」・・437
ラジオいきいき倶楽部「ミュージック・プレゼント」・224
ラジオいきいきラリー・・152, 432
ラジオ育児室・・390
ラジオインタビュー・・110, 145, 322, 323
ラジオ英会話・・169, 420, 422
ラジオ英語教室・・109, 141, 380, 381
ラジオ英語教室1年・・383
ラジオSFコーナー・・157, 177, 178
ラジオ演芸館・・194
ラジオ音楽教室・・108, 109, 141, 380
ラジオ音楽教室（小学校）・・375
ラジオ音楽教室（中学校）・・380
ラジオ音楽雑誌・・210
ラジオ家庭教室・・380, 390
ラジオ家庭欄・・406
ラジオ歌謡・・70, 71, 81, 132, 206, 207, 208, 213, 224
ラジオカルチャーセンター・・333, 334
ラジオ喫煙室・・89, 90, 128, 430
ラジオ教養特集・・306, 326, 327
ラジオ教養特集「青少年問題特集」・327
ラジオクラブ・・374, 385
ラジオ芸能ホール・・125, 126, 193, 194
ラジオ劇場・・158, 173, 174, 178
ラジオ公園通り・・368
ラジオ公園通り'93・・368
ラジオ公民館・・139, 314, 316
ラジオ国語教室・・109, 141, 375, 378
ラジオ告知板・・273, 405
ラジオ小咄・・430
ラジオコメディ・・189
ラジオコメディ　みんな大好き！・・197
ラジオ歳時記・・325, 333
ラジオ座談会・・284
ラジオ時局読本・・50, 54
ラヂオ時局読本・・57, 281
ラジオ　仕事学のすすめ・・319
ラジオ詩集・・324, 325
ラジオ実験室・・79, 173
ラジオジャーナル・・287, 288
ラジオ社会面・・49
ラジオ社会欄・・119, 286, 309
ラジオジャパンフォーカス・・290, 421
ラジオジュークボックス・・213
ラジオ受信機講座・・401
ラジオ小劇場・・79, 173
ラジオ少国民の時間・・53
ラヂオ小説・・172
ラジオ小説・・39, 95, 96, 172, 173, 175, 188
ラジオ深夜便・・134, 151, 152, 153, 154, 167, 169, 178, 179, 199, 200, 222, 223, 225, 226, 230, 232, 249, 251, 268, 269, 285, 289, 290, 292, 295, 296, 301, 303, 307, 308, 309, 310, 311, 319, 325, 332, 333, 334, 335, 336, 337, 338, 339, 340, 341, 342, 343, 352, 353, 354, 356, 359, 391, 402, 403, 410, 411, 413, 414, 433, 434, 435
ラジオ深夜便「"2020"に託すもの」・・・296
ラジオ深夜便「明日へのことば」・・・338
ラジオ深夜便「アスリート誕生物語」・・296
ラジオ深夜便「天野祐吉の隠居大学」・・311
ラジオ深夜便「生き方"わたし"流」・・340
ラジオ深夜便「五木寛之　聴き語り昭和の名曲」340
ラジオ深夜便「五木寛之のラジオ千夜一話」・342
ラジオ深夜便「インタビュー・スペシャル」・・338
ラジオ深夜便「えほんの箱」・・342
ラジオ深夜便「絵を語る」・・309
ラジオ深夜便「演芸特選」・・268
ラジオ深夜便「"美味しい"仕事人」・・341
ラジオ深夜便「"老い"を豊かに」・・310
ラジオ深夜便「オーレリアンの丘から四季便り」・353
ラジオ深夜便「奥田佳道の"クラシック"の遺伝子」・・・251
ラジオ深夜便「オトナの生き方」・・340
ラジオ深夜便「オトナの教養講座」・・340
ラジオ深夜便「大人の旅ガイド」・・301
ラジオ深夜便「オトナのリクエストアワー」・230
ラジオ深夜便「音の絵本・日本と世界の昔話」・341
ラジオ深夜便「思い出の銀幕スター」・341
ラジオ深夜便「輝いて生きる」・・310
ラジオ深夜便「輝け！熟年～サタデートーク～」・336

ラジオ深夜便「からだの知恵袋」・・359
ラジオ深夜便「かんさいストーリー」・・334
ラジオ深夜便「〈関西発〉上方落語を楽しむ」・269
ラジオ深夜便「季刊深夜便」・・435
ラジオ深夜便「岸本葉子の暮らしと俳句」・343
ラジオ深夜便「気になる日本語」・・341
ラジオ深夜便「教科書の中の名作を読む」・・333
ラジオ深夜便「近代日本150年　明治の群像」・308
ラジオ深夜便「草木との対話」・・352
ラジオ深夜便「暮らしすこやか」・・413
ラジオ深夜便「クラシックを楽しむ」・・249
ラジオ深夜便「くらしの中のことば」・・336
ラジオ深夜便「暮らしワンポイント」・・411
ラジオ深夜便「芸の道　輝き続けて」・・341
ラジオ深夜便「景色の見える音楽」・・232
ラジオ深夜便「健康百話」・・359
ラジオ深夜便「"江"のツボ」・・308
ラジオ深夜便「ここに注目！八重の桜」・・308
ラジオ深夜便「こころの時代」・・333, 434
ラジオ深夜便「ごはんの知恵袋」・・414
ラジオ深夜便「サイエンスは、いま」・・356
ラジオ深夜便「サウンドオアシス」・・223
ラジオ深夜便「三代目海沼実の歌の世界」・226
ラジオ深夜便「サンデートーク」・・334
ラジオ深夜便「自然を楽しむ」・・353
ラジオ深夜便「時代を創った女たち」・・339
ラジオ深夜便「舌の記憶～あの時あの味」・341
ラジオ深夜便「知って得する"大人の日本語"」・340
ラジオ深夜便「春夏秋冬・味めぐり」・・413
ラジオ深夜便「春風亭昇太のレコード道楽」・403
ラジオ深夜便「昭和史を味わう」・・308
ラジオ深夜便「女優が演じる日本の名作」・340
ラジオ深夜便「女優が語る私の人生」・・338
ラジオ深夜便「女優が語る私の戦後」・・338
ラジオ深夜便「人生のみちしるべ」・・341
ラジオ深夜便「人生"私"流」・・337
ラジオ深夜便「新聞をよんで」・・289
ラジオ深夜便「深夜便アーカイブス」・・434
ラジオ深夜便「深夜便かがく部」・・353
ラジオ深夜便「深夜便　認知症カフェ」・・311
ラジオ深夜便「深夜便のうた」・・226
ラジオ深夜便「深夜便ビギナーズ」・・342
ラジオ深夜便「深夜便ぶんか部」・・341
ラジオ深夜便「深夜便　落語100選」・・268
ラジオ深夜便「健やかに生きる」・・336
ラジオ深夜便「スポーツ名場面の裏側で」・295
ラジオ深夜便「青春賛歌」・・226
ラジオ深夜便「切ない歌を探して」・・342
ラジオ深夜便「絶望名言」・・341
ラジオ深夜便「絶望名言ミニ」・・342
ラジオ深夜便セレクション・・434
ラジオ深夜便「"平清盛"のツボ」・・308
ラジオ深夜便「旅の達人」・・303
ラジオ深夜便「トキメキ☆源氏絵巻」・・342
ラジオ深夜便「特集・五木寛之の"歌の旅びと"」339
ラジオ深夜便「特集・100年インタビュー」・337
ラジオ深夜便「特集・わが人生の歌語り」・337
ラジオ深夜便「トミ藤山の真夜中のライブ」・226
ラジオ深夜便「ドラマアワー」・・178
ラジオ深夜便「ないとインタビュー」・・334
ラジオ深夜便「ないとエッセー」・・333
ラジオ深夜便「ないとガイド」・・333
ラジオ深夜便「謎解き　うたことば」・・341
ラジオ深夜便「懐かしのSP盤コーナー」・225
ラジオ深夜便「なつかしの上方演芸」・・268
ラジオ深夜便「にっぽんの歌こころの歌」・222
ラジオ深夜便「にっぽんの音」・・303
ラジオ深夜便「にっぽんを味わう」・・339
ラジオ深夜便「日本列島くらしのたより」・290
ラジオ深夜便「のど自慢放日記」・・301
ラジオ深夜便「のど自慢、出会いふたたび」・301
ラジオ深夜便「乗りものアラカルト」・・402
ラジオ深夜便「俳優が語る　名作シリーズ」・341
ラジオ深夜便「萩本欽一の人間塾」・・199
ラジオ深夜便「花が好き！自然が好き！」・353
ラジオ深夜便「母を語る」・・333
ラジオ深夜便「人ありて、街は生き」・・337
ラジオ深夜便「舞台にかける」・・343
ラジオ深夜便「ふるさと情報」・・289
ラジオ深夜便「望遠鏡のかなたに」・・356
ラジオ深夜便「邦楽夜話」・・268
ラジオ深夜便「放送文化財ライブラリーから」・433
ラジオ深夜便「ほむほむのふむふむ」・342
ラジオ深夜便「ぼやき川柳」・・200
ラジオ深夜便「マーケットリポート」・・319
ラジオ深夜便「ママ☆深夜便」・・391
ラジオ深夜便「真夜中の文芸館」・・341
ラジオ深夜便「真夜中の本屋さん」・・342
ラジオ深夜便「ミッドナイトクッキング」・410
ラジオ深夜便「ミッドナイトトーク」・・338
ラジオ深夜便「南相馬便り」・・292

ラジオ深夜便「みんなのパラスポーツ」・・296
ラジオ深夜便「民話を語ろう」・・336
ラジオ深夜便「名作の読み方」・・340
ラジオ深夜便「山の達人たち」・・354
ラジオ深夜便「夜明けのオペラ」・・251
ラジオ深夜便「夜のしおり」・・343
ラジオ深夜便「ライフスタイル」・・414
ラジオ深夜便「歴史に親しむ」・・307
ラジオ深夜便「列島・きょうの動き」・・289
ラジオ深夜便「列島インタビュー」・・336
ラジオ深夜便「朗読　蝉しぐれ」・・336
ラジオ深夜便「朗読　藤沢周平シリーズ」・338
ラジオ深夜便「朗読　三屋清左衛門残日録」・337
ラジオ深夜便「朗読　用心棒日月抄」・・338
ラジオ深夜便「ロマンチックコンサート」・・222
ラジオ深夜便「ワールドネットワーク」・・289
ラジオ深夜便「わが心の人」・・337
ラジオ深夜便「話芸100選」・・269
ラジオ深夜便「わたし終いの極意」・・311
ラジオ深夜便「私とペットのよもやま話」・403
ラジオ深夜便「わたしのアート交遊録」・309
ラジオ深夜便「私の"がむしゃら時代"」・340
ラジオ深夜便「私の新幸福論」・・335
ラジオ深夜便「私の人生手帖」・・343
ラジオ随筆・・47, 321, 400
ラジオスポーツステーション・・277
ラヂオ青年学校・・365
ラヂオ青年学校・・52
ラヂオ青年講座・・52, 365
ラヂオ青年常会・・365
ラジオ体操（ラヂオ体操）・・29, 30, 40, 46, 47, 48, 54, 62, 151, 280, 404
ラジオで！カムカムエヴリバディ・・423
ラジオ特殊学級・・142, 309, 310
ラジオ図書館・・371, 376
ラジオドラマ・アーカイブス・・179
ラヂオ・ナイト・・50
ラジオ農業学校・・139, 317, 318
ラジオ農業（漁業）セミナー・・318
ラジオビジネス英語・・423
ラジオビジネス塾～35歳からのスキルアップ～・319
ラジオビタミン・・167, 227, 336, 391, 412, 413, 434
ラジオビタミン「おしゃべりスクエア」・・413
ラジオビタミン「お天気あっちこっち」・412
ラジオビタミン「くらしスパイス」・・412
ラジオビタミン「伝えたい歌　残したい歌」・227
ラジオビタミン「にっぽん島めぐり」・・413
ラジオビタミン「ビタミンソング」・・227
ラジオビタミン「みんなで子育て」・・391
ラジオビタミン「ラジビタ中継隊が行く！」・413
ラジオビタミン「私の愛情のレシピ」・・413
ラジオ一口辞典・・193
ラジオ100年プロジェクト　キクコトノミライ・435, 436
ラジオ百科辞典・・193
ラジオ昼席・・92, 127, 263
ラヂオ風景・・172
ラジオ風景・・172
ラジオ文芸・・327
ラジオ文芸館・・294, 334, 341
ラジオ保健室・・369
ラジオほっとタイム・・163, 197, 222, 224, 290, 336, 353, 356, 409, 410, 411, 412, 433
ラジオほっとタイム「お天気ウォッチング」・356
ラジオほっとタイム「気になることば」・・336
ラジオほっとタイム「くらしQ」・・411
ラジオほっとタイム「心伝えて、愛・地球博」・353
ラジオほっとタイム「週末ほっとランキング」・411
ラジオほっとタイム「ちょっと言わせて」・・410
ラジオほっとタイム「ちょっと知りたいニュースのつぼ」・290
ラジオほっとタイム「電話相談―口メモ」・411
ラジオほっとタイム「ビュッフェ131―客室―」・412
ラジオほっとタイム「ビュッフェ131―厨房―」・412
ラジオほっとタイム「ふるさとマイタウン」・411
ラジオほっとタイム「ミュージックボックス」・224
ラジオほっとタイム「ラジオなぞかけ問答」・197
ラジオほっとタイム「列島あっちこっち」・411
ラジオ漫画・・98, 99, 190, 191, 192
ラジオマンガ・・98, 190, 192
ラジオマンジャック・・228
ラジオ民衆学校・・322
ラジオ名作劇場・・177
ラジオ名人寄席・・268
ラヂオ名話・・321
ラジオ寄席・・72, 91, 92, 127, 128, 189, 262, 264
ラジオリサイタル・・135, 236, 240
ラジオロータリー・・191
らじらー！・・166, 200
らじらー！　サタデー・・166, 200
らじらー！　サンデー・・166, 200
らじるセレクト・・435

らじるの男 ・・・・・・・・・・・・・・・・・・・・・ 437
らじるの時間 ・・・・・・・・・・・・・・・・・・・ 437
らじるラボ ・・・・・・・・・ 170, 171, 201, 435

り

リクエストアルバム ・・・・・・・・・・・・・・ 214
リクエストアワー ・・・・・・・・・・・・・・・・ 214
リクエストコーナー ・・ 134, 144, 149, 151, 214, 219, 224, 367, 408, 432, 433
陸軍軍人軍属に告ぐ ・・・・・・・・・・・・・ 62
陸軍の時間 ・・・・・・・・・・・・・・・・ 281, 282
陸軍の夕 ・・・・・・・・・・・・・・・・・・・・・・ 188
リサイタル・ノヴァ ・・・・・・・・・・・・・・ 250
リサイタル・パッシオ ・・・・・・・・・・・・ 251
リズムアワー ・・・・・・・・・・ 106, 107, 209, 215
リズムパレード ・・・・・・・・・・・ 106, 209, 210
立体音楽堂 ・・・・・・ 105, 132, 133, 136, 212, 239
立体漫談 ・・・・・・・・・・・・・・・・・・ 49, 188
リトグリのミューズノート ・・・・・・・・ 232
リトル・チャロ2 心にしみる英語ドラマ ・・・・・・・ 421
療養所の時間 ・・・・・・・・・・・・・・ 60, 357
療養の時間 ・・・・・・・・・・・・・・・ 357, 358
療養の友 ・・・・・・・・・・・・・・・・・・・・・ 357
療養の広場 ・・・・・・・・・・・・・・・・・・・ 358
俚謡ラプソディー ・・・・・・・・・・・・・・・ 49
料理クラブ ・・・・・・・・・・・・・・・・・・・ 401
料理献立 ・・・・・・・・・・・・・・・・・・・・・ 31
料理の講習 ・・・・・・・・・・・・・・・・・・・ 31
リレー演芸 ・・・・・・・・・・・・・・・・・・・ 193
リレーニュース 郷土通信 ・・・・・・・・・ 274
リレーニュース・郷土の話題 ・・・・・・・ 274
臨時ニュース ・・・・・・・・・・・・・・ 40, 45, 56

れ

歴史講座 ・・・・・・・・・・・・・・・・・・・・・ 31
歴史再発見 ・・・・・・・・・・・・・・・・ 307, 308
歴史と人間 ・・・・・・・・・・・・・・・・ 307, 327
歴史のふるさと ・・・・・・・・・・・・・・・・ 306
歴史の窓から ・・・・・・・・・・・・・・・・・ 306
歴史をよむ ・・・・・・・・・・・・・・・・・・・ 307
レクリエーション ・・・・・・・・・・・・・・ 372
レッツ・シング・ア・ソング ・・・・・ 156, 245, 246, 417
列島リレーニュース ・ 150, 151, 274, 275, 302, 432, 433, 434
レベルアップ英文法 ・・・・・・・・・・・・・ 419
レベルアップ 中国語 ・・・・・・・・・・・・ 421
レベルアップ ハングル講座 ・・・・・・・ 421
連続演芸 ・・・・・・・・・・・・・・・・・・・・ 195
連続講談 ・・・・・・・・・・・・・・・・・・・・ 264
連続講談 大久保三政談 ・・・・・・・・・ 40
連続講話 ・・・・・・・・・・・・・・・・・・・・ 324
連続浪花節 ・・・・・・・・・・・・・・・・・・・ 264
連続二人漫談・1932年風景 ・・・・・・・・ 188
連続物語 ・・・・・・・・・・・・・・ 95, 96, 172, 174
連続ラジオ小説 ・・・ 80, 96, 97, 129, 157, 174, 176, 178, 431
連続ラジオマンガ ・・・・・・・・・・・ 98, 192

ろ

浪曲 ・・・・・・・・・・・・・・ 194, 262, 265, 266
浪曲・講談 ・・・・・・・・・・・・・・・・・・・ 266
浪曲十八番 ・・・・・・・・・・・ 128, 195, 252, 267
浪曲ドラマ ・・・・・・・・・・・・・ 99, 100, 176
老後をたのしく ・・・・・・・・・ 142, 309, 330
朗誦～承詔必謹 ・・・・・・・・・・・・・・・・ 69
労働ニュース ・・・・・・・・・・・・・・・・・ 273
労働の時間 ・・・・・・・ 83, 84, 113, 283, 313, 314
朗読 ・・・・・・・・・・・・・・・・・・・・ 138, 326
朗読の世界 ・・・・・・・・・・・・・・・・・・・ 343
ローカル・ショー ・・・・・・・・・ 84, 283, 322
ローズ・パリ（宝塚花組） ・・・・・・・・・ 40
録音ニュース ・・・・・・・・ 48, 113, 114, 273, 274
録音レポート ・・・・・・・・・・・・・・ 48, 272
ロケットくんのぼうけん ・・・・・・・・・・ 370
ロシア語講座 ・・・・・・・・・・ 416, 417, 420
ロシア語入門 ・・・・・・・・・・・・・・ 416, 417
ロシア語入門講座 ・・・・・・・・・・・・・・ 416
ロックアルバム ・・・・・・・・・・・・ 138, 217
ロックン天国 ・・・・・・・・・・・・・・・・・ 222
ロマンス交叉点 ・・・・・・・・・・・・・・・・ 193

わ行

わ

World Interactive ・・・・・・・・・・・・・・・・ 337
ワールドFMセレクション ・・・・・・・・ 221, 222
ワールドポップスセレクション ・・・・・・・・ 221
ワールド・ポップス'86 ・・・・・・・・・・ 219, 220
ワールドミュージックタイム ・・・・・・・・ 137, 216, 224

ワールドロックナウ ・・・・・・・・・・・・ 161, 223
若い季節 ・・・・・・・・・・・・・・・・・・・・ 175
若いこだま ・・・・・・・・ 122, 123, 144, 366, 367
若い女性 ・・・・・・・・ 82, 110, 111, 366, 405, 406
若い世代へ ・・・・・・・・・ 144, 354, 355, 366
若い仲間 ・・・・・・・・・ 122, 144, 366, 367
若い農民 ・・・・・・・・・・・・ 112, 314, 315
若い民謡 ・・・・・・・・・・・・・・・・ 129, 252
わが人生に乾杯！ ・・・・・・・・・・・・・・ 197
若手演芸会 ・・・・・・・・・・・・・・・・・・・ 262
若手演芸家の時間 ・・・・・・・・・・・・・・・ 263
若手芸能家 ・・・・・・・・・・・・・・・ 262, 263
若手芸能家の時間 ・・・・・・・・・・・・・・・ 263
わがふるさと ・・・・・・・・・・・・・・・・・ 300
わが家の歌 ・・・・・・・・・・・・・・・・・・・ 238
我が家の平和 ・・・・・・・・・・・ 79, 172, 173
わが家のリズム ・・・・・・・・・・・・・ 401, 406
wktkラヂオ学園 ・・・・・・・・・・・・・ 368, 369
wktkラジオ学園 ・・・・・・・・・・・・・・・ 369
wktkラヂオ学園「だめだめラジオ 天使のお言葉」・・・・・・・・・・・・・・・・・・・・・・・・ 368
wktkラヂオ学園「怒髪天 増子直純のロックな労働相談室」・・・・・・・・・・・・・・・・・・・・・ 369
話芸・笑芸・当たり芸 ・・・・・・・・・・・・ 197
話題の人 ・・・・・・・・・・・・・・・・・・・・ 324
私たちの演奏会 ・・・・・・・・・・・・・・・・ 240
私たちの音楽 ・・・・・・・・・・ 236, 237, 238
私たちの音楽会 ・・・・・・・・・・・・ 238, 239
私たちの科学 ・・・・・・・・・・・・・・・・・ 372
私たちの憲法 ・・・・・・・・・・・・・・・・・ 322
私たちのコーラス ・・・・・・・・・・・・・・ 242
私たちのことば ・・・・・・・ 63, 68, 282, 285
私たちの質問 ・・・・・・・・・・・・・・・・・ 285
私たちの好きな歌 ・・・・・・・・・・・ 207, 236
私たちのPTA ・・・・・・・・・・・・・・ 389, 390
私たちのラジオ新聞 ・・・・・・・・・・ 372, 375
私の歩んだ道 ・・・・・・・・・・・・・・・・・ 329
わたしの海外日記 ・・・・・・・・・・・・・・ 330
わたしの科学ノート ・・・・・・・・・・・・・ 355
わたしの教育談議 ・・・・・・・・・・・・・・ 391
私の研究 ・・・・・・・・・・・・ 154, 329, 330, 331
わたしの古典 ・・・・・・・・・・・・・・・・・ 328
私の自然 ・・・・・・・・・・・・・・・・・・・・ 352
私の社会時評 ・・・・・・・・・・・・・・・・・ 285
私の主張 ・・・・・・・・・・・・・・・・・・・・ 285
わたしの戦後60年～だからこそあなたに伝えたい言葉
・・・・・・・・・・・・・・・・・・・・・・・・・・・・ 308
私のダイヤル ・・・・・・・・・・・・・・・・・ 436
私の読書案内 ・・・・・・・・・・・・・・ 321, 328
私の日本語辞典 ・・・・・・・・・・・・・・・・ 333
私のヒットアルバム ・・・・・・・・・・・・・ 213
私の本棚 109, 110, 120, 149, 151, 323, 407, 431, 432
私の名盤コレクション ・・・・・・・・・・・・ 226
私は誰でしょう ・・・・・・ 77, 78, 87, 88, 125, 186, 187
私も一言！夕方ニュース ・・・・・・・・・・ 275
渡辺祐のリビング・ラジオ ・・・・・・・・・ 342
渡り鳥 ・・・・・・・・・・・・・・・・・・・・・ 35
What's Up Japan ・・・・・・・・・・・・・・・・ 290
笑いの時間 ・・・・・・・・・・・・・・・・・・・ 189
われらのうた ・・・・・・・・・・・・ 50, 51, 206
我等の決意 ・・・・・・・・・・・・・・・・ 57, 281
ワンナイト・ライブスタンド ・・・・・・・・ 225
ワンポイント・ニュースで英会話 ・・・・・・・・ 421, 422

そのほか

○○の聞き方味い方 ・・・・・・・・・・・・・・ 264
○○のリサイタル ・・・・・・・・・・・・・・・・ 135

本書を利用される方に

●本書の目的について

「NHK放送100年史」は、2025年3月22日のラジオ放送開始100年を記念して発行するものです。NHK（日本放送協会）とその前身が、この100年間に放送してきた番組を網羅的に記録するとともに、放送番組が時代とともにどのように姿を変えてきたのかを系統立ててまとめる初めての試みです。

本書は、毎年の放送記録として発行してきた「ラジオ年鑑」「NHK年鑑」、放送開始から毎日の放送番組を記録している放送番組表確定情報、過去に編纂されたNHK編集による放送史や各種放送関連資料を手がかりに、NHKのほぼすべての定時番組が一覧できるように調査しました。また過去の番組の記録にとどまらず、将来に向けてアーカイブス番組を再活用できるように、活字とデジタルデータを並行して編集しています。冊子上の二次元バーコードでNHKアーカイブスのウェブサイトと連動し、短い番組動画を閲覧でき、冊子には掲載しきれない情報や最新情報もご覧いただけます。

本書が、100年の歴史の中で培われた放送文化を次世代に残し、活用され続ける一助になることを、制作スタッフ一同、願っております。

●本書の内容について

本書は100年間の番組の歴史を、「ラジオ編」「テレビ編」の2部構成でまとめています。それぞれ番組の系譜をたどった放送史から始まり、ほぼすべての定時番組の概要一覧、年表を中心に構成しました。

本書に取り上げた番組名表記、放送年度、番組内容は、原則として「NHK年鑑」に準拠しています。取り上げた番組は、定期的に同時刻に放送される「定時番組」を原則として、「NHK年鑑」に記載されている全国放送の番組から抽出しました。地域放送、国際放送、スポーツなどの中継番組、不定期のミニ番組、放送枠を調整する風景等のフィラー番組、8K放送等は割愛しています。『NHK高校講座』など個別の番組数が多い場合は、主な番組のみを掲載しています。一方、テレビ・ラジオともワイド番組の枠内で放送されているコーナーにつきましては、その一部を取り上げました。

「テレビ編」には単発の番組や不定期に放送される特集番組のうち、「NHK年鑑」に掲載されている番組の中から、誌面の都合上、各年度10番組を「おもな特集番組」として掲載しました。それ以外の特集番組はリスト化し、ウェブサイトで閲覧できます。また『NHKスペシャル』や『土曜ドラマ』など、特定の放送枠の中で独立したシリーズ番組・単発番組が放送される、いわゆる「枠番組」については一部を抜粋して掲載しました。

戦前のラジオ放送につきましては、記録が必ずしも十分ではなく資料間の不整合も見られます。また、基礎資料となる「ラヂオ年鑑」(1942年版より「ラジオ年鑑」)は必ずしも番組を網羅的に記録していないため、番組の確認が十分できない場合があります。特に放送初期においては、個別番組名、放送種目、放送対象などが明確に分けられることなく記録されていることから、「番組名」を特定できないケースもあります。そのため、比較的放送頻度が高く"定時"に近い形で放送されていたと思われる番組について、不明確な情報の中で定時番組としてリスト化しています。

また、テレビ放送開始当初や衛星放送初期には実験的な放送枠も多いため、番組名や放送時間が不明確な場合があります。そのため、一部の放送番組が欠落する場合や、番組名までは特定できても放送内容がわからないために掲載を断念した番組があります。

放送初期の番組の中には同じ読み方でも文字表記が変化している場合がありますが、本書では社会に定着したと考えられる最終年の表記を原則として記載しています。また、『日曜美術館』『新日曜美術館』など、出演者や演出が変わりながらも継続している番組については、最初の番組名を項目として立て、その後の番組名の変遷につきましては説明文の中で紹介しています。海外ドラマやアニメーション番組などの第2、第3シリーズ（シーズン）についても初回シリーズにまとめて記載しました。番組名の中には、現在ではふさわしくない言葉が含まれている場合がありますが、本書では放送史の記録としてそのまま掲載しています。

同一の番組名がある場合は、番組名の後ろの〈　〉内に放送年度などを付記して識別できるようにしました。また、例外的に掲載した地域放送やラジオの特集番組等も同様に付記しています。

番組の曜日・時間・放送波については、その番組の性格を示す情報として、原則は初年度について説明文に記載し、必要に応じてその後の変遷を追記しています。現在の放送日時とは異なる場合があります。

なお、出演者名については、敬称を省略させていただいています。旧字・新字表記、改名により複数のお名前がある場合には、ご本人の意思や社会的浸透度に沿って、本書内では統一して表記しています。

番組のジャンル分類につきましては、従来の番組分類を踏襲していますが、複数のジャンルにまたがる要素をもつクロスジャンルの番組が増えているため、明快な分類が難しくなっています。お探しの番組がジャンル内に見当たらない場合は、巻末の索引、または、ウェブサイトの検索をご利用ください。

番組の「放送期間」には様々な考え方がありますが、本書では、原則、定時番組として放送された期間としています。しかし再放送やアンコール放送の扱い、試作的なパイロット番組で始まる場合、最終回が明記されず不定期に放送が続く番組、一旦休止してから再開される番組、番組終了後に新たなワイド番組枠内コーナーとして継続放送される場合など様々なケースがあるため、できるかぎり説明文の中で補足するようにしました。

なお、放送年度は月曜日から切り替わり、4月1日とは限らず前後して新年度が始まることがあるため、一般の年度とは異なる場合があります。

以上、放送史として整備するにはまだ多くの課題がありますが、今後も情報の修正、更新を継続し、改善に努めてまいります。

NHKメディア総局・知財センター（アーカイブス部）
2025年3月22日

NHKアーカイブス　ウェブサイト
https://www.nhk.or.jp/archives/history

＊アドレスや掲載内容は本書発行後、変更になる場合があります。

協力

下記のみなさまにご協力をいただきました（敬称・所属略、五十音順）。

浅田一富、足立博幸、天川恵美子、荒木雅恵、居駒千穂、石井太郎、石村俊二郎、出田恵三、伊豆浩、市村佑一、市村喜朗、出田幸彦、井上律、猪瀬泰美、入江真、岩佐芳明、鵜川陽一、鵜沢寿信、宇治橋祐之、遠藤利男、遠藤理史、大岡義也、大木圭之介、大隅直樹、太田真由理、大竹岳史、大谷聡、大本秀一、岡和子、岡本朋子、荻野昌樹、小野寺広倫、嘉悦登、勝間田智之、加藤善正、加納民夫、亀田光司、亀谷精一、亀村哲郎、亀山保、川上広文、川端啓之、北山章之助、朽見行雄、熊谷岳志、隈部紀生、倉森京子、河野憲治、甲本仁志、後藤克彦、小嶺良輔、坂上浩子、坂田淳、佐藤稔彦、塩塚圭輔、篠原朋子、柴田愛、島田源領、首藤圭子、菅野高至、杉山賢治、杉山茂、鈴木彩美、鈴木健次、鈴崎卓哉、高島肇久、高野俊一、田口京実、竜山典子、田中敦晴、棚谷克巳、千野博彦、千代木太郎、津川明久、坪郷佳英子、鶴谷邦顕、寺沢康世、内藤美穂、永迫英敏、中野信子、中村季恵、長屋龍人、長山節子、奈良禎子、西川尚之、西松典宏、丹羽一成、長谷知記、畠中邦雄、花村芳輝、浜田豊秀、林貴子、原千佳子、原田由香里、平尾浩一、広川裕、広瀬玲、深水道敬、伏見周祐、藤森康江、二谷裕真、古屋光昭、堀井良殷、本道礼奈、増山久明、松尾貴久江、松田彩、松本進、光井正人、水野憲一、宮崎晋一、村上聖一、望月雅文、茂手木秀樹、森田正人、森本健成、守屋博之、矢野あかね、山川静夫、山口美喜子、山崎健治、山下毅、山田淳、吉國勲、吉崎仁智、六本良多、渡辺由裕

引用・参考資料

NHK年鑑、日本放送史、放送五十年史、20世紀放送史、放送研究と調査、NHK放送文化アーカイブス、放送の20世紀〜ラジオからテレビ、そして多メディアへ（2002/NHK放送文化研究所・監修）、NHKアニメワールド、アナウンサーたちの70年（1992/NHKアナウンサー史編集委員会）、放送の五十年〜昭和とともに（1977/NHK編）、NHKは何を伝えてきたか「NHKアーカイブスカタログ」「NHK特集」「NHKスペシャル」「新日本紀行」「NHKテレビドラマカタログ」、テレビドラマ番組記録、伝統芸能放送85年史、放送教育50年〜その歩みと展望（1986/日本放送教育協会）、教育放送75年の軌跡（2012/日本放送教育協会）、テレビ50年〜あの日あの時、そして未来へ（2003/NHKサービスセンター）、放送80年〜それはラジオからはじまった（2005/NHKサービスセンター）、ラジオ深夜便完全読本〜ふれあいと感動の15年（2005/NHKサービスセンター）、NHK大河ドラマ50作（2010/NHKサービスセンター）、NHK時代劇の世界（2006/NHKサービスセンター）、NHK紅白60」（2009/NHKサービスセンター）、NHK少年ドラマシリーズのすべて（2001/増山久明）、初期テレビ人形劇（1984/（財）劇団すぎのこ）、NHK連続人形劇のすべて（2003/アスキー）、人形劇の映像-スタジオ・ノーヴァ35年記念誌（2004/スタジオ・ノーヴァ）、人形劇人・川尻泰司―人と仕事―（1996/人形劇団プーク）、ラジオの時代〜ラジオは茶の間の主役だった（2002/竹山昭子）、ラジオの昭和（2012/丸山鐵雄）、ラジオドラマの黄金時代（2002/西澤實）、「日曜娯楽版」時代〜ニッポン・ラジオ・デイズ（1992/井上保）、君は玉音放送を聞いたか〜ラジオと戦争（2018/秋山久）、「国民歌」を唱和した時代〜昭和の大衆歌謡（2010/戸ノ下達也）、英語講座の誕生〜メディアと教養が出会う近代日本（2001/山口誠）、ラジオ体操の誕生（1999/黒田勇）

「NHK放送100年史」制作スタッフ

執筆　谷口俊彦

執筆補　石井直人、青木修、吉川直樹、小林香寿美、川村育代、山中朋子、藤波由香、齋藤規子、
　　　　阪清和、髙橋育子、森智美、佐藤和重、角田佳奈、山本千歳、伊藤由美、吉野邦彦、野村淳、
　　　　品川洋行、佐藤苗美、宮沢真紀

校正　紀内かよ子、澤木裕子、藤岡浩子、根岸千鶴、反町弘子、石川清人、柴田明子

デザイン　磯部尚弘、岡山育子、菊地若菜、齋藤裕美、大郷有紀、筒井淳、寺田志織、前里祐樹、川端啓之

外函・表紙装幀　磯部尚弘

映像編集　榎戸裕穂、中井聖満、村山辰寛、甲斐元将、佐藤公昭、上本昌弘、秋山世梨奈、森ゆきか、
　　　　　タン・ザオソン、濱修一、前川秀樹、飯塚恭子、後藤智美

画像収集　佐藤公昭、岡晶子

アーカイブス写真　国井宏幸、蛭田淳子

作画・イラスト制作進行　出口由美子、橋本匡司

作画（マンガで読むNHKヒストリー）　荒関善哲

イラスト（海外ドラマ）　久保田邦仁、山﨑裕、小須田聡志、荒関善哲、阿部香織、久保田恵美、堀正芳、
　　　　　　　　　　　　増田優李

データ編集　橋本容佳、市川奈央子、小野里頼子、宮脇愛、山岸真澄、中野ゆき

権利処理　角田恵子、水島道代、北島純美、桑本加奈子、陶山有沙、羽田綾、我妻潤子、四條未奈、
　　　　　神宮寺美貴、中村憲司、水上裕之、安達凌雅、寺田遊

冊子・サイト制作　株式会社ブレイン、株式会社三修社

冊子・サイト制作進行　小川伸一

サイト制作　佐藤昌彦、近澤槙哉、小島彩香

冊子制作協力　坂手陽介、合原紀子、上山直寛

冊子発行　高原敦

編集委員補　萩原淳、漆間郁夫、植村徹、真鍋智仁

編集委員　山岸清之進、菅野俊朗、小林秀幸、小村知久、川合知徳

編集長　菊江賢治

NHK放送100年史

NHK: 100 years of broadcasting

2025年3月22日　第1刷発行

編　者　　日本放送協会
　　　　　©NHK 2025
　　　　　〒150-8001
　　　　　東京都渋谷区神南2-2-1
　　　　　NHK放送センター
　　　　　Tel.0570-066-066
　　　　　　　（NHKふれあいセンター（放送））

発行者　　江口貴之

発行所　　NHK出版
　　　　　〒150-0042
　　　　　東京都渋谷区宇田川町10-3
　　　　　Tel. 0570-009-321（問い合わせ）
　　　　　　　　0570-000-321（注文）
　　　　　ホームページ https://www.nhk-book.co.jp

印　刷　　大熊整美堂
製　本　　ブックアート

編集事務局　NHK知財センター（アーカイブス部）
　　　　　　菊江賢治, 山岸清之進, 菅野俊朗
　　　　　　小林秀幸, 小村知久, 川合知徳

落丁・乱丁本はお取り替えいたします。
定価はケースに表示してあります。
本書の無断複写（コピー、スキャン、デジタル化など）は、
著作権法上の例外を除き、著作権侵害となります。

Printed in Japan
ISBN978-4-14-007285-1 C3065